AF548602

SAP®-Materialwirtschaft

SAP PRESS ist eine gemeinschaftliche Initiative von SAP SE und der Rheinwerk Verlag GmbH. Ziel ist es, Anwendern qualifiziertes SAP-Wissen zur Verfügung zu stellen. SAP PRESS vereint das fachliche Know-how der SAP und die verlegerische Kompetenz von Rheinwerk. Die Bücher bieten Expertenwissen zu technischen wie auch zu betriebswirtschaftlichen SAP-Themen.

Mario Destradi et al.
Logistik mit SAP S/4HANA
ca. 600 Seiten, 2019, gebunden
ISBN 978-3-8362-6671-0

Michael Grafunder, Ferenc Gulyássy, Binoy Vithayathil
SAP Integrated Business Planning. Prozesse, Funktionen, Implementierung
634 Seiten, 2020, gebunden
ISBN 978-3-8362-6324-5

Ernst Greiner
SAP-Materialwirtschaft – Customizing
686 Seiten, 3. Auflage 2016, gebunden
ISBN 978-3-8362-4184-7

Stefan Bäumler
Materialwirtschaft mit SAP – 100 Tipps & Tricks
474 Seiten, 2016, broschiert
ISBN 978-3-8362-4047-5

Tobias Then
Einkauf mit SAP: Der Grundkurs für Einsteiger und Anwender
363 Seiten, 2., aktualisierte und erweiterte Auflage 2014, broschiert
ISBN 978-3-8362-2846-6

Aktuelle Angaben zum gesamten SAP PRESS-Programm finden Sie unter *www.sap-press.de*.

Baltes, Lakomy, Spieß, Wörmann-Wiese

SAP®-Materialwirtschaft

Das Praxishandbuch

Liebe Leserin, lieber Leser,

vielen Dank, dass Sie sich für ein Buch von SAP PRESS entschieden haben.

Im Zeichen der Globalisierung und Digitalisierung bewegen sich in einer zunehmend vernetzten Welt ständig wachsende Materialströme immer rasanter über den Erdball. Dazu soll alles möglichst synchronisiert, flexibel und just in time ablaufen. Einerseits sollen keine großen Lagerhaltungskosten entstehen, andererseits darf es auch nicht zu Engpässen kommen. Da ist es für Unternehmen überlebenswichtig, über ein System zu verfügen, das für ein effizientes und zuverlässiges Materialmanagement sorgt.

SAP hat mit der Komponente MM (Materials Management) ein System entwickelt, das alle Phasen der Materialwirtschaft unterstützt. Doch verlangt MM vom Anwender selbst einiges an Einarbeitung, um sich in den weit verzweigten Menüpfaden zurechtfinden und die teils kryptischen und überwältigend umfangreichen Funktionen nutzen zu können.

Unsere Autoren sind durch ihre langjährige Beratungspraxis bestens mit MM vertraut. Sie zeigen Ihnen leicht verständlich und mithilfe von zahlreichen Fallbeispielen, Abbildungen und Tabellen, wie Sie MM optimal in der Praxis einsetzen können. So können Sie sich gut in das Materialmanagement einarbeiten und die MM-Geschäftsprozesse rasch nachvollziehen.

Wir freuen uns stets über Lob, aber auch über kritische Anmerkungen, die uns helfen, unsere Bücher zu verbessern. Scheuen Sie sich nicht, uns zu kontaktieren. Ihre Fragen und Anregungen sind jederzeit willkommen.

Ihr Sven Clever
Lektorat SAP PRESS

service@rheinwerk-verlag.de
www.rheinwerk-verlag.de
Rheinwerk Verlag · Rheinwerkallee 4 · 53227 Bonn

Auf einen Blick

1 Unternehmensstruktur ... 21

2 Stammsätze ... 31

3 Beschaffungsprozess im Überblick ... 145

4 Grundlagen der verbrauchsgesteuerten Disposition ... 173

5 Einkauf ... 249

6 Bestandsführung und Inventur ... 427

7 Logistik-Rechnungsprüfung ... 593

8 Auswertungen ... 677

Wir hoffen, dass Sie Freude an diesem Buch haben und sich Ihre Erwartungen erfüllen. Ihre Anregungen und Kommentare sind uns jederzeit willkommen. Bitte bewerten Sie doch das Buch auf unserer Website unter **www.rheinwerk-verlag.de/feedback**.

An diesem Buch haben viele mitgewirkt, insbesondere:

Lektorat Sven Clever
Korrektorat Monika Klarl, Köln
Herstellung Jessica Boyken
Typografie und Layout Vera Brauner
Einbandgestaltung Nadine Kohl
Titelbilder 123RF: 16478363©Laurentiu Iordache, 28958253©Andriy Popov; Shutterstock: 55333381©StockLite
Satz III-Satz, Husby
Druck und Bindung Beltz Bad Langensalza GmbH, Bad Langensalza

Dieses Buch wurde gesetzt aus der TheAntiquaB (9,35/13,7 pt) in FrameMaker. Gedruckt wurde es auf chlorfrei gebleichtem Offsetpapier (90 g/m²). Hergestellt in Deutschland.

Bibliografische Information der Deutschen Nationalbibliothek:
Die Deutsche Nationalbibliothek verzeichnet diese Publikation in der Deutschen Nationalbibliografie; detaillierte bibliografische Daten sind im Internet über *http://dnb.dnb.de* abrufbar.

ISBN 978-3-8362-4419-0

1. Auflage 2017, 3., korrigierter Nachdruck 2021

Informationen zu unserem Verlag und Kontaktmöglichkeiten finden Sie auf unserer Verlagswebsite **www.rheinwerk-verlag.de**. Dort können Sie sich auch umfassend über unser aktuelles Programm informieren und unsere Bücher und E-Books bestellen.

Inhalt

Einleitung 17

1 Unternehmensstruktur 21

1.1 Mandant 21
1.2 Controlling 22
1.2.1 Kostenrechnungskreis 22
1.2.2 Profit-Center 23
1.2.3 Kostenstelle 23
1.3 Finanzbuchhaltung 24
1.3.1 Buchungskreis 25
1.3.2 Gesellschaft 25
1.3.3 Geschäftsbereich 25
1.4 Logistik Allgemein 25
1.4.1 Werk 26
1.4.2 Bewertungsebene 26
1.4.3 Disponent 27
1.4.4 Dispositionsbereich 27
1.5 Materialwirtschaft 27
1.5.1 Einkaufsorganisation 28
1.5.2 Einkäufergruppe 29
1.5.3 Lagerort 29
1.6 Logistics Execution System 29

2 Stammsätze 31

2.1 Materialstammsatz 31
2.1.1 Materialart 31
2.1.2 Branche 34
2.1.3 Material anlegen 35
2.1.4 Material fixieren 39
2.1.5 Material ändern 39

2.1.6 Material löschen 41
2.1.7 Massenpflege 42
2.1.8 Materialverzeichnis 44

2.2 Aufbau des Materialstammsatzes 44

2.2.1 Sicht »Grunddaten 1« 46
2.2.2 Sicht »Grunddaten 2« 51
2.2.3 Sicht »Klassifizierung« 55
2.2.4 Sicht »Vertrieb: VerkOrg 1« 57
2.2.5 Sicht »Vertrieb: VerkOrg 2« 60
2.2.6 Sicht »Vertrieb: allg./Werk« 62
2.2.7 Sicht »Außenhandel: Export« 65
2.2.8 Sicht »Vertriebstext« 65
2.2.9 Sicht »Einkauf« 65
2.2.10 Sicht »Außenhandel: Import« 73
2.2.11 Sicht »Einkaufsbestelltext« 76
2.2.12 Sicht »Disposition 1« 77
2.2.13 Sicht »Disposition 2« 82
2.2.14 Sicht »Disposition 3« 86
2.2.15 Sicht »Disposition 4« 90
2.2.16 Sicht »Arbeitsvorbereitung« 94
2.2.17 Sicht »FertHilfsmittel« 97
2.2.18 Sicht »Prognose« 99
2.2.19 Sicht »Werksdaten/Lagerung1« 103
2.2.20 Sicht »Werksdaten/Lagerung2« 107
2.2.21 Sicht »Lagerverwaltung 1« 109
2.2.22 Sicht »Lagerverwaltung 2« 112
2.2.23 Sicht »Qualitätsmanagement« 114
2.2.24 Sicht »Buchhaltung 1« 116
2.2.25 Sicht »Buchhaltung 2« 119
2.2.26 Sicht »Kalkulation 1« 120
2.2.27 Sicht »Kalkulation 2« 124
2.2.28 Sicht »Werksbestand« 125
2.2.29 Sicht »WM Execution« 126
2.2.30 Sicht »WM Packaging« 127
2.2.31 Zusatzdaten 128

2.3 Charge 129

2.3.1 Sicht »Grunddaten 1« 129
2.3.2 Sicht »Grunddaten 2« 129

2.3.3 Sicht »Klassifizierung« 130
2.3.4 Sicht »Materialdaten« 130
2.3.5 Sicht »Änderungen« 130

2.4 Kreditor (Lieferant) 131

2.5 Quotierung 135

2.6 Orderbuch 136

2.7 Einkaufsinfosatz 137
2.7.1 Sicht »Allgemeine Daten« 138
2.7.2 Sicht »Einkaufsorganisationsdaten« 138
2.7.3 Sicht »Konditionen« 139
2.7.4 Sicht »Texte« 141

2.8 Konditionen 141
2.8.1 Konditionsarten 141
2.8.2 Kalkulationsschema 142

3 Beschaffungsprozess im Überblick 145

3.1 Beschaffungsprozess und Prozessintegration 146

3.2 Die Komponente »Einkauf« 147
3.2.1 Bedarfsermittlung 148
3.2.2 Ermittlung der Bezugsquelle 149
3.2.3 Lieferantenauswahl 150
3.2.4 Bestellabwicklung 150
3.2.5 Bestellüberwachung 152

3.3 Die Komponente »Bestandsführung« 152
3.3.1 Warenbewegungen 153
3.3.2 Bestandsarten 154
3.3.3 Wareneingang zur Bestellung 155
3.3.4 Auswirkungen der Warenbewegungen und zugehörige Belege 158
3.3.5 Integration der WM- und QM-Komponenten in die Prozesskette 162

3.4 Die Komponente »Logistische Rechnungsprüfung« 163
3.4.1 Umfeld der logistischen Rechnungsprüfung 163
3.4.2 Rechnungseingang mit Bezug 165
3.4.3 Zahlungsabwicklung 167

4 Grundlagen der verbrauchsgesteuerten Disposition 173

4.1 **Verbrauchsgesteuerte Disposition** ... 173
4.1.1 Einsatz und Umfeld der Disposition ... 174
4.1.2 Voraussetzungen für die Disposition ... 174
4.1.3 Werksbezogene Parameter ... 175
4.1.4 Materialstammbezogene Parameter ... 175
4.1.5 Planungsebenen der Disposition ... 190

4.2 **Übersicht der Dispositionsverfahren** ... 196
4.2.1 Bestellpunktdisposition ... 197
4.2.2 Stochastische Disposition ... 198
4.2.3 Rhythmische Disposition ... 199

4.3 **Planungslauf** ... 203
4.3.1 Steuerungsparameter für den Planungslauf ... 203
4.3.2 Prozessschritte des Planungslaufs ... 207
4.3.3 Planungsergebnis und Auswertung ... 223

4.4 **Disposition mit Prognose** ... 232
4.4.1 Ablauf und Modelle der Prognose ... 232
4.4.2 Maschinelle Bestellpunktdisposition ... 234
4.4.3 Stochastische Disposition ... 237
4.4.4 Rhythmische Disposition ... 239

4.5 **Automatische Lieferplaneinteilung und Quotierung** ... 243
4.5.1 Automatische Lieferplaneinteilungen ... 244
4.5.2 Quotierung ... 245

4.6 **Ausgewählte Parametereinstellungen im Customizing** ... 247

5 Einkauf 249

5.1 **Bildaufbau von Einkaufsbelegen** ... 251
5.1.1 Einbildtransaktionen ... 253
5.1.2 Mehrbildtransaktionen ... 256

5.2 **Arbeiten im SAP-System vereinfachen** ... 260
5.2.1 Persönliche Einstellungen – Einbildtransaktionen ... 260
5.2.2 Parametereinstellung ... 267

5.3 Einkaufsbeleg 267
5.3.1 Voraussetzungen Lieferantenstammsatz 268
5.3.2 Voraussetzungen Materialstammsatz 268
5.4 Belegtypen 269
5.4.1 Bestellanforderungen (BANF) 270
5.4.2 Bestellungen 270
5.4.3 Rahmenvertrag 271
5.4.4 Anfrage/Angebot 272
5.5 Belegarten 272
5.5.1 Bestellanforderungen 275
5.5.2 Bestellungen 280
5.5.3 Rahmenverträge 288
5.5.4 Anfrage/Angebot 297
5.6 Positionstyp 302
5.6.1 Sonderbeschaffungsschlüssel im Materialstammsatz 304
5.6.2 Positionstyp im Einkaufsbeleg 305
5.7 Kontierungstyp 309
5.7.1 Einfachkontierung in der Bestellung 314
5.7.2 Mehrfachkontierung in der Bestellung 315
5.8 Bezugsquellenermittlung 317
5.8.1 Quotierung 319
5.8.2 Orderbuch 324
5.8.3 Infosatz 328
5.8.4 Rahmenvertrag 334
5.8.5 Bezugsquellenfindung im Customizing 334
5.9 Geschäftsvorfälle in der operativen Beschaffung 335
5.9.1 Normalbestellung 335
5.9.2 Streckenbestellung 336
5.9.3 Umlagerungsbestellung 338
5.9.4 Lohnbearbeitung 342
5.9.5 Konsignation 347
5.9.6 Dienstleistung mit Leistungserfassung 350
5.9.7 Rahmenbestellung 354
5.9.8 Lieferplan mit Abrufdokumentation 355
5.9.9 Rechnungspläne 359
5.9.10 Pipelineabwicklung 362
5.9.11 Mehrwegtransportverpackung 363
5.9.12 Leihgutabwicklung 364
5.9.13 Anzahlungsabwicklung 365

5.10 Bestätigungssteuerung ... 366
5.10.1 Bestätigungssteuerschlüssel ... 367
5.10.2 Bestätigungstypen ... 368
5.10.3 Anlieferung in der Logistikkette ... 369
5.10.4 Mahnen und Erinnern ... 369
5.10.5 Überwachen von Bestätigungen ... 372

5.11 Lieferantenbeurteilung ... 374
5.11.1 Elemente der Lieferantenbeurteilung ... 374
5.11.2 Punktwerte ... 378
5.11.3 Gewichtung ... 379
5.11.4 Lieferantenbeurteilung anzeigen ... 379
5.11.5 Hitliste der Lieferanten ... 381
5.11.6 Manuelle Erfassung teilautomatischer Kriterien ... 382
5.11.7 Manuelle Lieferantenbeurteilung ... 382

5.12 Preisfindung ... 383
5.12.1 Kalkulationsschema ... 384
5.12.2 Konditionsart ... 385
5.12.3 Konditionen im Einkaufsbeleg ... 386
5.12.4 Statistische Konditionen ... 388
5.12.5 Neue Preisfindung ... 389
5.12.6 Bestellpreisentwicklung ... 389

5.13 Textarten im Einkaufsbeleg ... 390
5.13.1 Texterfassung in der Einbildtransaktion ... 393
5.13.2 Texterfassung in der Mehrbildtransaktion ... 393
5.13.3 Formular ... 394

5.14 Nachrichten ... 396
5.14.1 Nachrichten am Beispiel einer Bestellung ... 396
5.14.2 Nachrichtenkonditionssatz ... 397
5.14.3 Sendemedium ... 399
5.14.4 Änderungsnachricht im Customizing ... 402
5.14.5 Formular am Beispiel der Bestellung ... 406
5.14.6 Änderungsnachricht im Beleg ... 407

5.15 Freigabeprozess ... 408
5.15.1 Freigabebedingungen ... 409
5.15.2 Möglichkeiten zur Freigabe ... 411
5.15.3 Freigabe durchführen ... 412

5.16 Bestellanforderung in Bestellung überführen ... 414
5.16.1 Automatisch ... 416
5.16.2 Manuell ... 420

6 **Bestandsführung und Inventur** 427

6.1 Wareneingang 428
6.1.1 Wareneingang mit Bezug zu Referenzbelegen 429
6.1.2 Wareneingang ohne Bezug zu Referenzbelegen 440
6.1.3 Storno, Rücklieferung, Retoure 444
6.1.4 Automatische Bestellerzeugung 449
6.1.5 Toleranzen, Endlieferungskennzeichen 450
6.1.6 Mindesthaltbarkeitsdatum bei Wareneingang prüfen 452

6.2 Umlagerungen und Umbuchungen 454
6.2.1 Umlagerungsebenen und -arten 454
6.2.2 Werksbezogene Umlagerungen 455
6.2.3 Lagerortbezogene Umlagerungen 459
6.2.4 Umlagerungsbestellung 462
6.2.5 Umbuchung »Material an Material« 469
6.2.6 Bestandsartenänderungen 474

6.3 Reservierung 477
6.3.1 Funktionsumfang einer Reservierung 478
6.3.2 Manuelle Reservierung anlegen (ohne und mit Vorlage) 479
6.3.3 Verfügbarkeitsprüfung und Verwaltung 490

6.4 Warenausgang 496
6.4.1 Warenausgang mit Bezug zu Referenzbelegen 497
6.4.2 Warenausgang ohne Bezug zu Referenzbelegen 499
6.4.3 Bestandsfindung 501
6.4.4 Negative Bestände 502

6.5 Bestandsfortschreibung und -auswertung 505

6.6 Materialbewertung 511
6.6.1 Materialbewertung 511
6.6.2 Preisänderungen und Umbewertungen 517
6.6.3 Bewertungsprinzipien 522
6.6.4 Getrennte Bewertung 525

6.7 Inventurbewertung 528
6.7.1 Voraussetzungen für die Inventurbewertung 529
6.7.2 Durchführung der körperlichen Inventur 531
6.7.3 Transaktionen für die Inventurbewertung 534

6.8 Automatische Kontenfindung 551
6.8.1 Grundlagen 552
6.8.2 Kontenfindung – Kurzbeschreibung und Elemente 552

6.8.3 Kontenfindung im Überblick 569
6.8.4 Hilfsmittel und Fehleranalyse bei der Kontenfindung 575

6.9 Verschiedene Einstellmöglichkeiten 585
6.9.1 Warenbewegungen 585
6.9.2 Bewegungsarten 586
6.9.3 Reservierungen 587
6.9.4 Nachrichten 588

6.10 Schnittstelle zu WM und QM 589
6.10.1 Transportbedarf/Transportauftrag 590
6.10.2 Prüflosbearbeitung 591

7 Logistik-Rechnungsprüfung 593

7.1 Einführung in die Logistik-Rechnungsprüfung 595

7.2 Rechnungserfassung 596
7.2.1 Rechnung mit Bezug (Bestellung, Lieferplan, Lieferschein) 600
7.2.2 Rechnungen zu kontierten Bestellungen 613
7.2.3 MM-Beleg, FI-Beleg und CO-Beleg 619
7.2.4 Prüfung doppelte Rechnung 630
7.2.5 Beleg merken, vorerfassen und vollständig sichern 631
7.2.6 Belegstorno 641
7.2.7 Steuern 647

7.3 Auswertungen 653
7.3.1 Liste Rechnungsbelege anzeigen 653
7.3.2 Übersicht Rechnungen 654

7.4 Abweichungen 657
7.4.1 Abweichungen 657
7.4.2 Skonto 660
7.4.3 Rechnungskürzung 663

7.5 Sperren und Freigaben 665

7.6 Gutschrift, Nachbelastung und Nebenkosten 668
7.6.1 Gutschriften 668
7.6.2 Nachträgliche Be- oder Entlastung 669
7.6.3 Geplante und ungeplante Bezugsnebenkosten 670

8 Auswertungen 677

8.1 Listen ... 677
- 8.1.1 Selektionskriterien ... 678
- 8.1.2 Darstellung der Daten ... 679
- 8.1.3 Mehrzeilige Liste ... 679
- 8.1.4 ALV-Grid-Liste ... 681

8.2 Standardanalysen ... 683
- 8.2.1 Informationsstrukturen ... 683
- 8.2.2 Einkaufsinformationssystem (EKS) ... 684
- 8.2.3 Standardaufriss ... 687
- 8.2.4 Weitere Kennzahlen in der Analyse hinzufügen ... 690
- 8.2.5 Aufriss wechseln ... 691
- 8.2.6 Analyse speichern ... 692
- 8.2.7 Selektionsversion öffnen ... 693
- 8.2.8 Benutzereinstellung anlegen ... 694
- 8.2.9 Darstellung und Auswahl der Kennzahlen ... 695
- 8.2.10 Integration des Frühwarnsystems in die Informationssysteme ... 696

8.3 Flexible Analysen ... 699

Anhang 701

A Grundlegende Einstellungen ... 703

B Transaktionscodes ... 741

C Glossar ... 751

D Literaturverzeichnis ... 759

E Die Autoren ... 761

Index ... 763

Einleitung

SAP hat mit der Komponente MM (Materials Management) ein System entwickelt, das dem besonderen Stellenwert der Warenwirtschaft gerecht wird. Auf der einen Seite erwarten Geschäftspartner absolute Zuverlässigkeit, und auf der anderen Seite muss völlige Transparenz, sowohl im Innenverhältnis als auch im Außenverhältnis – insbesondere den Behörden gegenüber – sichergestellt werden. Zugleich ist eine exakte Bedarfsplanung Voraussetzung dafür, dass trotz geringer Lagerhaltung eine hohe Flexibilität gegeben ist. All dies wird durch den Einsatz von MM gewährleistet.

Zielgruppen des Buches

Die Hauptzielgruppe sind Key User und fortgeschrittene Endanwender in den Bereichen Einkauf, Bestandsführung und Rechnungsprüfung. Das Buch ist darüber hinaus für SAP-Trainer interessant, die es in Schulungen einsetzen möchten. Auch Juniorberatern, die sich in die Prozesse einarbeiten müssen, kann das Buch eine Hilfe sein.

Das Buch setzt betriebswirtschaftliche Grundkenntnisse in den behandelten Bereichen voraus. Die grundlegende Bedienung des SAP-Systems sollte Ihnen als Leser vertraut sein.

Aufbau des Buches

Wir zeigen Ihnen zunächst die notwendige Organisation und den Aufbau des SAP-Systems. Anschließend stellen wir Ihnen die Stammsätze vor, die für die Wiedergabe der betriebswirtschaftlichen Prozesse im SAP-System erforderlich sind. Nach der Vermittlung dieser »Basics« befassen wir uns intensiv mit den einzelnen betriebswirtschaftlichen Prozessen.

In **Kapitel 1**, »Unternehmensstruktur«, wird das Verständnis dafür geweckt, wie Unternehmen im SAP-System abgebildet werden. Ein solches Verständnis ist elementar, um die Zusammenhänge zwischen den einzelnen Prozessen richtig zu verstehen und das SAP-System korrekt zu bedienen. Nach unserer Erfahrung ist das Wissen in den wenigsten Fällen in der nötigen Tiefe vorhanden, sodass für die geringsten Abweichungen von Standardprozessen Support durch Beratung angefordert werden muss. In diesem Kapitel erhalten Sie Informationen, die Sie benötigen, um Ihre Prozesse im SAP-System abbilden zu können.

In **Kapitel 2**, »Stammsätze«, wird der Materialstammsatz als zentraler Stammsatz für die Materialwirtschaft vorgestellt. Sie lernen, wie die Stammdaten mit den Organisationsebenen zusammenspielen und machen sich mit den Pflichtfeldern und optionalen Feldern vertraut. Darüber hinaus werden die Besonderheiten des Einkaufsinfosatzes erläutert, und es wird erklärt, wie die Vorschlagswerte aus dem Lieferanten- und Materialstammsatz zusammenwirken. Schließlich lernen Sie, wie Sie mithilfe des Orderbuchs die Bezugsquellenfindung durchführen und die Quotierung zusätzlich nutzen können.

In **Kapitel 3**, »Beschaffungsprozess im Überblick«, wird der Gesamtprozess der Beschaffung – ausgehend von dem Ergebnis der Materialbedarfsplanung bzw. den Anforderungen der Fachabteilungen – im Überblick dargestellt. Je nach Größe und Struktur des Unternehmens werden die Aufgaben in Einkauf, Bestandsführung und Rechnungsprüfung entweder in einer Abteilung gebündelt oder aber auf verschiedene Fachabteilungen verteilt. Besonders wenn Sie für alle oder mehrere Prozesse im Unternehmen verantwortlich sind, hilft die Darstellung eines Standardeinkaufsprozesses in diesem Kapitel, um die Zusammenhänge zwischen den einzelnen Aufgaben nachzuvollziehen. Sind Sie in Fachbereichen organisiert, erhalten Sie auf der anderen Seite einen Einblick in die angrenzenden Bereiche und lernen, woher die Daten in Ihrem System kommen bzw. welche Auswirkungen Ihre Eingaben für andere Nutzer haben. Für Sonderprozesse wird auf die folgenden Kapitel verwiesen.

Kapitel 4, »Grundlagen der verbrauchsgesteuerten Disposition«, beschreibt die Vorgehensweise, mit dem SAP-System genau den richtigen Zeitpunkt für eine Bestellung oder den Fertigungsbeginn zu finden. Denn bevor um Konditionen gefeilscht wird, muss zunächst ermittelt werden, was überhaupt beschafft werden muss. Dieses Kapitel zeigt Ihnen, wie diese Ermittlung mit MM umgesetzt werden kann. Da in der Disposition häufig auch Premium-Tools eingesetzt werden, die nicht Thema des Buches sind, fällt dieses Kapitel vergleichsweise kurz aus.

Kapitel 5, »Einkauf«, widmet sich den Kernprozessen des Einkaufs. Wir zeigen Ihnen, wie der Lieferant in der Bezugsquellenfindung ermittelt werden kann und wie Bestellanforderungen manuell oder automatisch abgearbeitet werden können. Anschließend wird auf besondere Einkaufsprozesse eingegangen, die in vielen Unternehmen eingesetzt werden.

In **Kapitel 6**, »Bestandsführung und Inventur«, werden alle Warenbewegungsprozesse vom Wareneingang bis zum Warenausgang erläutert. Dabei werden auch Sonderbestände, Bestandsbewertung und Inventur thematisiert.

Kapitel 7, »Logistik-Rechnungsprüfung«, behandelt die Prüfung auf sachliche und rechnerische Richtigkeit und ihre systemseitige Abbildung. Neben den Standardprozessen »Erfassen«, »Sperren« und »Freigeben von Rechnungen« wird in diesem Kapitel auch auf den Umgang mit Abweichungen, Skonto und Rechnungskürzungen eingegangen. Gutschriften, nachträgliche Be- und Entlastungen sowie die Behandlung von Bezugsnebenkosten spielen ebenfalls eine Rolle. Auf die Automatisierung der Rechnungserfassung wird in diesem Buch nicht eingegangen.

Kapitel 1
Unternehmensstruktur

1

Damit ein Unternehmen überhaupt funktionieren, d. h. wirtschaftlich tätig werden kann, müssen der betriebliche Aufbau sowie die betrieblichen Prozesse definiert werden. Dieser Grundsatz gilt ebenso im gesamten SAP-System.

Um die Voraussetzung dafür zu schaffen, dass die betrieblichen Strukturen im SAP-System wiedergegeben werden können, sind in jeder Komponente eigene Organisationseinheiten vorgesehen. Korrespondierend mit ihren realen Vorbildern sollen sie die betrieblichen Prozesse unterstützen. Dabei ist es für eine realistische Wiedergabe im SAP-System unabdingbar, dass die Organisationseinheiten den aufgabenteiligen Abteilungen und Funktionsbereichen des jeweiligen Unternehmens bestmöglich nachempfunden sind. Entsprechend sorgfältig muss das Customizing vorgenommen werden. In diesem Kapitel erhalten Sie die erforderlichen Informationen, um Ihre Organisationsstruktur im SAP-System korrekt abbilden zu können.

1.1 Mandant

Zunächst müssen Sie sich aber erst einmal im SAP-System anmelden. Dies geschieht – wie in Abbildung 1.1 dargestellt – auf der Mandantenebene.

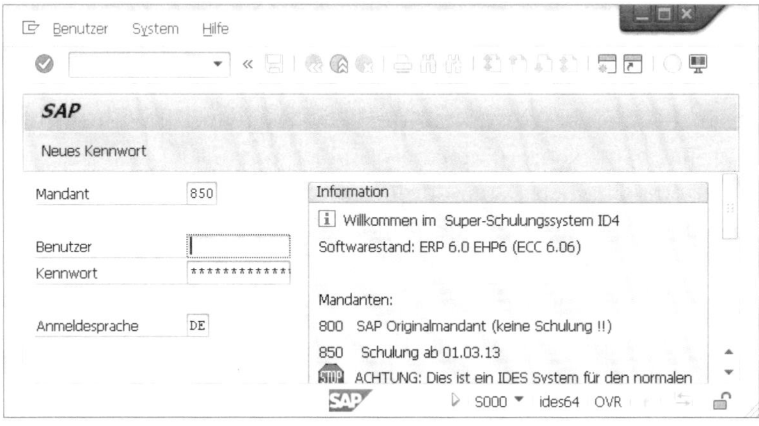

Abbildung 1.1 Anmeldebildschirm des SAP-Systems

Der *Mandant* ist die höchste Hierarchieebene und die wichtigste technische und organisatorische Einheit innerhalb des SAP-Systems. Alle weiteren Strukturen werden hier definiert und gepflegt.

1.2 Controlling

Der Kostenrechnungskreis ist eine Hierarchieebene im Controlling, die von der Profit-Center-Rechnung und dem Gemeinkostencontrolling genutzt wird. In Abbildung 1.2 sehen Sie die relevanten Organisationsstrukturen *Kostenrechnungskreis, Profit-Center* und *Kostenstelle*.

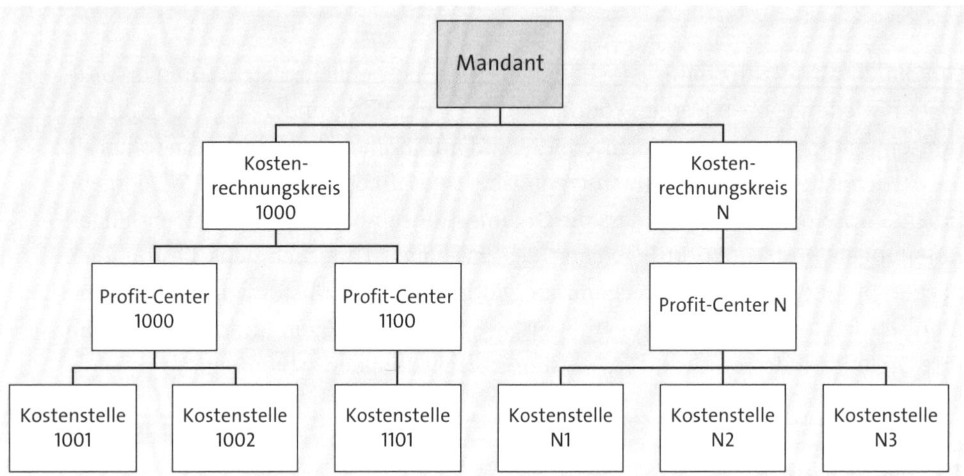

Abbildung 1.2 Organisationsstrukturen im Controlling

1.2.1 Kostenrechnungskreis

Zuerst werden die Kostenrechnungskreise des Konzerns definiert. So kann z. B. der Kostenrechnungskreis *EU* die Firmen in den einzelnen Ländern der EU und der Kostenrechnungskreis *Amerika* die Firmen auf dem amerikanischen Kontinent umfassen. Diese werden dann konzernintern als Einheit behandelt, gesteuert und ausgewertet. Den automatischen Datentransfer zwischen der Finanzbuchhaltung und dem Controlling erreichen Sie über eine eindeutige Zuordnung von Buchungskreisen zu den Kostenrechnungskreisen. Die Erfolgsbuchungen werden anschließend in das Controlling übernommen, in dem zu den Sachkonten der Finanzbuchhaltung Kostenarten definiert werden. Das Gemeinkostencontrolling baut immer nur eine Gewinn- und Verlustrechnung auf; in der Profit-Center-Rechnung kann zusätzlich eine Bilanz erzeugt werden.

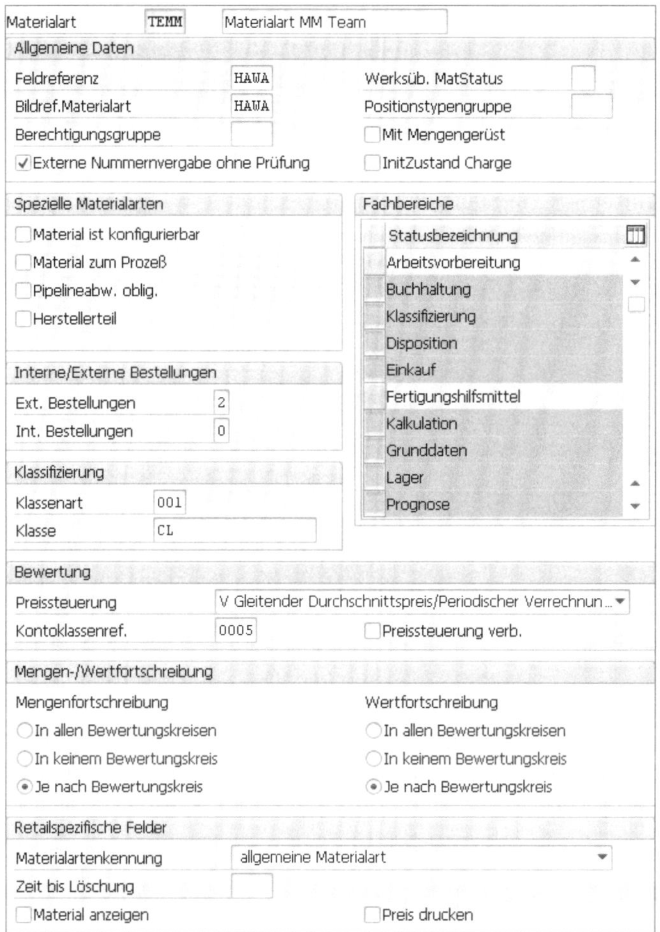

Abbildung 2.2 Einstellungen der Materialart im Customizing

- Die Pflege der Sichten im Materialstamm erfolgt entsprechend der jeweiligen Materialart (**Fachbereiche**). Die markierten Fachbereiche werden im Materialstamm als Sicht angeboten. Die nicht markierten Fachbereiche können im Stammsatz dementsprechend nicht gepflegt werden.
- Ebenso bestimmt sich das Erscheinungsbild der Feldauswahl (Feld **Feldreferenz**) im Materialstamm nach der Materialart. Die einzelnen Bildsequenzen einer Sicht werden aus mehreren Einflussfaktoren ermittelt. Dazu gibt es neben der Feldreferenz der Materialart auch noch Feldreferenzen in der Transaktion, dem Benutzer sowie der Branche. Mit Transaktion OMT3E (Einflussfaktoren pflegen) nehmen Sie die Zuordnungen vor.
- Es entscheidet sich nach der Materialart, ob und wo eine Mengen- und Wertfortschreibung erfolgt (Bereich **Mengen-/Wertfortschreibung** in Abbildung 2.2). Dabei

wird auch ermittelt, welche Sachkonten in der Finanzbuchhaltung bei Bewegungen fortgeschrieben werden (Feld **Kontenklassenref.** in Abbildung 2.2). Mit den Einstellungen zum Werk wird die automatische Kontenfindung definiert (siehe Abschnitt 6.8, »Automatische Kontenfindung«).

- Weiterhin erfolgt die Beschaffung der Materialien nach der Materialart (siehe hierzu den Bereich **Interne/Externe Bestellungen** in Abbildung 2.2; die Bedeutung der Kennzeichen finden Sie in Tabelle 2.1).
- Schließlich legt die Materialart fest, ob Materialien in SAP for Retail verwendet werden können.

Kürzel	Bedeutung
0	Beschaffungsart ist nicht zulässig
1	Beschaffungsart ist zulässig; es erfolgt aber eine Warnmeldung
2	Beschaffungsart ist zulässig

Tabelle 2.1 Kennzeichen der Beschaffungsarten

2.1.2 Branche

Nachdem Sie mindestens eine Materialart definiert haben, muss noch mindestens eine Branche im Customizing definiert werden, um Materialstammsätze anlegen zu können (siehe Abbildung 2.3). Die Branche gibt an, welchem Industriezweig das Material zugeordnet ist.

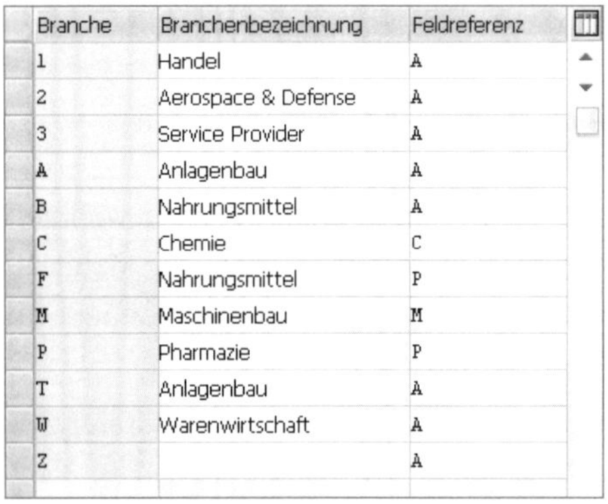

Branche	Branchenbezeichnung	Feldreferenz
1	Handel	A
2	Aerospace & Defense	A
3	Service Provider	A
A	Anlagenbau	A
B	Nahrungsmittel	A
C	Chemie	C
F	Nahrungsmittel	P
M	Maschinenbau	M
P	Pharmazie	P
T	Anlagenbau	A
W	Warenwirtschaft	A
Z		A

Abbildung 2.3 Branchen im Customizing definieren

Das Standardsystem enthält folgende vordefinierte Branchen:

- A (Anlagenbau)
- C (Chemie)

- M (Maschinenbau)
- P (Pharmazie)

Wie es Abbildung 2.3 zu entnehmen ist, können beliebig viele weitere Branchen definiert werden. Jeder Branche muss eine *Feldreferenz* zugeordnet werden, die darüber entscheidet, welche Felder im Materialstamm enthalten sein werden. Auch diese Feldreferenzen können im Customizing gepflegt werden. Dazu empfiehlt es sich, vorhandene Feldreferenzen zu kopieren und zu modifizieren. So können Sie Materialien planen, die genau den Anforderungen entsprechen, die Sie an ein Material haben. Zudem beeinflusst die Feldreferenz die Bildfolge. So müssen in der Standardeinstellung für einen Rohstoff keine Vertriebssichten existieren, für eine Handelsware hingegen schon. Dafür fehlen hier die Fertigungssichten, die bei Materialien des Maschinenbaus wiederum benötigt werden.

2.1.3 Material anlegen

Nachdem die benötigten Materialarten und Branchen im Customizing eingestellt worden sind, können Sie jetzt Materialstammsätze im SAP-System anlegen. Im Folgenden erläutern wir den Anlagevorgang. Anschließend beschreiben wir den Aufbau und Inhalt eines Materialstammsatzes.

Materialstammsätze werden angelegt, wenn für das Material noch kein Stammsatz vorhanden ist oder die Stammdaten eines Fachbereiches (d. h. einer Sicht) fehlen. In diesem Fall wird mit Transaktion MM01 (Material anlegen) das Material erweitert. Werden Informationen zu einer Sicht hinzugefügt oder geändert, wird Transaktion MM02 (Material ändern), siehe Abschnitt 2.1.5, »Material ändern«) genutzt.

Materialstammsätze können Sie mit verschiedenen Transaktionen anlegen. In Abbildung 2.4 sind die Standardtransaktionen zum Anlegen eines Materials im SAP-Menü abgebildet.

Wenn ein Materialstammsatz für ein Material mit bestimmter Ausprägung angelegt werden soll, können Sie das Material mit den unter dem Menüpunkt **Anlegen speziell** aufgeführten Transaktionen aufrufen. In dem folgenden Bildschirm wird keine Materialart angegeben. Diese Materialstammsätze stehen nach der Anlage sofort zur Verfügung, d. h., dass sie nicht eingeplant werden können.

Unter dem Menüpunkt **Anlegen allgemein** befinden sich die Menüpunkte **MM01 – Sofort** und **MM11 – Planen**. Zunächst beschreiben wir, wie Sie ein Material mit Transaktion MM01 (Material anlegen) anlegen. Bevor ein neuer Materialstammsatz angelegt wird, sollten Sie prüfen, ob nicht schon ein Stammsatz vorhanden ist. Dazu können Sie das Materialverzeichnis (MM60) oder die Suchhilfe für das Feld **Material** verwenden.

In der Regel wird in einem Unternehmen entschieden, wie Materialstammsätze angelegt werden. Dabei wird zwischen zentraler und dezentraler Anlage unterschieden:

- Bei der *zentralen Anlage* legt eine Stelle ein Minimum der Fachbereichsdaten an. Die Sachbearbeiter in den einzelnen Abteilungen erweitern diese Daten mit Transaktion MM02 (Material ändern). Um für alle Fachbereiche Daten anlegen zu können, benötigt die zentrale Stelle die Berechtigung zum Bearbeiten aller fachbereichsspezifischen Daten.
- Bei der *dezentralen Anlage* legt jeder Fachbereich seine eigenen Materialstammsätze an.

Abbildung 2.4 Material mit Standardtransaktionen anlegen

Die Sachbearbeiter benötigen, je nach Erfordernis, die Berechtigung zum Bearbeiten einzelner oder mehrerer Fachbereichssichten. Andere Fachbereiche ergänzen dann ihre Sichten über Transaktion MM01 (Material anlegen).

In der Einstiegsmaske von Transaktion MM01 (Material anlegen sofort) müssen Sie die grundlegenden Informationen zu dem neuen Material eingeben. Die *Materialnummer* wird je Materialart entweder intern oder extern vergeben. Dazu muss im Customizing des Materialstamms festgelegt werden, ob das SAP-System oder der Sachbearbeiter die Materialnummer vergeben. Wenn das SAP-System die Nummer vergibt, lassen Sie das Feld **Material** leer. Die Materialnummer ist der primäre Schlüssel des Materialstammsatzes und kann nachträglich nicht mehr geändert werden. Zudem müssen Sie die **Materialart** und die **Branche** angeben, die in Abschnitt 2.1.1, »Materialart«, und Abschnitt 2.1.2, »Branche«, erläutert wurden.

Material nach einer Vorlage anlegen

Um Materialien anzulegen, können Sie ein *Vorlagematerial* verwenden. Zu diesem Zweck tragen Sie im Einstiegsbildschirm das Vorlagematerial ein (siehe Abbildung 2.5). Zudem können Sie zu jedem Arbeitsschritt beim Bearbeiten des Materialstamms (Anlegen und Ändern) eine *Änderungsnummer* mitgeben. Damit ist die Entwicklung eines Materials jederzeit nachvollziehbar.

Abbildung 2.5 Material anlegen

Nachdem Sie die Eingaben mit [↵] oder dem grünen Häkchen (✓) bestätigt haben, wählen Sie die *Organisationsebenen* aus, für die Sichten angelegt werden sollen (siehe Abbildung 2.6).

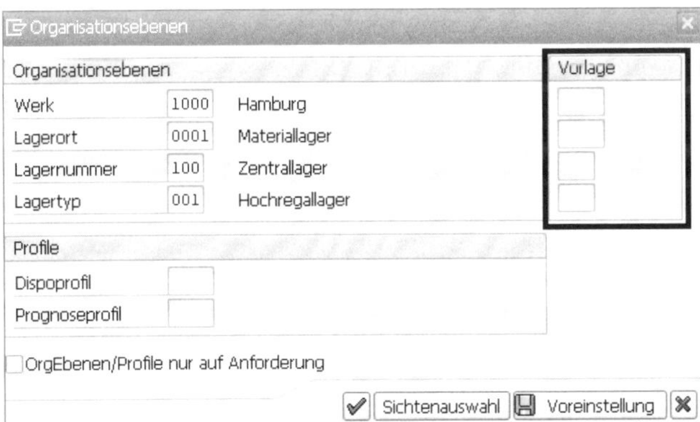

Abbildung 2.6 Organisationsebenen bei der Anlage eines Materials auswählen

Wenn Sie das Material in Transaktion MM01 (Material anlegen) speichern, stehen die Informationen sofort für das Tagesgeschäft zur Verfügung. Falls Sie ein Material um Informationen weiterer Fachbereiche erweitern möchten, können Sie sich einen schnellen Überblick dazu verschaffen, welche Sichten bereits gepflegt sind. Mit Transaktion MM50 (Erweiterbare Materialien) erhalten Sie eine Übersicht über die im Materialstamm gepflegten Sichten und Organisationsebenen (siehe Abbildung 2.7).

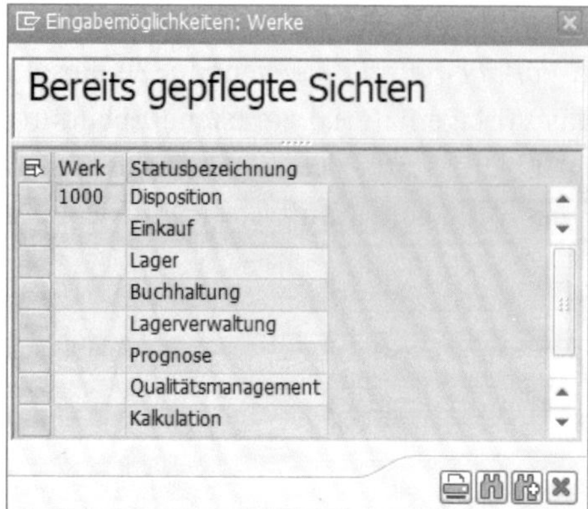

Abbildung 2.7 Die im Werk 1000 gepflegten Sichten anzeigen

Materialstammsatz erweitern

Wenn ein Fachbereich bereits Daten zu einem Material in einem Materialstammsatz gespeichert hat und ein anderer Fachbereich Daten zu diesem Material eingeben möchte, muss kein neuer Materialstammsatz angelegt werden. Vielmehr wird der vorhandene Materialstammsatz mit Transaktion MM01 (Material anlegen) um die Informationen des neu zu pflegenden Fachbereichs erweitert.

Der Pflegestatus wird automatisch vom SAP-System fortgeschrieben. Der Pflegestatus bezieht sich auf Sichten, ist selbst aber keine. Folgende Status werden verwendet:

- A (Arbeitsvorbereitung)
- B (Buchhaltung)
- C (Klassifizierung)
- D (Disposition)
- E (Einkauf)
- F (Fertigungshilfsmittel)
- G (Kalkulation)
- K (Grunddaten)
- L (Lagerung)
- P (Prognose)
- Q (Qualitätsmanagement)
- S (Lagerverwaltung)
- V (Vertrieb)
- X (Werksbestände)
- Z (Lagerortbestände)

Die Sichten X (Werksbestände) und Z (Lagerortbestände) werden automatisch vom SAP System fortgeschrieben; eine manuelle Fortschreibung ist nicht möglich.

Material einplanen

Anders als bei der sofortigen Verfügbarkeit des Materialstamms können Sie ein Material einplanen. Hierzu wird Transaktion MM11 (Material planen) aufgerufen (siehe Abbildung 2.8).

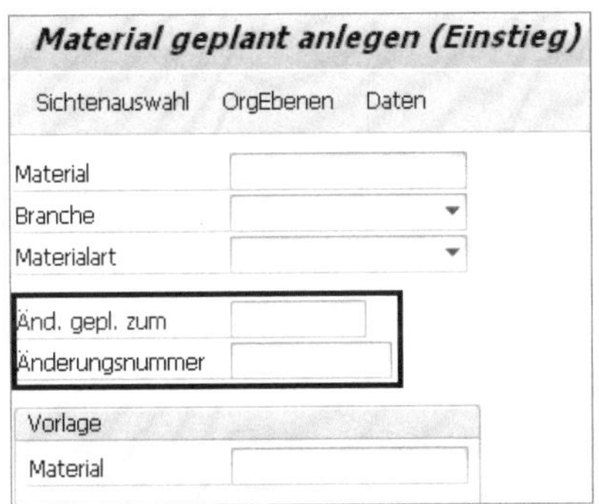

Abbildung 2.8 Material geplant anlegen

Mit der Angabe des Datums im Feld **Änd. gepl. zum** wird festgelegt, ab wann das Material für die betrieblichen Prozesse zur Verfügung steht.

2.1.4 Material fixieren

Wenn Sie das Material nach dem Anlegen vor unbefugten Änderungen schützen möchten, können Sie das Material fixieren. Damit sind dann Änderungen an den im Customizing des Materialstamms als fixierungsrelevant gekennzeichneten Feldern nur noch mit einer speziellen Berechtigung möglich.

2.1.5 Material ändern

Transaktion MM02 (Material ändern) wird immer dann benötigt, wenn eine oder mehrere Sichten eines vorhandenen Materials geändert, ergänzt oder vervollständigt werden müssen. Wird für einen neuen Fachbereich eine Sicht benötigt, muss der Materialstamm mit Transaktion MM01 (Material anlegen) erweitert werden.

[!]

Nicht vorhandene Sicht

Eine Sicht, die nicht vorhanden ist, kann auch nicht geändert werden!

Um einen Überblick dazu zu erhalten, welche Sichten bereits gepflegt sind, geben Sie in Transaktion MM02 (Material ändern) die Materialnummer in das Feld **Material** ein. Wählen Sie dann die Suchhilfe **OrgEbenen**. Es erscheint ein Fenster, wie Sie es beispielhaft in Abbildung 2.9 sehen.

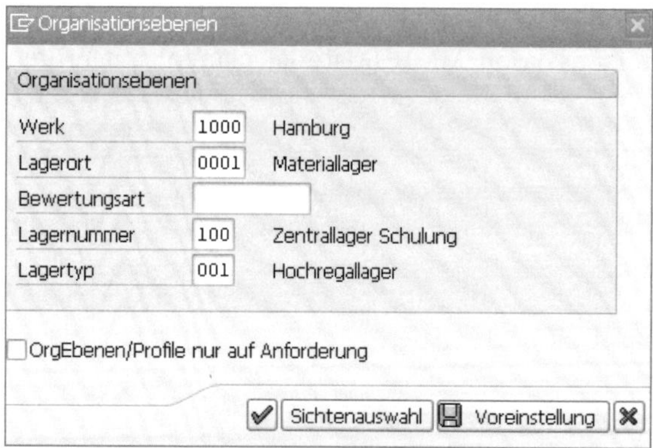

Abbildung 2.9 Dialogfenster »Organisationsebenen« von Transaktion MM02

Im zweiten Schritt wird die Hilfe zu der Organisationsebene, die Sie pflegen möchten, mit der Schaltfläche (**F4-Hilfe**, **Matchcode**) neben dem Feld mit der Organisationsebene, zu der der Fachbereich gehört, aufgerufen.

Mit der Schaltfläche **Pflegestatus** gelangen Sie in die komplette Übersicht (siehe Abbildung 2.10).

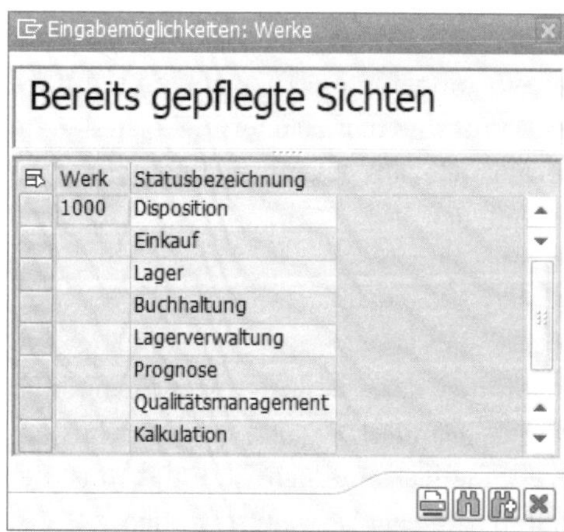

Abbildung 2.10 Bereits gepflegte Sichten anzeigen

Wie bei der Anlage eines Materialstamms haben Sie bei der Änderung des Materialstammsatzes die Möglichkeit, ihn sofort zu ändern oder die Änderung zu einem späteren Termin einzuplanen.

In beiden Fällen kann die Änderung mit Bezug auf eine Änderungsnummer vorgenommen werden. Eine Änderungsnummer identifiziert einen Änderungsstammsatz im Änderungsdienst. So können z. B. Änderungen, die sich aufgrund einer Reklamation zu einem Produkt an den dazugehörigen Materialien, Stücklisten, Arbeitsplänen usw. ergeben, unter einer Änderungsnummer dokumentiert werden.

2.1.6 Material löschen

Damit ein Materialstammsatz vom Archivierungs- und Löschprogramm gelöscht werden kann, wird er zum Löschen vorgemerkt; den Menüpunkt finden Sie im Ordner **Materialstamm**, wie in Abbildung 2.11 gezeigt.

Abbildung 2.11 Materialstamms zum Löschen vormerken

Wird die Löschvormerkung auf Mandantenebenen gesetzt, gilt diese für alle Sichten und Organisationsebenen des Materialstammsatzes. Wenn die Löschvormerkung auf Werksebene oder tiefer gesetzt ist, werden nur die entsprechenden Sichten beim Reorganisationslauf aus dem Materialstamm gelöscht.

Wenn alle Voraussetzungen erfüllt sind, werden in einem Reorganisationslauf alle Daten zu dem Materialstammsatz archiviert und komplett aus dem SAP-System entfernt. Eine Voraussetzung ist z. B., dass keine bewerteten Bestände zu diesem Materialstammsatz mehr vorhanden sein dürfen.

Material zum Löschen vormerk.: Einstieg

Material
Werk
Lagerort
Bewertungsart
Verkaufsorg.
Vertriebsweg
Lagernummer
Lagertyp

Änderungsnr.

Abbildung 2.12 Einstiegsmaske zum Setzen einer Löschvormerkung

Wird nur die Materialnummer in das Feld **Material** aus Abbildung 2.12 eingegeben, wird das Löschkennzeichen auf der Mandantenebene gesetzt. Werden weitere Angaben gemacht, öffnet das SAP-System ein Auswahlfenster (siehe Abbildung 2.13).

Abbildung 2.13 Die Löschauswahl

Das Löschkennzeichen kann auch zu einem späteren Zeitpunkt eingeplant werden. Dazu muss Transaktion MM 16 (Material zum Löschen vormerken, planen) aufgerufen werden. Zu den Feldern in Abbildung 2.10 erscheint zusätzlich ein Datumsfeld **Änd. gepl. zum**.

Sollte ein Material irrtümlich zur Löschung vorgemerkt sein, können durch Aufruf der Transaktion MM06 (Material löschen) die Löschkennzeichen einfach wieder entfernt werden.

2.1.7 Massenpflege

Mit Transaktion MM17 (Materialstamm: Massenpflege) haben Sie die Möglichkeit, viele Materialstammsätze in einem Schritt zu ändern. Dies sollte nur von Benutzern mit großer Erfahrung durchgeführt werden.

Beim Start der Transaktion blendet das SAP-System ein Informationsfenster (siehe Abbildung 2.14) ein.

Der erste Schritt besteht in der Auswahl der Tabelle und/oder der Felder (siehe Abbildung 2.15), die geändert werden sollen.

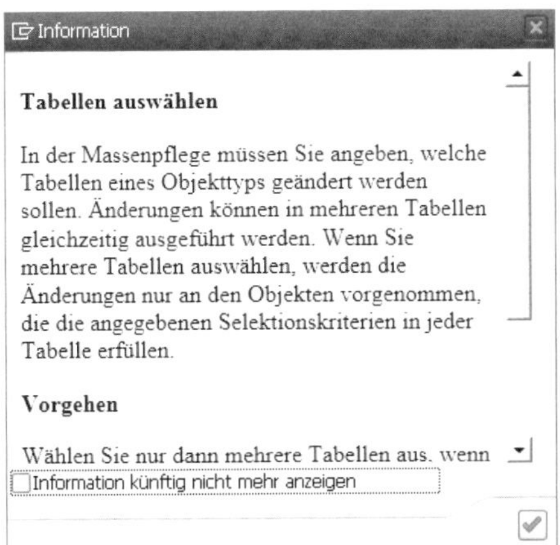

Abbildung 2.14 Information zur Massenpflege

Abbildung 2.15 Tabelle bzw. Felder auswählen

Nachdem Sie Ihre Auswahl getroffen haben, klicken Sie auf die Schaltfläche (**Ausführen**); das SAP-System öffnet die Auswahl der Materialien, für die die Änderung greifen soll (siehe Abbildung 2.16).

Abbildung 2.16 Zu ändernde Materialsätze auswählen

Wenn Sie die Einstellungen vor dem Ausführen sichern, legt das SAP-System eine Variante an, auf die Sie in Zukunft mit der Schaltfläche Variante holen zurückgreifen können.

2.1.8 Materialverzeichnis

Nutzen Sie Transaktion MM60 (Materialverzeichnis), siehe Abbildung 2.17, um einen Überblick über die vorhandenen Materialstammsätze zu erhalten.

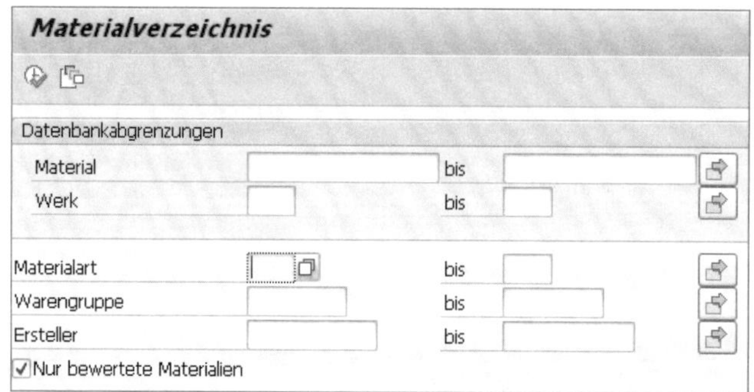

Abbildung 2.17 Die Materialstammsätze im Überblick

Nach der Eingabe der Selektionsparameter erzeugt das SAP-System eine Liste mit den vorhandenen Materialien.

2.2 Aufbau des Materialstammsatzes

Wird ein neues Material angelegt, hinterlegt jeder Fachbereich seine Informationen im Materialstamm. Dies geschieht über die **Sichtenauswahl** (siehe Abbildung 2.18) und die Auswahl der **Organisationsebenen** (siehe Abbildung 2.19). So ist gewährleistet, dass jede Fachabteilung und alle am Prozess beteiligten Einheiten ihre spezifischen Informationen im Materialstamm hinterlegen können.

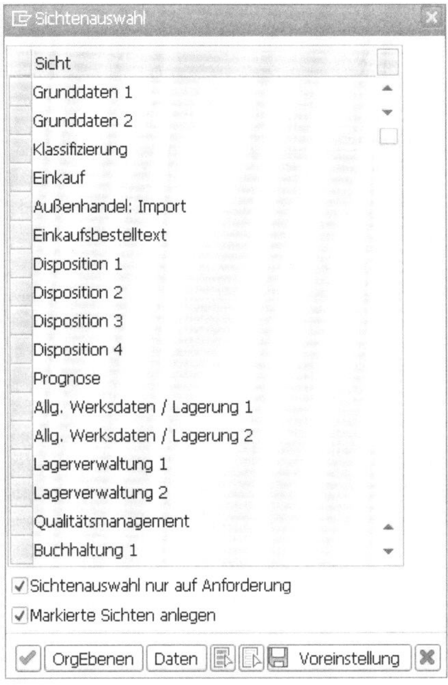

Abbildung 2.18 Sichtenauswahl der Transaktionen MM01, MM02, MM03 (Material anlegen, ändern, anzeigen)

Organisationsebenen

Organisationsebenen		
Werk	1000	Hamburg
Lagerort	0001	Materiallager
Lagernummer	100	Zentrallager Schulung
Lagertyp	001	Hochregallager

Profile	
Dispoprofil	
Prognoseprofil	

OrgEbenen/Profile nur auf Anforderung

Sichtenauswahl | Voreinstellung

Abbildung 2.19 Organisationsebenen

Da mehrere Abteilungen eines Unternehmens mit einem Material arbeiten, und jede Abteilung unterschiedliche Informationen zu dem Material verwendet, sind die Daten in einem Materialstammsatz nach Fachbereichen gegliedert. Dies ist in Abbildung 2.20 dargestellt.

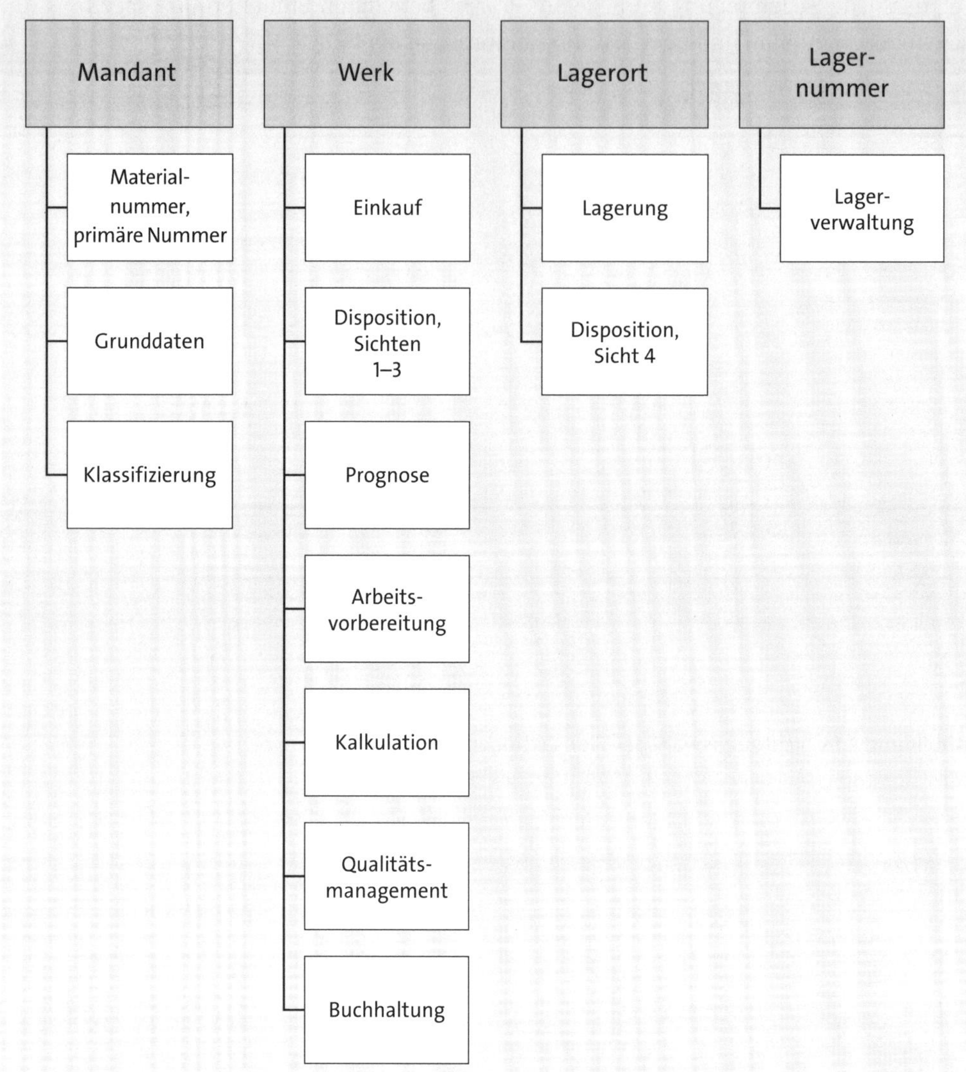

Abbildung 2.20 Sichten im Materialstamm

2.2.1 Sicht »Grunddaten 1«

Abbildung 2.21 zeigt die Sicht **Grunddaten 1**. Die Grunddaten eines Materials gelten mandantenweit, d. h., dass alle Fachbereiche und Abteilungen mit identischen Daten arbeiten. Sollten Sie in einzelnen Fachbereichen andere Informationen – z. B. zur Warengruppe – benötigen, muss ein weiterer Materialstammsatz angelegt werden.

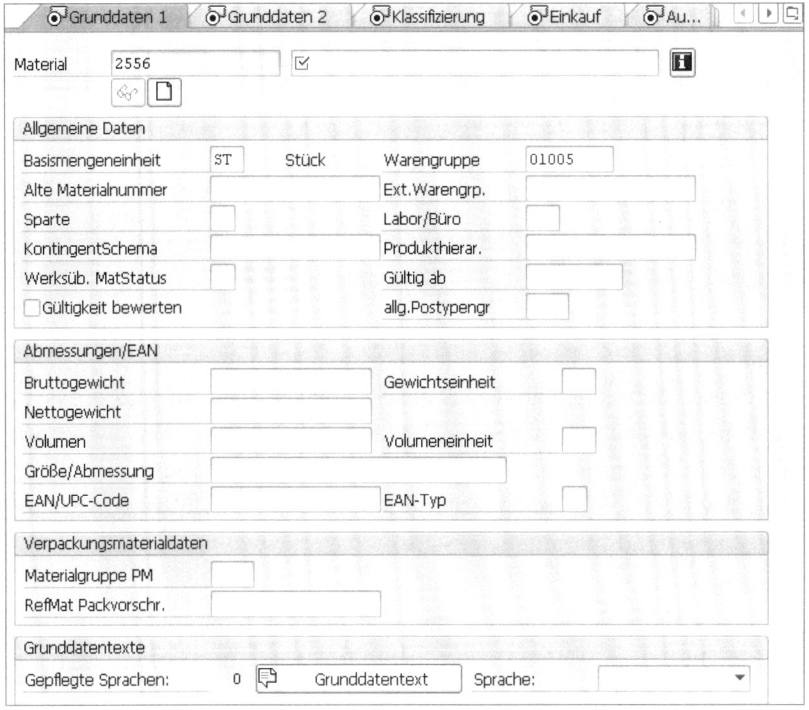

Abbildung 2.21 Sicht »Grunddaten 1«

Bereich »Allgemeine Daten«

Im Folgenden erläutern wir Ihnen die Funktionen und Inhalte der Felder im Bereich **Allgemeine Daten**:

- **Materialkurztext**
  Der Materialkurztext ist ein das Material beschreibender Text, der bis zu 40 Zeichen lang sein und in beliebig vielen Sprachen verfasst werden kann. Dabei ist für jede Sprache genau ein Kurztext möglich.

[«]

Kurztexte in anderen Sprachen

Zur Erfassung eines Kurztextes in einer anderen Sprache öffnen Sie die Zusatzdaten des Materialstammsatzes (siehe Abschnitt 2.2.31, »Zusatzdaten«).

- **Basismengeneinheit**
  Neben der Basismengeneinheit können beliebig viele Alternativmengeneinheiten für ein Material gepflegt werden, z. B. wird ein Material auf Paletten eingekauft, in Kartons gelagert und in Stück verkauft.

Alle Alternativmengeneinheiten müssen mit Umrechnungsfaktor zur Basismengeneinheit gepflegt werden; die Bestände des Materials werden in der Basismengeneinheit geführt. In der Bestandsführung ist die Basismengeneinheit gleichbedeutend mit der Lagermengeneinheit.

[»]

Alternativmengeneinheiten

Zur Erfassung von Alternativmengeneinheiten öffnen Sie die Zusatzdaten des Materialstammsatzes (siehe Abschnitt 2.2.31, »Zusatzdaten«).

- **Warengruppe**
  Die Warengruppe definiert Materialien gleicher Eigenschaft. Im Klassensystem kann eine Warengruppenhierarchie angelegt werden. Sind keine Warengruppenhierarchien definiert, müssen im Customizing des Materialstamms Warengruppen definiert werden. Sie können Materialstammsätze nach Warengruppenzugehörigkeit suchen und auswerten.
- **Alte Materialnummer**
  Wurde ein Material in einem Alt- oder Parallelsystem geführt, wird in diesem Feld die alte Materialnummer erfasst. Mit der Suchhilfe F4 können Sie nach Materialstammsätzen mit alter Materialnummer suchen.
- **Ext. Warengrp.**
  Dieser Schlüssel wird von einer externen Quelle vergeben, z. B. der Nielsen-Warengruppe.
- **Sparte**
  Die Sparte dient der Gruppierung von Materialien. Anhand der Sparte werden die Geschäfts- und Vertriebsbereiche ermittelt, denen das Material zugeordnet ist. So ist es z. B. möglich, Preisvereinbarungen mit einem Kunden auf die Sparte zu begrenzen.
- **Labor/Büro**
  Hier wird der Schlüssel des zuständigen Labors oder Konstruktionsbüros eingetragen. Die Schlüssel werden im Customizing des Materialstamms definiert.
- **KontingentSchema**
  Das Kontigentierungsschema ist ein Verfahren, um knappe, nur in begrenzter Menge zu Verfügung stehende Materialien auf Kunden zu verteilen.
- **Produkthierar.**
  Die Produkthierarchie gruppiert Materialien durch die Kombination verschiedener Merkmale. Sie wird für Auswertungen und zur Preisfindung verwendet.

- **Werksüb. Materialstatus**
  Wenn mandantenweit Einschränkungen in der Verwendung eines Materialstammsatzes existieren, wird der werksübergreifende Materialstatus gesetzt. Die in Tabelle 2.2 gelisteten Status sind standardmäßig definiert.

Kürzel	Bedeutung
01	Gesperrt für Einkauf, Disposition und Bestandsführung
02	Gesperrt für Arbeitspläne und Stücklisten
BP	Gesperrt für Einkauf
ED	Gesperrt für Einkauf, Disposition, Bestandsführung und Fertigungsaufträge
KA	Gesperrt für Kalkulation (Warnmeldung)
OB	Komplett gesperrt
PI	Frei für Pilotphase (Warnmeldung)

Tabelle 2.2 Kürzel der werksübergreifenden Materialstatus

  Im Customizing können Sie weitere Status definieren. Falls Sie in verschiedenen Fachabteilungen (z. B. Entwicklung oder Einkauf) verschiedene Materialstatus benötigen, pflegen Sie diese in den entsprechenden Sichten. Status können in unterschiedlichen Werken voneinander abweichen.

- **Gültig ab**
  In der Bedarfsplanung hat das Datum in diesem Feld nur dann eine Bedeutung, wenn es vor oder auf dem Datum des Planungsdatums liegt.

  Im Einkauf wird das hier eingegebene Datum gegen das Tagesdatum geprüft. Ist der Materialstatus *zum Einkauf gesperrt* gesetzt, können Sie ab diesem Datum keine Bestellung für das Material anlegen.

- **Gültigkeit bewerten**
  Dieses Kennzeichen dient dem SAP-Änderungsdienst. Um ihn zu aktivieren, müssen im Customizing des Änderungsdienstes die Steuerungsdaten eingestellt werden. In erster Linie dient das Kennzeichen dazu, zu entscheiden, ob bestimmte Änderungsnummern gültig oder ungültig sind und damit das Datum, das das SAP-System zur Ermittlung der gültigen Änderungsnummer ermittelt hat, übersteuert wird. Zu diesem Zweck blendet das SAP-System ein Dialogfenster ein, in dem die Änderungsnummern bewertet werden.

- **allg. Postypengr**
  Die Positionstypengruppe dient der Positionstypenfindung in Vertriebsbelegen. Sie kann allgemein und damit mandantenweit gültig hier in den Grunddaten oder in der Sicht **Vertrieb: VerkOrg 2** auf der Werksebene gepflegt werden. Im Standardsystem gibt es z. B. Normalpositionen, Positionen, die Dienstleistungen darstellen

(und daher keine Lieferbearbeitung erfordern), und Positionen, die Verpackungsmaterial darstellen.

[!]

Positionstypengruppe

Ist auf der Vertriebsebene eine andere Positionstypengruppe hinterlegt als die in den Grunddaten gepflegte Positionstypengruppe, übersteuert die spezielle Angabe die allgemeine Angabe.

Bereich »Abmessungen/EAN«

Im Folgenden werden die Funktionen und Inhalte der Felder im Bereich **Abmessungen/EAN** erläutert (siehe Abbildung 2.22):

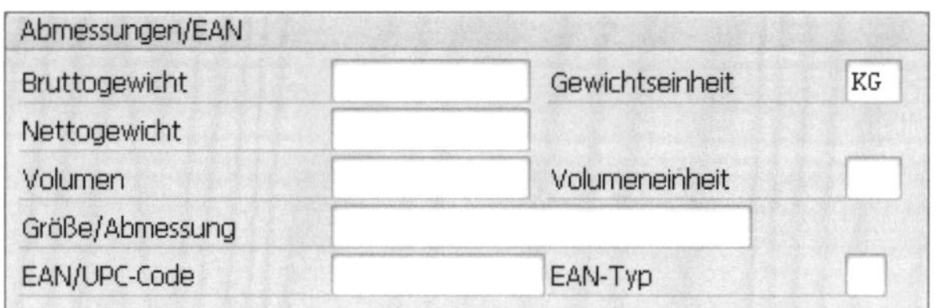

Abbildung 2.22 Festsetzen der Abmessungen/EAN

- **Bruttogewicht, Nettogewicht, Gewichtseinheit**
  Die Gewichte werden hier in der Gewichtseinheit, die im Feld **Gewichtseinheit** angegeben worden sind, geführt. Das Bruttogewicht kann später, je nachdem mit welcher Art von Kapazitätsprüfung gearbeitet wird, vom SAP-System zur Kapazitätsprüfung des Lagerplatzes im Rahmen der Lagerverwaltung verwendet werden.
- **Volumen, Volumeneinheit**
  In dieses Feld wird der Rauminhalt des Materials eingetragen. Die Volumeneinheit wird mit Umrechnungsfaktor zur Basismengeneinheit gepflegt.
- **Größe/Abmessung**
  Dieses Feld ist ein Textfeld mit rein informativem Charakter, d. h., dass es vom SAP-System nicht verwendet wird.
- **EAN/UPC-Code, EAN-Typ**
  Die o. a. Abkürzungen stehen für *Europäische Artikelnummer* respektive *Universal Product Code*.

  Die EAN sollte nur dann extern vergeben werden, wenn sie z. B. vom Lieferanten vorgegeben ist. Alternativ kann auch eine externe Nummernvergabe erfolgen, indem im Customizing das EAN-Regelwerk eingestellt wird. Hierbei sollten den handelnden Personen aber die EAN-Regeln bekannt sein. Anderenfalls ist die interne Vergabe der EAN vorzuziehen. Bei interner Nummernvergabe wird der gewünschte Nummerntyp eingegeben, aber keine EAN. Bei externer Nummernvergabe wird die EAN eingegeben, aber kein Nummerntyp; Letzterer wird vom SAP-System automatisch ermittelt.

Bereich »Verpackungsmaterialdaten« und »Grunddatentexte«

Im Folgenden werden die Funktionen und Inhalte der Felder im Bereich **Verpackungsmaterialdaten** (siehe Abbildung 2.23) sowie der Bereich **Grunddatentexte** (siehe Abbildung 2.24) erläutert.

- **Materialgruppe PM**
  Diese Information dient der Gruppierung von Materialien, die ähnlich verpackt werden (z. B. Blister).
- **RefMat Packvorschr.**
  Im SAP-System ist ein Material angelegt worden, das als Verpackungsvorlage für andere Materialien dient, z. B. werden die Materialien A1, A2 usw. mit dem gleichen Material verpackt. Das Referenzmaterial dafür ist A0; also würde in dieses Feld A0 eingetragen.

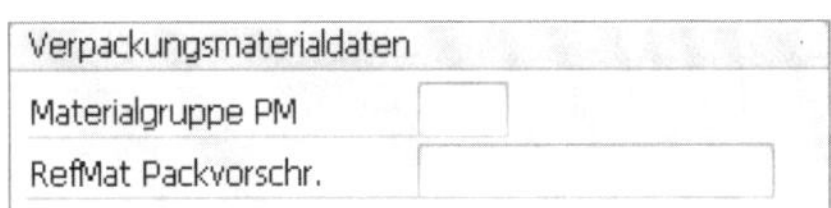

Abbildung 2.23 Pflege der Verpackungsmaterialdaten

- **Grunddatentext**
  Klicken Sie auf die Schaltfläche **Grunddatentext**, öffnet das SAP-System die Zusatzdaten zum Materialstammsatz (siehe Abschnitt 2.2.31, »Zusatzdaten«), um für weitere Sprachen jeweils einen bis zu 40 Zeichen langen Materialkurztext zu hinterlegen.

Abbildung 2.24 Pflege mehrsprachiger Materialkurztexte

2.2.2 Sicht »Grunddaten 2«

In Abbildung 2.25 sehen Sie die Sicht **Grunddaten 2**, die verschiedene Bereiche beinhaltet.

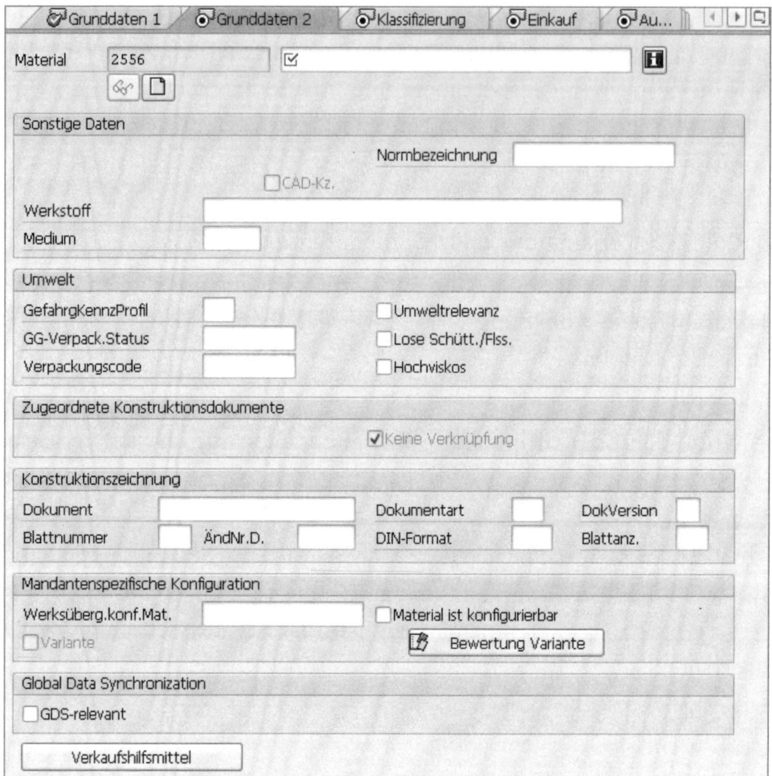

Abbildung 2.25 Sicht »Grunddaten 2«

Bereich »Sonstige Daten«

Im Folgenden werden zunächst die Funktionen und Inhalte der Felder im ersten Bereich **Sonstige Daten** erläutert:

- **Normbezeichnung**
  Dieses Feld hat ausschließlich informativen Charakter und beinhaltet die Funktion, Bezeichnungen des Materials nach DIN oder einer anderen Norm aufzunehmen.
- **CAD-Kz**
  Dieses Kennzeichen zeigt an, dass das Material in einem CAD-System entwickelt wurde und über die CAD-Schnittstelle in das SAP-System importiert wurde.
- **Werkstoff**
  Bei der Pflege eines Materialstammsatzes wird im Standardsystem jeder Werkstoff, der in diesem Feld angeben worden ist, gegen eine Prüftabelle für Werkstoffe im Customizing geprüft. Dazu müssen im Customizing des Materialstamms Werkstoffe definiert werden.

Transaktionscode	Funktion	Menüpfad
MF65	Umlagern zur Reservierung	Logistik • Produktion • Serienfertigung • Materialbereitstellung • Umlagern zur Reservierung
MIGO	Warenbewegung	Logistik • Materialwirtschaft • Einkauf • Bestellung • Folgefunktionen • Wareneingang
MIR4	Rechnungsbeleg anzeigen	Logistik • Materialwirtschaft • Logistik-Rechnungsprüfung • Weiterverarbeitung • Rechnungsbeleg anzeigen
MIR6	Übersicht Rechnungen	Logistik • Materialwirtschaft • Logistik-Rechnungsprüfung • Weiterverarbeitung • Übersicht Rechnungen
MIR7	Eingangsrechnung vorerfassen	Logistik • Materialwirtschaft • Logistik-Rechnungsprüfung • Belegerfassung • Eingangsrechnung vorerfassen
MIRA	Eingangsrechnung für Rechnungsprüfung im Hintergrund hinzufügen	Logistik • Materialwirtschaft • Logistik-Rechnungsprüfung • Belegerfassung • Eingangsrechnung für Rechnungsprüfung im Hintergrund hinzufügen
MIRO	Eingangsrechnung erfassen	Logistik • Materialwirtschaft • Einkauf • Bestellung • Folgefunktionen • Logistik-Rechnungsprüfung
MM01, MM02, MM03	Material anlegen, ändern, anzeigen	Logistik • Materialwirtschaft • Materialstamm • Material • Anlegen/Ändern/Anzeigen • allgemein Sofort
MM50	Liste erweiterbarer Materialien	Logistik • Materialwirtschaft • Materialstamm • Sonstige • Erweiterbare Materialien
MMBE	Bestandsübersicht	Logistik • Materialwirtschaft • Bestandsführung • Umfeld • Bestand • Bestandsübersicht
MMPV	Perioden verschieben	Logistik • Materialwirtschaft • Materialstamm • Sonstige • Periode verschieben
MMR1	Rohstoff & anlegen	Logistik • Materialwirtschaft • Materialstamm • Material • Anlegen speziell • Rohstoff
MN21, MN22, MN23	Kondition anlegen, ändern, anzeigen: Bestandsführung	Kein Menüpfad

Transaktionscode	Funktion	Menüpfad
MR51	Buchhaltungsbelege zum Material	Logistik • Materialwirtschaft • Bestandsführung • Umfeld • Bestandscontrolling • Umfeld • Buchhaltungsbeleg
MR8M	Rechnungsbeleg stornieren	Logistik • Materialwirtschaft • Logistik-Rechnungsprüfung • Weiterverarbeitung • Rechnungsbeleg stornieren
MRBR	Gesperrte Rechnungen freigeben	Logistik • Materialwirtschaft • Logistik-Rechnungsprüfung • Weiterverarbeitung • Gesperrte Rechnungen freigeben
MK01, MK02, MK03	Anlegen, Ändern, Anzeigen Kreditor, Einkauf	Logistik • Materialwirtschaft • Einkauf • Stammdaten • Lieferant • Einkauf • Anlegen/Ändern/Anzeigen
XK01, XK02, XK03	Anlegen, Ändern, Anzeigen Kreditor, zentral	Logistik • Materialwirtschaft • Einkauf • Stammdaten • Lieferant • Zentral • Anlegen/Ändern/Anzeigen

aus: Baltes, Lakomy, Spieß, Wörmann-Wiese
SAP-Materialwirtschaft – Das Praxishandbuch
ISBN 978-3-8362-4419-0

www.sap-press.de

- **Medium**
  Die Angabe im Feld **Medium** dient der Angabe eines Inhaltsstoffes in einem Bauteil. Diese Information dient in der Instandhaltung für die Bedarfsplanung.

Bereich »Umwelt«

Im Folgenden werden die Funktionen und Inhalte der Felder im Bereich **Umwelt** erläutert (siehe Abbildung 2.26):

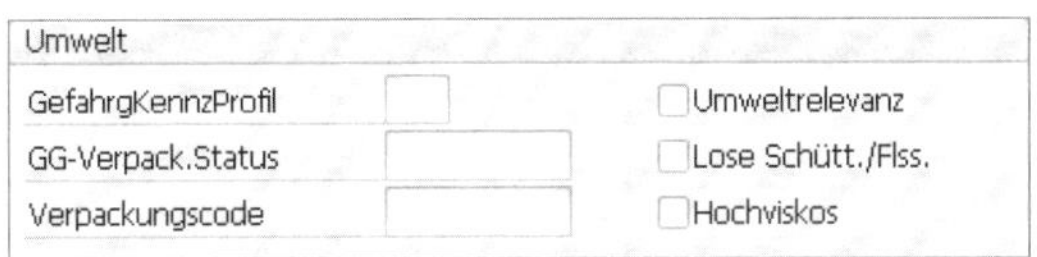

Abbildung 2.26 Umweltbezogene Daten pflegen

- **GefahrKennzProfil**
  Materialien, die als Gefahrgut eingestuft sind, wird ein Gefahrgutkennzeichenprofil zugeordnet. Mit diesem Profil wird gesteuert, welche Gefahrgutabwicklung für das Material angewendet wird.
- **Umweltrelevanz**
  Wird dieses Kennzeichen gesetzt, wird beim Anlegen eines Kundenauftrags in SD (Vertrieb) über ein SD-Konditionsschema eine Nachricht der Nachrichtenart SDB selektiert.
- **GG-Verpack.Status**
  Der Gefahrgut-Verpackungsstatus wird im Gefahrgut-Verpackungsprozess benötigt. Hierzu muss die Gefahrgutabwicklung in der Handling-Unit-Abwicklung aktiviert worden sein.
- **Lose Schütt./Flss.**
  Dieses Kennzeichen gibt an, ob das Gefahrgut lose transportiert wird, und es steuert die Datenausgabe auf dem Beförderungspapieren.
- **Verpackungscode**
  Der Verpackungscode gibt den Code für die Verpackung für gefährliche Güter an, bestehend aus Verpackungstyp und Werkstoff.
- **Hochviskos**
  Auch dieses Kennzeichen steuert die Datenausgabe in den Beförderungspapieren.
- **Zugeordnete Konstruktionsdokumente**
  Diese Kennzeichnung (siehe Abschnitt 2.2.31, »Zusatzdaten«) zeigt an, ob dem betreffenden Materialstammsatz Konstruktionsdokumente zugeordnet sind. Dem Materialstammsatz in Abbildung 2.27 sind keine Dokumente zugeordnet.

Abbildung 2.27 Die zugeordneten Konstruktionsdokumente

Bereich »Konstruktionszeichnung«

Der Bereich **Konstruktionszeichnung**, wie Sie ihn in Abbildung 2.28 sehen, zeigt die verschiedenen Kriterien der Konstruktionszeichnung an, falls das SAP-Dokumentenverwaltungssystem nicht genutzt wird.

Abbildung 2.28 Die verschiedenen Kriterien der Konstruktionszeichnung

Bereich »Mandantenspezifische Konfiguration«

Sie nutzen die Einstellungen im Bereich **Mandantenspezifische Konfiguration** (siehe Abbildung 2.29), wenn Sie die SAP-Komponente Produktionsplanung (PP) im Einsatz haben und konfigurierbare Materialen benötigen. Soll die Konfiguration werksübergreifend gelten, muss hier der mandantenweit gültige alphanumerische Schlüssel eingegeben werden.

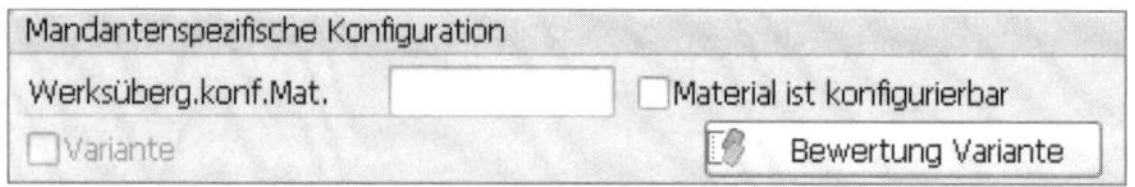

Abbildung 2.29 Materialien konfigurieren

Bereich »Global Data Synchronization«

Im Bereich **Global Data Synchronization** (GDS) wird angezeigt, ob der betreffende Materialstammsatz **GDS-relevant** ist oder nicht (siehe Abbildung 2.30).

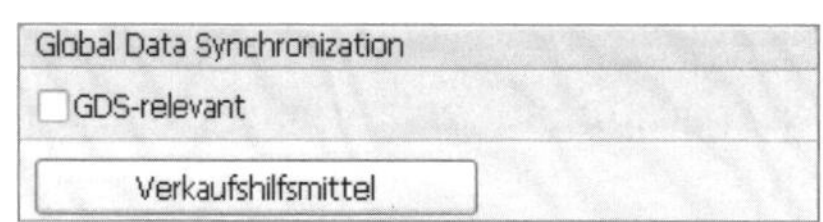

Abbildung 2.30 GDS-Relevanz der Materialstammsätze

[»]

Das Globale Daten-Synchronisations-Netzwerk

Das zugrunde liegende Globale Daten-Synchronisations-Netzwerk (englisch Global Data Synchronisation Network, GDSN) ist ein internetbasiertes, weltweit genutztes System. GDSN gewährleistet, dass die zwischen Handelspartnern ausgetauschten Daten den weltweit geltenden GS1-Standards entsprechen.

Geschäftspartner werden mit der GS1 Global Registry über ein Netzwerk von interoperablen und zertifizierten Datenpools verbunden. Die Datenpools enthalten die Stammdaten von lokalen Handelspartnern, während die GS1 Global Registry als zentrales Verzeichnis auflistet, bei welchem Datenpool die gesuchten Stammdaten zu finden sind.

Das Netzwerk dient dem Austausch und der Synchronisierung standardisierter Artikelstammdaten innerhalb der Lieferkette zwischen Handelspartnern (Quelle: *https://de.wikipedia.org/wiki/Globales_Daten-Synchronisations-Netzwerk* [abgerufen am 15.08.2017]).

Jeder im Materialstamm gepflegten Mengeneinheit können eigene **Verkaufshilfsmittel** zugeordnet werden. So wird z. B. ein Karton mit einem Aufkleber versehen, und eine Packung erhält einen Aktionscode. Um alle Verkaufshilfsmittel eines Materials zu pflegen, klicken Sie auf die Schaltfläche **Verkaufshilfsmittel**. Das SAP-System öffnet das in Abbildung 2.31 gezeigte Fenster. Erfassen Sie hier die notwendigen Daten für Verkaufshilfsmittel zum Materialstammsatz.

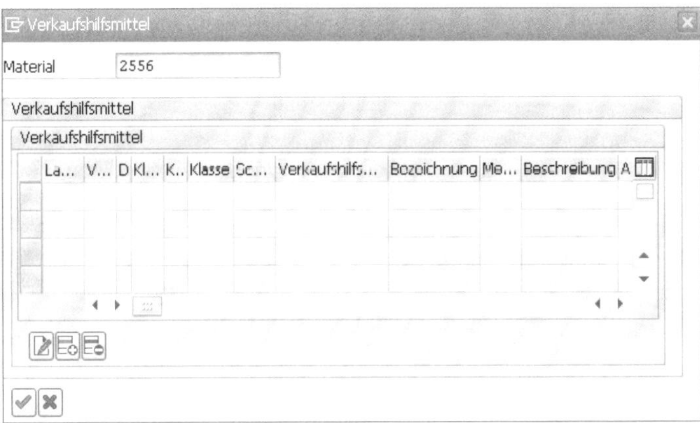

Abbildung 2.31 Verkaufshilfsmittel pflegen

2.2.3 Sicht »Klassifizierung«

Um die Materialstammdaten zu katalogisieren und zu ordnen, können Sie sie klassifizieren. Damit steht Ihnen ein Werkzeug zur Verfügung, um Materialien (und andere Objekte) in einem Ordnungssystem zusammenzufassen. Es hat die Aufgabe, diese mithilfe von Merkmalen zu beschreiben und – wie in Abbildung 2.32 abgebildet – in Klassen zu gruppieren.

Die Klassifizierung ist ein Werkzeug zum Ordnen von Materialien oder anderen Objekten. Im Customizing müssen dazu Merkmale und Klassen gepflegt werden. Abbildung 2.33 gibt einen Überblick über die Funktion des Klassensystems.

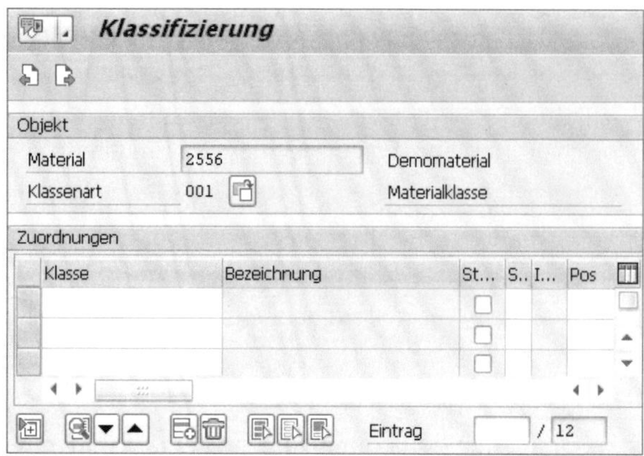

Abbildung 2.32 Sicht »Klassifizierung«

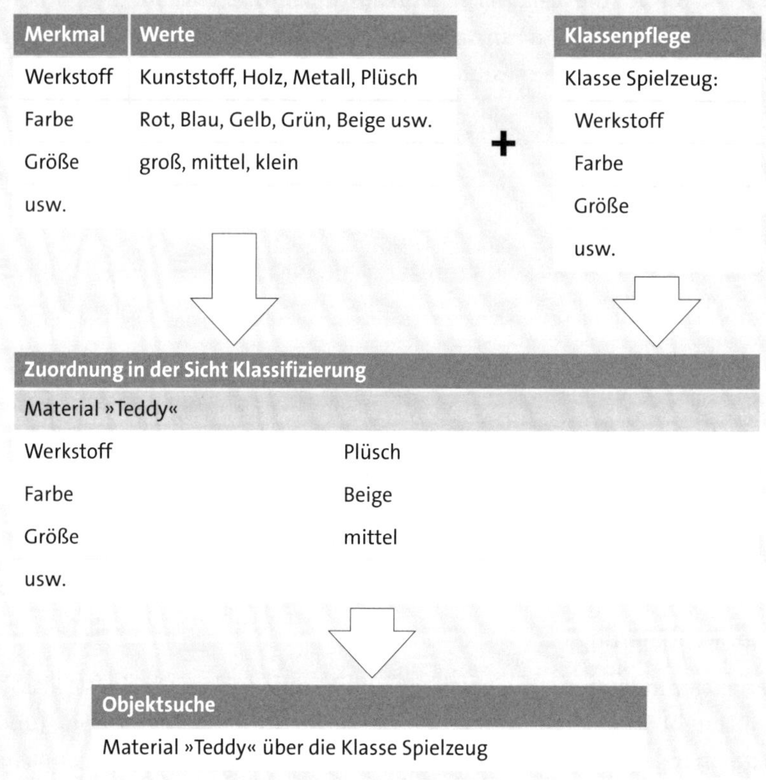

Abbildung 2.33 Die Funktion des Klassensystems

Die Vertriebssichten werden auf der Ebene der Verkaufsorganisationen gepflegt. Diese müssen im Customizing in die Unternehmensstruktur eingebunden werden (siehe Abbildung 2.34).

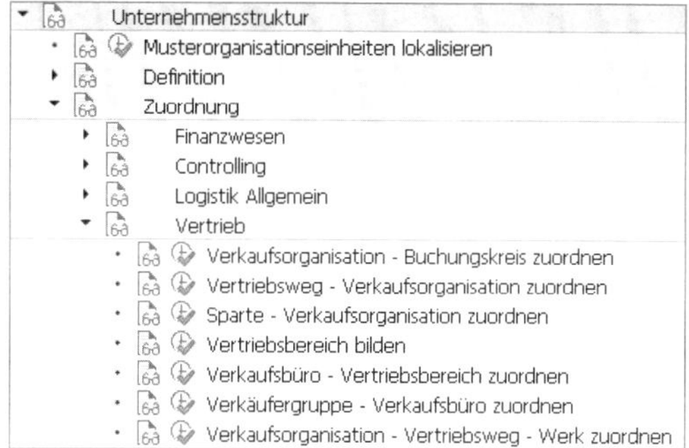

Abbildung 2.34 Vertriebseinheiten im Customizing zuordnen

2.2.4 Sicht »Vertrieb: VerkOrg 1«

Im Materialstamm werden zu jedem Fachbereich individuelle Informationen hinterlegt. Im Kopfbereich der Sicht **Vertrieb** sehen Sie die Verknüpfung des betreffenden Materials zu der Verkaufsorganisation und dem Vertriebsweg, in dem die hier hinterlegten Daten gelten (siehe Abbildung 2.35). Die Sichten zum Vertrieb können wie die folgenden Sichten mehrmals zu einem Materialstamm vorhanden sein. Neben dem Feld **VertrWeg** lassen sich Revisionsstände zum Material über die Schaltfläche (**Anzeigen**) oder die Schaltfläche (**Anlegen**) anzeigen.

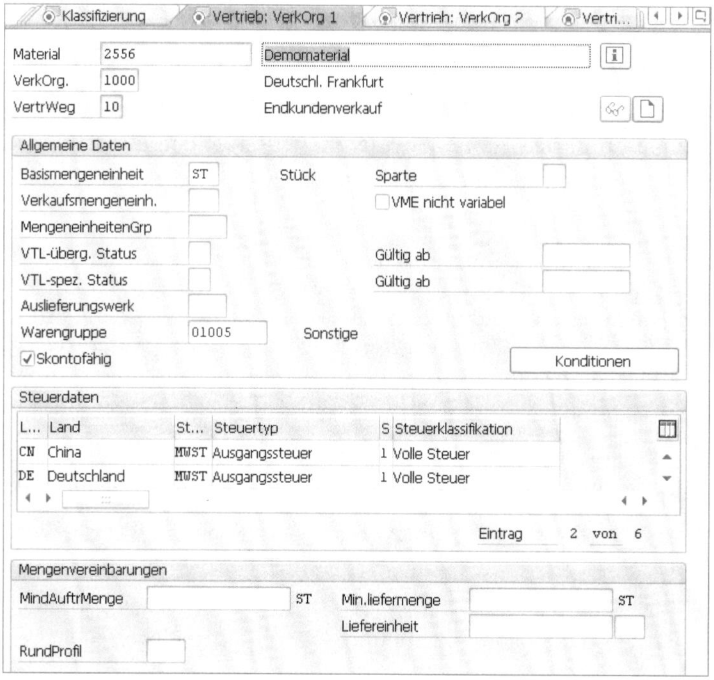

Abbildung 2.35 Sicht »Vertrieb: VerkOrg 1«

Beim Vergleich von Abbildung 2.35 mit Abbildung 2.21 und Abbildung 2.25 fällt auf, dass sich die Sichten rechts von der Sicht **Klassifizierung** geändert haben. Dies geschieht, wenn die Materialart nachträglich um weitere Fachbereiche erweitert wird.

Die Sichten **Vertrieb: VerkOrg 1** und **Vertrieb: VerkOrg 2** werden auf der Ebene der Verkaufsorganisation und Vertriebsweg gepflegt. Die Zuordnung der Verkaufsorganisationen erfolgt im Customizing der Unternehmensstruktur (siehe Abbildung 2.34).

Bereich »Allgemeine Daten«

Der Bereich **Allgemeine Daten** enthält die für den Vertrieb gültigen Basisinformationen:

- **Basismengeneinheit**
  Die Basismengeneinheit wurde bereits in den Grunddaten gepflegt.

[!]

Basismengeneinheit in werksspezifischer Sicht

Eine Änderung in der werksspezifischen Sicht führt zu einer mandantenweiten Änderung. Daher sollte sorgfältig geplant werden, wer die Sicht anlegen oder ändern darf. Alternativ kann das Feld in den werksspezifischen Sichten im Customizing auf **Anzeigen** gestellt werden.

- **Sparte**
  Eine Sparte gruppiert Materialien. Ordnen Sie verschiedene Materialien einer Sparte zu, können Sie für diese Gruppe von Materialien dieselben Einstellungen pflegen. So können Sie z. B. mit einem Kunden Preisvereinbarungen für eine Sparte treffen oder eine Sparte auswerten.

  Die Kombination von Verkaufsorganisation, Vertriebsweg und Sparte ist als Vertriebsbereich definiert.
- **Verkaufsmengeneinh.**
  Für jeden Schritt in der Prozesskette kann eine unterschiedliche Mengeneinheit notwendig sein. Ein Material kann in Kisten eingekauft, auf Paletten gelagert und in Stück verkauft werden. Sollte keine Verkaufsmengeneinheit gepflegt werden, geht das SAP-System davon aus, dass die Verkaufsmengeneinheit der Basismengeneinheit entspricht.
- **VME nicht variabel**
  Wenn Sie das Kennzeichen **VME nicht variabel** (variable Verkaufsmengeneinheit nicht erlaubt) setzen, kann die Mengeneinheit in den Verkaufsbelegen nicht verändert werden.

- **MengeneinheitenGrp**
  Mit diesem Schlüssel können Sie mehrere Mengeneinheiten zu einer Gruppe zusammenfassen. Diese Einstellung ist nur bei der Verwendung von dynamischen Rundungsprofilen von Bedeutung.
- **VTL-überg. Status, Gültig ab**
  Wie mit dem werksübergreifenden Materialstatus kann auch mit dem vertriebslinienübergreifenden Status die Verwendung des Materials eingeschränkt werden. Eine Vertriebslinie ist definiert als organisatorische Einheit aus Verkaufsorganisation und Vertriebsweg. Die Vertriebslinie findet Verwendung in SAP for Retail. In dem Feld **Gültig ab** pflegen Sie genau diesen Wert.
- **VTL-spez. Status**
  Hier nehmen Sie die für diese Vertriebslinie spezifische Statuseinstellung vor. Auch hier haben Sie das Feld, ab wann die Einstellung gültig ist.
- **Auslieferungswerk**
  Von hier aus werden die Kunden mit dem betreffenden Material beliefert. Der Wert dieses Felds wird in die Verkaufsbelege als Vorschlagswert kopiert.
- **Warengruppe**
  Die Warengruppe wurde bereits in **Grunddaten 1** gepflegt. Eine Änderung in dieser Sicht bedeutet eine mandantenweite Änderung.
- **Skontofähig**
  Mit diesem Kennzeichen erlauben Sie die Gewährung von Skonto für das betreffende Material.
- **Konditionen**
  Mit der Schaltfläche **Konditionen** öffnet das SAP-System das in Abbildung 2.36 gezeigte Dialogfenster; hier können Sie Staffelpreise für das betreffende Material pflegen.

Variabler Key

VkOrg	VW...	Material	F	Bezeichnung
1000	10	2556		freigegeben

Gültigkeit

Gültig ab	23.02.2017
Gültig bis	31.12.9999

Steuerung

Bezug	C	Mengenstaffel
Prüfung	A	absteigend

Staffeln

Staffelart	Staffelmenge	ME	Betrag	Einh.	pro	ME
ab		ST		EUR	1	ST

Abbildung 2.36 Staffelpreise anlegen

Bereich »Steuerdaten«

In dem Bereich **Steuerdaten** (siehe Abbildung 2.37) legen Sie die umsatzsteuerliche Handhabung des Materials in jedem Land fest, in dem Sie das Material verkaufen.

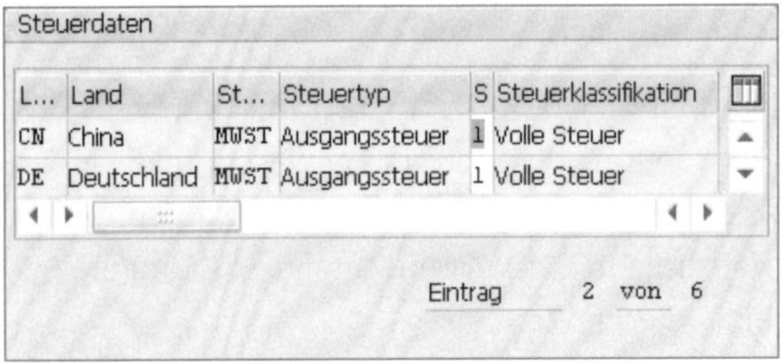

Abbildung 2.37 Steuerdaten anzeigen

Bereich »Mengenvereinbarungen«

Im Bereich **Mengenvereinbarungen** (siehe Abbildung 2.38) legen Sie fest, in welchen vereinbarten Mengen das Material vertrieben werden soll:

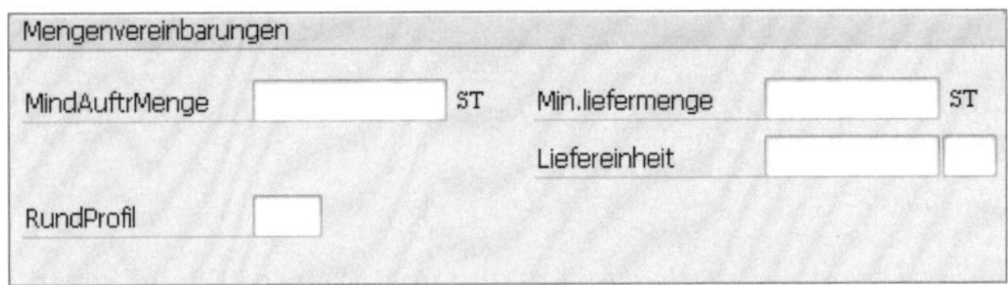

Abbildung 2.38 Mengenvereinbarungen berücksichtigen

- **MindAuftrMenge**
  Die Mindestauftragsmenge in Basismengeneinheit darf bei einem Kundenauftrag nicht unterschritten werden.
- **Min.liefermenge**
  Ebenso darf die Mindestliefermenge in Basismengeneinheit bei der Bearbeitung der Lieferung nicht unterschritten werden.
- **Liefereinheit**
  Es kann nur ein Vielfaches dieser Menge geliefert werden.
- **RundProfil**
  Mit diesem Schlüssel rechnet das SAP-System die Vorschlagsmenge in lieferbare Einheiten um.

2.2.5 Sicht »Vertrieb: VerkOrg 2«

In Abbildung 2.39 sehen Sie die Sicht **Vertrieb: VerkOrg 2**.

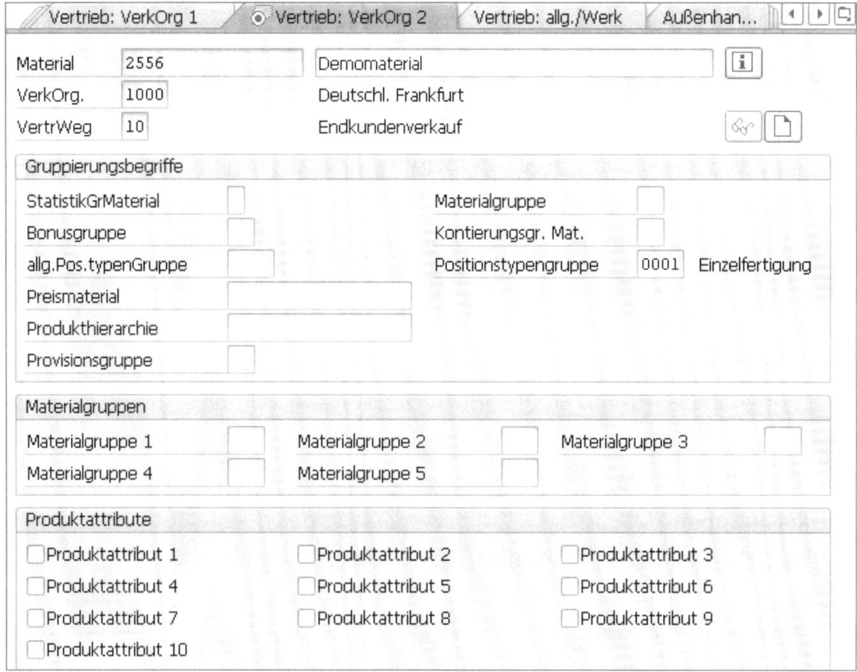

Abbildung 2.39 Sicht »Vertrieb: VerkOrg 2«

Bereich »Gruppierungsbegriffe«

Im Bereich **Gruppierungsbegriffe** werden die Informationen für das Infosystem hinterlegt:

- **StatistikGrMaterial**
  Die Statistikgruppe »Material« wird benötigt, um in einer Kombination von Statistikgruppen des Positionstyps, der Verkaufsbelegart und des Kunden eine Fortschreibungsgruppe zu ermitteln. In dieser Gruppe werden dann die Daten für das Infosystem aufbereitet.
- **Materialgruppe**
  Über die Materialgruppe werden Materialien, für die die gleichen Konditionen gelten, zusammengefasst.
- **Bonusgruppe**
  Wenn Boni gewährt werden, können Materialien, die gleich behandelt werden sollen, in einer Bonusgruppe zusammengefasst werden.
- **Kontierungsgr. Mat.**
  Das SAP-System benutzt diese Information, um aus einer Faktura das Erlöskonto zu ermitteln.

- **allg.Pos.typenGruppe**
  Die Positionstypengruppe dient der Ermittlung der Positionstypen in den Vertriebsbelegen.
- **Positionstypengruppe**
  Wurde in diesem Feld eine Positionstypengruppe eingetragen, hat sie als Einstellung zum Vertriebsweg Vorrang vor der allgemeinen Positionstypengruppe.
- **Preismaterial**
  Hier können Sie ein Material eintragen, das dem SAP-System als Vorlage für die Preisfindung dienen soll.
- **Produkthierarchie**
  Hierbei handelt es sich um eine alphanumerische Zeichenfolge, die für Auswertungen und für die Preisfindung verwendet wird. Es ist eine Gruppierung von Materialien durch die Kombination verschiedener Merkmale.
- **Provisionsgruppe**
  Materialien werden einer Provisionsgruppe zugeordnet, wenn Sie von den gleichen Vertretern vertrieben werden. Die Provisionssätze der Vertreter können dennoch unterschiedlich sein.

Bereich »Materialgruppen« und »Produktattribute«

Im Bereich **Materialgruppen** pflegen Sie Werte zu Auswertungszwecken (siehe Abbildung 2.40).

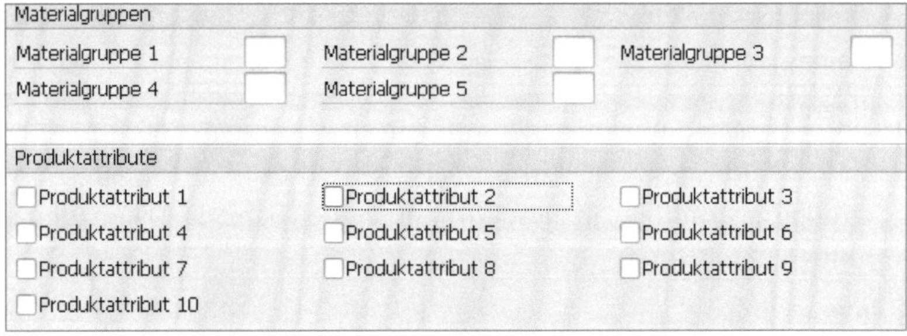

Abbildung 2.40 Materialgruppen und Produktattribute auswählen

Im Bereich **Produktattribute** sind die Produktattribute zusammengefasst; deren Ausprägung definieren Sie im Customizing. Dort geben Sie pro Verkaufsbelegart an, wie das SAP-System reagieren soll, wenn der Kunde das Attribut nicht akzeptiert.

2.2.6 Sicht »Vertrieb: allg./Werk«

Abbildung 2.41 zeigt die Sicht **Vertrieb: allg./Werk**.

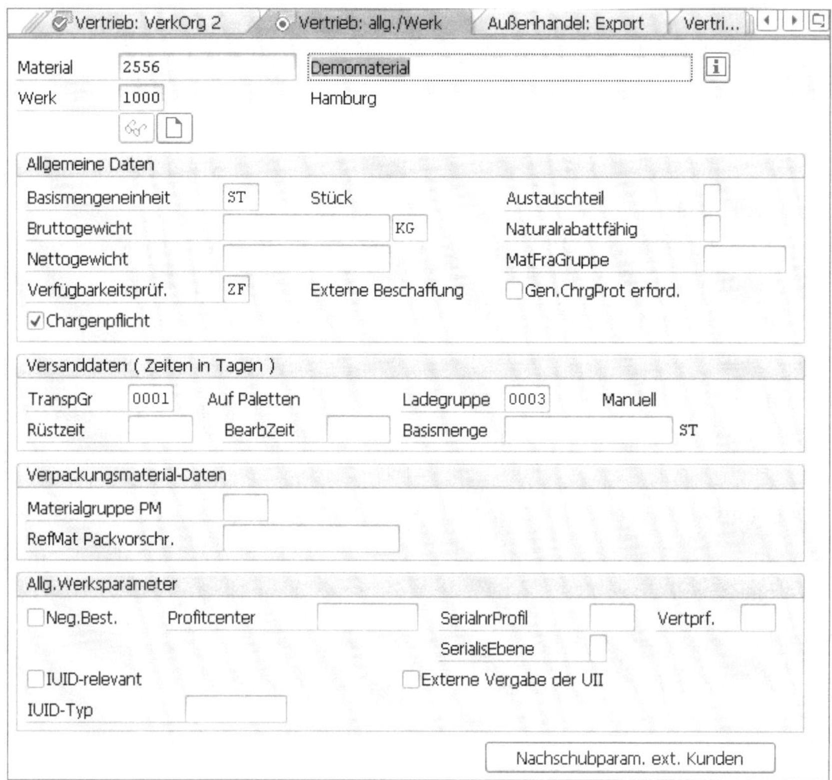

Abbildung 2.41 Sicht »Vertrieb: allg./Werk«

Bereich »Allgemeine Daten«

Der Bereich **Allgemeine Daten** enthält Informationen, die teilweise bereits in Abschnitt 2.2.1, »Sicht ›Grunddaten 1‹«, und Abschnitt 2.2.2, »Sicht ›Grunddaten 2‹«, beschrieben wurden. Im Folgenden werden nur die Felder beschrieben, die in dieser Sicht zum ersten Mal vorkommen:

- **Austauschteil**
  Das Kennzeichen wird vom SAP-System bei der SD-Fakturierung zum Ausweis der Altteilmehrwertsteuer verwendet. Nehmen Sie keinen Eintrag vor, ist das betreffende Teil nicht als Austauschteil vorgesehen. Eintrag **A** bedeutet, dass es ein Austauschteil sein kann, Eintrag **B** bedeutet, dass es sich um ein Austauschteil handelt.
- **Naturalrabattfähig**
  Mit diesem Kennzeichen definieren Sie, in welchen Bereichen das Material naturalrabattfähig sein soll. Damit ein Naturalrabatt genutzt werden kann, muss er ebenfalls in den Konditionen des Einkaufs hinterlegt werden. Derzeit wird der Naturalrabatt nur im Einkauf genutzt.

- **MatFraGruppe**
  Die Materialfrachtgruppe dient primär der Ermittlung von Frachtkosten.
- **Verfügbarkeitsprüf.**
  Die Verfügbarkeitsgruppe regelt, wie das SAP-System die Materialverfügbarkeit prüft.
- **Gen.ChrgProt erford.**
  An diesem Kennzeichen hängt, dass in der Qualitätsprüfung ein Verwendungsentscheid getroffen werden darf, wenn ein genehmigtes Chargenprotokoll vorliegt. Zudem darf in der Bestandsführung eine Chargenzustandsänderung von nicht *frei* zu *frei* erst nach Vorliegen des Protokolls gebucht werden.
- **Chargenpflicht**
  Mit diesem Kennzeichen machen Sie das Material chargenpflichtig.

Bereich »Versanddaten (Zeiten in Tagen)«

Die Parameter für die Versandplanung pflegen Sie im Bereich **Versanddaten (Zeiten in Tagen)**, siehe Abbildung 2.42.

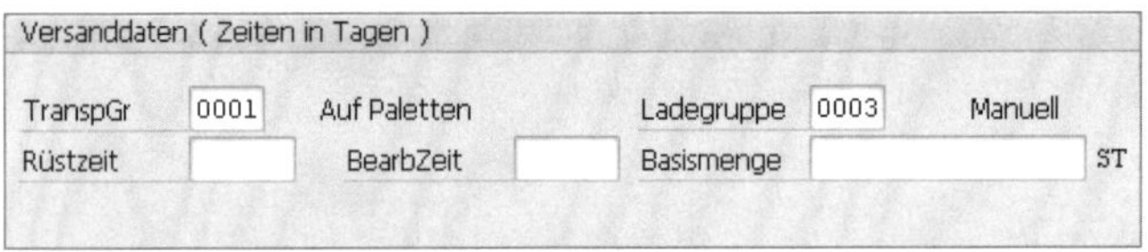

Abbildung 2.42 Versanddaten pflegen

- **TranspGr**
  Die Transportgruppe organisiert Materialien mit gleichen Anforderungen hinsichtlich des Transports oder der Route.
- **Ladegruppe**
  Mit der Ladegruppe gruppieren Sie Materialien für die Verladung.
- **Rüstzeit**
  Die Rüstzeit drückt den Zeitraum aus, den der Versand benötigt, um die Arbeitsplätze einzurichten, an denen das Material bearbeitet wird.
- **BearbZeit**
  Wenn Sie hier eine Versandbearbeitungszeit eingeben, übernimmt das SAP-System die Information für die Terminplanung im Versand.
- **Basismenge**
  Die Versandbearbeitungszeit bezieht sich auf die hier gepflegte Menge des Materials.

Bereich »Verpackungsmaterial-Daten«

Die Daten zur Verpackung hinterlegen Sie im Bereich **Verpackungsmaterial-Daten** (siehe Abbildung 2.43).

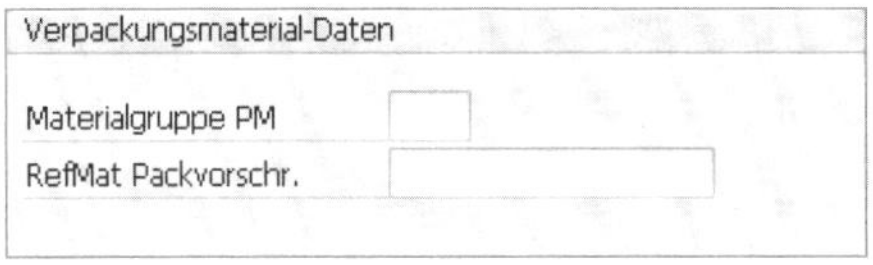

Verpackungsmaterial-Daten
Materialgruppe PM
RefMat Packvorschr.

Abbildung 2.43 Verpackungsdaten pflegen

- **Materialgruppe PM**
  Mit diesem Schlüssel gruppieren Sie Materialien für Verpackungen.
- **RefMat Packvorschr.**
  Hier können Sie ein Material eingeben, das als Vorlage für die Verpackung des betreffenden Materials dienen soll.

Bereich »Allg. Werksparameter«

Die Daten des Bereichs **Allg. Werksparameter** sind auch in der Sicht **Werksdaten/Lagerung2** enthalten und werden dementsprechend in Abschnitt 2.2.20, »Sicht ›Werksdaten/Lagerung2‹«, behandelt.

2.2.7 Sicht »Außenhandel: Export«

Die Sicht für den Außenhandel ist sowohl für den Export als auch für den Import vorhanden. Da die Felder der beiden Sichten identisch sind, werden sie nur in der Sicht **Außenhandel: Import** (siehe Abschnitt 2.2.10, »Sicht ›Außenhandel: Import‹«) beschrieben.

2.2.8 Sicht »Vertriebstext«

In der Sicht **Vertriebstext** kann für jede Sprache ein Text hinterlegt werden, der in Abhängigkeit der Sprache des Kunden in die Belege gedruckt wird.

2.2.9 Sicht »Einkauf«

Im Kopfbereich der Sicht **Einkauf** sehen Sie die Verknüpfung des betreffenden Materials zu dem Werk, in dem die hier hinterlegten Daten gelten (siehe Abbildung 2.44). Die Sicht **Einkauf** ist werksabhängig und kann wie die folgenden Sichten mehrmals im Materialstamm vorhanden sein.

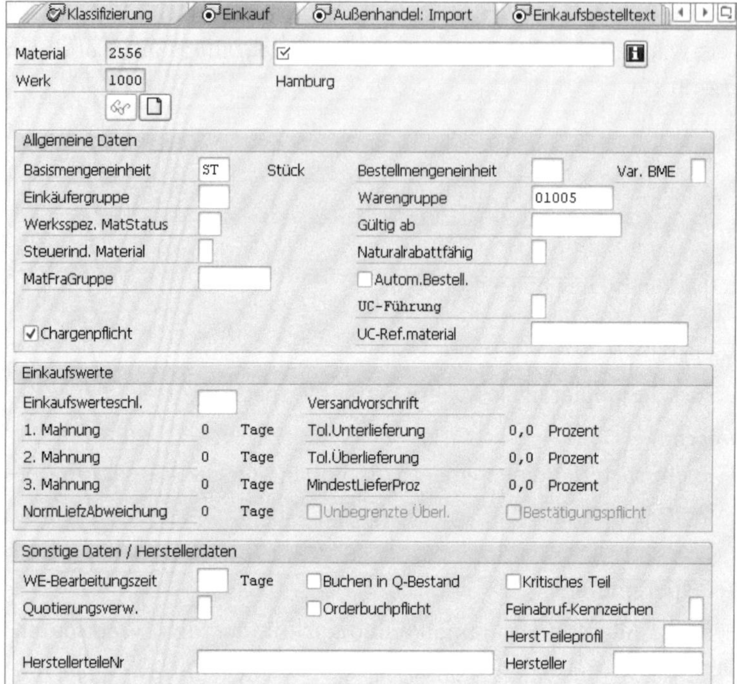

Abbildung 2.44 Sicht »Einkauf«

Die Zuordnung der Einkaufsorganisation(en) zum Werk findet im Customizing statt (siehe Abbildung 2.45 und Abbildung 2.46).

- Unternehmensstruktur
  - Musterorganisationseinheiten lokalisieren
  - Definition
  - Zuordnung
    - Finanzwesen
    - Controlling
    - Logistik Allgemein
    - Vertrieb
    - Materialwirtschaft
      - Einkaufsorganisation - Buchungskreis zuordnen
      - Einkaufsorganisation - Werk zuordnen
      - Standardeinkaufsorganisation - Werk zuordnen
      - Referenzeinkaufsorganisation - Einkaufsorganisation zuordnen

Abbildung 2.45 Pfad im Einführungsleitfaden für die Zuordnungen

Mit den beiden Schaltflächen unterhalb des Felds **Werk** lassen sich Revisionsstände zum Material (**Anzeigen**) oder (**Anlegen**).

Im Kopf der in Abbildung 2.44 gezeigten Sicht **Einkauf** sehen Sie die Felder **Material** und **Werk**, d. h., dass die Werte dieser Sicht auf das Material 2556 nur für das Werk 1000 gelten. Wird das Material für den Einkauf auch in anderen Werken benötigt, müssen Sie mit Transaktion MM01 (**Material anlegen**) weitere **Einkauf**-Sichten anlegen.

Einkaufsorganisation -> Werk zuordnen

EkOr	Bezeichnung	W...	Name 1
1	Zentraleinkauf EU	1000	Hamburg
1	Zentraleinkauf EU	1100	Berlin
1	Zentraleinkauf EU	1200	Dresden
1	Zentraleinkauf EU	1300	Frankfurt
1	Zentraleinkauf EU	1400	Stuttgart
1	Zentraleinkauf EU	2000	Heathrow / Hayes
1	Zentraleinkauf EU	2010	DC London
1	Zentraleinkauf EU	2100	Porto
1	Zentraleinkauf EU	2200	Paris
1	Zentraleinkauf EU	2210	Lyon
1	Zentraleinkauf EU	2220	Centre de Distribution Nantes
1	Zentraleinkauf EU	2230	Centre de Distribution Tours
1	Zentraleinkauf EU	2240	Centre de Distrib Marseille
1000	PurchOrg EMEA	1000	Hamburg
1000	PurchOrg EMEA	1100	Berlin
1000	PurchOrg EMEA	1200	Dresden
1000	PurchOrg EMEA	1300	Frankfurt
1000	PurchOrg EMEA	1400	Stuttgart
1000	PurchOrg EMEA	1500	München
1000	PurchOrg EMEA	1600	Köln

Abbildung 2.46 Einkaufsorganisationen den Werken zuordnen

Bereich »Allgemeine Daten«

Im Folgenden werden die Funktionen und Inhalte der Felder im Bereich **Allgemeine Daten** erläutert:

- **Basismengeneinheit**
  Die Basismengeneinheit wurde bereits in den Grunddaten gepflegt.

Änderung der Basismengeneinheit

Eine Änderung in dieser werksspezifischen Sicht führt zu einer mandantenweiten Änderung. Daher sollte sorgfältig geplant werden, wer die Sicht anlegen oder ändern darf. Alternativ kann das Feld in den werksspezifischen Sichten im Customizing auf **Anzeigen** gestellt werden.

- **Bestellmengeneinheit**
  In dieser Mengeneinheit wird das Material bestellt. Dieses Feld muss nur gepflegt werden, wenn die Bestellmengeneinheit *nicht* der Basismengeneinheit entspricht. Wird das Feld leer gelassen, geht das SAP-System davon aus, dass die Mengeneinheit der Basismengeneinheit entspricht.
- **Var. BME**
  Die variable Bestellmengeneinheit im Materialstammsatz wird in den Einkaufsinfosatz übernommen. Dadurch ist es möglich, in der Bestellung oder dem Orderbuch eine vom Einkaufsinfosatz abweichende Bestellmengeneinheit zu verwen-

den. Über die Information in diesem Feld wird auch gesteuert, ob mit Konditionen pro Bestellmengeneinheit gearbeitet wird.

- **Einkäufergruppe**
  Dieser Eintrag benennt eine Person, Abteilung oder Gruppe von Einkäufern, die für die Einkaufstätigkeit des betreffenden Materials zuständig ist. Der Wert wird als Vorschlagswert in die Einkaufsbelege übernommen.
- **Warengruppe**
  Die Warengruppe fasst Materialien gleicher Eigenschaft zusammen; auf diese Weise können Auswertungen erstellt werden. Mit dem Klassensystem können Sie Warengruppenhierarchien anlegen.
- **Werksspez. MatStatus**
  Existiert in diesem Werk eine Einschränkung in der Verwendung des Materials, wird der werksspezifische Materialstatus gesetzt. Da dieses Feld auch in anderen Sichten (z. B. Qualitätsmanagement) enthalten ist, ist sorgfältig darauf zu achten, wer diese Information pflegt. Die standardmäßig definierten Status sehen Sie in Tabelle 2.3.

Kürzel	Bedeutung
01	Gesperrt für Einkauf, Disposition und Bestandsführung
02	Gesperrt für Arbeitspläne und Stücklisten
BP	Gesperrt für Einkauf
ED	Gesperrt für Einkauf, Disposition, Bestandsführung und Fertigungsaufträge
KA	Gesperrt für Kalkulation (Warnmeldung)
OB	Komplett gesperrt
PI	Frei für Pilotphase (Warnmeldung)

Tabelle 2.3 Kürzel des werksspezifischen Materialstatus

Weitere Status definieren

Im Customizing können weitere Status definiert werden. Der Materialstatus kann auch werksübergreifend in der Sicht **Grunddaten 1** gesetzt werden. Sollte der Materialstatus sowohl werksübergreifend als auch werksspezifisch gesetzt sein, übersteuert die spezielle (werksspezifische) die allgemeine (werksübergreifende) Information.

- **Gültig ab**

  In diesem Feld tragen Sie ein, ab wann der werksspezifische Materialstatus gilt. In der Systemsteuerung nimmt das Datum Einfluss auf den Einkauf und die Bedarfsplanung. Beim Anlegen einer Bestellung prüft das SAP-System das Tagesdatum gegen das Datum in diesem Feld. Wenn die Prüfung ergibt, dass die Bestellung nach dem angegebenen Datum angelegt werden soll, gibt das SAP-System eine Fehlermeldung aus.

Berücksichtigung des Gültig-ab-Datums in der Bedarfsplanung

Bei der Bedarfsplanung wird das Datum nur berücksichtigt, wenn es mit dem Planungsdatum identisch ist bzw. davor liegt. Die Bedarfsplanung wird in Abschnitt 4.1, »Verbrauchsgesteuerte Disposition«, erläutert.

- **Steuerind. Material**
  Der Steuerindikator dient der Auffindung des Steuerkennzeichens in den Einkaufsbelegen. Bei der Preisfindung wird das Steuerkennzeichen automatisch ermittelt. Die Informationen dazu finden sich im Customizing, im Materialstamm (aus diesem Feld), im Einkaufsinfosatz oder direkt im Beleg. Wenn über die Konditionen das Steuerkennzeichen ermittelt wird, hat die Information in diesem Feld Vorrang vor der Information aus dem Einkaufsinfosatz.
- **Naturalrabattfähig**
  Ein *Naturalrabatt* ist ein Rabatt, der durch die Lieferung von Waren geleistet wird. Formen des Naturalrabatts sind *Dreingabe*, *Draufgabe* und *Zugabe*:
  - Bei einer *Dreingabe* bezahlt der Käufer nur einen Teil der von ihm erworbenen Materialien. Der restliche Teil ist kostenlos.
  - Bei der *Draufgabe* bezahlt der Käufer die von ihm gewünschten Materialien und erhält zusätzlich Güter kostenlos.

  Abbildung 2.47 zeigt, in welchen Bereichen das Material naturalrabattfähig ist.

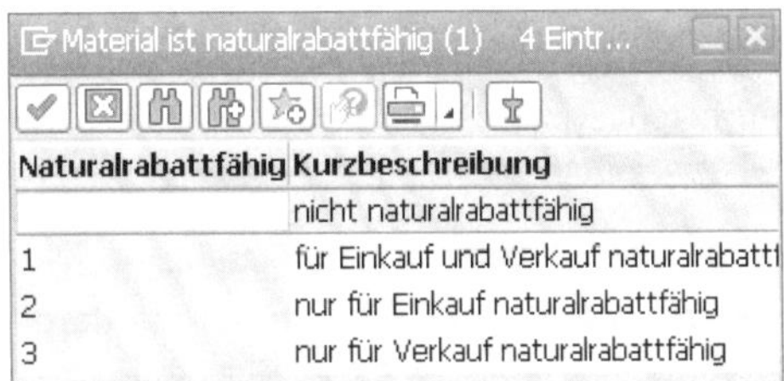

Material ist naturalrabattfähig (1) 4 Eintr...

Naturalrabattfähig	Kurzbeschreibung
	nicht naturalrabattfähig
1	für Einkauf und Verkauf naturalrabattf
2	nur für Einkauf naturalrabattfähig
3	nur für Verkauf naturalrabattfähig

Abbildung 2.47 Naturalrabatteinstellung im Materialstamm

- **MatFraGruppe**
  In der Klassifizierung kann ein Güterartenverzeichnis, das Güterarten und Güterklassen enthält, definiert werden. In dem Feld **MatFraGruppe** (Materialfrachtgruppe) können Sie das Material zuordnen. Auf diese Weise werden Materialien für die Fracht gruppiert.

- **Autom.Bestell.**
  Mit diesem Kennzeichen entscheidet sich, ob eine Bestellanforderung automatisch in eine Bestellung umgewandelt werden kann. Ist dieses Kennzeichen gesetzt, wird die Bestellung automatisch vom SAP-System erzeugt und gesichert, ohne am Bildschirm angezeigt zu werden. Dazu muss das SAP-System eine eindeutige Bezugsquelle ermitteln, und im Stammsatz des Lieferanten muss dieses Kennzeichen ebenfalls gesetzt sein.
- **UC-Führung, UC-Ref.material**
  Das Kennzeichen **Ursprungscharge** wird in der Branchenlösung Mill Products (IS-MP) benötigt. Für weitergehende Informationen sind Bücher und Informationen zu IS-MP verfügbar.
- **Chargenpflicht**
  Dieses Kennzeichen entscheidet, ob das Material chargenpflichtig ist.

Bereich »Einkaufswerte«

Im Bereich **Einkaufswerte** werden Einkaufswerteschlüssel definiert (siehe Abbildung 2.48). Diese entscheiden über Mahntage, Toleranzgrenzen, Versandvorschrift und Auftragsbestätigungspflicht des Materials im Einkauf. Der Eintrag im Materialstammsatz wird in die Einkaufsbelege übertragen und kann dort angepasst werden. Ist im Einkaufsinfosatz ein abweichender Einkaufswerteschlüssel hinterlegt, übersteuert dieser den Wert aus dem Materialstamm.

Einkaufswerte					
Einkaufswerteschl.			Versandvorschrift		
1. Mahnung	0	Tage	Tol.Unterlieferung	0,0	Prozent
2. Mahnung	0	Tage	Tol.Überlieferung	0,0	Prozent
3. Mahnung	0	Tage	MindestLieferProz	0,0	Prozent
NormLiefzAbweichung	0	Tage	☐ Unbegrenzte Überl.	☐ Bestätigungspflicht	

Abbildung 2.48 Einkaufswerteschlüssel definieren

Bereich »Sonstige Daten/Herstellerdaten«

Abschließend betrachten wir noch den Bereich **Sonstige Daten/Herstellerdaten** in der Sicht **Einkauf** (siehe Abbildung 2.49).

Sonstige Daten / Herstellerdaten					
WE-Bearbeitungszeit		Tage	☐ Buchen in Q-Bestand	☐ Kritisches Teil	
Quotierungsverw.	4		☐ Orderbuchpflicht	Feinabruf-Kennzeichen	
				HerstTeileprofil	
HerstellerteileNr				Hersteller	

Abbildung 2.49 Sonstige Daten pflegen

- **WE-Bearbeitungszeit**
  Die Wareneingangsbearbeitungszeit gibt die Anzahl der Arbeitstage an, die nach dem Wareneingang für die Qualitätsprüfung und Einlagerung des betreffenden Materials benötigt werden.
- **Quotierungsverw.**
  Über die Quotierung kann die jeweilige Bezugsquelle zu einem bestimmten Termin oder einer bestimmten Menge vom SAP-System ermittelt werden. Dazu muss über das Kennzeichen in diesem Feld bestimmt werden, welche Mengen bei der Quotierung berücksichtigt werden sollen (siehe Abbildung 2.50). Berücksichtigt werden Mengen aus Bestellungen, Bestellanforderungen, Lieferplänen sowie Plan- und Fertigungsaufträgen.

  In Abschnitt 5.8, »Bezugsquellenermittlung«, und Abschnitt 4.4, »Disposition mit Prognose«, in denen die **Quotierungsverwendung** ebenfalls genutzt werden kann, wird das Verfahren detailliert beschrieben.

  Die Bedeutung der in Abbildung 2.50 zu sehenden Abkürzungen können Sie Tabelle 2.4 entnehmen.

Abbildung 2.50 In der Quotierung zu berücksichtigende Belege auswählen

Kürzel	Bedeutung
Bst	Bestellung
LfP	Lieferplan
Plaf	Planauftrag
Banf	Bestellanforderung
Dispo	Disposition
Auf	Fertigungsauftrag
Rec	Rechnung

Tabelle 2.4 Belege in der Quotierung berücksichtigen

- **Orderbuchpflicht**
  Mit diesem Kennzeichen legen Sie in dem entsprechenden Werk für ein Material fest, dass eine Bezugsquelle im Orderbuch enthalten sein muss, bevor eine Bestellung angelegt werden kann.

  Die Quotierungsverwendung und das Orderbuch werden im Rahmen der automatischen Bezugsquellenfindung (siehe Abschnitt 5.8, »Bezugsquellenermittlung«) benötigt.
- **Buchen in Q-Bestand**
  Mit diesem Kennzeichen legen Sie fest, dass der Wareneingang in den Qualitätsprüfbestand erfolgt. Dieses Kennzeichen wird als Vorschlag in die Bestell- und Wareneingangspositionen übernommen.
- **Kritisches Teil**
  Dieses Kennzeichen hat primär informativen Charakter. Lediglich bei der Stichprobeninventur (siehe Kapitel 6, »Bestandsführung und Inventur«) bewirkt dieses Kennzeichen, dass das Material in den Vollerhebungsraum übernommen wird.
- **Feinabruf-Kennzeichen**
  Zusätzlich zum Einkaufslieferplan kann mit dem Feinabrufkennzeichen festgelegt werden, ob Liefer- und Feinabrufe erzeugt werden können.
- **Herst Teileprofil**
  Um sicherzustellen, dass das Material von einem bestimmten Hersteller geliefert wird, kann dem Lieferanten die Herstellerteilenummer (HTN) mitgeteilt werden. Dazu muss das Profil (siehe Abbildung 2.51), das steuert, welche Vorgänge, Belege und Vorschriften in der HTN-Materialabwicklung berücksichtigt werden sollen, angegeben werden.

Herstellerteileprofil (1) 16 Einträge gefunden

Einschränkungen

HTProf	BezProfil
0000	Keine HTN-Funktionen aktiv
1000	Bestelltext zum HTN-Material
1256	HTN-Text, HTN-Pflicht, QM, Zulassung
1258	Best.Text, HTN-Pflicht, QM-Abw., LIS
2000	HTN-Pflicht bei der Bestellung
2001	HTN-Pflicht + HTN-Infosätze
2046	HTN-Pflicht, Wechsel HTN, Text von HTN
2500	HTN-Pflicht und QM-Abwicklung zur HTN
9999	Alle HTN-Funktionen aktiv

Abbildung 2.51 Herstellerteileprofile

Um mit HTN-Materialien arbeiten zu können, muss im Customizing des Materialstamms (siehe Abbildung 2.52) das Kennzeichen HTN-Pflicht (siehe Abbildung 2.53) gesetzt sein.

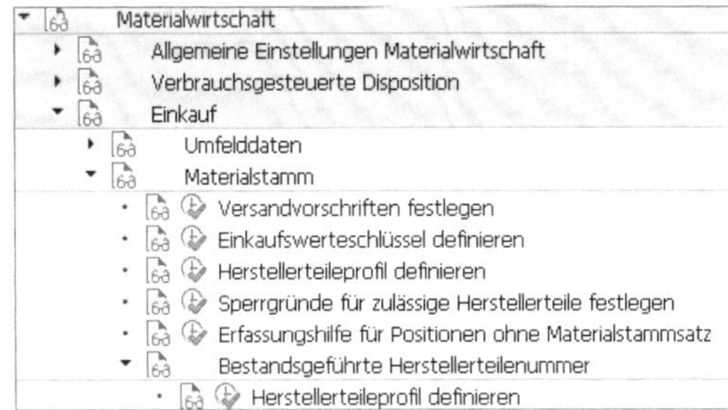

Abbildung 2.52 Einstellung zum HTN-Material im Einführungsleitfaden

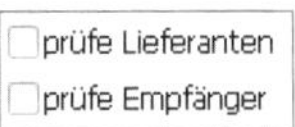

Abbildung 2.53 Einstellungen zum HTN Profil

- **HerstellerteileNr**
  Unter dieser Nummer wird das Material beim Hersteller geführt.
- **Hersteller**
  In dieses Feld wird die Kreditorennummer des Herstellers oder Lieferanten eingetragen.

2.2.10 Sicht »Außenhandel: Import«

Abbildung 2.54 zeigt die Sicht **Außenhandel: Import**.

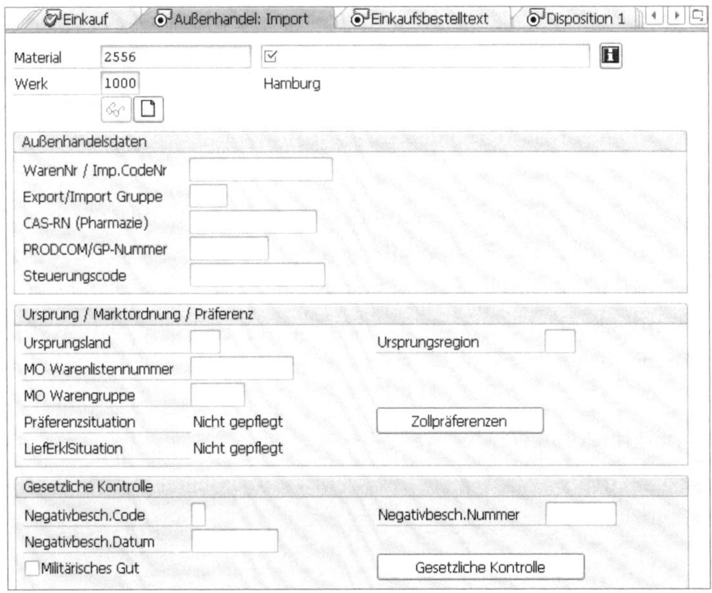

Abbildung 2.54 Sicht »Außenhandel: Import«

Bereich »Außenhandelsdaten«

Zuerst werfen wir einen Blick auf die Daten im Bereich **Außenhandelsdaten**. Dieser Bereich des Materialstammsatzes setzt eine sorgfältige Pflege voraus, um eine effiziente Einfuhrabwicklung zu gewährleisten. Folgende Felder existieren:

- **WarenNr/Imp.Codenr**
  Die Warennummer oder Zolltarifnummer ist ein amtlicher Code gemäß dem »Harmonisierten System zur Bezeichnung und Codierung der Waren«. Dieses System besteht aus ca. 8.000 Codenummern, vergeben von der Weltzollorganisation (WZO). Es handelt sich dabei um eine Klassifizierung von Waren, jedoch nicht von Dienstleistungen.

  Weitergehende Informationen finden Sie unter *http://www.zoll.de/DE/Fachthemen/Zoelle/Zolltarif/Allgemeines/allgemeines_node.html* und *https://de.wikipedia.org/wiki/Internationales_Warenverzeichnis_für_den_Außenhandel*.
- **Export/Import Gruppe**
  Diesen Schlüssel können Sie im Customizing frei definieren. Er dient der Gruppierung von Materialien mit gleichen oder ähnlichen Anforderungen. Dadurch kann das SAP-System Materialgruppen beim Import verwenden, um automatisch ein bestimmtes Importverfahren zu ermitteln.
- **CAS-RN (Pharmazie)**
  Dieser Schlüssel stammt aus einer Liste der von der Weltgesundheitsorganisation (englisch World Health Organization, WHO) vorgegebenen Freinamen (englisch International Nonproprietary Names, INN). Diese Freinamen beschreiben pharmazeutische Stoffe, für die Zollfreiheit gilt.
- **PRODCOM/GP-Nummer**
  Seit 1991 gilt in der EU das Harmonisierte System zur Bezeichnung und Kodierung von Waren, genannt PRODCOM = PRODuction COMmunautaire. Hier können Sie für den Handel innerhalb der EU diese PRODCOM Nummer pflegen.
- **Steuerungscode**
  Neben der Umsatzsteuer gibt es weitere Verbrauchssteuern, die in der EU harmonisiert sind, z. B. Mineralölsteuer. Zudem gibt es länderspezifische Verbrauchssteuern, in Deutschland z. B. auf Kaffee. Wenn Sie mit dem Steuerungscode arbeiten möchten, müssen Sie die entsprechenden Einstellungen im Customizing im Bereich **Nota Fiscal** pflegen.

Bereich »Ursprung/Marktordnung/Präferenz«

Informationen über den **Ursprung/Marktordnung/Präferenz** pflegen Sie im gleichlautenden Bereich (siehe Abbildung 2.55).

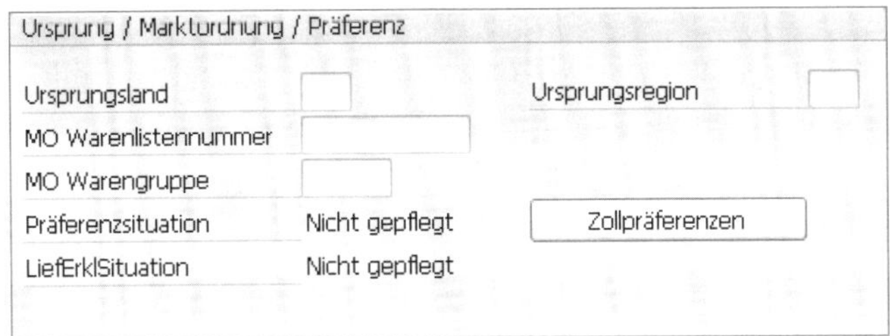

Abbildung 2.55 Marktordnung und Zollpräferenzen pflegen

Die zu pflegenden Informationen sind wie folgt:

- **Ursprungsland**
  Der Schlüssel für das Ursprungsland wird im Außenhandel gesetzlich gefordert.
- **Ursprungsregion**
  Die Ursprungsregion gibt noch genauere Auskunft über die Herkunft des betreffenden Materials. Auch diese Angabe ist bei der Durchführung von Außenhandelsgeschäften notwendig.
- **MO Warenlistennummer**
  Wenn das Material der Marktordnung der EU unterliegt, wird hier die entsprechende Nummer gepflegt.
- **MO Warengruppe**
  Mit der Marktordnungswarengruppe können Sie Materialien gruppieren, die der gleichen Abwicklung bedürfen.
- **Zollpräferenzen**
  Mit der Schaltfläche [Zollpräferenzen] können Sie bei einem vorliegenden Handelsabkommen die vergünstigten Zollgebühren zwischen verschiedenen Staaten oder Wirtschafträumen pflegen.
- **Präferenzsituation**
  Das SAP-System prüft die Zollpräferenzen und gibt den Status der Prüfung an. Die verschiedenen Präferenzkennzeichen sehen Sie in Abbildung 2.56.

Präferenzberechtig.	Kurzbeschreibung
A	Nicht geprüft
B	Geprüft - Preis beeinflußt
C	Generell erlaubt
D	Generell nicht erlaubt
E	Präferenz vorhanden: manuell gesetzt
F	Präferenz nicht vorhanden: manuell gesetzt, Mischbezug

Abbildung 2.56 Präferenzkennzeichen im Außenhandel

- **LiefErklSituation**
  Die Lieferantenerklärung ist Teil der Zollpräferenzen und gibt den Status der Prüfung an.

Bereich »Gesetzliche Kontrolle«

Im Bereich **Gesetzliche Kontrolle** (siehe Abbildung 2.57) werden über die Klassifizierung von Materialien Informationen zu deren Status gepflegt, ob und – wenn ja – welche gesetzlichen Vorgaben zutreffen:

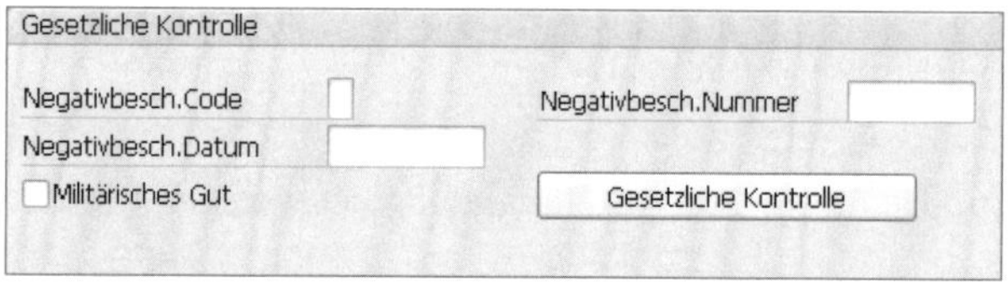

Gesetzliche Kontrolle
Negativbesch.Code
Negativbesch.Nummer
Negativbesch.Datum
Militärisches Gut
Gesetzliche Kontrolle

Abbildung 2.57 Bereich »Gesetzliche Kontrolle«

- **Negativbesch.Code**
  Hier pflegen Sie die Negativbescheinigung. Sie ist das Kennzeichen für die gesetzliche Kontrolle.
- **Negativbesch.Nummer**
  Die Behörden vergeben eine Nummer für die Negativbescheinigung. Diese müssen Sie hier eintragen.
- **Negativbesch.Datum**
  Um die Dokumentation der Negativbescheinigung abzuschließen, muss hier noch das Datum eingetragen werden.
- **Gesetzliche Kontrolle**
  Die Schaltfläche [Gesetzliche Kontrolle] ermöglicht die Materialklassifizierung für den Außenhandel.
- **Militärisches Gut**
  Wenn Sie dieses Kennzeichen setzen, unterwerfen Sie das Material der speziellen Kontrolle der Behörden. In Deutschland unterliegen so gekennzeichnete Produkte dem Kriegswaffenkontrollgesetz.

2.2.11 Sicht »Einkaufsbestelltext«

In der Sicht **Einkaufsbestelltext** (siehe Abbildung 2.58) können Sie pro Sprache einen Einkaufsbestelltext hinterlegen. Dieser wird in die Einkaufsbelege in Abhängigkeit des Sprachenschlüssels des Lieferanten kopiert.

Sollte im Einkaufsinfosatz ein abweichender Text gepflegt sein, übersteuert dieser den Text aus dem Materialstamm.

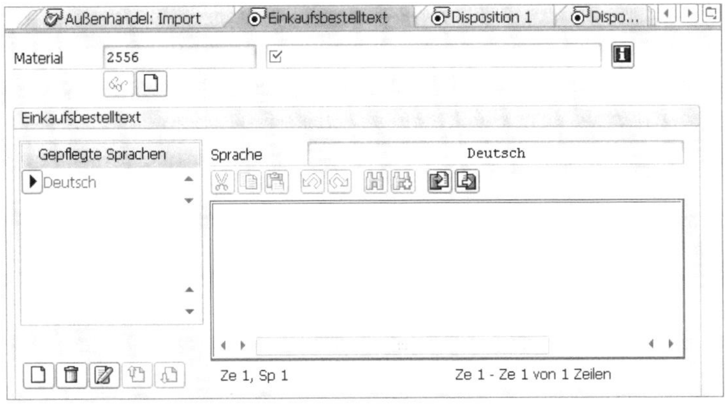

Abbildung 2.58 Sicht »Einkaufsbestelltext«

2.2.12 Sicht »Disposition 1«

In einem Unternehmen ist die Bereitstellung von Materialien, z. B. für den Verkauf oder die Produktion notwendig. Um diese Bereitstellung effektiv planen zu können, müssen Sie die Informationen zur Disposition in den Sichten Disposition 1–4 pflegen.

Abbildung 2.59 zeigt die Sicht **Disposition 1**. Die Basis für die Disposition wird im Materialstamm gelegt.

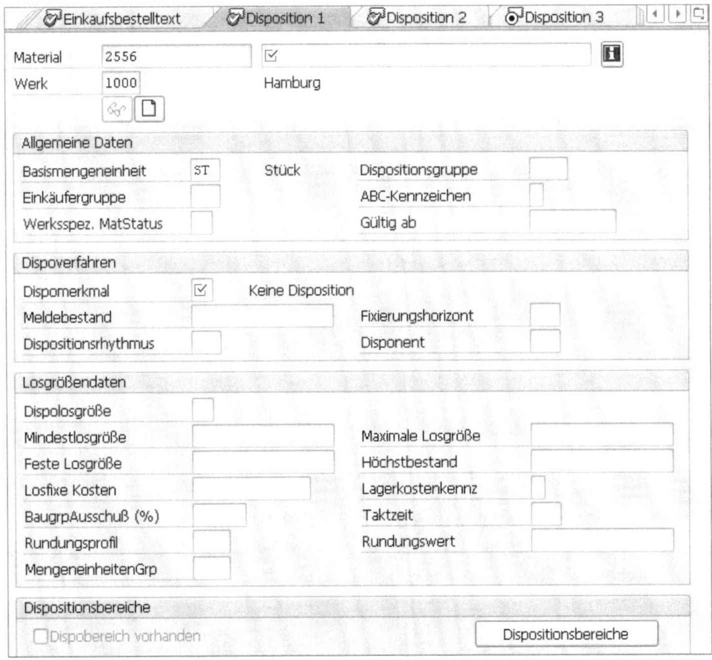

Abbildung 2.59 Sicht »Disposition 1«

Die Sichten **Disposition 1** bis **Disposition 3** werden auf der Werksebene angelegt; die Sicht **Disposition 4** kann darüber hinaus auch noch auf der Lagerortebene angelegt werden.

Weiterführende Informationen

Die Materialbedarfsplanung oder Disposition wird in Kapitel 4, »Grundlagen der verbrauchsgesteuerten Disposition«, ausführlich dargestellt und beschrieben. Weitere Informationen zur Materialdisposition finden Sie bei Gulyássy u. a.: Disposition mit SAP, SAP PRESS 2014.

Bereich »Allgemeine Daten«

Im Bereich **Allgemeine Daten** finden Sie eine Reihe von Feldern, die Sie bereits in anderen Sichten pflegen konnten. Hier stellt sich immer die Frage, wer für die Pflege solcher Felder zuständig ist, da eine Änderung der Werte immer in allen betroffenen Sichten geändert wird:

- **Basismengeneinheit**
  Das Feld **Basismengeneinheit** ist bereits in den Grunddaten gepflegt worden. Eine Änderung in diesem Feld hätte mandantenweite Auswirkungen.
- **Dispositionsgruppe**
  Sollte dieses Feld nicht gepflegt sein, erfolgt die die Zuordnung des Materials zu einer Dispositionsgruppe über die Materialart. Dafür muss im Customizing die Materialart als Dispositionsgruppe gepflegt sein. In einer Dispositionsgruppe können Steuerungsparameter definiert werden, die von den Werksparametern abweichen. Diese Definitionen müssen im Customizing definiert werden.
- **ABC-Kennzeichen**
  Über die Einstufung der Materialien wird deren Wichtigkeit katalogisiert. Dies ist für die Schichteinteilung der Stichprobeninventur notwendig.
- **Einkäufergruppe, Werksspez. MatStatus, Gültig ab**
  Diese Felder wurden bereits in der Sicht **Einkauf** beschrieben.

Bereich »Dispoverfahren«

Im Bereich **Dispoverfahren** (siehe Abbildung 2.60) treffen Sie die Entscheidung, wie die Materialbedarfsplanung für das betreffende Material stattfindet.

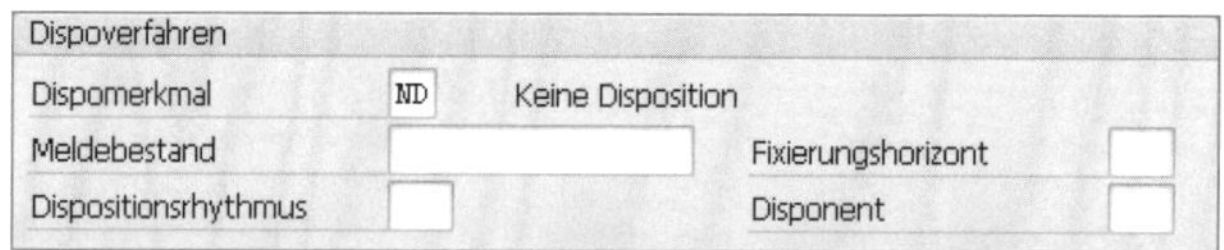

Abbildung 2.60 Materialbedarfsplanung verwalten

Folgende Einstellungen können Sie vornehmen:

- **Dispomerkmal**
  Über das Dispositionsmerkmal entscheiden Sie, wie das betreffende Material disponiert wird. Tabelle 2.5 stellt die drei Dispositionsverfahren vor, die im SAP-System zur Verfügung stehen.

Dispositionsverfahren	Bedeutung
verbrauchsgesteuerte Disposition	Dieses Verfahren bezieht sich auf die Verbrauchswerte der Vergangenheit und errechnet, darauf basierend, den zukünftigen Bedarf. Die Beschaffung wird entweder durch die Unterschreitung des Meldebestands oder der Prognosebedarfe angestoßen.
plangesteuerte oder deterministische Disposition	Dieses Verfahren greift auf die Daten der Ist-Bestände und geplanten Materialbewegungen (z. B. Kundenaufträge, Reservierungen, Planbedarfe, geplante Zugänge usw.) zu. Diese Zahlen können Sie auch für die Prognose des zukünftigen, auch ungeplanten Bedarfs verwenden.
Leitteileplanung	Dieses Verfahren ist ein Spezialfall der plangesteuerten Disposition. Sie können Materialien mit einer hohen Wichtigkeit für die betrieblichen Prozesse als Leitteile kennzeichnen; diese Teile werden separat geplant. Da die Leitteile eine hohe Kapitalbindung verursachen, wird die Kapitalbindung über eine gesonderte Leitteileplanung reduziert.

Tabelle 2.5 Übersicht über die Dispositionsverfahren im SAP-System

- **Meldebestand**
  Der Meldebestand wird nur bei der Bestellpunktdisposition benötigt. Mit dem Unterschreiten der hier eingetragenen Menge löst das SAP-System eine Planvormerkung aus.

  Die Bestellpunktdisposition kann manuell angestoßen werden, indem Sie hier den Meldebestand eintragen. Über die Prognoserechnung kann dieses Feld aber auch automatisiert gepflegt werden. Wenn Sie die Sicht des Materials neu anlegen und das Material auch ohne erfolgte Prognose beplant werden soll, müssen Sie bei dessen Anlage einen manuellen Meldebestand eintragen.
- **Fixierungshorizont**
  Der Fixierungshorizont ist der Zeitraum, in dem keine automatisierte Änderung der Bedarfsplanung erfolgt; er wird in Arbeitstagen gepflegt.
- **Dispositionsrhythmus**
  Der Dispositionsrhythmus wird im Customizing der Bedarfsplanung als Planungskalender gepflegt. Über ihn steuern Sie, an welchen Tagen das Material disponiert wird.

- **Disponent**
  Dies ist der Schlüssel, der den oder die Gruppe von Disponenten angibt, die für die Planung des betreffenden Materials zuständig sind.

Bereich »Losgrößendaten«

In dem Bereich **Losgrößendaten** werden die den Dispositionsberechnungen zugrunde liegenden Daten gepflegt (siehe Abbildung 2.61):

Losgrößendaten			
Dispolosgröße			
Mindestlosgröße		Maximale Losgröße	
Feste Losgröße		Höchstbestand	
Losfixe Kosten		Lagerkostenkennz	
BaugrpAusschuß (%)		Taktzeit	
Rundungsprofil		Rundungswert	
MengeneinheitenGrp			

Abbildung 2.61 Losgrößendaten pflegen

- **Dispolosgröße**
  Mit diesem Schlüssel legen Sie fest, nach welchem Losgrößenverfahren das SAP-System die zu beschaffende oder zu fertigende Menge im Rahmen der Disposition errechnet.
- **Losgrößen**
  Für die unterschiedlichen Dispositionsverfahren werden unterschiedliche Berechnungsgrundlagen benötigt. Diese werden über die verschiedenen Losgrößenfelder bereitgestellt:
  - Das Feld **Mindestlosgröße** gibt an, welche Menge bei der Beschaffung mindestens beschafft werden muss.
  - Das Feld **Maximale Losgröße** nennt die Menge des Materials, die bei der Beschaffung nicht überschritten werden darf.
  - Das Feld **Feste Losgröße** bezeichnet die exakte Menge, die beschafft werden muss.
  - Das Feld **Höchstbestand** gibt die Menge des Materials an, die in diesem Werk nicht überschritten werden darf. Diese Feldinformation wird nur bei dem Losgrößenverfahren »Auffüllen bis Höchstbestand« benötigt.
- **Losfixe Kosten, Lagerkostenkennz**
  Im Feld **Losfixe Kosten** geben Sie die Beschaffungskosten, die bei jeder Bestellung oder jedem Fertigungsauftrag (unabhängig von der beschafften Menge) anfallen, an. Das Feld **Lagerkostenkennz** gibt einen Prozentsatz an, der die Lagerkosten des Materials mengenabhängig ausdrückt. Diese Informationen werden nur beim optimierenden Losgrößenverfahren zur Berechnung der Losgröße benötigt.

- **BaugrpAusschuß (%)**
  Der Baugruppenausschuss in Prozent ist eine Angabe über die erwartete Höhe des Ausschusses in der Fertigung des betreffenden Materials. Bei der Losgrößenberechnung erhöht das SAP-System die zu fertigende Menge um den hier gepflegten Wert.
- **Taktzeit**
  Wenn eine Bedarfsmenge nicht mit einem Materialzugang gedeckt wird, müssen mehrere Zugänge geplant werden. Durch die Pflege der Taktzeit können Sie zeitliche Verschiebungen der Zugangselemente planen.
- **Rundungsprofil**
  Das Rundungsprofil ist der Schlüssel, mit dem das SAP-System die zu beschaffende Menge der lieferbaren Menge anpasst. Dazu müssen Sie im Customizing pro lieferbarer Einheit einen Schwellenwert angeben, ab dem auf die nächste Einheit aufgerundet wird.
- **Rundungswert**
  Der Rundungswert wird nur dann vom SAP-System benötigt, wenn kein Rundungsprofil angegeben ist. In diesem Falle wird die Beschaffungsmenge auf ein Vielfaches dieses Werts aufgerundet.
- **MengeneinheitenGrp**
  Mit diesem Schlüssel fassen Sie verschiedene Mengeneinheiten zu einer Gruppe zusammen. Damit können Sie z. B. bei Geschäftspartnern verwendete Mengeneinheiten angeben. Wenn beim Runden ein dynamisches Rundungsprofil verwendet wird, in dem **prüfe Lieferanten** oder **prüfe Empfänger** markiert ist, werden nur die in der Mengeneinheitengruppe definierten Mengeneinheiten gerundet.

Dispositionsbereiche

Wenn in einem Werk unterschiedliche Dispositionsbereiche und Fachabteilungen organisiert sind, kann auch die Notwendigkeit von unterschiedlichen Beschaffungsplanungen existieren. Hierzu werden im Customizing Dispositionsbereiche definiert, die hier hinterlegt werden. Klicken Sie auf die Schaltfläche **Dispositionsbereiche**, öffnet sich das in Abbildung 2.62 gezeigte Dialogfenster **Übersicht: Dispobereiche**.

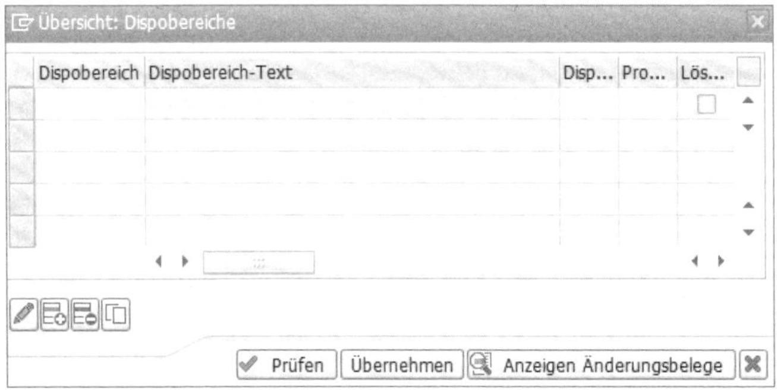

Abbildung 2.62 Dispositionsbereichspflege im Materialstamm

2.2.13 Sicht »Disposition 2«

Die Sicht **Disposition 2** regelt die Beschaffung des Materials (siehe Abbildung 2.63).

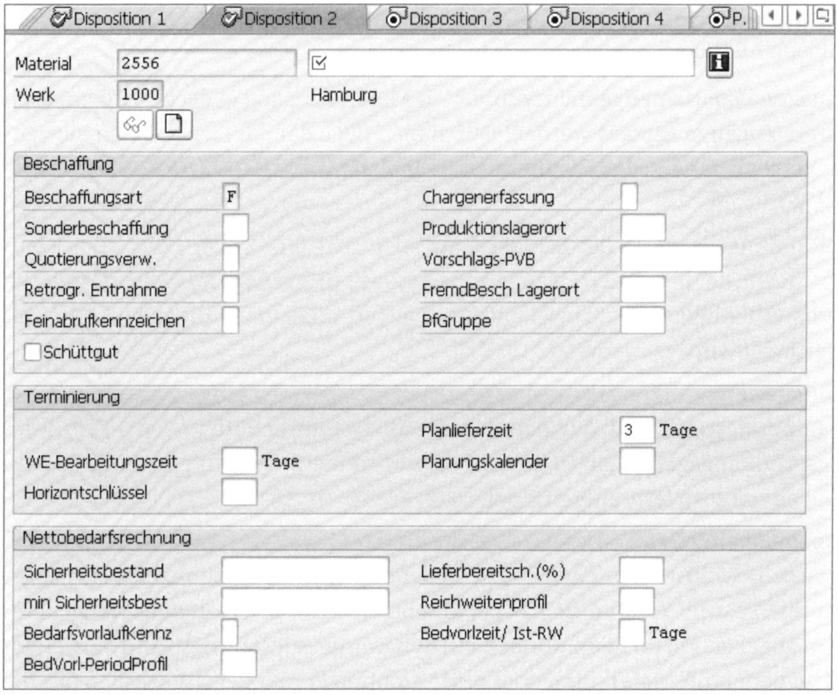

Abbildung 2.63 Sicht »Disposition 2«

Bereich »Beschaffung«

Der Bereich **Beschaffung** enthält neben der Beschaffungsart auch Informationen zu Lagerung und Verbrauch:

- **Beschaffungsart**

  Die Einstellung zur Beschaffungsart nehmen Sie im Customizing der Materialart vor.

  Dort verbieten oder erlauben Sie den Einkauf/Fremdbeschaffung oder die Eigenfertigung von Materialien der betreffenden Materialart. Das Kennzeichen **2** bedeutet, dass diese Beschaffungsart erlaubt ist; das Kennzeichen **0** zeigt an, dass diese Beschaffungsart verboten ist. Das Kennzeichen **1** erlaubt die Beschaffungsart, allerdings gibt das SAP System eine Warnmeldung aus. Da für Materialien dieser Materialart (siehe Abbildung 2.64) lediglich die externe Beschaffung erlaubt ist, wird das Kennzeichen **F** (Fremdbeschaffung) im Feld **Beschaffungsart** nur angezeigt). Wäre auch die interne Beschaffung erlaubt, wäre das Feld änderbar und Sie könnten die Einstellung zu diesem Material anpassen.

Interne/Externe Bestellungen	
Ext. Bestellungen	2
Int. Bestellungen	0

Abbildung 2.64 Einstellungen zur Beschaffung der Materialart TEMM

- **Sonderbeschaffung**
  Die Sonderbeschaffungsformen werden in Abschnitt 5.6.1, »Sonderbeschaffungsschlüssel im Materialstammsatz«, erläutert. Hier stellen Sie ein, ob und welche Sonderbeschaffung für das betreffende Material Anwendung findet. Beispielhaft wird das Material zwar fremdbeschafft, aber nur als Konsignationsmaterial.
- **Chargenerfassung**
  Mit diesem Kennzeichen entscheiden Sie, wann eine Chargennummer vergeben wird (siehe auch Abbildung 2.65).

Chargenerfassung	Kurzbeschreibung
	Charge beim WA, keine Rückmeldung erforderlich
1	Manuelle Chargenfindung bei Auftragsfreigabe erforderlich
2	Charge nicht im Fert.-/Prozeßauftrag erf., Rückmeldung erfd.
3	Automatische Chargenfindung bei Auftragsfreigabe

Abbildung 2.65 Chargenerfassung steuern

- **Produktionslagerort**
  Wenn das Material eigengefertigt wird, übernimmt das SAP-System den betreffenden Lagerort in den Planauftrag, in den Fertigungsauftrag oder in die Produktionseinteilung.
- **Quotierungsverw.**
  Das Feld **Quotierungsv.** (Quotierungsverwendung) wird in der Sicht **Einkauf** beschrieben.
- **Vorschlags-PVB**
  Der Produktionsversorgungsbereich ist ein Schnittstellenlagertyp zwischen der Lagerverwaltung (WM) und der Produktion (PP). Hier werden die für die Produktion notwendigen Materialien bereitgestellt.
- **Retrogr.Entnahme**
  Retrograde Entnahme heißt, dass das Material als Teil einer Stückliste in der Fertigung erst bei der Rückmeldung des Fertigungsauftrags als bestandsmindernder Verbrauch gebucht wird.
- **FremdBesch Lagerort**
  Der Wert dieses Felds wird in der von der Disposition erzeugten Bestellanforderung vorgeschlagen.

- **Feinabrufkennzeichen**
  Mit diesem Kennzeichen steuern Sie, ob für das betreffende Material, wenn es über einen Lieferplan beschafft wird, zusätzlich zu den Lieferabrufen auch Feinabrufe erzeugt werden können.
- **BfGruppe**
  Die Bestandsfindungsgruppe wird in der Serienfertigung verwendet. Mit ihr und der Bestandsfindungsregel wird im Customizing eine Bestandfindungsregel definiert.
- **Schüttgut**
  Wenn Sie das Material als Schüttgut deklarieren, steht es als loses Material in der Fertigung direkt am Arbeitsplatz zur Verfügung (z. B. Nieten, Schrauben, Fette usw.). In diesem Fall wird der Sekundärbedarf nicht mehr disponiert. Daher sollten Schüttgutmaterialien verbrauchsgesteuert disponiert werden.

Bereich »Terminierung«

Im Bereich **Terminierung** (siehe Abbildung 2.66) werden die für die Planung notwendigen Informationen zu den zeitlichen Einflussfaktoren auf die Disposition des Materials hinterlegt:

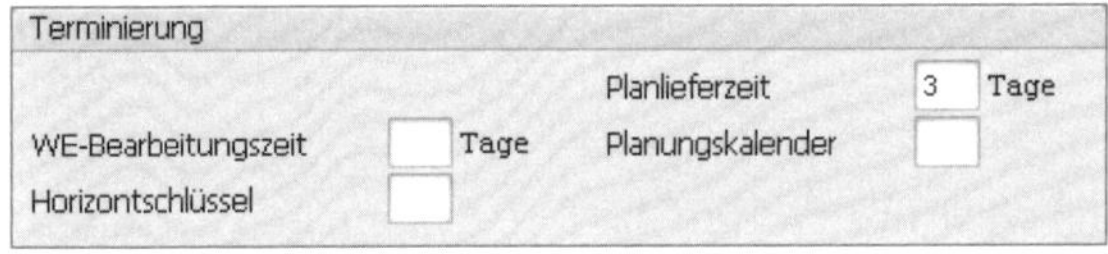

Abbildung 2.66 Dispositionsbezogene Zeiträume festlegen

- **Planlieferzeit**
  Die Planlieferzeit ist der Zeitraum, der durchschnittlich vom Zeitpunkt der Bestellung bis zur Lieferung vergeht. Sie wird in Kalendertagen gepflegt.
- **WE-Bearbeitungszeit**
  Nachdem das Material geliefert worden ist, erfolgt die Einlagerung. Eventuell ist auch eine Qualitätsprüfung notwendig. Die Gesamtzahl notwendiger Arbeitstage, um das Material intern von der Anlieferung bis zur Bereitstellung zu bearbeiten, wird hier eingetragen.
- **Planungskalender**
  Hier pflegen Sie den Kalender, den das SAP-System bei der plangesteuerten oder rhythmischen Disposition verwendet.
- **Horizontschlüssel**
  Der Horizontschlüssel für Pufferzeiten legt die Zeitpuffer für den Eröffnungshorizont (Zeitraum zwischen der Umwandlung einer Bestellanforderung in eine Bestellung bei externer Beschaffung oder zwischen der Umwandlung eines Plan-

auftrags in einen Fertigungsauftrag bei interner Beschaffung), für die Sicherheitszeit (bei Eigenfertigung die Anzahl der Arbeitstage, die als Puffer zwischen dem terminierten Ende und dem Eckendtermin eines Fertigungsauftrags liegt), für die Vorgriffszeit (bei Eigenfertigung die Anzahl der Arbeitstage, die als Puffer zwischen dem Erhalt und der Einlagerung des Materials liegt) und für den Freigabehorizont (die Anzahl der Arbeitstage zwischen dem geplanten Starttermin des Fertigungsauftrages und dem Termin der Fertigungsauftragsfreigabe) fest.

Bereich »Nettobedarfsrechnung«

Nachdem wir die zeitlichen Berechnungsgrundlagen der Disposition im Bereich **Terminierung** besprochen haben, wenden wir uns jetzt den mengenabhängigen Berechnungsgrundlagen im Bereich **Nettobedarfsrechnung** zu (siehe Abbildung 2.67):

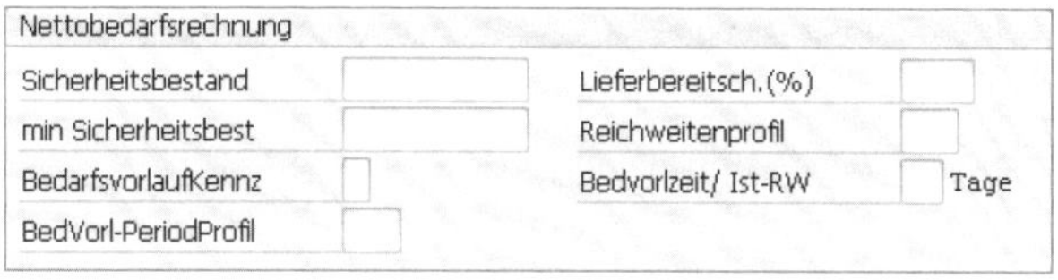

Nettobedarfsrechnung			
Sicherheitsbestand		Lieferbereitsch.(%)	
min Sicherheitsbest		Reichweitenprofil	
BedarfsvorlaufKennz		Bedvorlzeit/ Ist-RW	Tage
BedVorl-PeriodProfil			

Abbildung 2.67 Daten zur Nettobedarfsrechnung eintragen

- **Sicherheitsbestand**
  Der Sicherheitsbestand hat die Aufgabe, auch in Zeiten erhöhten Bedarfs oder stockenden Nachschubs Leerläufe durch fehlendes Material zu vermeiden.
- **Lieferbereitsch.(%)**
  Diese Information über die Lieferbereitschaft in Prozent dient dem SAP-System zur automatischen Berechnung des Sicherheitsbestands. Dieser Wert gibt an, wie viel Prozent des benötigten Materials durch den Lagerbestand gedeckt sein soll.
- **min Sicherheitsbest**
  Im Feld **min Sicherheitsbest** (Mindestsicherheitsbestand) pflegen Sie die Menge des Materials im Lager, die nicht unterschritten werden darf.
- **Reichweitenprofil**
  Das Reichweitenprofil wird im Customizing der Bedarfsplanung eingestellt. Es enthält die Parameter zur Berechnung des Sicherheitsbestands.
- **BedarfsvorlaufKennz**
  Mit dem Bedarfsvorlaufkennzeichen (siehe Abbildung 2.68) entscheiden Sie, ob und – wenn ja – wofür Sie einen Bedarfsvorlauf in der Bedarfsplanung aktivieren.

BedarfsvorlaufKennz	Kurzbeschreibung
	Bedarfsvorlauf nicht berücksichtigen
1	Bedarfsvorlauf für Primärbedarf
2	Bedarfsvorlauf für alle Bedarfe

Abbildung 2.68 Bedarfsvorlaufkennzeichen setzen

[»]

Bedarfsvorlaufperiodenprofil

Das Bedarfsvorlaufperiodenprofil definieren Sie im Customizing der Bedarfsplanung.

- **Bedvorlzeit/Ist-RW**
  Mit der Bedarfsvorlaufzeit/Ist-Reichweite geben Sie die Arbeitstage an, um die die Bedarfe in der Bedarfsplanung vorgezogen werden.
- **BedVorl-PeriodProfil**
  Das Bedarfsvorlaufperiodenprofil definieren Sie im Customizing der Bestandsführung. Es enthält die Zeiträume mit den für den jeweiligen Zeitraum gültigen Parametern der Bedarfsvorlaufzeit/Ist-Reichweite. Damit können Sie z. B. saisonale Schwankungen ausgleichen.

2.2.14 Sicht »Disposition 3«

Die Sicht **Disposition 3** hat die Parameter zur Planung im Werk zum Inhalt.

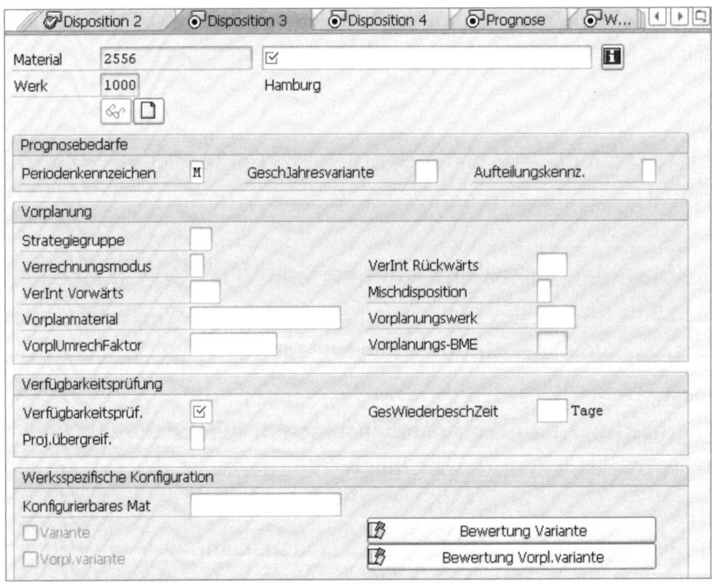

Abbildung 2.69 Sicht »Disposition 3«

Bereich »Prognosebedarfe«

Die Parameter zur Erstellung von Prognosen sind im Bereich **Prognosebedarfe** zu hinterlegen:

- **Periodenkennzeichen**
  Mit dem Periodenkennzeichen (siehe Abbildung 2.70) legen Sie fest, in welchen Intervallen die Werte der Verbräuche und Prognosen fortgeschrieben werden.

Periodenkennzeichen	Kurzbeschreibung
P	Periode laut Geschäftsjahresvariante
M	Monatlich
W	Wöchentlich
T	Täglich
	Initialwert
K	Periode laut Planungskalender

Abbildung 2.70 Periodenkennzeichen im SAP-Standard

- **GeschJahresvariante**
  Die Geschäftsjahresvariante wird im Customizing der Buchhaltung gepflegt. Sie kann bis zu vier Sonderperioden enthalten. Im Standard ist das Geschäftsjahr gleich dem Kalenderjahr. Wenn es sich bei Ihnen um ein abweichendes Geschäftsjahr handelt, müssen Sie im Customizing den Buchungsperioden Kalendermonate zuordnen.
- **Aufteilungskennz.**
  Wenn Sie ein Periodenkennzeichen, das nicht einem Tag entspricht, gesetzt haben, können Sie mit dem Aufteilungskennzeichen für die stochastische Disposition den Prognosebedarf in kleinere Zeitintervalle aufteilen.

Bereich »Vorplanung«

Die für die Materialvorplanung notwendigen Daten pflegen Sie im Bereich **Vorplanung** (siehe Abbildung 2.71):

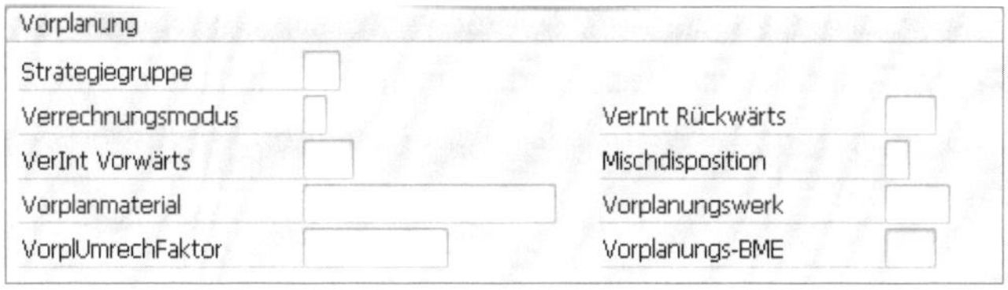

Vorplanung			
Strategiegruppe			
Verrechnungsmodus		VerInt Rückwärts	
VerInt Vorwärts		Mischdisposition	
Vorplanmaterial		Vorplanungswerk	
VorplUmrechFaktor		Vorplanungs-BME	

Abbildung 2.71 Daten zur Materialvorplanung eintragen

- **Strategiegruppe**
  Die Strategiegruppe wird im Customizing der Programmplanung gepflegt. Sie fasst die möglichen Planungsstrategien für ein Material zusammen
- **Verrechnungsmodus**
  Über das Feld **Verrechnungsmodus** steuern Sie, ob die Bedarfsrechnung auf der Basis der Werte aus der Vergangenheit oder der Zukunft erfolgt.

  Bei der Vorwärtsverrechnung werden die Kundenaufträge, Planprimärbedarfe und Sekundärbedarfe, die terminlich nach dem Bedarfstermin liegen, berücksichtigt – bei der Rückwärtsrechnung die vor dem Bedarfstermin liegenden Bedarfe.
- **VerInt Rückwärts, VerInt Vorwärts**
  Das Verrechnungsintervall wird in Arbeitstagen angegeben. Bei dem Rückwärts-Verrechnungsintervall werden die Kundenaufträge, Planprimärbedarfe und Se-

kundärbedarfe, die innerhalb des Verrechnungshorizonts terminlich vor dem Bedarfstermin liegen, berücksichtigt. Bei dem Vorwärts-Verrechnungsintervall werden die nach dem Bedarfstermin liegenden Bedarfe ausgewertet.

- **Mischdisposition**
  Dieses Kennzeichen (siehe Abbildung 2.72) ist für die Komponente Capable to Match (CTM) von SAP Advanced Planning and Optimization (SAP APO). Es steuert, ob Sie Planprimärbedarfe für eine Baugruppe zusammen mit Produkten, die Sekundärbedarfe für eine Baugruppe erzeugen, planen dürfen.

Mischdisposition	Kurzbeschreibung
1	Baugruppenvorplanung mit Endmontage
2	Bruttoplanung
3	Baugruppenvorplanung ohne Endmontage

Abbildung 2.72 Mischdatenposition einstellen

- **Vorplanmaterial**
  Wenn Sie hier eine Materialnummer eingeben, wird der Planprimärbedarf des betreffenden Materials mit dessen Kundenbedarf im Rahmen der Planungsstrategie »Vorplanung mit Vorplanungsmaterial« verrechnet.
- **Vorplanungswerk**
  Der Schlüssel **Vorplanwerk** identifiziert das Werk, aus dem der Planprimärbedarf des Vorplanungsmaterials stammt.
- **VorplUmrechFaktor**
  Der Vorplanungsumrechnungsfaktor ist der Umrechnungsfaktor, mit dem das SAP-System die Basismengeneinheit des Materials zu der Basismengeneinheit des Vorplanungsmaterials umrechnet.
- **Vorplanungs-BME**
  Der Schlüssel **Vorplanungs-BME** (Vorplanungsbasismengeneinheit) wird aus dem Stammsatz des Vorplanungsmaterials automatisch eingetragen.

Bereich »Verfügbarkeitsprüfung«

Im Bereich **Verfügbarkeitsprüfung** (siehe Abbildung 2.73) werden die Einstellungen zur Verfügbarkeitsprüfung vorgenommen.

Abbildung 2.73 Verfügbarkeitsprüfung planen

- **Verfügbarkeitsprüf.**
  Im Customizing der Bedarfsplanung stellen Sie die Prüfgruppe für die Verfügbarkeitsprüfung ein. Mit ihr entscheiden Sie, ob und wie das SAP-System die Verfüg-

barkeit prüft und für die Disposition Bedarfe erzeugt. Dazu stellen Sie in der Prüfgruppe ein, welche Dispositionselemente berücksichtigt werden, über welchen Zeitraum die Verfügbarkeit geprüft wird und welche Arten von Bedarfen erzeugt werden soll.

- **GesWiederbeschZeit**
  Die Gesamtwiederbeschaffungszeit sind die Arbeitstage, die benötigt werden, um alle Stücklistenstufen abzuarbeiten und das Material komplett zu Verfügung zu stellen.
- **Proj.übergreif.**
  Mit diesem Kennzeichen legen Sie fest, ob das SAP-System für alle Belege ohne Kontierung alle Bestände und dispositionsrelevanten Elemente (Zugänge/Abgänge) in Betracht zieht.

Bereich »Werksspezifische Konfiguration«

Wenn es sich um den Stammsatz eines konfigurierbaren Materials handelt, können Sie im Bereich **Werksspezifische Konfiguration** (siehe Abbildung 2.74) die erforderlichen Informationen hinterlegen.

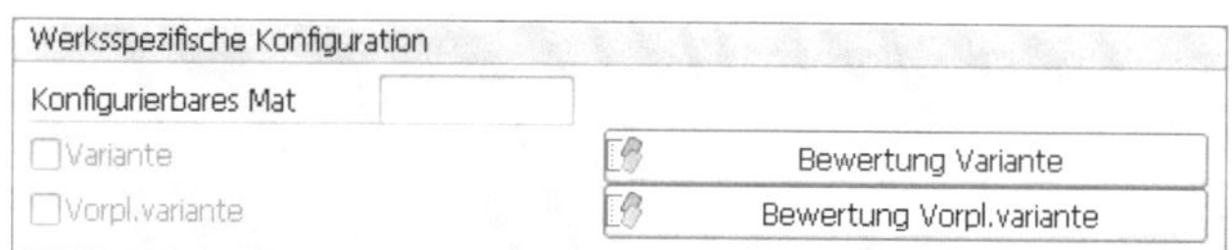

Abbildung 2.74 Werksspezifische Konfiguration vornehmen

- **Konfigurierbares Mat**
  Über diese Materialnummer wird ein konfigurierbares Material eindeutig identifiziert. Hierzu geben Sie im Feld **Konfigurierbares Mat** eine Materialnummer an, die eine Material- oder Vorplanungsvariante abbildet.
- **Variante**
  Dieses Kennzeichen gibt an, ob das Material eine Variante eines konfigurierbaren Materials ist.
- **Vorpl.variante**
  Wenn das Kennzeichen **Vorpl.variante** (Vorplanungsvariante) gesetzt ist, zeigt das SAP-System an, dass das Material in der Vorplanung für häufig benötigte und in der Disposition für kritische Komponenten benötigt wird. Über die Strategiegruppe wird gesteuert, ob das SAP-System im Kundenauftrag auf eine vorhandene Vorplanvariante prüft.
- **Bewertung Variante, Bewertung Vorpl.variante**
  Über diese Schaltflächen erhalten Sie bei konfigurierbaren Materialien die Bewertungsinformationen.

2.2.15 Sicht »Disposition 4«

Die Sicht **Disposition 4** (siehe Abbildung 2.75) vervollständigt die Informationen zur Disposition um die Lagerortebene.

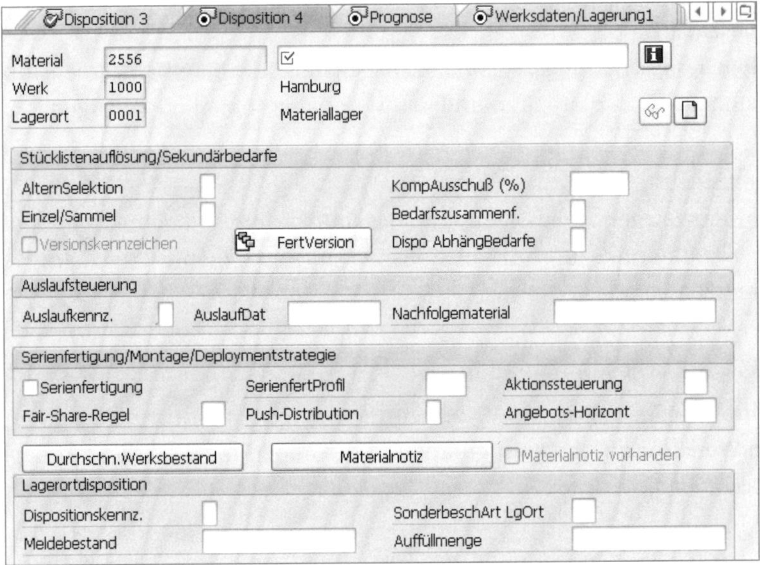

Abbildung 2.75 Sicht »Disposition 4«

Bereich »Stücklistenauflösung/Sekundärbedarfe«

Im Bereich **Stücklistenauflösung/Sekundärbedarfe** pflegen Sie die entsprechenden Informationen:

- **AlternSelektion**
  Über das Kennzeichen **AlternSelektion** (Selektion von Alternativstücklisten) wird über die Stücklistenalternative die Bedarfsauflösung bei der Disposition gesteuert. Es stehen Ihnen die in Abbildung 2.76 gezeigten Alternativen zur Verfügung.

AlternSelektion	Kurzbeschreibung
	Auswahl nach Auftragsmenge
1	Auswahl nach Auflösungstermin
2	Auswahl nach Fertigungsversion
3	Auswahl zwingend nach Fertigungsversion

Abbildung 2.76 Alternativstücklisten selektieren

- **KompAusschuß (%)**
  Wenn das Material eine Komponente ist, geben Sie hier den Prozentwert des erwarteten Ausschusses an. Das SAP-System erhöht die Einsatzmenge des Materials um den hier angegebenen Prozentsatz.

- **Einzel/Sammel**
  Über dieses Kennzeichen steuert das SAP-System, ob für den Sekundärbedarf die Einzelbedarfe ausgewiesen oder als Sammelbedarf kumuliert werden sollen.
- **Bedarfszusammenf.**
  Mit der Bedarfszusammenfassung können die Sekundärbedarfe in der Bedarfsplanung tagesweise in der Dispo- und der Bedarfs- und Bestandsliste in einer Position zusammengefasst werden. Die Zusammenfassung kann auch wieder aufgelöst werden.
- **Versionskennzeichen, FertVersion**
  Das Versionskennzeichen zeigt an, ob es unterschiedliche Fertigungsversionen für das betreffende Material gibt. Mit der Schaltfläche FertVersion können Sie sich die entsprechenden Fertigungsversionen anzeigen lassen.
- **Dispo AbhängBedarfe**
  Wenn Sie eine Planungsstrategie für die anonyme Lagerfertigung für das betreffende Material anwenden, wird über dieses Kennzeichen gesteuert, ob abhängige Bedarfe dispositionsrelevant sind oder nicht (siehe Abbildung 2.77).

Dispo AbhängBedarfe	Kurzbeschreibung
	Abhängige Bedarfe werden disponiert
1	Abhängige Bedarfe werden nicht disponiert

Abbildung 2.77 Dispositionsrelevanz für abhängige Bedarfe

Bereich »Auslaufsteuerung«

Der Bereich **Auslaufsteuerung** wird über die folgenden Einstellungen verwaltet (siehe Abbildung 2.78):

Abbildung 2.78 Auslaufsteuerung verwalten

- **Auslaufkennz.**
  Mit dem Auslaufkennzeichen kennzeichnen Sie ein Material als auslaufend. Dies bewirkt, dass das SAP-System einen den Lagerbestand überschreitenden Bedarf auf das Nachfolgematerial umleitet. Voraussetzung dafür ist allerdings, dass beide Materialien plangesteuert disponiert werden und beide die gleiche Basismengeneinheit haben.
- **AuslaufDat**
  Zu diesem Datum werden die Restbestände des betreffenden Materials verbraucht und danach auf das Nachfolgematerial umgeleitet.
- **Nachfolgematerial**
  Hier tragen Sie die Materialnummer des Nachfolgematerials ein.

Bereich »Serienfertigung/Montage/Deploymentstrategie«

Der Bereich **Serienfertigung/Montage/Deploymentstrategie** (siehe Abbildung 2.79) enthält die folgenden Einstellungen:

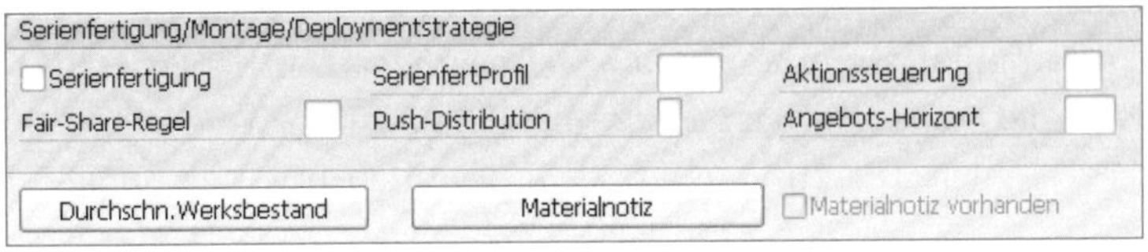

Abbildung 2.79 Materialien für die Serienfertigung bzw. Montage vorsehen

- **Serienfertigung**
  Soll das Material für die Serienfertigung zugelassen werden, müssen Sie dieses Kennzeichen setzen.
- **SerienfertProfil**
  Ist das Serienfertigungskennzeichen gesetzt, muss hier ein Serienfertigungsprofil angegeben werden. Dieses wird im Customizing der Serienfertigung gepflegt und steuert über die Auftragsart, ob, basierend auf Kundenaufträgen, die Kundeneinzelserienfertigung oder die Lagerserienfertigung stattfinden soll.
- **Aktionssteuerung**
  Über die Aktionssteuerung der Planauftragsabwicklung entscheiden Sie über die Abfolge der Aktionen in der Planauftragsausführung.
- **Fair-Share-Regel**
  Mit der Fair-Share-Regel steuern Sie das SAP-System in Situationen, in denen der Bedarf den Bestand übersteigt (siehe Abbildung 2.80). Mit Eintrag **A** verteilen Sie den Bestand gleichmäßig auf Kundenaufträge, und mit Eintrag **B** werden die jeweiligen Bestände auf den gleichen Prozentsatz des Ziellagerbestands erhöht. Zudem besteht mit Eintrag **X** die Möglichkeit, einen User Exit anzusteuern. Mit einem User Exit können Sie ein Drittsystem an das SAP-System ankoppeln.

Fair-Share-Regel	Kurzbeschreibung
A	Prozentuale Aufteilung
B	Prozentuale Zielerreichung
X	User Exit

Abbildung 2.80 Fair-Share-Regeln festlegen

- **Push-Distribution**
  In Abbildung 2.81 sehen Sie, welche Kennzeichen es für die Push-Distribution gibt.

Push-Distribution	Kurzbeschreibung
	Pull
P	Pull/Push
X	Push

Abbildung 2.81 Kennzeichen für die Push-Distribution setzen

Wenn Sie das Feld leer lassen, ist der Bedarf die Basis der Bestandsverteilung. Setzen Sie das Kennzeichen **X**, und es tritt der Fall ein, dass ein Fertigungswerk keine freien Lagerkapazitäten mehr hat und das Angebot den Bedarf übersteigt, verteilt das SAP-System den Bestand so, dass der Bedarf gedeckt wird und der Überschuss gleichmäßig über alle Distributionszentren verteilt wird.

- **Angebots-Horizont**
  Der Angebotshorizont legt die Anzahl der Tage fest, während der Bedarf für den Deployment-Lauf[1] berücksichtigt wird.
- **Durchschn.Werksbestand**
  Die Schaltfläche [Durchschn.Werksbestand] gibt Bestandsinformationen zur Langfristplanung.
- **Materialnotiz**
  Mit dieser Schaltfläche können Sie eine Materialnotiz hinterlegen. Ist eine Materialnotiz vorhanden, ist das Häkchen im Kontrollkästchen gesetzt.

Bereich »Lagerortdisposition«

Im Bereich **Lagerortdisposition** (siehe Abbildung 2.82) geben Sie entsprechende spezielle Parameter an:

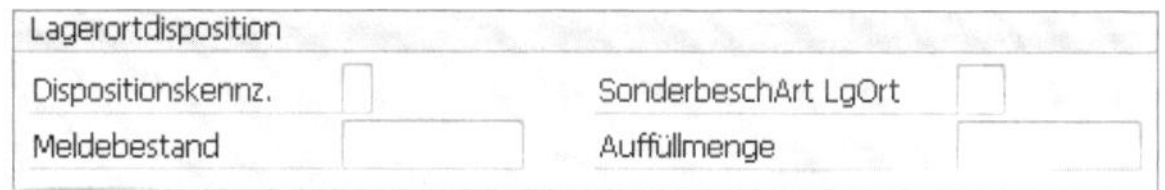

Abbildung 2.82 Bereich »Lagerortdisposition«

- **Dispositionskennz.**
  Mit dem Dispositionskennzeichen für den Lagerort entscheiden Sie, wie dieser Lagerort disponiert werden soll. Es stehen Ihnen die in Abbildung 2.83 gezeigten Möglichkeiten zur Verfügung.

Dispositionskennz.	Kurzbeschreibung
	Lagerortbestand wird auf Werksebene mitdisponiert
1	Lagerortbestand geht nicht in die Disposition ein
2	Lagerortbestand wird separat disponiert

Abbildung 2.83 Dispositionskennzeichen für den Lagerort setzen

- **SonderbeschArt LgOrt**
  Die Beschaffungsart ist grundsätzlich schon in der Materialart festgelegt. Hier können Sie die Beschaffungsart für den Lagerort präzisieren.

1 Das Deployment ermittelt nach dem Abschluss der Produktion, welche Bedarfe durch das tatsächlich vorhandene Angebot gedeckt werden können. Wenn die zur Verfügung stehenden Mengen nicht zur Deckung des Bedarfs ausreichen oder den Bedarf übersteigen, nimmt das Deployment Anpassungen an dem vom SNP-Lauf erstellten Plan vor.

- **Meldebestand**
  Auch auf der Lagerortebene kann ein Meldebestand angegeben werden, bei dessen Unterschreitung eine Planungsvormerkung erzeugt wird.
- **Auffüllmenge**
  Wenn Sie auf der Lagerortebene eine Auffüllmenge definieren, wird bei einem Planungslauf eine Umlagerungsreservierung erzeugt, d. h., dass das Material vom Werk zum Lagerort umgelagert wird.

2.2.16 Sicht »Arbeitsvorbereitung«

Die Sicht **Arbeitsvorbereitung** (siehe Abbildung 2.84) enthält die Daten, die das SAP-System benötigt, um die Fertigung in der Komponente PP vorbereiten zu können.

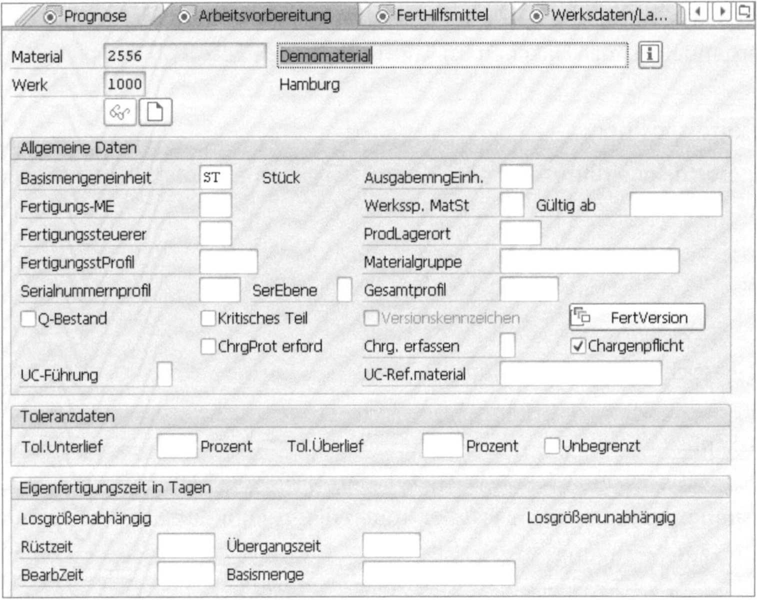

Abbildung 2.84 Daten zur Arbeitsvorbereitung pflegen

Bereich »Allgemeine Daten«

Der Bereich **Allgemeine Daten** beinhaltet Informationen, die wir in anderen Sichten bereits beschrieben haben:

- **Basismengeneinheit**
  Die Basismengeneinheit wurde bereits in der Sicht **Grunddaten 1** gepflegt (siehe Abschnitt 2.2.1, »Sicht ›Grunddaten 1‹«).
- **AusgabemngEinh.**
  Dieses Feld wird in der Sicht **Werksdaten/Lagerung1** (siehe Abschnitt 2.2.19, »Sicht ›Werksdaten/Lagerung1‹«) beschrieben.

- **Fertigungs-ME**
  Auf diese Mengeneinheit bezieht sich die Fertigungsmenge.
- **Werkssp. MatSt, Gültig ab**
  Der Status eines Materials kann auf verschiedenen Ebenen vergeben werden: in der Sicht **Grunddaten 1** mandantenweit, in der Sicht **Vertrieb 1** für die Verkaufsorganisation. In dieser Sicht kann der Materialstatus auf der Werksebene vergeben werden.
- **Fertigungssteuerer**
  Hier pflegen Sie, wer in der Fertigung verantwortlich ist.
- **ProdLagerort**
  Dieser Lagerort wird in die Belege der Komponente PP übernommen.
- **FertigungsstProfil**
  Mit dem Fertigungssteuerprofil legen Sie fest, welche Vorgänge in der Fertigung parallel erfolgen können.
- **Materialgruppe**
  In dieser Gruppe fassen Sie Materialien zusammen, die den gleichen Rüstarbeiten in der Fertigung unterliegen.
- **Serialnummernprofil**
  Mit der Serialnummer definieren Sie Einzelstücke des Materials.
- **SerEbene**
  Mit diesem Schlüssel legen Sie fest, auf welcher Ebene die Serialnummer eindeutig ist.
- **Gesamtprofil**
  Mit diesem Schlüssel steuern Sie den Änderungsdienst für die Fertigungsaufträge.
- **Q-Bestand**
  Wenn Sie dieses Kennzeichen setzen, wird das betreffende Material beim Wareneingang in den Materialprüfbestand gebucht.
- **Kritisches Teil**
  Das Kennzeichen **Kritisches Teil** markiert ein Material als wichtig. Auswirkungen hat dies nur bei der Stichprobeninventur, bei deren Durchführung das Material aufgrund dieses Kennzeichens immer vollständig erfasst werden muss.
- **FertVersion, Versionskennzeichen**
  Für verschiedene Mengen oder Stücklisten können mit der Schaltfläche FertVersion verschiedene Fertigungsversionen hinterlegt werden. Wenn Fertigungsversionen gepflegt sind, setzt das SAP-System das Versionskennzeichen.
- **ChrgProt erford**
  Mit diesem Kennzeichen steuern Sie, ob ein genehmigtes Chargenprotokoll für weitere Aktivitäten vorhanden sein muss.

- **Chrg. erfassen**
  Dieser Schlüssel steuert den Zeitpunkt, zu dem eine Charge erfasst wird.
- **Chargenpflicht**
  Wenn das Material chargenpflichtig ist, müssen Sie dieses Kennzeichen setzen.
- **UC-Führung, UC-Ref.material**
  Das Thema der Ursprungscharge wird in der Sicht **Werksdaten/Lagerung1** (siehe Abschnitt 2.2.19, »Sicht ›Werksdaten/Lagerung1‹«) erläutert.

Bereich »Toleranzdaten«

Da nicht alle Materialien in der Fertigung mengengenau behandelt werden, werden im Bereich **Toleranzdaten** (siehe Abbildung 2.85) entsprechende Mengenabweichungen gepflegt.

Abbildung 2.85 Bereich »Toleranzdaten«

- **Tol.Unterlief**
  Die Unterlieferungstoleranz ist der Prozentsatz, um den der Wareneingang die Menge im Fertigungsauftrag unterschreiten darf.
- **Tol.Überlief, Unbegrenzt**
  Die Überlieferungstoleranz ist der Prozentsatz, um den der Wareneingang die Menge im Fertigungsauftrag überschreiten darf. Wenn das Kennzeichen **Unbegrenzt** gesetzt ist, akzeptiert das SAP-System jede Überlieferung.

Bereich »Eigenfertigungszeit in Tagen«

Die für die Fertigung maßgeblichen Zeiten werden im Bereich **Eigenfertigungszeit in Tagen** (siehe Abbildung 2.86) gepflegt.

Eigenfertigungszeit in Tagen
Losgrößenabhängig
Losgrößenunabhängig
Rüstzeit
Übergangszeit
BearbZeit
Basismenge

Abbildung 2.86 Fertigungszeiten verwalten

- **Rüstzeit**
  Die Zeit für das Einrüsten und Abrüsten der Arbeitsplätze, an denen das Material bearbeitet wird, wird hier als Anzahl von Arbeitstagen angegeben.
- **Übergangszeit**
  In der Disposition wird dieser Wert benötigt, um die Termine für die Fertigung zu berechnen.

- **BearbZeit**
  Hier geben Sie die Arbeitstage an, die das Material in verschiedenen Bearbeitungsschritten benötigt. Dieser Wert kann auch vom SAP-System ermittelt werden.
- **Basismenge**
  Auf diese Menge beziehen sich die in diesem Abschnitt gepflegten Werte.

2.2.17 Sicht »FertHilfsmittel«

Bei der Eigenfertigung des Materials werden die für die Fertigung notwendigen Mittel in dieser Sicht (siehe Abbildung 2.87) gepflegt.

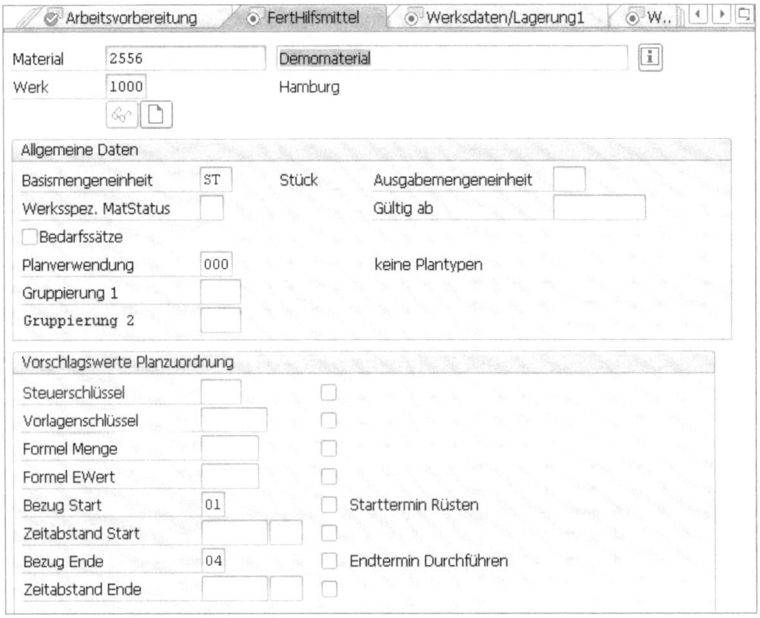

Abbildung 2.87 Sicht »FertHilfsmittel«

Bereich »Allgemeine Daten«

Der Bereich **Allgemeine Daten** enthält Informationen zu folgenden Daten:

- **Basismengeneinheit**
  Die Basismengeneinheit wird in der Sicht **Grunddaten 1** (siehe Abschnitt 2.2.1, »Sicht ›Grunddaten 1‹«) beschrieben.
- **Ausgabemengeneinheit**
  In der Sicht **Werksdaten/Lagerung1** wird dieses Feld (siehe Abschnitt 2.2.19, »Sicht ›Werksdaten/Lagerung1‹«) beschrieben.
- **Werksspez. MatStatus, Gültig ab**
  Dieser Status wird in der Sicht **Einkauf** (siehe Abschnitt 2.2.9, »Sicht ›Einkauf‹«) beschrieben.

- **Bedarfssätze**
  Mit diesem Kennzeichen entscheiden Sie, ob im Rahmen der Terminierung Bedarfssätze für die Fertigungshilfsmittel erzeugt werden.
- **Planverwendung**
  Durch diesen Schlüssel definieren Sie, mit welchem Plantyp in der Fertigung gearbeitet wird.
- **Gruppierung**
  Mit den Schlüsseln **Gruppierung 1** und **Gruppierung 2** können Sie Fertigungshilfsmittel in Gruppen zusammenfassen.

Bereich »Vorschlagswerte Planzuordnung«

Der Bereich **Vorschlagswerte Planzuordnung** enthält folgende Informationen (siehe Abbildung 2.88):

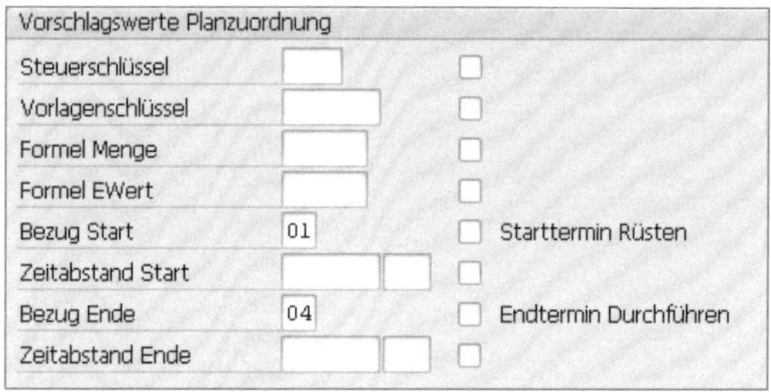

Abbildung 2.88 Planzuordnungen vornehmen

- **Steuerschlüssel**
  Der Steuerschlüssel entscheidet darüber, wie ein Fertigungshilfsmittel im Fertigungsauftrag behandelt wird. Mit dem Kennzeichen auf der rechten Seite können Sie diesen Wert fixieren, d. h., dass der Steuerschlüssel im Plan nicht mehr geändert werden kann.
- **Vorlagenschlüssel**
  Wenn Sie Texte zu den Fertigungshilfsmitteln haben, können Sie sie mit diesem Schlüssel zuordnen.
- **Formel Menge**
  Der Wert wird aus dem Stammsatz des Fertigungshilfsmittels übernommen. Er drückt aus, wie die Gesamtmenge der Fertigungshilfsmittel errechnet wird.
- **Formel EWert**
  Mit diesem Schlüssel wird die Formel zur Berechnung des Einsatzwerts ausgewählt.
- **Bezug Start**
  Dieser Bezugstermin legt fest, ab wann die Terminierung berechnet wird. Es stehen die in Abbildung 2.89 gezeigten Alternativen zur Verfügung.

Bezug	Kurztext zum Terminbezug
01	Starttermin Rüsten
02	Starttermin Bearbeiten
03	Starttermin Abrüsten
04	Endtermin Durchführen
05	Starttermin Liegen
06	Endtermin Liegen

Abbildung 2.89 Bezugstermine für den Hilfsmitteleinsatz festlegen

- **Zeitabstand Start**
  Der Zeitabstand wird mit dem Bezugstermin zur Ermittlung des Starttermins des Fertigungshilfsmitteleinsatzes benötigt.
- **Bezug Ende**
  Hier haben Sie ebenfalls die Auswahl der in Abbildung 2.89 gezeigten Alternativen.
- **Zeitabstand Ende**
  Der Wert drückt die Zeitspanne zwischen dem Bezugstermin und dem Ende des Fertigungshilfsmitteleinsatzes aus.

2.2.18 Sicht »Prognose«

Für jedes Material kann das SAP-System eine Verbrauchsprognose erstellen. Die Daten, die es dafür benötigt, pflegen Sie in dieser Sicht (siehe Abbildung 2.90).

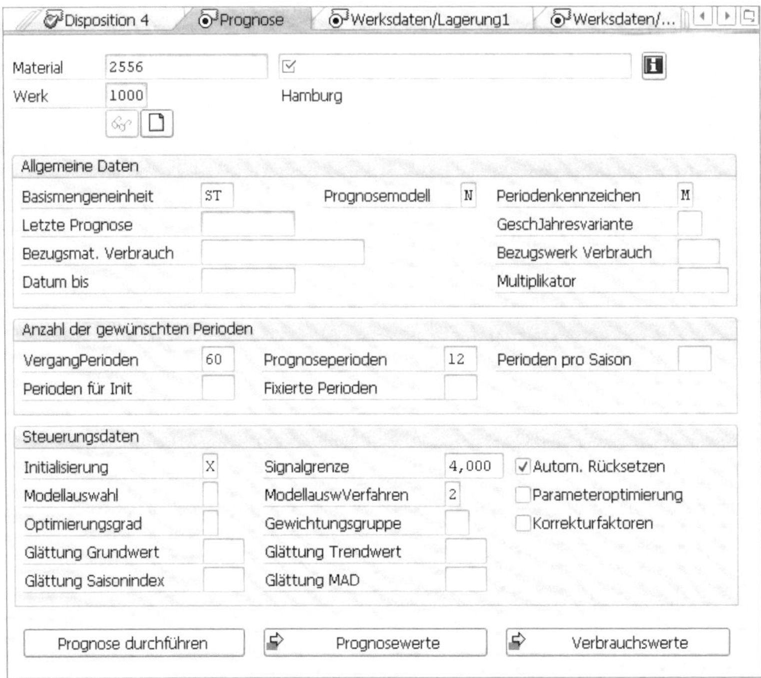

Abbildung 2.90 Sicht »Prognose«

Bereich »Allgemeine Daten«

Im Bereich **Allgemeine Daten** erfassen Sie die folgenden Daten:

- **Basismengeneinheit**
  Die Basismengeneinheit wird in der Sicht **Grunddaten 1** beschrieben (siehe Abschnitt 2.2.1, »Sicht ›Grunddaten 1‹«).
- **Prognosemodell**
  Das Prognosemodell ist das mathematische, statistische Verfahren, auf dessen Grundlage die zukünftigen Bedarfe hochgerechnet werden. Es stehen die in Abbildung 2.91 gezeigten Modelle zur Verfügung.

Prognosemodell	Kurzbeschreibung
D	Konstantmodell
K	Konstantmodell mit Anpassung des Glättungsfaktors
T	Trendmodell
S	Saisonmodell
X	Trend-Saison-Modell
N	Keine Prognose / Externes Modell
G	Gleitender Mittelwert
W	Gleitender gewichteter Mittelwert
0	Keine Prognose / Kein externes Modell
O	Trend 2. Ordnung mit Anpassung des Glättungsfaktors
B	Trend 2. Ordnung
J	Maschinelle Modellauswahl

Abbildung 2.91 Prognosemodelle

- **Periodenkennzeichen**
  Mit dem Periodenkennzeichen (siehe Abbildung 2.92) legen Sie den Zeitraum fest, für den eine Prognose erstellt werden soll.

Periodenkennzeichen	Kurzbeschreibung
P	Periode laut Geschäftsjahresvariant
M	Monatlich
W	Wöchentlich
T	Täglich
	Initialwert
K	Periode laut Planungskalender

Abbildung 2.92 Periodenkennzeichen setzen

- **Letzte Prognose**
  Dieses Feld füllt das SAP-System automatisch mit dem Datum der letzten Prognose.
- **GeschJahresvariante**
  Im Customizing definieren Sie ein Geschäftsjahr. Es enthält die Buchungsperioden und bis zu vier Sonderperioden.

- **Bezugsmat. Verbrauch**
  Falls die Verbrauchswerte eines anderen Materials für die Prognose zugrunde gelegt werden sollen, tragen Sie hier die entsprechende Materialnummer ein.
- **Bezugswerk Verbrauch**
  Wenn noch keine Verbrauchsstatistik vorliegt, geben Sie sowohl das Bezugsmaterial als auch dessen Bezugswerk als Berechnungsgrundlage ein.
- **Datum bis**
  Dieses Datum stellt die Grenze dar, bis zu der auf die Werte des Bezugsmaterials zurückgegriffen wird. Ab diesem Datum greift das SAP-System auf die Werte des materialeigenen Verbrauchs zurück.
- **Multiplikator**
  Mit diesem Wert legen Sie die Verbrauchsmenge des Bezugsmaterials fest, die für die Prognoserechnung zugrunde liegen soll.

Bereich »Anzahl der gewünschten Perioden«

Im Bereich **Anzahl der gewünschten Perioden** (siehe Abbildung 2.93) werden die benötigten Daten für die Prognoserechnung hinterlegt:

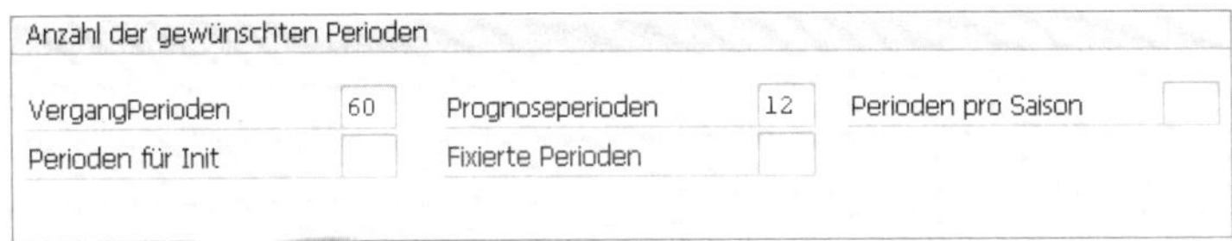

Abbildung 2.93 Sicht »Anzahl der gewünschten Perioden«

- **VergangPerioden**
  Soweit soll das SAP-System bei der Erstellung einer Prognose zurückschauen.
- **Prognoseperioden**
  Für diesen Zeitraum soll eine Prognose erstellt werden.
- **Perioden pro Saison**
  Falls Sie saisonabhängige Prognosen erstellen möchten, geben Sie hier die Anzahl der Perioden an, die zu einer Saison gehören.
- **Perioden für Init**
  Hier geben Sie die Anzahl der Vergangenheitsperioden ein, die das SAP-System bei der Initialisierung der Prognose berücksichtigten soll.
- **Fixierte Perioden**
  Wenn das SAP-System bei einer neuen Prognose eine bestimmte Anzahl von Perioden nicht neu berechnen soll, geben Sie sie hier ein.

Bereich »Steuerungsdaten«

Zuletzt müssen noch die Daten des Bereichs **Steuerungsdaten**, wie Sie ihn in Abbildung 2.94 sehen, gepflegt werden.

Steuerungsdaten

Initialisierung	X	Signalgrenze	4,000	☑ Autom. Rücksetzen
Modellauswahl		ModellauswVerfahren	2	☐ Parameteroptimierung
Optimierungsgrad		Gewichtungsgruppe		☐ Korrekturfaktoren
Glättung Grundwert		Glättung Trendwert		
Glättung Saisonindex		Glättung MAD		

Abbildung 2.94 Steuerungsdaten pflegen

Die Daten sind wie folgt:

- **Initialisierung**
  Sie können die Parameter des Prognosemodells durch das SAP-System (Auswahl **X**) oder manuell (Auswahl **M**) initialisieren.
- **Signalgrenze**
  Bei einer Prognose kann der ermittelte Wert vom echten Wert abweichen. Mit der Signalgrenze bestimmen Sie, wie groß die Abweichung sein darf, bevor der Disponent eine Warnung erhält.
- **Autom. Rücksetzen**
  Wenn Sie dieses Kennzeichen setzen, wird das Prognosemodell automatisch zurückgesetzt, wenn die Signalgrenze überschritten wurde.
- **Modellauswahl**
  Mit der Modellauswahl (siehe Abbildung 2.95) bestimmen Sie, ob die Prognose trend- oder saisonbezogen erstellt werden soll.

Modellauswahl	Kurzbeschreibung
T	Untersuchung auf Trend
S	Untersuchung auf Saison
A	Untersuchung auf Trend und Saison

Abbildung 2.95 Modellauswahl vornehmen

- **ModellauswVerfahren**
  Über das Modellauswahlverfahren (siehe Abbildung 2.96) entscheiden Sie über das Verfahren, mit dem das SAP-System das optimale Prognosemodell finden soll.

ModellauswVerfahren	Kurzbeschreibung
1	Modellauswahl durch Signifikanztest
2	Analytisches Modellauswahlverfahren

Abbildung 2.96 Modellauswahlverfahren für die Prognose auswählen

- **Parameteroptimierung**
  Das SAP-System rechnet verschiedene Varianten durch und wählt das Prognosemodell mit der geringsten Abweichung aus.
- **Optimierungsgrad**
  Der Optimierungsgrad ist die Schrittweite, mit der das SAP-System bei der Parameteroptimierung vorgeht.
- **Gewichtungsgruppe**
  Mit der Gewichtungsgruppe werden die Daten der Vergangenheit für eine neue Prognose gewichtet.
- **Korrekturfaktoren**
  Sie können Korrekturfaktoren definieren. Wenn Sie dieses Kennzeichen setzen, greift das SAP-System auf diese Werte bei der Prognoserechnung zurück.
- **Glättung Grundwert**
  Der Grundwert wird vom SAP-System aufgrund der Vergangenheitswerte berechnet. Mit diesem Alphafaktor rechnet das SAP-System den Grundwert fort.
- **Glättung Trendwert**
  Sie können den Trendwert manuell pflegen; in der Regel wird er aber vom SAP-System errechnet. Der Glättungsfaktor ist der Betafaktor.
- **Glättung Saisonindex**
  Mit dem Saisonindex drückt das SAP-System den Saisonanteil des Prognosewerts aus. Der Glättungswert des Saisonindex ist der Gammawert.
- **Glättung MAD**
  Zu guter Letzt wird der Deltafaktor für die Prognoserechnung gepflegt; dieser Faktor drückt die Glättung der mittleren absoluten Abweichung aus.

Mit der Schaltfläche [Prognose durchführen] können Sie eine Prognoserechnung starten. Mit den Schaltflächen [Prognosewerte] und [Verbrauchswerte] werden Ihnen die Ergebnisse angezeigt.

2.2.19 Sicht »Werksdaten/Lagerung1«

In den Sichten zur Lagerung werden die Informationen hinterlegt, die das SAP-System bei der Steuerung und Verwaltung von Lagerbewegungen benötigt (siehe Abbildung 2.97).

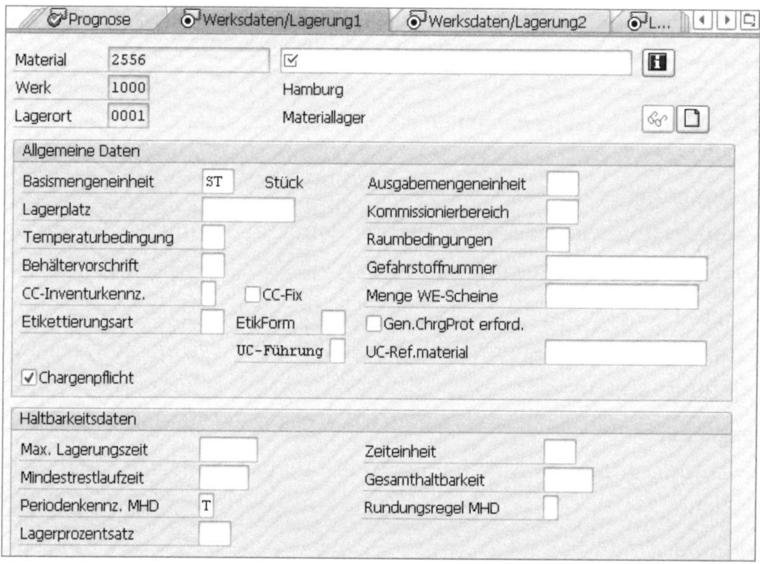

Abbildung 2.97 Sicht »Werksdaten/Lagerung1«

Die Sichten zur Lagerung werden auf der Lagerortebene gepflegt, d. h., dass für jedes Werk mehrere Sichten für das Material notwendig werden können.

Bereich »Allgemeine Daten«

Grundlegende Einstellungen nehmen Sie im Bereich **Allgemeine Daten** vor:

- **Basismengeneinheit, Chargenpflicht**
  Sowohl die Basismengeneinheit als auch die Chargenpflicht wurden bereits in anderen Sichten gepflegt und erläutert. Beachten Sie auch hier, dass eine Änderung der Einstellungen auf die anderen Sichten durchgreift.
- **Ausgabemengeneinheit**
  Sollte bei der Abgabe des Materials aus dem Lager eine andere Mengeneinheit als die Basismengeinheit verwendet werden, muss diese hier eingetragen werden. Unter der Taste Zusatzdaten im Kopf des Bildschirms wird der Umrechnungsfaktor hinterlegt.
- **Lagerplatz**
  Sollten Sie nicht die SAP-Lagerverwaltungskomponente (LE-WM) einsetzen, können Sie hier einen Lagerplatz benennen. Dieser Lagerplatz wird auf den Warenbegleitscheinen ausgedruckt. Haben Sie das Lagerverwaltungssystem im Einsatz, hat dieses Feld rein informativen Charakter.
- **Kommissionierbereich**
  Hat Ihr Unternehmen Lean-WM im Einsatz, wird der Kommissionierbereich für die Erstellung von Transportaufträgen genutzt.

Lean-WM wird bei Materialbewegungen eingesetzt, bei denen die Bestandsführung ausschließlich auf der Lagerortebene stattfindet. Dabei wird der Transportauftrag aus dem SAP Warehouse Management (LE-WM) als Kommissionierliste verwendet.

- **Temperaturbedingung, Raumbedingungen**
  Wenn das Material bei der Lagerung bestimmte Temperaturen oder Raumbedingungen benötigt, stellen Sie diese hier in den entsprechenden Feldern ein.
- **Behältervorschrift**
  Mit diesem Feld bestimmen Sie, wie das betreffende Material gelagert und versendet wird.
- **Gefahrstoffnummer**
  Sollte es sich bei dem Material um einen Gefahrstoff handeln, wird hier die Gefahrstoffnummer hinterlegt. Damit steuern Sie, dass im weiteren Umgang mit dem Material besondere Vorkehrungen getroffen werden.
- **CC-Inventurkennz.**
  Beim Cycle Counting (CC) wird das Material in bestimmten zeitlichen Abschnitten inventarisiert. Mit diesem Kennzeichen steuern Sie die Zeitabstände. In der Regel ist die ABC-Analyse die Basis für das Cycle Counting; Sie können aber auch im Customizing der Bestandführung eigene Cycle-Counting-Kennzeichen definieren.
- **CC-Fix**
  Setzen sie dieses Kennzeichen, kann auch eine ABC-Analyse das CC-Inventurkenn zeichen nicht ändern.
- **Menge WE-Scheine**
  Beim Wareneingang kommt das Material üblicherweise in größeren Einheiten, z. B. Paletten. Wenn bei der Einlagerung eine andere Erfassungsmengeneinheit verwendet wird, z. B. Kartons, kann hier die Anzahl der Warenbegleitscheine (für jeden Karton eine Warenbegleitschein) angegeben werden. Wenn das Feld **Menge WE-Scheine** leer ist, wird genau ein Warenbegleitschein gedruckt.
- **Etikettierungsart, EtikForm**
  Mit der Etikettierungsart steuern Sie die Erzeugung von Etiketten. Sie entscheiden damit, bei welcher Bewegung, wie viele Etiketten auf welchem Drucker ausgegeben werden. Wenn Sie eine Etikettierungsart gewählt haben, müssen Sie das Layout auch im Feld **Etikettierungsform** pflegen.
- **Gen.ChrgProt erford.**
  Die Feldbeschreibung steht für »genehmigtes Chargenprotokoll ist erforderlich«. Wenn Sie dieses Kennzeichen setzen, muss erst ein Chargenprotokoll genehmigt worden sein, bevor Sie einen Verwendungsentscheid treffen können und die Charge von dem nicht freien in den freien Bestand buchen können.

- **UC-Führung**
  Die Ursprungscharge dient der Dokumentation der ursprünglichen Eigenschaften eines Materials (siehe Abbildung 2.98).

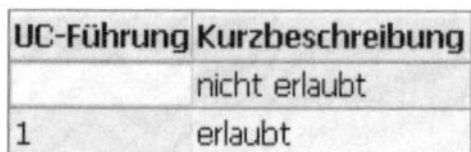

UC-Führung	Kurzbeschreibung
	nicht erlaubt
1	erlaubt

Abbildung 2.98 Kennzeichen für die Ursprungscharge setzen

- **UC-Ref.material**
  Das Referenzmaterial für Ursprungschargen ist das Material, zu dem die Ursprungscharge angelegt wird.

Bereich »Haltbarkeitsdaten«

Der Bereich **Haltbarkeitsdaten** (siehe Abbildung 2.99) enthält die Informationen, die notwendig sind, um Materialien, die einem Mindesthaltbarkeitsdatum unterliegen, zu organisieren:

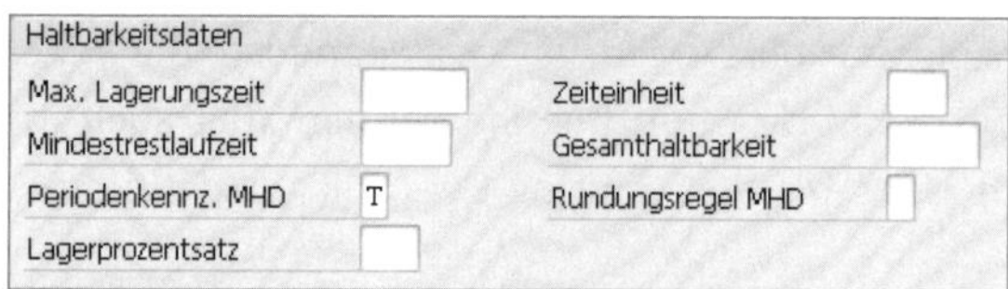

Abbildung 2.99 Haltbarkeitsdaten pflegen

- **Max. Lagerungszeit**
  Der hier eingetragene Wert dient dem SAP-System zur Berechnung des Mindesthaltbarkeitsdatums im Prozessauftrag.
- **Zeiteinheit**
  In der hier eingetragenen Mengeneinheit wird der Wert aus dem Feld **Max. Lagerungszeit** berechnet.
- **Mindestrestlaufzeit, Periodenkennz. MHD**
  Wenn ein Material der Mindesthaltbarkeitsverwaltung unterliegt, ist ein Wareneingang nur möglich, wenn das Material mindestens noch für die hier eingetragene Zeit haltbar ist. Zu diesem Wert muss noch das Periodenkennzeichen gepflegt werden (siehe Abbildung 2.100).

Per.kz	Datumstypbezeichnung
J	Jahr
M	Monat
T	Tag
W	Woche

Abbildung 2.100 Periodenkennzeichen für das MHD setzen

- **Gesamthaltbarkeit**
  Mit diesem Wert definieren Sie den Zeitraum der Haltbarkeit des betreffenden Materials. Der Eintrag bezieht sich auf das Periodenkennzeichen.
- **Rundungsregel MHD**
  Wird das Mindesthaltbarkeitsdatum automatisch ermittelt, können Sie hier eine Rundungsregel eintragen (siehe Abbildung 2.101).

Rundungsregel MHD	Kurzbeschreibung
	keine Rundung
-	Anfang der gewählten Periode (Woche, Monat oder Jahr)
+	Ende der gewählten Periode (Woche, Monat oder Jahr)
F	Anfang der folgenden Periode (Woche, Monat, Jahr)

Abbildung 2.101 Rundungsregeln für die automatische Berechnung des MHDs

- **Lagerprozentsatz**
  Hier geben Sie den prozentualen Wert der Restlaufzeit ein, die mindestens noch gegeben sein muss, wenn Sie das Material umlagern möchten, z. B. von einem Zentrallager in eine Filiale.

2.2.20 Sicht »Werksdaten/Lagerung2«

Abbildung 2.102 zeigt Ihnen die Sicht **Werksdaten/Lagerung2**.

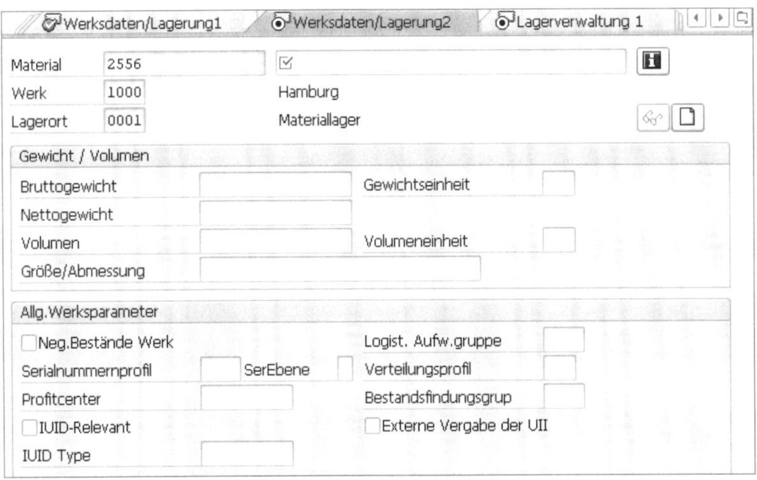

Abbildung 2.102 Sicht »Werksdaten/Lagerung2«

Bereich »Gewicht/Volumen«

Im ersten Bereich **Gewicht/Volumen** werden die Eigenschaften des Materials gepflegt, die bei der Einlagerung gegen die Parameter der Lagerplätze geprüft werden:

- **Bruttogewicht**
  Das Bruttogewicht wird bei der Kapazitätsprüfung in der Lagerverwaltung verwendet, um geeignete Lagerplätze für die Einlagerung vorzuschlagen.
- **Gewichtseinheit**
  Die Gewichtseinheit bezieht sich sowohl auf das Brutto- als auch auf das Nettogewicht.
- **Nettogewicht**
  Sie können in diesem Feld das Nettogewicht hinterlegen, das bei der Kommissionierung des Materials gezogen wird.
- **Volumen, Volumeneinheit**
  Das Volumen bezieht sich auf die Volumeneinheit und beschreibt den Rauminhalt pro Volumeneinheit des Materials.
- **Größe/Abmessung**
  Dieses Feld hat rein informativen Charakter und wird nicht vom SAP-System verwendet.

Bereich »Allg.Werksparameter«

Im Bereich **Allg.Werksparameter** (siehe Abbildung 2.103) müssen Sie noch die Parameter pflegen, die für die Prozesse im Lager benötigt werden:

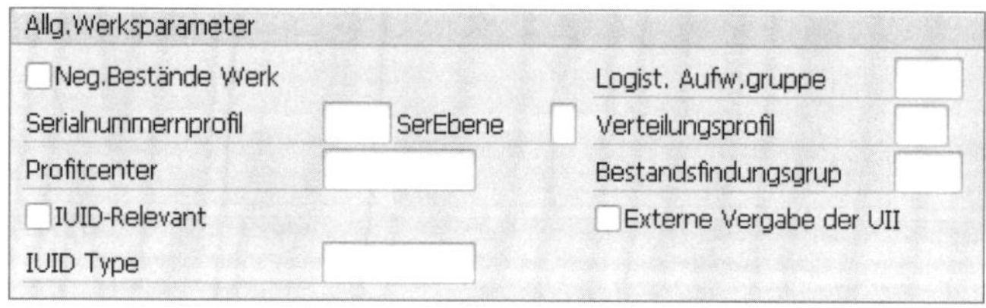

Abbildung 2.103 Allgemeine Werksparameter festsetzen

- **Neg.Bestände Werk**
  Mit diesem Kennzeichen erlauben Sie das Vorhandensein von negativen Beständen des Materials im Werk.
- **Logist. Aufw.gruppe**
  Mit der logistischen Aufwandsgruppe geben Sie dem SAP-System die Informationen, die es braucht, um Arbeitslasten, z. B. bei der Einlagerung, zu berechnen.
- **Serialnummerprofil**
  Durch die Vergabe von Serialnummern werden Einzelstücke des Materials eindeutig gekennzeichnet. Für die Vergabe von Serialnummern müssen Sie hier ein Serialnummerprofil hinterlegen.

- **SerEbene**
  Auf der hier gepflegten Ebene muss die Serialnummer eindeutig sein. Wenn das Feld leer bleibt, ist lediglich die Kombination von Material- und Serialnummer eindeutig. Mit dem Kennzeichen **1** wird beim Anlegen von Stammsätzen die Equipmentnummer gleich der Serialnummer gesetzt. Wenn für alle Materialstammsätze hier die **1** eingetragen ist, erreichen Sie damit eine mandantenweite Eindeutigkeit der Serialnummern.
- **Verteilungsprofil**
  Über das Verteilungsprofil steuern Sie den Prozess der Warenverteilung. Durch das Verteilungsprofil wird bereits bei der Beschaffung die Verteilung auf die Abnehmer des Materials festgelegt.
- **Profitcenter**
  Das Profit-Center wird mit diesem Schlüssel eindeutig innerhalb des Kostenrechnungskreises festgelegt.
- **Bestandsfindungsgrup**
  Gemeinsam mit der Bestandfindungsregel bildet die Bestandsfindungsgruppe den Schlüssel für die Bestandfindungsstrategie.
- **IUID-Relevant**
  Die Abkürzung IUID steht für Item Unique Identification. Mit diesem Kennzeichen sorgen Sie dafür, dass für das Material eine eindeutige Teile-ID generiert wird.
- **Externe Vergabe der UII**
  Wenn dieses Kennzeichen gesetzt ist, wird die Teile-ID (UII) vom Lieferanten erzeugt und mitgeteilt.
- **IUID Type**
  Mit dem IUID-Typ (siehe Abbildung 2.104) bestimmen Sie, welche Bestandteile eine eindeutige Teile-ID hat.

IUID-Typ	Beschreibung
UID_DEMO	
UID1	Eindeutige Identifizierung, Typ 1 (SerialNr)
UID2	Eindeutige Identifizierung, Typ 2 (MatNr + SerNr)

Abbildung 2.104 Strukturtypen der UII

2.2.21 Sicht »Lagerverwaltung 1«

Mit den Sichten zur Lagerverwaltung (siehe Abbildung 2.105) steuern Sie die Bewegungen im Lager.

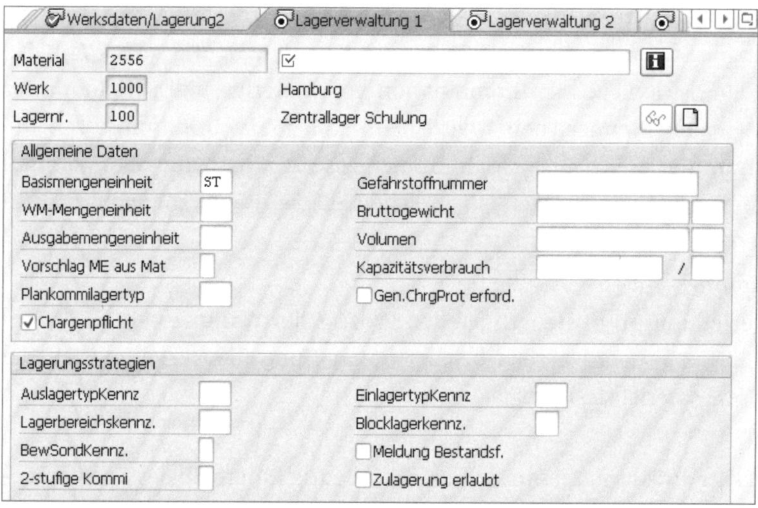

Abbildung 2.105 Sicht »Lagerverwaltung 1«

Bereich »Allgemeine Daten«

Die Daten im Bereich **Allgemeine Daten** gelten auf Werksebene:

- **Basismengeneinheit**
  Die Basismengeneinheit wurde bereits in den vorangehenden Sichten (**Grunddaten 1**, **Einkauf**, **Disposition 1**, **Werksdaten/Lagerung1**) beschrieben. Auch hier gilt, dass eine Änderung in allen benannten Sichten gilt.
- **Gefahrstoffnummer**
  Die Gefahrstoffnummer wurde schon in der Sicht **Werksdaten/Lagerung1** gepflegt.
- **WM-Mengeneinheit**
  Diese Mengeneinheit wird in der Lagerverwaltung verwendet. Ist dieses Feld leer, verwendet das SAP-System die Basismengeneinheit für die Prozesse in der Lagerverwaltung.
- **Bruttogewicht**
  Das Bruttogewicht ist auch Bestandteil der Sicht **Werksdaten/Lagerung2**.
- **Ausgabemengeneinheit**
  Mit dieser Mengeneinheit erfolgt die Ausgabe aus dem Lager.
- **Volumen**
  Auch das Volumen wurde bereits in der Sicht **Werksdaten/Lagerung2** gepflegt.
- **Vorschlag ME aus Mat**
  Mit dem Vorschlag für Mengeneinheiten aus dem Materialstamm (siehe Abbildung 2.106) können Sie den Systemvorschlag in Belegpositionen, in denen keine Mengeneinheit vom Benutzer eingegeben wurde, steuern.

Vorschlag ME aus Material	Kurzbeschreibung
A	Ausgabemengeneinheit
B	Bestellmengeneinheit
K	Basismengeneinheit wenn keine andere MEH vorgegeben
L	WM-Mengeneinheit
M	WM-Mengeneinheit auch bei anderer MEH im Referenzbeleg
N	Basismengeneinheit auch bei anderer MEH im Referenzbeleg

Abbildung 2.106 Vorschlag für Mengeneinheiten aus dem Materialstamm

- **Kapazitätsverbrauch**
  Über diesen Schlüssel kann eine Kapazitätsprüfung in der Lagerverwaltung erfolgen.
- **Plankommilagertyp**
  Dieser Lagertyp wird für die Disposition verwendet.
- **Gen.ChargProt erford.**
  Das genehmigte Chargenprotokoll wurde bereits in der Sicht **Werksdaten/Lagerung1** beschrieben.
- **Chargenpflicht**
  Die Chargenpflicht kann in anderen Sichten eingestellt werden. Beschrieben ist dieses Kennzeichen in der Sicht **Einkauf** (siehe Abschnitt 2.2.9, »Sicht ›Einkauf‹«).

Bereich »Lagerungsstrategien«

Die Daten des Bereichs **Lagerungsstrategien** (siehe Abbildung 2.107) gelten auf der Ebene der Lagernummer:

Lagerungsstrategien			
AuslagertypKennz		EinlagertypKennz	
Lagerbereichskennz.		Blocklagerkennz.	
BewSondKennz.		☐ Meldung Bestandsf.	
2-stufige Kommi		☐ Zulagerung erlaubt	

Abbildung 2.107 Lagerungsstrategien planen

- **AuslagertypKennz**
  Innerhalb eines Lagers werden Lagertypen für die verschiedenen Funktionen in der Lagerverwaltung definiert. Zum einen gibt es Lagertypen, in denen die Lagerung erfolgt (z. B. Hochregallager, Kühlhaus, Freilager usw.), und zum anderen Schnittstellenlagertypen, in denen die Warenbewegungen abgebildet werden (z. B. Wareneingangszonen, Kommissionierbereiche, Produktionsversorgungsbereiche usw.). Mit dem Auslagertypkennzeichen legen Sie fest, in welcher Reihenfolge das SAP-System die Lagertypen nach dem Material zur Auslagerung durchsucht.
- **EinlagertypKennz**
  Die Ausführungen zum Auslagerungskennzeichen gelten auch für die Einlagerung.

- **Lagerbereichskennz.**
  Für die Einlagerung kann die Lagertypsuche um die Lagerbereichssuche ergänzt werden. Sie können eine Hierarchie (Aus- oder Einlagertypkennzeichen) von Lagerbereichen hinterlegen.
- **Blocklagerkennz.**
  Mit dem Blocklagerkennzeichen definieren Sie die Stapelfähigkeit des Materials. Dadurch wird eine bessere Struktur im Blocklager organisiert.
- **BewSondKennz.**
  Das Bewegungssonderkennzeichen wird genutzt, wenn Sie das betreffende Material beim Buchen eines Materialbelegs von der normalen Bearbeitung in der Lagerverwaltung abgrenzen möchten.
- **Meldung Bestandsf.**
  Wenn Sie dieses Kennzeichen setzen, werden die Lagerverwaltungsdaten direkt an die Bestandsführungskomponente (MM-IM) gemeldet.
- **2-stufige Kommi**
  Die zweistufige Kommissionierung ist ein Verfahren, bei dem sowohl die Entnahme aus dem Lager als auch die Ankunft des Materials in der Kommissionierzone einzeln quittiert werden. Wenn Sie dieses Kennzeichen nicht setzen, wird die Warenbewegung nur einmal quittiert.
- **Zulagerung erlaubt**
  Dieses Kennzeichen hat nur eine Wirkung, wenn für den Lagertyp die Zulagerung erlaubt wurde. Setzen Sie dieses Kennzeichen, darf das Material auf einen Lagerplatz mit dem gleichen Material zugelagert werden.

2.2.22 Sicht »Lagerverwaltung 2«

Abbildung 2.108 zeigt die Sicht **Lagerverwaltung 2**.

Abbildung 2.108 Sicht »Lagerverwaltung 2« – Palettierungsdaten und Lagerplatzbestand verwalten

Bereich »Palettierungsdaten«

In dem Bereich **Palettierungsdaten** pflegen Sie **LHM-Mengen**. Diese Ladehilfsmittelmengen sorgen in Verbindung mit dem Lagereinheitentyp (**LET**) dafür, dass das SAP-System einen Vorschlag macht, wie bei einem Wareneingang das Material eingelagert wird. Wird z. B. ein Material in Kartons angeliefert und auf Paletten gelagert, wird hier angegeben, wie viele Kartons auf eine Palette passen.

Bereich »Lagerplatzbestand«

Der Bereich **Lagerplatzbestand** enthält die Daten für den Lagertyp:

- **Lagerplatz**
  Der Lagerplatz beschreibt die genaue Stelle im Lager, an der das Material eingelagert wird. Im Gegensatz zu dem Feld **Lagerplatz** in der Sicht **Werksdaten/Lagerung1** hat dieses Feld im Wareneingangsprozess steuernde Funktion.
- **Kommissionierbereich**
  Der Wert dieses Felds wird für die Groblastvorschau genutzt. Dieser Kommissionierbereich wird benötigt, wenn in den Belegen, die für die Groblastvorschau ausgewertet werden, die Information zu den operativen Kommissionierbereichen noch nicht bekannt ist.

Mengeneinheit

Alle Mengen werden in der Basismengeneinheit erfasst.

- **Max.Lagerplatzmenge**
  Sie geben hier die Menge des Materials ein, die höchstens auf einem Lagerplatz gelagert werden darf.
- **Min.Lagerplatzmenge**
  Sie geben hier die Menge des Materials ein, die mindestens auf einem Lagerplatz gelagert werden darf.
- **Rundungsmenge**
  Wenn Sie Groß-/Kleinmengen eines Materials kommissionieren, wird die angeforderte Menge auf den hier angegebenen Wert abgerundet.
- **Manipulationsmenge**
  Mit der Manipulationsmenge geben Sie dem SAP-System den Grenzwert, ab dem es von der Kleinmengen- auf die Großmengenkommissionierung umstellt.
- **Nachschubmenge**
  Die Nachschubmenge ist die Menge des Materials, die beim Auffüllen des Materialbestands auf dem Lagerplatz nachgeschoben werden soll.

2.2.23 Sicht »Qualitätsmanagement«

Die Sicht **Qualitätsmanagement** zeigt Ihnen Abbildung 2.109.

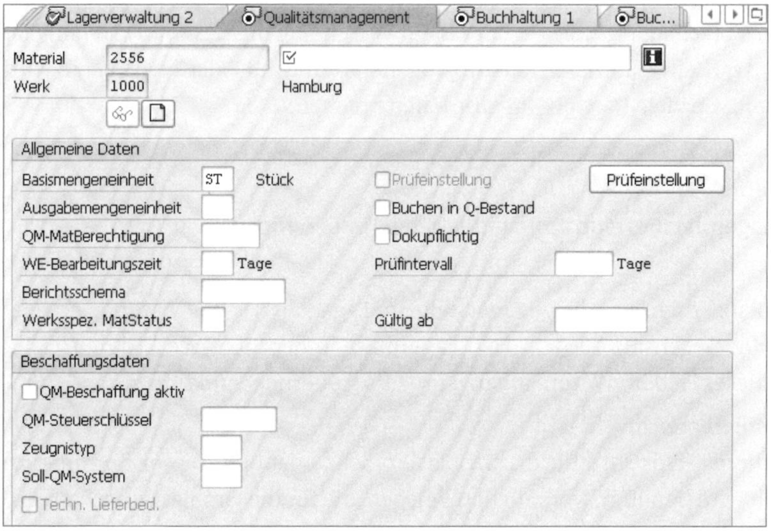

Abbildung 2.109 Sicht »Qualitätsmanagement«

Bereich »Allgemeine Daten«

Auch hier finden sich unter **Allgemeine Daten** Felder, die bereits an anderer Stelle gepflegt wurden:

- **Basismengeneinheit**
  Die Beschreibung erfolgte erstmalig in der Sicht **Grunddaten 1**.
- **Prüfeinstellungen**
  Sie können Prüfeinstellungen mit der gleichnamigen Schaltfläche einstellen. In dem dann erscheinenden Menü können Sie mit der Schaltfläche Prüfarten die im Customizing des Qualitätsmanagements eingestellten Prüfarten auswählen und aktivieren (siehe Abbildung 2.110).

Prüfart	Kurztext
01	Prüfung bei Wareneingang zur Bestellung
0101	Eingangsprüfung, Erstmuster
0102	Eingangsprüfung, Vorserie
0130	Eingangsprüfung beim WE aus Fremdbearb.
02	Warenausgangsprüfung

Abbildung 2.110 Auswahl von Prüfarten

- **Ausgabemengeneinheit**
  In der Sicht **Lagerverwaltung 1** wurde die Ausgabemengeneinheit beschrieben.

- **Buchen in Q-Bestand**
  Dieses Kennzeichen finden Sie auch in der Sicht **Einkauf**.
- **QM-MatBerechtigung**
  Die Materialberechtigungsgruppe wird im Customizing des Qualitätsmanagements eingestellt. Sie regelt die Rechte der Benutzer, die auf die materialbezogenen Daten der Qualitätsprüfung zugreifen.
- **Dokupflichtig**
  Wenn Sie die Änderungen der Prüflose oder der Verwendungsentscheide dokumentieren möchten, aktivieren Sie dieses Kennzeichen.
- **WE-Bearbeitungszeit**
  Die Wareneingangsbearbeitungszeit wurde erstmalig in der Sicht **Einkauf** beschrieben.
- **Prüfintervall**
  Das Prüfintervall gibt den Zeitraum zwischen zwei Prüfungen an.
- **Berichtsschema**
  Hier wählen Sie das Schema aus, das der Prüfbericht haben soll.
- **Werksspez. MatStatus, Gültig ab**
  Der werksspezifische Materialstatus wurde in der Sicht **Einkauf** erstmalig erwähnt.

Bereich »Beschaffungsdaten«

Im Bereich **Beschaffungsdaten** (siehe Abbildung 2.111) sind die Daten enthalten, die bei der Beschaffung im Rahmen der Qualitätsprüfung relevant sind:

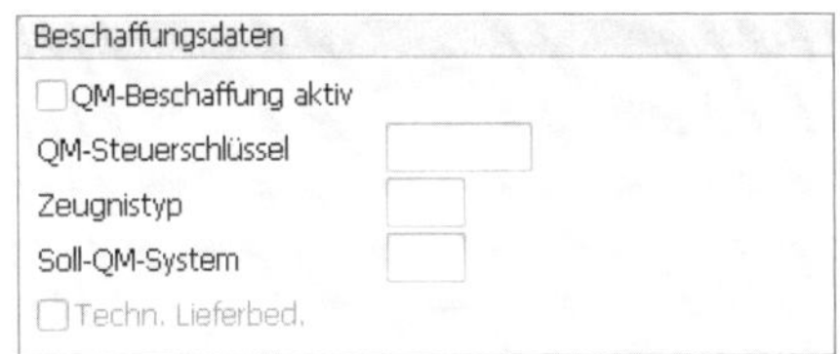

Abbildung 2.111 Beschaffungsdaten im Qualitätsmanagement pflegen

- **QM-Beschaffung aktiv**
  Wenn Sie dieses Kennzeichen setzen, müssen Sie auch den QM-Steuerschlüssel pflegen.
- **QM-Steuerschlüssel**
  Über das Feld **QM-Steuerschlüssel** steuern Sie die Bedingungen der Qualitätsprüfung in der Beschaffung.
- **Zeugnistyp**
  Die Zeugnistypen werden im Customizing der Qualitätsprüfung gepflegt. Mit ihnen legen Sie den Inhalt eines Qualitätszeugnisses fest.

- **Soll-QM-System**
  Mit diesem Schlüssel schreiben Sie dem Lieferanten die Anforderungen an sein QM-System vor. Dazu pflegen Sie im Customizing die Zuordnung von Soll-QM-Systemen zu Ist-QM-Systemen. Wenn die Prüfung nicht erfolgreich ist, gibt das SAP-System bei einer Anfrage eine Warn-, bei allen weiteren Aktivitäten eine Fehlermeldung aus.
- **Techn.Lieferbed.**
  Das SAP-System setzt dieses Kennzeichen, wenn dem Material in der Dokumentenverwaltung technische Lieferbedingungen zugeordnet wurden.

2.2.24 Sicht »Buchhaltung 1«

Die Sichten zur Buchhaltung werden auf der Werksebene angelegt, obwohl die Bilanzierung auf der Buchungskreisebene erfolgt. Die Bewertungsebene eines Materials ist das Werk mit seinen spezifischen Gegebenheiten. Die einzelnen Werksbestände werden dann auf der Buchungskreisebene konsolidiert. Abbildung 2.112 zeigt die Sicht **Buchhaltung 1**.

Abbildung 2.112 Sicht »Buchhaltung 1«

Im Bereich **Allgemeine Daten** finden Sie im Wesentlichen die Informationen, die an anderer Stelle bereits erläutert wurden. Da die Bewertung des Materials in der **Basismengeneinheit** erfolgt, ist sie die erste hier angegebene Information. Ebenso wie die **Sparte** wurde diese Information bereits in den Grunddaten gepflegt. Zudem wurde die **Währung** des Werks aus dem Customizing ermittelt und dort angezeigt, ebenso wie die laufende Periode (**Lfd. Periode**). Folgende weitere grundlegende Einstellungen und Informationen sind in diesem Bereich organisiert:

- **Bewertungstyp**
  Über den Bewertungstyp steuern Sie, ob für das Material eine getrennte Bewertung vorgesehen ist. So kann es für die Bewertung wichtig sein, ob es eingekauft, wo es hergestellt oder ob es selbst gefertigt wurde.
- **Preisermittlung**
  Informationen aus diesem Feld werden bei Verwendung von MaterialLedgern verwendet. Das Kennzeichen wird im Rechnungswesen gesetzt. Wird das Material-Ledger in Ihrem Unternehmen nicht genutzt, können die Felder für die Pflege von Materialstämmen auch ausgeblendet werden.
- **ML aktiv**
  Dieses Kennzeichen zeigt an, ob das Material-Ledger für die Bewertung des betreffenden Materials aktiv ist.

Der Bereich **aktuelle Bewertung** enthält alle Informationen (siehe Abbildung 2.113) die für die Bewertung von Belang sind.

Aktuelle Bewertung			
Bewertungsklasse	3100		
BKl.Kundenauftragsb.		BKl. Projektbestand	
Preissteuerung	V	Preiseinheit	1
Gleitender Preis	100,00	Standardpreis	
Gesamtbestand	2	Gesamtwert	200,00
		bewertete ME	
Zukünftiger Preis		Gültig ab	

Abbildung 2.113 Der Bereich »Aktuelle Bewertung« in der Sicht »Buchhaltung 1«

- **Bewertungsklasse**
  Die Bewertungsklasse steuert die Zuordnung der Materialien zu den Sachkonten der Finanzbuchhaltung. Über diesen Schlüssel können Sie Materialien unterschiedlicher Materialarten auf einem Bilanzkonto zusammenführen oder die Werte von unterschiedlichen Materialien der gleichen Materialart bilanziell trennen.
- **BKl.Kundenauftragsb., BKl.Projektbestand**
  Diese Felder werden nur benötigt, wenn Sie unterschiedliche Bestandsarten (z. B. einen Kundenauftragsbestand) separat darstellen und bewerten möchten.
- **Preissteuerung**
  Im SAP-System gibt es zwei verschiedene Arten der Materialbewertung:
  - V – gleitender Durchschnittspreis, **Gleitender Preis**
    Mit jeder Warenbewegung oder Rechnungserfassung wird der Materialpreis neu ermittelt und im Materialstamm fortgeschrieben. Die Berechnung erfolgt immer durch die Formel *Materialwert / Materialbestand*.
  - S – Standardpreis, **Standardpreis**
    Beim Standardpreis wird ein konstanter Wert gesetzt, bei dem Warenbewegung oder Rechnungserfassung keine Veränderungen des Materialpreises bewirken.

Der Materialpreis bleibt gültig, bis ein neuer Materialpreis gesetzt wird. In der Regel basiert der S-Preis auf Materialkalkulationen, die im Controlling regelmäßig – z. B. monatlich – durchgeführt werden. Je Periode kann nur ein S-Preis aus der Kalkulation gesetzt werden. Ein geänderter S-Preis führt zu einer Neubewertung des Gesamtbestands des betreffenden Materials.

- **Preiseinheit**
  Die Preiseinheit ist die Menge des Materials, auf die sich der Preis bezieht. Bei Materialien mit Preisen im Cent-Bereich wird z. B. gerne mit der Preiseinheit 1.000 gearbeitet.
- **Gesamtbestand, Gesamtwert**
  Diese beiden Felder sind reine Informationsfelder, die Auskunft darüber geben, welche Mengen sich derzeit mit welchem Wert im Lager befinden.
- **bewertete ME**
  Dieses Kennzeichen wird gesetzt, wenn auf der Basis der Mengeneinheit bewertet wird, die für eine Charge des betreffenden Materials verwendet wird.
- **Zukünftiger Preis, Gültig ab**
  Hier werden Informationen über den zukünftigen Preis und den Gültigkeitsbeginn hinterlegt. Zukünftige Preise resultieren aus bereits vorgenommen Materialkalkulationen zu einem zukünftigen Datum. Die Materialkalkulationen müssen für die künftige Periode den Status *Vorgemerkt* vorweisen.

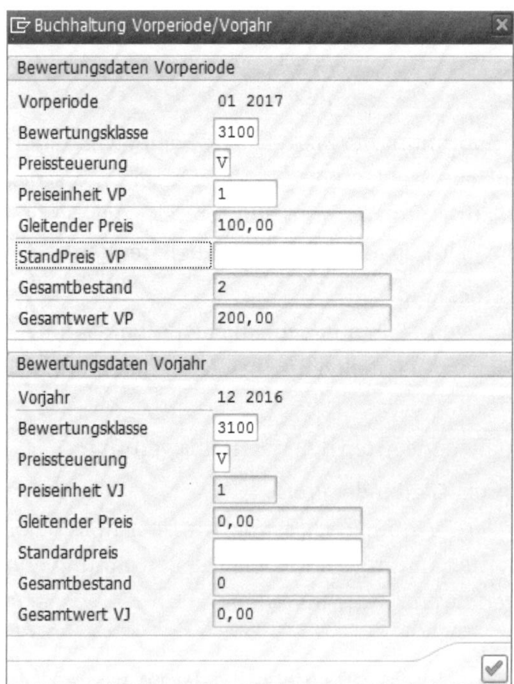

Abbildung 2.114 Das Fenster »Buchhaltung Vorperiode/Vorjahr«

- **Vorperiode/-jahr**
  Wenn Sie die entsprechende Schaltfläche anklicken, erhalten Sie Informationen zu der vergangenen Periode (siehe Abbildung 2.114).
- **Plankalkulation**
  Sollten Sie Informationen über die Materialkalkulation benötigen, erhalten Sie hier einen Auszug aus der Sicht **Kalkulation 2**.

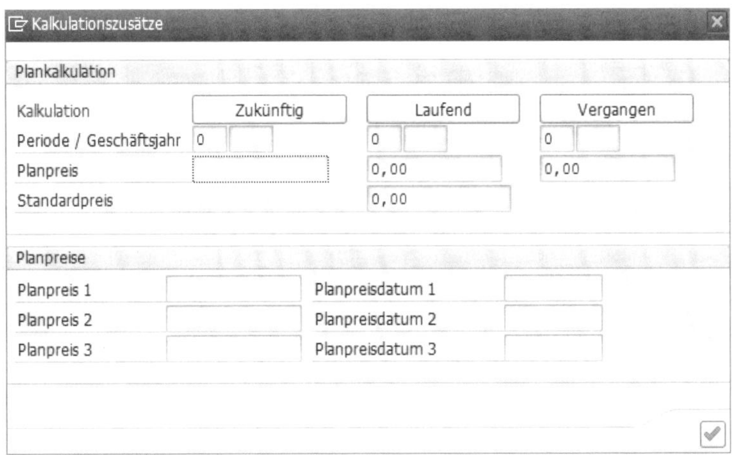

Abbildung 2.115 Plankalkulation

Dabei ersehen Sie im Bereich **Plankalkulation** die S-Preise, die aus der nächsten zukünftigen, der laufenden und der vorangehenden Materialkalkulation resultieren. Der Standardpreis entspricht hier dem laufenden Planpreis.

Die Materialkalkulation bietet darüber hinaus die Möglichkeit, Planpreise auf unterschiedlichster Basis zu kalkulieren und als Planpreise 1, 2 oder 3 fortzuschreiben. Welches Preisfeld hierbei für welchen Zweck genutzt wird, sollte in einem Unternehmen zentral festgelegt werden. Dabei sollte auch festgelegt werden, ob historische Werte für diese Preise benötigt werden und wo diese archiviert werden sollen.

Aus den Feldern für das Planpreisdatum können Sie ersehen, mit welchem Preisdatum die entsprechenden Plankalkulationen durchgeführt wurden.

2.2.25 Sicht »Buchhaltung 2«

In der Sicht **Buchhaltung 2** (siehe Abbildung 2.116) werden Daten für die **Niederstwertermittlung** der Materialbestände im Rahmen der Inventur für Jahresabschlüsse hinterlegt.

Das SAP-System bietet hierbei je drei Preisfelder für die Bewertung nach steuerrechtlichen oder handelsrechtlichen Gesichtspunkten an. Diese Preisfelder werden nach den unternehmensspezifischen Erfordernissen genutzt. Auch hier sollte intern vereinbart werden, wie die Felder gefüllt, für welchen Zweck sie jeweils genutzt und wie die Feldinhalte gegebenenfalls archiviert werden.

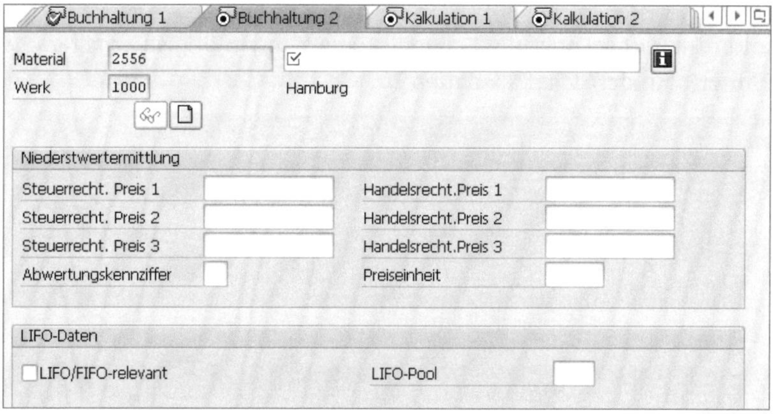

Abbildung 2.116 Sicht »Buchhaltung 2«

Direkt unterhalb der Preisfelder finden Sie die beiden folgenden Felder:

- **Abwertungskennziffer**
  Im diesem Feld kann eingetragen werden, ob ein Material gegebenenfalls in den vergangenen Jahren nicht mehr verwendet wurde. Es wird die Anzahl von Jahren hinterlegt, in denen das Material in der Vergangenheit schon als »nichtgängig« eingestuft wurde. Im Customizing werden Prozentsätze definiert, um die ein Materialbestand bei entsprechender Anzahl von Jahren der Nicht-Gängigkeit abgewertet wird.
- **Preiseinheit**
  Die Preiseinheit wird in dieser Materialsicht nur dann geführt, wenn ein Material im Vorjahr mit einer anderen Preiseinheit geführt wurde als im aktuellen Jahr.

Spezielle Arten der Materialbewertung gehen nach der Regel »last in – first out« (**LIFO**) oder »first in – first out« (**FIFO**) vor. Dabei werden entweder die zuletzt angeschafften (= fast in) oder die ältesten Materialien (= first in) mit dem jeweiligen Preis zuerst entnommen. Nur bei der V-Preis-Steuerung wirken sich diese beiden Verfahren auf die Bewertung des Gesamtbestands aus. Im Materialstamm wird in der Sicht **Buchhaltung 2** mit diesem Kennzeichen festgelegt, ob grundsätzlich nach LIFO oder FIFO bewertet werden soll. Gleichartig bewertete Materialien können hierbei einem gemeinsamen Pool zugeordnet werden.

2.2.26 Sicht »Kalkulation 1«

Die Sicht **Kalkulation 1** sehen Sie in Abbildung 2.117.

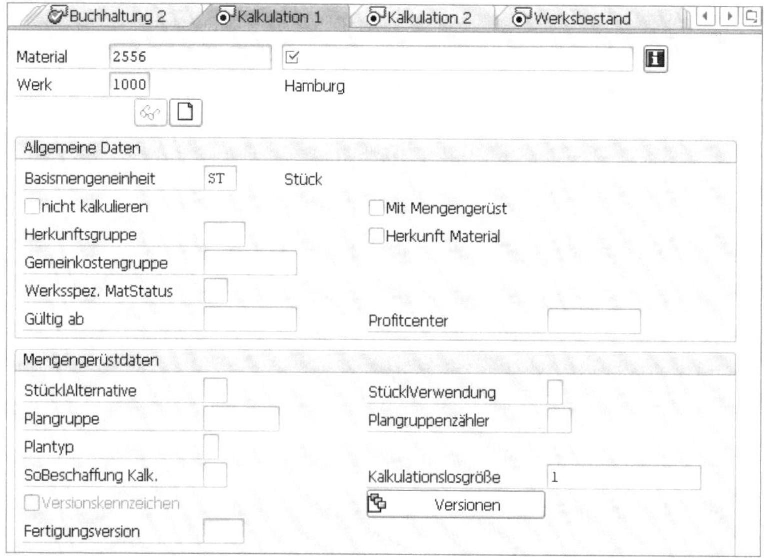

Abbildung 2.117 Sicht »Kalkulation 1«

Nachfolgend seien nun die wichtigsten Felder dieser Sicht beschrieben:

- **nicht kalkulieren**
  Über die Aktivierung des Felds **nicht kalkulieren** wird dafür gesorgt, dass ein Material bei den Materialkalkulationen mit seinem Preis gemäß der Preissteuerung in die Kalkulation übernommen wird. Dabei wird dann keine erneute Materialkalkulation für dieses Material selbst – auch wenn es selbst erstellt worden ist – erzeugt. Ist eine Kalkulation gewünscht, kann diese mit oder ohne Mengengerüst erfolgen. Details für die Kalkulation mit Mengengerüst sind dabei im Bereich **Mengengerüstdaten** hinterlegt. Weitere Informationen zur Hinterlegung von Mengengerüstdaten folgen in Abschnitt 6.7, »Inventurbewertung«.
- **Mit Mengengerüst**
  Ein Mengengerüst für die Kalkulation wird aus den Daten der Fertigung (PP) erstellt. Setzen Sie dieses Kennzeichen, greift das SAP-System auf diese Daten zurück; ansonsten wird eine Einzelkalkulation für das Material durchgeführt.
- **Herkunftsgruppe**
  Die Herkunftsgruppe dient dazu, Kosten zu untergliedern.
- **Herkunft Material**
  Dieses Kennzeichen bewirkt, dass die Kosten unter einer primären Kostenart mit Bezug zu der Materialnummer fortgeschrieben werden. Dadurch kann das Informationssystem die Kosten näher analysieren.
- **Gemeinkostengruppe**
  Über die Gemeinkostengruppe der Kalkulation werden den Materialien besondere Zuschlagssätze zugeordnet.

- **Werksspez. MatStatus, Gültig ab**
  Der werksspezifische Materialstatus ist in der Sicht **Einkauf** beschrieben.
- **Profitcenter**
  Nicht zuletzt wird ein Materialbestand auf dieser Sicht einem bestimmten Profit-Center zugeordnet, womit dieser dann in die Profit-Center-Bilanz aufgenommen wird. Das Profit-Center ist auch in der Sicht **Werksdaten/Lagerung2** enthalten.

Wenn Sie im Bereich **allgemeine Daten** das Kennzeichen **Mit Mengengerüst** gesetzt haben, geben Sie im Bereich **Mengengerüstdaten** die notwendigen Daten ein (siehe Abbildung 2.118):

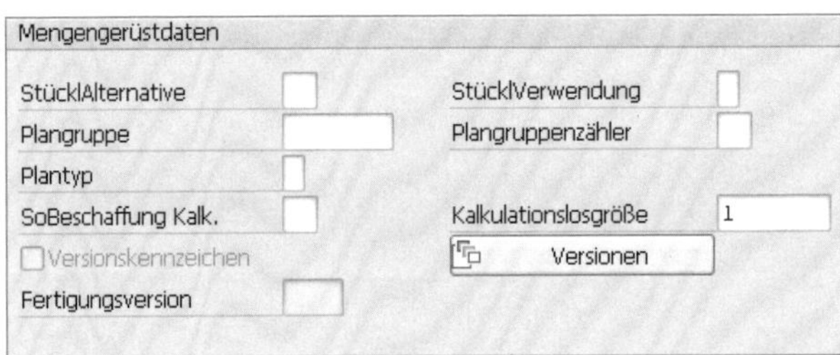

Abbildung 2.118 Der Bereich »Mengengerüstdaten« in der Sicht »Kalkulation 1«

- **StücklAlternative**
  Zu einem Material kann es aufgrund eines abweichenden Herstellungsverfahrens (z. B. bei unterschiedlichen Mengen) verschiedene Stücklisten in der Fertigung (PP) geben. Diese werden in einer Stücklistengruppe zusammengefasst. Mit der Stücklistenalternative wählen Sie für die Kalkulation eine Stückliste aus der Stücklistengruppe aus.
- **StücklVerwendung**
  Es stehen die in Abbildung 2.119 aufgeführten Kennzeichen für die Stücklistenverwendung zur Verfügung.

StlVerw	FertRel	KonstRel	InstRel	ErsTeil	VertrRel	KalkRel	Verwendungstext
1	+	.	-	.	-	.	Fertigung
2	.	+	-	.	-	.	Konstruktion
3	.	.	-	.	.	.	universal
4	-	-	+	-	-	.	Instandhaltung
5	.	.	-	.	+	.	Vertrieb
6	.	.	-	.	.	+	Kalkulation
7	.	-	-	-	.	.	Leergut
8	-	.	-	-	-	-	Stabilitätsstudie
9	.	.	.	.	.	.	universal RP

Abbildung 2.119 Stücklistenverwendung

Das Pluszeichen (+) bedeutet, dass die Stückliste für die jeweilige Funktion relevant ist, der Punkt (.), dass die Stückliste für die jeweilige Funktion relevant sein kann, und das Minuszeichen (–), dass die Stückliste für die jeweilige Funktion nicht zugelassen ist.

- **Plangruppe**
  Mit der Plangruppe können Sie unterschiedliche Arbeitsplätze in der Fertigung für das betreffende Material gruppieren.
- **Plangruppenzähler**
  Gemeinsam mit der Plangruppe identifiziert dieser Schlüssel eindeutig einen Plan.
- **Plantyp**
  Es gibt die verschiedensten Plantypen. Hier wählen Sie den für die Kalkulation relevanten Plantyp aus (siehe Abbildung 2.120).

PlnTyp	Text
0	Standardnetz
2	Planungsrezept
3	Grobplanungsprofil
A	IH-Anleitung
E	Equipmentplan
M	Standardlinienplan
N	Normalarbeitsplan
Q	Prüfplan
R	Linienplan
S	Standardplan
T	Plan für Technischen Platz

Abbildung 2.120 Plantypen

- **SoBeschaffung Kalk.**
  Wenn Sie eine Sonderbeschaffungsart (siehe Abbildung 2.121) für die Kalkulation zugrunde legen möchten, pflegen Sie hier den entsprechenden Wert.

SoB	Langtext
10	Konsignation
20	Fremdbeschaffung
30	Lohnbearbeitung
31	Lohnbearbeitung / als Komponente Dummy
40	Umlagerung (Beschaffung Werk 1200)
45	Umlagerung von Werk an Dispobereich
46	Umlagerung von Werk an Dispob. (BS-ANF)
50	Dummybaugruppe
51	Direktbeschaffung / Fremdbezug
52	Direktbeschaffung / Eigenfertigung
60	Dummy in der Vorplanung
70	Reservierung anderes Werk 1100
80	Fertigung in Werk 1100
81	Direktfertigung in Werk 1100
90	Fertigung in Werk 1200
95	Umlagerung (Beschaffung aus Werk 2000)
99	Eigenfertigung für Kalkulation
SC	Umlagerung (Beschaffung Werk 1100)

Abbildung 2.121 Sonderbeschaffungsarten

- **Kalkulationsgröße**
  Die Kalkulationsgröße ist die Menge, auf deren Basis die Kalkulation erfolgt.
- **Versionskennzeichen, Versionen**
  Das Versionskennzeichen wird gesetzt, wenn Sie Fertigungsversionen hinterlegen.
- **Fertigungsversion**
  Mit diesem Schlüssel entscheiden Sie, welche Fertigungsversion kalkulationsrelevant ist.

2.2.27 Sicht »Kalkulation 2«

Die Sicht **Kalkulation 2** sehen Sie in Abbildung 2.122.

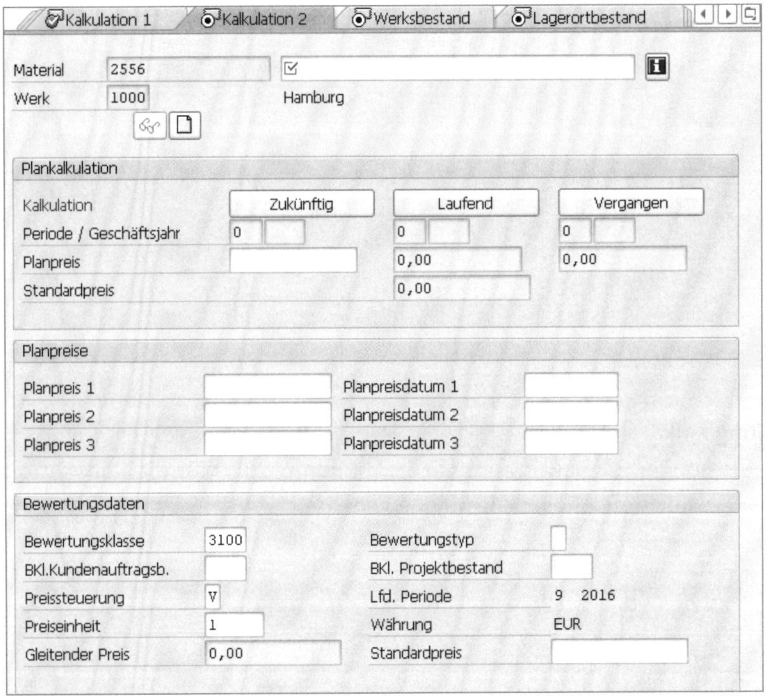

Abbildung 2.122 Sicht »Kalkulation 2«

Diese Sicht zeigt nochmals die Plankalkulationsdaten, die über die Schaltfläche **Plankalkulation** aus der Sicht **Buchhaltung 1** bereits, wie oben dargestellt, abgerufen wurden. Im unteren Bereich werden hier die **Bewertungsdaten** aus derselben Sicht wiederholt. Damit liefert die Sicht **Kalkulation 2** keine neuen Informationen, sondern fasst hier nur noch einmal aus der Sicht der Plankalkulation die wesentlichen Steuerungsinformationen für die Bewertung und Verbuchung von Materialbeständen mit den Plankalkulationsergebnissen zusammen.

2.2.28 Sicht »Werksbestand«

Sowohl die Sicht **Werksbestand** (siehe Abbildung 2.123) als auch die Sicht **Lagerortbestand** (siehe Abbildung 2.124) bieten lediglich eine Anzeige der Bestandssituation, aber keine zu pflegenden Einstellungen.

Abbildung 2.123 Werksbestand anzeigen

Abbildung 2.124 Lagerortbestand anzeigen

2.2.29 Sicht »WM Execution«

Die Abkürzung »WM« steht für *Warehouse Management*. Dies ist die Lagerverwaltungskomponente (LE-WM) von SAP. In den folgenden Sichten werden Einstellungen zu den Prozessen im Lager vorgenommen.

Die Handhabung des Materials im Lager wird im Bereich **WM-Ausführungsdaten** gepflegt (siehe Abbildung 2.125).

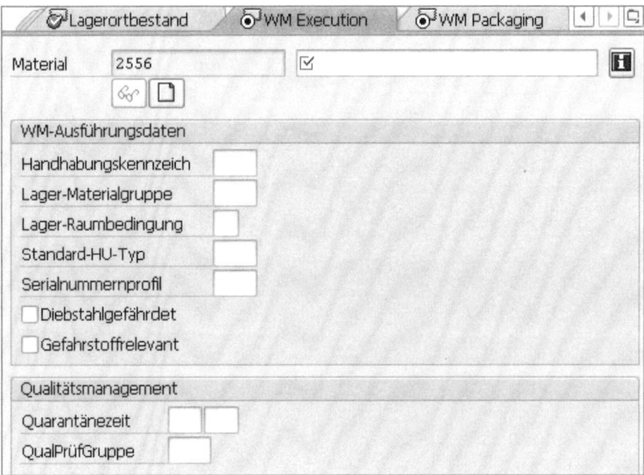

Abbildung 2.125 Materialhandhabung pflegen

Folgende Einstellungen können Sie vornehmen:

- **Handhabungskennzeich**
  Abbildung 2.126 zeigt die möglichen Handhabungskennzeichen, mit denen der Umgang im Lager mit dem Material geregelt wird.

Hndhbkenn	Bezeichnung
0001	zerbrechlich
0002	Transport in senkrechter Position

  Abbildung 2.126 Handhabungskennzeichen

- **Lager-Materialgruppe**
  Sie können mit diesem Schlüssel Materialien nach Lagergesichtspunkten ordnen.
- **Lager-Raumbedingung**
  Die Raumbedingungen, die das Material benötigt, werden mit diesem Schlüssel eingestellt.
- **Standard-HU-Typ**
  Handling Units (HU) werden im Versand genutzt. Stehen in einem Lagerprozess mehrere Handling Units zur Verfügung, können Sie mit diesem Eintrag die Standard-HU pflegen.

- **Serialnummerprofil**
  Das Serialnummerprofil wurde bereits in der Sicht **Werksdaten/Lagerung2** beschrieben.
- **Diebstahlgefährdet**
  Mit diesem Kennzeichen sorgen Sie dafür, dass das Material in einem besonders gesicherten Bereich gelagert wird.
- **Gefahrstoffrelevant**
  Wenn Sie dieses Kennzeichen setzen, liest das SAP-System bei den Lagerbewegungen zusätzlich die Gefahrgutdaten.

Im Bereich **Qualitätsmanagement** wird der Umgang mit dem Material im Lager aus der Sicht der Qualitätsprüfung eingestellt (siehe Abbildung 2.127).

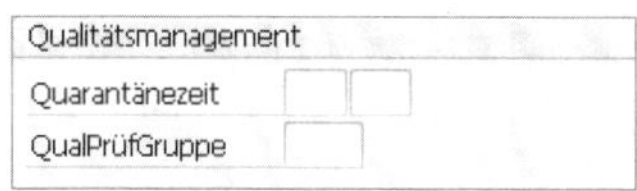

Abbildung 2.127 Lagermaterial unter Qualitätsaspekten behandeln

Folgende Felder stehen zur Verfügung:

- **Quarantänezeit**
  Hier geben Sie den Zeitraum an, für den das Material nach der Fertigung zurückgehalten werden muss, bevor es weiterbearbeitet werden darf.
- **QualPrüfGruppe**
  Mit der Qualitätsprüfgruppe ordnen Sie Materialien nach Qualitätsprüfgesichtspunkten.

2.2.30 Sicht »WM Packaging«

Im Bereich **Allgemeine Verpackung** (siehe Abbildung 2.128) wird die Steuerung der Handling Units eingestellt.

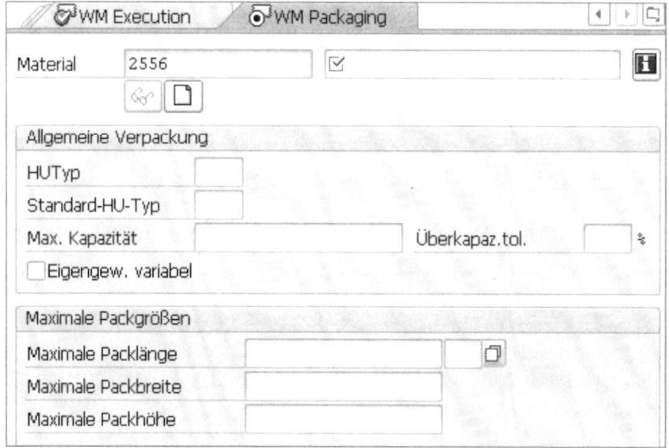

Abbildung 2.128 Handling Units steuern

Folgende Einstellmöglichkeiten existieren:

- **HUTyp**
  Der Handling-Unit-Typ bildet in SAP Extended Warehouse Management (SAP EWM) den Lagereinheitentyp ab.
- **Standard-HU-Typ**
  Mit dem **Standard-HU-Typ** geben Sie die Standard-HU vor, wenn keine Packvorschrift verwendet wird.
- **Max. Kapazität**
  Hier pflegen Sie die maximal erlaubte Kapazität des Packmittels.
- **Überkapaz.tol.**
  Um den hier gepflegten Wert darf die maximale Kapazität überschritten werden.
- **Eigengew. variabel**
  Dieses Kennzeichen dient der Identifizierung von Packmitteln, deren Gewicht nicht genau bestimmt werden kann.

In dem Bereich **Maximale Packgrößen** geben Sie die Außenmaße des Packmittels an.

2.2.31 Zusatzdaten

Mit der Schaltfläche [⇨ Zusatzdaten] öffnet das SAP-System weitere Sichten zum Materialstammsatz:

- In der Sicht **Kurztexte** kann in beliebig vielen Sprachen die Materialbezeichnung hinterlegt werden. In Abhängigkeit vom Sprachenschlüssel des Vertragspartners (Lieferant oder Kunde) wird dann der entsprechende Kurztext in den Beleg gezogen.
- Die Sicht **Mengeneinheiten** enthält alle im Stammsatz vorhandenen Mengeneinheiten mit ihren Umrechnungsfaktoren zur Basismengeneinheit. Es können beliebig viele weitere Mengeneinheiten mit ihren Umrechnungsfaktoren gepflegt werden.
- Für jede Mengeneinheit kann eine Europäische Artikelnummer geführt werden. Wenn es mehrere EANs für eine Mengeneinheit gibt, muss eine davon als Haupt-EAN gekennzeichnet werden.
- Sie können sämtliche, das Material betreffende Dokumente hinterlegen.
- Für verschiedene Sprachen kann sowohl der Grunddatentext als auch der Prüftext hinterlegt werden. Ebenso können in jeder gewünschten Sprache interne Vermerke gepflegt werden.
- In den Zusatzdaten sind auch die Verbräuche pro Monat einseh- und änderbar.

2.3 Charge

Eine Charge ist eine Teilmenge eines Materials, deren Eigenschaften sie eindeutig identifizieren. Die das Material betreffenden Eigenschaften sind im Materialstamm enthalten; der Chargenstammsatz enthält allgemeine Informationen und die Daten, die nur für diese eine Charge gelten.

2.3.1 Sicht »Grunddaten 1«

Die Verwaltung der Mindesthaltbarkeitsdaten (MHD) wird auch im Materialstamm gepflegt (siehe Abbildung 2.129).

Abbildung 2.129 MHD verwalten

Ist das Material chargenpflichtig, sind die MHD-Daten des Chargenstammsatzes maßgebend. Wenn für die Charge keine Dokumentationspflicht besteht, kann auch die Löschvormerkung gesetzt werden. Mit diesem Kennzeichen werden alle Daten der Charge auf der Ebene des Mandanten beim Reorganisationslauf gelöscht. Das SAP-System prüft zuvor, ob die Charge gelöscht werden darf.

2.3.2 Sicht »Grunddaten 2«

Sie können die Verwendung der Datumsfelder aus Abbildung 2.130 frei definieren. So ist es Ihnen möglich, die Weiterverwendung der Charge in Arbeitsschritten zu organisieren.

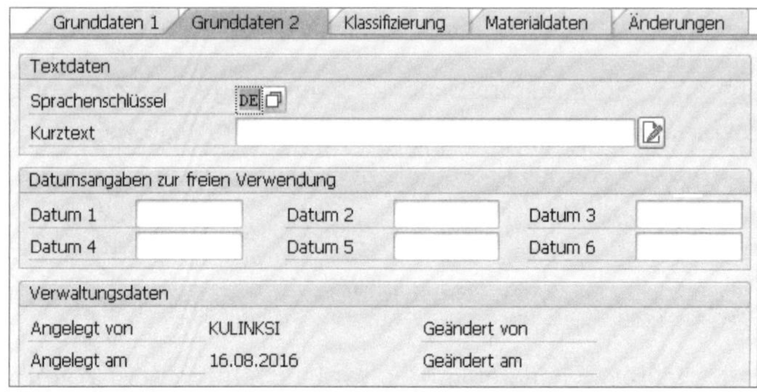

Abbildung 2.130 Datumsangaben zur freien Verwendung

2.3.3 Sicht »Klassifizierung«

Die Klassifizierung der Charge (siehe Abbildung 2.131) muss der Klassifizierung des Materials entsprechen, kann aber weitere Ausprägungen enthalten.

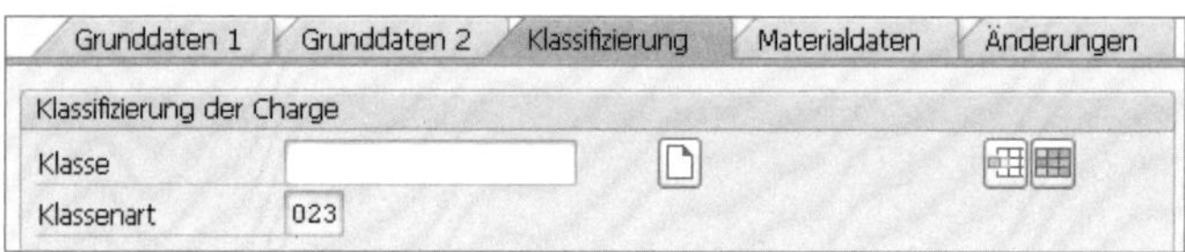

Abbildung 2.131 Klassifizierung der Charge

2.3.4 Sicht »Materialdaten«

In der Sicht **Materialdaten** (siehe Abbildung 2.132) wird Ihnen ein Ausschnitt aus dem Materialstamm angezeigt, der die für die Chargenverwaltung relevanten Daten enthält.

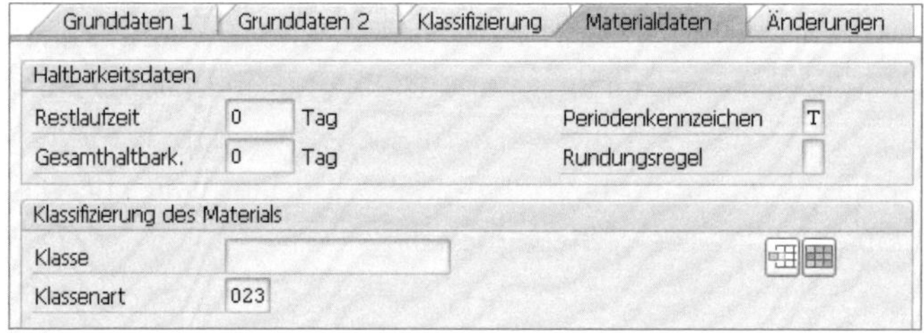

Abbildung 2.132 Wichtige Materialdaten anzeigen

2.3.5 Sicht »Änderungen«

Jede Charge führt ein Änderungsprotokoll, wie in Abbildung 2.133 gezeigt, in dem alle Bearbeitungsschritte dokumentiert sind.

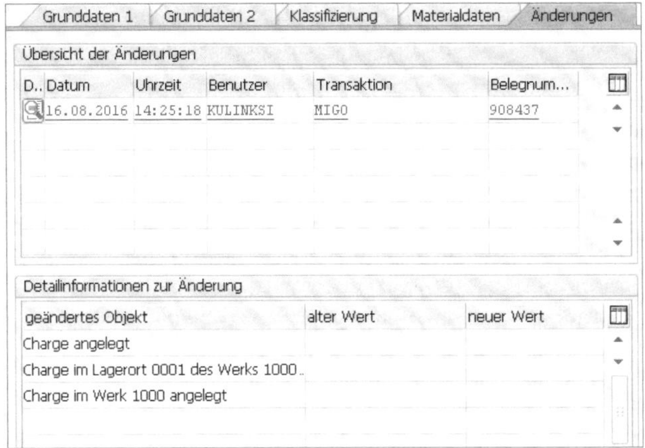

Abbildung 2.133 Änderungsprotokoll aufrufen

2.4 Kreditor (Lieferant)

Der Kreditoren- bzw. Lieferantenstamm enthält Informationen über die Kreditoren (Lieferanten) eines Unternehmens. Diese Informationen sind in einzelnen Kreditorenstammsätzen abgelegt. Der Kreditorenstammsatz besteht aus drei Bereichen:

- **Allgemeine Daten** (Daten auf der Mandantenebene)
- **Buchungskreisdaten** (Daten auf der Buchungskreisebene)
- **Einkaufsorganisationsdaten** (Daten auf der Einkaufsorganisationsebene)

Der Kreditorenstammsatz wird sowohl im Einkauf als auch in der Buchhaltung genutzt. Deshalb wird er von der Buchhaltung und vom Einkauf gepflegt. Sie können einen Kreditorenstammsatz anlegen, indem Sie eine Vorlage benutzen. Dabei werden die Steuerungsdaten der Ebenen, die Sie in die Felder des Bereichs **Vorlage** eintragen (siehe Abbildung 2.134), in den neuen Stammsatz kopiert. Die kreditorenspezifischen Felder – wie z. B. **Name** und **Anschrift** – werden hingegen nicht kopiert.

Kreditor anlegen: Einstieg

Kreditor
Buchungskreis
Einkaufsorganisation
Kontengruppe

Vorlage

Kreditor
Buchungskreis
Einkaufsorganisation

Abbildung 2.134 Neuen Kreditor anlegen

Ist der Stammsatz bereits vorhanden, und soll er lediglich um eine Sicht erweitert werden, werden die bereits erfassten Daten nicht überschrieben.

In der Einstiegsmaske wird neben dem **Buchungskreis** und der **Einkaufsorganisation** auch die **Kontengruppe** abgefragt. Während die beiden erstgenannten Felder leer gelassen werden können, muss das Feld **Kontengruppe** ausgefüllt werden. Die Kontengruppe wird im Customizing des Rechnungswesens definiert und regelt, in welchem Nummernkreis der Kreditorenstammsatz angelegt wird, ob die Stammsatznummer vom Benutzer oder dem SAP-System vergeben wird, welche Partnerrollen erlaubt sind und wie der Bildaufbau der Sichten sein soll.

Die Angabe von Buchungskreis und Einkauforganisation wird erst notwendig, wenn Sie die Sichten für die Buchhaltung bzw. den Einkauf pflegen möchten.

Der Bereich **Allgemeine Daten** enthält die Informationen zum Kreditor, die uneingeschränkt im gesamten Konzern gelten.

Wie Sie Abbildung 2.135 entnehmen können, sind die hier enthaltenen Daten allgemeiner Natur.

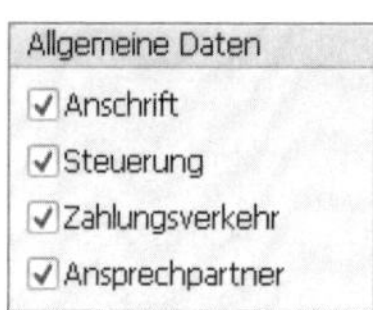

Abbildung 2.135 Allgemeine Daten im Kreditorenstammsatz

Im Datenbild **Zahlungsverkehr** im Bereich **Bankverbindungen** pflegen Sie die Bankdaten des Kreditors. Auf die Felder bzw. Feldinhalte der Sicht **Steuerung** (siehe Abbildung 2.136) wird im Folgenden etwas näher eingegangen.

Die Sicht **Steuerung** setzt sich aus verschiedenen Bereichen zusammen:

- Im Bereich **Kontosteuerung** wird eine Verknüpfung zu anderen Stammsätzen hergestellt. So kann die Nummer eines Debitorenkontos angegeben werden, zu dem Forderungsverrechnungen erfolgen können. Des Weiteren können weitere Zuordnungen des Kreditors zu Auswertungszwecken vorgenommen werden.
- Der Bereich **Steuerinformationen** enthält die Informationen zu den steuer- und handelsrechtlichen Daten des Kreditors, z. B. Steuernummern, USt-ID, zuständiges Finanzamt usw.
- Weitere Steuerungsdaten sind im Bereich **Referenzdaten** zu finden. So pflegen Sie hier z. B. die Branche, die ILN (Internationale Lokationsnummer im Feld **Lokationsnr. 1** bzw. **Lokationsnr. 2**) und das Datum der letzten Stammsatzprüfung. Wichtig ist unter Umständen auch die Information zum QM-System des Kreditors. Hier steuern Sie, welches System nach ISO bei dem Kreditor vorhanden sein soll.

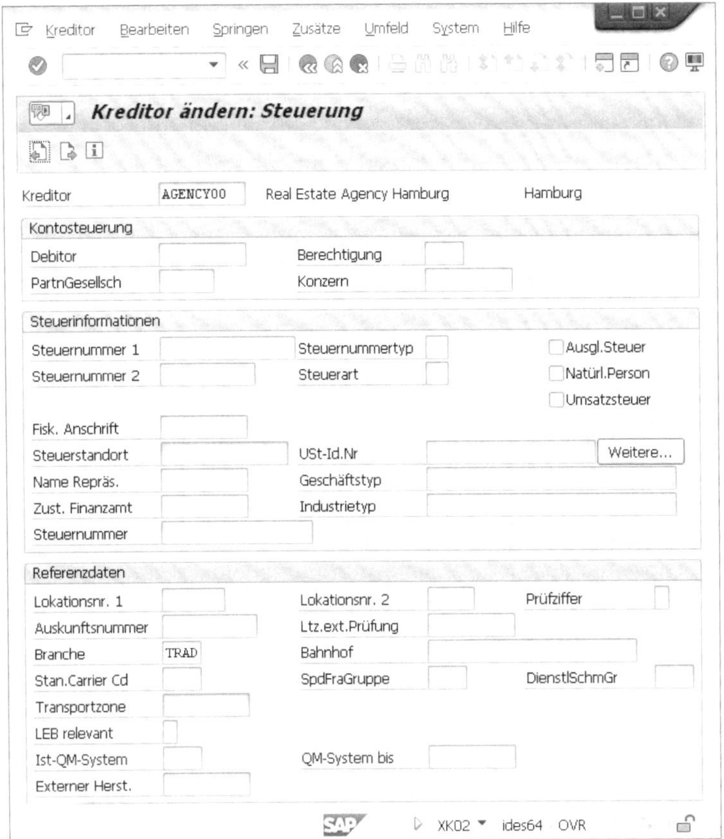

Abbildung 2.136 Kreditor ändern

Der Bereich **Buchungskreisdaten** (siehe Abbildung 2.137) wird in vier Sichten abgelegt und – wie der Name schon sagt – auf der Ebene des Buchungskreises gepflegt. Damit können diese Sichten für jeden Buchungskreis des Mandanten also n mal gepflegt werden.

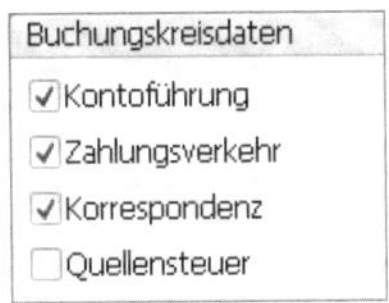

Abbildung 2.137 Buchungskreisdaten im Kreditorenstammsatz

Folgende Einstellungen können Sie hier vornehmen:

- In der Sicht **Kontoführung** wird die buchhalterische Behandlung des Kreditors eingestellt. Mit der Angabe des Abstimmkontos steuern Sie z. B. die Einordnung von

Verbindlichkeiten in der Bilanz. Zudem steuern Sie in dieser Sicht die Verzinsung offener Verbindlichkeiten und die allgemeine Quellensteuerbehandlung.

- Zahlungsbedingungen, Zahlungswege, Zahlungssperren usw. pflegen Sie in der Sicht **Zahlungsverkehr**. Zahlungsbedingungenen werden hier buchungskreisbezogen festgelegt. Sie können die Zahlungsbedingungen auch noch auf der Einkaufsorganisationsebene festlegen, die durchaus von den Zahlungsbedingungen auf der Buchungskreisebene abweichen können. SAP empfiehlt hier denselben Eintrag im Feld **Zahlungsbedingungen** für beide Organisationsebenen. Beachten Sie, dass das Kennzeichen **prf.dopp.rech**. aktiviert sein muss. Dieses Kennzeichen bewirkt, dass bei der Erfassung von Eingangsrechnungen bzw. Gutschriften auf eine doppelte Erfassung hin geprüft wird. Zudem hinterlegen Sie hier die Toleranzgruppe für die Rechnungsprüfung. Nähere Informationen zur Prüfung auf die doppelte Rechnung und zur Bedeutung der Toleranzgruppe finden Sie in Abschnitt 7.4.1, »Abweichungen«.
- Die Sicht **Korrespondenz** enthält Informationen zum Mahnverfahren sowie die jeweiligen Ansprechpartner und deren Telefonnummern beim Kreditor.

Damit Sie die Sicht **Quellensteuer** wählen können, müssen Sie im Customizing der Buchhaltung die erweiterte Quellensteuer einstellen und für den Buchungskreis aktivieren.

Abschließend werden die Daten der Einkaufsorganisation (siehe Abbildung 2.138) gepflegt.

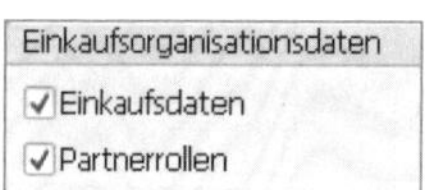

Abbildung 2.138 Einkaufsorganisationsdaten im Kreditorenstammsatz

In der Sicht **Einkaufsorganisationsdaten** werden die Konditionen im Geschäftsverkehr mit dem betreffenden Lieferanten gepflegt. Neben den Zahlungsbedingungen und Incoterms können Sie hier einstellen, mit welchem Kalkulationsschema gearbeitet werden soll und ob ein Mindestbestellwert zu beachten ist. Diese Informationen werden im Bereich **Konditionen** gepflegt.

Dazu enthält diese Sicht den Bereich **Steuerungsdaten**. Er enthält eine Vielzahl von Einstellungsmöglichkeiten (siehe Abbildung 2.139).

Zuletzt werden die Partnerrollen in der Sicht **Partnerrollen** gepflegt. Über die Partnerrollen definieren wir, wer in welcher Funktion mit uns in Kontakt steht. So kann für einen Kreditor die Partnerrolle »Bestelladresse«, »Lieferant« und »Rechnungssteller« von verschiedenen Partnern auf der Kreditorenseite wahrgenommen werden. Für jeden, vom Kreditorenstammsatz abweichenden Partner muss ein eigener Kreditorenstammsatz im SAP-System vorhanden sein.

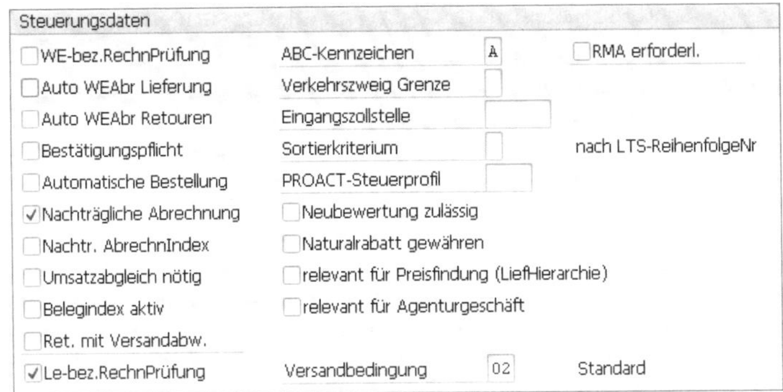

Abbildung 2.139 Steuerungsdaten im Kreditorenstammsatz

2.5 Quotierung

Die Quotierung wird im Rahmen der Bezugsquellenfindung angesprochen. Mit ihr regeln Sie die Verteilung von Bestellmengen bei unterschiedlichen Bezugsquellen. Mit Transaktion MEQ1 (Quotierung pflegen) können Sie die Quotierung einstellen. Die eingegebenen Werte gelten auf der Werksebene für den gepflegten Zeitraum.

Wie es Abbildung 2.140 zeigt, können Sie für jeden Zeitraum eine eigene Quotierung festlegen. Die Zeiträume überschneiden sich nicht.

Quotierung pflegen: Übersicht Quotierungszeiträume

Position   Neuer Zeitraum

Material 100-100 Gehäuse
Werk 1000 Hamburg

Quotierungszeiträume

Gültig ab	Gültig bis	Mindestmg.Splittung	Quotierung
27.03.2017	31.03.2018	500,000	
01.04.2018	31.03.2019	500,000	
01.04.2019	31.03.2020	500,000	

Abbildung 2.140 Quotierungszeiträume pflegen

In den Einstellungen zu den Zeiträumen quotieren Sie die Beschaffung für den jeweiligen Zeitraum. Dazu legen Sie zuerst die Beschaffungsart (Spalte **B** in Abbildung 2.141) fest.

Entweder ist das Material fremdbeschafft oder eigenbeschafft. Dazu werden in der Spalte **S** die Sonderbeschaffungsarten gepflegt, z. B. die Konsignation. Haben Sie diese Position mit dem Kennzeichen **F** für fremdbeschafft versehen, geben Sie als Nächstes die Stammsatznummer des Lieferanten in der Spalte **Lieferant** ein. Für eigenbeschafftes Material pflegen Sie in der Spalte **BWk** das Bezugswerk. Dann vergeben Sie eine

Quotenzahl in der entsprechenden Spalte. Mit der Quotenzahl berechnet das SAP-System den Prozentsatz, wie hoch der Anteil dieser Bezugsquelle in diesem Zeitraum ist.

Quotierung pflegen: Übersicht Quotierungspositionen

Neue Einträge · Kopf · Nächste Übersicht

Material	100-100	Gehäuse	
Werk	1000	Hamburg	
		Basis-ME	ST
Gültig ab	27.03.2017	Gültig bis	31.03.2018
		Mindestmenge	500,000

Quotierungspositionen

Q...	B	S	Lieferant	BWk	FVer	Qu...	in %	Quotierte Menge	Maximale Menge	Quotenbasismenge	Max. Losgröße	Min. Lo
1	F		1000			3	30,0	0,000	100,000			
2	E	P		1000		3	30,0	0,000	150,000			
3	F		9999			2	20,0	0,000	100,000			
5	F		111			2	20,0	0,000	150,000			

Abbildung 2.141 Quotierungsposition

Nachdem diese Einstellungen von Ihnen vorgenommen worden sind, berechnet das SAP-System für jede Zeile, also für jede mögliche Bezugsquelle, eine Quotenzahl. Die Formel lautet:

(Quotierte Menge + Quotenbasismenge) / Quote = Quotenzahl

Die quotierte Menge umfasst alle Bestellanforderungen, Bestellungen, Kontraktabrufe, Lieferplaneinteilungen und Planaufträge zu der betreffenden Bezugsquelle.

Die Quotenbasismenge kann manuell oder vom SAP-System ermittelt werden. Mit ihr kann die Quotierung gesteuert werden, ohne die Quote zu ändern. Sie wirkt wie eine bereits quotierte Menge bei der Berechnung der Quotenzahl. Dies ist bei der Aufnahme neuer Bezugsquellen hilfreich.

Ohne diese Angabe würden einer neuen Bezugsquelle alle Bedarfe zugeordnet, bis sie ihre Quote erreicht hat. Mit der Quote steuern Sie den Anteil des Bedarfs, der durch diese Bezugsquelle gedeckt werden soll. Wenn diese Informationen vorhanden sind, ermittelt das SAP-System nach der oben genannten Formel eine Quotenzahl. Die Bezugsquelle mit der niedrigsten Quotenzahl wird für den nächsten Beschaffungsvorgang ausgewählt.

2.6 Orderbuch

Mit dem *Orderbuch* entscheiden Sie darüber, welche Bezugsquellen in einem Zeitraum zugelassen, fixiert oder gesperrt sein sollen.

Das Orderbuch wird beim ersten Beschaffungsvorgang des Materials automatisch vom SAP-System angelegt. Es enthält allerdings keine Einträge. Wenn in der Sicht

Einkauf des Materialstamms das Kennzeichen **Orderbuchpflicht** gesetzt ist, kann eine Bestellung erst dann angelegt werden, wenn im Orderbuch für den entsprechenden Zeitraum mindestens ein Eintrag vorhanden ist. Einträge können von Ihnen manuell vorgenommen werden (siehe Abbildung 2.142). Der schnellere Weg ist es allerdings, mit der Taste (**Erzeugen Sätze**) das Orderbuch automatisch zu befüllen.

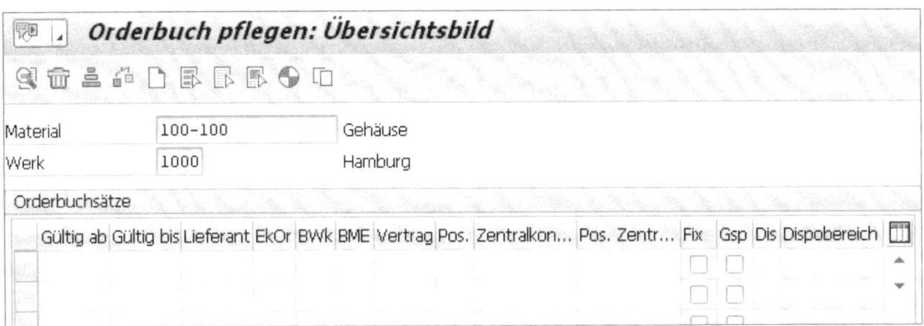

Abbildung 2.142 Orderbuch pflegen

Der Gültigkeitszeitraum wird vor dem Start abgefragt. Danach füllt das SAP-System das Orderbuch mit den Informationen, die aus den zu dem Material in diesem Werk erzeugten Infosätzen ausgelesen wurden (siehe Abbildung 2.143).

Orderbuchsätze

Gültig ab	Gültig bis	Lieferant	EkOr	BWk	BME	Vertrag	Pos.	Zentralkon...	Pos. Zentr...	Fix	Gsp	Dis	Dispobereich
29.03.2017	31.03.2018	1000	1		ST					☐	☐		
29.03.2017	31.03.2018	1000	1000		ST					☐	☐		
29.03.2017	31.03.2018	111	1000		ST					☐	☐		
29.03.2017	31.03.2018	9999	1000		ST					☐	☐		
29.03.2017	31.03.2018	1001	1000		ST					☐	☐		

Abbildung 2.143 Automatisch erzeugte Sätze im Orderbuch

Sie haben außerdem die Möglichkeit, Orderbucheinträge direkt bei der Anlage eines Rahmenvertrags oder eines Infosatzes zu erzeugen. Im Customizing des Einkaufs kann auch auf der Werksebene eine generelle Orderbuchpflicht eingestellt werden.

2.7 Einkaufsinfosatz

Der *Einkaufsinfosatz* enthält die Informationen, die im Einkauf für ein Material bei einem Lieferanten gelten. Damit haben Sie die Möglichkeit festzustellen, welche Lieferanten ein bestimmtes Material zu welchen Konditionen angeboten oder geliefert haben bzw. welche Materialien von einem bestimmten Lieferanten angeboten oder geliefert wurden. Sie können den Einkaufsinfosatz manuell anlegen (Transaktion ME11), ändern (Transaktion ME12) oder anzeigen lassen (Transaktion ME13).

In der Regel wird der Infosatz in dem Moment vom SAP-System erzeugt, in dem erstmalig eine Lieferanten-Material-Beziehung entsteht. Dies kann durch ein Angebot, eine Bestellung oder einem Rahmenvertrag geschehen. Bei der Erzeugung und Fortschreibung des Infosatzes werden der Materialstammsatz, der Lieferantenstammsatz und der letzte Beleg ausgelesen und die relevanten Daten in den Infosatz übernommen. Da der Einkaufsinfosatz auf der Werks- und Einkaufsorganisationsebene gepflegt wird, enthält er auch die für die jeweilige Organisationseinheit gültigen Daten. So sind im Infosatz die Konditionen hinterlegt, die nur für diese Lieferanten-Material-Beziehung gelten.

2.7.1 Sicht »Allgemeine Daten«

In der Sicht **Allgemeine Daten** werden die relevanten Informationen aus dem Materialstamm der Sicht **Einkauf** vorbelegt (siehe Abbildung 2.144); sie können für diese spezielle Material-Lieferanten-Kombination geändert werden.

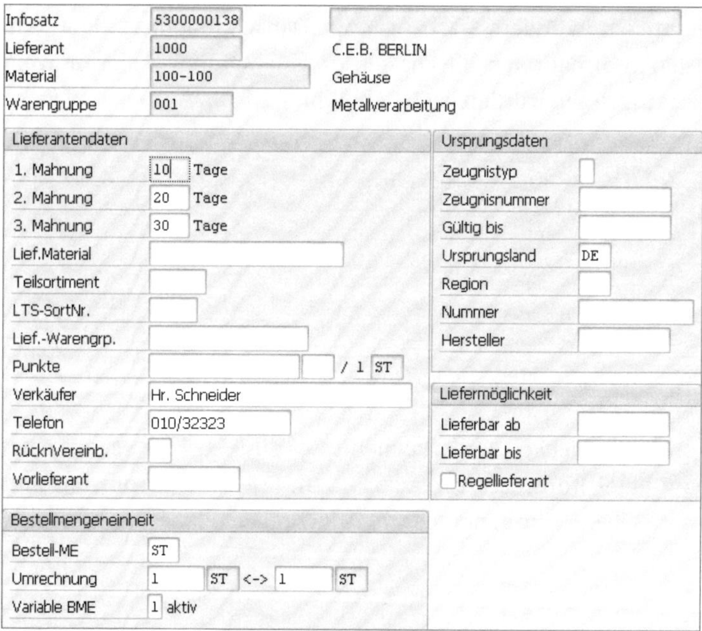

Abbildung 2.144 Allgemeine Daten pflegen

2.7.2 Sicht »Einkaufsorganisationsdaten«

Der Bereich **Steuerung** (siehe Abbildung 2.44) enthält Informationen, die die Bezugsbedingungen des betreffenden Materials beim jeweiligen Lieferanten regeln. Die entsprechenden Vorschlagswerte werden aus dem Materialstamm übernommen.

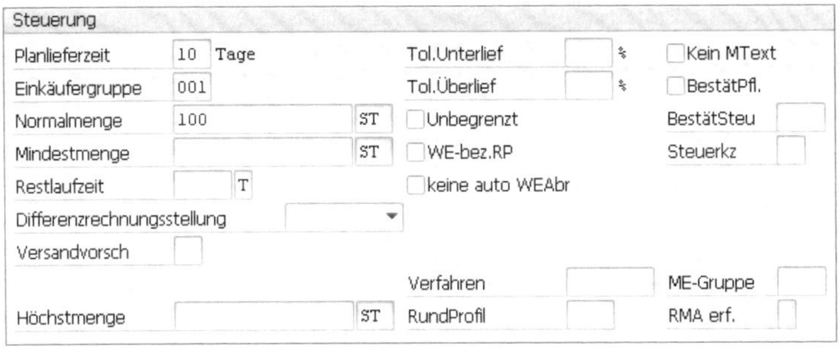

Steuerung
Planlieferzeit 10 Tage
Einkäufergruppe 001
Normalmenge 100 ST
Mindestmenge ST
Restlaufzeit T
Differenzrechnungsstellung
Versandvorsch
Höchstmenge ST
Tol.Unterlief %
Tol.Überlief %
Unbegrenzt
WE-bez.RP
keine auto WEAbr
Verfahren
RundProfil
Kein MText
BestätPfl.
BestätSteu
Steuerkz
ME-Gruppe
RMA erf.

Abbildung 2.145 Der Bereich »Steuerung« in der Sicht »Einkaufsorganisationsdaten«

Der Bereich **Konditionen** (siehe Abbildung 2.146) in der Sicht **Einkaufsorganisationsdaten 1** ist eine Übergabe des Eintrags aus dem Materialstammsatz der Sicht **Buchhaltung 1**. Er ist im Infosatz in der Sicht **Konditionen** änderbar.

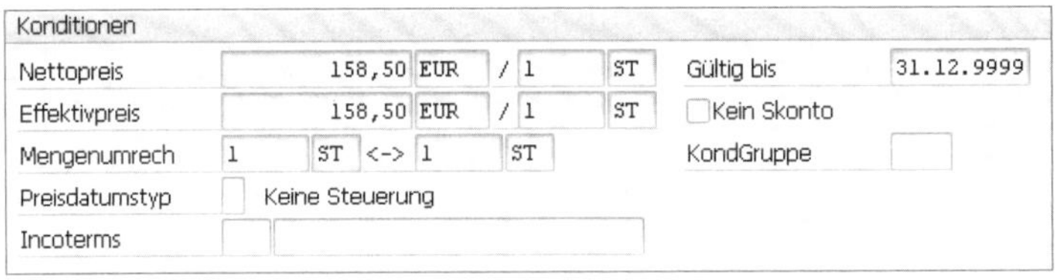

Konditionen
Nettopreis 158,50 EUR / 1 ST
Effektivpreis 158,50 EUR / 1 ST
Mengenumrech 1 ST <-> 1 ST
Preisdatumstyp Keine Steuerung
Incoterms
Gültig bis 31.12.9999
Kein Skonto
KondGruppe

Abbildung 2.146 Der Bereich »Konditionen« in der Sicht »Einkaufsorganisationsdaten 1«

2.7.3 Sicht »Konditionen«

In dieser Sicht pflegen Sie die Konditionsarten, die zur Preisfindung herangezogen werden. So können Sie alle Vereinbarungen, die mit dem Lieferanten für den Bezug des betreffenden Materials vereinbart wurden, in dieser Sicht hinterlegen. Ein Beispiel für eine Staffelpreisvereinbarung finden Sie in Abbildung 2.147.

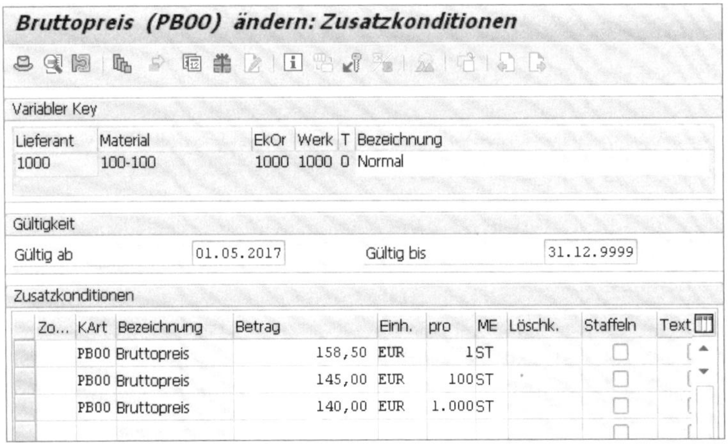

Bruttopreis (PB00) ändern: Zusatzkonditionen

Variabler Key

Lieferant	Material	EkOr	Werk	T	Bezeichnung
1000	100-100	1000	1000	0	Normal

Gültigkeit
Gültig ab 01.05.2017 Gültig bis 31.12.9999

Zusatzkonditionen

Zo...	KArt	Bezeichnung	Betrag	Einh.	pro	ME	Löschk.	Staffeln	Text
	PB00	Bruttopreis	158,50	EUR	1	ST			
	PB00	Bruttopreis	145,00	EUR	100	ST			
	PB00	Bruttopreis	140,00	EUR	1.000	ST			

Abbildung 2.147 Beispiel einer Staffelpreisvereinbarung

In der Anwendungsfunktionsleiste (siehe Abbildung 2.148) haben Sie die Möglichkeit, weitere individuelle Vereinbarungen einzustellen.

Abbildung 2.148 Anwendungsfunktionsleiste

Mit der Schaltfläche gelangen Sie in den Kopf der gewählten Konditionsart. Dort sind der Gültigkeitszeitraum und die Zuständigkeit änderbar. Zudem finden Sie dort die Information, wer zu welchem Zeitpunkt die betreffende Kondition in der relevanten Lieferanten-Material-Beziehung gepflegt hat. Die Steuerungsdaten für eine Konditionsart erreichen Sie über die Schaltfläche (siehe Abbildung 2.149).

Beträge					
Konditionsbetrag	158,50	EUR	pro	1	ST
Untergrenze					
Obergrenze					

Steuerung			
Rechenregel	C	Menge	☐ Löschkennzeichen
Bezugsgröße	C	Mengenstaffel	☐ Kalkulationsrelevant
Staffelart	A	Ab-Staffel	
Ausschlußkennzeichen	X	Bruttopreis	

Abbildung 2.149 Details einer Konditionsart im Infosatz

Die Schaltfläche enthält Zusatzinformationen (siehe Abbildung 2.150).

Zuordnungen	
Promotion	
Verkaufsaktion	

Zuordnungen Handelsaktion	
Aktion	

Zahlung			
Zahlungsbedingung			
Valuta-Fixdatum		Zusätzl. Valutatage	

Abbildung 2.150 Zusatzinformationen

Wenn sowohl der Lieferant Naturalrabatt anbietet als auch das Material naturalrabattfähig ist, können Sie den Naturalrabatt mit der Schaltfläche pflegen.

2.7.4 Sicht »Texte«

In der Sicht **Texte** können in beliebig vielen Sprachen Infonotizen und Bestelltexte gepflegt werden. Grundsätzlich gilt, dass Notizen für den internen Gebrauch und Texte in der Kommunikation nach außen verwendet werden.

2.8 Konditionen

Damit das SAP-System die korrekten Materialpreise ermittelt, sind eine Reihe von Vorarbeiten und Einstellungen notwendig.

2.8.1 Konditionsarten

Zunächst müssen Sie im Customizing des Einkaufs die Tabelle mit den *Konditionsarten* pflegen (siehe Abbildung 2.151). Mit einer Konditionsart bilden Sie einen Sachverhalt ab, der Einfluss auf die Preisfindung hat. Sie können für jede Konditionsart eine Standardversion nutzen oder eigene, auf Ihr Unternehmen zugeschnittene Konditionsarten anlegen.

KArt	Konditionsart	Konditionsklasse	Rechenregel
MM00	Mindermenge (/Menge)	Zu- oder Abschläge	Menge
MM01	Mindermenge (proz)	Zu- oder Abschläge	Prozentual
MP01	Marktpreis	Preise	Menge
MVK0	VKP incl. Steuer	Preise	Menge
MVK1	VKP excl. Steuer	Preise	Menge
MVK2	VKP excl. Steuer	Preise	Fester Betrag
MWST	Vorsteuer	Steuern	Prozentual
MWVS	Vorsteuer manuell	Steuern	Prozentual
NAVM	Nicht abz. Vorsteuer	Steuern	Fester Betrag
NAVS	Nicht abz. Vorsteuer	Steuern	Fester Betrag
NETP	Nettopreis Kommiss.	Preise	Menge
NTRG	Nettowert ReguBeleg	Preise	Fester Betrag
P000	Bruttopreis	Preise	Menge

Abbildung 2.151 Konditionsarten im Customizing des Einkaufs

Die Konditionsarten bilden die betriebswirtschaftlichen Vorfälle bei der Preisfindung ab. Daher sollte für jede Aktivität – z. B. Zu- und Abschläge – eine eigene Konditionsart definiert sein. In Abbildung 2.152 ist beispielhaft die Konditionsart **PB00** (Bruttopreis) abgebildet.

Konditionsart PB00 Bruttopreis
Zugriffsfolge 0002 Bruttopreis
Sätze zum Zugr
Steuerungsdaten 1
Kond.Klasse B Preise
Vorzeichen positiv un
Rechenregel C Menge
Konditionstyp H Grundpreis
Rundungsregel Kaufmännisch
Strukturkond.
Gruppenkondition
Gruppenkond.
GrpKonRoutine
RundDiffAusgl
Änderungsmöglichkeiten
Manuelle Eingaben Keine Einschränkung
Kopfkondition
Betrag/Prozent
Mengenrelation
Pos.kondition
Löschen
Wert
Rechenregel
Stammdaten
Gültig ab Vor Tagesdatum
Kalk.Schema RM0002
Gültig bis Vo 31.12.9999
auf DB lösche nicht löschen (nur Setzen d...
ReferenzKondA
Konditionsindex
RefApplikatio
Staffeln
Bezugsgröße C Mengenstaffel
Staffelformel
Prüfung Sta A absteigend
Mengeneinheit
Staffelart im Konditionssatz pflegb
Steuerungsdaten 2
WährUmrechnung
Aktionskond.
Ausschluß X Bruttopreis
Rückstellung
VariantenKond
Relikondition
Mengenumrechng
IntVerrechKond
KtRelevanz kontierungsrelevant
Verkaufspreiskalkulation
KalkRelevant
Relev. änderbar
Textfindung

Abbildung 2.152 Die Konditionsart PB00 (Bruttopreis) einstellen

2.8.2 Kalkulationsschema

Im *Kalkulationsschema* definieren Sie, in welcher Reihenfolge das SAP-System auf die Konditionsarten zugreifen soll, welche Zwischensummen gebildet werden und inwieweit manuell in die Preisfindung eingegriffen werden darf. Des Weiteren sind die Bedingungen zu definieren, die für die Berücksichtigung einer Konditionsart erfüllt sein müssen.

Weiterführende Informationen

Das Kalkulationsschema wird in Kapitel 5, »Einkauf«, ausführlicher behandelt. Zudem finden Sie am Ende dieses Buches ein Verzeichnis mit weiterführender Literatur.

Sie haben nun die Stammsätze kennengelernt, die die Informationen in den jeweiligen Prozessschritten bereitstellen.

Im folgenden Kapitel geben wir Ihnen einen Überblick über den Gesamtprozess der Beschaffung, ausgehend von dem Ergebnis der Materialbedarfsplanung bzw. den Anforderungen der Fachabteilungen.

Kapitel 3
Beschaffungsprozess im Überblick

Dieses Kapitel beschreibt den Beschaffungsprozess im Überblick. Es wird auf die Ausprägung und den logistischen Zusammenhang der SAP-Komponenten Einkauf, Bestandsführung und Rechnungsprüfung eingegangen.

Die Beschaffung in der Materialwirtschaft basiert auf einem Zyklus aus generellen Aktivitäten. Nach der allgemeinen Darstellung eines Beschaffungsprozesses werden in diesem Kapitel die einzelnen Beschaffungsschritte beschrieben. In den folgenden Abschnitten werden die grundlegenden Ausprägungen der Komponenten Einkauf (MM-PUR), Bestandsführung und Inventur (MM-IM) und Rechnungsprüfung (MM-IV-LIV) erläutert. Ziel ist es, den logistischen Zusammenhang der einzelnen Komponenten anhand des Belegflusses und die Integration zu den FI/CO-Komponenten zu erkennen.

Schauen Sie sich zunächst Abbildung 3.1 an, die den Beschaffungsprozess grob nachzeichnet. Sie sollen erkennen, das für die Durchführung der einzelnen Prozessschritte bestimmte notwendige Voraussetzungen (Organisationsstruktur und Stammdaten) gegeben sein müssen und dass sich die Ergebnisse in den Informationsstrukturen wiederfinden und ausgewertet werden können.

Wofür die einzelnen Abkürzungen stehen, sehen Sie in Tabelle 3.1.

Abkürzung	Bedeutung
SD	SAP SD Modul (SAP Sales & Distribution)
PP	SAP PP Modul (SAP Production Planning)
MM	SAP MM Modul (Materials Management)
BANF	Bestellanforderung
PL-Auf	Planauftrag
Make-or-Buy	Übergang Eigenfertigung in Fremdbeschaffung
EKS	Einkaufsinformationssystem
BCO	Bestandscontrolling

Tabelle 3.1 Abkürzungen im Beschaffungsprozess

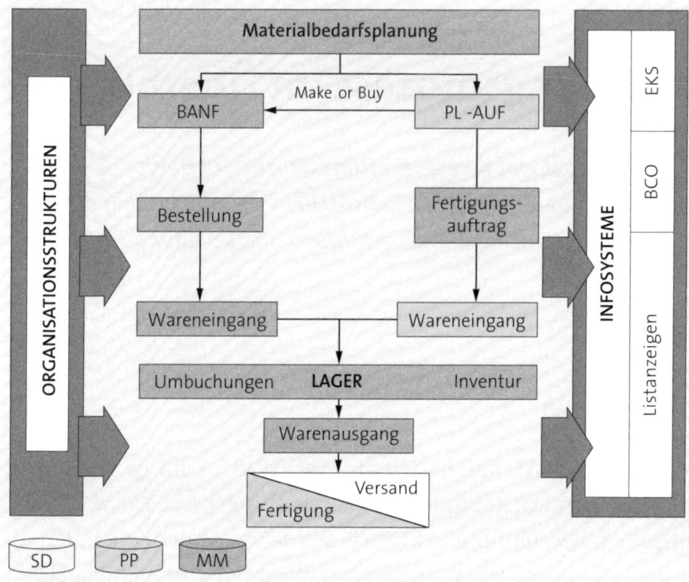

Abbildung 3.1 Beschaffungsprozess im Überblick

3.1 Beschaffungsprozess und Prozessintegration

Wir stellen Ihnen nun anhand der Darstellung eines Beschaffungszyklusses (siehe Abbildung 3.2) Zusammenhänge und Abhängigkeiten der einzelnen Beschaffungsprozesse vor.

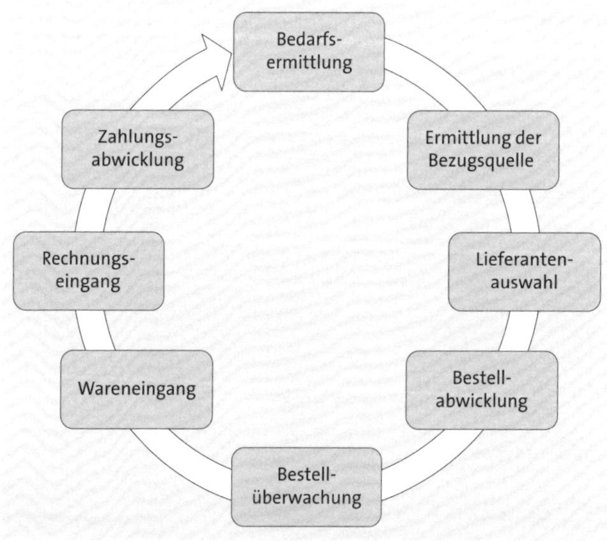

Abbildung 3.2 Beschaffungszyklus

Es geht dabei um die transparente Abbildung der kompletten (internen und externen) Beschaffungsprozesse von Materialien und Dienstleistungen in der Komponente Einkauf, inklusive der Ermittlung und Planung von Bedarfen, der Ermittlung der Bezugsquelle, der Bestandsführung und Inventur sowie der logistischen Rechnungsprüfung und Datenübergabe an das Modul Finanzwesen.

3.2 Die Komponente »Einkauf«

Die ersten fünf Prozessschritte im Beschaffungszyklus gehören zur Komponente *Einkauf*. Der Einkauf befasst sich mit den Themen:

- Bedarfsermittlung
- Ermittlung der Bezugsquelle
- Lieferantenauswahl
- Bestellabwicklung
- Bestellüberwachung

Abbildung 3.3 zeigt die Abläufe im Einkauf.

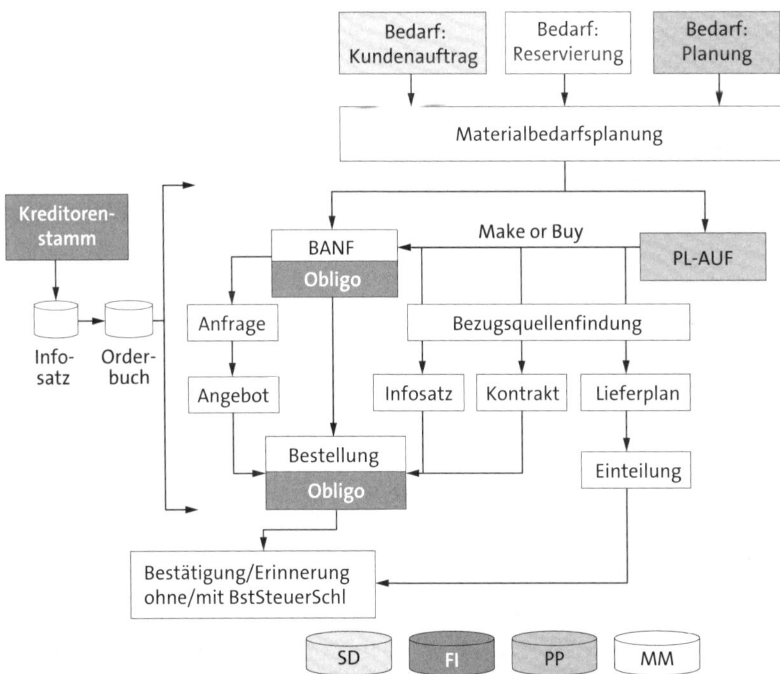

Abbildung 3.3 Beschaffungsprozessabläufe in der Komponente Einkauf

In den folgenden Abschnitten erläutern wir die einzelnen Prozessschritte.

3.2.1 Bedarfsermittlung

Die Bedarfe können durch die Materialbedarfsplanung (Disposition) ermittelt oder durch eine Fachabteilung manuell in dem SAP-System generiert werden. Ist Letzteres der Fall, dann sind folgende Prozessaktivitäten durchzuführen.

Die zuständige Fachabteilung übergibt einen Bedarf für Materialien und/oder Dienstleistungen in Form von Bestellanforderungen (BANF) an den Einkauf.

Eine BANF legen Sie an, indem Sie den SAP-Menüpfad **Logistik • Materialwirtschaft • Einkauf • Bestellanforderung anlegen** oder Transaktion ME51N wählen.

Geben Sie zu dem Material, das Sie anfordern, die erforderliche Menge, den gewünschten Liefertermin und den zuständigen Einkäufer ein (siehe Abbildung 3.4).

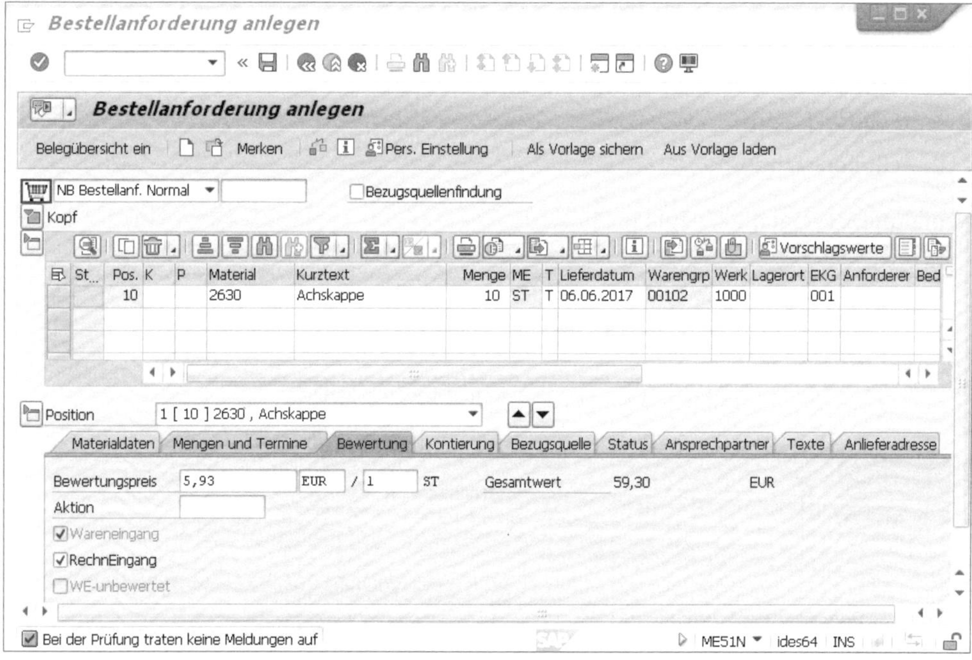

Abbildung 3.4 Bedarf über die Bestellanforderung erfassen

Die Bedarfe können auf die Anforderung von Lager- oder Verbrauchsmaterial und Dienstleistungen ausgerichtet sein.

Haben Sie im Materialstammsatz ein Dispositionsverfahren eingestellt, kann das SAP-System automatisch eine BANF erzeugen. Während eine automatisch erzeugte BANF bereits über die korrekten Daten verfügt, müssen Sie Daten in einer manuell erstellten BANF manuell erfassen. Tabelle 3.2 zeigt die unterschiedlichen Daten für die Erfassung von Lager- oder Verbrauchsmaterial in einer Bestellanforderung.

Erforderliche Daten	Lagermaterial	Verbrauchsmaterial	Bedeutung
Materialnummer	ja	Nicht erforderlich, aber möglich	Für häufig benötigtes Verbrauchsmaterial können Materialstammsätze angelegt werden
Kontierungstyp	nein	ja	–
Wareneingang (WE)	ja	optional	WE kann für Verbrauchsmaterial unbewertet erfolgen
Kostenbuchung	Bestandskonto	Verbrauchskonto	Bei unbewertetem WE werden Kosten bei Rechnungseingang auf das Verbrauchskonto gebucht
Wertfortschreibung	Materialstammsatz	keine	–
Mengen- und Verbrauchsfortschreibung	Materialstammsatz	Bei Verwendung eines Materialstammsatzes möglich	–
Anpassung des gleitenden Durchschnittspreises	ja	–	–

Tabelle 3.2 Unterschiede in der Datenerfassung für Lager- und Verbrauchsmaterialbeschaffung

Bedarfe für Dienstleistungen können mit einem Leistungsverzeichnis für komplexe Dienstleistungen oder mit einem geeigneten Materialstammsatz für einfache Dienstleistungen im SAP-System erfasst werden. Das Unternehmen entscheidet auf der Basis der Komplexität der Bedarfe für Dienstleistungen, welches Verfahren geeignet ist.

Um dem Vier-Augen-Prinzip gerecht zu werden, können Bestellanforderungen einem Freigabeverfahren unterliegen.

3.2.2 Ermittlung der Bezugsquelle

Das SAP-System unterstützt den Einkauf durch verschiedene Stamm- und Bewegungsdaten in der Bezugsquellenermittlung.

Eine Bezugsquelle kann sein:

- Infosatz
- Orderbuch
- Quotierung

- Werk
- Rahmenvertrag (Mengen- oder Wertkontrakt, Lieferplan)

Einer Bezugsquelle ist immer ein Lieferant oder ein Lieferwerk zugeordnet.

Soll der Einkauf automatisiert erfolgen, muss das SAP-System alle erforderlichen Daten eindeutig aus den Stamm- oder Bewegungsdaten ermitteln können. Dazu gehören die Bezugsquelle (Lieferant oder Lieferwerk), die Konditionen und die Kontierungsinformationen.

Konditionen erfassen Sie in den Einkaufsinfosätzen auf der Basis von Materialstammsätzen oder Warengruppen in Kombination mit Lieferant oder Lieferwerk.

Existieren mehrere Bezugsquellen zu einem Bedarf, pflegen Sie ein Orderbuch. Für den automatisierten Einkauf legen Sie im Orderbuch einen Regellieferanten fest.

Möchten Sie Material regelmäßig von mehreren Lieferanten beziehen, verwenden Sie die Quotierung.

Soll ein Lieferant langfristig als Bezugsquelle genutzt werden, erfassen Sie einen Mengen- oder Wertkontrakt. Erst mit einer Bestellung, die mit Bezug zum Kontrakt angelegt wird, kommt eine verbindliche Aufforderung zur Lieferung von Waren oder Dienstleistungen zustande.

Möchten Sie regelmäßig Lagermaterial von einem Lieferanten oder einem Lieferwerk beziehen, können Sie einen Lieferplan anlegen. Anders als mit dem Mengen- oder Wertkontrakt haben die übermittelten Liefertermine verbindlichen Charakter, ebenso wie eine Bestellung.

3.2.3 Lieferantenauswahl

Existiert zu einem Bedarf noch keine Bezugsquelle, legen Sie Anfragen an, die Sie an potenzielle Lieferanten senden.

Durch Preisvergleiche zwischen den verschiedenen Angeboten werden Sie bei der Lieferantenauswahl vom SAP-System unterstützt. Mit einem Angebotsvergleich können Sie z. B. den günstigsten Lieferanten ermitteln. Absageschreiben können Sie aus dem SAP-System automatisch verschicken.

3.2.4 Bestellabwicklung

Der Einkauf übernimmt die Daten aus der Bestellanforderung und/oder aus dem Angebot in die Bestellung.

Wählen Sie den Menüpfad **Logistik • Materialwirtschaft • Einkauf • Bestellung • Anlegen • Lieferant/Lieferwerk bekannt**, oder verwenden Sie Transaktion ME21N (Bestellung anlegen).

Stellen Sie die Belegübersicht so ein, dass Sie die jeweilige BANF sehen, die in eine Bestellung überführt werden kann (siehe Abbildung 3.5).

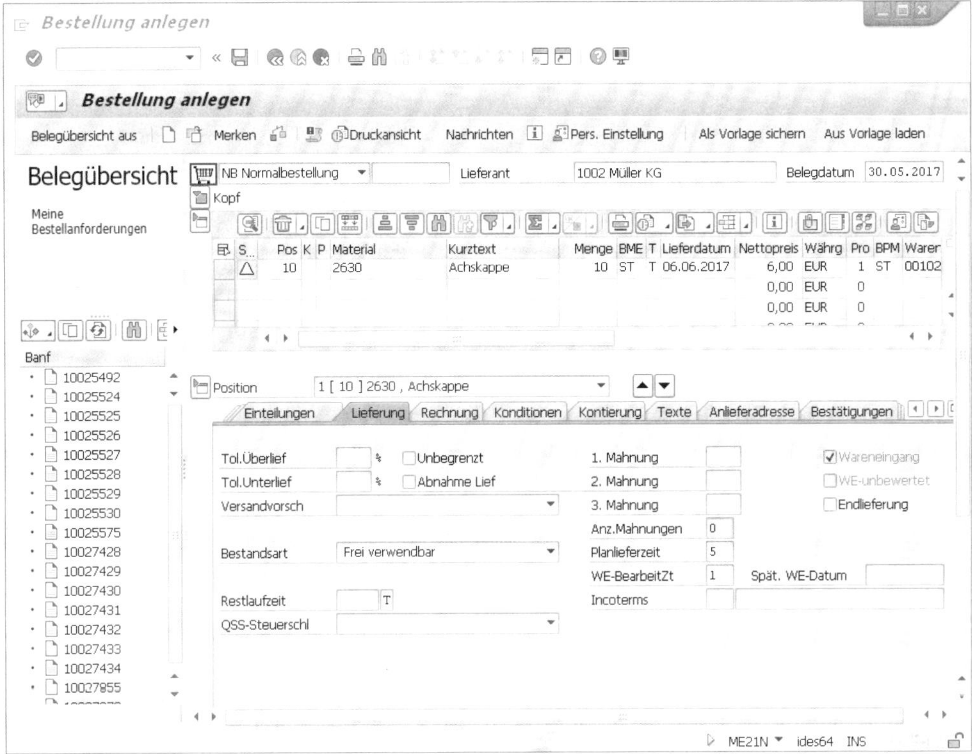

Abbildung 3.5 Bestellanforderung in Bestellung überführen

In diesem Beispiel wird eine Bestellung für Lagermaterial angelegt.

Für Verbrauchsmaterialien legt der Einkäufer mit der Eingabe von Kontierungstypen fest, welche Kontierungsobjekte mit den Kosten der Beschaffung bebucht werden sollen. Die Kostenzuweisungen erfolgen im SAP-System automatisch auf die Kontierungsobjekte mit der Fortschreibung des Einkaufsprozesses im Hintergrund.

Unterliegt die Bestellung einem Freigabeverfahren, wird die Nachricht an den Lieferanten erst übermittelt, wenn der Kostenverantwortliche die Bestellung freigegeben hat.

Über die Eingabe eines Positionstyps legt der Einkäufer fest, auf welche Art die Ware oder Dienstleistung geliefert werden soll (siehe Abschnitt 5.6, »Positionstyp«).

In der Bestellung legen Sie fest, ob ein Wareneingang gebucht werden soll.

Wird eine Wareneingangsbuchung durchgeführt, erzeugt das SAP-System die Registerkarte **Bestellentwicklung** in den Positionsdetaildaten und legt eine Buchungszeile an.

Automatisch wandelt das SAP-System das Bestellobligo auf den Kontierungsobjekten in Höhe des Wareneingangswerts in Ist-Kosten um. Ohne Wareneingangsbuchung werden Bestellentwicklung und Ist-Kostenbuchung erst mit dem Rechnungseingang zur Bestellung fortgeschrieben.

3.2.5 Bestellüberwachung

Als Einkäufer können Sie den Bearbeitungsstand der Bestellung jederzeit online überwachen. So können Sie z. B. feststellen, ob bereits ein Wareneingang oder Rechnungseingang zu der entsprechenden Bestellposition erfolgt ist.

Für die Bestellüberwachung können Sie als Einkäufer zudem verschiedene Bestätigungsschlüssel, von der Auftragsbestätigung über das Lieferavis bis zur Anlieferung, nutzen. Auf diese Weise sind Sie in der Lage, rechtzeitig festzustellen, ob ein Bedarf mit einer Lieferung termingerecht gedeckt werden kann.

Hält der Lieferant einen vereinbarten Termin nicht ein, können Sie eine Mahnung versenden.

Nachdem wir Ihnen die wesentlichen Elemente der Komponente Einkauf vorgestellt haben, erhalten Sie im nächsten Abschnitt einen Überblick zur Bestandsführung.

3.3 Die Komponente »Bestandsführung«

Die Komponente *Bestandsführung in* der Materialwirtschaft (MM) ist direkt mit der Disposition, dem Einkauf und der Rechnungsprüfung verknüpft.

Die Bestandsführung hat die Aufgabe, die Warenbewegungen mengen- und wertmäßig zu erfassen, zu überwachen, auszuwerten und die Ergebnisse in den vorangegangen bzw. nachfolgenden Prozessen zu dokumentieren. Außerdem ist sie für die Durchführung der Inventur verantwortlich.

Als Ebenen für die Bestandsführung dienen:

- **Mandant**
- **Buchungskreis**
- **Werk**
- **Lagerort**

In der Abbildung 3.6 sind die in der Komponente Bestandsführung möglichen Warenbewegungen dargestellt.

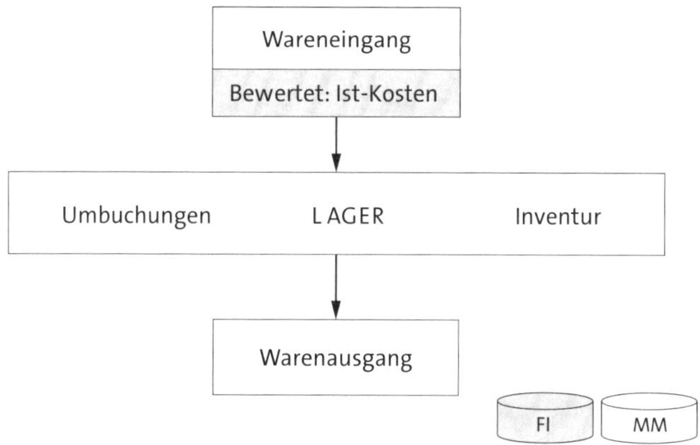

Abbildung 3.6 Warenbewegungen in der Komponente Bestandsführung

3.3.1 Warenbewegungen

Warenbewegungen werden in externe und interne Warenbewegungen unterschieden:

- *Externe Warenbewegungen* sind beispielsweise Zugänge aus Bestellvorgängen von Lieferant oder Lieferwerk oder Abgänge infolge von Aufträgen.
- *Interne Warenbewegungen* können Zugänge aus der Produktion, Materialentnahmen für innerbetriebliche Zwecke, Umbuchungen und Umlagerungen sein.

Die Warenbewegungen in der Bestandsführung bewirken eine Veränderung des physischen Bestands und/oder der Bestandsidentifikation. Es werden die folgenden Arten von Warenbewegungen unterschieden:

- **Wareneingang mit oder ohne Bezug zu Referenzbelegen**
  Ein Wareneingang führt zu einer Erhöhung des Lagerbestands. Den Wareneingang können Sie mit Bezug zu einem Referenzbeleg – z. B. Wareneingang mit Bezug zu einer Bestellung – oder ohne Bezug zu einem Referenzbeleg – z. B. Wareneingang Sonstige – erfassen.
- **Umbuchung/Umlagerung**
  - Umbuchungen bewirken z. B. eine Änderung der Bestandsidentifikation oder -qualifikation eines Materials, unabhängig von einer physischen Bewegung (z. B. Buchungen von »Material« an »Material«, »Qualitätsprüfbestand« an »Frei verwendbaren Bestand« usw.)
  - Umlagerungen sind physische Bewegungen von Materialien zwischen Buchungskreisen und/oder Werken und/oder Lagerorten (z. B. Umlagerung einer ausgewählten Menge eines Materials von einem Lagerort, wie etwa dem Produktionslager, in einen anderen Lagerort, wie etwa dem Auslieferungslager).

- **Warenausgang**
  Ein Warenausgang führt zu einer Minderung des Lagerbestands. Warenausgangsbuchungen können mit oder ohne Bezug zu Referenzbelegen vorgenommen werden. Nachfolgend sind einige Beispiele von Warenausgangsbuchungen aufgeführt:
  - Warenausgang, mit Bezug auf verschiedene Kontierungsobjekte (Kundenauftrag, Fertigungsauftrag, Kostenstelle usw.)
  - Warenausgabe ohne Bezug, für Stichproben oder Verschrottung
  - Rücklieferungen an Lieferanten
- **Reservierung**
  Mit einer Reservierung stellen Sie sicher, dass ein Material verfügbar ist, wenn es gebraucht wird. Reservierungen von Materialien können für Warenausgangs-, Wareneingangs- und Umbuchungen im SAP-System geplant werden.

Für alle Warenbewegungen können Sie im Customizing die Nachrichtenfindung einstellen. So können Sie z. B. bei der Erfassung von Warenbewegungen Nachrichten automatisch erzeugt oder manuell eingegeben werden.

Ist für die gewählte Warenbewegung eine Nachrichtenart vorgesehen, wird automatisch eine Nachricht erzeugt, und im Falle des Wareneingangs ein Warenbegleitschein (siehe Abschnitt 6.9.4, »Nachrichten«). Je nach eingestelltem Zeitpunkt kann die Ausgabe der Nachricht direkt beim Erfassen der Warenbewegung automatisch erfolgen oder muss nachträglich manuell angestoßen werden. Zusätzlich zu den Warenbegleitscheinen können Sie Etiketten drucken.

3.3.2 Bestandsarten

Die Bestandsführung unterscheidet *Bestandsarten*, die einen Hinweis auf die Verwendbarkeit des Materials geben. Die Bestandsart ist für die Ermittlung des verfügbaren Bestands in der Disposition relevant sowie für die Materialentnahmen und die Inventur. Im Folgenden finden Sie einige Bestandsarten mit ihren wesentlichen Ausprägungen:

- **Frei verwendbarer Bestand**
  Firmeneigener Bestand, der sich im Lager befindet, bewertet ist und keinerlei Verwendungseinschränkungen unterliegt.
- **Qualitätsprüfbestand**
  Firmeneigener Bestand, der sich in der Qualitätsprüfung befindet. Der Qualitätsprüfbestand ist bewertet, aber nicht frei verwendbar. Je nach Systemeinstellung ist er aus Sicht der Disposition verfügbar oder nicht verfügbar.
- **Gesperrter Bestand**
  Bestand, der nicht verwendet werden soll. Dieser Bestand ist für die Bestandsführung nicht frei verwendbar und in der Regel für die Disposition nicht verfügbar.

- **Wareneingangssperrbestand**
  Bestand, der weder bewertet noch frei verwendbar ist. Aufgrund avisierter Bestellungen erfolgt die Annahme der angelieferten Mengen eines Materials unter Vorbehalt.
- **Umlagerungsbestand**
  Bestand, der bei einer Umlagerung (im Zweischrittverfahren) aus dem Bestand der abgebenden Stelle (Werk, Lagerort) bereits entnommen wurde, aber an der empfangenden Stelle (Werk, Lagerort) noch nicht eingetroffen ist. Der Umlagerungsbestand wird im bewerteten Bestand der empfangenden Stelle geführt, ist aber noch nicht frei verwendbar.
- **Retourensperrbestand**
  Bestand, der vom Kunden zurückgeschickt und unter Vorbehalt angenommen wurde. Er ist weder bewertet noch frei verwendbar.
- **Bestellbestand**
  Summe aller offenen Bestellmengen zum Material. Der Bestellbestand erhöht den verfügbaren Bestand in der Disposition, nicht aber den frei verwendbaren Bestand in der Bestandsführung
- **Reservierter Bestand**
  Bestand, der z. B. für eine Entnahme reserviert ist. Dieser Bestand ist noch frei verwendbar, aber aus der Sicht der Disposition nicht mehr verfügbar.
- **Nicht freier Bestand**
  Bestand eines chargenpflichtigen Materials, der sich körperlich im Lager befindet und bewertet ist, jedoch Verwendungseinschränkungen unterliegt. Der nicht freie Bestand wird nur bei einer aktiven Chargenzustandsverwaltung verwendet.

Mit welcher Bestandart die Bestände geführt werden sollen, kann zum Teil im Materialstamm festgelegt (siehe Abschnitt 2.2.9) und/oder bei der Erfassung der Warenbewegung entschieden werden.

3.3.3 Wareneingang zur Bestellung

Aus der Vielzahl der möglichen Warenbewegungen soll hier auf eine Warenbewegung – den *Wareneingang zur Bestellung* eines *Lagermaterials* – beispielhaft eingegangen werden. In Kapitel 6, »Bestandsführung und Inventur«, werden weitere Warenbewegungen beschrieben.

Um einen Wareneingang zu einer Bestellung zu buchen, rufen Sie das Erfassungsbild mittels Transaktion MIGO auf.

Die Transaktion MIGO ist eine Einbildtransaktion, die sich in die drei Bildbereiche Kopfdaten, Positionsdaten und Positionsdetaildaten gliedert (siehe Abbildung 3.7).

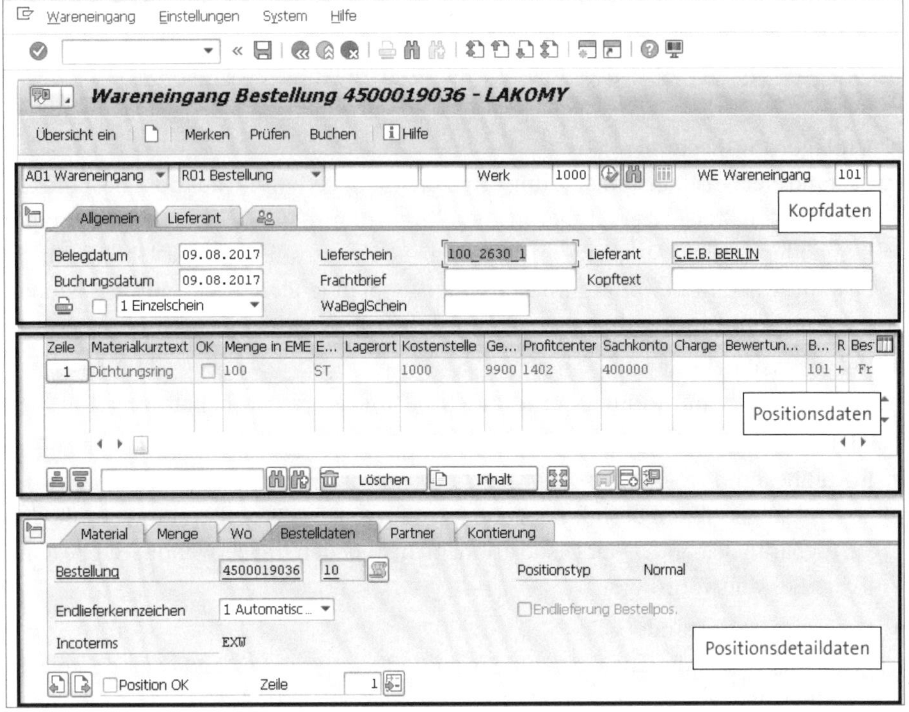

Abbildung 3.7 Bildaufbau Transaktion MIGO

In den Kopfdaten müssen Sie im Feld **Aktion** (❶ in Abbildung 3.8) den gewünschten betriebswirtschaftlichen Vorgang auswählen, und im Feld **Referenzbeleg** ❷ können Sie den Referenzbeleg auswählen, auf den Sie sich bei der Erfassung des betreffenden Vorgangs beziehen möchten.

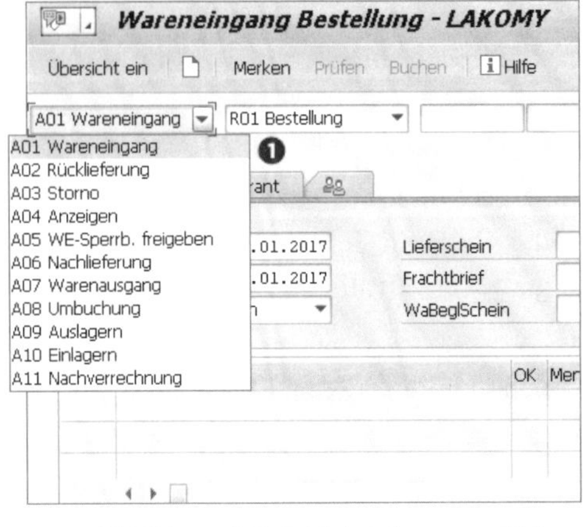

Abbildung 3.8 Feldeinträge auswählen

Die folgende Eingaben und Schritte sind zur Erfassung eines Wareneingangs zu einer Bestellung erforderlich (siehe Abbildung 3.9 und Tobias Then: Einkauf mit SAP, SAP PRESS 2014, S. 299):

1. Wählen des betriebswirtschaftlichen Vorgangs (**A01 Wareneingang**)
2. Wählen des Referenzbeleges (**R01 Bestellung**)
3. Prüfen der Bewegungsart (Feld **WE Wareneingang**; hier: **101**)
4. Eingeben der Bestellnummer
5. Betätigen der Taste ↵ oder den Schalter ✓
6. Vergleichen der Bestellmenge mit der tatsächlich gelieferten Menge
7. Prüfen bzw. Eingeben des Lagerorts (Werk wird aus der Bestellposition gezogen)
8. Kontrollieren bzw. Wählen der Bestandsart
9. Setzen des Kennzeichens **OK** für die zu buchende Position
10. Buchen des Wareneingangs

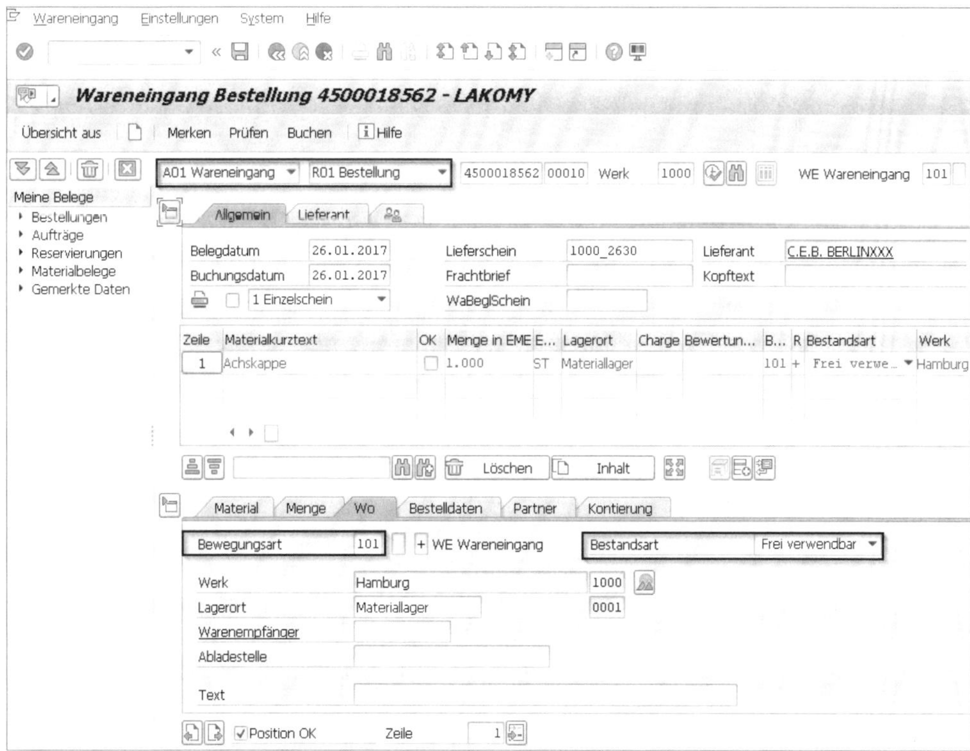

Abbildung 3.9 Wareneingang zur Bestellung

Mit dem letzten Schritt ist die mengen- und wertmäßige Erfassung der gelieferten Menge zum Zeitpunkt der Buchung abgeschlossen.

Mit dem Buchungsvorgang »Wareneingang zur Bestellung«, basierend auf der Erfassung eines *Lagermaterials*, wird die angegebene Menge in den Lagerbestand gebucht. Gleichzeitig erfolgt eine Buchung im Modul *Finanzwesen*, also ein modulübergreifender Vorgang. Das SAP-System erzeugt einen Materialbeleg (Mengenabbildung) und einen Buchhaltungsbeleg (Wertabbildung).

Materialbeleg und Buchhaltungsbeleg

Beachten Sie, dass bei den Warenbewegungsbuchungen nicht immer ein Materialbeleg und ein Buchhaltungsbeleg erzeugt werden.

3.3.4 Auswirkungen der Warenbewegungen und zugehörige Belege

Jede Warenbewegung im SAP-System bewirkt automatisch eine Fortschreibung bestimmter Daten in den Stammdaten, Belegen und angrenzenden Komponenten. Welche Daten wo und wie fortgeschrieben werden, hängt von den eingesetzten Komponenten und den gewählten Bewegungsarten ab. In der Fortführung des Beispiels in Abschnitt 3.3.3, »Wareneingang zur Bestellung«, soll diese erläutert werden.

Bei diesem Buchungsvorgang werden die folgenden Belege und Aktionen erzeugt:

- **Materialbeleg**

  Der *Materialbeleg* dient als Nachweis für die Warenbewegung und beinhaltet die Mengenfortschreibung. Sie rufen den Materialbeleg im SAP-Menü über den Menüpfad: **Logistik • Materialwirtschaft • Bestandsführung • Warenbewegung • Warenbewegung (MIGO)** oder mittels Transaktion MIGO oder MB03 auf.

  Ein Materialbeleg wird durch die Belegnummer und das Belegjahr identifiziert und besteht aus einem Kopf und mindestens einer Position. Für das Beispiel ergibt sich der in Abbildung 3.10 dargestellte Inhalt.

- **Ein Buchhaltungsbeleg**

  Da diese Warenbewegung auch für die Finanzbuchhaltung relevant ist, wird ein *Buchhaltungsbeleg* erzeugt, der die Wertfortschreibung dokumentiert. Dies bedeutet, dass die von dieser Warenbewegung betroffenen Konten fortgeschrieben werden. Die Voraussetzung ist, dass die automatische Kontenfindung dafür gepflegt worden ist (siehe Abschnitt 6.8, »Automatische Kontenfindung«). Ein Buchhaltungsbeleg bezieht sich immer auf einen Buchungskreis.

  Sie können sich den Buchhaltungsbeleg durch einen Klick auf den Reiter **Beleginfo** und nachfolgend durch Anklicken der Schaltfläche **RW-Belege** anzeigen lassen (siehe Abbildung 3.10). Ein Buchhaltungsbeleg wird durch die Belegnummer, den Buchungskreis und das Geschäftsjahr identifiziert (siehe Abbildung 3.11).

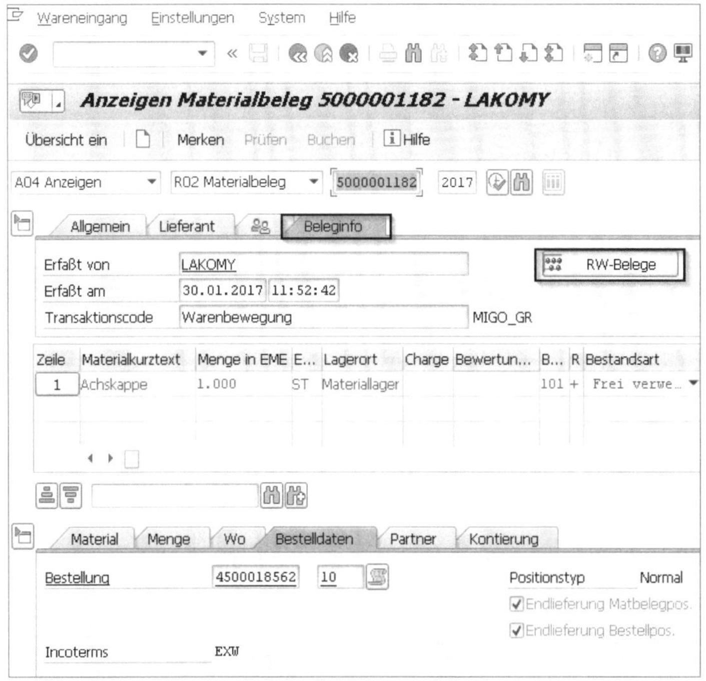

Abbildung 3.10 Materialbeleg anzeigen

Weitere Belege erzeugen

Je nach Einstellung im SAP-System und anderen Warenbewegungen und Referenzbezügen können weitere Belege – wie Profit-Center-Beleg, spezielle Ledger-Belege, CO-Belege usw. – erzeugt werden.

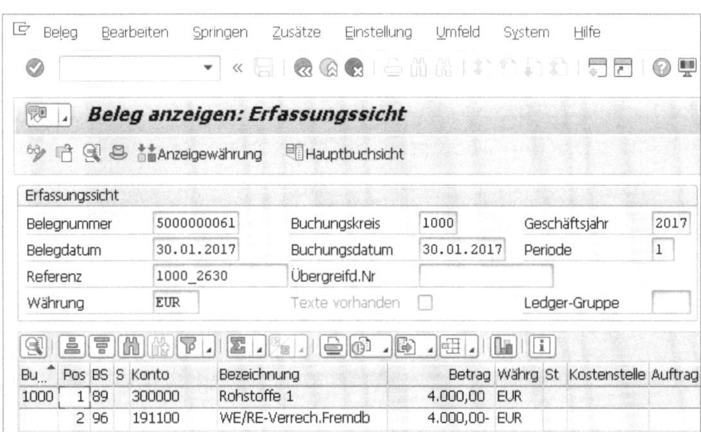

Abbildung 3.11 Buchhaltungsbeleg anzeigen

- **Bestellentwicklung**

  In der Bestellentwicklung sind sämtliche Vorgänge zu einer Bestellposition dokumentiert, z. B. Waren- und Rechnungseingänge, Anzahlungen usw. Beim Buchen des Wareneingangs wurde automatisch der Bestellentwicklungssatz zur Bestellposition erzeugt (siehe Abbildung 3.12).

  Sie rufen im Detailbild des Materialbelegs durch Anklicken der Schaltfläche (**Historie**) das Datenbild für die Bestellentwicklung auf.

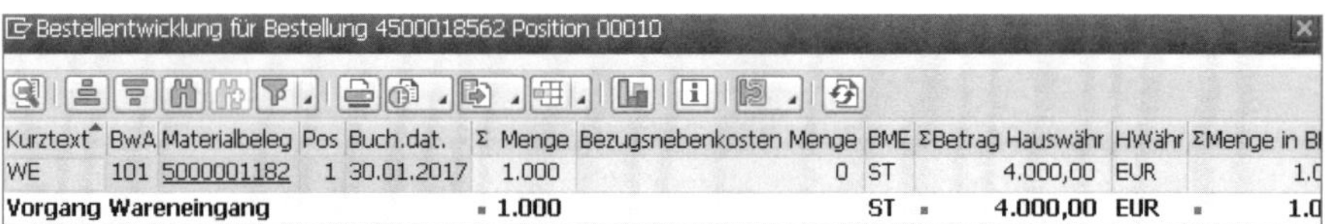

Bestellentwicklung für Bestellung 4500018562 Position 00010

Kurztext	BwA	Materialbeleg	Pos	Buch.dat.	Σ Menge	Bezugsnebenkosten Menge	BME	ΣBetrag Hauswähr	HWähr	ΣMenge in B
WE	101	5000001182	1	30.01.2017	1.000	0	ST	4.000,00	EUR	1.0
Vorgang Wareneingang					**■ 1.000**		**ST**	**■ 4.000,00**	**EUR**	**■ 1.0**

Abbildung 3.12 Bestellentwicklung nach Wareneingang

Sie erhalten die Information, dass ein Wareneingang (**WE**) mit der Bewegungsart (Spalte **BwA**) **101** und einer **Menge** von **1.000 ST**, einem **Wert** von **4.000,00 EUR** am **30.01.2017** gebucht wurde. Beachten Sie bei allen Warenbewegungen das Tripel Menge, Wert und Zeitpunkt.

[»]

Hinzunahme der Lieferantenrechnung

Wird zu dieser Position in der Komponente Rechnungsprüfung die Lieferantenrechnung erfasst, wird die Bestellentwicklung durch einen weiteren Bestellentwicklungssatz ergänzt (siehe Abschnitt 3.4, »Die Komponente »Logistische Rechnungsprüfung««).

- **Bestandsfortschreibung**

  Die mit der Wareneingangsbuchung verbundene Erfassung der gelieferten Mengen können Sie in der Bestandsübersicht auswerten.

  Sie erhalten Informationen zu der aktuellen Bestandssituation eines Materials auf den unterschiedlichen Organisationsebenen. Des Weiteren wird u. a. die Bestandsart ausgewiesen. Über den Menüpfad **Logistik • Materialwirtschaft • Bestandsführung • Umfeld • Bestand • Bestandsübersicht** oder durch Aufruf von Transaktion MMBE gelangen Sie in das Datenbild **Bestandsübersicht: Grundliste** (siehe Abbildung 3.13). Sie können, je Organisationsebene, mittels der Schaltfläche **Detailanzeige** weitere Informationen abrufen (siehe Tobias Then: Einkauf mit SAP, SAP PRESS 2014, S. 223).

  Sie können durch Anklicken der Schalfläche **Umfeld** in der Menüleiste die Bedarfs-/Bestandsliste aufrufen. Sie erkennen, dass in diesem – aber nur in diesem Fall – der frei verwendbare Bestand, der in der Bestandübersicht: Grundliste in der Spalte **frei verwendbar** ausgewiesen ist (siehe Abbildung 3.13), identisch ist mit der **verfügbaren Menge,** die in der Zeile, die das Dispositionselement **W-BEST** enthält, ausgewiesen ist (siehe Abbildung 3.14).

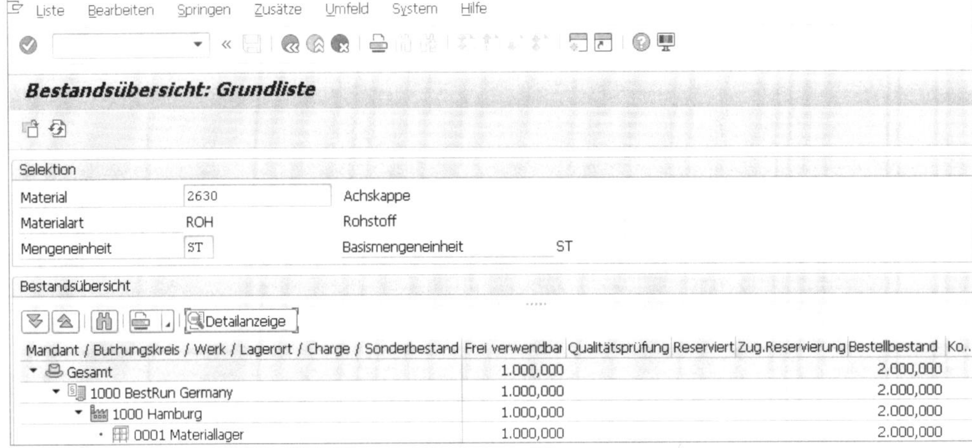

Abbildung 3.13 Bestandsübersicht

Abbildung 3.14 Bedarfs-/Bestandsliste

[«]

Weitere Bestandsauswertungsmöglichkeiten

Weitere Bestandsauswertungsmöglichkeiten finden Sie im Menübaum in Abbildung 3.15 sowie in Abschnitt 8.2.1, »Informationsstrukturen«.

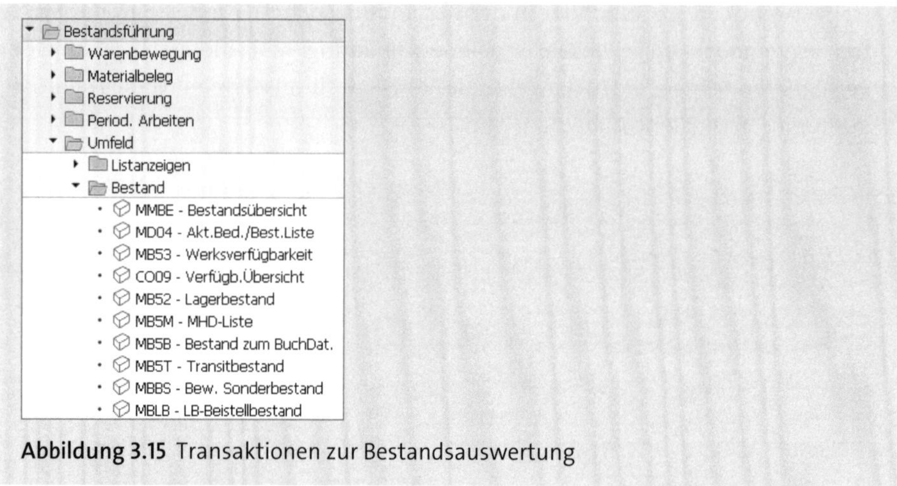

Abbildung 3.15 Transaktionen zur Bestandsauswertung

3.3.5 Integration der WM- und QM-Komponenten in die Prozesskette

Aktionen in angrenzenden SAP-Komponenten

Haben Sie weitere Komponenten – wie z. B. SAP Warehouse Management (SAP WM) und SAP Quality Management (SAP QM) – in die Prozesskette eingebunden, erfolgt automatisch ein Datentransfer in diese Komponenten (siehe Abbildung 3.16).

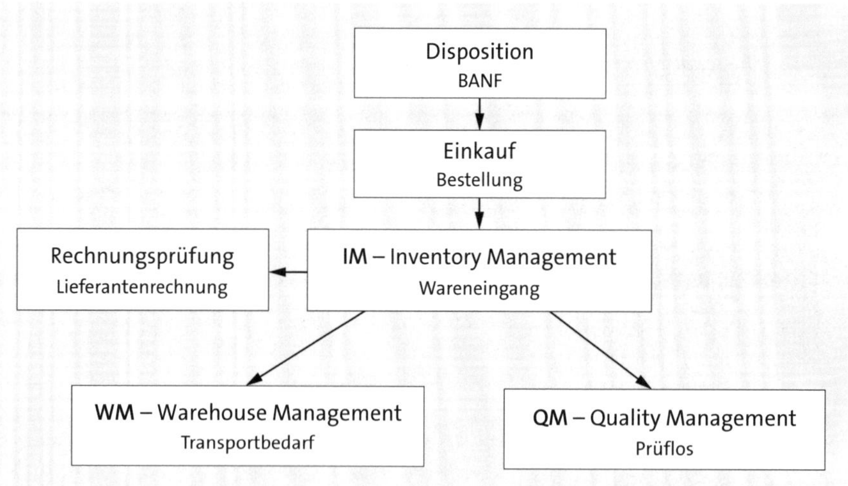

Abbildung 3.16 Die Komponenten WM und QM integrieren

Anbindung an SAP Warehouse Management (SAP WM)

Beim Erfassen einer Warenbewegung – hier ein Wareneingang zur Bestellung – in der Bestandsführung (Inventory Management – IM) wird die angelieferte Menge auf den WM-verwalteten Lagerort gebucht, ein Warenbegleitschein gedruckt und, bei aktiver

WM-Komponente (Lagerverwaltungssystem), ein *Transportbedarf* für die Einlagerung generiert. Dieser muss dann im WM-System weiter bearbeitet werden. Auf die Anbindung an *SAP Extended Warehouse Management* (*SAP EWM*) wird in diesem Buch nicht eingegangen.

Anbindung an das Quality-Management-System (QM)

Beim Erfassen einer Warenbewegung in der Bestandsführung – z. B. Buchen des Wareneingangs zur Bestellung – kann die gelieferte Menge mit einer wählbaren oder vorgegebenen Bestandsart gebucht werden. Ist die Komponente QM aktiv, wird die Liefermenge an den Qualitätsprüfbestand gebucht, und es wird ein bestandsrelevantes *Prüflos* generiert. Diese wird im QM-System – z. B. mittels eines Verwendungsentscheids – weiter verarbeitet.

Im nächsten Abschnitt erhalten Sie einen Überblick zur logistischen Rechnungsprüfung.

3.4 Die Komponente »Logistische Rechnungsprüfung«

Die Komponente *Logistische Rechnungsprüfung* steht am Ende des Einkaufsprozesses in MM. Die Rechnungsprüfung wird in aller Regel durch die Buchhaltung durchgeführt, da nur dort das nötige Wissen über die formale Richtigkeit von Lieferantenbelegen vorliegt. Dennoch besteht natürlich ein hoher Abstimmungsbedarf mit dem Einkauf, um sicherzustellen, dass die Ware in der berechneten Menge und Qualität tatsächlich in Ihrem Unternehmen angekommen ist. Nur so können eventuelle Abweichungen geklärt und bei der Einbuchung der Rechnung berücksichtigt werden. Nachfolgend wird kurz auf das Umfeld der logistischen Rechnungsprüfung eingegangen und einer der Kernprozesse »Rechnungseingang mit Bestellung« bereits einmal aus der Sicht der Rechnungsprüfung angerissen. Details und weitere Ausprägungen erhalten Sie in Kapitel 7, »Logistik-Rechnungsprüfung«.

Mit der Rechnungsprüfung befinden wir uns im Einkaufsprozess an der Schnittstelle zwischen Einkauf und Buchhaltung oder – wenn wir von SAP-Komponenten sprechen – zwischen MM und FI. In der Buchhaltung wird der Prozess dann mit der Zahlungsabwicklung abgeschlossen.

Zunächst möchten wir kurz und knapp die Aufgabe und das Umfeld der logistischen Rechnungsprüfung klären.

3.4.1 Umfeld der logistischen Rechnungsprüfung

Bei der *Rechnungsprüfung* geht es darum, bestellte und erhaltene Ware auch zu bezahlen. Dabei gibt es verschiedene Stufen der Prüfung, bevor der Zahlungsvorgang ausgelöst wird:

- **Prüfung auf sachliche Richtigkeit**
  Hier wird geprüft, ob die bestellte Ware oder Dienstleistung mit der entsprechenden Qualität und in der entsprechenden Menge eingegangen ist und auch so berechnet wird. Zur sachlichen Prüfung gehört auch der Abgleich der Konditionen (Preise, Zu- und Abschläge usw.). Die Prüfung wird vom Einkauf durchgeführt, der die Konditionen und Zahlungsmodalitäten mit dem Lieferanten vereinbart hat.
- **Prüfung auf rechnerische Richtigkeit**
  Hier prüft die Rechnungsprüfung, ob die Summen- und Mehrwertsteuerberechnung stimmen, ob die Rechnung formal korrekt ist und auch die Adressdaten Ihrer Firma korrekt in der Rechnung ausgewiesen sind.

Erst nachdem beide Prüfungen erfolgreich verlaufen sind, werden die Rechnungen bezahlt. Hierbei gibt es in den Unternehmen unterschiedliche Vorgehensweisen. Nachfolgend beschreiben wir einige unterschiedliche Prozesse:

- Rechnungsdaten werden manuell direkt im SAP-System erfasst und geprüft.
- Rechnungsdaten werden automatisch aus den Bestellungen generiert. Als Folgefunktion gibt es die Möglichkeit, die Rechnungsprüfung maschinell anzustoßen und lediglich stichpunktartig oder bei Abweichungen die Buchhaltungsmitarbeiter eingreifen zu lassen. Je nach voreingestellten Toleranzen können Abweichungen akzeptiert und Zahlungsvorgänge ausgelöst werden.
- Die Rechnungsprüfung wird in vorgelagerten Systemen durchgeführt, aus denen die Verbuchung im SAP-System über eine Schnittstelle erfolgt. Die Rechnungsprüfung dient hier nur noch der Verbuchung in der Buchhaltung.
- Rechnungen werden über einen automatischen Eingangs-Workflow verarbeitet, an dessen Anfang das elektronische Einlesen der Rechnung über die OCR-Erkennung (OCR = Optical Character Recognition – Optische Zeichenerkennung) mit elektronischer Archivierung steht. Mittels OCR werden bestimmte Daten der Rechnung – wie Rechnungsdatum, Leistungsdatum, Betrag, Artikel, Bestellnummer usw. – in die SAP-Rechnungserfassungsmasken übertragen und können dann überprüft und freigegeben werden.

Sicher kennen Sie das Vorgehen der Rechnungserfassung in Ihrem Unternehmen und finden sich in einem der genannten Prozesse wieder.

Je nach firmeninternen Compliance-Regeln sind, abhängig vom Rechnungsbetrag, gegebenenfalls Freigaben erforderlich, bevor eine Rechnung zur Auszahlung gelangen kann. Diese Freigaben können zu unterschiedlichen Zeitpunkten erfolgen: bereits bei der Rechnungserfassung über einen Rechnungsfreigabe-Workflow oder erst im Zuge der Genehmigung des Zahlungsvorschlags und der entsprechenden Freigabe der Auszahlung.

Nachfolgend möchten wir Ihnen einen ersten Eindruck von der manuellen Rechnungsprüfung mit Bezug auf eine Bestellung im SAP-System geben.

3.4.2 Rechnungseingang mit Bezug

Die Rechnungsprüfung im SAP-System wird mit Transaktion MIRO oder über den Menüpfad **Logistik • Materialwirtschaft • Logistik-Rechnungsprüfung • Belegerfassung • Eingangsrechnung hinzufügen** durchgeführt. In Abbildung 3.17 sehen Sie einen komplett ausgefüllten MIRO-Bildschirm.

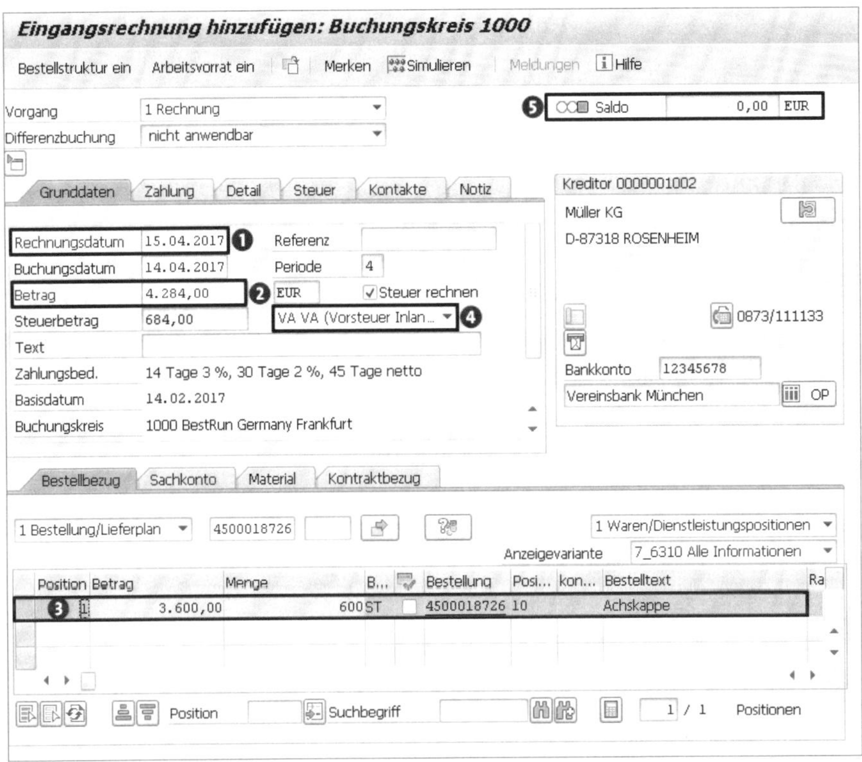

Abbildung 3.17 Übersicht der MIRO-Rechnungsprüfung zur Bestellung

❶ Rechnungs- und Buchungsdatum werden manuell aus der Rechnung übernommen.

❷ Der Rechnungsbetrag in Höhe von 4.284,00 EUR wird im Beispiel als Bruttobetrag manuell aus der Rechnung übernommen.

❸ Der Rechnungsbetrag in Höhe von 3.600,00 EUR in der Belegposition wird aus der Bestellung 4500018726 als Nettobetrag übernommen und resultiert aus der Wareneingangsmenge, multipliziert mit dem Nettopreis.

❹ Aus dem Nettobetrag errechnet das SAP-System mit der Option **Steuer rechnen** und dem Steuerkennzeichen VA (Vorsteuer Inland 19%) den auszuweisenden Vorsteuerbetrag.

❺ Wenn der Nettobetrag aus der Belegposition mit dem Nettobetrag im Belegkopf übereinstimmt, weist der Beleg den Saldo Null aus. Der Belegstatus wechselt auf *Grün*, und der Beleg kann gebucht werden.

Der Rechnungsbeleg kann nun mit der Schaltfläche (**Sichern**) gespeichert werden. Wenn dies erfolgreich verläuft, erhalten Sie in der Statusleiste Ihres SAP-Bildschirms die Meldung aus Abbildung 3.18.

Abbildung 3.18 Informationsmeldung für die Verbuchung eines MIRO-Belegs

Wie bereits in Abschnitt 3.2.5 »Bestellüberwachung«, dargestellt, werden dabei zwei Belege erzeugt: ein MM-Beleg und ein FI-Beleg.

Der *MM-Beleg* wird in Abbildung 3.19 gezeigt. Er entspricht im Wesentlichen der Ansicht in der MIRO-Belegerfassung. Da Sie sich in der Beleganzeige befinden, sind natürlich keine Felder eingabebereit. Der Beleg zeigt uns im Belegkopf die Belegnummer und das Geschäftsjahr als neue Information.

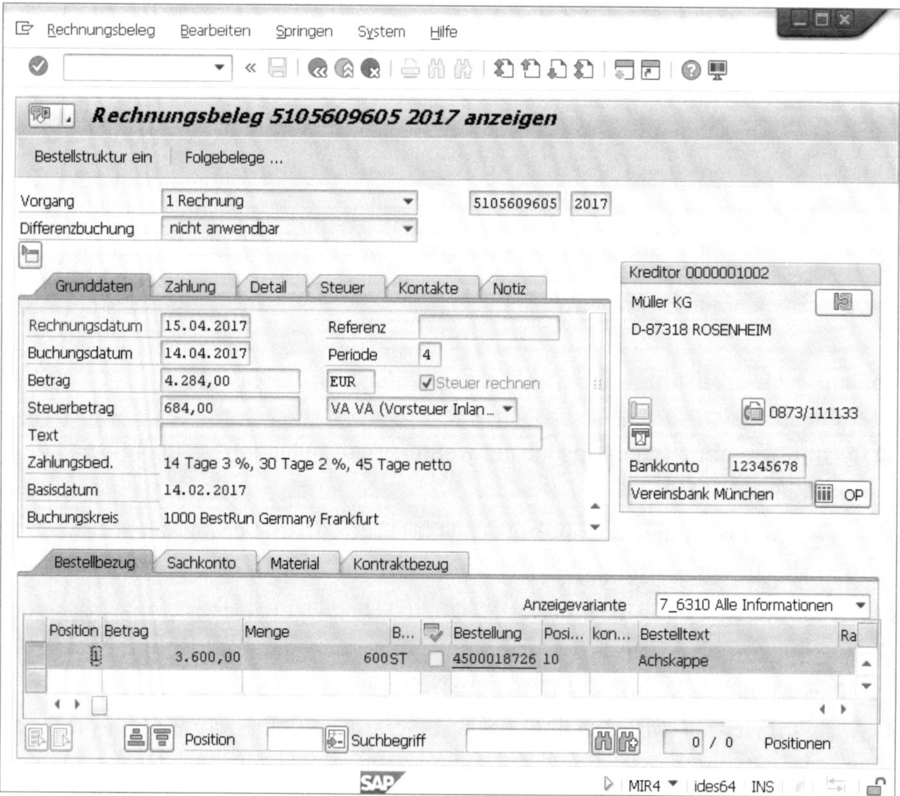

Abbildung 3.19 MM-Beleganzeige

Über die Schaltfläche **Folgebelege** können Sie auf die Belege des Rechnungswesens abspringen. Im Beispielfall erscheint ein Dialogfenster, das Ihnen verschiedene Belege aus dem Rechnungswesen zur Ansicht anbietet (siehe Abbildung 3.20).

Abbildung 3.20 Rechnungswesenbelege auswählen

Per Doppelklick auf den Buchhaltungsbeleg können Sie sich diesen ansehen (siehe Abbildung 3.21).

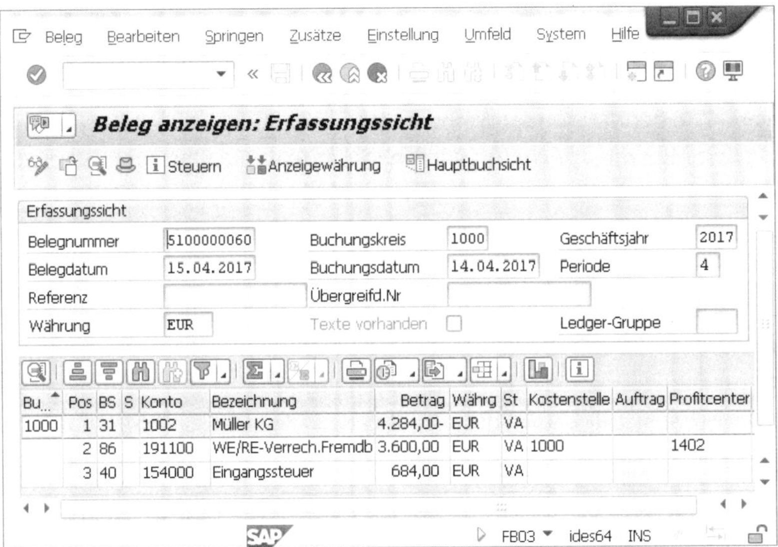

Abbildung 3.21 FI-Belege anzeigen

Im gezeigten *FI-Beleg* 5100000060 können Sie per Doppelklick Detailinformationen zu den drei enthaltenen Belegpositionen erhalten. Hierauf wird in Abschnitt 7.2.3, »MM-Beleg, FI-Beleg und CO-Beleg«, genauer eingegangen.

3.4.3 Zahlungsabwicklung

Im Folgenden wird noch auf das Bezahlen der Rechnungen eingegangen. Die entsprechende Zahlungsabwicklung findet ausschließlich in der Buchhaltung durch dafür berechtigte Sachbearbeiter aus der Kreditorenabteilung statt.

Einflussfaktoren bei der Zahlungsabwicklung

Folgendes sollten Sie bei der Zahlungsabwicklung im Hinterkopf behalten:

- Zahlungen können vorgenommen werden, wenn entweder im Lieferantenstammsatz oder in der Rechnung eine gültige Kontoverbindung hinterlegt wurde (siehe z. B. Abschnitt 2.4, »Kreditor (Lieferant)«).
- Über die Zahlungsbedingungen wird gesteuert, wann die Auszahlung erfolgen soll. Die Unternehmen sind immer bestrebt, so spät wie möglich zu zahlen und dennoch maximal von möglichen Vergünstigungen zu profitieren, z. B. von Skontoregelungen mit dem Lieferanten. Auf die Zahlungsbedingungen wird in Abschnitt 7.4.2., »Skonto«, vertiefend eingegangen.
- Rechnungen können zur Zahlung gesperrt sein. Im Zahllauf werden nur solche Rechnungen berücksichtigt, die keine Sperre haben. Auf Rechnungssperren wird ebenfalls in Abschnitt 7.5, »Sperren und Freigaben«, detailliert eingegangen.
- Ist der Lieferant im Kreditorenstammsatz zur Zahlung gesperrt, spielen Zahlsperren in der Rechnung keine Rolle mehr.

Zahlungen werden in der Kreditorenbuchhaltung mit dem Zahllauf und Transaktion F110 oder über den Menüpfad **Rechnungswesen • Finanzwesen • Kreditoren • Periodische Arbeiten • Zahlen** vorgenommen. Der Zahllauf wird technisch im SAP-System in den folgenden drei Schritten vorgenommen.

Anlegen des Zahllaufs mit allen Parametern

In Abbildung 3.22 können Sie die Selektionsparameter für einen Zahllauf sehen. Im Beispiel wird der Zahllauf nur für den Kreditor 1002 im Buchungskreis 1000 ausgeführt, und es werden nur solche Belege selektiert, die über den Zahlweg 5 gebucht wurden.

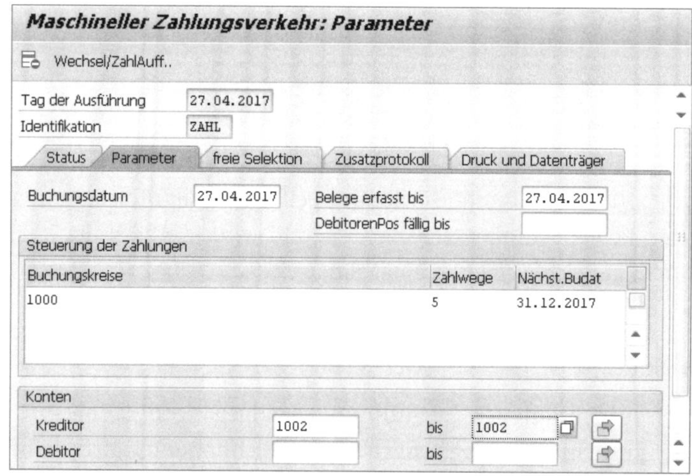

Abbildung 3.22 Wesentliche Zahllaufparameter

Erstellen eines Zahlungsvorschlags und eventuelles Nachbearbeiten (Setzen temporärer Sperren, Aufheben von Sperren)

Wenn die Parameter zum Zahllauf festgelegt sind, werden diese anschließend gesichert. Wählen Sie die Registerkarte **Status**, wie es in Abbildung 3.23 zu sehen ist, können Sie dort über die Schaltfläche Vorschlag den Zahlungsvorschlag erzeugen.

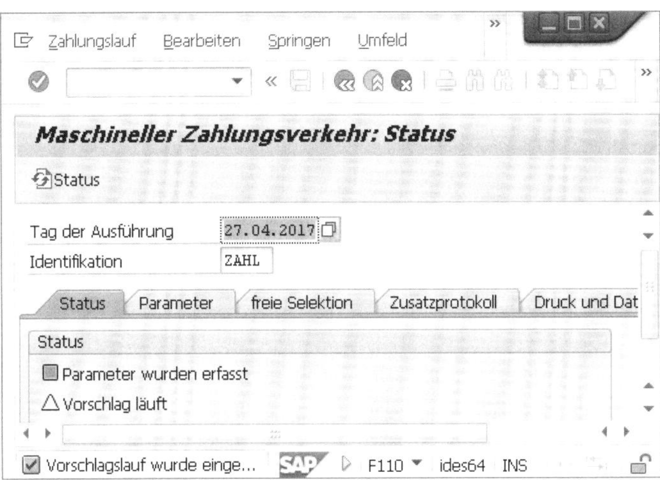

Abbildung 3.23 Zahlungsvorschlag läuft

Nachdem der Zahlungsvorschlag erstellt worden ist, erhalten Sie in der Anwendungsfunktionsleiste eine Reihe neuer Schaltflächen, über die Sie sich das Ergebnis des Zahllaufs ansehen bzw. die Vorschlagsliste bearbeiten können (siehe Abbildung 3.24).

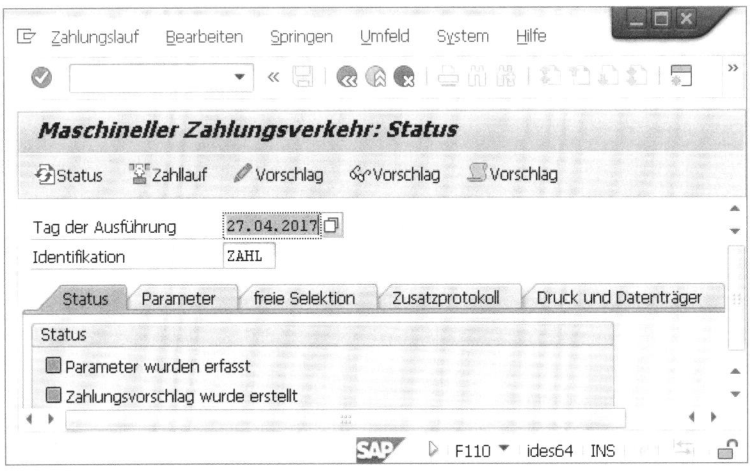

Abbildung 3.24 Erstellter Zahlungsvorschlag

Klicken Sie auf die Schaltfläche Vorschlag, um sich den Zahlungsvorschlag anzuschauen. Per Doppelklick springen Sie in die Details. Eine Vorschlagsliste zu unserem Beispiel sehen Sie in Abbildung 3.25.

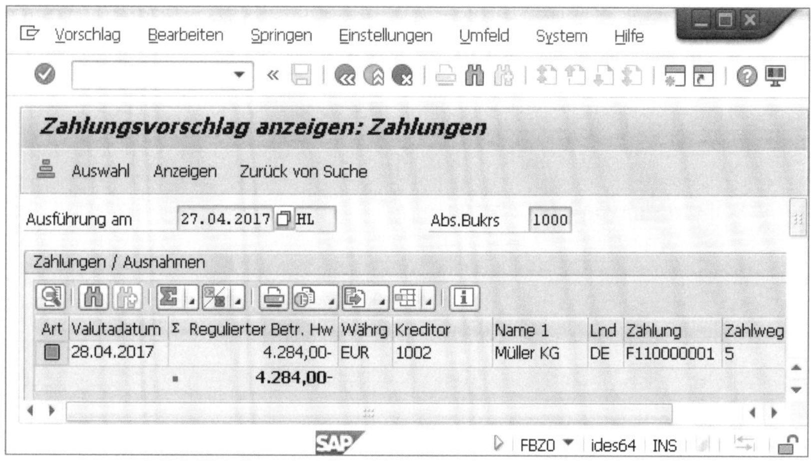

Abbildung 3.25 Zahlungsvorschlagsliste

Ausführung der Zahlungen

In diesem Zusammenhang werden die offenen Rechnungen buchhalterisch bereits ausgeglichen und auf ein Bankverrechnungskonto umgebucht.

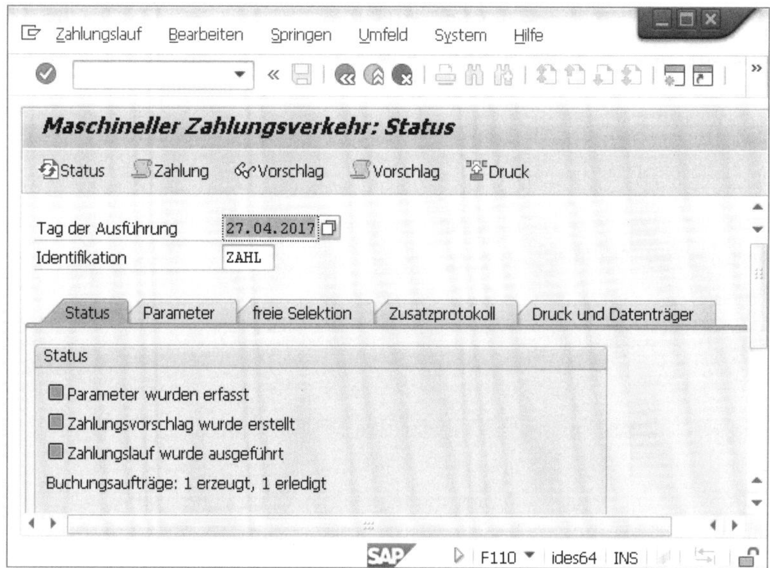

Abbildung 3.26 Ergebnis des Zahllaufs

In Abbildung 3.26 sehen Sie die Situation nach der Durchführung des Zahllaufs. Nachdem dieser ausgeführt worden ist, wurden in unserem Beispiel ein Buchungsauftrag erzeugt und ein Datenträger erstellt. Das Ergebnis der Buchung können Sie in Abbildung 3.27 sehen. Mit diesem Beleg wird das Kreditorenkonto 1002 ausgeglichen, und Sie haben nunmehr keine offene Verbindlichkeit mehr. Allerdings wird zunächst ein neuer offener Posten auf dem Bankverrechnungskonto 113102 erzeugt, der so lange besteht, bis dieses Verrechnungskonto bei der Verbuchung eines Kontoauszugs ausgeglichen wird.

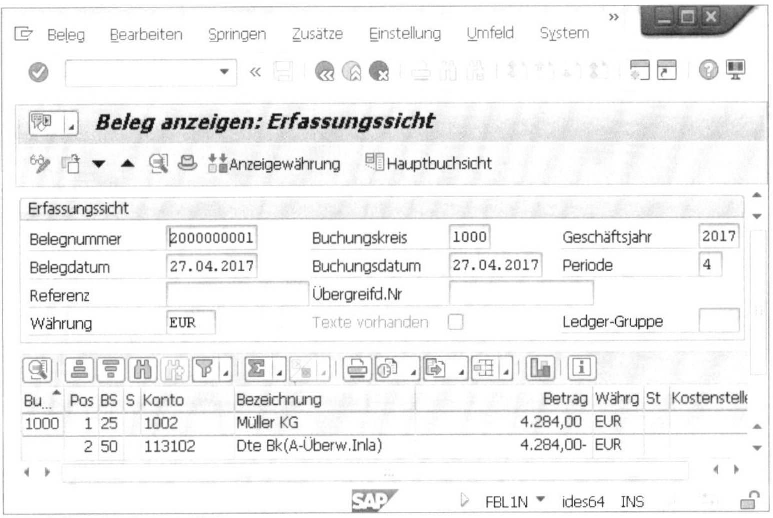

Abbildung 3.27 Buchung aus dem Zahllauf

Im Zusammenhang mit dem Zahllauf spielen Berechtigungen eine wichtige Rolle. So dürfen Sie keinen Zahllauf durchführen, wenn Ihnen die Berechtigung zum Pflegen von Kreditorenstammdaten fehlt. Damit soll verhindert werden, dass kurz vor dem Zahllauf noch Manipulationen an den Kontoverbindungen vorgenommen werden.

Die Person, die den Zahlungsvorschlag erstellt und bearbeitet hat, führt in der Regel nicht den anschließenden Zahllauf durch. Hierdurch wird aus technischer Sicht das Vier-Augen-Prinzip gewahrt. Organisatorisch kann dies aber auch so geregelt werden, dass der Zahlungsvorschlag vor der Durchführung des Zahllaufs von einem Vorgesetzten schriftlich genehmigt werden muss.

Sie haben jetzt einmal den kompletten Einkaufsprozess in einer einfachen Form kennengelernt. In Kapitel 4, »Grundlagen der verbrauchsgesteuerten Disposition«, werden Sie in selbige eingeführt und lernen dabei, wie Beschaffungsprozesse maschinell angestoßen werden können.

Kapitel 4
Grundlagen der verbrauchsgesteuerten Disposition

In diesem Abschnitt beschreiben wir den Ablauf der verbrauchsgesteuerten Disposition, für die nur das SAP-ERP-System genutzt wird. Die verbrauchsgesteuerte Disposition basiert auf den Verbrauchswerten der Vergangenheit und schließt mithilfe der Prognose oder statistischer Verfahren auf den zukünftigen Bedarf.

Die zentrale Aufgabe der Disposition ist die Überwachung der Bestände und die automatische Generierung von Beschaffungsvorschlägen (Bestellanforderungen, Planaufträge und/oder Lieferplaneinteilungen) für Einkauf und Fertigung. Hierzu stehen die plangesteuerten und verbrauchsgesteuerten Dispositionsverfahren zur Verfügung

In diesem Buch wird auf das *verbrauchsgesteuerte Dispositionsverfahren* eingegangen. Entsprechend werden in diesem Kapitel die Einordnung und der Ablauf der Disposition (Materialbedarfsplanung) in der Beschaffungsprozesskette beschrieben.

Es werden die die Disposition beeinflussenden Parameter, die Dispositions- und Prognoseverfahren und die Planungsergebnisse erläutert und beschrieben.

Das Kapitel wird mit einem Überblick über die Customizing-Einstellungen für die Disposition abgeschlossen.

4.1 Verbrauchsgesteuerte Disposition

Die verbrauchsgesteuerte Disposition basiert auf den Verbrauchswerten der Vergangenheit. Hierbei werden die Verbrauchswerte analysiert und mithilfe statistischer Verfahren oder Prognoseverfahren der zukünftige Bedarf ermittelt

Die Verfahren der verbrauchsgesteuerten Disposition haben keinen Bezug zu einem Produktionsplan. Das bedeutet, dass die Nettobedarfsrechnung auf der Unterschreitung eines festgelegten Bestellpunkts (Meldebestand) oder auf Prognosebedarfen, die aus Verbrauchswerten der Vergangenheit ermittelt werden, basieren.

In den folgenden Abschnitten werden die Einflussgrößen, die Bearbeitungsschritte und das Ergebnis der Disposition dargestellt.

4.1.1 Einsatz und Umfeld der Disposition

Unter *Disposition* wird – um es einfach zu formulieren – der Abgleich des in der Bedarfsermittlung errechneten Bruttobedarfes mit dem verfügbaren Bestand verstanden.

Das Ergebnis der Disposition ist der zu beschaffende Nettobedarf. Es muss also ermittelt werden, welches Material in welcher Menge zu welchem Termin benötigt wird. Dazu muss ein Planungslauf (siehe Abschnitt 4.3, »Planungslauf«) angestoßen werden.

Im Ergebnis des Planungslaufes werden zu den unterschiedlichsten Bedarfen – das sind die *Bedarfsverursacher* – bei Unterdeckung und in Abhängigkeit von der im Customizing eingestellten Verfügbarkeitsprüfung die entsprechenden *Bedarfsdecker* automatisch erzeugt. Letztere schlüsseln sich wie folgt auf:

- Bedarfsdecker, die die Fremdbeschaffung (Kennzeichen **F**) anstoßen, sind die *Bestellanforderungen* (BANF). Sie dienen dem Einkauf als Arbeitsvorrat.
- Bedarfsdecker, die die Eigenfertigung (Kennzeichen **E**) anstoßen, sind die *Planaufträge* (PL-AUF). Sie dienen der Fertigung als Arbeitsvorrat und, bei der Verwendung des Kennzeichens **X** für beide Beschaffungsarten, bedingt auch dem Einkauf.

Abbildung 4.1 veranschaulicht dies nochmals.

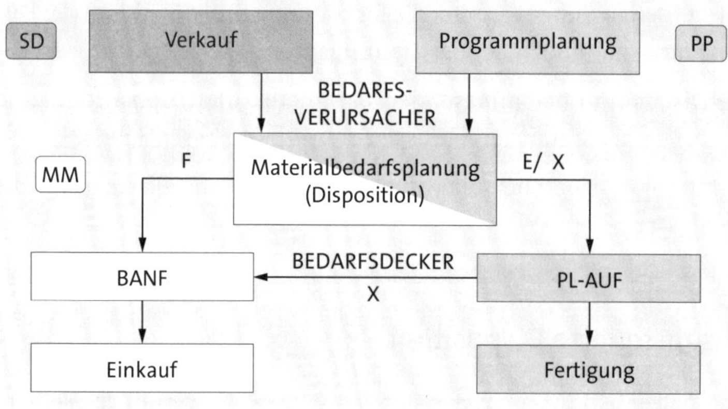

Abbildung 4.1 Umfeld der Disposition

4.1.2 Voraussetzungen für die Disposition

Die verbrauchsgesteuerte Disposition setzt voraus, dass die Verbrauchsentwicklung annähernd konstant ist oder linear verläuft. Die Bestandsführung sollte stets aktuell sein. Da Materialien auf der Werksebene disponiert werden, muss festgelegt werden, in welchen Werken und/oder Dispositionsbereichen die Disposition durchgeführt werden soll. Für Materialien, die disponiert werden sollen, müssen die dispositiv relevanten Materialstammdaten gepflegt werden.

In den folgenden Abschnitten gehen wir auf diese Thematik im Detail ein.

4.1.3 Werksbezogene Parameter

Die Festlegung, in welchem Werk die Disposition durchgeführt werden soll, erfolgt im Customizing über den Menüpfad **Materialwirtschaft • Verbrauchsgesteuerte Disposition • Planung • Bedarfsplanung aktivieren**. Wählen Sie das Objekt **Bedarfsplanung**. Mit dieser Aktivierung wird gleichzeitig gewährleistet, dass dispositiv relevante Materialien in die Planungsvormerkdatei eingetragen werden. Die Prüfung der Planungsvormerkdatei ist der erste Prozessschritt, der im Rahmen der Bedarfsplanung durchgeführt wird. Es werden der Planungsablauf und der Planungsumfang gesteuert, d. h., dass festgelegt wird, welche Materialien mit den verschiedenen Arten des Planungslaufs geplant werden. Wenn Materialien angelegt wurden, bevor für ein Werk die Bedarfsplanung aktiviert wurde, ist es erforderlich, für alle dispositionsrelevanten Materialien in diesem Werk einen Eintrag in der Planungsvormerkdatei zu generieren. Dies können Sie im Customizing über den Menüpfad **Materialwirtschaft • Verbrauchsgesteuerte Disposition • Planung • Bedarfsplanung aktivieren** vornehmen. Wählen Sie das Objekt **Vormerkdatei aufbauen**; alternativ können Sie dies im SAP-Menü mittels Transaktion MDAB (Hintergrund aufbauen) erreichen.

4.1.4 Materialstammbezogene Parameter

Für Materialien, die disponiert werden sollen, müssen Sie auf der Werksebene die Daten in den Dispositionssichten des Materialstammes pflegen.

Sollen die betreffenden Materialien auch in die Lagerortdisposition einbezogen werden, müssen auch die lagerortspezifischen Daten im Materialstamm gepflegt werden.

Die wichtigsten Daten – d. h. die steuernden Parameter – und ihre Bedeutung finden Sie in Tabelle 4.1. Diese werden (wie schon unter Abschnitt 2.2.12, »Sicht ›Disposition 1‹«, ausführlich beschrieben) in den Sichten **Disposition 1**, **Disposition 2**, **Disposition 3** und **Disposition 4** gepflegt.

Steuergröße	Bedeutung
Dispositionsgruppe	Zuordnung von Steuerungsparametern
Werksspez.Materialstatus	Verwendungsentscheid

Tabelle 4.1 Materialbezogene Parameter

Steuergröße	Bedeutung
Dispomerkmal	Art der Disposition
Meldebestand	für Bestellpunktdisposition
Dispolosgröße	Mengenberechnung
Beschaffungsart	E – Eigenfertigung
	F – Fremdbeschaffung
	X – beide Beschaffungsarten
Sonderbeschaffung	Sonderbeschaffungsschlüssel, genauere Festlegung der Beschaffungsart
Planlieferzeit	Terminierung beim Dispositionslauf, in Kalendertagen
WE-Bearbeitungszeit	Terminierung beim Dispositionslauf, in Arbeitstagen
Sicherheitsbestand	Fehlmengenvermeidung
Verfügbarkeitsprüf.	Prüfgruppe für die Verfügbarkeitsprüfung
Dispositionskennz.	Steuert die Lagerortdisposition

Tabelle 4.1 Materialbezogene Parameter (Forts.)

Die Materialstammdaten pflegen Sie im SAP-Menü über den Pfad **Logistik • Materialwirtschaft • Materialstamm • Material • Anlegen allgemein • Sofort.** Alternativ können Sie auch Transaktion MM01 (Material anlegen) verwenden, und/oder Sie nutzen ein Dispositionsprofil zur Eingabe der Dispositionsparameter.

Nachstehend werden die in Tabelle 4.1 aufgeführten Steuergrößen und ihre Bedeutung für die Disposition beschrieben.

Die *Dispositionsgruppe* ist ein Organisationsobjekt, mit der einer Gruppe von Materialien spezielle Steuerungsparameter für die Planung zugeordnet werden können.

Sie verwenden Dispositionsgruppen, wenn für Ihre betrieblichen Belange die Steuerung der Planung pro Werk zu grob ist und Sie bestimmten Materialgruppen von der Werksdefinition abweichende Steuerungsparameter zuordnen möchten. Hierzu zählen z. B. die Erstellungskennzeichen für Bestellanforderungen, Lieferplaneinteilungen usw.

Dispositionsgruppen werden mit diesen spezifischen Steuerungsparametern im Customizing über den folgenden Menüpfad definiert: **Produktion • Bedarfsplanung • Dispositionsgruppen • Gesamtpflege der Dispositionsgruppen durchführen**. Sie können den entsprechenden Materialien im Materialstammsatz (Sicht **Disposition 1**) zugeordnet werden. In Abbildung 4.2 sehen Sie beispielsweise die Customizing-Einstellung für die Dispositionsgruppe 0000 mit den zugeordneten Erstellungskennzeichen und deren Bedeutung.

Sicht "Erstellungskennzeichen Disposition" ändern: Detail
Werk
1000
Hamburg
Dispogruppe
0000
Keine Vorplanung / Keine Bedarfsübergabe
Erstellungskennzeichen
Bestellanf. erstellen
1
Bestellanforderung im Eröffungshorizont
Dispoliste erstellen
1
Grundsätzlich Dispositionsliste
Lieferplaneinteilungen
3
Grundsätzlich Lieferplaneinteilungen

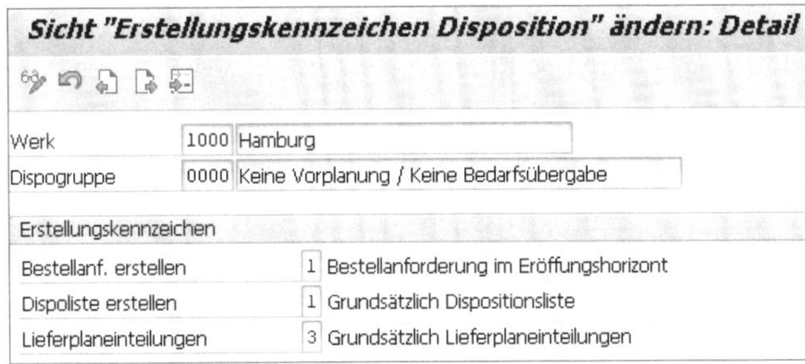

Abbildung 4.2 Erstellungskennzeichen

Wie Sie in Abbildung 4.3 sehen können, nehmen Sie die Zuordnung der Dispositionsgruppe im Materialstamm (Sicht **Disposition 1**) vor.

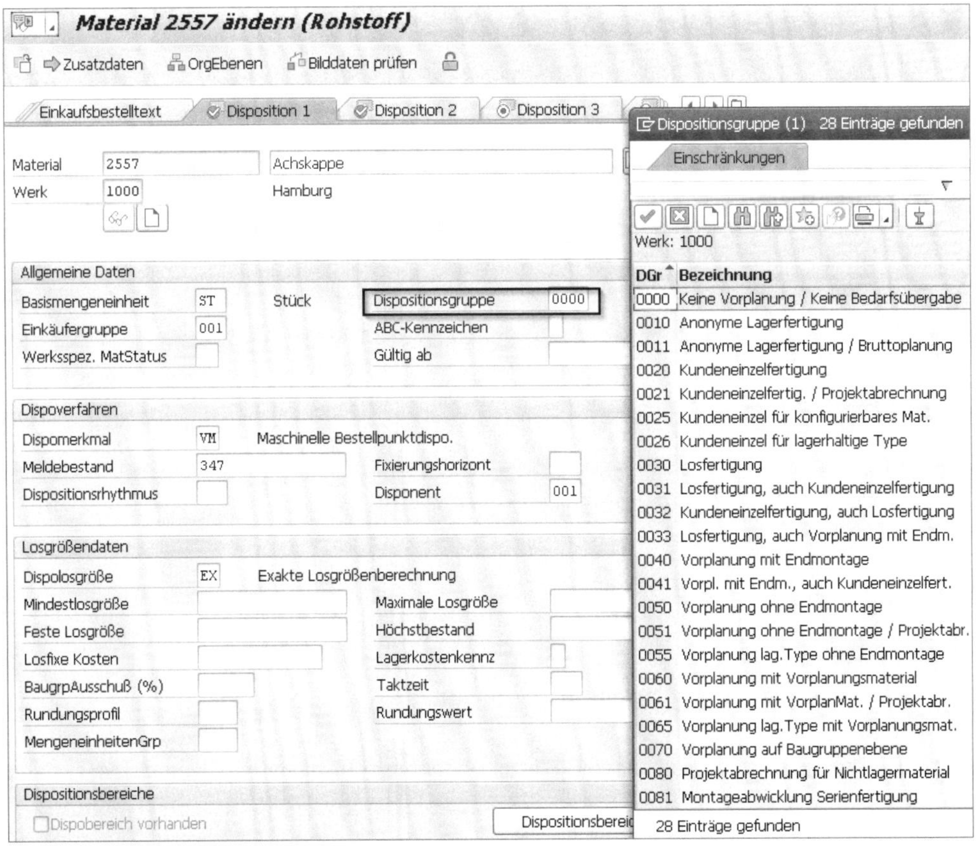

Material 2557 ändern (Rohstoff)
Zusatzdaten
OrgEbenen
Bilddaten prüfen
Einkaufsbestelltext
Disposition 1
Disposition 2
Disposition 3
Material
2557
Achskappe
Werk
1000
Hamburg
Allgemeine Daten
Basismengeneinheit
ST
Stück
Dispositionsgruppe
0000
Einkäufergruppe
001
ABC-Kennzeichen
Werksspez. MatStatus
Gültig ab
Dispoverfahren
Dispomerkmal
VM
Maschinelle Bestellpunktdispo.
Meldebestand
347
Fixierungshorizont
Dispositionsrhythmus
Disponent
001
Losgrößendaten
Dispolosgröße
EX
Exakte Losgrößenberechnung
Mindestlosgröße
Maximale Losgröße
Feste Losgröße
Höchstbestand
Losfixe Kosten
Lagerkostenkennz
BaugrpAusschuß (%)
Taktzeit
Rundungsprofil
Rundungswert
MengeneinheitenGrp
Dispositionsbereiche
Dispobereich vorhanden
Dispositionsbereic
Dispositionsgruppe (1) 28 Einträge gefunden
Einschränkungen
Werk: 1000
DGr
Bezeichnung
0000 Keine Vorplanung / Keine Bedarfsübergabe
0010 Anonyme Lagerfertigung
0011 Anonyme Lagerfertigung / Bruttoplanung
0020 Kundeneinzelfertigung
0021 Kundeneinzelfertig. / Projektabrechnung
0025 Kundeneinzel für konfigurierbares Mat.
0026 Kundeneinzel für lagerhaltige Type
0030 Losfertigung
0031 Losfertigung, auch Kundeneinzelfertigung
0032 Kundeneinzelfertigung, auch Losfertigung
0033 Losfertigung, auch Vorplanung mit Endm.
0040 Vorplanung mit Endmontage
0041 Vorpl. mit Endm., auch Kundeneinzelfert.
0050 Vorplanung ohne Endmontage
0051 Vorplanung ohne Endmontage / Projektabr.
0055 Vorplanung lag.Type ohne Endmontage
0060 Vorplanung mit Vorplanungsmaterial
0061 Vorplanung mit VorplanMat. / Projektabr.
0065 Vorplanung lag.Type mit Vorplanungsmat.
0070 Vorplanung auf Baugruppenebene
0080 Projektabrechnung für Nichtlagermaterial
0081 Montageabwicklung Serienfertigung
28 Einträge gefunden

Abbildung 4.3 Dispositionsgruppe zuordnen

Beachten Sie, dass während des Gesamtplanungslaufs bei den Parameterwerten – sofern sie gepflegt sind – die materialbezogenen Werte die höchste, die Werte der Dispositionsgruppe die zweithöchste und die werksbezogenen Werte die niedrigste Priorität haben.

Für die Einzelplanung wird immer mit den Parametern geplant, die im Einstiegsbild des Planungslaufs eingegeben worden sind. Die Parameter, die in der Dispositionsgruppe bzw. auf der Werksebene festgelegt wurden, werden nicht berücksichtigt.

Der *Materialstatus* kann werksübergreifend bzw. werksspezifisch gesetzt werden. Den werksübergreifenden Materialstatus pflegen Sie in der Sicht **Grunddaten 1** (siehe Abbildung 4.4).

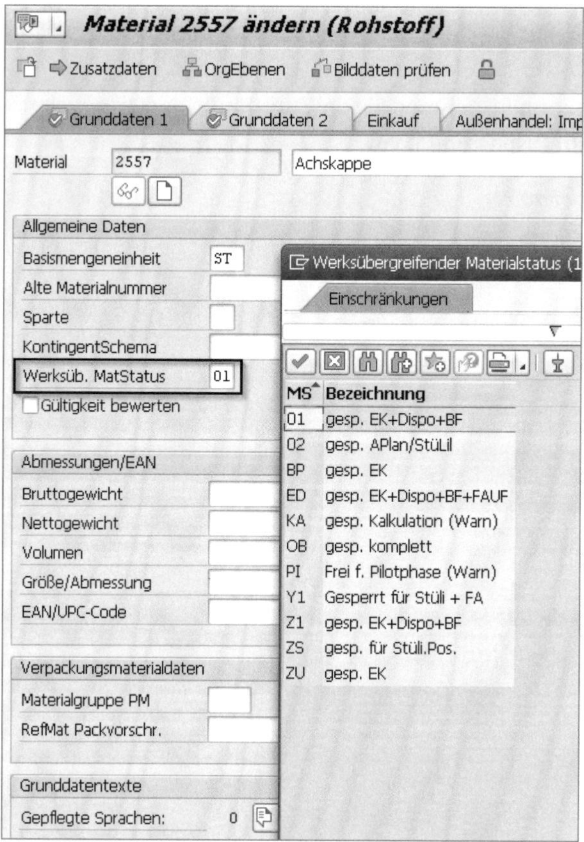

Abbildung 4.4 Werksübergreifender Materialstatus

Den werksspezifischen Materialstatus pflegen Sie in der Sicht **Disposition 1** (siehe Abbildung 4.5).

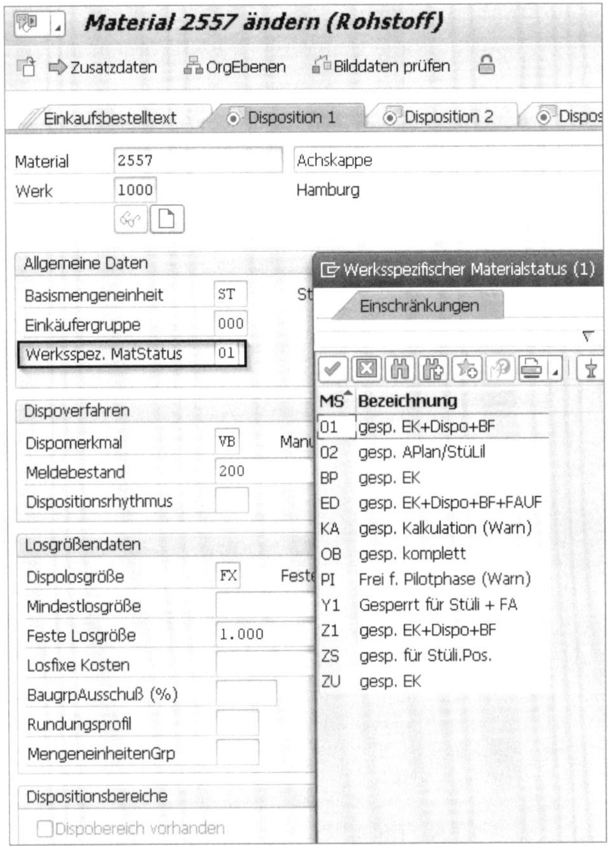

Abbildung 4.5 Werksspezifischer Materialstatus

Sie können damit über die Verwendbarkeit des Materials entscheiden. So bedeutet z. B. der Werteintrag **gesp. EK+Dispo+BF** im Feld **Werksspez.MatStatus**, dass das betreffende Material in diesem Werk 1000 für die Bereiche Einkauf, Disposition und Bestandsführung nicht verwendet werden kann. Diese Möglichkeit kann z. B. genutzt werden, wenn es sich in dem betreffenden Werk um Auslaufmaterial handelt.

Das *Dispositionsmerkmal* steuert, ob und wie ein Material disponiert werden soll und bestimmt damit das Dispositionsverfahren (siehe Abschnitt 4.2, »Übersicht der Dispositionsverfahren«). Das Dispositionsmerkmal ist material- und werksbezogen und kann somit für jedes Werk unterschiedlich vergeben werden. Es kann manuell oder mittels eines Dispositionsprofils eingegeben bzw. geändert werden.

Die Eingabe des Dispositionsmerkmals nehmen Sie im Materialstamm in der Sicht **Disposition 1** vor (siehe Abschnitt 2.2.12, »Sicht ›Disposition 1‹«).

In Abbildung 4.6 ist dargestellt, welche Dispositionsmerkmale vom SAP-System angeboten werden. Die Dispositionsmerkmale, die für die verbrauchsgesteuerte Disposition zugelassen sind, werden in Abschnitt 4.2, »Übersicht der Dispositionsverfahren«, näher erläutert; dabei wird auch auf die konkreten Auswirkungen auf das Planungsergebnis eingegangen.

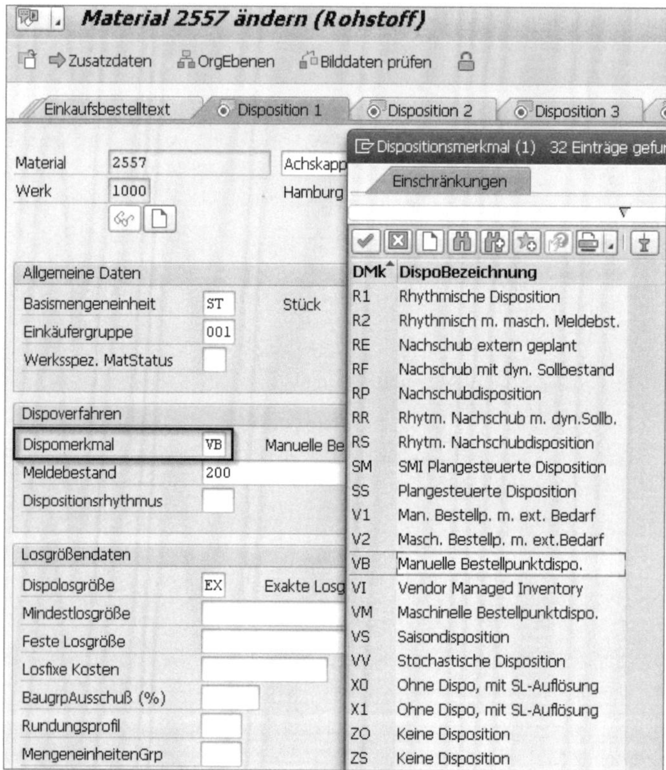

Abbildung 4.6 Dispositionsmerkmale

Sie können auch eigene Dispositionsmerkmale im Customizing definieren. Wählen Sie dafür den Menüpfad **Materialwirtschaft • Verbrauchsgesteuerte Disposition • Stammdaten • Dispositionsmerkmale überprüfen**.

Die *Dispositionslosgröße* bestimmt bei einer Bestandsunterdeckung den Mengenvorschlag der Bedarfsdecker. Auch bestimmt sie das bei der Disposition genutzte Losgrößenverfahren.

Hierdurch können Sie optimale Mengen je Beschaffungsvorschlag und somit ihren Bedarf und die verfügbaren Kapazitäten gezielt planen.

Die Dispositionslosgröße kann manuell oder mittels eines Dispositionsprofils im Materialstamm (Sicht **Disposition 1**) eingegeben bzw. geändert werden. In Abbildung 4.7 ist dargestellt, welche Dispositionslosgrößen vom SAP-System angeboten werden.

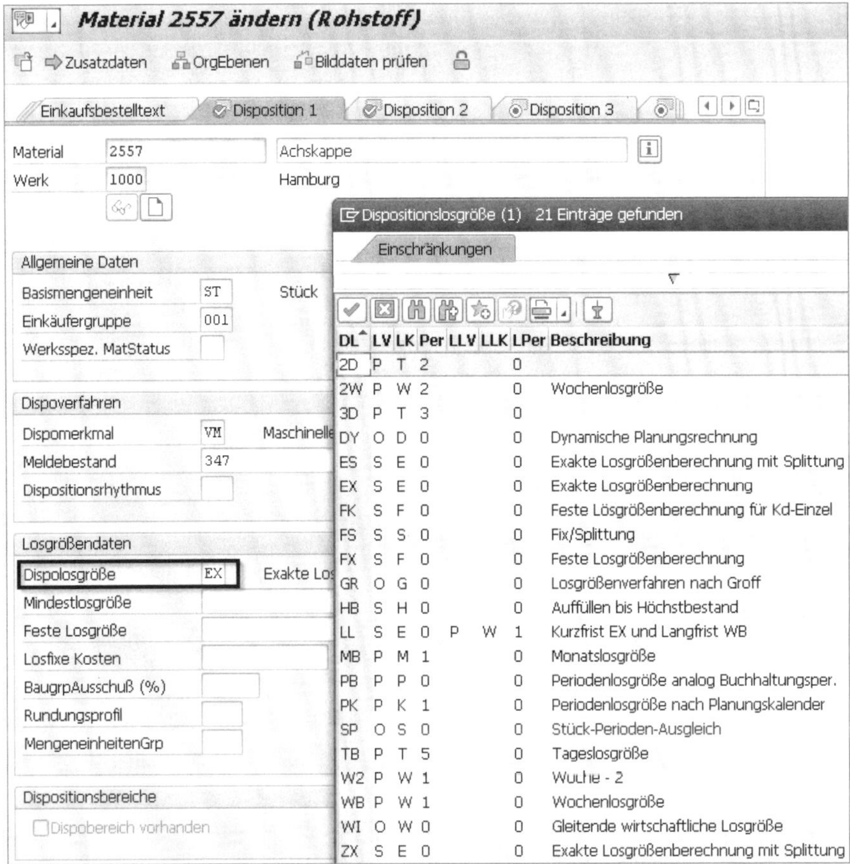

Abbildung 4.7 Dispositionslosgrößen

Sie können auch eigene, prozessspezifische bzw. kundenspezifische Dispositionslosgrößen im Customizing über den Menüpfad **Materialwirtschaft • Verbrauchsgesteuerte Disposition • Planung • Losgrößenrechnung • Losgrößenverfahren festlegen** definieren. Nachstehend soll ein Überblick über die Losgrößenverfahren (siehe Abbildung 4.8) gegeben und daraus ableitend die Aussage getroffen werden, welche Losgrößenverfahren für die verbrauchsgesteuerte Disposition relevant sind.

Die *Losgrößenverfahren* werden untergliedert in:

- **Statische Verfahren**
  Die Losgröße wird anhand von Mengenvorgaben im jeweiligen Materialstammsatz gebildet.
- **Periodische Verfahren**
  Die Bedarfsmengen einer oder mehrerer Perioden werden zu einer Losgröße zusammengefasst.

- **Optimierende Verfahren**
  Die Losgröße wird durch Zusammenfassen mehrerer Bedarfe unter der Berücksichtigung von losgrößenfixen Beschaffungs- und Lagerhaltungskosten errechnet.

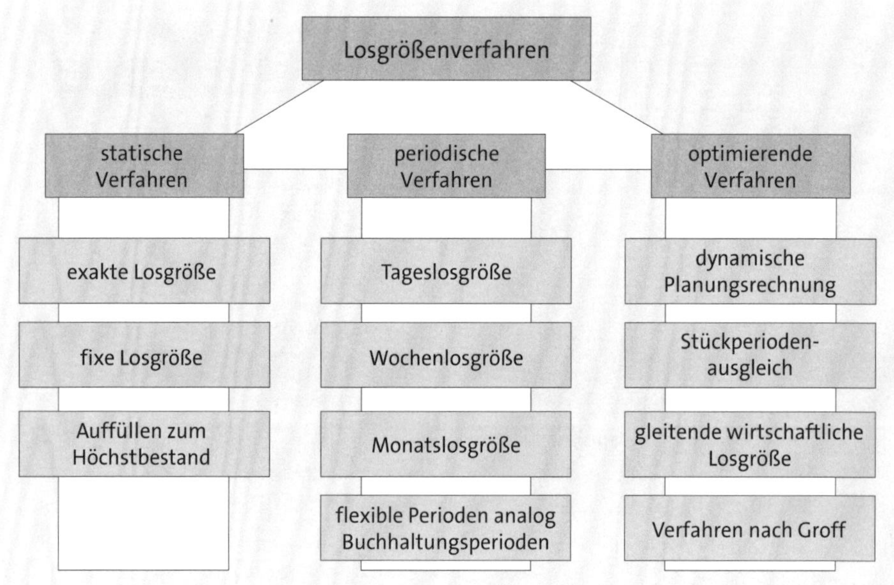

Abbildung 4.8 Losgrößenverfahren

In Abhängigkeit von dem eingestellten Losgrößenverfahren müssen Sie bei der Materialstammpflege weitere Pflichtfelder pflegen. So können Sie zusätzliche Restriktionen – wie Mindestlosgröße, maximale Losgröße oder Rundungswerte – angeben, die das SAP-System bei dem Beschaffungsvorschlag berücksichtigt (siehe Abschnitt 2.2.12, »Sicht ›Disposition 1‹«).

Bei der verbrauchsgesteuerte Disposition werden die statischen Losgrößenverfahren genutzt (siehe Abbildung 4.9)

Bei den statischen Losgrößenverfahren werden zukünftige Unterdeckungen nicht berücksichtigt, d. h. dass bei Unterdeckung ein Bestellvorschlag in Höhe der statischen Losgröße gebildet wird, ohne zu prüfen, wann eine zukünftige Unterdeckung erfolgt.

Bei der exakten Losgröße (EX) wird ein Bestellvorschlag in Höhe der Unterdeckung gebildet. Gibt es zu einem Tag mehrere Abgänge, die zur Unterdeckung führen, wird trotzdem nur ein Bestellvorschlag in Höhe der Unterdeckungsmenge zu diesem Termin gebildet.

Bei der fixen Losgröße (FX) wird bei einer Unterdeckung ein Bestellvorschlag in Höhe der fixen Losgröße gebildet. Reicht dieser Vorschlag zur Bedarfsdeckung nicht aus, generiert das SAP-System mehrere Bestellvorschläge zum gleichen Termin.

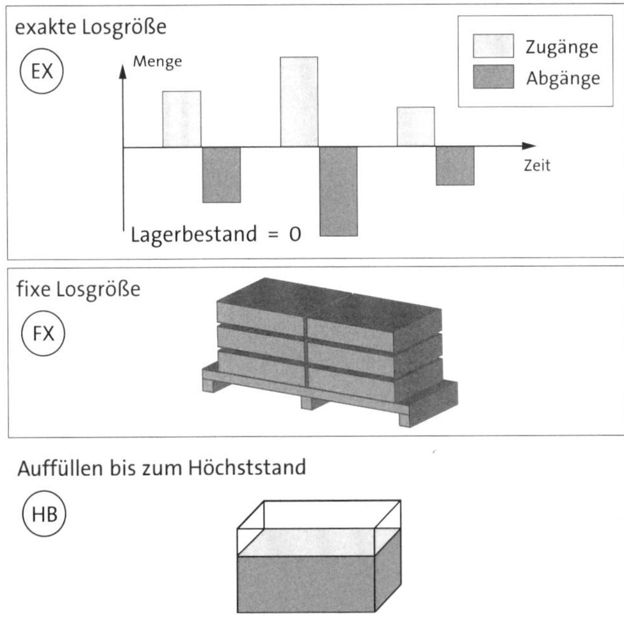

Abbildung 4.9 Statische Losgrößenverfahren

Über einen Schwellenwert kann verhindert werden, dass das SAP-System zu viele einzelne Beschaffungsvorschläge mit fester Bestellmenge generiert.

Beim der Losgröße Auffüllen bis Höchstbestand (HB) wird bei Unterdeckung ein Bestellvorschlag in Höhe des im Materialstammsatz festgelegten Höchstbestands generiert.

Weiterführende Ausführungen, wie sich die Losgrößenparameter auf das Dispositionsergebnis auswirken, finden Sie in Abschnitt 4.2.1, »Bestellpunktdisposition«.

Die *Beschaffungsart* ist in der Materialart voreingestellt, kann aber auch manuell oder über ein Dispositionsprofil eingegeben bzw. geändert werden. Sie steuert die Art der Beschaffung und beeinflusst damit die Ausprägung der Bedarfsdecker (Bestellanforderung und/oder Planaufträge) als Ergebnis eines Planungslaufs. Die folgenden Beschaffungsarten stehen Ihnen für die verbrauchsgesteuerte Disposition zur Verfügung:

- Für die Fremdbeschaffung von Materialien wählen Sie als Beschaffungsart **F** (Fremdbeschaffung).
- Sollen stattdessen sowohl Eigenfertigung, als auch Fremdbeschaffung zulässig sein, können Sie das Kennzeichen **X** (beide Beschaffungsarten) verwenden.

Eine weitere Steuergröße, die die Art der Beschaffung unterstützt bzw. noch exakter gestaltet, ist im Feld **Sonderbeschaffung** hinterlegt. Es handelt sich hierbei um keine autonome Steuergröße, sondern diese Steuergröße muss immer in Verbindung mit der Beschaffungsart angegeben werden. So können Sie z. B. aus der Werteliste den *Sonderbeschaffungsschlüssel* (*SOBSL*) **10** auswählen und legen damit fest, dass das betreffende Material für die Konsignationsbeschaffung (**F 10** – **F** für Fremdbeschaffung, **K** für Konsignation) vorgesehen ist (siehe Abbildung 4.10). In einer Bestellposition wird der Sonderbeschaffungsschlüssel nach einem Planungslauf in dem erzeugten Bedarfsdecker als Positionstyp **K** abgebildet (siehe Abschnitt 5.9.5, »Konsignation«).

Sie können u.a. die nachstehenden Sonderbeschaffungsschlüssel, die relevant für die verbrauchsgesteuerte Disposition sind, im Materialstamm (Sicht **Disposition 2**) auswählen (siehe Abbildung 4.10):

- **10** (Konsignation)
- **20** (Fremdbeschaffung)
- **30** (Lohnbearbeitung)
- **40** (Umlagerung Beschaffung vom Werk 1200)

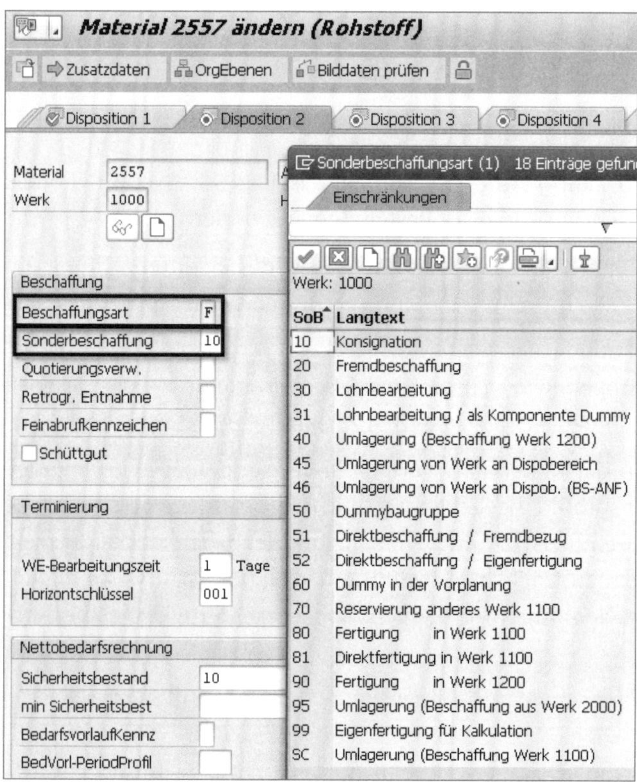

Abbildung 4.10 Beschaffungsart und Sonderbeschaffung

Die Terminierung der durch den Planungslauf erzeugten Bedarfsdecker basiert bei fremdbeschafften Materialien auf der **Planlieferzeit** und der **WE-Bearbeitungszeit** (beide Zeiten sind *materialstammbezogen*) sowie auf der **BearbZeit Einkauf** (*werksbezogen*).

Die Planlieferzeit (gerechnet in Kalendertagen) und die Wareneingangsbearbeitungszeit (gerechnet in Arbeitstagen) werden in der Sicht **Disposition 2** des Materialstamms gepflegt (siehe Abbildung 4.11).

Die werksbezogene Bearbeitungszeit können Sie im Customizing über den Menüpfad **Materialwirtschaft • Verbrauchsgesteuerte Disposition • Planung • Beschaffungsvorschläge • Fremdbeschaffung festlegen** pflegen.

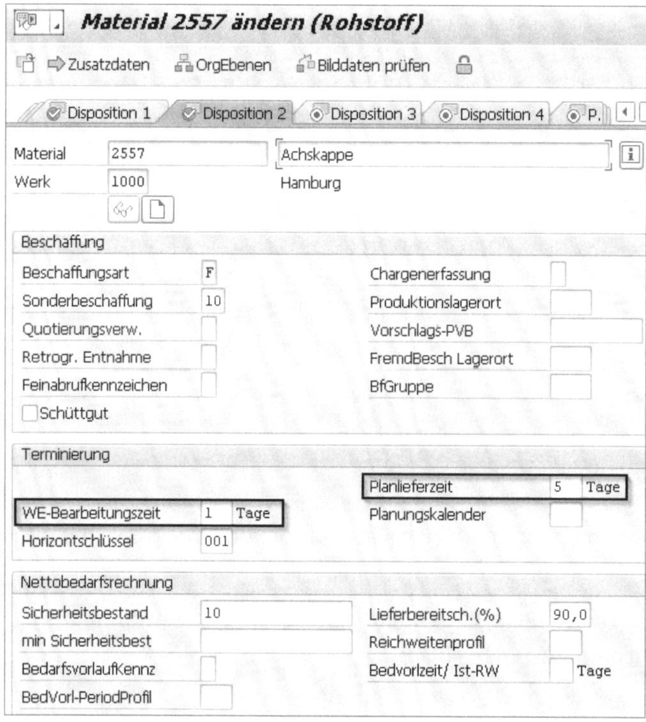

Abbildung 4.11 Planlieferzeit und Wareneingangsbearbeitungszeit

Der Wert in dem Feld **Verfügbarkeitsprüf.** gibt an, ob und wie das SAP-System die Verfügbarkeit prüft und Bedarfe als Ergebnis der Disposition erzeugt (siehe Abbildung 4.12).

Den konkreten Prüfumfang für die einzelnen Anwendungsbereiche müssen Sie im Customizing festlegen. Dort legen Sie in Kombination von Prüfgruppe und Prüfregel fest, welche Bestände und welche Zu- und Abgänge zur Berechnung der verfügbaren Menge in den Prüfumfang einbezogen werden sollen. Des Weiteren können Sie festlegen, ob die Wiederbeschaffungszeit berücksichtigt oder nicht berücksichtigt werden soll (siehe Gulyássy u. a.: Disposition mit SAP, SAP PRESS 2014).

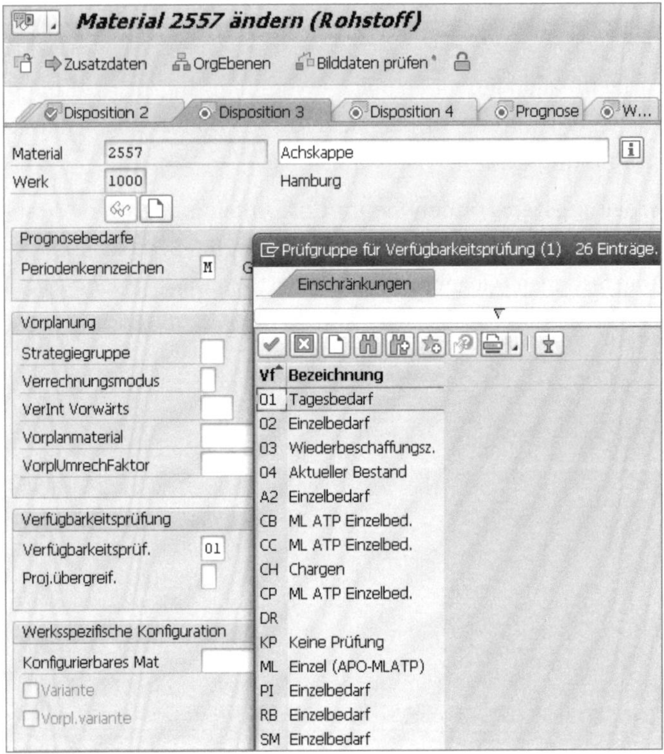

Abbildung 4.12 Prüfgruppen für Verfügbarkeitsprüfung

Die genannten Dispositionsparameter können Sie – wie schon erwähnt – in einem *Dispositionsprofil* hinterlegen. In diesem Profil legen Sie Folgendes fest:

- Sie bestimmen, welche Felder beim Erfassen der Dispositionsdaten im Materialstammsatz mit Werten gefüllt werden sollen.
- Sie geben vor, welche dieser Felder Festwerte oder Vorschlagswerte sein sollen.
- Sie füllen diese Felder mit für die Disposition relevanten Werte.

Die in einem Dispositionsprofil hinterlegten Informationen sind Standardinformationen, die bei der Pflege von Materialstammsätzen immer wieder in ähnlicher Konstellation benötigt werden. Das Dispositionsprofil dient somit als Erfassungshilfe und erleichtert die Verwaltung der Dispositionsdaten.

Sie legen das Dispositionsprofil über den Menüpfad **Logistik • Materialwirtschaft • Materialstamm • Profil • Dispositionsprofil • Anlegen** oder mit Transaktion MMD1 (Dispositionsprofil anlegen) an (siehe Abbildung 4.13).

Abbildung 4.13 Dispositionsprofil anlegen

Geben Sie einen Dispositionsprofilnamen ein, und verwenden Sie bei Bedarf ein vorhandenes Profil als Vorlage. Anschließend klicken Sie auf die Schaltfläche **Selektionsbild**.

Sie gelangen auf das Selektionsbild (siehe Abbildung 4.14). und können hier festlegen, welche Tabellenfelder in den Materialstamm als Festwerte (nicht überschreibbar) bzw. Vorschlagswerte (überschreibbar) übernommen werden sollen.

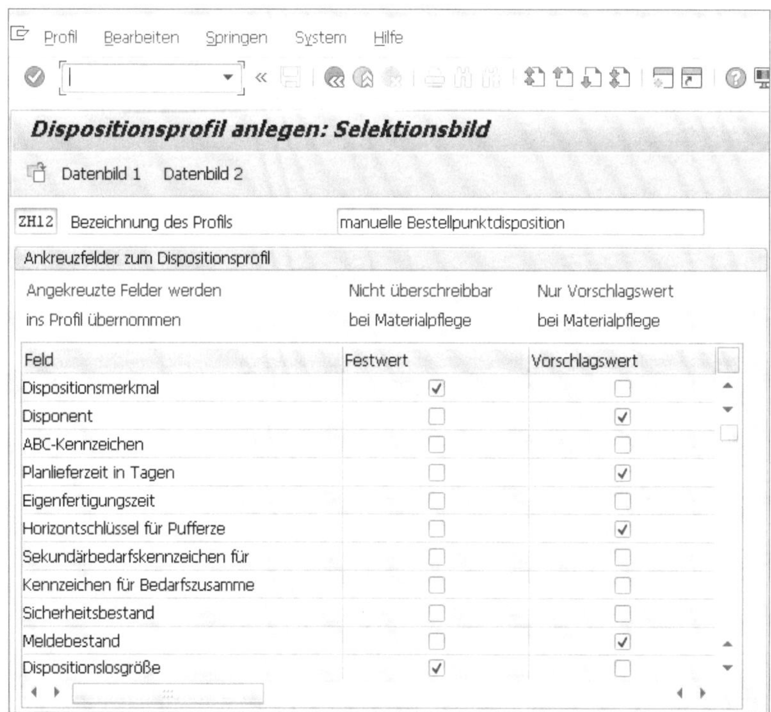

Abbildung 4.14 Festlegung und Ausprägung der zu übernehmenden Tabellenfelder

Klicken Sie auf die Schaltfläche **Datenbild 1**, und geben Sie dort die gewünschten Werte ein (siehe Abbildung 4.15).

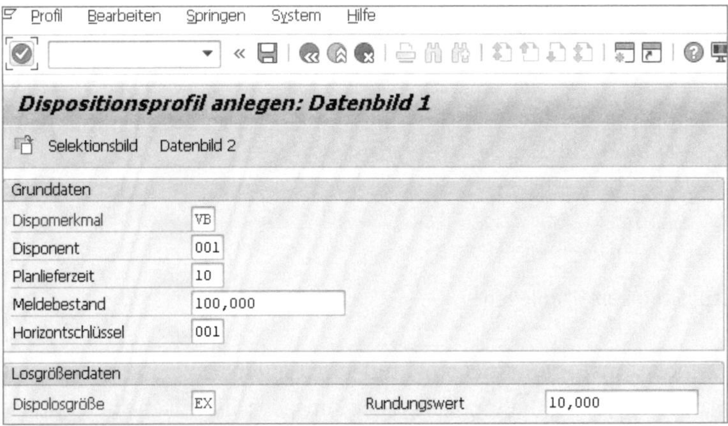

Abbildung 4.15 Werte eingeben

Die Zuordnung des Dispositionsprofils zum Materialstamm nehmen Sie mit Transaktion MM01 (Material anlegen) im Organisationsebenenbild vor. Damit werden die im Dispositionsprofil festgelegten Werte in den Materialstamm kopiert (siehe Abbildung 4.16).

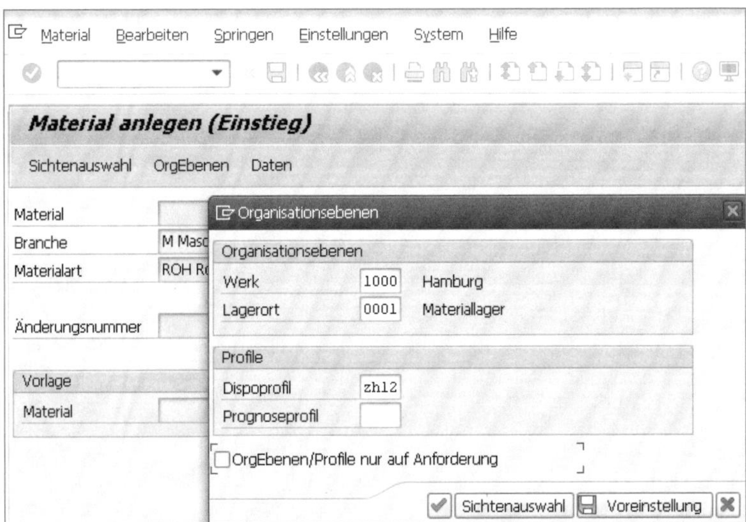

Abbildung 4.16 Dispositionsprofil zuordnen

Wenn Sie einen oder mehrere der kopierten Festwerte ändern möchten, ist dies nur durch die Zuordnung eines anderen Dispositionsprofils in Transaktion MM02 (Material ändern) möglich (siehe Abbildung 4.17). Klicken Sie auf die Schaltfläche **Bearbeiten**, und wählen Sie im sich öffnenden Dialogfenster **Dispoprofil** aus. Sie können dann das gewünschte neue Dispositionsprofil, das Sie in der Werteliste auswählen, zuordnen.

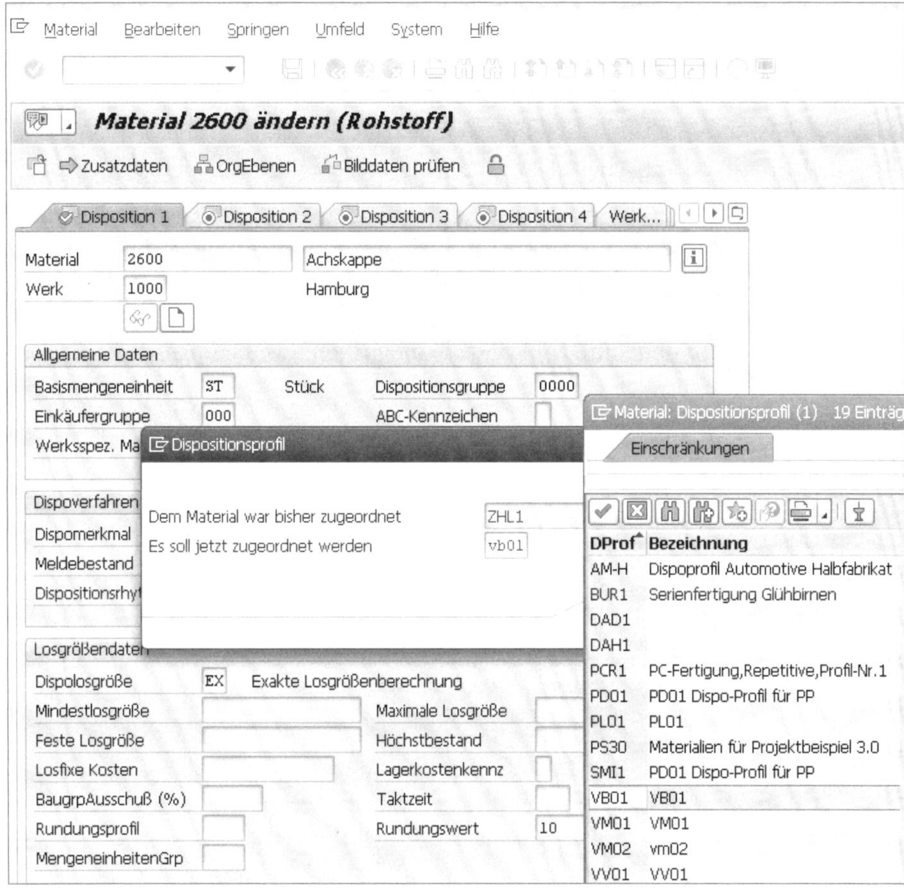

Abbildung 4.17 Dispositionsprofil neu zuordnen

Mit den folgenden Transaktionen haben Sie weitere Möglichkeiten, um das Dispositionsprofil zu verwalten:

- MMD2 (Dispositionsprofil ändern)
- MMD3 (Dispositionsprofil anzeigen)
- MMD6 (Dispositionsprofil löschen)
- MMD7 (Anzeige Dispositionsprofilverwendung)

Damit sind die materialstammbezogenen Parameter gepflegt.

4.1.5 Planungsebenen der Disposition

Als Nächstes – dies ist aber keine zwingend notwendige Reihenfolge – müssen Sie die Planungsebene, die für die Disposition relevant sein soll, festlegen.

Die Materialbedarfsplanung kann auf der Werks-, Dispositionsbereichs- und Lagerortebene durchgeführt werden. Wird die Disposition auf der Werksebene durchgeführt, wird der Werksbestand, mit Ausnahme von Kundeneinzelbestand und Projektbestand – als Summe aus den einzelnen Lagerortbeständen bei der Ermittlung der Bedarfsmenge bei einer Unterdeckung herangezogen. Es kann jedoch notwendig sein, den Lagerortbestand entweder nicht für die Werksdisposition zur Verfügung zu stellen oder ihn separat zu disponieren, z. B., wenn ein Lager geografisch zu weit vom dem Produktionsort entfernt liegt, der mit der Werksdisposition geplant wird, oder wenn der Bestand eines Lagerortes nur für den Service, nicht aber für die Produktion zur Verfügung stehen soll. Die separate Lagerortdisposition erfolgt grundsätzlich verbrauchsgesteuert. In Abbildung 4.18 sind die möglichen Ausprägungen der Lagerortdisposition dargestellt.

Wenn mehrere Lagerorte gemeinsam disponiert werden sollen, steht Ihnen die Planung mit Dispositionsbereichen zur Verfügung.

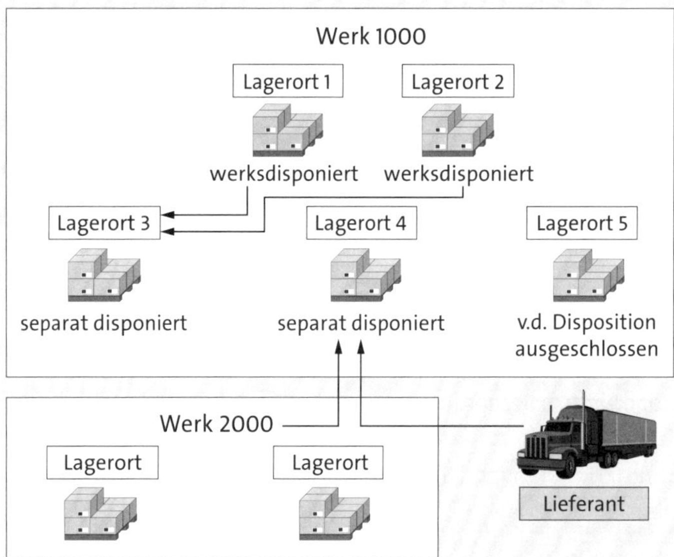

Abbildung 4.18 Möglichkeiten der Lagerortdisposition

Die Werte, die die verschiedenen Ausprägungen der Lagerortdisposition ermöglichen, sind im Materialstamm in der Sicht **Disposition 4** (Bereich **Lagerortdisposition**) einzutragen (siehe Abbildung 4.19).

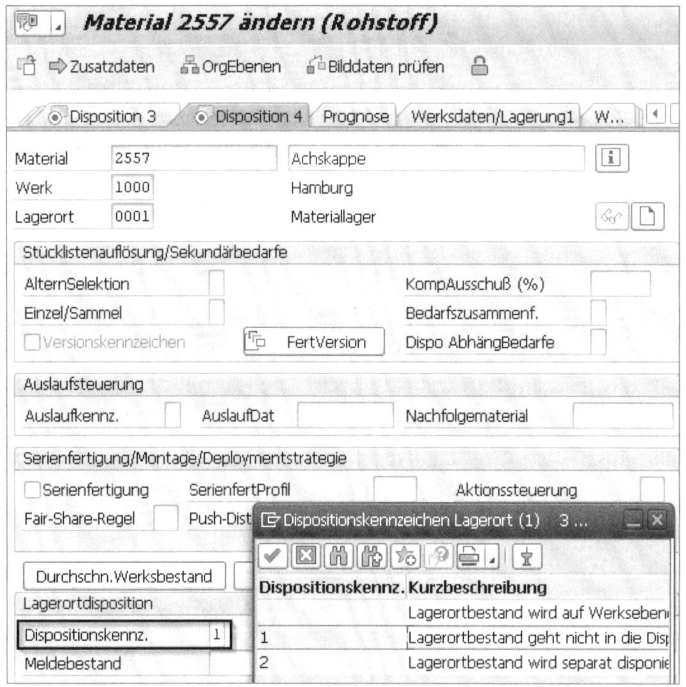

Abbildung 4.19 Dispositionskennzeichen für die Lagerortdisposition

Es gibt folgende Möglichkeiten der *Lagerortdisposition*:

- **Lagerort wird von der Disposition ausgeschlossen**
  Wenn ein Lagerort von der Werksdisposition ausgeschlossen werden soll, pflegen Sie im Materialstammsatz im Bereich **Lagerortdisposition** für den Lagerort das Dispositionskennzeichen mit der Ausprägung **1** (Lagerortbestand geht nicht in die Disposition) ein. Der Lagerortbestand ist weder im verfügbaren Bestand auf der Werksebene enthalten, noch wird für diesen eine Disposition durchgeführt. Der Ausschluss von Lagerortbeständen bezieht sich nur auf die Disposition. Die Bestände stehen für die Lagerentnahmen uneingeschränkt zur Verfügung.
- **Lagerort wird separat disponiert**
  Wenn ein Lagerort separat disponiert werden soll, pflegen Sie für den Lagerort im Materialstammsatz im Bereich *Lagerortdisposition* das Dispositionskennzeichen mit der Ausprägung **2** (Lagerortbestand wird separat disponiert). Außerdem müssen Sie einen Meldebestand und eine Auffüllmenge festlegen. Wenn Sie keine Sonderbeschaffungsart definiert haben, wird der Lagerortbestand durch eine Umlagerung aus dem zugehörigen Werk beschafft; d. h., dass die nicht separat disponierten Lagerorte dieses Werks den Speziallagerort versorgen müssen. Bei einem Bedarfsplanungslauf vergleicht das SAP-System den Bestand des Lagerorts, der

separat disponiert werden soll, mit dem Meldebestand. Ist der verfügbare Lagerortbestand kleiner als der Meldebestand, wird eine Umlagerungsreservierung in Höhe der Auffüllmenge oder eines ganzzahligen Vielfachen der Auffüllmenge erzeugt. Die Umlagerungsreservierung gilt auf der Lagerortebene als Zugang; auf der Werksebene wird diese Reservierung als Abgangsreservierung eingestellt. In der Bestandsführung wird die Umbuchung auf den separat disponierten Lagerort mit Bezug zur Umlagerungsreservierung vorgenommen.

- **Lagerort wird separat disponiert und direkt versorgt**
  Soll der separat disponierte Lagerort direkt durch einen externen Lieferanten versorgt werden, müssen Sie zusätzlich zum Dispositionskennzeichen **2** (Lagerort wird separat disponiert) in das Feld **SonderbeschArt LgOrt** (siehe Abbildung 4.20) den Sonderbeschaffungsartenschlüssel **20** (Fremdbeschaffung) im Materialstammsatz eintragen. Sie müssen auch – wie im Teilabschnitt »Lagerort wird separat disponiert« beschrieben – einen Meldebestand und eine Auffüllmenge eingeben. In der Unterdeckungssituation erzeugt der Planungslauf einen Bestellvorschlag direkt für den Lagerort. Wenn für den separat disponierten Lagerort im Customizing eine Adresse gepflegt ist, wird diese in der Bestellung als Anlieferungsadresse vorgeschlagen.

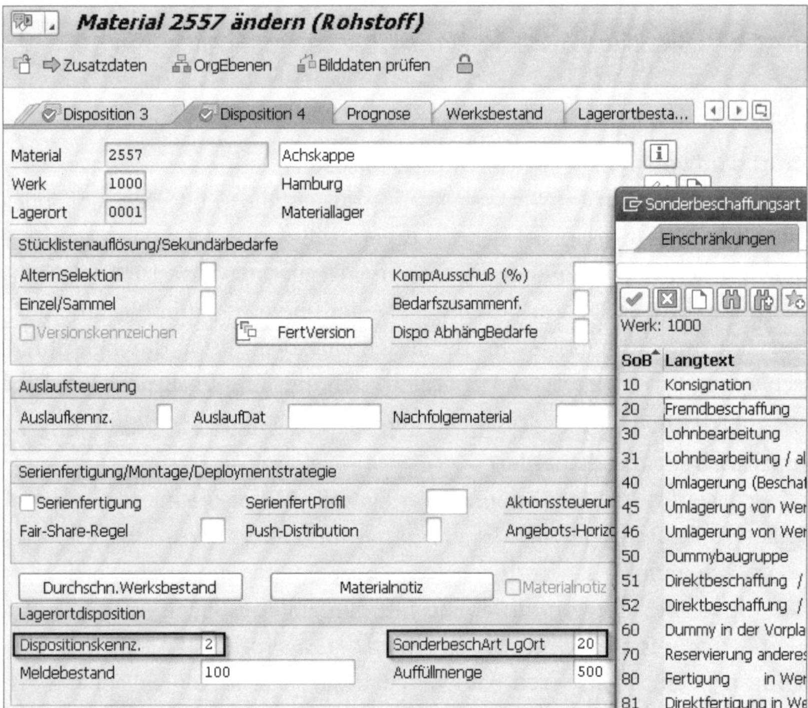

Abbildung 4.20 Separat disponierter Lagerort mit dem Sonderbeschaffungsartenschlüssel Lagerort 20

- **Lagerort wird separat disponiert und von anderem Werk versorgt**
  Soll der separat disponierte Lagerort durch eine Umlagerung aus einem anderen Werk versorgt werden, geben Sie neben den schon bekannten Feldinhalten die Sonderbeschaffungsart **95** in das Feld **SonderbeschArt LgOrt** ein (siehe Abbildung 4.21).

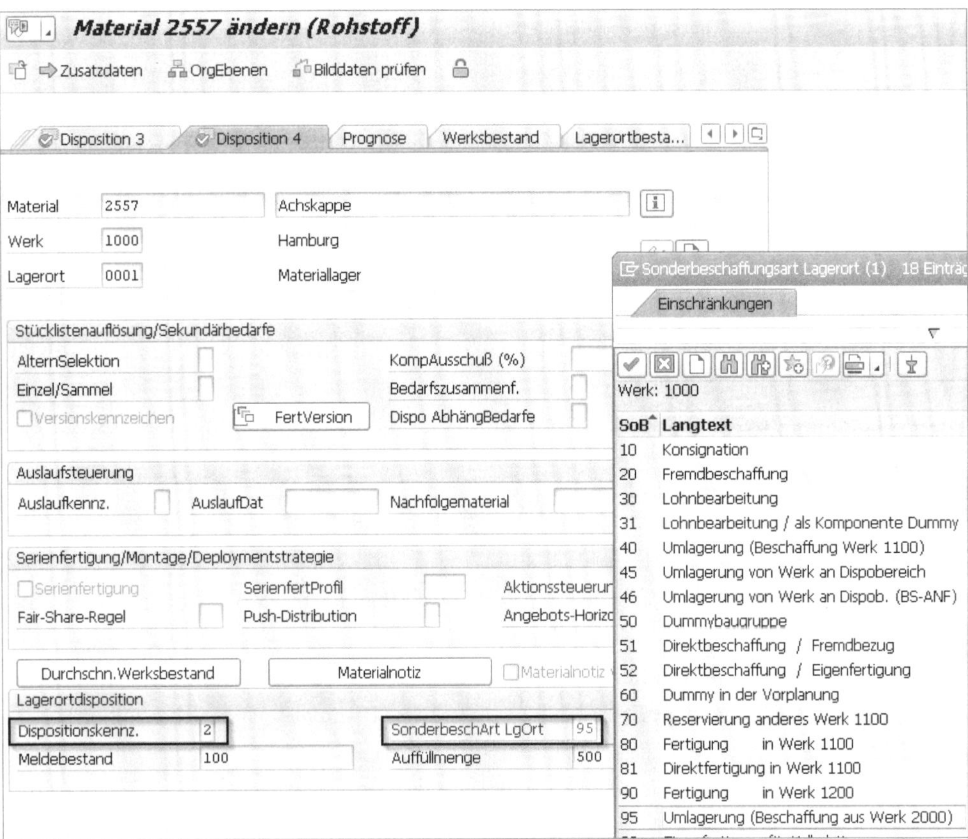

Abbildung 4.21 Separat disponierter Lagerort mit dem Sonderbeschaffungsartenschlüssel Lagerort 95

In Unterdeckungssituationen erzeugt der Bedarfsplanungslauf für das empfangende Werk eine Umlagerungsbestellanforderung, und gleichzeitig wird im abgebenden Werk ein BANF-Abruf generiert. Die Umlagerungsbestellanforderung muss in eine Umlagerungsbestellung umgewandelt werden, das betreffende Material muss in beiden Werken angelegt sein.

Eine weitere selbständig disponierende Organisationseinheit ist der schon erwähnte *Dispositionsbereich*, für den eine eigenständige Bedarfsplanung durchgeführt wird.

Für die Disposition auf der entsprechenden Planungsebene können Sie die folgenden Dispositionsbereiche verwenden:

- **Typ 01 (Werksdispositionsbereich)**
  Der Werksdispositionsbereich umfasst das Werk mit allen Lagerort- und Lohnbearbeitungsbeständen. Wenn Sie anschließend Dispositionsbereiche für Lagerorte und Lohnbearbeiter definiert und die Materialien zugeordnet haben, reduziert sich der Werksdispositionsbereich um genau diese Lagerorte und Lohnbearbeiter, da diese nun eigenständig disponiert werden. Dies bedeutet auch, dass Materialien, die keinem Dispositionsbereich zugeordnet sind, weiterhin im Werksdispositionsbereich geplant werden.
- **Typ 02 (Dispositionsbereiche für Lagerorte)**
  Diesen Typ wählen Sie für Dispositionsbereiche, die aus einem oder mehreren Lagerorten bestehen. Dieser Lagerort bzw. diese Lagerorte werden dann in der Bedarfsplanung getrennt vom Werk disponiert.
- **Typ 03 (Dispositionsbereich für Lohnbearbeiter)**
  Diesen Typ wählen Sie, wenn Sie einen Dispositionsbereich für einen Lohnbearbeiter definieren möchten. Sie müssen in diesem Bereich einen Lieferanten als Lohnbearbeiter festlegen. Damit können Sie die Bereitstellung und Beschaffung wichtiger Eigenfertigungs- und Kaufteile steuern und die Beistellung der Komponenten für die einzelnen Lohnbearbeiter gezielt planen.

Die Dispositionsbereiche legen Sie im Customizing über den Menüpfad **Produktion • Bedarfsplanung • Stammdaten • Dispositionsbereiche • Dispositionsbereiche definieren** an.

Sie ordnen die Materialien den Dispositionsbereichen zu, indem Sie im Materialstammsatz (Sicht **Disposition 1**) die Schaltfläche **Dispositionsbereiche** anklicken. Im sich öffnenden Selektionsfenster wählen Sie den gewünschten Dispositionsbereich aus. In diesem Dispositionsbereichssegment können Sie eigene Dispositionsparameter – z. B. die Losgröße, das Dispositionsmerkmal oder die Parameter für die Prognose für die Bedarfsplanung auf der Dispositionsbereichsebene – festlegen. Mit dem Anklicken der Schaltfläche **Übernehmen** ist das betreffende Material dem gewünschten Dispositionsbereich zugeordnet (siehe Abbildung 4.22).

[»]

Mehrfache Zuordnung möglich

Ein Material kann verschiedenen Dispositionsbereichen zugeordnet werden.

Nach der Zuordnung des Dispositionsbereichs wird der Haken in der Checkbox **Dispositionsbereich vorhanden** gesetzt (siehe Abbildung 4.23); damit ist das Material für die Bedarfsplanung auf der Dispositionsbereichsebene aktiviert.

Abbildung 4.22 Dispositionsbereiche zuordnen

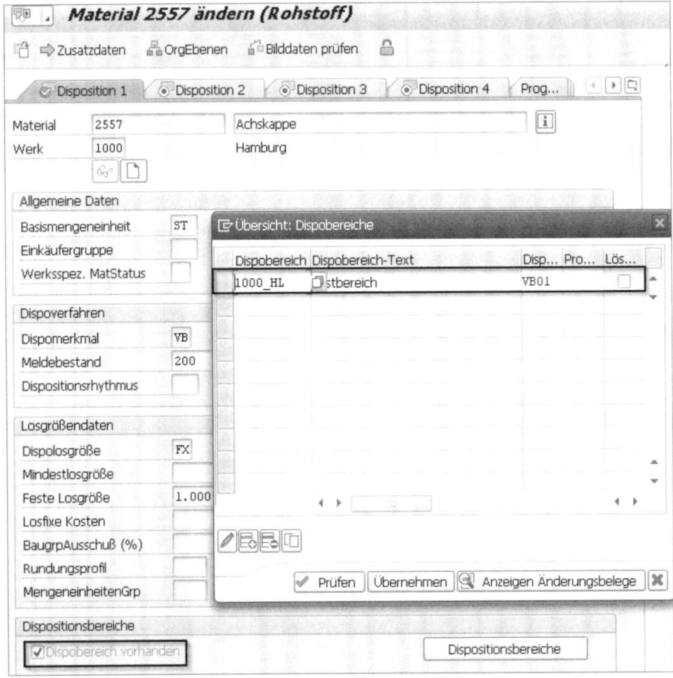

Abbildung 4.23 Zugeordneter Dispositionsbereich

Die Bedarfsplanung für die Dispositionsbereiche kann mit allen Dispositionsverfahren und allen Losgrößenverfahren durchgeführt werden. Die Materialverbräuche werden für jeden Dispositionsbereich getrennt fortgeschrieben; für jeden Dispositionsbereich wird eine eigenständige Verfügbarkeitsprüfung durchgeführt.

Für die durchzuführende Bedarfsplanung, unter Einbeziehung der Dispositionsbereiche, müssen Sie Ihre Dispositionsbereiche im Customizing über den Menüpfad **Produktion • Bedarfsplanung • Stammdaten • Dispositionsbereiche aktivieren** durch Anklicken der Checkbox **Dispobereich aktiv** aktiv schalten. Die Aktivierung erfolgt auf der Mandantenebene.

Sie haben mit der Pflege der werksbezogenen und materialbezogenen Parameter sowie der Festlegung der Planungseben die Voraussetzung für die Materialbedarfsplanung geschaffen. Nach der Auswahl der nachfolgend aufgeführten Dispositionsverfahren können Sie den Planungslauf zur automatischen Ermittlung der Bedarfsdecker durchführen.

4.2 Übersicht der Dispositionsverfahren

Das *Dispositionsverfahren* wird durch das *Dispositionsmerkmal* im Materialstamm festgelegt Damit bestimmt das Dispositionsmerkmal, ob und wie das Material disponiert werden soll.

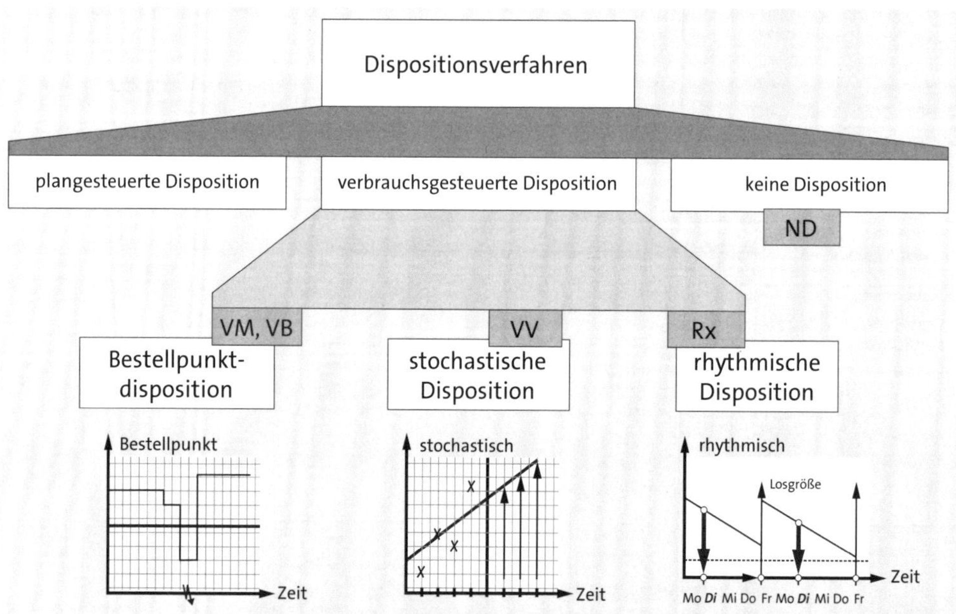

Abbildung 4.24 Die verschiedenen Dispositionsverfahren

Die Dispositionsverfahren sind in Abbildung 4.24 dargestellt. Für die verbrauchsgesteuerte Disposition sind dies die folgenden Verfahren:

- Bestellpunktdisposition
- stochastische Disposition
- rhythmische Disposition

Für die in Abschnitt 4.1.5, »Planungsebenen der Disposition«, aufgeführten Planungsebenen können die Dispositionsverfahren unterschiedlich sein.

4.2.1 Bestellpunktdisposition

Bei diesem Dispositionsverfahren wird die Beschaffung immer dann ausgelöst, wenn die Summe aus Werksbestand und erwarteten Zugängen den sogenannten Bestellpunkt, d. h. den *Meldebestand*, unterschreitet (siehe Abbildung 4.25).

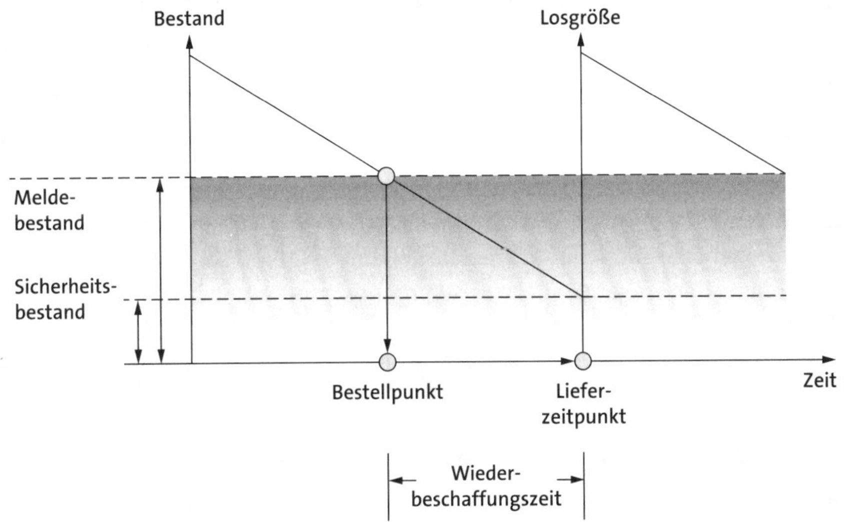

Abbildung 4.25 Prinzip der Bestellpunktdisposition

Der Meldebestand soll den zu erwartenden durchschnittlichen Materialbedarf während der Wiederbeschaffungszeit abdecken.

Der *Sicherheitsbestand* hat die Aufgabe, sowohl den Materialmehrverbrauch während der Wiederbeschaffungszeit als auch den Zusatzbedarf bei Lieferverzögerungen abzudecken. Der Sicherheitsbestand ist Bestandteil des Meldebestands.

Es werden bei der Bestellpunktdisposition die folgenden Verfahren unterschieden:

- manuelle Bestellpunktdisposition
- maschinelle Bestellpunktdisposition

Die Festlegung des jeweiligen Verfahrens treffen Sie – wie schon erwähnt – durch das Dispositionsmerkmal im Materialstamm.

Für die *manuelle Bestellpunktdisposition* verwenden Sie das Dispositionsmerkmal **VB – (Manuelle Bestellpunktdispo.)**. Des Weiteren müssen Sie den Meldebestand (Sicht **Disposition 1**) und je nach Festlegung im Unternehmen den Sicherheitsbestand (Sicht **Disposition 2**) als feste Werte im Materialstamm eintragen.

Das *maschinelle Bestellpunktverfahren*, Dispositionsmerkmal **VM**, erlaubt die dynamische Anpassung von Meldebestand und Sicherheitsbestand an die aktuelle Verbrauchssituation. Hierbei nutzt das SAP-System zur Berechnung integrierte Prognosemodelle, für die sowohl die durchschnittliche Wiederbeschaffungszeit als auch ein Lieferbereitschaftsgrad anzugeben sind.

Falls Kundenaufträge und manuelle Reservierungen bei der Bestellpunktdisposition dispositiv wirksam werden sollen, verwenden Sie das Bestellpunktverfahren mit externen Bedarfen.

Hierzu müssen Sie für das *manuelle Bestellpunkverfahren mit externen Bedarfen* das Dispositionsmerkmal **V1** und für das *maschinelle Bestellpunktverfahren mit externen Bedarfen* das Dispositionsmerkmal **V2** im Materialstamm eintragen.

4.2.2 Stochastische Disposition

Die *stochastische Disposition*, Dispositionsmerkmal **VV**, orientiert sich am Materialverbrauch. Hierbei werden mithilfe des ausgewählten Prognosemodells zukünftigen Bedarfe anhand der Vergangenheitswerte prognostiziert und bilden damit die Basis für den Planungslauf (siehe Abbildung 4.26).

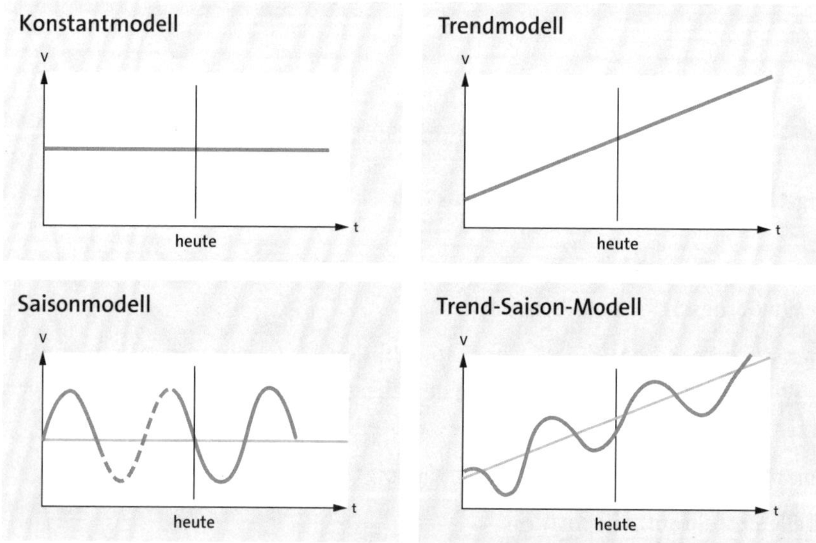

Abbildung 4.26 Prognosemodelle

Die ermittelten *Prognosewerte* werden damit direkt als *Prognosebedarfe* in der Bedarfsplanung wirksam.

Die Prognose kann in verschiedenen Zeitrastern (Tag, Woche, Monat oder Buchhaltungsperiode) erfolgen.

Voraussetzung für die Anwendung der Prognoseverfahren ist die Pflege der Prognoseparameter im Materialstamm (siehe Abschnitt 2.2.18, »Sicht ›Prognose‹«) in der Sicht **Prognose** (siehe Abbildung 4.27). Diese Pflege können Sie manuell oder mithilfe eines Prognoseprofils vornehmen.

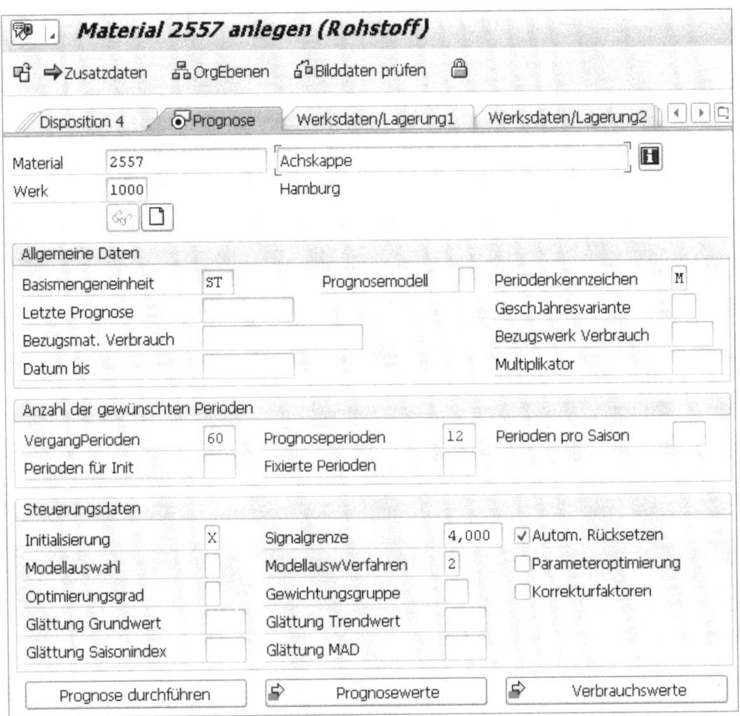

Abbildung 4.27 Prognosedaten im Materialstamm

4.2.3 Rhythmische Disposition

Die *rhythmische Disposition*, Dispositionsmerkmal **R1** bzw. **R2**, sollten Sie anwenden, wenn ein Lieferant das betreffende Material immer an einem bestimmten Wochentag anliefert. In solchen Fällen ist es sinnvoll, die Disposition des Materials im gleichen Rhythmus, verschoben um die Wiederbeschaffungszeit, vorzunehmen. Dies bedeutet, dass das Material nur an den Tagen disponiert wird, die durch den Dispositionsrhythmus vorgegeben sind (siehe Abbildung 4.28).

Den Wert für den Dispositionsrhythmus müssen Sie im Materialstamm, (Sicht **Disposition 1**) in das Feld **Dispositionsrhythmus** eintragen (siehe Abbildung 4.29).

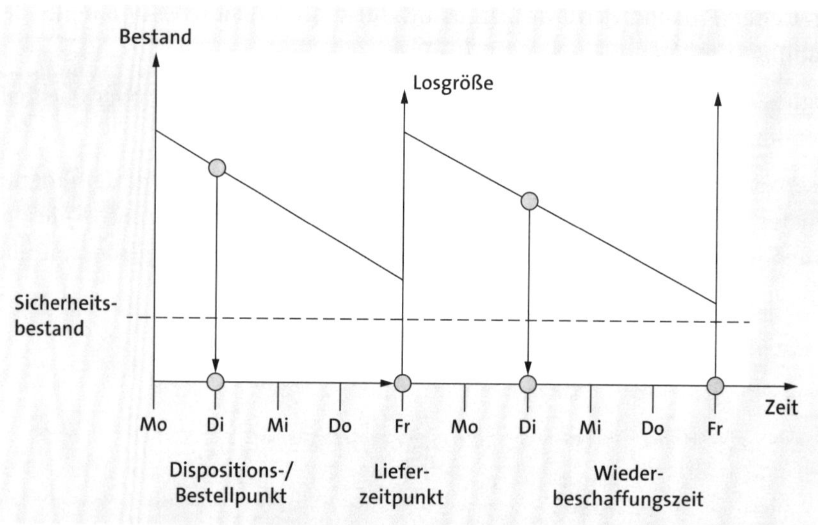

Abbildung 4.28 Rhythmische Disposition

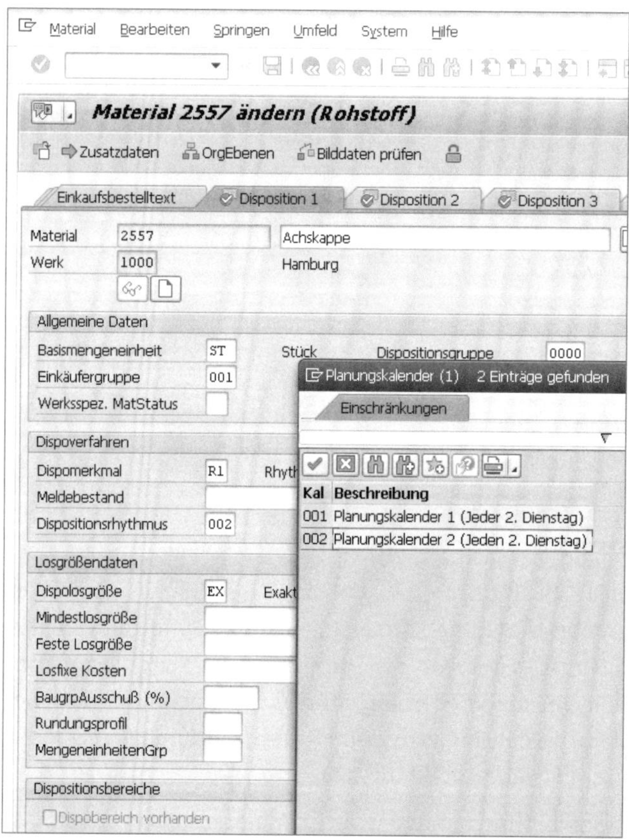

Abbildung 4.29 Planungskalendereintrag für den Dispositionsrhythmus

Den Wert für den Feldeintrag im Feld **Dispositionsrhythmus** pflegen Sie im *Planungskalender* (siehe Abbildung 4.30).

Abbildung 4.30 Planungskalender für die rhythmische Disposition

Damit legen Sie auch gleichzeitig den *Lieferrhythmus* fest.

Sie pflegen den Planungskalender über den Menüpfad **Logistik • Materialwirtschaft • Materialdisposition • Bedarfsplanung • Stammdaten • Planungskalender • Perioden anlegen**, oder Sie nutzen Transaktion MD25 (Perioden anlegen). Mit Transaktion MD26 (Perioden ändern) können Sie selbige ändern und mit Transaktion MD27 (Perioden anzeigen) sich diese anzeigen lassen.

Die zu disponierenden Materialien werden in der Planungsvormerkdatei im Feld **DispoDatum** mit einem *Dispositionsdatum* versehen. Die Planungsvormerkdatei rufen Sie im SAP-Menü über den Pfad: **Logistik • Materialwirtschaft • Materialdisposition • Bedarfsplanung • Planung • Planungsvormerkung • anzeigen** auf oder Sie nutzen Transaktion MD21 auf (siehe Abbildung 4.31).

Sie betätigen den Schalter **Ausführen** und erhalten das in Abbildung 4.32 dargestellte Ergebnis. Wie Sie sehen, ist nun das Dispositionsdatum eingetragen.

Dieses Datum wird beim Anlegen eines Materialstamms und später nach jedem Planungslauf neu gesetzt. Es entspricht dem Tag, an dem das betreffende Material zum nächsten Mal disponiert wird, und berechnet sich auf der Grundlage des im Materialstamm angegebenen *Dispositionsrhythmus*. Die Kennzeichen **NETCH** und **NETPL** werden nicht gesetzt.

Planungsvormerkungen anzeigen

Material 2557
Dispobereich
Werk 1000

Selektionsdaten
Dispositionsstufe bis
auch Dummy-Sätze anzeigen

Nur Planungsvormerkungen mit
Vormerkung NETCH
Vormerkung NETPL
BV zurücksetzen
Stückliste neu auflösen

Rhythmische Disposition
Dispositionsdatum bis

Leitteile
Leitteilekennzeichen

Anzeige
Weitere Materialdaten
Nur Statistik anzeigen

Abbildung 4.31 Planungsvormerkungen anzeigen

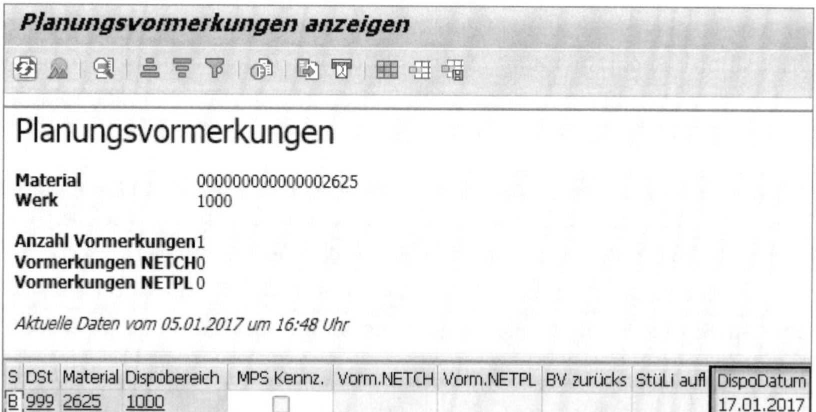

Abbildung 4.32 Planungsvormerkdatei mit eingetragenem Dispositionsdatum

Um den zu beschaffenden Bedarf zu ermitteln, errechnet das SAP-System zuerst ein Zeitintervall (siehe Abbildung 4.33).

Abbildung 4.33 Zeitintervall für die rhythmische Disposition

Da das Material mindestens bis zum nächsten Dispositionstermin ausreichen muss (zuzüglich der Lieferzeit), errechnet sich das Zeitintervall nach der folgenden Formel:

Dispositionsrhythmus + Einkaufsbearbeitungszeit + Planlieferzeit + Wareneingangsbearbeitungszeit

Das SAP-System vergleicht den Prognosebedarf in diesem Zeitintervall mit dem Bestand sowie den festen und fixierten Zugängen in diesem Zeitintervall und berechnet hieraus die zu bestellende Materialmenge.

4.3 Planungslauf

Der *Planungslauf* hat die Aufgabe, die Materialbedarfsplanung für alle Materialien durchzuführen, die eine Planungsvormerkung aufweisen.

Den Planungslauf für die verbrauchsgesteuerte Disposition können Sie als *einstufige Einzelplanung* oder als *Gesamtplanung* ausführen.

Im folgenden Abschnitt beschreiben wir die Steuerungsparameter, die den Ablauf und das Ergebnis des Planungslaufs entscheidend beeinflussen.

4.3.1 Steuerungsparameter für den Planungslauf

Für die Planung eines Materials wählen Sie die *Einzelplanung* im SAP-Menü über den Pfad **Logistik • Materialwirtschaft • Materialdisposition • Bedarfsplanung • Pla-**

nung • Einzelpl.einstufig, oder Sie nutzen Transaktion MD03 (MRP-Einzelplanung, einstufig).

Möchten Sie den Planungslauf für ein Werk, mehrere Werke, einen Dispositionsbereich oder mehrere Dispositionsbereiche durchführen, müssen Sie den Planungslauf als *Gesamtplanung* (für die verbrauchsgesteuerte Disposition einstufig) durchführen. Hierzu müssen Sie den Planungsumfang, d. h. den Schlüssel festlegen, mit dem Sie eine Gruppe von Werken oder Dispositionsbereichen zusammenfassen. Hierzu wählen Sie im Customizing den Menüpfad **Materialwirtschaft • Verbrauchsgesteuerte Disposition • Planung • Planungsumfang für Gesamtplanung festlegen**.

Zur Durchführung der Gesamtplanung wählen Sie im SAP-Menü den Pfad **Logistik • Materialwirtschaft • Materialdisposition • Bedarfsplanung • Planung • Gesamtplanung • Online** oder Transaktion MD01 (MRP-Planungslauf) bzw. Transaktion MDBT (Als Hintergrundjob), wenn Sie die Planung im Hintergrund durchführen möchten.

In den weiteren Ausführungen beziehen wir uns auf die einstufige Einzelplanung.

Sie rufen mit Transaktion MD03 (MRP-Einzelplanung, einstufige) das Einstiegsbild für die einstufige Einzelplanung auf (siehe Abbildung 4.34).

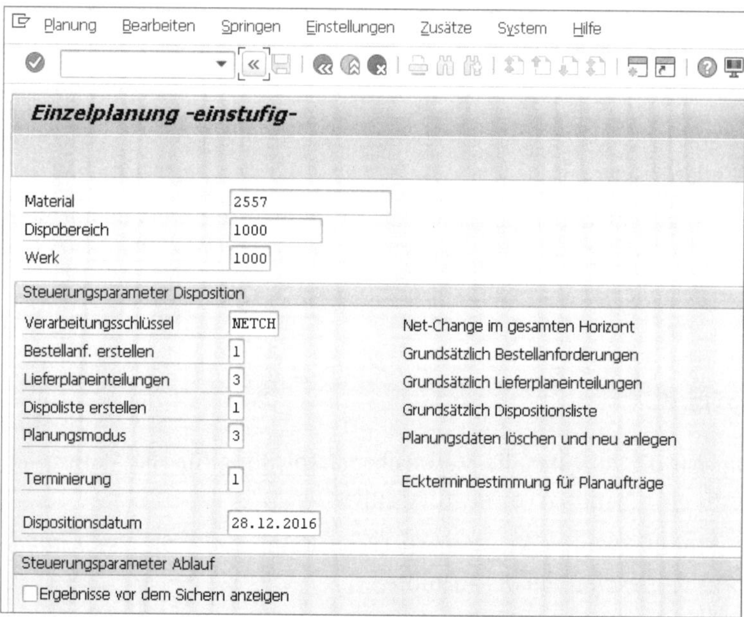

Abbildung 4.34 Das Einstiegsbild in die einstufige Einzelplanung

Sie legen in den Kopfdaten in den entsprechenden Feldern fest, für welches Material in welchem Werk und gegebenenfalls in welchem Dispositionsbereich (für den Sie eine gesonderte Bedarfsplanung durchführen möchten) die Materialbedarfsplanung durchgeführt werden soll.

Als Nächstes müssen Sie im Bereich **Steuerungsparameter Disposition** (siehe Abbildung 4.34) die nachfolgend beschriebenen Feldinhalte pflegen.

Feld »Verarbeitungsschlüssel«

Der Eintrag in diesem Feld spezifiziert die Art des Planungslaufs und legt damit fest, welche Materialien geplant werden sollen. Es gibt die folgenden *Verarbeitungsschlüssel*:

- **NEUPL (Neuplanung)**
  Es werden alle Materialien für ein Werk geplant, d. h. auch die, die keine dispositiv relevante Änderung erfahren haben. Die Neuplanung ist extrem rechen- und damit zeitintensiv und wird in der Regel nur bei der Einführung von SAP ERP (sicher auch bei SAP S/4HANA) oder wesentlichen Änderungen durchgeführt.
- **NETCH (Veränderungsplanung)**
  Es werden nur die Materialien geplant, die eine dispositiv relevante Änderung z. B. Lagerab- bzw. -zugänge, in Bestellungen umgewandelte Bestellanforderungen, Änderung im Materialstamm usw. erfahren haben und bei denen in der Planungsvormerkdatei das Kennzeichen **Vorm.NETCH** gesetzt ist.
- **NETPL (Veränderungsplanung im Planungshorizont)**
  Es werden nur Materialien geplant, die eine dispositiv relevante Änderung innerhalb eines Planungszeitraums – des *Planungshorizonts* – erfahren haben und für die in der Planungsvormerkdatei das Kennzeichen **Vorm.NETPL** gesetzt ist. Der Planungshorizont wird im Customizing eingestellt und sollte z. B. die Lieferfristen der Materialien berücksichtigen. Der Menüpfad für die Einstellung des Planungshorizonts lautet: **Materialwirtschaft • Verbrauchsgesteuerte Disposition • Planung • Dispositionsrechnung • Planungshorizont festlegen**.

Nach dem Planungslauf werden automatisch die jeweiligen Einträge der dispositiv erfassten Materialien in der Planungsvormerkdatei gelöscht.

Feld »Bestellanf. erstellen«

Über das Kennzeichen in diesem Feld können Sie steuern, wie das SAP-System bei fremdbeschafften Materialien verfahren soll:

- Mit dem Kennzeichen **1** werden grundsätzlich Bestellanforderungen für den gesamten Planungshorizont erstellt.
- Mit dem Kennzeichen **2** werden die Bestellanforderungen innerhalb des Eröffnungshorizonts und außerhalb die Planaufträge erstellt.
- Das Kennzeichen **3** bewirkt, dass grundsätzlich Planaufträge erstellt werden, die Sie bei Bedarf manuell in Bestellanforderungen umwandeln können.

Feld »Lieferplaneinteilungen«

Das Kennzeichen in diesem Feld steuert, wie das SAP-System beim Planungslauf verfahren soll:

- Ist das Kennzeichen **1** gesetzt, erfolgen grundsätzlich keine Lieferplaneinteilungen.
- Ist das Kennzeichen **2** gesetzt, erfolgen Lieferplaneinteilungen im Eröffnungshorizont.
- Ist das Kennzeichen **3** gesetzt, erfolgen grundsätzlich Lieferplaneinteilungen.

Damit anhand der Bedarfsplanung automatisch Lieferplaneinteilungen erstellt werden können, müssen die folgenden Voraussetzungen erfüllt sein:

- Sie haben für das betreffende Material einen Lieferplan angelegt.
- Es gibt für das betreffende Material einen gültigen, dispositiv relevanten Eintrag im Orderbuch (siehe Abschnitt 5.8.2, »Orderbuch«).

Feld »Dispoliste erstellen«

Das Kennzeichen in diesem Feld steuert, ob und wie das SAP-System eine Dispositionsliste erstellen soll:

- Ist das Kennzeichen **1** gesetzt, wird grundsätzlich keine Dispositionsliste erstellt.
- Ist das Kennzeichen **2** gesetzt, wird eine Dispositionsliste in Abhängigkeit von der Ausnahmemeldung erstellt.
- Ist das Kennzeichen **3** gesetzt, wird keine Dispositionsliste erstellt.

Erstellungskennzeichen

Für die Einzelplanung wird immer mit dem Erstellungskennzeichen geplant, das im Einstiegsbild eingegeben wird. Das Erstellungskennzeichen, das in der Dispositionsgruppe gepflegt wurde, wird nicht berücksichtigt.

Feld »Planungsmodus«

Dieses Kennzeichen legt fest, wie die Beschaffungsvorschläge aus dem letzten Planungslauf behandelt werden sollen. Es gibt die folgenden Möglichkeiten:

- Ist das Kennzeichen **1** gesetzt, werden die vorhandenen Planungsdaten gegebenenfalls in Menge und Termin an die neue Planungssituation angepasst; fixierte Planungsdaten werden nicht berücksichtigt.
- Ist das Kennzeichen **2** gesetzt, werden Stückliste und Arbeitsplan neu aufgelöst.
- Ist das Kennzeichen **3** gesetzt, werden alle Planungsdaten gelöscht und nicht fixierte Beschaffungsvorschläge neu angelegt.

Feld »Terminierung«

Das Kennzeichen in diesem Feld legt Folgendes fest:

- Ist das Kennzeichen **1** gesetzt, werden nur die Ecktermine ermittelt.
- Ist das Kennzeichen **2** gesetzt, wird eine Durchlaufterminierung und Kapazitätsplanung durchgeführt.

[«]

Eckterminbestimmung

Bei der verbrauchsgesteuerten Disposition wird in der Regel die Eckterminbestimmung verwendet, da es sich um fremdbeschafftes Material handelt.

Feld »Ergebnisse vor dem Sichern anzeigen«

In der Checkbox **Ergebnisse vor dem Sichern anzeigen** im Bereich **Steuerungsparameter Ablauf** (siehe Abbildung 4.34) können Sie festlegen, ob das Dispositionsergebnis vor dem Speichern nochmals am Bildschirm angezeigt werden soll. Damit erhalten Sie die Möglichkeit, vor dem Speichern Änderungen an dem Planungsergebnis vorzunehmen. Bei nicht gesetztem Kennzeichen wird das Dispositionsergebnis ohne Anzeige sofort gespeichert.

Damit sind alle Kennzeichen, die Einfluss auf den Planungslauf haben, aufgeführt und deren Bedeutung erläutert.

Die von Ihnen gewählten Feldeinträge im Einstiegsbild (siehe Abbildung 4.34) können Sie speichern. Wählen Sie in der Menüleiste den Menüpunkt **Einstellungen**, und im sich öffnenden Untermenü die Schaltfläche **Sichern**. Sie erhalten die Warnmeldung **Bitte Eingabeparameter überprüfen**. Nach der Überprüfung bestätigen Sie diese Meldung mit der Schaltfläche ✓ (**Weiter**) Sie erhalten dann die Informationsmeldung »Die Selektionsparameter wurden gesichert«. Die nun folgende Warnmeldung bestätigen Sie abermals mit der Schaltfläche ✓ (**Weiter**). Mit erneutem Anklicken der Schaltfläche ✓ (**Weiter**) stoßen Sie schließlich den Planungslauf an.

4.3.2 Prozessschritte des Planungslaufs

In diesem Abschnitt stellen wir Ihnen die einzelnen *Prozessschritte* vor, die beim einem Planungslauf durchlaufen werden.

Im Einzelnen sind dies:

- Prüfen der Planungsvormerkdatei
- Nettobedarfsrechnung
- Losgrößenberechnung

- Terminierung
- Ermittlung der Beschaffungsvorschläge

Schritt 1: Prüfen der Planungsvormerkdatei

Das Prüfen der Planungsvormerkdatei ist der erste Prozessschritt, der im Rahmen des Planungslaufs durchgeführt wird. In der Planungsvormerkdatei sind alle dispositiv relevanten Materialien eingetragen. Dabei prüft das SAP-System, ob ein Material aufgrund einer dispositiv relevanten Änderung geplant werden und wie gegebenenfalls bei bestehenden Beschaffungsvorschlägen verfahren werden soll. Die Materialien, die Sie mit gültigen Dispositionsmerkmalen angelegt haben, werden automatisch in die Planungsvormerkdatei aufgenommen. Die Informationen, die in der Planungsvormerkdatei enthalten sind, steuern den Planungsablauf und Planungsumfang. Die Planungsvormerkdatei rufen Sie im SAP-Menü über den Pfad **Logistik • Materialwirtschaft • Materialdisposition • Bedarfsplanung • Planung • Planungsvormerkung • Anzeigen** oder mittels Transaktion MD21 (Planungsvormerkungen anzeigen) auf (siehe Abbildung 4.35).

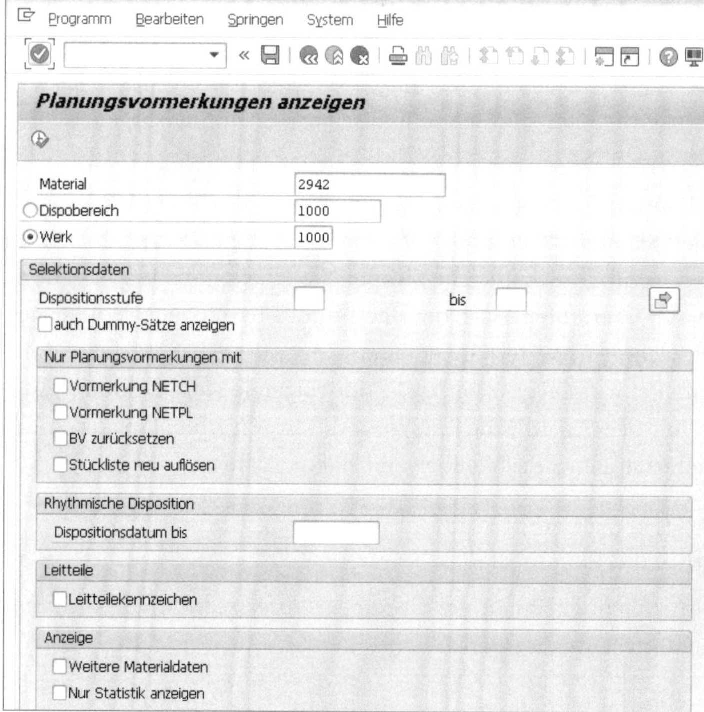

Abbildung 4.35 Planungsvormerkdatei anzeigen Einstiegsbild

Geben Sie das Material und das Werk und gegebenenfalls weitere Selektionskriterien ein, und klicken Sie Sie anschließend auf die Schaltfläche (**Ausführen**), um sich über die Ausprägungen in der Planungsvormerkdatei zu informieren (siehe Abbildung 4.36).

Abbildung 4.36 Planungsvormerkdatei anzeigen

Sie erkennen, dass das Material – hier mit der Materialnummer 2942 – in der Planungsvormerkdatei eingetragen ist. Darunter finden Sie die Erläuterungen zum Prüfergebnis.

Das SAP-System prüft, ob das zu planende Material für die Planung vorgemerkt ist – d. h., ob die Materialnummer in der Planungsvormerkdatei vorhanden ist – und ob das **NETCH**-Kennzeichen (für »Veränderungsplanung«) in der Spalte **Vorm.NETCH** oder das **NETPL**-Kennzeichen (für »Veränderungsplanung im Planungshorizont«) in der Spalte **Vorm.NETPL** gesetzt sind (siehe Abschnitt 4.3.1).

Es wird weiterhin geprüft, ob die seit dem letzten Planungslauf bestehenden Beschaffungsvorschläge eines Materials gelöscht und neu erstellt werden sollen. Dies erfolgt, wenn in der Spalte **BV zurücks** (Bestellvorschläge Reset) ein **X** gesetzt ist.

Die Dispositionsstufe in der Spalte **DSt** legt fest, in welcher Reihenfolge die Materialien geplant werden. Wenn das Material Bestandteil einer Stückliste ist, dann werden zuerst die Materialien mit der Stufe 000 geplant, dann die Materialien mit der Stufe 001, usw. Da es sich hier aber nicht um Material in einer Stückliste handelt, wird die letzte mögliche Stufe 999 als Dispositionsstufe angegeben.

Bei der rhythmischen Disposition wird zusätzlich zur Planungsvormerkung auch das Dispositionsdatum (Spalte **DispoDatum**) gelesen. Das Dispositionsdatum wird aus dem Planungskalender übernommen und legt fest, wann das Material geplant werden soll (siehe Abschnitt 4.4.4).

In der Regel werden Planungsvormerkungen automatisch durch das SAP-System gesetzt. In Ausnahmefällen kann es jedoch vorkommen, daß Sie eine Planungsvormerkung für ein Material manuell in die Planungsvormerkdatei eintragen möchten. Dies erreichen Sie mit Transaktionen MD20 (Planungsvormerkung anlegen).

Wenn Materialien angelegt wurden, bevor für ein Werk die Bedarfsplanung aktiviert wurde, müssen Sie für alle dispositionsrelevanten Materialien in diesem Werk einen Eintrag in der Planungsvormerkdatei generieren. Dafür nutzen Sie Transaktion MDAB (Aufbauen Hintergrund).

Schritt 2: Nettobedarfsrechnung

Nach der Prüfung der Planungsvormerkdatei führt das SAP-System als nächsten Schritt die *Nettobedarfsrechnung* durch.

Das SAP-System prüft für jeden Bedarfstermin, ob der Bedarf durch den Werksbestand und/oder durch einen oder mehrere Zugänge abgedeckt ist.

Bei einer Unterdeckung generiert das SAP-System einen oder mehrere entsprechende Beschaffungsvorschläge. Nachfolgend einige Erläuterungen zum Werksbestand und zu der Ausprägung des verfügbaren Bestands.

Unter *Werksbestand* sind alle Bestände der Lagerorte zu verstehen, die zu diesem Werk gehören und nicht von der Disposition ausgeschlossen sind bzw. separat disponiert werden. Folgende Bestände können u.a. – entsprechend dem in der Verfügbarkeitsprüfung eingestellten Prüfungsumfang – den Werksbestand abbilden:

- frei verwendbarer Bestand
- Qualitätsprüfbestand
- gesperrter Bestand
- Umlagerungsbestand

Weiterhin werden entsprechend des eingestellten Prüfungsumfangs Zugänge und Abgänge für ein Material einbezogen. Der Prüfungsumfang wird im Customizing festgelegt. Entsprechend des festgelegten Prüfungsumfangs errechnet das SAP-System den *verfügbaren Bestand* und vergleicht diesen mit den Bedarfen. Der verfügbare Bestand wird allgemein nach der folgenden Formel berechnet:

Verfügbarer Bestand =
Werksbestand
+ erwartete Zugänge (z. B. Bestellanforderungen, Bestellungen, Planaufträge, Fertigungsaufträge, usw.)
– erwartete Abgänge (z. B. Reservierungen, Kundenaufträge, Lieferungen, usw.)
– Sicherheitsbestand

In Abbildung 4.37 ist eine Möglichkeit der Einstellung der Verfügbarkeitsprüfung dargestellt.

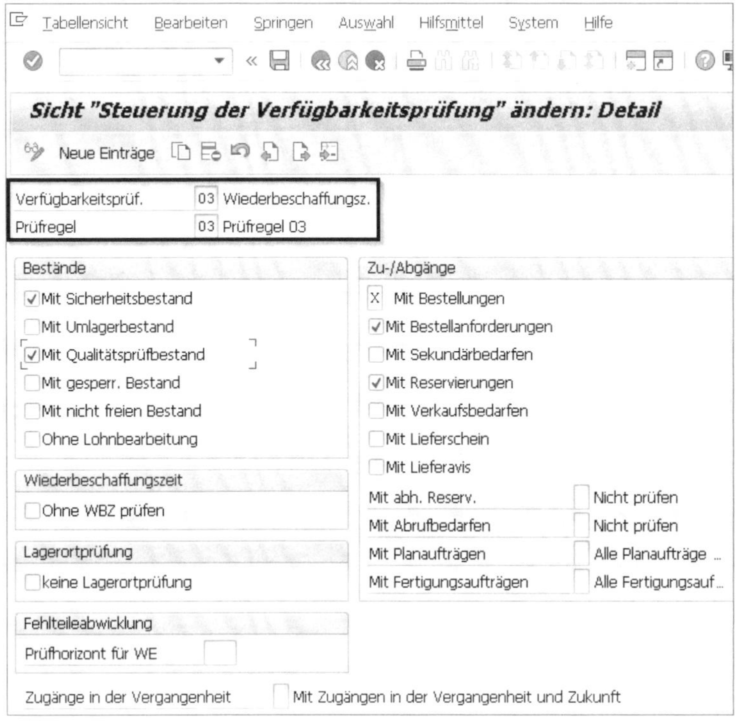

Abbildung 4.37 Steuerung der Verfügbarkeitsprüfung

Einstellen der Verfügbarkeitsprüfung

In Abbildung 4.37 ist eine Möglichkeit der Steuerung der Verfügbarkeitsprüfung dargestellt. Sie erreichen dieses Datenbild im Customizing über den Pfad **Vertrieb • Grundfunktionen • Verfügbarkeitsprüfung und Bedarfsübergabe • Verfügbarkeitsprüfung • Verfügbarkeitsprüfung nach ATP-Logik und gegen Vorplanung • Steuerung der Verfügbarkeitsprüfung vornehmen**.

Der Eintrag 03 im Feld **Verfügbarkeitsprüf.** ist im Materialstamm (Sicht **Disposition 3** im Feld **Verfügbarkeitsprüf.**) festgelegt worden.

Der Eintrag 03 im Feld **Prüfregel** wird im Customizing in Abhängigkeit mit der Anwendung festgelegt. Die Prüfregel bestimmt immer zusammen mit der Prüfgruppe den Prüfungsumfang.

- **Fallbeispiel: Nettobedarfsrechnung für die manuelle Bestellpunktdisposition**
  Sie haben im Materialstamm die in der Sicht **Disposition 1** (siehe Abbildung 4.38) und der Sicht **Disposition 2** (siehe Abbildung 4.39) vorhandenen Daten mittels Transaktion MM01 (Material anlegen) bzw. Transaktion MM02 (Material ändern) gepflegt.

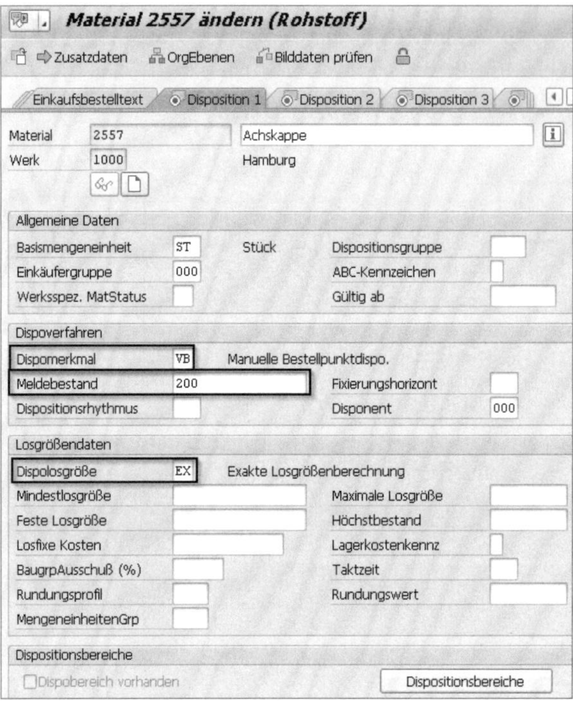

Abbildung 4.38 Parameter für die manuelle Bestellpunktdisposition

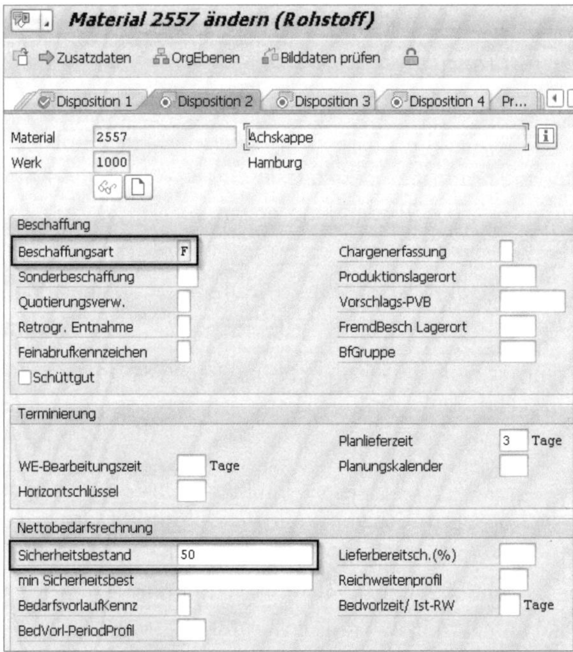

Abbildung 4.39 Beschaffungsart und Sicherheitsbestand

Sie führen für dieses Material den Planungslauf aus. Die Ausgangssituation ist in Abbildung 4.40 ersichtlich.

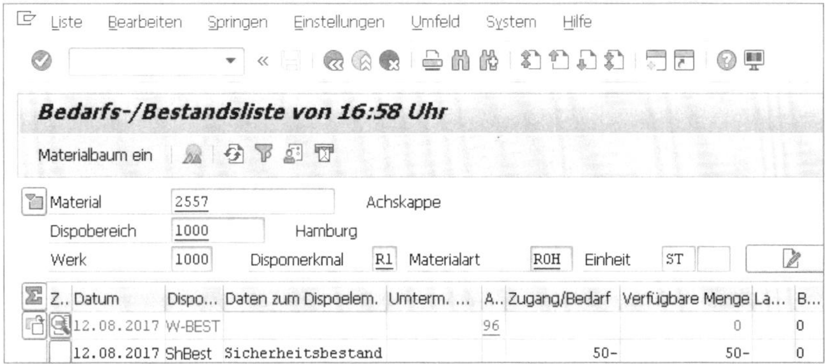

Abbildung 4.40 Bedarfsbestandsliste vor dem Planungslauf

Das Ergebnis sehen Sie in der Bedarfs-/Bestandsliste (siehe Abbildung 4.41 und weitergehend Abschnitt 4.3.3, »Planungsergebnis und Auswertung«). Die Bedarfs-/ Bestandsliste rufen Sie mit Transaktion MD04 (Bedarfs-/Bestandsliste) auf.

Bedarfs-/Bestandsliste von 12:07 Uhr

Materialbaum ein

Material 2557 Achskappe
Dispobereich 1000 Hamburg
Werk 1000 Dispomerkmal VB Materialart ROH Einheit ST

Z..	Datum	Dispo...	Daten zum Dispoelem.	Umterm. ...	A..	Zugang/Bedarf	Verfügbare Menge	B...
	28.11.2016	W-BEST			96		0	0
	28.11.2016	ShBest	Sicherheitsbestand			50-	50-	0
	02.12.2016	BS-ANF	0010025859/00010			200	150	3

Abbildung 4.41 Bedarfs-/Bestandsliste nach dem Planungslauf

Sie sehen, dass die *verfügbare Menge* kleiner als der manuell eingegebene Meldebestand ist. Somit erkennt das SAP-System eine Unterdeckung und erzeugt einen Bestellvorschlag, abgebildet durch das Dispositionselement **BS-ANF** (Bestellanforderung). In diesem Fall ist die Zugangsmenge identisch mit dem Meldebestand, da als Losgröße **EX- Exakte Losgrößenberechnung** eingetragen ist. Sie erkennen auch, dass der Sicherheitsbestand bei der Berechnung der Zugangsmenge nicht berücksichtigt wird, aber bei der Berechnung der verfügbaren Menge von der Zugangsmenge subtrahiert wird.

In Weiterführung des vorangegangenen Beispiels soll Ihnen nun gezeigt werden, wie das SAP-System reagiert, wenn eine Bestellung zum gleichen Material erfasst wird. Dies wird als dispositiv relevante Änderung erkannt, und das Material wird bzw. kann neu geplant werden. Sehen Sie nun, wie das SAP-System in diesem Fall die Nettobedarfsrechnung durchführt.

- **Fallbeispiel: Bestellerfassung zum gleichen Material**
  Die Ausgangssituation vor dem Planungslauf sehen Sie in Abbildung 4.42. Hier sind die Bestellung (Dispositionselement **BS-EIN**) und die Bestellanforderung (Dispositionselement **BS-ANF**) als erwartete Zugänge ersichtlich.

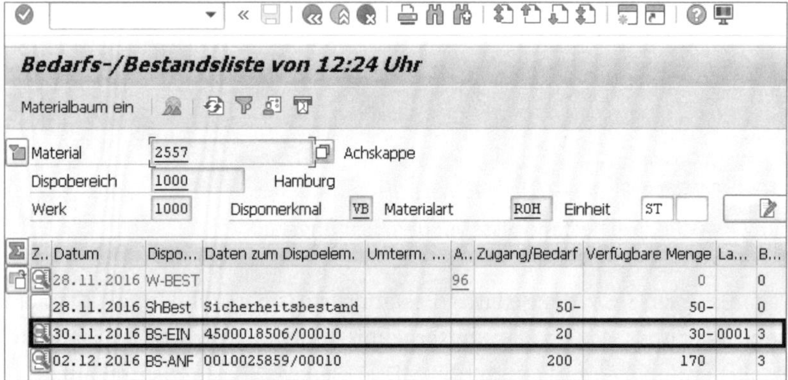

Bedarfs-/Bestandsliste von 12:24 Uhr

Materialbaum ein

Material 2557 Achskappe
Dispobereich 1000 Hamburg
Werk 1000 Dispomerkmal VB Materialart ROH Einheit ST

Z..	Datum	Dispo...	Daten zum Dispoelem.	Umterm. ...	A..	Zugang/Bedarf	Verfügbare Menge	La...	B...
	28.11.2016	W-BEST			96		0		0
	28.11.2016	ShBest	Sicherheitsbestand			50-	50-		0
	30.11.2016	BS-EIN	4500018506/00010			20	30-	0001	3
	02.12.2016	BS-ANF	0010025859/00010			200	170		3

Abbildung 4.42 Bedarfs-/Bestandsliste vor dem Planungslauf

Bei dem Planungslauf wird die Bestellung als erwarteter Zugang berücksichtigt und damit die Bestellanforderung um diese Zugangsmenge reduziert, sodass die Summe aus **BS-EIN** und **BS-ANF** wieder den Meldebestand ergibt (siehe Abbildung 4.43).

Bedarfs-/Bestandsliste von 18:04 Uhr

Materialbaum ein

Material 2557 Achskappe
Dispobereich 1000 Hamburg
Werk 1000 Dispomerkmal VB Materialart ROH Einheit ST

Z..	Datum	Dispo...	Daten zum Dispoelem.	Umterm. ...	A..	Zugang/Bedarf	Verfügbare Menge	La...	B...
	09.06.2017	W-BEST			96		0		0
	09.06.2017	ShBest	Sicherheitsbestand			50-	50-		0
	10.01.2017	BS-EIN	4500018511/00010		07	20	30-	0001	3
	11.01.2017	BS-ANF	0010026544/00010		07	180	150		3

Abbildung 4.43 Bedarfs-/Bestandsliste nach dem Planungslauf

Schritt 3: Losgrößenberechnung

Das SAP-System führt anschließend die *Losgrößenberechnung* durch. Wie Sie bereits gesehen haben, erkennt das SAP-System in der Nettobedarfsrechnung eine Unterdeckung, wenn der Meldebestand unterschritten ist. Diese Unterdeckungsmenge muss nun durch die schon bekannten Zugangselemente (**BS-ANF**, **BS-EIN**) gedeckt werden. Sie haben im Materialstamm (Sicht **Disposition 1**) die Parameter für das gewünschte Losgrößenverfahren und weitere Restriktionen – wie Rundungswert, maximale Losgröße usw. eingegeben und somit die Voraussetzung dafür geschaffen, dass das SAP-System die Beschaffungsmenge für das Material im Werk, in Abhängigkeit von den eingetragenen Losgrößenparametern, ermittelt.

- **Fallbeispiel: Losgrößenberechnung für das Losgrößenverfahren mit der festen Losgröße FX**
  Nehmen Sie an, dass Sie im Materialstamm die in Abbildung 4.44 dargestellten Daten eingepflegt haben.

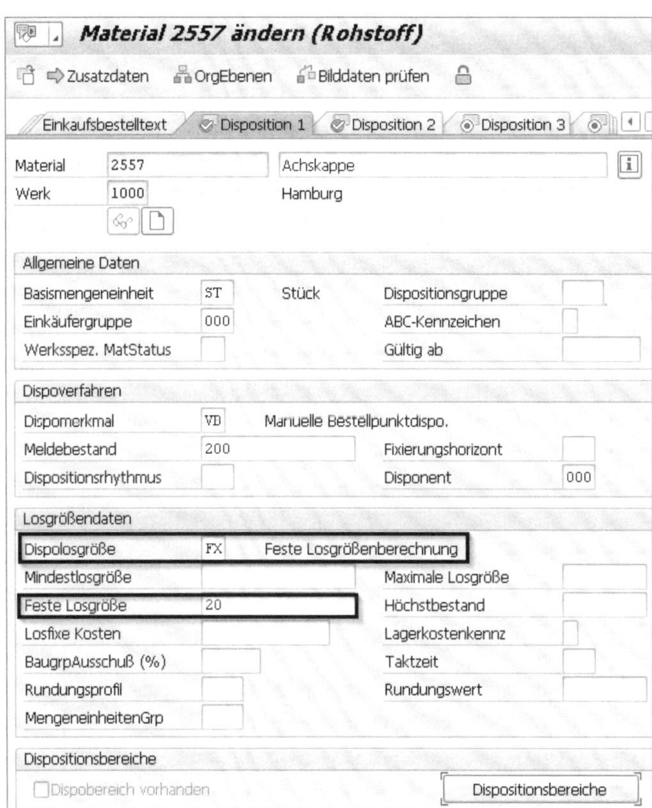

Abbildung 4.44 Parameter für feste Losgrößenberechnung

Wenn Sie nun mit Transaktion MD04 (Bedarfs-/Bestandsliste anzeigen) die Bedarfs-/Bestandsliste aufrufen, finden Sie die in Abbildung 4.45 dargestellte Situation vor. Sie erkennen ein weiteres Dispositionselement **MR-RES** (manuelle Reservierung) in der Bedarfs-/Bestandsliste: Diese Reservierung führt jetzt zur Unterdeckung der verfügbaren Menge.

Bedarfs-/Bestandsliste von 13:15 Uhr

Materialbaum ein

Material 2557 Achskappe
Dispobereich 1000 Hamburg
Werk 1000 Dispomerkmal VB Materialart ROH Einheit ST

Z..	Datum	Dispo...	Daten zum Dispoelem.	Umterm. ...	A..	Zugang/Bedarf	Verfügbare Menge	La...	B...
	19.12.2016	W-BEST			96		0		0
	19.12.2016	ShBest	Sicherheitsbestand			50-	50-		0
	30.11.2016	BS-EIN	4500018506/00010		07	20	30-	0001	3
	19.12.2016	MR-RES	0000079509/0001			100-	130-		3

Abbildung 4.45 Bedarfs-/Bestandsliste vor dem Planungslauf

Der Planungslauf, der die Unterdeckung erkennt, erzeugt die Bedarfsdecker (**BS-ANF**) mit dem Mengenvorschlag von je **20** Stück (siehe Abbildung 4.46). Diesen Wert ermittelt das SAP-System aufgrund des eingestellten Losgrößenverfahrens (Eintrag im Feld **Dispolosgröße: FX** (feste Losgrößenberechnung); Wert im Feld **Feste Losgröße** = **20** Stück). Die Summe aus den Zugangsmengen der Bestellanforderungen (**BS-ANF**) und der Bestellung (**BS-EIN**) ergibt wieder den Meldebestand (Eintrag im Feld: **Meldebestand**, Wert im Feld **Meldebestand** = **200** Stück.

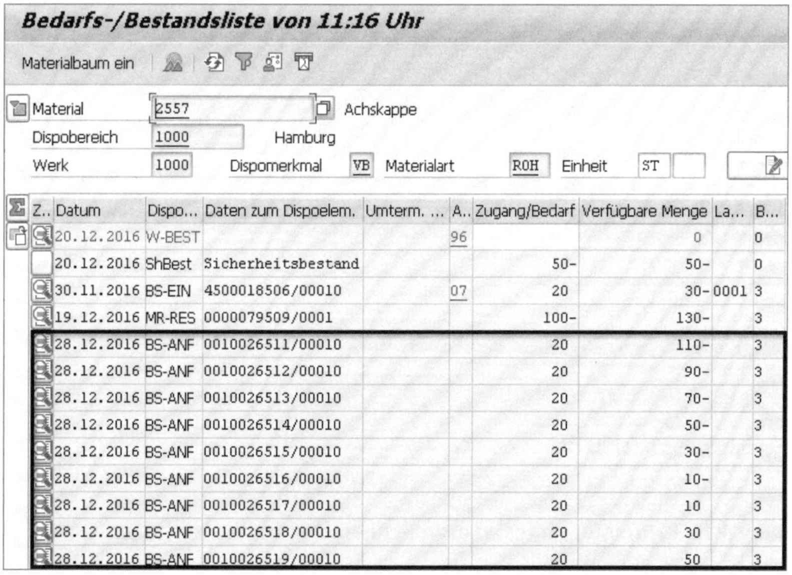

Bedarfs-/Bestandsliste von 11:16 Uhr

Materialbaum ein

Material 2557 Achskappe
Dispobereich 1000 Hamburg
Werk 1000 Dispomerkmal VB Materialart ROH Einheit ST

Z..	Datum	Dispo...	Daten zum Dispoelem.	Umterm. ...	A..	Zugang/Bedarf	Verfügbare Menge	La...	B...
	20.12.2016	W-BEST			96		0		0
	20.12.2016	ShBest	Sicherheitsbestand			50-	50-		0
	30.11.2016	BS-EIN	4500018506/00010		07	20	30-	0001	3
	19.12.2016	MR-RES	0000079509/0001			100-	130-		3
	28.12.2016	BS-ANF	0010026511/00010			20	110-		3
	28.12.2016	BS-ANF	0010026512/00010			20	90-		3
	28.12.2016	BS-ANF	0010026513/00010			20	70-		3
	28.12.2016	BS-ANF	0010026514/00010			20	50-		3
	28.12.2016	BS-ANF	0010026515/00010			20	30-		3
	28.12.2016	BS-ANF	0010026516/00010			20	10-		3
	28.12.2016	BS-ANF	0010026517/00010			20	10		3
	28.12.2016	BS-ANF	0010026518/00010			20	30		3
	28.12.2016	BS-ANF	0010026519/00010			20	50		3

Abbildung 4.46 Bedarfs-/Bestandsliste nach dem Planungslauf

Dass die Bestellanforderungen (**BS-ANF**) zu einer Bestellung zusammengefasst werden können bzw. müssen oder auch im Inhalt geändert werden können, ist in Abschnitt 5.5.1, »Bestellanforderungen«, beschrieben.

- **Fallbeispiel: Die feste Losgröße übersteigt den Meldebestand**
  Es kann auch der Fall auftreten, dass die feste Losgröße – z. B. bei Behälterformaten, Verpackungseinheiten usw. – größer sein muss als der Meldebestand. Dieser Fall soll wieder anhand eines Beispiels erläutert werden. Dazu pflegen Sie im Materialstamm die in Abbildung 4.47 dargestellten Daten ein.

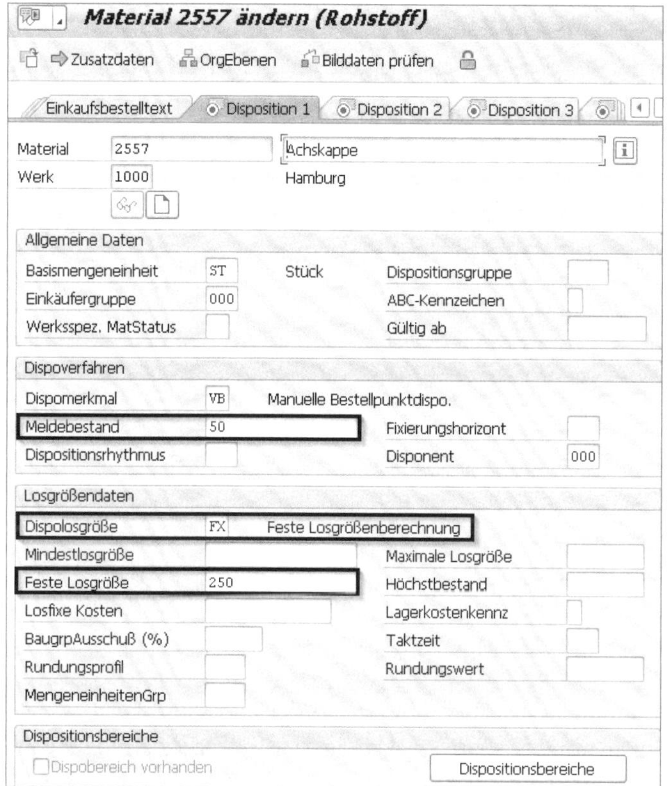

Abbildung 4.47 Parameter für die feste Losgrößenberechnung

Zudem gehen Sie von der in Abbildung 4.48 dargestellten Bestandssituation vor dem Planungslauf aus.

Bedarfs-/Bestandsliste von 11:42 Uhr

Materialbaum ein

Material 2557 Achskappe
Dispobereich 1000 Hamburg
Werk 1000 Dispomerkmal VB Materialart ROH Einheit ST

Z..	Datum	Dispo...	Daten zum Dispoelem.	Umterm. ...	A..	Zugang/Bedarf	Verfügbare Menge
	20.12.2016	W-BEST			96		0
	20.12.2016	ShBest	Sicherheitsbestand			50-	50-

Abbildung 4.48 Bedarfs-/Bestandsliste vor dem Planungslauf

Der Planungslauf, der die Unterdeckung erkennt, erzeugt den Bedarfsdecker (**BS-ANF**) mit dem Mengenvorschlag von 250 Stück. Diesen Wert ermittelt das SAP-System aufgrund der entsprechend in Abbildung 4.47 eingestellten Werte im Materialstamm:

- Feld **Dispolosgröße FX** (feste Losgrößenberechnung)
- Feld **Feste Losgröße** = **250** Stück

Dies bedeutet, dass der eingestellte Meldebestand im Feld **Meldebestand** = **50** Stück überschritten wurde. Beachten Sie, dass in diesem Fall die zur Verfügung stehende Lagerort- bzw. Lagerplatzkapazität bei der weiteren logistischen Bearbeitung der Bestellanforderung (**BANF • Bestellung • Wareneingang**) nicht überschritten wird.

Der Sicherheitsbestand wird wieder von der Zugangsmenge subtrahiert und reduziert somit die verfügbare Menge auf **200** Stück (siehe Abbildung 4.49).

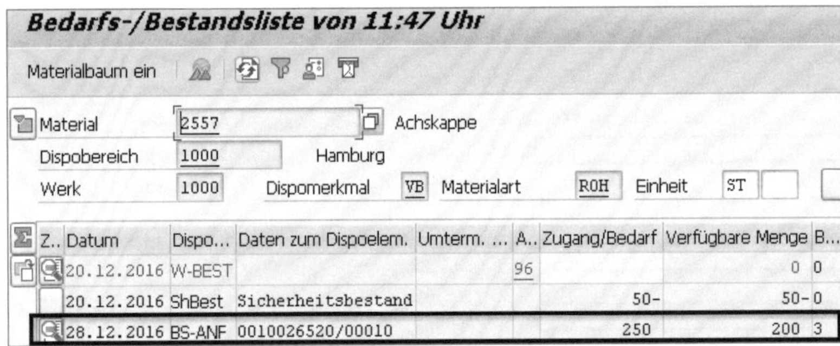

Abbildung 4.49 Bedarfs-/Bestandsliste nach dem Planungslauf

Das Losgrößenverfahren **HB** (Auffüllen bis zum Höchstbestand) zur Losgrößenberechnung sollten Sie wählen, wenn Sie das Lager bis zum höchstmöglichen Bestand auffüllen möchten oder wenn Sie Behälter – wie z. B. Fässer – entsprechend ihres Fassungsvermögen füllen möchten.

Schritt 4: Terminierung

Nachdem die zu beschaffende Menge mithilfe der Losgrößenberechnung ermittelt worden ist, führt das SAP-System anschließend die *Terminierung* für die Fremdbeschaffung durch. Es werden die Eckstart- und Eckendtermine der Beschaffungselemente ermittelt.

Sie müssen dafür die nachfolgend aufgeführten Daten pflegen:

- Planlieferzeit (Feld **Planlieferzeit**) in Kalendertagen im Materialstamm (Sicht **Disposition 2**)
- Wareneingangsbearbeitungszeit (Feld **WE-Bearbeitungszeit**) in Arbeitstagen im Materialstamm (Sicht **Disposition 2**), siehe Abbildung 4.50.

- Bearbeitungszeit für den Einkauf (Standard: 1 Arbeitstag, werksbezogen)

Bearbeitungszeit festlegen

Sie legen diese Zeit im Customizing über den Menüpfad **Materialwirtschaft • Verbrauchsgesteuerte Disposition • Werksparameter • Gesamtpflege der Werksparameter durchführen** fest.

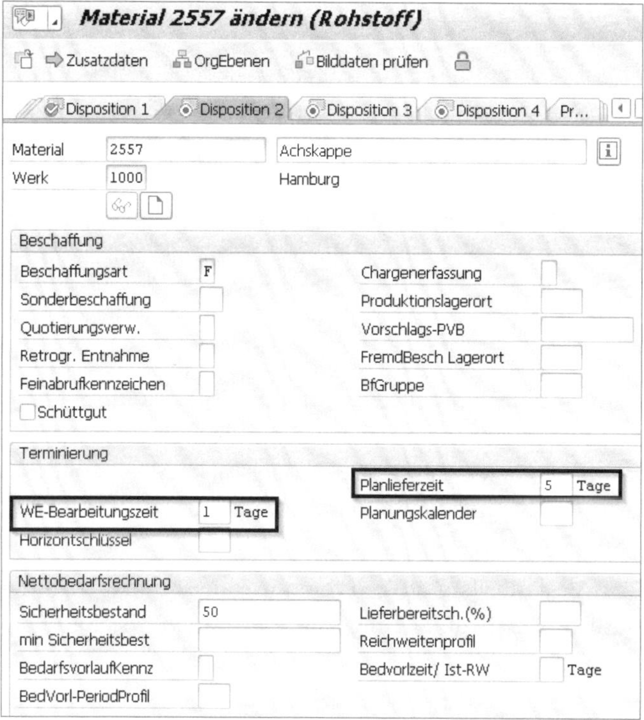

Abbildung 4.50 Terminierungszeiten im Materialstamm

Bei der *Bestellpunktdisposition* werden die Termine durch die *Vorwärtsterminierung* bestimmt. Hierbei bestimmt das SAP-System, ausgehend vom Zeitpunkt des Planungslaufs, vorwärts den Termin, an dem das betreffende Material für die Weiterverarbeitung zur Verfügung steht.

Bei der *stochastischen Disposition* (siehe Abschnitt 4.4.3, »Stochastische Disposition«) werden die Termine durch die *Rückwärtsterminierung* bestimmt (siehe Abbildung 4.51). Der Eröffnungshorizont stellt die Anzahl von Arbeitstagen dar, die vom Eckstarttermin abgezogen werden, und somit den Eröffnungstermin bestimmt. Dieser Zeitraum dient dem Disponenten als zeitlicher Puffer, der ihm beim Umwandeln eines Planauftrags in eine Bestellanforderung zur Verfügung steht und ist als eine der Pufferzeiten im Horizontschlüssel des Materialstamms gepflegt.

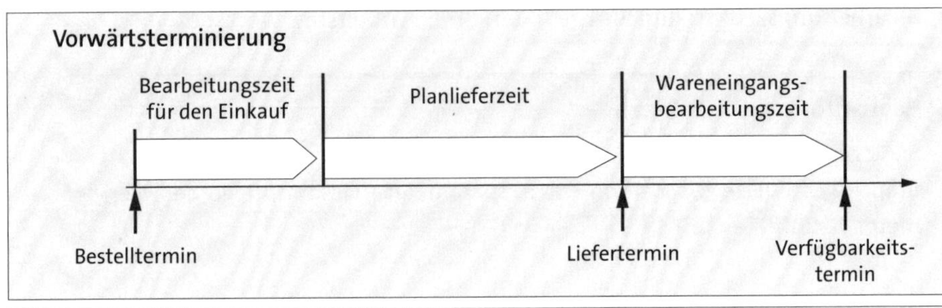

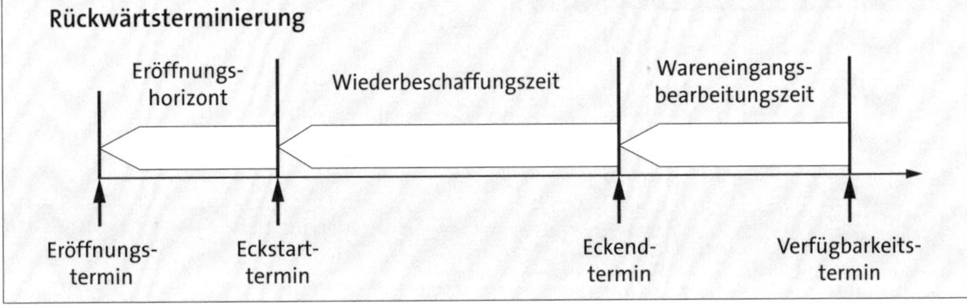

Abbildung 4.51 Terminierung bei der Fremdbeschaffung

- **Fallbeispiel: Terminierung für die manuelle Bestellpunktdisposition**
  Sie haben im Materialstamm die Terminierungsdaten, Wareneingangsbearbeitungszeit = 1 Arbeitstag und Planlieferzeit = 5 Kalendertage (siehe Abbildung 4.50), sowie im Customizing die Bearbeitungszeit im Einkauf mit 1 Arbeitstag im Werk 1000 gepflegt.

  Sie finden in der Bedarfs-/Bestandsliste, aufgerufen mit Transaktion MD04 (Aktuelle Bedarfs-/Bestandsliste: Einstieg), die folgende Situation vor (siehe Abbildung 4.52).

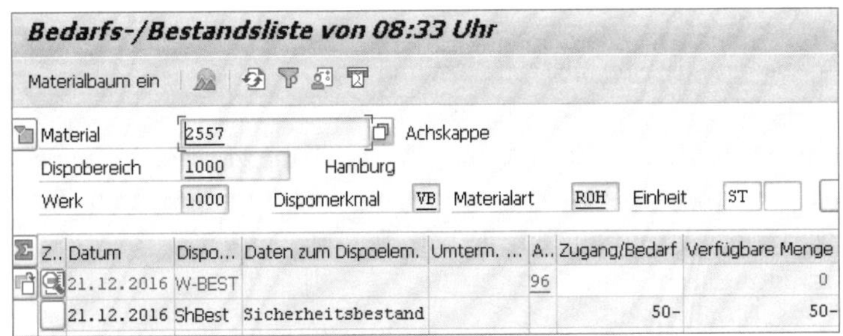

Bedarfs-/Bestandsliste von 08:33 Uhr

Materialbaum ein

Material 2557 Achskappe
Dispobereich 1000 Hamburg
Werk 1000 Dispomerkmal VB Materialart ROH Einheit ST

Z..	Datum	Dispo...	Daten zum Dispoelem.	Umterm. ...	A..	Zugang/Bedarf	Verfügbare Menge
	21.12.2016	W-BEST			96		0
	21.12.2016	ShBest	Sicherheitsbestand			50-	50-

Abbildung 4.52 Bedarfs-/Bestandsliste vor dem Planungslauf

Nach dem Planungslauf ergibt sich die in Abbildung 4.53 dargestellte Situation. Das SAP-System hat die Unterdeckung erkannt und erzeugt eine Bestellanforderung (**BS-BANF**) mit dem ermittelten Zugangstermin.

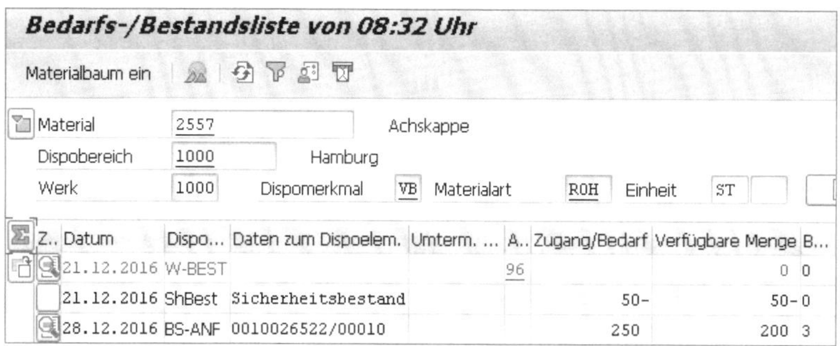

Abbildung 4.53 Bedarfs-/Bestandsliste nach dem Planungslauf

Berechnung des Termins

Die Terminierung wird vom SAP-System wie folgt bestimmt:

Der Planungslauf wurde am 21.12.2016 gestartet. Das SAP-System berechnet nun den Liefertermin nach folgender Formel:

Unterdeckungstermin + Bearbeitungszeit Einkauf (1 Arbeitstag) + Planlieferzeit (5 Tage in Kalendertagen) = Liefertermin

Für unser Beispiel ergibt sich damit die folgende Rechnung:

21.12. + 1 Arbeitstag + 5 Kalendertage = 27.12.

Den Verfügbarkeitstermin berechnet das SAP-System wie folgt:

Liefertermin + Wareneingangstermin = Verfügbarkeitstermin

Auf unser Beispiel bezogen, ergibt sich damit die folgende Rechnung:

27.12. + 1 Arbeitstag = 28.12.

Schritt 5: Ermitteln der Beschaffungsvorschläge

Im letzten Prozessschritt des Planungslaufs ermittelt das SAP-System die Beschaffungsvorschläge (Bedarfsdecker). Dies können Bestellanforderungen, Planaufträge oder Lieferplaneinteilung sein.

Beschaffungsvorschläge dienen dazu, die Unterdeckungsmenge wieder zu beschaffen. Beschaffungsvorschläge sind interne planerische Elemente, die verändert, umterminiert oder gelöscht werden können. Welche Art des Beschaffungsvorschlags erzeugt wird, hängt von mehreren Parametern ab. Ein Parameter ist die *Beschaffungsart*. Die Beschaffungsart wird durch den entsprechenden Eintrag im Materialstamm im Feld **Beschaffungsart** (Sicht **Disposition 2**) bestimmt. Das SAP-System ermittelt die Beschaffungsart aus der Materialart (siehe Abschnitt 2.2.13, »Sicht ›Disposition 2‹«). Die folgenden Kennzeichen sind möglich:

- **F** (Fremdbeschaffung)
- **E** (Eigenfertigung)
- **X** (beide Beschaffungsarten)

Ein weiterer Parameter, der die Ausprägung des Beschaffungsvorschlags mitbestimmt, ist der Sonderbeschaffungsschlüssel im Feld **Sonderbeschaffung** (Sicht **Disposition 2**), siehe Abschnitt 2.2.13, »Sicht ›Disposition 2‹«.

In Abbildung 4.54 finden Sie beispielhaft die Einträge für den Beschaffungsvorschlag »Fremdbeschaffung für die Lohnbearbeitung«. In der Literatur wird dies mit F 30 dargestellt.

Abbildung 4.54 Beschaffungsart F und Sonderbeschaffung 30

Diese Einträge erzeugen im Ergebnis des Planungslaufs – Unterdeckung vorausgesetzt – eine Bestellanforderung (**BS-BANF**) mit dem Positionstyp **L** (Lohnbearbeitung), siehe Abschnitt 5.6.1, »Sonderbeschaffungsschlüssel im Materialstammsatz«.

Planauftrag bei der Fremdbeschaffung

Wird auch bei der Fremdbeschaffung zunächst ein Planauftrag erstellt, hat dies den Vorteil, dass der Disponent zusätzliche Kontrolle über die Beschaffungsvorschläge hat. Der Einkauf kann das betreffende Material erst dann bestellen, wenn der Planauftrag in eine Bestellanforderung umgewandelt worden ist. Andernfalls steht dem

Einkauf unmittelbar eine Bestellanforderung zur Verfügung; hierdurch übernimmt er teilweise die Verantwortung für die Materialverfügbarkeit und die Lagerbestände.

Nach der Durchführung dieser Prozessschritte bei der Materialbedarfsplanung werden die ermittelten Daten in den unterschiedlichsten Ergebnislisten zur weiteren Bearbeitung gespeichert. Im folgenden Abschnitt beschreiben wir die verschiedenen Listen und die damit verbundenen Auswertungen.

4.3.3 Planungsergebnis und Auswertung

Die Anzeige der Planungsergebnisse ermöglicht es Ihnen, die Ergebnisse zu überprüfen und bei Bedarf anzupassen. Für die Auswertung des Planungsergebnisses stehen Ihnen die *Dispositionsliste* und die *Aktuelle Bedarfs-/Bestandsliste* zur Verfügung:

- **Dispositionsliste**
  Die Dispositionsliste wird in Abhängigkeit vom Erstellungskennzeichen erzeugt (siehe Abschnitt 4.3.1, »Steuerungsparameter für den Planungslauf«).

  Dispositionslisten sind das zentrale Arbeitsinstrument des Disponenten. Sie zeigen für jedes Material die zukünftige Bestands- und Bedarfsentwicklung als Ergebnis des Planungslaufs. Veränderungen, die nach dem Planungstermin erfolgen, bleiben in der Dispositionsliste unberücksichtigt, bis eine neue Planung durchgeführt wird. Sie hält somit die Historie zwischen zwei Planungsläufen
- **Aktuelle Bedarfs-/Bestandsliste**
  Die Bedarfs-/Bestandsliste entspricht inhaltlich unmittelbar nach dem Planungslauf der Dispositionsliste. Aktuelle Veränderungen der Bedarfs-/Bestandssituation werden bei jedem Aufruf neu eingelesen und damit sofort sichtbar. Damit können sich der Disponent und die verantwortlichen Fachabteilungen jederzeit einen Überblick über die aktuelle Materialverfügbarkeit verschaffen. Den prinzipiellen Aufbau der Einzellisten zeigt Abbildung 4.55.

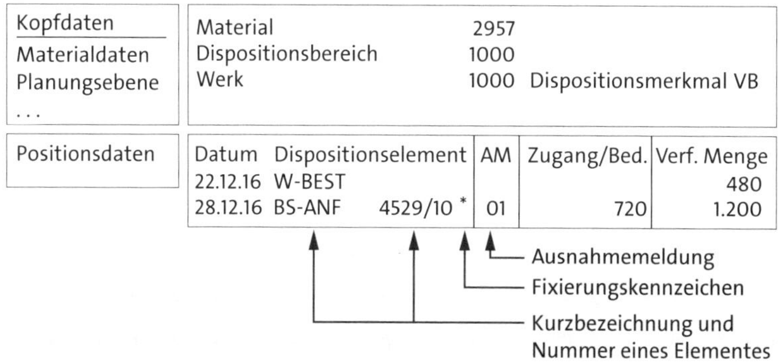

Abbildung 4.55 Prinzipieller Aufbau einer Einzelliste

Jede Dispositionsliste bzw. Bedarfs-/Bestandsliste enthält Kopf -und Positionsdaten. Im Dispositionslistenkopf stehen die Materialdaten, wie beispielsweise Materialnummer, Werk und Dispositionsparameter. Die Positionsdaten beinhalten Informationen zu den einzelnen Dispositionselementen (Bestellanforderungen, Planaufträge, Bestellungen, Reservierungen, Kundenaufträge usw.).

Die einzelnen Spalten innerhalb des Positionsblocks enthalten in der Grundeinstellung die Zugangs-/Bedarfstermine, Daten zum Dispositionselement (z. B. Kurztext, Nummer, Position usw.), den Schlüssel der Ausnahmemeldung, die Zugangs- oder Bedarfsmengen sowie die verfügbare Menge. Weitere Spalten (z. B. Lieferwerk, Lagerort, Lieferant) werden angezeigt, wenn Daten dazu vorhanden sind. Sie können aber auch neue Spalten einfügen.

In Abhängigkeit von den verschiedenen Dispositionsverfahren, z. B. Lagerortdisposition, werden in den Listen die Ergebnisse in gesonderten Abschnitten dargestellt, die durch das entsprechende Dispositionselement gekennzeichnet sind, z. B. **LG-BST** (siehe Abbildung 4.56). In diesem Fall wird der Lagerort 0001 separat disponiert. Die Festlegung ist im Materialstamm **Sicht: Disposition 4** getroffen worden (siehe Abschnitt 2.2.15, »Sicht ›Disposition 4‹«).

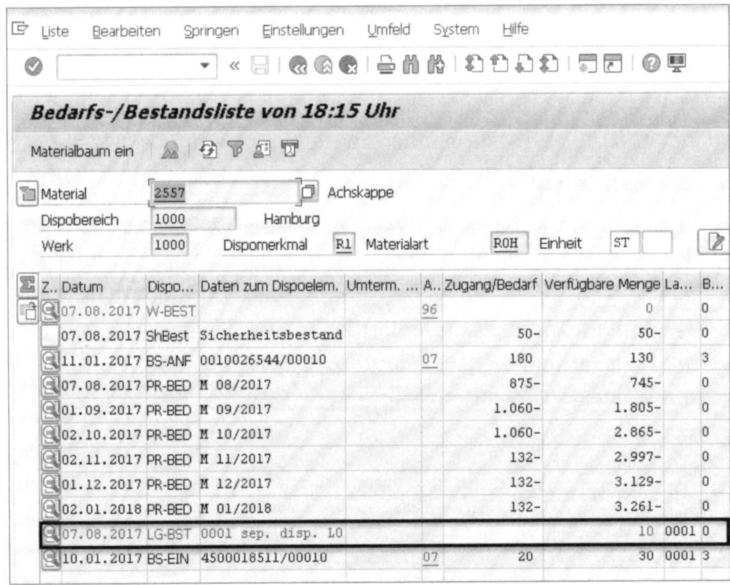

Abbildung 4.56 Abschnitt – Separat disponierter Lagerort

Sie können die Listen benutzerspezifisch konfigurieren (siehe Anhang A.6.1, »Layout ändern«).

Die Dispositionsliste rufen Sie im SAP-Menü über den Menüpfad **Logistik • Materialwirtschaft • Materialdisposition • Bedarfsplanung • Auswertungen • Dispoliste Material** oder mit Transaktion MD05 auf (siehe Abbildung 4.57).

Geben Sie die Materialnummer, das Werk und – in Abhängigkeit von den gewählten Planungsebenen – den Dispositionsbereich ein, in dem die Planung durchgeführt wurde.

Abbildung 4.57 Einstiegsbild für die Dispositionsliste

Klicken Sie auf die Schaltfläche (**Weiter**), oder verwenden Sie die [↵]-Taste. Sie gelangen nun auf das in Abbildung 4.58 gezeigte Bild; dortkönnen Sie sich das Planungsergebnis anschauen und es bearbeiten. Sie erkennen, dass u. a. der Bedarfsdecker (die Bestellanforderung **BS-ANF**) als Ergebnis des Planungslaufs generiert wurde. Auch ist der oben erwähnte Abschnitt – gekennzeichnet durch das Dispositionselement **LG-BST** – erkennbar.

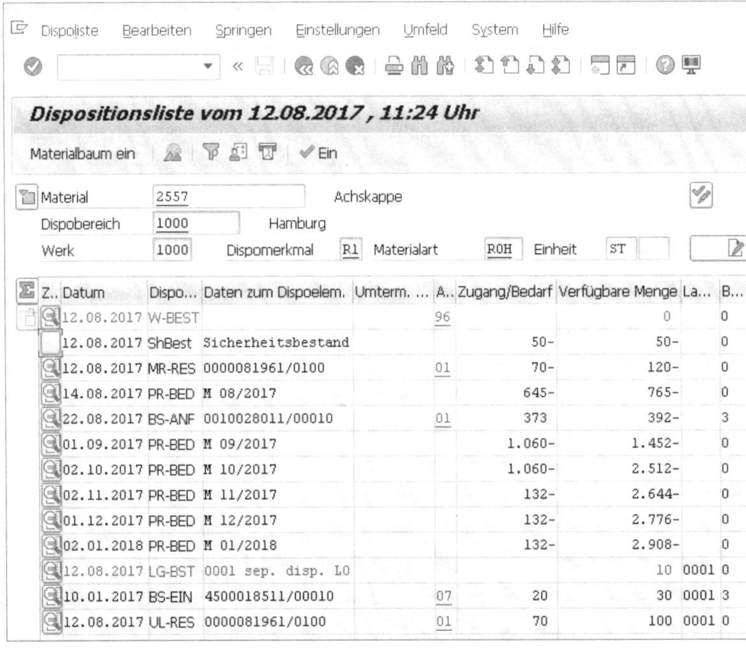

Z..	Datum	Dispo...	Daten zum Dispoelem.	Umterm. ...	A..	Zugang/Bedarf	Verfügbare Menge	La...	B...
	12.08.2017	W-BEST			96		0		0
	12.08.2017	ShBest	Sicherheitsbestand			50-	50-		0
	12.08.2017	MR-RES	0000081961/0100		01	70-	120-		0
	14.08.2017	PR-BED	M 08/2017			645-	765-		0
	22.08.2017	BS-ANF	0010028011/00010		01	373	392-		3
	01.09.2017	PR-BED	M 09/2017			1.060-	1.452-		0
	02.10.2017	PR-BED	M 10/2017			1.060-	2.512-		0
	02.11.2017	PR-BED	M 11/2017			132-	2.644-		0
	01.12.2017	PR-BED	M 12/2017			132-	2.776-		0
	02.01.2018	PR-BED	M 01/2018			132-	2.908-		0
	12.08.2017	LG-BST	0001 sep. disp. LO				10	0001	0
	10.01.2017	BS-EIN	4500018511/00010		07	20	30	0001	3
	12.08.2017	UL-RES	0000081961/0100		01	70	100	0001	0

Abbildung 4.58 Dispositionsliste – Einzelanzeige

Die Bedarfs-/Bestandsliste rufen Sie im SAP-Menü über den Menüpfad: **Logistik • Materialwirtschaft • Materialdisposition • Bedarfsplanung • Auswertungen • Bedarfs/ Best.liste** oder mit Transaktion MD04 (Bedarfs-/Bestandsliste anzeigen) auf. Geben Sie die gewünschten Selektionswerte analog zum Einstiegsbild der Dispositionsliste ein. Klicken Sie auf die Schaltfläche (**Weiter**) und Sie gelangen auf die Einzelanzeige der Bedarfs-/Bestandsliste (siehe Abbildung 4.59).

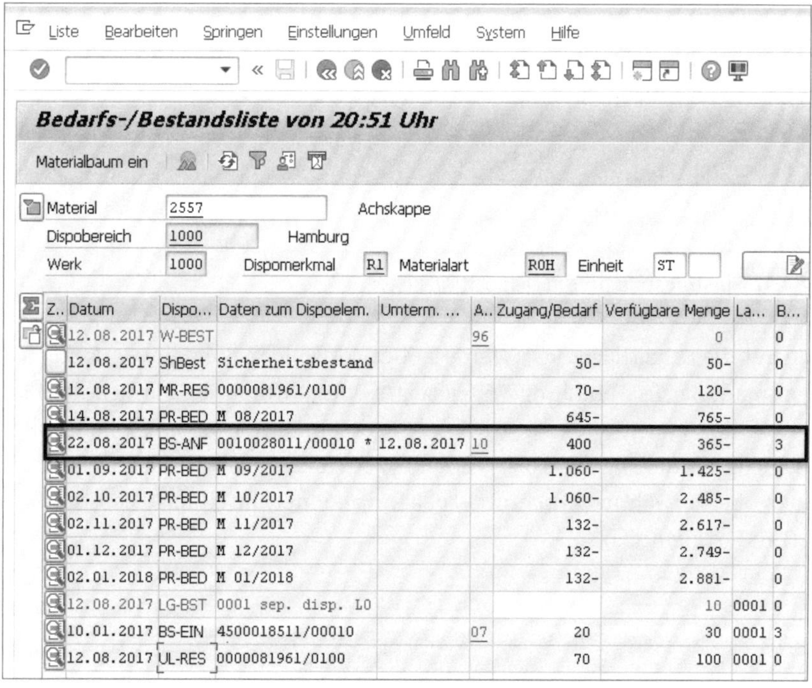

Z..	Datum	Dispo...	Daten zum Dispoelem.	Umterm. ...	A..	Zugang/Bedarf	Verfügbare Menge	La...	B...
	12.08.2017	W-BEST			96		0		0
	12.08.2017	ShBest	Sicherheitsbestand			50-	50-		0
	12.08.2017	MR-RES	0000081961/0100			70-	120-		0
	14.08.2017	PR-BED	M 08/2017			645-	765-		0
	22.08.2017	BS-ANF	0010028011/00010 *	12.08.2017	10	400	365-		3
	01.09.2017	PR-BED	M 09/2017			1.060-	1.425-		0
	02.10.2017	PR-BED	M 10/2017			1.060-	2.485-		0
	02.11.2017	PR-BED	M 11/2017			132-	2.617-		0
	01.12.2017	PR-BED	M 12/2017			132-	2.749-		0
	02.01.2018	PR-BED	M 01/2018			132-	2.881-		0
	12.08.2017	LG-BST	0001 sep. disp. L0				10	0001	0
	10.01.2017	BS-EIN	4500018511/00010		07	20	30	0001	3
	12.08.2017	UL-RES	0000081961/0100			70	100	0001	0

Abbildung 4.59 Bedarfs-/Bestandsliste – Einzelanzeige

Wenn Sie beide Listen vergleichen, erkennen Sie, dass die Bestellanforderung (**BS-ANF**) bearbeitet wurde, denn es wurde das Fixierungskennzeichen * gesetzt. In der Dispositionsliste bleibt dieses Dispositionselement bis zum nächsten Planungslauf unverändert.

Beachten Sie, dass die fixierte BANF beim nächsten Planungslauf als erwarteter Zugang berücksichtigt, aber trotz vorhandener Unterdeckung nicht verändert wird; es werden neue Bedarfsdecker erzeugt.

[»]

Kurzbezeichnung der Dispositionselemente

Die Kurzbezeichnung der Dispositionselemente (z. B. **BS-ANF**-Bestellanforderung) können Sie ermitteln, indem Sie den Cursor in die Spalte **Dispoelement** setzen und die Online-Hilfe ([F1]) verwenden.

Sie können eine Vielzahl von Funktionen aufrufen, z. B. Dispositionselemente ändern/löschen/umterminieren, Umschalten von Verfügbarkeitstermin auf Wareneingangstermin, zu Periodensummen wechseln usw. (siehe hierzu auch umfassend Gulyássy u. a.: Disposition mit SAP, SAP PRESS 2014).

Sie können die Liste in Abhängigkeit vom Fachbereich (z. B. Einkäufer) konfigurieren, indem Sie die Listen mittels Navigationsprofil so aufbauen, dass Sie aus der Dispositionsliste bzw. Bedarfs-/Bestandsliste Transaktionsaufrufe aktivieren können.

Eine Besonderheit soll noch genannt werden: das Suchen in den Listen. Hierzu rufen Sie in der Menüleiste **Bearbeiten** und im sich öffnenden Untermenü **Suchen in der Liste** auf. Sie gelangen in ein Selektionsbild (siehe Abbildung 4.60) und können hier gezielt nach Ausnahmen bzw. nach Dispositionselementen in der Liste suchen. Wählen Sie das Dispositionselement aus, und klicken Sie auf die Schaltfläche **Suchen nach Dispoelementen**. Die gefundenen Dispositionselemente werden in der Dispositionsliste farbig hervorgehoben.

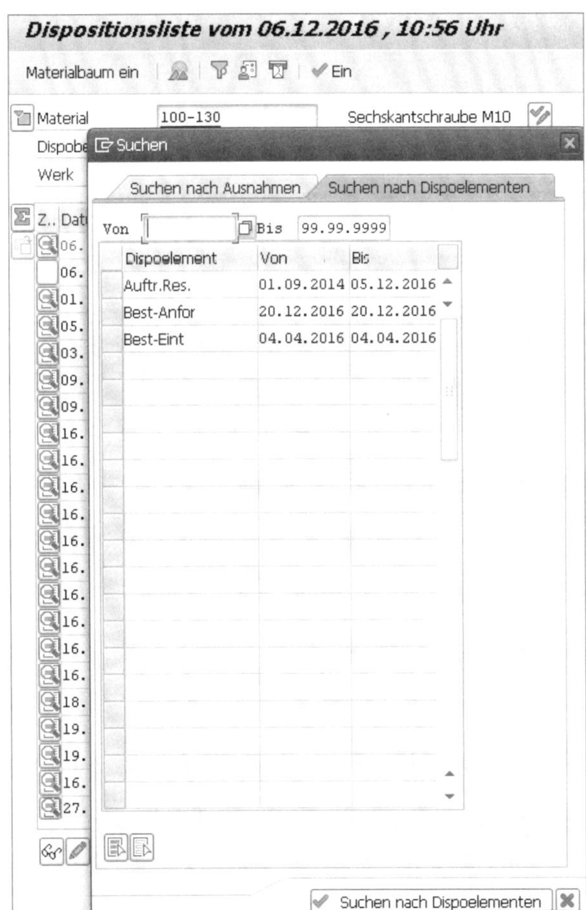

Abbildung 4.60 Nach Dispositionselementen suchen

Neben der Einzelanzeige der Listen können Sie auch für jede Liste die Sammelanzeige aufrufen; diese Listen sind das vorrangige Arbeitswerkzeug des Disponenten.

Sie erreichen die Sammelanzeige der Dispositionsliste im SAP-Menü über den Pfad **Logistik • Materialwirtschaft • Materialdisposition • Bedarfsplanung • Auswertungen • Dispoliste Sammelanz**, oder Sie nutzen Transaktion MD06 (Sammelanzeige Dispositionsliste), siehe Abbildung 4.61.

Die Sammelanzeige der Bedarfs-/Bestandsliste erreichen Sie im SAP-Menü über den Pfad **Logistik • Materialwirtschaft • Materialdisposition • Bedarfsplanung • Auswertungen Bed./Best.Sammelanz**, oder Sie nutzen Transaktion MD07 (Aktuelle Bedarfs-/Bestandsliste: Sammeleinstieg).

Sie können in den Kopfdaten durch Anklicken der Radiobuttons festlegen, ob Sie das Planungsergebnis auf der Dispositionsbereichs- oder auf der Werksebene auswerten möchten. Des Weiteren können Sie, wie aus Abbildung 4.61 ersichtlich, weitere Selektionsmöglichkeiten auswählen (z. B. **Disponent**) bzw. die Selektion einschränken (z. B. nach **Datum**, Festlegung des **Bearbeitungs-KZ**).

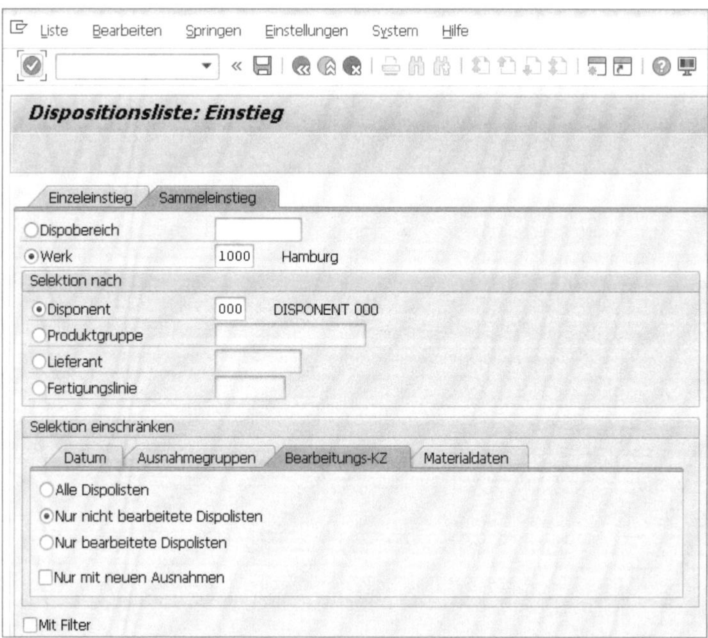

Abbildung 4.61 Dispositionsliste – Sammeleinstieg

Nach der Eingabe der gewünschten Selektionskriterien rufen Sie die Sammelanzeige durch Anklicken der Schaltfläche (**Weiter**) auf. Das Ergebnis ist Abbildung 4.62 dargestellt.

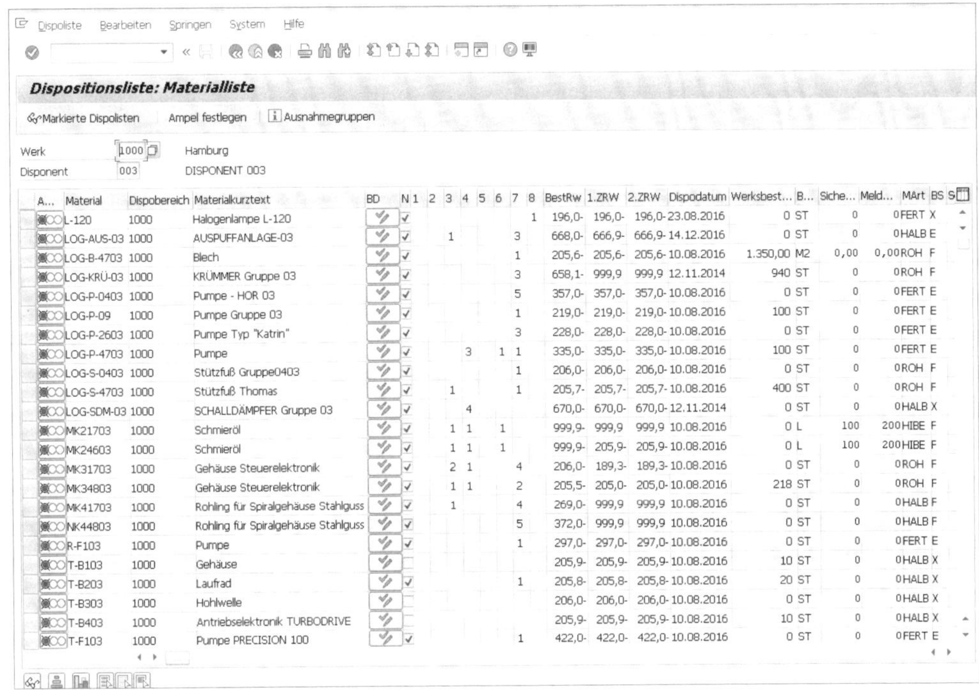

A...	Material	Dispobereich	Materialkurztext	BD	N	1	2	3	4	5	6	7	8	BestRw	1.ZRW	2.ZRW	Dispodatum	Werksbest...	B...	Siche...	Meld...	MArt	BS	S
	L-120	1000	Halogenlampe L-120		✓								1	196,0-	196,0-	196,0-	23.08.2016	0	ST	0	0	FERT	X	
	LOG-AUS-03	1000	AUSPUFFANLAGE-03		✓			1				3		668,0-	666,9-	666,9-	14.12.2016	0	ST	0	0	HALB	E	
	LOG-B-4703	1000	Blech		✓							1		205,6-	205,6-	205,6-	10.08.2016	1.350,00	M2	0,00	0,00	ROH	F	
	LOG-KRÜ-03	1000	KRÜMMER Gruppe 03		✓							3		658,1-	999,9	999,9	12.11.2014	940	ST	0	0	ROH	F	
	LOG-P-0403	1000	Pumpe - HOR 03		✓							5		357,0-	357,0-	357,0-	10.08.2016	0	ST	0	0	FERT	E	
	LOG-P-09	1000	Pumpe Gruppe 03		✓							1		219,0-	219,0-	219,0-	10.08.2016	100	ST	0	0	FERT	E	
	LOG-P-2603	1000	Pumpe Typ "Katrin"		✓							3		228,0-	228,0-	228,0-	10.08.2016	0	ST	0	0	FERT	E	
	LOG-P-4703	1000	Pumpe		✓				3		1	1		335,0-	335,0-	335,0-	10.08.2016	100	ST	0	0	FERT	E	
	LOG-S-0403	1000	Stützfuß Gruppe0403		✓							1		206,0-	206,0-	206,0-	10.08.2016	0	ST	0	0	ROH	F	
	LOG-S-4703	1000	Stützfuß Thomas		✓			1				1		205,7-	205,7-	205,7-	10.08.2016	400	ST	0	0	ROH	F	
	LOG-SDM-03	1000	SCHALLDÄMPFER Gruppe 03		✓				4					670,0-	670,0-	670,0-	12.11.2014	0	ST	0	0	HALB	X	
	MK21703	1000	Schmieröl		✓			1	1		1			999,9-	999,9	999,9	10.08.2016	0	L	100	200	HIBE	F	
	MK24603	1000	Schmieröl		✓			1	1		1			999,9-	205,9-	205,9-	10.08.2016	0	L	100	200	HIBE	F	
	MK31703	1000	Gehäuse Steuerelektronik		✓			2	1			4		206,0-	189,3-	189,3-	10.08.2016	0	ST	0	0	ROH	F	
	MK34803	1000	Gehäuse Steuerelektronik		✓			1	1			2		205,5-	205,0-	205,0-	10.08.2016	218	ST	0	0	ROH	F	
	MK41703	1000	Rohling für Spiralgehäuse Stahlguss		✓			1				4		269,0-	999,9	999,9	10.08.2016	0	ST	0	0	HALB	F	
	NK44803	1000	Rohling für Spiralgehäuse Stahlguss		✓							5		372,0-	999,9	999,9	10.08.2016	0	ST	0	0	HALB	F	
	R-F103	1000	Pumpe		✓							1		297,0-	297,0-	297,0-	10.08.2016	0	ST	0	0	FERT	E	
	T-B103	1000	Gehäuse											205,9-	205,9-	205,9-	10.08.2016	10	ST	0	0	HALB	X	
	T-B203	1000	Laufrad		✓							1		205,8-	205,8-	205,8-	10.08.2016	20	ST	0	0	HALB	X	
	T-B303	1000	Hohlwelle											206,0-	206,0-	206,0-	10.08.2016	0	ST	0	0	HALB	X	
	T-B403	1000	Antriebselektronik TURBODRIVE											205,9-	205,9-	205,9-	10.08.2016	10	ST	0	0	HALB	X	
	T-F103	1000	Pumpe PRECISION 100		✓							1		422,0-	422,0-	422,0-	10.08.2016	0	ST	0	0	FERT	E	

Abbildung 4.62 Dispositionsliste – Materialliste

Die Materialliste enthält – abhängig von den eingegebenen Selektionskriterien – die Informationen zur weiteren Bearbeitung des Planungsergebnisses. Für die Bearbeitung der einzelnen Materialien müssen Sie die entsprechende Zeile am Zeilenanfang markieren, und durch Anklicken der Schaltfläche **Markierte Dispolisten** gelangen Sie in die Einzelanzeige. Nach der Bearbeitung der Daten des jeweiligen Materials müssen Sie das Bearbeitungskennzeichen in der Einzelliste setzen. Diese bearbeiteten Materialien werden am Ende der Sammelliste eingefügt. In der Spalte **BD** ist durch den gesetzten Bearbeitungshaken ersichtlich, dass das Material vom Disponenten bearbeitet wurde (siehe Abbildung 4.63).

Die Einstellungen für Ampeln können Sie benutzerabhängig definieren, indem Sie die Schaltfläche **Ampel festlegen** (siehe Abbildung 4.62) anklicken. Sie haben die Möglichkeit, die Farbe in Abhängigkeit von der *Reichweite* oder in Abhängigkeit von *Ausnahmegruppen* festzulegen (siehe Abbildung 4.64). Letzteres wird in der Praxis bevorzugt.

Durch Anklicken der Schaltfläche **Ausnahmegruppen**(siehe Abbildung 4.62) gelangen Sie auf das Bild, das die Ausnahmegruppen mit den zugeordneten Ausnahmemeldungen zeigt (siehe Abbildung 4.65).

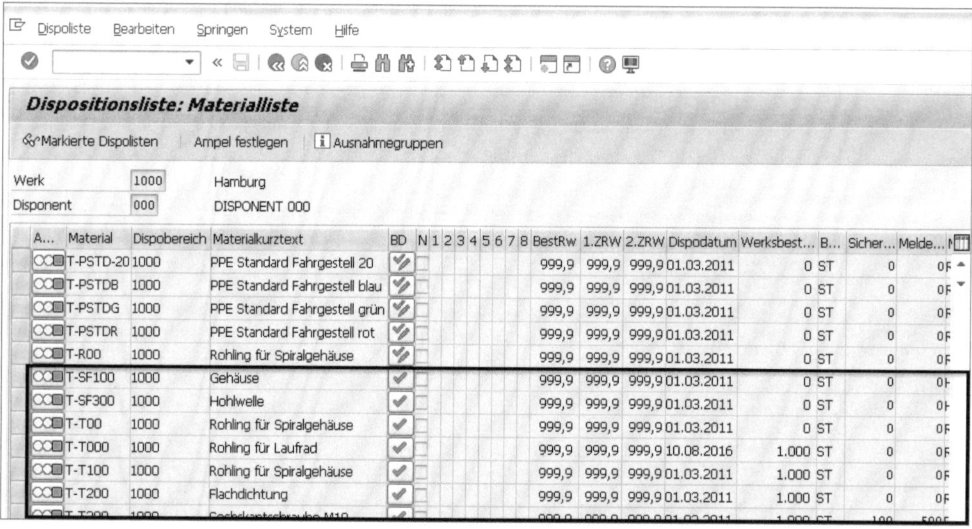

Abbildung 4.63 Block der vom Disponenten bearbeiteten Materialien

Abbildung 4.64 Dispositionsliste – Ampel festlegen

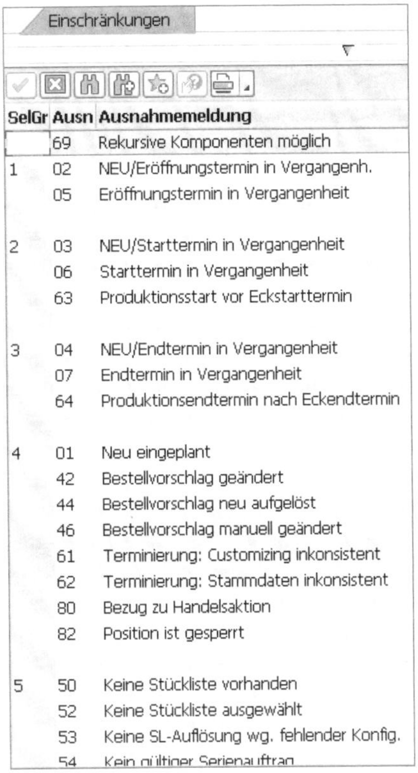

Einschränkungen

SelGr	Ausn	Ausnahmemeldung
	69	Rekursive Komponenten möglich
1	02	NEU/Eröffnungstermin in Vergangenh.
	05	Eröffnungstermin in Vergangenheit
2	03	NEU/Starttermin in Vergangenheit
	06	Starttermin in Vergangenheit
	63	Produktionsstart vor Eckstarttermin
3	04	NEU/Endtermin in Vergangenheit
	07	Endtermin in Vergangenheit
	64	Produktionsendtermin nach Eckendtermin
4	01	Neu eingeplant
	42	Bestellvorschlag geändert
	44	Bestellvorschlag neu aufgelöst
	46	Bestellvorschlag manuell geändert
	61	Terminierung: Customizing inkonsistent
	62	Terminierung: Stammdaten inkonsistent
	80	Bezug zu Handelsaktion
	82	Position ist gesperrt
5	50	Keine Stückliste vorhanden
	52	Keine Stückliste ausgewählt
	53	Keine SL-Auflösung wg. fehlender Konfig.
	54	Kein gültiger Serienauftrag

Abbildung 4.65 Ausnahmegruppen mit zugeordneten Ausnahmemeldungen

Es gibt acht Ausnahmegruppen, denen mehrere Ausnahmemeldungen zugeordnet sind. *Ausnahmemeldungen* sind vorgangsabhängige Informationen, die auf einen zu beachtenden Sachverhalt (z. B. Starttermin in der Vergangenheit, Unterschreiten des Sicherheitsbestands, Storno usw.) hinweisen. Ausnahmemeldungen werden während des Planungslaufs in Situationen erstellt, die für den Disponenten überprüfungsrelevant sind. Meistens ist in diesen Fällen eine manuelle Nachbearbeitung des Planungsergebnisses erforderlich.

[«]

Interpretation der Zifferneinträge in den Ausnahmegruppen

Wenn sich z. B. in einer Ausnahmegruppe eine **3** befindet (siehe Abbildung 4.65), bedeutet dies, dass drei Ausnahmemeldungen aus dieser Ausnahmegruppe für das betreffende Material zu beachten sind. In den Listen der Einzelanzeige ist aber nur eine Ausnahmemeldung zu einem Dispositionselement entsprechend der eingestellten Priorisierung erkennbar. Wenn Sie das Detail des Dispositionselements mit den Ausnahmemeldungen aufrufen, sehen Sie auch die weiteren Ausnahmemeldungen.

4.4 Disposition mit Prognose

Bei den verschiedenen Dispositionsverfahren wird zur Durchführung der Bedarfsplanung eine Prognose des zukünftigen Bedarfs auf der Basis der Verbräuche in der Vergangenheit benötigt. Die verschiedenen Prognoseverfahren werden in den folgenden Fällen angewendet:

- **Maschinelle Bestellpunktdisposition**
  Der Meldebestand und der Sicherheitsbestand werden durch das Prognoseprogramm berechnet.
- **Stochastische Disposition**
  Die durch das Prognoseprogramm erzeugten Prognosewerte werden direkt als Prognosebedarfe in der Bedarfsplanung wirksam, und der Sicherheitsbestand wird berechnet.
- **Rhythmische Disposition**
  Die Bedarfe müssen über die Prognose erzeugt werden. Die Materialbedarfsplanung findet nur zu bestimmten Terminen statt.

4.4.1 Ablauf und Modelle der Prognose

Es gibt verschiedene Möglichkeiten, um die Prognose für Materialien durchzuführen:

- anhand der Einzelprognose
- anhand der Gesamtprognose (online)
- anhand der Gesamtprognose im Hintergrund (Batch-Lauf)

Die Einzelprognose wird für ein Material, für ein Werk und/oder einen Dispositionsbereich durchgeführt.

Die Gesamtprognose wird für alle Materialien eines oder mehrerer Werke bzw. Dispositionsbereiche durchgeführt.

Für die Prognose stehen Ihnen verschiedene Modelle zur Verfügung, z. B. Konstant-, Trend-, Saison-, Trendsaisonmodell, Modell des gleitenden Mittelwertes usw. Sie müssen vor der ersten Prognose festlegen, nach welchem Modell das SAP-System Prognosewerte ermitteln soll. Es stehen Ihnen drei Verfahren zur Auswahl:

- **Manuelle Modellauswahl**
  Hier sollten Sie die Verbrauchwerte zunächst genau analysieren, um das Modell für die Prognose auszuwählen.
- **Maschinelle Modellauswahl**
  Sie können vom SAP-System die Verbrauchswerte auf Trend-, Saison- und Trendsaisonverlauf hin untersuchen lassen.

- **Manuelle Modellauswahl mit zusätzlichem maschinellen Test**
  Sie geben manuell das Modell vor und stellen das SAP-System so ein, dass es zusätzlich auf Trend-und Saisonverlauf hin untersucht.

Auf weitere Details, wie Pflegen der vom Prognosemodell unabhängigen Prognoseparameter, wird in diesem Buch nicht eingegangen. Es werden nachfolgend einige Prognoseparameter, die im Materialstamm zur Durchführung der Prognosen gepflegt werden müssen, beschrieben. Die Pflege dieser Parameter nehmen Sie im Materialstamm, in der Sicht **Prognose** vor (siehe Abbildung 4.66 und Abschnitt 2.2.18, »Sicht ›Prognose‹«).

Abbildung 4.66 Materialstamm – Sicht »Prognose«

Die Prognoseparameter pflegen Sie für das im Datenbild angegebene Material und Werk (siehe Abschnitt 2.2.18, »Sicht ›Prognose‹«). In dem Bereich **Allgemeinen Daten** legen Sie z. B. das Prognosemodell fest hier **K** (Konstantmodell), mit dem die zukünftigen Bedarfswerte ermittelt werden und das Periodenkennzeichen, hier **M** (Monatsperiode), das angibt in welchen Intervallen die Verbrauchs- und Prognosewerte geführt werden.

In dem Bereich **Anzahl der gewünschten Perioden** legen Sie die Anzahl der für die Verbrauchswerteermittlung gewünschten Vergangenheitsperioden (hier **60**), die zu erzeugenden Prognoseperioden (hier **12**) und die Anzahl der Vergangenheitswerte fest die das SAP-System bei der Initialisierung berücksichtigen soll (hier **3**).

Die Parameter in dem Bereich **Steuerungsdaten** dienen u. a. zur Initialisierung sowie Modellauswahl und haben mit den Glättungsfaktoren entscheidenden Einfluss auf das Prognoseergebnis (siehe Gulyássy u. a.: Disposition mit SAP, SAP PRESS 2014).

Sie können die Stammdatenpflege vereinfachen, indem Sie wiederkehrende Parametereinstellungen in einem *Prognoseprofil* im SAP-System ablegen, das Sie dann dem jeweiligen Material zuordnen. Das Prognoseprofil legen Sie im SAP-Menü über den Pfad **Logistik • Materialwirtschaft • Materialdisposition • Materialprognose • Profile • Anlegen** an, oder Sie nutzen Transaktion MP80 (Prognoseprofil anlegen).

Die folgenden Transaktionen stehen Ihnen zum Bearbeiten des Prognoseprofils zur Verfügung:

- MP81 (Prognoseprofil ändern)
- MP82 (Prognoseprofil löschen)
- MP83 (Prognoseprofil anzeigen)

Die Zuordnung nehmen Sie – analog zur Zuordnung des Dispositionsprofils – in dem Organisationsebenenbild der Materialstammsatzpflege vor.

4.4.2 Maschinelle Bestellpunktdisposition

Damit ein Material *maschinell* disponiert werden kann, müssen Sie im Materialstamm das Dispositionsmerkmal **VM** eintragen. Damit legen Sie fest, dass die Berechnung des Melde-und Sicherheitsbestands automatisch auf der Basis der Prognosewerte erfolgt. Anhand der bisherigen Materialverbrauchswerte ermittelt das Programm die Prognosewerte für den zukünftigen Bedarf. Daraus werden in Abhängigkeit von dem vom Disponenten zu bestimmenden Lieferbereitschaftsgrad (siehe Abschnitt 2.2.13, »Sicht ›Disposition 2‹«) und von der Wiederbeschaffungszeit des Materials der Meldebestand und der Sicherheitsbestand errechnet und in den Materialstamm übernommen.

Für die folgenden Beispiele sind in Tabelle 4.2 die für die Disposition mit prognoserelevanten Daten des Materialstamms und in Tabelle 4.3 die Verbrauchswerte eingetragen. Die Beispiele sollen Ihnen die grundsätzliche Wirkungsweise der Prognose – bezogen auf die drei Dispositionsverfahren – zeigen.

Sichten	Maschinell	Stochastisch	Rhythmisch
Einkauf			
Basismengeneinheit	Stück	Stück	Stück
Einkäufergruppe	001	001	001
Warengruppe	00102	00102	00102

Tabelle 4.2 Materialstammdaten

Sichten	Maschinell	Stochastisch	Rhythmisch
Disposition 1			
Dispositionsmerkmal	VM	VV	R1
Meldebestand	200		
Dispositionslosgröße	EX	EX	EX
Disponent	001	001	001
Disposition 2			
Wareneingangsbearbeitungszeit	1 Tag	1 Tag	1 Tag
Horizontschlüssel	001	001	001
Planlieferzeit	5 Tage	5 Tage	5 Tage
Sicherheitsbestand	50		
Lieferbereitschaftsgrad	90 %	90 %	
Prognose			
Prognosemodell	Konstantmodell	Saisonmodell	Konstantmodell
Periodenkennzeichen	monatlich	monatlich	wöchentlich
VergangPerioden (Vergangenheitsperioden)	60	60	60
Prognoseperioden	12	12	12
Perioden für Init	3	3	3

Tabelle 4.2 Materialstammdaten (Forts.)

Verbrauchsperioden	Maschinell	Stochastisch
Vormonat	250	1480
Vormonat - 1	230	1430
Vormonat - 2	190	1390
Vormonat - 3	240	1370
Vormonat - 4	230	1350
Vormonat - 5	180	1310

Tabelle 4.3 Verbrauchswerte

Verbrauchsperioden	Maschinell	Stochastisch
Vormonat - 6	200	1350
Vormonat - 7	210	1360
Vormonat - 8	270	1370
Vormonat - 9	220	1380
Vormonat - 10	210	1440
Vormonat - 11	240	1450
Vormonat - 12	205	1490

Tabelle 4.3 Verbrauchswerte (Forts.)

Sie pflegen den Materialstamm und die Verbräuche mit den in Tabelle 4.2 und Tabelle 4.3 (Spalte **Masch.**) angegebenen Daten.

Um das Ergebnis der Prognose und damit die Auswirkungen auf den Melde- und Sicherheitsbestand zu erkennen, sind in Abbildung 4.67 der Wert des Meldebestandes vor der Prognose und in der Abbildung 4.68 der Wert des Sicherheitsbestands vor der Prognose dargestellt.

Abbildung 4.67 Meldebestand vor Prognose

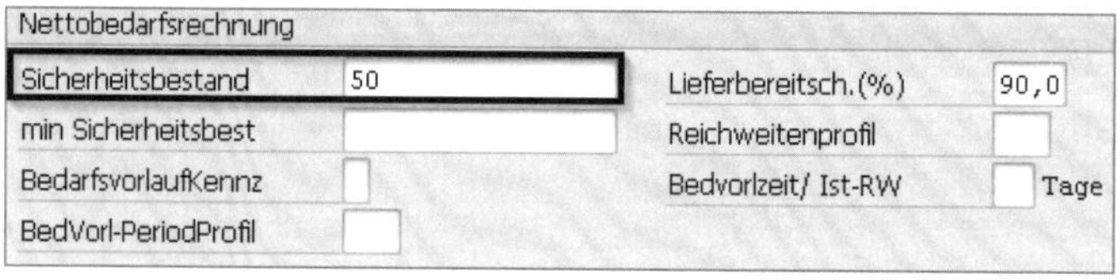

Abbildung 4.68 Sicherheitsbestand vor Prognose

Sie klicken in der Sicht **Prognose** des Materialstammsatzes auf die Schaltfläche Prognose durchführen (siehe Abbildung 4.66).

Das SAP-System errechnet automatisch den Meldebestand aufgrund der Verbrauchswerte und der gewählten Prognoseparameter (siehe Abbildung 4.69) und auch automatisch den Sicherheitsbestand (siehe Abbildung 4.70).

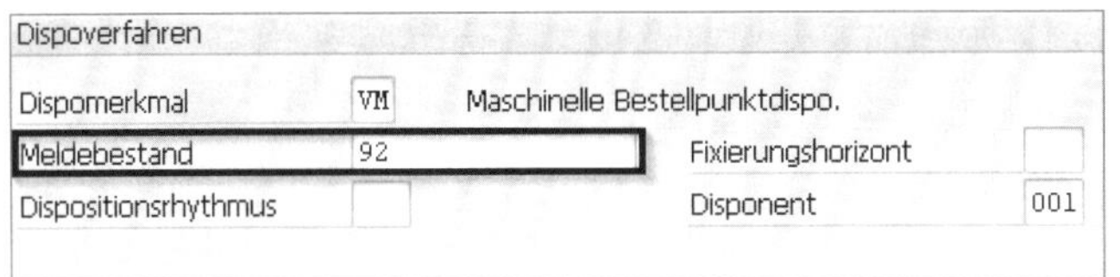

Abbildung 4.69 Meldebestand nach Prognose

Nettobedarfsrechnung
Sicherheitsbestand 29
Lieferbereitsch.(%) 90,0
min Sicherheitsbest
Reichweitenprofil
BedarfsvorlaufKennz
Bedvorlzeit/ Ist-RW Tage
BedVorl-PeriodProfil

Abbildung 4.70 Sicherheitsbestand nach Prognose

Sie erkennen eine Reduzierung beider Bestände, die zuvor manuell eingegeben wurden. Wenn Sie das Prognoseprogramm in regelmäßigen Abständen durchführen, passen sich der Melde- und Sicherheitsbestand an die jeweilige Verbrauchs- und Liefersituation an. Damit nehmen Sie Einfluss auf die Bestandssituation und können so gegebenenfalls eine Bestandsreduzierung erreichen und damit die Lagerhaltungskosten verringern.

4.4.3 Stochastische Disposition

Damit ein Material *stochastisch* disponiert werden kann, müssen Sie im Materialstamm das Dispositionsmerkmal **VV** eintragen. Die stochastische Disposition orientiert sich am Materialverbrauch, und durch die Prognose werden die zukünftigen Bedarfe ermittelt. Diese Werte sind die Bedarfsmengen für den Planungslauf. Die *Prognosewerte* werden also direkt als *Prognosebedarfe* in der Bedarfsplanung wirksam.

Zunächst pflegen Sie den Materialstamm und die Verbräuche mit den in Tabelle 4.2 und der Tabelle 4.3, Spalte **Stoch.**, angegebenen Daten. Anschließend führen Sie die Prognose durch.

Das Ergebnis der Prognose können Sie sich in der Bedarfs-/Bestandsliste ansehen. Die Prognosebedarfe sind als Dispositionselement **PR-BED** abgebildet (siehe Abbildung 4.71).

Sie führen die einstufige Einzelplanung durch und schauen sich das Ergebnis wieder in der Bedarfs-/Bestandsliste an (siehe Abbildung 4.72).

Bedarfs-/Bestandsliste von 10:07 Uhr

Materialbaum ein

Material 2614 Achskappe
Dispobereich 1000 Hamburg
Werk 1000 Dispomerkmal VV Materialart ROH Einheit ST

Z..	Datum	Dispo...	Daten zum Dispoelem.	Umterm. ...	A..	Zugang/Bedarf	Verfügbare Menge
	05.01.2017	W-BEST					0
	05.01.2017	PR-BED	M 01/2017			270-	270-
	01.02.2017	PR-BED	M 02/2017			2.600-	2.870-
	01.03.2017	PR-BED	M 03/2017			2.400-	5.270-
	03.04.2017	PR-BED	M 04/2017			1.400-	6.670-
	02.05.2017	PR-BED	M 05/2017			1.200-	7.870-
	01.06.2017	PR-BED	M 06/2017			2.000-	9.870-
	03.07.2017	PR-BED	M 07/2017			2.340-	12.210-
	01.08.2017	PR-BED	M 08/2017			2.310-	14.520-
	01.09.2017	PR-BED	M 09/2017			2.350-	16.870-
	02.10.2017	PR-BED	M 10/2017			2.370-	19.240-
	02.11.2017	PR-BED	M 11/2017			2.390-	21.630-
	01.12.2017	PR-BED	M 12/2017			2.480-	24.110-

Abbildung 4.71 Bedarfs-/Bestandsliste mit Prognosebedarfen

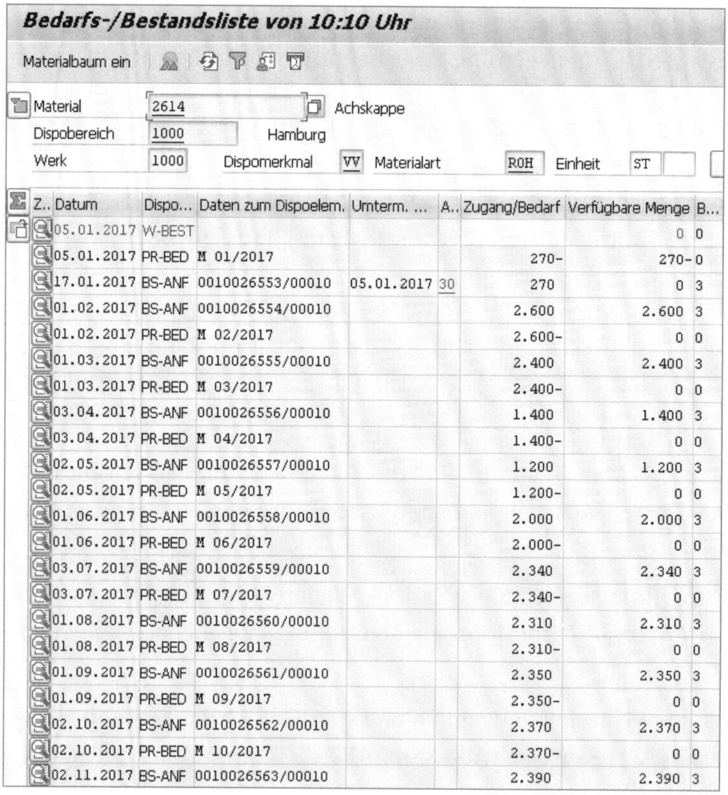

Bedarfs-/Bestandsliste von 10:10 Uhr

Materialbaum ein

Material 2614 Achskappe
Dispobereich 1000 Hamburg
Werk 1000 Dispomerkmal VV Materialart ROH Einheit ST

Z..	Datum	Dispo...	Daten zum Dispoelem.	Umterm. ...	A..	Zugang/Bedarf	Verfügbare Menge	B...
	05.01.2017	W-BEST					0	0
	05.01.2017	PR-BED	M 01/2017			270-	270-	0
	17.01.2017	BS-ANF	0010026553/00010	05.01.2017	30	270	0	3
	01.02.2017	BS-ANF	0010026554/00010			2.600	2.600	3
	01.02.2017	PR-BED	M 02/2017			2.600-	0	0
	01.03.2017	BS-ANF	0010026555/00010			2.400	2.400	3
	01.03.2017	PR-BED	M 03/2017			2.400-	0	0
	03.04.2017	BS-ANF	0010026556/00010			1.400	1.400	3
	03.04.2017	PR-BED	M 04/2017			1.400-	0	0
	02.05.2017	BS-ANF	0010026557/00010			1.200	1.200	3
	02.05.2017	PR-BED	M 05/2017			1.200-	0	0
	01.06.2017	BS-ANF	0010026558/00010			2.000	2.000	3
	01.06.2017	PR-BED	M 06/2017			2.000-	0	0
	03.07.2017	BS-ANF	0010026559/00010			2.340	2.340	3
	03.07.2017	PR-BED	M 07/2017			2.340-	0	0
	01.08.2017	BS-ANF	0010026560/00010			2.310	2.310	3
	01.08.2017	PR-BED	M 08/2017			2.310-	0	0
	01.09.2017	BS-ANF	0010026561/00010			2.350	2.350	3
	01.09.2017	PR-BED	M 09/2017			2.350-	0	0
	02.10.2017	BS-ANF	0010026562/00010			2.370	2.370	3
	02.10.2017	PR-BED	M 10/2017			2.370-	0	0
	02.11.2017	BS-ANF	0010026563/00010			2.390	2.390	3

Abbildung 4.72 Bedarfs-/Bestandsliste nach Planungslauf

Sie erkennen, dass zu allen Prognosebedarfen Beschaffungsvorschläge, hier Bestellanforderungen (**BS-BANF**), erzeugt wurden. Der Mengenvorschlag entspricht je Planungsperiode genau dem Prognosebedarf, da im Materialstamm die Losgröße **EX** (exakte Losgröße) eingetragen ist. Sie können die monatlichen Bedarfe auf Wochen- bzw. Tagesbedarfe herunterbrechen.

4.4.4 Rhythmische Disposition

Damit ein Material *rhythmisch* disponiert werden kann, müssen Sie im Materialstamm das Dispositionsmerkmal **R1** bzw. **R2** und den Wert für den Dispositionsrhythmus eintragen (siehe Abbildung 4.73).

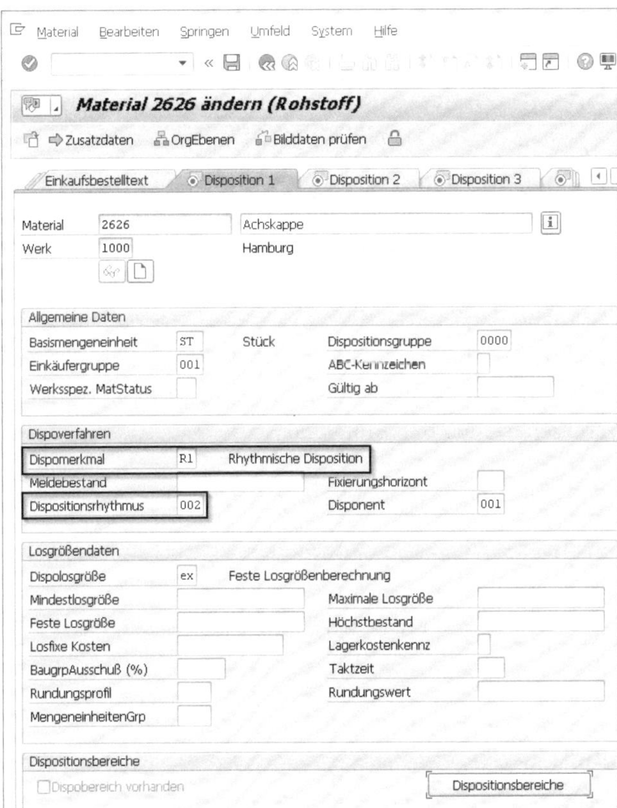

Abbildung 4.73 Dispositionsmerkmal und Dispositionsrhythmus

Anhand dieses Beispiels soll Ihnen der prinzipielle Ablauf der rhythmischen Disposition gezeigt werden.

Sie pflegen den Materialstamm mit den in Tabelle 4.2, Spalte **Rhythm.**, angegebenen Daten. Sie tragen im Materialstamm die nachstehenden Verbrauchswerte ein (siehe Abbildung 4.74). In das Feld **Periodenkennzeichen** tragen Sie **W** (wöchentlich) ein.

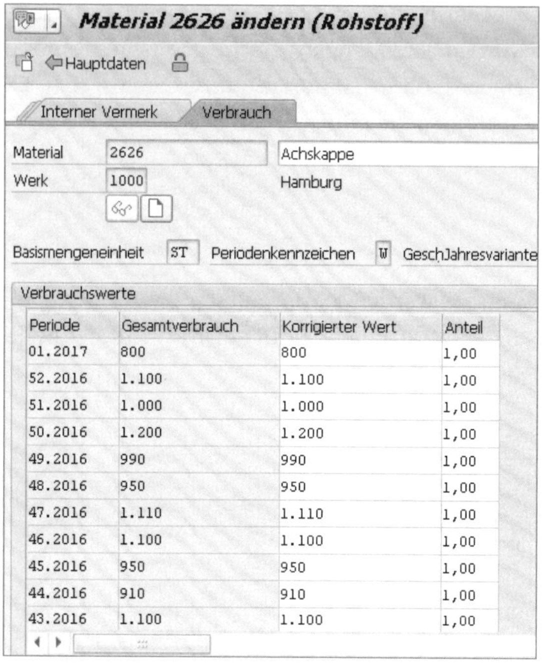

Material 2626 ändern (Rohstoff)

Hauptdaten

Interner Vermerk | Verbrauch

Material 2626 Achskappe
Werk 1000 Hamburg

Basismengeneinheit ST Periodenkennzeichen W GeschJahresvariante

Verbrauchswerte

Periode	Gesamtverbrauch	Korrigierter Wert	Anteil
01.2017	800	800	1,00
52.2016	1.100	1.100	1,00
51.2016	1.000	1.000	1,00
50.2016	1.200	1.200	1,00
49.2016	990	990	1,00
48.2016	950	950	1,00
47.2016	1.110	1.110	1,00
46.2016	1.100	1.100	1,00
45.2016	950	950	1,00
44.2016	910	910	1,00
43.2016	1.100	1.100	1,00

Abbildung 4.74 Manuell eingetragene Verbrauchswerte

Anschließend führen Sie die Prognose mit Transaktion MP30 (Prognose durchführen) durch. Danach sind die Prognosebedarfe (Dispositionselement **PR-BED**) in der Bedarfs-/Bestandsliste eingetragen (siehe Abbildung 4.75).

Bedarfs-/Bestandsliste von 18:04 Uhr

Materialbaum ein

Material 2626 Achskappe
Dispobereich 1000 Hamburg
Werk 1000 Dispomerkmal R1 Materialart ROH Einheit ST

Z..	Datum	Dispo...	Daten zum Dispoelem.	Umterm. ...	A..	Zugang/Bedarf	Verfügbare Menge
	07.01.2017	W-BEST			96		0
	07.01.2017	ShBest	Sicherheitsbestand			20-	20-
	09.01.2017	PR-BED	W 02/2017			1.032-	1.052-
	16.01.2017	PR-BED	W 03/2017			1.032-	2.084-
	23.01.2017	PR-BED	W 04/2017			1.032-	3.116-
	30.01.2017	PR-BED	W 05/2017			1.032-	4.148-
	06.02.2017	PR-BED	W 06/2017			1.032-	5.180-
	13.02.2017	PR-BED	W 07/2017			1.032-	6.212-
	20.02.2017	PR-BED	W 08/2017			1.032-	7.244-
	27.02.2017	PR-BED	W 09/2017			1.032-	8.276-
	06.03.2017	PR-BED	W 10/2017			1.032-	9.308-
	13.03.2017	PR-BED	W 11/2017			1.032-	10.340-
	20.03.2017	PR-BED	W 12/2017			1.032-	11.372-

Abbildung 4.75 Bedarfs-/Bestandsliste mit Prognosebedarfen

In der Planungsvormerkdatei ist im Feld **DispoDatum** das Dispositionsdatum, **10.01.2017** (das ist ein Dienstag, siehe Abbildung 4.80), für den ersten Planungslauf – entsprechend der Festlegung für den Dispositionsrhythmus und den Lieferrhythmus – im Planungskalender eingetragen (siehe Abbildung 4.76).

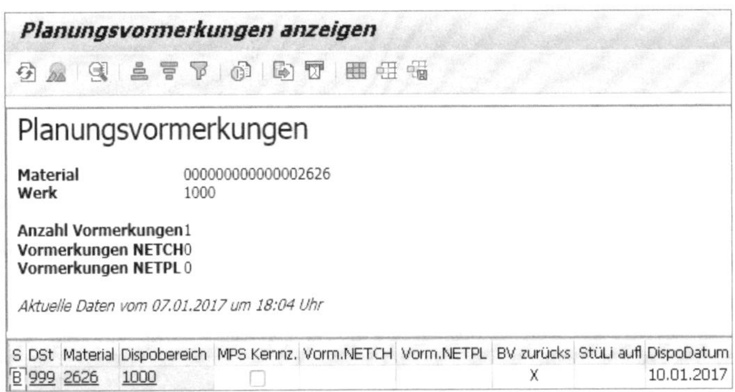

Abbildung 4.76 Dispositionsdatum in der Planungsvormerkdatei

Jetzt starten Sie den Planungslauf. Das SAP-System gibt Ihnen das aktuelle Tagesdatum als Dispositionsdatum vor. Sie erhalten die folgende Warnmeldung:

⚠ Das Material ist erst am 10.01.2017 zur Disposition vorgesehen

Diese Meldung erscheint, da das SAP-System sich an dem ermittelten Dispositionsdatum orientiert.

Sie ändern den Dispositionstermin und starten den Planungslauf. Das Ergebnis ist in der Bedarfs-/Bestandsliste ersichtlich (siehe Abbildung 4.77).

Planungsergebnis: Einzelzeilen

Fix.datum | Beschaffungsvorschlag | Fertigungsauftrag

Material 2626 .chskappe
Dispobereich 1000 Hamburg
Werk 1000 Dispomerkmal R1 Materialart ROH Basis-ME ST

Z..	Datum	Dispoel.	Daten zum Dispoelem.	Umterm. ...	A..	Zugang/Bedarf	Verfügb. Menge	B...
	17.01.2017	W-BEST			96		0	0
	17.01.2017	ShBest	Sicherheitsbestand			20-	20-	0
	17.01.2017	PR-BED	W 03/2017			825-	845-	0
	23.01.2017	PR-BED	W 04/2017			1.032-	1.877-	0
	24.01.2017	BS-ANF	0010026579/00010		01	2.291	414	3
	30.01.2017	PR-BED	W 05/2017			1.032-	618-	0
	06.02.2017	PR-BED	W 06/2017			1.032-	1.650-	0
	13.02.2017	PR-BED	W 07/2017			1.032-	2.682-	0
	20.02.2017	PR-BED	W 08/2017			1.032-	3.714-	0
	27.02.2017	PR-BED	W 09/2017			1.032-	4.746-	0
	06.03.2017	PR-BED	W 10/2017			1.032-	5.778-	0
	13.03.2017	PR-BED	W 11/2017			1.032-	6.810-	0
	20.03.2017	PR-BED	W 12/2017			1.032-	7.842-	0

Abbildung 4.77 Bedarfs-/Bestandsliste nach dem Planungslauf vom 10.01.2017

Sie erkennen, dass zur Abdeckung der Bedarfe eine Bestellanforderung (**BS-ANF**) generiert wurde. In der Planungsvormerkdatei wird entsprechend dem Dispositions- und Lieferrhythmus das neue Dispositionsdatum, **17.01.2017**, (das ist wieder ein Dienstag, entsprechend des eingestellten Dispositionsrhythmuses und Zeitintervalls) gesetzt (siehe Abbildung 4.78).

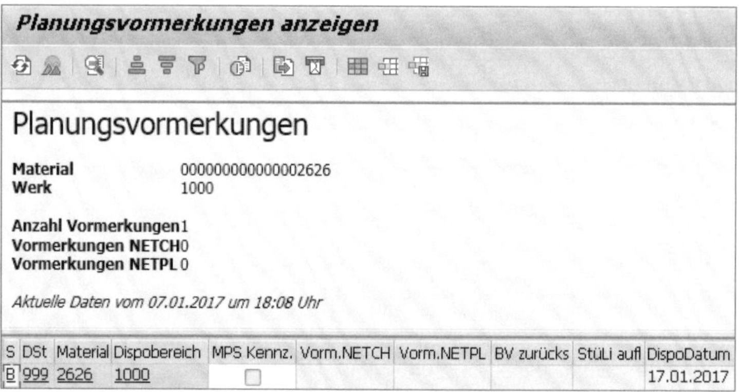

Abbildung 4.78 Planungsvormerkdatei mit neu gesetztem Dispositionsdatum

Nach dem nächstem Planungslauf erhalten Sie das in Abbildung 4.79 ersichtliche Ergebnis. Sie erkennen, dass zur Abdeckung der Bedarfe wieder eine BANF mit dem neu ermittelten Termin generiert wurde.

Bedarfs-/Bestandsliste von 17:10 Uhr

Materialbaum ein

Material 2626 Achskappe
Dispobereich 1000 Hamburg
Werk 1000 Dispomerkmal R1 Materialart ROH Einheit ST

Z..	Datum	Dispo...	Daten zum Dispoelem.	Umterm. ...	A..	Zugang/Bedarf	Verfügbare Menge	B...
	08.01.2017	W-BEST			96		0	0
	08.01.2017	ShBest	Sicherheitsbestand			20-	20-	0
	09.01.2017	PR-BED	W 02/2017			1.032-	1.052-	0
	16.01.2017	PR-BED	W 03/2017			1.032-	2.084-	0
	23.01.2017	PR-BED	W 04/2017			1.032-	3.116-	0
	24.01.2017	BS-ANF	0010026579/00010	08.01.2017	30	2.291	825-	3
	30.01.2017	PR-BED	W 05/2017			1.032-	1.857-	0
	06.02.2017	PR-BED	W 06/2017			1.032-	2.889-	0
	13.02.2017	PR-BED	W 07/2017			1.032-	3.921-	0
	20.02.2017	PR-BED	W 08/2017			1.032-	4.953-	0
	27.02.2017	PR-BED	W 09/2017			1.032-	5.985-	0
	06.03.2017	PR-BED	W 10/2017			1.032-	7.017-	0
	13.03.2017	PR-BED	W 11/2017			1.032-	8.049-	0
	20.03.2017	PR-BED	W 12/2017			1.032-	9.081-	0

Abbildung 4.79 Bedarfs-/Bestandsliste nach dem Planungslauf vom 17.01.2017

Abbildung 4.80 soll Ihnen noch einmal verdeutlichen, wie das SAP-System die Bedarfsmengen im festgelegten Zeitintervall berechnet (siehe Abschnitt 4.2.2, »Stochastische Disposition«).

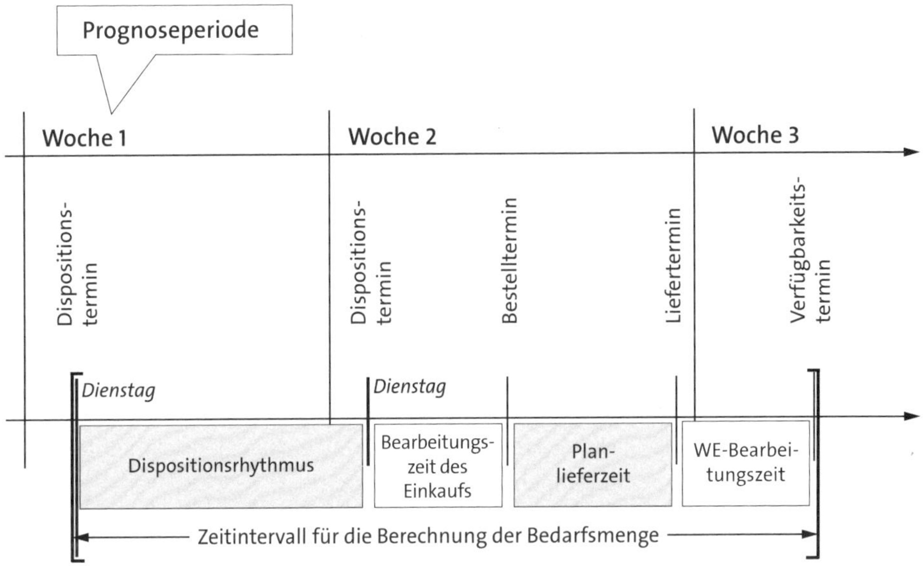

Abbildung 4.80 Zeitintervall für Bedarfsmengenermittlung

Das SAP-System errechnet zuerst ein Zeitintervall, vergleicht dann den Prognosebedarf in diesem Zeitintervall mit dem Bestand und den festen und fixierten Zugängen in diesem Zeitintervall und berechnet daraus die Beschaffungsmenge. Beachten Sie, dass der Bedarf der Perioden, die vollständig in dem betrachteten Intervall liegen, für die Berechnung der Bedarfsmenge komplett berücksichtigt wird. Der Bedarf der Perioden, die über das betrachtete Intervall hinausgehen, wird nur anteilig einbezogen.

Der im Zeitintervall berechnete Bedarf wird dann in der Nettobedarfsrechnung um den Bestand und die festen Zugänge reduziert. Die Restmenge ergibt die Unterdeckungsmenge. Das SAP-System erstellt bei exakter Losgröße einen Bestellvorschlag in Höhe der Unterdeckungsmenge. Wenn Sie ein anderes Losgrößenverfahren gewählt haben, orientiert sich die Höhe des Bestellvorschlags am gewählten Losgrößenverfahren.

4.5 Automatische Lieferplaneinteilung und Quotierung

Soll die Beschaffung von Material durch einen Lieferplan erfolgen, und das SAP-System soll beim Planungslauf automatisch Lieferplaneinteilungen als Bedarfsdecker erzeugen, müssen Sie dies im Orderbuch festlegen. Möchten Sie, dass das Material *abwechselnd* von verschiedenen Bezugsquellen bezogen werden soll, müssen Sie die Quotierungsdatei pflegen (siehe Abschnitt 5.8, »Bezugsquellenermittlung«).

4.5.1 Automatische Lieferplaneinteilungen

Sie haben im Orderbuch die für die Beschaffung eines Materials gewünschten Bezugsquellen für einen bestimmten Zeitraum gepflegt. Sie haben mit den Lieferanten vereinbart, dass die Beschaffung des Materials mittels Lieferplan erfolgen soll. Beim Planungslauf sollen entsprechend der Bedarfs- und Bestandssituation Lieferplaneinteilungen erzeugt werden. Hierzu müssen die folgenden Voraussetzungen erfüllt sein (siehe Abbildung 4.81):

- Der Lieferplan muss als Bezugsquelle im Orderbuch eingetragen sein.
- Das Orderbuchverwendungskennzeichen **Dis** im Orderbuch muss automatische Lieferplaneinteilungen zulassen (**Dis** = **2**).
- Im Einstiegsbild des Planungslaufs muss das Kennzeichen Lieferplaneinteilungen zulassen (**Lieferplaneinteilungen** = **3**) gesetzt sein.

Orderbuch pflegen: Übersichtsbild

Material 2626 Achskappe
Werk 1000 Hamburg

Orderbuchsätze

Gültig ab	Gültig bis	Lieferant	EkOr	BWk	BME	Vertrag	Pos.	Zentralkon...	Pos. Zentr...	Fix	Gsp	Dis	Dispobereich
08.01.2017	31.08.2017	1002	1000		ST	5500000225	10			☑	☐	2	1000
20.01.2017	31.12.2017	1001	1000							☐	☐	1	
										☐	☐		

Abbildung 4.81 Orderbuch mit Lieferplan

Im Orderbuch haben Sie vereinbarungsgemäß festgelegt, dass die Beschaffung in Form des Lieferplans beim Lieferanten **1002** erfolgen und das SAP-System automatisch Lieferplaneinteilungen bei Unterdeckung erzeugen soll. Das Ergebnis des Planungslaufs bei dem gewählten Dispositionsverfahren (manuelle Bestellpunktdisposition) sehen Sie in Abbildung 4.82. Das SAP-System hat die Unterdeckung erkannt und erzeugt entsprechend dem Orderbucheintrag Lieferplaneinteilungen, Dispositionselement **LP-EIN**. Die Bedarfsmengenvorschläge resultieren aus der im Materialstamm eingestellten Losgröße **FX** (feste Losgröße = 25 Stück) und dem Meldebestand von 200 Stück.

Bedarfs-/Bestandsliste von 11:54 Uhr

Materialbaum ein

Material 2626 Achskappe
Dispobereich 1000 Hamburg
Werk 1000 Dispomerkmal VB Materialart ROH Einheit ST

Z..	Datum	Dispo...	Daten zum Dispoelem.	Umterm. ...	A..	Zugang/Bedarf	Verfügbare Menge	La...
	09.01.2017	W-BEST			96		0	
	09.01.2017	ShBest	Sicherheitsbestand			50-	50-	
	13.01.2017	LP-EIN	5500000227/00010			25	25-	0001
	13.01.2017	LP-EIN	5500000227/00010			25	0	0001
	13.01.2017	LP-EIN	5500000227/00010			25	25	0001
	13.01.2017	LP-EIN	5500000227/00010			25	50	0001

Abbildung 4.82 Bedarfs-/Bestandsliste mit Lieferplaneinteilungen

4.5.2 Quotierung

In der Quotierungsdatei legen Sie die Reihenfolge der Bezugsquellen fest und versehen diese mit einer Quote. Die *Quote* gibt an, welcher Anteil des anfallenden Bedarfs in welchem Zeitraum von welcher Bezugsquelle beschafft werden soll.

Damit Sie das Material quotieren können, muss im Materialstamm Sicht **Disposition 2** im Feld **Quotierungsverw.** Ein Wert eingetragen sein (hier »**3**«). Dieses legt fest, in welchen betriebswirtschaftlichen Anwendungsbereichen die Quotierung verwendet und die quotierte Menge fortgeschrieben werden soll (siehe Abbildung 4.83).

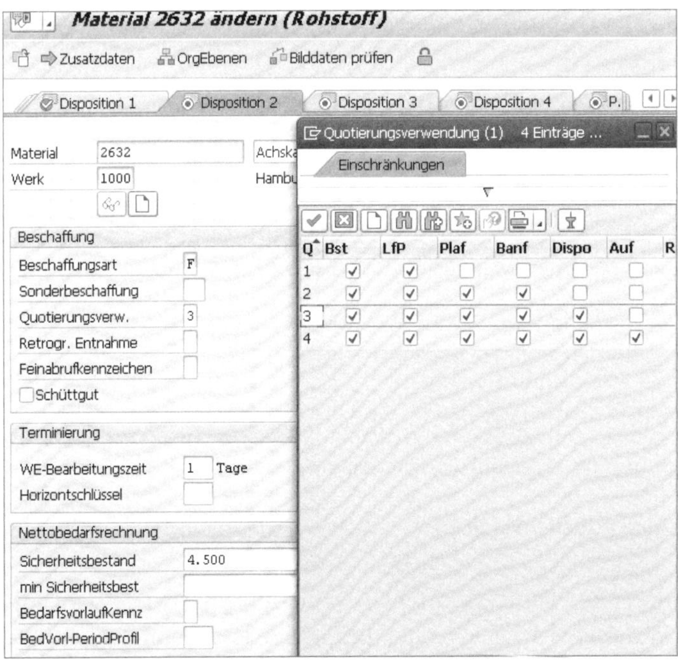

Abbildung 4.83 Quotierungsverwendungskennzeichen im Materialstamm

Sind diese Voraussetzungen erfüllt, ermittelt das SAP-System beim Planungslauf die Bezugsquellen entsprechend der Quotendatei und ordnet die Beschaffungsvorschläge den Bezugsquellen zu. Dazu errechnet das SAP-System intern eine Quotenzahl (siehe Abschnitt 5.8.1, »Quotierung«):

Quotenzahl = (Quotierte Menge + Quotenbasismenge) / Quote

Für jeden quotierten Beschaffungsvorschlag wird die Quotendatei fortgeschrieben, so dass die Quotierung immer auf dem aktuellen Stand erfolgt.

Es stehen zwei Verfahren zur Verfügung:

- **Quotierung ohne Splittung**
  Der Beschaffungsvorschlag wird der Bezugsquelle zugeordnet, die die kleinste Quotenzahl aufweist.
- **Quotierung mit Splittung**
  Die Bedarfsmenge wird auf die verschiedenen Bezugsquellen gemäß der Quote verteilt. Sie müssen hierzu im Materialstamm ein Dispositionsmerkmal (z. B. **ES-Exakte Losgröße mit Splittung**) eintragen.

Außerdem kann die Quotierung durch weitere Funktionen feingesteuert werden (siehe hierzu auch Gulyássy u. a.: Disposition mit SAP, SAP PRESS 2014).

An dem folgenden Beispiel soll eines der genannten Verfahren erläutert werden.

Fallbeispiel: Quotierung ohne Splittung

Die Daten in Abbildung 4.84 resultieren aus den bisher mit diesem Material durchgeführten Beschaffungsprozessen.

Quotierung anzeigen: Übersicht Quotierungspositionen 168

Kopf ▸ Nächste Übersicht

Material	2632	hskappe	
Werk	1000	Hamburg	
Quotierung	168	Basis-ME	ST
Gültig ab	10.01.2017	Gültig bis	31.12.2017
		Mindestmenge	0,000
Angelegt von	LAKOMY	Angelegt am	10.01.2017

Quotierungspositionen

Q...	B	S	Lieferant	BWk	FVer	Qu...	in %	Quotierte Menge	Maximale Menge	Quotenbasismenge
1	F		1001			25	25,0	500,000	0,000	0,000
2	F		1002			75	75,0	3.000,000	0,000	0,000

Abbildung 4.84 Quotierung aktueller Stand

Die weitere Zuordnung der Beschaffungsvorschläge wird durch die Quotenzahl entschieden. Der Beschaffungsvorschlag wird der Bezugsquelle zugeordnet, die die kleinste Quotenzahl aufweist:

- Für die Bezugsquelle 1 (**Lieferant 1001**) errechnet sich die Quotenzahl 20.
- Für die Bezugsquelle 2 (**Lieferant 1002**) errechnet sich die Quotenzahl 40.

Bei einem angeforderten Bedarf von 1.000 Stück und exakter Losgröße ergibt sich nach dem Planungslauf der in Abbildung 4.85 dargestellte Inhalt.

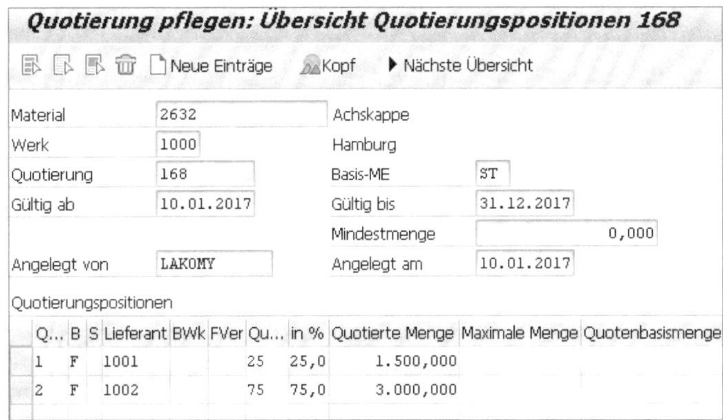

Q...	B	S	Lieferant	BWk	FVer	Qu...	in %	Quotierte Menge	Maximale Menge	Quotenbasismenge
1	F		1001			25	25,0	1.500,000		
2	F		1002			75	75,0	3.000,000		

Abbildung 4.85 Quotierung – nach Planungslauf

Sie erkennen, dass das SAP-System die Bezugsquelle beim Planungslauf entsprechend der Quotierung ermittelt hat – hier Bezugsquelle 1 (Lieferant 1001) – und die Beschaffungsmenge in der Spalte **Quotierte Menge** fortgeschrieben wurde.

4.6 Ausgewählte Parametereinstellungen im Customizing

Sie finden Parametereinstellungen im Customizing u. a. über den in Abbildung 4.86 dargestellten Menüpfad.

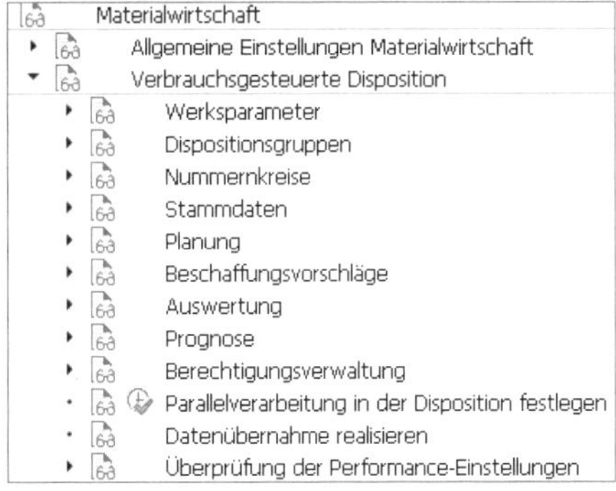

Abbildung 4.86 Parametereinstellmöglichkeiten im Customizing

Nachfolgend stellen wir Ihnen notwendige und mögliche Einstellungen entsprechend der in der Abbildung 4.86 aufgeführten Menüeinträge vor:

- **Werksparameter**
- **Gesamtpflege der Werksparameter durchführen**
  Sie können die Parameter für Nummernkreise, Stammdaten, Planungslauf usw. pflegen
- **Dispositionsgruppe**
  - **Gesamtpflege der Dispositionsgruppen durchführen**
    Für die Kombination Werk und Dispositionsgruppe können Sie Parameter für die Fremdbeschaffung und Planungslauf pflegen
  - **Dispositionsgruppen pro Materialart festlegen**
- **Stammdaten**
  Sie können den Disponentenschlüssel festlegen, Dispositionsmerkmale überprüfen bzw. neu hinzufügen, Sonderbeschaffungsarten werksbezogen zuordnen, den Planungskalender für z. B. rhythmische Disposition pflegen, Dispositionsbereiche für die Bedarfsplanung aktivieren und neue Dispositionsbereiche hinzufügen
- **Planung**
  Sie können Steuerungsparameter für den Planungslauf pflegen, Parameter für die Dispositionsrechnung (z. B. Fehlerbehandlung beim Planungslauf) festlegen, Losgrößenverfahren für die Disposition einstellen, Bearbeitungszeiten für den Einkauf aus der Sicht der Disposition festlegen, usw.
- **Beschaffungsvorschläge festlegen**
  Sie können u. a. das Umsetzen der Planaufträge in Bestellanforderungen festlegen oder das Umsetzen der Bestellanforderungen in Bestellungen festlegen

[»]

Weiterführende Customizing-Einstellungen

Weiterführende Customizing-Einstellungen finden Sie bei Ernst Greiner: SAP-Materialwirtschaft – Customizing, SAP PRESS 2016, S. 125 ff.

Im folgenden Kapitel 5, »Einkauf«, werden die Ergebnisdaten der Materialbedarfsplanung entsprechend dem Beschaffungszyklus weiterverarbeitet.

Kapitel 5
Einkauf

Das Kapitel »Einkauf« beschreibt, wie die bedarfsgerechte und wirtschaftliche Versorgung mit Waren und Dienstleistungen im SAP-System mit geeigneten Belegarten, Positionstypen und Kontierungsinformationen innerhalb des Beschaffungsprozesses gelingen kann.

Bevor wir Ihnen die einzelnen Funktionen des SAP-Systems vorstellen, erläutern wir Ihnen einige Begriffe und geben einen Überblick über die wichtigsten Objekte, die Ihnen im Einkaufsbereich des SAP-Systems begegnen.

Die *externe Beschaffung* meint die Deckung eines Bedarfs anhand der Belieferung durch einen externen Lieferanten.

Die *interne Beschaffung* meint die Deckung eines Bedarfs mittels Umlagerung aus einem Werk in ein anderes Werk. Eine Umlagerung kann nur mithilfe von *Materialstammsätzen* durchgeführt werden.

Die *Intercompany-Abwicklung* ist eine Sonderform, in der die Unternehmensbereiche untereinander sowohl die Bedarfsdeckung als auch die externe Beschaffungen abwickeln, allerdings unter besonderer Berücksichtigung der *Werteflüsse* innerhalb der Unternehmensbereiche. Die Intercompany-Abwicklung ist nicht Gegenstand dieses Buches.

Der Einkauf ist Teil der SAP-Komponente *Materialwirtschaft*, die Sie im SAP-Menü im Ordner **Logistik** finden, und besteht aus den Ordnern **Bestellung**, **Bestellanforderung**, **Rahmenvertrag**, **Anfrage/Angebot** und **Stammdaten**. Im Ordner **Umfeld** finden Sie Themen, die zwar für den Einkauf relevant, aber den anderen Ordnern nicht direkt zugeordnet worden sind.

Die Ordner des Menübaums enthalten auf der untersten Ebene *Funktionen*, die im SAP-System *Transaktionen* genannt werden.

Abschnitt 5.6, »Positionstyp«, und Abschnitt 5.7, »Kontierungstyp«, beschreiben Einstellungen im *Customizing*, die für das Verständnis der Einkaufsprozesse im SAP-System erforderlich sind. In der Abfolge der Beschreibung orientieren Sie sich an der Reihenfolge im *SAP-Referenz-IMG*.

Nachdem wir Ihnen in einem theoretischen Teil die Elemente, deren Einstellungen und die Individualisierung der SAP-Oberfläche gezeigt haben, stellen wir Ihnen verschiedene *Einkaufsprozesse* in Abschnitt 5.9, »Geschäftsvorfälle in der operativen Beschaffung«, vor.

Das zentrale Element im Einkauf ist die *Bestellung*, die den Einkaufsprozess anhand einer *Nachricht* (siehe Abschnitt 5.14, »Nachrichten«) an den Lieferanten mit einem externen Partner anstößt.

Bestellanforderungen dienen der internen Vorbereitung des Einkaufsprozesses. Sie können eine Bestellanforderung in eine Bestellung, in einen Rahmenvertrag oder in eine Anfrage/Angebot überführen.

Rahmenverträge können die Ausprägung *Kontrakt* mit Mengen- bzw. Wertgrenze oder *Lieferplan* mit regelmäßigen Abrufterminen haben.

Gibt es für einen Bedarf noch keine *Bezugsquelle*, können Sie mit einer *Anfrage* verschiedene potenzielle Lieferanten zu einem *Angebot* auffordern.

Erzeugen Sie im SAP-System eine Bestellung, eine Bestellanforderung oder einen Rahmenvertrag, werden in Abhängigkeit von den Customizing-Einstellungen die entsprechenden Werte im Controlling zur wirtschaftlichen Beurteilung Ihres Einkaufs erzeugt.

Abbildung 5.1 zeigt das Zusammenspiel von Belegfluss in der Komponente Materialwirtschaft und Wertefluss in der Komponente Controlling.

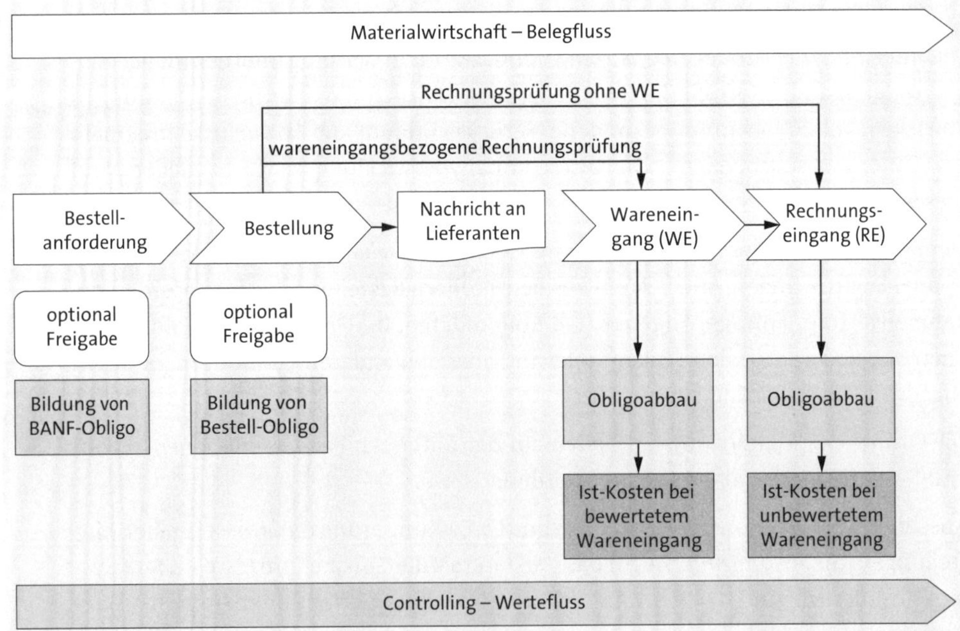

Abbildung 5.1 Beleg- und Werteﬂuss im Einkauf

Das SAP-System bildet in der Materialwirtschaft einen Belegfluss, den Sie in der Bestellung auf der Positionsebene in der Registerkarte **Bestellentwicklung** nachvollziehen können.

Den Wertefluss im Controlling werten Sie über geeignete Transaktionen, z. B. S_ALR_87013620, oder über den Menüpfad **Rechnungswesen • Controlling • Kostenstellenrechnung • Infosystem • Berichte zur Kostenstellenrechnung • Plan/Ist-Vergleiche • Zusätzliche Kennzahlen • Kostenstellen • Ist/Plan/Obligo** aus.

5.1 Bildaufbau von Einkaufsbelegen

Dieses Kapitel dient Ihrer Orientierung in den Darstellungsformen von Einkaufsbelegen: Das SAP-System bietet die *Einbildtransaktion* und die *Mehrbildtransaktion* an.

Der Bildaufbau von Einkaufsbelegen wird über die Einflussfaktoren Belegart, Positionstyp, Kontierungstyp, Freigabezustand, Berechtigung und Vorgang gesteuert (siehe Abbildung 5.2).

Abbildung 5.2 Einflussfaktoren des Bildaufbaus von Einkaufsbelegen

Ein Einkaufsbeleg besteht, wie es Abbildung 5.3. veranschaulicht, aus den Kopfdaten und einer oder mehreren Positionen:

- Der Kopf enthält Daten, die sich auf den gesamten Beleg beziehen, wie z. B. Lieferant, Zahlungsbedingungen oder Incoterms.
- Die Position repräsentiert die zu beschaffende Ware oder die Dienstleistung. Die Ware oder Dienstleistung wird über eine Materialnummer oder einen beschreibenden Kurztext erfasst und durch Daten zu Bestellpreis, Liefertermin, Kontierung sowie durch andere relevante Informationen ergänzt.

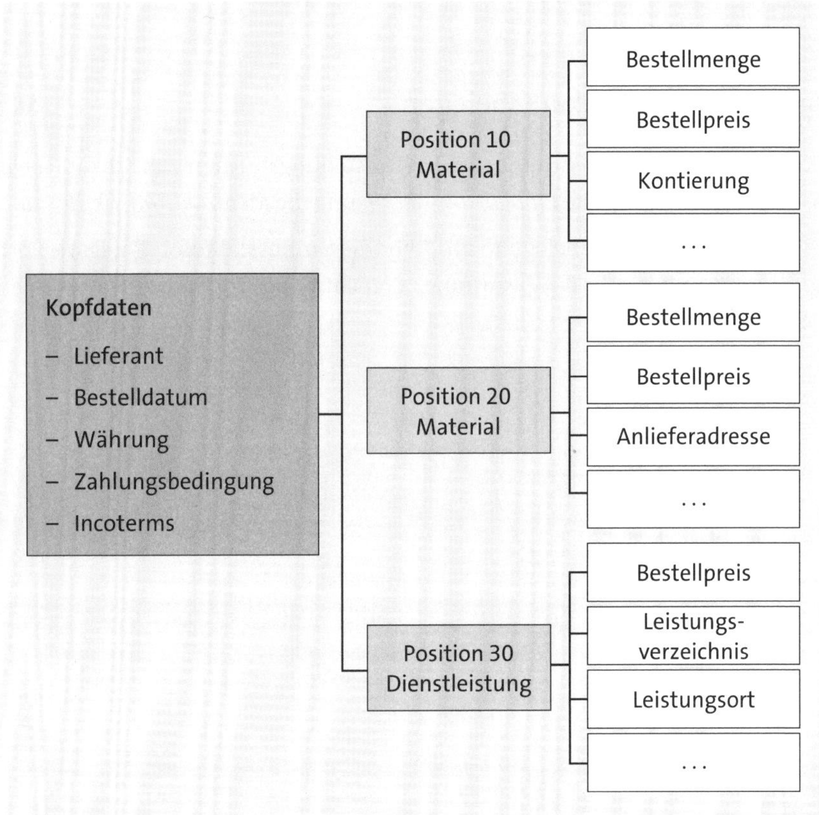

Abbildung 5.3 Aufbau eines Einkaufsbelegs

Die Darstellung der Funktionen im Einkauf finden Sie als Einbildtransaktion, manchmal auch *Enjoy-Transaktion* genannt, oder als Mehrbildtransaktion.

Bestellungen und Bestellanforderungen werden als Einbildtransaktionen dargestellt. Rahmenverträge und Anfrage-/Angebotstransaktionen stehen als Mehrbildtransaktionen zur Verfügung.

Die Einbildtransaktion zeigt alle Informationen auf einem Bildschirm, deren Elemente zu- oder weggeschaltet werden können. Die Einbildtransaktion erkennen Sie am Suffix N (siehe Tabelle 5.1).

Transaktion	Bedeutung
ME21N	Bestellung anlegen
ME22N	Bestellung ändern
ME23N	Bestellung anzeigen
ME51N	Bestellanforderung anlegen
ME52N	Bestellanforderung ändern
ME53N	Bestellanforderung anzeigen

Tabelle 5.1 Einbildtransaktionen

In der Mehrbildtransaktion müssen Sie zwischen Kopf-, Positions- und Positionsübersichtsdaten mit der Menüführung oder den Schaltflächen in der Anwendungsfunktionsleiste hin- und herschalten. In den beiden folgenden Abschnitten stellen wir Ihnen die Sichten der Ein- und Mehrbildtransaktionen im Detail vor.

5.1.1 Einbildtransaktionen

SAP hat mit Release 4.6 für Bestellungen und Bestellanforderungen die anwenderfreundliche Oberfläche der Einbildtransaktion eingeführt, d. h., dass Sie alle Daten in einem Bild pflegen. Das Hin- und Herspringen zwischen verschiedenen Bildschirmen und die Bearbeitung eines *Einstiegsbilds* entfallen. In Abbildung 5.4 sehen Sie, wie sich die Oberfläche der Einbildtransaktion beim allerersten Aufruf darstellt.

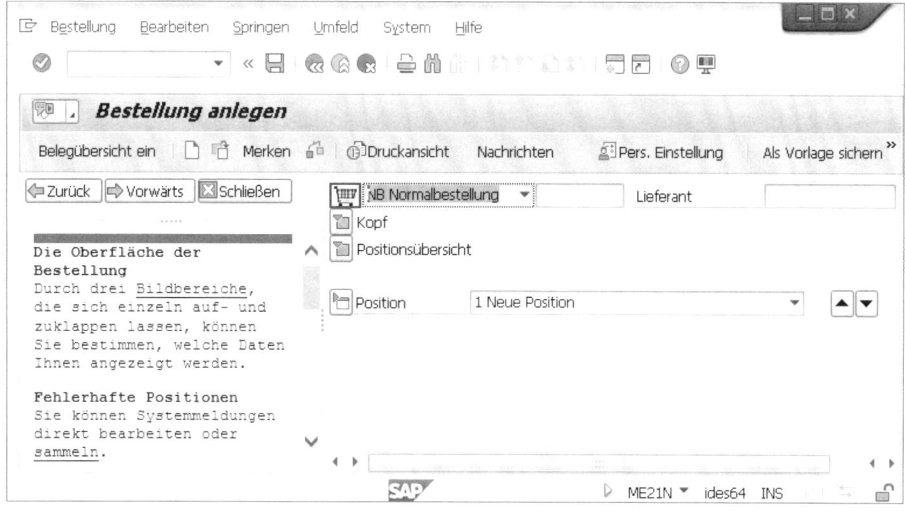

Abbildung 5.4 Bestellung anlegen – initialer Aufruf

Hilfe für die Einbildtransaktion

Öffnen Sie die Einbildtransaktion zum ersten Mal, zeigt das SAP-System im linken Bildbereich die Hilfe für den Bildschirm an, siehe Abbildung 5.4.

Oberhalb des Bildbereichs finden Sie drei Schaltflächen zur Navigation in der Hilfe. Mit den Schaltflächen **Zurück** und **Vorwärts** navigieren Sie durch die Hilfe. Mit der Schaltfläche **Schließen** entfernen Sie die Hilfe aus der Ansicht, und mit der Schaltfläche (**Hilfe**) öffnen Sie die Hilfe.

Arbeitsbereich

Im rechten Bildbereich, dem Dynpro- oder Arbeitsbereich ist die **Belegart NB Normalbestellung** voreingestellt– zu den Voreinstellungen lesen Sie auch Abschnitt 5.2.1, »Persönliche Einstellungen – Einbildtransaktionen«.

Die Dateneingaben zu Kopf, Positionsübersicht und Position sind zunächst eingeklappt. Klicken Sie auf die Schaltfläche (**Objekt aufklappen**) links vor dem jeweiligen Bereich zu dessen Öffnung.

Mit der Schaltfläche (**Objekt zuklappen**) schließen Sie den jeweiligen Bereich.

Erst wenn Sie in der Positionsübersicht in der Spalte **Material** eine Materialnummer oder in der Spalte **Kurztext** einen Eintrag erfasst und diesen mit der ↵-Taste bestätigt haben, öffnet das SAP-System die Positionsdetails. In Abbildung 5.5 sehen Sie beispielhaft die Einbildtransaktion **Normalbestellung**. In Tabelle 5.2 unterhalb der Abbildung erläutern wir Ihnen deren wesentlichen Funktionen.

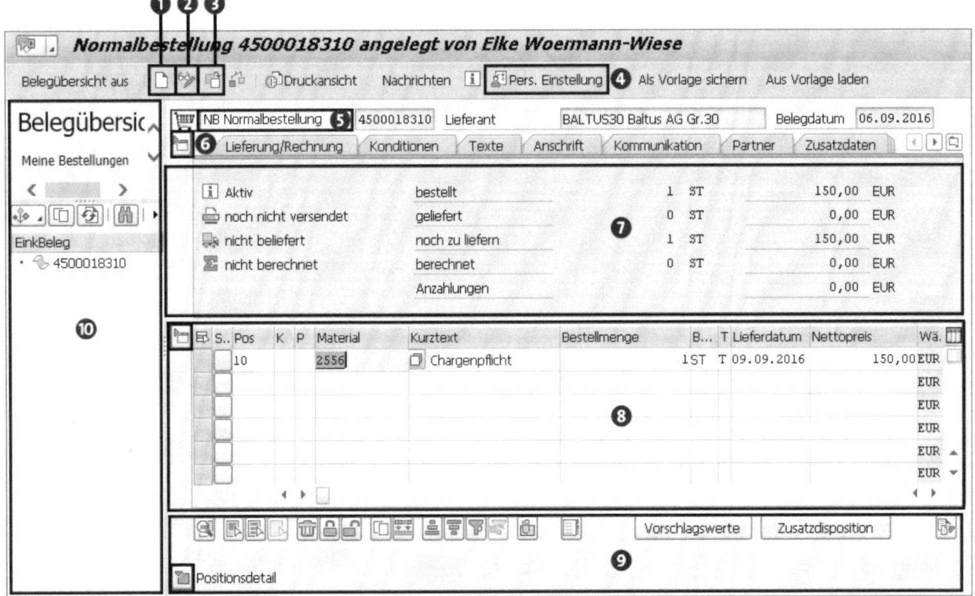

Abbildung 5.5 Bildbereiche der Einbildtransaktion anhand des Beispiels »Bestellung«

Nummer	Schaltfläche oder Element	Bedeutung
❶	**Anlegen**	Öffnet eine Funktion zum Anlegen eines neuen Belegs.
❷	**Anzeigen/Ändern**	Schaltet in den anderen Modus um, ohne die Transaktion zu verlassen.
❸	**Andere Bestellung**	Öffnet ein Dialogfenster zur Eingabe einer anderen Belegnummer oder zur Suche nach einem anderen Beleg.
❹	**Pers. Einstellung**	Öffnet ein Dialogfenster zur Erfassung persönlicher Vorschlagswerte oder Einstellungen.
❺	**Bestellart**	Dropdown-Liste zur Auswahl einer *Belegart* – der *Vorschlagswert* ist im *Customizing* vorbelegt und kann über die Schaltfläche **Pers. Einstellung** angepasst werden.
❻	**Objekt auf- oder zuklappen**	Bildbereich zu- oder aufklappen
❼	**Kopf**	Bildbereich des Kopfes
❽	**Positionsübersicht**	Bildbereich der Positionen
❾	**Positionsdetail**	Bildbereich der Positionsdetails
❿	**Belegübersicht**	Bildbereich der Belegübersicht, wenn diese eingeschaltet ist.

Tabelle 5.2 Bildbereiche und Funktionen in der Einbildtransaktion

Bildbereiche und Funktionen

Die in Tabelle 5.2 beschriebenen Bildbereiche und Funktionen haben Sie am Beispiel der Bestellung vorgenommen. Sie gelten in gleicher Weise für die Bestellanforderung.

Funktionen im Arbeitsbereich

In der Einbildtransaktion können Sie mit der Schaltfläche (**Anzeigen/Ändern**) und mit der Schaltfläche (**Anlegen**) hin- und herschalten, ohne die Transaktion zu verlassen.

Die Einbildtransaktion bietet außerdem die folgenden Funktionen:

- Haben Sie sich z. B. im Feld **Positionstyp** oder **Werk** vertippt, können Sie den Eintrag korrigieren, solange noch kein Folgebeleg erzeugt wurde.
- Kennen Sie von einem Lieferanten, einem Lieferwerk, einem Material, einer Warengruppe, einem Lagerort oder Werk keine Nummer, sondern nur deren Bezeichnung oder Teile der Bezeichnung, schlägt das SAP-System in der Einbildtransaktion nach der Eingabe von Daten und der Bestätigung der Eingaben mit der [↵]-Taste Daten zur Auswahl vor, die Ihren Eingaben im Feld entsprechen (siehe Abschnitt 5.2.1, »Persönliche Einstellungen – Einbildtransaktionen«).
- Mit einem Doppelklick auf die Lieferanten- oder Materialnummer gelangen Sie in die Anzeige dieses Stammsatzes.

Möchten Sie einen anderen Beleg zur Anzeige bringen, klicken Sie auf die Schaltfläche (**Anderer Beleg**); das SAP-System öffnet ein Dialogfenster zur Eingabe oder Suche nach der anderen Belegnummer.

Mit der Schaltfläche **Pers. Einstellungen** passen Sie die Einbildtransaktion an Ihre persönlichen Bedürfnisse an. Lesen Sie hierzu auch den Abschnitt 5.2.1, »Persönliche Einstellungen – Einbildtransaktionen«.

Öffnen Sie den Bildschirm nach dem Verlassen einer Einbildtransaktion erneut, wird er mit demselben Aufbau angezeigt, wie Sie ihn verlassen haben.

Über die Schaltfläche **Belegübersicht** listen Sie die Belege auf, die Sie für Ihre Arbeit benötigen. Aus der Belegübersicht übernehmen Sie per Drag & Drop Positionen aus den Referenzbelegen.

Wie Sie die Belegübersicht für Ihre Aufgaben optimal einrichten, erläutern wir Ihnen im Anhang unter Abschnitt A.5.2, »Selektionsvariante anlegen«, und im Abschnitt A.7.1 »Belegübersicht«.

[!]

Automatisches Schließen von Bildbereichen durch das SAP-System

Das SAP-System schließt den Abschnitt der nicht aktivierten Kopf- oder Positionsdetaildaten automatisch, wenn die Bildschirmgröße nicht ausreicht.

5.1.2 Mehrbildtransaktionen

Mehrbildtransaktionen bestehen aus mehreren Sichten zu einem Beleg. Im *Einstiegsbildschirm* müssen Sie die Daten der Felder, die als *Pflichtfelder* gekennzeichnet sind, erfassen, bevor Sie in die nächsten Sichten gelangen. In Abbildung 5.6 sehen Sie den Einstiegsbildschirm zum Anlegen eines Kontrakts mit bereits ausgefüllten Pflichtfeldern.

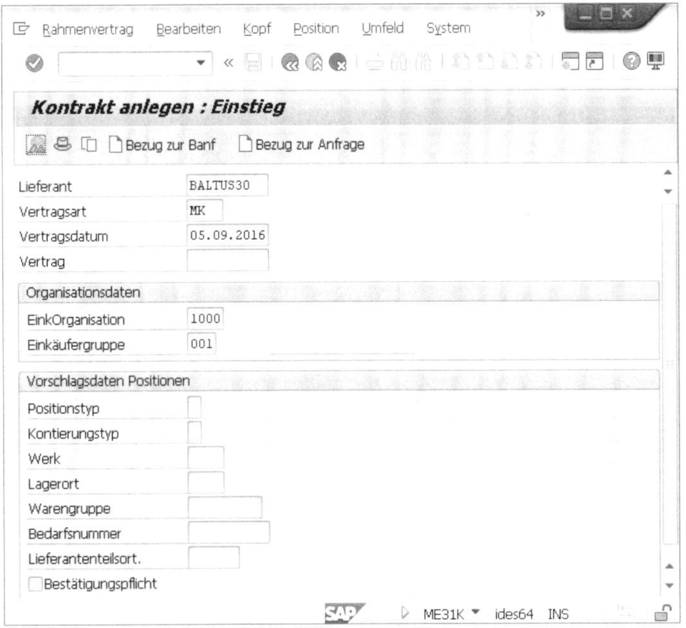

Abbildung 5.6 Mehrbildtransaktion – Einstiegsbildschirm mit ausgefüllten Pflichtfeldern

Mit der ↵-Taste oder der Schaltfläche (**Kopfdaten anzeigen**) gelangen Sie in die Kopfdaten zum Kontrakt (siehe Abbildung 5.7 und dazu erläuternd Tabelle 5.3). Aus diesem Bild gelangen Sie per Klick auf die Schaltflächen der Anwendungsfunktionsleiste in andere Kopfsichten.

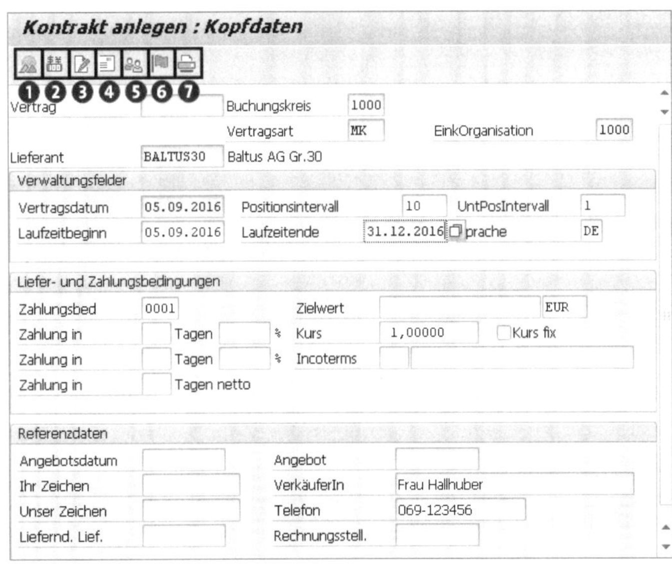

Abbildung 5.7 Kopfdaten in der Mehrbildtransaktion

Nummer	Schaltfläche oder Element	Bedeutung
❶	**Übersicht**	Verzweigt in die *Positionsübersicht*.
❷	**Kopfkonditionen**	Öffnet das Bild zur Erfassung von *Kopfkonditionen*.
❸	**Kopftexte**	Öffnet das Bild zur Erfassung verschiedener *Kopftexte*.
❹	**Lieferantenanschrift**	Öffnet das Bild zur Erfassung oder Änderung von Daten zur *Lieferantenanschrift*.
❺	**Partner**	Öffnet das Bild für die *Partner* des Lieferanten.
❻	**Freigabestrategie**	Zeigt die *Freigabestrategie* dieses Belegs.
❼	**Nachrichten**	Öffnet das Bild *Nachrichten* zur Erfassung oder Änderung der Nachricht(en) zu diesem Beleg.

Tabelle 5.3 Funktionen in der Mehrbildtransaktion – Kopfdaten

Mit der Schaltfläche (Übersicht) oder über den Menüpfad **Position • Weitere Funktionen • Übersicht** gelangen Sie nach der Eingabe der Pflichtfelder in den *Kopfdaten* in die Positionsübersicht (siehe Abbildung 5.8 und dazu erläuternd Tabelle 5.4) zum Erfassen der *Positionsdaten*.

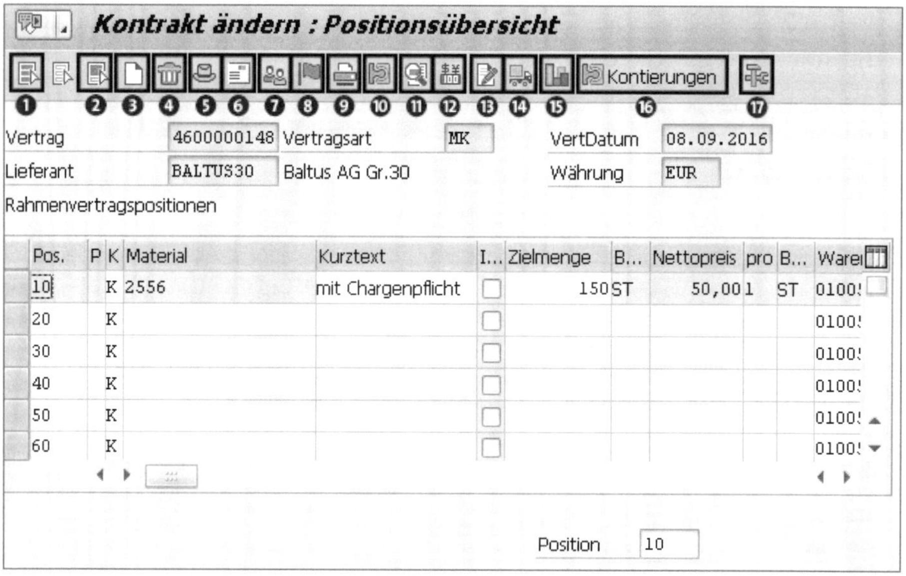

Abbildung 5.8 Positionsübersicht in der Mehrbildtransaktion

Nummer	Schaltfläche oder Element	Bedeutung
❶	**Alle Positionen markieren oder entmarkieren**	Selektiert Positionen für den nächsten Bearbeitungsschritt.
❷	**Blockanfang oder Blockende markieren**	Bei großen Positionsübersichten.
❸	**Zeilen erfassen**	Wenn die nächste freie Zeile nicht auf dem Bildschirm zu sehen ist.
❹	**Löschen**	Löscht die markierte Position.
❺	**Kopfdaten**	Verzweigt in die Kopfdaten des Belegs.
❻	**Lieferantenanschrift**	Öffnet das Bild zur Erfassung oder Änderung von Daten zur *Lieferantenanschrift*.
❼	**Partner**	Öffnet das Bild für die *Partner* des Lieferanten.
❽	**Freigabestrategie**	Zeigt die *Freigabestrategie* dieses Belegs.
❾	**Nachrichten**	Öffnet das Bild *Nachrichten* zur Erfassung oder Änderung einer Nachricht zu diesem Beleg.
❿	**Detail Position**	Öffnet die Sicht für die Dateneingabe zu Zielmenge, Mahndaten und WE/RE-Steuerung.
⓫	**Zusatzdaten**	Öffnet die Sicht für die Dateneingabe zu Planlieferzeit, Warenbearbeitungszeit und Gewichtsdaten.
⓬	**Positionskonditionen**	Öffnet die Sicht zur Erfassung von Konditionen in Abhängigkeit von deren Gültigkeitszeiträumen.
⓭	**Positionstexte**	Öffnet die Sicht zur Erfassung von Texten in verschiedenen Textfeldern.
⓮	**Anlieferadresse**	Öffnet die Sicht zur Erfassung von Adressdaten.
⓯	**Abrufdokumentation**	Zeigt in Listenform, wie viele Abrufe erfolgten.
⓰	**Kontierungen**	Öffnet die Dialogfenster zur Erfassung von Kontierungsdaten.
⓱	**Leistungen**	Das Dialogfenster verzweigt in das Leistungsverzeichnis der Position des Rahmenvertrags mit Positionstyp **D** (Dienstleistung).

Tabelle 5.4 Funktionen in der Mehrbildtransaktion – Positionsübersicht

Fehlermeldungen in Mehrbildtransaktionen

Fehlermeldungen müssen Sie in Mehrbildtransaktionen erst vollständig bearbeiten, bevor Sie den nächsten Bildschirm aufrufen können.

Nachdem Sie die beiden Darstellungsformen der Belege im Einkauf kennengelernt haben, zeigen wir im nächsten Kapitel, wie Sie Dateneingaben und Bildschirmgestaltung im SAP-System optimieren können.

5.2 Arbeiten im SAP-System vereinfachen

In diesem Kapitel zeigen wir Ihnen, wie Sie Ihre Aufgaben im SAP-System effizienter erledigen können.

Definieren Sie *Vorschlagswerte* für Daten, die Sie immer wieder identisch erfassen müssen.

Die Vorbelegung ist abhängig von der Darstellung der jeweiligen Transaktion:

- Für Einbildtransaktionen nehmen Sie die Vorbelegungen jeweils über **Pers. Einstellungen** für Bestellungen und Bestellanforderungen vor.
- Für Mehrbildtransaktionen nehmen Sie die Vorbelegungen in Ihren Benutzerdaten über den Menüpfad **System • Benutzervorgaben • Eigene Daten** in der Registerkarte **Parameter** vor (siehe Anhang A.3.2, »Parameterwert erfassen«).

Arbeiten Sie mit Transaktionen beider Darstellungsarten, müssen Sie die Vorbelegungen sowohl über **Benutzervorgaben** als auch über **Pers. Einstellungen** vornehmen.

5.2.1 Persönliche Einstellungen – Einbildtransaktionen

Über **Pers. Einstellungen** beeinflussen Sie Folgendes:

- die Vorbelegungen und Darstellung von Feldeinträgen
- die Darstellung und Bearbeitungsmöglichkeiten in der Positionsübersicht
- den Aufbau der Belegübersicht

Umfang der persönlichen Einstellungen

Die persönlichen Einstellungen (Schaltfläche **Pers. Einstellungen**) sind jeweils für die Bestellung und die Bestellanforderung vorzunehmen.

Über die Schaltfläche **Pers. Einstellungen** legen Sie auch die Einstellungen für die Belegübersicht in der Einbildtransaktion fest.

Bestellanforderung – Registerkarte »Grundeinstellungen«

Öffnen Sie die Funktion mit der Schaltfläche **Pers. Einstellungen** in der Anwendungsfunktionsleiste der Bestellanforderung.

Wie Sie Abbildung 5.9 entnehmen können, stellt das SAP-System die persönlichen Einstellungen mit zwei Registerkarten dar:

- **Grundeinstellungen**
- **Vorschlagswerte**

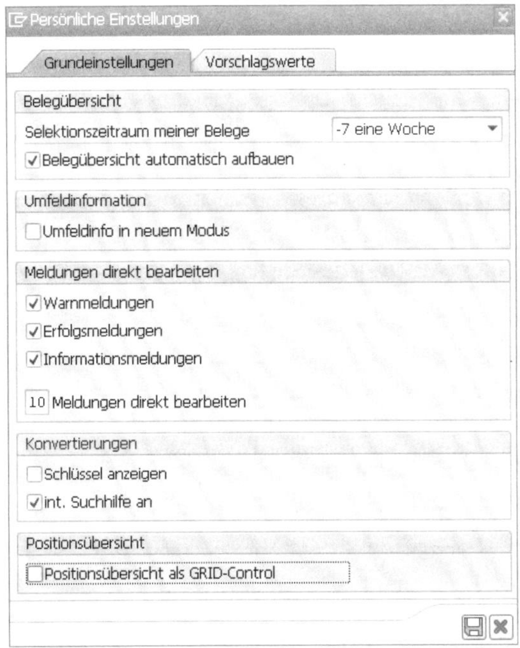

Abbildung 5.9 Das Dialogfenster »Persönliche Einstellungen«

Die Grundeinstellungen umfassen dabei die Bereiche **Belegübersicht**, **Umfeldinformation**, **Meldungen direkt bearbeiten**, **Konvertierungen** und **Positionsübersicht**.

Diese letztgenannten fünf Bereiche stellen wir Ihnen im Folgenden näher vor:

- **Belegübersicht**
  Im Feld **Selektionszeitraum meiner Belege** legen Sie fest, aus welchem Zeitraum Ihre Belege für die Selektionen **Meine Bestellanforderungen**, **Meine gemerkten Bestellungen** oder **Meine Bestellungen** in der Belegübersicht angezeigt werden sollen. Voreingestellt ist der Zeitraum **-7 eine Woche**. Basis ist das Datum, an dem der Beleg angelegt oder zuletzt geändert wurde. Wählen Sie bei Bedarf einen anderen Zeitraum aus der Liste aus. Es stehen Ihnen die in Abbildung 5.10 gezeigten Zeiträume zur Verfügung.

-1	Gestern
-14	2 Wochen
-180	6 Monate
-30	1 Monat
-365	1 Jahr
-7	eine Woche
-9999	Keine Einschränkung
0	Heute

Abbildung 5.10 Zeiträume für den Aufbau der Belegübersicht

Wenn Sie das Kennzeichen **Belegübersicht automatisch aufbauen** nicht markieren, müssen Sie die Belege, die Ihnen in der Belegübersicht angezeigt werden sollen, zu einem späteren Zeitpunkt über eine Selektionsvariante in der Belegübersicht (siehe Anhang A.8.1, »Selektionskriterien definieren«) auswählen.

- **Umfeldinformation**
  Aus der Einbildtransaktion können Sie den Lieferantenstammsatz oder den Materialstammsatz per Doppelklick auf den Eintrag im **Anzeigen**-Modus aufrufen. Mit dem Kennzeichen **Umfeldinfo in neuem Modus** legen Sie fest, dass der Stammsatz in einem eigenen Modus angezeigt werden soll.
- **Meldungen direkt bearbeiten**
  Die Voreinstellung ist so gewählt, dass Sie Meldungen sofort bei deren Erscheinen bearbeiten. Deaktivieren Sie das Kennzeichen **Meldungen direkt bearbeiten**, sammelt das SAP-System die Meldungen in einem Fehlerprotokoll, und Sie können die Meldungen nach der Eingabe aller Daten nacheinander abarbeiten.

[»]

Meldungen im Fehlerprotokoll

Auch bei aktiviertem Kennzeichen können Sie die Meldungen im Fehlerprotokoll aufrufen.

- **Konvertierungen**
  Feldeinträge bestehen im SAP-System oft aus einem *Schlüssel* und einer Bezeichnung, wie Sie es Abbildung 5.11 entnehmen können. Ist das Feld **Schlüssel anzeigen** (siehe Abbildung 5.9) deaktiviert, zeigt das SAP-System in der Positionsübersicht die Bezeichnung für Werk, Warengruppe und Lagerort an.

  Setzen Sie das Häkchen im Ankreuzfeld **Schlüssel anzeigen** (siehe Abbildung 5.9), zeigt das SAP-System in den Spalten der **Positionsübersicht** (siehe auch Abbildung 5.22) den Schlüssel.

  Das Kennzeichen **int. Suchhilfe an** ist im Standard aktiviert und bedeutet, dass das SAP-System die intelligente Suchhilfe für die Felder **Lieferant** und **Materialnummer** verwendet. Mit dieser Einstellung erhalten Sie für die Eingabefelder **Material** oder **Lieferant** eine Liste von Vorschlagswerten, wenn Sie z. B. einen Teil der Materialnummer oder des Materialkurztextes in das Feld **Material** eingegeben haben. Abbildung 5.12 zeigt mit aktivierter intelligenter Suchhilfe (siehe Abbildung 5.9) eine Auswahlliste zum Begriff **CARDIO** in der Spalte **Material**.

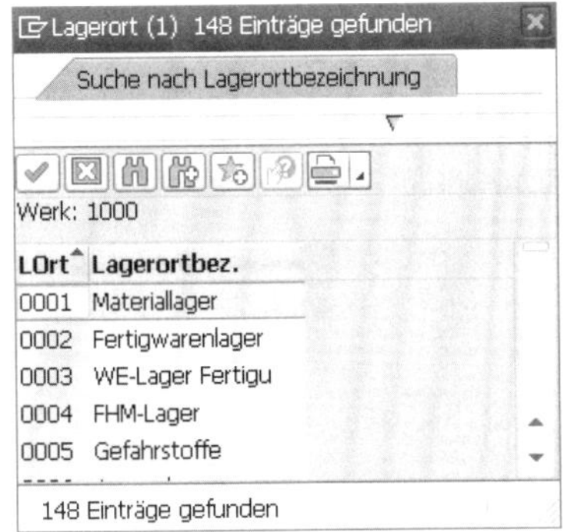

Abbildung 5.11 Beispiel »Lagerort« – Schlüssel (LOrt) und Bezeichnung (Lagerortbez.)

Material | Kurztext | Menge | BME | T | Lieferdatum | Nettopı

CARDIO

Materialien mit Suchbegriff CARDIO

Material	Materialkurztext
ADV-4401	CARDIODYN - Instructions and Guidelines
ADV-4403	BOOK: Cardiology Review 2001
ADV-4405	Cardiodyn Pens
MSA-3006	Cardiodyn 5 ml
MSA 3007	Cardiodyn 10 ml
MSA-3106	Cardiodyn 5 ml Muster
MSA-3107	Cardiodyn 10 ml Muster
PH-3000	Cardiodyn 10 ml
PH-3030	Cardiodyn
PH-3040	Krankheitsbild mit Cardiodyn bekämpfen
PH-3050	Mit Cardiodyn heilen

[10] KONFIGU

Mengen/Ge

stellung

Abbildung 5.12 Trefferliste mit dem Eintrag »Cardio« im Feld »Material«

Ist das Kennzeichen **int. Suchhilfe an** nicht gesetzt, ist die *intelligente Suchhilfe* deaktiviert, was zu erheblichen Performanceverbesserungen führen kann. In diesem Fall müssen Sie die Matchcodesuche nutzen, wenn Sie die Material- oder Lieferanten-/Lieferwerknummer nicht kennen.

- **Positionsübersicht**

  Die Positionsübersicht kann in den folgenden Tabellensichten angezeigt werden:

  - **GRID-Control**
  - **Table Control**

  Die *GRID-Control-Sicht* bietet zahlreiche Bearbeitungsmöglichkeiten für die Tabelle der Positionsübersicht an, die Sie in der Bestellanforderung oder Bestellung mittels Schaltflächen direkt über der Positionsübersicht erreichen.

Die *Table-Control-Sicht* erlaubt lediglich die Bearbeitung der Daten innerhalb der Positionsübersicht.

Im nächsten Abschnitt beschreiben wir, wie Sie Vorschlagswerte in Einbildtransaktionen definieren. Öffnen Sie hierzu die Registerkarte **Vorschlagswerte** (siehe Abbildung 5.13).

Bestellanforderung – Registerkarte »Vorschlagswerte«

Definieren Sie Vorschlagswerte für Feldeinträge, deren Daten Sie immer identisch eingeben müssen, z. B. in den Feldern **Positionstyp** oder **Anforderer**. Abbildung 5.13 zeigt die Standardvorschlagswerte.

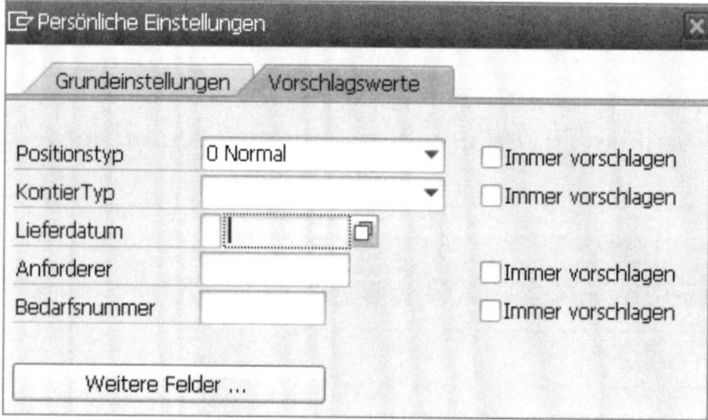

Abbildung 5.13 Standardvorschlagswerte in der Bestellanforderung

Möchten Sie z. B., dass Sie in allen Bestellanforderungen, die Sie anlegen, als Anforderer aufgeführt sind, können Sie Ihre *Benutzerkennung* hier vorbelegen.

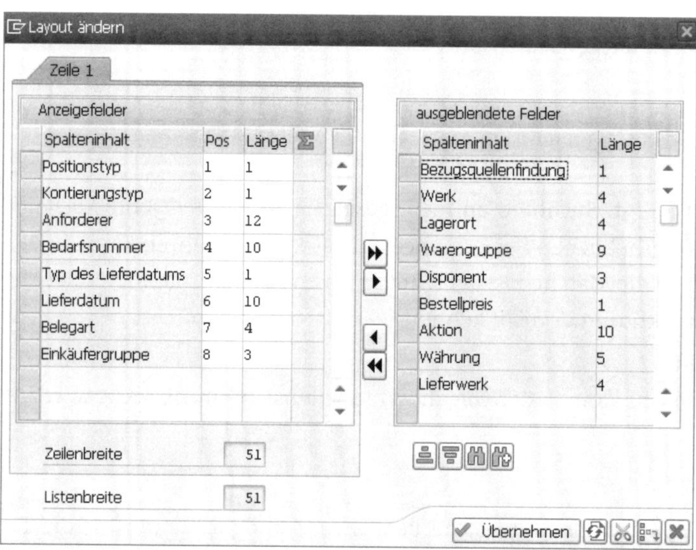

Abbildung 5.14 Weitere Felder zur Vorbelegung

Ist das Ankreuzfeld **Immer vorschlagen** markiert, wird der im entsprechenden Feld vorbelegte Wert in jeden Beleg, den Sie erfassen, eingetragen. Einträge von *Referenzbelegen* werden in diesem Fall übersteuert, also durch den hier gesetzten Eintrag ersetzt.

Mit der Schaltfläche **Weitere Felder ...** öffnen Sie ein Dialogfenster, siehe Abbildung 5.14, aus dem Sie weitere Felder zur Vorbelegung auswählen, indem Sie die Zeile im Bereich **ausgeblendete Felder** markieren und sie mit der Schaltfläche ◀ (**sel. Felder einblenden**) in den linken Bereich **Anzeigefelder** übernehmen.

Bestellungen – Registerkarte »Grundeinstellungen«

Ergänzend zu den in Abschnitt »Bestellanforderung – Registerkarte »Grundeinstellungen« beschriebenen Bereichen umfassen die persönlichen Einstellungen in der Bestellung, wie es in Abbildung 5.15 gezeigt wird, noch den Bereich **Kopfdaten Bestellung**. Mit dem Eintrag im Feld **Organisationsdaten pflegen über** legen Sie fest, in welcher Form die Organisationsdaten in der Kopfregisterkarte **Org.Daten** (siehe Abbildung 5.16 und Abbildung 5.17) in der Bestellung angezeigt werden.

Abbildung 5.15 Persönliche Einstellungen – Bestellung Standard

Die Standardeinstellung im Bereich **Kopfdaten Bestellung** entspricht der manuellen Eingabe und zeigt die Felder in der Kopfregisterkarte **Org.Daten** eingabebereit (siehe Abbildung 5.16).

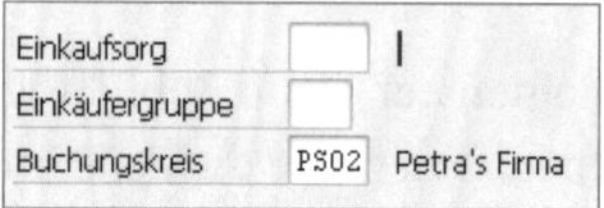

Abbildung 5.16 Standardeinstellung Organisationsdaten – Kopfregisterkarte »OrgDaten«

Mit der Einstellung **2 Listenfeld** im Feld **Organisationsdaten pflegen über** erhalten Sie in der Registerkarte **OrgDaten** die Ansicht, wie es in Abbildung 5.17 gezeigt wird.

Abbildung 5.17 Dropdown-Listen »Organisationsdaten« in der Registerkarte »OrgDaten«

Aus den Einträgen in der Dropdown-Liste wählen Sie den relevanten Eintrag ohne das Öffnen der *Suchhilfe* aus.

Bestellungen – Registerkarte »Vorschlagswerte«

Die Vorschlagswerte für Bestellungen werden in den Registerkarten **Bestellkopf** und **Bestellposition** dargestellt.

Die Belegart wird im Customizing unter **Materialwirtschaft • Einkauf • Vorschlagswerte für Belegart festlegen** eingestellt. Wählen Sie im Dialogfenster **Pers. Einstellungen** (siehe Abbildung 5.18) eine andere Einstellung im Feld **Belegart**, falls die Voreinstellung nicht Ihren Anforderungen entspricht.

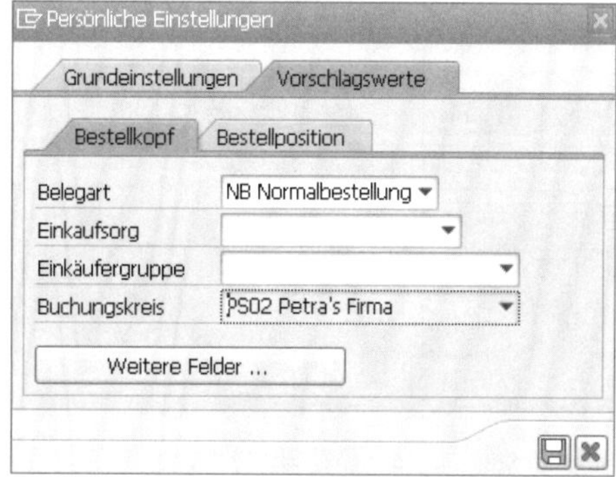

Abbildung 5.18 Persönliche Einstellungen – Vorschlagswerte in den Registerkarten »Bestellkopf« und »Bestellposition«

Ebenso wie in den persönlichen Einstellungen der Bestellanforderung besteht auch hier die Möglichkeit mit der Schaltfläche **Weitere Felder** weitere Felder zur Vorbelegung dazu- oder wegzuschalten (siehe Abbildung 5.14, hier sehen Sie die Tabellen **eingeblendete Felder** und **ausgeblendete Felder** nachdem Sie die Schaltfläche **Weitere Felder** gedrückt haben) im Bereich **Bestellanforderung** – Registerkarte **Vorschlagswerte**).

Mit der Schaltfläche (**Sichern**) speichern Sie Ihre Voreinstellungen.

5.2.2 Parametereinstellung

Für Mehrbildtransaktionen nehmen Sie die Vorbelegungen in den Benutzerdaten vor (siehe Abschnitt 5.2.1, »Persönliche Einstellungen – Einbildtransaktionen« und Anhang A.3, »Parameter«).

5.3 Einkaufsbeleg

In den vorangegangenen Kapiteln haben wir Ihnen gezeigt, welche Einstellungen Sie vornehmen können. In diesem Kapitel beschreiben wir die Belegtypen und Belegarten im Einkauf:

- Der *Einkaufsbeleg* ist ein Instrument, das vom Einkauf verwendet wird, um Materialien oder Dienstleistungen *extern* oder *intern* zu beschaffen.
- Das SAP-System bietet die *Belegtypen* »Bestellanforderung«, »Bestellung«, »Rahmenvertrag« sowie »Anfrage/Angebot« an. Abbildung 5.19 zeigt, wie die Belegtypen aufeinander referenzieren können.
- Die Belegtypen sind gleichartig aufgebaut, mit Kopf-, Positionsübersichts- und Positionsdaten.
- Den Belegtypen sind im Customizing Belegarten zur weiteren Spezifizierung zugeordnet.

Zunächst stellen wir Ihnen die Belegtypen mit ihren Ausprägungen und deren Verwendung vor. Danach zeigen wir Ihnen zu den Belegtypen die wichtigsten Belegarten. Wir beschreiben, wie die Belegarten aufgebaut und welches die wichtigsten Felder sind.

Der *Beschaffungsprozess* (siehe Abschnitt 3.1, »Beschaffungsprozess und Prozessintegration«) wird unter der Verwendung von Stammdaten zu Lieferant/Lieferwerk durchgeführt. Für die Darstellung der Bedarfe können Materialstammdaten (siehe Abschnitt 2.2, »Aufbau des Materialstammsatzes«) verwendet werden. Stehen keine geeigneten Materialstammsätze zur Verfügung, besteht die Möglichkeit, den

Bedarf mithilfe des Kurztextes sowie mit den Positionstextfeldern im Beleg zu konkretisieren.

Beispielhaft zeigen wir Ihnen den Beschaffungsprozess in den folgenden Abschnitten an einer Normalbestellung mit Materialstammsatz.

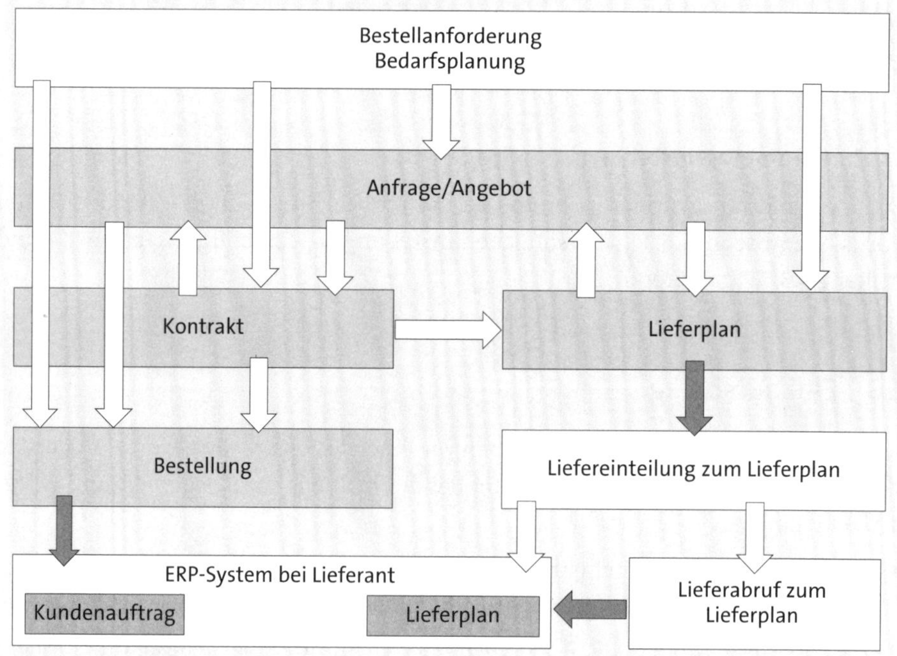

Abbildung 5.19 Einkaufsbelege im Bestellprozess (aus Ernst Greiner: SAP-Materialwirtschaft – Customizing, SAP PRESS 2016)

5.3.1 Voraussetzungen Lieferantenstammsatz

Damit ein *Lieferant* in einem *Einkaufsbeleg* verwendet werden kann, muss der *Lieferantenstammsatz* mindestens die folgenden Voraussetzungen erfüllen:

- Der Stammsatz für den Lieferanten/das Lieferwerk muss für die Einkaufsorganisation zugelassen sein.
- Der Stammsatz für den Lieferanten/das Lieferwerk hat eine zugeordnete Nachrichtenart.

5.3.2 Voraussetzungen Materialstammsatz

Wird die Beschaffung mit einem Materialstammsatz ausgeführt, muss dieser mindestens die folgenden Voraussetzungen erfüllen:

- Die Sicht **Einkauf** muss für die Kombination Einkaufsorganisation/Werk angelegt sein.
- Die Sicht **Disposition 1** muss im Feld **Beschaffungsart** den Eintrag **F** (Fremdbeschaffung) oder **X** (sowohl Eigenfertigung als auch Fremdbeschaffung) enthalten.

Siehe hierzu auch Abschnitt 2.1, »Materialstammsatz«.

5.4 Belegtypen

Der *Einkaufsbelegtyp* dient als Unterscheidungskriterium für betriebswirtschaftliche Prozesse. Die Eigenschaften sind vom SAP-System vorgegeben und können nicht geändert werden.

Die folgenden Belegtypen sind eingestellt (siehe Tabelle 5.5):

Belegtyp	Bezeichnung	Verwendung	Transaktion
A	Anfrage/ Angebot	Anfrage: Ermittlung potenzieller Lieferanten für einen definierten Bedarf Angebot: enthält die Konditionen und Lieferbedingungen des Lieferanten und bildet die Basis zur Auswahl von Lieferanten	ME41 ME42 ME43
B	Bestellanforderung	unternehmensinterne Kommunikation zur Mitteilung von Bedarfen an den Einkauf	ME51N ME52N ME53N
F	Bestellung	Bedarfsdeckung für Materialien oder Dienstleistungen	ME21N ME22N ME23N
K	Kontrakt	Vereinbarung über die Lieferung von Waren oder Dienstleistungen nach Bestellung mit Mengen- oder Wertgrenze	ME31K ME32K ME33K
L	Lieferplan	Vereinbarung über die Lieferung von Waren mit Abrufterminen	ME31L ME32L ME33L

Tabelle 5.5 Die Einkaufsbelegtypen im Überblick

Die Daten der Einkaufsbelege werden im SAP-System in unterschiedlichen Tabellen verwaltet. Weitere Informationen finden Sie im Buch von Ernst Greiner: SAP-Materialwirtschaft – Customizing, SAP PRES 2016.

[»]

Belegtypen

Belegtypen stellen unterschiedliche betriebswirtschaftliche Vorgänge dar. Die Ausprägung der Belegtypen wird über die Belegarten vorgenommen. Diese dienen der Spezifizierung innerhalb der Belegtypen in Abhängigkeit von den Anforderungen des Unternehmens.

5.4.1 Bestellanforderungen (BANF)

Bestellanforderungen dienen der internen Unternehmenskommunikation. Es werden keine Druckbelege erzeugt oder Nachrichten versandt. Über geeignete Auswertungen, z. B. anhand der *Belegübersicht*, ermittelt der Einkäufer die Bedarfe, die mittels einer Bestellanforderung an den Einkauf adressiert sind. Bestellanforderungen, im Folgenden kurz BANFen genannt, können *direkt* oder *indirekt* erzeugt werden.

Direkt bedeutet, dass eine BANF in der anfordernden Abteilung manuell erfasst wird. Die Person, die die BANF anlegt, bestimmt, was in welcher Menge zu welchem Termin bestellt werden soll. *Kontierungsdaten* müssen manuell korrekt erfasst werden. Indirekt bedeutet dies, dass die BANF von einer anderen SAP-Komponente, z. B. der Disposition (siehe Kapitel 4, »Disposition«), ausgelöst wird.

Das Erstellungskennzeichen (muss der Positionsübersicht der Bestellanforderung über **Layout ändern** hinzugefügt werden) der Bestellanforderung gibt an, ob die Bestellanforderung direkt oder indirekt angelegt wurde. Es wird in den Auswertungen zu den Bestellanforderungen und in den Statistikdaten einer BANF-Position angezeigt (siehe Kapitel 8, »Auswertungen«).

Kontierungsdaten von indirekten BANFen werden maschinell ermittelt und in der Bestellanforderung hinterlegt.

5.4.2 Bestellungen

Die *Bestellung* wird für verschiedene Beschaffungsprozesse eingesetzt: Sie können Materialien für den direkten Verbrauch mit Kontierung oder für das Lager ohne Kontierungsinformationen oder Dienstleistungen beschaffen (siehe Abschnitt 3.1, »Beschaffungsprozess und Prozessintegration«). Mit Bestellungen können Sie Bedarfe extern decken, d. h., dass ein Lieferant z. B. eine Leistung erbringt oder einen Rohstoff liefert. Ebenso können Sie mit einer Bestellung dafür sorgen, dass ein Material, das in einem Ihrer Werke benötigt wird, von einem anderen Werk Ihres Unternehmens intern beschafft, d. h. umgelagert wird. Die Folgeaktivitäten zu Bestellungen – wie Waren- und Rechnungseingänge – werden in der Bestellentwicklung protokolliert, sodass Sie den *Beschaffungsvorgang* überwachen können.

Wenn Sie erwägen, mit einem Lieferanten eine längerfristige Lieferbeziehung einzugehen, empfiehlt sich die Beschaffung über Rahmenverträge, da Sie hierbei u. a.

günstigere Konditionen erzielen können. Für die Beschaffung legen Sie dann die Bestellung mit Bezug zum Rahmenvertrag an.

CpD-Lieferanten

Soll ein Bedarf einmalig durch einen bestimmten Lieferanten gedeckt werden, besteht die Möglichkeit, einen *CpD-Lieferantenstammsatz* zu verwenden. In diesem Fall werden die für den Beschaffungsvorgang notwendigen Daten des Lieferanten in der Bestellung erfasst. Sie können die Beschaffungsvorgänge mit den CpD-Lieferanten nicht lieferantenspezifisch auswerten!

5.4.3 Rahmenvertrag

Einen *Rahmenvertrag* legen Sie an, wenn Sie eine längerfristige Lieferantenbeziehung über die Lieferung von Materialien und/oder Dienstleistungen eingehen möchten. Der *Rahmenvertrag* enthält Vereinbarungen zum Lieferumfang (Menge oder Wert) und zur Laufzeit. Es gibt zwei Arten von Rahmenverträgen, den *Kontrakt* und den *Lieferplan*.

Buchungskreisübergreifende Beschaffungen

Sie können für buchungskreisübergreifende Beschaffungen Zentralkontrakte anlegen. Hierzu ist eine buchungskreisübergreifende Einkaufsorganisation erforderlich.

Kontrakt

Der Kontrakt ist eine Vereinbarung mit einem Lieferanten/Lieferwerk über die Lieferung von Waren oder Dienstleistungen zu festgelegten Konditionen innerhalb einer definierten Vertragslaufzeit. Die Bedarfsdeckung erfolgt über Bestellungen, die mit Bezug zum Kontrakt angelegt werden.

Lieferplan

Ein Lieferplan ist eine längerfristige Vereinbarung mit einem Lieferanten/Lieferwerk über die Lieferung von Materialien zu festgelegten Konditionen. Die Konditionen gelten für einen definierten Zeitraum und eine definierte Gesamtabnahmemenge.

Der Fokus liegt hier auf den *Lieferterminen* – auch *Einteilungen* oder *Abrufe* genannt.

Der Lieferplan umfasst z. B. die Jahresmenge eines Materials für einen herstellenden Betrieb. Der Lieferant/Lieferwerk liefert die Ware, den Einteilungen (Lieferterminen) entsprechend, in mehreren *Teilmengen* bis die Liefermenge des Lieferplans erfüllt ist.

Für Lieferungen auf der Basis eines Lieferplans sind keine Bestellungen erforderlich.

5.4.4 Anfrage/Angebot

Eine Anfrage legen Sie an, um von potenziellen Lieferanten *Konditionen*, *Lieferzeit*, *Liefer-* und *Zahlungsbedingungen* zu erfahren. Im Einkauf sind *Anfrage* und *Angebot* ein Beleg. Preise und Konditionen vom Lieferanten werden in der ursprünglichen Anfrage erfasst. Eine Anfrage an mehrere Lieferanten können Sie unter einer *Submissionsnummer* zusammenführen. Über den Preisspiegel des SAP-Systems können Sie im Preisspiegel das günstigste Angebot ermitteln lassen und automatisch Absagen an die Lieferanten versenden.

Nachdem wir Ihnen die Belegtypen vorgestellt haben, stellen wir Ihnen im folgenden Abschnitt die wichtigsten Belegarten zu den Belegtypen im SAP-Standard vor.

5.5 Belegarten

Jedem Belegtyp sind im SAP-Standard definierte *Belegarten* zugeordnet.

In Abhängigkeit von den Unternehmensanforderungen legen Sie eigene Belegarten im Customizing an.

Die Einstellung der Belegarten finden Sie im Customizing zum jeweiligen Belegtyp, im folgenden Beispiel für die Bestellanforderung über den Menüpfad **Materialwirtschaft • Einkauf • Bestellanforderung • Belegart einstellen**.

Exemplarisch zeigen wir Ihnen für die Bestellanforderung, wie Sie unternehmensspezifische Belegarten anlegen:

1. Legen Sie eine Belegart als Kopie einer möglichst ähnlichen Belegart an.
2. Ordnen Sie der Belegart zulässige Positionstypen zu (siehe Abschnitt 5.6, »Positionstyp«).
3. Verknüpfen Sie die Kombination aus *BANF-Belegart* und *BANF-Positionstyp* mit den zulässigen Kombinationen aus Einkaufsbelegart und Positionstyp. Diese Verknüpfungen sind Voraussetzung für das Referenzieren von Einkaufsbelegpositionen auf BANF-Positionen. Sie werden in der Customizing-Tabelle T161A (Verknüpfung BANF-Belegart mit Einkaufsbelegart) verwaltet. Die Verknüpfung mit der jeweiligen *Vorlagebelegposition* ist nur für die Bestellanforderung als Vorgängerbeleg einzustellen, nicht aber für Angebote, Kontrakte, Lieferpläne und Bestellungen als Vorlagebeleg. Lesen Sie hierzu auch das Buch von Ernst Greiner: SAP-Materialwirtschaft – Customizing, SAP PRESS 2016.

In der Belegart stellen Sie ein:

- Feldauswahlschlüssel für den Bildaufbau (siehe Abbildung 5.20)
- Belegnummernkreise
- Formulare für den Bestelldruck

- Berechtigungskonzepte
- Aufbau der Datenbilder
- zulässige Positionstypen
- zulässige Kontierungstypen
- Umlagerkennzeichen (Lieferwerk mit Lieferantenstammdaten)
- Kennzeichen für besondere Abwicklungen, wie Transportbestellung
- Positionsintervall für Unterpositionen
- Verknüpfung einer Dokumentart
- Versionsverwaltung
- Verknüpfung Bestellanforderung mit Folgebelegart und Positionstyp
- Partnerschema
- Freigabeverfahren

In der Belegart legen Sie fest, in welche Felder Daten eingegeben werden müssen, welche Felder mit Daten belegt werden können oder welche Felder lediglich angezeigt werden. Abbildung 5.20 zeigt exemplarisch für die Bestellanforderung die Festlegung von Muss-Eingaben, Kann-Eingaben oder Anzeigefeldern.

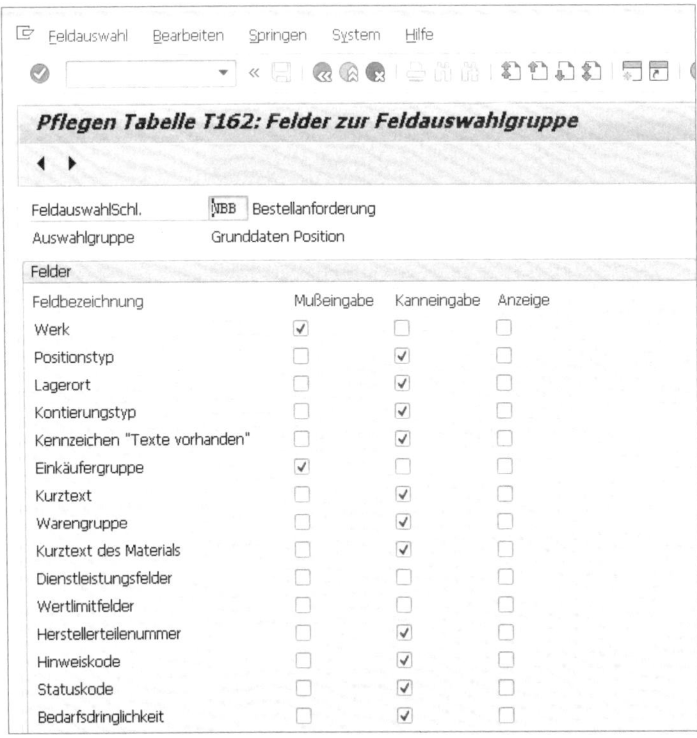
Feldauswahl Bearbeiten Springen System Hilfe

Pflegen Tabelle T162: Felder zur Feldauswahlgruppe

FeldauswahlSchl. NBB Bestellanforderung
Auswahlgruppe Grunddaten Position

Felder

Feldbezeichnung	Mußeingabe	Kanneingabe	Anzeige
Werk	✓		
Positionstyp		✓	
Lagerort		✓	
Kontierungstyp		✓	
Kennzeichen "Texte vorhanden"		✓	
Einkäufergruppe	✓		
Kurztext		✓	
Warengruppe		✓	
Kurztext des Materials		✓	
Dienstleistungsfelder			
Wertlimitfelder			
Herstellerteilenummer		✓	
Hinweiskode		✓	
Statuskode		✓	
Bedarfsdringlichkeit		✓	

Abbildung 5.20 Belegaufbau im Customizing

Berechtigungen einschränken

Möchten Sie verhindern, dass Unbefugte Informationen aus dem Einkaufsbeleg ermitteln können, stellen Sie Funktionsberechtigungen über den Menüpfad **IMG-Aktivität Materialwirtschaft • Einkauf • Berechtigungsverwaltung • Funktionsberechtigungen für Einkäufer** ein. Mit den entsprechenden Parametereinstellungen im Benutzerstamm kann gesteuert werden, welche Daten der einzelne Mitarbeiter sehen kann.

Weitere Informationen zu dieser Thematik finden Sie im Buch von Ernst Greiner: SAP-Materialwirtschaft – Customizing, SAP PRESS 2016.

Den Belegaufbau für die Bestellanforderungen finden Sie im Customizing über den Menüpfad **Materialwirtschaft • Einkauf • Bestellanforderung • Belegaufbau für Belegart festlegen**.

In der Belegart legen Sie fest, welche Bestellanforderungsbelegart als *Referenzbeleg* für die Einkaufsbelege genutzt werden darf. Tabelle 5.6 zeigt exemplarisch für die Bestellanforderung mit dem Positionstyp »Blank« mögliche Referenzbeziehungen.

BANF \ Einkaufsbeleg	NB-Bestellung	FO-Rahmenbestellung	UB-Umlagerungsbestellung	LP-Lieferplan	RV-Rahmenvertrag	Anfrage/Angebot
NB-Bestellanforderung, normal	X		X	X		X
RV-Rahmenvertragsanforderung					X	X
FO-Rahmenbestellanforderung		X				X

Tabelle 5.6 Bestellanforderung mit dem Positionstyp »Blank« als Referenzbeleg

Jeden Positionstyp in der Bestellanforderungsbelegart verknüpfen Sie im Customizing über den Menüpfad **Materialwirtschaft • Einkauf • Bestellanforderung • Belegarten einstellen** mit einem Positionstyp des Einkaufsbelegs. Über das Kennzeichen in der Spalte **Dialog** (siehe Abbildung 5.21) legen Sie fest, ob für eine Kombination eine Warnmeldung ausgegeben werden soll.

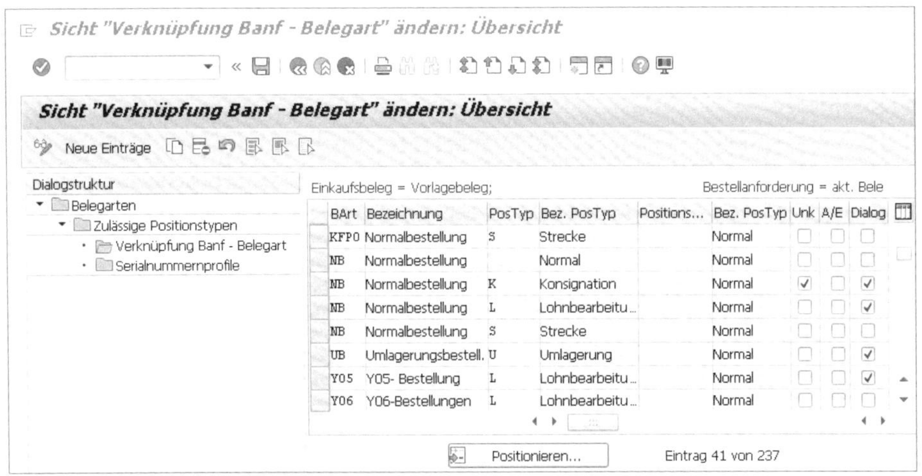

Abbildung 5.21 Customizing – BANF (NB) mit dem Einkaufsbeleg verknüpfen

5.5.1 Bestellanforderungen

Bestellanforderungen werden in der Einbildtransaktion (siehe Abschnitt 5.1.1, »Einbildtransaktionen«) bearbeitet. Abbildung 5.22 zeigt eine NB-Normalbestellanforderung mit der Erfassung des Bedarfs über einen Materialstammsatz.

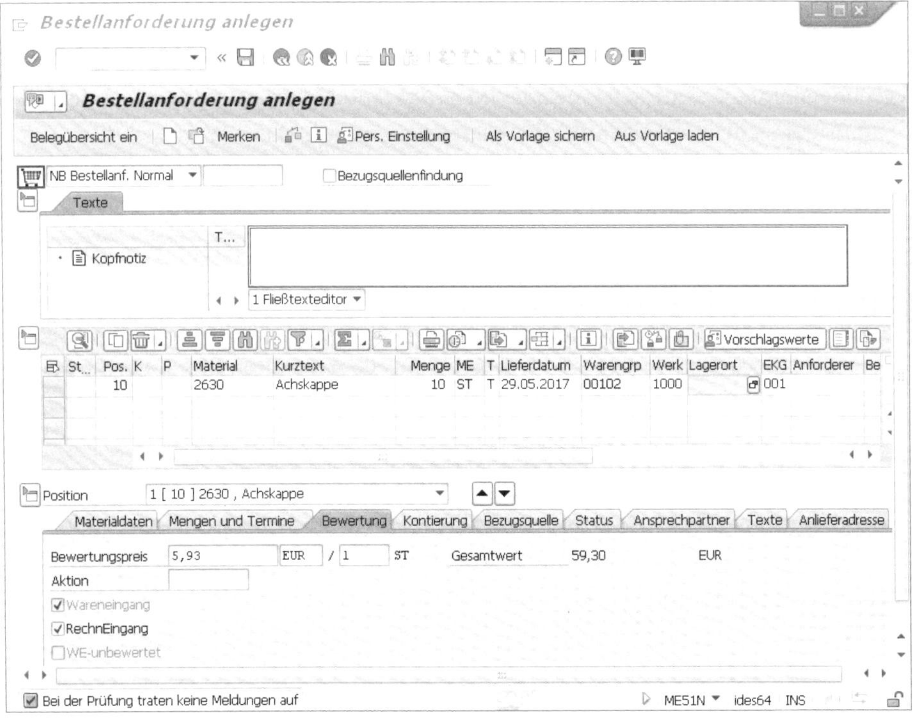

Abbildung 5.22 NB-Bestellanforderung, Normal

Bildbereiche der Einbildtransaktion

Die Einbildtransaktion zeigt alle Informationen zu einem Beleg in drei Bildbereichen:

- **Kopfdaten**
  In den Kopfdaten finden Sie die Registerkarte **Texte** mit der Textart **Kopfnotiz**. Hier kann der Anforderer Informationen für den Einkauf zur Beschaffung hinterlegen.

[»]

Textinformationen intern oder extern

Texte in Feldbezeichnungen mit der Endung »Notiz« werden in Folgebelege übergeben, aber nicht auf Formularen angedruckt.

- **Positionen**
  Wesentliche Informationen in der Positionsübersicht liefern Positionstyp und Kontierungstyp. Beide Werte können Sie nur in der Positionsübersicht erfassen.

  In unserem Beispiel aus Abbildung 5.22 ist weder Positionstyp noch Kontierungstyp erfasst.

  Dies bedeutet, dass die Ware mit der Wareneingangsbuchung den Lagerbestand des Lagers erhöht, das in dem verwendeten Materialstamm hinterlegt ist (siehe Abschnitt 3.3.3, »Wareneingang zur Bestellung«).

  Der Positionstyp steuert den Bildaufbau des Belegs.

  Verwenden Sie einen Materialstammsatz, werden eindeutige Feldbelegungen wie Mengeneinheit, Warengruppe oder Werk aus dem Materialstammsatz in der Positionsübersicht vorbelegt und die Felder ausgegraut. Diese Werte sind im Beleg nicht änderbar.

  Das *Lieferdatum* wird aus den Materialstammsatzdaten »WE-Bearbeitungszeit« und »Planlieferzeit« automatisch ermittelt und im Feld **Lieferdatum** vorbelegt. Dies ist in der Regel der frühestmögliche Liefertermin.

  Verwenden Sie zur Beschreibung des Bedarfs eine *Textposition* durch die Eingabe eines Textes in das Feld **Kurztext**, müssen Sie alle relevanten Daten für die betreffende Position manuell erfassen.

[»]

Layout der Positionsübersicht in der Einbildtransaktion

Die Spaltenanordnung in der Positionsübersicht können Sie anpassen. Dazu müssen Sie in **Pers. Einstellungen** die Einstellung **GRID-Control** in der Positionsübersicht vorgenommen haben. Wie Sie das Layout anpassen, finden Sie in Anhang A.6.1, »Layout ändern«.

- **Positionsdetail**
  Die Positionsdetaildaten in der Bestellanforderung werden, wie in Tabelle 5.7 aufgeführt, in den folgenden Registerkarten geclustert:

Registerkarte	Feldname	Bedeutung	Anmerkung
Limits	Gesamtlimit	Maximaler Wert, den die Abrufe auf dieser Position nicht überschreiten dürfen.	Registerkarte wird nur mit der Belegart **FO** und dem Positionstyp **B** angezeigt.
	Erwarteter Wert	Wert für die Obligoermittlung im Controlling; Grundlage für die Freigabestrategie.	Die Registerkarte wird nur mit der Belegart **FO** und dem Positionstyp **B** angezeigt.
Materialdaten	Material	Nummer des Materialstammsatzes.	–
	Kurztext	Kurztext zum Materialstammsatz oder beschreibender Text, wenn kein Materialstammsatz verwendet wird.	Bei der Verwendung eines Materialstammsatzes wird dieses Feld automatisch gefüllt.
	Warengruppe	Zusammenfassung von Materialien oder Dienstleistungen mit denselben Eigenschaften.	▪ Wird als Auswertungskriterium genutzt. Wird bei der Verwendung eines Materialstammsatzes automatisch mit dem Feldeintrag aus dem Materialstammsatz vorbelegt. ▪ Ist ein Muss-Feld, wenn kein Materialstammsatz genutzt wird.
	Lief. Materialnummer	Materialstammsatznummer, unter der das Material beim Lieferanten/Lieferwerk geführt wird.	Vorschlagswert aus dem Einkaufsinfosatz; manuelle Erfassung möglich.
Mengen und Termine	Planlieferzeit	Aus dem Materialstammsatz übergeben – Angabe in Kalendertagen.	Dient der Ermittlung des frühestmöglichen Lieferterminvorschlags.
	WE-Bearbeitungszeit	Aus dem Materialstammsatz übergeben – Angabe in Arbeitstagen.	Dient der Ermittlung des frühestmöglichen Lieferterminvorschlags.

Tabelle 5.7 Wesentliche Felder in den Positionsdetaildaten der Bestellanforderung

Registerkarte	Feldname	Bedeutung	Anmerkung
Bewertung	**Bewertungspreis**	In der Regel als Muss-Feld eingestellt: ■ Preis aus dem Einkaufsinfosatz, wenn das Material/die Lieferantenbeziehung erfasst ist. ■ Bei der Eingabe eines Kurztextes muss der Bewertungspreis manuell erfasst werden.	Grundlage für die Ermittlung der Freigabestrategie und des Obligowerts.
	Aktion	Nummer zur Identifizierung einer Aktion, für die beschafft werden soll.	–
Kontierung	Kontierungsdaten, abhängig vom Kontierungstyp – siehe Abschnitt 5.7, »Kontierungstyp«.		
Bezugsquelle	**Vertrag**	Nummer und Positionsnummer des Vertrags.	–
	Zentraler Kontrakt	Nummer und Positionsnummer des Zentralkontrakts.	–
	Fst Lieferant	Lieferant, von dem der Bedarf gedeckt werden soll.	–
	Infosatz	Einkaufsinfosatz für das betreffende Material.	Nur für die Beschaffung mit Materialstammsatz.
	Wunschlieferant	Lieferant, den der Anforderer für die Bedarfsdeckung vorschlägt.	–
	Lieferwerk	Werk, von dem das Material beschafft werden soll.	Nur bei einer Umlagerungsbestellanforderung.
Status	–	Anzeige des Status der Bestellanforderung.	Wurde die Bestellung ausgelöst, wird die Bestellnummer in dieser Registerkarte in einer Liste angezeigt.

Tabelle 5.7 Wesentliche Felder in den Positionsdetaildaten der Bestellanforderung (Forts.)

Registerkarte	Feldname	Bedeutung	Anmerkung
Ansprechpartner	**Angelegt von**	Name des Benutzers, der den Beleg angelegt hat.	Übernahme der Daten aus dem Namen und Vorname im Benutzerstamm des Anwenders in der (**System • Benutzervorgben • Eigene Daten** Registerkarte **Adresse**).
	Erstellung	Art der Erstellung.	Manuell (direkt) oder maschinell (indirekt).
	Anforderer	Derjenige, für den die Bestellanforderung angelegt wurde.	12 Zeichen, freie Eingabe.
	Bedarfsnummer	Gibt die Nummer an, die zur Überwachung der Beschaffung eines Bedarfs dient – kann mehrere Bedarfe zusammenfassen.	10 Zeichen, freie Eingabe.
Texte	**Positionstext**	Beschreibender Text, der manuell zur Position erfasst werden kann.	Wird in Folgebelege übernommen und gedruckt.
	Positionsnotiz	Interner Text, der manuell erfasst werden kann.	Wird in Folgebelege übernommen, aber nicht gedruckt.
	Anlieferungstext	Text mit Lieferanweisungen.	Wird in Einkaufsbeleg und Anlieferungsschein übernommen und gedruckt.
	Materialbestelltext	Text, der aus den Einkaufsdaten des Materialstammsatzes übergeben wird.	Übergabe aus dem Einkaufsbestelltext im Materialstammsatz; wird im Einkaufsbeleg gedruckt.
Anlieferadresse	In Abhängigkeit vom Positionstyp die Werksadresse, die Adresse des Kunden, die Adresse des Lohnbearbeiters (siehe Abschnitt 5.6, »Positionstyp«).		

Tabelle 5.7 Wesentliche Felder in den Positionsdetaildaten der Bestellanforderung (Forts.)

Identische Felder in Bestellanforderung und Bestellung

In den folgenden Tabellen zur Beschreibung des Belegtyps »Bestellung« werden nur noch die Felder genannt, die in der BANF noch nicht beschrieben wurden.

Normalbestellanforderung (NB)

Eine Bestellanforderung mit der Belegart **NB** kann sowohl direkt als auch indirekt angelegt werden.

Eine Bestellanforderung mit der Belegart **NB** kann als Referenzbeleg für jeden Einkaufsbelegtyp und jeden Positionstyp, außer Positionstyp **B**, eingestellt sein. Die Bestellanforderung **NB** dient im Customizing oft als Kopiervorlage für andere Bestellanforderungsbelegarten, z. B. für die maschinell erzeugte indirekte Bestellanforderung aus der Disposition.

Zur Erfassung neuer Belegarten für Bestellanforderungen navigieren Sie im Customizing über den Pfad **Materialwirtschaft • Einkauf • Bestellanforderung • Belegarten einstellen**. Markieren Sie dort die Belegart **NB**, und klicken Sie auf die Schaltfläche (**Kopieren als**); weitere Informationen finden Sie bei Ernst Greiner: SAP-Materialwirtschaft – Customizing, SAP PRESS 2016, S. 256.

Rahmenbestellanforderung (FO)

Die *Rahmenbestellanforderung* mit der Belegart **FO** wird manuell in der Abteilung, die den Bedarf hat, angelegt. Sie wird genutzt, um regelmäßig wiederkehrende Bedarfe für Waren und/oder Dienstleistungen für den direkten Verbrauch zu decken. Beispielhaft seien hier Blumensträuße für Jubiläen oder die Dekoration des Empfangsbereichs genannt. In der Rahmenbestellanforderung kann kein Materialstammsatz verwendet werden.

Der Einkauf nutzt die Bestellanforderung **FO** als Referenzbeleg für eine Anfrage oder eine Rahmenbestellung **FO** mit Positionstyp **B**.

Rahmenvertragsbestellanforderung (RV)

Eine *Rahmenvertragsbestellanforderung* mit der Belegart **RV** wird manuell in der Abteilung, die den Bedarf hat, angelegt. Diese Bestellanforderungsbelegart kann als Referenzbeleg für eine Anfrage, für einen Kontrakt oder Lieferplan genutzt werden.

Sie haben die wesentlichen BANF-Belegarten kennengelernt. Im nächsten Abschnitt zeigen wir Ihnen die wesentlichen Eigenschaften der Belegarten für die Bestellung.

5.5.2 Bestellungen

Zunächst erläutern wir die wichtigsten Feldeinträge und Funktionen in der Bestellung, und danach stellen wir Ihnen die drei gängigsten Bestellbelegarten vor. Abbildung 5.23 zeigt eine Normalbestellung, die mit Bezug zur Bestellanforderung aus Abbildung 5.22 angelegt wurde.

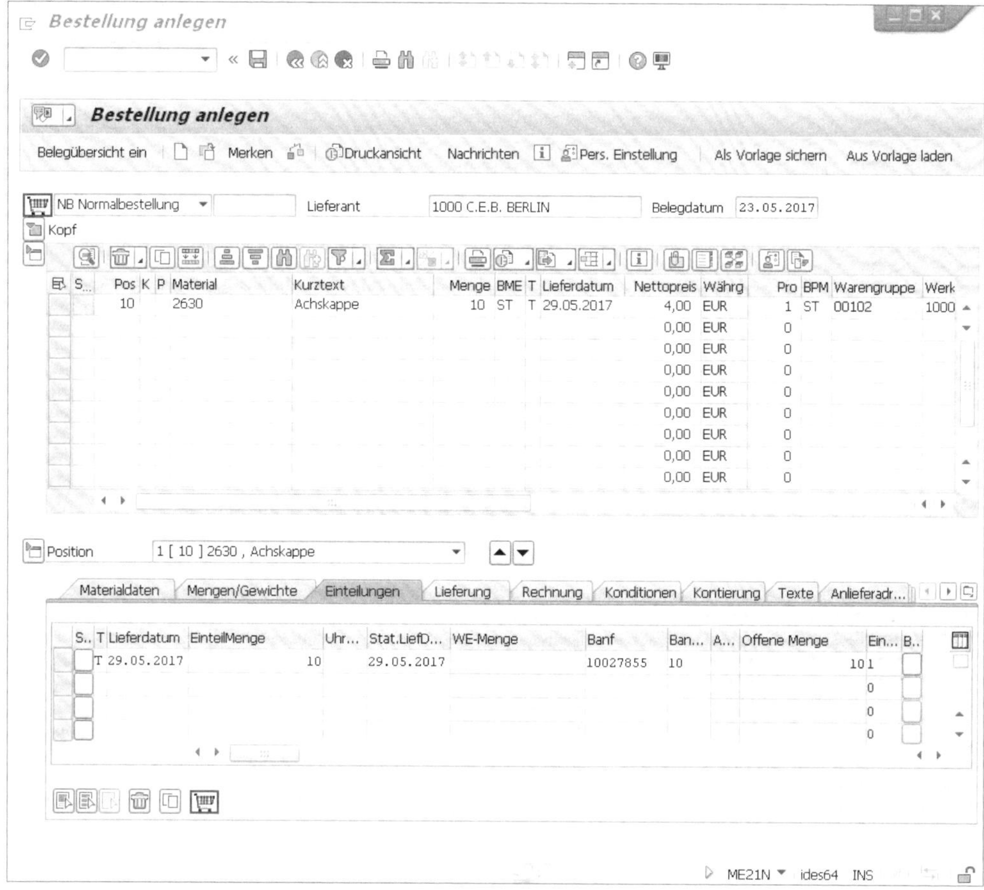

Abbildung 5.23 Bestellung mit Bezug zur Bestellanforderung

Bestellungen werden in der Einbildtransaktion (siehe Abschnitt 5.1.1, »Einbildtransaktionen«) bearbeitet.

Bildbereiche und Funktionen der Einbildtransaktion »Bestellung«

Die Einbildtransaktion zeigt alle Informationen zu einem Beleg in drei Bildbereichen. In der Bestellung gibt es nur in der Einbildtransaktion darüber hinaus noch die Funktionen **Bestellung merken** und **Druckansicht**.

- **Kopfdaten**

  Die Kopfdaten eines Belegs gelten in der Regel für alle Positionen. In Ausnahmefällen ist der Wert ein Vorschlagswert und kann auf der Positionsebene angepasst werden. Die Kopfdaten der Bestellung werden in den in Tabelle 5.8 dargestellten Registerkarten geclustert.

Registerkarte	Feldname	Bedeutung	Anmerkung
Lieferung/ Rechnung	–	Daten zu Zahlungsbedingungen und Incoterms.	Übertrag aus dem Lieferantenstammsatz.
Konditionen	–	Zusammenfassende Darstellung des Bestellwerts; ermittelt als Summe der Werte in den Positionsdaten.	–
Texte	**Textarten**	Es stehen verschiedene Textarten zur Verfügung.	Siehe Abschnitt 5.13, »Textarten im Einkaufsbeleg«.
Anschrift	–	Lieferantenanschriftsdaten.	Aus dem Lieferantenstammsatz übergeben; einmalige Änderungen zu der betreffenden Bestellung können über die Schaltfläche **Details Adresse** ergänzt oder angepasst werden.
Kommunikation	–	Daten des Lieferantenansprechpartners.	Aus dem Lieferantenstammsatz übergeben.
Partner	–	Partnerrollen des Lieferanten.	Aus dem Lieferantenstammsatz übergeben.
Zusatzdaten	**Laufzeitbeginn**	Beginn des Zeitraums, in dem die Leistung erbracht oder das Material geliefert werden soll.	–
	Laufzeitende	Ende des Zeitraums, in dem die Leistung erbracht oder das Material geliefert werden soll.	–
	Submission	Freie Eingabe	Dient der Bündelung von mehreren Einkaufsbelegen.
Orgdaten	–	Daten des Einkaufs	Verwendete Lieferanten/verwendetes Lieferwerk und Materialstammdaten müssen für diese Kombination angelegt sein.
Status	–	Zeigt aufsummiert über alle Bestellpositionen den Status.	Für den Status der einzelnen Positionen muss die Registerkarte **Status** in der Position geöffnet werden.

Tabelle 5.8 Wesentliche Kopfdaten in der Bestellung

Registerkarte	Feldname	Bedeutung	Anmerkung
Zahlungs-abwicklung	**Einbehalt**	Falls vertraglich ein Einbehalt vereinbart worden ist.	Das Feld für den Prozentwert des Einbehalts wird nur bei der Auswahl einer Einbehaltsart angezeigt.
	Anzahlungs-typ	Falls vertraglich eine Anzahlung vereinbart ist.	Es kann ein absoluter Wert oder ein Prozentwert mit Fälligkeitsdatum erfasst werden, wenn der Anzahlungstyp **V** oder **M** gewählt wurde.

Tabelle 5.8 Wesentliche Kopfdaten in der Bestellung (Forts.)

- **Positionen**
  Die Positionsübersicht in der Bestellung ist identisch zur Positionsübersicht der Bestellanforderung aufgebaut (siehe Abschnitt »Positionen« in Abschnitt 5.5.1, »Bestellanforderungen«).
- **Positionsregisterkarte**
  Die Positionsdetaildaten der Bestellung werden in den in Tabelle 5.9 aufgeführten Registerkarten geclustert.

Registerkarte	Feldname	Bedeutung	Anmerkung
Material-daten	**Info Update**	Ist das Kennzeichen aktiviert, wird in Abhängigkeit von der Customizing-Einstellung der Einkaufsinfosatz mit dem Eintrag der letzten Bestellnummer aktualisiert oder, falls keiner vorhanden ist, ein Einkaufsinfosatz (ohne Konditionen) angelegt.	–
	Charge	Mit der Schaltfläche [Icon] (**Anlegen**) kann in der Bestellung eine Chargennummer vergeben werden. Das Material kann in verschiedenen Chargen im Bestand geführt werden.	Ordnet das Material, das in Chargen, Partien oder Produktionslosen hergestellt/beschafft worden ist, eindeutig einer bestimmten Charge zu.
Mengen/ Gewichte	–	Übertrag aus dem Materialstammsatz.	–

Tabelle 5.9 Wesentliche Positionsdaten in der Bestellung

Registerkarte	Feldname	Bedeutung	Anmerkung
Einteilungen	**Lieferdatum**	Termin, zu dem das Material geliefert werden soll.	–
	Statistisches Lieferdatum	Basis für die Ermittlung der Lieferantenbeurteilung bezüglich Liefertreue; wird automatisch mit dem Lieferdatum belegt.	Siehe Abschnitt 5.11, »Lieferantenbeurteilung«.
Lieferung	–	Übertrag der Werte aus dem Materialstammsatz zu Toleranz, Mahnungen, Planlieferzeit, WE-Bearbeitungszeit, Bestandsart und Incoterms.	–
	Unbegrenzt	Warenannahme bei Überlieferung ohne Mengenbegrenzung.	Kennzeichen unbegrenzt: Für die Bestellung wird die unbegrenzte Überlieferung akzeptiert.
	Abnahme Lieferant	Die Ware wird beim Lieferanten abgenommen.	Bei aktiviertem Kennzeichen: ausgewählte Warenbewegungsarten im Wareneingang (siehe Abschnitt 3.3.3, »Wareneingang zur Bestellung«).
	Restlaufzeit	Anzahl der Perioden, die eine Ware beim Wareneingang mindestens noch haltbar sein muss.	Für Material mit Haltbarkeitsdatum; Zeitraum ist vom Periodenkennzeichen (**T**, **W**, **M**, **J**) abhängig.
	Wareneingang	Aktiviertes Kennzeichen; dies bedeutet, dass ein Wareneingang zu dieser Position gebucht werden muss.	Kennzeichen Wareneingang aktiv: Es wird ein Wareneingang erwartet; Ist-Werte werden im Controlling fortgeschrieben. In unserem Beispiel der Normalbestellung ist das Kennzeichen aktiviert. Die Wareneingangsbuchung erfolgt auf das zugeordnete Lager der Position (siehe Abschnitt 3.3.3, »Wareneingang zur Bestellung«).

Tabelle 5.9 Wesentliche Positionsdaten in der Bestellung (Forts.)

Registerkarte	Feldname	Bedeutung	Anmerkung
Lieferung	**WE-unbewertet**	Aktiviertes Kennzeichen; dies bedeutet, dass der Wareneingang unbewertet erfolgen soll.	Bei Mehrfachkontierung muss das Kennzeichen gesetzt sein. Im Controlling werden die IST-Kosten erst mit dem Rechnungseingang fortgeschrieben.
	Endlieferung	Wird bei Erreichen der Bestellmenge im Wareneingang automatisch gesetzt.	Endlieferung: Wird von SAP automatisch gesetzt, wenn die Bestellwerte mit den Lieferwerten übereinstimmen. Kann manuell gesetzt werden, wenn kein weiterer Wareneingang erwartet wird: Noch offene Obligowerte werden zurückgesetzt.
Rechnung	**RechnEingang**	Legt fest, ob mit dieser Position ein Rechnungseingang verbunden ist.	Wenn das Kennzeichen nicht gesetzt ist, erfolgt die Lieferung der Waren kostenlos.
	Endrechnung	Das Endrechnungskennzeichen dient als Information für das Finanzwesen.	Setzen Sie das Endrechnungskennzeichen, wenn Sie zu dieser Bestellung keinen weiteren Rechnungseingang erwarten. Das *Bestellobligo* wird auf null gesetzt.
	WE-bez RE Prüfung	Bei aktiviertem Kennzeichen muss der Wareneingang zu dieser Position gebucht worden sein, bevor der Rechnungseingang gebucht werden kann.	Der Rechnungseingang wird mit Bezug zum Materialbeleg gebucht.
	Auto WE-Abrech	Setzen Sie das Kennzeichen, wenn Sie Bestell- oder Lieferplanpositionen zum betreffenden Lieferanten mit automatischer Wareneingangsabrechnung oder Dienstleistungen mit Bestellungen mit Rechnungsplan abrechnen möchten.	Der Lieferant stellt keine Rechnung – es wird auf der Basis der Bestellwerte und WE-Mengen abgerechnet.
	Steuerkennzeichen	Steuersatz, der zur betreffenden Bestellposition berechnet wird.	–

Tabelle 5.9 Wesentliche Positionsdaten in der Bestellung (Forts.)

Registerkarte	Feldname	Bedeutung	Anmerkung
Konditionen	–	Materialpreis, der aus dem Materialstamm oder dem Einkaufsinfosatz übergeben wurde oder manuell erfasst worden ist.	Aus den Zahlungsbedingungen können weitere Konditionsarten abgeleitet werden. Es besteht die Möglichkeit, zur betreffenden Bestellposition manuell weitere Zu- oder Abschläge zu erfassen (siehe Abschnitt 5.12, »Preisfindung«).
Kontierung	Kontierungsdaten, abhängig vom Kontierungstyp – siehe Abschnitt 5.7, »Kontierungstyp«.		
Bestellentwicklung	**WE**	Wareneingangsbuchung(en) zur betreffenden Position.	Die Registerkarte wird erst nach der Buchung eines Folgebelegs in die Positionsdetaildaten eingefügt.
	RE-L	Rechnungseingangsbuchung(en) zur betreffenden Position.	–
Texte	**Textarten**	Es stehen verschiedene Textarten zur Verfügung.	Siehe Abschnitt 5.13, »Textarten im Einkaufsbeleg«.
Anlieferadresse	In Abhängigkeit vom Positionstyp die Werksadresse, die Adresse des Kunden, die Adresse des Lohnbearbeiters – siehe Abschnitt 5.6, »Positionstyp«.		
Bestätigungen	Siehe Abschnitt 5.10, »Bestätigungssteuerung«.		
Konditionssteuerung	**Preisdruck**	Der Preis wird auf dem Beleg angedruckt.	Entmarkieren Sie das Kennzeichen, wenn Sie den Preisdruck auf dem Bestellbeleg unterdrücken möchten.
	Schätzpreis	Markieren Sie das Kennzeichen, wenn Sie den Nettopreis nicht genau kennen.	Bei aktiviertem Kennzeichen toleriert die Rechnungsprüfung eine größere Preisabweichung.

Tabelle 5.9 Wesentliche Positionsdaten in der Bestellung (Forts.)

[»]

Kennzeichen »WE-unbewertet«, »WE-Eingang«, »RE-Eingang«

Ist im Customizing das Kennzeichen mit dem Zusatz **verbindl** (verbindlich) eingestellt, ist das Ankreuzfeld in der Bestellung nicht änderbar (siehe Abbildung 5.41).

- **Bestellung merken**
  Sie können unvollständige oder fehlerhafte Bestellungen mit der Schaltfläche **Merken** sichern. *Gemerkte Bestellungen* werden nicht an den Lieferanten übermittelt, können nicht freigegeben werden, und es werden keine Folgebelege erzeugt. Möchten Sie Ihre gemerkten Bestellungen wieder aufrufen, wählen Sie in der Belegübersicht die Selektionsvariante **Meine gemerkten Bestellungen**.
- **Druckansicht**
  Sie können jederzeit die *Druckansicht* der Bestellung mit der Schaltfläche **Druckansicht** aufrufen, unabhängig davon, ob der Beleg gesichert ist. Das SAP-System zeigt Ihnen immer den aktuellen Stand des Drucks, sodass Sie kontrollieren können, ob Sie alle relevanten Daten korrekt erfasst haben. In Abhängigkeit von den Einstellungen zur Nachricht wird der Druck entweder direkt mit dem Sichern der Bestellung erzeugt und ausgegeben, oder Sie müssen ihn mit einer anderen Funktion auslösen, siehe Abschnitt 5.14, »Nachrichten«.

Normalbestellung (NB)

Mit einer Normalbestellung beschaffen Sie Materialien mit oder ohne Materialstammsatz von einem externen Lieferanten; in Abbildung 5.23 sehen Sie eine Normalbestellung mit Materialstammsatz ohne Positions- und Kontierungstyp. In der Normalbestellung können Sie verschiedene Positionstypen und Kontierungstypen verwenden. Mit dem Positionstyp »Blank«, wie es in Abbildung 5.23 gezeigt wird, beschaffen Sie in der Regel Lagermaterialien.

Konsignations- (Positionstyp **K**) und Lohnbearbeitungsbestellungen (Positionstyp **L**) sind Abwandlungen der Normalbestellung, die Sie bei Bedarf im Customizing-SAP-Referenz-IMG über den Menüpfad **Materialwirtschaft • Einkauf • Bestellung • Belegarten einstellen** einstellen.

Prozessdarstellungen zur Lohnbearbeitung und zur Konsignation finden Sie in Abschnitt 5.9.4, »Lohnbearbeitung«, und Abschnitt 5.9.5, »Konsignation«.

Umlagerungsbestellung (UB)

Mit einer *Umlagerungsbestellung* beschaffen Sie unternehmensintern Material von einem anderen Werk. Hierzu verwenden Sie den Positionstyp **U**. Für Umlagerungsbestellungen muss im abgebenden Werk Lagerbestand vorhanden sein (siehe Abschnitt 5.9.3, »Umlagerungsbestellung«, im Abschnitt »Geschäftsvorfälle in der operativen Beschaffung«).

[«]

Customizing-Einstellungen

Zu den Customizing-Einstellungen von Umlagerungsbestellungen finden Sie weitere Informationen im Buch von Ernst Greiner: SAP-Materialwirtschaft – Customizing, SAP PRESS 2016, S. 293 ff.

Rahmenbestellung (Limitbestellung), FO

Mit einer *Rahmenbestellung* (Limitbestellung) beschaffen Sie Verbrauchsmaterial oder Dienstleistungen ohne Materialstammsatz innerhalb eines Wertlimits für eine vereinbarte *Laufzeit*. Der Rechnungseingang wird direkt auf die Bestellung gebucht. Die korrekte Kontierung muss spätestens bei *Rechnungseingang* (siehe Kapitel 7, »Logistik-Rechnungsprüfung«) erfasst werden. Sie verwenden hierzu den Positionstyp **B**.

[»]

Rahmenbestellung versus Rahmenvertrag

Verwechseln Sie die Rahmenbestellung nicht mit dem Rahmenvertrag! Zur Rahmenbestellung erhalten Sie Rechnungseingänge, und zum Rahmenvertrag legen Sie Bestellungen an, die auf den Rahmenvertrag referenzieren.

5.5.3 Rahmenverträge

Rahmenverträge können Kontrakte oder Lieferpläne sein.

Rahmenverträge werden in der Mehrbildtransaktion bearbeitet. Nach dem Aufruf der Transaktion für einen Kontrakt oder Lieferplan gelangen Sie in die Einstiegsmaske (Abbildung 5.24) zur Erfassung der Daten für Lieferant, Vertragsart und Organisationsdaten.

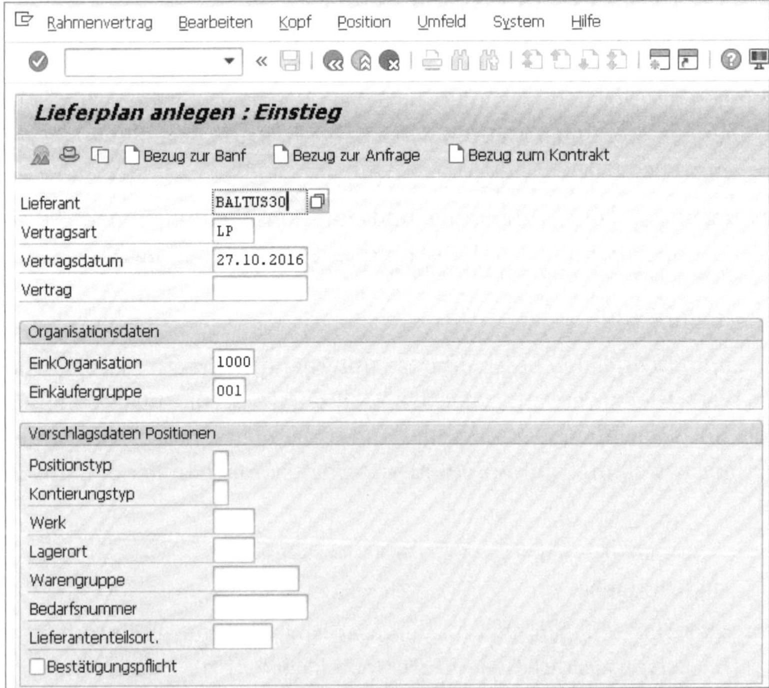

Abbildung 5.24 Rahmenvertrag – Einstiegsbild

Klicken Sie auf die Schaltfläche **Bezug zur Banf**, wenn Sie als Referenzbeleg eine BANF, die Schaltfläche **Bezug zur Anfrage**, wenn Sie eine Anfrage, oder die Schaltfläche **Bezug zum Kontrakt**, wenn Sie einen anderen Kontrakt als Referenzbeleg verwenden möchten.

Nach der Eingabe der Pflichtfelder und deren Bestätigung mit der [↵]-Taste gelangen Sie in die Kopfdaten des Rahmenvertrags, siehe Abbildung 5.25.

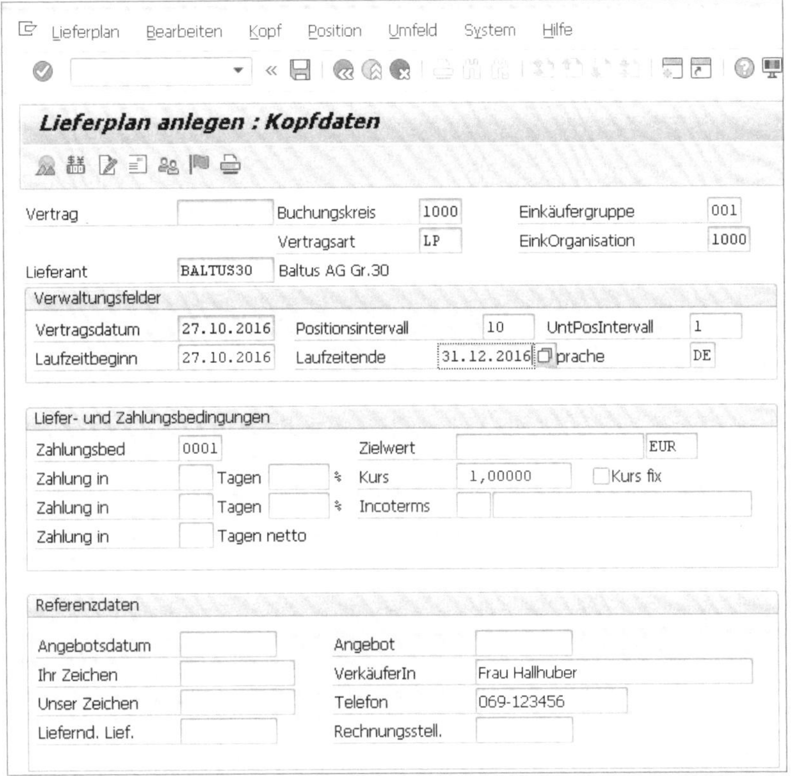

Abbildung 5.25 Lieferplan – Kopfdaten

Hier müssen Sie zunächst das Laufzeitende des Kontrakts im entsprechenden Feld hinterlegen, bevor Sie in die Positionsübersicht zur Erfassung der Positionsdaten gelangen. Das Feld **Laufzeitbeginn** ist mit dem Tagesdatum vorbelegt.

Über die Menüführung (siehe Abbildung 5.26) oder die Schaltfläche der Kopf- oder Positionssichten erfassen Sie die jeweiligen Daten zur Vervollständigung des Rahmenvertrags.

Die Kopf- oder Positionssichten, denen in Abbildung 5.26 keine Schaltfläche zugeordnet ist, erreichen Sie nur über die Menüführung in der Systemleiste nach der Eingabe einer Position in der Positionsübersicht.

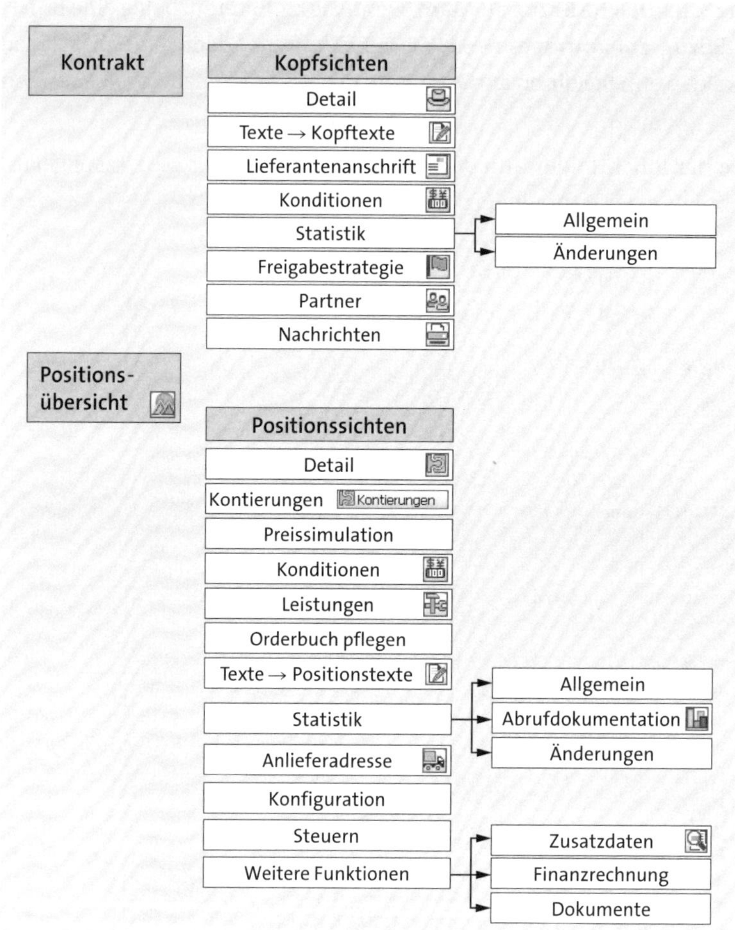

Abbildung 5.26 Die Kopf- und Positionssichten des Rahmenvertrags in der Mehrbildtransaktion

Kontrakte

Der SAP-Standard unterscheidet zwischen den folgenden Kontraktarten:

- Mengenkontrakt (MK)
- Wertkontrakt (WK)
- Zentralkontrakt (CCTR)
- verteilter Kontrakt (DC)

Positionen von Mengen- oder Wertkontrakten beziehen sich auf ein Werk, und Zentralkontrakte beziehen sich auf alle Werke einer Einkaufsorganisation. Verteilte Kontrakte sind Zentralkontrakte, die anderen SAP-Systemen für Abrufe zur Verfügung gestellt werden.

- **Mengen- oder Wertkontrakt**

  In einem *Mengenkontrakt* legen Sie die zu liefernde *Zielmenge* im *Vereinbarungszeitraum* fest. In einem *Wertkontrakt* legen Sie den *Zielwert* der Lieferungen und/oder Leistungen über die *Vertragslaufzeit* fest.

  Der Kontrakt gilt als erfüllt, wenn die vereinbarte Menge (Mengenkontrakt) oder die vereinbarten Werte (Wertkontrakt) abgerufen wurden.

  Die Abrufe erfolgen über Bestellungen mit Bezug zum Kontrakt.

  Einen Mengenkontrakt nutzen Sie für den unregelmäßigen Abruf mit unbekannten Lieferterminen von Waren. Für den regelmäßigen Abruf mit bekannten Lieferterminen von Waren nutzen Sie den Lieferplan (siehe den Abschnitt »Lieferplan«).

  Zu jeder Bestellaktivität mit Bezug zum Kontrakt erstellt das SAP-System automatisch einen Eintrag in der Abrufdokumentation. Die Abrufdokumentation enthält Informationen zu Belegnummer, Bestelldatum, Bestellmenge und Bestellwert.

  Werden Zielmenge oder Zielwert oberhalb der Toleranzwerte überschritten, gibt das SAP-System eine Warn- oder Fehlermeldung aus.

- **Zentralkontrakt**

  Benötigen Sie einen Kontrakt für mehrere Empfängerwerke, nutzen Sie den *Zentralkontrakt*. Ein Zentralkontrakt wird ohne Werkszuordnung angelegt. Erst beim Kontraktabruf legen Sie fest, welches Empfängerwerk beliefert werden soll.

  Es handelt sich in den folgenden Fällen um einen Zentralkontrakt:

  - Es beschafft nur eine einzige Einkaufsorganisation für einen gesamten Konzern.
  - Eine Referenzeinkaufsorganisation stellt anderen Einkaufsorganisationen, die mit ihr verbunden sind, einen Kontrakt für Abrufe zur Verfügung.

  Um einen Zentralkontrakt mit unterschiedlichen Partnerrollen oder Konditionen nutzen zu können, erfassen Sie im Lieferantenstammsatz werksspezifische Partnerrollen, falls unterschiedliche Werke die Lieferungen ausführen sollen. Denkbar ist z. B, dass ein Werk in der Nähe von Berlin von einem Berliner Lieferanten beliefert und ein Hamburger Werk von einem Hamburger Lieferanten beliefert werden soll.

  Falls für die Werke unterschiedliche Preise vereinbart wurden, erfassen Sie im Zentralkontrakt werksspezifische Konditionen.

  Zunächst zeigen wir Ihnen, wie Sie im Lieferantenstammsatz werksspezifische Partnerrollen hinterlegen, und im nächsten Abschnitt erläutern wir, wie Sie im Zentralkontrakt werksspezifische Konditionen pflegen.

  Im Lieferantenstamm können Sie je Werk unterschiedliche Bestelladressen oder Warenlieferanten pflegen.

  Wählen Sie im Lieferantenstamm den Menüpfad **Zusätze • Abweichende Daten**, und SAP öffnet das Dialogfenster **Anlegen abweichende Daten** (siehe Abbildung 5.27).

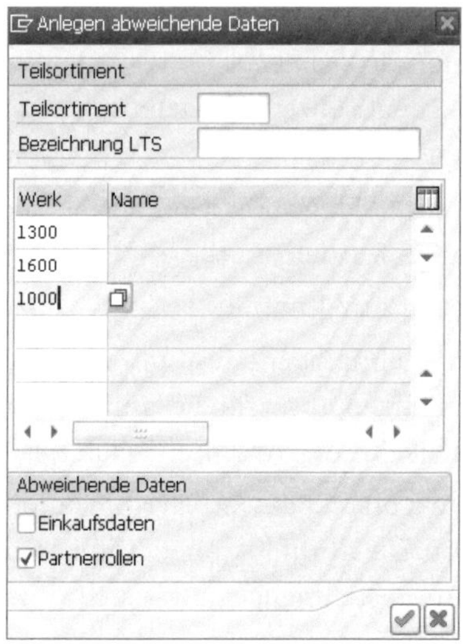

Abbildung 5.27 Das Dialogfenster »Anlegen abweichende Daten«

Erfassen Sie in dem Bild die Daten für das Werk oder Lieferantenteilsortimente, und markieren Sie das Ankreuzfeld **Partnerrollen**.

Bestätigen Sie Ihre Eingaben mit der Schaltfläche (**Weiter**).

Sie gelangen auf das Bild **Kreditor ändern: Abweichende Daten**.

Erfassen Sie die gewünschte Partnerrolle zum Werk, und sichern Sie Ihre Daten mit der Schaltfläche (**Sichern**).

Das SAP-System greift auf die zum Werk hinterlegte Bestelladresse, wie in Abbildung 5.28 schematisch dargestellt, zu und fügt diese in die Abrufbestellung ein.

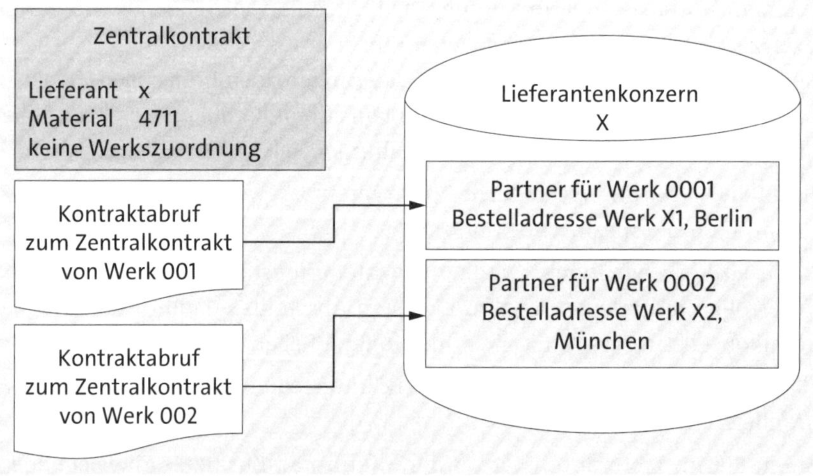

Abbildung 5.28 Abruf Zentralkontrakt

Nun zeigen wir Ihnen, wie Sie im Zentralkontrakt werksspezifische Konditionen erfassen können.

Erfassen Sie beim Anlegen des Kontrakts Werkskonditionen über den Menüpfad **Bearbeiten • Werkskonditionen • Übersicht** (siehe Abbildung 5.29) für jedes Empfängerwerk, um z. B. unterschiedliche Transportkosten abzubilden.

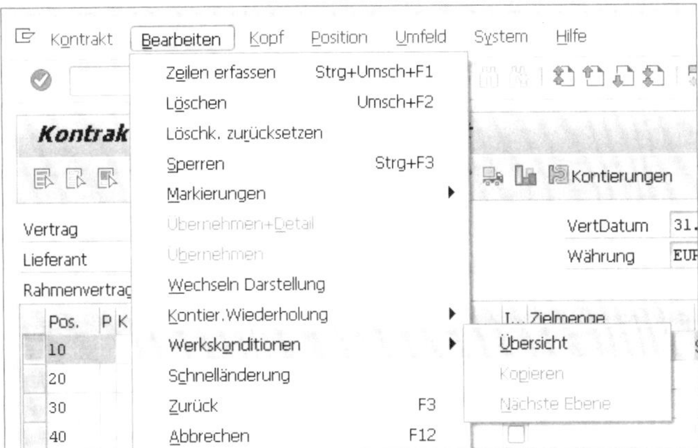

Abbildung 5.29 Werkskonditionen im Zentralkontrakt

Das SAP-System öffnet das Dialogfenster zur Erfassung der Werke, für die Konditionen erfasst werden sollen. Erfassen Sie die Werksangabe, markieren Sie den Eintrag und klicken Sie auf die Schaltfläche **Werkskonditionen**. Sie gelangen wieder in die Positionsübersicht. Klicken Sie in der Übersicht auf die Schaltfläche (**Konditionen**), um die Konditionen für das Werk zu erfassen.

Bei der Abrufbestellung zum Kontrakt zieht das SAP-System automatisch die für das Werk hinterlegten Konditionen, sobald Sie in der Bestellung die Werksangabe erfassen.

- **Verteilter Kontrakt**
  Eine Sonderform des Zentralkontrakts stellen *Verteilte Kontrakte* dar. Sie legen den Kontrakt im zentralen System an und verteilen diesen per IDoc an andere Systeme – legen also eine Kopie davon in den dezentralen SAP-Systemen an.

  Bei dem zentralen System, in dem der Kontrakt erstellt wurde, und den dezentralen Systemen, die ebenfalls über diesen Kontrakt beschaffen, handelt es sich um jeweils separate, eigenständige SAP-Systeme.

  Die Daten (Einkaufsorganisation, Einkäufergruppe, Konditionen) müssen daher in jedem einzelnen System identisch gehalten werden.

  Das SAP-System erstellt die Abrufdokumentation im jeweiligen dezentralen System; nur im zentralen System sind die Werte über alle Abrufe ersichtlich.

Damit die Änderungen laufend abgeglichen werden und alle beteiligten Systeme jederzeit über korrekte Daten verfügen, tauscht das SAP-System die Daten regelmäßig über Application Link Enabling (ALE) aus.

Bestellanforderung mit dem Eintrag einer Vertragsposition

Tragen Sie in der Bestellanforderung eine Kontraktnummer ein, wird die Bestellung als Abrufbestellung zum Kontrakt angelegt.

Lieferplan

Mit einem Lieferplan beschaffen Sie Materialien, die Sie über einen längeren Zeitraum regelmäßig benötigen.

Die folgenden Positionstypen können Sie in einem Lieferplan verwenden:

- normal (»Blank«)
- Konsignation (**K**)
- Lohnbearbeitung (**L**)
- Strecke (**S**)
- Text (**T**)
- Umlagerung (**U**)

Lieferplanpositionen mit dem Positionstyp **L** können für jeden Liefertermin die beizustellenden Materialkomponenten separat enthalten.

Lieferpläne sind immer werksbezogen. Die Positionstypen »Material unbekannt« (**M**) und »Warengruppe« (**W**) sind unzulässig.

Auch der Kontierungstyp »Unbekannte Kontierung« (**U**) ist im Lieferplan nicht zulässig.

Wareneingang zu Lieferplaneinteilungen

Wareneingänge zu Lieferplaneinteilungen können nicht vor den Einteilungsterminen und nur innerhalb der eingestellten Toleranzwerte gebucht werden.

Das SAP-System bietet im Standard drei Lieferplanarten an:

- Lieferplan (**LP**)
- Lieferplan mit Abrufdokumentation (**LPA**)
- Umlagerungslieferplan (**LU**)

[«]

Lieferplan mit Bezug zu einem Zentralkontrakt

Wurde die Lieferplanposition mit Bezug zu einem Zentralkontrakt angelegt, sollten die Konditionen im Lieferplan nicht geändert werden, da das SAP-System immer auf die aktuellen Zentralkontraktkonditionen zurückgreift.

Die Preissteuerung ist so eingestellt, dass die Konditionen immer zum Zeitpunkt des Wareneingangs ermittelt werden.

Die in der Lieferplanposition festgelegte Gesamtmenge an zu lieferndem Material kann in den Einteilungen in verschiedene Teilmengen mit dazugehörigen Lieferterminen untergliedert werden (siehe Abbildung 5.30).

Lieferplaneinteilungen können Sie wie folgt erzeugen:

- ohne Bezug
- mit Bezug auf eine Bestellanforderung
- automatisch durch die Bedarfsplanung

Mit Lieferplanabrufen wird der Lieferant benachrichtigt, das Material an den in den Einteilungen aufgeführten Terminen zu liefern.

Die Anlage eines Lieferplans ist identisch mit der Anlage eines Kontrakts (siehe Abbildung 5.24, Abbildung 5.25 und Abbildung 5.26).

In der folgenden Beschreibung zeigen wir Ihnen deshalb nur noch, wie Sie Abruftermine zum Lieferplan erzeugen:

- **Lieferplan (LP)**

  Verwenden Sie den Lieferplan ohne Abrufdokumentation, entsprechen die Einteilungstermine den Abrufterminen und sind verbindlich.

  Gehen Sie wie folgt vor, um die Einteilungen des Lieferplans zu erfassen:

  Wählen Sie den Menüpfad **Materialwirtschaft • Einkauf • Rahmenvertrag • Lieferplan • Einteilungen • Pflegen** oder Transaktion ME38 (Einteilungen pflegen).

  Das SAP-System öffnet das Bild **Lieferplaneinteilung pflegen: Einstieg**. Tragen Sie die Nummer des Lieferplans in das Feld **Vertrag** ein. Bestätigen Sie Ihre Eingaben mit der Schaltfläche (**Weiter**). Sie gelangen in das Bild **Lieferplaneinteilung pflegen: Positionsübersicht**. Markieren Sie die Position, zu der Sie die Einteilungen pflegen möchten, und klicken Sie auf die Schaltfläche (**Einteilungen**).

  Pflegen Sie – wie in Abbildung 5.30 gezeigt – die folgenden Daten:

  - Datumstyp
  - Lieferdatum
  - Einteilungsmenge
  - Uhrzeit (optional)

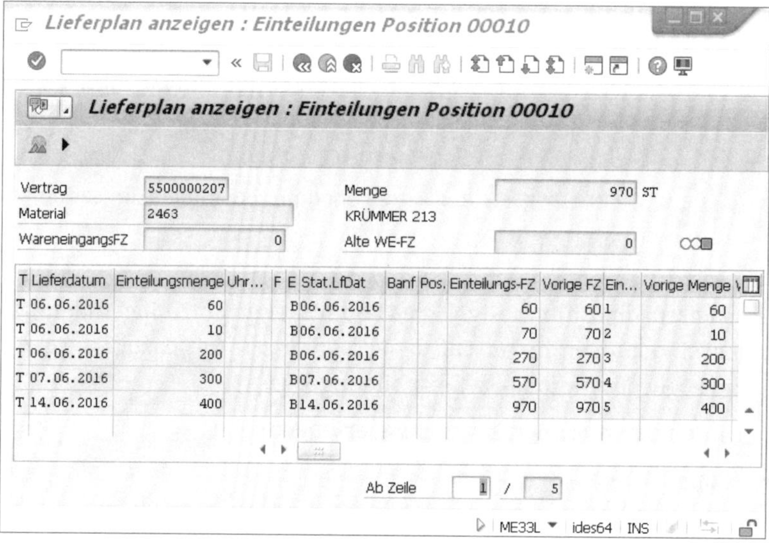

Abbildung 5.30 Lieferplaneinteilung pflegen

Das statistische Lieferdatum übernimmt das SAP-System aus dem Lieferdatum; dieses dient der Lieferantenbeurteilung zur Termintreue (siehe Abschnitt 5.11, »Lieferantenbeurteilung«).

Mit dem Sichern des Lieferplans werden die Einteilungstermine erzeugt. In Abhängigkeit von den Einstellungen in der Nachricht wird der Beleg sofort erzeugt und versandt (siehe Abschnitt 5.14, »Nachrichten«).

- **Lieferplan (LPA)**
  Verwenden Sie den Lieferplan mit Abrufdokumentation, haben die Einteilungen zunächst internen Charakter. Erst wenn Sie einen Lieferabruf (**LAB**) oder einen Feinabruf (**FAB**) erzeugen, werden die Einteilungen an den Lieferanten übermittelt.

[»]

Feinabruf

Damit Sie im Lieferplan den Feinabruf verwenden können, muss das Feinabrufkennzeichen im Materialstammsatz (Sicht **Einkauf** oder Sicht **Disposition 2**) und in den Zusatzdaten der Lieferplanposition gesetzt sein.

Die Abrufe werden in der Abrufdokumentation gesammelt.

Weitere Informationen entnehmen Sie dem Abschnitt 5.9.8, »Lieferplan mit Abrufdokumentation«.

- **Umlagerungslieferplan (UL)**
  Mit dem Umlagerungslieferplan können Sie die Liefertermine einer Umlagerung einteilen. Wählen Sie dazu **Materialwirtschaft • Einkauf • Rahmenvertrag • Liefer-**

plan • Anlegen • UmlagerungsLfpl. oder Transaktion ME37 Rahmenvertrag anlegen. Das SAP-System öffnet das Bild **Rahmenvertrag anlegen: Einstieg** (siehe Abbildung 5.31).

Im Standardsystem ist die Vertragsart **LU** vorgesehen. Der Positionstyp **U** ist vorbelegt und nicht änderbar. Erfassen Sie die Daten in den Feldern **Lieferwerk**, **Vertragsdatum**, **Einkaufsorganisation** und **Einkäufergruppe**.

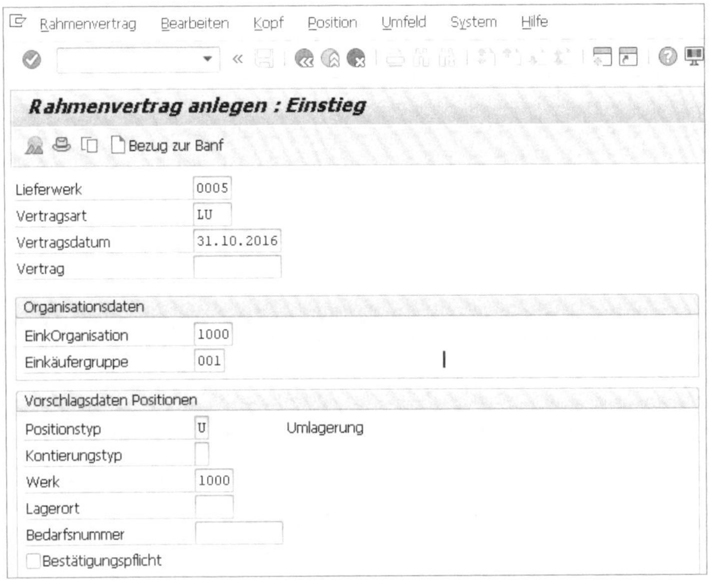

Abbildung 5.31 Umlagerungslieferplan anlegen

Bestätigen Sie Ihre Eingaben mit der Schaltfläche (**Weiter**). Sie gelangen in die Kopfdaten des Umlagerungslieferplans zur Erfassung des Laufzeitendes. Klicken Sie auf die Schaltfläche (**Positionsübersicht**) zur Erfassung der Positionsdaten.

Erfassen Sie die Einteilungstermine. Wählen Sie hierzu den Menüpfad **Logistik • Materialwirtschaft • Einkauf • Rahmenvertrag • Lieferplan • Einteilungen • Pflegen** oder Transaktion ME38 (siehe Abbildung 5.30).

5.5.4 Anfrage/Angebot

Für Anfrage und Angebot gibt es im Einkauf einen gemeinsamen Beleg. In der ursprünglichen Anfrage erfassen Sie die Konditionen und Lieferbedingungen der eingehenden Angebote. Über die Submissionsnummer werten Sie die eingehenden Angebote über den Preisspiegel aus. Die Anlage einer Anfrage finden Sie über den Menüpfad: **Logistik • Materialwirtschaft • Einkauf • Anfrage/Angebot • Anfrage • Anlegen** oder Transaktion ME41 (Anfrage anlegen).

Im SAP-Standard werden die Anfragearten Angebotsanfrage (**AB**) mit Positionstyp **D** für Dienstleistungen und Anfrage (**AN**) mit dem Positionstyp »Blank« für Waren ausgeliefert.

Zunächst beschreiben wir die Bearbeitung einer Anfrage; danach zeigen wir Ihnen, wie Sie die Angebote zur Anfrage erfassen.

Anfrage

Der Einstiegsbildschirm (siehe Abbildung 5.32) ist für die Anfragearten Angebotsanfrage (AB) und Anfrage (AN) identisch.

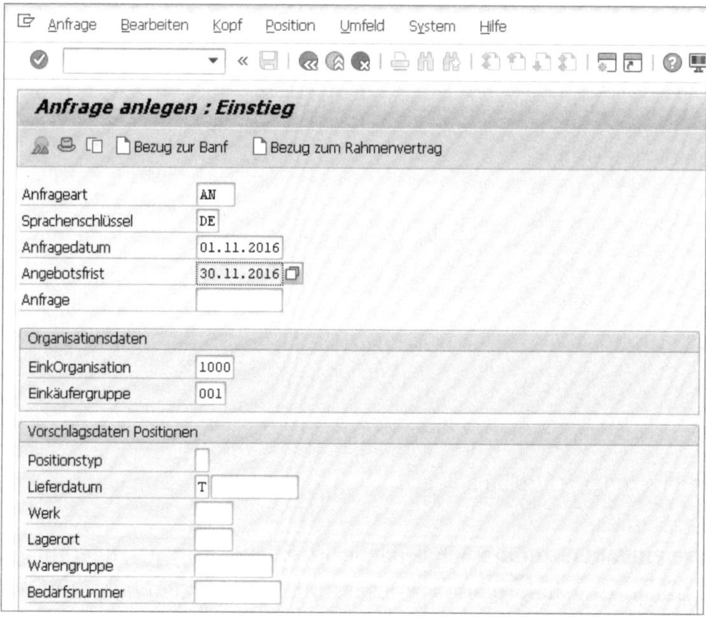

Abbildung 5.32 Einstiegsbildschirm – Anfrage anlegen

Nehmen Sie Eingaben in den Feldern **Anfrageart** und **Angebotsfrist** vor; im Feld **Angebotsfrist** wird das Datum eingetragen, bis zu dem die Angebote bei Ihnen eingegangen sein sollen. Das Anfragedatum ist mit dem Tagesdatum vorbelegt. Klicken Sie auf die Schaltfläche (**Kopfdaten anzeigen**) oder verwenden Sie die [↵]-Taste. Das SAP-System öffnet die Kopfdaten zur Erfassung der Submissionsnummer (siehe Abbildung 5.33).

Mit der Schaltfläche (**Übersicht**) gelangen Sie in die Eingabemaske zur Erfassung der Positionsdaten. Erfassen Sie, wie es in Abbildung 5.34 gezeigt wird, die Daten in den Feldern **Material**, **Anfragemenge** und **Lieferdatum**. Bestätigen Sie Ihre Eingaben mit der Schaltfläche (**Weiter**) oder mit der [↵]-Taste.

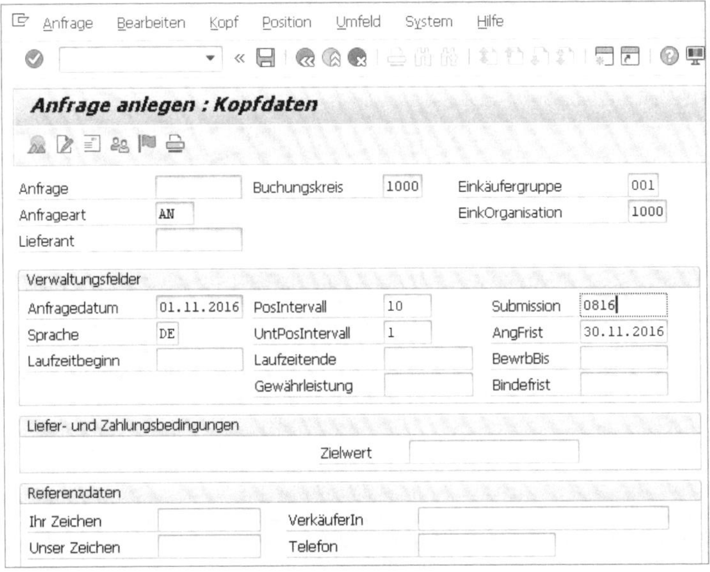

Abbildung 5.33 Kopfdaten – Anfrage anlegen

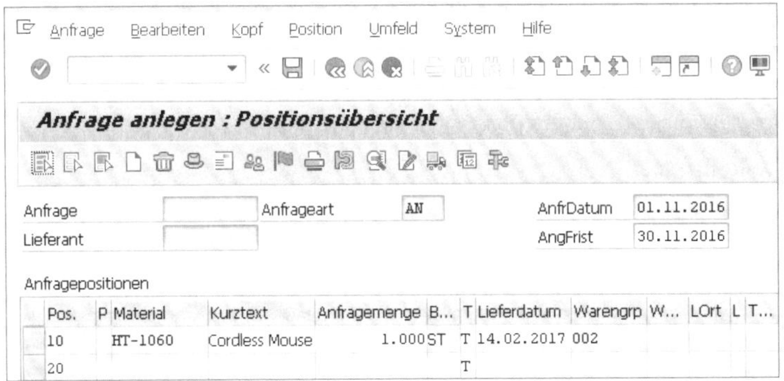

Abbildung 5.34 Positionsübersicht – Anfrageart AN

Wählen Sie zur Erfassung der potenziellen Lieferanten die Schaltfläche (**Lieferantenanschrift**). Hier können Sie den Lieferantenstammsatz erfassen. Sollte der Lieferant noch nicht mit einem Stammsatz erfasst sein, verwenden Sie den Stammsatz des CpD-Lieferanten und füllen das Anschriftenbild mit den Detaildaten aus. In Abbildung 5.35 sehen Sie das ausgefüllte Anschriftenbild mit der Verwendung eines Lieferantenstammsatzes.

Sichern Sie die Anfrage mit der Schaltfläche (**Sichern**). Das SAP-System gibt in der Systemzeile die Anfragenummer aus und öffnet ein leeres Bild **Lieferantenanschrift** zur Erfassung der nächsten Anfrage.

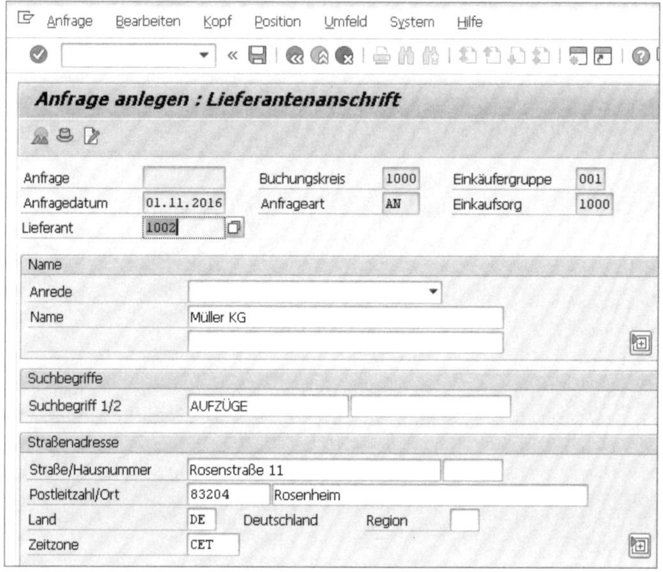

Abbildung 5.35 Lieferantenanschrift erfassen

Die Angebotsanfrage (**AB**) unterscheidet sich von der Anfrage (**AN**) wie folgt: Statt einer Materialnummer erfassen Sie einen Kurztext, der die Dienstleistung grob beschreibt (siehe Abbildung 5.36). Nach der Bestätigung mit der Schaltfläche (**Weiter**) oder der [↵]-Taste, öffnet das SAP-System das Eingabefenster zur Erfassung eines Leistungsverzeichnisses.

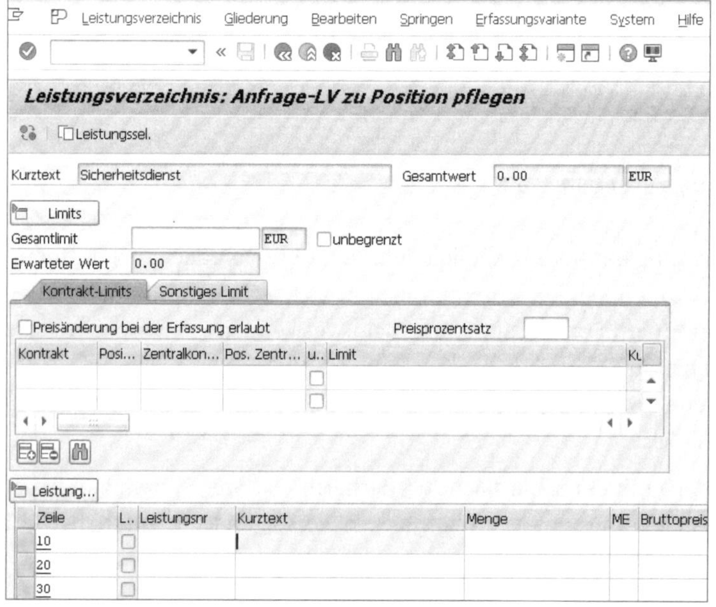

Abbildung 5.36 Leistungsverzeichnis in der Angebotsanfrage

Angebot

Nach dem Ablauf der Angebotsfrist erfassen Sie alle eingegangenen Angebote. Wählen Sie hierzu den Menüpfad **Logistik • Materialwirtschaft • Einkauf • Anfrage/Angebot • Angebot • Pflegen** oder Transaktion ME47 (Angebot pflegen).

Das SAP-System öffnet das Bild **Angebot pflegen: Einstieg**. Geben Sie die Anfragenummer in das Feld **Anfrage** ein, und bestätigen Sie Ihre Eingabe mit der Schaltfläche ✔ (**Weiter**) oder mit der [↵]-Taste.

Erfassen Sie in der Positionsübersicht den Nettopreis sowie andere relevante Lieferbedingungen, und sichern Sie Ihre Eingabe mit der Schaltfläche 💾 (**Sichern**).

Verfahren Sie auf diese Weise mit allen Anfragen, zu denen Sie ein Angebot erhalten haben.

Zur Auswertung der Angebote wählen Sie den Menüpfad: **Logistik • Materialwirtschaft • Einkauf • Anfrage/Angebot • Angebot • Preisspiegel** oder Transaktion ME49 (Angebot auswerten).

Das SAP-System öffnet das Bild **Angebotspreisspiegel**.

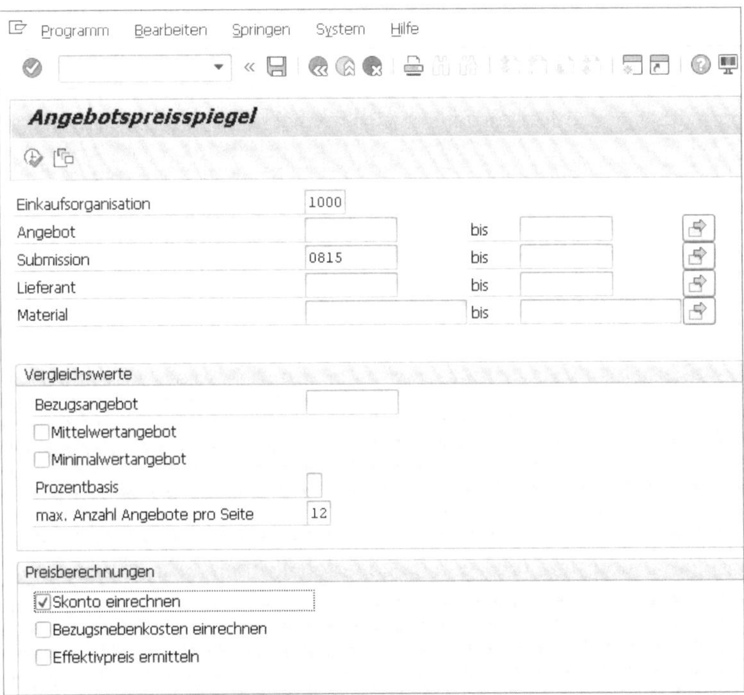

Abbildung 5.37 Angebotspreisspiegel – Einstiegsbildschirm

Erfassen Sie die Daten in den Feldern **Einkaufsorganisation** und die **Submission**, wie es in Abbildung 5.37 gezeigt wird, und bestätigen Sie Ihre Eingaben mit der Schaltfläche ⊕ (**Ausführen**).

Das SAP-System zeigt in einer Liste alle Angebotswerte und kennzeichnet den günstigsten Anbieter mit einer grünen Ampel (siehe Abbildung 5.38).

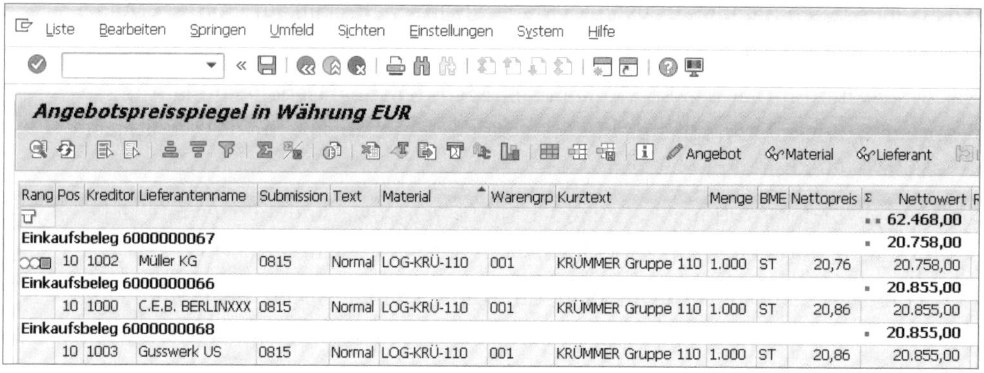

Liste Bearbeiten Springen Umfeld Sichten Einstellungen System Hilfe

Angebotspreisspiegel in Währung EUR

Angebot Material Lieferant

Rang	Pos	Kreditor	Lieferantenname	Submission	Text	Material	Warengrp	Kurztext	Menge	BME	Nettopreis	Σ	Nettowert
												▪▪	**62.468,00**
Einkaufsbeleg 6000000067												▪	**20.758,00**
	10	1002	Müller KG	0815	Normal	LOG-KRÜ-110	001	KRÜMMER Gruppe 110	1.000	ST	20,76		20.758,00
Einkaufsbeleg 6000000066												▪	**20.855,00**
	10	1000	C.E.B. BERLINXXX	0815	Normal	LOG-KRÜ-110	001	KRÜMMER Gruppe 110	1.000	ST	20,86		20.855,00
Einkaufsbeleg 6000000068												▪	**20.855,00**
	10	1003	Gusswerk US	0815	Normal	LOG-KRÜ-110	001	KRÜMMER Gruppe 110	1.000	ST	20,86		20.855,00

Abbildung 5.38 Angebotspreisspiegel – Auswertung

Benachrichtigen Sie den Lieferanten über die Absage, indem Sie das Angebot markieren und es mit der Schaltfläche **Angebot pflegen** öffnen. Navigieren Sie im Angebot zur Schaltfläche (**Übersicht**), und markieren Sie in der Position die Spalte **A** (Absagekennzeichen) über das Ankreuzfeld. Damit die Absage des Angebots an den Lieferanten übermittelt wird, erzeugt das SAP-System zum Angebot eine Nachricht. Wie Sie die Nachricht an den Lieferanten ausgeben, wird in Abschnitt 5.14, »Nachrichten«, beschrieben.

Zum angenommenen Angebot erzeugen Sie, in Abhängigkeit von den Vorgaben des Unternehmens, eine Bestellanforderung oder eine Bestellung.

5.6 Positionstyp

Die Steuerung der Belegarten nehmen Sie über den Positionstyp vor. Der Positionstyp legt fest, ob Materialnummer, Kontierung, Wareneingang und/oder Rechnungseingang für eine Position möglich bzw. erforderlich sind.

Der Positionstyp steuert die Art der Fremdbeschaffung; der dem Positionstyp zugeordnete Kontierungstyp definiert die zu bebuchenden Konten und Kontierungsdaten, siehe Abschnitt 5.7, »Kontierungstyp«.

Positionstypen werden im Customizing unter **Materialwirtschaft • Einkauf • externe Darstellung der Positionstypen festlegen** eingestellt. Abbildung 5.39 zeigt die Einstellungsvarianten zum Positionstyp »Normal«.

Tabelle 5.10 zeigt, welche Steuerungen zu Kontierung, Wareneingang und Rechnungseingang im SAP-Standard je Positionstyp vorgesehen sind.

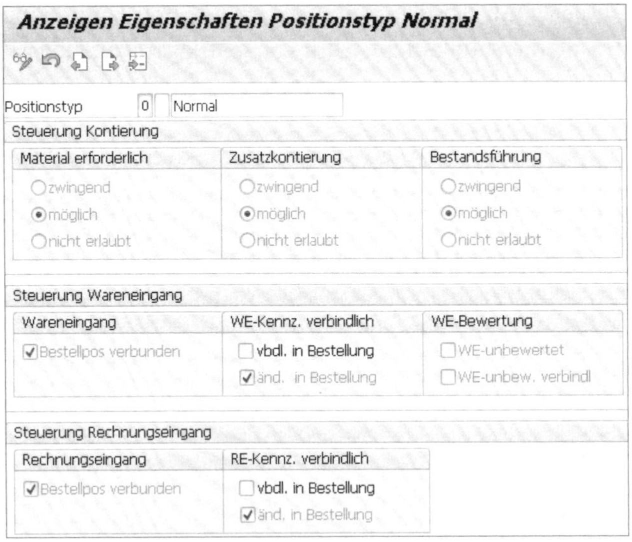

Anzeigen Eigenschaften Positionstyp Normal

Positionstyp 0 Normal

Steuerung Kontierung

Material erforderlich: zwingend / möglich / nicht erlaubt

Zusatzkontierung: zwingend / möglich / nicht erlaubt

Bestandsführung: zwingend / möglich / nicht erlaubt

Steuerung Wareneingang

Wareneingang: Bestellpos verbunden

WE-Kennz. verbindlich: vbdl. in Bestellung / änd. in Bestellung

WE-Bewertung: WE-unbewertet / WE-unbew. verbindl

Steuerung Rechnungseingang

Rechnungseingang: Bestellpos verbunden

RE-Kennz. verbindlich: vbdl. in Bestellung / änd. in Bestellung

Abbildung 5.39 Die Sicht »Anzeigen Eigenschaften Positionstyp Normal«

	Materialnummernpflicht	Bestandsführung	Kontierung	Wareneingang	Rechnungseingang
Blank Normal	M	M	M	M (bei Lagermaterial ja)	M
B Limit	N	N	J	N	J
K Konsignation	N	N	J	J (Bewertung erst bei Entnahme)	J
L Lohnbearbeitung	M	M	M	J	M
M Material unbekannt	N	M	M	J	M
S Strecke	M	M	J	N	M
T Text	N	N	N	N	N
U Umlagerung	J	M	M	J	N
W Warengruppe	N	M	M	J	J
D Dienstleistung	N	M	J	J	J
C Kundenbeistellung	J	M	J	N	J
P Mehrweg Transportverpackung	J	J	N	J	N

Tabelle 5.10 Steuerung der Bestellbelegarten über den Positionstyp (Legende: M = Möglich, J = Ja, N = Nein)

Ein Positionstyp ist in einem Beleg nur dann auswählbar, wenn er im Customizing zugelassen ist. In Tabelle 5.11 sind die Standardeinstellungen je Belegart mit zulässigen Positionstypen dargestellt.

				Rahmenvertrag						
	Bestellung			Lieferplan			Kontrakte			
Belegart / Positionstyp	NB	FO	UB	LP	LPA	UL	MK	WK	CCTR	DC
Blank Normal	X	X		X	X		X	X	X	X
B Limit		X								
K Konsignation	X			X	X		X	X	X	X
L Lohnbearbeitung	X			X	X		X			
M Material unbekannt							X	X	X	X
S Strecke	X			X	X					
T Text	X			X	X					
U Umlagerung	X		X			X				
W Warengruppe								X	X	X
D Dienstleistung	X						X	X	X	X
C Kundenbeistellung	X									
P Mehrweg Transportverp.	X									

Tabelle 5.11 Positionstypen je Belegart

Definieren Sie Belegarten z. B. für die Positionstypen »Limit«, »Konsignation«, »Lohnbearbeitung«, »Strecke«, »Dienstleistung« oder »Umlagerung«, lassen Sie bei der Definition der neuen Belegart nur den einen Positionstyp zu.

Benennen Sie die Belegart eindeutig, sodass Sie bei der Auswahl der Belegart erkennen, um welche Art es sich handelt.

Im Folgenden stellen wir Ihnen die Positionstypen und deren Besonderheiten vor.

[»]

Kombination von Positions- und Kontierungstypen

Ein weiteres Steuerungselement in der Belegart ist der Kontierungstyp, der im Abschnitt 5.7, »Kontierungstyp«, beschrieben wird.

5.6.1 Sonderbeschaffungsschlüssel im Materialstammsatz

Der *Sonderbeschaffungsschlüssel* kurz *SOBSL* genannt, steuert im Materialstamm, zusätzlich zu Beschaffungsart und Positionstyp, werksabhängig die Beschaffung und Lagerung des Materials.

Den Sonderbeschaffungsschlüssel finden Sie im Materialstammsatz in der Sicht **Disposition 2**.

- Unter *Sonderbestand* versteht man die Bestände eines Materials, die aufgrund ihrer Besitzverhältnisse oder aufgrund des Ortes, an dem sie sich befinden, vom übrigen Bestand getrennt geführt werden. Es wird unterschieden zwischen *eigenen Sonderbeständen* und *fremden Sonderbeständen*.
- Die *Sonderbeschaffungsformen* unterscheiden sich von dem Beschaffungszyklus »Kunde bestellt beim Lieferanten das Material → Lieferant liefert das Material an den Kunden → nach der Lieferung geht das Material in das Eigentum des Kunden über« dadurch, dass das Material nicht unbedingt direkt vom Lieferanten an den Kunden übergeht.

Im SAP-System gibt es die folgenden Sonderbestände und Sonderbeschaffungsformen:

- Lohnbearbeitung
- Konsignation
- Pipeline
- Mehrtransportverpackung
- Umlagerung mittels Umlagerungsbestellung
- Streckenabwicklung
- Kundenauftragsbestand
- Projektbestand

Die Bearbeitung der Sonderbeschaffung erfolgt in den Komponenten Einkauf, Bestandsführung und Rechnungsprüfung. In den folgenden Abschnitten werden einige Sonderbeschaffungsformen beschrieben.

Für die Sonderbeschaffungsvorgänge mit Bestellabwicklung gibt es spezielle Positionstypen im Einkaufsbeleg. Der Positionstyp ist im Customizing eingestellt und in seinen Steuerungen für den Einkaufsbeleg nicht änderbar (siehe Abschnitt 2.2.13, »Sicht ›Disposition 2‹«; siehe auch Ernst Greiner: SAP-Materialwirtschaft – Customizing, SAP Press 2016, S. 264 ff).

5.6.2 Positionstyp im Einkaufsbeleg

Im Customizing finden Sie die Positionstypen über den Menüpfad **Materialwirtschaft • Einkauf • Externe Darstellung der Positionstypen** festlegen (siehe Abbildung 5.40). Sie können keine kundeneigenen Positionstypen anlegen.

Abbildung 5.40 Positionstypen ändern

Blank

Den Positionstyp »Blank« **Normal** – kein Eintrag im Feld **PosTyp (extern)** – verwenden Sie für den normalen Beschaffungsprozess, der aus der Belegkette **Bestellung • Wareneingang • Rechnungseingang** besteht.

Wird dem Positionstyp »Blank« im Beleg kein Kontierungstyp zugeordnet, wird die Bestellung automatisch auf das Lager kontiert.

Bei der Verwendung des Kontierungstyps **U** (Unbekannt) muss spätestens beim Rechnungseingang eine korrekte Kontierungsinformation erfasst werden.

Limit

Mit dem Positionstyp **B Limit** beschaffen Sie Verbrauchsmaterialien oder Dienstleistungen, bei denen es sich nicht lohnt, für jeden einzelnen Beschaffungsvorgang eine eigene Bestellung zu erfassen (siehe Abschnitt 5.9.7, »Rahmenbestellung«).

Die Steuerung erfolgt über den Positionstyp **B** (Limitbestellung) in Verbindung mit der Belegart **NB** (Normalbestellung), oder im Customizing ist eine Limitbestellung als Belegart angelegt.

Die Rechnungen für die beschafften Materialien und Leistungen können innerhalb des Gültigkeitszeitraums direkt zu dieser Limitbestellung bis zum Erreichen des Wertlimits gebucht werden.

Konsignation

Den Positionstyp **K** verwenden Sie für die Sonderbeschaffungsart Konsignation (siehe Abschnitt 5.9.5, »Konsignation«).

Diese Position hat folgende Besonderheiten:

- Das verwendete Material muss bestandsgeführt werden.
- Der Bestellpreis wird aus dem Konsignationsinfosatz übernommen.
- Die Abrechnung erfolgt periodisch über die entnommenen Mengen.

Die Konsignationsabwicklung kann in die Quotierung und Disposition eingebunden werden.

Lohnbearbeitung

Den Positionstyp **L** verwenden Sie für die Beschaffung von Produkten, die ein Lieferant in der Lohnbearbeitung fertigstellt. Das Material, das der Lieferant (Lohnbearbeiter) hierzu benötigt, wird teilweise vom Besteller selbst bereitgestellt; man spricht hier von Beistellkomponenten. Zur automatischen Berechnung des Bedarfs an Beistellkomponenten können Materialstücklisten verwendet werden (siehe Abschnitt 5.9.4, »Lohnbearbeitung«).

Diese Position hat die folgenden Besonderheiten:

- Die beizustellenden Komponenten werden manuell oder durch Stücklistenauflösung ermittelt.
- Die Komponenten erzeugen dispositionsrelevante Reservierungen.
- Leistungsverzeichnisse können in die Lohnbearbeitungspositionen eingebunden werden.

Ein Mehr- oder Minderverbrauch an Komponenten kann bei der Abrechnung in der Rechnungsprüfung nachverrechnet werden.

Material unbekannt

Die Positionstypen **M** (Material unbekannt) oder **W** (Warengruppe) verwenden Sie im Mengen- oder Wertkontrakt.

Der Positionstyp **M** empfiehlt sich für gleichartige Materialien mit gleichem Preis, jedoch mit unterschiedlichen Materialnummern. Beim Erfassen der Kontraktposition geben Sie Kurztext, Warengruppe, Menge und Mengeneinheit ein, jedoch keine Materialnummer. Diese wird erst mit einer Abrufbestellung zur Kontraktposition angegeben.

Positionstyp **W** empfiehlt sich für Materialien derselben Warengruppe, aber mit unterschiedlichem Preis. Beim Erfassen der Kontraktposition geben Sie lediglich

Kurztext und Warengruppe ein, jedoch keinen Preis. Dieser wird, ebenso wie die Materialnummer, erst im Kontraktabruf eingegeben.

Der Positionstyp **W** kann nur in Wertkontrakten verwendet werden.

Im Kontraktabruf können Sie eine Materialnummer eingeben. Der entsprechende Materialstammsatz muss derselben Warengruppe zugeordnet sein wie die Kontraktposition, auf die Bezug genommen wird. Verfügt der Kontraktabruf über keine Materialnummer, muss er eine gültige Kontierung – wie z. B. eine Kostenstelle – enthalten.

[!]

Positionstyp M oder W in Abrufbestellung

In der Abrufbestellung sind die Positionstypen **M** und **W** unzulässig. Beim Anlegen mit Bezug auf die Kontraktposition muss der Positionstyp in der Abrufbestellung in einen geeigneten Positionstyp umgeändert werden.

Strecke

Den Positionstyp **S** verwenden Sie, wenn Sie ein Material vom Lieferanten direkt an eine Kundenadresse liefern lassen möchten. Die Rechnung geht an den Besteller. Die Adresse des Warenempfängers wird automatisch aus der Adresse des Kontierungselements – z. B. der Kundenauftragsadresse, dem Netzplanvorgang oder einem Instandhaltungsauftrag – in den Einkaufsbeleg übernommen (siehe Abschnitt 5.9.2, »Streckenbestellung«).

Text

Den Positionstyp **T** verwenden Sie im Einkaufsbeleg für Textpositionen, z. B. wenn Sie Ihrem Material eine kostenlose Gebrauchsanweisung beilegen möchten, die expliziter Bestandteil der Lieferung sein soll.

[»]

Textarten

Möchten Sie zu den Positionen im Einkaufsbeleg spezifische Informationen hinterlegen, nutzen Sie die Textarten (siehe Abschnitt 5.13, »Textarten im Einkaufsbeleg«).

Umlagerung

Den Positionstyp **U** verwenden Sie, wenn Sie Material innerhalb Ihres Unternehmens zwischen zwei Werken oder zwei Lagerorten umlagern möchten. Sie können die Umlagerung per Umlagerungsbestellung oder Umlagerungslieferplan vornehmen (siehe Abschnitt 5.9.3, »Umlagerungsbestellung«).

Warengruppe

Der Positionstyp **W** wird genutzt für die Beschaffung mit unbekanntem Material. Das Verhalten dieses Positionstyps ist identisch mit dem Positionstyp M »Material unbekannt«.

Dienstleistung

Den Positionstyp **D** verwenden Sie für die Beschaffung von komplexen Dienstleistungen. Die Position hat die folgenden Besonderheiten:

- Aufbau komplexer Leistungsverzeichnisse mittels Gliederungsfunktion.
- Große Flexibilität bei der Planung der Beschaffung dadurch, dass weder die genaue Leistungsbeschreibung, die Kontierung, noch die genaue Menge zum Bestellzeitpunkt angegeben werden müssen.
- Langtexte sind flexibel pro Gliederungsstufe und Leistungszeile zu hinterlegen.
- Der Beleg kann mit dem Kontierungstyp **U** (Unbekannte Kontierung) erfasst werden. In diesem Fall erfassen Sie die korrekte Kontierung erst mit dem Rechnungseingang.

Dienstleistungsbestellung mit Materialstammsatz

Für weniger komplexe Dienstleistungen können auch Materialstammsätze mit der Materialart **DIEN** angelegt oder im Einkaufsbeleg ein Kurztext erfasst werden. In diesem Fall werden die Dienstleistungen im Einkaufsbeleg mit dem Positionstyp »Blank« und einer Kontierung wie bei den Materialstammsätzen verwendet. Im Positionstextfeld prägen Sie die Dienstleistung in einem beschreibenden Text aus. Die Leistungserfassung erfolgt mit einer Wareneingangsbuchung.

Weitere Informationen entnehmen Sie Abschnitt 5.9.6, »Dienstleistung mit Leistungserfassung«.

5.7 Kontierungstyp

Bestellpositionen legen Sie mit oder ohne *Kontierungstyp* an. Der Kontierungstyp steuert, welche *Kontierungsobjekte* in der Bestellposition anzugeben sind. Ein Kontierungsobjekt entspricht dem Verbraucher des Materials bzw. der Dienstleistung.

Das Customizing des Kontierungstyps nehmen Sie unter **SPRO • SAP Referenz IMG • Materialwirtschaft • Einkauf • Kontierungstyp • Kontierungstyp pflegen** vor. Markieren Sie den gewünschten Kontierungstyp, und klicken Sie auf die Schaltfläche (**Detail**). Wie es in Abbildung 5.41 zu sehen ist, definieren Sie mit dem Kontierungstyp nicht nur den Verbraucher, sondern auch Vorschlagswerte zu den Kennzeichen des

Wareneingangs, des Rechnungseingangs und der Verteilung der Werte auf die Verbraucher.

[!]

Kennzeichen zu Waren- und Rechnungseingang

Hat das Kennzeichen die Ergänzung **verbindl**, kann der Eintrag in der Bestellposition nicht geändert werden.

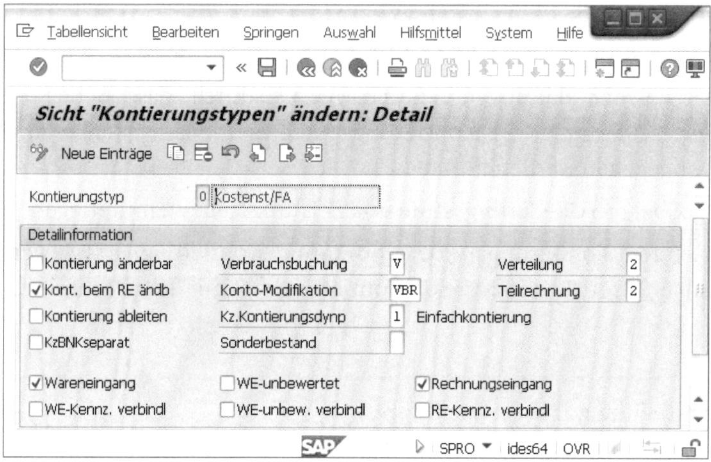

Abbildung 5.41 Kontierungstypen ändern

Der Kontierungstyp bestimmt Folgendes:

- den Typ der Kontierung, wie z. B. Kundenauftrag oder Projekt
- welches Kontierungsobjekt bei Zahlung der Rechnung mit Kosten belastet wird
- welche Kontierungsdaten Sie im Einkaufsbeleg eingeben müssen

Tabelle 5.12 listet die Kontierungstypen mit den jeweiligen Kontierungsdaten.

Kürzel	Bezeichnung	Benötigte Kontierungsdaten
A	Anlage	Anlagenhauptnummer und -unternummer
B	Lagerfert./Abr.KDAUF	Abrechnung über Kundenauftrag
C	Kundenauftrag	Kundenauftrags- und Sachkontonummer
D	KD-Einzel/Abr.Proj.	Kundenauftrags- und Sachkontonummer/Abrechnung über das Projekt
E	Kundeneinzelbedarf	Kundenauftrags- und Sachkontonummer/Abrechnung über den Kundenauftrag

Tabelle 5.12 Kontierungstypen in der Bestellung

Kürzel	Bezeichnung	Benötigte Kontierungsdaten
F	Auftrag	Innenauftrag oder Instandhaltungsauftrag und Sachkontonummer
G	Lagerfertigung Abr.Prj	Abrechnung über das Projekt
K	Kostenstelle	Kostenstellen- und Sachkontonummer
N	Netzplan	Netzplanvorgangsnummer- und Sachkontonummer
P	Projekt	Sachkontonummer, Projekt optional
Q	Projekteinzelfertigung	Projekt- und Sachkontonummer
T	Alle neuen Nebenkosten	Innenauftrag oder Instandhaltungsauftrag und Sachkonto, Projekt und Profit-Center optional
U	Unbekannt	ohne
X	Alle Nebenkonten	Sachkonto
Z	3rd Strecke m LV	Sachkonto

Tabelle 5.12 Kontierungstypen in der Bestellung (Forts.)

Im Kontierungstyp ist mit dem Kennzeichen im Feld **Verteilung** festgelegt, ob eine *Mehrfachkontierung* zugelassen ist und welche Verteilungsform bei der Mehrfachkontierung im Beleg vorgeschlagen wird. Ist das Feld leer, ist nur eine *Einfachkontierung* möglich.

Mit dem Eintrag **1** im Feld **Verteilung** schlägt das SAP-System im Beleg eine *mengenmäßige Verteilung* und mit dem Kennzeichen **2** eine *prozentuale Verteilung* vor.

Bestellpositionen ohne Kontierungstyp werden zunächst in den neutralen Materialbestand gebucht, und der Verbraucher wird erst bei der Materialentnahme erfasst.

Falls Material für das Lager beschafft wird, wird der Lagerbestand des Materials durch die Erfassung des Wareneingangs erhöht und durch die Erfassung des Warenausgangs abgebaut. Außerdem erfolgt bei jeder Warenbewegung die Fortschreibung der Bestands- und Verbrauchskonten in der Finanzbuchhaltung.

Bei der Beschaffung für den Verbrauch gilt das Material/die Dienstleistung mit dem Wareneingang als verbraucht. Falls ein Material oder eine Dienstleistung zu Verbrauchszwecken beschafft wird, legt der Einkauf durch die Eingabe eines Kontierungstyps und der dazu passenden Kontierungsdaten (siehe Tabelle 5.12), z. B. Kostenstelle oder Projektnummer, den Verbraucher fest.

Die in Tabelle 5.13 gelisteten Customizing-Aktivitäten zum Kontierungstyp finden Sie im IMG-Pfad **Materialwirtschaft • Einkauf • Kontierung**.

IMG-Aktivität	Bedeutung
Kontierungstypen pflegen	Definition der Kontierungstypen mit Vorschlagswerten zu den Kontierungselementen, Behandlung von Wareneingang, Rechnungseingang sowie Einstellung der Felder im Beleg als Muss-Felder, Kann-Felder, Anzeigefelder oder ausgeblendete Felder (siehe Abbildung 5.42).
Kombination Positionstypen – Kontierungstypen festlegen	Zuordnung der Kontierungstypen zu den Positionstypen (siehe Tabelle 5.14).
Subscreen für Kontierungsblock einstellen	Festlegung von Kontierungsfeldern, die in der Anwendung zum Kontierungstyp zur Bearbeitung gezeigt werden.
Vorschlagswerte für Anlagenklasse zuordnen	Vorschlagswert bei der Erfassung von anlagekontierten Beschaffungsvorgängen

Tabelle 5.13 IMG-Aktivitäten zum Kontierungstyp

Während der Positionstyp Aufschluss darüber gibt, ob es sich um eine besondere Form der Fremdbeschaffung handelt, bestimmt der Kontierungstyp die erforderlichen Kontierungsdaten und die zu bebuchenden Konten. Die Kombination von Positionstyp und Kontierungstyp ist im Customizing festgelegt und unterliegt den in Tabelle 5.14 gezeigten Restriktionen.

Kontierungstyp / Positionstyp	A Anlage	C Kundenauftrag	D KD-Einzel/Abr.Proj.	E Kundeneinzelbedarf	F Auftrag	H Unbekannt_2	K Kostenstelle	M KD-Einzel ohne KD CO	N Netzplan	P Projekt	Q Projekteinzelfertigung	T Alle neuen Nebenkosten	U Unbekannt	X Alle Nebenkont.	Y Alle Nebenkont.	Z 3rd-Streck mit LV
Blank, normal	X	X	X	X	X		X	X	X	X	X	X	X	X	X	
B Limit							X						X			
K Konsignation																
L Lohnbearbeitung				X	X		X				X	X		X		
M Material unbekannt																
S Strecke		X	X	X	X		X	X	X		X			X		X
T Text																
U Umlagerung	X	X	X	X	X		X	X	X		X	X		X		
W Warengruppe													X			
D Dienstleistung	X	X		X		X	X		X	X			X	X		

Tabelle 5.14 Zuordnungen von Positionstyp zu Kontierungstyp

Im unteren Abschnitt des Customizings für Kontierungstypen legen Sie das Erscheinungsbild der Position fest. Wie in Abbildung 5.42 gezeigt, legen Sie hier fest, welche Felder im Beleg **Musseing**, **Kanneing** oder zur **Anzeige** eingestellt sind. Felder, die Sie im Beleg nicht sehen können, sind im Bereich **Ausgebl.** gekennzeichnet. Die Tabelle 5.15 zeigt die Navigationsmöglichkeiten in der Abbildung 5.42.

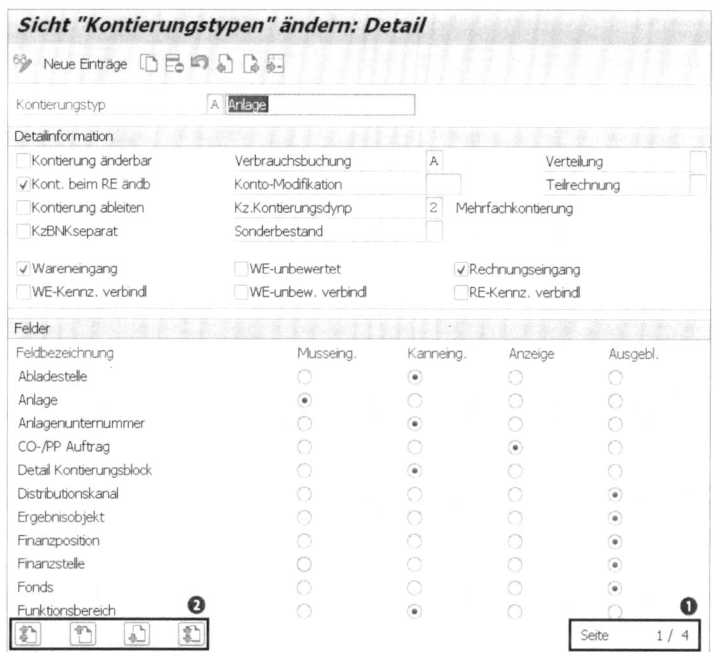

Abbildung 5.42 Kontierungstypen ändern – Felder

Nr.	Bedeutung
❶	Seitenzahl, in denen Felder des Belegs gelistet sind.
❷	Schaltfläche zur Navigation in der Feldliste (**Erste Seite**), (**Vorherige Seite**), (**Nächste Seite**), (**Letzte Seite**).

Tabelle 5.15 Navigation in Kontierungstypen ändern

Im folgenden Abschnitt zeigen wir die beiden Darstellungsformen der Kontierungsdaten im Beleg. Im Customizing legen Sie mit dem Feld **Kz. Kontierungsdynp** (Kennzeichen **Kontierungsdynpro**) fest, ob die Kontierungsdaten als Einfachkontierung oder als Mehrfachkontierung gezeigt werden sollen. In der BANF bzw. Bestellung stellen Sie mit der Schaltfläche (**Mehrfachkontierung**) selbige ein. Mit der Schaltfläche (**Einfachkontierung**) stellen Sie die Sicht der Einfachkontierung her. Bearbeiten Sie in einem Beleg mehrere Positionen, die identisch kontiert werden sollen, aktivieren Sie vor der Eingabe weiterer Positionen mit der Schaltfläche (**Wiederholung ein**) den Übertrag der Kontierungsdaten. Mit der Schaltfläche (**Wiederholung aus**) beenden Sie den Übertrag. In Mehrbildtransaktionen nutzen Sie im Dialogfenster **Kontierung zur Position** die Schaltfläche **Wechseln Darstellung**.

Die Eingabe von Positions- und Kontierungstyp erfolgt in den Belegen an unterschiedlichen Stellen:

- Den Positionstyp und den Kontierungstyp erfassen Sie in der BANF in der Positionsübersicht. Nach der Bestätigung mit der [↵]-Taste legt das SAP-System in den BANF-Positionsdetaildaten die Registerkarte **Kontierung** an, sodass Sie dort die Kontierungsinformationen erfassen können.
- In der Bestellung ist die Registerkarte **Kontierung**, unabhängig vom Kontierungstyp, bereits angelegt. Die erforderlichen Felder für die Kontierungsinformationen wechseln in Abhängigkeit vom Kontierungstyp (siehe Tabelle 5.12).
- In Mehrbildtransaktionen erfassen Sie die Vorschlagswerte für den Positions- und Kontierungstyp im Einstiegsbildschirm. Nach der Eingabe der Positionsdaten in der Positionsübersicht öffnet das SAP-System das Dialogfenster zur Erfassung der vollständigen Kontierungsinformationen.

5.7.1 Einfachkontierung in der Bestellung

Abbildung 5.43 zeigt die Kontierungsdaten in der Bestellung ohne Kontierungstyp. In diesem Fall würde der Wareneingang das Material auf das Lager buchen und damit die Bestandswerte des Materials erhöhen.

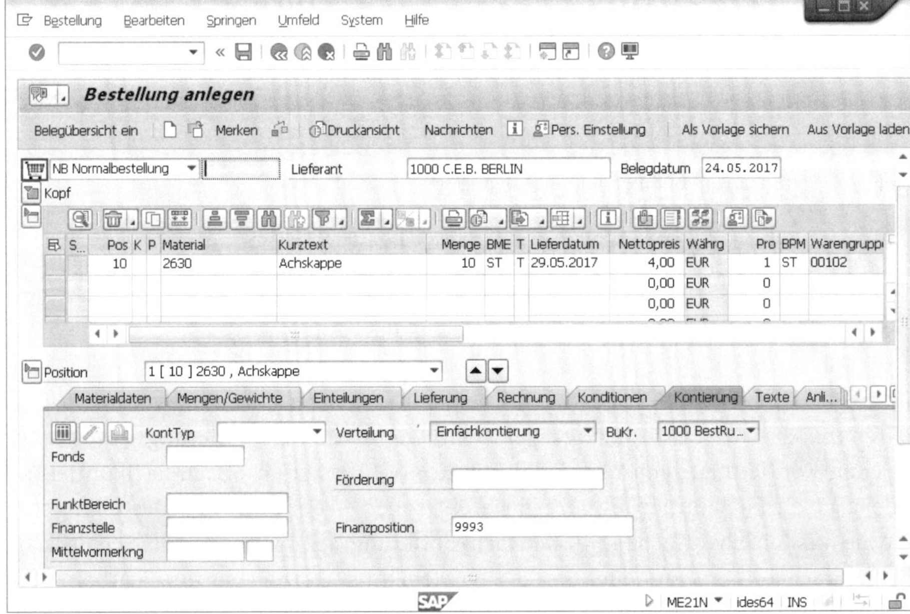

Abbildung 5.43 Einfachkontierung in der Bestellung ohne Kontierungstyp

Abbildung 5.44 zeigt eine Bestellung zum gleichen Material mit dem Kontierungstyp **K**. In diesem Fall verändert das SAP-System die Felder in der Positionsregisterkarte **Kontierung** zur Erfassung der Daten für Sachkonto und Kostenstelle.

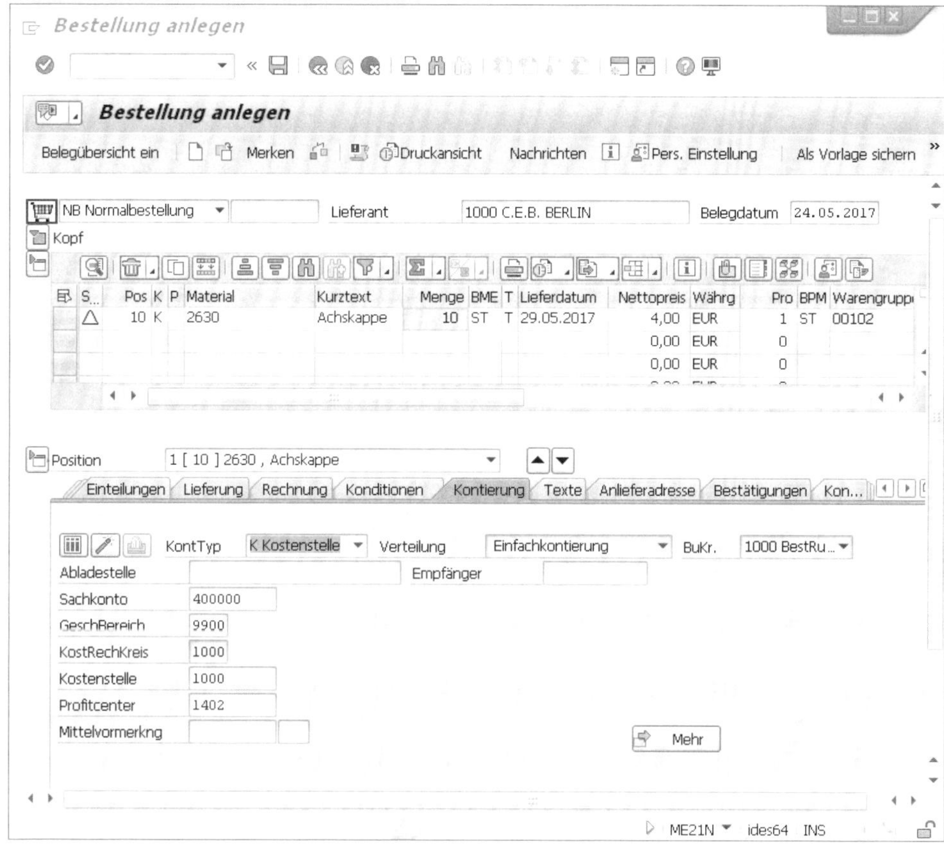

Abbildung 5.44 Einfachkontierung mit Kontierungstyp »Kostenstelle«

In Abbildung 5.44 sehen Sie die ausgefüllten Felder zu Geschäftsbereich, Kostenrechnungskreis und Profit-Center, die das SAP-System automatisch zur Kostenstelle und zum Sachkonto ergänzt hat. Buchen Sie zu diesem Material den Wareneingang oder den Rechnungseingang, bucht das SAP-System die Werte direkt in den Verbrauch zulasten der eingetragenen Kostenstelle (siehe auch Abbildung 5.1).

5.7.2 Mehrfachkontierung in der Bestellung

Soll ein Material oder eine Dienstleistung auf mehr als eine Kostenstelle gebucht werden, können Sie die Aufteilung der Kosten direkt in der Position erfassen. Klicken Sie hierzu in der Positionsregisterkarte **Kontierung** auf die Schaltfläche (**Mehrfachkontierung**).

[!]

Mehrfachkontierung

Sie können nur innerhalb eines Kontierungstyps eine Mehrfachkontierung vornehmen, also z. B. nur auf mehrere Kostenstellen oder auf mehrere Kundenaufträge.

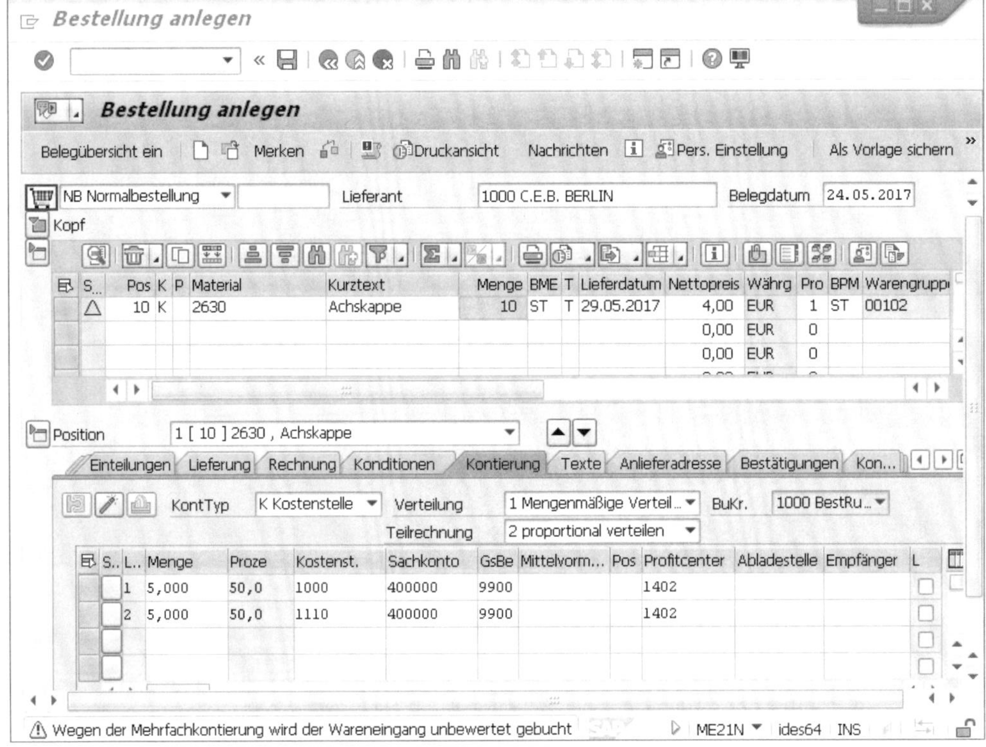

Abbildung 5.45 Mehrfachkontierung in der Bestellung

Das SAP-System öffnet eine Tabelle zum Erfassen der Kontierungsdaten. Sie können zwischen mengenmäßiger und prozentualer Verteilung über die Listenauswahl **Verteilung** wählen.

In Abbildung 5.45 ist die mengenmäßige Verteilung eingetragen.

Möchten Sie zur betreffenden Bestellung eine Teilrechnung erfassen, können Sie dies auf zwei Arten tun:

- der Reihe nach verteilen
- proportional verteilen

In diesem Beispiel ist die proportionale Verteilung eingestellt. Dies bedeutet, dass bei Rechnungseingang beide Kostenstellen mit dem proportionalen Anteil belastet werden. Mit der Einstellung **der Reihe nach verteilen** würde das SAP-System zunächst die erste Kostenstelle so lange belasten, bis deren Anteil erreicht ist und danach erst die Kosten auf die zweite Kostenstelle buchen.

Bei einem Rechnungseingang mit Teilrechnung berechnet das SAP-System in der Rechnungsprüfung automatisch die Verteilung der Kosten gemäß dem eingegebenen Teilrechnungskennzeichen und schlägt die dazugehörigen Werte für die einzelnen Konten vor. Diese Werte können Sie überschreiben, wenn Sie eine andere Verteilung wünschen, als es in der Bestellung geplant ist.

Von der Mehrfachkontierung zur Einfachkontierung

Möchten Sie die Sicht **Mehrfachkontierung** wieder auf die Sicht **Einfachkontierung** zurückstellen, müssen Sie zunächst die Kontierungszeilen bis auf eine Zeile löschen, indem Sie das Kennzeichen **L** in der Kontierungsübersicht hinter der Zeile markieren und mit der [↵]-Taste bestätigen. Somit ist die Schaltfläche (**Einfachkontierung**) wieder aktiv.

5.8 Bezugsquellenermittlung

SAP unterstützt Sie bei der Zuordnung einer *Bezugsquelle* im Einkaufsbeleg. Als Bezugsquelle können dienen:

- Orderbuch
- Quotierung
- Infosatz
- Rahmenvertrag
- Werk

Sie verwalten die Bezugsquellen mit dem Orderbuch und/oder der Quotierung.

Mit dem Orderbuch definieren Sie die bevorzugten oder erlaubten Bezugsquellen eines Materials. Mit der Quotierung legen Sie fest, welcher Anteil des anfallenden Bedarfs von welchen Bezugsquellen beschafft werden soll.

Die *Bezugsquellenermittlung* hat zur Folge, dass einer Bestellanforderungsposition eine Bezugsquelle zugeordnet werden kann.

Das SAP-System durchsucht die Stammsätze zu den Bezugsquellen, wie in Tabelle 5.16 gezeigt, in der folgenden Reihenfolge:

Sie können die Zuordnung einer Bezugsquelle in der Bestellanforderung auf der Kopfebene für alle Positionen in der Bestellanforderung anfordern, indem Sie das Feld

Bezugsquellenfindung anhaken. Existiert genau eine Bezugsquelle, schlägt das SAP-System diese vor.

Stammsatz	Voraussetzung	Bedeutung
Quotierung	Der Materialstammsatz enthält zum Werk einen Eintrag im Feld **Quotierungsverwendung**. Zur Quotierung ist mindestens ein Lieferantenstammsatz erfasst.	Findet das SAP-System eine Quotierung, berechnet es automatisch auf der Basis der vereinbarten Quoten, von welchem Lieferanten das Material bezogen werden soll.
Orderbuch	Zum Material ist ein Orderbucheintrag mit einem festen Lieferanten oder ein Rahmenvertrag angelegt.	Liegt keine Quotierung vor, sucht das SAP-System nach einem Orderbucheintrag.
Rahmenvertrag	Zum Material ist ein zum Liefertermin gültiger Rahmenvertrag angelegt.	Findet das SAP-System keinen Orderbucheintrag, sucht es nach einer Rahmenvertragsposition. Der Liefertermin der Position muss innerhalb des Gültigkeitszeitraums des Rahmenvertrags liegen.
Infosätze	▪ Zum Material gibt es Infosätze. ▪ Ist in einem Infosatz das Kennzeichen Regellieferant gesetzt, wird der betreffende Lieferant in den Beleg übernommen. ▪ Findet das SAP-System keine eindeutige Bezugsquelle, schlägt das SAP-System alle Bezugsquellen zur manuellen Auswahl vor (siehe Abbildung 5.46).	Ist im Orderbuch weder ein fester Lieferant noch ein Rahmenvertrag hinterlegt, schlägt das SAP-System Einkaufsinfosätze als mögliche Bezugsquellen vor.

Tabelle 5.16 Rangfolge der Bezugsquellenfindung

Möchten Sie die Bezugsquelle auf der Positionsebene zuordnen, navigieren Sie in der Bestellanforderung, je Positionsdetaildaten, zur Registerkarte **Bezugsquelle** und klicken von dort auf die Schaltfläche **Bezugsquelle zuordnen**.

Findet das SAP-System zur Position mehrere Bezugsquellen, wie es Abbildung 5.46 zeigt, wählen Sie die gewünschte Bezugsquelle durch Einfachklick auf die entsprechende Zeile aus. Tabelle 5.17 zeigt die unterschiedlichen Einstellungen in der Bezugsquellenfindung der Bestellanforderung.

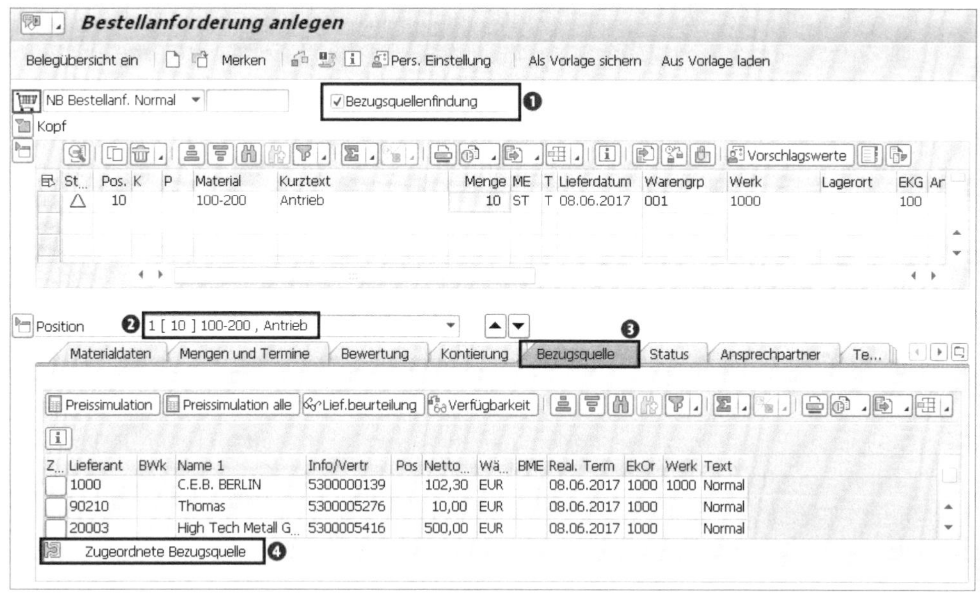

Abbildung 5.46 Bezugsquellenfindung in der BANF

Nr.	Bedeutung
❶	**Bezugsquellenfindung** auf der Kopfebene einstellen.
❷	Auswahl der Position, zu der die Bezugsquellenfindung angestoßen werden soll, wenn die BANF mehr als eine Position umfasst.
❸	Registerkarte **Bezugsquelle** zur ausgewählten Position.
❹	Schaltfläche **Bezugsquelle zuordnen**; nach der Zuordnung der Bezugsquelle ändert die Schaltfläche den Text in **Zugeordnete Bezugsquelle**.

Tabelle 5.17 Bezugsquellenfindung in der BANF

Sie können die Bezugsquelle direkt in der BANF zuordnen oder zu einem späteren Zeitpunkt über Transaktionen ME56 (Bezugsquelle zu Bestellanforderungen zuordnen) oder ME57 (Bestellanforderungen zuordnen und bearbeiten), siehe Abschnitt 5.16, »Bestellanforderung in Bestellung überführen«.

In den folgenden Abschnitten stellen wir Ihnen die möglichen Bezugsquellen in der Rangfolge, wie sie im SAP-System ermittelt werden, und deren Besonderheiten vor.

5.8.1 Quotierung

Die Funktionen zur Quotierung erreichen Sie über den Menüpfad **Materialwirtschaft • Einkauf • Stammdaten • Quotierung**.

Bei der Ermittlung potenzieller Bezugsquellen für ein angefordertes Material prüft das SAP-System zunächst, ob für das betreffende Material eine Quotierung existiert.

Mit der Quotierung definieren Sie für einen bestimmten Zeitraum, von welcher Bezugsquelle Material beschafft werden soll. Sie können mit der Quotierung festlegen, ob ein Bedarf auf mehrere Lieferanten aufgeteilt oder komplett einer Bezugsquelle zugeordnet werden soll.

Für die Quotierung muss der Materialstammsatz das Kennzeichen **Quotierungsverwendung** enthalten.

Quotierungsverwendung im Materialstammsatz pflegen

Möchten Sie zu einem Material die Quotierung nutzen, legen Sie zur Kombination von Materialstammsatz und Werk in der Registerkarte **Einkauf** im Feld **Quotierungsverwendung** fest, für welche Einkaufsbelege die Quotierung gültig sein soll. Abbildung 5.47 zeigt die eingestellten Verwendungsmöglichkeiten; Tabelle 5.18 erläutert die Bedeutung der Quotierungsverwendung.

Quotierungsverwendung (2) 4 Einträge gefunden

Einschränkungen

Q	Bst	LfP	Plaf	Banf	Dispo	Auf	Rec
1	✓	✓					
2	✓	✓	✓	✓			
3	✓	✓	✓	✓	✓		
4	✓	✓	✓	✓	✓	✓	

4 Einträge gefunden

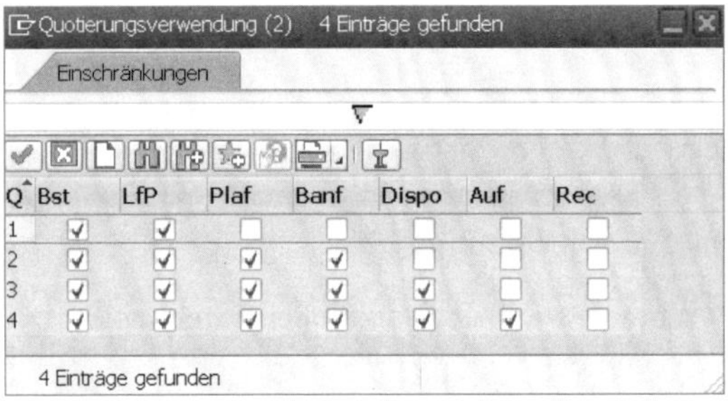

Abbildung 5.47 Quotierungsverwendung

Kürzel	Berücksichtigung der Quotierung in	Bedeutung
Bst	Bestellung	Die bisher bestellte Menge geht in die Quotierung ein.
LfP	Lieferplan	Die Gesamtmenge der Lieferplaneinteilungen zum betreffenden Material geht in die Quotierung ein.
Plaf	Planaufträge	Die Gesamtmenge aller Planaufträge zum betreffenden Material geht in die Quotierung ein.
Banf	Bestellanforderung	Die gesamte angeforderte Menge aller Bestellanforderungen für das betreffende Material geht in die Quotierung ein.

Tabelle 5.18 Quotierungsverwendung im Beleg

Kürzel	Berücksichtigung der Quotierung in	Bedeutung
Dispo	Disposition	Die Quotierungsverwendung wird auch im Rahmen der Disposition eingesetzt, d. h. Planaufträge und Bestellanforderungen, die von der Disposition erzeugt werden, gehen in die Quotierung ein.
Auf	Fertigungsaufträge	Die Gesamtmenge aller Fertigungsaufträge zum betreffenden Material geht in die Quotierung ein.
Rec	Rechnung	Mit einer Rechnung (Belastung) wird die Rechnungsmenge zur quotierten Menge hinzuaddiert. Mit einer Gutschrift (Entlastung) wird die Rechnungsmenge von der quotierten Menge abgezogen.

Tabelle 5.18 Quotierungsverwendung im Beleg (Forts.)

Quotierung pflegen

Um eine Quotierung anzulegen, wählen Sie den Menüpfad **Materialwirtschaft • Einkauf • Stammdaten • Quotierung • MEQ1 pflegen**.

Erfassen Sie die Daten für **Material** und **Werk**, wie es in Abbildung 5.48 gezeigt wird. Bestätigen Sie Ihre Eingaben mit der Schaltfläche **Kopf** oder (**Weiter**).

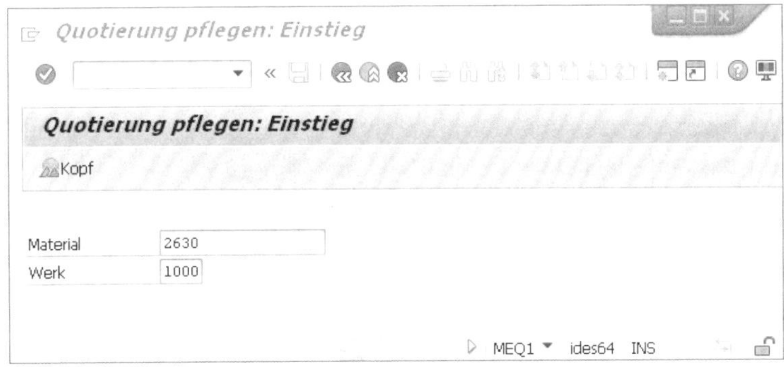

Abbildung 5.48 Die Sicht »Quotierung pflegen: Einstieg«

Sie gelangen in die Maske zur Erfassung des Gültigkeitszeitraums. Erfassen Sie das Datum in der Spalte **Gültig bis**. Die Spalte **Gültig ab** wird automatisch mit dem Tagesdatum gefüllt (siehe Abbildung 5.49).

Möchten Sie erreichen, dass Bedarfsmengen im Bedarfsplanungslauf gesplittet werden, erfassen Sie im Feld **Mindestmg.Splittung** die Menge, ab der ein Bedarf gesplittet werden soll.

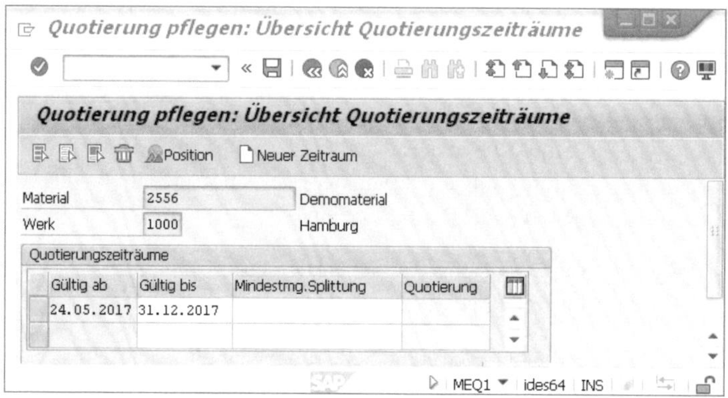

Abbildung 5.49 Die Sicht »Quotierung pflegen: Übersicht Quotierungszeiträume«

[!]

Mindestmengensplittung

Beachten Sie, dass die Splittung nur für den Bedarfsplanungslauf (Disposition) gültig ist. Hierzu sind die folgenden Voraussetzungen notwendig:

- Im Materialstammsatz muss im Feld **Quotierungsverwendung** (Dispositionsdatenbild 2 oder Einkaufsbild) festgelegt sein, dass die Quotierung bereits beim Planungslauf durchgeführt wird.
- Das Losgrößenverfahren, mit dem das Material geplant wird, muss im Customizing mit dem Kennzeichen für die Splittungsquote versehen sein.

Bestätigen Sie Ihre Eingaben mit der Schaltfläche **Position.** Sie gelangen in die Listenanzeige zur Quotierung. Erfassen Sie die Lieferanten und deren Anteil an den Bedarfsmengen, die das Material liefern sollen (siehe Abbildung 5.50).

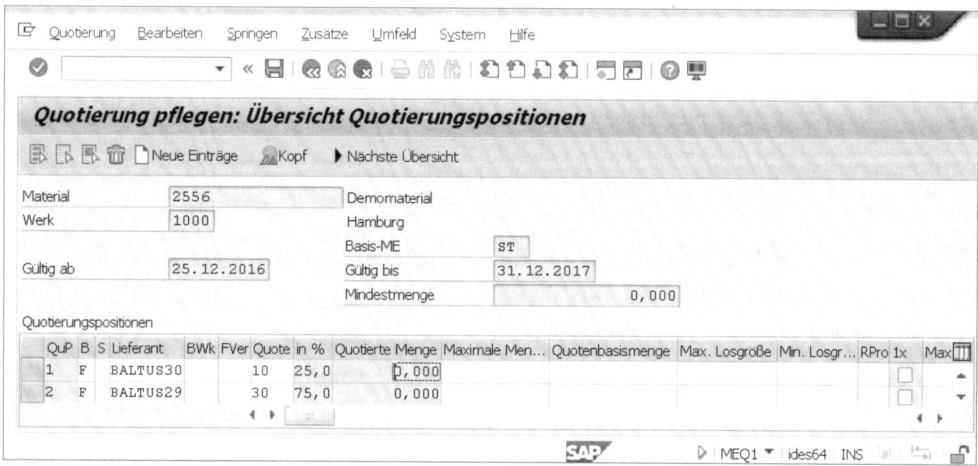

Abbildung 5.50 Die Sicht »Quotierung pflegen: Übersicht Quotierungspositionen«

Sichern Sie nach der Eingabe aller Daten die Quotierung mit der Schaltfläche (**Sichern**).

Quotierung verwenden

Ist eine Quotierung für das Material vorhanden, berechnet das SAP-System anhand der vereinbarten Quoten, von welchem Lieferanten das betreffende Material bezogen werden soll und schlägt danach die Bezugsquelle vor. Den Vorschlag können Sie bei Bedarf überschreiben.

[«]

Quotierung

Das SAP-System berechnet für den Fall, dass mehrere Bezugsquellen in der Quotierung geführt werden, die Quoten automatisiert auf der Basis von quotierter Menge, Quotenzahl und Quote (Erläuterung siehe Tabelle 5.19). Die Bedarfsmenge wird immer der Bezugsquelle mit der niedrigsten Quotenzahl zugeordnet.

Bei der Quotierung wird nicht aufgeteilt. Das heißt, dass die gesamte angeforderte Menge einer Bestellanforderung gemäß der Quotierung einer Bezugsquelle zugeordnet wird.

Begriff	Definition
quotierte Mengen	Die Gesamtmenge aller Bestellanforderungen, Bestellungen, Kontraktabrufe und Lieferplaneinteilungen zu der Bezugsquelle. Auch die Menge der quotierten Planaufträge wird berücksichtigt.
Quotenbasismenge	Die Menge, die zur Steuerung der Quotierung bei der Aufnahme neuer Bezugsquellen dient.
Quotenzahl	Die Zahl, die festlegt, welcher Anteil eines anfallenden Bedarfs bei einer Bezugsquelle bezogen werden soll.

Tabelle 5.19 Begriffe in der Quotierung

Die *Quotenbasismenge* nutzen Sie, wenn Sie einer bestehenden Quotierung einen neuen Lieferanten zuordnen.

Die *Quotenzahl* wird ermittelt über:

Quotenzahl = (quotierte Menge + Quotenbasismenge) / Quote

Mit der Quotenbasismenge können Sie vermeiden, dass der neuen Bezugsquelle alle Bedarfe (z. B. Bestellanforderungen bzw. Bestellungen) zugeordnet werden, bis deren anteilige Menge erreicht ist und die quotierte Menge eine der bestehenden Bezugsquellen überschreitet. Die Quotenbasismenge wirkt in der Berechnung der Quotenzahl wie eine zusätzlich quotierte Menge.

Das SAP-System stellt zwei Verfahren zur Ermittlung der Quotenbasismenge zur Verfügung: die *Einzelrechnung* und die *Sammelrechnung*. Mit der Einzelrechnung ermitteln Sie die Quotenbasiszahl für die markierte Position in der Quotierung. Mit der Sammelrechnung ermitteln Sie die Quotenbasiszahlen für alle Positionen der Quotierung. Die Sammelrechnung verwenden Sie, wenn die Zuordnung anfallender Bedarfe für alle Bezugsquellen gleich sein soll.

Wählen Sie zur Ermittlung der Quotenbasismenge in der Quotierung den Menüpfad **Bearbeiten • Basismengen • Einzelrechnung oder Sammelrechnung**.

5.8.2 Orderbuch

Mit dem Orderbuch legen Sie die Bezugsquellen fest, oder Sie schließen die Bezugsquellen aus. Sie müssen für jedes Orderbuch pro Bezugsquelle die Materialnummer und die Nummer des Werks eingeben. Das Orderbuch wird für einen definierten Gültigkeitszeitraum angelegt.

Eine *materialbezogene Orderbuchpflicht* definieren Sie im Materialstammsatz in der Registerkarte **Einkauf** im Bereich **Sonstige Daten/Herstellerdaten** im Feld **Orderbuchpflicht**.

Eine *werksbezogene Orderbuchpflicht* definieren Sie im Customizing unter **Referenz IMG • Materialwirtschaft • Orderbuch • Orderbuchpflicht auf werksebene definieren**. Sie erhalten eine Liste aller Werke. Setzen Sie das Kennzeichen **Orderbuchpflicht zum Werk** für die Werke, für die die Orderbuchpflicht gelten soll.

Orderbuch manuell anlegen

Prüfen Sie zunächst, ob für den gewünschten Orderbucheintrag ein Infosatz existiert.

Einen Orderbucheintrag legen Sie manuell über den Menüpfad **Logistik • Materialwirtschaft • Einkauf • Stammdaten • Orderbuch • ME01 Pflegen** an.

Geben Sie den Materialstammsatz und das Werk ein, und bestätigen Sie mit der Schaltfläche (**Weiter**).

Erfassen Sie den Gültigkeitszeitraum mit dem Datum für **Gültig ab** und **Gültig bis** sowie den Lieferantenstammsatz. Ist zu der Material-Lieferantenkombination ein Infosatz vorhanden, kann der Lieferant als fester Lieferant eingestellt werden (siehe Abbildung 5.51). Mit dem Kennzeichen in der Spalte **Fix** definieren Sie, dass dieser Lieferant als fester Lieferant für das betreffende Material genutzt werden soll.

Prüfen Sie mit der Schaltfläche (**Prüfen**), ob alle notwendigen Daten für den Orderbucheintrag erfasst sind.

Sichern Sie anschließend Ihre Eingaben mit der Schaltfläche (**Sichern**).

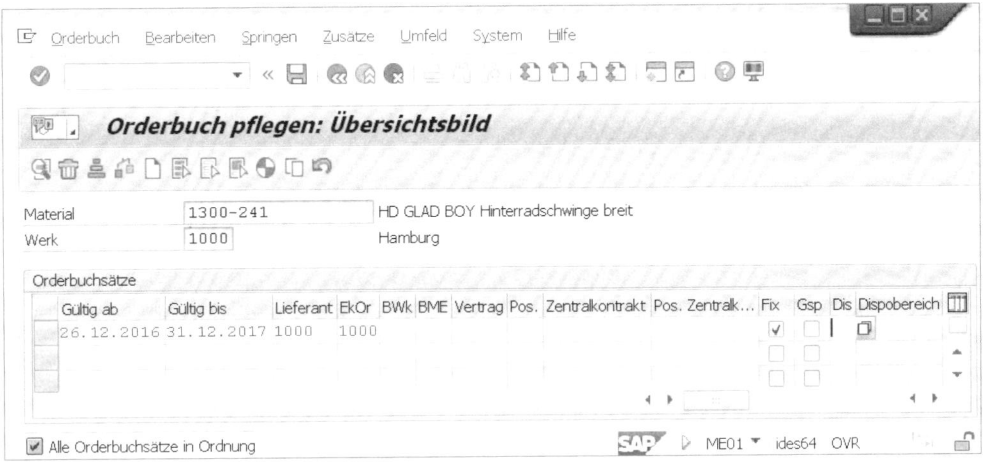

Abbildung 5.51 Orderbuch pflegen – manuelles Anlegen

Automatische Erzeugung des Orderbuchs

Das SAP-System bietet zwei Möglichkeiten zur Erzeugung eines Orderbuchs:

- Einzelverfahren für einzelne Materialien
- Sammelverfahren für mehrere Materialien

Voraussetzung ist, dass zu der Kombination von Materialstammsatz und Lieferantenstammsatz entweder ein Rahmenvertrag oder ein Infosatz angelegt ist.

Für das Einzelverfahren wählen Sie den Menüpfad **Logistik • Materialwirtschaft • Einkauf • Stammdaten • Orderbuch • ME01 Pflegen.** Geben Sie wie zur manuellen Anlage den Materialstammsatz und das Werk in die Eingabemaske ein, und bestätigen Sie die Eingaben mit der Schaltfläche (**Weiter**).

Klicken Sie im Bild **Orderbuch pflegen: Übersichtsbild** auf die Schaltfläche (**Erzeugen Sätze**). Das SAP-System öffnet ein Dialogfenster zur Eingabe des Gültigkeitszeitraums, das bereits mit dem Tagesdatum im Feld **Gültig ab** und im Feld **Gültig bis** mit dem Datum **31.12.2999** gefüllt ist. Bestätigen Sie die Daten mit der Schaltfläche (**Weiter**).

Wählen Sie gegebenenfalls im Dialogfenster **Erzeugungsart** (siehe Abbildung 5.52), ob bestehende Orderbuchsätze nicht verändert, gelöscht oder im Erzeugungszeitraum ungültig gesetzt werden sollen.

Das SAP-System legt alle Orderbucheinträge an und führt sie in der Liste aus Abbildung 5.53 auf.

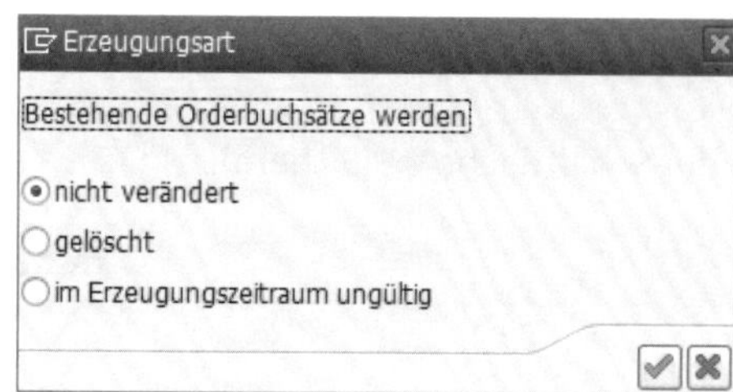

Abbildung 5.52 Erzeugungsart im Orderbuch

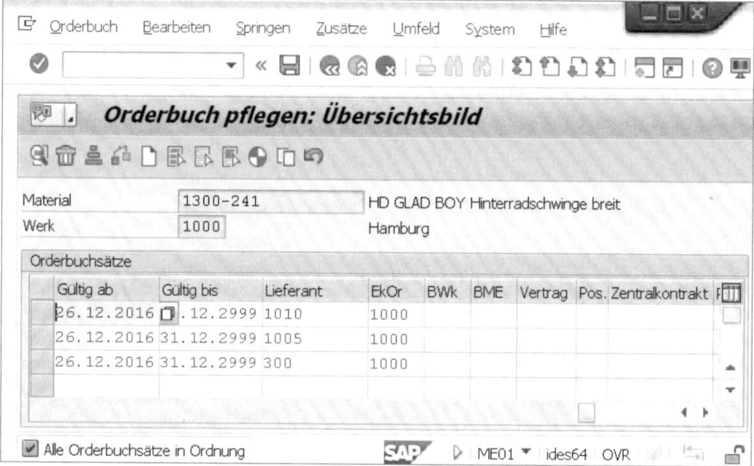

Abbildung 5.53 Automatische Orderbucheinträge – Einzelverfahren

Sichern Sie die Daten mit der Schaltfläche (**Sichern**).

Für das Sammelverfahren wählen Sie den Menüpfad **Logistik • Materialwirtschaft • Einkauf • Stammdaten • Orderbuch • Folgefunktionen • ME05 Erzeugen** und erfassen in der Eingabemaske die Daten für die Materialstammsätze und die Werke, für die Sie das Orderbuch erzeugen möchten, siehe Abbildung 5.54.

[!]

Testlauf für Sammelverfahren Ordnerbuch

Achten Sie darauf, dass das Feld **Testlauf** angehakt ist, bevor Sie die Orderbucheinträge im Sammelverfahren erzeugen.

Im Bereich **Erzeugen** legen Sie fest, ob das Orderbuch für alle Infosätze und Rahmenverträge oder nur für Infosätze (ohne Rahmenverträge) oder nur für Rahmenverträge erzeugt werden soll. Im Bereich **Steuerung** legen Sie den Gültigkeitszeitraum des Orderbuchs fest. Setzen Sie das Kennzeichen **Planlieferzeit addieren**, wird der *Gültigkeitszeitraum* um die Planlieferzeit des Materials verlängert.

Legen Sie im Bereich **Vorhandene Sätze** fest, wie das SAP-System mit bereits vorhandenen Orderbucheinträgen verfahren soll. Die Voreinstellung steht auf dem Auswahlfeld **werden ungültig**.

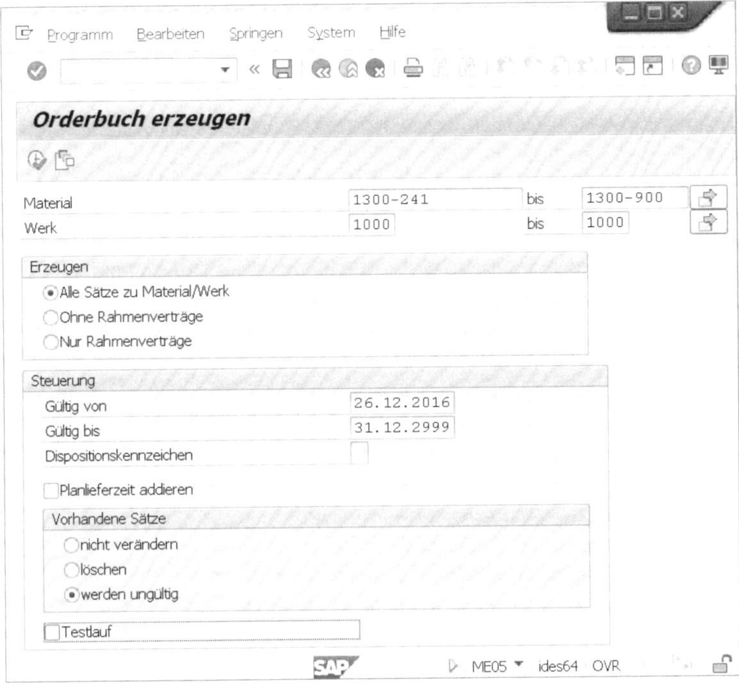

Abbildung 5.54 Sammelverfahren »Orderbuch«

Klicken Sie nach Eingabe aller Daten auf die Schaltfläche (**Ausführen**). Sie erhalten eine Liste mit allen Orderbucheinträgen (siehe Abbildung 5.55).

Tabelle 5.20 erläutert die Funktionen der Liste.

Nr.	Schaltfläche/Zeile	Bedeutung
❶	**Fixieren**	Der Lieferant dieses Orderbuchs ist ein fester Lieferant.
❷	**Sperren**	Der Lieferant ist als Bezugsquelle im Gültigkeitszeitraum gesperrt.
❸	**wird hinzugefügt**	Der Orderbucheintrag wird mit einem neuen Gültigkeitszeitraum hinzugefügt.
❹	**wird geändert**	Der bestehende Orderbucheintrag wird mit dem Tagesdatum –1 im Gültigkeitszeitraum abgeschlossen.
❺	**Sichern**	Markierte Orderbucheinträge werden angelegt.

Tabelle 5.20 Orderbuch automatisch anlegen – Sammelverfahren

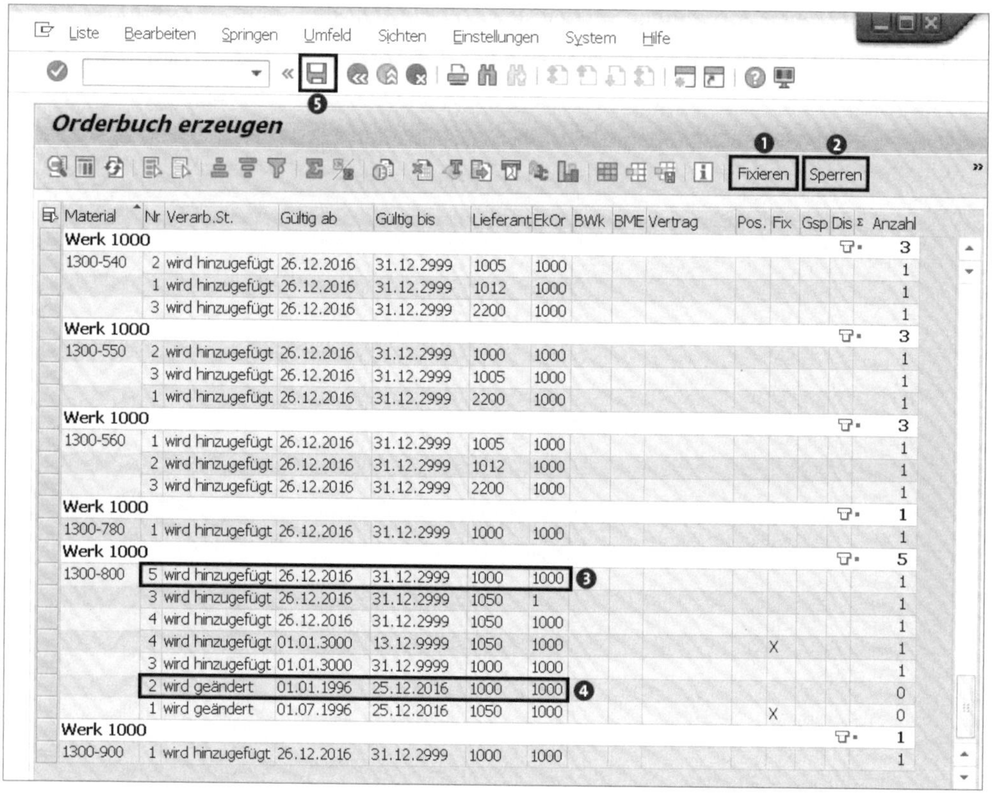

Liste Bearbeiten Springen Umfeld Sichten Einstellungen System Hilfe

Orderbuch erzeugen

❶ Fixieren ❷ Sperren ❺

Material	Nr	Verarb.St.	Gültig ab	Gültig bis	Lieferant	EkOr	BWk	BME	Vertrag	Pos.	Fix	Gsp	Dis	Anzahl
Werk 1000														3
1300-540	2	wird hinzugefügt	26.12.2016	31.12.2999	1005	1000								1
	1	wird hinzugefügt	26.12.2016	31.12.2999	1012	1000								1
	3	wird hinzugefügt	26.12.2016	31.12.2999	2200	1000								1
Werk 1000														3
1300-550	2	wird hinzugefügt	26.12.2016	31.12.2999	1000	1000								1
	3	wird hinzugefügt	26.12.2016	31.12.2999	1005	1000								1
	1	wird hinzugefügt	26.12.2016	31.12.2999	2200	1000								1
Werk 1000														3
1300-560	1	wird hinzugefügt	26.12.2016	31.12.2999	1005	1000								1
	2	wird hinzugefügt	26.12.2016	31.12.2999	1012	1000								1
	3	wird hinzugefügt	26.12.2016	31.12.2999	2200	1000								1
Werk 1000														1
1300-780	1	wird hinzugefügt	26.12.2016	31.12.2999	1000	1000								1
Werk 1000														5
1300-800	5	wird hinzugefügt	26.12.2016	31.12.2999	1000	1000 ❸								1
	3	wird hinzugefügt	26.12.2016	31.12.2999	1050	1								1
	4	wird hinzugefügt	26.12.2016	31.12.2999	1050	1000								1
	4	wird hinzugefügt	01.01.3000	13.12.9999	1050	1000					X			1
	3	wird hinzugefügt	01.01.3000	31.12.9999	1000	1000								1
	2	wird geändert	01.01.1996	25.12.2016	1000	1000 ❹								0
	1	wird geändert	01.07.1996	25.12.2016	1050	1000					X			0
Werk 1000														1
1300-900	1	wird hinzugefügt	26.12.2016	31.12.2999	1000	1000								1

Abbildung 5.55 Orderbuch erzeugen – Sammelverfahren

5.8.3 Infosatz

Der *Infosatz* dient als Informationsquelle im Einkauf; er enthält Daten zu einem Material und Lieferanten. Ein Infosatz kann für eine Einkaufsorganisation oder ein Werk gelten.

Infosatz ohne Materialstammsatz

Einen Infosatz ohne Materialstammsatz legen Sie zur Lieferanten-Warengruppen-Kombination an.

Infosatz manuell anlegen

Wählen Sie den Menüpfad **Logistik • Materialwirtschaft • Einkauf Stammdaten • Infosatz • ME11 Anlegen**, um einen Infosatz manuell anzulegen.

Erfassen Sie die Stammdaten zu Material und Lieferant, und geben Sie entweder das Werk oder die Einkaufsorganisation (siehe Abbildung 5.56) an.

Abbildung 5.56 Die Sicht »Infosatz anlegen: Einstieg«

Der Infotyp **Normal** ist vorbelegt.

Die Tabelle 5.21 listet die möglichen Infotypen zum Infosatz auf.

Infotyp	Bedeutung
Normal	Ein Normalinfosatz enthält Informationen für Normalbestellungen. Die Infosätze können für Materialien und Leistungen mit und ohne Stammsatz angelegt werden.
Lohnbearbeitung	Ein Lohnbearbeitungsinfosatz enthält Bestellinformationen über Lohnbearbeitungsbestellungen. Wenn Sie beispielsweise die Montage einer Komponente von einem Lieferanten in der Lohnbearbeitung ausführen ließen, würde der Lohnbearbeitungsinfosatz den Preis des Lieferanten für die Montage enthalten.
Pipeline	Ein Pipelineinfosatz enthält Informationen zu einem Material des Lieferanten, das über eine Pipeline beschafft wird (Öl), über eine Rohrleitung (Wasser) oder aus anderen Leitungen (Strom). Der Infosatz enthält den Preis des Lieferanten für die Entnahme. Sie können die Entnahmepreise für verschiedene Gültigkeitszeiträume hinterlegen.

Tabelle 5.21 Infotypen zum Infosatz

Infotyp	Bedeutung
Konsignation	Ein Konsignationsinfosatz enthält Informationen zu einem Material, das der Lieferant auf seine Kosten beim Besteller bereithält. Der Infosatz enthält den Preis des Lieferanten für die Entnahme aus dem Konsignationsbestand. Sie können die Entnahmepreise für verschiedene Gültigkeitszeiträume hinterlegen.

Tabelle 5.21 Infotypen zum Infosatz (Forts.)

Bestätigen Sie Ihre Eingaben mit der Schaltfläche (**Weiter**).

Sie gelangen in die Sicht **Infosatz anlegen: Allgemeine Daten** (siehe Abbildung 5.57). Hier sind bereits Daten aus dem Lieferantenstammsatz vorbelegt; Sie können die Daten zum Mahnen sowie die Lieferantenmaterialnummer ergänzen.

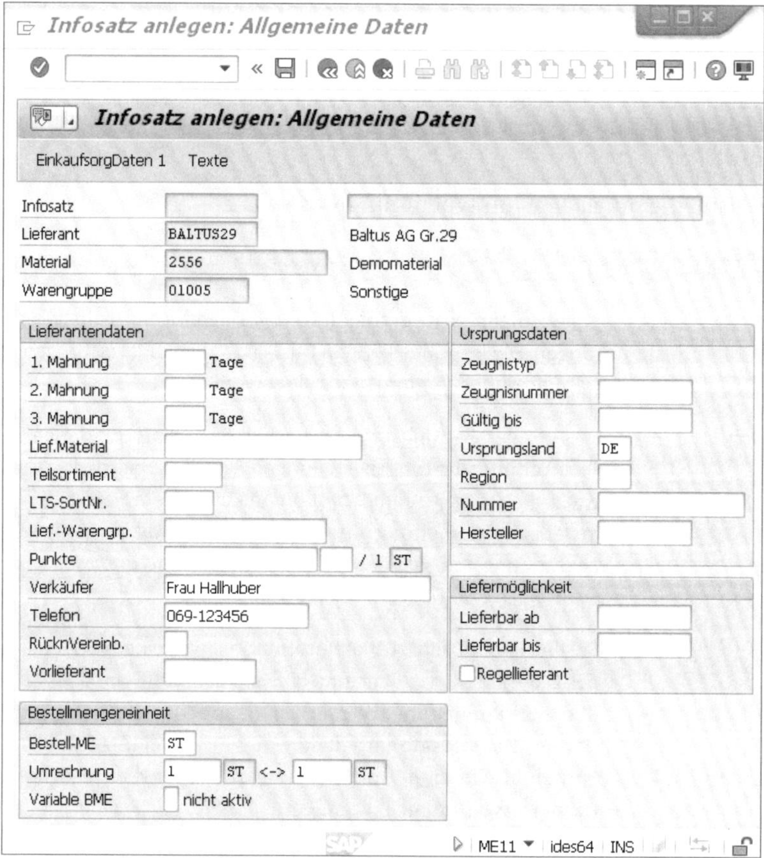

Abbildung 5.57 Die Sicht »Infosatz anlegen: Allgemeine Daten«

Wechseln Sie mit der Schaltfläche **EinkaufsorgDaten1** in die Sicht **Infosatz anlegen: Einkaufsorganisationsdaten**, siehe Abbildung 5.58.

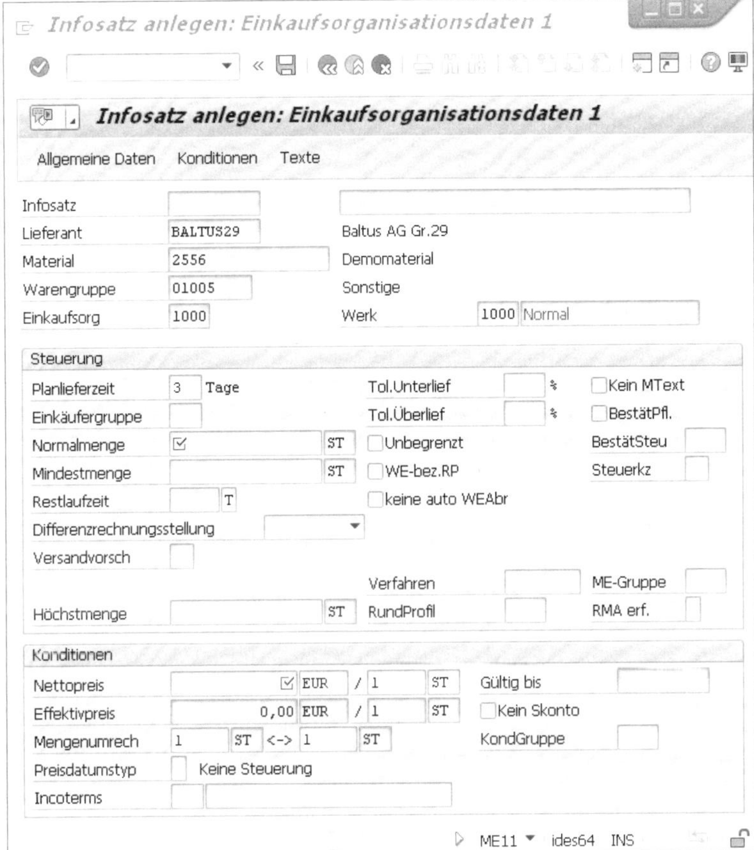

Abbildung 5.58 Die Sicht »Infosatz anlegen: Einkaufsorganisationsdaten«

Pflichtfelder erkennen Sie an dem Kennzeichen [✓] im betreffenden Feld.

In dieser Sicht müssen die folgenden Daten gepflegt werden:

- **Planlieferzeit**
  Die Anzahl von Kalendertagen, die der Lieferant normalerweise zur Lieferung benötigt.
- **Einkäufergruppe**
  Die Einkäufergruppe, die für diese Material-Lieferanten-Kombination zuständig ist.
- **Normalmenge**
  Die Menge, die normalerweise bei dem betreffenden Lieferanten bestellt wird.
- **Nettopreis**
  Der Bezugspreis des Materials pro Einheit bei diesem Lieferanten.

Wechseln Sie nach der Eingabe dieser Daten mit der Schaltfläche **Konditionen** in die Sicht **Bruttopreis (PB00) anlegen: Zusatzkonditionen** (siehe Abbildung 5.59).

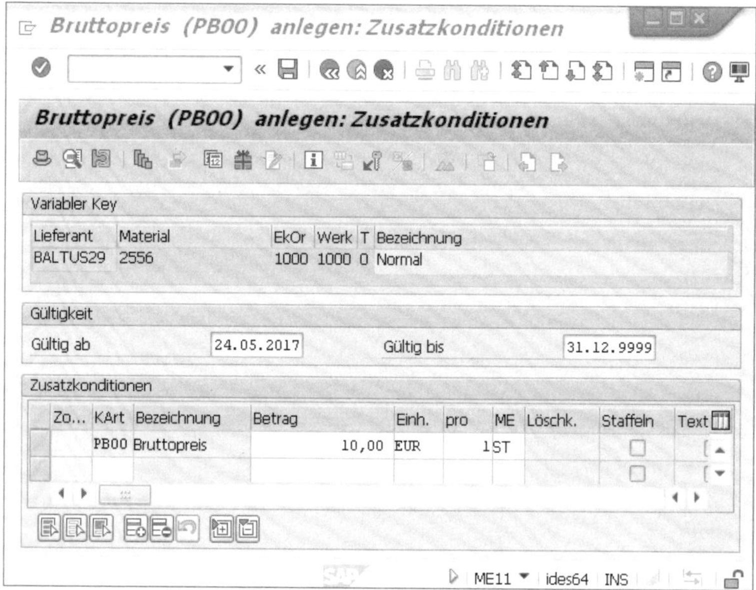

Abbildung 5.59 Die Sicht »Bruttopreis anlegen: Zusatzkonditionen«

In den Zusatzkonditionen erfassen Sie bei Bedarf Staffelpreise mit der Schaltfläche (**Staffelpreise**), Gültigkeitszeiträume mit der Schaltfläche (**Gültigkeitszeiträume**) sowie Naturalrabatte mit der Schaltfläche (**Naturalrabatte**) als Dreingabe oder Draufgabe. Im Bereich **Zusatzkonditionen** erfassen Sie nach der Auswahl einer passenden Konditionsart Zu- und Abschläge.

Infosatz automatisch anlegen

Beim Anlegen bzw. Ändern von Angeboten, Lieferplänen, Kontrakten und Bestellungen können Sie über das Feld **InfoUpdate** festlegen, dass der Infosatz angelegt bzw. aktualisiert wird.

[»]

InfoUpdate in Angebot oder Bestellung

Das InfoUpdate-Kennzeichen in Angebot oder Bestellung hat unterschiedliche Auswirkungen im Infosatz:

- Das InfoUpdate-Kennzeichen im Angebot aktualisiert im Infosatz Preis und Konditionen.
- Das InfoUpdate-Kennzeichen in der Bestellung überträgt die letzte Bestellnummer in den Infosatz.

In den Mehrbildtransaktionen (siehe Abschnitt 5.1.2, »Mehrbildtransaktionen«) können Sie für die Fortschreibung des Infosatzes zwischen vier Ausprägungen wählen (siehe Abbildung 5.60 und dazu ergänzend Tabelle 5.22).

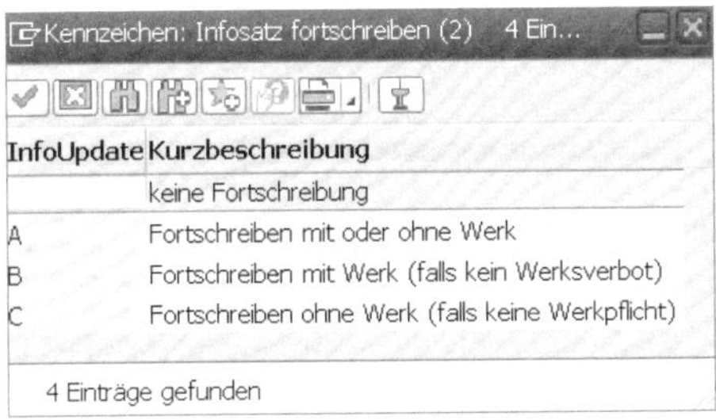

Abbildung 5.60 Das Dialogfenster »Kennzeichen: Infosatz fortschreiben«

InfoUpdate	Bedeutung
»Blank«	Der Infosatz wird nicht aktualisiert.
A	Falls ein Infosatz auf der Werksebene existiert, wird dieser aktualisiert. Andernfalls wird ein Infosatz auf der Einkaufsorganisationsebene aktualisiert.
B	Falls die Werkskonditionen für das Werk erlaubt sind, wird ein Infosatz auf der Werksebene aktualisiert.
C	Falls die Werkskonditionen für das Werk nicht erforderlich sind, wird ein Infosatz auf der Einkaufsorganisationsebene aktualisiert.

Tabelle 5.22 Das InfoUpdate-Kennzeichen in Mehrbildtransaktionen

Setzen Sie in der Bestellung – Einbildtransaktion ME21N (Bestellung anlegen), ME22N (Bestellung ändern) – das Kennzeichen **InfoUpdate** (Ankreuzfeld **InfoUpdate** in der Positionsdetailregisterkarte **Materialdaten**), steuert das Kennzeichen, ob ein Infosatz neu angelegt oder aktualisiert wird.

Die folgenden Fälle sind möglich:

- Wenn genau ein Infosatz (mit oder ohne Werk) vorhanden ist, wird dieser aktualisiert.
- Wenn kein Infosatz vorhanden ist und im Customizing *Werkskonditionspflicht* festgelegt wurde, wird ein Infosatz mit Werk angelegt. Andernfalls wird ein Infosatz ohne Werk angelegt.
- Wenn zwei Infosätze vorhanden sind, d. h. ein Infosatz mit Werk und ein Infosatz ohne Werk, wird der Infosatz mit Werk aktualisiert.

[»]

InfoUpdate in der Bestellung

Es werden mit dem InfoUpdate-Kennzeichen in der Bestellposition aus der Bestellung keine Preise oder Konditionen in den Infosatz übertragen oder aktualisiert. In den Infosatz wird lediglich die letzte Bestellnummer übertragen. Werten Sie die Infosätze zum Material (ME1M) oder zum Lieferanten (ME1L) aus, werden Ihnen die automatisch angelegten Infosätze mit dem Vermerk **Kein Preis gefunden** angezeigt. Siehe dazu auch: Tobias Then: Einkauf mit SAP, SAP PRESS 2017, S. 99 ff.

5.8.4 Rahmenvertrag

Als Bezugsquelle kann auch ein Rahmenvertrag dienen. Ist zu einer Material/Dienstleistungs-Lieferantenkombination ein Rahmenvertrag in SAP vorhanden, so gibt SAP bei der Anlage einer Bestellanforderung oder einer Bestellung zu diesem Material oder der Dienstleistung eine Warn- oder Infomeldung mit Hinweis auf den Rahmenvertrag als Bezugsquelle aus (siehe auch Abschnitt 5.5.3, »Rahmenverträge«).

5.8.5 Bezugsquellenfindung im Customizing

Weitere Bedingungen zur Bezugsquellenfindung definieren Sie im Customizing über den Menüpfad **Referenz IMG • Materialwirtschaft • Einkauf • Bezugsquellenfindung**. Tabelle 5.23 listet weitere Bedingungen zur Bezugsquellenfindung im Customizing auf:

Thema	Aktion	Bedeutung
Regellieferant	Ankreuzfeld je Werk markieren	Legt fest, ob zu einem Werk der Regellieferant als Bezugsquelle vorgeschlagen werden soll.
Lieferregion	Lieferregionen anlegen	Festlegung einer regionalen Zone, innerhalb derer der Lieferant liefert.
Werke den Lieferregionen zuordnen	Lieferregion in die Zeile des Werks eintragen	Zuordnung der Werke zu den Lieferregionen.
Findung des Lieferwerks über die Verfügbarkeitsprüfung einstellen	Verfügbarkeitsprüfung in einem APO-System (Advanced Planning and Optimization) nutzen	Nur nutzbar, wenn ein APO-System angeschlossen ist.

Tabelle 5.23 Customizing zur Bezugsquellenfindung

5.9 Geschäftsvorfälle in der operativen Beschaffung

In diesem Kapitel zeigen wir Ihnen typische Geschäftsvorfälle in der Beschaffung. Die Beschreibung eines Prozesses beginnt immer mit der direkten Anlage einer Bestellung ohne Vorgängerbeleg.

Der Menüpfad lautet für alle Bestellungen **Logistik • Materialwirtschaft • Einkauf • Bestellung • Bestellung anlegen • Lieferant bekannt**, oder Sie verwenden Transaktion ME21N (Bestellung anlegen).

Wir gehen in diesem Kapitel nur noch auf die Besonderheiten ein. Wie eine Bestellung angelegt wird und welche Felder dort relevant sind, erläutern wir in Abschnitt 5.5.2, »Bestellungen«.

5.9.1 Normalbestellung

Mit einer Normalbestellung beschaffen Sie mit oder ohne Materialstammsatz Waren oder Dienstleistungen. Den Prozess einer Normalbestellung sehen Sie in Abbildung 5.61. Eine Normalbestellposition hat den Positionstyp »Blank«. Folgende Vorgehen sind möglich:

- Für das Lagermaterial kombinieren Sie den Positionstyp »Blank« mit dem Kontierungstyp »Blank« (siehe Abbildung 5.23).
- Für das Verbrauchsmaterial erfassen Sie den Kontierungstyp des Verbrauchers, z. B. **K** (Kostenstelle). Welche Kombinationen von Positions- und Kontierungstyp möglich sind, entnehmen Sie Tabelle 5.14.

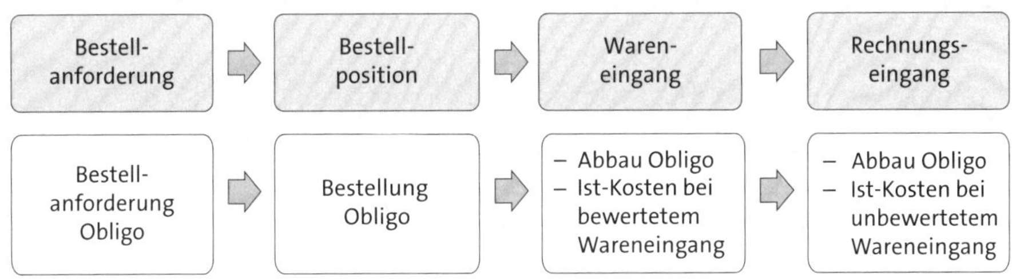

Abbildung 5.61 Prozess einer Normalbestellung

Zu einer Normalbestellposition erfassen Sie sowohl Wareneingang als auch Rechnungseingang.

Neben dem Belegfluss der Materialwirtschaft mit Bestellanforderung, Bestellung, Wareneingang und Rechnungseingang bucht das SAP-System im Hintergrund automatisch den Werteﬂuss im *Controlling*. Die Anlage einer Bestellanforderung erzeugt in Abhängigkeit von den Customizing-Einstellungen das Bestellanforderungsobligo.

Zur Anzeige des Obligos folgen Sie in der BANF oder in der Bestellung (die Anzeige ist nur in der Einbildtransaktion, siehe Abschnitt 5.1.1, »Einbildtransaktionen«, möglich) dem Menüpfad **Umfeld • RW-Obligobelege** (siehe Abbildung 5.62).

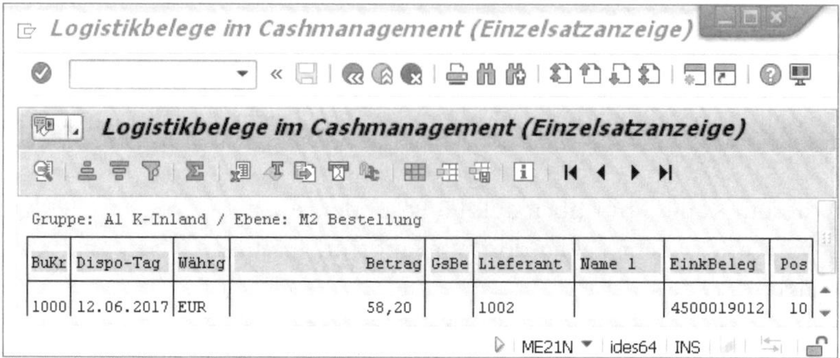

Abbildung 5.62 Obligo in der Bestellung

Die Anlage der Bestellung baut das BANF-Obligo in Höhe des Bestellwerts ab und wiederum das Bestellobligo auf. In Abhängigkeit von den Einstellungen für den Wareneingang baut das SAP-System mit der Wareneingangsbuchung das Bestellobligo in Höhe des Materialwerts ab und die Ist-Kosten auf. Ist der Wareneingang auf **unbewertet** eingestellt (z. B. bei der Mehrfachkontierung), baut das SAP-System die Obligowerte erst mit der Buchung des Rechnungseingangs ab und die Ist-Kosten in Höhe des Rechnungsbetrags auf.

Stimmen die Werte zwischen Bestellobligo und Wareneingangs- bzw. Rechnungseingangswert überein, setzt das SAP-System automatisch das Endliefer- bzw. Endrechnungskennzeichen.

Deltawerte zwischen Obligobestellwert und Ist-Kosten des Wareneingangs- bzw. Rechnungswerts setzt das SAP-System automatisch auf null, wenn Sie das Endliefer- bzw. das Endrechnungskennzeichen setzen. Damit ist die Bestellung abgeschlossen.

5.9.2 Streckenbestellung

Eine Streckenbestellung zeichnet sich dadurch aus, dass die Bestellung nicht an die Anlieferadresse des Bestellers geliefert wird, sondern an einen anderen Adressaten. Es wird der Positionstyp **S** (Strecke) verwendet.

Wenn Sie einen Kundenauftrag sichern, der eine oder mehrere Streckenpositionen enthält, erzeugt das SAP-System automatisch eine Bestellanforderung im Einkauf. Für jede Streckenposition im Kundenauftrag wird dabei automatisch eine zugehörige Bestellanforderungsposition erzeugt. Das SAP-System kopiert automatisch die Anschrift des Kunden und die Kontierungsdaten aus dem zugehörigen Kundenauftrag in die BANF.

Die Nummer einer erzeugten Bestellung erscheint im Belegfluss des Kundenauftrags.

Legen Sie ohne Bezug zu einem Kundenauftrag eine Streckenbestellung an, wird das bestellte Material direkt an einen Dritten (engl. Third Party) geliefert; die Rechnung geht an den Besteller. Eine mögliche Anwendung ist es, dass es sich bei einem Dritten um einen Ihrer Lohnbearbeiter handelt, der Packmaterial benötigt, der Prozess ist skizziert in Abbildung 5.63.

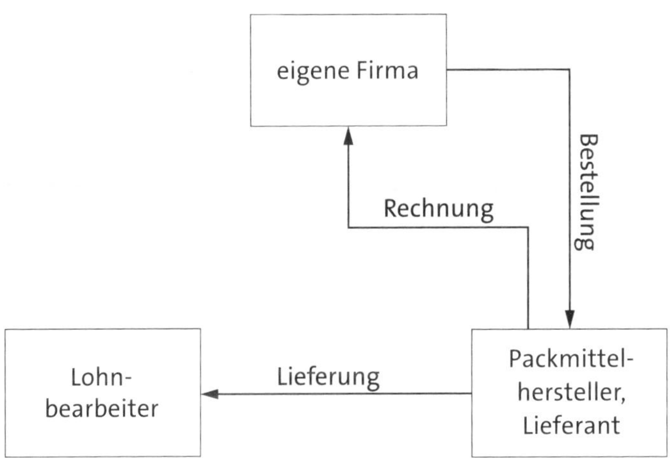

Abbildung 5.63 Streckenbestellung im Einkauf

Zur Anlage einer Streckenbestellung ohne Bezug zu einer BANF gehen Sie wie folgt vor:

1. Öffnen Sie Transaktion ME21N (Bestellung anlegen), oder Sie verwenden den Menüpfad **Logistik • Materialwirtschaft • Einkauf • Bestellung • anlegen • Lieferant/ Lieferwerk bekannt**.
2. Erfassen Sie zu einer Materialposition den Positionstyp **S**.
3. Erfassen Sie die relevante Kontierung.
   Welche Kontierungstypen zum Positionstyp **S** zugelassen sind, entnehmen Sie Tabelle 5.14.
4. Nach der Eingabe des Kontierungstyps und der Bestätigung mit der [↵]-Taste öffnet das SAP-System die Positionsregisterkarte **Anlieferadresse**. Geben Sie entweder die Kundennummer oder eine Lieferanschrift ein, und bestätigen Sie Ihre Eingaben mit der [↵]-Taste.
5. Das SAP-System öffnet die Positionsregisterkarte **Kontierung**. Erfassen Sie die erforderlichen Kontierungsdaten.

6. Sie entscheiden beim Erfassen der Bestellung, ob Sie einen Wareneingang buchen möchten oder nicht. Ist das Kennzeichen **Wareneingang** in der Positionsregisterkarte **Lieferung** markiert, erfassen Sie lediglich einen statistischen Wareneingang, der den Erhalt der Ware dokumentiert. Mit dem statistischen Wareneingang werden keine Werte im Controlling fortgeschrieben.

[!]

Streckenbestellung mit Bezug zur BANF

Wenn Sie eine Streckenbestellposition mit Bezug auf eine Bestellanforderung erfassen, wird die Anschrift des Lieferanten übernommen und kann nicht geändert werden.

Der Lieferant sendet die Waren direkt an die angegebene Anlieferadresse.

Bei einer Streckenbestellung wird das Bestellobligo erst mit dem Rechnungseingang abgebaut und Ist-Kosten in gleicher Höhe aufgebaut.

5.9.3 Umlagerungsbestellung

Umlagerungsbestellungen können Sie nur mit Materialstammsätzen und der Lagerverwaltung verwenden. Es wird der Positionstyp **U** (Umlagerung) verwendet (siehe Abbildung 5.64).

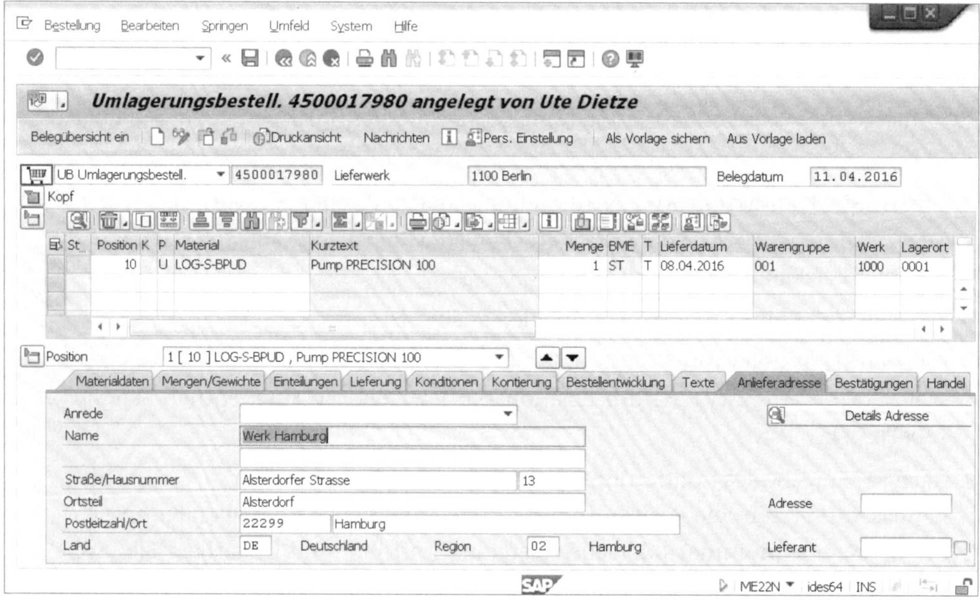

Abbildung 5.64 Umlagerungsbestellung

Bei einer Umlagerungsbestellung ist der Lieferant ein Lieferwerk. Der Eintrag des abgebenden Werks steht im Feld **Lieferant**; das empfangende Werk steht in der Positionsübersicht in der Spalte **Werk**.

[«]

5

Buchungskreisübergreifende Umlagerung

Für buchungskreisübergreifende Umlagerungsbestellungen nutzen Sie die Belegart **NB** mit dem Positionstyp »Blank«. Welche Kontierungstypen zum Positionstyp **U** zugelassen sind, entnehmen Sie Tabelle 5.14.

Die Umlagerungsbestellung kann auf drei Arten erfolgen:

- Umlagerungsbestellung ohne Lieferung
- Umlagerungsbestellung mit Lieferung über Versand
- Umlagerungsbestellung mit Lieferung und Faktura/Rechnung

Sie können in der Bestellung Bezugsnebenkosten sowie Frachtkosten erfassen. Abbildung 5.65 zeigt eine Umlagerung mit Lieferung über den Versand.

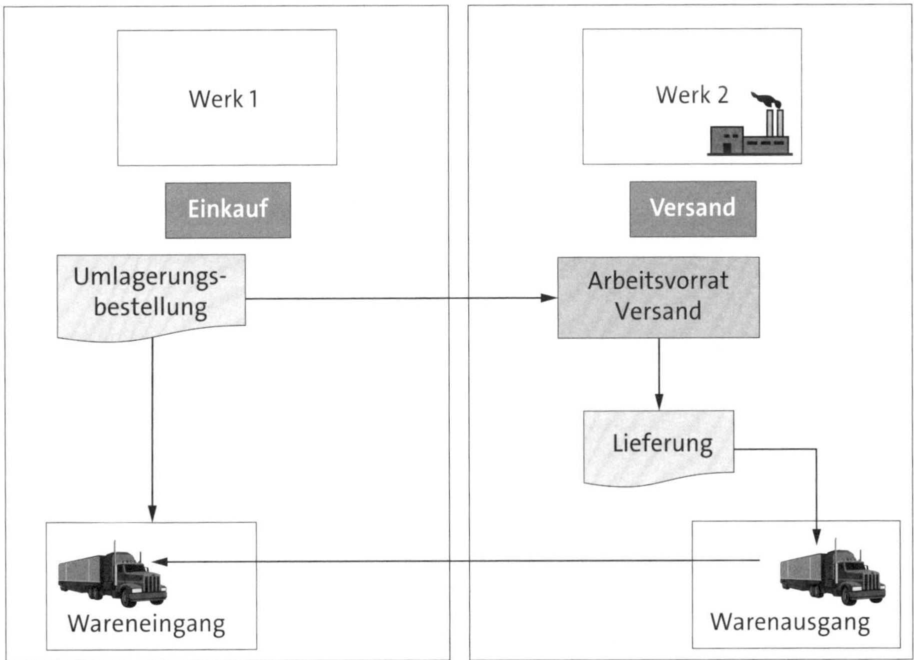

Abbildung 5.65 Prozess der Umlagerungsbestellung

In Tabelle 5.24 sind die Merkmale der Umlagerungsbestellung aufgelistet.

Merkmal	Umlagerungs- bestellung ohne Lieferung	Umlagerungs- bestellung mit Lieferung	Umlagerungs- bestellung mit Lieferung und Faktura
Bestellart	**UB** Positionstyp **U**	**UB** Positionstyp **U**	**NB** Positionstyp »Blank« (buchungs- kreisübergreifend) **UB** Positionstyp »Blank« (buchungs- kreisintern ohne Faktura)
Bewegungsart	**WA 351** **WE 101** Einzelschritt- verfahren, nicht unterstützt	**WA 641** (2 Schritte) **WA 647** (1 Schritt) **WE 101** (1 Schritt)	**WA 643** (2 Schritte) **WA 645** (1 Schritt) **WE 101**
Lieferart **SD**	–	**NL** Nachschub- lieferung	**NLCC** Nachschub, Crosscompany
Einteilungstyp **SD**	–	**NN** Nachschub, ohne Dispo	**NC** Nachschub, Crosscompany
Fakturaart **SD**	–	–	**IV** (Interne Verrechnung)
Belegart **Faktura**	–	–	**RE** (Rechnungs- eingang)
Preis	Bewertungspreis Lieferwerk	Bewertungspreis Lieferwerk	Preisfindung in SD und MM
Bestand nach Warenausgang	Transitbestand	Transitbestand	Transitbestand Buchungskreis
Bezugsnebenkosten	ja	ja	ja
buchungskreis- übergreifend	Buchungskreis- verrechnung	Buchungskreis- verrechnung	Erlöskonto; WE-RE-Verrechnung

Tabelle 5.24 Merkmale der Umlagerungsbestellung

Den Warenausgang zur Umlagerungsbestellung können Sie wahlweise in der der Materialwirtschaft (siehe Kapitel 6, »Bestandsführung und Inventur«) oder im Versand der *Logistik Execution* erfassen.

Für die Warenausgangsbuchung einer Umlagerungsbestellung gehen Sie wie folgt vor:

1. Wählen Sie den Menüpfad **Logistik • Materialwirtschaft • Bestandsführung • Warenbewegung • Umbuchung** oder Transaktion MB1B (Umbuchung).
2. Wählen Sie als Bewegungsart **351** (Warenausgang zu einer Umlagerungsbestellung). Geben Sie als Vorschlagswert für die einzelnen Positionen das abgebende Werk und den abgebenden Lagerort ein (siehe Abbildung 5.66).

Abbildung 5.66 Die Sicht »Umbuchung erfassen: Einstieg«

3. Bestätigen Sie Ihre Eingaben mit der [↵]-Taste. Das SAP-System öffnet das Dialogfenster **Vorlage: Bestellung** (siehe Abbildung 5.67).
4. Geben Sie die Bestellnummer der Umlagerungsbestellung und die Positionsnummer ein.
5. Klicken Sie auf die Schaltfläche **Übernehmen + Detail**. Das SAP-System öffnet die Detailansicht der Warenausgangsbuchung.
6. Sichern Sie Ihre Daten mit der Schaltfläche (**Buchen**).

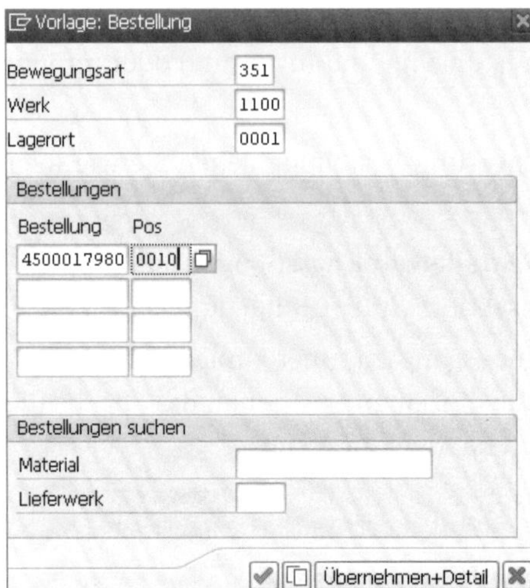

Abbildung 5.67 Das Dialogfenster »Vorlage: Bestellung«

Der Warenausgang hat im SAP-System die in Tabelle 5.25 gelisteten Auswirkungen.

Wo	Auswirkung
Belege	Das SAP-System erzeugt einen Materialbeleg. Falls die Werke zu unterschiedlichen Bewertungskreisen gehören, wird parallel zum Materialbeleg ein Buchhaltungsbeleg erzeugt.
Bestandsveränderung	Die Menge wird aus dem abgebenden Werk abgebucht. Das empfangende Werk führt die Menge im Transitbestand auf der Werksebene, jedoch nicht im frei verwendbaren Bestand. Der empfangende Lagerort ist zu diesem Zeitpunkt noch nicht bekannt.
Bestellentwicklung	Mit der Warenausgangsbuchung wird automatisch ein Bestellentwicklungssatz angelegt.

Tabelle 5.25 Auswirkungen der Warenausgangsbuchung zur Umlagerungsbestellung

Den Wareneingang zur Umlagerungsbestellung im empfangenden Werk erfassen Sie zur Materialbelegnummer mit der Bewegungsart **101** (siehe Abschnitt 3.3.3, »Wareneingang zur Bestellung«).

5.9.4 Lohnbearbeitung

Die Lohnbearbeitung ist eine Form der Beschaffung, bei der das zu beschaffende Produkt durch einen Lieferanten, den Lohnbearbeiter, gefertigt wird. Abbildung 5.68 zeigt exemplarisch den Prozess der Lohnbearbeitung.

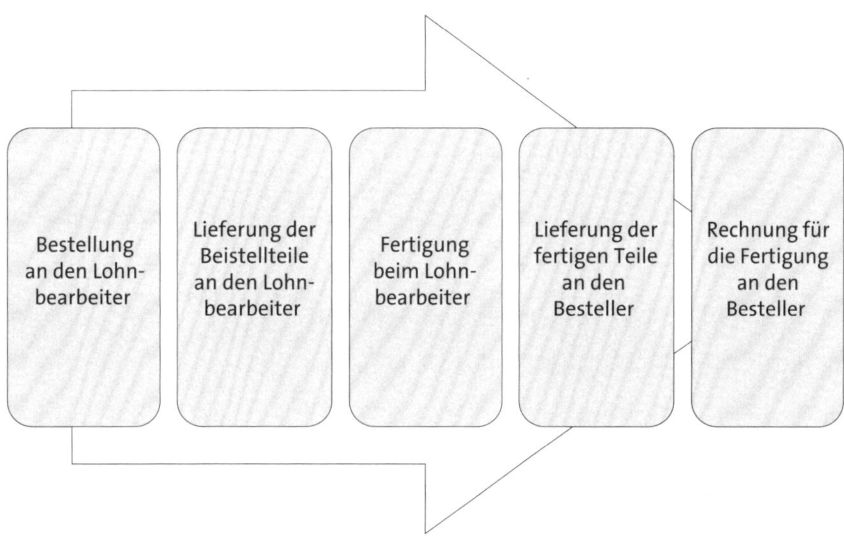

Abbildung 5.68 Prozess der Lohnbearbeitung

Die Lohnbearbeitung erfolgt in den nachfolgend aufgeführten Prozessschritten:

- Die Lohnbearbeitung basiert darauf, dass einem Lieferanten (Lohnbearbeiter) Materialien als *Beistellteile* geliefert werden, aus denen er das Endprodukt fertigt.
- Sie bestellen das zu fertigende oder zu veredelnde Produkt bei einem Lieferanten. Sie geben in der Bestellung an, welche Materialien (Komponenten) von Ihnen an den Lieferanten geschickt werden.
- Sie erfassen die Ausgabe der Komponenten an den Lieferanten. Für das vom Lieferanten gefertigte Produkt erfassen Sie einen Wareneingang. Dabei wird der Verbrauch der Komponenten gebucht. Die dem Lieferanten beigestellten Komponenten werden in der Bestandsübersicht als Sonderbestand (*Lieferantenbeistellung*) auf der Werksebene geführt; dieser Sonderbestand ist für die Disposition verfügbar.
- Die Rechnung des Lieferanten wird mit Bezug zur Bestellung erfasst. Dabei können Sie auch einen Mehr- oder Minderverbrauch der Komponenten nachverrechnen.
- Eine Inventur des Lieferantenbeistellbestands kann durchgeführt werden.

Das Lohnbearbeitungsmaterial kann in folgenden Bestandsarten geführt werden:

- frei verwendbarer Bestand
- Qualitätsprüfbestand

Eine mögliche Anwendung ist es, dass ein Motor bei einem Lohnbearbeiter zusammengebaut wird.

Im Materialstammsatz des zu fertigenden Teils ist der *Sonderbeschaffungsschlüssel* **30** im Materialstammsatz in der Registerkarte **Disposition 2** im Feld **Sonderbeschaffung** hinterlegt (siehe Abbildung 5.69).

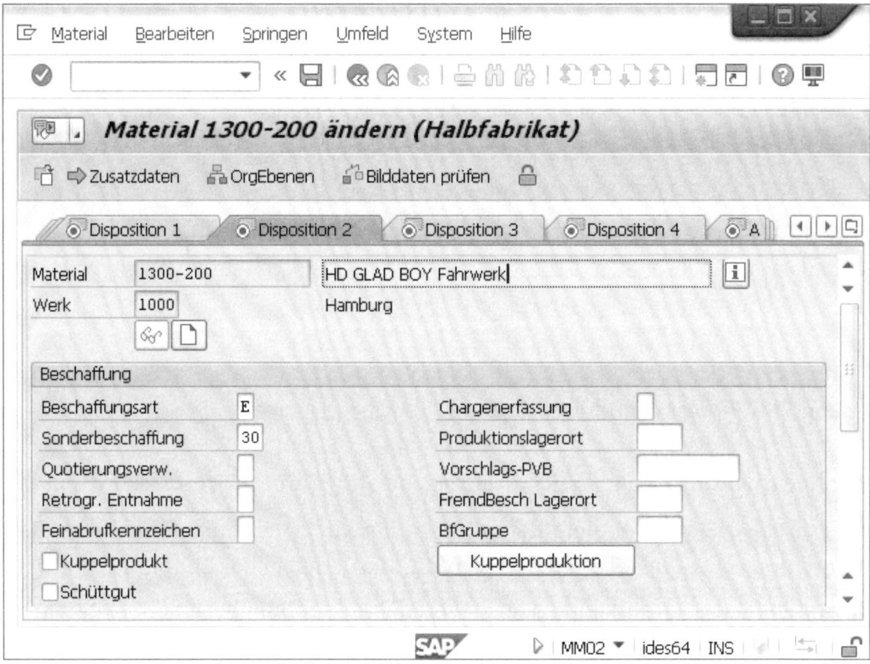

Abbildung 5.69 Sonderbeschaffungsschlüssel im Materialstammsatz

Der MRP-Lauf erzeugt Bestellanforderungen mit dem Positionstyp **L** (Lohnbearbeitung). Beim Umsetzen in eine Bestellung oder einen Lieferplan wird die Stückliste mit den Komponentenmengen und den Bereitstellungsterminen gezogen. Hierzu ist ein *Einkaufsinfosatz* vom Typ »Lohnbearbeitung« notwendig. Die Komponenten werden automatisch reserviert. Folgendes können Sie vornehmen:

- Die Bestands-/Bedarfssituation für Lohnbearbeitungsbestellungen überwachen Sie über den Menüpfad **Logistik • Materialwirtschaft • Einkauf • Bestellung • Auswertungen** oder über Transaktion ME2O (LB-Bestandsüberwachungen zum Lieferanten).
- Für Bestellungen von Komponenten können Sie das Kennzeichen **LB-Lief** in der Positionsregisterkarte **Anlieferadresse** setzen, sodass beim Wareneingang die Komponente direkt in den Beistellbestand des angegebenen Lohnbearbeiters gebucht wird.

Beistellbestand

Der Beistellbestand ist bewertet; er unterliegt der Inventur.

Die Komponentenentnahme erfolgt *retrograd* beim Wareneingang zur Lohnbearbeitungsbestellung.

Mehr- oder Minderbedarfe können beim Wareneingang erfasst oder nachträglich gebucht werden.

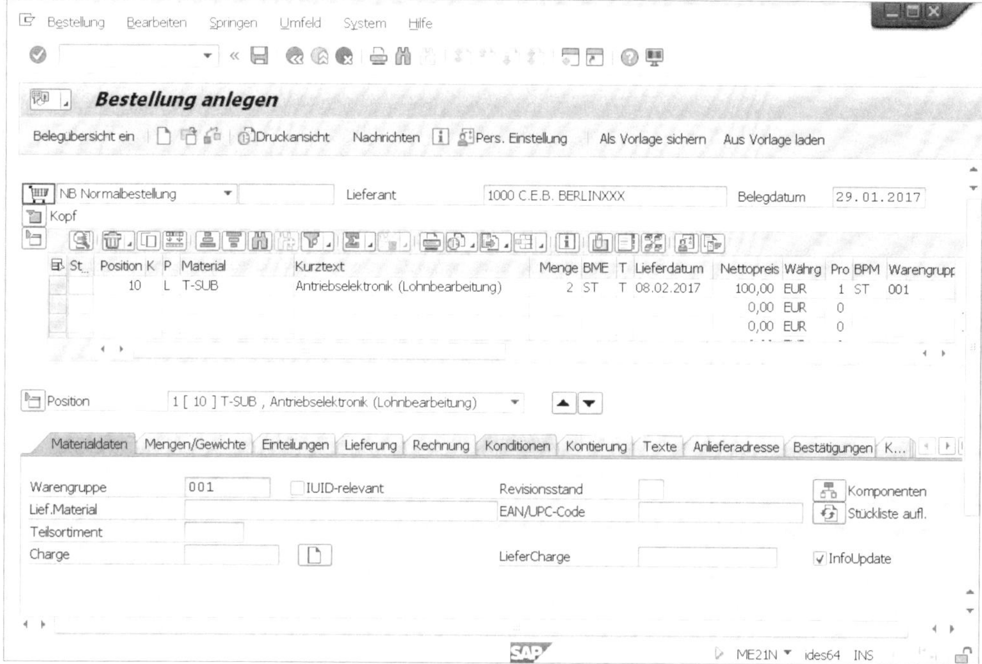

Abbildung 5.70 Lohnbearbeitungsbestellung anlegen

Steht Ihnen keine Bestellart »Lohnbearbeitung« zur Verfügung, verwenden Sie in der Normalbestellung den Positionstyp **L**.

Erfassen Sie das Material mit gewünschter Menge und Lieferdatum, das der Lohnbearbeiter liefern soll, in der Positionsübersicht. Bestätigen Sie Ihre Eingaben mit der [↵]-Taste.

Das SAP-System öffnet die Positionsregisterkarte **Materialdaten** (siehe Abbildung 5.70).

Klicken Sie auf die Schaltfläche [Symbol] (**Stückliste**), öffnet das SAP-System die Eingabemaske zur Erfassung der Beistellteile (siehe Abbildung 5.71).

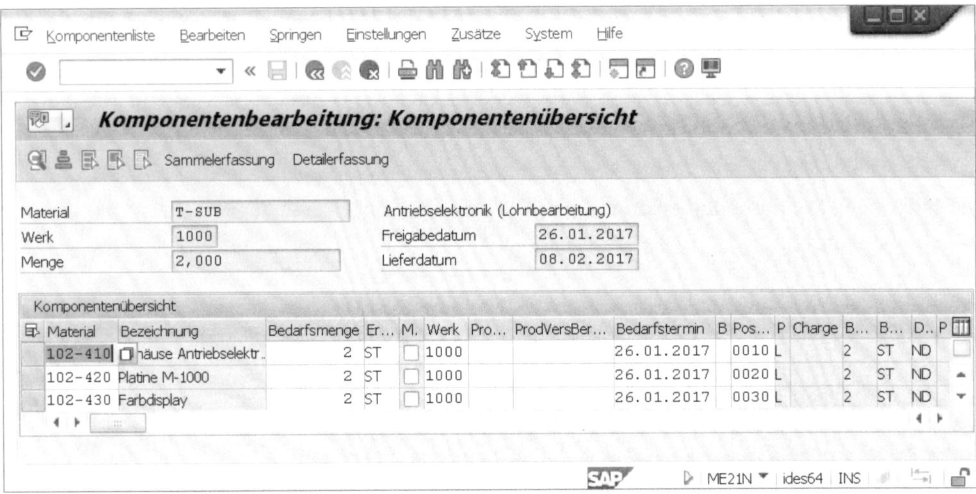

Abbildung 5.71 Die Sicht »Komponentenbearbeitung: Komponentenübersicht«

Falls Sie die Komponenten einer Stückliste zu einem späteren Zeitpunkt ermitteln möchten, z. B. weil die Stückliste nachträglich geändert wurde, klicken Sie auf die Schaltfläche (**Neue Stücklistenauflösung**).

Sie müssen keine Liefertermine zu den Komponenten erfassen; diese ermittelt das SAP-System automatisch aus dem Lieferdatum des Endprodukts abzüglich der Planlieferzeit.

Das SAP-System zeigt die Verfügbarkeit der Komponenten zum gewünschten Liefertermin (siehe Abbildung 5.72), wenn Sie aus der Komponentenübersicht den Menüpfad: **Komponentenliste • Komponentenverfügbarkeit** aufrufen.

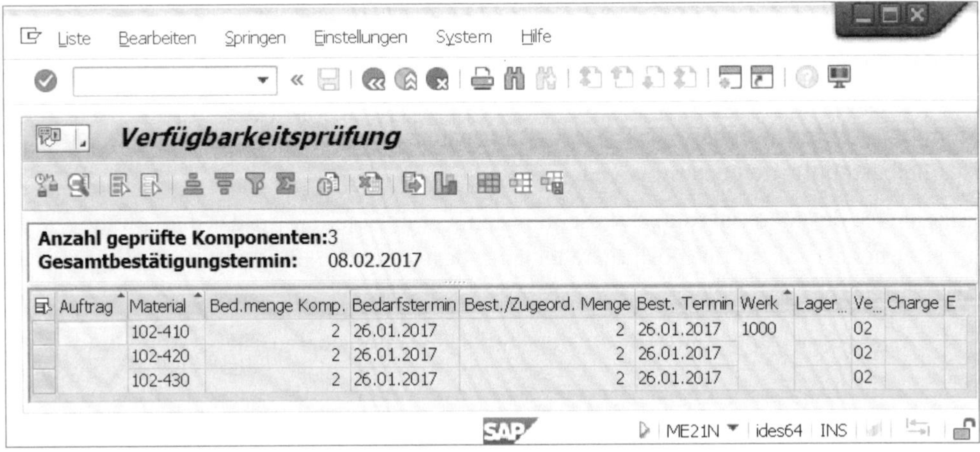

Abbildung 5.72 Die Sicht »Verfügbarkeitsprüfung«

Für die Lieferung eines Beistellteils müssen im SAP-System die folgenden Daten gepflegt sein:

- Dem Werk müssen eine *Verkaufsorganisation*, ein *Vertriebsweg* und eine *Sparte* zugeordnet sein.
- Für das Werk, aus dem geliefert werden soll, muss eine Lieferart definiert sein, z. B. die Lohnbearbeitungsbestellung.
- Der Lieferant für den Lohnbearbeitungsbestand muss als Kunde für die Organisationseinheiten Verkaufsorganisation, Vertriebsweg und Sparte des liefernden Werks angelegt sein.
- Das Beistellmaterial muss für die Organisationseinheiten Verkaufsorganisation, Vertriebsweg und Sparte des liefernden Werks angelegt sein.
- Der Kombination aus Versandbedingung des Kundenstammsatzes des Lohnbearbeiters, Ladegruppe des Materialstammsatzes der Beistellkomponente und Werk muss eine Versandstelle zugeordnet sein.

5.9.5 Konsignation

Konsignation bedeutet, dass Ihnen ein Lieferant Material zur Verfügung stellt, das bei Ihnen lagert, aber im Eigentum des Lieferanten bleibt, bis Sie es aus dem Konsignationslager entnehmen. Dadurch entsteht eine Verbindlichkeit gegenüber dem Lieferanten (siehe die exemplarische Abbildung 5.73). Die Rechnung wird nach vereinbarten Perioden fällig, z. B. monatlich.

Eine mögliche Anwendung ist die Führung eines Schraubenlagers, das vom Lieferanten selbständig aufgefüllt wird.

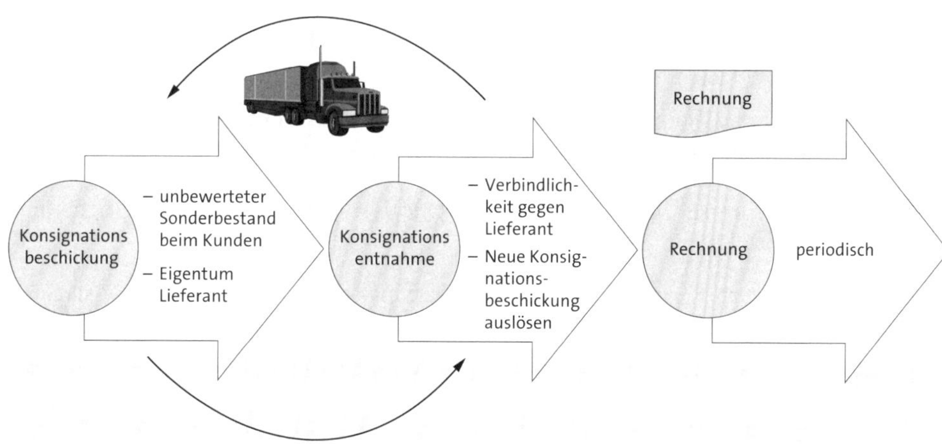

Abbildung 5.73 Prozess der Konsignationsabwicklung

Die Konsignationsbearbeitung erfolgt in den folgenden Prozessschritten:

- Der Lieferant liefert Material in ein Konsignationslager. Das Material im Konsignationslager bleibt bis zur Entnahme Eigentum des Lieferanten.
- Die Materialentnahmen aus dem Konsignationslager werden dem Lieferanten regelmäßig mitgeteilt. Durch die Entnahme entsteht eine Verbindlichkeit gegenüber dem Lieferanten.
- Die Abrechnung bezieht sich auf die in einem bestimmten Zeitraum entnommene Menge.
- Der Konsignationspreis eines Lieferanten für ein Material ist werksweit gültig.
- Eigene Bestände und Konsignationsbestände eines Materials am selben Lagerort werden getrennt unnummeriert einer Materialnummer verwaltet. Der Konsignationsbestand wird in der Bestandsübersicht als Sonderbestand *Lieferantenkonsignation* auf der Lagerortebene geführt; er ist für die Disposition verfügbar.
- Für die Konsignationsbestände eines Materials von einem Lieferanten kann eine Inventur durchgeführt werden.

Das Konsignationsmaterial kann in den folgenden Bestandsarten geführt werden:

- frei verwendbarer Bestand
- Qualitätsprüfbestand
- gesperrter Bestand

Eine Konsignationsbestellung legen Sie wie eine Normalbestellung an. Sie verwenden den Positionstyp **K** (Konsignation).

Der Positionstyp **K** hat die folgenden Besonderheiten:

- Das verwendete Material muss bestandsgeführt werden.
- Es kann kein Bestellpreis eingegeben werden, da dieser aus dem Konsignationsinfosatz übernommen wird (siehe Abbildung 5.74).
- Beim Rechnungseingang wird kein Bezug zu der Bestellposition aufgebaut, da die Abrechnung periodisch über die entnommenen Mengen erfolgt.

Die Konsignationsabwicklung kann in die Quotierung und Disposition eingebunden werden.

Der Positionstyp **K** bewirkt, dass der Wareneingang in das Konsignationslager gebucht wird und das SAP-System für die Position keinen Rechnungseingang zulässt. Das Material ist nicht bewertet, sondern wird nur mengenmäßig als Sonderbestand geführt.

Bei einer Entnahme aus dem Sonderbestand wird eine Verbindlichkeit gegenüber dem Lieferanten aufgebaut. Diese ist mit dem Preis aus dem Konsignationsinfosatz bewertet und kann periodisch über einen Report in der Rechnungsprüfung abgerechnet werden. Über die entnommenen Mengen kann der Lieferant mittels einer Auswertung regelmäßig informiert werden.

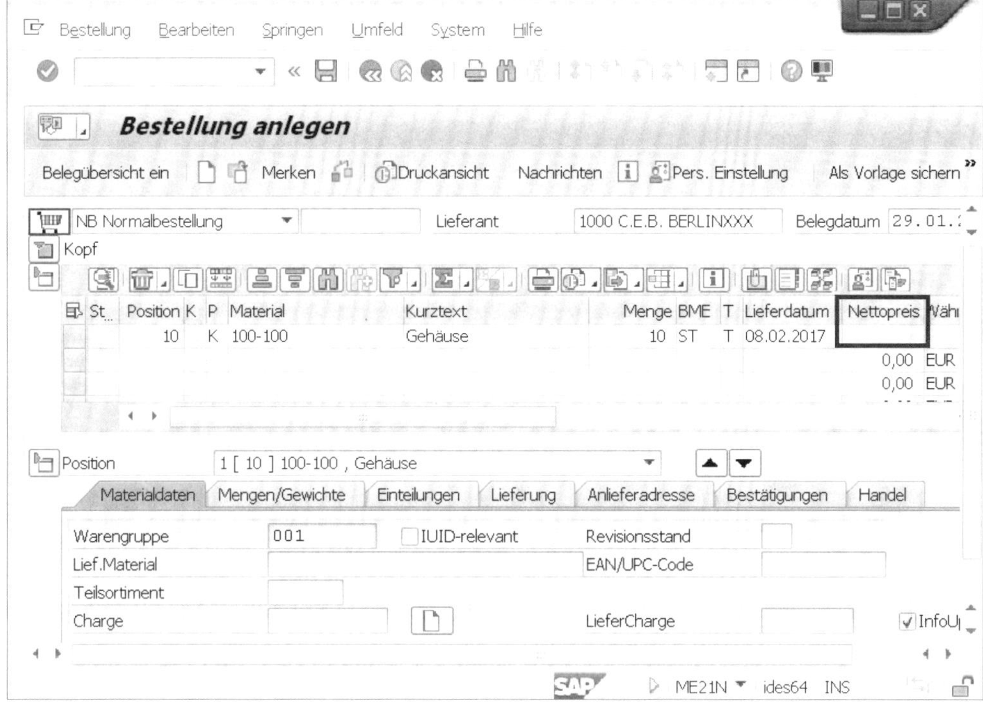

Abbildung 5.74 Bestellung anlegen – Positionstyp K

Der Lieferant kann den Konsignationsbestand nur über seine Lieferungen und Ihre Zahlungen verwalten.

[!]

Konsignationsabrechnungen

Die Konsignationsabrechnung ist nicht an das Einkaufsinformationssystem angeschlossen, da die Bestellentwicklung bei den Konsignationsabrechnungen nicht fortgeschrieben wird.

Sie können im Rahmen der Konsignationsabrechnungen keine Nettobuchungen durchführen, d. h., hiermit auch kein Skonto berechnen. Um Skonto zu berücksichtigen, müssen Sie dieses bereits im Konsignationspreis erfassen; infolgedessen wird bei der Warenentnahme und Abrechnung implizit Skonto gebucht.

Sie können keine Nebenkosten abrechnen.

Sie hinterlegen Einkaufskonditionen für die Konsignationsabwicklung in einem Konsignationsinfosatz. Hierbei stehen Ihnen alle Funktionalitäten wie bei den normalen Infosätzen (siehe Abschnitt 5.8.3, »Infosatz«) zur Verfügung.

Konsignationsbestände können die folgenden Zustände annehmen (siehe Abbildung 5.75):

- frei verwendbar
- Qualitätsprüfung
- gesperrt

Umbuchungen zwischen diesen Beständen sind jederzeit möglich.

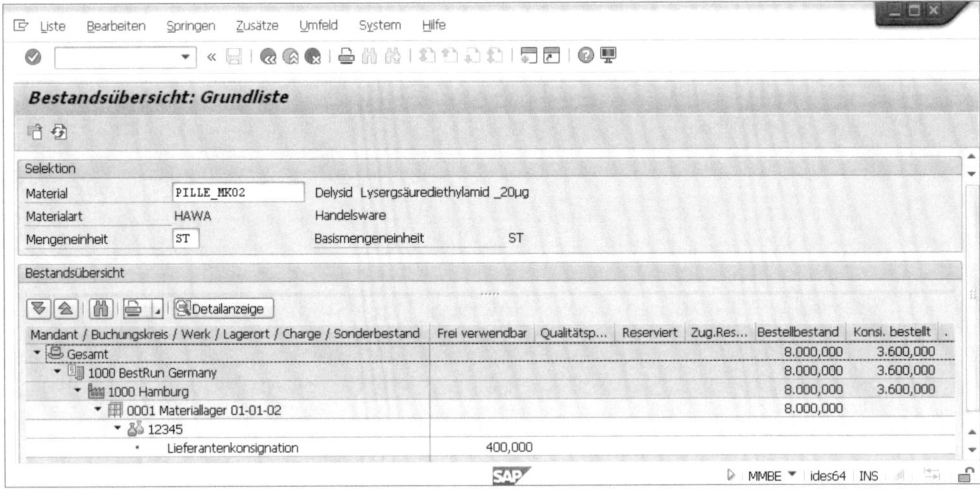

Abbildung 5.75 Konsignationsbestand

Den Konsignationsbestand rufen Sie aus der Bestellung über den Menüpfad **Umfeld • Materialbestände** auf.

5.9.6 Dienstleistung mit Leistungserfassung

Die vorliegende Abbildung 5.76 zeigt den Ablauf einer Dienstleistungsbeschaffung. Dieser Ablauf entspricht mit Ausnahme des Leistungsverzeichnisses und der Leistungserfassung/-abnahme dem Ablauf der Beschaffung von Verbrauchs-/Lagermaterial (siehe Abschnitt 5.9.1, »Normalbestellung«).

Das Leistungsverzeichnis dient zur genaueren Beschreibung der zu beschaffenden Leistung in Form einer hierarchischen Liste. Die Leistungserfassung/-abnahme entspricht dem Wareneingang der Dienstleistung.

Mit der Dienstleistungsabwicklung können zwei Arten von Dienstleistungen beschafft werden:

- geplante Dienstleistungen
- ungeplante Dienstleistungen

Häufig steht bei der Bestellung von Dienstleistungen noch nicht fest, welche Leistungen konkret erbracht werden sollen. In diesen Fällen erfassen Sie zur Dienstleistungsposition einen Limitwert; das Leistungsverzeichnis füllen Sie erst mit der Leistungsabnahme aus.

Abbildung 5.76 Prozess der Dienstleistungsbestellung mit Leistungserfassung

Für regelmäßig zu beschaffende Dienstleistungen kann analog zum Materialstammsatz ein Dienstleistungsstammsatz angelegt werden, der als Quelle für die Vorschlagsdaten in der Dienstleistungsbeschaffung dient.

Langfristig gültige Preise für Dienstleistungen können Sie auf mehrere Arten im SAP-System festhalten:

- Zum einen in Form von Leistungskonditionen auf der Ebene der Leistung im Leistungsverzeichnis.
- Zum anderen in Form von Kontrakten, wobei die festgelegten Preise automatisch in Leistungsverzeichnissen vorgeschlagen werden.

Dienstleistungsbestellung anlegen

In Abbildung 5.77 sehen Sie zur Position **Pumpenwartung** in der Positionsübersicht fünf Zeilen in der Positionsdetailregisterkarte **Leistungen**, die die zu erbringende Leistung in Einzelleistungen gliedert. Der Preis wird je Einzelleistung vergeben und auf die Position kumuliert.

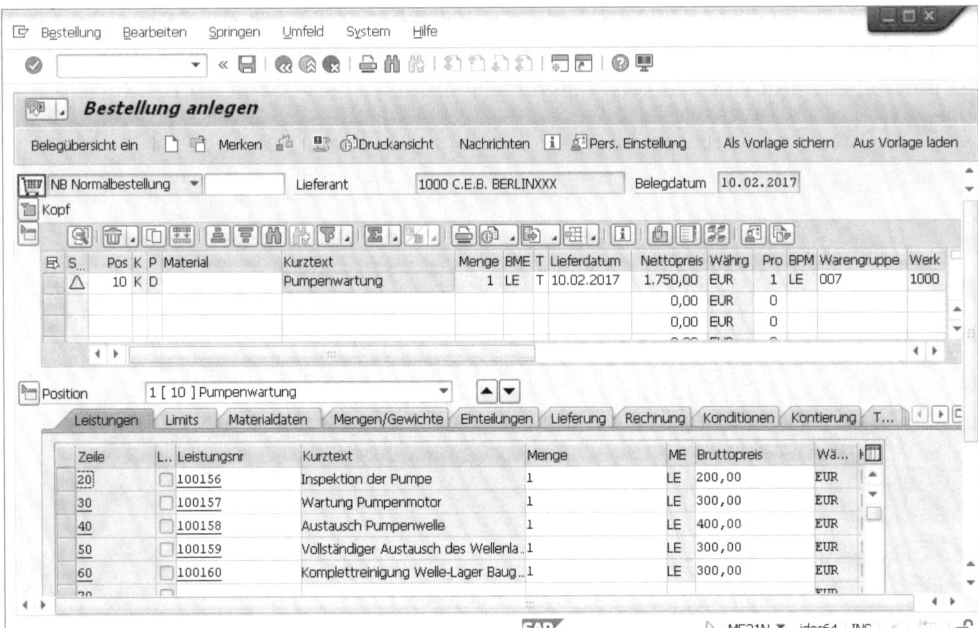

Abbildung 5.77 Leistungsverzeichnis in der Dienstleistungsbeschaffung

Um eine Dienstleistungsbestellung durchzuführen, werden im SAP-System dieselben Belege wie bei der Materialbeschaffung verwendet.

Durch die Eingabe des Positionstyps **D** (Dienstleistung) aktivieren Sie die besonderen Eigenschaften der Dienstleistungsposition.

Leistung erfassen

Zur Leistungserfassung öffnen Sie das Leistungserfassungsblatt über den Menüpfad **Logistik • Materialwirtschaft • Einkauf • Leistungserfassung • Pflegen** oder Transaktion ML81N, Sie gelangen in Das Leistungserfassungsblatt.

Klicken Sie auf die Schaltfläche **Andere Bestellung**, geben Sie die Bestellnummer ein, und bestätigen Sie Ihre Eingaben mit (**Weiter**). Wählen Sie den Menüpfad **Erfassungsblatt • Anlegen • mit Planleistungen**, um die Leistungspositionen aus der Bestellung zu übernehmen.

Das SAP-System öffnet das Dialogfenster **Übernahme Planleistungen**; im Feld **Menge in Prozent** ist **100** voreingestellt. Möchten Sie nur einen Teil der Leistung erfassen, passen Sie den Prozentwert entsprechend an.

Geben Sie einen beschreibenden Text für die Leistungserfassung in das Feld **Kurztext** ein. Bestätigen Sie Ihre Eingabe mit der Schaltfläche (**Weiter**).

Das SAP-System zeigt die Positionen aus der Bestellung. Leistungen, die noch nicht erbracht wurden, entfernen Sie mit der Schaltfläche (**Leistungszeile löschen**). Markieren Sie die Positionen, die Sie abnehmen möchten, und klicken Sie auf die Schaltfläche (**Abnehmen**).

Sichern Sie die Leistungsabnahme mit der Schaltfläche (**Sichern**). Das SAP-System erzeugt eine Leistungserfassungsblattnummer und zeigt in der Übersicht eine grün beampelte Zeile zur Leistungserfassung an (siehe Abbildung 5.78).

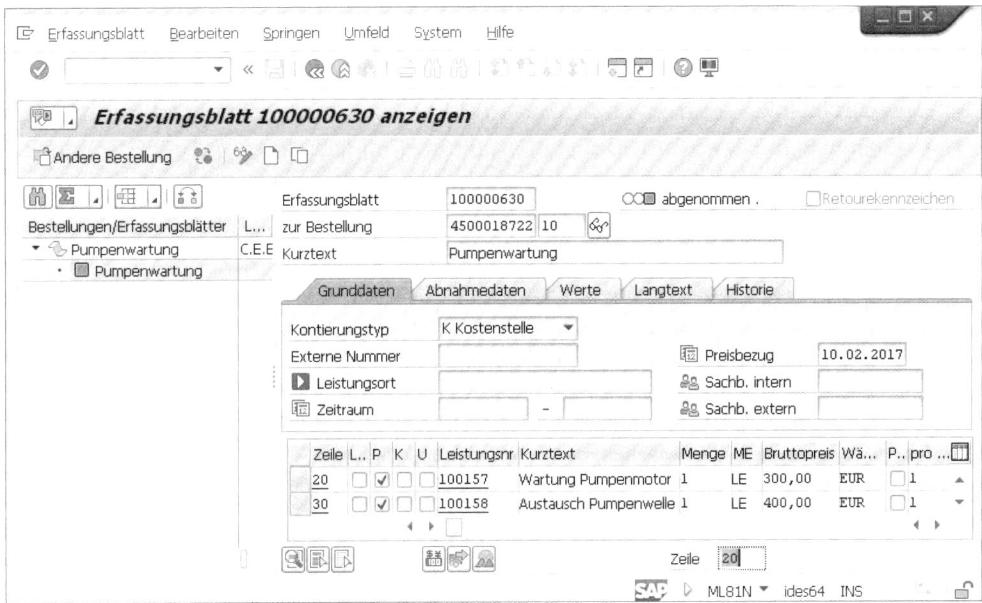

Abbildung 5.78 Leistungserfassungsblatt

Die abgenommenen Positionen zeigt das SAP-System in der Positionsregisterkarte **Bestellentwicklung** (siehe Abbildung 5.79).

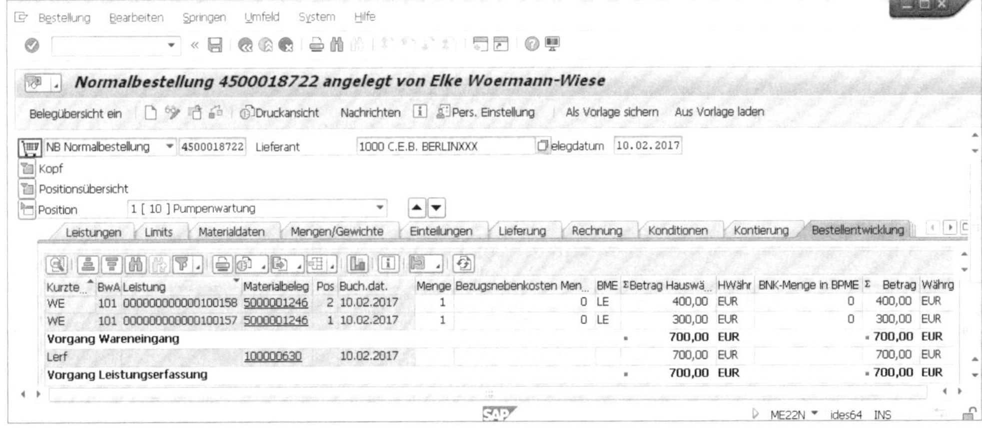

Abbildung 5.79 Bestellentwicklung – abgenommene Leistungsposition

5.9.7 Rahmenbestellung

Eine *Rahmenbestellung*, auch *Limitbestellung* genannt, dient der Beschaffung von Verbrauchsmaterialien oder Dienstleitungen in Höhe eines festgelegten Wertlimits über eine definierte Laufzeit.

Eine mögliche Anwendung ist die Beschaffung von Blumen für Jubiläen oder kleinere Dienstleistungen, wie die Reinigung des Konferenzraums nach einer Veranstaltung.

Wählen Sie die Belegart **FO** (Rahmenbestellung). Erfassen Sie in der Position einen beschreibenden Kurztext für die Lieferungen oder Leistungen. Erfassen Sie den Positionstyp **B** und den Kontierungstyp **U**, falls die Kontierung erst mit dem Rechnungseingang feststehen wird. Weitere mögliche Kontierungstypen zum Positionstyp **B** entnehmen Sie der Tabelle in Tabelle 5.14.

Nach der Eingabe von Lieferant und Organisationsdaten öffnet das SAP-System die Kopfregisterkarte **Zusatzdaten** und fordert Sie auf, den Laufzeitbeginn und das Laufzeitende zu erfassen (siehe Abbildung 5.80).

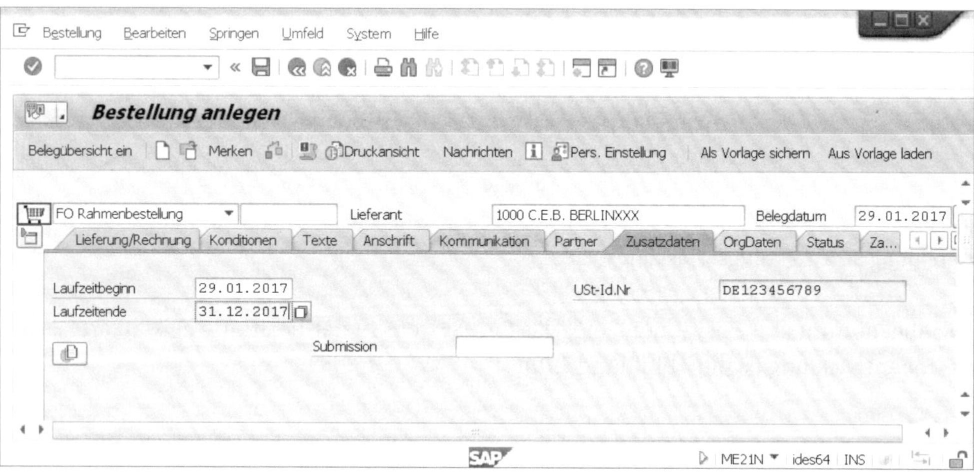

Abbildung 5.80 Rahmenbestellung anlegen – Laufzeit

In der Regel legen Sie die Rahmenbestellungen für das laufende Kalender- oder Geschäftsjahr an.

Öffnen Sie die Positionsübersicht, und erfassen Sie die Positionsdaten.

Nach der Bestätigung mit der [↵]-Taste, öffnet das SAP-System die Positionsregisterkarte **Limits** (siehe Abbildung 5.81).

Zu einer Rahmenbestellung erfassen Sie keinen Wareneingang.

Rechnungen buchen Sie innerhalb der Laufzeit und des Limits direkt mit Bezug zur Rahmenbestellung.

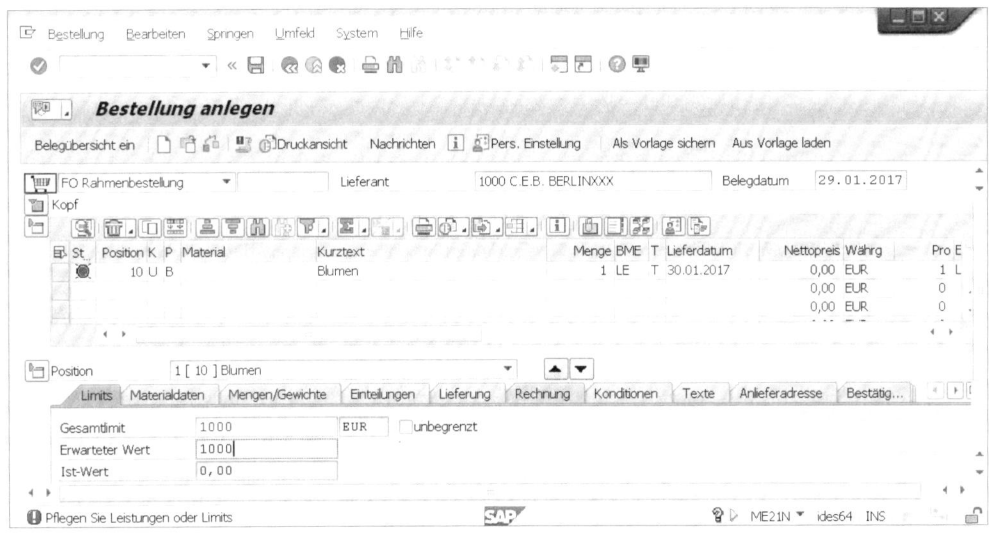

Abbildung 5.81 Rahmenbestellung anlegen – Limit erfassen

Abbildung 5.82 skizziert den Ablauf einer Rahmenbestellung.

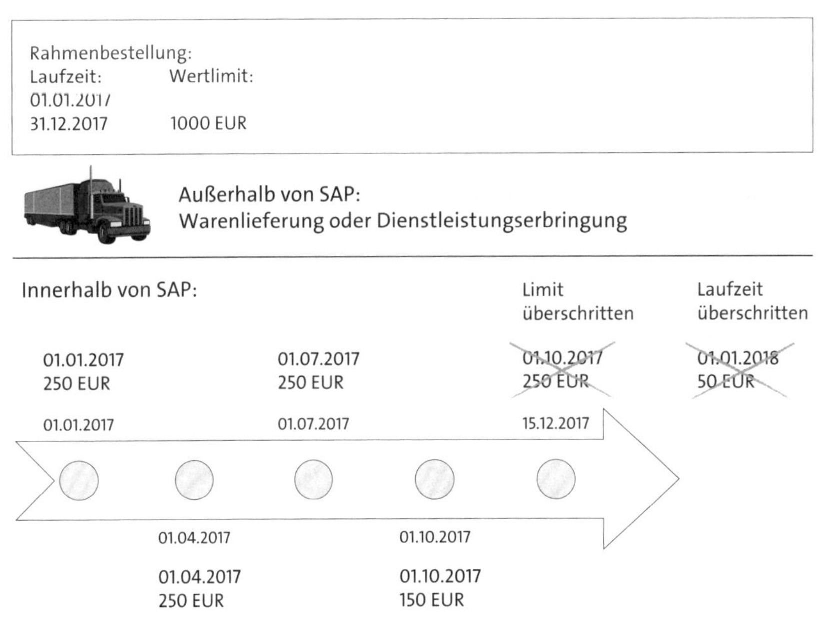

Abbildung 5.82 Ablauf einer Rahmenbestellung

5.9.8 Lieferplan mit Abrufdokumentation

Im SAP-System stehen Ihnen drei Arten von Lieferplänen zur Verfügung:

- Lieferplan – Vertragsart **LP** (siehe Abschnitt 5.4.3, »Rahmenvertrag«)
- Lieferplan mit Abruf – Vertragsart **LPA**
- Umlagerungslieferplan – Vertragsart **UL**

In diesem Abschnitt beschreiben wir den Lieferplan mit Abruf.

Sie können mit Lieferplänen mit und ohne *Abrufdokumentation* arbeiten. Abrufe sind Benachrichtigungen an den Lieferanten, zu welchem Termin das betreffende Material geliefert werden soll. Das Arbeiten mit Abrufdokumentation hat den Vorteil, dass Sie sich jederzeit anzeigen lassen können, wann Sie welche *Einteilungsinformationen* an Ihren Lieferanten übermittelt haben.

Wenn Sie mit Lieferplänen mit Abrufdokumentation arbeiten, werden die Einteilungen (Liefertermine) nicht automatisch nach ihrer Erstellung an den Lieferanten übermittelt, sondern Sie erzeugen Einteilungen, die endgültigen Charakter haben, erst mit einem Lieferabruf. Abbildung 5.83 zeigt die Lieferplanarten.

Es gibt zwei Arten von Lieferplanabrufen:

- *Lieferabrufe* (*LAB*) werden verwendet, um dem Lieferanten einen mittelfristigen Überblick über den Bedarf zu geben.
- *Feinabrufe* (*FAB*) werden verwendet, um den Lieferanten tages- oder sogar stundengenau über die Bedarfe der nahen Zukunft zu informieren.

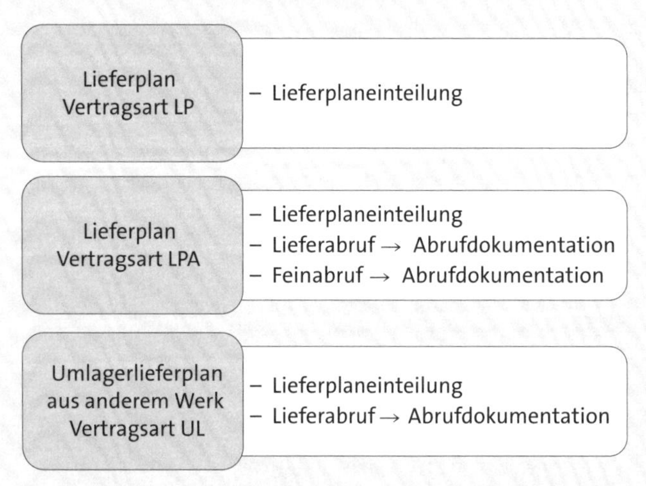

Abbildung 5.83 Lieferplanarten

Voraussetzung für die Anlage von Abrufen ist die Aktivierung des Kennzeichens **Abruf-Doku** (Abrufdokumentation) in der Vertragsart im Customizing unter dem Menüpfad **SPRO • Referenz IMG • Materialwirtschaft • Einkauf • Lieferplan • Belegarten**

einstellen. Im Standard ist die Vertragsart **LPA** mit dem Kennzeichen **Abruf-Doku** eingestellt (siehe Abbildung 5.84).

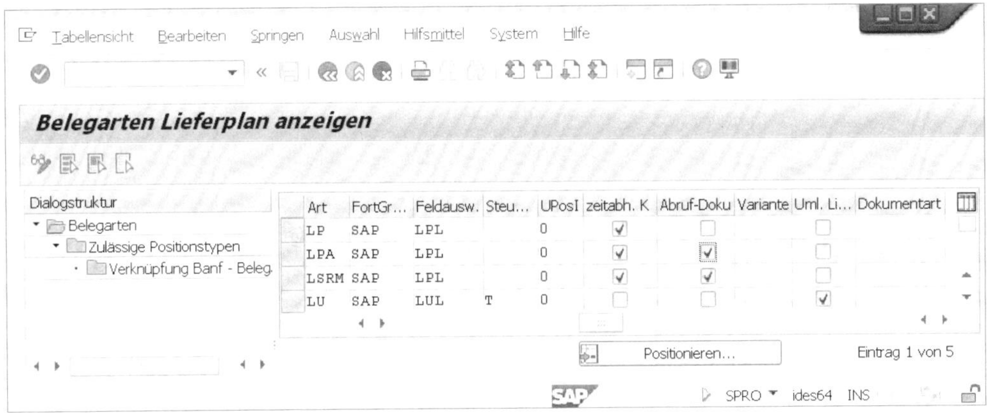

Abbildung 5.84 Kennzeichen »Abruf-Doku« in der Vertragsart LPA

Damit Sie im Lieferplan mit Feinabrufen arbeiten können, müssen die folgenden Voraussetzungen erfüllt sein:

- Im Materialstammsatz muss in den Registerkarten **Einkauf** und **Disposition 2** das Feld **Feinabrufkennzeichen** mit **1** (automatisch) gefüllt sein.
- Im Lieferplan muss das Kennzeichen **FAB-Abruf** in den Zusatzdaten der Position im Bereich **Ausgabesteuerung** mit dem Eintrag **1** (automatisch) gefüllt sein.

Wenn Abrufe automatisch durch Bedarfsplanungsläufe erstellt werden sollen, muss der Einkauf mithilfe des Orderbuchs einen Lieferplan als eindeutige Bezugsquelle zuordnen.

Ein weiteres Kriterium zur Erstellung von Abrufen ist das Erstellungsprofil, das Sie im Customizing unter **SPRO • Referenz IMG • Materialwirtschaft • Einkauf • Lieferplan • Abruferstellungsprofil für Lieferplan mit Abrufdoku** finden. Das Erstellungsprofil steuert Folgendes:

- welches Ereignis die Abruferstellung auslöst
  - Änderungen in den Einteilungen und/oder
  - das Erreichen des nächsten Übermittlungsdatums
- wie die Liefertermine aufbereitet werden
  - Aggregation
  - Abrufhorizont
- ob Rückstand und Sofortbedarf ermittelt und im Abruf ausgewiesen werden
- ob für Abrufe, die aufgrund von Änderungen erstellt werden, eine Toleranzprüfung durchgeführt werden soll

Im Materialstammsatz muss das Feinabrufkennzeichen in der Sicht **Disposition 2** gesetzt sein (siehe Abbildung 5.85).

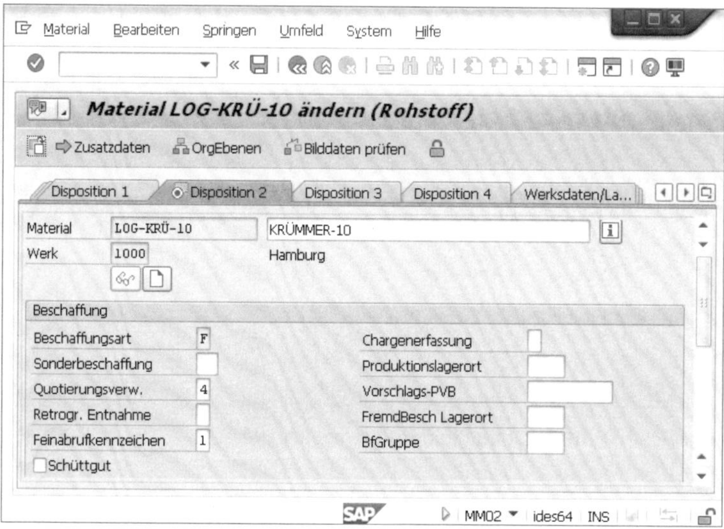

Abbildung 5.85 Feinabrufkennzeichen im Materialstammsatz

Zur manuellen Pflege von Lieferplaneinteilungen wählen Sie Transaktion ME38 (Einteilungen pflegen) oder den Menüpfad **Logistik • Materialwirtschaft • Einkauf • Rahmenverträge • Lieferplan • Einteilungen • Pflegen**. Geben Sie im Einstiegsbild zur Lieferplaneinteilung die Lieferplannummer ein, und bestätigen Sie Ihre Eingabe mit der [↵]-Taste. In der Positionsübersicht des Lieferplans markieren Sie die Position, für die Sie Einteilungen pflegen möchten, und wählen **Position • Einteilungen**. Auf dem Einteilungsbild können Sie Lieferdatum und Einteilungsmenge sowie optional eine Uhrzeit eingeben (siehe Abbildung 5.86).

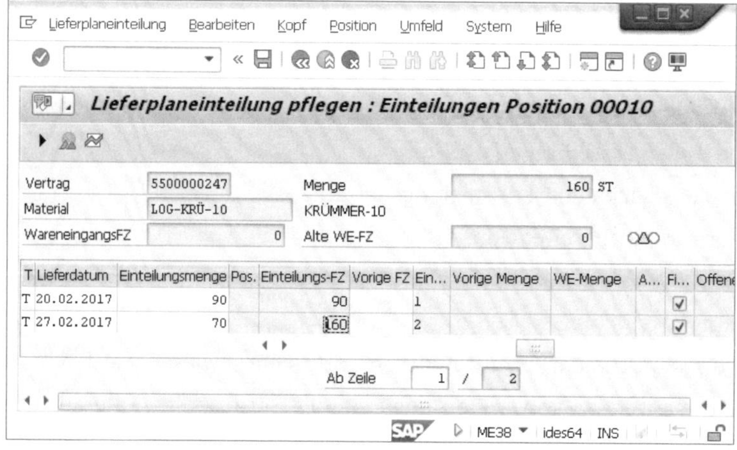

Abbildung 5.86 Lieferplaneinteilung pflegen

Sichern Sie Ihre Daten mit der Schaltfläche (**Sichern**).

Erzeugen Sie im Anschluss daran den Abruf mit Transaktion ME84 (Lieferabruf erstellen) oder über den Menüpfad **Logistik • Materialwirtschaft • Einkauf • Rahmenverträge • Lieferplan • Abruf erstellen** (siehe Abbildung 5.87).

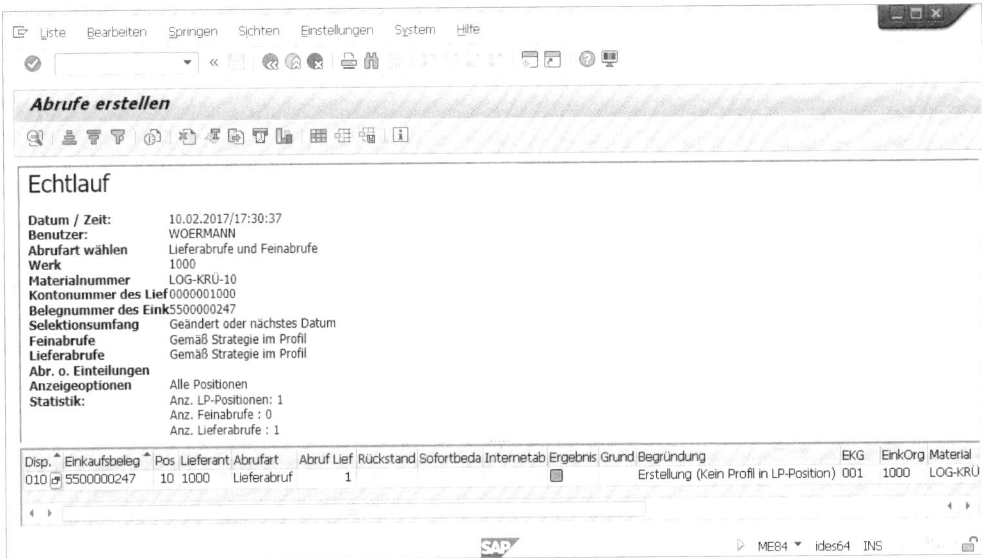

Abbildung 5.87 Abrufe erstellen

Tabelle 5.26 zeigt die Abrufarten und deren Bedeutung.

Abrufart	Bedeutung
Lieferabruf	Lieferabrufe geben dem Lieferanten einen mittel- und längerfristigen Überblick über Liefertermine und Liefermengen.
Feinabruf	Feinabrufe geben dem Lieferanten einen Überblick über die in naher Zukunft liegenden Einteilungen.

Tabelle 5.26 Abrufarten

5.9.9 Rechnungspläne

Einen Rechnungsplan nutzen Sie, wenn Sie unabhängig von Wareneingang oder Leistungserfassung die Rechnungen buchen möchten.

Für die Nutzung des Rechnungsplans muss daher in der Positionsregisterkarte **Lieferung** das Kennzeichen **Wareneingang** entmarkiert sein.

Eine mögliche Anwendung ist die Bezahlung von Zeitschriftenabonnements, Telekommunikationsbedarfen oder regelmäßigen Reinigungsleistungen.

[»]

Rechnungsplan mit Rahmenbestellung

Nutzen Sie Rechnungspläne in Kombination mit einer Rahmenbestellung und dem Positionstyp »Blank«, da Sie hier die Laufzeit definieren können.

In Absprache mit Ihrem Lieferanten können Sie Rechnungen auf der Basis von Rechnungsplandaten automatisch vom SAP-System erstellen lassen und deren Zahlung einleiten.

Das SAP-System stellt die in Tabelle 5.27 beschriebenen Rechnungsplanarten zur Verfügung.

Rechnungsplanart	Nutzung	Nettopreis
periodischer Rechnungsplan	z. B. für Zeitschriften-abonnements oder Miet- und Leasingverträge	Nettopreis der Position entspricht einem Perioden-betrag.
Teilrechnungsplan	z. B. für preisintensive Verbrauchsmaterialien	Nettopreis der Position entspricht dem Gesamtbetrag und wird auf die Anzahl der Perioden heruntergebrochen.

Tabelle 5.27 Rechnungsplanarten

Im Folgenden stellen wir Ihnen einen periodischen Rechnungsplan vor.

Zur Rahmenbestellung (Belegart **FO**) ist, wie Sie der folgenden Abbildung 5.88 entnehmen können, eine Laufzeit eingestellt.

[!]

Preis in der Position

Der Nettopreis in der Positionsübersicht bzw. in der Positionsregisterkarte **Konditionen** entspricht dem Rechnungsbetrag pro Periode, nicht aber dem Gesamtwert der Bestellung!

Der Gesamtwert ermittelt sich aus der Multiplikation der Periodenanzahl mit dem Nettowert und wird in den Kopfdaten der Bestellung ausgegeben.

Klicken Sie in der Positionsdetailregisterkarte **Rechnung** (siehe Abbildung 5.88) auf die Schaltfläche **Rechnungsplan**, um die Rechnungsplantermine zu pflegen.

Das SAP-System öffnet ein Dialogfenster zur Auswahl der Rechnungsplanterminart. In Abhängigkeit von der gewählten Rechnungsplanart erzeugt das SAP-System die Termine für die Rechnungen. Abbildung 5.89 zeigt monatlich erzeugte Termine zur Rechnungsplanart **MM Period. Training MM**.

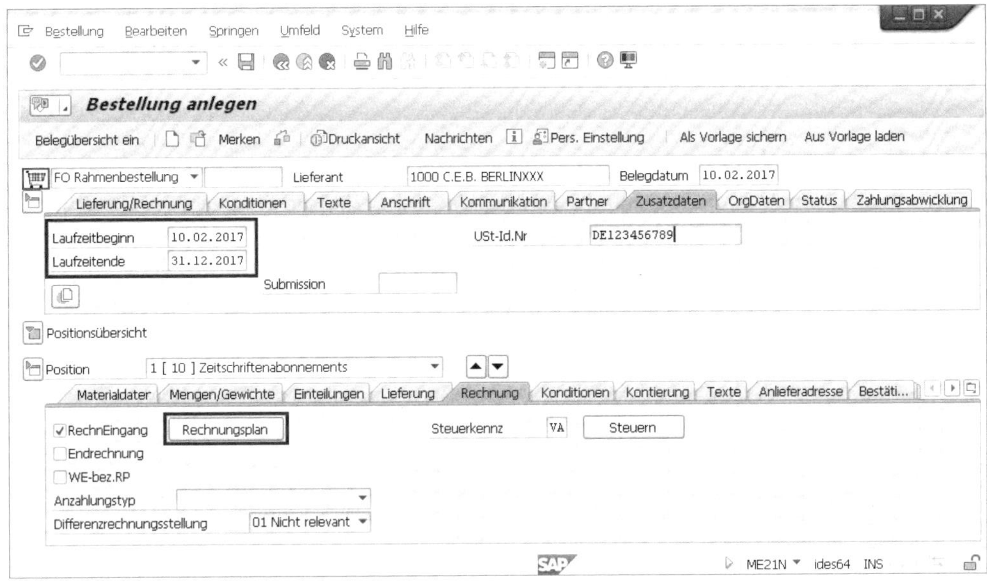

Abbildung 5.88 Bestellung anlegen – Rechnungsplan

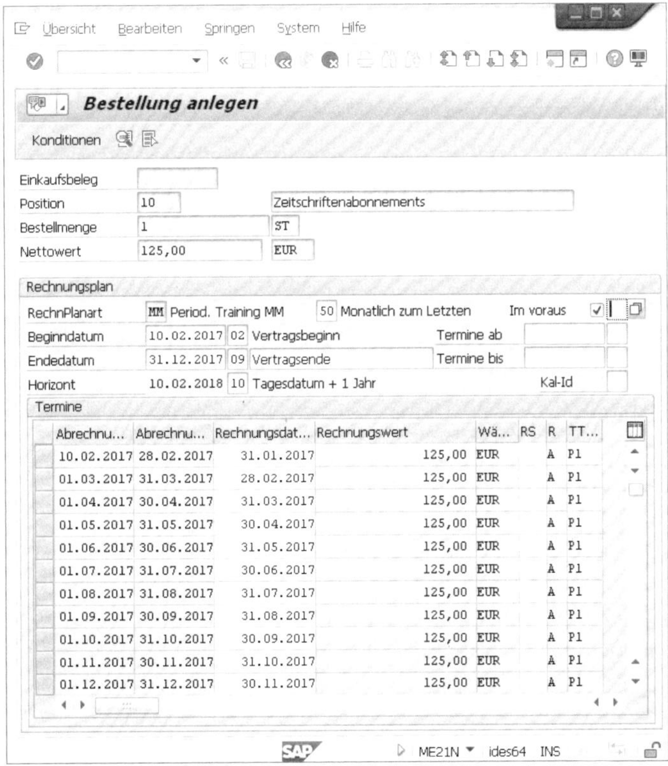

Abbildung 5.89 Rechnungsplantermine in der Bestellung

Unterliegt die Bestellung einer Freigabestrategie, ist der zugrunde gelegte Freigabebetrag über die Gesamtzahl der Rechnungsperioden berechnet.

5.9.10 Pipelineabwicklung

Ein *Pipelinematerial* ist ein Material, das direkt aus einer Leitung in den Produktionsprozess einfließt, wie z. B. die folgenden Materialien:

- Öl aus einer Pipeline
- Leistungswasser aus einer Rohrleitung
- Strom aus einer Stromleitung

Die Pipelinebearbeitung ist dadurch gekennzeichnet, dass das Pipelinematerial weder bestellt noch gelagert wird. Ein Material aus der Pipeline ist immer verfügbar, d. h., dass es jederzeit in einer beliebigen Menge aus der Leitung entnommen werden kann.

Die Pipelinebearbeitung erfolgt in den folgenden Prozessschritten:

- Sie legen einen Pipelineinfosatz für das Pipelinematerial und einen Lieferanten an. In diesem Infosatz legen Sie den Preis für das Pipelinematerial fest. Gibt es nur einen Lieferanten für das Pipelinematerial, wird dieser bei Warenbewegungen vorgeschlagen. Ist es zwischen Material und Lieferanten eine 1:n-Beziehung, sollten Sie das Orderbuch pflegen.
- Sie entnehmen das Pipelinematerial mittels Warenausgangsbuchung für eine Kostenstelle oder einen Auftrag. Damit entsteht eine Verbindlichkeit zu dem Lieferanten, die periodisch abzurechnen ist.
- Über den Verbrauch wird eine Verbrauchsstatistik geführt.

Die Pipelineentnahme hat keine Auswirkung auf einen bestehenden Lagerbestand oder auf die Verfügbarkeit des Materials.

Je nach Customizing-Einstellung kann ein Material nur aus der Pipeline entnommen werden, oder es können neben der Pipeline auch normale Bestände des Materials geführt werden.

Rechnungsplan statt Pipelineabwicklung

Ist Ihnen die Einstellung der Pipelineabwicklung zu aufwendig, können Sie stattdessen auch eine Rahmenbestellung mit Rechnungsplan nutzen.

Für die Pipelineabwicklung benötigen Sie ein Material, das für die Pipelineabwicklung zugelassen ist.

Beachten Sie bitte in diesem Zusammenhang:

- Materialien der Materialart PIPE werden weder beschafft noch disponiert. Sie können jederzeit in einer beliebigen Menge aus der Pipeline entnommen werden.
- Materialien der Materialart PIPE werden nicht gelagert und nicht im Bestand geführt; es wird keine Inventur durchgeführt.
- Pipelinebewegungen sind in allen Bewertungskreisen obligatorisch, d. h., dass mit der Materialart PIPE keine anderen Warenbewegungen gebucht werden dürfen.

Wenn Pipelinebewegungen nicht obligatorisch, aber zulässig sind, bedeutet dies, dass das Material im Bestand geführt werden kann und dass sowohl Pipeline- als auch andere Bewegungen gebucht werden können.

Ein Material dieser Art kann beispielsweise aus dem eigenen Bestand, aus dem Konsignationsbestand oder aus der Pipeline entnommen werden.

Sie können eine Pipelineentnahme für einen Auftrag oder für eine Kostenstelle erfassen. Pipelineentnahmen unterscheiden sich von anderen Warenbewegungen dadurch, dass sie mit dem Sonderbestandskennzeichen **P** erfasst werden. Die Entnahme wird mit dem im Pipelineinfosatz festgelegten Preis bewertet.

5.9.11 Mehrwegtransportverpackung

Eine *Mehrwegtransportverpackung* (*MTV*) ist ein güteraufnehmendes Medium (z. B. Paletten, Container), das für mehrere Transporte von Bestellmaterialien zwischen Lieferanten und Kunden verwendet wird.

Die wesentlichen Merkmale einer Mehrwegtransportverpackung sind:

- Mehrwegtransportverpackungen von Lieferanten, die im Lagerort liegen, werden als Sonderbestand geführt und sind eindeutig dem jeweiligen Lieferanten zugeordnet. Sie sind Eigentum des Lieferanten und gehören daher nicht zum bewerteten Bestand.
- Um die MTV-Bestände eines Materials von verschiedenen Lieferanten getrennt verwalten zu können, sind zusätzlich zu den Materialstammdaten Sonderbestandsdaten erforderlich.
- Die Sonderbestandsdaten werden für jeden Lieferanten auf Lagerortebene definiert.
- Die Sonderbestandsdaten werden beim ersten Zugang in den MTV-Bestand automatisch angelegt. Sie können nicht direkt vom Benutzer gepflegt werden, sondern werden bei jeder Warenbewegung (oder Inventur) automatisch fortgeschrieben.
- MTV-Bestände können nur frei verwendbar sein. Es gibt weder Qualitätsprüfbestände noch gesperrte Bestände. Je nach Systemeinstellung sind negative Bestände möglich.

- Sie können einen sonstigen Wareneingang im MTV-Bestand erfassen, die MTV-Menge beim Wareneingang zur Bestellung erfassen und eine Umbuchung »Lagerort an Lagerort« durchführen (jeweils mit Storno und Rückgabe).

[»]

Mehrwegtransportverpackung versus Leihgutabwicklung

Eine der Verpackungsarten, die in einem Unternehmen vorkommen können, ist das Leihgut (siehe Abschnitt 5.9.12, »Leihgutabwicklung«). Dabei handelt es sich in der Regel um eine teure Mehrwegverpackung, die Sie an Ihre Kunden gegen eine Gebühr verleihen. Mit der Funktion **Leihgutabwicklung** können Sie die anfallenden Leihgebühren für das Ausleihen solcher Mehrwegverpackungen vom SAP-System ermitteln lassen. Die Leihgutabwicklung umfasst die Verwaltung der Leihgüter anhand der Leihgutkontoverwaltung sowie die Funktionen zur Berechnung der Leihgebühren.

5.9.12 Leihgutabwicklung

Bei *Leihgut* handelt es sich um Artikel, die beim Kunden auf Lager liegen, aber Eigentum Ihrer Firma sind. Der Kunde ist erst dann verpflichtet, das Leihgut mit Ihnen abzurechnen, wenn er es bis zu einem bestimmten Zeitpunkt nicht an Ihre Firma zurückgeschickt hat. So ist es z. B. möglich, die Verrechnung bzw. die Rückgabe von Europaletten oder Leergut mit dieser Funktion abzuwickeln.

Da die Leihgutbestände noch Teil Ihres bewerteten Bestands sind, müssen Sie in Ihrem SAP-System geführt werden. Die Leihgutbestände müssen aber von den übrigen Beständen getrennt geführt werden, damit Sie den Überblick darüber behalten, was beim Kunden auf Lager liegt. Aus Bestandsführungssicht werden Leihgüter als *Sonderbestand* geführt und bestimmten Kunden zugeordnet.

Voraussetzung für die Leihgutabwicklung ist, dass bei den Leihgütern im Materialstammsatz in der Sicht **Vertrieb 2** im Feld **Positionstypengruppe** der Eintrag **LEIH** für Leih-/Leergut gepflegt ist. Über diesen Eintrag wird in Kombination mit der Belegart automatisch der in den jeweiligen Vorgängen passende Positionstyp ermittelt.

Bei der Abwicklung von Leihgutgeschäften sind drei Vorgänge von Bedeutung, die die getrennte Bestandsführung unterstützen (siehe Tabelle 5.28).

Abwicklungsart	Bedeutung
Leihgut-beschickung	Sie liefern Material in einem Leihgut, wie z. B. einem Fass oder Getränken in Flaschen. Das Leihgut wird mit der Warenausgangsbuchung in den Sonderbestand Ihres Kunden gebucht. Der bewertete Bestand Ihres Unternehmens bleibt unverändert. Der Vorgang ist nicht fakturarelevant, da der Konsignationsbestand Eigentum Ihrer Firma bleibt.

Tabelle 5.28 Leihgutabwicklungen

Abwicklungsart	Bedeutung
Leihgutabholung	Das Leihgut wird wieder an Sie zurückgeschickt, und der Sonderbestand Ihres Kunden wird wieder in den normalen Bestand Ihres Unternehmens zurückgebucht. Der Vorgang ist nicht fakturarelevant.
Leihgut-nachbelastung	Es kann eine Leihgutnachbelastung angelegt werden, wenn der Kunde das Leihgut behalten möchte, das Leihgut beschädigt wurde oder der Kunde das Leihgut an Dritte verkaufen möchte. Bei der Buchung des Warenausgangs wird die entsprechende Menge sowohl vom Kundensonderbestand als auch von Ihrem eigenen bewerteten Bestand abgezogen. Der Vorgang ist fakturarelevant, da die Waren nun in den Besitz des Kunden übergehen.

Tabelle 5.28 Leihgutabwicklungen (Forts.)

5.9.13 Anzahlungsabwicklung

Eine *Anzahlung* kann gesetzlich vorgeschrieben oder freiwillig vereinbart werden. Eine Anzahlung können Sie nur in der Einbildtransaktion (siehe Abschnitt 5.1.1, »Einbildtransaktionen«), der Bestellung erfassen. Eine Anzahlung erfassen Sie in der Bestellung entweder auf der Kopfebene – Kopfregisterkarte **Zahlungsabwicklung** – oder auf der Positionsebene – Positionsdetailregisterkarte **Rechnung**. In Abbildung 5.90 sind beide Registerkarten in der Bestellung geöffnet.

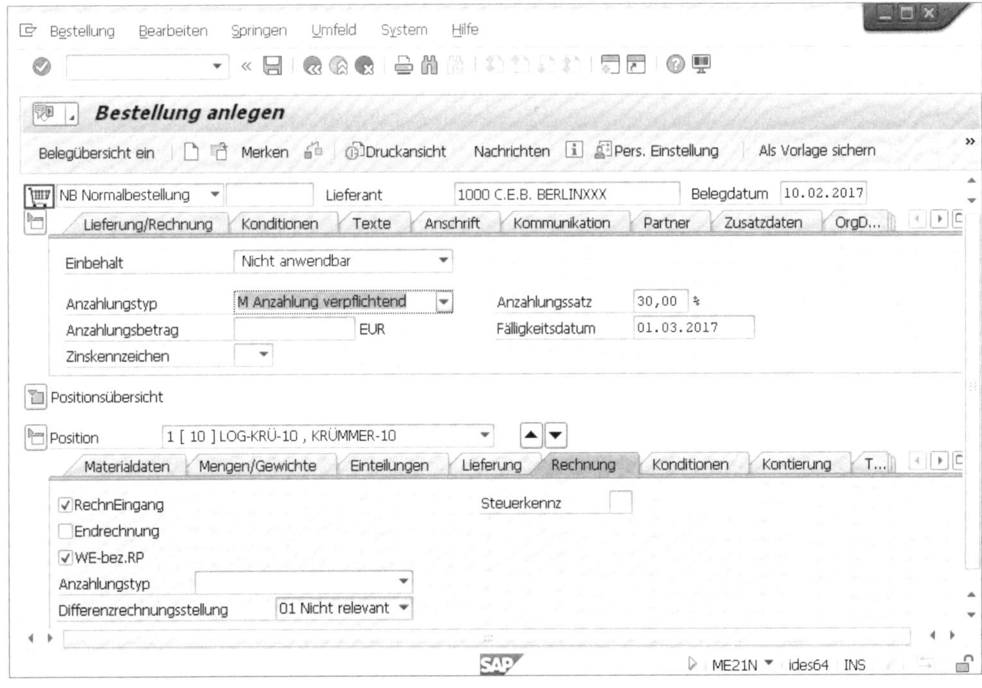

Abbildung 5.90 Anzahlungsabwicklung in der Bestellung

Außer dem **Anzahlungstyp** geben Sie entweder den **Anzahlungsbetrag** oder den Prozentwert der Anzahlung ein (**Anzahlungssatz**).

Mit dem **Fälligkeitsdatum** bestimmen Sie, bis wann der Anzahlungsbetrag beim Lieferanten eingegangen sein muss. Bei der Rechnungserfassung prüft das SAP-System, ob der Betrag bezahlt worden ist und verrechnet den Anzahlungsbetrag mit dem noch offenen Rechnungswert (siehe Abschnitt 7.2, »Rechnungserfassung«).

Im nächsten Abschnitt erläutern wir, wie Sie sicherstellen, dass die bestellte Ware oder Dienstleistung pünktlich bei Ihnen ankommt. Der SAP-Fachbegriff dafür ist *Bestätigungssteuerung*.

5.10 Bestätigungssteuerung

Wenn Sie mit *Bestätigungen* arbeiten, können Sie exakter disponieren, da Sie in der Zeitspanne zwischen *Bestelltermin* und gewünschtem Liefertermin vom Lieferanten immer verlässlichere Informationen über die zu erwartende Lieferung erhalten. Im Idealfall erhalten Sie zu jedem *Bestätigungstyp* die gewünschte Menge bestätigt, wie es in Abbildung 5.91 dargestellt ist.

Abbildung 5.91 Bestätigungen im Lieferverlauf

Sie überwachen die Bestätigungen mit geeigneten Auswertungen (siehe Abschnitt 5.10.5, »Überwachen von Bestätigungen«).

Es gibt zwei Möglichkeiten für die Arbeit mit Bestätigungen:

- Sie arbeiten nur mit der *Auftragsbestätigung* – Sie können keine Mengen und Termine erfassen.
- Sie arbeiten mit einem oder mehreren von Ihnen definierten Bestätigungstypen, wie z. B.:
  - Auftragsbestätigung
  - Verladebestätigung
  - Lieferavis/Anlieferung
    In diesem Fall können Sie Mengen und Termine im SAP-System erfassen.

Nutzen Sie nur die Auftragsbestätigung, müssen Sie im Customizing keine weiteren Einstellungen vornehmen.

Erwarten Sie detaillierte Informationen über den Lieferzyklus, müssen Sie mit verschiedenen Bestätigungstypen in der Disposition arbeiten. In diesem Fall muss die *Bestätigungssteuerung* im Customizing eingestellt sein.

In den folgenden Abschnitten stellen wir Ihnen zunächst die Bestätigungssteuerschlüssel und Bestätigungstypen vor und wie diese im Customizing eingestellt sein müssen. Dann zeigen wir Ihnen, wie der Bestätigungssteuerschlüssel in der Bestellung wirkt. Am Ende dieses Abschnitts erläutern wir Ihnen, unter welchen Bedingungen das SAP-System die Nachricht »Mahnen und Erinnern« erzeugt.

5.10.1 Bestätigungssteuerschlüssel

Im Bestätigungssteuerschlüssel definieren Sie, welche Bestätigungstypen Sie zu einer Bestellung oder einem Lieferabruf erwarten.

Der Bestätigungssteuerschlüssel ermöglicht das Erfassen von Mengen und Terminen für externe und interne Bestätigungstypen.

Die Zuordnung der externen und internen Bestätigungstypen ist in der IMG-Aktivität **Materialwirtschaft • Einkauf • Bestätigungen • Interne Bestätigungstypen einstellen** eingestellt.

In dieser Aktivität wurde den internen Bestätigungstypen je ein externer Bestätigungstyp zugeordnet. An dieser Zuordnung erkennt das SAP-System, welcher Bestätigungstyp für Auftragsbestätigungen und welcher Bestätigungstyp für Anlieferungen/Lieferavis steht. Beim EDI-Eingang einer Bestätigung aktualisiert das SAP-Sytem automatisch den Einkaufsbeleg. Das Ergebnis sehen Sie in der Positionsregisterkarte **Bestätigungen** (siehe Abbildung 5.93).

5.10.2 Bestätigungstypen

In der Bestätigungssteuerung sind die Bestätigungstypen definiert. In der Bestätigungsreihenfolge (siehe Abbildung 5.92) ist festgelegt, in welcher Reihenfolge die Bestätigungen zum Einkaufsbeleg eingehen sollen. Für alle Bestätigungstypen können Sie zudem festlegen, ob sie nur zur Information dienen (dann ist kein Ankreuzfeld markiert) oder ob sie für die Disposition und den Wareneingang relevant sein sollen.

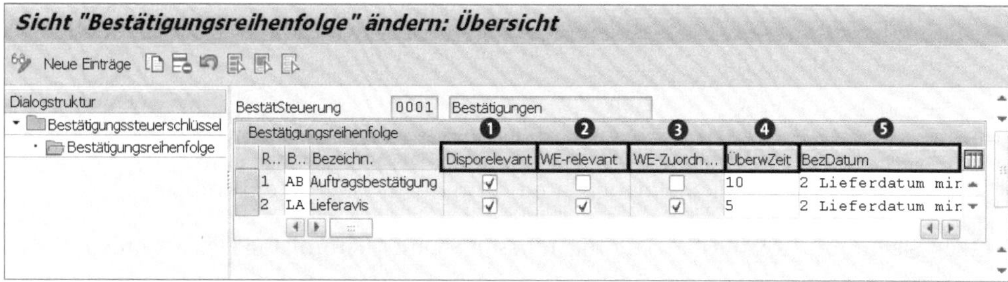

Abbildung 5.92 Bestätigungsreihenfolge

Tabelle 5.29 erläutert die in Abbildung 5.92 durch Ziffern hervorgehobenen Spalten.

Nr.	Kennzeichen	Bedeutung
❶	**Disporelevant**	Steuert, ob die Bestätigung von der Disposition berücksichtigt werden soll.
❷	**WE-relevant**	Ist das Kennzeichen gesetzt, baut der Wareneingang die bestätigte Menge ab.
❸	**WE-Zuordnung**	Eine Zuordnung zu eingegangenen Bestätigungen beim Wareneingang (WE) bedeutet, dass beim WE die Menge aus der zugehörigen Bestätigung vorgeschlagen wird und der WE genau die zugehörige Bestätigung in der aktuellen Bedarfs-/Bestandsliste abbaut. Sie können die WE-Zuordnung nur für die Bestätigungstypen nutzen, die WE-relevant sind. Ist kein Kennzeichen markiert, dienen die Bestätigungen lediglich Informationszwecken.
❹	Überwachungszeit	Wenn Sie den Wert auf zehn Tage setzen und das Bezugsdatum auf »Lieferdatum minus Überwachungszeit« steht, muss die Bestätigung zehn Tage vor dem Lieferdatum eintreffen. Ist bis zu diesem Zeitpunkt noch keine Bestätigung eingetroffen, erscheint diese Bestellposition in den Auswertungen zur Überwachung von Bestätigungen.
❺	Bezugsdatum	Datum, auf das sich die Zeitangabe im Feld **Überwachungszeit** bezieht.

Tabelle 5.29 Bestätigungsreihenfolge – Einstellungen

5.10.3 Anlieferung in der Logistikkette

Anlieferungen sind wichtige Belege in der Logistikkette, mit denen Sie vor der Wareneingangsbuchung im SAP-System die Information erfassen, dass das bestellte Material zur Verfügung steht.

Lieferanten, mit denen Sie über EDI elektronische Nachrichten austauschen, können Auftragsbestätigungen und Lieferavis verschicken und in Ihrem SAP-System automatisch Anlieferungen mit Bezug zum entsprechenden Einkaufsbeleg anlegen.

Sind die notwendigen Voraussetzungen erfüllt, erzeugt der Warenausgang Ihres Lieferanten in Ihrem SAP-System automatisch einen Anlieferungsbeleg und stellt die entsprechenden Daten in der Bestellung in der Positionsregisterkarte **Bestätigungen** zur Verfügung (siehe Abbildung 5.93).

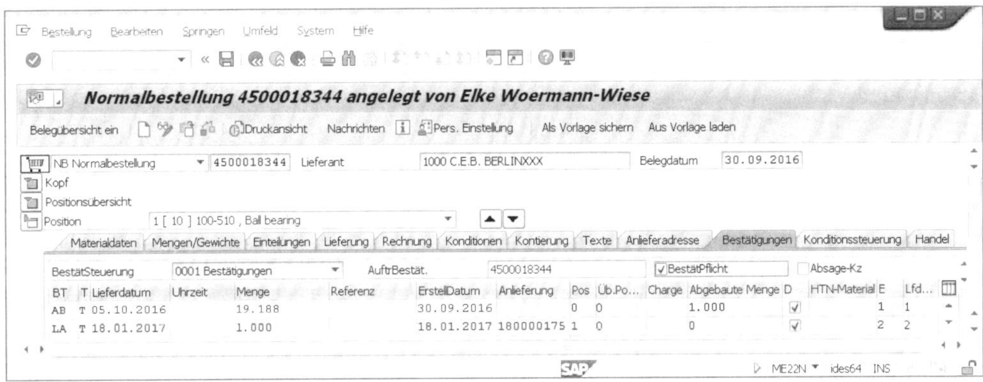

Abbildung 5.93 Bestätigungen in der Bestellung

Für Lieferanten ohne elektronische Anbindung legen Sie die Auftragsbestätigungen und Anlieferungen in Ihrem SAP-ERP-System manuell an (siehe Abschnitt 5.10, »Bestätigungssteuerung«).

Wareneingangsbuchungen mit Bezug

Haben Sie einen Anlieferungsbeleg zur Bestellung erfasst, kann der Wareneingang mit Bezug zur Bestellung oder mit Bezug zur Anlieferung gebucht werden. Ist in der Anlieferung ein von der Bestellmenge abweichender Wert erfasst und die Anlieferung im Customizing mit dem Kennzeichen **WE-relevant** versehen, schlägt der Wareneingang auch beim Vorliegen von Bezug zum Bestellbeleg nur die Menge aus dem Anlieferbeleg vor.

5.10.4 Mahnen und Erinnern

Sie möchten den Lieferanten anmahnen oder erinnern, weil noch keine Auftragsbestätigung bei Ihnen eingegangen ist.

[»]

Nachrichten im Rahmen von Bestätigungen

Sie können einen Lieferanten nur zu Auftragsbestätigungen anmahnen oder erinnern. Für andere Bestätigungstypen stehen keine Nachrichtenarten zur Verfügung.

Im Rahmen der Nachrichtenermittlung prüft das SAP-System die in Tabelle 5.30 vorliegenden Kriterien.

Prüfung	Wo?	Bedeutung
Ist das Kennzeichen **Bestätigungspflicht** gesetzt?	Das Ankreuzfeld Bestätigungspflicht ist in der Bestellung in der Positionsregisterkarte **Bestätigungen** oder im Lieferplan in **Detail Position** markiert.	–
Wurde der Lieferant bereits über die Bestellung/Lieferabruf benachrichtigt?	Bestellung/Lieferabruf – Nachricht ist grün beampelt.	Ist die Nachricht nicht erfolgreich verarbeitet (gelb oder rot beampelt) erzeugt das SAP-System keine Nachricht zum Mahnen und Erinnern der Auftragsbestätigung.
Welche Mahnfristen sind zu berücksichtigen?	▪ Bestellung: Positionsregisterkarte **Lieferung**, Felder: **1. Mahnung**, **2. Mahnung**, **3. Mahnung** ▪ Lieferplan: **Detail Position**, im Gruppenrahmen: **Sonstige Daten**	▪ Eine negative Anzahl an Tagen bedeutet, dass der Lieferant n Tage vor dem Liefertermin eine Mahnung bzw. Erinnerung erhalten soll. ▪ Eine positive Anzahl an Tagen bedeutet, dass die Mahnung bzw. Erinnerung n Tage nach Verstreichen des Liefertermins geschickt werden soll. ▪ Die Werte werden entweder aus dem Infosatz oder, falls dort kein Eintrag vorhanden ist, aus dem Materialstammsatz in den Einkaufsbeleg übernommen.

Tabelle 5.30 Nachrichtenermittlung – Mahnen und Erinnern

Zum Erzeugen der Nachricht »Mahnen und Erinnern« haben Sie folgende Möglichkeiten:

- Sie nutzen den folgenden Menüpfad zu einer Bestellung: **Logistik • Materialwirtschaft • Einkauf • Bestellung • Nachrichten • Mahnen und Erinnern** oder Transaktion ME92F (Auftragsbestätigung überwachen). Das SAP-System öffnet den Bildschirm **Auftragsbestätigungen überwachen**.
- Sie nutzen den Menüpfad zu einem Lieferabruf: **Logistik • Materialwirtschaft • Einkauf • Rahmenvertrag • Lieferplan • Nachrichten • Mahnen und Erinnern** oder Transaktionscode ME92F. Das SAP-System öffnet den Bildschirm **Auftragsbestätigungen überwachen**.

Im Folgenden zeigen wir Ihnen die Erzeugung einer Mahnung/Erinnerung am Beispiel einer Bestellung. Geben Sie in den Feldern **Einkaufsorganisation** und **Einkäufergruppe** die Daten Ihrer Einkaufsorganisation und Ihrer Einkäufergruppe ein.

Das Feld **Bezugsdatum** ist mit dem Tagesdatum vorbelegt. Das Bezugsdatum ist das Lieferdatum ab- oder zuzüglich der in den Feldern **Mahnung 1**, **Mahnung 2** oder **Mahnung 3** ausgewiesenen Anzahl an Tagen.

So soll das betreffende Material z. B. am 16.01. geliefert werden. Feld **Mahnung 1** beinhaltet den Eintrag **3**. Wenn das Bezugsdatum der 18.01. ist, wird die Bestellposition nicht selektiert, wenn das Bezugsdatum der 19.01. ist, wird die Position zum Mahnen vorgeschlagen. Bestätigen Sie Ihre Auswahl mit der Schaltfläche (**Ausführen**), siehe Abbildung 5.94.

Abbildung 5.94 Auftragsbestätigungen überwachen – Selektion

Ist das Kennzeichen **Nicht überm. Nachrichten aufl.** (nicht übermittelte Nachrichten auflisten) markiert, zeigt das SAP-System in der Liste alle Einkaufsbelege, zu denen Mahnungen vorliegen, die aber noch nicht an den Lieferanten übermittelt wurden.

Markieren Sie das Ankreuzfeld **Nachrichten erzeugen und sichern** (siehe Abbildung 5.94), wenn Sie alle Nachrichten erzeugen möchten, ohne vorher aus einer Liste auszuwählen. Ist das Feld markiert, zeigt das SAP-System die Liste aus Abbildung 5.95 nicht. Das SAP-System zeigt die den Selektionskriterien entsprechenden Belege an (siehe Abbildung 5.95).

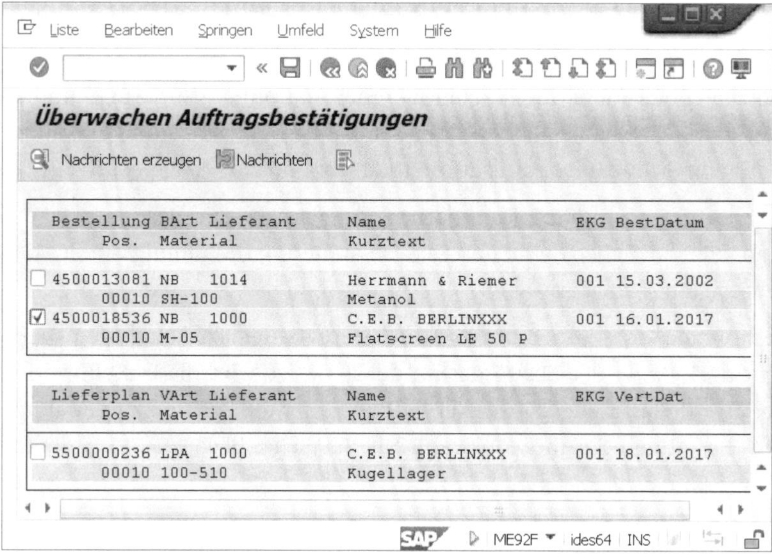

Abbildung 5.95 Sicht »Überwachen Auftragsbestätigungen«

Markieren Sie die Zeile, und klicken Sie auf die Schaltfläche (**Anzeigen Beleg**), um den Beleg anzuzeigen. Markieren Sie den Beleg, wie in Abbildung 5.95 gezeigt, und klicken Sie auf die Schaltfläche **Nachrichten erzeugen**. Das SAP-System erzeugt die Nachricht und stellt diese, entsprechend den Einstellungen zur Nachricht (siehe Abschnitt 5.14, »Nachrichten«) entweder in den Spool oder druckt die Belege direkt aus.

5.10.5 Überwachen von Bestätigungen

Zur Überwachung von Bestätigungen haben Sie zwei Möglichkeiten:

- Sie markieren im Lieferplan die Position und wählen den Menüpfad **Position • Bestätigungen • Listen • disporelevante Mengen**.
- Sie nutzen den Berichts-Menüpfad **Logistik • Materialwirtschaft • Einkauf • Bestellung (oder Rahmenvertrag • Lieferplan) • Auswertungen • Überwachen Bestätigungen** oder Transaktion ME2A (Bestätigungen überwachen).

Auswertung von Lieferplänen und Bestellungen

Der Bericht heißt **Überwachen Bestellbestätigungen**, wertet aber auch die Lieferplaneinteilungen aus.

Befüllen Sie die Felder **Einkaufsorganisation** oder **Lieferant** und **Bestätigungstyp** mit den entsprechenden Daten (siehe Abbildung 5.96). Bestätigen Sie Ihre Eingaben mit der Schaltfläche (**Ausführen**).

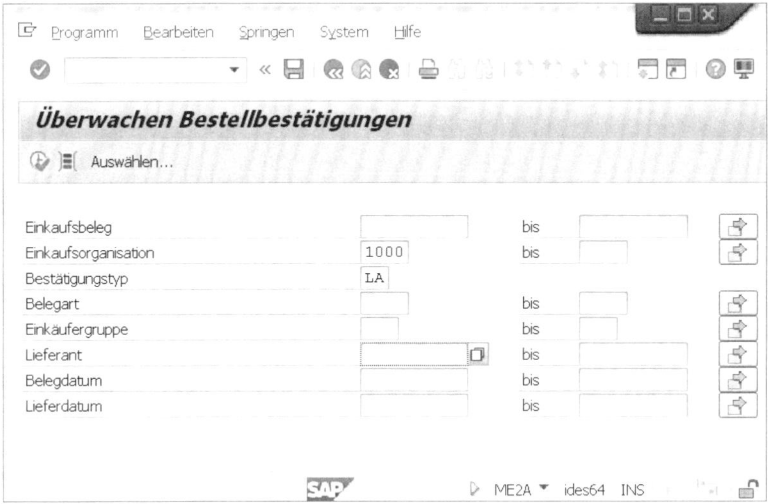

Abbildung 5.96 Überwachen Bestellbestätigungen – Einstieg

Die Liste umfasst alle Einkaufsbelege, deren Lieferavis/Anlieferung überfällig ist (siehe Abbildung 5.97).

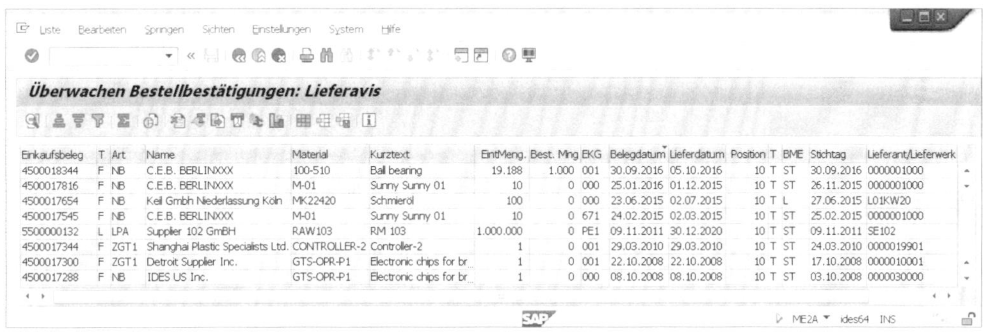

Einkaufsbeleg	T	Art	Name	Material	Kurztext	EintMeng.	Best. Mng	EKG	Belegdatum	Lieferdatum	Position	T	BME	Stichtag	Lieferant/Lieferwerk
4500018344	F	NB	C.E.B. BERLINXXX	100-510	Ball bearing	19.188	1.000	001	30.09.2016	05.10.2016	10	T	ST	30.09.2016	0000001000
4500017816	F	NB	C.E.B. BERLINXXX	M-01	Sunny Sunny 01	10	0	000	25.01.2016	01.12.2015	10	T	ST	26.11.2015	0000001000
4500017654	F	NB	Keil Gmbh Niederlassung Köln	MK22420	Schmieröl	100	0	000	23.06.2015	02.07.2015	10	T	L	27.06.2015	L01KW20
4500017545	F	NB	C.E.B. BERLINXXX	M-01	Sunny Sunny 01	10	0	671	24.02.2015	02.03.2015	10	T	ST	25.02.2015	0000001000
5500000132	L	LPA	Supplier 102 GmBH	RAW103	RM 103	1.000.000	0	PE1	09.11.2011	30.12.2020	10	T	ST	09.11.2011	SE102
4500017344	F	ZGT1	Shanghai Plastic Specialists Ltd.	CONTROLLER-2	Controller-2	1	0	001	29.03.2010	29.03.2010	10	T	ST	24.03.2010	0000019901
4500017300	F	ZGT1	Detroit Supplier Inc.	GTS-OPR-P1	Electronic chips for br...	1	0	001	22.10.2008	22.10.2008	10	T	ST	17.10.2008	0000010001
4500017288	F	NB	IDES US Inc.	GTS-OPR-P1	Electronic chips for br...	1	0	000	08.10.2008	08.10.2008	10	T	ST	03.10.2008	0000030000

Abbildung 5.97 Die Sicht »Überwachen Bestellbestätigungen: Lieferavis«

Markieren Sie die gewünschte Zeile, und klicken Sie auf die Schaltfläche (**Beleg anzeigen**), um den entsprechenden Beleg anzuzeigen.

5.11 Lieferantenbeurteilung

Die *Lieferantenbeurteilung* unterstützt Sie bei der Optimierung der Beschaffung von Materialien und Dienstleistungen. Die Einstellung der Lieferantenbeurteilung erfolgt auf der Ebene der Einkaufsorganisation. Daten für die Lieferantenbeurteilung ermittelt das SAP-System aus dem Einkauf, der Bestandsführung, dem Qualitätsmanagementsystem und dem Logistikinformationssystem.

Im folgenden Abschnitt zeigen wir Ihnen, aus welchen Elementen die Lieferantenbeurteilung besteht und wie die Elemente aufeinander wirken.

5.11.1 Elemente der Lieferantenbeurteilung

Die Lieferantenbeurteilung besteht aus den in Tabelle 5.31 dargestellten Elementen.

Element	Verfahren	Bedeutung
Kriterien	manuell	Sie geben die Note selbst in das SAP-System ein, bevor Sie eine Beurteilung durchführen.
	teilautomatisch	Sie erfassen auf der Infosatzebene Noten für ein Material bzw. bei der Leistungserfassung Noten für die Qualität und die Termineinhaltung.
	automatisch	Sie erfassen selbst keine Daten. Das SAP-System ermittelt die Noten für automatische Teilkriterien aus Daten, die an anderer Stelle im Unternehmen, unabhängig vom Lieferantenbeurteilungssystem, erfasst wurden (z. B. beim Wareneingang oder im Qualitätsmanagement). Die Elemente sind nach den verschiedenen Methoden benannt, mit denen Noten für sie ermittelt werden. Die einzelnen Ermittlungsmethoden erfüllen unterschiedliche Zwecke und setzen eine unterschiedliche Pflege voraus (siehe Abbildung 5.98).
Gewichtung	gleich	Die Elemente werden gleichwertig bewertet.
	ungleich	Die Elemente werden mit Gewichtungsfaktoren bewertet. Ist Ihnen z. B. die Qualität wichtiger als der Preis, gewichten sie die Qualität mit Faktor 2 und den Preis mit dem Faktor 1.
Ermittlungsmethode		siehe Abbildung 5.99

Tabelle 5.31 Elemente der Lieferantenbeurteilung

Die Lieferantenbeurteilung erfolgt nach Haupt- und Teilkriterien mit einem Punktesystem.

Die Punkte bzw. Noten werden in Abhängigkeit von der Größe der Abweichung von der Norm vergeben. Im SAP-Standard sind 1 bis 100 Punkte eingestellt. Die Grundlage für die Punktevergabe ist entweder durch einen Eintrag im Einkaufsbeleg festgelegt, wie z. B. Menge oder Termin, oder einer Wertung von vergleichenden Daten des Marktes, wie z. B. der Marktpreis.

Die Punkte können gleich verteilt oder gewichtet in die Auswertung eingehen.

Welche Methode genutzt werden soll, ist je Einkaufsorganisation im Customizing unter **SPRO • IMG • Materialwirtschaft • Einkauf • Lieferantenbeurteilung • Einkaufsorganisationsdaten** festgelegt. Zur Anzeige wählen Sie die Einkaufsorganisation und öffnen per Doppelklick den Menüpunkt **Gewichtung**. Der Eintrag **1** steht für die Gleichgewichtung und Eintrag **2** für die Ungleichgewichtung der Kriterien.

Abbildung 5.98 zeigt die Standardeinstellung mit der Ermittlungsmethode und Abbildung 5.99 mit der automatischen Notenvergabe von Haupt- und Teilkriterien im SAP-System.

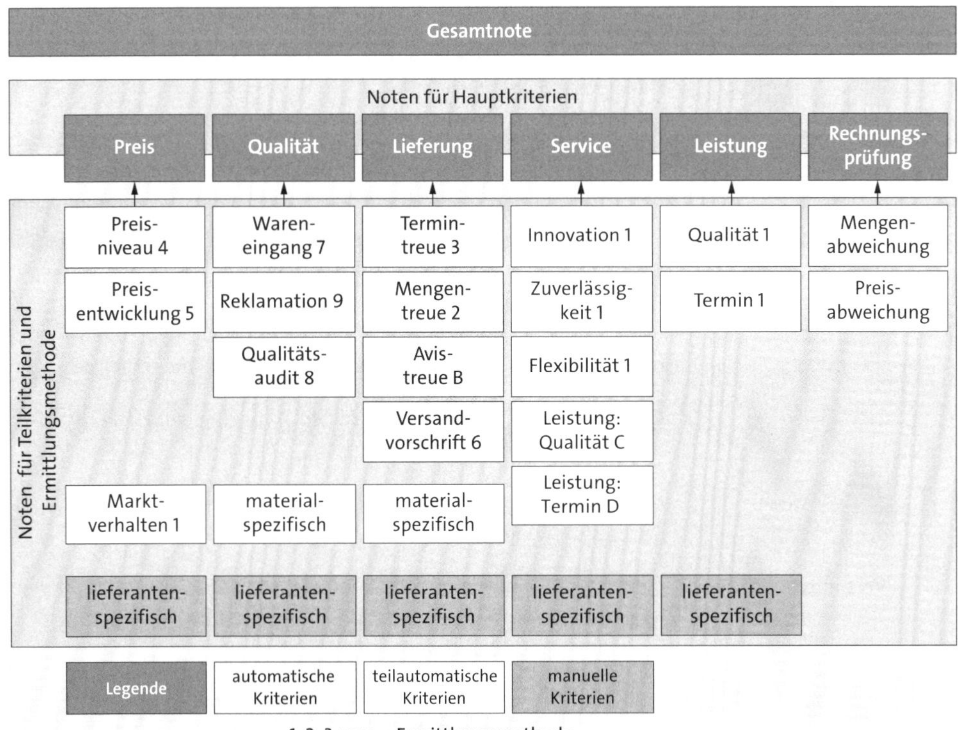

Abbildung 5.98 Kriterien der Lieferantenbeurteilung

Tabelle 5.32 listet die Definition der Teilkriterien auf.

Teilkriterium	Bedeutung
Preisniveau	Mit diesem Teilkriterium wird beurteilt, in welchem Verhältnis der Preis eines Lieferanten zum Marktpreis steht. Liegt sein Preis unter dem Marktpreis, erhält er eine bessere Note, liegt er darüber, eine schlechtere. Anhand des Teilkriteriums »Preisniveau« sehen Sie das Verhältnis des Preises eines Lieferanten zum Markt zu einem bestimmten Zeitpunkt.
Preisentwicklung	Mit diesem Teilkriterium wird beurteilt, wie sich der Preis eines Lieferanten im Verhältnis zum Marktpreis entwickelt. Anhand des Teilkriteriums »Preisentwicklung« erkennen Sie den Verlauf, den der Preis des Lieferanten über eine Zeitspanne genommen hat, im Verhältnis zur Entwicklung des Marktpreises in derselben Periode.
Wareneingang	Mit diesem Teilkriterium wird die Qualität der Materialien beurteilt, die ein Lieferant liefert. Die Qualitätsprüfung findet beim Wareneingang statt.
Qualitätsaudit	Mit diesem Teilkriterium wird die Wirksamkeit des Qualitätssicherungssystems beurteilt, das ein Unternehmen bei der Herstellung seiner Produkte einsetzt.
Reklamation	Mit diesem Kriterium wird beurteilt, ob die Materialien, die ein Lieferant liefert, nach der Qualitätsprüfung beim Wareneingang, z. B. in der Fertigung, häufig als schadhaft erkannt werden und Ihnen dadurch Aufwand und Kosten für die Bearbeitung von Fehlleistungen entstehen. Die Note (QM-Qualitätskennzahl) wird in QM – Qualitätsmanagement ermittelt und an MM – Lieferantenbeurteilung übergeben und für das Notensystem der Lieferantenbeurteilung umgerechnet.
Termintreue	Mit diesem Teilkriterium wird beurteilt, wie genau ein Lieferant die Liefertermine einhält.
Mengentreue	Mit diesem Teilkriterium wird beurteilt, wie genau ein Lieferant die in der Bestellung vorgegebene Menge einhält.
Versandvorschrift	Mit diesem Teilkriterium wird beurteilt, wie genau ein Lieferant die Anweisungen einhält, die Sie für den Versand oder für die Verpackung eines Materials erteilt haben.
Bestätigungsdatum	Mit diesem Kriterium wird beurteilt, ob ein Lieferant das in der Bestätigung zugesicherte Lieferdatum einhält, d. h., ob der Wareneingang tatsächlich zum bestätigten Termin eintrifft.

Tabelle 5.32 Teilkriterien in der Lieferantenbeurteilung

Teilkriterium	Bedeutung
Mengen-abweichung	Mit diesem Kriterium wird beurteilt, wie genau die abzurechnende Menge mit der tatsächlich abgerechneten übereinstimmt.
Preisabweichung	Mit diesem Kriterium wird beurteilt, wie genau der abzurechnende Preis mit dem tatsächlich abgerechneten Preis übereinstimmt.

Tabelle 5.32 Teilkriterien in der Lieferantenbeurteilung (Forts.)

Mengen- und Termintreue

Termintreue und Mengentreue sind immer im Zusammenhang zu betrachten. Sie können pro Material im Materialstamm oder für alle Materialien in den Systemeinstellungen festlegen, wie viele der bestellten Materialien mindestens geliefert werden müssen, damit ein Wareneingang in die Beurteilung eingeht. So wird verhindert, dass ein pünktlicher Wareneingang mit einer geringen Menge der bestellten Materialien mit einer guten Note für die Termintreue in die Beurteilung aufgenommen wird. Falls diese Mindestmenge nicht erreicht wird, erhält der Lieferant keine, dafür aber für die Mengentreue eine schlechte Note.

Neben der Einstellung der Haupt- und Teilkriterien benötigt die Lieferantenbeurteilung Daten, die für die Beurteilung ausgewertet werden können. Die Datenherkunft ist in der Ermittlungsmethode hinterlegt (siehe Abbildung 5.99).

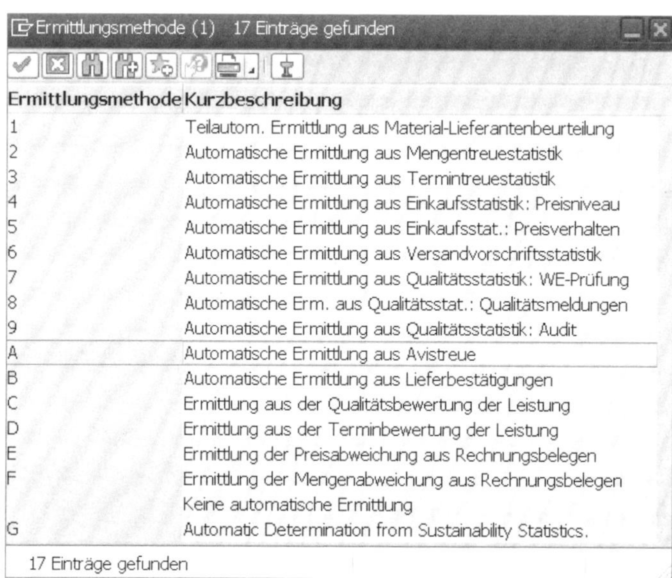
Ermittlungsmethode (1) 17 Einträge gefunden

Ermittlungsmethode	Kurzbeschreibung
1	Teilautom. Ermittlung aus Material-Lieferantenbeurteilung
2	Automatische Ermittlung aus Mengentreuestatistik
3	Automatische Ermittlung aus Termintreuestatistik
4	Automatische Ermittlung aus Einkaufsstatistik: Preisniveau
5	Automatische Ermittlung aus Einkaufsstat.: Preisverhalten
6	Automatische Ermittlung aus Versandvorschriftsstatistik
7	Automatische Ermittlung aus Qualitätsstatistik: WE-Prüfung
8	Automatische Erm. aus Qualitätsstat.: Qualitätsmeldungen
9	Automatische Ermittlung aus Qualitätsstatistik: Audit
A	Automatische Ermittlung aus Avistreue
B	Automatische Ermittlung aus Lieferbestätigungen
C	Ermittlung aus der Qualitätsbewertung der Leistung
D	Ermittlung aus der Terminbewertung der Leistung
E	Ermittlung der Preisabweichung aus Rechnungsbelegen
F	Ermittlung der Mengenabweichung aus Rechnungsbelegen
	Keine automatische Ermittlung
G	Automatic Determination from Sustainability Statistics.

17 Einträge gefunden

Abbildung 5.99 Ermittlungsmethode zur Lieferantenbeurteilung

5.11.2 Punktwerte

Sie benötigen einen Notenwert, wenn Sie Lieferanten miteinander vergleichen möchten. Im Standard ist die in Abbildung 5.100 gezeigte Punktevergabe eingestellt. Sie finden die Customizing-Einstellung unter **SPRO • SAP Referenz IMG • Materialwirtschaft • Einkauf • Lieferantenbeurteilung • Einkaufsorganisationsdaten**. Markieren Sie die gewünschte Einkaufsorganisation, und doppelklicken Sie auf den Menüeintrag **Punktwerte zu den automatischen Kriterien**. Das SAP-System öffnet den Bildschirm **Sicht »Punktwerte zu den automatischen Kriterien« ändern: Übersicht**.

Die Abweichung ist in Prozent angegeben und für die Mengentreue sowohl für Über- als auch für Unterlieferung eingestellt. Keine Abweichung bewertet das SAP-System mit 100 Punkten. Haben Sie im Einkaufsbeleg Toleranzwerte erfasst, z. B. 5 % für eine Überlieferung, würde die Abweichung für die Lieferantenbeurteilung erst ab dem Überschreiten der Toleranzwerte unter 100 Punkte fallen. Abbildung 5.100 zeigt die Punktevergabe der Lieferantenbeurteilung in Abhängigkeit von den Prozentsätzen zur Abweichung von den bestellten Mengen.

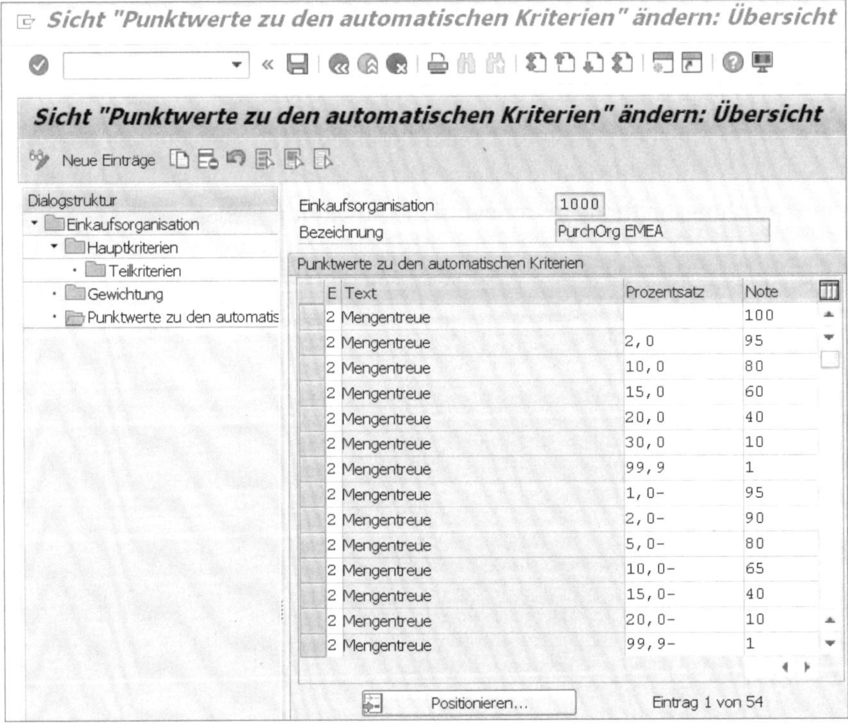

Abbildung 5.100 Punktwerte automatischer Kriterien

Die Standardeinstellung vergibt bei einer Überlieferung von 2 % noch 95 und bei einer Unterlieferung von 2 % nur noch 90 Punkte.

5.11.3 Gewichtung

Ist ein Kriterium besonders wichtig, z. B. innerhalb der Preisbeurteilung das Preisniveau, ist im Customizing ein Gewichtungsfaktor angegeben. Im Beispiel von Abbildung 5.101 gehen die Punkte für das Preisniveau mit 60 %, die Preisentwicklung mit 30 % und das Marktverhalten mit 10 % in die Wertung ein.

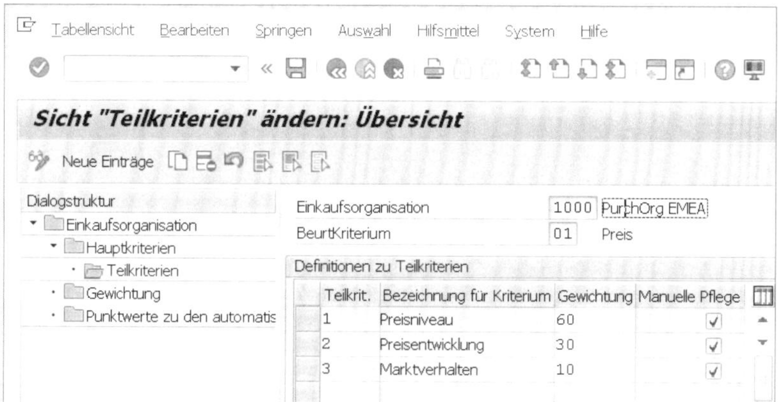

Abbildung 5.101 Sicht »Teilkriterien ändern: Übersicht«

Die Einstellung der in Abbildung 5.101 gezeigten Teilkriterien finden Sie im Customizing unter **SPRO • SAP Referenz IMG • Materialwirtschaft • Einkauf • Lieferantenbeurteilung • Einkaufsorganisationsdaten**. Markieren Sie die gewünschte Einkaufsorganisation, und doppelklicken Sie auf den Menüeintrag **Teilkriterien**. Das SAP-System öffnet das Dialogfenster **Arbeitsbereich festlegen: Eingabe** zur Auswahl des Hauptkriteriums. Wählen Sie den Schlüssel für das Hauptkriterium aus, und bestätigen Sie mit der Schaltfläche (**Übernehmen**).

5.11.4 Lieferantenbeurteilung anzeigen

Wählen Sie zur Anzeige der Lieferantenbeurteilung den Menüpfad **Logistik • Materialwirtschaft • Einkauf • Stammdaten • Lieferantenbeurteilung • Anzeigen** oder Transaktion ME62 (Lieferantenbeurteilung anzeigen). Geben Sie die gewünschte Einkaufsorganisation und den Lieferanten ein, und bestätigen Sie Ihre Eingaben mit der Schaltfläche (**Weiter**). Das SAP-System öffnet das Bild **Lieferantenbeurteilung anzeigen: Übersicht Hauptkriterien**. Im Beispiel aus Abbildung 5.102 sind die Hauptkriterien **Preis**, **Qualität**, **Lieferung** und **Service** gleich gewichtet. Die **Gesamtnote** von **69** ergibt sich aus der Summe der Teilnoten, dividiert durch vier.

Öffnen Sie mit einem Doppelklick auf die Note des Kriteriums **Preis** die Teilkriterien. Das SAP-System öffnet das Bild **Lieferantenbeurteilung anzeigen: Teilkriterium zum Hauptkriterium** (siehe Abbildung 5.103).

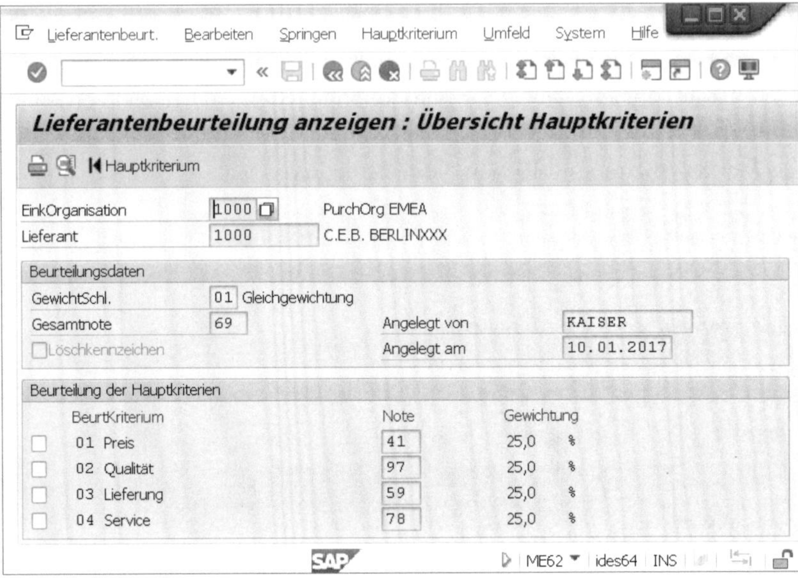

Abbildung 5.102 Lieferantenbeurteilung anzeigen

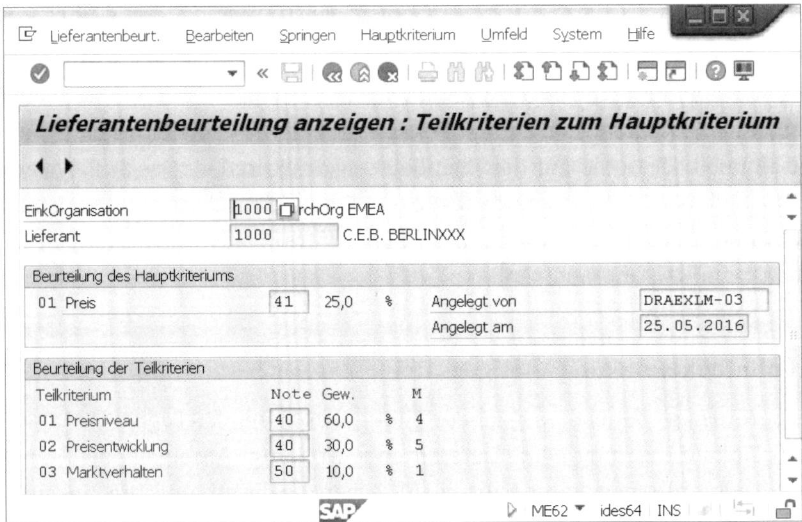

Abbildung 5.103 Sicht »Lieferantenbeurteilung anzeigen: Teilkriterium zum Hauptkriterium«

Wie im Customizing eingestellt, wertet das SAP-System die Teilkriterien zum Preis mit einer Gewichtung von 60 % für das Preisniveau, 30 % für die Preisentwicklung und 10 % für das Marktverhalten aus und stellt den Gesamtpunktwert, der mit 25 % in die Gesamtbeurteilung eingeht, zur Verfügung.

5.11.5 Hitliste der Lieferanten

Möchten Sie Ihre Lieferanten miteinander vergleichen, nutzen Sie die Listanzeige **Hitlisten** unter **Logistik • Materialwirtschaft • Einkauf • Stammdaten • Lieferantenbeurteilung • Hitlisten** oder Transaktion ME65 (Hitliste der Lieferanten). Geben Sie die Lieferantennummern, die Sie vergleichen möchten, in die Mehrfachselektion ein, oder wählen Sie ein Intervall über alle Lieferanten, und klicken Sie auf die Schaltfläche (**Ausführen**). Das SAP-System öffnet das Bild **Hitliste der Lieferanten**.

Für den Aufruf der Beurteilung markieren Sie den Lieferanten und klicken auf die Schaltfläche **Beurteilung anzeigen**. Abbildung 5.104 zeigt die Rangfolge der Lieferanten – der Lieferant mit der höchsten Punktzahl steht an erster Stelle, der Lieferant mit niedrigster Punktzahl steht an letzter Stelle.

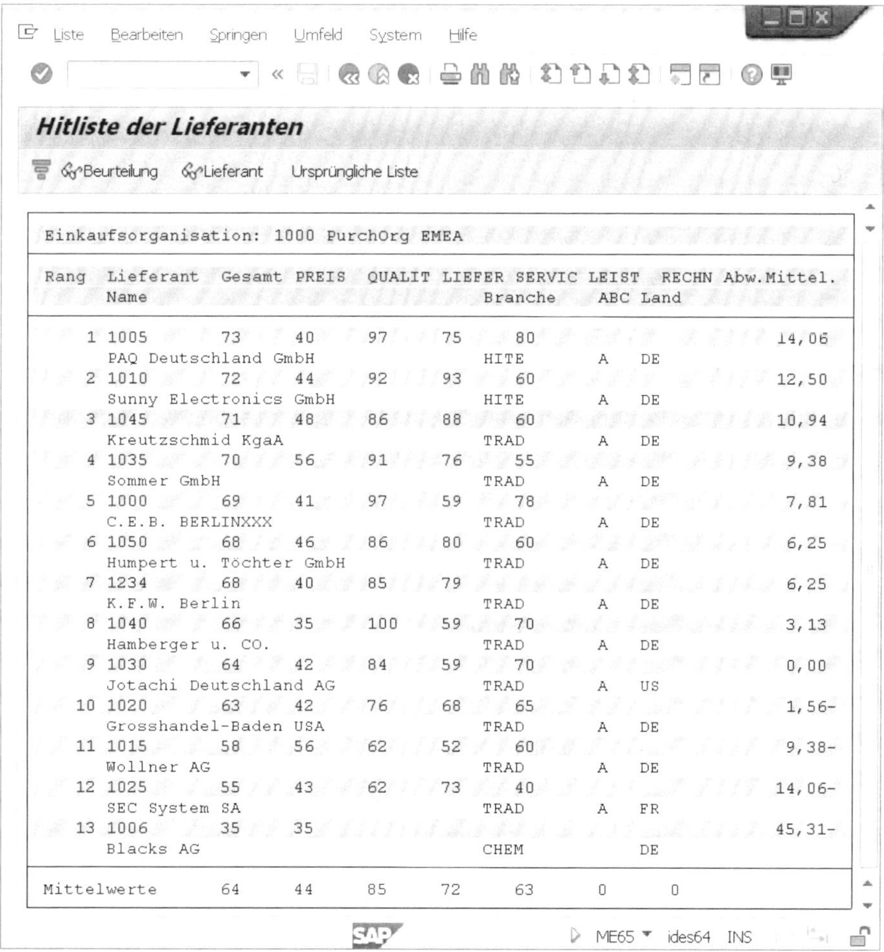

Einkaufsorganisation: 1000 PurchOrg EMEA

Rang	Lieferant / Name	Gesamt	PREIS	QUALIT	LIEFER	SERVIC / Branche	LEIST / ABC	RECHN / Land	Abw.Mittel.
1	1005	73	40	97	75	80			14,06
	PAQ Deutschland GmbH					HITE	A	DE	
2	1010	72	44	92	93	60			12,50
	Sunny Electronics GmbH					HITE	A	DE	
3	1045	71	48	86	88	60			10,94
	Kreutzschmid KgaA					TRAD	A	DE	
4	1035	70	56	91	76	55			9,38
	Sommer GmbH					TRAD	A	DE	
5	1000	69	41	97	59	78			7,81
	C.E.B. BERLINXXX					TRAD	A	DE	
6	1050	68	46	86	80	60			6,25
	Humpert u. Töchter GmbH					TRAD	A	DE	
7	1234	68	40	85	79				6,25
	K.F.W. Berlin					TRAD	A	DE	
8	1040	66	35	100	59	70			3,13
	Hamberger u. CO.					TRAD	A	DE	
9	1030	64	42	84	59	70			0,00
	Jotachi Deutschland AG					TRAD	A	US	
10	1020	63	42	76	68	65			1,56-
	Grosshandel-Baden USA					TRAD	A	DE	
11	1015	58	56	62	52	60			9,38-
	Wollner AG					TRAD	A	DE	
12	1025	55	43	62	73	40			14,06-
	SEC System SA					TRAD	A	FR	
13	1006	35	35						45,31-
	Blacks AG					CHEM		DE	
Mittelwerte		64	44	85	72	63	0	0	

Abbildung 5.104 Hitliste der Lieferanten

5.11.6 Manuelle Erfassung teilautomatischer Kriterien

Öffnen Sie zur teilautomatischen Erfassung eines Beurteilungskriteriums den Infosatz über **Logistik • Materialwirtschaft • Stammdaten • Infosatz** oder Transaktion ME12 (Infosatz ändern). Geben Sie die Infosatznummer in das Bild **Infosatz ändern: Einstieg** ein, und bestätigen Sie Ihre Eingabe mit der Schaltfläche (**Weiter**).

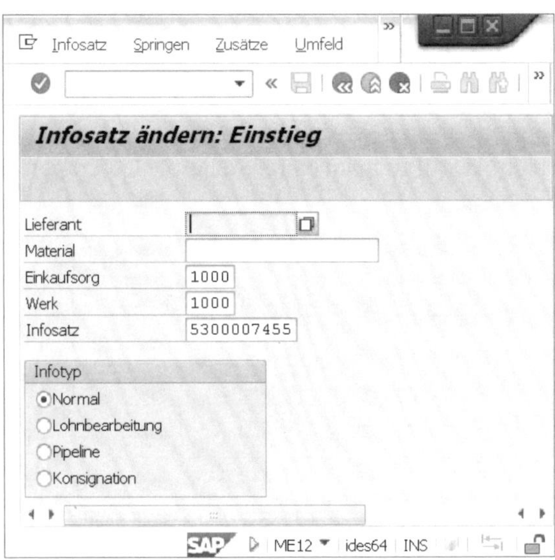

Abbildung 5.105 Die Sicht »Infosatz ändern: Einstieg«

Wählen Sie im Infosatz den Menüpfad **Zusätze • Lieferantenbeurteilung**, und Sie gelangen in das Bild **Infosatz ändern: Allgemeine Daten**.

Tragen Sie in das Feld **Marktverhalten** Ihren Punktwert ein, und sichern Sie den Eintrag mit der Schaltfläche (**Sichern**).

5.11.7 Manuelle Lieferantenbeurteilung

Bei dieser Methode geben Sie die Note eines Lieferanten für ein Teilkriterium selbst in das Lieferantenbeurteilungssystem ein, bevor Sie eine Beurteilung durchführen. Das SAP-System rechnet diese Note in das übergeordnete Hauptkriterium ein.

Manuell erfasste Lieferantenbeurteilung

Die manuell erfasste Note gilt pauschal für alle Materialien oder Dienstleistungen, die Sie von dem betreffenden Lieferanten beziehen.

Vor jeder Neubeurteilung sollten Sie die Noten für manuelle Teilkriterien überprüfen und gegebenenfalls ändern.

Wählen Sie den Menüpfad **Logistik • Materialwirtschaft • Einkauf • Stammdaten • Lieferantenbeurteilung • Pflegen** oder Transaktion ME61 (Lieferantenbeurteilung pflegen). Tragen Sie die Einkaufsorganisation und die Lieferantenstammsatznummer ein, und bestätigen Sie Ihre Eingaben mit der Schaltfläche ✔ (**Weiter**). Sie gelangen in das Bild **Lieferantenbeurteilung pflegen: Übersicht Hauptkriterien**. Wählen Sie im Feld **GewichtSchl** aus, ob Sie die Kriterien gleich oder ungleich gewichten möchten.

Führen Sie einen Doppelklick im Feld **Note** des Hauptkriteriums aus, und tragen Sie die Werte für die Teilkriterien manuell ein (siehe Abbildung 5.106).

Klicken Sie auf die Schaltfläche Auto.Neubeurt./HKrit (**Automatische Neubeurteilung/ Hauptkriterium**).

Abbildung 5.106 Manuelle Lieferantenbeurteilung

Das SAP-System ermittelt aus den Angaben einen Lieferantenbeurteilungswert für das Hauptkriterium.

5.12 Preisfindung

Die *Preisfindung* im Einkaufsbeleg besteht aus dem Kalkulationsschema und den zugeordneten Konditionsarten. Jeder Belegart ist ein Kalkulationsschema zugeordnet.

Konditionen können Sie in Infosätzen und Kontrakten als zeitabhängige Konditionen hinterlegen. Im Rahmen der Preisfindung durchsucht das SAP-System diese Daten und übernimmt sie in den Beleg. Werden keine gültigen Konditionen gefunden, erfasst der Einkäufer den Preis und andere Preisbestandteile wie Zu- und Abschläge im Einkaufsbeleg manuell.

Im nächsten Abschnitt zeigen wir Ihnen, wie das Kalkulationsschema im Customizing aufgebaut ist und welche Konditionsarten zugeordnet sind. Danach zeigen wir Ihnen beispielhaft, wie Konditionen in der Bestellung manuell erfasst werden und welche Auswirkungen manuell hinzugefügte Konditionen in einem Einkaufsbeleg haben. Weitergehende Informationen entnehmen Sie dem Buch Becker, Ursula et al., Preisfindung und Konditionstechnik in SAP ERP, 2014.

5.12.1 Kalkulationsschema

Ein Kalkulationsschema fasst alle *Konditionsarten* zusammen, die bei der Preisfindung im Einkaufsbeleg eine Rolle spielen. Es legt die Reihenfolge fest, in der die Konditionsarten einberechnet werden. Darüber hinaus legt das *Kalkulationsschema* Folgendes fest:

- Welche Zwischensummen werden gebildet?
- Inwieweit ist eine manuelle Bearbeitung der Preisfindung möglich?
- Auf welcher Basis berechnet das SAP-System prozentuale Zu- und Abschläge?
- Welche Bedingungen müssen erfüllt sein, damit eine bestimmte Konditionsart berücksichtigt wird?

Im SAP-Standard ist für Einkaufsbelege das Kalkulationsschema **RM0000 Einkaufsbeleg (groß)** eingestellt. Sie finden das Kalkulationsschema im Customizing unter **Materialwirtschaft • Einkauf • Konditionen • Preisfindung festlegen • Kalkulationsschema festlegen**.

Wählen Sie das Kalkulationsschema **RM0000**, und doppelklicken Sie auf den Eintrag **Steuerung**. Das SAP-System öffnet das Bild **Sicht »Steuerung« ändern: Übersicht** (siehe Abbildung 5.107 und ergänzend dazu Tabelle 5.33).

Abbildung 5.107 Konditionsarten im Kalkulationsschema RM0000

Nr.	Bedeutung	Anmerkung
❶	Stufe und Zähler	Steuert die Rangfolge des Konditionszugriffs.
❷	Konditionsart	Schlüssel der Konditionsart.
❸	Bezeichnung	Beschreibender Text zur Konditionsart.
❹	manuell, obligatorisch, statistisch	Kennzeichnung, ob die Konditionsart manuell erfasst werden, ob die Konditionsart eine Pflichteingabe im Konditionsbild sein soll oder ob die Konditionsart statistischen Charakter haben soll.
❺	Druck	Kennzeichnung, ob die Kondition im Einkaufsbeleg angedruckt werden soll.

Tabelle 5.33 Konditionsarten im Kalkulationsschema RM0000

Das Kalkulationsschema umfasst alle Konditionsarten, die in der Einkaufsbelegart genutzt werden können.

Die Preisfindung orientiert sich an der Stufe und dem Zähler. An erster Stelle steht entweder die Konditionsart **PB00** für die automatische Preisfindung oder **PBXX** für die manuelle Eingabe des Bruttopreises im Einkaufsbeleg.

5.12.2 Konditionsart

Die Elemente der Preisfindung werden mittels der Konditionstechnik abgebildet. Die Konditionstechnik wird zur Formulierung von Regeln bzw. Bedingungen genutzt. Aufgrund der Konditionsarten, die mittels der Konditionstechnik festgelegt werden, ergibt sich ein Preisvorschlag.

Damit der richtige Preisvorschlag gefunden werden kann, ist im Customizing eine Zugriffsfolge festgelegt.

Eine Zugriffsfolge ist eine Suchstrategie, mit deren Hilfe das SAP-System gültige Sätze in den verschiedenen Konditionstabellen sucht. Sie besteht aus einem oder mehreren Zugriffen.

Die Abfolge der Zugriffe steuert die Priorität der einzelnen Konditionssätze untereinander. Durch die Zugriffe wird dem SAP-System mitgeteilt, wo zuerst und wo jeweils als Nächstes nach einem gültigen Konditionssatz gesucht werden soll. Abbildung 5.108 zeigt die Zugriffsfolge für die Konditionsart **PB00**.

Bei diesem Zugriff wird der im Beispiel zur Konditionsart angelegte Konditionssatz im Einkaufsinfosatz gefunden und die Suche beendet.

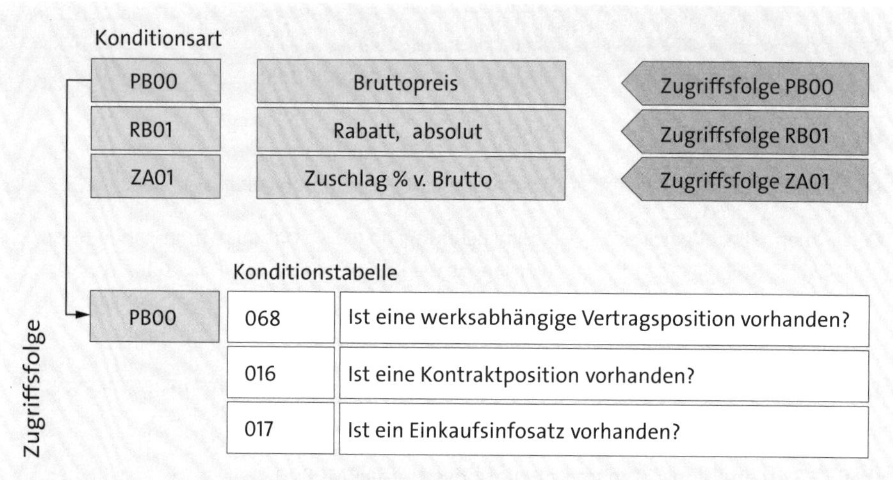

Abbildung 5.108 Preisfindung zur Konditionsart PB00

5.12.3 Konditionen im Einkaufsbeleg

Das SAP-System bildet die Konditionen auf der Positionsebene ab. Wird in einem Einkaufsbeleg mehr als eine Position erfasst, summiert das SAP-System die Werte auf der Kopfebene. Abbildung 5.109 zeigt die Positionskonditionen mit einem manuell erfassten Preis.

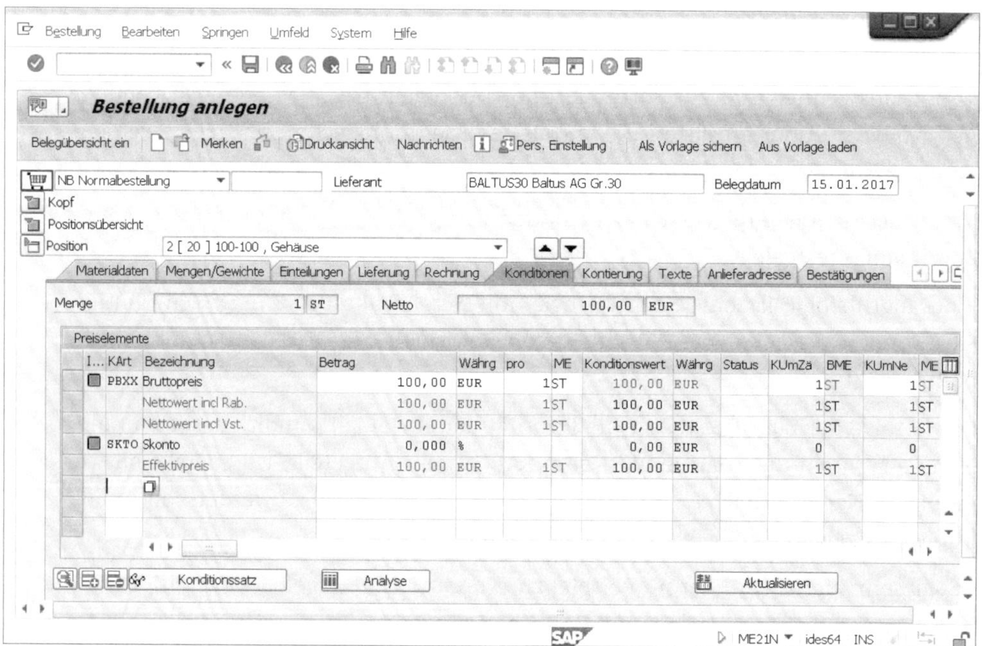

Abbildung 5.109 Positionskonditionsbild in der Bestellung

Im Einkaufsbeleg kann der Einkäufer gefundene Konditionen anpassen, z. B. wenn aufgrund von einer notwendigen Eillieferung die Frachtkosten in Rechnung gestellt werden sollen oder der Lieferant für diese Bestellung einen Rabatt gewährt.

Navigieren Sie dazu zur Positionsregisterkarte **Konditionen**. Stellen Sie den Cursor in die erste eingabebereite Zeile der Spalte **KArt**, und öffnen Sie die Matchcodesuche. Das SAP-System öffnet ein Dialogfenster zur Auswahl der Konditionsart. Wählen Sie die gewünschte Konditionsart aus, und erfassen Sie den Betrag in der Spalte **Betrag**.

Konditionsart mit Prozentwert

Tragen Sie bei Prozentkonditionen nur den Prozentwert in die Spalte **Betrag** ein. Das SAP-System ermittelt automatisch den relevanten Betrag.

In der Regel werden manuelle Konditionen auf der Positionsebene erfasst.

Erfassen Sie Kopfkonditionen in der Bestellung, werden die Beträge anteilig auf alle Positionen heruntergebrochen und in der Position angezeigt. Kopfkonditionen sind in der Position nicht änderbar.

In Tabelle 5.34 sehen Sie verschiedene Berechnungsarten.

Berechnungsart	Beispielhafte Konditionsart	Bedeutung
Zu- oder Abschlag in % vom Brutto	RA01 Rabatt in % vom Brutto	Das SAP-System ermittelt den Prozentwert auf der Basis des Konditionswerts **PB00** oder **PBXX**.
Zu- oder Abschlag in % vom Netto	ZA00 Zuschlag in % vom Netto	Das SAP-System ermittelt den Prozentwert auf der Basis eines errechneten Nettowerts, z. B. zu einem rabattierten Einkaufspreis.
Zu- oder Abschlag, absolut	FRB1 Fracht, absolut	Das SAP-System addiert oder subtrahiert den absoluten Betrag zum bzw. vom Nettowert.

Tabelle 5.34 Grundlage der Preisfindung

Abbildung 5.110 zeigt ein Konditionsbild nach der Eingabe der manuellen Konditionen.

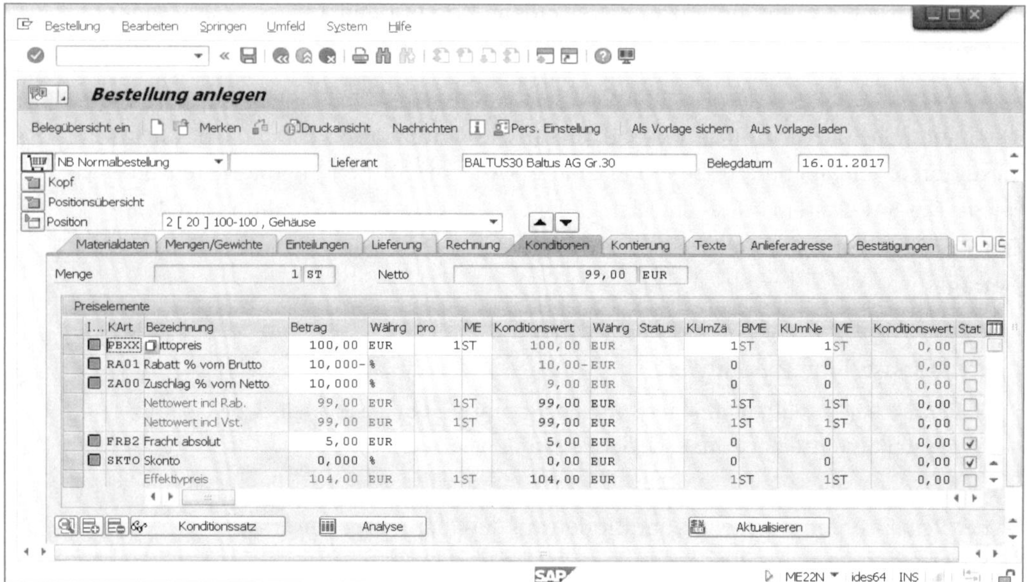

Abbildung 5.110 Positionskonditionen in der Bestellung

Während die Konditionsarten **RA01** und **ZA00** den Nettopreis der Position beeinflussen, hat die Konditionsart **FRA2** lediglich statistischen Charakter.

5.12.4 Statistische Konditionen

Die Frachtkosten sind *Bezugsnebenkosten* und werden erst bei der Buchung des Wareneingangs bzw. des Rechnungseingangs entweder auf ein Preisdifferenzenkonto oder auf das Materialverrechnungskonto gebucht.

Bei Material mit *gleitendem Durchschnittspreis* erfolgt die Buchung der *ungeplanten Bezugsnebenkosten* auf das Bestandskonto. Bei Material mit *Standardpreis* läuft die Buchung der ungeplanten Bezugsnebenkosten auf ein Preisdifferenzenkonto.

Skonto ist ebenfalls in der Bestellung eine statistische Kondition. Erst bei der Zahlung der Rechnung werden die Skontobedingungen vorgeschlagen und können dort geändert werden.

Manuelle Konditionen in der Bestellung

Einkaufskonditionen, die in der Bestellung manuell erfasst werden, gelten nur für diese Bestellung. Das Kennzeichen **InfoUpdate** (Positionsregisterkarte **Materialdaten**) in der Bestellung ändert keine Konditionen im Einkaufsinfosatz, sondern ergänzt im Einkaufsinfosatz lediglich die letzte Bestellnummer.

5.12.5 Neue Preisfindung

Eine neue Preisfindung stoßen Sie mit der Schaltfläche **Aktualisieren** an. Dies kann erforderlich sein, wenn Sie im Einkaufsinfosatz neue Staffelpreise hinterlegt haben oder die Preise aufgrund von geänderten Zu- oder Abschlägen in bereits angelegten Bestellungen aktualisiert werden müssen.

Das SAP-System öffnet das Dialogfenster **Preisfindungsart** (siehe Abbildung 5.110). Hier können Sie wählen, welche Preisbestandteile Sie aktualisieren möchten.

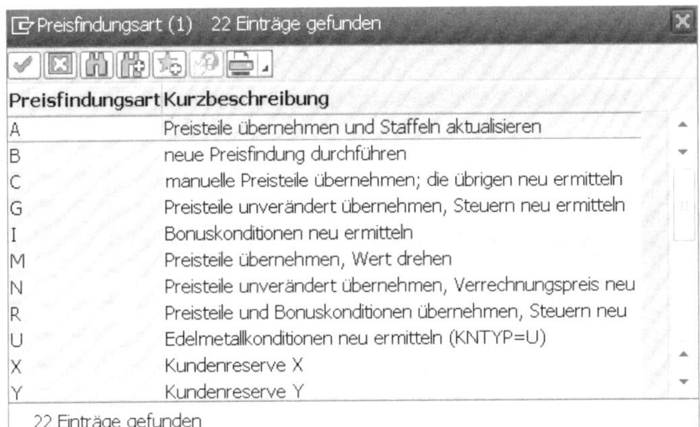
Preisfindungsart (1) 22 Einträge gefunden

Preisfindungsart	Kurzbeschreibung
A	Preisteile übernehmen und Staffeln aktualisieren
B	neue Preisfindung durchführen
C	manuelle Preisteile übernehmen; die übrigen neu ermitteln
G	Preisteile unverändert übernehmen, Steuern neu ermitteln
I	Bonuskonditionen neu ermitteln
M	Preisteile übernehmen, Wert drehen
N	Preisteile unverändert übernehmen, Verrechnungspreis neu
R	Preisteile und Bonuskonditionen übernehmen, Steuern neu
U	Edelmetallkonditionen neu ermitteln (KNTYP=U)
X	Kundenreserve X
Y	Kundenreserve Y

22 Einträge gefunden

Abbildung 5.111 Preisfindungsart

[!]

Neue Preisfindung durchführen

Beachten Sie bitte, dass mit der Preisfindungsart **B neue Preisfindung durchführen** alle manuellen Preisbestandteile entfernt werden.

5.12.6 Bestellpreisentwicklung

Die *Bestellpreisentwicklung* zeigt die Nettopreise für Lieferpläne und Bestellungen im Zeitverlauf.

Wählen Sie den Menüpfad **Logistik • Materialwirtschaft • Einkauf • Stammdaten • Infosatz • Listanzeigen Bestellpreisentwicklung** oder Transaktion ME1P (Bestellpreisentwicklung).

Geben Sie die Lieferantenstammsatznummer und/oder die Materialstammsatznummer ein, und klicken Sie auf die Schaltfläche (**Ausführen**).

Das SAP-System zeigt in der Bestellpreisentwicklung die Liste aller Bestellungen und Lieferpläne, ermittelt die prozentuale Preisabweichung zum vorangehenden Einkaufsbeleg und gibt diese in der Spalte **Abweichung** aus (siehe Abbildung 5.112).

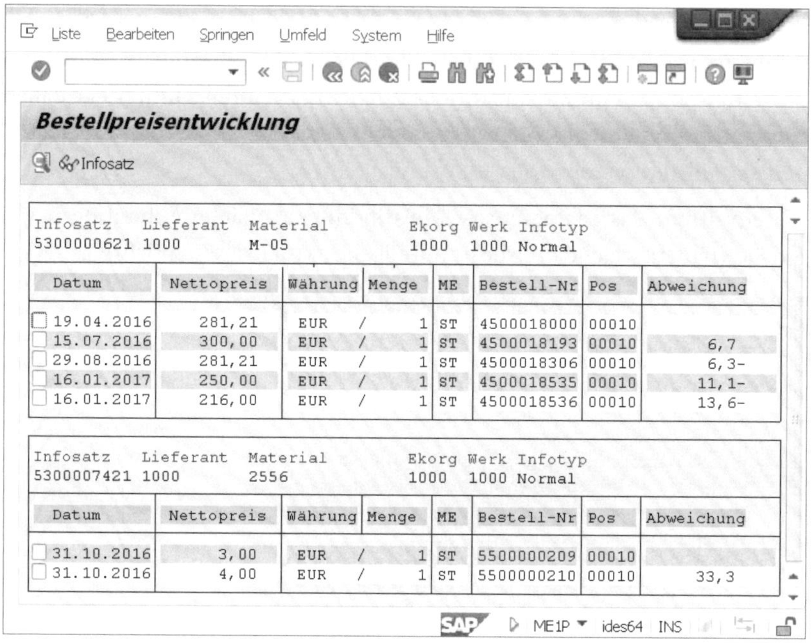

Liste Bearbeiten Springen Umfeld System Hilfe

Bestellpreisentwicklung

Infosatz

Infosatz	Lieferant	Material	Ekorg	Werk	Infotyp
5300000621	1000	M-05	1000	1000	Normal

Datum	Nettopreis	Währung	Menge	ME	Bestell-Nr	Pos	Abweichung
19.04.2016	281,21	EUR /	1	ST	4500018000	00010	
15.07.2016	300,00	EUR /	1	ST	4500018193	00010	6,7
29.08.2016	281,21	EUR /	1	ST	4500018306	00010	6,3-
16.01.2017	250,00	EUR /	1	ST	4500018535	00010	11,1-
16.01.2017	216,00	EUR /	1	ST	4500018536	00010	13,6-

Infosatz	Lieferant	Material	Ekorg	Werk	Infotyp
5300007421	1000	2556	1000	1000	Normal

Datum	Nettopreis	Währung	Menge	ME	Bestell-Nr	Pos	Abweichung
31.10.2016	3,00	EUR /	1	ST	5500000209	00010	
31.10.2016	4,00	EUR /	1	ST	5500000210	00010	33,3

SAP ME1P ides64 INS

Abbildung 5.112 Bestellpreisentwicklung

5.13 Textarten im Einkaufsbeleg

In allen Einkaufsbelegen verwenden Sie Texte zur Beschreibung von Sachverhalten im Rahmen der Beschaffung von Waren und Dienstleistungen. Texte erfassen Sie in den Einkaufsbelegen entweder auf der Kopf- oder auf der Positionsebene.

Kopftexte beziehen sich auf den gesamten Beleg; Positionstexte beziehen sich auf die Position, auf die sich der betreffende Text bezieht. Im Customizing ist definiert, ob ein Kopftext vor oder nach den Positionen im Beleg angeordnet ist. Der Inhalt von Textfeldern, deren Bezeichnung mit »notiz« endet, wird im Druck des Einkaufsbelegs nicht ausgegeben; solche Informationen dienen vielmehr der internen Kommunikation. Tabelle 5.35 zeigt die im Standard vorhandenen Textfelder.

Wo	Textart	Bedeutung
Kopf	Kopftext	Den Kopftext am Anfang des Ausgabebelegs sollten Sie für besonders wichtige Informationen an den Lieferanten reservieren. So könnten Sie z. B. im Kopftext einer Anfrage spezielle ausschreibungsrelevante Anweisungen erfassen, da diese zuerst gelesen werden sollten.

Tabelle 5.35 Textarten in Einkaufsbelegen

Wo	Textart	Bedeutung
Kopf	Kopfnotiz	Die Kopfnotiz dient lediglich zur internen Verwendung; der Text erscheint nicht im Ausgabebeleg. In der Kopfnotiz können Sie einen Vermerk zu dem betreffenden Einkaufsbeleg festhalten, beispielsweise einen Hinweis darauf, dass sich bei diesem Lieferanten Qualitätsprobleme ergeben haben. Andere Benutzer haben zwar die Möglichkeit, sich diese Informationen anzeigen zu lassen, der Lieferant erlangt jedoch keine Kenntnis davon.
	Anhangtexte oder Schlusssätze	Beispiele für Anhangtexte sind Haftungsausschlussklauseln und Vertragsanmerkungen am Ende eines Kontrakts oder einer Bestellung.
Position	Positionstext	Der Positionstext wird im Anschluss an die Positionsdaten (Materialnummer, Kurztext, Menge usw.) ausgegeben. Den Positionstext können Sie zusätzlich zu dem aus dem Infosatz oder Materialstammsatz kopierten Materialbestelltext erfassen.
	Infobestelltext	Text aus dem Einkaufsinfosatz; dieser Text kann den Materialbestelltext entweder ersetzen oder ergänzen.
	Materialbestelltext	Übertrag des Textes aus den Einkaufsdaten des Materialstammsatzes.
	Anlieferungstext	Text mit Lieferanweisungen für die betreffende Position.

Tabelle 5.35 Textarten in Einkaufsbelegen (Forts.)

Die Texte werden nicht automatisch mit dem Beleg gedruckt, sondern müssen im Customizing im Bereich **Texte** für Nachrichten über den Menüpfad **SPRO • SAP Referenz-IMG • SAP Customizing-Einführungsleitfaden • Materialwirtschaft • Einkauf • Nachrichten • Texte für Nachrichten • Texte für Anfrage festlegen/Texte für Bestellung festlegen/Texte für Kontrakt festlegen/Texte für Lieferplan festlegen/Texte für Einkaufsorganisation festlegen/Änderungstexte** eingestellt werden.

Die Texte sind im Customizing in Abhängigkeit von der Belegart und dem Positionstyp definiert (siehe Abbildung 5.113).

In der Standardauslieferung sind Textfelder in den in Tabelle 5.36 gezeigten Stamm- bzw. Bewegungsdaten vorhanden.

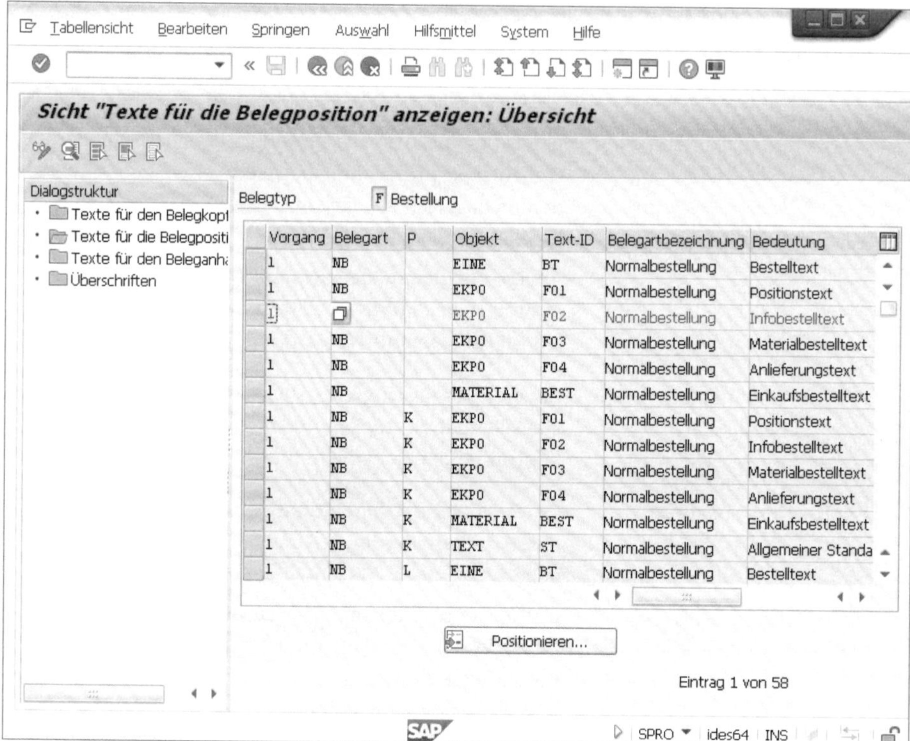

Abbildung 5.113 Texte für die Belegposition

Wo	Textfeld	Anmerkung
Materialstammsatz	Einkaufsbestelltext	nicht änderbarer Übertrag in Einkaufsinfosatz und Einkaufsbeleg
Lieferantenstammsatz	Einkaufsnotiz	interne Information
	Bestelltext	Übertrag in den Einkaufsbeleg
Einkaufsinfosatz	Infonotiz	interne Information
	Materialbestelltext	nicht änderbarer Übertrag aus dem Materialstammsatz
Einkaufsbelege	Kopf- und Positionstexte	Textfelder in verschiedenen Editorformaten
Bestellanforderungen	Positionstexte	–

Tabelle 5.36 Textfelder in Stamm- und Bewegungsdaten

5.13.1 Texterfassung in der Einbildtransaktion

In der Einbildtransaktion von Bestellanforderung und Bestellung stehen Ihnen drei Editoren zur Verfügung, um den Text in einem Einkaufsbeleg zu erfassen:

- Fließtexteditor
- Zeileneditor
- SAPscript-Editor

Die Voreinstellung steht auf Fließtext.

Durch einen Einfachklick auf die Textfeldbezeichnung öffnen Sie das Textfeld zur Eingabe.

Die Texterfassung im Fließtexteditor setzt einen automatischen Zeilenumbruch nach spätestens 72 Zeichen (siehe Abbildung 5.114).

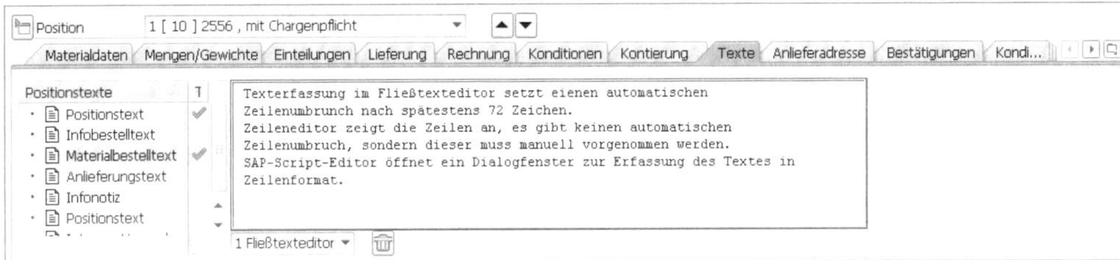

Abbildung 5.114 Texterfassung im Fließtexteditor

Im Zeileneditor gibt es keinen automatischen Zeilenumbruch, sondern dieser muss von Ihnen bei der Texterfassung an geeigneter Stelle manuell vorgenommen werden. Die Einstellung **SAP-Script-Editor** öffnet ein Dialogfenster zur Erfassung des Textes im Zeilenformat.

Gibt es in einem Textfeld einen Eintrag, setzt das SAP-System am Ende der Textfeldbezeichnung einen grünen Haken.

Mit der Schaltfläche (**Text löschen**) unterhalb des Textfelds entfernen Sie den Texteintrag.

Möchten Sie Text aus dem Zwischenspeicher in das Textfeld einfügen, nutzen Sie den Fließtexteditor.

5.13.2 Texterfassung in der Mehrbildtransaktion

In Mehrbildtransaktionen gibt es keinen Fließtexteditor. Das SAP-System zeigt die ersten beiden Zeilen im Zeileneditor (siehe Abbildung 5.115).

Mit der Schaltfläche **Langtextbild** verzweigen Sie in den SAPscript-Editor (siehe Abbildung 5.116).

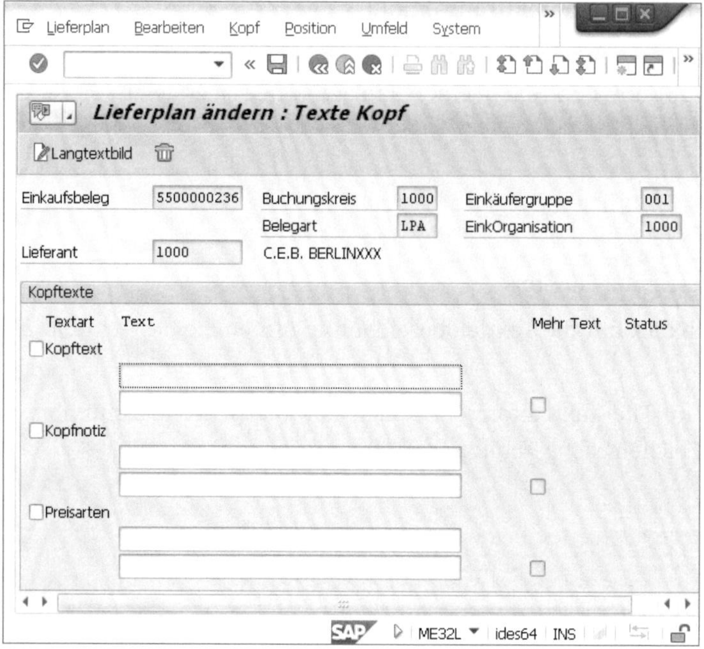

Abbildung 5.115 Zeileneditor im Kopftext eines Lieferplans

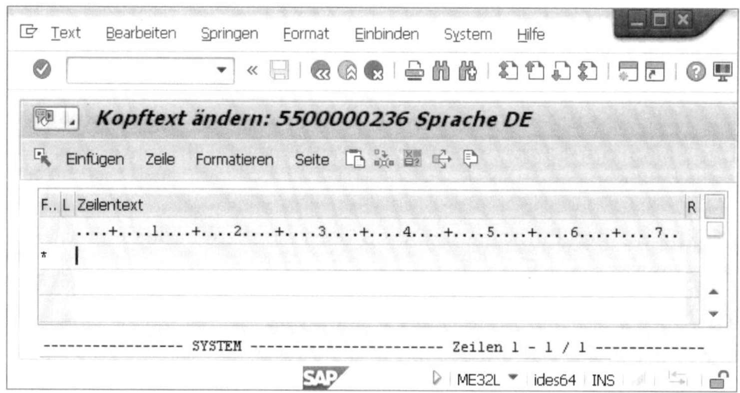

Abbildung 5.116 SAPscript-Editor im Lieferplan

5.13.3 Formular

Wie und an welcher Stelle im Formular die Textfelder im Beleg ausgegeben werden, ist im Customizing eingestellt.

Beispielhaft zeigt Abbildung 5.117 (und dazu ergänzend Tabelle 5.37) die Anordnung der Textfelder im Bestellbeleg für den Positionsabschnitt aus dem SAP-Standardbestellformular. Hierzu wurden die Textfeldbezeichnungen in das Textfeld eingetragen.

Textfelder in den Einkaufsbelegen

Im SAP-Standard sind bereits Textfelder definiert. In der Prozessdefinition muss festgelegt werden, welches Textfeld zu welchem Zweck genutzt werden soll, damit die Textfeldverwendung einheitlich erfolgt.

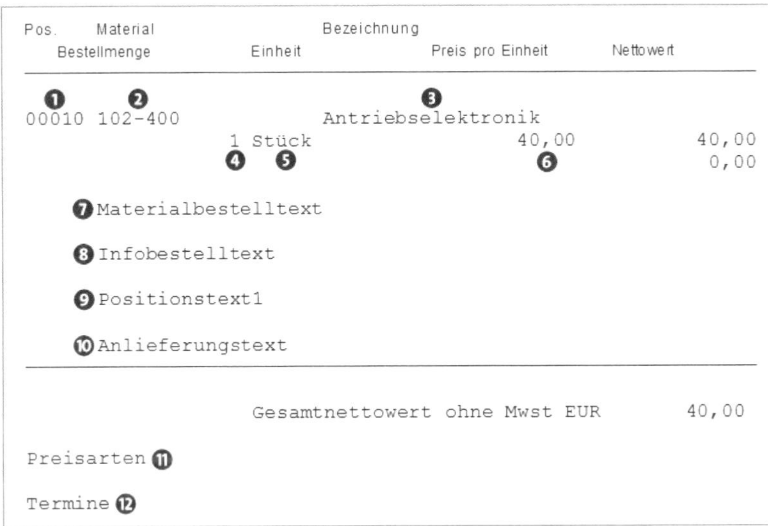

Abbildung 5.117 Texte im Bestellbeleg

Nr.	Herkunft	Zu finden in ...
❶	Positionsnummer	Positionsübersicht
❷	Materialnummer	Positionsübersicht
❸	Menge	Positionsübersicht
❹	Einheit	Positionsübersicht
❺	Materialkurztext	Positionsübersicht
❻	Preis pro Einheit	Positionsübersicht
❼	Materialbestelltext	Positionstext
❽	Infobestelltext	Positionstext
❾	Positionstext 1	Positionstext
❿	Anlieferungstext	Positionstext

Tabelle 5.37 Texte im Bestellbeleg (Erläuterung)

Nr.	Herkunft	Zu finden in ...
⓫	Preisarten	Kopftextfeld
⓬	Termine	Kopftextfeld

Tabelle 5.37 Texte im Bestellbeleg (Erläuterung) (Forts.)

Die Inhalte der Textfelder, die nicht mit »notiz« enden, werden in den Nachrichten verarbeitet. Die Nachrichtenverarbeitung erläutern wir im nächsten Abschnitt.

5.14 Nachrichten

Eine Nachricht dient dem Austausch von Informationen zwischen den Partnern/Systemen, z. B. im Rahmen der Bestellabwicklung.

Im SAP-Standard sind die wichtigsten Nachrichtenarten für die Belegtypen »Bestellung«, »Rahmenvertrag«, »Lieferplan« und »Anlieferung« bereits eingestellt.

In diesem Kapitel stellen wir Ihnen vor, welche Einstellungen im Customizing für die Nachrichten bereits vorhanden sind.

Danach zeigen wir Ihnen, welche Einstellungen Sie vornehmen müssen, damit Nachrichten erzeugt werden. Im letzten Abschnitt erfahren Sie, wie Sie die Nachrichten im Beleg individuell beeinflussen können.

5.14.1 Nachrichten am Beispiel einer Bestellung

Die geläufigste Nachricht ist die Bestellung. Eine Bestellung ist eine verbindliche Aufforderung an den Lieferanten, eine Ware oder Dienstleistung zu einem definierten Preis zu liefern. Im SAP-System wird diese Aufforderung mittels einer Nachricht an den Lieferanten übermittelt.

Abbildungen zu Nachrichten

Alle Abbildungen und Erläuterungen in diesem Kapitel zeigen beispielhaft die Nachrichtenart **NEU** für Bestellungen.

Für jeden Belegtyp sind im Customizing **Materialwirtschaft • Einkauf • Nachrichten** bereits Nachrichtenarten angelegt (siehe Abbildung 5.118).

Hier legen Sie fest, welche Texte den jeweiligen Nachrichten zugeordnet werden und in welchen Formularen die Nachrichten ausgegeben werden sollen. Im Bereich **Partnerrollen** ist definiert, an welche Partnerrolle die betreffende Nachricht versandt werden kann.

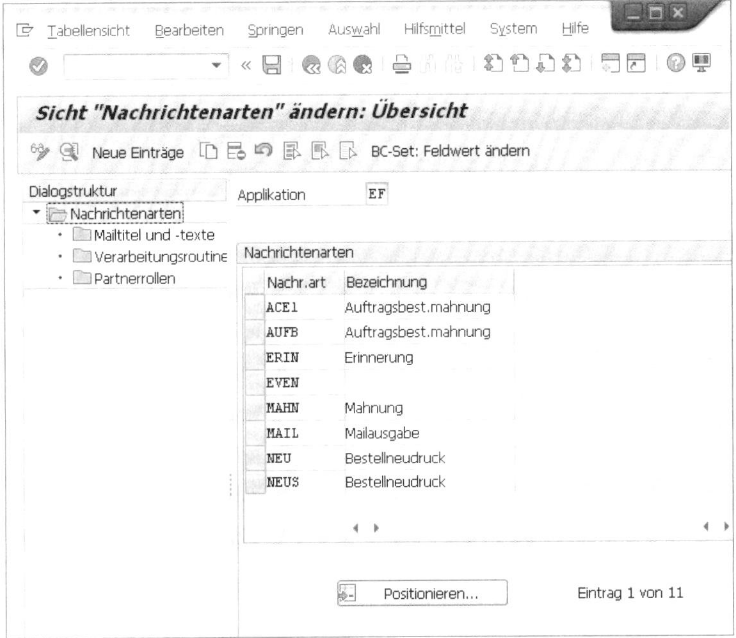

Abbildung 5.118 Nachrichtenarten in der Bestellung

Nachrichten können auf unterschiedliche Arten, z. B. als Druck, als E-Mail-Anhang oder per EDI *(Electronic Data Interchange = elektronischer Datenaustausch)*, an den Partner übermittelt werden.

Druckansicht in der Bestellung

In der Einbildtransaktion der Bestellung ME21N/ME22N/ME23N können Sie jederzeit die aktuelle Druckansicht des Belegs mit der Schaltfläche **Druckansicht** öffnen. Die Nachricht muss dazu lediglich angelegt sein (gelbe Ampel).

Der nächste Abschnitt zeigt, wie Sie einen Nachrichtenkonditionssatz anlegen.

5.14.2 Nachrichtenkonditionssatz

Jedem Einkaufsbeleg ist im SAP-Standard ein *Nachrichtenschema* zugeordnet. Wenn Sie mit dem Standard arbeiten möchten, müssen Sie im Customizing keine Änderungen vornehmen.

Um die *Nachrichtenfindung* einzuschalten, müssen Sie im Einkaufsmenü die Konditionssätze zu den gewünschten Nachrichtenarten pflegen.

Wie ein Nachrichtenkonditionssatz angelegt wird, zeigen wir Ihnen am Beispiel der Nachrichtenart **NEU** für Bestellungen.

Wählen Sie zur Anlage eines Nachrichtenkonditionssatzes für Bestellungen den Menüpfad **Logistik • Materialwirtschaft • Einkauf Stammdaten • Nachrichten • Bestellung • Anlegen** oder Transaktion MN04 (Nachricht anlegen: Bestellung).

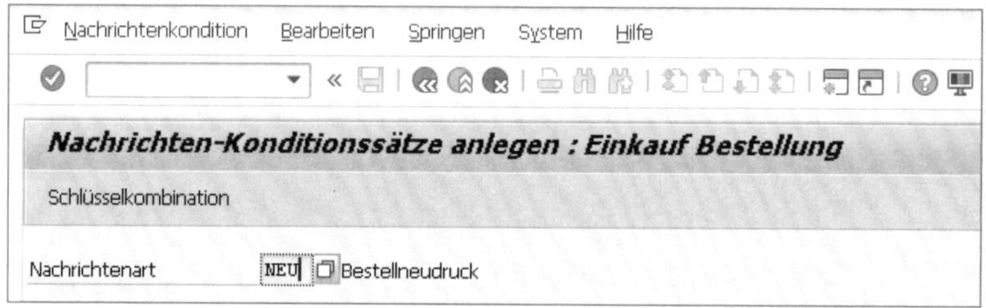

Abbildung 5.119 Nachrichtenkonditionssätze

Das SAP-System öffnet das Bild **Nachrichten-Konditionssätze anlegen: Einkauf Bestellung** (siehe Abbildung 5.119). Geben Sie in das Feld **Nachrichtenart** die Nachrichtenart ein, zu der Sie den betreffenden Konditionssatz erfassen möchten, in unserem Beispiel die Nachrichtenart **NEU**, und klicken Sie auf die Schaltfläche **Schlüsselkombination**.

Schlüsselkombination Nachrichten

Sie können mehrere Nachrichtenkonditionssätze je Nachrichtenart anlegen. Wir empfehlen Ihnen, die Schlüsselkombination **Nachrichtenfindung Einkauf: EkOrg** für alle Nachrichtenarten anzulegen.

Das SAP-System öffnet die in Abbildung 5.120 gezeigte Schlüsselkombination zur Erfassung der Konditionssätze. Wählen Sie die geeignete Schlüsselkombination aus, z. B. Nachrichtenfindung Einkauf: EkOrg.

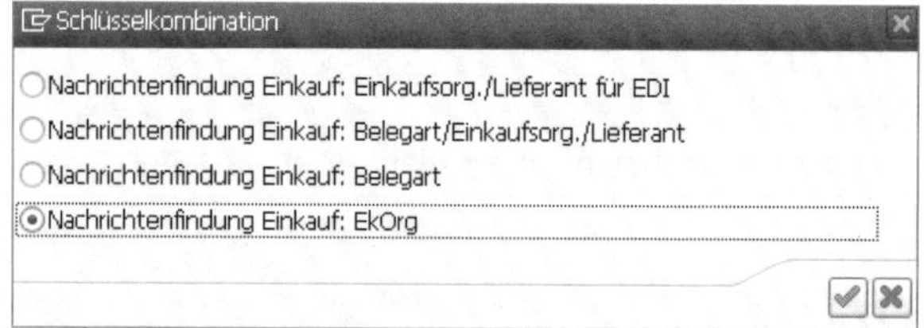

Abbildung 5.120 Schlüsselkombination – Nachrichtenkonditionssatz

Bestätigen Sie Ihre Auswahl mit der Schalfläche ✔ (**Auswählen**).

Erfassen Sie die Daten für die Einkaufsorganisation und welche Partnerrolle die Nachricht erhalten soll. Bestätigen Sie Ihre Eingaben mit der [↵]-Taste. Das SAP-System ergänzt die Daten der Customizing-Einstellung als Vorschlagswerte für das Medium und den Zeitpunkt des Nachrichtenversands (siehe Abbildung 5.121).

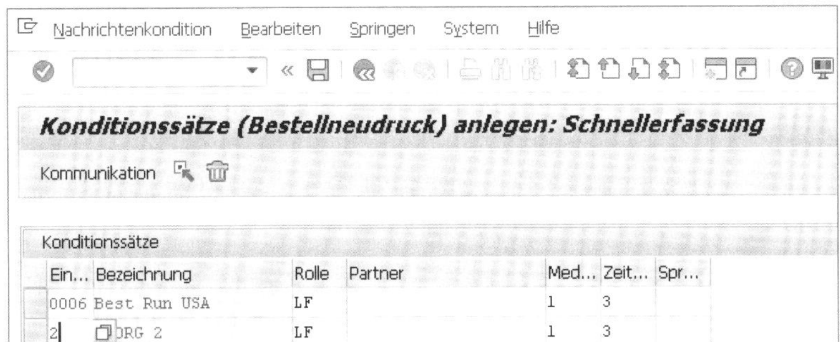

Abbildung 5.121 Konditionssätze (Bestellneudruck) anlegen

Im nächsten Abschnitt erläutern wir die Einstellungen für das Sendemedium und den Versandzeitpunkt – beides Elemente der Ausgabesteuerung.

Über die Schaltfläche **Kommunikation** ordnen Sie dem Konditionssatz ein Sendemedium zu.

5.14.3 Sendemedium

Mit dem Sendemedium definieren Sie, wie die Nachricht gesendet werden soll.

Die Ausgabe einer Nachricht ist im Standard auf **1** (Druckausgabe) eingestellt. Sie können die in Abbildung 5.122 gelisteten Medien auswählen.

Sendemedium der Nachricht (3) 10 Eint...

Sendemedium	Kurzbeschreibung
1	Druckausgabe
2	Telefax
4	Telex
5	externes Senden
6	EDI
7	einfaches Mail
8	Sonderfunktion
9	Ereignisse (SAP Business Workflow)
A	Verteilung (ALE)
T	Aufgaben (SAP Business Workflow)

10 Einträge gefunden

Abbildung 5.122 Sendemedien für Einkaufsbelege

Die Ausgabe auf dem Drucker erfordert lediglich, dass dem Benutzer ein Drucker zur Verfügung steht.

Erzeugen einer Nachricht

Die Ausgabe des Drucks auf einem Drucker unterliegt den folgenden Rahmenbedingungen:

1. Das SAP-System prüft, ob im Konditionssatz ein Drucker angegeben ist, wenn ja, wird dieser verwendet.
2. Ist kein Drucker angegeben, wird in der Nachrichtenart geprüft, ob ein Eintrag in den Benutzervorgaben, erreichbar über den Menüpfad **System • Benutzervorgaben • Eigene Daten** und dort über die Registerkarte **Festwerte** und das Feld **Ausgabegerät**, vorhanden ist.
3. Ist ein Eintrag vorhanden, sucht das SAP-System gemäß dem Eintrag den Drucker. Wenn ein Drucker gefunden wird, wird auf diesem die Nachricht ausgegeben.
4. Ist kein Eintrag vorhanden oder der Drucker wird nicht gefunden, wird keine Nachricht erzeugt.

[»]

Standarddrucker in Windows

Drucken Sie Ihre Bestellungen auf Normalpapier aus, können Sie in den Benutzerparametern den Drucker LOCL (Großschreibung beachten) eintragen. Das SAP-System verwendet dann Ihren Windows-Standarddrucker.

[»]

PDF-Druck

Möchten Sie Ihre Einkaufsbelege elektronisch ablegen, stellen Sie einen PDF-Drucker als Standarddrucker in Ihrem Windows-Menü ein.

Für die anderen Medien gilt, dass die technischen Voraussetzungen im Customizing oder im Lieferantenstammsatz (z. B. E-Mail-Adresse oder Faxnummer) erfüllt sein müssen, damit das SAP-System die betreffende Nachricht erfolgreich verarbeiten kann.

Versandzeitpunkt

Das zweite wesentliche Element der Ausgabesteuerung ist der Versandzeitpunkt, zu dem die Nachricht ausgegeben wird. Sie haben die in Abbildung 5.123 gezeigten Möglichkeiten (erläutert in Tabelle 5.38).

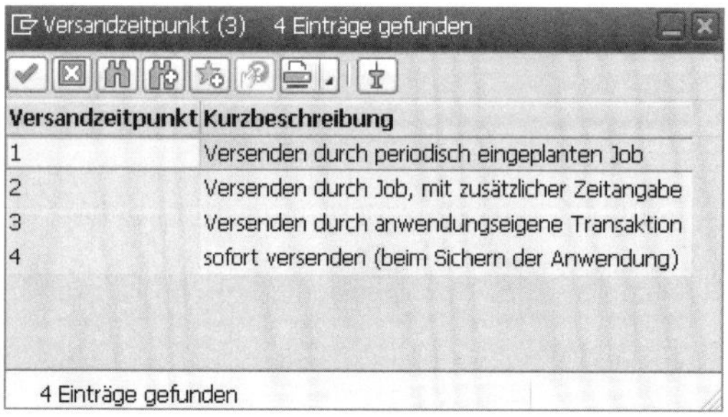

Versandzeitpunkt (3) 4 Einträge gefunden

Versandzeitpunkt	Kurzbeschreibung
1	Versenden durch periodisch eingeplanten Job
2	Versenden durch Job, mit zusätzlicher Zeitangabe
3	Versenden durch anwendungseigene Transaktion
4	sofort versenden (beim Sichern der Anwendung)

4 Einträge gefunden

Abbildung 5.123 Versandzeitpunkt einer Nachricht

Nr.	Kurzbeschreibung	Bedeutung
1	**Versenden durch periodisch eingeplanten Job**	Alle erzeugten, aber noch nicht ausgegebenen Nachrichten werden periodisch, z. B. täglich, zu einem definierten Zeitpunkt ausgegeben.
2	**Versenden durch Job, mit zusätzlicher Zeitangabe**	Wie Versandzeitpunkt 1, aber mit einer im Nachrichtenschema hinterlegten Uhrzeit, zu der die Nachrichten ausgegeben werden.
3	**Versenden durch anwendungseigene Transaktion**	Sie verarbeiten die erzeugte Nachricht mit einer eigenen Transaktion, z. B. Bestelldruck, über den Menüpfad **Logistik • Materialwirtschaft • Einkauf • Bestellung • Nachrichten • Nachrichten ausgeben** oder über Transaktion ME9F (Nachrichten ausgeben).
4	**sofort versenden (beim Sichern der Anwendung)**	SAP verarbeitet die Nachricht mit dem Sichern des Belegs und gibt die Nachricht auf dem gefundenen Drucker aus.

Tabelle 5.38 Versandzeitpunkt einer Nachricht

Ausgabegerät LOCL und Versandzeitpunkte 1 und 2

Ist nur der Drucker LOCL in den Benutzervorgaben des Anwenders definiert, muss sichergestellt sein, dass der Druck auf dem Windows-Drucker auch ausgegeben werden kann.

Den Vorschlagswert für den Versandzeitpunkt stellen Sie für jede Nachrichtenart im Customizing unter **Materialwirtschaft • Einkauf • Nachrichten** ein (siehe Abbildung 5.124).

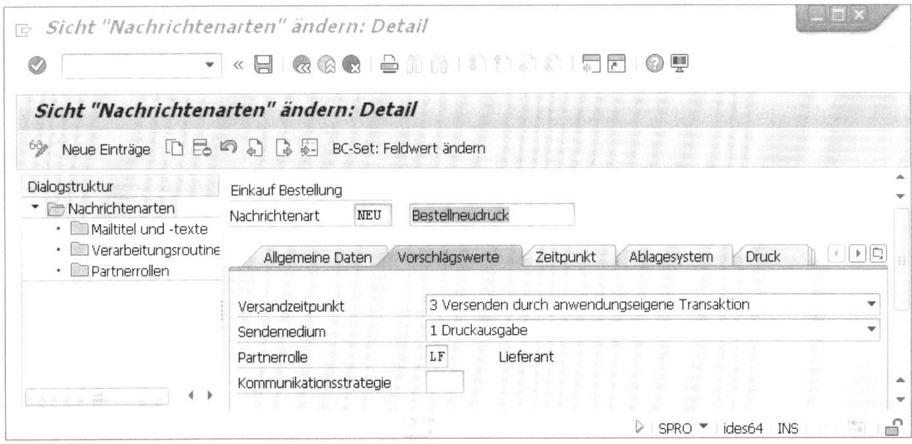

Abbildung 5.124 Vorschlagswert für Versandzeitpunkt

[»]

Nachrichten im Spool

- Erzeugte Nachrichten können Sie über den Menüpfad **System • Eigene Spoolaufträge** im Spool aufrufen. Markieren Sie die Spool-Nummer, und klicken Sie auf die Schaltfläche [Symbol] (**Inhalt Anzeigen**).
- Verarbeitete Nachrichten können Sie nur dann über den Spool erneut aufrufen, wenn in der Nachrichtensteuerung des Einkaufsbelegs die Checkbox **Freigabe nach Ausgabe** nicht markiert ist.

5.14.4 Änderungsnachricht im Customizing

Im Customizing legen Sie fest, welche Felder im Einkaufsbeleg bei der Änderung der Dateninhalte nach der Verarbeitung eine *Änderungsnachricht* erzeugen. Wählen Sie im Customizing den Menüpfad **Materialwirtschaft • Einkauf • Nachrichten • Änderungsdruckrelevante Felder**. In Abbildung 5.125 sehen Sie einen Ausschnitt der Tabelle, die änderungsrelevante Felder für alle Belegtypen mit Belegausgabe auflistet. In den Spalten 3–6 kann für die folgenden Belegtypen ausgewählt werden, ob Änderungen im Beleg dazu führen, dass eine Änderungsnachricht erzeugt werden soll:

- **B** = Bestellung
- **A** = Anfrage/Angebot
- **K** = Kontrakt
- **L** = Lieferplan

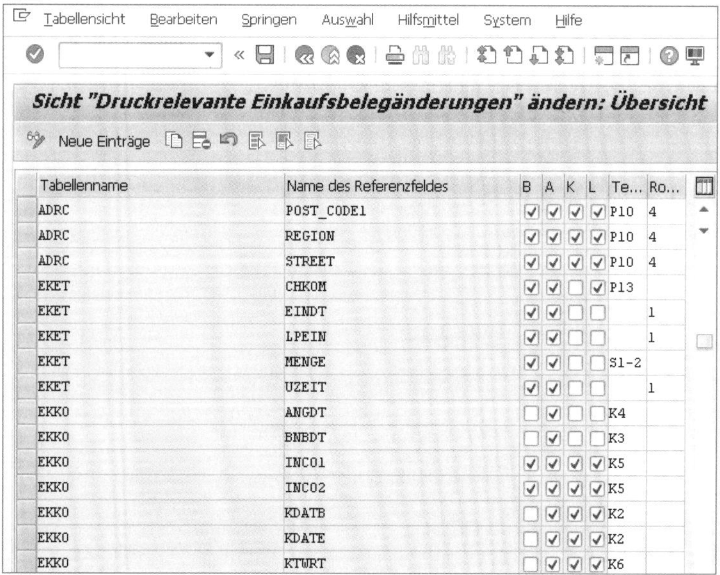

Tabellenname	Name des Referenzfeldes	B	A	K	L	Te...	Ro...
ADRC	POST_CODE1	✓	✓	✓	✓	P10	4
ADRC	REGION	✓	✓	✓	✓	P10	4
ADRC	STREET	✓	✓	✓	✓	P10	4
EKET	CHKOM	✓	✓		✓	P13	
EKET	EINDT	✓	✓				1
EKET	LPEIN	✓	✓				1
EKET	MENGE	✓	✓			S1-2	
EKET	UZEIT	✓	✓				1
EKKO	ANGDT		✓			K4	
EKKO	BNBDT		✓			K3	
EKKO	INCO1	✓	✓	✓	✓	K5	
EKKO	INCO2	✓	✓	✓	✓	K5	
EKKO	KDATB		✓	✓	✓	K2	
EKKO	KDATE		✓	✓	✓	K2	
EKKO	KTWRT		✓	✓	✓	K6	

Abbildung 5.125 Auszug aus der Tabelle »Druckrelevante Einkaufsbelegänderungen«

Werden die Inhalte in den Belegen in den aktivierten Feldern geändert, erzeugt das SAP-System eine Änderungsnachricht. Im Beleg wird die Nachricht als Änderungsnachricht gekennzeichnet. Im Nachrichtenbild des Einkaufsbelegs ist das Kennzeichen **Änderungsdruck** gesetzt, wie es in Abbildung 5.126 bei der dritten Nachricht zu sehen ist.

Nachricht in der Bestellung

Das in Abbildung 5.126 gezeigte Nachrichtenbild finden Sie in der Bestellung unter der Schaltfläche **Nachrichten**.

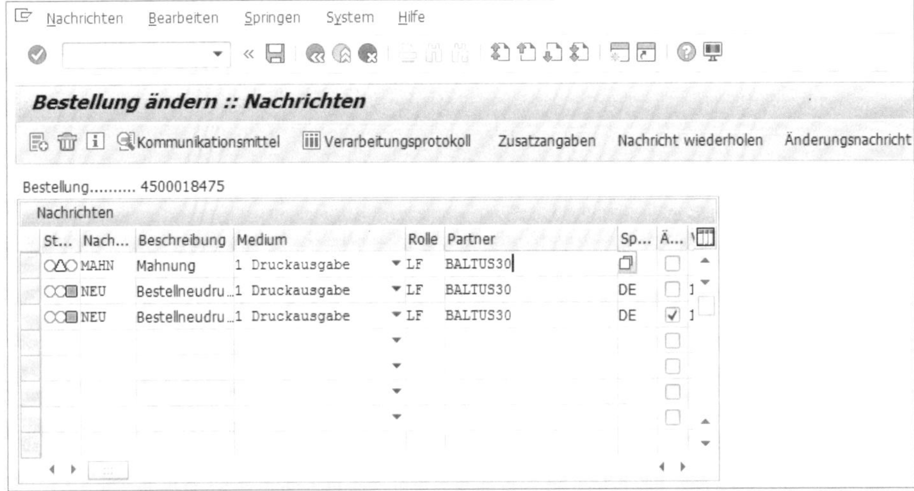

Abbildung 5.126 Nachrichten in der Bestellung

Die Bedeutung der Ampeln einer Nachrichtenzeile ist Tabelle 5.39 in erläutert.

Ampel	Bedeutung	Bearbeitung
	Nachricht wurde ausgegeben.	Keine Aktion erforderlich.
	Nachricht wurde erzeugt, aber noch nicht ausgegeben.	Prüfen Sie, welcher Versandzeitpunkt eingestellt ist.
	Nachricht wurde erzeugt, konnte aber nicht ausgegeben werden.	Prüfen Sie, ob die Bedingungen für die Nachricht vorhanden sind, z. B. kann eine Mahnung erst dann ausgegeben werden, wenn die Bestellnachricht an den Lieferanten versandt wurde.

Tabelle 5.39 Ampeln in einer Nachricht

Im Folgenden zeigen wir Ihnen, welche Informationen Sie im Nachrichtenbild außerdem aufrufen können:

- **Kommunikationsmittel**
  Klicken Sie im Nachrichtenbild auf die Schaltfläche **Kommunikationsmittel**, öffnet das SAP-System das in Abbildung 5.127 gezeigte Bild.

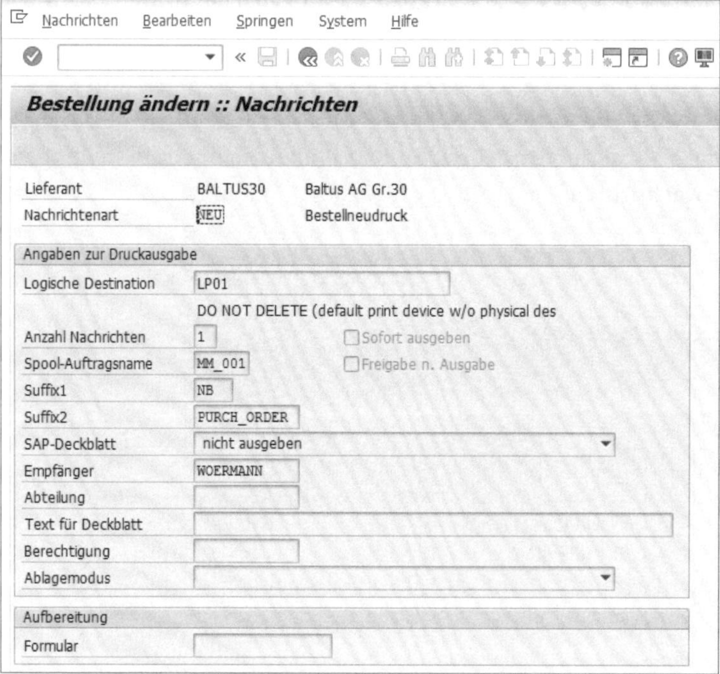

Abbildung 5.127 Kommunikationsmittel aus den Nachrichten

Das SAP-System listet alle Informationen auf, die zu der betreffenden Nachricht relevant sind, u. a. den Druckernamen, den Sie im Feld **Logische Destination** finden oder den Namen des Spool-Auftrags, über den Sie den Druckauftrag in der Ausgabesteuerung finden können.

- **Verarbeitungsprotokoll**
  Markieren Sie eine Zeile im Nachrichtenfenster, und klicken Sie auf die Schaltfläche **Verarbeitungsprotokoll**. Das SAP-System öffnet das in Abbildung 5.128 gezeigte Dialogfenster mit den Informationen zur markierten Nachricht.

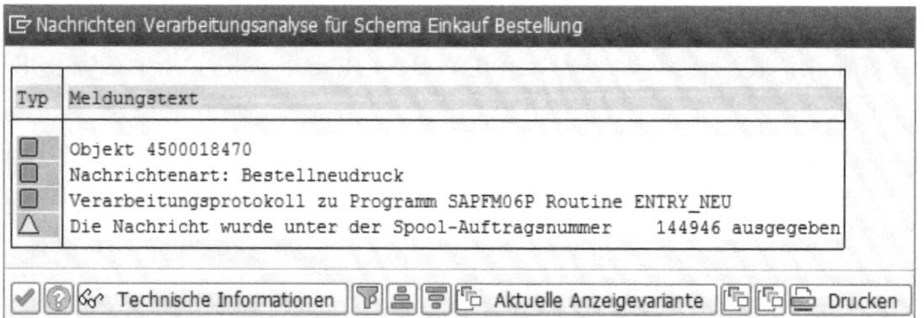

Abbildung 5.128 Nachrichten – Verarbeitungsanalyse

Hier finden Sie erste Ursachenbeschreibungen, falls eine Nachricht nicht verarbeitet werden konnte. Im Verarbeitungsprotokoll finden Sie die Spool-Auftragsnummer in der dritten Zeile.

- **Zusatzangaben**
  Markieren Sie eine Zeile im Nachrichtenbild, und klicken Sie auf die Schaltfläche **Zusatzangaben**, um Informationen zur verarbeiteten Nachricht zu erhalten. Ist die Nachricht noch nicht verarbeitet, wie es in Abbildung 5.129 zu sehen ist, können Sie individuelle Einstellungen zum Versand der Nachricht im Bereich **Gewünschte Verarbeitung** vornehmen. Ist die Nachricht bereits verarbeitet, zeigt das SAP-System dieses Bild im Anzeigemodus.

Abbildung 5.129 Zusatzangaben einer Nachricht

- **Nachricht wiederholen**
  Eine bereits verarbeitete Nachricht können Sie wiederholen, indem Sie die verarbeitete Nachricht markieren und die Schaltfläche **Nachricht wiederholen** (siehe Abbildung 5.126) anklicken.

[!]

Nachrichten wiederholen

Da die Bestellnachricht eine verbindliche Aufforderung an den Lieferanten zur Lieferung von Waren darstellt, müssen Sie bei der Funktion **Nachricht wiederholen** darauf achten, dass der Lieferant nicht mehrfach benachrichtigt wird. Dies kann z. B. beim Versand per EDI oder E-Mail leicht passieren. Achten Sie deshalb ganz besonders auf das Sendemedium, wenn Sie eine Nachricht ein weiteres Mal erzeugen möchten!

5.14.5 Formular am Beispiel der Bestellung

Nachrichten gibt das SAP-System immer über ein Formular aus. Im Customizing ist eingestellt, welcher Feldeintrag an welcher Stelle im Formular ausgegeben wird.

Nachdem wir Ihnen im Abschnitt 5.13.3, »Formular«, die Anordnung der Textfelder im Bestellbeleg gezeigt haben, zeigen wir in diesem Abschnitt, welche Informationen aus der Bestellung ebenfalls im Formular gedruckt werden.

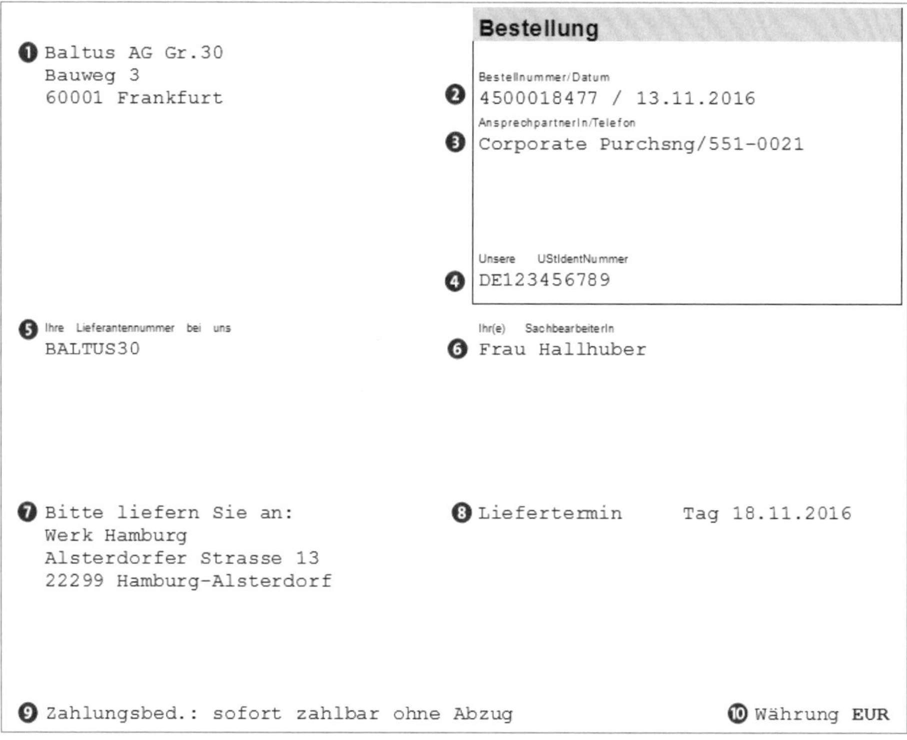

Bestellung

❶ Baltus AG Gr.30
Bauweg 3
60001 Frankfurt

Bestellnummer/Datum
❷ 4500018477 / 13.11.2016

AnsprechpartnerIn/Telefon
❸ Corporate Purchsng/551-0021

Unsere USt IdentNummer
❹ DE123456789

❺ Ihre Lieferantennummer bei uns
BALTUS30

Ihr(e) SachbearbeiterIn
❻ Frau Hallhuber

❼ Bitte liefern Sie an:
Werk Hamburg
Alsterdorfer Strasse 13
22299 Hamburg-Alsterdorf

❽ Liefertermin Tag 18.11.2016

❾ Zahlungsbed.: sofort zahlbar ohne Abzug

❿ Währung EUR

Abbildung 5.130 Kopfdaten im Bestelldruck

Abbildung 5.130 zeigt die Informationen aus der Bestellung, die im Bestellbeleg standardmäßig gedruckt werden.

Tabelle 5.40 zeigt Ihnen, welche Informationen Sie anpassen können und an welcher Stelle Sie einen Eintrag anpassen müssen, falls der Bestellbeleg fehlerhafte Informationen enthält.

Nr.	Herkunft	Ändern in ...
❶	Lieferantenanschrift	Adresse kann in Kopfreiter **Anschrift** angepasst werden
❷	Bestellnummer	Nicht änderbar

Tabelle 5.40 Informationen im Bestellbeleg

Nr.	Herkunft	Ändern in ...
❸	AnsprechpartnerIn/ Telefon	Der Eintrag wird aus Zusatzinformationen zur Einkäufergruppe gebildet. Für Änderungen wählen Sie im Kopfreiter **OrgDaten**, einen anderen Eintrag im Feld **Einkäufergruppe.** Ist der Eintrag der Einkäufergruppe korrekt, die Zusatzinformationen aber fehlerhaft, muss die Einkäufergruppe im Customizing geändert werden.
❹	Unsere UStIdentNummer	Informationen zum Buchungskreis. Dieser Eintrag kann nicht geändert werden.
❺	Ihre Lieferantennummer bei uns	Kann nicht geändert werden
❻	Ihr(e) SachbearbeiterIn	Vorgeschlagener Wert aus dem Lieferantenstammsatz. Kann in der Bestellung geändert werden im Kopfreiter **Kommunikation**.
❼	Bitte liefern Sie an:	Den Eintrag finden Sie in der Bestellung im Positionsdetail; Reiter **Anlieferadresse.** Adressdaten werden aus den Werksdaten vorgeschlagen und können über Änderungen in den Textfeldern direkt angepasst werden oder über den Eintrag eines Stammsatzes in das Feld **Adresse** oder **Lieferant** (z. B. bei Lohnbearbeitung)
❽	Liefertermin	Gibt es für eine Bestellung nur einen Liefertermin, so druckt SAP den Termin, wie in diesem Beispiel im Kopf des Belegs. Gibt es mehrere Liefertermine, so stehen die Liefertermine im Bestelldruck in der Positionsübersicht.
❾	Zahlungsbedingung	Eintrag im Kopfreiter **Lieferung/Rechnung** im Feld **Zahlungsbedingung**. Der Eintrag kann geändert werden.
❿	Währung	Eintrag im Kopfreiter **Lieferung/Rechnung** im Feld **Währung**. Der Eintrag wird als Vorschlagswert aus dem Lieferantenstammsatz gezogen und kann in der Bestellung geändert werden.

Tabelle 5.40 Informationen im Bestellbeleg (Forts.)

5.14.6 Änderungsnachricht im Beleg

In Abhängigkeit von den Einstellungen im Customizing, welche Feldinhalte zu einer Änderungsnachricht führen, erzeugt das SAP-System automatisch mit dem Sichern des Belegs eine Änderungsnachricht (sofern die Ursprungsnachricht erfolgreich verarbeitet wurde) und kennzeichnet diese als solche im Nachrichtenbild in der Spalte **Änderungsnachricht** (siehe Abbildung 5.126). Die dritte Zeile ist in der Spalte **Ände-**

rungsnachricht angehakt. Eine Änderungsnachricht erhält im Formular die Kennzeichnung **Änderung zur Bestellung**. In den Kopf- ❶ oder Positionsdaten ❷ wird die Änderung hervorgehoben (siehe Abbildung 5.131).

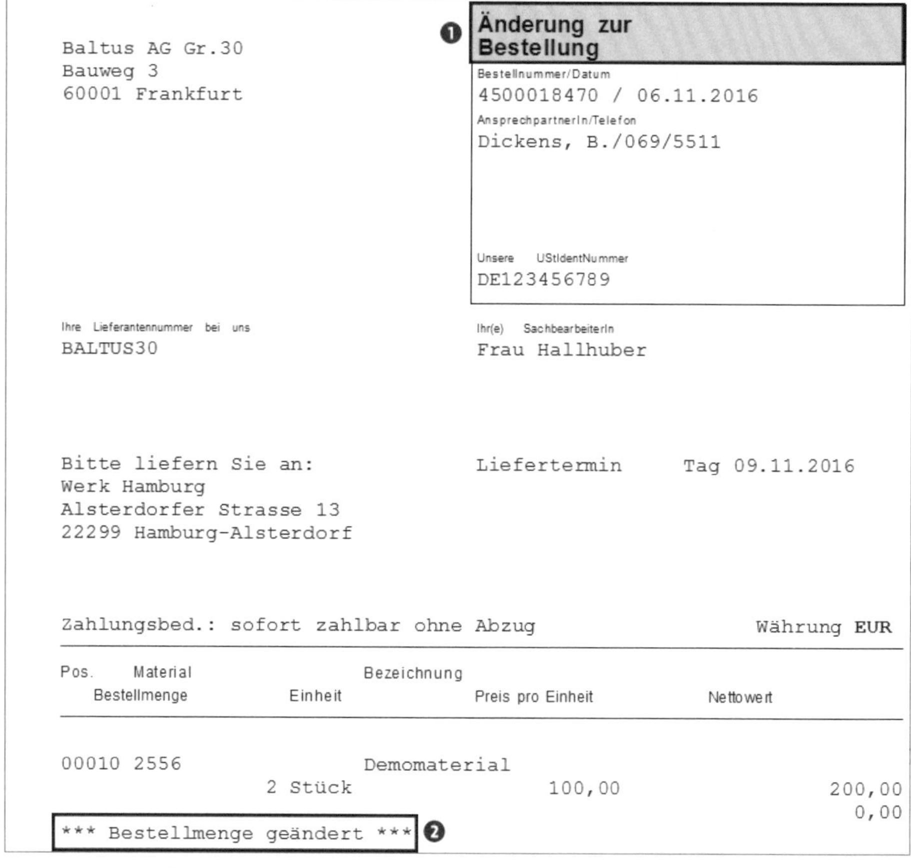
Baltus AG Gr.30
Bauweg 3
60001 Frankfurt

❶ Änderung zur Bestellung

Bestellnummer/Datum
4500018470 / 06.11.2016
AnsprechpartnerIn/Telefon
Dickens, B./069/5511

Unsere UStIdentNummer
DE123456789

Ihre Lieferantennummer bei uns
BALTUS30

Ihr(e) SachbearbeiterIn
Frau Hallhuber

Bitte liefern Sie an:
Werk Hamburg
Alsterdorfer Strasse 13
22299 Hamburg-Alsterdorf

Liefertermin Tag 09.11.2016

Zahlungsbed.: sofort zahlbar ohne Abzug Währung EUR

Pos.	Material	Bestellmenge	Einheit	Bezeichnung	Preis pro Einheit	Nettowert
00010	2556	2	Stück	Demomaterial	100,00	200,00
						0,00

*** Bestellmenge geändert *** ❷

Abbildung 5.131 Änderungsnachricht

5.15 Freigabeprozess

Ziel des Freigabeprozesses ist es, manuelle Unterschriftsverfahren durch elektronische zu ersetzen und das Vier-Augen-Prinzip zu wahren. Die verantwortliche Person gibt die BANF bzw. den Einkaufsbeleg im SAP-System frei und kennzeichnet den Beleg dadurch als *gesehen durch rechtlich Verantwortlichen, i.V.* oder *ppa.* Elektronisch freigegebene Belege müssen nicht unterschrieben werden, um Rechtsgültigkeit zu erlangen.

Das Unternehmen legt in der Einführungsphase fest, für welche Belegarten Genehmigungen notwendig sein und welche Wertgrenzen zugrunde gelegt werden sollen.

Für eine BANF kann eine Freigabe mit Klassifizierung (Freigabe erfolgt auf der Positionsebene oder komplett) oder ohne Klassifizierung (Freigabe erfolgt auf der Positionsebene) eingerichtet werden. Für den Einkaufsbeleg steht nur die Freigabe mit Klassifizierung zur Verfügung. Weitere Informationen zur Klassifizierung entnehmen Sie dem Buch von Ernst Greiner: SAP-Materialwirtschaft – Customizing, SAP PRESS 2016.

Freigabeaufforderung

Freigabeverfahren mit Klassifizierung können Sie auch an den SAP Business Workflow anbinden. Hierdurch wird ein Benutzer durch ein *Workitem* (Nachricht) in seinem Eingangskorb automatisch zur Freigabe aufgefordert. Um dies zu erreichen, müssen Sie im Customizing des SAP Business Workflows eine Aufbauorganisation und Standardaufgaben definieren.

In den folgenden Abschnitten stellen wir Ihnen vor, welche Voraussetzungen für die Freigabe eines Belegs erfüllt sein müssen, welche Möglichkeiten zur Freigabe eines Belegs zur Verfügung stehen und wie eine Freigabe vorgenommen werden kann.

5.15.1 Freigabebedingungen

Soll ein Beleg vor dem nächsten Bearbeitungsschritt von einer verantwortlichen Person freigegeben werden, muss dafür die Freigabe im Customizing eingerichtet sein. Freigabeverfahren werden zu den Belegarten eingerichtet. Dazu steht im Customizing zu jedem Belegtyp der Bereich **Freigabeverfahren** zur Verfügung.

Unterliegt ein Beleg einer Freigabe, fügt das SAP-System in den Einbildtransaktionen nach dem Sichern des Belegs die Registerkarte **Freigabestrategie in der BANF** entweder auf der Kopf- oder auf der Positionsebene ein. In die Bestellung fügt das SAP-System nach dem Sichern die Registerkarte **Freigabestrategie** auf der Kopfebene ein.

In Mehrbildtransaktionen rufen Sie die Freigabestrategie im Beleg über den Menüpfad **Kopf • Freigabestrategie** auf.

Vor der Erstellung eines Freigabeverfahrens im Customizing sollten Sie Antworten auf die in Tabelle 5.41 aufgeführten Fragen geben können.

Thema	Fragestellung
Freigabebedingungen oder Freigabekriterien	Welche Merkmalsausprägungen (z. B. Wert, Warengruppe, Lieferant, Werk) soll eine Bestellanforderung oder eine Bestellanforderungsposition aufweisen, damit ein bestimmtes Genehmigungsverfahren zur Anwendung kommt?

Tabelle 5.41 Fragestellungen im Rahmen der Freigabe

Thema	Fragestellung
Freigabecode	Welche Personen im Unternehmen sollen über die Freigabe entscheiden können?
Freigabevoraussetzungen	Welche Voraussetzungen müssen erfüllt sein, damit eine Freigabe von einem Mitarbeiter durchgeführt werden kann?
Freigabekennzeichen oder Freigabezustand	Welche Folgeaktivitäten sollen durchführbar sein, wenn eine Freigabe erfolgt ist?
Freigabestrategie	Welche unterschiedlichen Freigabeverfahren können durch die Kombination von Freigabebedingungen, Freigabevoraussetzungen, Freigabecodes und Freigabezuständen definiert werden?
Freigabegruppe	Möchten Sie Bestellanforderungen auf der Positionsebene oder auf der Ebene des Gesamtbelegs freigeben?

Tabelle 5.41 Fragestellungen im Rahmen der Freigabe (Forts.)

Im in Abbildung 5.132 gezeigten Beispiel sind Bestellanforderungen nach Wertgrenzen freizugeben. Der Aussteller gibt die BANF frei, sobald diese alle notwendigen Daten enthält. Im Beispiel müssen die Freigaben nach Wertgrenzen nacheinander vorgenommen werden. Die Freigaben für das Controlling und die Prüfstelle des Einkaufs können parallel zu den Freigaben nach Wertgrenze vorgenommen werden. Nachdem alle notwendigen Freigaben erfolgt sind (*Endfreigabe*) kann der Einkaufsbeleg weiterbearbeitet werden.

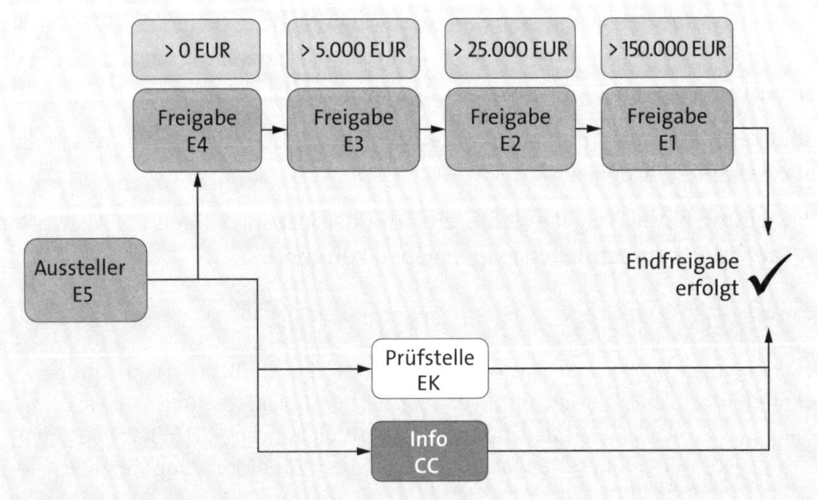

Abbildung 5.132 Beispielhafte Freigabestrategie

5.15.2 Möglichkeiten zur Freigabe

Für alle Belege stehen Ihnen Sammelfreigaben in zwei Anzeigevarianten zur Verfügung. Im Standard sind die Listen in der Materialwirtschaft in einem mehrzeiligen Modus (siehe Abbildung 5.133) eingestellt.

Abbildung 5.133 Sammelfreigabe – Standardlistanzeige

In der Liste stehen Ihnen die in Tabelle 5.42 aufgeführten Funktionen zur Verfügung.

Schaltfläche	Bedeutung
Freigeben	Färbt den markierten Beleg grün ein; die Freigabe muss gesichert werden.
Freigabe rücksetzen	Setzt die Freigabe zurück, sodass der Freigabeprozess ab der zurückgenommenen Freigabe erneut durchlaufen werden muss.
Freigabestrat.	Öffnet ein Dialogfenster mit Informationen zur Freigabestrategie.
Freigeben+Sichern	Gibt den markierten Beleg frei und sichert die Freigabe.

Tabelle 5.42 Funktionen in der Sammelfreigabe – Standardlistanzeige

Schaltfläche	Bedeutung
Druckansicht	Zeigt die Druckansicht des markierten Belegs (nur für Einkaufsbelege mit eingestellter Nachricht).
Einzelfreigabe	Öffnet den markierten Beleg in der Einzelfreigabe.

Tabelle 5.42 Funktionen in der Sammelfreigabe – Standardlistanzeige (Forts.)

Möchten Sie die Daten in der übersichtlicheren ALV-Grid-Liste, wie in Abbildung 5.134 dargestellt, anzeigen, müssen Sie in der Selektion im Feld **Listumfang** den Eintrag auf **ALV** für Bestellanforderungen oder **BEST ALV** für Bestellungen umstellen.

Liste Bearbeiten Springen Sichten Umfeld Einstellungen System Hilfe

Freigeben Einkaufsbelege mit Freigabecode Z3

Druckansicht Einzelfreigabe

Pos	Freigabe	Art	Typ	EKG	BE	Belegdatum	Material	Kurztext	Warengrp	L	P	K	Werk	LOrt	Menge	BME	Menge	LME	Nettopreis	Währg	Pro	Menge	Off.Z
Lieferant/Lieferwerk L031700 Krüger GmbH & Co. KG																							
Einkaufsbeleg 4500018080																							
10		NB	F	Z00		28.04.2016	MK31700	Gehäuse Steuerelektronik	001				1000		15	ST	15	ST	49,90	EUR	1	0	
20		NB	F	Z00		28.04.2016	MK31700	Gehäuse Steuerelektronik	001			K	1000		20	ST	20	ST	49,90	EUR	1	0	
30		NB	F	Z00		28.04.2016		Tonerkatuschen	006			K	1000		30	ST			67,90	EUR	1	0	
Lieferant/Lieferwerk L031701 Emil Schäfer KG																							
Einkaufsbeleg 4500018070																							
10		NB	F	Z01		28.04.2016	MK31701	Gehäuse Steuerelektronik	001				1000		15	ST	15	ST	49,90	EUR	1	0	
20		NB	F	Z01		28.04.2016	MK31701	Gehäuse Steuerelektronik	001			K	1000		20	ST	20	ST	49,90	EUR	1	0	
30		NB	F	Z01		28.04.2016		Tonerkartuschen	006			K	1000		30	ST			67,90	EUR	1	0	
Lieferant/Lieferwerk L031702 Maier GmbH																							
Einkaufsbeleg 4500018071																							
10		NB	F	Z02		28.04.2016	MK31702	Gehäuse Steuerelektronik	001				1000		15	ST	15	ST	49,90	EUR	1	0	
20		NB	F	Z02		28.04.2016	MK31702	Gehäuse Steuerelektronik	001			K	1000		20	ST	20	ST	49,90	EUR	1	0	
30		NB	F	Z02		28.04.2016		Tonerkartusche	006			K	1000		30	ST			67,90	EUR	1	0	
Lieferant/Lieferwerk L031703 Meier																							
Einkaufsbeleg 4500018073																							
10		NB	F	Z03		28.04.2016	MK31703	Gehäuse Steuerelektronik	001				1000		15	ST	15	ST	49,90	EUR	1	0	
20		NB	F	Z03		28.04.2016	MK31703	Gehäuse Steuerelektronik	001			K	1000		20	ST	20	ST	49,90	EUR	1	0	
30		NB	F	Z03		28.04.2016		Tonerkartuschen	006			K	1000		30	ST			67,90	EUR	1	0	

SAP ME28 ides64 INS

Abbildung 5.134 Sammelfreigabe – ALV-Grid-Anzeige

In der ALV-Grid-Liste finden Sie die gleichen Schaltflächen wie in der Einzelfreigabe (siehe Tabelle 5.43).

5.15.3 Freigabe durchführen

Ist für einen Beleg die Freigabe eingerichtet, steht Ihnen für Bestellungen die Einzelfreigabe unter **Logistik • Materialwirtschaft • Einkauf • Bestellung • Freigeben** bzw. Transaktion ME29N (Bestellung freigeben) und für Bestellanforderungen unter **Logistik • Materialwirtschaft • Einkauf • Bestellanforderung • Freigeben** bzw. ME54N (Einzelfreigabe BANF) zur Verfügung.

Haben Sie die Berechtigung zur Freigabe des Belegs, nehmen Sie die Freigabe durch einen Klick auf die Schaltfläche (**Freigabe**) direkt vor. Mit der Schaltfläche (**Ablehnen**) lehnen Sie die Freigabe ab. Mit der Schaltfläche (**Kombination Endfreigabe**) ändert das SAP-System die Anzeige und zeigt Ihnen die erforderlichen Freigaben des Belegs bis zur Endfreigabe an.

[«] 5

Nachrichten im Einkaufsbeleg mit Freigabe

Unterliegen Einkaufsbelege mit Nachrichten einer Freigabe, bleiben die Nachrichten bis zur endgültigen Freigabe des Belegs gelb beampelt.

Tabelle 5.43 listet die verschiedenen Funktionen in der Einzelfreigabe auf.

Schaltfläche	Spalte Zustand oder Freigabe	Bedeutung
	Freigabe möglich	–
	Rücksetzen Freigabe	Setzt die Freigabe zurück, sodass der Freigabeprozess ab der zurückgenommenen Freigabe erneut durchlaufen werden muss.
	Freigabe durchgeführt	Freigabe erteilt.
	Zustand	Freigabe möglich.
	Freigabe ablehnen	–
	Kombination Endfreigabe	Zeigt an, mit welchen Freigabecodes die Bestellung freigegeben werden kann oder nimmt die Listanzeige wieder zurück.
	Endfreigabe	Zeigt an, welche Freigaben noch nicht vollzogen wurden.
	Kombinationsfreigabe zurücksetzen	Setzt die Kombinationsfreigabe zurück.

Tabelle 5.43 Funktionen in der Freigabe

Änderungen nach der Freigabe

Werden an einem freigegebenen Beleg freigaberelevante Änderungen vorgenommen, setzt das SAP-System die bereits vorgenommene Freigabe automatisch zurück, und die Freigabe muss erneut vorgenommen werden.

5.16 Bestellanforderung in Bestellung überführen

Bestellanforderungen, die in einen Folgebeleg überführt werden sollen, müssen die folgenden Voraussetzungen erfüllen:

- Sie müssen freigegeben sein
- Sie müssen über eine Bezugsquelle verfügen

Die Bezugsquelle kann direkt in die Bestellanforderung in das Feld **Fst.Lieferant** (siehe Abschnitt 5.5.1, »Bestellanforderungen«) eingegeben werden, oder das SAP-System findet über die automatische Bezugsquellenfindung (siehe Abschnitt 5.8, »Bezugsquellenermittlung«) die relevante Bezugsquelle. Abbildung 5.135 zeigt, welche Folgebelege aus eine Bestellanforderung erzeugt werden können.

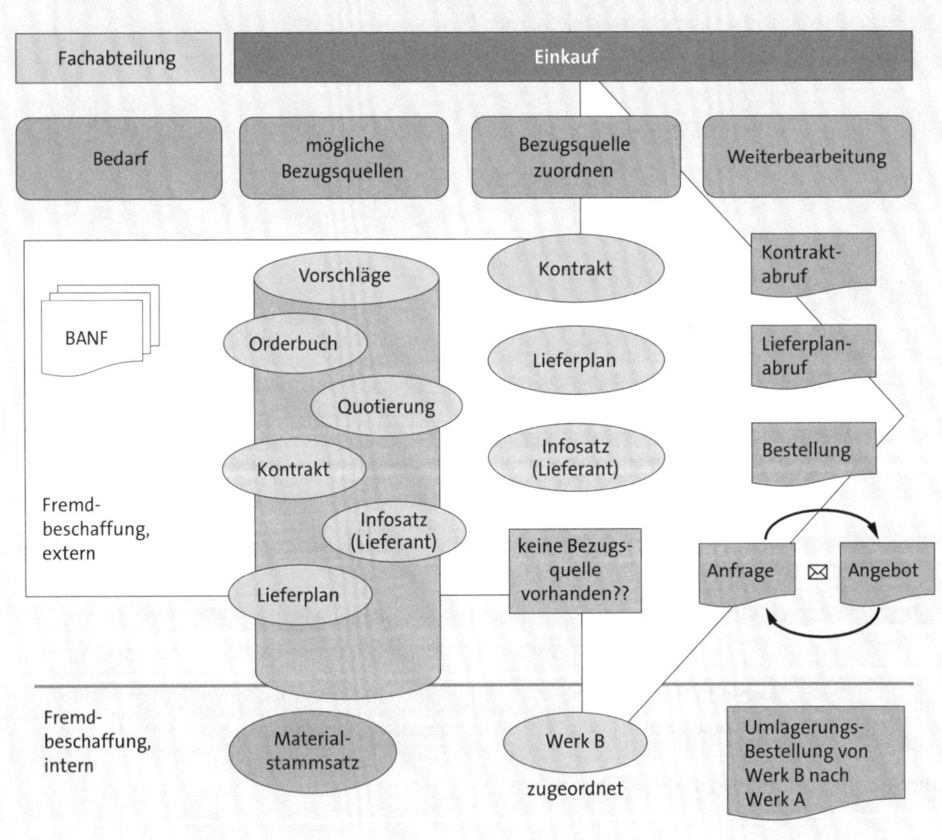

Abbildung 5.135 Prozess von der BANF zum Folgebeleg

Bei der Erstellung von Einkaufsbelegen aus Bestellanforderungen wählen Sie zwischen mehr oder weniger automatisierten Arbeitsschritten (siehe Tabelle 5.44).

Arbeitsschritt	Art der Durchführung	Automatisch	Manuell
Bezugsquelle ermitteln		X	
	mögliche Bezugsquelle für BANF ermitteln		
eine Bezugsquelle zuordnen			
	beim Anlegen/Ändern einer einzelnen BANF-Position		X
	gesammelt aus einer Liste zuzuordnender BANFen		X
	im Hintergrund	X	
Bestellanforderungen mit zugeordneter Bezugsquelle weiterbearbeiten			
	Bestellungen erstellen	X	X
	Abrufe von Kontrakten erstellen	X	X
	Einteilungen/Abrufe von Lieferplänen erstellen		X
	Anfragen erstellen		X

Tabelle 5.44 Bezugsquellenzuordnung – automatisch oder manuell

Die automatische Durchführung empfiehlt sich, wenn Sie über ein gut gepflegtes System mit Bezugsquellen verfügen, sodass einem Großteil der BANF-Positionen vom System ohne Zutun des Einkäufers eindeutige Bezugsquellen zugeordnet werden können und danach Folgebelege, z. B. ein Abruf vom Kontrakt oder eine Bestellung, erstellt werden können. Die manuelle Durchführung empfiehlt sich, wenn kaum mögliche Bezugsquellen vorhanden sind, oder wenn für einen bestimmten Bedarf mehrere Bezugsquellen infrage kommen. In diesen Fällen muss der Einkäufer eine eindeutige Bezugsquelle auswählen.

Werteflussobligo

Ist in Ihrem System **BANF-Obligo** eingestellt, erzeugt das SAP-System mit der Umsetzung der BANF in eine Bestellung das Bestellobligo. In gleicher Höhe baut das SAP-System das BANF-Obligo ab.

In den folgenden Abschnitten erläutern wir, welche Einstellungen erforderlich sind, um aus Bestellanforderungen automatisch Einkaufsbelege zu erzeugen. Im darauf folgenden Abschnitt zeigen wir, wie Sie manuell Bestellungen erzeugen.

[!]

Bestellanforderung in Bestellung überführen

Beachten Sie Abbildung 5.21, die zeigt, dass Sie bei der Überführung von Bestellanforderungen in Bestellungen die Belegarten berücksichtigen müssen.

5.16.1 Automatisch

Die automatische Überführung einer BANF in eine Bestellung wird häufig für automatisch erzeugte BANFen eingestellt.

Dies können BANFen aus der Disposition sein oder BANFen, die automatisch aus Vertriebsbelegen erzeugt wurden. In solchen Fällen ist eine Freigabe, siehe Abschnitt 5.15, »Freigabeprozess«, der BANF nicht mehr erforderlich, da die Freigabe bereits im Vorgängerbeleg erfolgte.

Ist der Lieferant per EDI angebunden, erzeugt eine Bestellung in dessen System automatisch einen Auftrag.

Für automatisch angelegte Einkaufsbelege muss die Nachrichtensteuerung (siehe Abschnitt 5.14, »Nachrichten«), so eingestellt sein, dass die betreffende Nachricht mit dem Erzeugen des Einkaufsbelegs automatisch an den Lieferanten versandt wird.

Die folgenden Voraussetzungen müssen für eine automatische Erzeugung erfüllt sein:

- Im Materialstammsatz in der Sicht **Einkauf** und im Lieferantenstammsatz in der Sicht **Einkauf** muss jeweils das Kennzeichen **Automatische Bestellerzeugung** markiert sein.
- Es muss eine eindeutige Bezugsquelle zugeordnet sein.

Damit eine automatische Umsetzung erfolgreich ist, benötigt das SAP-System eine eindeutige Bezugsquelle (siehe Abschnitt 5.8, »Bezugsquellenermittlung«). Dies kann ein Infosatz, ein Orderbucheintrag oder der Regellieferant (siehe Tabelle 5.16) sein.

Ob eine Bestellung zur BANF bereits angelegt ist, sehen Sie in der BANF in der Positionsregisterkarte **Status** (siehe Abbildung 5.136).

Per Doppelklick auf die Belegnummer verzweigen Sie in die Bestellung.

In der Bestellung ermitteln Sie die BANF-Nummer aus der Positionsübersicht in der Spalte **Banf** (siehe Abbildung 5.137).

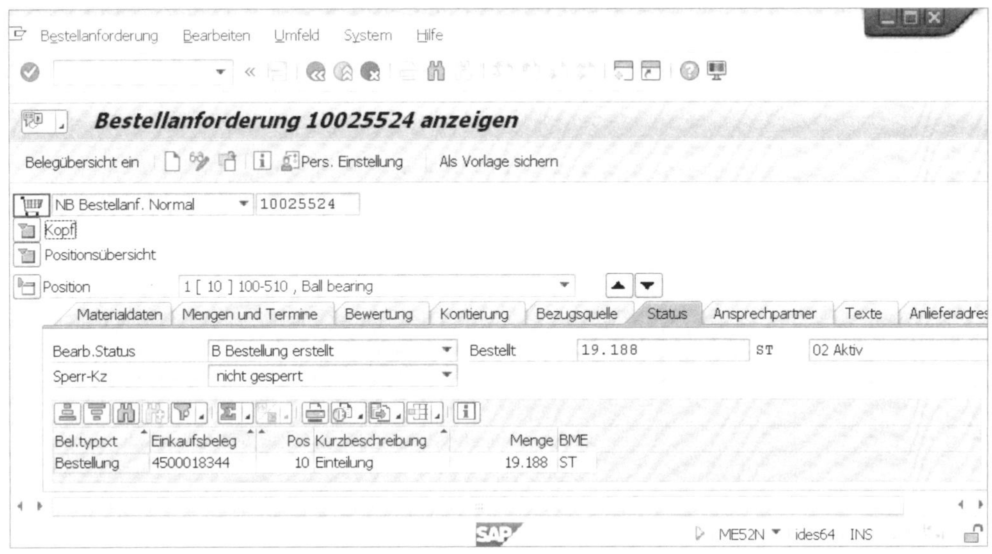

Abbildung 5.136 Bestellnummer in der BANF

Die automatische Umsetzung einer BANF in eine Bestellung kann mit Transaktion ME59N (Autom. über BANFen) oder über den Menüpfad **Logistik • Materialwirtschaft • Einkauf • Bestellanforderung • Folgefunktionen • Bestellung anlegen • autom. über BANFen** angestoßen werden.

Abbildung 5.137 BANF-Nummer in der Bestellung

Das SAP-System öffnet den Bildschirm **Automatische Bestellerzeugung aus Bestellanforderungen**. Erfassen Sie die notwendigen Selektionskriterien, z. B. **Einkäufergruppe**, **Einkaufsorganisation** und **Lieferant** (siehe Abbildung 5.138). Im Bereich **Neue**

Bestellung definieren Sie, auf welcher Basis die Bestellungen angelegt werden sollen, in unserem Beispiel haben wir **je Buchungskreis** und **je BANF** markiert.

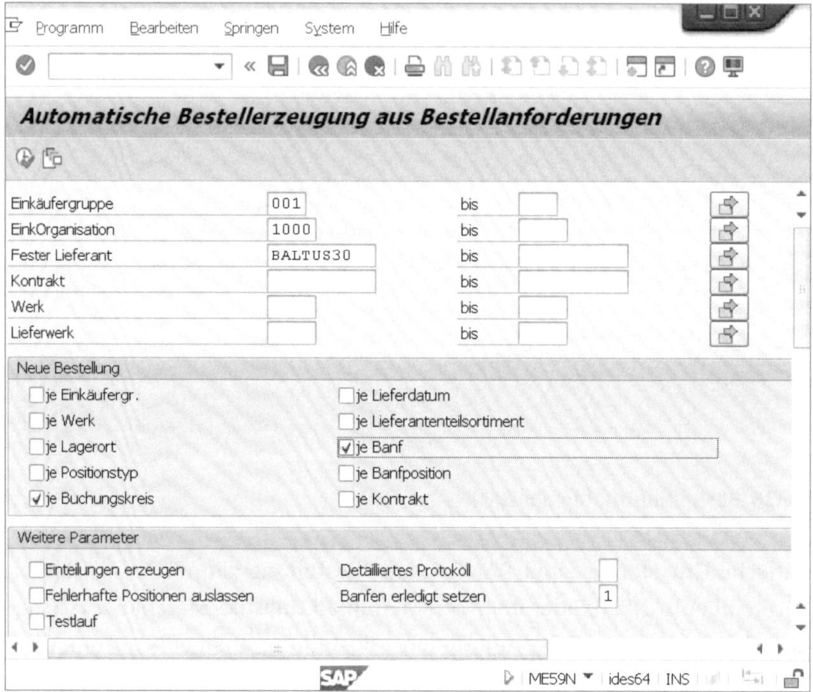

Abbildung 5.138 Automatische Bestellerzeugung aus den Bestellanforderungen – Selektion

Im Bereich **Weitere Parameter** nehmen Sie die in Tabelle 5.45 gezeigten Einstellungen vor.

Parameter	Bedeutung
Einteilungen erzeugen	Wenn Sie das Kennzeichen setzen, werden unkontierte Bestellanforderungen mit übereinstimmenden Positionsdaten in genau eine Bestellposition umgewandelt. Die Bestellposition enthält für jede Bestellanforderung eine Einteilung.
Fehlerhafte Positionen auslassen	Legt fest, dass fehlerhafte BANF-Positionen bei der Umsetzung in Bestellungen ausgelassen werden.
Testlauf	Führt die automatische Erzeugung von Bestellungen aus Bestellanforderungen als Test durch.

Tabelle 5.45 Weitere Parameter in der automatischen Bestellerzeugung

Parameter	Bedeutung
Detailliertes Protokoll	Zeigt in Abhängigkeit von der gewählten Funktion folgende Informationen im Protokoll: **keine Details** **1 nur Fehlermeldungen** **2 alle Meldungen** **3 nur fehlerhafte Umsetzungen**
BANFen erledigt setzen	Setzt den Status in Abhängigkeit vom gewählten Eintrag auf *erledigt*: **nicht** **1 nach Runden** **2 immer**

Tabelle 5.45 Weitere Parameter in der automatischen Bestellerzeugung (Forts.)

Klicken Sie auf die Schaltfläche (**Ausführen**). Das SAP-System verarbeitet die den Selektionskriterien entsprechenden BANFen und gibt das Ergebnis in der Liste **Automatische Bestellerzeugung aus Bestellanforderungen** aus (siehe Abbildung 5.139).

Abbildung 5.139 Automatische Bestellerzeugung aus den Bestellanforderungen – Ergebnisliste

Konnten die Bestellungen angelegt werden, zeigt das SAP-System die Nummer in der Spalte **Bestellung**.

Nicht überführte BANFen erkennen Sie an der rot beampelten Zeile. Markieren Sie eine Zeile, und wählen Sie in dem Bericht den Menüpfad **Bearbeiten • Protokoll • nur Fehlermeldungen** oder **alle Meldungen**. Sie erhalten detaillierte Informationen über fehlerhafte Daten.

Sie müssen fehlerhafte Positionen manuell nachbearbeiten, bevor Sie diese in eine Bestellung überführen können. Dies kann in der BANF erfolgen, oder Sie erzeugen die Bestellung in der Enjoy-Transaktion und vervollständigen die Position in der Bestellung (siehe Abschnitt 5.16.2, »Manuell«).

5.16.2 Manuell

Die manuelle Überführung einer BANF in eine Bestellung ist erforderlich, wenn keine oder keine eindeutige Bezugsquelle vorhanden ist.

BANFen können manuell in einer Bestellung zusammengeführt werden. Voraussetzung ist, dass der gleiche Lieferant die Ware oder Dienstleistung liefern soll.

Für die Umsetzung zugeordneter Bestellanforderungspositionen in Bestellungen oder Lieferplaneinteilungen stehen Ihnen die folgenden Bearbeitungsmöglichkeiten zur Verfügung:

- die manuelle Umsetzung über die Belegübersicht in der Enjoy-Bestellung
- die halbautomatische Umsetzung über die BANF-Zuordnungsliste
- die automatische Umsetzung über die Funktion **Automatische Bestellerzeugung** (siehe Abschnitt 5.16.1, »Automatisch«).

Bestellung über die Belegübersicht anlegen

Zunächst zeigen wir, wie BANFen in der Einzelbearbeitung in eine Bestellung überführt werden.

Öffnen Sie die Funktion **Bestellung anlegen** über Transaktion ME21N oder über den Menüpfad: **Logistik • Materialwirtschaft • Einkauf • Bestellung anlegen • Lieferant bekannt**.

Das SAP-System öffnet den Bildschirm **Bestellung anlegen**.

Öffnen Sie die Belegübersicht mit der Schaltfläche **Belegübersicht ein**. Wie Sie die Belegübersicht optimal einstellen, entnehmen Sie Anhang A.7.1, »Belegübersicht«. Markieren Sie den Lieferanten, und ziehen Sie per Drag & Drop die Bestellanforderungen auf die Schaltfläche (**Warenkorb**) in der Bestellung.

Alternativ können Sie die BANF-Nummer und die BANF-Position in der Positionsübersicht in die Spalten **Banf** und **Pos.** eintragen (siehe Abbildung 5.137).

Das SAP-System übernimmt alle Daten aus der oder den Bestellanforderung(en) in die Bestellung (siehe Abbildung 5.140).

Klicken Sie auf die Schaltfläche (**Meldungen**). Das SAP-System öffnet ein Dialogfenster mit Warn- und Fehlermeldungen (siehe Abbildung 5.141).

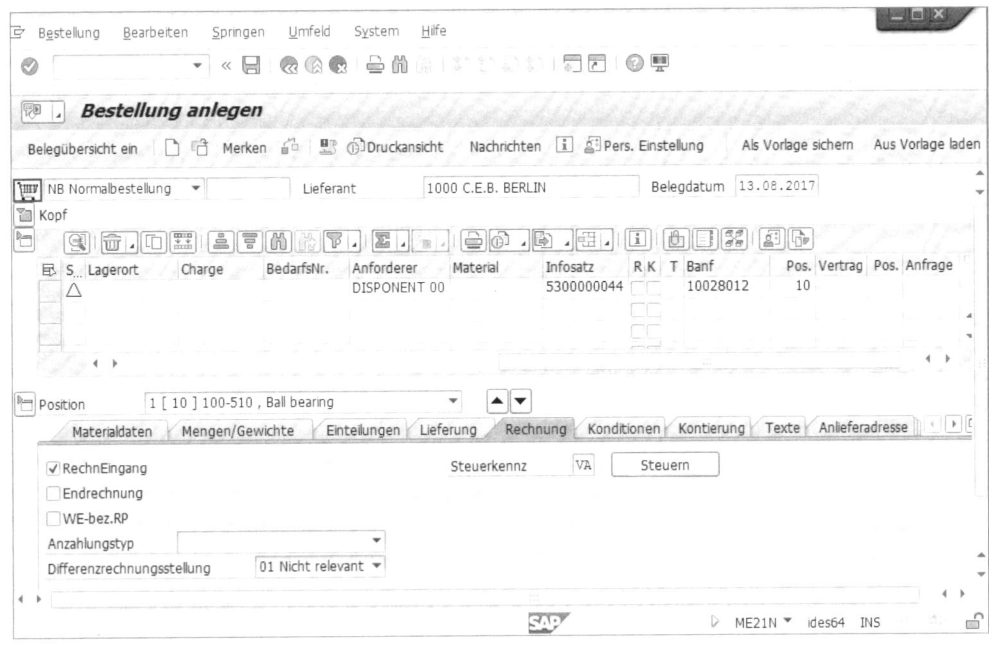

Abbildung 5.140 Bestellung anlegen

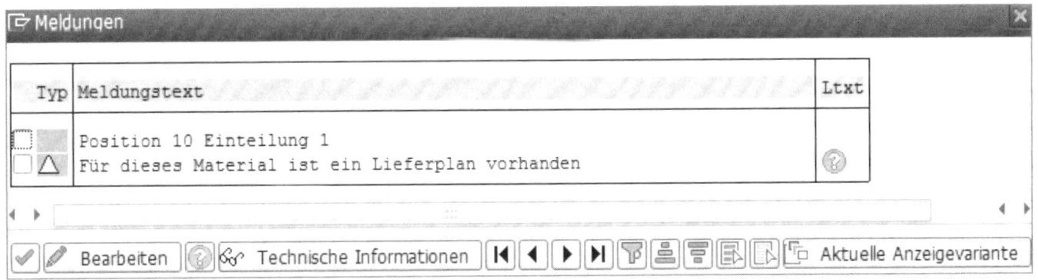

Abbildung 5.141 Warn- und Fehlermeldungen in der Bestellerzeugung

Markieren Sie in dem Dialogfenster eine Meldung, und klicken Sie auf die Schaltfläche **Bearbeiten**. Das SAP-System stellt den Cursor in das Feld, das Ursache für die Meldung ist. Passen Sie bei Bedarf den Eintrag an. Bestätigen Sie die Warnmeldung mit der [↵]-Taste, wenn der Eintrag zu einer Warnmeldung unverändert bleiben soll.

Klicken Sie auf die Schaltfläche (**Prüfen**). Gibt das SAP-System in der Systemzeile die Meldung »Bei der Prüfung traten keine Fehler auf« aus, sichern Sie den Beleg mit der Schaltfläche (**Sichern**).

Warn- und Fehlermeldungen

Die vom SAP-System ausgegebenen Fehlermeldungen betreffen nur technische Fehler, wenn also ein Feldeintrag nicht korrekt ist. Organisatorische Vorgaben müssen eingehalten werden, können aber in der Regel nicht über SAP-Fehlermeldungen abgefangen werden.

Das SAP-System erzeugt die Bestellung und übermittelt, in Abhängigkeit von der Nachrichteneinstellung, (siehe Abschnitt 5.14, »Nachrichten«) die Nachricht an den Lieferanten.

Bestellung über die BANF-Zuordnungsliste anlegen

Für die Erzeugung einer Bestellung stehen vier Transaktionen zur Verfügung, die die in Tabelle 5.46 aufgeführten Funktionen umfassen.

Transaktion	Funktionsumfang	Geeignet für
ME56 (Bezugsquelle zuordnen)	Die Schaltfläche **Automatische Zuordnung** öffnet ein Dialogfenster zur Zuordnung einer Bezugsquelle, wenn mehrere Bezugsquellen zur Verfügung stehen. Die Schaltfläche **Manuell Zuordnen** öffnet das Dialogfenster **Bezugsquelle manuell zuordnen** zur Suche nach einem Lieferanten oder einer anderen Bezugsquelle.	BANFen, die über eine oder mehrere Bezugsquellen verfügen. Wenn Zuordnung und Weiterbearbeitung durch verschiedene Personen durchgeführt werden sollen.
ME57 (Bestellanforderungen zuordnen und bearbeiten)	Zuordnung und Weiterbearbeitung in einem Schritt.	BANFen mit oder ohne Bezugsquelle. Wenn Zuordnung und Weiterbearbeitung durch eine Person durchgeführt werden können.
ME58 (Über Zuordnungsliste)	–	Weiterbearbeitung zugeordneter BANFen (Transaktion ME56).
ME59N (Autom. über BANFen), siehe Abschnitt 5.16.1, »Automatisch«	Wandelt zugeordnete BANFen in Bestellungen um.	BANF muss über erforderliche Daten verfügen. Kann die Bestellung nicht erzeugt werden, gibt das SAP-System eine Fehlermeldung aus.

Tabelle 5.46 Funktionsumfang von BANF-Folgefunktionen

Die Selektionen sind für Transaktion ME56 (Zugeordnete BANFen weiterbearbeiten) und Transaktion ME57 (Bestellanforderungen zuordnen und bearbeiten) identisch.

Klicken Sie nach der Eingabe von geeigneten Selektionskriterien auf die Schaltfläche **Ausführen** (siehe Abbildung 5.142).

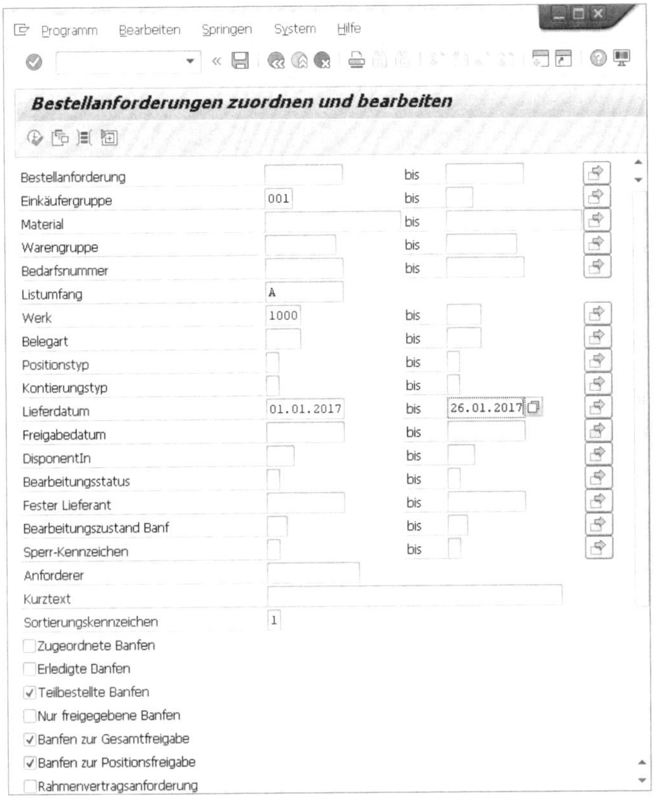

Abbildung 5.142 Bestellanforderungen zuordnen und bearbeiten – Selektion

Das SAP-System öffnet eine dreizeilige Liste mit BANFen.

Abbildung 5.143 ME57 Bestellanforderungen zuordnen und bearbeiten – Liste

Die BANF-Zuordnungsliste in Abbildung 5.143 enthält die in Tabelle 5.47 dargestellten Funktionen.

Nr.	Funktion/Schaltfläche	Bedeutung
❶	**BANF anzeigen**	Verzweigt in Transaktion ME53N.
❷	**Detaildaten**	Zeigt im Überblick die Detaildaten der BANF mit eingabebereiten Feldern. In Transaktion ME56 (Bezugsquelle zuordnen) können die Daten nicht bearbeitet werden.
❸	**Automatisch zuordnen**	Drei Fälle sind möglich: ▪ Einer Bestellanforderungsposition konnte keine Bezugsquelle zugeordnet werden. ▪ Einer Bestellanforderungsposition konnte eine eindeutige Bezugsquelle zugeordnet werden. ▪ Für eine Bestellanforderungsposition stehen mehrere gleichrangige Bezugsquellen zur Verfügung.
❹	**Übersicht Zuordnungen**	Zeigt die Summe der zugeordneten BANFen, geclustert nach Lieferanten.
❺	**Zuordnung rücksetzen**	Setzt die Zuordnung zurück.
❻	**Ohne Lieferant**	Merkt die BANF für eine Anfragebearbeitung vor – nicht in Transaktion ME56 (Bezugsquelle zuordnen).
❼	**Manuell zuordnen**	Öffnet ein Dialogfenster zur Zuordnung von ▪ **Fst.Lief** ▪ **EinkOrg** ▪ **Infosatz** ▪ **Vertrag** ▪ **VertrPos.** ▪ **Lieferwerk**

Tabelle 5.47 Funktionen in Bestellanforderung zuordnen und bearbeiten (Transaktion ME57)

Kann der BANF eine Bezugsquelle zugeordnet werden, zeigt das SAP-System die Bezugsquelle in einer grünen Zeile an (siehe Abbildung 5.144, zweiter Beleg).

Kann keine Bezugsquelle zugeordnet werden, unterlegt das SAP-System die Zeile hellgrün, wie es in Abbildung 5.144 zum ersten Beleg gezeigt wird. In der Systemzeile zeigt das SAP-System die Meldung »Es konnte nicht zu allen Positionen eine Bezugsquelle zugeordnet werden«.

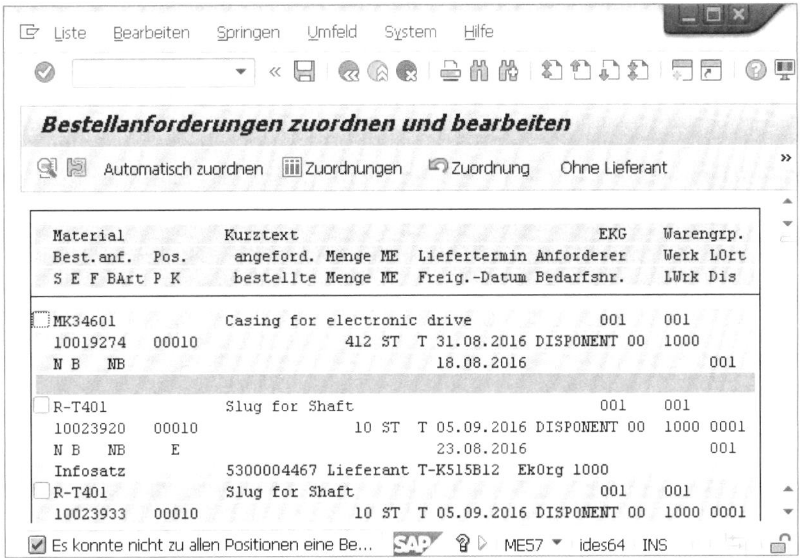

Abbildung 5.144 Zugeordnete BANFen

Ist mehr als eine Bezugsquelle vorhanden, öffnet das SAP-System das Dialogfenster **Übersicht Bezugsquellen zur BANF** (siehe Abbildung 5.145).

Markieren Sie die gewünschte Bezugsquelle, und bestätigen Sie Ihre Auswahl mit der Schaltfläche ✔ (**Auswählen**).

Abbildung 5.145 Mehrere Bezugsquellen

Zugeordnete BANFen in eine Bestellung überführen

Sie haben zwei Möglichkeiten, um die zugeordneten BANFen in eine Bestellung zu überführen:

- Sie wandeln die zugeordnete BANF mit der Funktion **Automatische Bestellerzeugung** (Transaktion ME59N, Autom. über BANFen) in eine Bestellung um (siehe Abschnitt 5.16.1., »Automatisch«).
- Sie navigieren in die Enjoy-Bestellung (Transaktion ME21N), selektieren mit geeigneten Selektionskriterien die BANF in der Belegübersicht und ziehen diese per Drag & Drop in den Warenkorb der Bestellung (siehe Abschnitt 5.16.2, »Manuell«).

Kapitel 6
Bestandsführung und Inventur

Bestandsführung und Inventur sind von zentraler Bedeutung für alle Logistikprozesse.

In diesem Kapitel werden Planung, Erfassung und Nachweis aller Warenbewegungen in der Komponente Bestandsführung beschrieben. Es wird nicht nur auf die Materialbewertung und Kontenfindung eingegangen, sondern auch die Ausführungen zur Inventur sind immanenter Bestandteil dieses Kapitels.

Bestandsführung und Inventur sind als Bestandteile der Komponente Materialwirtschaft wichtig für alle Logistikprozesse.

Die *Bestandsführung* ist für die Verwaltung der Materialbestände sowie für die Planung, Erfassung und den Nachweis der Warenbewegungen für spätere Auswertungen zuständig. Eine Warenbewegung ist ein Vorgang, der eine Bestandsänderung bewirkt. Warenbewegungen beinhalten also Wareneingänge, Warenausgänge, Umlagerungen und Umbuchungen.

Die *Inventur* dient der Erfassung aller vorhandenen Bestände und ermittelt Abweichungen zwischen Soll- und Ist-Werten. Die zentrale Transaktion zur Buchung von Warenbewegungen ist MIGO. Sie rufen diese Transaktion im SAP-Menü über den Pfad **Logistik • Materialwirtschaft • Bestandsführung • Warenbewegung • Warenbewegung (MIGO)** auf. Weitere Transaktionen für Warenbewegungen sind in Tabelle 6.1 aufgeführt.

Transaktionscode	Bedeutung
MIGO_GI	Warenausgang (MIGO)
MIGO_GO	WE zum Auftrag (MIGO)
MIGO_GR	WE zur Bestellung (MIGO)
MIGO_GS	Lohnbearbeitung (MIGO)
MIGO_TR	Umbuchung (MIGO)

Tabelle 6.1 Transaktionen für Warenbewegungen

Zur Identifizierung jeder möglichen Warenbewegung müssen Sie einen dreistelligen numerischen Schlüssel, die *Bewegungsart*, auswählen. Die Bewegungsart bestimmt damit die Art der Warenbewegung und hat wichtige steuernde Funktionen, z. B. bei der Fortschreibung der Mengen- und Wertfelder, als Parameter bei der Kontenfindung, bei der Gestaltung des Bildaufbaus, beim Erfassen der Warenbewegungen, dazu, ob eine Belegposition gedruckt werden kann usw. Ausgewählte Bewegungsarten und ihre Bedeutung finden Sie in Tabelle 6.2.

Bewegungsart	Bedeutung
101	Wareneingang
102	Wareneingang – Storno
201	Verbrauch für Kostenstelle aus dem Lager
311	Umbuchung Lagerort in einem Schritt
321	Umbuchung »Qualitätsprüfung an frei verwendbar«
501	Umbuchung »Eingang ohne Bestellung an frei verwendbar«

Tabelle 6.2 Bewegungsarten und ihre Bedeutung

Sie sollten die im Standard angebotenen Bewegungsarten nutzen. Sind diese aufgrund der Gestaltung firmenspezifischer Prozesse nicht ausreichend, können Sie prozessspezifische Bewegungsarten im Customizing pflegen (siehe Ernst Greiner: SAP-Materialwirtschaft – Customizing, SAP PRESS 2016, S. 442 ff.).

Berechtigung im Customizing

Die in den Abschnitten aufgeführten Pfade und damit verbundenen Einstellmöglichkeiten im Customizing können Sie nur ausführen, wenn Sie über die Berechtigung hierzu verfügen. Die Angaben zum Customizing sollen dem Key User aufzeigen, dass nur bestimmte Einstellungen den gesicherten Ablauf der Anwendungsprozesse ermöglichen und prozessspezifische Einstellungen durchführbar sind.

6.1 Wareneingang

Der *Wareneingang* (*WE*) ist eine Warenbewegung, mit der Sie den Erhalt von Material von externen Lieferanten, den Erhalt von Material aus der Produktion oder aus Retouren erfassen. Sie können den Wareneingang mit oder ohne Bezug zu einem *Referenzbeleg* (Vorgängerbeleg) erfassen.

6.1.1 Wareneingang mit Bezug zu Referenzbelegen

Wenn Sie den Wareneingang mit Bezug zu Referenzbelegen erfassen möchten, können Sie als Referenzbelege Bestellungen, Aufträge, Reservierungen, Materialbelege usw. auswählen. Mit Transaktion MIGO wählen Sie sich in das Datenbild zur Erfassung des Wareneingangs ein. Sie wählen die gewünschte Bewegungsart, oder Sie erfassen den Wareneingang mit der vom SAP-System vorgeschlagene Bewegungsart. Beim Erfassen des Wareneingangs zur Bestellung werden die Bestelldaten im Erfassungsbild des Wareneingangs vorgeschlagen. Sie prüfen, ob die gelieferte Menge der bestellten Menge entspricht und müssen diese bei einer Abweichung ändern. Wenn es sich um eine Bestellung für *Lagermaterial* handelt, wird der Lagerort aus der Bestellung vorgeschlagen, sofern der Lagerort in der Bestellung gepflegt wurde. Wird der Lagerort nicht vorgeschlagen, müssen Sie den Lagerort eingeben, der für die Einlagerung vorgesehen ist. Sie legen des Weiteren fest, in welchen Bestand die Menge gebucht werden soll. Diese Festlegung treffen Sie im Feld **Bestandsart**. Die Bestandsarten, die Sie auswählen können, sind:

- **Frei verwendbarer Bestand**
- **Qualitätsprüfbestand**
- **Gesperrter Bestand**

Im Materialstamm und/oder in der Bestellung kann vorgeplant werden, ob das betreffende Material in den Qualitätsprüfbestand gebucht werden soll. Die Entscheidung, mit welcher Bestandsart das Material dann tatsächlich gebucht wird, treffen Sie zum Zeitpunkt der Erfassung des Wareneingangs.

Wenn Sie den Wareneingang buchen, wird die gelieferte Menge mengen- und wertmäßig erfasst, was zu einer Erhöhung des Lagerbestands sowie des verfügbaren Bestands führt.

Wenn es sich um eine *Bestellung für Verbrauchsmaterial* handelt – d. h., Sie erfassen den Wareneingang kontierter Bestellpositionen –, wird kein Lagerort vorgeschlagen, und es wird auch kein Lagerort vom SAP-System zugelassen. Auch diese Buchung erfolgt mengen- und wertmäßig, führt aber nicht zu einer Erhöhung von Lager- und verfügbarem Bestand.

Lieferung unter Vorbehalt

Eine Besonderheit des Wareneingangs zur Bestellung ist die Erfassung der *Lieferung unter Vorbehalt*, d. h., Sie buchen die Menge in den *WE-Sperrbestand*. Die in den WE-Sperrbestand gebuchte Menge wird noch nicht im Bestand geführt, sondern lediglich in der Bestellhistorie festgehalten.

Nach der Prüfung des Materialzustands kann über die weitere Materialverwendung entschieden werden. So können Sie mit dem Material, dass sich im WE-Sperrbestand befindet, wie folgt verfahren:

- Sie können das Material an den Lieferanten zurückschicken; dabei wird ein Materialbeleg erstellt und die Bestellhistorie aktualisiert.
- Sie können das Material in den frei verwendbaren Qualitätsprüfbestand oder in den gesperrten Bestand buchen. Es werden Material- und Buchhaltungsbelege erstellt sowie der bewertete Bestand, die Bestellhistorie und die Konten in der Finanzbuchhaltung aktualisiert.

Das Buchen des Lager- und Verbrauchsmaterials erfolgt mit der Bewegungsart **101**. Das Buchen in den WE-Sperrbestand erfolgt mit der Bewegungsart **103**. In Abbildung 6.1 sind ausgewählte Bewegungsarten zum Wareneingang mit Bezug zu einer Bestellung dargestellt; in Tabelle 6.3 ist die jeweilige Bedeutung aufgeführt.

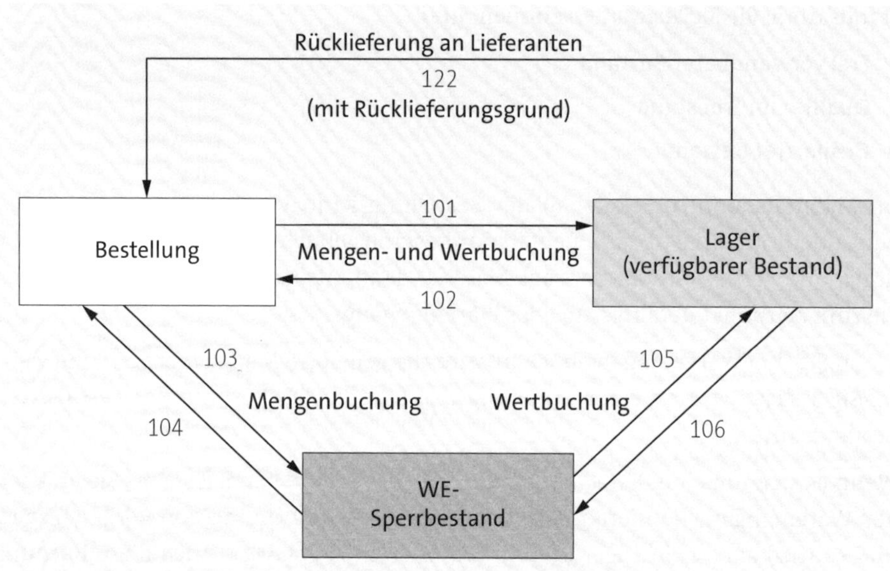

Abbildung 6.1 Bewegungsarten – Wareneingang zur Bestellung

Bewegungsart	Bedeutung
101	Wareneingang zur Bestellung
102	Wareneingang zur Bestellung – Storno

Tabelle 6.3 Ausgewählte Bewegungsarten

Bewegungsart	Bedeutung
103	Wareneingang zur Bestellung in den WE-Sperrbestand
104	Wareneingang zur Bestellung in den WE-Sperrbestand – Storno
105	Freigabe des WE-Sperrbestands
106	Freigabe des WE-Sperrbestands – Storno
122	Rücklieferung an den Lieferanten

Tabelle 6.3 Ausgewählte Bewegungsarten (Forts.)

Nachfolgend stellen wir Ihnen anhand ausgewählter Fallbeispiele die grundsätzliche Vorgehensweise beim Erfassen von Warenbewegungen und die damit verbundenen systemtechnischen Auswirkungen und Auswertungen vor.

Fallbeispiel »Wareneingang zur Bestellung – Lagermaterial«

In diesem Fallbeispiel zeigen wir Ihnen, wie Sie Informationen zu der Bestandsausprägung des angelieferten Materials erhalten. Des Weiteren soll der Wareneingang zur Bestellung (Bestellposition) erfasst und das Ergebnis der Wareneingangsbuchung analysiert werden.

Die Informationen zur Bestandsausprägung des angelieferten Materials erhalten Sie, wenn Sie im SAP-Menü den Pfad **Logistik • Materialwirtschaft • Bestandsführung • Umfeld • Bestand • Bestandsübersicht** oder Transaktion MMBE wählen.

Sie geben die Materialnummer **2630** und weitere Selektionskriterien, je nachdem, zu welcher Organisationsebene Sie die Daten auswerten möchten, ein. In diesem Beispiel sind die Selektionskriterien im Feld **Werk** der Eintrag **1000** und im Feld **Lagerort** der Eintrag **0001** (siehe Abbildung 6.2).

Sie rufen die Liste mit **Ausführen** auf und gelangen in die Grundliste; Sie erhalten dort Informationen zur Bestandssituation vor dem Buchen des Wareneingangs (siehe Abbildung 6.3).

In Abbildung 6.4 sehen Sie die Bestellung, die an den Lieferanten übermittelt wurde. Im Weiteren wird nur auf die die Warenbewegung entscheidend beeinflussenden Parameter – wie Kontierungs- und/oder Positionstyp – Bezug genommen (siehe Abschnitt 5.6, »Positionstyp«, und Abschnitt 5.7, »Kontierungstyp«). In unserem Beispiel beziehen wir uns auf eine Bestellung (Bestellposition) ohne Kontierungs- und Positionstyp. Damit wird das Material im weiteren Prozessablauf als Lagermaterial interpretiert.

Programm Bearbeiten Springen System Hilfe

Bestandsübersicht: Buchungskreis/Werk/Lager/Charge

Datenbankabgrenzungen

Material	2630		
Werk	1000	bis	
Lagerort	0001	bis	
Charge		bis	

Bestandsartenselektion

☑ Sonderbestände mitselektieren
☑ Offene Bestände mitselektieren

Listdarstellung

Sonderbestandskennzeichen		bis	
Anzeigeversion	1		
Anzeigemengeneinheit			

☑ Keine Nullbestandszeilen
☐ Nachkommast. gemäß Mengeneinh.

Selektion der Anzeigeebenen

☑ Buchungskreis
☑ Werk
☑ Lagerort
☑ Charge
☑ Sonderbestand

zusätzliche Selektionsabgrenzung

Dispositionsbereich		bis	

Abbildung 6.2 Bestandsübersicht – Selektionsbild

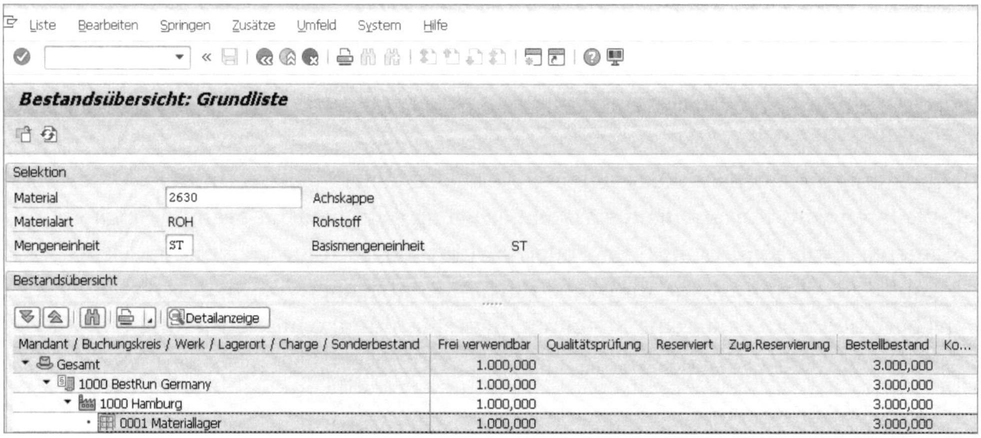

Liste Bearbeiten Springen Zusätze Umfeld System Hilfe

Bestandsübersicht: Grundliste

Selektion

Material	2630	Achskappe	
Materialart	ROH	Rohstoff	
Mengeneinheit	ST	Basismengeneinheit	ST

Bestandsübersicht

Detailanzeige

Mandant / Buchungskreis / Werk / Lagerort / Charge / Sonderbestand	Frei verwendbar	Qualitätsprüfung	Reserviert	Zug.Reservierung	Bestellbestand	Ko...
Gesamt	1.000,000				3.000,000	
1000 BestRun Germany	1.000,000				3.000,000	
1000 Hamburg	1.000,000				3.000,000	
0001 Materiallager	1.000,000				3.000,000	

Abbildung 6.3 Bestandsübersicht vor der Wareneingangsbuchung

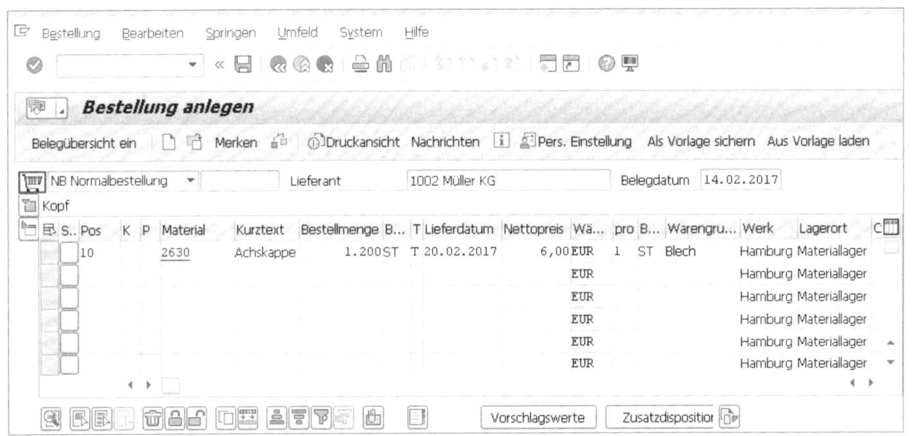

Abbildung 6.4 Bestellung von Lagermaterial

Zum Erfassen des Wareneingangs zur Bestellung rufen Sie im SAP-Menü den Pfad **Logistik • Materialwirtschaft • Bestandsführung • Warenbewegung • Wareneingang • Zur Bestellung • Bestell-Nr. bekannt** oder Transaktion MIGO (Warenbewegung) auf. Sie geben in das Aktionsfeld die ausführbare Aktion (den betriebswirtschaftlichen Vorgang) – hier **A01 Wareneingang** – ein und kontrollieren, ob das richtige Werk (**1000**) und die richtige Bewegungsart (**101**) in den entsprechenden Feldern eingetragen sind. Gegebenenfalls müssen Sie eine Korrektur vornehmen. Sie geben den Referenzbeleg – hier **R01 Bestellung** – in das Referenzfeld und die dazugehörige Bestellnummer, zu der Sie den Wareneingang erfassen möchten, sowie die Lieferscheinnummer in das Feld **Lieferschein** ein (siehe Abbildung 6.5).

Abbildung 6.5 Wareneingang zur Bestellung

Das Feld **Lieferschein** ist im Standard als Kann-Feld konfiguriert. Es ist zu empfehlen, dieses Feld stattdessen als Muss-Feld einzustellen. Der Eintrag der Lieferscheinnummer ist z. B. hilfreich bzw. notwendig, wenn die Bestellmenge nicht komplett als Liefermenge vom externen Lieferanten geliefert, sondern gesplittet wird. Sie erfassen den Wareneingang zur Bestellung mit der gleichen Bestellnummer, aber die Teillieferung mit der der Lieferung zugeordneten Lieferscheinnummer. So ist eine eindeutige Rückverfolgung und Auswertung gegeben. Bei wareneingangsbezogener Rechnungsprüfung und Teillieferungen ist der Lieferschein ein Selektionskriterium für die Erfassung der Rechnung. Damit ist eine eindeutige Zuordnung zwischen Wareneingang und Rechnung gegeben.

Sie haben nun den Wareneingang mit Bezug zur Bestellung gebucht und erhalten nachstehendes Ergebnis (siehe Abbildung 6.6).

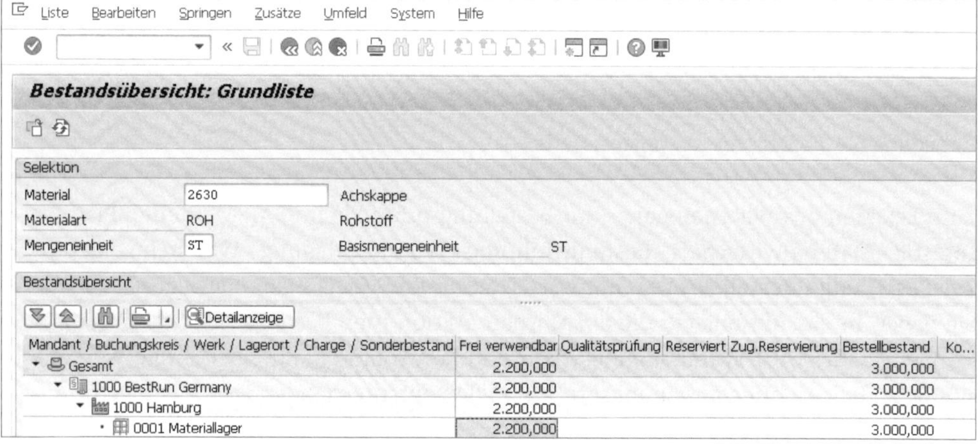

Mandant / Buchungskreis / Werk / Lagerort / Charge / Sonderbestand	Frei verwendbar	Qualitätsprüfung	Reserviert	Zug.Reservierung	Bestellbestand	Ko...
Gesamt	2.200,000				3.000,000	
1000 BestRun Germany	2.200,000				3.000,000	
1000 Hamburg	2.200,000				3.000,000	
0001 Materiallager	2.200,000				3.000,000	

Abbildung 6.6 Bestandsübersicht nach Wareneingang

Sie erkennen, dass die gelieferte Menge, die identisch mit der Bestellmenge ist, den frei verwendbaren Bestand um diese Menge erhöht hat. Dass die Liefermenge in den frei verwendbaren Bestand gebucht wurde, haben Sie im Datenbild der Wareneingangsbuchung im Feld **Bestandsart** festgelegt (siehe Abbildung 6.5). Sie können unter den folgenden Bestandsarten auswählen:

- **Frei verwendbarer Bestand**
- **Qualitätsprüfbestand**
- **Gesperrter Bestand**

Bei diesem betriebswirtschaftlichen Vorgang – Wareneingang zur Lagermaterialbestellung – werden zwei Belege (Materialbeleg und Buchhaltungsbeleg) als Nachweise für die mengen- und wertmäßige Führung der Materialbestände im SAP-System erstellt. Der *Materialbeleg* bildet den mengenmäßigen Nachweis ab. Er dient als Informationsquelle für alle nachgelagerten Anwendungen. Er besteht aus einem Kopf, der allgemeine Daten zur Bewegung (z. B. das Datum) enthält, und aus ein oder mehreren Positionen (abhängig von der Anzahl und Ausprägung der Bestellpositionen), in denen die Mengen, der Lagerort, die Bewegungsart, die Bestandsart, das Werk und weitere Informationen abgebildet sind (siehe Abbildung 6.7).

Abbildung 6.7 Materialbeleg anzeigen

Zum Anzeigen des Materialbelegs wählen Sie im SAP-Menü den Pfad **Logistik • Materialwirtschaft • Bestandsführung • Warenbewegung •** oder Transaktion MIGO und verwenden anschließend **Anzeigen • Materialbeleg** oder **Logistik • Materialwirtschaft • Bestandsführung • Materialbeleg • Anzeigen** bzw. Transaktion MB03. Auf weitere Auswertungen wird in Abschnitt 1.5, »Materialwirtschaft«, und in Abschnitt 8.2, »Standardanalysen«, eingegangen.

[«]

Materialbeleg anzeigen

Sie können sich über die Auswirkungen des Wareneingangs zur Bestellung auch im Positionsdetail zur Bestellposition informieren. Klicken Sie dort auf die Registerkarte **Bestellentwicklung**; mit einem Doppelklick auf die Materialbelegnummer gelangen Sie in das Datenbild **Anzeigen Materialbeleg** und mit **Zurück** wieder in das Detailbild. Sie bleiben immer in Transaktion ME23N (Bestellung anzeigen). Dies hat die Vorteile, dass Sie nicht mit mehreren Modi arbeiten müssen (performancelastig!) und Sie immer zum Ausgangspunkt zurückkehren, von dem aus Sie die weiteren Informationen zu dem betreffenden Vorgang abrufen.

Parallel zum Materialbeleg erzeugt das SAP-System einen *Buchhaltungsbeleg*, der den wertmäßigen Nachweis abbildet, vorausgesetzt die automatische Kontenfindung ist konfiguriert (siehe Abschnitt 6.8, »Automatische Kontenfindung«). Klicken Sie im Materialbeleg auf die Registerkarte **Beleginfo** und danach auf die Schaltfläche **RW-Belege**. Sie erhalten eine Liste der erzeugten Belege im Rechnungswesen. Mit einen Doppelklick auf die Belegzeile des Buchhaltungsbelegs können Sie sich den Inhalt des Belegs anzeigen lassen (siehe Abbildung 6.8).

Der Buchhaltungsbeleg enthält die Kopfdaten und die für diesen Vorgang ermittelten Buchungszeilen.

Abbildung 6.8 Buchhaltungsbeleg

Da das Material für die Platzeinlagerung im WM-System (Lagerverwaltungssystem) vorgesehen und die Kopplung IM-WM-System konfiguriert ist, wird ein *Transportbedarf* vom SAP-System erzeugt (siehe Abbildung 6.9).

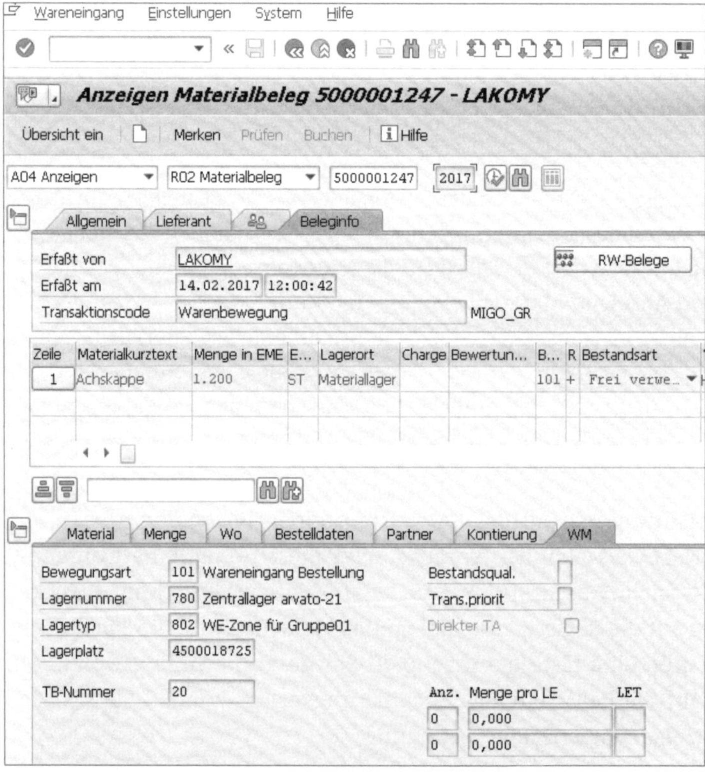

Abbildung 6.9 Transportbedarf (TB-Nummer 20) anzeigen

Dieser muss dann in der WM-Komponente in einen Transportauftrag umgewandelt werden, der dann die Platzeinlagerung des Materials anstößt. Das Datenbild des Transportbedarfs erreichen Sie, wenn Sie im Detailbild des Materialbelegs die Registerkarte WM anklicken. Diese Registerkarte WM wird dynamisch erzeugt, wenn das SAP-System erkennt, dass das Material nicht lagerortbezogen, sondern lagerplatzbezogen eingelagert werden soll.

Fallbeispiel »Wareneingang zur Bestellung – Verbrauchsmaterial«

Wir zeigen Ihnen nun, wie Sie das gleiche Material als *Verbrauchsmaterial* erfassen. Damit der Wareneingang das Material als Verbrauchsmaterial erkennt, müssen Sie zunächst in der Bestellposition (siehe Abschnitt 5.7, »Kontierungstyp«) den entsprechenden Kontierungstyp – hier **K** (Kostenstelle) – eintragen (siehe Abbildung 6.10).

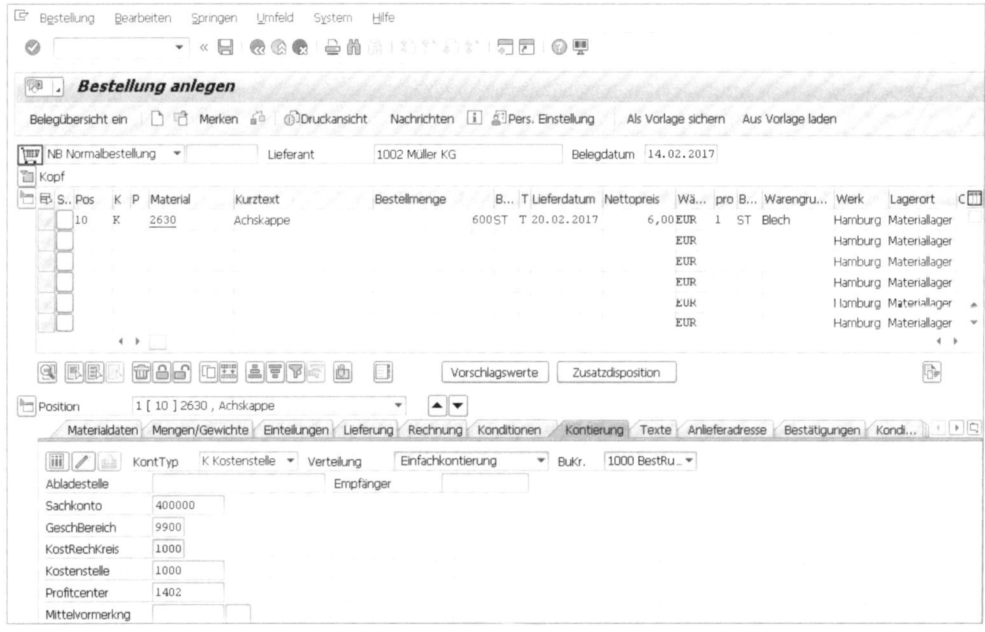

Abbildung 6.10 Bestellung mit dem Kontierungstyp K

Sie erfassen den Wareneingang zur Bestellung. Die Bestandssituation vor dem Erfassen des Wareneingangs hat sich nicht verändert (siehe Abbildung 6.6). Sie informieren sich wieder über die Bestandssituation nach der Wareneingangsbuchung (siehe Abbildung 6.11).

Sie erkennen, dass der frei verwendbare Bestand gleich geblieben ist, da es sich um ein Verbrauchsmaterial handelt und somit die Buchung »am Lager vorbei geht«. Dies bedeutet aus der Sicht der Disposition, dass der verfügbare Bestand nicht erhöht wurde (siehe Abschnitt 4.3.2, »Prozessschritte des Planungslaufs«).

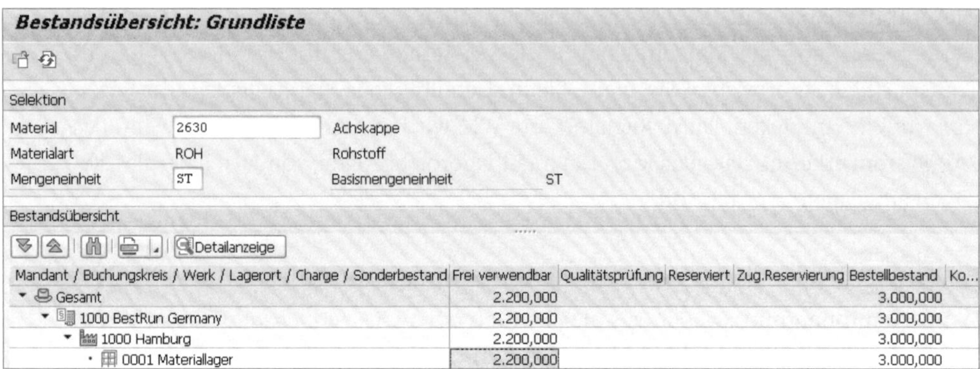

Abbildung 6.11 Bestandsübersicht nach dem Wareneingang

Als Ergebnis der Buchung des Wareneingangs zur kontierten Bestellposition werden die folgenden Belege erzeugt:

- Materialbeleg
- Buchhaltungsbeleg
- Kostenrechnungsbeleg

Der *Materialbeleg* enthält wieder die mengenmäßigen Daten (siehe Abbildung 6.12). Es bleibt erwartungsgemäß das Lagerortsegment leer. Die kostenrechnungstechnischen Felder sind mit den signifikanten Inhalten gefüllt.

Abbildung 6.12 Materialbeleg

Der *Buchhaltungsbeleg* enthält neben den Kopfdaten die für diese Buchung relevanten Buchungszeilen (siehe Abbildung 6.13). Es werden jetzt, entsprechend der im Customizing konfigurierten automatischen Kontenfindung, andere Konten (Verbrauchskonten) als bei der Wareneingangsbuchung des Lagermaterials angesprochen.

Beleg anzeigen: Erfassungssicht

Anzeigewährung | Hauptbuchsicht

Erfassungssicht

Belegnummer	5000000110	Buchungskreis	1000	Geschäftsjahr	2017
Belegdatum	14.02.2017	Buchungsdatum	14.02.2017	Periode	2
Referenz	1000_2630_2	Übergreifd.Nr			
Währung	EUR	Texte vorhanden		Ledger-Gruppe	

Bu..	Pos	BS	S	Konto	Bezeichnung	Betrag	Währg	St	Kostenstelle	Auftrag	Profitcenter	Segment	Faktura	Eint
1000	1	81		400000	Verbr. Rohstoffe 1	3.600,00	EUR		1000		1402	SERV		
	2	96		191100	WE/RE-Verrech.Fremdb	3.600,00-	EUR				1402	SERV		

Abbildung 6.13 Buchhaltungsbeleg

Aufgrund des in der Bestellposition eingetragenen Kontierungstyps wird ein *Kostenrechnungsbeleg* erzeugt, der die für die Bestellposition(en) relevanten Daten – das Kontierungsobjekt, die Kostenart, den Wert und die Menge – abbildet (siehe Abbildung 6.14). Die Ausprägung der Buchungszeile hängt von dem Kontierungstyp und den damit verbundenen Daten in der Bestellung ab.

Belege Istkosten anzeigen

Beleg | Stammsatz

Anzeigevariante	1SAP	Primärkostenbuchung
K.Währung	EUR	EUR
Bewertungssicht/Gruppe	0	Legale Bewertung

Belegnr	Belegdatum	Belegkopftext	RT	RefBelegnr	Benutzer	sto	StB
200213725	14.02.2017		R	5000001248	LAKOMY		

BuZ	OAr	Objekt	Objektbezeichnung	Kostenart	Kostenartenbezeichn.	Wert/KWähr	Menge erfaßt gesamt	GME	G	Gegenkonto
1	KST	1000	Corporate Services	400000	Verbr. Rohstoffe 1	3.600,00	600	ST	S	191100

Abbildung 6.14 Kostenrechnungsbeleg

Fallbeispiel »Bestellung ohne Materialstammsatz (Warengruppenbestellung)«

Wir zeigen Ihnen nun, wie eine Bestellung ohne Materialstammsatz aufgebaut ist und welche Auswertungsmöglichkeiten es gibt, wenn der Wareneingang zu dieser Bestellung gebucht ist. Diese Art der Bestellung (siehe Abbildung 6.15) wird häufig für sogenanntes *Gemeinkostenmaterial* genutzt.

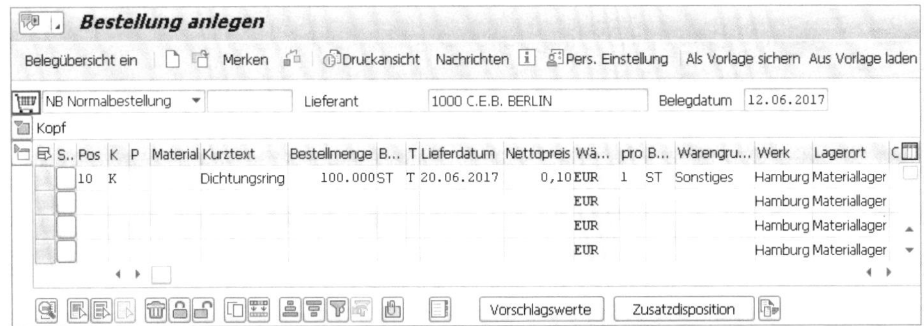

Abbildung 6.15 Bestellung ohne Materialstammsatz (Warengruppenbestellung)

Sie erfassen mit Transaktion MIGO den Wareneingang zur Bestellung und informieren sich analog zu den vorangehenden Beispielen über die Auswirkungen der Buchung. Da es sich um eine kontierte Bestellposition handelt, werden wieder u. a. die drei oben genannten Belege – also Materialbeleg, Buchhaltungsbeleg und Kostenrechnungsbeleg – erzeugt. Sie können für die Auswertung der Bestandssituation nicht die Bestandsübersicht nutzen, da Sie keinen Materialstammsatz als Selektionskriterium verwenden können. Auswertungen zu Warengruppen finden Sie in den folgenden beiden Informationssystemen:

- Das *Einkaufsinformationssystem* (*EKS*) erreichen Sie z. B. über den Menüpfad **Logistik-Controlling • Standardanalysen** bzw. über Transaktion MCE5.
- Das *Bestandscontrolling* (*BCO*), erreichen Sie z. B. über den Menüpfad **Logistik-Controlling • Standardanalysen** bzw. über Transaktion MCBK (siehe Abschnitt 8.2.1, »Informationsstrukturen«).

Allgemein kann formuliert werden, dass die Bewertung und damit der Preis im Materialstamm durch die Wareneingangsbuchung und durch die Rechnungsprüfung beeinflusst werden. Darüber können Sie sich im Materialstamm in der Sicht **Buchhaltung 1** informieren.

Bei wertmäßig geführten Materialien wird die Bewertung von der Preissteuerung, die für das betreffende Material im Materialstammsatz gepflegt wurde, bestimmt (siehe Abschnitt 2.2.24, »Sicht ›Buchhaltung 1‹«). Sie können zwischen *Standardpreis* (S-Preis) und *gleitendem Durchschnittspreis* (V-Preis) wählen. Bei einem Wareneingang von bewerteten Materialien wird der im Materialstamm eingestellte Materialpreis unterschiedlich beeinflusst. Beim Wareneingang von Materialien mit gleitendem Durchschnittspreis ändert sich der V-Preis bei abweichendem Bestellpreis, und das Material wird mit dem V-Preis, multipliziert mit der Bestellmenge, bewertet. Der Standardpreis bleibt bei abweichendem Bestellpreis mindestens für eine Periode konstant. Die Abweichungen vom Bestellpreis werden dann auf ein Preisdifferenzenkonto gebucht.

6.1.2 Wareneingang ohne Bezug zu Referenzbelegen

Neben den Wareneingängen mit Bezug zu Referenzbelegen gibt es im SAP-System die Möglichkeit, Wareneingänge ohne Bezug zu Referenzbelegen zu erfassen. Wählen Sie hierzu im SAP-Menü den Pfad **Logistik • Materialwirtschaft • Bestandsführung • Warenbewegung • Warenbewegung (MIGO)** oder Transaktion MIGO bzw. MB1C (Sonstiger WE). Wählen Sie im Aktionsfeld aus der Werteliste die Option **A01 Wareneingang**; da Sie keinen Bezug zu einem Referenzbeleg herstellen möchten, geben Sie in das Referenzfeld **Sonstiges** ein. Die weiteren Daten müssen Sie aufgrund der fehlenden Referenzdaten manuell eingeben (siehe Tobias Then: Einkauf mit SAP, SAP PRESS 2014, S. 222).

Vornahme von Warenbewegungen

Folgende Warenbewegungen können Sie ausführen:

- **Wareneingang ohne Bestellung**
  Sie erfassen den Wareneingang mit der Bewegungsart **501**. Die Werks- und Lagerbestände werden aktualisiert.
- **Bestandsaufnahme**
  Mit einer Bestandsaufnahme (Bewegungsart **561**) übernehmen Sie z. B. im Rahmen der Produktivsetzung Ihres SAP-Systems die physischen Lagerbestände bzw. die Buchbestände aus einem »Altsystem«. Die Bestandsaufnahme erfolgt in der Regel per Batch-Input.

  Die Bewertung der aufzunehmenden Bestände hängt von zwei Faktoren ab:
  - Welche Preissteuerung und welcher Preis sind im Materialstammsatz in der Sicht **Buchhaltung 1** festgelegt?
  - Haben Sie in der Bestandsaufnahme einen Wert für die aufzunehmende Menge eingegeben?

Bei einem Material mit Standardpreis wird die Bestandsaufnahme auf der Basis des Standardpreises bewertet. Wenn Sie bei der Bestandsaufnahme einen abweichenden Wert eingeben, wird die Differenz auf ein Preisdifferenzenkonto gebucht.

Bei einem Material mit gleitendem Durchschnittspreis wird die Bestandsaufnahme folgendermaßen bewertet:

- **Bestandsaufnahme mit Wert**
  Ist in der Bestandsaufnahme ein Wert eingegeben, wird die aufzunehmende Menge mit diesem bewertet. Wenn der Quotient aus Bestandsaufnahmewert und Bestandsaufnahmemenge von dem gleitenden Durchschnittspreis abweicht, ändert sich der gleitende Durchschnittspreis durch die Bestandsaufnahme.
- **Bestandsaufnahme ohne Wert**
  Ist in der Bestandsaufnahme kein Wert eingegeben, wird die aufzunehmende Menge auf der Basis des gleitenden Durchschnittspreises bewertet; in diesem Fall ändert sich der gleitende Durchschnittspreis nicht.
- **Wareneingang ohne Fertigungsauftrag**
  Diesen Wareneingang erfassen Sie, wenn Sie ohne PP-Komponente im SAP-System arbeiten mit der Bewegungsart **521**.

- **Wareneingang von Nebenprodukten**
  Nebenprodukte entstehen automatisch bei der Herstellung von Hauptprodukten. Nebenprodukte können ungeplante und geplante Nebenprodukte sein. Ungeplante Nebenprodukte buchen Sie mit der Bewegungsart **531**. Geplante Nebenprodukte können Sie in Verbindung mit einer Warenausgangsbuchung oder getrennt erfassen; Letzteres wieder mit der Bewegungsart **531**.
- **Kostenlose Lieferung**
  Erhalten Sie eine Materialanlieferung, ohne dass Sie eine Bestellung im SAP-System angelegt haben, müssen Sie diese mit der Bewegungsart **511** erfassen. Damit werden die Werks- bzw. Lagerbestände aktualisiert. Beachten Sie, dass mit dieser mengen- und wertmäßigen Buchung der gleitende Durchschnittspreis beeinflusst wird.
- **Retouren vom Kunden**
  Wenn für die Retoure keine Retourenanlieferung erfasst worden ist, weil die Retoure unerwartet kommt oder weil Sie die Komponente Verkauf nicht einsetzen, können Sie die Retoure in der Komponente Bestandsführung als sonstigen Wareneingang in den Retourensperrbestand buchen. Wählen Sie hierzu die Bewegungsart **451** (Retouren vom Kunden ohne Versand).

[»]

Erfassen von Sonderbeständen

Auf die Bewegungsarten für das Erfassen von Sonderbeständen – z. B. von einem Wareneingang zu einer Lohnbearbeitungsbestellung oder zu einer Bestellung von Konsignationsmaterial – wird hier nicht eingegangen.

Ausführungen zu Sonderbeständen und Sonderbestandsformen finden Sie aber in Abschnitt 5.9.4, »Lohnbearbeitung«, und in Abschnitt 5.9.5, »Konsignation«.

Fallbeispiel: Wareneingang ohne Bestellbezug

Wird die Ware kurzfristig angeliefert, besteht die Möglichkeit, den Wareneingang ohne Bestellbezug zu buchen. Das sollte nur in Ausnahmefällen oder bei unbedingt notwendigen Bestandskorrekturen vorgenommen werden. Weiterhin sollten Sie beachten, dass die Erfassung der Rechnung mithilfe der logistischen Rechnungsprüfung so nicht möglich ist.

- **Bestandübersicht vor Wareneingang**
  In Abbildung 6.16 ist die Bestandssituation vor dem Buchen des Wareneingangs dargestellt.

Abbildung 6.16 Bestandsübersicht vor dem Wareneingang

- **Wareneingang buchen**
  Sie rufen mit Transaktion MIGO das Datenbild in Abbildung 6.17 auf. Sie wählen **Wareneingang • Sonstige** und die Bewegungsart **501**. Die weiteren Daten müssen Sie aufgrund des fehlenden Referenzbelegs manuell eingeben. Fehlende Daten können Sie durch Anklicken der Schaltfläche **Prüfen** ermitteln. Das Feld **Lieferschein**, das bei Bestellbezug angeboten wird, wurde jetzt durch das Feld **Materialschein** ersetzt. Sie können eine externe Referenznummer zur Identifizierung des Wareneingangs ohne Bestellung eingeben. Diese Nummer wird im Belegkopf des Materialbelegs gespeichert.

  Sie buchen den Wareneingang mit einer Menge von **10.000** Stück und informieren sich in der Bestandsübersicht, aufgerufen mit Transaktion MMBE (Bestandsübersicht), über die Bestandsausprägung.

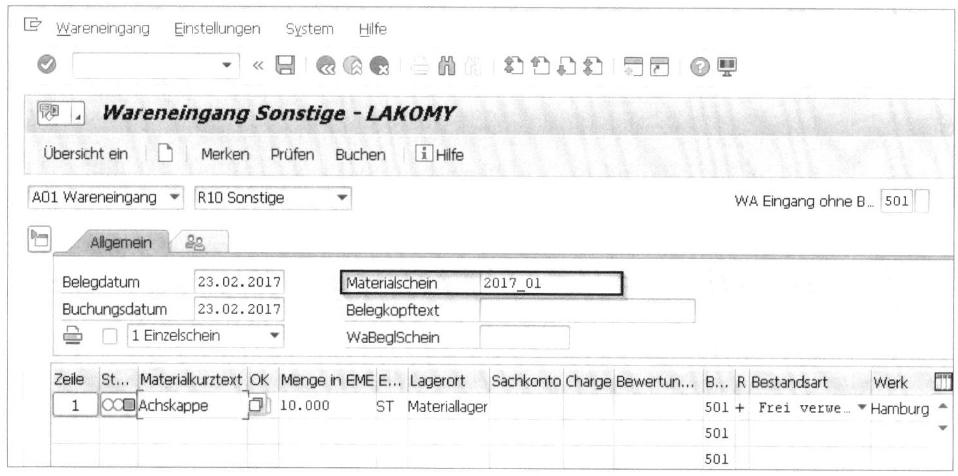

Abbildung 6.17 Wareneingang »R10 Sonstige«

- **Bestandsübersicht nach Wareneingang**
  Die gelieferte Menge wird in den frei verwendbaren Bestand, so wie Sie es im Feld **Bestandsart** ausgewählt haben, gebucht. Der bewertete Bestand, und damit auch aus der Sicht der Disposition der verfügbare Bestand des Materials, wird um die gelieferte Menge erhöht (siehe Abbildung 6.18). Es werden zum mengen- und wertmäßigen Nachweis ein Material- und ein Buchhaltungsbeleg generiert.

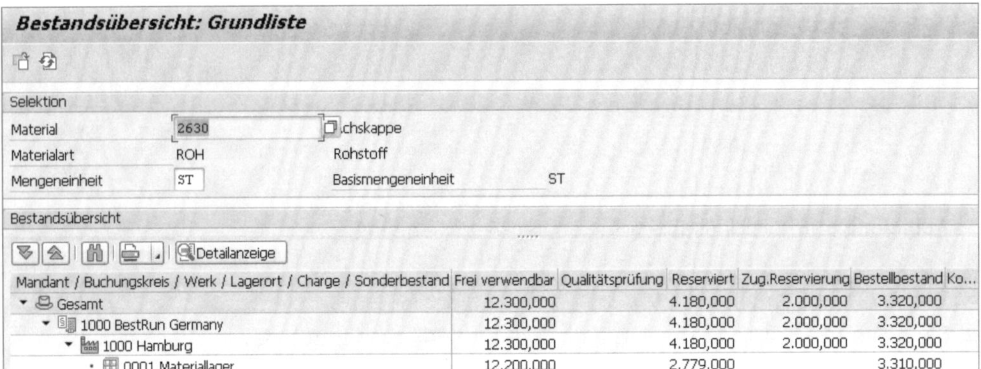

Abbildung 6.18 Bestandsübersicht nach Wareneingang

6.1.3 Storno, Rücklieferung, Retoure

Wenn Sie beim Erfassen einer Warenbewegung die Daten nicht korrekt erfasst haben, müssen Sie diese Buchung durch eine *Stornobuchung* korrigieren. Sie können die Korrektur nicht direkt im Materialbeleg vornehmen.

Möchten Sie die Warenbewegung stornieren, können Sie folgendermaßen verfahren:

- **Storno mit Bezug zum ursprünglichen Materialbeleg erfassen**
  Sie übernehmen dabei die zu stornierenden Positionen aus dem Beleg; eine Änderung der Positionsdaten ist nicht möglich. Um diesen Vorgang durchzuführen, wählen Sie im SAP-Menü den Pfad **Logistik • Materialwirtschaft • Bestandsführung • Warenbewegung • Warenbewegung (MIGO)** oder Transaktion MIGO und wählen **Storno • Materialbeleg** bzw. Transaktion MBST. Die Stornobewegungsart wird automatisch in Abhängigkeit von der ursprünglichen Warenbewegungsart gefunden und eingetragen.
- **Storno mit Bezug zu einem Referenzbeleg erfassen**
  Sie wählen Transaktion MIGO und beziehen sich z. B. auf eine Bestellung, die Sie falsch gebucht haben. Sie wählen die entsprechende Stornobewegungsart aus (z. B. **102** bei Storno eines Wareneingangs zur Bestellung). Bei dieser Warenbewegung haben Sie die Möglichkeit, Teilmengen zu stornieren. Achten Sie auf das richtige Buchungsdatum.

In beiden Fällen müssen Sie die Warenbewegung nach der Stornierung mit den richtigen Daten erfassen. Sollten Sie sich wieder vertan haben, können Sie erneut stornieren und dann mit der notwendigen Sorgfalt die Warenbewegung erneut erfassen.

Wenn Sie ein bereits geliefertes Material aufgrund eines Mangels (mangelhafte Qualität, unvollständige Lieferung, falsches Material oder Beschädigung) an den Lieferanten zurückschicken möchten, können Sie dies mit der Funktion **Rücklieferung** vornehmen. Sie können das Material mit dieser Funktion zurückliefern, auch wenn Sie den Wareneingang schon gebucht haben. Sie haben die Möglichkeit die Rücklieferung mit Bezug zu einem Materialbeleg oder mit Bezug zu einer Bestellung zu erfassen.

Fallbeispiel: Rücklieferung mit Bezug zu einem Materialbeleg

Sie wählen im SAP-Menü den Pfad **Logistik • Materialwirtschaft • Bestandsführung • Materialbeleg • Rücklieferung** oder Transaktion MBRL. Sie geben die Nummer des Materialbelegs zusammen mit dem Materialbelegjahr ein. Falls Sie die Nummer des Materialbelegs nicht kennen und die Suchfunktion nicht nutzen möchten, können Sie auch alternativ in das Feld **Lieferschein** die Lieferscheinnummer eingeben. Es Weiteren müssen Sie in das Feld **Grund der Bew.** einen Grund für die Warenbewegung eingeben (siehe Abbildung 6.19).

Abbildung 6.19 Rücklieferung mit Bezug zu einem Materialbeleg und Rücklieferungsgrund

Klicken Sie auf die Schaltfläche **Übernehmen + Detail**, und sie gelangen in das Datenbild zum Erfassen der Rücklieferungsmenge (siehe Abbildung 6.20). Geben Sie einen erklärenden Text ein, und buchen Sie dann die Rücklieferung.

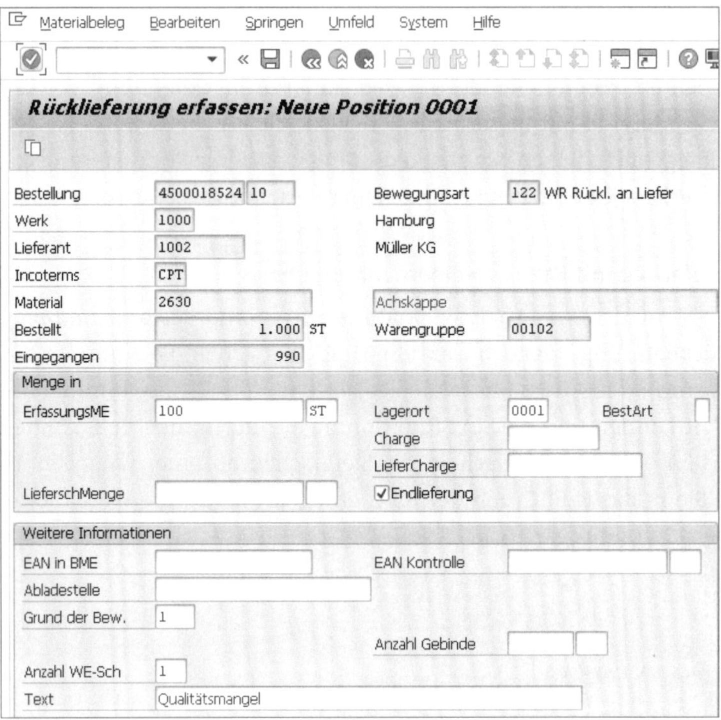

Abbildung 6.20 Rücklieferung mit Rücklieferungsmenge

Es wird der Bestand, den Sie zurückliefern, um die eingetragene Rücklieferungsmenge reduziert, sowie ein Material- und ein Buchhaltungsbeleg erzeugt (siehe Abbildung 6.21 und Abbildung 6.22).

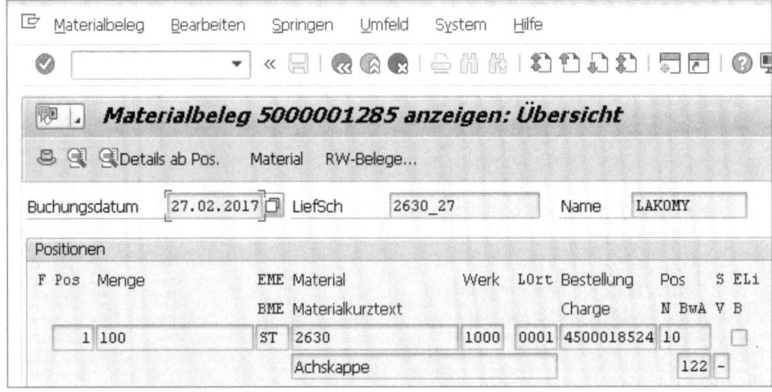

Abbildung 6.21 Materialbeleg zur Rücklieferung

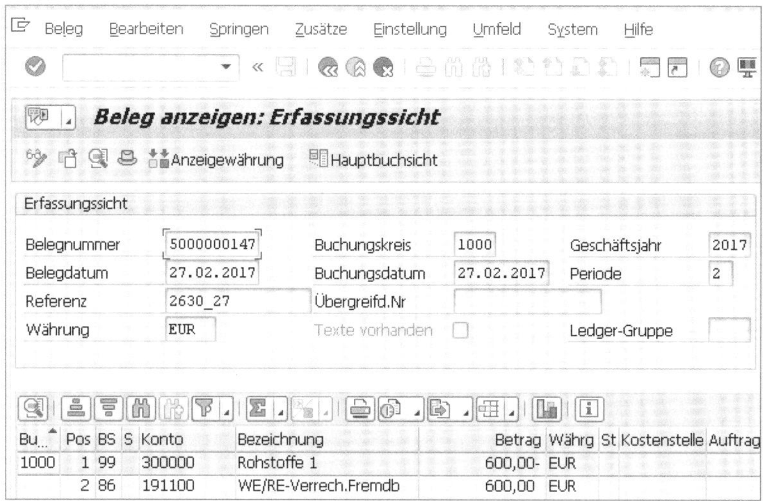

Abbildung 6.22 Buchhaltungsbeleg zur Rücklieferung

Schickt Ihnen der Lieferant nach der Rücklieferung eine Ersatzlieferung, können Sie sich beim erneuten Wareneingang auf die Rücklieferung beziehen.

Fallbeispiel: Rücklieferung mit Bezug zu einer Bestellung

Bevor Sie eine Rücklieferung mit Bezug zu einer Bestellung erfassen, müssen Sie zunächst feststellen, ob das Material in das Lager, in den Verbrauch oder in den WE-Sperrbestand gebucht wurde.

Bei der Lagerbuchung ist zu beachten, in welche Bestandsart gebucht wurde. Bei der Rücklieferung muss aus derselben Bestandsart wie bei der Wareneingangsbuchung zurückgeliefert werden. Wählen Sie im SAP-Menü den Pfad **Logistik • Materialwirtschaft • Bestandsführung • Warenbewegung • Wareneingang • Zur Bestellung • Bestellnummer bekannt** oder Transaktion MIGO. Geben Sie die Bestellnummer und die Bewegungsart **122** zum Erfassen der Rücklieferung ein. Werden mehrere Positionen vorgeschlagen, wählen Sie die Positionen aus, die Sie zurückliefern möchten, und geben die Menge ein, die zurückgeliefert werden soll. Prüfen Sie, ob Sie die richtige Bestandsart gewählt haben, und geben Sie im Detailbild in der Registerkarte **Wo** in das Feld **Grund der Bewegung** den Bewegungsgrund und in das Feld **Text** einen erklärenden Text ein (siehe Abbildung 6.23). Führen Sie nun die Buchung aus.

Das Ergebnis der Buchung wird u. a. im Datenbild der Bestellentwicklung festgehalten (siehe Abbildung 6.24). Der Bestand wird um die Rücklieferungsmenge reduziert. Die mengen- und wertmäßigen Änderungen werden in einem Material- und in einem Buchhaltungsbeleg festgehalten.

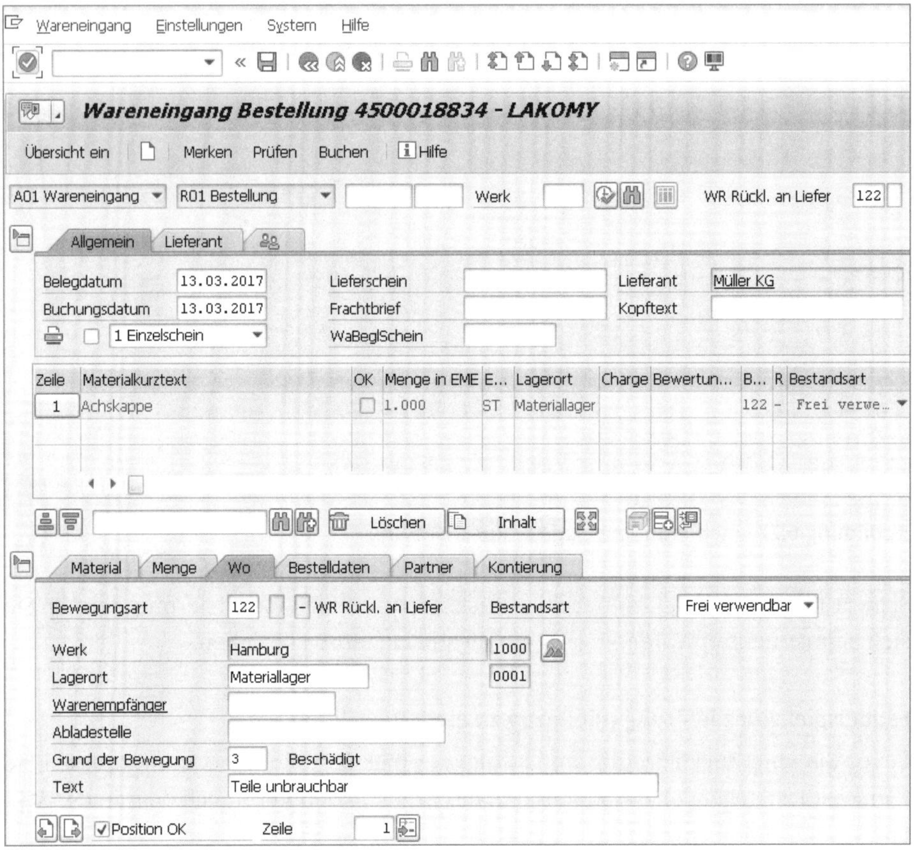

Abbildung 6.23 Rücklieferung mit Bezug zur Bestellung

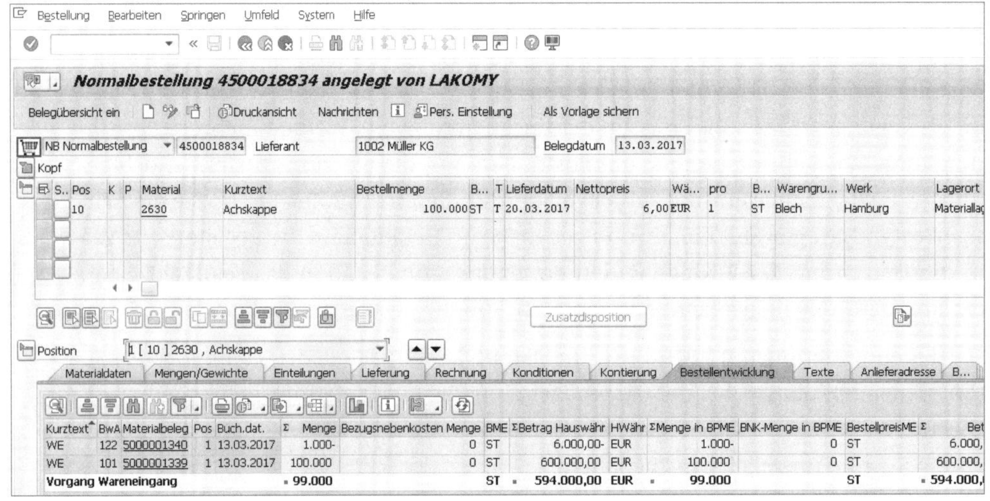

Abbildung 6.24 Bestellentwicklung zur Rücklieferungsbuchung

Wenn Sie nach der Rücklieferung eines Materials eine Ersatzlieferung vom Lieferanten erhalten, ist es vorteilhaft, diese beim Erfassen des Wareneingangs mit einer Stornobewegungsart auf die dazugehörige Rücklieferung zu beziehen. Das SAP-System schlägt dann genau die Daten vor, die zu diesem betriebswirtschaftlichen Vorgang gehören. Dies ist wichtig, damit der Bezug zwischen Wareneingang, Rücklieferung und Rechnung erhalten bleibt.

In Tabelle 6.4 ist dargestellt, mit welchen Bewegungsarten für die Ersatzlieferung Sie sich auf die dazugehörigen Rücklieferungsbewegungsarten beziehen können.

Wareneingang	Rücklieferung	Ersatzlieferung
101	122	123
103	124	125
105	122	123

Tabelle 6.4 Bewegungsartenauswahl bei Ersatzlieferung

Nachlieferung

Bei wareneingangsbezogener Rechnungsprüfung können Sie den Wareneingang als Nachlieferung zu dem vorherigen Wareneingang buchen, indem Sie sich auf den ursprünglichen Materialbeleg bzw. Lieferschein beziehen. Dadurch bleibt die Zuordnung von Wareneingang und Rechnung erhalten.

Eine weitere Möglichkeit, um Material an den Lieferanten zurückzuliefern, das nicht den Qualitätsansprüchen Ihres Unternehmens entspricht, bietet der Vorgang »Rücksendung von Material an eine externen oder internen Lieferanten«.

Dieser Vorgang wird als *Retoure* bezeichnet. Eine Materialretoure an einen Lieferanten wird im SAP-System wie ein »negativer« Beschaffungsprozess behandelt. In der Bestellung können eine oder mehrere Bestellpositionen als Retourenpositionen gekennzeichnet werden. Durch das Setzen des Retourenkennzeichens wird die Bestellposition von den nachfolgenden Prozessschritten als Retoure interpretiert (siehe Abschnitt 5.5.2, »Bestellungen«).

6.1.4 Automatische Bestellerzeugung

Erhalten Sie eine Lieferung, für die keine Bestellung im SAP-System angelegt wurde, können Sie im SAP-System einstellen, dass bei der Wareneingangsbuchung im Hintergrund eine Bestellung generiert wird. Damit erreichen Sie, dass Sie den Rechnungseingang mit Bezug zur Bestellung oder zum Lieferschein erfassen können und somit den gesamten Beschaffungsprozess analog zum Standardablauf abbilden können. Hierzu müssen einige Voraussetzungen im Customizing und in der Anwendungsebene geschaffen werden:

- Im Customizing legen Sie für die Bewegungsart fest, ob bei der Wareneingangsbuchung automatisch eine Bestellung erzeugt werden soll. Diese Einstellung nehmen Sie im Customizing über den Menüpfad **Materialwirtschaft • Bestandsführung und Inventur • Wareneingang • Bestellung automatisch anlegen** vor (siehe Abbildung 6.25).

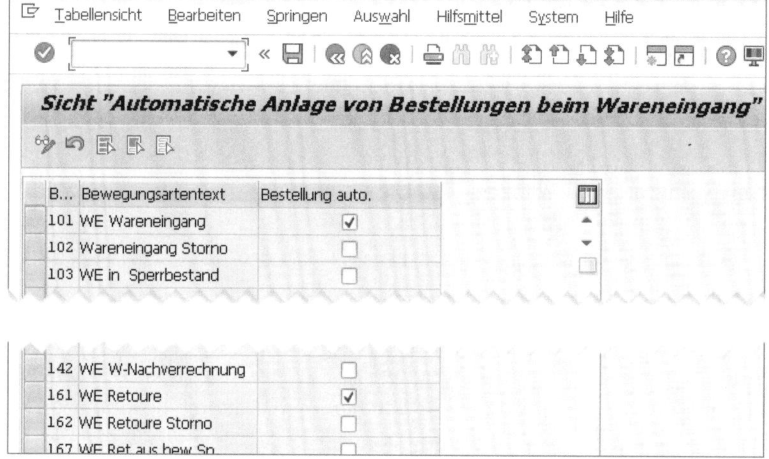

Abbildung 6.25 Bestellung automatisch für die Bewegungsarten 101 und 161 anlegen

- In der Anwendungsebene muss ein *Einkaufsinfosatz* vorhanden sein, denn das SAP-System benötigt für die Bewertung des Wareneingangs einen Preis. Dieser muss als Konditionssatz im Einkaufsinfosatz hinterlegt sein (siehe Abschnitt 5.8.3, »Infosatz«).

6.1.5 Toleranzen, Endlieferungskennzeichen

Bei einem Wareneingang mit Bezug auf eine Bestellung schlägt das SAP-System die offene Bestellmenge einer Position für den Wareneingang vor. Diese Menge können Sie ändern, falls die gelieferte Menge abweicht.

Wenn Sie eine Wareneingangsposition erfassen, vergleicht das SAP-System die Wareneingangsmenge mit der offenen Bestellmenge. Dadurch kann es Unter- oder Überlieferungen feststellen.

[«]

6

Unterlieferungen, Überlieferungen und Endlieferungskennzeichen

- *Unterlieferungen* sind im Standardsystem grundsätzlich zugelassen. In der Bestellposition ist es außerdem möglich, eine prozentuale Unterlieferungstoleranz einzugeben. Eine Wareneingangsmenge, die kleiner als die Bestellmenge abzüglich Unterlieferungstoleranz ist, wird als Teillieferung interpretiert und akzeptiert; das SAP-System gibt in diesem Fall keine Warnmeldung aus. Unterschreitet die Unterlieferung hingegen die Toleranz, gibt das SAP-System eine Warnmeldung aus.
- *Überlieferungen* sind im Standardsystem nicht zulässig. Daher gibt das SAP-System eine Fehlermeldung aus. Sollen Überlieferungen zulässig sein, können Sie in der Bestellposition eine prozentuale Überlieferungstoleranz angeben. Die Überlieferungstoleranzprüfung kann in der Bestellposition ausgeschaltet werden. Damit ist eine unbegrenzte Überlieferung möglich.
- Das *Endlieferungskennzeichen* gibt an, ob eine Bestellposition als erledigt gilt. Ist das Endlieferungskennzeichen gesetzt, bedeutet dies, dass zu dieser Bestellposition kein weiterer Wareneingang erwartet wird. Die offene Menge ist Null, auch wenn nicht die gesamte Menge geliefert wurde. Eventuelle Wareneingangsbuchungen sind noch möglich, verändern aber den offenen Bestellbestand nicht mehr.

Wenn Sie bei einer Lieferung die Menge einer bereits übernommenen Position nachträglich ändern, wird das Endlieferungskennzeichen nicht automatisch zurückgenommen. Sie erhalten eine Warnmeldung und können das Endlieferungskennzeichen manuell zurücknehmen.

Wird durch eine Rücklieferung bzw. einen Storno die gelieferte Menge auf eine Menge unterhalb der Toleranz vermindert, wird das Endlieferungskennzeichen zurückgenommen. Sie erhalten in diesem Fall eine Warnmeldung, dass das Endlieferungskennzeichen zurückgesetzt wurde. Nachdem Sie diese Meldung erhalten haben, können Sie das Endlieferungskennzeichen erneut setzen, wenn keine weitere Lieferung erwartet wird. Das manuell gesetzte Endlieferungskennzeichen wird danach vom SAP-System nicht mehr automatisch verändert.

Im Customizing können Sie festlegen, dass bei einer Wareneingangsbuchung zu einer Bestellung das Endlieferungskennzeichen automatisch vorgeschlagen wird. Dies betrifft die beiden folgenden Fälle:

- Es wurde die gesamte Bestellmenge geliefert.
- Die gelieferte Menge liegt innerhalb der Unter-/Überlieferungstoleranz.

Diese Einstellung nehmen Sie im Customizing durch die Wahl des Menüpfads **Materialwirtschaft • Bestandsführung und Inventur • Wareneingang • Endlieferungskennzeichen setzen** vor (siehe Abbildung 6.26).

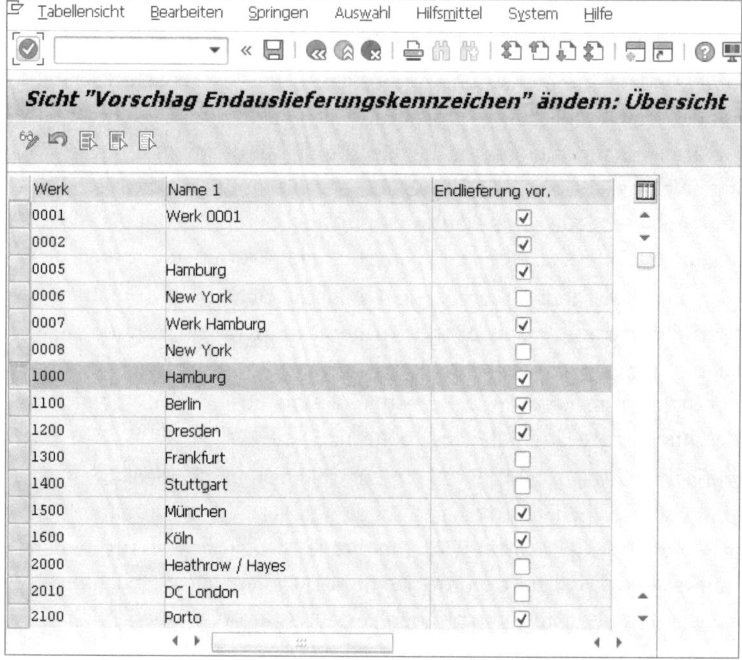

Abbildung 6.26 Endlieferungskennzeichen automatisch setzen

6.1.6 Mindesthaltbarkeitsdatum bei Wareneingang prüfen

Die *Mindesthaltbarkeit* wird nur geprüft, wenn die folgenden Voraussetzungen kumulativ erfüllt sind:

- Im Materialstammsatz oder in der Bestellung ist die Mindestrestlaufzeit gepflegt. Die *Mindestrestlaufzeit* ist die Anzahl von Tagen, die das Material noch mindestens haltbar sein muss, damit der Wareneingang vom SAP-System akzeptiert wird.
- Die Mindesthaltbarkeitsprüfung ist im Werk aktiviert.
- Die Mindesthaltbarkeitsprüfung ist für die Bewegungsart aktiviert.

Ist die Mindesthaltbarkeitsprüfung aktiv, müssen Sie bei einem Wareneingang das Mindesthaltbarkeitsdatum oder das Herstelldatum des Materials eingeben.

Beim Wareneingang prüft das SAP-System, ob die in der Bestellung bzw. im Materialstammsatz eingegebene Restlaufzeit ausreicht. Ist dies nicht der Fall, wird je nach Systemeinstellung eine Warn- oder Fehlermeldung ausgegeben.

Wird der Wareneingang gebucht, wird das Mindesthaltbarkeitsdatum (MHD) im Materialbeleg festgehalten. Das MHD wird auf den Warenbegleitschein gedruckt.

Die Einstellungen zur Prüfung der Mindesthaltbarkeit nehmen Sie im Customizing über den Menüpfad **Materialwirtschaft • Bestandsführung und Inventur • Warenein-**

gang • Mindesthaltbarkeitsprüfung einstellen vor (siehe Abbildung 6.27 und Abbildung 6.28).

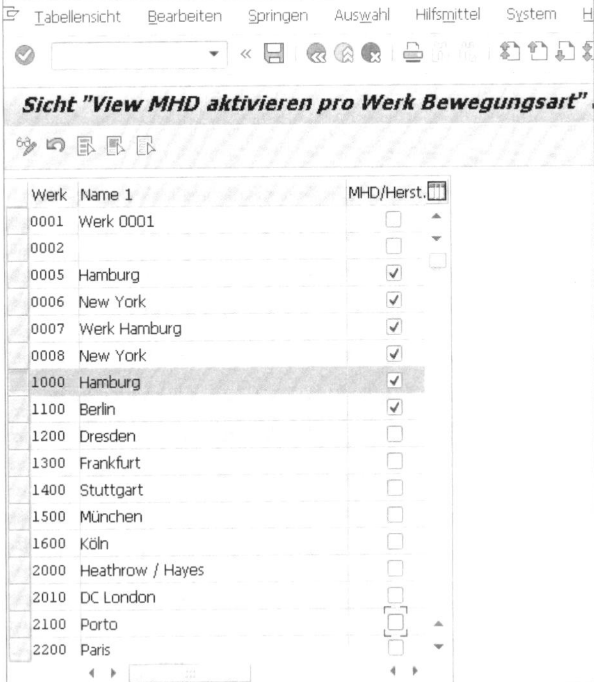

Abbildung 6.27 Mindesthaltbarkeitsprüfung für das Werk aktivieren

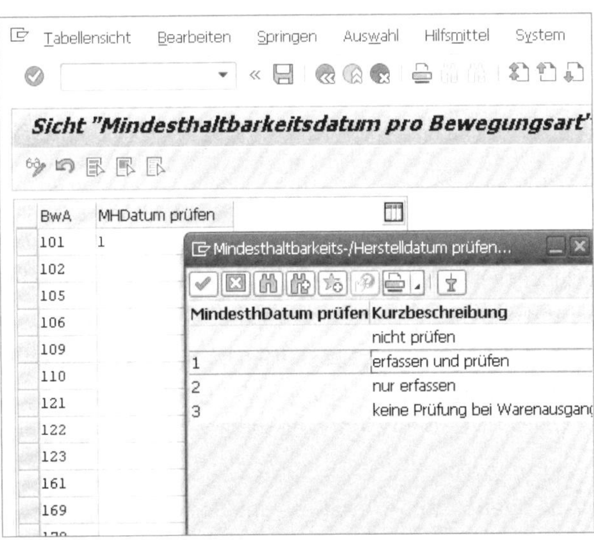

Abbildung 6.28 Mindesthaltbarkeitsprüfung für die Bewegungsart aktivieren

6.2 Umlagerungen und Umbuchungen

Weitere Formen von Warenbewegungen sind *Umlagerungen* und *Umbuchungen*. Umlagerungen beinhalten eine physische Warenbewegung, während Umbuchungen nicht unbedingt mit einer physischen Warenbewegung verbunden sind. Umbuchungen können z. B. die Änderung der Bestandsart, der Wechsel der Materialnummer usw. sein.

6.2.1 Umlagerungsebenen und -arten

Umlagerungen sind physische Bestandsveränderungen und können auf drei Organisationsebenen stattfinden:

- **Umlagerung »Buchungskreis an Buchungskreis«**
  Diese Warenbewegung entspricht einer Umlagerung »Werk an Werk«, bei der die Werke unterschiedlichen Buchungskreisen zugeordnet sind.
- **Umlagerung »Werk an Werk«**
  Diese Warenbewegung führt nicht nur zu einer Änderung der Bestandsmengen, sondern beinhaltet auch eine wertmäßige Änderung, wenn der Preis des Materials im empfangenden Werk von dem Preis des Materials im abgebenden Werk abweicht. Je nach Preissteuerung im empfangenden Werk, werden diese auf das Bestandskonto (bei Preissteuerung V) oder auf das Konto »Aufwand/Ertrag aus Umlagerung« (bei Preissteuerung S) gebucht.
- **Umlagerung »Lagerort an Lagerort«**
  Diese Warenbewegung führt zu einer Änderung der Bestandsmengen in beiden Lagerorten, vorausgesetzt, dass beide Lagerorte dem gleichen Werk zugeordnet sind. Bestandswerte werden unter der genannten Voraussetzung nicht verändert. Sind die Lagerorte nicht dem gleichen Werk zugeordnet, werden auch die Bestandswerte beeinflusst.

Umlagerungen können im *Einschrittverfahren* oder im *Zweischrittverfahren* gebucht werden. Beim Einschrittverfahren erfolgen Warenausgang und -eingang in einer Buchung, während beim Zweischrittverfahren die Ware nach dem Warenausgang zunächst in einem Sonderbestand »in Umlagerung« verwaltet wird, bevor sie in einem zweiten Schritt am Bestimmungsort eingelagert wird. Das Zweischrittverfahren eignet sich, wenn längere Transportwege/-zeiten zu überbrücken sind, oder wenn aufgrund der Berechtigungen im SAP-System die Mitarbeiter nur für das eigene Werk berechtigt sind.

Sie wählen zur Durchführung der genannten Verfahren im SAP-Menü den Pfad **Logistik • Materialwirtschaft • Bestandsführung • Warenbewegung • Umbuchung** oder die Transaktionen MIGO oder MB1B (Umbuchung).

6.2.2 Werksbezogene Umlagerungen

In diesem Abschnitt werden Umlagerungen von einem Werk zu einem anderen Werk im gleichen Buchungskreis betrachtet. Diese Umlagerungen haben die folgenden Auswirkungen:

- **Buchhaltung**
  Wenn beide Werke unterschiedlichen Bewertungskreisen zugeordnet sind, erfolgen eine Mengenänderung und eine Wertfortschreibung.
- **Disposition**
  Eine Änderung des Werkbestands ist eine dispositive Änderung und hat somit Einfluss auf den verfügbaren Bestand.

Die Umlagerung können Sie im Einschrittverfahren, im Zweischrittverfahren oder mittels *Umlagerungsbestellung* (siehe Abschnitt 5.5.2, »Bestellungen«, und Abschnitt 5.9.3, »Umlagerungsbestellung«) durchführen. Das Material, das umgelagert werden soll, muss in den beteiligten Werken gepflegt sein.

Das Einschritt- und das Zweischrittverfahren sollen Ihnen im Folgenden kurz erläutert werden:

- **Einschrittverfahren**
  Beim Einschrittverfahren wird das Material in einem Schritt aus dem frei verwendbaren Bestand des abgebenden Werks in den frei verwendbaren Bestand des empfangenden Werks gebucht, d. h. Warenausgang und -eingang erfolgen in einem Buchungsschritt. Der frei verwendbare Bestand im abgebenden Werk wird um die Umlagerungsmenge verringert, und der frei verwendbare Bestand im empfangenden Werk wird gleichzeitig um diese Menge erhöht. Es werden ein Materialbeleg und ein Buchhaltungsbeleg erzeugt. Viele Firmen nutzen dieses Verfahren nicht, da es zu unerwünschten Wertänderungen führen kann, die vom abgebenden Werk beeinflusst werden. Beachten Sie, dass das Material in den Werken eventuell mit unterschiedlichen Preissteuerungsverfahren bewertet wurde. Sie nehmen diese Umlagerung mit Transaktion MB1B oder MIGO und der Bewegungsart 301 (Umlagerung »Werk an Werk« in einem Schritt) vor.

[!]

Umlagerung »Werk an Werk« im Einschrittverfahren

Die Umlagerung »Werk an Werk« im Einschrittverfahren können Sie nur ausführen, wenn Sie für beide Werke die Berechtigung haben.

- **Zweischrittverfahren**
  Beim Zweischrittverfahren wird das betreffende Material in einem ersten Schritt durch eine Warenausgangsbuchung in einen Sonderbestand »in Umlagerung« des empfangenden Werks gebucht, ist aber noch nicht frei verwendbar. Im zwei-

ten Schritt buchen Sie den Wareneingang im empfangenden Werk, und damit ist das Material frei verwendbar.

Bei der Auslagerung erzeugt das SAP-System einen Materialbeleg und einen Buchhaltungsbeleg. Im Materialbeleg werden für jede von Ihnen erfasste Position zwei Materialbelegpositionen erzeugt: eine Materialbelegposition für die Auslagerung aus dem abgebenden Werk und eine Materialbelegposition für die Einlagerung in den Umlagerungsbestand des empfangenden Werks. Bei der Einlagerung in das empfangende Werk erzeugt das SAP-System nur einen Materialbeleg, in dem für jede Position nur eine Materialbelegposition erzeugt wird. Denn bei diesem Schritt wird nur die Umlagerungsmenge aus dem Umlagerungsbestand in den frei verwendbaren Bestand des empfangenden Werks gebucht.

Material erleidet Transportschäden

Mittels des Zweischrittverfahrens ist es möglich, die Bestände, die unterwegs sind, zu überwachen. Da das Material auf dem Transportweg beschädigt werden könnte, muss gegebenenfalls eine Korrektur des Umlagerungsbestands erfolgen. Sie erreichen dies, indem Sie den Warenausgang des abgebenden Werks stornieren und eine Verschrottung buchen, oder Sie buchen den Wareneingang im empfangenden Werk mit der gesamten Menge und anschließend die Verschrottung der Fehlmenge.

Fallbeispiel: Umlagerung »Werk an Werk« im Zweischrittverfahren

Um Ihnen das Prozedere beim Zweischrittverfahren transparenter zu machen, sind nachfolgend die einzelnen Prozessschritte mit konkreten Daten aufgeführt. Die folgenden Grundannahmen seien gegeben:

- Beide Werke sind dem gleichen Buchungskreis zugeordnet.
- In Lagerort 0001 des abgebenden Werks 1000 ist ein ausreichend frei verwendbarer Bestand vorhanden.
- Im empfangenen Werk ist der Lagerort zugeordnet.
- User-Berechtigungen für diesen Prozess sind gegeben.
- Sie möchten die Menge von 1.000 Stück eines Materials von Werk 1000 in Werk 1100 umlagern.
- Das umzulagernde Material befindet sich in Lagerort 0001 in Werk 1000 im frei verwendbaren Bestand (siehe Abbildung 6.29). Diese Information erhalten Sie, wenn Sie sich mittels Transaktion MMBE (Bestandsübersicht) in das Datenbild einwählen.

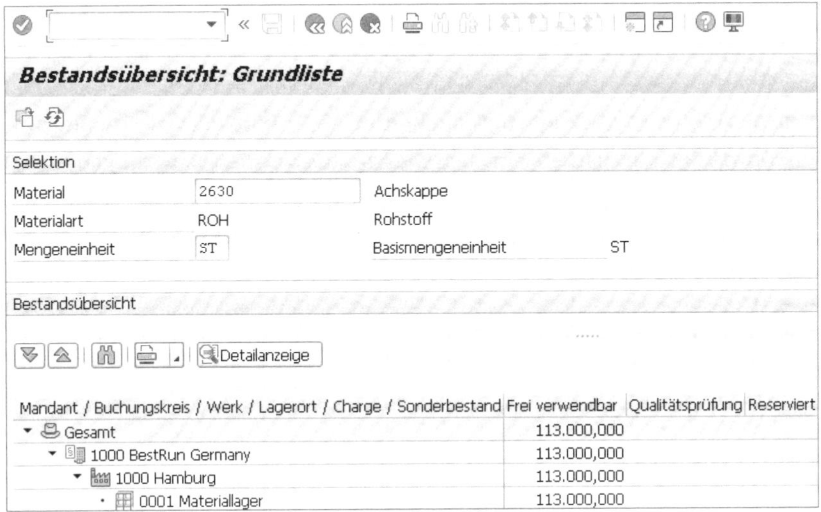

Abbildung 6.29 Bestandsübersicht vor der Umlagerung

Im ersten Schritt buchen Sie den Warenausgang mit Transaktion MB1B oder MIGO und der Bewegungsart 303 (Umbuchung »Werk an Werk« – Auslagern). Geben Sie die geforderten Daten ein. Nach der Ausführung der Transaktion ergibt sich die folgende Bestandssituation: Der frei verwendbare Bestand, Spalte **Frei verwendbar**, in Lagerort **0001** des Werkes **1000** ist um die Umlagerungsmenge verringert worden, und im empfangenden Werk **1100** wird die Menge als Umlagerungsbestand, Spalte **Umlagerung (Werk)** auf der Werksebene ausgewiesen. Der empfangende Lagerort ist noch nicht bekannt (siehe Abbildung 6.30).

Liste Bearbeiten Springen Zusätze Umfeld System Hilfe

Bestandsübersicht: Grundliste

Selektion

Material	2630	Achskappe	
Materialart	ROH	Rohstoff	
Mengeneinheit	ST	Basismengeneinheit	ST

Bestandsübersicht

Detailanzeige

Mandant / Buchungskreis / Werk / Lagerort / Charge / Sonderbestand	Frei verwendbar	Qualitätsprüfung	Umlagerung (Werk)	Reserviert
Gesamt	112.000,000		1.000,000	
1000 BestRun Germany	112.000,000		1.000,000	
1000 Hamburg	112.000,000			
0001 Materiallager	112.000,000			
1100 Berlin			1.000,000	

Abbildung 6.30 Bestandsübersicht nach der Auslagerung

Im zweiten Schritt nehmen Sie die Einlagerung im empfangenden Werk **1100** und in dem zugeordneten Lagerort **0001** vor. Sie buchen wieder mit Transaktion MB1B oder MIGO und wählen als Bewegungsart 305 (Umbuchung »Werk an Werk« – Einlagern). Geben Sie die geforderten Daten ein, und buchen Sie anschließend. Das Ergebnis finden Sie nun in der Bestandsübersicht. Die Menge aus dem Umlagerungsbestand wurde in den frei verwendbaren Bestand des empfangenden Werks und in den zugeordneten Lagerort gebucht (siehe Abbildung 6.31).

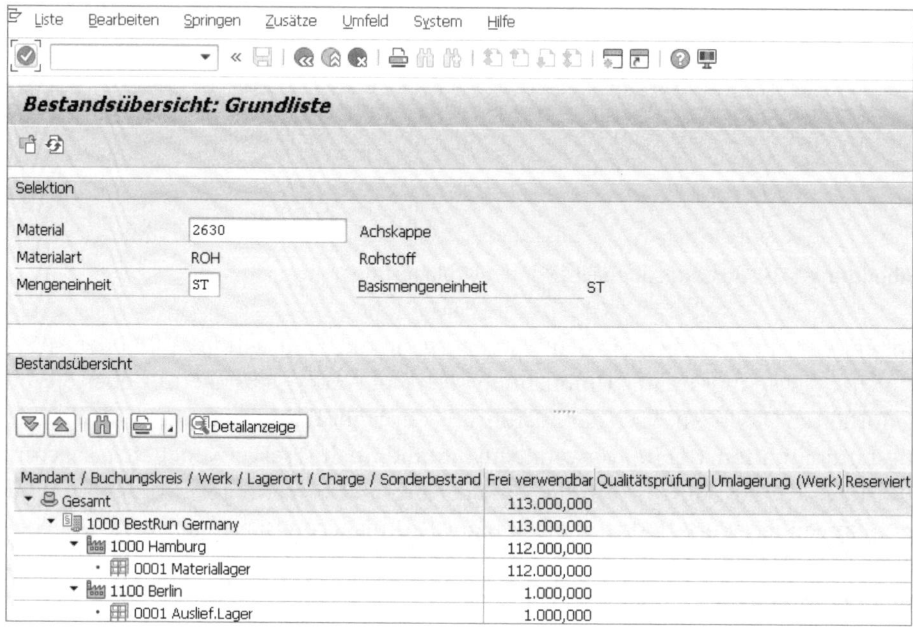

Abbildung 6.31 Bestandsübersicht nach der Einlagerung

Die bei diesem Umlagerungsprozess erzeugten Materialbelege können Sie sich als Einzelbelege im Bild von Transaktion MB1B (Umbuchung) oder in der Materialbelegliste anschauen (siehe Abbildung 6.32). Dazu wählen Sie Transaktion MB51 (Materialbelegliste). Sie erkennen in der ersten Zeile die Auslagerung aus Lagerort **0001** des Werks **1000**, in der zweiten Zeile die avisierte Einlagerung (Umlagerungsbestand) in Werk **1100** (ohne Lagerortangabe) und schließlich in der dritten Zeile die Einlagerung in Lagerort **0001** des Werks **1100**.

Umlagerung »Buchungskreis an Buchungskreis«

Die Umlagerung »Buchungskreis an Buchungskreis« buchen Sie wie die Umlagerung »Werk an Werk«, wobei die Werke unterschiedlichen Buchungskreisen zugeordnet sind. Sie können im Einschritt- oder Zweischrittverfahren buchen.

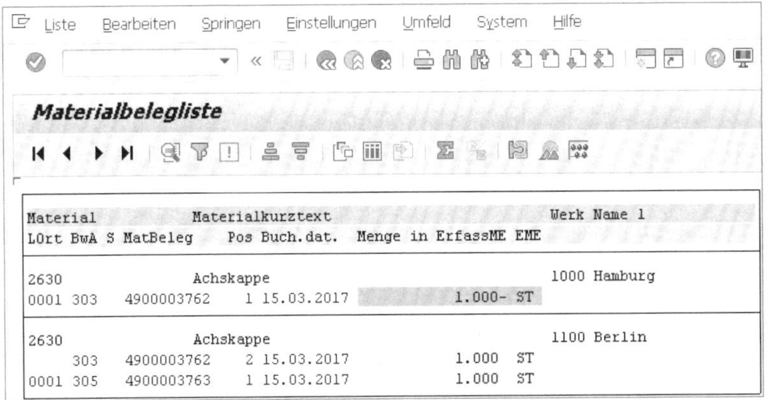

Abbildung 6.32 Materialbelegliste für die Umlagerung im Zweischrittverfahren »Werk an Werk«

6.2.3 Lagerortbezogene Umlagerungen

In diesem Abschnitt werden Umlagerungen von einem Lagerort zu einem anderen Lagerort im gleichen Werk betrachtet. Es findet im gleichen Werk ein physischer Transport statt, und damit wird das Material mit den gleichen Bewertungsdaten umgelagert. Dies bedeutet, dass es nur zu einer Fortschreibung der Bestandsmengen führt, ausgewiesen in dem oder den Materialbelegen, und der Bestandswert unverändert bleibt. Das heißt, es wird kein Buchhaltungsbeleg vom SAP-System erzeugt. Die Umlagerung von getrennt bewertetem Material wird hier nicht betrachtet. Sie können die Umlagerung im Einschritt- oder Zweischrittverfahren durchführen:

- **Einschrittverfahren**
  Bei diesem Verfahren wird der Bestand in der gewählten Bestandsart im abgebenden Lagerort um die Umlagerungsmenge verringert und im empfangenden Lagerort in der gleichen Bestandsart um diese Menge erhöht. Da beide Lagerorte dem gleichen Werk zugeordnet sind, gibt es keine Bestandsveränderung auf der Werksebene.

  Sie nehmen diese Umlagerung mit Transaktion MB1B oder MIGO und der Bewegungsart, z. B. 311 (»Umbuchung Lagerort an Lagerort« und »frei an frei«) vor.

- **Zweischrittverfahren**
  Sie buchen das Material im ersten Schritt aus dem abgebenden Lagerort aus und im zweiten Schritt in den empfangenden Lagerort ein. Nach dem ersten Schritt ist die Menge aus dem frei verwendbaren Bestand des abgebenden Lagerorts ausgebucht und befindet sich im empfangenden Lagerort im Umlagerungsbestand. Bei der Einlagerung in den empfangenden Lagerort wird die Menge aus dem Umlagerungsbestand in den frei verwendbaren Bestand gebucht. Im Materialbeleg werden für jede von Ihnen erfasste Position zwei Materialbelegpositionen erzeugt:

eine Materialbelegposition für die Auslagerung aus dem abgebenden Lagerort und eine Materialbelegposition für die Einlagerung in den Umlagerungsbestand des empfangenden Lagerorts. Bei der Einlagerung in den empfangenden Lagerort erzeugt das SAP-System wieder einen Materialbeleg, in dem für jede Position nur eine Materialbelegposition erzeugt wird. Dies liegt darin begründet, dass bei diesem Schritt nur die Umlagerungsmenge aus dem Umlagerungsbestand in den frei verwendbaren Bestand des empfangenden Lagerorts gebucht wird.

Bei Transportschäden können Sie analog zu den Ausführungen zu den Werksumlagerungen verfahren. Sie beziehen sich dann auf die Lagerortebene.

Fallbeispiel: Umlagerung »Lagerort an Lagerort« im Zweischrittverfahren

Beschäftigen wir uns näher mit dem Zweischrittverfahren. Dabei gehen wir von folgenden Grundannahmen aus:

- Beide Lagerorte sind dem gleichen Werk zugeordnet.
- Sie möchten die Menge von 100 Stück eines Materials in Werk 1000 von Lagerort 0001 in Lagerort 0002, der dem gleichen Werk zugeordnet ist, umlagern.
- Das umzulagernde Material befindet sich in ausreichender Menge im frei verwendbaren Bestand des Lagerorts 0001 in Werk 1000 (siehe Abbildung 6.33). Diese Information erhalten Sie, wenn Sie mit Transaktion MMBE die Bestandsübersicht aufrufen.

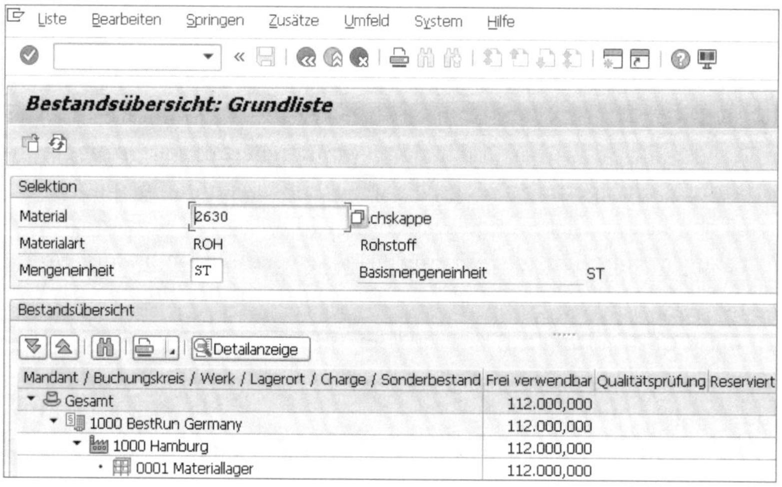

Abbildung 6.33 Bestandsübersicht vor der Umlagerung

Im ersten Schritt buchen Sie den Warenausgang mit Transaktion MB1B oder MIGO und der Bewegungsart 313 (Umbuchung »Lagerort an Lagerort« – Auslagern). Geben Sie die geforderten Daten ein. Nach der Ausführung der Transaktion ergibt sich die folgende Bestandssituation: Der frei verwendbare Bestand in Lagerort **0001** in Werk

1000 ist um die Umlagerungsmenge verringert worden, und im empfangenden Lagerort **0002** wird die Menge als Umlagerungsbestand, Spalte **Umlagerung (LOrt)**, ausgewiesen (siehe Abbildung 6.34).

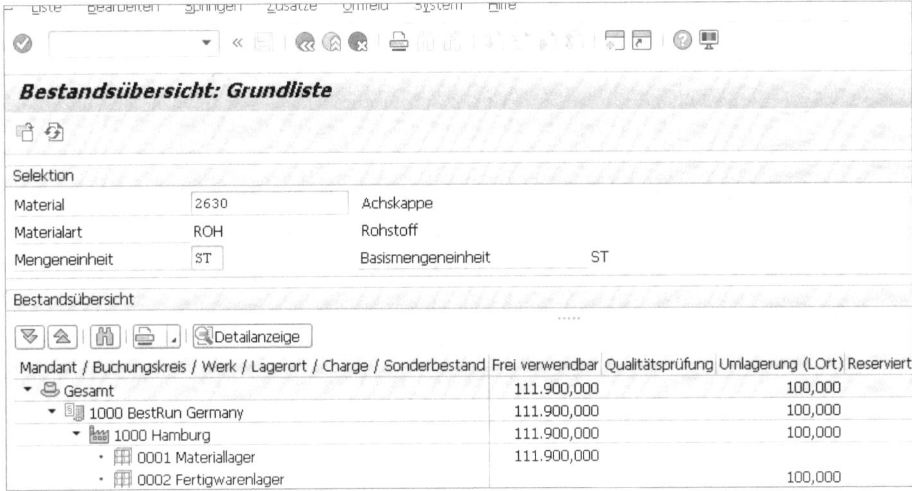

Abbildung 6.34 Bestandsübersicht nach der Auslagerung

Im zweiten Schritt nehmen Sie die Einlagerung in den empfangenden Lagerort vor. Sie buchen wieder mit Transaktion MB1B oder MIGO und wählen als Bewegungsart 315 (Umbuchung »Lagerort an Lagerort« – Einlagern). Geben Sie die geforderten Daten ein, und buchen Sie. Das Ergebnis ist in der Bestandsübersicht ersichtlich. Die Menge aus dem Umlagerungsbestand wurde in den frei verwendbaren Bestand des empfangenden Lagerorts **0002** gebucht (siehe Abbildung 6.35).

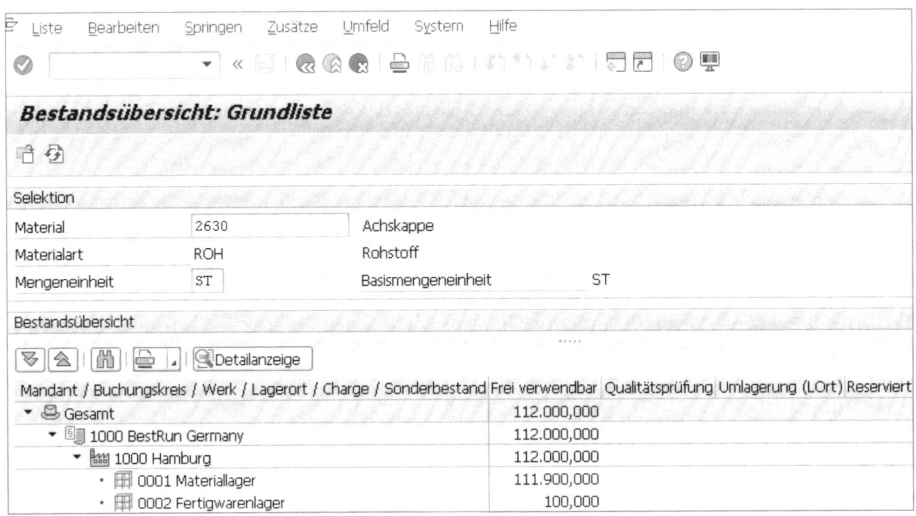

Abbildung 6.35 Bestandsübersicht nach der Einlagerung

Die bei diesem Umlagerungsprozess erzeugten Materialbelege können Sie sich als Einzelbelege im Bild von Transaktion MB1B, MIGO oder in der Materialbelegliste anschauen (siehe Abbildung 6.36). Hierzu wählen Sie Transaktion MB51 (Materialbelegliste).

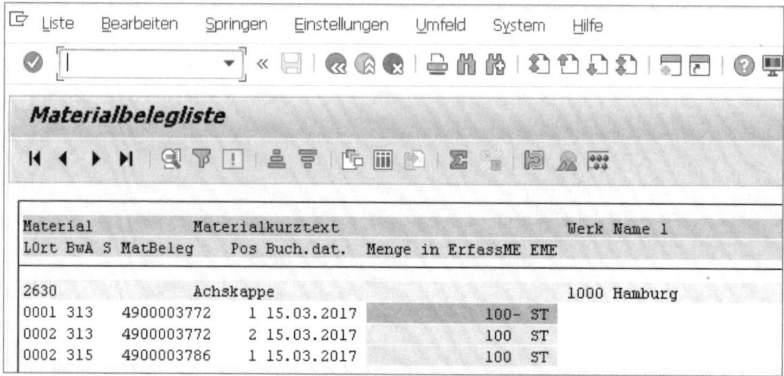

Abbildung 6.36 Materialbelegliste für die Umlagerung im Zweischrittverfahren »Lagerort an Lagerort«

6.2.4 Umlagerungsbestellung

Im Folgenden schildern wir Ihnen, wie Sie eine Umlagerung über die *Umlagerungsbestellung* vornehmen.

Vorteile der Umlagerungsbestellung

Eine Umlagerung über die Umlagerungsbestellung bietet gegenüber einer Umlagerung ohne Umlagerungsbestellung einige Vorteile, u. a.:

- Der Zugang kann im Empfangswerk geplant werden.
- Der Warenausgang kann mit einer Lieferung in der Versandkomponente erfasst werden. Damit können Sie die Funktionalitäten der Versandkomponente (Kommissionieren, Verpacken, Lieferschein drucken) nutzen.
- Die Umlagerung über die Umlagerungsbestellung kann in die Verfügbarkeitsprüfung einbezogen werden.
- Der Prozessablauf ist in der Bestellentwicklung ersichtlich.

Für Umlagerungen mit Umlagerungsbestellung existieren drei verschiedene Verfahrensarten:

- **Umlagerungsbestellung ohne Lieferung**
  An dem Verfahren »Umlagerungsbestellung ohne Lieferung« sind die Komponenten Bestandsführung und Einkauf (im empfangenden Werk) beteiligt. Dieses Verfahren ist nur im Zweischrittverfahren möglich. Die folgende Prozessschritte müssen Sie durchführen:

  - Anlegen einer Umlagerungsbestellung mit Lieferwerk und den Positionen für das empfangende Werk (siehe Abschnitt 5.5.2, »Bestellungen«, und Abschnitt 5.9.3, »Umlagerungsbestellung«).
  - Buchen des Warenausgangs im abgebenden Werk mit Transaktion MB1B (Umbuchung) und der Bewegungsart **351** (Umbuchung an Transitbestand aus frei verwendbar).
  - Buchen des Wareneinganges mit Transaktion MIGO und der Bewegungsart **101** (Wareneingang zur Bestellung) in den frei verwendbaren Bestand des empfangenden Werks.

- **Umlagerungsbestellung mit Lieferung (Buchungskreis intern)**
  Das Verfahren »Umlagerungsbestellung mit Lieferung« ist für eine buchungskreisinterne Umlagerung vorgesehen. An dem Verfahren sind die Komponenten Einkauf, Bestandsführung und Versand beteiligt. Diese Umlagerung kann im Einschritt- und im Zweischrittverfahren durchgeführt werden. Dieses Verfahren ist durch den folgenden Prozessablauf gekennzeichnet: Die Warenausgangsbuchung im liefernden Werk bewirkt, dass das Material in den Transitbestand des empfangenden Werks gebucht wird. Damit ist eine Überwachung der Bestände, die unterwegs sind, möglich. Im empfangenden Werk wird dann das Material mit einer Wareneingangsbuchung in den frei verwendbaren Bestand gebucht.
- **Umlagerungsbestellung mit Lieferung und Faktura (buchungskreisübergreifend)**
  Das Verfahren »Umlagerungsbestellung mit Lieferung und Faktura« ist für die buchungskreisübergreifende Umlagerung zu verwenden, sofern im Prozessablauf die Funktionalitäten zur Versandabwicklung und Fakturierung genutzt werden sollen. Die Umlagerung zwischen Werken, die unterschiedlichen Buchungskreisen angehören, kann im Einschritt- oder Zweischrittverfahren durchgeführt werden. An diesem Verfahren sind die Komponenten Einkauf, Bestandsführung, Versand, Fakturierung und Rechnungsprüfung beteiligt.

  Dieses Verfahren weist folgende Besonderheiten auf: Die ausgebuchte Menge wird weder im abgebenden noch im empfangenden Werk geführt. Erst bei der Wareneingangsbuchung wird die Menge in den frei verwendbaren Bestand des empfangenden Werks gebucht. In der Bestandsübersicht wird die umgelagerte Menge nach dem Warenausgang als Transitbestand ausgewiesen. Dieser Bestand wird für die Bestandsanzeige dynamisch ermittelt.

  Bei der Umlagerung findet eine Preisfindung im Einkauf (z. B. aus dem Einkaufsinfosatz) und im Vertrieb (nach dem Verfahren in der Faktura) statt.

Fallbeispiel: Umlagerungsbestellung mit Lieferung

Im nachfolgenden Beispiel werden die Voraussetzungen, Einstellungen und Prozessschritte für eine Umlagerungsbestellung mit Lieferung (buchungskreisintern) im Einschrittverfahren dargestellt.

Angenommen seien zunächst die folgenden Voraussetzungen:

- Beide Werke (das abgebende Werk 1000 und das empfangende Werk 1200) gehören zum gleichen Buchungskreis.
- Das Material ist in beiden Werken für diesen Umlagerungsprozess gepflegt.

Die folgenden Einstellungen müssen Sie vornehmen:

1. Für die Durchführung der Umlagerungsbestellung im Einschrittverfahren müssen Sie im Customizing über den Menüpfad **Materialwirtschaft • Einkauf • Bestellung • Umlagerungsbestellung einstellen • Belegart, Einschrittverfahren, Unterlieferungstoleranzen zuordnen** für das Liefer- und Empfangswerk die in Abbildung 6.37 gezeigten Einstellungen vornehmen. Sie wählen in der Spalte **Art** die Einkaufsbelegart **UB**, und in der Spalte **Einschritt** setzen Sie den Haken für die Umlagerung im Einschrittverfahren.
2. Da an diesem Umlagerungsverfahren die Komponente Versand beteiligt ist, muss im Customizing die Zuordnung von Einkaufsbelegart **UB** und Lieferwerk **1000** zu einer Lieferart (Spalte **LFArt**) in diesem Fall **NL** (Nachschublieferung), getroffen werden. Diese Einstellung nehmen Sie im Customizing über den Menüpfad **Materialwirtschaft • Einkauf • Bestellung • Umlagerungsbestellung einstellen • Lieferant und Prüfregel zuordnen** vor (siehe Abbildung 6.38).
3. Bei der Umlagerung fungiert das empfangende Werk als Warenempfänger. Deshalb müssen Sie dem empfangenden Werk 1200 eine Kundennummer zuordnen. Damit gewährleiten Sie, dass bei dem Umlagerungsprozess Versanddaten aus dem Kundenstammsatz zur Verfügung stehen. Diese Einstellung nehmen Sie im Customizing über den Menüpfad: **Materialwirtschaft • Einkauf • Bestellung • Umlagerungsbestellung einstellen • Versanddaten für Werke einstellen** vor (siehe Abbildung 6.39).

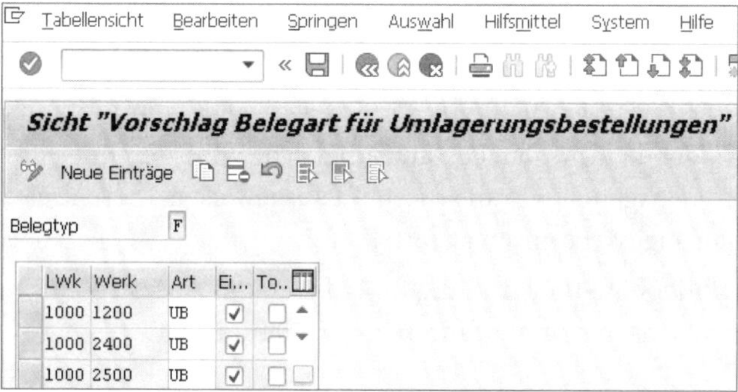

Abbildung 6.37 Einschrittverfahren für die Umlagerungsbestellung mit Lieferwerk 1000 und Empfangswerk 1200

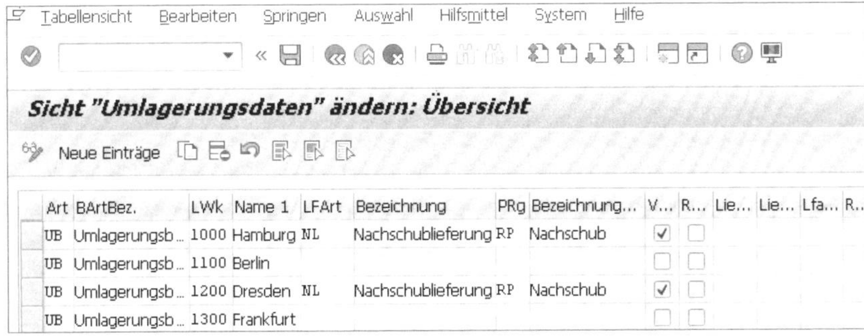

Abbildung 6.38 Lieferart NL der Einkaufsbelegart UB und dem Lieferwerk 1000 zuordnen

Abbildung 6.39 Kundennummer dem Empfangswerk zuordnen

Nachdem Sie alle Einstellungen vorgenommen haben, gestalten sich die Prozessschritte wie folgt:

- **Schritt 1: Umlagerungsbestellung anlegen**

  Sie legen die Umlagerungsbestellung mit Transaktion ME21N an.

  Wählen Sie die Belegart **UB Umlagerungsbestellung**, und geben Sie die gewünschten Daten ein.

  Der Positionstyp U (Umlagerung) wird aufgrund der Belegartenwahl automatisch vorgeschlagen (siehe Abbildung 6.40). Sie sollten bei dem Einschrittverfahren bereits in der Bestellung den Lagerort des empfangenden Werks angeben, da sonst der Prozessschritt der Warenausgangsbuchung zu einem Fehler führt.

  Sie können auch kontierte Bestellpositionen erfassen, wenn das betreffende Material nicht für das Lager, sondern für den Verbrauch bestimmt ist. Voraussetzung ist, dass das Material im Empfangswerk nicht als unbewertetes Material geführt wird.

Bestellung Bearbeiten Springen Umfeld System Hilfe

Bestellung anlegen

Belegübersicht ein | Merken | Druckansicht | Nachrichten | Pers. Einstellung | Als Vorlage sichern | Aus Vorlage laden

UB Umlagerungsbeste... | Lieferwerk: 1000 Hamburg | Belegdatum: 16.03.2017

Kopf

S..	Pos	K	P	Material	Kurztext	Bestellmenge	B...	T	Lieferdatum	Warengru...	Werk	Lagerort
	10		U	2630	Achskappe	1.000	ST	T	21.03.2017	Blech	Dresden	Materiallager
											Hamburg	Materiallager

Abbildung 6.40 Umlagerungsbestellung mit Lieferwerk 1000 (Hamburg) und Empfangswerk 1200 (Dresden)

- **Schritt 2: Nachschublieferung anlegen**
  Um die von Werk 1200 bestellte Menge des Materials auszuliefern, müssen Sie eine Lieferung mit Bezug zu der Bestellung anlegen. Bei diesem Verfahren handelt es sich um eine *Nachschublieferung* Nachschublieferungen werden ausschließlich mit einem Liefersammelgang erzeugt. Legen Sie die Nachschublieferung im SAP-Menü über den Pfad: **Logistik • Vertrieb • Versand und Transport • Auslieferung • Anlegen • Sammelverarbeitung versandfälliger Belege • Bestellungen** an, oder nutzen Sie Transaktion VL10B (siehe Abbildung 6.41).

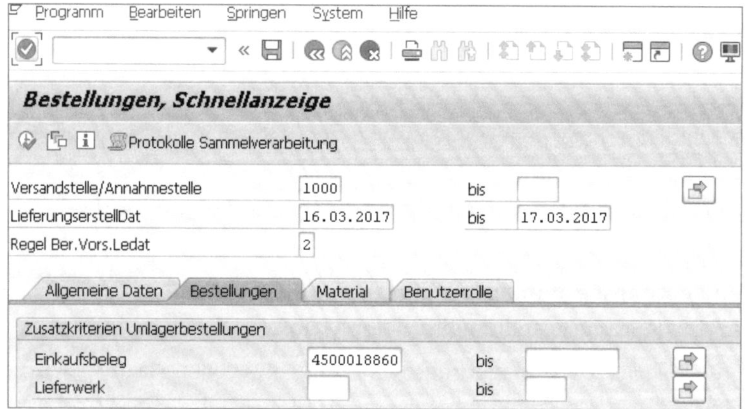

Abbildung 6.41 Selektionsbild der Sammelverarbeitung mit Referenz auf die Umlagerungsbestellung

Geben Sie die Kopfdaten ein. Den Bezug zu der Bestellung stellen sie im Datenbild **Bestellungen**, aufzurufen durch das Anklicken der Registerkarte **Bestellungen**, her. Geben Sie die Bestellnummer in das Feld **Einkaufsbeleg** ein.

Nach dem Anklicken der Schaltfläche **Ausführen** gelangen Sie in das Datenbild, das die versandfälligen Belege anzeigt (siehe Abbildung 6.42).

Abbildung 6.42 Versandfällige Belege

Markieren Sie die Zeile, zu der Sie die Nachschublieferung anlegen möchten, und klicken Sie auf die Schaltfläche **Hintergrund**. Um sich den Inhalt der erzeugten Nachschublieferung anzeigen zu lassen, gehen Sie folgendermaßen vor (siehe Abbildung 6.43):

Sie markieren die Zeile, zu der Sie sich den Inhalt der Nachschublieferung ansehen möchten, und klicken anschließend auf die Schaltfläche (**Protokoll Lieferungserstellung**). Sie gelangen in das Datenbild **Protokoll Liefererzeugung**. Markieren Sie die Zeile, klicken Sie auf die Schaltfläche **Belege** und nach deren Selektion auf die Schaltfläche **Beleg anz.** Sie gelangen nun in das Datenbild, das Ihnen den Inhalt der Nachschublieferung anzeigt (siehe Abbildung 6.44).

Abbildung 6.43 Versandfällige Belege – erzeugte Nachschublieferung

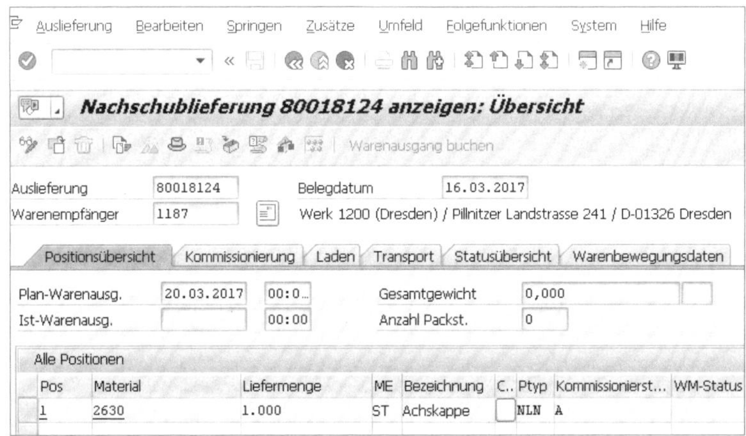

Abbildung 6.44 Nachschublieferung anzeigen

- **Schritt 3: Kommissionieren und Warenausgang buchen**
  Sie bearbeiten die Nachschublieferung mit den Versandfunktionalitäten. Sie befinden sich noch in dem Datenbild der Nachschublieferung. Schalten Sie von **Anzeigen** auf **Ändern** um. Klicken Sie auf die Schaltfläche **Kommissionierung**, und geben Sie die Kommissioniermenge ein. Danach buchen Sie den Warenausgang, indem Sie die Schaltfläche **Warenausgang buchen** anklicken. Der Warenausgang im abgebenden Werk wurde mit der Bewegungsart **647** und gleichzeitig der Wareneingang mit der Bewegungsart **101** (Wareneingang zur Bestellung) im empfangenden Werk gebucht. Im Datenbild Warenbewegungsdaten, zu erreichen über die gleichnamige Registerkarte **Warenbewegungsdaten**, gibt der Eintrag **C** (**erledigt**) im Feld **GeswarenbewStat** an, dass der Umlagerungsprozess erfolgreich abgeschlossen ist (siehe Abbildung 6.45).

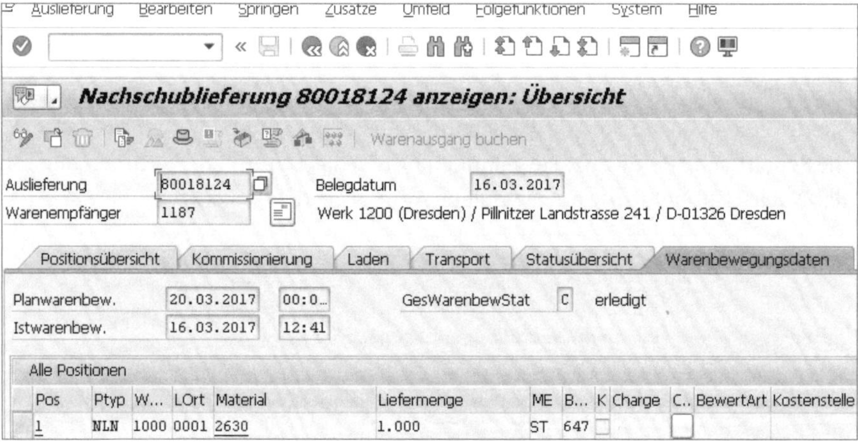

Abbildung 6.45 Nachschublieferung nach dem Warenausgang

Das SAP-System erzeugt bei der Warenausgangsbuchung einen Materialbeleg, der die Abbuchung aus dem Lieferwerk (1. Zeile), den Transitbestand (2. Zeile) und den Zugang im Empfangswerk (3. Zeile) anzeigen. Diese Information erhalten sie, indem Sie die Materialbelegliste mit Transaktion MB51 (Materialbelegliste) aufrufen (siehe Abbildung 6.46).

Liste Bearbeiten Springen Einstellungen Umfeld System Hilfe

Materialbelegliste

Material	Werk	LOrt	BwA	S	Materialbeleg	Pos	Buch.dat.	Menge in ErfassME	EME
2630	1000	0001	647		4900003830	1	16.03.2017	1.000-	ST
2630	1200		647		4900003830	2	16.03.2017	1.000	ST
2630	1200	0001	101		4900003830	3	16.03.2017	1.000	ST

Abbildung 6.46 Materialbelegliste nach der Umlagerung

In der Umlagerungsbestellung werden für jede Position Bestellentwicklungssätze angelegt. Damit ist es dem empfangenden Werk möglich, den Stand der Umlagerung zu verfolgen (siehe Abbildung 6.47). Dieses Datenbild erreichen Sie mit Transaktion ME23N (Bestellung anzeigen).

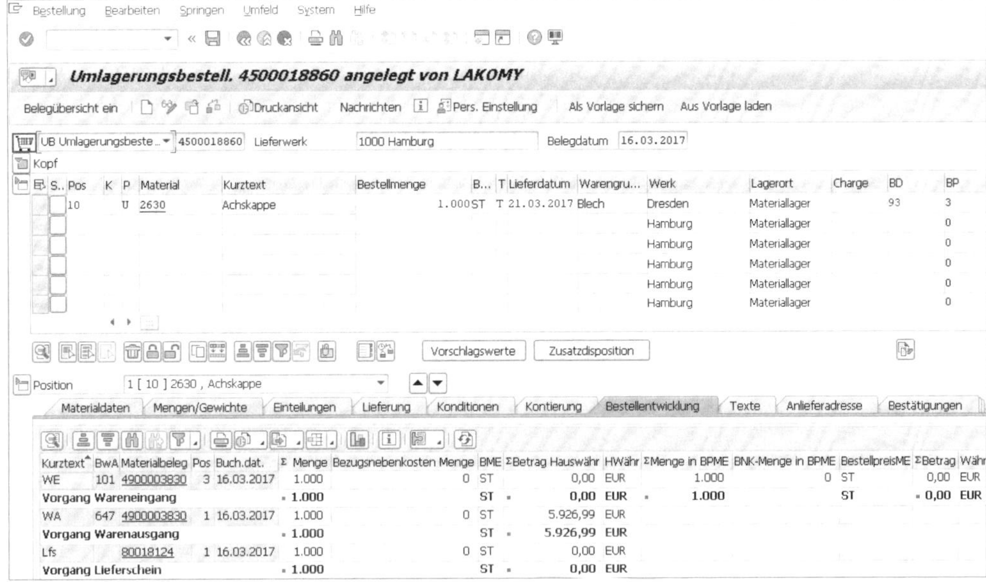

S..	Pos	K	P	Material	Kurztext	Bestellmenge	B...	T	Lieferdatum	Warengru...	Werk	Lagerort	Charge	BD	BP
	10		U	2630	Achskappe	1.000	ST	T	21.03.2017	Blech	Dresden	Materiallager		93	3
											Hamburg	Materiallager			0
											Hamburg	Materiallager			0
											Hamburg	Materiallager			0
											Hamburg	Materiallager			0
											Hamburg	Materiallager			0

Kurztext	BwA	Materialbeleg	Pos	Buch.dat.	Σ Menge	Bezugsnebenkosten Menge	BME	ΣBetrag Hauswähr	HWähr	ΣMenge in BPME	BNK-Menge in BPME	BestellpreisME	ΣBetrag	Währ
WE	101	4900003830	3	16.03.2017	1.000	0	ST	0,00	EUR	1.000	0	ST	0,00	EUR
Vorgang Wareneingang					**1.000**		**ST**	**0,00**	**EUR**	**1.000**		**ST**	**0,00**	**EUR**
WA	647	4900003830	1	16.03.2017	1.000	0	ST	5.926,99	EUR					
Vorgang Warenausgang					**1.000**		**ST**	**5.926,99**	**EUR**					
Lfs		80018124	1	16.03.2017	1.000	0	ST	0,00	EUR					
Vorgang Lieferschein					**1.000**		**ST**	**0,00**	**EUR**					

Abbildung 6.47 Bestellentwicklung der Umlagerungsbestellung

Umlagerungsbestellung und Disposition

Die Umlagerungsbestellung wird sowohl im abgebenden als auch im empfangenden Werk berücksichtigt. Damit wird der Wareneingang im empfangenden Werk vorgeplant. Der Umlagerungsprozess kann auch durch eine Bestellanforderung oder einen Umlagerungslieferplan eingeleitet werden. Wenn Sie im Materialstamm in der Sicht **Disposition 2** des Empfangswerks einen Sonderbeschaffungsschlüssel, z. B. **40** (Umlagerung) eintragen, der die Beschaffung aus einem anderen Werk (Beschaffung aus Werk 1000) avisiert, wird bei einem Bedarfsplanungslauf der Positionstyp **U** (Umlagerung) und das Lieferwerk in der Bestellanforderungsposition eingetragen.

6.2.5 Umbuchung »Material an Material«

Eine Umbuchung »Material an Material« kann z. B. dann erforderlich werden, wenn sich ein Material im Laufe der Zeit ändert. Es entspricht nicht mehr den im Materialstammsatz definierten Eigenschaften, sondern denen einer anderen Materialnummer. Dies kann etwa in der chemischen und pharmazeutischen Industrie, in der

Möbelbranche (Alterung von Eichenfurnierholz), in der Getränkebranche (Qualitätsveränderung alkoholischer Getränke nach längerer Lagerzeit), bei Qualitätsminderung eines Materials, das aber noch verwendbar ist (A-Ware zu B-Ware), der Fall sein.

Es kann aber auch andere Gründe für eine Umbuchung geben. Unter der Voraussetzung, dass in Ihrem Unternehmen die Komponente PP (Produktionsplanung und -steuerung) im Einsatz ist, kann es in der Produktion dazu kommen, dass ein Material, das in der Stückliste als Einsatzkomponente ausgewiesen ist, nicht vorrätig ist. Es muss dann durch ein äquivalentes Material ersetzt werden.

[zB]

Ersatz durch äquivalentes Material

Vergegenwärtigen Sie sich etwa den Fall, dass es Ihr Kunde bei der Bestellung eines Fahrzeugs oder Lkw Ihnen selbst überlässt, eine Reifenmarke auszuwählen. Er wäre also damit einverstanden, wenn Sie anstelle der Reifen von Hersteller A – die ursprünglich in der Stückliste vorgesehen waren – Reifen von Hersteller B einsetzen.

Die Umbuchung »Material an Material« setzt voraus, dass für das empfangende Material schon ein Materialstammsatz vorhanden ist. Beide Materialien müssen mit der gleichen Basismengeneinheit gepflegt sein. Sie können nur aus dem frei verwendbaren Bestand des abgebenden Materials in den frei verwendbaren Bestand des empfangenden Materials buchen. Dabei wird der Bestand des abgebenden Materials um die Umbuchungsmenge verringert, und entsprechend vermindert sich der Wert um den Wert der Umbuchung. Der Bestand des empfangenen Materials wird durch die Umbuchungsmenge erhöht; der Wert hängt von dem Preissteuerungsverfahren ab. Wenn der Preis des empfangenden Materials vom Preis des abgebenden Materials abweicht, entstehen durch die Umbuchung Preisdifferenzen. Ist im empfangenden Material die V-Preissteuerung eingestellt, wird die Differenz auf das Bestandskonto gebucht; ist die S-Preissteuerung eingestellt, wird die Differenz auf das Konto »Aufwand/Ertrag aus Umlagerung« gebucht. Der abgebende Materialstammsatz bestimmt den Wert der Umbuchung. Die Grundlage für alle Umrechnungen bei den Buchungen ist immer die Basismengeneinheit; die Erfassungsmengeneinheit im Materialbeleg ist dafür nicht relevant (siehe Abschnitt 2.2.1, »Sicht ›Grunddaten 1‹«).

Wenn Sie bei der Umbuchung eine Lagerortänderung innerhalb des Werks für das empfangende Material vornehmen möchten und der Lagerort als Organisationseinheit dem Werk zugeordnet ist, aber das Material noch nicht mit den Lagerortdaten gepflegt ist, besteht die Möglichkeit, dass das SAP-System diese bei der Umbuchung anlegt. Sie müssen hierzu im Customizing für das Werk und die Bewegungsart die Einstellungen über den Menüpfad: **Materialwirtschaft • Bestandsführung und Inventur • Warenausgang/Inventur • Lagerort automatisch anlegen** vornehmen.

Für die Umbuchung »Material an Material« wählen Sie im SAP-Menü den Pfad **Logistik • Materialwirtschaft • Bestandsführung • Warenbewegung • Umbuchung**, oder Sie nutzen Transaktion MIGO oder Transaktion MB1B. Geben Sie die Daten im Einstiegsbild ein. Wählen Sie die Bewegungsart **309** (Umbuchung »Material an Material«). Geben Sie das abgebende Werk und den abgebenden Lagerort ein. Verwenden Sie die Schaltfläche **Enter**, und Sie erreichen das Sammelerfassungsdatenbild. Geben Sie die Nummer des empfangenden Materials ein. Ein Werk und einen Lagerort geben Sie nur dann ein, wenn mit der Umbuchung gleichzeitig eine Werks- oder Lagerortumbuchung erfolgen soll. Geben Sie das Material und die Menge in den einzelnen Positionen ein. Für jede Position können Sie das Werk und den abgebenden Lagerort noch ändern. Prüfen Sie die Daten, und nehmen Sie anschließend die Buchung vor. Die Bestandsübersicht wird aktualisiert, und es werden ein Material- und ein Buchhaltungsbeleg erzeugt.

Fallbeispiel: Material an Material mit gleicher Preissteuerung

Im nachfolgenden Beispiel werden die Voraussetzungen, Einstellungen und Prozessschritte für die Umbuchung »Material an Material« dargestellt. Beide Materialien sind v-preis-gesteuert:

- Umbuchung des Materials 2771 an das Material 2772.
- Material 2771 hat einen V-Preis in Höhe von 95,00 EUR/Stück; Material 2772 hat einen V-Preis in Höhe von 105,00 EUR/Stück.
- Die Umbuchungsmenge beläuft sich auf 4 Stück.
- Beide Materialien sind im gleichen Werk angelegt, aber in unterschiedlichen Lagerorten, die dem gleichen Werk zugeordnet sind.

Sie wählen Transaktion MB1B und erhalten das Bild **Umbuchung erfassen: Neue Positionen**. Pflegen Sie die Daten im Erfassungsbild, und nehmen Sie die Buchung vor (siehe Abbildung 6.48).

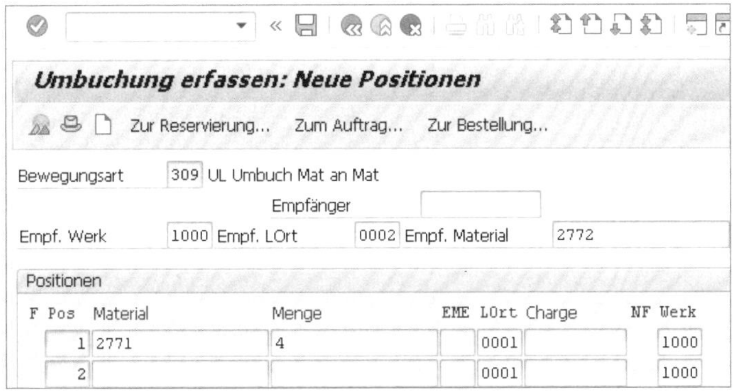

Abbildung 6.48 Umbuchung »Material an Material« erfassen

Als Ergebnis der Umbuchung werden für die Position(en), die Sie in den Umbuchungsvorgang einbezogen haben, im Materialbeleg zwei Positionen (eine Position für das abgebende und eine Position für das empfangende Material) erzeugt, siehe Abbildung 6.49.

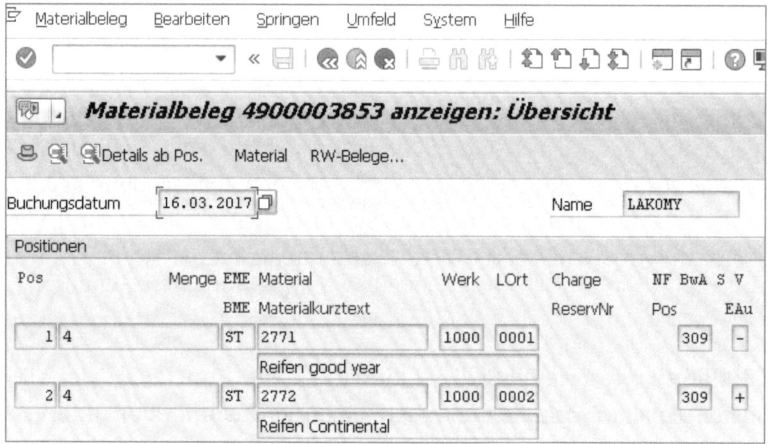

Abbildung 6.49 Materialbeleg der Umbuchung

Des Weiteren wird ein Buchhaltungsbeleg erstellt (siehe Abbildung 6.50).

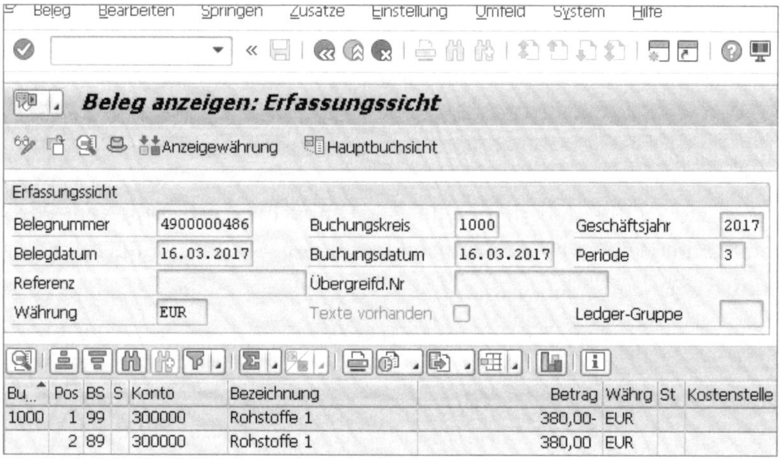

Abbildung 6.50 Buchhaltungsbeleg der Umbuchung

Das SAP-System hat, da beide Materialien V-Preissteuerung haben, folgende Berechnung vorgenommen:

*Wert = Umbuchungsmenge * V-Preis des abgebenden Materials*

Dies bedeutet, dass das abgebende Material den Preis des empfangenden Materials bestimmt hat. Der V-Preis des empfangenden Materials beträgt nach der Umbuchung 95,00 EUR/Stück.

Fallbeispiel: Material an Material mit unterschiedlicher Preissteuerung

Im nachfolgenden Beispiel werden die Voraussetzungen, Einstellungen und Prozessschritte für die Umbuchung »Material an Material« gezeigt. Dabei verwendet ein Material eine V-Preis-Steuerung und das andere Material eine S-Preis-Steuerung:

- Material 2771 hat einen V-Preis in Höhe von 95,00 EUR/Stück und Material 2773 einen S-Preis in Höhe von 105,00 EUR/Stück.
- Die Umbuchungsmenge beläuft sich auf 4 Stück.
- Beide Materialien sind im gleichen Werk, aber in unterschiedlichen Lagerorten angelegt.

Sie gehen so vor, wie wir es im ersten Beispiel beschrieben haben.

Das Ergebnis der Umbuchung ist wieder, dass für die Position(en), die Sie in den Umbuchungsvorgang einbezogen haben, im Materialbeleg zwei Positionen (eine für das abgebende und eine für das empfangende Material) erzeugt werden. In dem Buchhaltungsbeleg (siehe Abbildung 6.51) erkennen Sie, dass hier nicht das abgebende Material den Preis des empfangenden Materials bestimmt; der Standardpreis des empfangenden Materials bleibt unverändert. Der Differenzbetrag wird auf das Konto »Aufwand/Ertrag aus Umlagerung« gebucht (siehe Abschnitt 6.6, »Materialbewertung«).

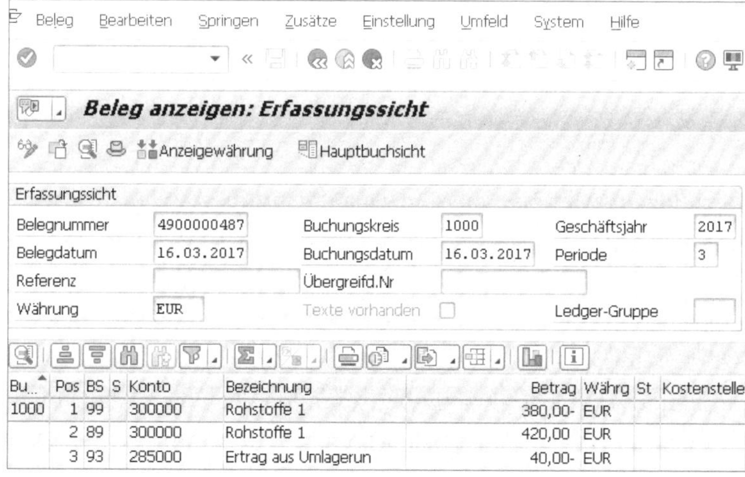

Abbildung 6.51 Buchhaltungsbeleg der Umbuchung

6.2.6 Bestandsartenänderungen

In der Bestandsführung wird nicht nur nach den physischen Beständen in den Werken und Lagerorten unterschieden, sondern auch nach den verschiedenen Bestandsarten. Die Bestandsart ist – je nach Einstellung der Verfügbarkeitsprüfung – relevant für die Ermittlung des verfügbaren Bestands in der Disposition sowie für die Entnahmen in der Bestandsführung.

Die folgende Bestandsarten werden im SAP-System unterschieden:

- **Frei verwendbarer Bestand**
- **Qualitätsprüfbestand**
- **Gesperrter Bestand**
- **Wareneingangssperrbestand**
- **Retourenbestand**
- **Bestellbestand**
- **Reservierter Bestand**
- **Sonderbestand**

Bei der Wareneingangsbuchung und zum Teil im Materialstamm (siehe Abschnitt 2.2.9, »Sicht ›Einkauf‹«) entscheiden Sie, in welcher Bestandsart die Menge gebucht wird. Die ersten drei oben genannten Bestandsarten (frei verwendbarer Bestand, Qualitätsprüfbestand, gesperrter Bestand) geben u. a. Auskunft über die Verwendbarkeit eines Materials. Wenn sich die Verwendbarkeit eines Materials ändert, müssen Sie Umbuchungen zwischen den verschiedenen Bestandsarten vornehmen. Die Umbuchungen nehmen Sie im SAP-Menü über den Pfad **Logistik • Materialwirtschaft • Bestandsführung • Warenbewegung • Umbuchung** oder mit Transaktionen MB1B oder MIGO vor. Sie wählen im Einstiegsbild die gewünschte Bewegungsart aus und geben die für diesen Vorgang relevanten Daten ein.

Fallbeispiel: Umbuchung des Materials aus dem Qualitätsprüfbestand in den frei verwendbaren Bestand

Im nachfolgenden Beispiel werden die Voraussetzungen, Einstellungen und Prozessschritte für eine Umbuchung einer Menge eines Materials aus dem Qualitätsprüfbestand in den frei verwendbaren Bestand beschrieben.

Sie rufen mit Transaktion MB1B das Einstiegsbild zum Erfassen einer Umbuchung auf. Geben Sie im Einstiegsbild die Bewegungsart **321** (Umbuchung »Qualitätsprüfung an frei verwendbar«), das Werk und den Lagerort ein, in denen sich das Material befindet (siehe Abbildung 6.52).

Abbildung 6.52 Umbuchung des Qualitätsprüfbestands an den frei verwendbaren Bestand erfassen – Einstiegsbild

Betätigen Sie die [↵]-Taste, und Sie gelangen in das Positionsbild der Sammelbearbeitung (siehe Abbildung 6.53). Geben Sie die gewünschten Daten ein. Bestimmen Sie im Feld **Empf. LOrt** den Lagerort, in den das Material nach der Bestandsartenänderung gebucht werden soll. Soll das Material im gleichen Lagerort bleiben, ist diese Eingabe nicht notwendig. In der Praxis handelt es sich oft um eine Umbuchung aus einem Prüflager in ein Produktions- oder Auslieferungslager.

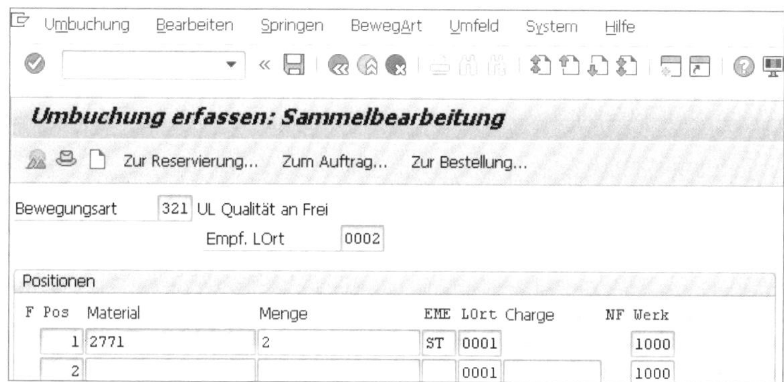

Abbildung 6.53 Bestandsarten- und Lagerortänderung

Nach der Umbuchung wird der Qualitätsprüfbestand in Lagerort **0001** des Werks **1000** um die Umbuchungsmenge **2** verringert und der frei verwendbare Bestand um diese Menge in Lagerort **0002** des Werks **1000** erhöht (siehe Abbildung 6.54 und Abbildung 6.55).

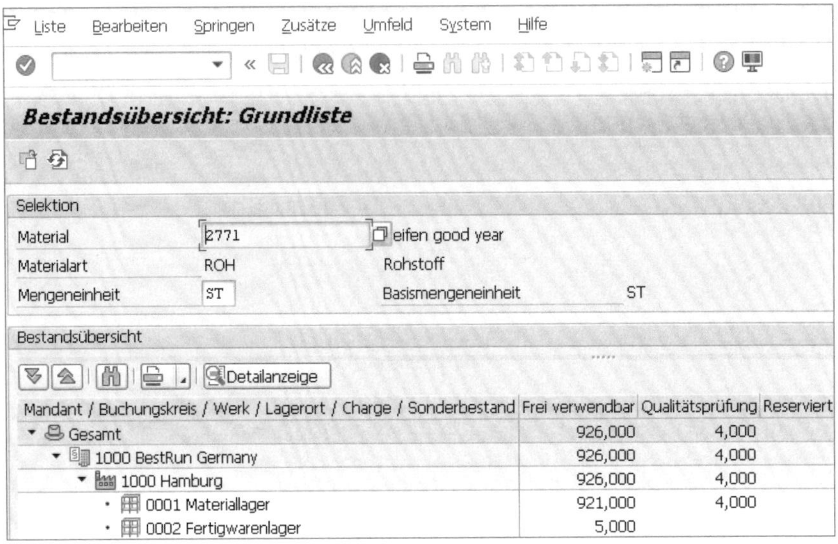

Liste Bearbeiten Springen Zusätze Umfeld System Hilfe

Bestandsübersicht: Grundliste

Selektion

Material	2771	eifen good year	
Materialart	ROH	Rohstoff	
Mengeneinheit	ST	Basismengeneinheit	ST

Bestandsübersicht

Detailanzeige

Mandant / Buchungskreis / Werk / Lagerort / Charge / Sonderbestand	Frei verwendbar	Qualitätsprüfung	Reserviert
Gesamt	926,000	4,000	
1000 BestRun Germany	926,000	4,000	
1000 Hamburg	926,000	4,000	
0001 Materiallager	921,000	4,000	
0002 Fertigwarenlager	5,000		

Abbildung 6.54 Bestandsübersicht vor der Umbuchung

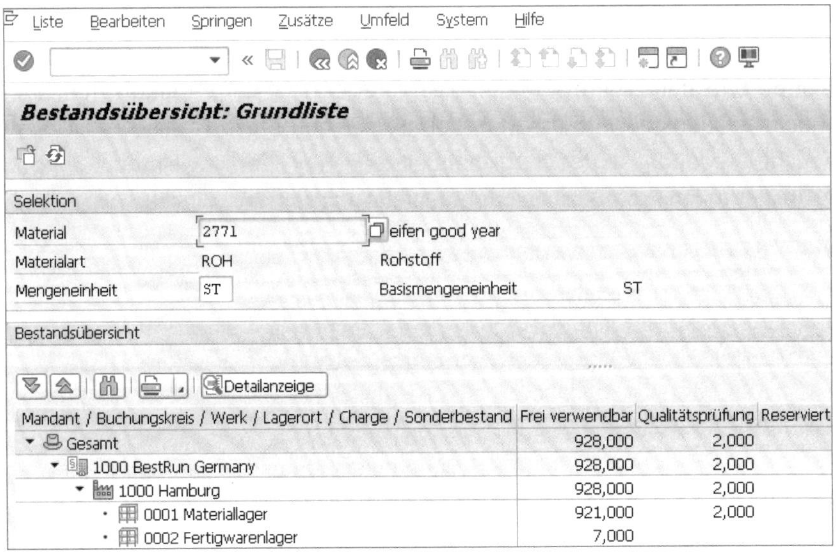

Liste Bearbeiten Springen Zusätze Umfeld System Hilfe

Bestandsübersicht: Grundliste

Selektion

Material	2771	eifen good year	
Materialart	ROH	Rohstoff	
Mengeneinheit	ST	Basismengeneinheit	ST

Bestandsübersicht

Detailanzeige

Mandant / Buchungskreis / Werk / Lagerort / Charge / Sonderbestand	Frei verwendbar	Qualitätsprüfung	Reserviert
Gesamt	928,000	2,000	
1000 BestRun Germany	928,000	2,000	
1000 Hamburg	928,000	2,000	
0001 Materiallager	921,000	2,000	
0002 Fertigwarenlager	7,000		

Abbildung 6.55 Bestandsartenänderung nach Umbuchung

Des Weiteren wird ein Materialbeleg generiert, in dem für die Position(en), die Sie in den Umbuchungsvorgang einbezogen haben, zwei Positionen (eine Position für das abgebende und eine Position für das empfangende Material) abgebildet werden (siehe Abbildung 6.56). Es wird kein Buchhaltungsbeleg erzeugt, da in diesem Fall die Bestandsartenänderung mit keiner Wertänderung verbunden ist.

Abbildung 6.56 Materialbeleg nach der Umbuchung

In Tabelle 6.5 sind einige Umbuchungsbewegungsarten aufgeführt.

Bewegungsart	Bedeutung
321/322	Qualität an frei verfügbar – Storno
343/344	Gesperrt an frei verfügbar – Storno
349/350	Gesperrt an Qualität – Storno
453/454	Eigen aus Retoure – Storno
457/458	Qualität aus Retoure – Storno
459/460	Gesperrt aus Retoure – Storno

Tabelle 6.5 Bewegungsarten – Umbuchung

Qualitätsmanagement aktiv

Wenn die Qualitätsprüfung des Materials und damit der Verwendungsentscheid im Qualitätsmanagementsystem vorgesehen sind, wird die Umbuchung im Rahmen des Prüfprozesses vorgenommen.

6.3 Reservierung

Eine *Reservierung* ist die Vorplanung von Warenbewegungen. Reservierungen können sowohl auf geplante Warenausgänge als auch auf geplante Wareneingänge und geplante Umlagerungen angewendet werden. In der Reservierung legen Sie Daten fest, die für die gewählte Warenbewegung relevant sind. Bei der Durchführung der Warenbewegungen sollten Sie Bezug auf die Reservierungen nehmen, damit die reservierte Menge dispositiv abgebaut wird. Das SAP-System reserviert auf Werks- oder Lagerortebene.

Die Reservierung ist ein MM-Beleg mit Kopf- und Positionsdaten. Die Kopfdaten beinhalten neben der gewählten Bewegungsart weitere Daten in Abhängigkeit von der Bewegungsart, z. B. Kontierungen. In der oder den Positionen pflegen Sie die Daten zu Material, Menge, Bedarfstermin, Werk, Lagerort und Charge.

6.3.1 Funktionsumfang einer Reservierung

Mit der Reservierung stellen Sie sicher, dass das betreffende Material verfügbar ist, wenn es gebraucht wird. Sie müssen die Verfügbarkeitsprüfung in der Disposition so einstellen, dass die Reservierung beim Planungslauf berücksichtigt wird (siehe Abschnitt 4.3, »Planungslauf«).

In einer Reservierung müssen die folgenden Informationen hinterlegt sein, die für die Warenbewegung und die Disposition relevant sind:

- Der Bedarfstermin als Vorschlagstermin, abgeleitet vom Basistermin.
- Die Bewegungsart.
- Das Werk, das die Ware erhalten bzw. ausgeben soll; es wird als Vorschlagswert in jede Position übernommen.
- Das Kontierungsobjekt.
- Das zu reservierende Material.
- Die zu reservierende Menge.
- Der Lagerort, aus dem das Material entnommen bzw. eingelagert wird.
- Die Chargennummer bzw. die Bewertungsart, wenn das Material chargenpflichtig geführt wird bzw. die getrennte Bewertung aktiviert ist.
- Der Warenempfänger, für den das Material bestimmt ist.
- Das Kennzeichen **B** (Warenbewegung zur Reservierung erlaubt), durch einen Haken in der Checkbox zu setzen, wenn Sie Warenbewegungen zu der betreffenden Reservierungsposition erlauben möchten.
- Das Feld **BD** (Bedarfsdringlichkeit) kann genutzt werden, wenn Sie die Bedarfsdringlichkeit, d. h. die Priorisierung der Materialanforderungen nutzen möchten.

Sie können eine Reservierung nur für genau einen Zweck anlegen, d. h., dass Sie in eine Reservierung nur eine Bewegungsart eingeben und eine Kontierung (z. B. eine Kostenstelle) erfassen können. Reservierungen können mit oder ohne Bezug zu einer Vorlage mit Einzel- oder Sammelerfassung erfasst werden. Reservierungen können manuell angelegt oder durch einen Planungslauf automatisch erzeugt werden. Die *manuellen Reservierungen* (Dispositionselement **MR-RES**) legt der Anwender an. Die *automatischen Reservierungen* (Dispositionselement **AR-RES**) werden zu Aufträgen, Netzplänen und bei Einsatz der Komponente PS zu PSP-Elementen angelegt. Nutzen Sie die Bestellpunktdisposition auf der Lagerortebene, erzeugt das SAP-System bei einer Unterdeckung, also wenn der verfügbare Bestand auf der Lagerortebene den Meldebestand unterschreitet, eine *Umlagerungsreservierung* (Dispositionselement **UMLRES**) im Werk.

Beim Erfassen einer Reservierung geschieht Folgendes:

- Es wird ein Beleg erzeugt, der die zu reservierende Menge zu einem bestimmten Zeitpunkt enthält.
- Der verfügbare Bestand wird um die reservierte Menge reduziert.
- Der frei verwendbare Bestand bleibt unverändert; der reservierte Bestand wird um die Reservierungsmenge erhöht.

Diese Informationen können Sie in der Bestandsübersichtsliste und in der aktuellen Bedarfs-/Bestandsliste abrufen. In der Bestandsübersichtsliste wird der gesamte reservierte Bestand des Materials auf der Werksebene angezeigt. Von der Bestandsübersicht können Sie sich mit der Schaltfläche **Umfeld** und im sich öffnenden Menü mit dem Menüeintrag **Reservierungen** die Reservierungsliste »Bestandsführung« zu dem Material anzeigen lassen. In der Bedarfs-/Bestandsliste werden auf der Werksebene alle offenen Reservierungen zum Material mit dem Bedarfstermin und der reservierten Menge aufgeführt.

6.3.2 Manuelle Reservierung anlegen (ohne und mit Vorlage)

Die Reservierung legen Sie im SAP-Menü über den Pfad **Logistik • Materialwirtschaft • Bestandsführung • Reservierung • Anlegen** an, oder Sie nutzen Transaktion MB21.

In den folgenden Beispielen wird in den Auswertungen nur die Bestandssituation auf der Werks- und Lagerortebene betrachtet. Die Analyse der Bestände auf Mandanten- und Buchungskreisebene ist nicht vorgesehen und auch nicht notwendig.

Fallbeispiel: Reservierung für geplanten Warenausgang (ohne Vorlage)

In diesem Fallbeispiel zeigen wir Ihnen die Erfassung einer Reservierung für einen geplanten Warenausgang, ohne Referenzierung auf eine inhaltlich ähnlich aufgebaute Reservierung. Sie rufen das Einstiegsbild mit Transaktion MB21 auf.

Geben Sie im Einstiegsbild die folgenden Daten ein (siehe Abbildung 6.57):

1. Den Basistermin, also das Datum, für das die Warenbewegung geplant ist. (Der Basistermin wird vom SAP-System in den Positionen als Vorschlagswert in das Feld **Bedarfstermin** eingetragen, kann aber manuell geändert werden.)

2. Die Bewegungsart **201**.
3. Das Werk **1000**.

Abbildung 6.57 Reservierung für geplanten Warenausgang anlegen

Mit dem Anklicken der [↵]-Taste gelangen Sie auf das Sammelerfassungsbild (siehe Abbildung 6.58).

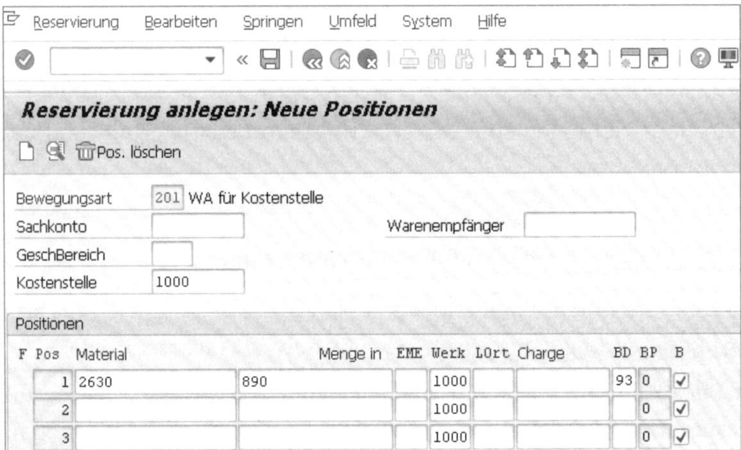

Abbildung 6.58 Reservierung anlegen – Sammelerfassungsbild

Geben Sie die gewünschten Daten ein. In Abhängigkeit von der eingetragenen Bewegungsart **201** müssen Sie das Kontierungsobjekt (Kostenstelle **1000**) eingeben. Je nach Bewegungsart sind verschiedene Kontierungsobjekte zu pflegen. Wenn Sie in das Feld **Sachkonto** kein Konto eingeben, wird das Konto beim Erfassen der Warenbewegung über die automatische Kontenfindung ermittelt. Sie können es aber auch manuell eingeben. Achten Sie darauf, dass das Feld **B** (Warenbewegung zur Reservierung erlaubt) aktiviert ist. Buchen Sie die Reservierung. Im Ergebnis der Buchung erzeugt das SAP-System einen Reservierungsbeleg (siehe Abbildung 6.59). Sie erkennen neben den schon bekannten Daten, dass in diesem Fall der Basistermin als Bedarfstermin übernommen wurde.

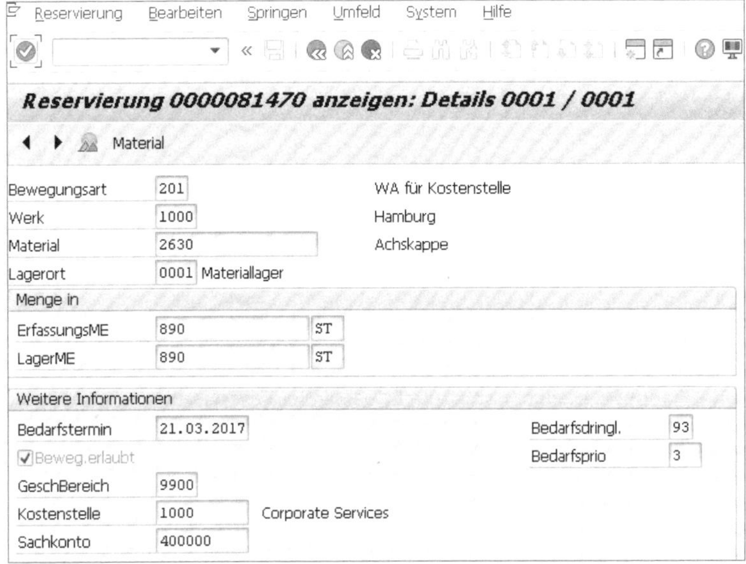

Abbildung 6.59 Reservierungsbeleg – Detailansicht

Mit dem Erfassen der Reservierung sind auch Bestandsveränderungen verbunden. Dies ist aus den nachfolgenden Abbildungen ersichtlich. In Abbildung 6.60 ist die Bestandssituation in der Bestandsübersicht, aufgerufen mit Transaktion MMBE (Bestandsübersicht), vor der Reservierung abgebildet.

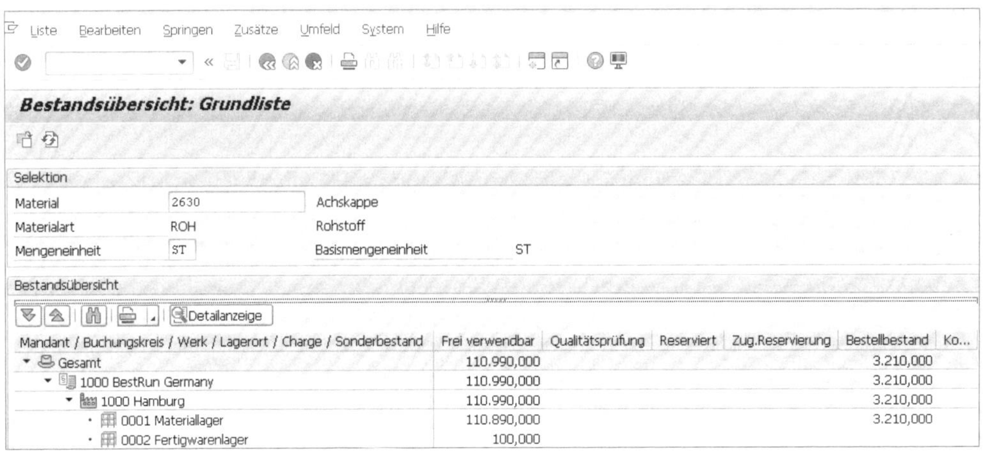

Abbildung 6.60 Bestandsübersichtsliste vor dem Erfassen der Reservierung.

Abbildung 6.61 zeigt die Bestandssituation nach dem Erfassen der Reservierung.

Liste Bearbeiten Springen Zusätze Umfeld System Hilfe

Bestandsübersicht: Grundliste

Selektion

Material	2630	Achskappe	
Materialart	ROH	Rohstoff	
Mengeneinheit	ST	Basismengeneinheit	ST

Bestandsübersicht

Detailanzeige

Mandant / Buchungskreis / Werk / Lagerort / Charge / Sonderbestand	Frei verwendbar	Qualitätsprüfung	Reserviert	Zug.Reservierung	Bestellbestand
Gesamt	110.990,000		890,000		3.210,000
1000 BestRun Germany	110.990,000		890,000		3.210,000
1000 Hamburg	110.990,000		890,000		3.210,000
0001 Materiallager	110.890,000		890,000		3.210,000
0002 Fertigwarenlager	100,000				

Abbildung 6.61 Bestandsübersichtsliste nach dem Erfassen der Reservierung

Sie erkennen, dass in der Spalte **Reserviert** die reservierte Menge auf Werks- und Lagerortebene eingetragen ist, aber der frei verwendbare Bestand nicht reduziert wurde.

In der Bedarfs-/Bestandsliste wird die Bedarfsmenge als Dispositionselement **MR-RES** ausgewiesen und reduziert die verfügbare Menge um die reservierte Menge (siehe Abbildung 6.62).

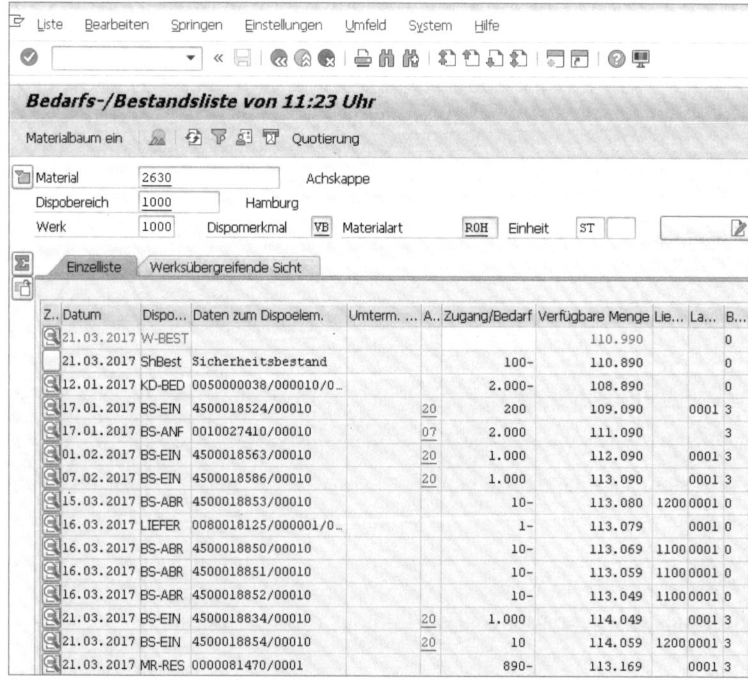

Liste Bearbeiten Springen Einstellungen Umfeld System Hilfe

Bedarfs-/Bestandsliste von 11:23 Uhr

Materialbaum ein Quotierung

Material 2630 Achskappe

Dispobereich 1000 Hamburg

Werk 1000 Dispomerkmal VB Materialart ROH Einheit ST

Einzelliste | Werksübergreifende Sicht

Z..	Datum	Dispo...	Daten zum Dispoelem.	Umterm. ...	A..	Zugang/Bedarf	Verfügbare Menge	Lie...	La...	B...
	21.03.2017	W-BEST					110.990			0
	21.03.2017	ShBest	Sicherheitsbestand			100-	110.890			0
	12.01.2017	KD-BED	0050000038/000010/0...			2.000-	108.890			0
	17.01.2017	BS-EIN	4500018524/00010		20	200	109.090		0001	3
	17.01.2017	BS-ANF	0010027410/00010		07	2.000	111.090			3
	01.02.2017	BS-EIN	4500018563/00010		20	1.000	112.090		0001	3
	07.02.2017	BS-EIN	4500018586/00010		20	1.000	113.090		0001	3
	15.03.2017	BS-ABR	4500018853/00010			10-	113.080	1200	0001	0
	16.03.2017	LIEFER	0080018125/000001/0...			1-	113.079		0001	0
	16.03.2017	BS-ABR	4500018850/00010			10-	113.069	1100	0001	0
	16.03.2017	BS-ABR	4500018851/00010			10-	113.059	1100	0001	0
	16.03.2017	BS-ABR	4500018852/00010			10-	113.049	1100	0001	0
	21.03.2017	BS-EIN	4500018834/00010		20	1.000	114.049		0001	3
	21.03.2017	BS-EIN	4500018854/00010		20	10	114.059	1200	0001	3
	21.03.2017	MR-RES	0000081470/0001			890-	113.169		0001	3

Abbildung 6.62 Bedarfs-/Bestandsliste

Fallbeispiel »Reservierung für Wareneingang (ohne Vorlage)«

In diesem Fallbeispiel werden Sie sehen, wie die Reservierung eines Wareneingangs ohne Nutzung der Kopierfunktion direkt manuell erfasst wird. Sie gehen analog zum ersten Beispiel »Fallbeispiel: Reservierung für geplanten Warenausgang (ohne Vorlage)« vor. Die für diese Reservierungsart vorzunehmenden Schritte und die nachfolgenden Auswertungen sind in den folgenden Prozessschritten dargestellt:

1. Einstiegsbild mit der Auswahl der Bewegungsart 501 (Eingang ohne Bestellung ins Lager), siehe Abbildung 6.63.

Abbildung 6.63 Reservierung für geplanten Wareneingang anlegen

2. Sammelerfassungsbild (siehe Abbildung 6.64).

Abbildung 6.64 Reservierung anlegen – Sammelerfassungsbild

3. Bestandsübersicht nach dem Erfassen der Reservierung (siehe Abbildung 6.65). Die Bestandssituation vor der Buchung ist aus Abbildung 6.60 ersichtlich. In der Bestandsübersichtsliste wurde in der Spalte **Zug. Reservierung** die reservierte Menge nur bis auf die Werksebene eingetragen – und nicht auf die Lagerortebene heruntergebrochen. Der frei verwendbare Bestand wird nicht reduziert.

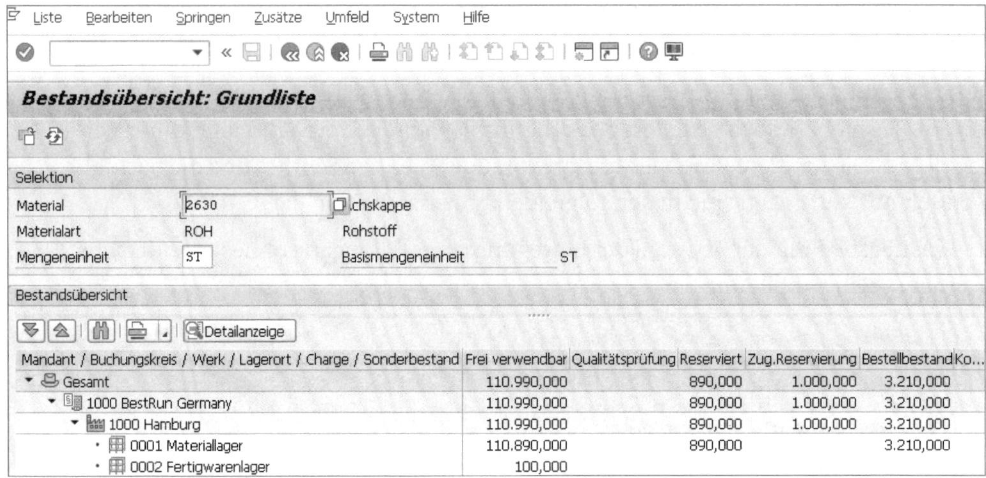

Abbildung 6.65 Bestandsübersicht nach dem Erfassen der Reservierung

4. Bedarfs-/Bestandsliste nach dem Erfassen der Reservierung
   In der Bedarfs-/Bestandsliste wird die Bedarfsmenge als Dispositionselement **MR-RES** ausgewiesen und erhöht den verfügbaren Bestand um die reservierte Menge (siehe Abbildung 6.66).

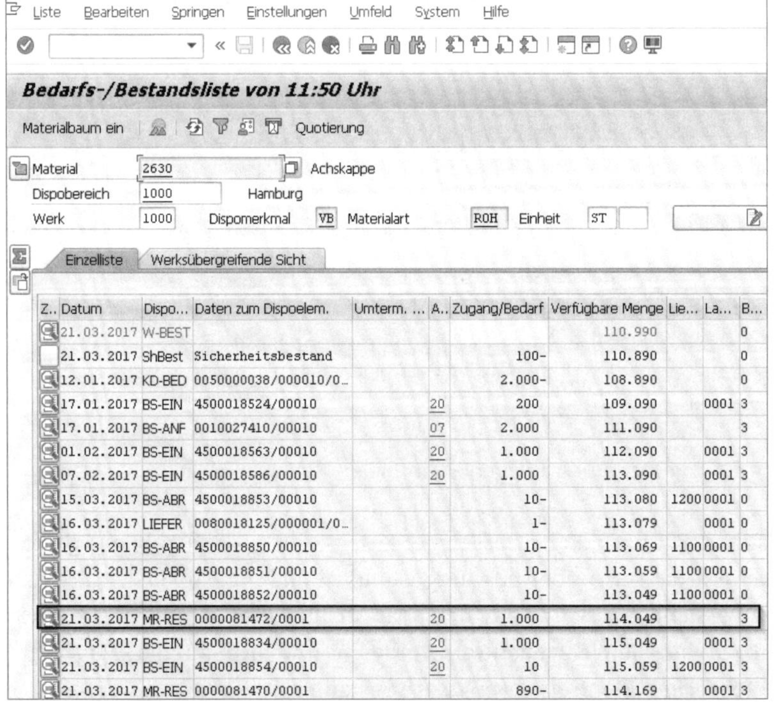

Abbildung 6.66 Bedarfs-/Bestandsliste nach dem Erfassen der Reservierung

Fallbeispiel »Reservierung für geplante Umlagerung (ohne Vorlage)«

In diesem Beispiel gehen Sie analog zum ersten **Fallbeispiel**: Reservierung für geplanten Warenausgang (ohne Vorlage)« vor. Die für diese Reservierungsart vorzunehmenden Schritte und die nachfolgenden Auswertungen sind in den folgenden Prozessschritten dargestellt:

1. Einstiegsbild mit der Auswahl der Bewegungsart **301** (Umlagerung »Werk an Werk« in einem Schritt)
   Sie geben das abgebende Werk ein (siehe Abbildung 6.67).

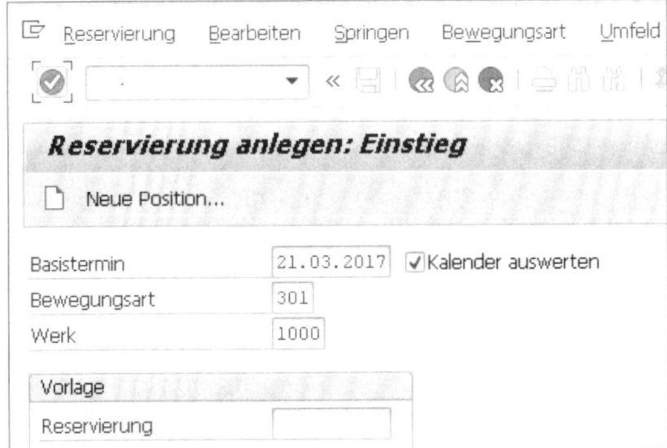

Abbildung 6.67 Reservierung für geplante Umlagerung »Werk an Werk« anlegen

2. Sammelerfassungsbild
   Sie geben das empfangende Werk und den Lagerort sowie die Positionsdaten ein (siehe Abbildung 6.68).

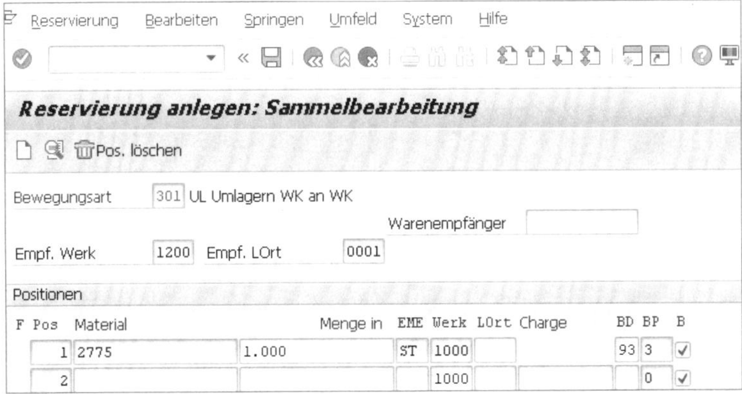

Abbildung 6.68 Reservierung anlegen – Sammelerfassungsbild

3. Bestandsübersicht nach dem Erfassen der Reservierung (siehe Abbildung 6.69).
   In der Bestandsübersichtsliste wurde in der Spalte **Zug. Reserviert** die reservierte Menge des Materials auf der Werks- und Lagerortebene des empfangenden Werks

eingetragen. In der Spalte **Reserviert** wurde die reservierte abzugebende Menge auf der Werksebene (abgebendes Werk) eingetragen. Der frei verwendbare Bestand wurde nicht verändert.

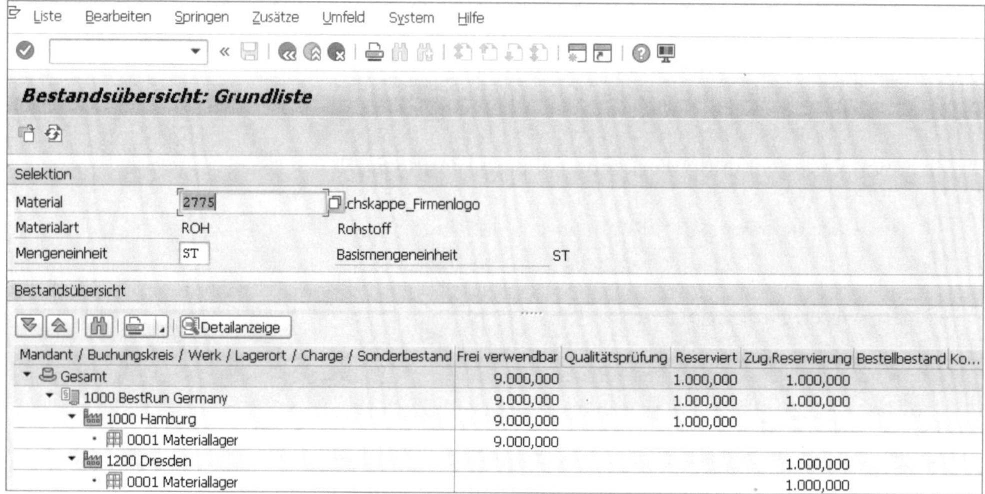

Abbildung 6.69 Bestandsübersicht nach dem Erfassen der Reservierung

4. Bedarfs-/Bestandsliste nach dem Erfassen der Reservierung
   In Abbildung 6.70 sehen Sie in der Bedarfs-/Bestandsliste das Ergebnis der Umlagerung des abgebenden Werks **1000**. Die Menge von **1.000** Stück des Materials **2775** ist im abgebenden Werk als Dispositionselement **UMLRES** mit dem Bedarf von **1.000** Stück abgebildet.

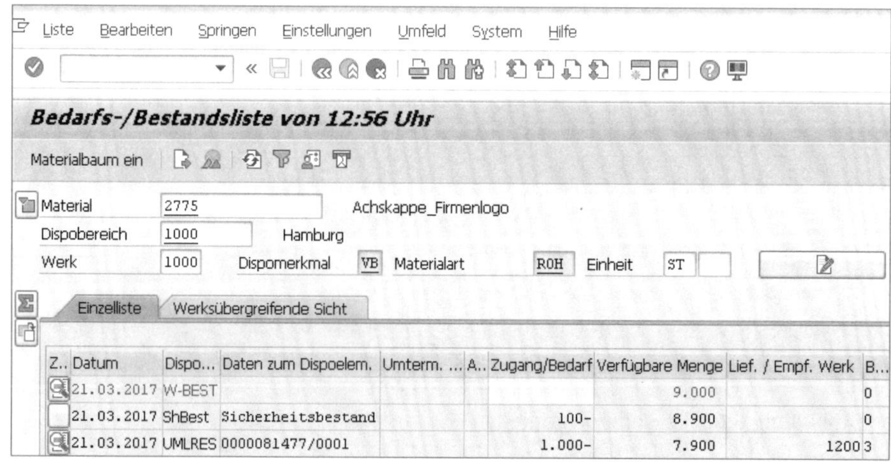

Abbildung 6.70 Bedarfs-/Bestandsliste für das abgebende Werk 1000

In Abbildung 6.71 sehen Sie in der Bedarfs-/Bestandsliste das Ergebnis der Umlagerung des empfangenden Werks **1200**.

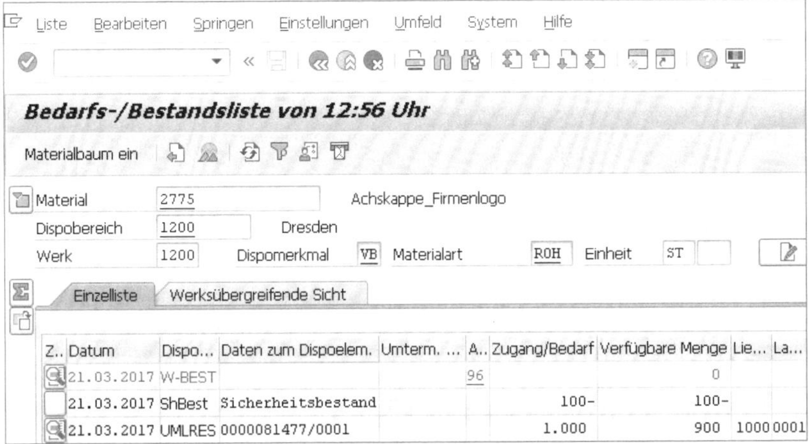

Abbildung 6.71 Bedarfs-/Bestandsliste für das empfangende Werk 1200

Bei den Reservierungen in einem anderen Werk (Dispositionselement **UMLRES**) handelt es sich um Reservierungen, die den Warenausgang aus der abgebenden Stelle planen. Die reservierte Menge wird im frei verwendbaren Bestand und im reservierten Bestand der abgebenden Stelle geführt. Sie vermindert in der Disposition den verfügbaren Bestand des abgebenden Werks. Im empfangenden Werk wird die reservierte Menge als Reservierungszugang geführt, und der verfügbare Bestand wird erhöht.

Sie können die Reservierungen auch mit Vorlage anlegen, wenn Sie die Positionsdaten einer Reservierung kopieren und dann eventuell teilweise ändern bzw. mit neuen Positionen ergänzen möchten. Auch können Sie den Basistermin und die Kontierung ändern. Diese Funktion soll anhand der Reservierung für geplanten Warenausgang nachfolgend beschrieben werden.

Fallbeispiel »Reservierung für einen geplanten Warenausgang (mit Vorlage)«

Sie gehen analog zu dem ersten Fallbeispiel »Fallbeispiel: Reservierung für geplanten Warenausgang (ohne Vorlage)« vor. Die für diese Reservierungsart vorzunehmenden Schritte und die nachfolgenden Auswertungen sind in den folgenden Prozessschritten dargestellt:

1. Einstiegsbild mit Bezug zu einer als Vorlage für das Anlegen der neuen Reservierung genutzten Reservierung (siehe Abbildung 6.72). Sie können den Basistermin und die Bewegungsart ändern.

Abbildung 6.72 Reservierung mit Vorlage anlegen

2. Positionsauswahlbild mit aus der Vorlage übernommen Positionen. Sie können auch neue Positionen hinzufügen (siehe Abbildung 6.73).

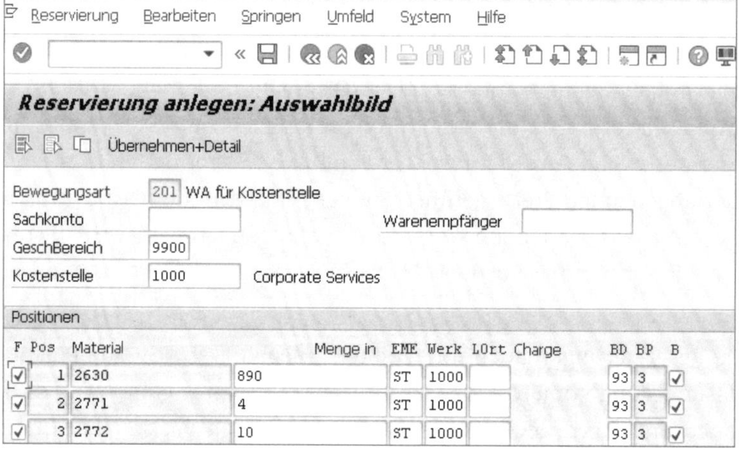

Abbildung 6.73 Positionsauswahlbild mit den Positionen der Vorlagereservierung

3. Sie können die Kontierung und im Positionsbild die Mengen und das Kennzeichen **Bewegung erlaubt** ändern. Sie müssen die Positionen, die Sie übernehmen möchten, im Auswahlfeld **F** im Bereich **Positionen**) markieren. Mit der Betätigung der Schaltfläche (**Übernehmen**) werden die markierten Positionen übernommen, und mit der Schaltfläche **Bearbeiten** können Sie im sich öffnenden Dialogfenster **neue Positionen** oder **Neue Position** auswählen. Mit der Auswahl **Neue Position** ergänzen Sie eine Position.
4. Geben Sie nun die Materialnummer und die zu reservierende Menge ein. Sie können den Bedarfstermin und das Feld **Beweg. erlaubt** ändern (siehe Abbildung 6.74).

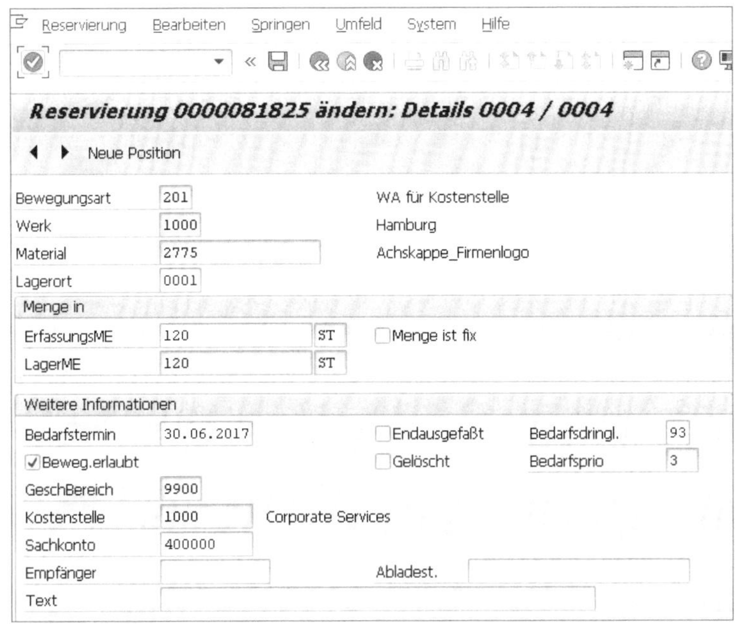

Abbildung 6.74 Detailbild der neuen Position

5. Erfassen Sie die Reservierung. Das Ergebnis sehen Sie in Abbildung 6.75. Die Menge in **Pos 3** haben Sie geändert und **Pos 4** hinzugefügt. Die anderen Positionen haben Sie unverändert aus dem Vorlagebeleg übernommen.

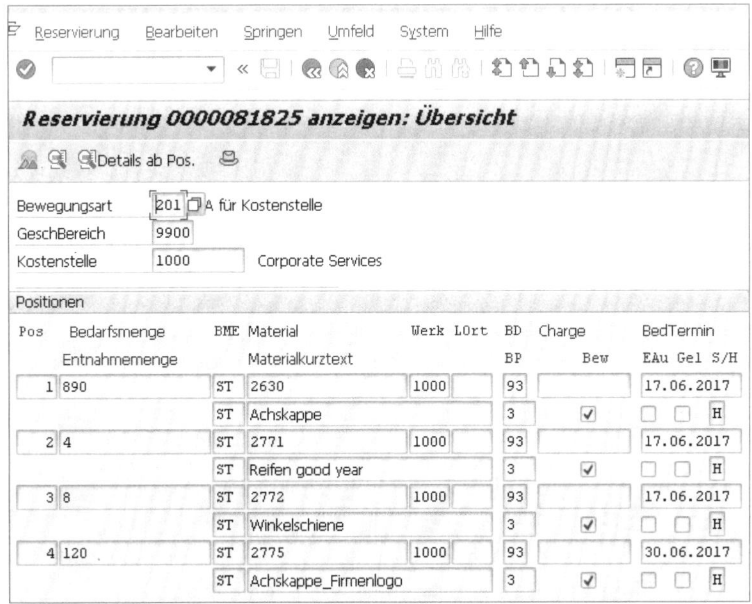

Abbildung 6.75 Reservierung mit der neuen Position und dem geänderten Bedarfstermin

6.3.3 Verfügbarkeitsprüfung und Verwaltung

Für Warenbewegungen und Reservierungen können Sie zusätzlich zur Prüfung der Bestände im Lager die *dynamische Verfügbarkeitsprüfung* aktivieren. Das SAP-System prüft dann automatisch beim Erfassen von Reservierungen, ob das betreffende Material zu dem Bedarfstermin verfügbar ist. Sie können die Verfügbarkeitsprüfung auch jederzeit manuell anstoßen.

Sie müssen, damit die dynamische Verfügbarkeitsprüfung durchgeführt wird, der Anwendung eine Prüfregel zuordnen und im Materialstamm in der Sicht **Disposition 3** eine Prüfgruppe eintragen.

Die weiteren Einstellungen für die Verfügbarkeitsprüfung für Reservierungen nehmen Sie im Customizing über den Menüpfad **Materialwirtschaft • Bestandsführung und Inventur • Reservierung • Dynamische Reservierung einstellen** oder mit Transaktion OMB1 (Dynamische Verfügbarkeitsprüfung Reservierung) vor. Die Einstellungen und deren Auswirkung auf die Anwendung sollen am Beispiel der Reservierung für einen Warenausgang für eine Kostenstelle erläutert werden.

Die folgenden Einstellungen sind aktiviert bzw. müssen Sie vornehmen:

- **Bewegungsart**
  Für die in Abbildung 6.76 markierte Bewegungsart **201** ist bei Nicht-Verfügbarkeit eingestellt, dass eine Warnmeldung ausgegeben werden soll.

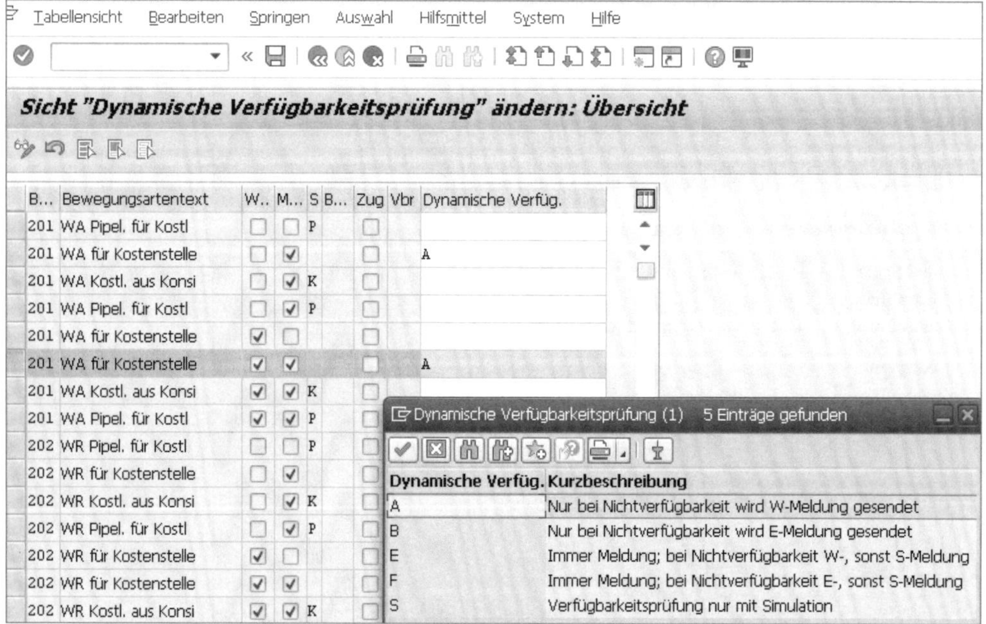

Abbildung 6.76 Zuordnung der Bewegungsart zur Art der Meldung

- **Prüfregel festlegen**
  Einstellung der Verfügbarkeitsprüfung für die Prüfgruppe **03** und die Prüfregel **03** (siehe Abbildung 6.77).

Sicht "Steuerung der Verfügbarkeitsprüfung" ändern: Detail

Neue Einträge

Verfügbarkeitsprüf. 03 Wiederbeschaffungsz.
Prüfregel 03 Prüfregel 03

Bestände
- [ ] Mit Sicherheitsbestand
- [ ] Mit Umlagerbestand
- [ ] Mit Qualitätsprüfbestand
- [ ] Mit gesperr. Bestand
- [ ] Mit nicht freien Bestand
- [ ] Ohne Lohnbearbeitung

Wiederbeschaffungszeit
- [x] Ohne WBZ prüfen

Lagerortprüfung
- [ ] keine Lagerortprüfung

Fehlteileabwicklung
Prüfhorizont für WE

Zu-/Abgänge
- X Mit Bestellungen
- [ ] Mit Bestellanforderungen
- [ ] Mit Sekundärbedarfen
- [x] Mit Reservierungen
- [x] Mit Verkaufsbedarfen
- [x] Mit Lieferschein
- [ ] Mit Lieferavis

Mit abh. Reserv. Nicht prüfen
Mit Abrufbedarfen Nicht prüfen
Mit Planaufträgen Alle Planaufträge ...
Mit Fertigungsaufträgen Alle Fertigungsauf...

Zugänge in der Vergangenheit Mit Zugängen in der Vergangenheit und Zukunft

Abbildung 6.77 Detailbild der Einstellung der Verfügbarkeitsprüfung für Prüfgruppe 03 und Prüfregel 03

Sie erkennen, dass die bei der Verfügbarkeitsprüfung geplanten Abgänge – u. a. die Reservierung – und die Bestellung als geplanter Zugang berücksichtigt werden, und nur diese Einstellung und deren Auswirkung auf die Verfügbarkeitsprüfung werden in diesem Abschnitt betrachtet. Der Haken in der Checkbox **Ohne WBZ prüfen** bedeutet, dass die Wiederbeschaffungszeit nicht berücksichtigt wird.

- **Transaktionscode**
  Prüfregel dem Transaktionscode zuordnen (siehe Abbildung 6.78).

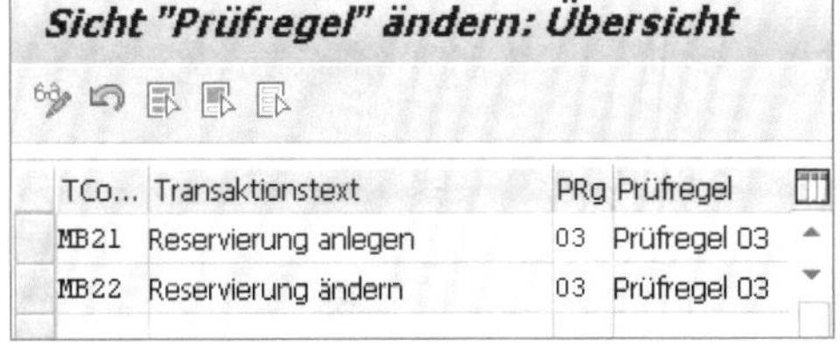

Sicht "Prüfregel" ändern: Übersicht

TCo...	Transaktionstext	PRg	Prüfregel
MB21	Reservierung anlegen	03	Prüfregel 03
MB22	Reservierung ändern	03	Prüfregel 03

Abbildung 6.78 Zuordnung der Prüfregel zum Transaktionscode

Fallbeispiel »Dynamische Verfügbarkeitsprüfung«

Das folgende Beispiel soll Ihnen zeigen, wie das SAP-System auf die Customizing-Einstellungen reagiert:

1. Die Ausgangssituation für das Material, auf die sich die weiteren Aktivitäten beziehen, ist in Abbildung 6.79 dargestellt und wird nachfolgend beschrieben:

   Wählen Sie Transaktion MD04 (Bestand-/Bedarfssituation anzeigen), um die Bedarfs-/Bestandsliste aufzurufen. Es sind ein Abgang (Dispositionselement **MR-RES**) von **800** Stück und ein Zugang (Dispositionselement **BS-EIN**) von **800** Stück geplant. Der Werksbestand (Dispositionselement **W-BEST**) beträgt **1.000** Stück. Die dazugehörigen Termine finden Sie in der Spalte **Datum**. Die verfügbare Menge ist in der Spalte **Verfügbare Menge** ausgewiesen.

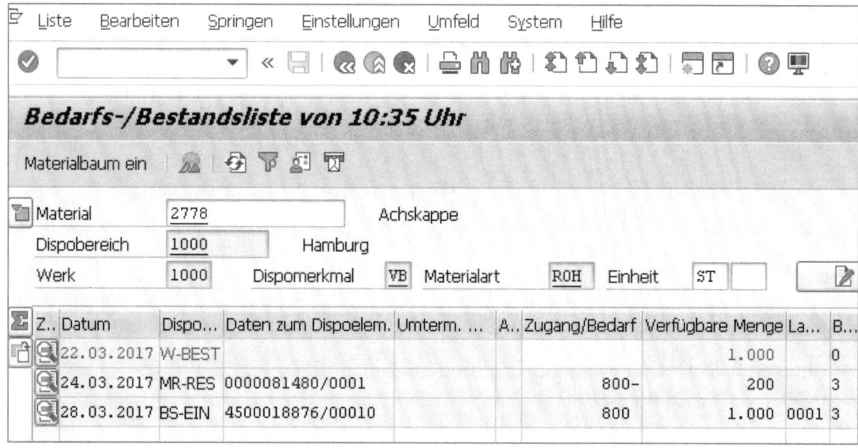

Abbildung 6.79 Bedarfs-/Bestandsliste

2. Sie Erfassen eine Reservierung zum geplanten Warenausgang mit dem Bedarfstermin **23.03.2017** mit einer Menge von **400** Stück. Das SAP-System führt automatisch die Verfügbarkeitsprüfung durch und erkennt, dass nur **200** Stück und nicht die gesamte angeforderte Reservierungsmenge zur Verfügung stehen. Aufgrund der Einstellungen wird eine Warnmeldung ausgegeben (siehe Abbildung 6.80).

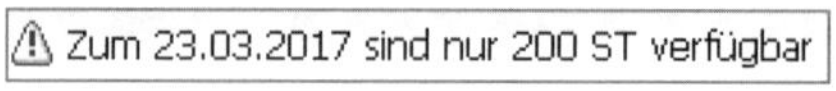

   ⚠ Zum 23.03.2017 sind nur 200 ST verfügbar

   Abbildung 6.80 Warnmeldung als Ergebnis der Verfügbarkeitsprüfung

3. Für das Material ist eine Bestellung (Dispositionselement **BS-EIN**) mit dem Zugangstermin **28.03.2017** und der Bestellmenge von **800** Stück erfasst worden.

Sie erfassen danach eine weitere Reservierung zum geplanten Warenausgang mit dem Bedarfstermin **29.03.2017** und einer Menge von **500** Stück. Die Verfügbarkeitsprüfung ergibt, dass der verfügbare Bestand durch die Reservierung (**MR-RES**) nicht unterschritten wird, da das SAP-System aufgrund der Einstellungen in der Verfügbarkeitsprüfung den erwarteten Zugang durch die Bestellung (**BS-EIN**) berücksichtigt; also wird keine Meldung ausgegeben.

4. Das Ergebnis ist in Abbildung 6.81 dargestellt.

Abbildung 6.81 Bedarfs-/Bestandsliste nach dem Erfassen der Reservierungen

Zur Bearbeitung und Verwaltung von Reservierungen stehen Ihnen weitere Funktionen zur Verfügung:

- Anzeigefunktion mit Transaktion MB23
- Änderungsfunktion mit Transaktion MB21
- Reservierungsliste mit Transaktion MB25
- Kommissionierung mit Transaktion MB26
- Aktivieren/Deaktivieren des Kennzeichens **B** (Bewegung erlaubt), siehe Abbildung 6.75.
- Wirkung des Kennzeichen **EAu** (endausgefasst), siehe Abbildung 6.75.
- Löschen einer Position Kennzeichen **Gel** (gelöscht), siehe Abbildung 6.75.
- Das Verwalten von Reservierungen mit Transaktion MBVR.

Es kann verschiedene Gründe dafür geben, dass Sie die betreffende Warenbewegung für eine Reservierung nicht erlauben möchten:

- Der Bedarfstermin für die Reservierung zum geplanten Warenausgang liegt in der Zukunft.
- Der Bedarfstermin für eine Reservierung für einen geplanten Wareneingang liegt in der Zukunft, obwohl noch Bestellungen offen sind.
- Der Lieferant befindet sich im Lieferverzug.
- Sie fordern eine Ad-hoc-Lieferung an, da Kapazitätsengpässe in der Produktion oder im Verkauf aufgetreten sind.

In diesen Fällen sollten Sie das Kennzeichen **B** (Bewegung erlaubt) nicht aktivieren. Sie können das Kennzeichen manuell für einzelne Positionen im Sammelbearbeitungsbild (Ankreuzfeld **Bew**, siehe Abbildung 6.75) oder im Detailbild (Ankreuzfeld **Beweg. erlaubt**, siehe Abbildung 6.74) aktivieren bzw. deaktivieren.

Aktivierung des Kennzeichen B (Bewegung erlaubt)

Sollten Sie das Kennzeichen **B** (Bewegung erlaubt) deaktiviert haben, denken Sie daran, dass dieses Kennzeichen unbedingt vor dem ersten Wareneingang wieder aktiviert werden muss.

Das Kennzeichen **EAu** (endausgefasst) gibt an, ob eine Reservierungsposition erledigt ist. Dieses Kennzeichen wird automatisch gesetzt, wenn die gesamte reservierte Menge entnommen bzw. geliefert wurde. Wenn die reservierte Menge nur als Teilmenge gebucht wurde, können Sie das Kennzeichen, wenn die Restmenge nicht mehr benötigt bzw. keine weitere Warenbewegung erwartet wird, manuell setzen. Das Endausfassungskennzeichen einer bestimmten Position können Sie direkt im Sammelbearbeitungsbild (Ankreuzfeld **Eau**, siehe Abbildung 6.75) oder im Detailbild (Ankreuzfeld **Endausgefaßt**, siehe Abbildung 6.74) setzen bzw. zurücknehmen.

Das Löschkennzeichen **Gelöscht** gibt an, ob die Position bereits gelöscht worden ist. Wenn das Material in der Reservierungsposition nicht mehr verwendet werden soll, können Sie die Position manuell zum Löschen vormerken. Das Löschen selbst wird von einem Reorganisationsprogramm vorgenommen. Das Löschkennzeichen einer Position können Sie im Sammelerfassungsbild (Ankreuzfeld **Gel**, siehe Abbildung 6.75) oder im Detailbild der Position (Ankreuzfeld **Gelöscht**, siehe Abbildung 6.74) setzen bzw. zurücknehmen.

Damit die Reservierungsdatei nicht zu umfangreich wird, ist es erforderlich, nicht mehr benötigte Reservierungen bzw. Reservierungspositionen periodisch zu prüfen und gegebenenfalls zu löschen. Dies können Sie mit einem Verwaltungsprogramm erreichen. Das Verwaltungsprogramm, aufgerufen im SAP-Menü über den Pfad **Logistik • Materialwirtschaft • Bestandsführung • Reservierung • Verwalten** oder über Transaktion MBVR, prüft, ob die Bedarfstermine der Reservierungspositionen um eine bestimmte Anzahl von Tagen in der Vergangenheit liegen (**30 Tage**). Ist dies der Fall, werden die Positionen zur Löschung vorgemerkt und in einem weiteren Verlauf physisch von der Datenbank gelöscht. Eine Archivierung der Belege ist nicht vorgesehen (siehe Abbildung 6.82).

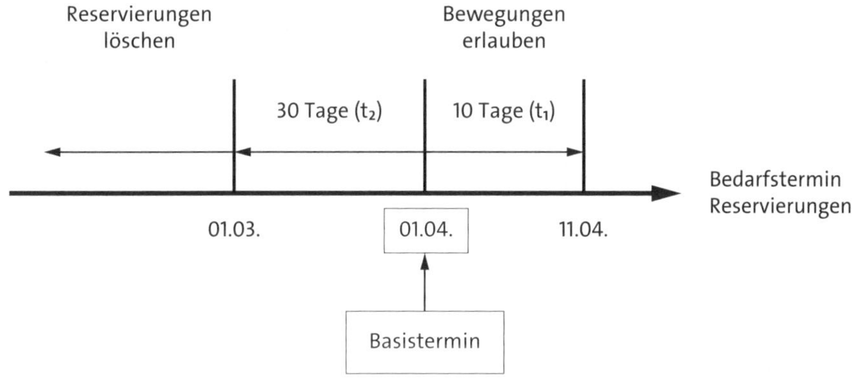

Legende
Bedarfstermin <= Basisdatum + t_1 → Kennzeichen »Beweg. erlaubt« gesetzt
Bedarfstermin <= Basisdatum − t_2 → Kennzeichen »Gelöscht« gesetzt

Abbildung 6.82 Zeitintervalle für das Verwaltungsprogramm

Reservierungspositionen, deren Bedarfstermine noch weit in der Zukunft liegen, dürfen zunächst nicht für Warenbewegungen verwendet werden. Der Report prüft, wann eine Reservierungsposition mit ihrem Bedarfstermin in einen definierten Zeithorizont kommt (**10 Tage**), in dem Buchungen für die Reservierungspositionen erlaubt sind. Damit das SAP-System die Zeitintervalle berechnen kann, müssen Sie einen Basistermin als Bezugsgröße eingeben. Die Verwaltung von Reservierungen bezieht sich nur auf manuell angelegte Reservierungen (**MR-RES**), nicht auf die vom Dispositionslauf automatisch generierten Reservierungen (**AR-RES**).

Diese Einstellung von Tagen (**30** Tage für das Feld **Verweildauer**, **10** Tage für das Feld **Tage Bew. erlaubt**) für ein Werk finden Sie im Customizing über den Menüpfad **Materialwirtschaft • Bestandsführung und Inventur • Werksparameter** (siehe Abbildung 6.83).

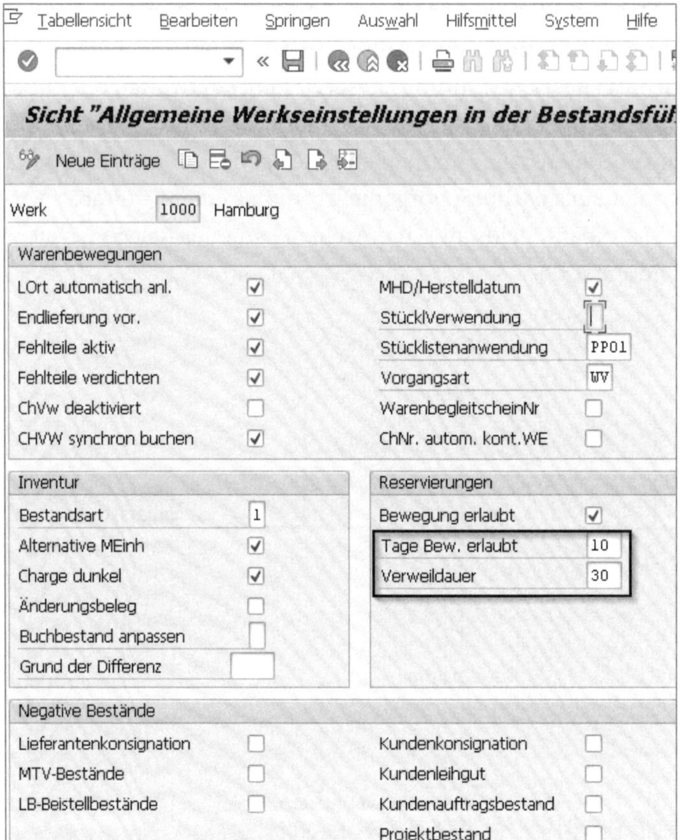

Abbildung 6.83 Einstellung der Tage für »Bewegung erlaubt« und das Feld »Verweildauer« für die Reservierungspositionen

6.4 Warenausgang

Ein *Warenausgang* ist ein physischer Abgang von Material aus dem Lager. Mit dem Warenausgang verringern sich der Materialbestand und die dispositiv verfügbare Menge. Bei jeder Warenbewegung erfolgt automatisch eine Verfügbarkeitsprüfung der Bestände (Werks-, Lagerort- und Sonderbestände), wenn es für das Material so vorgesehen ist. Die Verfügbarkeitsprüfung verhindert, dass der Buchbestand physischer Bestandsarten (z. B. frei verwendbarer Bestand) negativ wird. Wenn mehrere Materialentnahmen in einem Beleg erfasst werden (z. B. für unterschiedliche Kontierungen), prüft das SAP-System beim Erfassen jeder Position die Verfügbarkeit des Materials; es wird geprüft, ob die gewünschte Menge entnommen werden kann. Dabei werden die bereits für den Beleg erfassten, aber noch nicht gebuchten Positionen berücksichtigt. Bei nicht ausreichendem Bestand werden vom SAP-System Fehlermeldungen generiert. Bei einem Warenausgang von bewertetem Material werden, entsprechend der von Ihnen gewählten Bewegungsart, Materialbelege, Buchhaltungsbelege und/oder Kostenrechnungsbelege erzeugt.

Es werden die folgenden Arten von Warenausgängen unterschieden:

- Materialentnahme für den Verbrauch an
  - Kostenstelle
  - Aufträge
  - Anlagen
  - Verkauf
  - Rücklieferung an Lieferanten
- Materialentnahme für
  - Verschrottung
  - Stichprobe

Warenausgänge für den Verbrauch können Sie nur aus dem frei verwendbaren Bestand, Warenausgänge für Verschrottung und Stichprobenentnahmen aus dem frei verwendbaren Bestand, dem Qualitätsprüfbestand und aus dem gesperrten Bestand buchen. Warenausgänge können mit oder ohne Bezug zu einem Referenzbeleg erfasst werden. Sie können somit sowohl *geplant* als auch *ungeplant* erfolgen. Die einzugebenden Daten hängen von der Art des Warenausgangs ab.

6.4.1 Warenausgang mit Bezug zu Referenzbelegen

Ein Warenausgang mit Bezug zu einem Referenzbeleg, man spricht dann von einem *geplanten Warenausgang*, hat den Vorteil, dass beim Erfassen des Warenausgangs die Daten aus dem Referenzbeleg in den zu erfassenden Beleg kopiert werden, die bei Bedarf geändert werden können. Dies ermöglicht eine Kontrolle der Daten und erleichtert deren Erfassung. Im Folgenden betrachten wir die Warenbewegung »Warenausgang mit Bezug auf eine Reservierung«. Damit Sie diese Warenbewegung ausführen können, muss für die Reservierungspositionen, auf die Sie Bezug nehmen möchten, die Bewegung erlaubt sein. Bei der Warenausgangsbuchung wird die entnommene Menge in der jeweiligen Reservierungsposition fortgeschrieben. Dies bedeutet, dass die reservierte Menge um die Entnahmemenge verringert und der dispositiv verfügbare Bestand aktualisiert wird. Entnehmen Sie die gesamte Menge einer Reservierungsposition, wird das Kennzeichen **EAu** (endausgefasst) in dieser automatisch gesetzt. Wenn Sie eine Teilmenge entnehmen und keine weitere Warenbewegung zu dieser Reservierungsposition erwartet wird, können Sie das Kennzeichen **EAu** manuell setzen.

Das Erfassen des Warenausgangs nehmen Sie im SAP-Menü über den Menüpfad **Logistik • Materialwirtschaft • Bestandsführung • Warenbewegung • Warenausgang** oder mit Transaktionen MIGO (Warenbewegung), MIGO_GI (Warenbewegung WA) oder MB1A (Warenentnahme) vor.

Fallbeispiel »Warenausgang mit Bezug zur Reservierung«

In diesem Fallbeispiel zeigen wir Ihnen, welche Auswirkung eine Warenausgangbuchung auf die Mengenentnahme der einzelnen Reservierungspositionen hat.

Die Daten der Reservierung, auf die bei der Warenausgangbuchung referenziert wird, sind aus Abbildung 6.84 ersichtlich. Die Voraussetzung, dass für diese Positionen die Warenbewegung erlaubt ist, ist gegeben. Das Kennzeichen **Bew** (Bewegung erlaubt) ist bei beiden Positionen gesetzt.

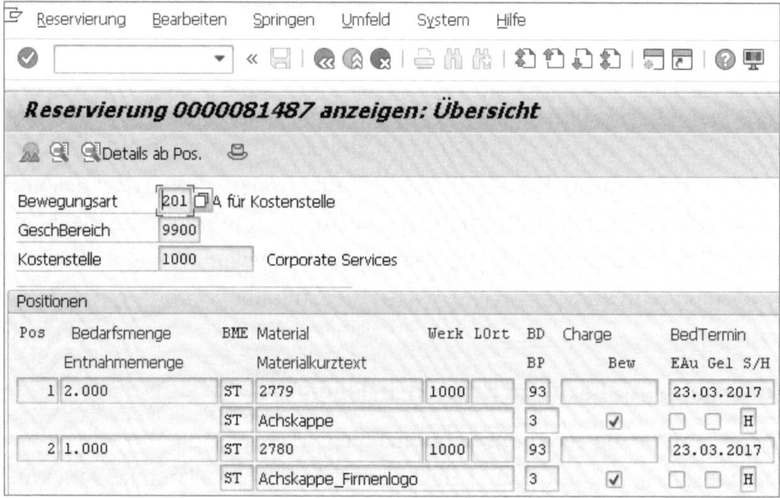

Abbildung 6.84 Reservierung vor der Warenausgangsbuchung

Sie rufen mit Transaktion MIGO_GI (Warenbewegung WA) das Transaktionsbild auf und wählen im Aktionsfeld **A07 Warenausgang** und im Referenzbelegfeld **R09 Reservierung**. Geben Sie die Reservierungsnummer der Reservierung ein, auf die Sie sich beziehen möchten, und mit der [↵]-Taste gelangen Sie in das Positionsbild. Es werden die Daten aus dem Referenzbeleg, hier **R09 Reservierung**, vorgeschlagen (siehe Abbildung 6.85). Sie können die Position(en) auswählen, zu denen der Warenausgang gebucht werden soll. Je Position können Sie die Menge und den Lagerort ändern. Sie ändern die Menge der ersten Position von **2.000** Stück auf **1.000** Stück. Buchen Sie anschließend mit der Schaltfläche **Sichern**.

Wareneingang Einstellungen System Hilfe

Warenausgang Reservierung - LAKOMY

Übersicht ein | Merken | Prüfen | Buchen | Hilfe

A07 Warenausgang | R09 Reservierung | WA für Kostenstelle 201

Allgemein

Belegdatum 17.06.2017 | Materialschein
Buchungsdatum 17.06.2017 | Belegkopftext
1 Einzelschein | WaBeglSchein

Zeile	Materialkurztext	OK	Menge in EME	E...	B..	Lagerort	Kostenstelle	Ge...	Bu...	Profitcenter	Charge	Bewertun...	B...	R	Bestand
1	Achskappe	✓	1.000	ST			1000	9900	1000	1402			201	-	Frei
2	Achskappe_Firmenlogo	✓	1.000	ST			1000	9900	1000	1402			201	-	Frei

Abbildung 6.85 Warenausgang mit Bezug zur Reservierung

Die Warenausgangsbuchung bewirkt u. a., dass die Daten in der Reservierung fortgeschrieben werden. Zur Ansicht des Datenbilds wählen Sie Transaktion MB23 (Reservierung anzeigen), siehe Abbildung 6.86. Das Kennzeichen **EAu** (endausgefasst) wurde in Position **1** nicht gesetzt, da nur eine Teilmenge (**1.000** Stück) der reservierten Menge gebucht wurde. In Position **2** wurde es automatisch gesetzt, da die gesamte reservierte Menge gebucht wurde.

Bei dieser Buchung werden die mengen- und die wertmäßige Fortschreibung in dem Material-, Buchhaltungs- und Kostenrechnungsbeleg festgehalten.

Reservierung 0000081487 anzeigen: Übersicht

Details ab Pos.

Bewegungsart 201 WA für Kostenstelle
GeschBereich 9900
Kostenstelle 1000 Corporate Services

Positionen

Pos	Bedarfsmenge / Entnahmemenge	BME	Material / Materialkurztext	Werk	LOrt	BD / BP	Charge / Bew	BedTermin / EAu	Gel	S/H
1	2.000	ST	2779	1000		93		23.03.2017		
	1.000	ST	Achskappe			3	✓	☐	☐	H
2	1.000	ST	2780	1000		93		23.03.2017		
	1.000	ST	Achskappe_Firmenlogo			3	✓	✓	☐	H

Abbildung 6.86 Reservierung nach Warenausgangsbuchung

6.4.2 Warenausgang ohne Bezug zu Referenzbelegen

Wenn kein Referenzbeleg vorhanden ist oder Sie ihn aus irgendeinem Grund nicht auf ihn beziehen möchten, können Sie den Warenausgang auch ohne Bezug erfassen.

Dies kann z. B. bei dringend benötigtem Material, bei nicht geplantem Ausschuss oder bei einer Änderung der Lieferpriorität für den Kunden der Fall sein. Damit handelt es sich um einen *ungeplanten Warenausgang*.

Sie wählen sich mit Transaktion MIGO_GI in das Transaktionsbild ein und wählen im Aktionsfeld **A07 Warenausgang** und im Referenzbelegfeld **R10 Sonstige**. Geben Sie eine Bewegungsart für den avisierten Verbrauch ein. Da es keinen Bezug zu einem Referenzbeleg gibt, müssen Sie die Daten im Positionsbild manuell pflegen. Abhängig von der gewählten Bewegungsart müssen Sie die Kontierungsobjekte pflegen. Prüfen Sie die Daten, und wenn der Beleg OK ist, buchen Sie.

Tabelle 6.6 zeigt einige Bewegungsarten und das dazugehörige Kontierungsobjekt.

Bewegungsart	Verbrauch für	Kontierungsobjekt
201	Kostenstelle	Kostenstelle
241	Anlage	Anlagennummer
251	Verkauf	Kostenstelle
261	Auftrag	Auftragsnummer
291	alle Kontierungen	beliebiges Kontierungsobjekt

Tabelle 6.6 Bewegungsarten für den Warenausgang in den Verbrauch

Eine *Verschrottung* buchen Sie, wenn Sie von einem Material keinen Gebrauch mehr machen können. Dies kann der Fall bei Qualitätsverlust, bei Überlagerung, bei »nicht mehr dem technischen Stand entsprechend«, bei Transportschäden usw. sein. Verschrotten können Sie aus dem frei verwendbaren Bestand, dem Qualitätsprüfbestand und dem gesperrten Bestand. Diese Buchung bewirkt, dass der entsprechende Bestand vermindert wird, der Wert des verschrotteten Materials vom Bestandskonto auf ein Verschrottungskonto gebucht und die eingegebene Kostenstelle belastet wird. Sie buchen mit Transaktion MIGO oder MB1A (Warenentnahme) und wählen die entsprechende Bewegungsart, z. B. **551** (Verschrottung aus Lager frei verwendbar) aus.

Die Entnahme von *Stichproben* ist eine Warenbewegung, die in der Regel mit einer Qualitätsprüfung verbunden ist. Die Stichprobe wird aus der gelieferten und/oder aus der produzierten Menge entnommen. Da das zu prüfende Material aus dem Bestand entnommen wird, steht diese Menge eventuell für eine weitere Verwendung nicht mehr zur Verfügung. Dies entscheidet die Art der Prüfung:

- vernichtend
- nicht vernichtend

Ist die Stichprobenprüfung vernichtend, wird davon ausgegangen, dass Sie das Material nach der Prüfung nicht mehr einsetzen können. Die Stichprobenentnahme kommt insofern dem Verbrauch bzw. einer Verschrottung des Materials gleich, nur wird der Wert des Stichprobenmaterials vom Bestandskonto auf ein Aufwandskonto der Qualitätsprüfung gebucht.

Sie buchen mit Transaktion MIGO oder MB1A und wählen die entsprechende Bewegungsart aus, z. B. **333** (Stichprobe aus Lager frei verwendbar).

6.4.3 Bestandsfindung

Die *Bestandsfindung* bietet die Möglichkeit, anhand vordefinierter Einstellungen Strategien für eine Materialentnahme bei Warenausgängen und Umlagerungen/Umbuchungen zu hinterlegen. Diese Funktionalität betrifft mehrere Anwendungen und hat damit eine hohe integrative Bedeutung. Dabei ermittelt das SAP-System, ausgehend vom erfassten Materialbedarf, in welcher Reihenfolge aus welchen Lagerorten und Bestandsarten das gewünschte Material entnommen werden soll. Anhand vorher festgelegter Bestandsfindungsstrategien entscheidet das SAP-System, abhängig von Material, Werk und betriebswirtschaftlichem Vorgang, über die Materialentnahme. Die Bestandsfindung können Sie automatisch im Hintergrund oder dialoggesteuert durchführen. Grundsätzlich sollten Sie jede Strategie gründlich ausarbeiten, in den Anwendungskomponenten sorgfältig konfigurieren und ausreichend testen, bevor Sie damit produktiv gehen.

Die Bestandsfindung können Sie für die folgenden Bestandsarten einsetzen:

- frei verwendbarer Bestand
- Lieferantenkonsignationsbestand
- Pipelinematerial
- Kundenauftragsbestand
- Projektbestand

Sie müssen für den Einsatz der Bestandsfindung die folgenden Einstellungen vornehmen:

1. Im Customizing legen Sie eine anwendungsübergreifende Strategie für die Bestandsfindung fest. Jede Strategie wird auf der Werksebene anhand einer Bestandsfindungsgruppe und einer Bestandsfindungsregel bestimmt. Diese Einstellung nehmen Sie im Customizing über den Menüpfad **Materialwirtschaft • Bestandsführung und Inventur • Bestandsfindung • Strategien für die Bestandsfindung definieren** vor.

Die *Bestandsfindungsgruppe* wird im Materialstamm auf Werks-/Lagerortebene in der Sicht **Werksdaten/Lagerung 2** eingetragen und steuert die materialbezogene Bestandsfindung (siehe Abschnitt 2.2.20, »Sicht ›Werksdaten/Lagerung2‹«).

Die *Bestandsfindungsregel* ordnen Sie im Customizing der Bewegungsart zu, mit der Sie den betriebswirtschaftlichen Vorgang ausführen möchten. Hierzu rufen Sie den folgenden Pfad im Customizing auf: **Materialwirtschaft • Bestandsführung und Inventur • Bestandsfindung • Bestandsfindungsregeln in den Anwendungen zuordnen • Bestandsführung**.

2. In der Anwendung geben Sie im Feld **Lagerort** das Zeichen * ein. Das SAP-System schlägt die zu entnehmenden Bestände vor, die Sie bei Bedarf ändern können.

In Tabelle 6.7 sind der Zusammenhang und die Kombinationsmöglichkeiten für die Bestandsfindung aufgeführt.

Material	Bestands-findungs-gruppe	Bestands-findungs-regel	Bewegungs-art	Bestands-strategie
2777	BF01	MM01	201	1000/BF01/MM01
2728	BF02	MM01	201	1000/BF02/MM01
2777	BF01	MM02	221	1000/BF01/MM02

Tabelle 6.7 Bestandsfindungsstrategien

Sie erkennen, dass, abhängig vom Material, unterschiedliche Bestandsfindungsgruppen gefunden werden. Somit werden bei gleicher Bewegungsart und gleichen Bestandsfindungsregeln verschiedene Bestandfindungsstrategien ermittelt.

Andererseits wird jedoch für das gleiche Material bei einer anderen Bewegungsart eine neue Bestandsfindungsregel gefunden und damit auch eine andere Bestandsfindungsstrategie.

Zusammenfassend kann die folgende Aussage zur Bestandsfindung getroffen werden. Die Bestandsfindungsstrategie beschreibt, welche Bestände für den Vorgang infrage kommen (Sonderbestandskennzeichen, Lagerort), welche Präferenzen dabei zu berücksichtigen sind (Sortierkriterien) und welchen Vorrang diese Präferenzen beim Zusammentreffen mit anderen Strategien haben sollen.

6.4.4 Negative Bestände

Negative Bestände sind erforderlich, wenn aus organisatorischen Gründen Warenausgänge vor den entsprechenden Wareneingängen erfasst werden und das Material sich physisch bereits im Lager befindet. Wenn die Wareneingänge gebucht worden sind, muss der Buchbestand dem physischen Bestand wieder entsprechen, d. h., dass der Buchbestand nicht mehr negativ sein darf.

Wenn Sie mit negativen Beständen arbeiten, müssen Sie sicherstellen, dass zum Zeitpunkt der Inventur und zum Bilanzstichtag keine negativen Bestände mehr vorhanden sind.

Falls die erste Bewegung eines Materials ein Warenausgang ist, können Sie im Customizing der Bestandsführung das automatische Anlegen der Lagerortdaten bei Warenausgängen für Werk und Bewegungsart aktivieren.

Um mit negativen Beständen arbeiten zu können, müssen Sie die folgenden Schritte ausführen:

1. Im Customizing der Bestandsführung müssen Sie für den Bewertungskreis, das Werk und die Lagerorte das Kennzeichen **Neg.best.** (negative Bestände erlaubt) setzen. Diese Einstellungen nehmen Sie im Customizing über den Menüpfad **Materialwirtschaft • Bestandsführung und Inventur • Warenausgang/Umbuchungen • Negative Bestände erlauben** oder mit Transaktion OMJ1 vor.
2. Im Materialstammsatz der einzelnen Materialien in der Sicht **Werksdaten/Lagerung 2** müssen Sie das Kennzeichen **Neg. Bestände Werk** setzen.

Negative Bestände sind in den Bestandsarten des frei verwendbarer Bestands und des *gesperrten Bestands* möglich. Für *Sonderbestände* sind negative Bestände bereits erlaubt, wenn dies im Bewertungskreis und für den betreffenden Sonderbestand im Werk aktiviert ist. Eine Aktivierung im jeweiligen Materialstammsatz ist nicht erforderlich.

Fallbeispiel »Erfassen und Bearbeiten negativer Bestände«

Im nachfolgenden Fallbeispiel werden die Voraussetzungen, Einstellungen und Prozessschritte für Wareneingangsbuchungen, die zeitlich nach den Warenausgangsbuchungen erfasst werden, beschrieben. Dabei wird das Hauptaugenmerk auf die Bedeutung »negative Bestände zulassen« gelegt.

Es werden 10.000 Stück eines Materials geliefert und ohne Wareneingangsbuchung eingelagert. Dies bedeutet:

- physischer Bestand = 10.000 Stück
- Buchbestand = 0 Stück

Es werden **1.000** Stück aus dem Lager entnommen, und der Warenausgang wird im SAP-System sofort gebucht (siehe Abbildung 6.87).

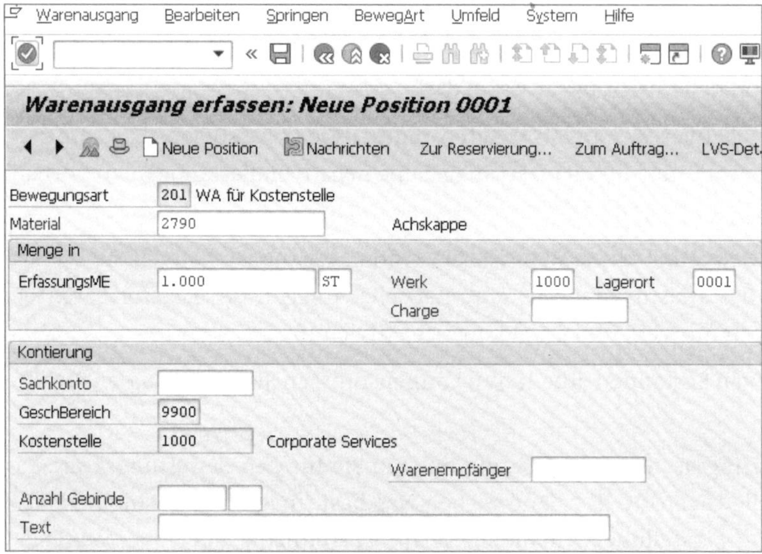

Abbildung 6.87 Warenausgangsbuchung

Das SAP-System erzeugt aufgrund des buchungsmäßig nicht vorhandenen Bestands eine Warnmeldung, die Sie mit der [↵]-Taste bestätigen, da Sie negative Bestände zulassen (siehe Abbildung 6.88).

⚠ LG frei verwendbar um 1.000 ST unterschritten : 2790 1000 0001

Abbildung 6.88 Warnmeldung bei der Warenausgangsbuchung

Buchen Sie den Warenausgang. Das Ergebnis der Warenausgangsbuchung ist in Abbildung 6.89 dargestellt.

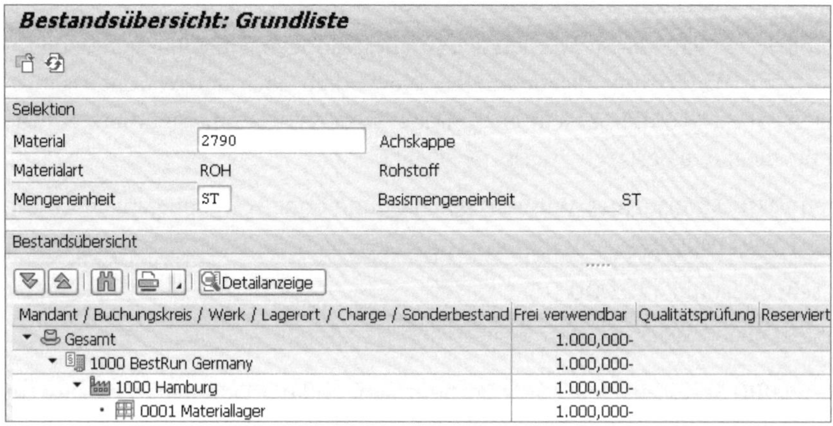

Abbildung 6.89 Bestandsübersicht nach der Warenausgangsbuchung

Damit ergibt sich Folgendes:

- Im physischen Bestand befinden sich 9.000 Stück.
- Im Buchbestand befinden sich 1.000 Stück.

Sie buchen den Wareneingang der schon physisch eingelagerten Menge (10.000 Stück). Das SAP-System verrechnet die schon entnommene Menge mit der Wareneingangsmenge (siehe Abbildung 6.90).

Damit lauten die Bestandszahlen wie folgt:

- Im physischen Bestand befinden sich 9.000 Stück.
- Im Buchbestand befinden sich 9.000 Stück.

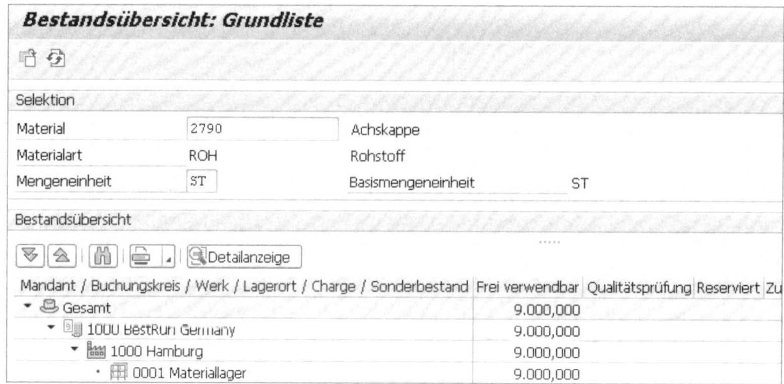

Abbildung 6.90 Bestandsübersicht nach der Wareneingangsbuchung

Zusammenfassend kommen Sie zu dem Ergebnis, dass negative Bestände immer ein Zeichen dafür sind, dass physische Bewegungen im SAP-System buchungsmäßig noch erfasst werden müssen.

6.5 Bestandsfortschreibung und -auswertung

Bei der Erfassung der bestandsverändernden Vorgänge werden die Materialien mengen- und wertmäßig im SAP-System abgebildet. Die daraus in Echtzeit resultierende *Bestandsfortschreibung* können Sie auswerten, und somit haben Sie immer einen Überblick über die aktuelle Bestandssituation.

Sie können Bestände *mengenmäßig* wie folgt ermitteln:

- auf Mandanten- und Buchungskreisebene
- auf Werks- und Lagerortebene
- auf Chargen- und Sonderbestandsebene

Sie können auswerten:

- geplante Zu- und Abgänge
- reservierte Bestände
- Sonderbestände
- Bestände in den verschiedene Bestandsarten
- usw.

Bei der *wertmäßigen* Führung der Bestände werden die folgenden Daten fortgeschrieben:

- Sachkonten in der Finanzbuchhaltung bei konfigurierter automatischer Kontenfindung
- Kontierungsdaten in der Kostenrechnung
- Wertfortschreibung in den Materialstammdaten

Bei allen bestandsverändernden Vorgängen (externen und internen) werden, neben dem Nachweis der physischen Bewegungen und der Verfolgung der einzelnen Bestände auf der Werks- bzw. Lagerortebene, Belege erstellt. Diese Belege dienen als Nachweis der Bewegung und bilden die Mengen- und Wertfortschreibung ab.

Es gibt eine Vielzahl von Reports, die Sie zur Auswertung von Bestandsdaten nutzen können. Im SAP-Menü, über den Menüpfad **Logistik • Materialwirtschaft • Bestandsführung • Umfeld**, erreichen Sie die folgenden Menüpunkte für die Auswertungen (siehe Abbildung 6.91).

Abbildung 6.91 Auswertungen im SAP-Menü-Umfeld

In Tabelle 6.8 sind zu einigen Menüpunkten ausgewählte Transaktionen und ihre Bedeutung dargestellt.

Menüpunkt	Transaktion	Bedeutung
Listanzeigen	MB51	Materialbelegliste
	MR51	Buchhaltungsbelege zum Material
	MBSM	Stornierte Materialbelege
	MBGR	Materialbelege mit Bewegungsgrund
Bestand	MMBE	Bestandsübersicht über alle Organisationsebenen
	MD04	Aktuelle Bedarfs-/Bestandsliste
	MB52	Lagerbestände zum Material anzeigen
	MB5B	Bestand zum Buchungsdatum, inklusive Sonderbestand
	MBLB	Bestände beim Lohnbearbeiter
	MBST	Stornieren
Auskunft	MM03	Materialstamm anzeigen
	XK03	Lieferantenstamm anzeigen
Bestands-controlling	z. B. MCBA	Standardanalysen (siehe Abschnitt 8.2, »Standardanalysen«)
	z. B. MCA7	Flexible Analysen (siehe Abschnitt 8.3, »Flexible Analysen«)

Tabelle 6.8 Transaktionen zur Bestandsauswertung

Wir möchten Ihnen anhand der Bestandsübersicht die wichtigsten Funktionen, die Ihnen zur Verfügung stehen, erläutern.

In der Bestandsübersicht erhalten Sie einen Überblick über die Bestände eines Materials über alle Organisationsebenen.

Sie wählen im SAP-Menü den Pfad **Logistik • Materialwirtschaft • Bestandsführung • Umfeld • Bestand • Bestandsübersicht** oder Transaktion MMBE. Sie gelangen in das Selektionsbild **Bestandsübersicht: Buchungskreis/Werk/Lager/Charge** (siehe Abbildung 6.92).

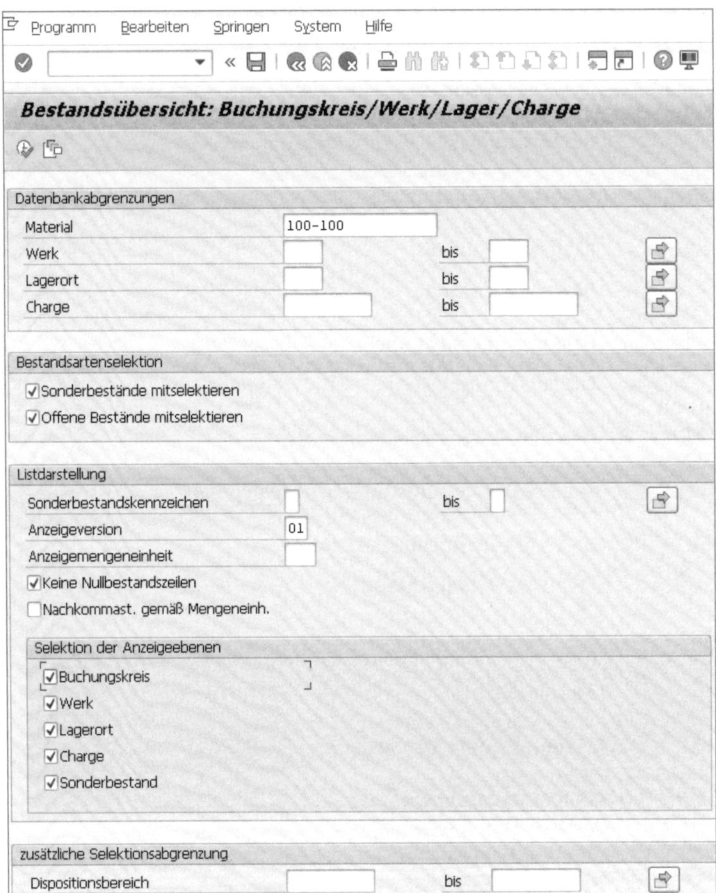

Abbildung 6.92 Bestandsübersicht – Selektionsbild

Geben Sie in die Felder im Bereich **Datenbankabgrenzungen** die für Ihre Auswertung gewünschten Selektionskriterien ein. Sie können wählen, ob Sie die Selektion als Einzel-, Intervall- oder Mehrfachselektion ausführen möchten. Geben Sie weitere Selektionskriterien ein. Sie können für diese Selektionseinträge eine Anzeigevariante festlegen. Sie wählen die Schaltfläche **Springen** und im sich öffnenden Dialogfenster **Varianten • als Variante sichern**. Sie vergeben einen Variantennamen und die Bedeutung, legen bei Bedarf noch Objekte des Selektionsbildes fest und sichern die Variante. Über **Springen • Varianten • holen** können Sie die gespeicherten Selektionseinträge aufrufen und die Selektion starten.

Klicken Sie auf die Schaltfläche **Ausführen**, und Sie gelangen in das Bild **Bestandsübersicht: Grundliste** (siehe Abbildung 6.93), die Ihnen einen Überblick über die

Bestände, entsprechend der gewählten Selektionskriterien gibt, hier über alle Organisationsebenen und alle Bestandsarten. Letzteres haben Sie im Feld **Anzeigeversion** durch die Auswahl des Werts **01** (alle Bestandsarten) festgelegt.

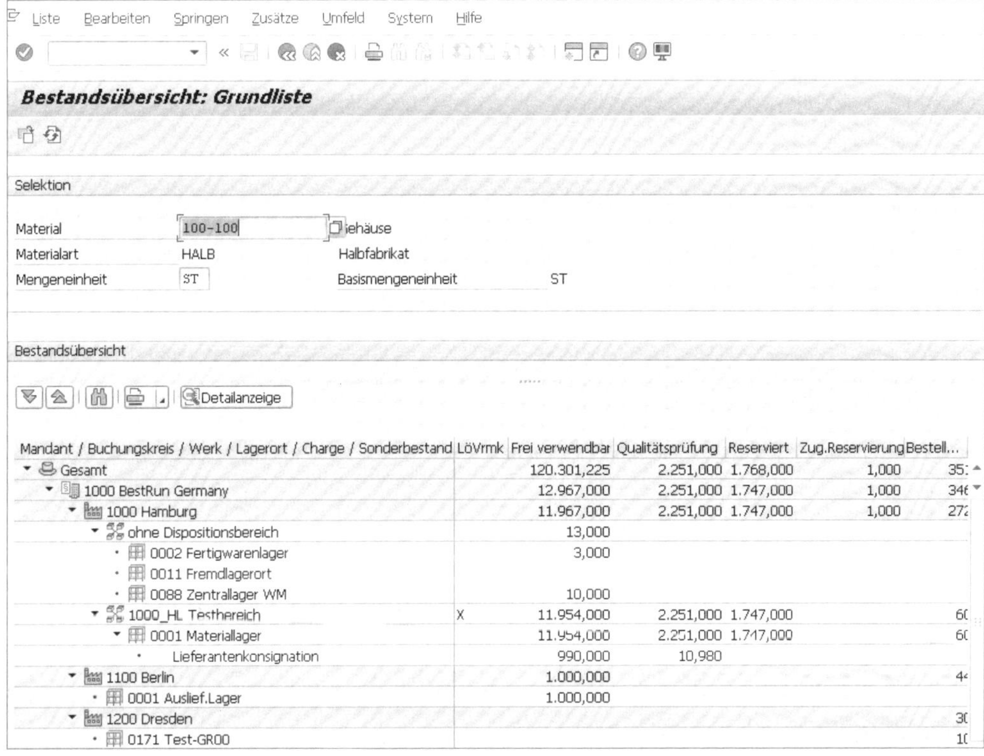

Abbildung 6.93 Bestandsübersicht – Grundliste

Sie können in der Bestandsübersicht weitere Funktionen aufrufen. In Tabelle 6.9 sind wichtige, Ihnen zur Verfügung stehende Funktionen aufgeführt.

Funktion	Schaltfläche	Selektion
Absprung zu anderen Auswertungsreports, z. B. Bedarfs-/Bestandsliste	**Umfeld**	ab Werk abwärts
Alternative Mengeneinheiten, Material anzeigen	**Zusätze**	für alle Organisationsebenen möglich
Bestände in Alternativmengeneinheit anzeigen	**Neue Selektion**	in das Feld Mengeneinheit die Alternativmengeneinheit eingeben

Tabelle 6.9 Funktionen in der Grundliste

Funktion	Schaltfläche	Selektion
Bestand einer bestimmten Organisationsebene anzeigen	Cursor auf der gewünschten Organisationsebene positionieren und die Schaltfläche **Detailanzeige** anklicken oder Doppelklick auf die Organisationsebene	für alle Organisationsebenen möglich
Ebenen (Teilbaum) komprimieren/expandieren	Schaltfläche komprimieren, Schaltfläche expandieren	für alle Organisationsebenen möglich
Anzeigen von Bestandsarten außerhalb des angezeigten Bildbereichs	Scrollbalken horizontal, vertikal oder Doppelklick auf die Bestandsartenzeile	für alle Organisationsebenen möglich
Bestandsübersicht für ein anderes Material aufrufen	**Neue Selektion**	Eingabe des neuen Materials
Neue Bestandssituation für das gleiche Material aufrufen	**Auffrischen**	keine Eintragsänderung

Tabelle 6.9 Funktionen in der Grundliste (Forts.)

Im SAP-Menü, über den Pfad **Logistik • Materialwirtschaft • Bestandsführung • Period. Arbeiten** erreichen Sie die folgenden Menüpunkte für weitere Auswertungen (siehe Abbildung 6.94).

Period. Arbeiten
- MB5U - Analyse Umrechnungsdifferenzen
- MB5L - Bestandswertliste
- MB5K - Konsistenzprüfung
- MBPM - Gemerkte Daten verwalten

Abbildung 6.94 Auswertungen im Menü »Period. Arbeiten«

Bei den Reports, die mit dem *ABAP List Viewer* arbeiten, können Sie eine Anzeigevariante erstellen. Sie können die in den Standardlayouts angeboten Informationen bearbeiten, d. h. Daten ausblenden, Daten einblenden, Datenfelder sortieren usw. Sie erstellen ein Layout, das genau die Informationen enthält, die für Sie und Ihren Aufgabenbereich relevant sind. Sie können die Anzeigevariante benutzerspezifisch anlegen oder allen Benutzern zugänglich machen (siehe Anhang A.6.1, »Layout ändern«).

6.6 Materialbewertung

Für die logistischen Prozesse selbst ist eine Materialbewertung nicht notwendig, aber für die Bilanzierung der Materialbestände in der Finanzbuchhaltung ist sie unabdingbar.

Mit diesem Abschnitt möchten wir Ihnen zeigen, wo Sie die Wertansätze für Materialien finden, wie diese fein gesteuert werden können und wo sie sich auswirken.

Zunächst beschäftigen wir uns grundsätzlich mit der Materialbewertung im SAP-System, um Ihnen anschließend die wichtigsten Bewertungsprinzipien in verschiedenen Rechtsgebieten sowie eine Sonderform der Bewertung – die getrennte Bewertung – vorzustellen.

6.6.1 Materialbewertung

Ein wesentliches Element der *Materialbewertung* ist der Preis. Dabei gibt es grundsätzlich zwei verschiedene Arten von Preisen: den gleitenden Durchschnittspreis und den Standardpreis.

Gleitender Durchschnittspreis

Der *gleitende Durchschnittspreis* resultiert aus den Preisen, die beim Einkauf von Materialien und Waren mit den Lieferanten vereinbart wurden. Je Wareneingang wird Material in einer gewissen Menge zum aktuell vereinbarten Preis zugebucht. Der gleitende Durchschnittspreis = V-Preis ergibt sich dann, als Durchschnittspreis gerechnet, auf den gesamten Materialbestand. Bei steigenden Marktpreisen für ein Material ist dieses dabei tendenziell zu niedrig bewertet. Bei sinkenden Marktpreisen hätten Sie hier eine zu hohe Bewertung des gesamten Materialbestands.

In der Betriebswirtschaft kennt man deshalb zwei Methoden, die zu einer jeweils passenderen Bewertung führen sollen:

Die Fifo-Methode (First in – first out) und die Lifo-Methode (Last in – first out). Beide Methoden werden in Abschnitt 6.6.3, »Bewertungsprinzipien«, ausführlich beschrieben.

Beim Verfahren des gleitenden Durchschnittspreises wird nach jedem Waren- oder Rechnungseingang bzw. nach jeder Auftragsabrechnung ein neuer Materialpreis errechnet. Dieser ergibt sich nach der folgenden Formel:

$$\textit{V-Preis}_{neu} = (\textit{Bestand} * \textit{V-Preis}_{alt} + \textit{Bestellmenge} * \textit{Bestellpreis}) / (\textit{Bestand} + \textit{Bestellmenge})$$

Fallbeispiel: Bestellpreis weicht vom gleitenden Durchschnittspreis ab

Das folgende Beispiel soll dies noch einmal verdeutlichen:

1. **Ausgangssituation**

   Angenommen sei die in Abbildung 6.95 erkennbare aktuelle Bewertungssituation. Das Material wurde demnach mit einem V-Preis von 5,09 EUR/Stück bewertet. Der Gesamtbestand beträgt 2.200 Stück, und der Gesamtwert beträgt 11.200 EUR.

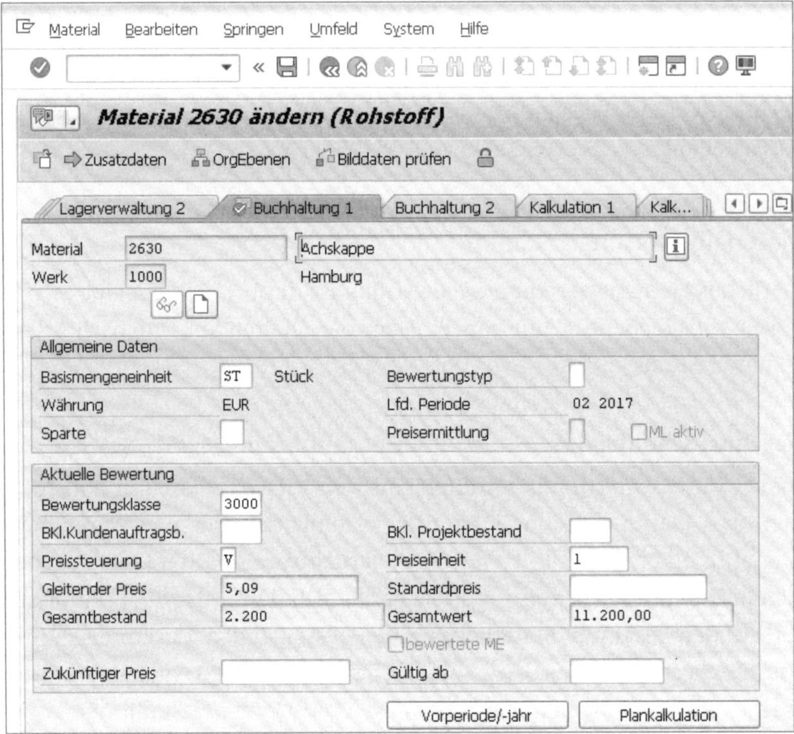

Abbildung 6.95 Materialbewertung vor dem Wareneingang

2. **Wareneingang und Ergebnis**

   Es folgt nun ein Wareneingang zur Bestellung mit einer Bestellmenge von 1.000 Stück und einem Bestellpreis von 6,00 EUR/Stück. In Abbildung 6.96 ist das Ergebnis der durch die Wareneingangsbuchung beeinflussten neu berechneten V-Preise eingetragen. Dieses wurde entsprechend der obenstehenden Formel wie folgt berechnet:

   $V\text{-}Preis_{neu} = (2.200\ Stück * 5{,}09\ EUR/Stück + 1.000\ Stück * 6{,}00\ EUR/Stück) / (2.200\ Stück + 1.000\ Stück) = 5{,}38\ EUR/Stück$

   Bei einem abweichenden Rechnungspreis wird der V-Preis wieder neu berechnet.

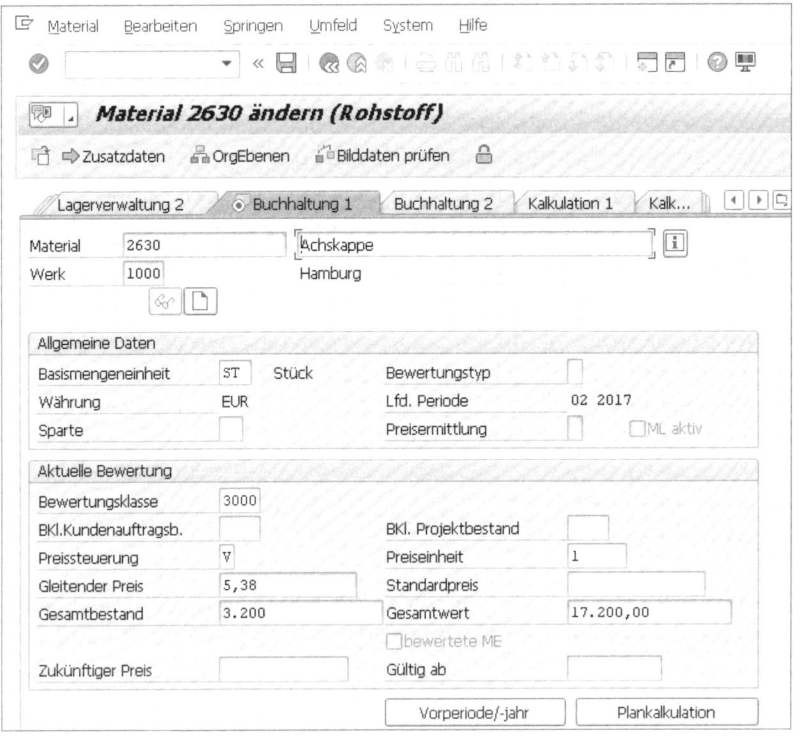

Abbildung 6.96 Materialbewertung nach dem Wareneingang

Merkmale der V-Preissteuerung

- Die Zugänge werden mit den Zugangswerten (aus Wareneingängen oder Rechnungen) bewertet.
- Zeitnahe Abweichungen (Preisschwankungen) werden in den Bestand gebucht.
- Der Preis im Materialstamm passt sich den Einstandspreisen (Zugangspreisen) an.
- Abgänge werden im Allgemeinen mit dem aktuellen Materialpreis bewertet.
- Für die Kostenrechnung/das Controlling unterliegen die Auswertungsdaten damit den Preisschwankungen.
- Preisschwankungen können nicht den gefertigten Erzeugnissen höherer Stufen (S-Preis) nachbelastet werden.
- Es erfolgt nur in Ausnahmefällen eine Buchung auf dem Konto »Aufwand/Ertrag aus Preisdifferenzen«.
- Fehlbewertungen sind bei verzögertem Rechnungseingang mit Abweichungen möglich.
- Materialpreise können bei Bedarf (im Allgemeinen zum Periodenwechsel) geändert werden. Der Gesamtbestand des Bewertungskreises wird dadurch umbewertet.

Vor- und Nachteile der Bewertung mit gleitendem Durchschnittspreis

Der Vorteil der Bewertung mit gleitenden Durchschnittspreisen ist, dass Abweichungen, die durch abweichende Bezugspreise bei fremdbeschafften Materialien entstehen, sowie Abweichungen, die bei der Produktion von eigengefertigten Materialien (beispielsweise durch einen Mehrverbrauch an Rohstoffen) auftreten, zu einer Aktualisierung des Materialpreises führen und gleichzeitig eine entsprechende Veränderung des Materialbestandswerts bewirken.

Nachteilig ist es, dass der Preis, zu dem der Materialverbrauch gebucht wird, zeitabhängig ist. Wird beispielsweise der Warenausgang vor dem Buchen des Rechnungseingangs gebucht, fließt der Rechnungswert nicht in den Wert des entnommenen Materials ein. Das Material wird somit nicht zu seinen tatsächlichen Beschaffungskosten bewertet.

Standardpreis

Der *Standardpreis* ist ein für einen Zeitraum fester Preis für ein Material. Dabei meint Zeitraum hier nicht, dass von vornherein eine zeitliche Gültigkeit eines Preises festgelegt wurde. Der Standardpreis gilt vielmehr ab einem bestimmten Stichtag bis zu dem Zeitpunkt, an dem ein neuer Standardpreis gesetzt wird.

Der Standardpreis wird auch S-Preis genannt und ist unabhängig von den Zugängen zum Materialbestand. S-Preise werden im Rahmen von Materialkalkulationen ermittelt und in die Materialstammsätze fortgeschrieben. Dabei lässt das SAP-System auf diesem Weg nur eine einmalige Aktualisierung pro Monat zu. In der Regel wird der Standardpreis zum Monatsanfang jeweils neu kalkuliert, um Änderungen in der Kostenstruktur (wechselnde Einstandspreise von Rohmaterialien, geänderte Fertigungsbedingungen) im Preis abzubilden.

Standardpreise können auch manuell im Stammsatz gesetzt oder geändert werden. Dies ist eine Möglichkeit, wenn aufgrund von falscher Stammdatenpflege in den Materialkalkulationen falsche Preise ermittelt wurden, die nicht über die ganze Periode beibehalten werden sollen. Auch fehlerhafte Preiseinheiten (Preis pro 1.000 Stück statt Preis pro 100 Stück) können so korrigiert werden.

Merkmale der S-Preissteuerung

- Sämtliche Bestandsbuchungen erfolgen zum Standardpreis.
- Die Preise bleiben über mindestens eine Periode konstant.
- Alle Abweichungen zum Standardpreis werden auf einem Konto »Aufwand/Ertrag aus Preisdifferenzen« gebucht.

- Preisschwankungen belasten nicht die Kostenträger (z. B. Aufträge), also konsistentes Controlling.
- Preisdifferenzen können den Endbeständen sowie den verbrauchten Erzeugnissen (Verkauf, Entnahme für die Produktion) nicht nachbelastet werden.
- Für die Kostenrechnung/das Controlling stehen exakte Werte für die Auswertungen zur Verfügung.
- Eine Kalkulation der Standardpreise mit Komponentenschichtung ist möglich.
- Die Abweichungen des Standardpreises zu den Einstandspreisen sind als Information in der Buchhaltungssicht sichtbar.
- Materialpreise können bei Bedarf (im Allgemeinen zum Periodenwechsel) geändert werden. Der Gesamtbestand des Bewertungskreises wird dadurch umbewertet.

Abbildung 6.97 zeigt die unterschiedliche Herkunft von V- und S-Preis und stellt den Zusammenhang zwischen Materialpreis, Bestandsmenge und Bestandswert dar.

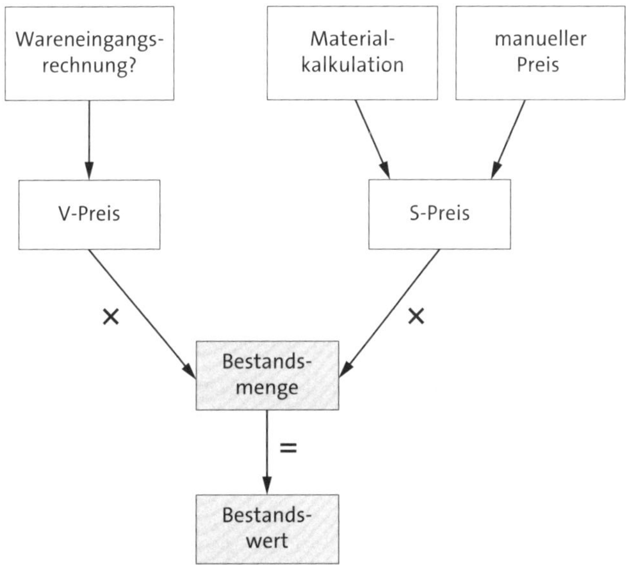

Abbildung 6.97 Berechnung des Bestandswerts

Grundsätzlich gilt, dass der Gesamtbestand eines Materials immer zum Materialpreis gemäß der Preissteuerung bewertet wird. Dies gilt für beide Preisarten. Dennoch gibt es einige Unterschiede, die hier kurz Erwähnung finden:

- Der V-Preis wird mit jedem Materialzugang neu bestimmt. Eine Neubewertung des Materialbestands findet hier in aller Regel nicht statt.

- Der S-Preis ist – wie bereits dargestellt – so lange stabil, bis es einen neuen S-Preis gibt. Dies hat zur Folge, dass jede Änderung des Standardpreises zu einer Neubewertung des kompletten Bestands des betreffenden Materials führt! Auf der anderen Seite werden aber alle Materialzugänge ins Lager oder in einen Kundeneinzelbestand zunächst mit dem Standardpreis bewertet, auch wenn im konkreten Fertigungsauftrag erheblich höherer Kosten als die kalkulierten Kosten angefallen sind. Da die Fertigungsaufträge grundsätzlich alle Kosten weitergeben, führt dies dazu, dass die Differenzen als *Preisdifferenzen* auf separaten Sachkonten gebucht werden.

Das Rechnungswesen muss in der Bilanz alle Vermögenswerte eines Unternehmens vollständig darstellen. Zu diesen zählt auch der Materialbestand, seien es Roh-, Hilfs- und Betriebsstoffe, Zwischenfabrikate auf den verschiedenen Fertigungsstufen oder Fertigfabrikate. Die hierzu benötigten Informationen werden aus der Materialwirtschaft direkt an das Rechnungswesen über eigene Belege übergeben. Dies hat Folgendes zur Konsequenz:

- Für jede Warenbewegung in der Materialwirtschaft, die Auswirkungen auf den Bestand hat (Zu- oder Abgänge), müssen Belege über die wertmäßigen Änderungen an die Buchhaltung übergeben werden.
- Für jede Warenbewegung in der Materialwirtschaft muss festgelegt sein, wie genau die Übergabe an die Buchhaltung abgebildet sein soll.

Da die Erfassung der Warenbewegungen im Regelfall von Mitarbeiterinnen und Mitarbeitern vorgenommen wird, die von den Details einer doppelten Buchführung keine tieferen Kenntnisse haben und auch nicht haben müssen, muss im Customizing der Materialwirtschaft beispielsweise genau festgelegt sein, mit welchen Konten wann in der Buchhaltung gebucht werden soll und ob und welche Vorsteuer im Einzelfall die richtige ist. Diese Einstellungen werden in der Materialwirtschaft in der *Kontenfindung* eingestellt, die in Abschnitt 6.8, »Automatische Kontenfindung«, behandelt wird. Auf die Einzelheiten der Vorsteuerfindung wird hier nicht weiter eingegangen.

Im Einzelfall stimmen insbesondere die S-Preise nicht mit dem tatsächlichen Wert der Materialien überein. Bei Materialien mit V-Preissteuerung sind Preisanpassungen nur in Ausnahmefällen erforderlich. Ein Beispiel wäre hier, wenn für ein Material über einen längeren Zeitraum keine Bewegungen stattgefunden haben und die aktuellen Marktpreise deutlich unter den Einkaufspreisen zum Zeitpunkt des Materialbezugs liegen.

Bei einem Material mit S-Preissteuerung kann es notwendig sein, den aktuellen Bewertungspreis zu ändern, wenn der gleitende Preis, der die Entwicklung der Einstandspreise widerspiegelt, zu sehr vom Standardpreis abweicht. Der Anpassungsbedarf kann aber auch aus einem Eingabefehler bei manueller S-Preis-Pflege oder aus einem Kalkulationsfehler resultieren. Kalkulationsfehler finden sich häufig nach dem Produktionsstart mit einem SAP-System, sollten aber im Laufe der Zeit deutlich weniger werden. Immer, wenn solche fehlerhaften Preise bekannt werden, sollten Sie umgehend korrigiert werden. Wie dies funktioniert, stellen wir Ihnen im folgenden Abschnitt vor.

6.6.2 Preisänderungen und Umbewertungen

Preisänderungen in der SAP-Komponente MM führen unmittelbar zu einer Umbewertung des gesamten Bestands an dem Material, für das die Preisänderung vorgenommen wird. Wir zeigen die Preisänderung nachfolgend an einem Beispiel. In Abbildung 6.98 sehen Sie das Material **2037** aus Werk **1000** mit seinem aktuellen Standardpreis von **706,62** EUR. Der Gesamtbestand des Materials beträgt **500** Stück und ist daher insgesamt **353.310,00** EUR wert.

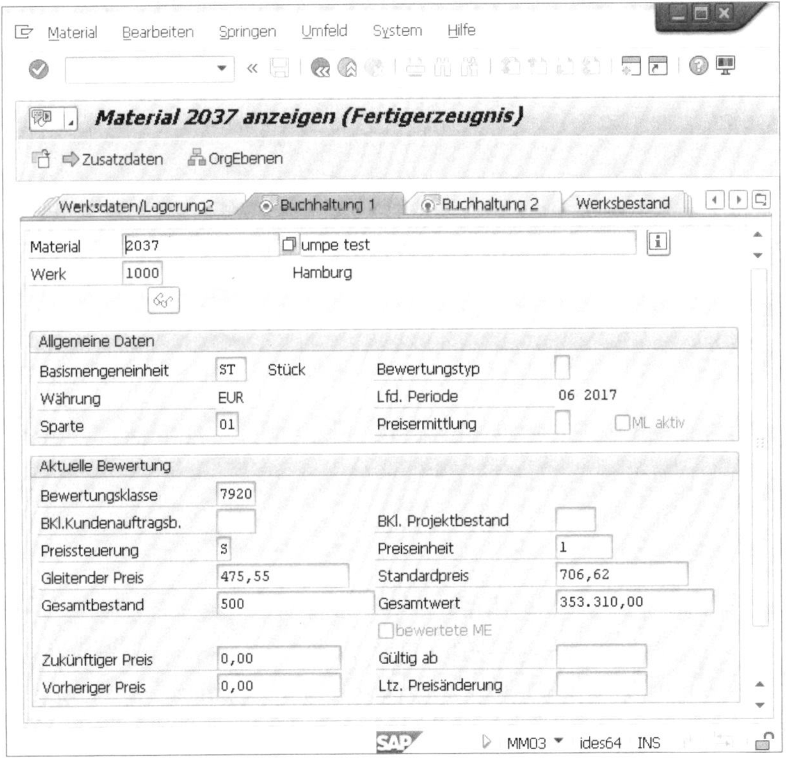

Abbildung 6.98 Material vor einer Preisänderung

Nun stellt sich aber heraus, dass der Standardpreis nicht 706,62 EUR betragen darf, sondern nur 580,00 EUR. Daher ist eine zeitnahe Preisänderung erforderlich, damit nicht weiterhin bei der Abrechnung von Fertigungsaufträgen aus der Produktion hohe Preisabweichungen verbucht werden. Denn diese Preisabweichungen müssen im Controlling regelmäßig begründet werden und sorgen dort für einen hohen Zeitaufwand.

Für die Preisänderung wählen Sie im SAP-Menü den Pfad **Logistik • Materialwirtschaft • Bewertung • Materialpreisänderung • Materialpreise ändern** oder Transaktion MR21. In Abbildung 6.99 sehen Sie das Einstiegsbild dieser Transaktion, in dem das Buchungsdatum (in der Regel das aktuelle Tagesdatum, das vom SAP-System auch schon vorgeschlagen wird), Buchungskreis und Werk eingetragen werden müssen. Im Feld **Referenz** können Sie gegebenenfalls eine Information hinterlegen, die Ihnen dabei hilft, den Grund der Preisänderung auch im Nachhinein noch zu verstehen. Der Inhalt sollte in Ihrem Unternehmen als Standard vereinbart werden. Auch das Feld **Belegkopftext** dient der internen sowie der externen Information im Beleg. Beide Felder werden auch an das Rechnungswesen weitergereicht.

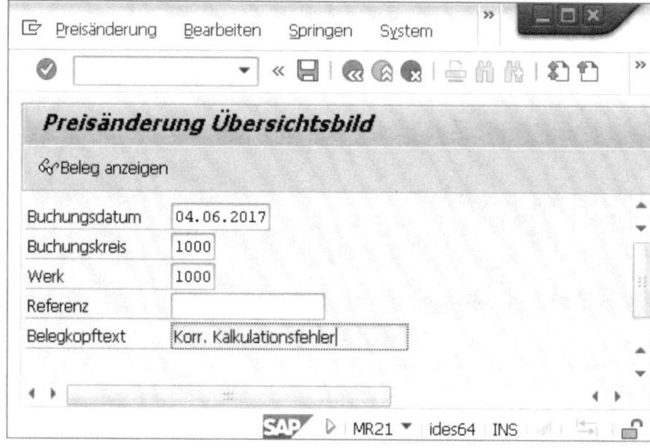

Abbildung 6.99 Preisänderung – Einstiegsbild

In Abbildung 6.100 sehen Sie die Maske, in die die Preisänderung eingegeben wird. Sie müssen lediglich die folgenden Felder ausfüllen:

- **Material**
- **Neuer Preis**
- **Neue Preiseinheit** (nur bei Korrektur der Preiseinheit)

Nach dem Betätigen der [↵]-Taste erscheint die Preisänderung in der in Abbildung 6.100 gezeigten Form, d. h., einige Felder sind gesperrt und enthalten Informationen zum Material aus dem Materialstammsatz. Die zu ändernden Felder sind weiterhin eingabebereit.

Preisänderung mit Transaktion MR21

Sie können bei einer Preisänderung auch mehrere Materialien gleichzeitig bearbeiten!

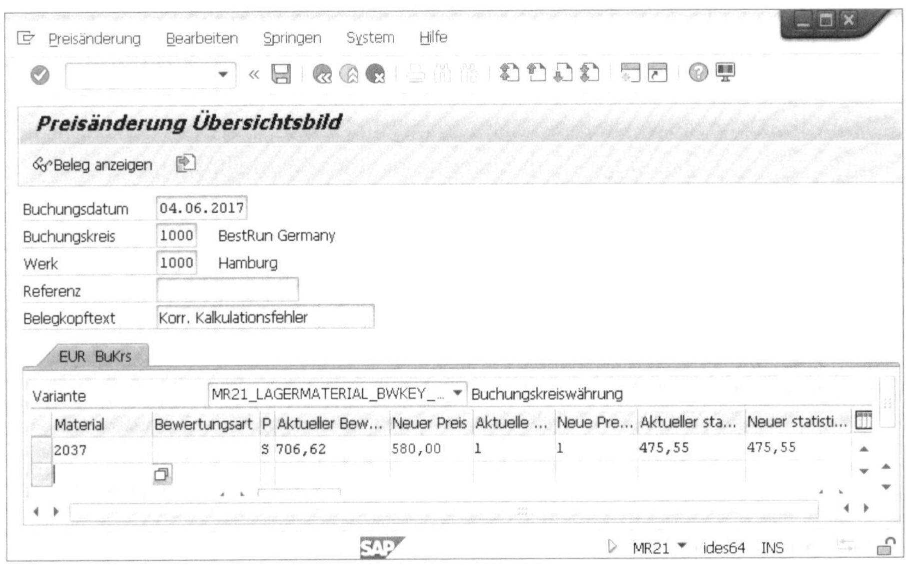

Abbildung 6.100 Preisänderung – Übersichtsbild

Nach dem Sichern einer Preisänderung wird diese mit der entsprechenden Belegnummer in der Materialwirtschaft und in der Buchhaltung gespeichert. In Transaktion MR21 (Materialpreise ändern) können Sie sich diese Belege nachträglich ansehen. In Abbildung 6.101 sehen Sie den Materialbeleg zu unserem Beispiel, der Ihnen zeigt, dass der Bestandwert des Materials um **63.310,00** EUR abgenommen hat. Das Feld **Bestandswert** zeigt immer den Wert laut Preissteuerung im Materialstammsatz, hier also den Wert nach dem S-Preis. Da der V-Preis nicht geändert wurde, enthält das Feld **Bstwert (stat.)** in unserem Beispiel nur den Wert **0,00** EUR.

Abbildung 6.101 Preisänderung – Materialbeleg

In Abbildung 6.102 sehen Sie den Buchhaltungsbeleg zur Preisänderung. Auf dem Bestandskonto **792000 Fertige Erzeugnisse** können Sie die Wertminderung in Höhe von **63.310,00** EUR erkennen. Dieser Wertminderung steht ein Aufwand auf dem Sachkonto **232500 Aufw. Umbew. Eigen** in gleicher Höhe gegenüber. Warum hier welches Sachkonto genau für diese Buchung herangezogen wird, erläutern wir in Abschnitt 6.8, »Automatische Kontenfindung«.

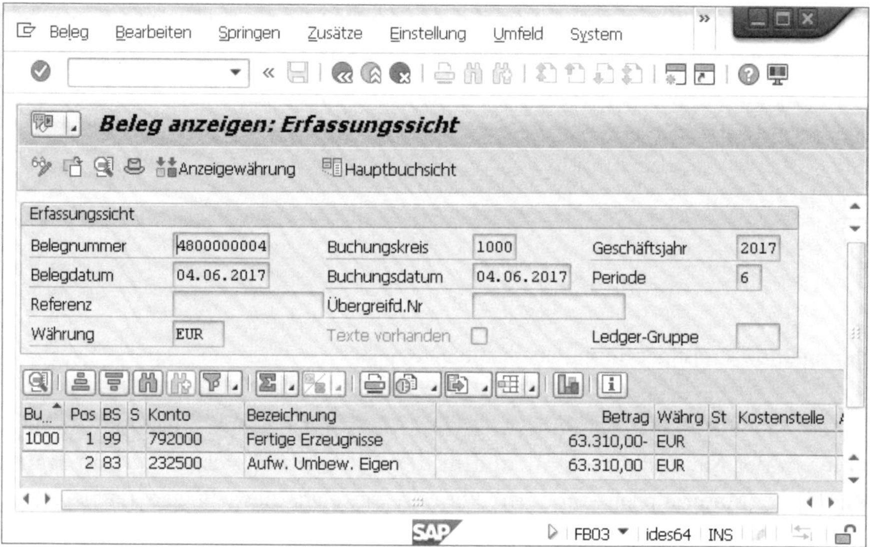

Abbildung 6.102 Preisänderung – Buchhaltungsbeleg

In Abbildung 6.103 blicken wir nun erneut auf den Stammsatz des Materials **2037** nach erfolgter Preisänderung. Sie sehen den neuen Standardpreis von **580,00** EUR, der bei einem Gesamtbestand von **500** Stück zu einem Gesamtwert in Höhe von **290.000,00** EUR führt.

In unserem Beispiel haben wir eine Preisänderung in der aktuellen Buchungsperiode gezeigt. In Abbildung 6.104 können Sie sehen, dass Preisänderungen nicht nur für die aktuelle Periode, sondern durchaus auch für Vorperioden erfasst werden können. Drei Voraussetzungen für Buchungen in der Vorperiode müssen erfüllt sein:

- Die Periodensteuerung in der Materialwirtschaft muss noch Buchungen in der Vorperiode erlauben.
- Die Buchungsperiodensteuerung in der Buchhaltung muss noch Buchungen in der Vorperiode vorsehen.
- Die Vorperiode für diesen Vorgang muss auch im Controlling noch bebuchbar sein.

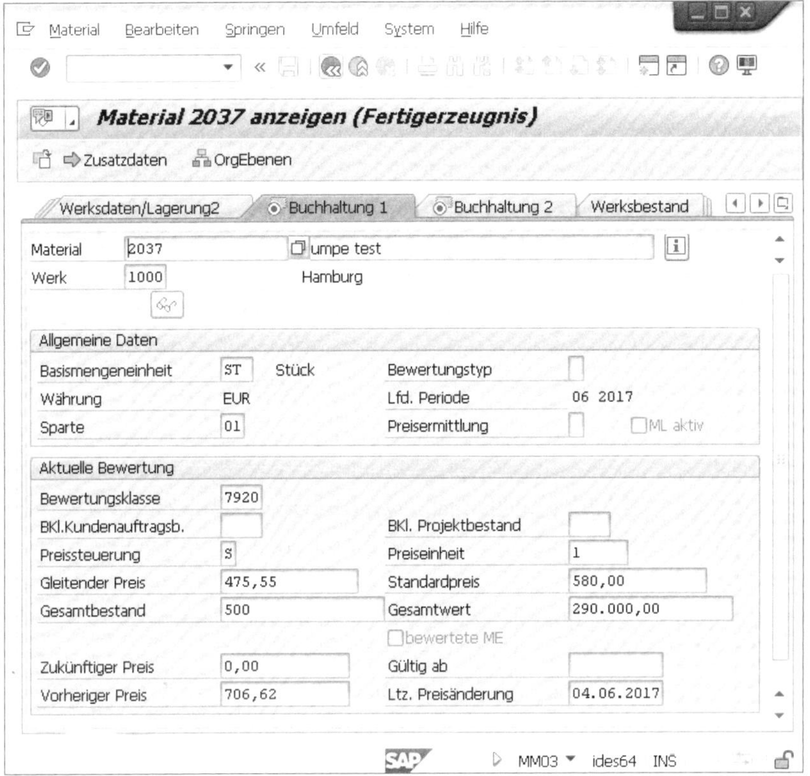

Abbildung 6.103 Material nach erfolgter Preisänderung

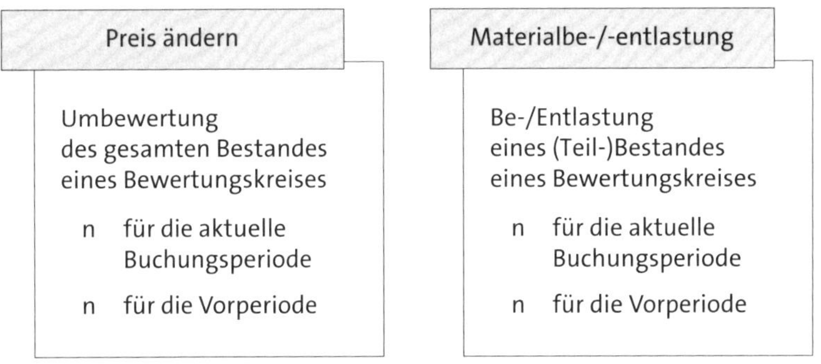

Abbildung 6.104 Auswirkungen von Preisänderungen auf den Bestandswert

Grundsätzlich ist Ihr Unternehmen bei der Bewertung seiner Materialbestände an gewisse Regeln gebunden. Diese Bewertungsprinzipien stellen wir Ihnen im folgenden Abschnitt 6.6.3 vor.

6.6.3 Bewertungsprinzipien

Bewertungsprinzipien sind gesetzliche Rahmenbedingungen für die Bewertung von Anlage- und Umlaufvermögen im Rahmen von Abschlussarbeiten. Dabei wird das Ziel verfolgt, den Wert der Vermögensgegenstände möglichst aktuell in der Bilanz zu zeigen. Es dürfen keine Aufwertungen gegenüber den Anschaffungs- und Herstellkosten vorgenommen werden. Es dürfen auf der anderen Seite aber auch keine zu hohen Abwertungen vorgenommen werden, da dies natürlich den Gewinn Ihres Unternehmens senkt und Sie dementsprechend weniger Steuern zahlen müssten. Alle Abwertungen müssen deshalb auf einer vernünftigen und erklärbaren Basis vorgenommen werden. Nachfolgend stellen wir Ihnen kurz drei wesentliche Bewertungsprinzipien vor. Sehen wir uns im kommenden Abschnitt zunächst das Niederstwertprinzip an.

Niederstwertprinzip

Das Niederstwertprinzip ist in der Regel das Bewertungsprinzip nach Landesrecht, d. h., es wird für die lokalen Abschlüsse, aber auch für die steuerrechtliche Bewertung herangezogen. Im Hintergrund stehen das Prinzip der Vorsicht und das Imparitätsprinzip. Das Prinzip der Vorsicht verlangt bei der Rechenschaftslegung, dass nur die Werte angesetzt werden, die auch realisierbar sind. Denn die Unternehmen sollen daran gehindert werden, ihren eigenen Unternehmenswert zu gut darzustellen.

Das Imparitätsprinzip bedeutet, dass nicht realisierte, aber bereits absehbare Verluste ausgewiesen werden müssen. Im Ergebnis werden dementsprechend Materialbestände abgewertet.

Bei der Anwendung des Niederstwertprinzips wird zwischen dem *gemilderten Niederstwertprinzip* für die Bewertung des Anlagevermögens und dem *strengen Niederstwertprinzip* bei der Bewertung des Umlaufvermögens (also der Materialbestände) unterschieden. Wie es in Abschnitt 6.7 beschrieben wird, dient die Bewertung nach dem Niederstwertprinzip der korrekten Darstellung der Bestandswerte im Rahmen von Abschlussarbeiten (Monatsabschlüsse, Quartalsabschlüsse, Jahresabschlüsse) und wird im Zusammenhang mit der Inventur durchgeführt.

Ziele der Niederstwertermittlung sind hierbei:

- die Ermittlung des niedrigsten Marktpreises pro Material
- die Ermittlung der Bestandswerte mit Bezug zu diesem Preis.

Eine Abwertung von Materialbeständen kann nur in der Buchhaltung gebucht werden. Dann bleiben die Preise gemäß Preissteuerung im Materialstamm unberührt. Alternativ können Sie die Abwertungen aber auch mittels Preisanpassung vornehmen.

Nachfolgend werden zwei Spezialfälle der Niederstwertermittlung vorgestellt: Die Fifo- und die Lifo-Materialbewertung.

First in – first out (Fifo)

Bei der Fifo-Materialbewertung wird der Materialbestand mit seinen tatsächlichen Beschaffungskosten bewertet. Dabei wird angenommen, dass das zuerst eingegangene Material auch zuerst verbraucht wird (First in – first out). Die Fifo-Methode wird dann für das Niederstwertprinzip genutzt, wenn die Preise für die Materialien sinken. Wie das Beispiel in Abbildung 6.105 zeigt, führt die Fifo-Methode zu einem niedrigeren Bestandswert, als würden Sie nur den gleitenden Durchschnittspreis bei einem Einkaufsmaterial berücksichtigen. In diesem Beispiel beträgt der V-Preis gerundet 1,07 EUR, und die Preise der Zugänge betragen pro Stück in Periode 10 1,20 EUR, in Periode 11 noch 1,10 EUR und in Periode 12 nur 1,00 EUR. Nachdem die zuerst erworbenen teureren Materialien auch zuerst entnommen worden sind, ist der Bestand nach der Fifo-Methode um 110,00 EUR niedriger zu bewerten als der Bestandswert nach der Preissteuerung.

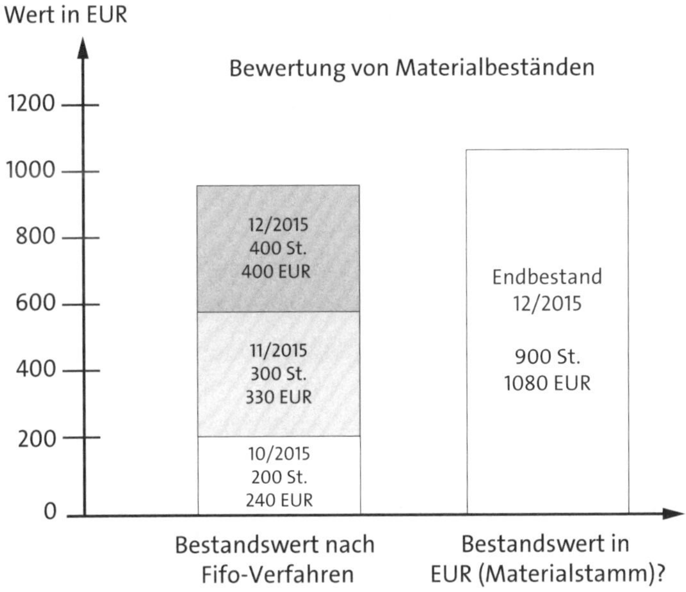

Abbildung 6.105 Fifo-Bewertung bei sinkenden Preisen

Wird die Fifo-Methode bei sinkenden Preisen für die Materialbewertung genutzt, ist der Bestandswert nach dem Fifo-Prinzip niedriger als auf der Preissteuerungsbasis. Dann können Sie das Material abwerten. Diese Anpassung ist auch nach dem Steuerrecht zulässig, und zwar immer dann, wenn das Material auch tatsächlich gemäß diesem Prinzip das Lager verlässt. Sie können dann den Standardpreis sowie den V-Preis senken oder eine Bestandsumbewertung in der Buchhaltung buchen.

Wird die Fifo-Methode jedoch bei steigenden Preisen zur Materialbewertung herangezogen, führt dies zwar zu einer realistischen Bewertung des Bestands, würde aber im Rahmen der Bilanzbewertung zu einer gesetzlich unzulässigen Zuschreibung führen. In diesem Fall würde die Bewertung auf der Basis der Preise nach der Preissteuerung beibehalten und keine Anpassung der Preise in der Materialwirtschaft oder des Bestandswerts in der Buchhaltung vorgenommen.

Last in – first out (Lifo)

Bei der Lifo-Methode werden die zuletzt dem Lager zugeführten Materialien zuerst entnommen. Für die Bewertung des Umlaufvermögens kann diese Methode auch steuerrechtlich genutzt werden; allerdings muss das einmal gewählte Bewertungsprinzip im Prinzip beibehalten werden. Wenn ein Unternehmen von der einmal gewählten Methode abweichen möchte, muss es hierzu die Zustimmung des Finanzamts einholen.

Abbildung 6.106 zeigt ein Anwendungsbeispiel für die Lifo-Methode. Zugänge in den Jahren 2013 bis 2015 haben einen zunehmend höheren Preis. Aufgrund der vorrangigen Entnahme der zuletzt beschafften Materialien bleiben die Materialien mit den niedrigeren Anschaffungs- und Herstellkosten im Lager. Im Vergleich mit der Bewertung nach dem V-Preis kann nach der Lifo-Methode eine Abwertung in Höhe von 70,00 EUR erfolgen.

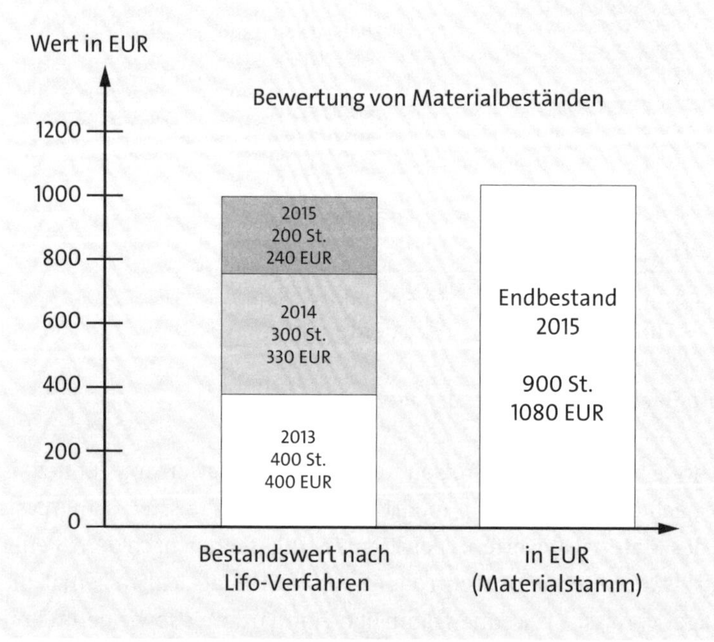

Abbildung 6.106 Lifo-Bewertung bei steigenden Preisen

Im folgenden Abschnitt stellen wir Ihnen nun einen speziellen Fall der Bewertung vor: die getrennte Bewertung. Dabei bleiben jedoch die grundsätzlichen Bemerkungen zur Bewertung richtig und wirken sich auch hier aus.

6.6.4 Getrennte Bewertung

Getrennte Bewertung heißt nicht mehr und nicht weniger, als dass ein Materialstammsatz für einen Bewertungskreis mehrere Ausprägungen haben kann. Bei gleicher Materialnummer können unterschiedliche Aktivitäten bzw. Bewertungen und Kontenfindungsdaten angesprochen werden, wenn die getrennte Bewertung genutzt wird. Aus Sicht der Bewertung können Sie über diese Möglichkeit demselben Material, je nach Herkunft, eine andere Preissteuerung und einen anderen Preis zuordnen. Wenn gewünscht, kann sogar die Kontenfindung über unterschiedliche Bewertungsklassen auf unterschiedliche Sachkonten gehen. Im Materialstammsatz wird die getrennte Bewertung über den *Bewertungstyp* gesteuert. Der Bewertungstyp legt dabei das Kriterium fest, nach dem eine getrennte Bewertung für eine Materialart erfolgen kann. Im Einstieg zum Material können Sie dann eine *Bewertungsart* auswählen und damit ein einzelnes Merkmal für den Bewertungstypen des Materials selektieren. Dies können Sie aus Abbildung 6.107 ersehen.

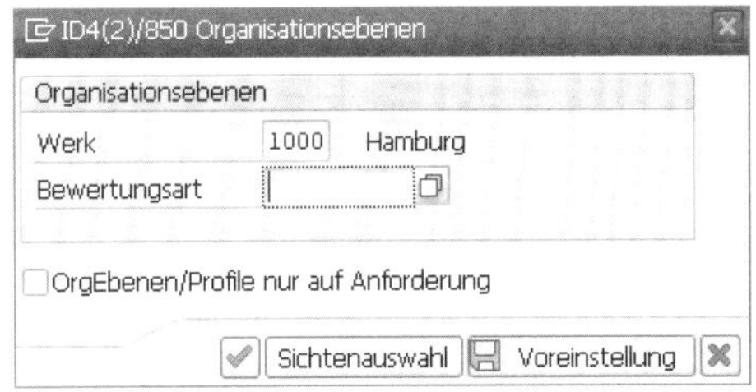

Abbildung 6.107 Bewertungsart zur Auswahl im Material

Welche Gründe können vorliegen, um die getrennte Bewertung zu nutzen?

Ihr Unternehmen hat sich für die Aufteilung nach dem Bewertungstyp »Beschaffungsarten« entschieden:

- Sie halten dasselbe Material in unterschiedlichen Beschaffungsarten vor: Sie stellen das Material zum einen selbst her (Eigenfertigung), kaufen es aber auch gelegentlich von einem anderen Lieferanten zu (Fremdbeschaffung).
  - Das eigengefertigte Material wird über eine Materialkalkulation regelmäßig neu bewertet und mit einem S-Preis versehen.
  - Für das zugekaufte Material ist aber dieser S-Preis nicht passend. Hier sind die Einkaufspreise beim Lieferanten relevant. Das Material wird deshalb mit einem V-Preis bewertet.

In Abbildung 6.108 sehen Sie ein Beispiel für ein Material, das als eigengefertigtes Material vom fremdbeschafften Material abgegrenzt wird. Die Bewertungsart ❶ in Abbildung 6.108 lautet **FREMD_HALB**; es wird hier zwischen Fertigfabrikaten und Halbfabrikaten unterschieden, die beide sowohl eigengefertigt als auch fremdbeschafft werden können. Der Bewertungstyp ❷ lautet hier **B**, was auf das Unterscheidungskriterium (Bewertungstyp) nach der Art der Beschaffung hinweist.

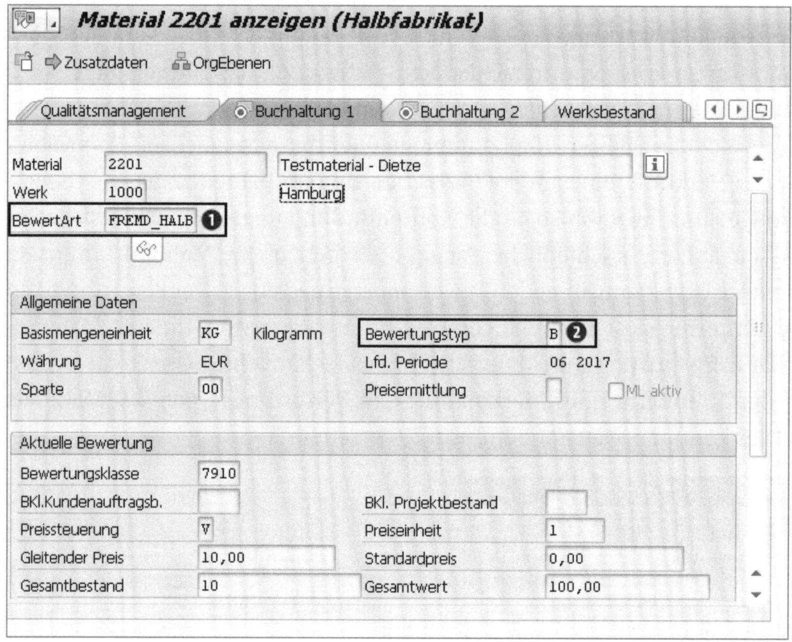

Abbildung 6.108 Materialstammsatz mit getrennter Bewertung nach der Beschaffungsart

Ihr Unternehmen hat sich für die Aufteilung nach dem Bewertungstyp nach der *Herkunft* entschieden. Die Herkunft, d. h. aus welchem Land das Material stammt, soll dokumentiert werden.

Wenn Sie wünschen, dass die Materialbestände für jedes Herkunftsland – oder lediglich nach Inland und Ausland unterschieden – auf unterschiedlichen Bestandskonten abgebildet werden, ist die getrennte Bewertung das Mittel der Wahl. Sie müssen dann für jedes Land spezifische Bewertungsklassen ausprägen.

Ein Beispielmaterial für die getrennte Bewertung nach Herkunft sehen Sie in Abbildung 6.109. Hier sehen Sie unter ❶ die Bewertungsart, die nach In- und Ausland unterscheidet, und unter ❷ den Bewertungstyp, der hier festlegt, dass das Unterscheidungskriterium die Herkunft sein soll.

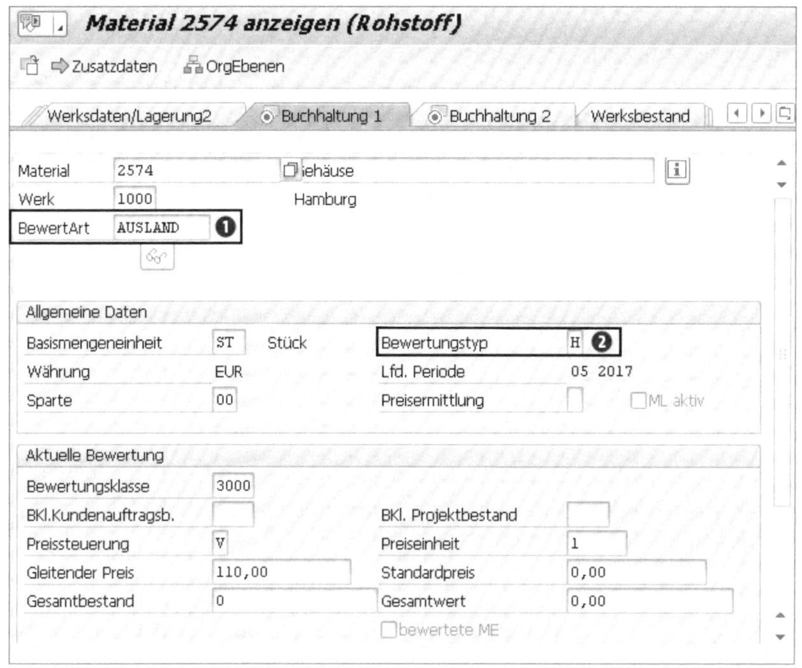

Abbildung 6.109 Materialstammsatz mit getrennter Bewertung nach Herkunft

Wie oben bereits dargestellt, stellen Sie über die Auswahl des Bewertungstyps zum Material ein, welches Unterscheidungskriterium Sie für Ihre Materialien nutzen möchten. Klassischerweise gibt es hier die folgenden Bewertungstypen:

- Beschaffungsart/Bezug
- Herkunft
- Zustand
- Charge

Sie können im Customizing über den Pfad **Materialwirtschaft • Bewertung und Kontierung • Getrennte Bewertung einstellen** eigene Bewertungstypen anlegen und für Ihre Materialien nutzen. Dabei werden alle Bewertungstypen, die in Ihrem Unternehmen genutzt werden sollen, zunächst allgemein als sogenannte *Globale Typen* definiert. In einem nächsten Schritt werden diese Bewertungstypen dann Ihren Werken zugeordnet und werksspezifisch ausgeprägt.

Im Bewertungstyp kann festgelegt werden, dass die Bewertungsarten automatisch angelegt werden sollen. Dies ist für eine Chargeneinzelbewertung relevant, auf die wir hier aber nicht weiter eingehen.

Je Bewertungstyp können Sie im Customizing über den Pfad **Materialwirtschaft • Bewertung und Kontierung • Getrennte Bewertung einstellen** mögliche Merkmale definieren. Diese können von Ihnen kundenspezifisch vorgegeben werden. So könnten Sie z. B. den Bewertungstyp »Herkunft« wie folgt ausprägen:

1. Inland
2. Ausland

Eine andere Möglichkeit wäre es, noch stärker zu differenzieren, z. B. nach Erdteilen:

1. Europa
2. Asien
3. Australien
4. Amerika
5. Afrika

Die Bewertungsarten haben auch eine Bedeutung für die Kontenfindung, die wir in Abschnitt 6.8, »Automatische Kontenfindung«, genauer beschreiben. Den Bewertungsarten werden dafür bestimmte Bewertungsklassen zugeordnet, um eine gesonderte Kontenfindung für die getrennt bewerteten Materialien zu erreichen.

Die Möglichkeit der getrennten Bewertung ist im Standard für einen Bewertungskreis aktiv. Soll die getrennte Bewertung keinesfalls genutzt werden, muss diese Funktion deaktiviert werden.

Trotz aktivierter getrennter Bewertung ist es jedoch immer möglich, Materialien auch ohne getrennte Bewertung zu führen. Die Entscheidung wird jeweils beim Anlegen der Materialstammdaten getroffen.

[!]

Vorsicht bei der Stammdatenpflege!

Ein Material, das falsch angelegt wurde, d. h. ohne getrennte Bewertung, obwohl diese benötigt wird, und umgekehrt, kann nur mit erheblichem Aufwand korrigiert werden!

[»]

Wie bucht man Bewegungen mit getrennter Bewertung?

Bei Bewegungen mit Materialien, die einer getrennten Bewertung unterliegen, muss die Bewertungsart mitgegeben werden. Für die Bewertungsart gibt es in den Buchungstransaktionen kein eigenes Feld – Sie müssen das Feld **Charge** benutzen.

6.7 Inventurbewertung

Wie eine *Inventur* grundsätzlich in Ihrem Unternehmen durchgeführt wird und an welche Richtlinien und gesetzlichen Vorgaben Sie sich dabei zu halten haben, ist nicht Thema unseres Buches. In diesem Kapitel geht es darum, Ihnen einige Hinweise auf die Möglichkeiten zu geben, die das SAP-System für Ihre Inventur bereithält. Im folgenden Abschnitt 6.9.1. klären wir zunächst, welche Fragen Sie vorab in Ihrem Inventurkonzept beantworten müssen, bevor Sie loslegen können.

6.7.1 Voraussetzungen für die Inventurbewertung

Die Bewertung der Materialbestände erfolgt grundsätzlich gemäß der Preissteuerung im Materialstammsatz auf der Basis des V-Preises oder des S-Preises, wie es in Abschnitt 6.6, »Materialbewertung«, bereits dargestellt wurde. Im Rahmen der Inventurbewertung, die immer zum Bilanzstichtag stattfindet, werden die Bestände mit einem anderen Blickwinkel unter die Lupe genommen: Sie dürfen in der Regel nach dem sogenannten Niederstwertprinzip neu bewertet und in der Bilanz ausgewiesen werden. Selbstverständlich müssen Sie alle Wertkorrekturen Ihrem Wirtschafsprüfer und den Behörden erklären können!

Die folgenden Fragen können Sie sich hier stellen:

- Ist ein Material heute noch seinen Preis wert, oder sind aktuelle Marktpreise regelmäßig niedriger anzusetzen?
- Ist es erforderlich, bestimmte Materialien weiterhin in der vorgefundenen Menge vorzuhalten? Mit veränderten Produkten werden Einsatzmaterialien nicht mehr benötigt, kosten aber Lagerplatz und Manpower! Mit solchen Argumenten können Sie z. B. vertreten, dass ein Material auf einen Schrottpreis abgewertet werden kann bzw. tatsächlich verschrottet wird.
- Werden bei Ihnen Einsatzmaterialien entsprechend Ihrem Einsatz in der Produktion oder Ihrem Umschlag in zu hohen Mengen vorgehalten? Auch dies wäre ein Grund für eine Abwertung der entsprechenden Materialien aufgrund mangelnder Gängigkeit.
- Haben Sie Lagerbestände an Halb- und Fertigfabrikaten, deren aktuell erzielbare Verkaufspreise niedriger sind als die Anschaffungs- und Herstellkosten, mit denen diese Materialien auf der Basis der V- und/oder S-Preise bewertet wurden? Sie können hier eine Abwertung so vornehmen, dass der Verkauf zu erzielbaren Marktpreisen verlustfrei erfolgen kann!

In der Zielstellung für Ihre Inventurbewertung müssen Sie festlegen, für welche Materialgruppen welche der oben geschilderten Tatbestände zutreffend sein könnten. Wie wir es weiter unten sehen werden, stellt das SAP-System einige Transaktionen für die Inventurbewertung zur Verfügung, mit der Sie die Inventurwerte automatisch errechnen und die Korrekturen sogar automatisch verbuchen lassen könnten. Dies erfolgt in einem Stufenverfahren gemäß einer von Ihnen festzulegenden Reihenfolge. Da die Teilschritte nacheinander erfolgen und gegebenenfalls verbucht werden, müssen die neuen Zwischen- und Endpreise im SAP-System gespeichert werden. Dies erfolgt im Materialstammsatz. Das SAP-System stellt in der Sicht **Buchhaltung 2** eine Reihe von Preisfeldern zur Verfügung, die für diese Anforderung genutzt werden können (siehe Abbildung 6.110).

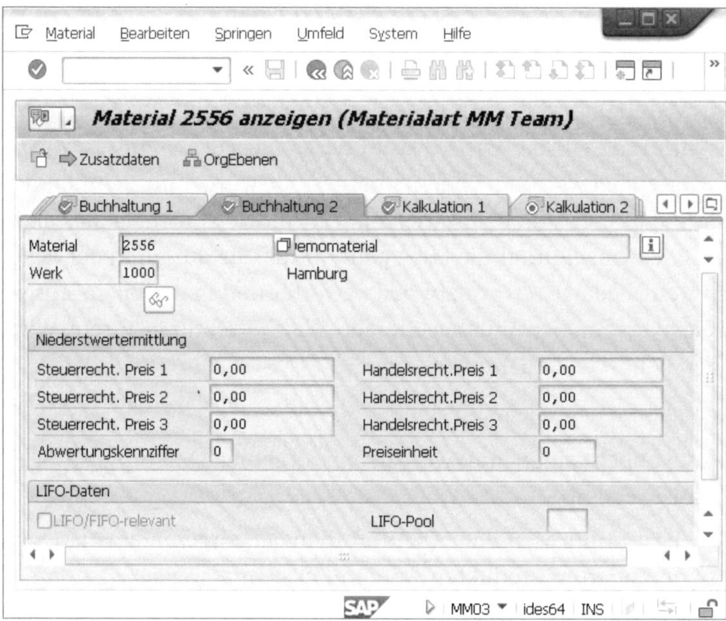

Abbildung 6.110 Preisfelder für die Inventurbewertung im Materialstammsatz

Die insgesamt sechs Preisfelder aus Abbildung 6.110 im Bereich **Niederstwertermittlung** sind benannt als **Steuerrechtl. Preis 1** bis **3** und **Handelsrechtl. Preis 1** bis **3**. Ihre weitere Nutzung ist im SAP-System an keiner Stelle festgelegt, d. h., die Felder können nach kundeneigenen Gesichtspunkten für die Inventurbewertung herangezogen werden. Dies ist insbesondere deshalb wichtig, da viele SAP-Anwender ihre Steuerbilanz nicht aus dem SAP-System erstellen, andererseits aber neben der handelsrechtlichen Bewertung, je nach Umfeld, eine Bewertung nach *IFRS* oder *US-GAAP* vornehmen möchten.

Die Preisfelder können sowohl manuell als auch über automatisierte Verfahren, wie z. B. Legacy Migration System Workbench (LMSW), gepflegt werden. Sie können aber auch aus Inventurkalkulationen oder den verschiedenen Inventurbewertungstransaktionen, die wir in Abschnitt 6.7.3, »Transaktionen für die Inventurbewertung«, vorstellen, befüllt werden. Nachfolgend stellen wir Ihnen einige Ideen für die Nutzung der Felder vor:

- Die steuerrechtlichen Felder bilden eine IFRS-Bewertung und die handelsrechtlichen Felder die Bewertung nach lokalem Recht ab. Dabei steht jeweils in Feld **1** der

Wert für die aktuelle Inventur, in Feld **2** der Inventurwert aus dem Vorjahr und in Feld **3** der Inventurwert aus dem Vorvorjahr. Eine solche Konstellation erfordert, dass vor Beginn der neuen Befüllung der Preisfelder die künftige heranzuziehenden Vor- und Vorvorjahreswerte in die Felder **2** und **3** umgesetzt werden müssen und das jeweilige Preisfeld **1** auf Null gesetzt wird.

- Es wird keine Historie der *Inventurpreise* benötigt. Zu Beginn der Inventurbewertung werden alle vorhandenen Preise auf Null gesetzt. Es wird nur das Preisfeld **1** für die aktuelle Inventurbewertung genutzt, und dabei werden steuerrechtliche und HGB-Werte genutzt.
- Es wird nach einem Weg gesucht, um extern ermittelte Schrottpreise für Materialien zu hinterlegen. Hierzu können Sie ein oder zwei Preisfelder nutzen, je nachdem, ob je Bewertungsvorschrift unterschiedliche oder gleiche Schrottpreise benötigt werden. Bei einer solchen Anforderung können der Übersichtlichkeit halber nur die Preisfelder **1** für die Inventurbewertung und die Preisfelder **2** für die Schrottpreise genutzt werden.

Normalerweise werden die SAP-Bezeichnungen für die Inventurpreisfelder nicht geändert. Dies ist jedoch grundsätzlich möglich!

Im Bereich **Niederstwertermittlung** in Abbildung 6.110 finden Sie unterhalb der steuerrechtlichen Preisfelder das Feld **Abwertungskennziffer**. Hier wird für die betreffenden Materialien nach der Ermittlung der Gängigkeit ein Wert hinterlegt. Dem Wert ist im Customizing ein Prozentsatz zugeordnet, auf dessen Basis der Bestandswert im Rahmen der Inventurbewertung abgewertet wird.

Neben dem Feld **Abwertungskennziffer** befindet sich das Feld **Preiseinheit**. Hier wird hinterlegt, auf welche Materialmenge sich die Inventurpreise beziehen.

Lesen Sie im folgenden Abschnitt einige Bemerkungen zur Durchführung der Arbeiten bei der physischen Inventarisierung. Anschließend stellen wir Ihnen die Bewertungstransaktionen vor.

6.7.2 Durchführung der körperlichen Inventur

In der SAP-Komponente Materialwirtschaft ist ausschließlich eine materialbezogene Inventur möglich; nur auf diese beziehen wir uns in diesem Buch. Informationen über die lagerplatzbezogene Inventur, die beim Einsatz von SAP WM (SAP Warehouse Management) möglich wäre, würden den Buchrahmen sprengen. Nach der körperlichen Inventur ergeben sich erste Korrekturen am Bilanzwert der Materialbestände aus den festgestellten Mehr- oder Mindermengen.

Als Erstes muss für Ihr Unternehmen an dieser Stelle eine Entscheidung über das *Inventurverfahren* getroffen werden. Auch hier spielen rechtliche Rahmenbedingungen und Konzernvorgaben neben rein praktischen Erwägungen eine Rolle. Die Inventurverfahren, die Sie in MM anwenden können, sehen Sie in Abbildung 6.111.

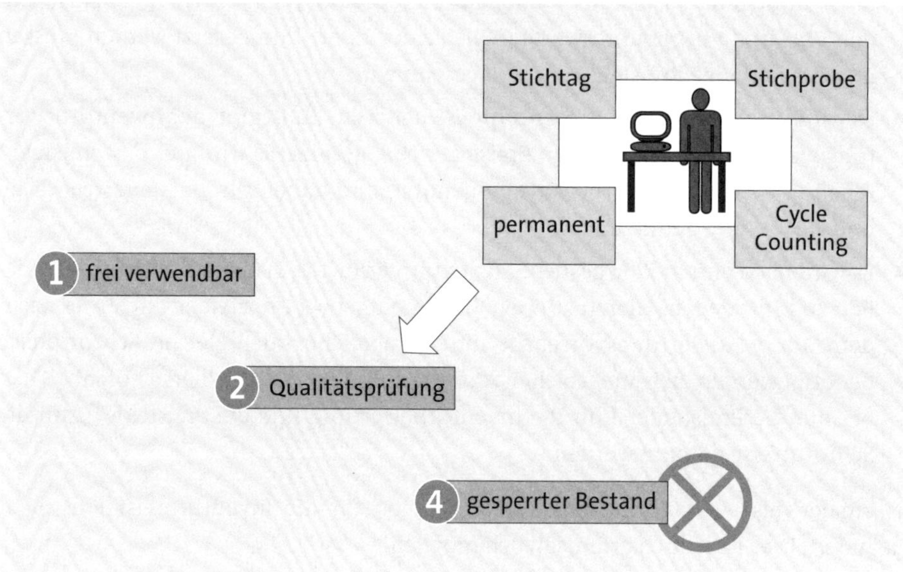

Abbildung 6.111 Inventurverfahren in MM

Nachfolgend beschreiben wir die verschiedenen Inventurverfahren:

- **Permanente Inventur**
  Die Inventur findet in einem rollierenden Verfahren ganzjährig statt. Jedes Material muss mindestens einmal im Jahr gezählt werden. Die jeweiligen Inventurstichtage können frei im Rahmen der Erfordernisse der Produktion gewählt werden.
- **Stichtaginventur**
  Zum jeweiligen Bilanzstichtag (letzter Tag des Geschäftsjahres) werden alle Bestände gezählt. Für die Zeit, in der ein Material inventarisiert wird, dürfen damit keine Bewegungen gebucht werden. Je nach Produktionsprozess bedeutet die Stichtaginventur, dass eine Produktionspause eingelegt werden muss.
- **Cycle Counting**
  Beim Cycle Counting handelt es sich um eine Sonderform der permanenten Inventur, bei der nicht nur jährlich, sondern in kürzeren Zeitabständen inventarisiert wird. Die Zeitabstände oder Zyklen können dabei zwischen unterschiedlichen Materialarten variieren: Für Materialien mit hoher Gängigkeit oder hohem Preis, gegebenenfalls auch mit erheblichen Preisschwankungen, empfiehlt sich dabei die Einrichtung kürzerer Zyklen und damit häufigerer Inventuren.

- **Stichprobeninventur**
  Anstelle einer vollständigen Inventur kann auch eine Stichprobeninventur entweder als permanente oder als Stichtaginventur durchgeführt werden. Die Stichproben beziehen sich dabei auf zufällig ausgewählte Materialbestände. Das Verfahren ist nur zulässig, wenn die Inventurdifferenzen gering sind, sodass grundsätzlich davon ausgegangen werden kann, dass die Bestandswerte in der Bilanz korrekt sind.

Der Ablauf einer Inventur – egal nach welchem Verfahren – ist aus Abbildung 6.112 gut ersichtlich.

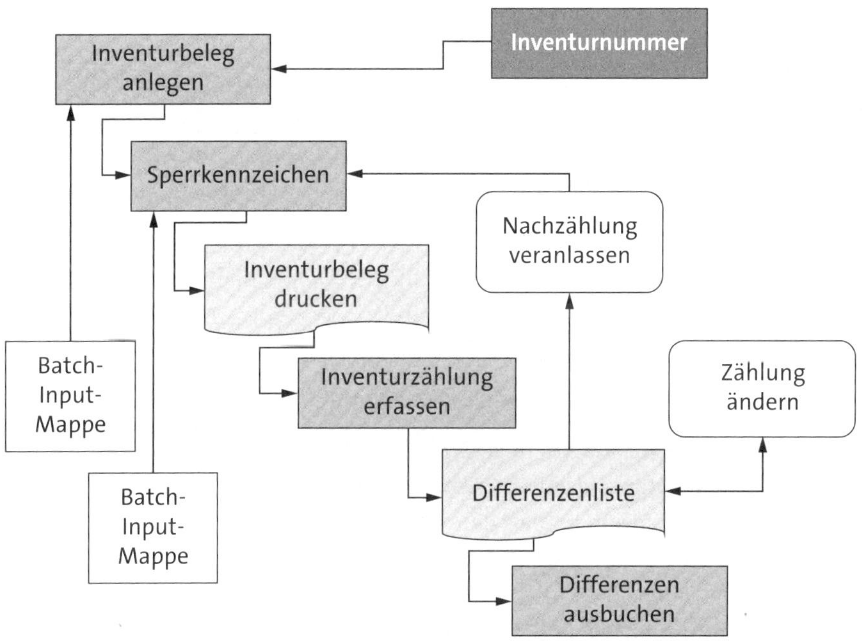

Abbildung 6.112 Inventurablauf

Im Einzelnen wird die Inventur nach Abbildung 6.112 in Ihrem SAP-System über das Menü **Logistik • Materialwirtschaft • Inventur** wie folgt durchgeführt:

1. Inventurvorbereitung
   – Inventurbeleg erstellen
     Dies kann sowohl manuell als auch maschinell, z. B. per Batch-Input-Mappe, wie es in Abbildung 6.112 dargestellt wird, erledigt werden.

- Materialien für Buchungen sperren
  Auch dieser Schritt kann sowohl manuell als auch maschinell durchgeführt werden.
- Inventurbeleg drucken und verteilen

2. Inventurzählung
   - Bestände zählen
     Dies ist die eigentliche physische Bestandsaufnahme.
   - Zählergebnis in den Ausdruck des Inventurbelegs eintragen
3. Inventurauswertung
   - Zählergebnis im System erfassen
   - eventuell: Nachzählung veranlassen
   - Inventurdifferenzen ausbuchen

Nachdem die oben kurz angerissenen Inventurschritte abgeschlossen sind, stehen die physischen Bestandsmengen der Materialien fest. Es kann nun im Anschluss im Rahmen des Jahresabschlusses die Inventurbewertung nach verschiedenen Bewertungsrichtlinien (z. B. *HGB* und/oder *IFRS*) vorgenommen werden. Diese Bewertung erfolgt nur einmal jährlich zum Bilanzstichtag über alle Materialbestände hinweg, unabhängig vom gewählten Inventurverfahren.

6.7.3 Transaktionen für die Inventurbewertung

Nachfolgend stellen wir Ihnen einige SAP-Transaktionen vor, die – in der richtigen Reihenfolge, ausgeführt – dazu gedacht sind, den Materialbestand nach den von Ihnen gewünschten Regeln gemäß dem Niederstwertprinzip neu zu bewerten. Wir beschränken uns bei der Beschreibung der Transaktionen auf die wesentlichen Aspekte. In allen Fällen gibt es die Möglichkeit, sogenannte User Exits zu nutzen und über eine Programmierung die Standards an Ihre besonderen Anforderungen anzupassen.

Wichtig ist es, dass Sie sich bei der Erarbeitung Ihres Inventurkonzepts bei jeder Transaktion die Frage stellen, ob die Ergebnisse wirklich Ihrer gewünschten oder der Ihnen vorgegebenen Vorgehensweise entsprechen. Bei allen Transaktionen haben Sie die Möglichkeit, von einer Verbuchung abzusehen und die Ergebnisse lediglich als Auswertung zur Kenntnis zu nehmen. Alle Inventurbewertungen können auch manuell in der Hauptbuchhaltung gebucht werden. Die genannten Auswertungen können dann für die Wirtschaftsprüfung als Beleg herangezogen werden, um die vorgenommenen Buchungen zu plausibilisieren. Bei einer manuellen Verbuchung haben Sie jedoch die Chance, nicht gewünschte Effekte nochmals zu glätten!

Die Transaktionen für die Inventurbewertung finden Sie im SAP-Menü über den Menüpfad **Logistik • Materialwirtschaft • Bewertung • Bilanzbewertung • Ergebnisse**. Sie werden in Abbildung 6.113. aufgelistet.

Abbildung 6.113 SAP-Transaktionen zur Inventurbewertung

Im Weiteren erläutern wir kurz die wesentlichen Transaktionen zur Inventurbewertung. Wir erklären die Einstellmöglichkeiten im Selektionsbild sowie die Ergebnisse. Beginnen wir mit der Analyse der Marktpreise. An dieser Transaktion zeigen wir, stellvertretend auch für die weiteren Inventurtransaktionen, die Bedienung der Selektionsbestandteile. Sie werden sehen, dass aus technischer Sicht alle diese Transaktionen ein einheitliches Design haben.

Mit welchem Ziel können Sie die Inventurbewertungstransaktionen nutzen?

Alle Inventurbewertungstransaktionen aus dem SAP-Menüpunkt **Niederstwertermittlung** zielen darauf ab, Inventurpreise im Materialstammsatz anzupassen, die später für die Bewertung der Materialien in der Inventurkalkulation genutzt werden. Legen Sie also vorab fest, welche Preisfelder im Materialstammsatz Sie für die jeweilige Transaktion nutzen möchten. Legen Sie danach fest, ob diese Preisfelder aus den Transaktionen heraus gefüllt werden sollen, oder ob Sie die Anpassungen manuell oder z. B. mit einem Datenimportprogramm wie der LSMW durchführen möchten.

Analyse der Marktpreise

Die Analyse der Marktpreise wird mit Transaktion MRN0 durchgeführt. Mithilfe dieses Programms soll geklärt werden, ob die Materialpreise, die bis jetzt zur Ermittlung der Bestandswerte herangezogen wurden (V-Preis oder S-Preis) einem Vergleich mit den aktuellen Marktpreisen standhalten können. Dabei müssen Sie sowohl die Marktpreise aus den in Ihrem SAP-System hinterlegten Daten ermitteln als auch dem SAP-System mitteilen, mit welchem SAP-Preis der Abgleich erfolgen soll. Sehen sich Sie zunächst das Selektionsbild für die Transaktion in Abbildung 6.114 an, die wir anschließend erläutern.

Abbildung 6.114 Selektionsbild – Niederstwert nach dem Marktpreis

Beginnen wir mit den Einträgen im Selektionsbild:

❶ Im Bereich **Grunddaten** werden der Buchungskreis für die Inventurbewertung sowie der Stichtag der Bewertung (Bilanzstichtag) hinterlegt.

Inventurbewertung ist Aufgabe des Rechnungswesens

Die Organisationseinheit, für die die einzelnen Inventurbewertungsschritte durchgeführt werden, ist regelmäßig der Buchungskreis. Die Inventurbewertung zielt darauf ab, die Wertdarstellung des Materialbestands in der Bilanz zu korrigieren.

❷ Im Bereich **Einschränkung der Selektion** kann auf Materialien, Materialarten, Bewertungsarten, Bewertungsklassen usw. eingeschränkt werden. Wenn die Wertanpassungen im Rahmen der Inventur für jedes Werk einzeln vorgenommen werden sollen, selektieren Sie hier auch über das Werk als weitere Einschränkung in Bezug auf den Buchungskreis.

❸ Mit der Schaltfläche **Marktpreis** lösen Sie das Dialogfenster (Abbildung 6.115) zur Einstellung der Marktpreise für Ihre Bewertung aus. Hier müssen Anpassungen vorgenommen werden, die in jeder Hinsicht unternehmensspezifisch geklärt werden müssen. Die Grundfrage ist hier, welche Preise in Ihrem Unternehmen für diese Analyse zur Verfügung stehen. Nur diese Preise dürfen Sie auf dem Deckblatt aktivieren und gegebenenfalls mit einer Rangfolge versehen. Die Rangfolge wird im Übrigen dazu benötigt, dass das SAP-System bei der Auswahl der Preise eine Vorgabe dazu hat, welcher Preis zu verwenden ist. Im gezeigten Beispiel in Abbildung 6.115 ist der Rang überall gleich, sodass alle Preise im Übersichtsbild herangezogen werden. Das Feld **Gemittelte Preise** hat die Aufgabe, einen Teiler für die Berechnung eines Durchschnittspreises zur Verfügung zu stellen. Das Programm erwartet hier einen manuellen Eintrag, der der Anzahl der aktivierten Preise entsprechen muss. Sollte aber einer der aktivierten Preise nicht gefunden werden, führt die Rechenoperation zu einem falschen gemittelten Preis!

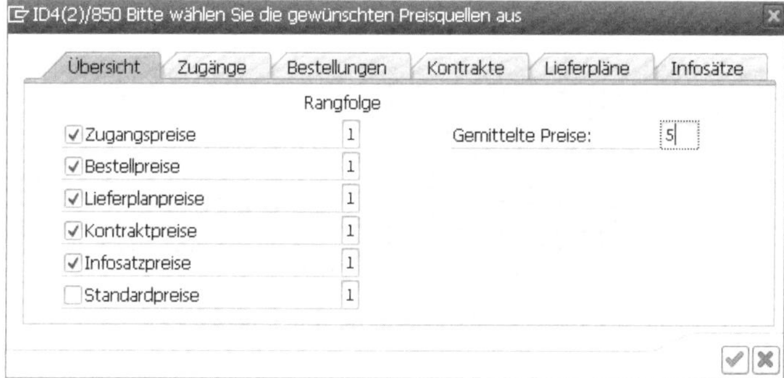

Abbildung 6.115 Vorgabe der Marktpreise – Übersicht

Die Preise in der Registerkarte **Übersicht** bei den Marktpreisen aus Abbildung 6.115 sind in den nachfolgenden Registerkarten definiert. Anhand des Beispiels von **Bestellungen** wird dies in Abbildung 6.116 gezeigt. Hier wird je Preis eingegrenzt, aus welchem Zeitraum die Preise für die Bewertung herangezogen werden und mit welcher Strategie die Preise in Ihrem SAP-System ermittelt werden sollen. In Abbildung 6.115 soll im ausgewählten Zeitraum der niedrigste Bestellpreis ausgegeben werden. Alternativ kann hier auch der Preis der letzten Bestellung herangezogen werden. Die Entscheidung für die eine oder die andere Strategie hängt von der Beweglichkeit der Preise für die ausgewählten Materialien am Markt ab. Bei Belegen in Fremdwährung erfolgt die Umrechnung in die Buchungskreiswährung zum Belegkurs, d. h., es wird keine Neubewertung zum Zeitpunkt der Inventur vorgenommen.

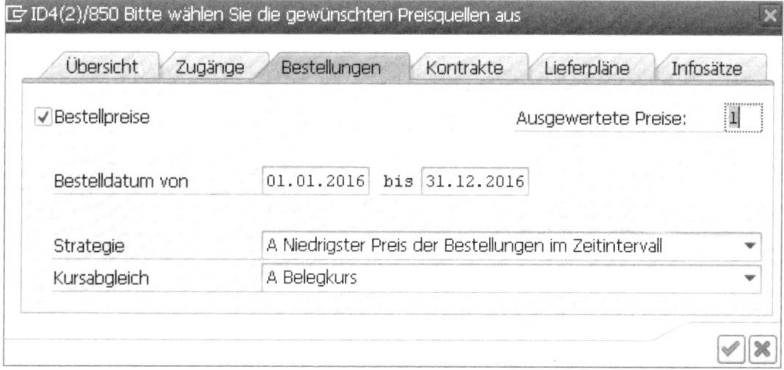

Abbildung 6.116 Vorgabe der Marktpreise aus den Bestellungen

❹ Mit der Schaltfläche **Vergleichspreis** (siehe Abbildung 6.114) legen Sie fest, gegen welche Preise aus dem Materialstammsatz die Marktpreise abgeglichen werden sollen. Auch hier spielen unternehmensspezifische Besonderheiten eine Rolle. In Abbildung 6.117 sind der aktuelle S-Preis und der aktuelle V-Preis für die Materialien ausgewählt.

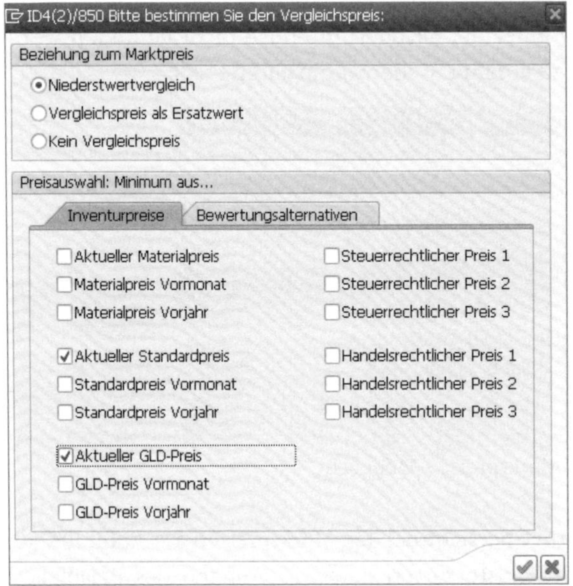

Abbildung 6.117 Vergleichspreis aus dem Materialstamm

❺ Das Ankreuzfeld **Datenbank-Update** sorgt dafür, dass das Ergebnis der Niederstwertermittlung auf der Basis der Marktpreise als Preisanpassung gebucht wird. Wird das Feld aktiviert, erscheinen zwei zusätzliche Schaltflächen zur Hinterlegung von Vorgaben für die Verbuchung (siehe Abbildung 6.118).

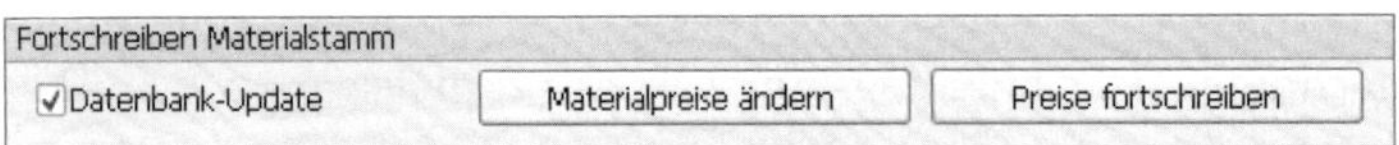

Abbildung 6.118 Marktpreise – Datenbank-Update

Die Schaltfläche **Materialpreise ändern** ermöglicht die Einstellung der Art des Updates. Dabei stehen Ihnen drei Optionen zur Verfügung:

- Batch-Input generieren: Eine Verbuchung erfolgt erst nach dem Abspielen einer Batch-Input-Mappe. Hierdurch haben Sie gegebenenfalls die Möglichkeit, noch in die Buchungen einzugreifen oder sie doch manuell vorzunehmen.
- Direkt-Update: Die Verbuchung erfolgt direkt online.
- Kein Update.

Über die Schaltfläche **Preise Fortschreiben** legen Sie fest, welche Preisfelder im Materialstammsatz durch das Update fortgeschrieben werden sollen. Hierbei gibt es auch die Möglichkeit, vorhandene Preise auf Null zu setzen. Aktivieren Sie hierzu das jeweilige Ankreuzfeld **Rücksetzen** (siehe Abbildung 6.119)!

Abbildung 6.119 Marktpreisanalyse – Fortschreibung der Inventurpreise

❻ Zuletzt kann noch die Schaltfläche **Listaufbereitung** im Bereich **Druckliste** (siehe Abbildung 6.114) genutzt werden, um Parameter für die ausgegebene Liste und den späteren Listendruck zu hinterlegen. Im Beispiel in Abbildung 6.120 wird eine ALV-Grid-Liste mit Preisen je Material erzeugt.

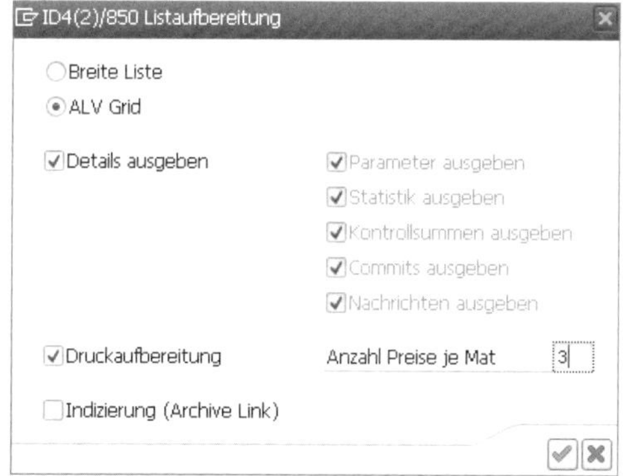

Abbildung 6.120 Listenaufbereitung in der Marktpreisanalyse

Nach dem Ausführen von Transaktion MRN0 (Marktpreise analysieren) mit der Schaltfläche (**Ausführen**) wird die Marktpreisanalyse auf der Basis der voreingestellten Parameter erzeugt. Das Ergebnis wird wunschgemäß als ALV-Grid-Liste ausgegeben. In Abbildung 6.121 können Sie für das Material **2556** in Werk **1000** sehen, dass insgesamt drei Preise gefunden wurden. Dabei weisen ein Kontrakt und ein Lieferplan jeweils den Preis von **3,00** EUR pro Stück aus. Da es einen Infosatz mit **2,95** EUR pro Stück gibt, wird dieser herangezogen, um daraus den neuen Inventurpreis zu generieren.

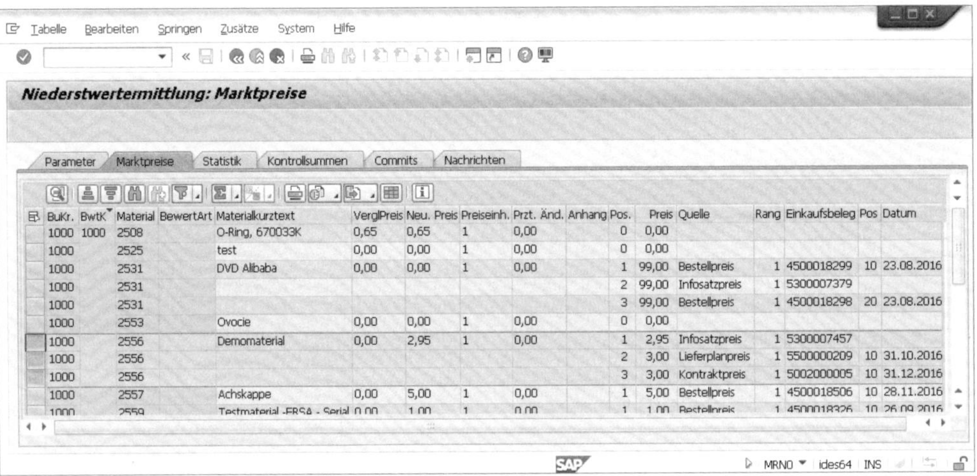

BuKr.	BwtK	Material	BewertArt	Materialkurztext	VerglPreis	Neu. Preis	Preiseinh.	Przt. Änd.	Anhang	Pos.	Preis	Quelle	Rang	Einkaufsbeleg	Pos	Datum
1000	1000	2508		O-Ring, 670033K	0,65	0,65	1	0,00		0	0,00					
1000		2525		test	0,00	0,00	1	0,00		0	0,00					
1000		2531		DVD Alibaba	0,00	0,00	1	0,00		1	99,00	Bestellpreis	1	4500018299	10	23.08.2016
1000		2531								2	99,00	Infosatzpreis	1	5300007379		
1000		2531								3	99,00	Bestellpreis	1	4500018298	20	23.08.2016
1000		2553		Ovocie	0,00	0,00	1	0,00		0	0,00					
1000		2556		Demomaterial	0,00	2,95	1	0,00		1	2,95	Infosatzpreis	1	5300007457		
1000		2556								2	3,00	Lieferplanpreis	1	5500000209	10	31.10.2016
1000		2556								3	3,00	Kontraktpreis	1	5002000005	10	31.12.2016
1000		2557		Achskappe	0,00	5,00	1	0,00		1	5,00	Bestellpreis	1	4500018506	10	28.11.2016

Abbildung 6.121 Ergebnis der Markpreisanalyse

Damit haben wir die Funktionsweise der SAP-Marktpreisanalyse, inklusive ihrer Parameter, einmal von allen Seiten angerissen. Sie können nun auf dieser Basis für Ihr Unternehmen prüfen, ob mit SAP-Mitteln eine Marktpreisanalyse vorgenommen werden kann.

Im nächsten Abschnitt stellen wir Ihnen als nächste Schritte in der Inventurbewertung zwei Transaktionen vor, die sich mit der Bewertung von Materialien beschäftigen, die entweder nicht mehr laufen oder von denen Sie zu viel im Bestand haben.

Analyse der Reichweite

Beginnen wir mit Transaktion MRN1 – der Niederstwertermittlung nach der Reichweite. Die Reichweite wird bei diesem Programm mit der Formel

Reichweite = mittlerer Bestand / mittlerer Verbrauch

ermittelt. Sowohl für die Errechnung des mittleren Bestands als auch für den mittleren Verbrauch geben Sie in den Selektionsparametern selbst die zu berücksichtigenden Zeiträume vor. Im Prinzip gilt: Je höher die Reichweite, desto höher der prozentuale Abschlag im Rahmen der Inventurbewertung. Die Prozentsätze für die Abschläge können in der Transaktion selbst und im Customizing vorgegeben werden.

In Abbildung 6.122 sehen Sie die Einstellmöglichkeiten für die Reichweitenanalyse. Alle Möglichkeiten sind im Text bereits beschrieben worden. Im Beispiel werden dieselben Materialien zu demselben Stichtag analysiert wie in der Marktpreisanalyse.

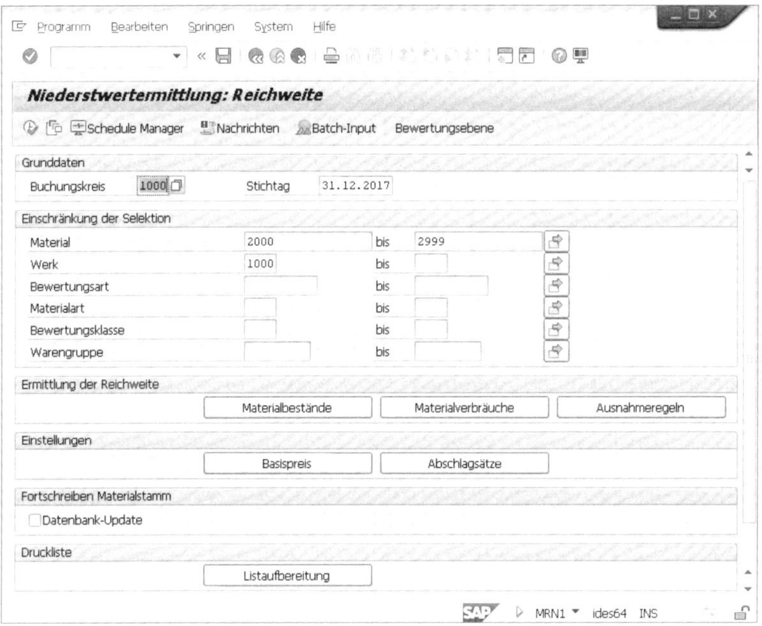

Abbildung 6.122 Analyse nach der Reichweite – Selektionsmaske

Das Ergebnis der Analyse ist in Abbildung 6.123 zu sehen.

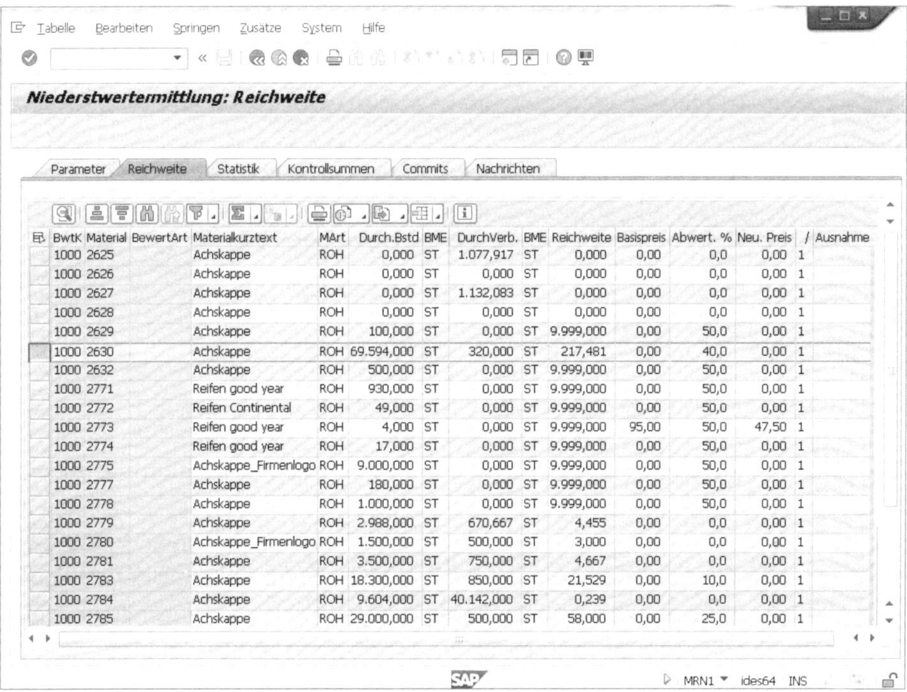

BwtK	Material	BewertArt	Materialkurztext	MArt	Durch.Bstd	BME	DurchVerb.	BME	Reichweite	Basispreis	Abwert. %	Neu. Preis	/	Ausnahme
1000	2625		Achskappe	ROH	0,000	ST	1.077,917	ST	0,000	0,00	0,0	0,00	1	
1000	2626		Achskappe	ROH	0,000	ST	0,000	ST	0,000	0,00	0,0	0,00	1	
1000	2627		Achskappe	ROH	0,000	ST	1.132,083	ST	0,000	0,00	0,0	0,00	1	
1000	2628		Achskappe	ROH	0,000	ST	0,000	ST	0,000	0,00	0,0	0,00	1	
1000	2629		Achskappe	ROH	100,000	ST	0,000	ST	9.999,000	0,00	50,0	0,00	1	
1000	2630		Achskappe	ROH	69.594,000	ST	320,000	ST	217,481	0,00	40,0	0,00	1	
1000	2632		Achskappe	ROH	500,000	ST	0,000	ST	9.999,000	0,00	50,0	0,00	1	
1000	2771		Reifen good year	ROH	930,000	ST	0,000	ST	9.999,000	0,00	50,0	0,00	1	
1000	2772		Reifen Continental	ROH	49,000	ST	0,000	ST	9.999,000	0,00	50,0	0,00	1	
1000	2773		Reifen good year	ROH	4,000	ST	0,000	ST	9.999,000	95,00	50,0	47,50	1	
1000	2774		Reifen good year	ROH	17,000	ST	0,000	ST	9.999,000	0,00	50,0	0,00	1	
1000	2775		Achskappe_Firmenlogo	ROH	9.000,000	ST	0,000	ST	9.999,000	0,00	50,0	0,00	1	
1000	2777		Achskappe	ROH	180,000	ST	0,000	ST	9.999,000	0,00	50,0	0,00	1	
1000	2778		Achskappe	ROH	1.000,000	ST	0,000	ST	9.999,000	0,00	50,0	0,00	1	
1000	2779		Achskappe	ROH	2.988,000	ST	670,667	ST	4,455	0,00	0,0	0,00	1	
1000	2780		Achskappe_Firmenlogo	ROH	1.500,000	ST	500,000	ST	3,000	0,00	0,0	0,00	1	
1000	2781		Achskappe	ROH	3.500,000	ST	750,000	ST	4,667	0,00	0,0	0,00	1	
1000	2783		Achskappe	ROH	18.300,000	ST	850,000	ST	21,529	0,00	10,0	0,00	1	
1000	2784		Achskappe	ROH	9.604,000	ST	40.142,000	ST	0,239	0,00	0,0	0,00	1	
1000	2785		Achskappe	ROH	29.000,000	ST	500,000	ST	58,000	0,00	25,0	0,00	1	

Abbildung 6.123 Liste »Analyse nach Reichweite«

Aufgrund der schlechten Datenbasis im Übungsmandanten gibt Abbildung 6.123 sicher kein realistisches Bild ab. Für das markierte Material **2630** – eine Achskappe – können Sie aber sehen, dass aus dem hohen Durchschnittsbestand von knapp 70.000 Stück und einem Durchschnittsverbrauch von nur **320** Stück eine Reichweite von **217,481** ermittelt wurde. Es wird ein prozentualer Abschlag von **40,0** % auf den Bestandswert angezeigt.

Woher kommt jetzt dieser Prozentsatz? Die Antwort können Sie über das Selektionsbild von Transaktion MRN1 ermitteln. Klicken Sie dort entsprechend Abbildung 6.122 im Bereich **Einstellungen** auf die Schaltfläche [Abschlagsätze], und Sie erhalten nach der Auswahl von Bewertungskreis- oder Buchungskreisebene eine Liste von Abwertungssätzen je Reichweite. In Abbildung 6.124 werden diese für Rohstoffe im Buchungskreis **1000** gezeigt. Die beiden markierten Reichweiten **240** und **96** haben jeweils einen zugeordneten Prozentsatz. In Abbildung 6.123 wurde für das Beispielmaterial eine Reichweite von **217,481** ermittelt. Es wird dann der Prozentsatz der nächstniedrigeren Reichweite genommen; in diesem Fall ist es für die Reichweite **96** ein Satz von **40,0** %.

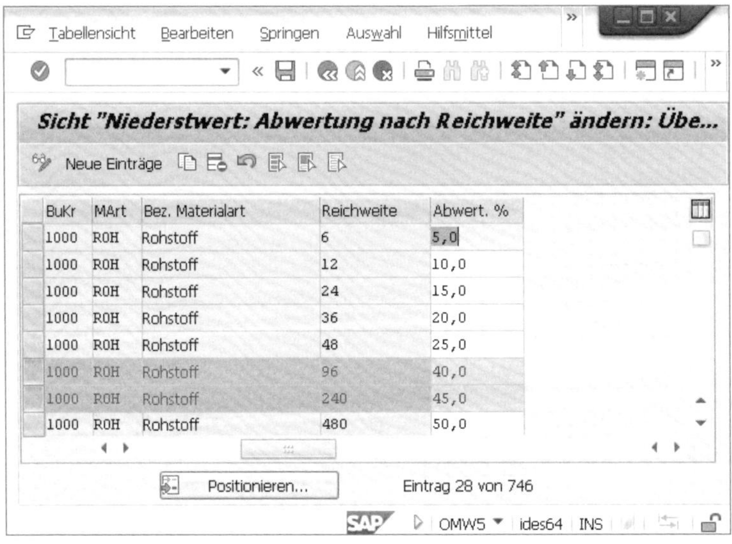

BuKr	MArt	Bez. Materialart	Reichweite	Abwert. %
1000	ROH	Rohstoff	6	5,0
1000	ROH	Rohstoff	12	10,0
1000	ROH	Rohstoff	24	15,0
1000	ROH	Rohstoff	36	20,0
1000	ROH	Rohstoff	48	25,0
1000	ROH	Rohstoff	96	40,0
1000	ROH	Rohstoff	240	45,0
1000	ROH	Rohstoff	480	50,0

Abbildung 6.124 Analyse der Reichweite – Abschlagssätze

Nachdem sich die vorangehende Analyse mit Materialien beschäftigt hat, die aufgrund von zu hohen Lagermengen eine Bestandsabwertung auslösen, geht es bei der nächsten Transaktion um Materialien, deren Gängigkeit infrage steht. In der Regel handelt es sich hier um Materialien, die aktuell nicht mehr oder nur noch in geringem Umfang für den Produktionsprozess benötigt werden. Umgangssprachlich würde man hier über eine Abwertung auf den Schrottpreis sprechen und würde gegebenenfalls sogar eine Verschrottung ins Auge fassen, um Lagerplatz zu gewinnen und Lagerkosten zu sparen!

Die Gängigkeit wird mit der folgenden Formel ermittelt:

*Gängigkeit = Gesamtmenge der Zu- oder Abgänge / Materialbestand * 100*

Analyse der Gängigkeit

Das SAP-System stellt für die Ermittlung der Gängigkeit Transaktion MRN2 zur Verfügung. In dieser Transaktion haben Sie die Möglichkeit, die Zu- und Abgänge über Materialbelege oder über den Materialstammsatz zu ermitteln. Die Ermittlung über den Stammsatz hat dabei den Vorteil, dass die Programmlaufzeit erheblich verkürzt wird. Es werden dabei aber auch nur die Abgänge berücksichtigt, was vermutlich verschmerzbar ist, denn Zugänge wird es bei einem solchen Material und bei vernünftiger Lagerführung eher nicht mehr geben!

In Abbildung 6.125 sehen Sie die Selektionsmaske für die Niederstwertermittlung nicht gängiger Materialien mit Transaktion MRN2. Im Bereich **Kriterien zur Gängigkeit** werden die oben beschriebenen Vorgaben (Zeitraum, Datenbasis) für die Materialauswahl eingegeben.

Abbildung 6.125 Analyse der Gängigkeit – Selektionsmaske

Nach dem Ausführen des Programms mit den Vorgaben aus Abbildung 6.125 erhalten wir im Demosystem eine Liste, die in Abbildung 6.126 gezeigt wird. Das Demomaterial **2556** erhält tatsächlich hier das rot markierte Abwertungskennzeichen mit dem Wert **1**. Die Abwertungskennziffer erhöht sich für jedes Jahr der Nicht-Gängigkeit um den Wert **1**. Unser Beispielmaterial wurde demnach mit diesem Lauf erstmals als nichtgängig eingestuft.

Tabelle Bearbeiten Springen Zusätze System Hilfe

Niederstwertermittlung: Gängigkeit

Parameter | Gängigkeit | Statistik | Kontrollsummen | Commits | Nachrichten

BwtK	Material	BewertArt	Materialkurztext	MatArt	BestMenge	BME	Verbr. Mge	BME	% Abgang	AbwKz	Basispreis	%-Satz	Neuer Preis	
1000	2556		Demomaterial	TEMM	1,250	ST	0,000	ST	0,00	1	0,00	0,00	0,00	1
1000	2557		Achskappe	ROH	0,000	ST	516,667	ST	100,00	0	5,00	0,00	5,00	1
1000	2559		Testmaterial -ERSA - Serial	ERSA	3,000	EA	2,000	EA	66,67	0	1,00	0,00	1,00	1
1000	2564		Zuckerrübe 01	ROH	28.500,000	TO	0,000	TO	0,00	1	20,00	5,00	19,00	1
1000	2565		Zuckerrübe 00	ROH	0,000	TO	19,000	TO	100,00	0	20,00	0,00	20,00	1
1000	2566		Zuckerrübe 02	ROH	0,003	TO	0,000	TO	0,00	1	20,00	5,00	19,00	1

SAP | MRN2 | ides64 | INS

Abbildung 6.126 Analyse der Gängigkeit – Liste

Auch bei Transaktion MRN2 sind über die Schaltfläche Abschlagsätze die aktuellen Abschlagsprozentsätze je Abwertungskennzeichen nachvollziehbar. Sie sehen die Einträge für den Buchungskreis **1000** in unserem Demosystem in Abbildung 6.127.

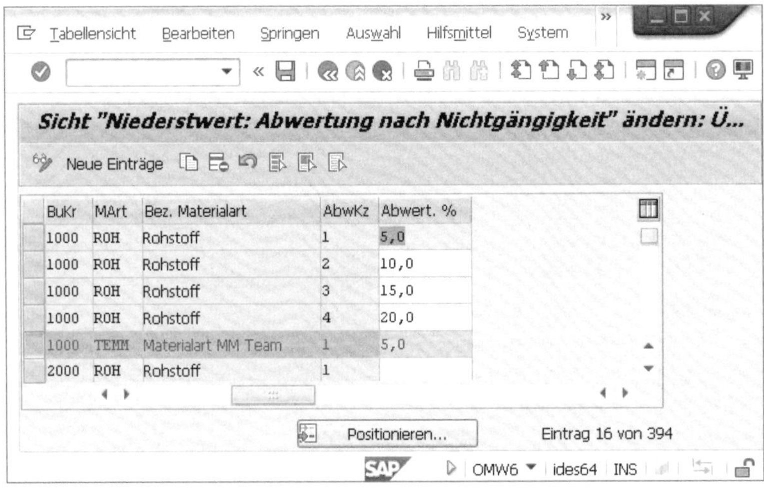

BuKr	MArt	Bez. Materialart	AbwKz	Abwert. %
1000	ROH	Rohstoff	1	5,0
1000	ROH	Rohstoff	2	10,0
1000	ROH	Rohstoff	3	15,0
1000	ROH	Rohstoff	4	20,0
1000	TEMM	Materialart MM Team	1	5,0
2000	ROH	Rohstoff	1	

Abbildung 6.127 Analyse der Gängigkeit – Abschlagssätze

Prüfen Sie genau, ob die hier vorgestellten Transaktionen MRN1 und MRN2 für Ihr Unternehmen zu plausiblen Ergebnissen führen. Bevor Sie über die Nutzung des Datenbank-Updates nachdenken, sollten Sie auf jeden Fall eine Reihe von Testläufen für verschiedene Materialgruppen durchführen und zumindest stichpunktartig den Materialstatus von Ihren zuständigen Fachleuten bestätigen lassen.

Sollte die Programmlogik bei Ihnen nicht passen, können Sie die Inventurpreise für Materialien mit zu hoher Reichweite oder mangelnder Gängigkeit auch extern ermitteln.

Im nächsten Abschnitt geht es um die Bewertung von Verkaufsteilen, also von Halb- und Fertigfabrikaten. Dabei soll geprüft werden, wie das Verhältnis von Produktionskosten zu den Verkaufspreisen aussieht. Betriebswirtschaftlich spricht man hier davon, die Materialien verlustfrei zu bewerten, d. h. sie gegebenenfalls soweit abzuwerten, dass der Inventurpreis dem potenziellen Verkaufspreis entspricht.

Drohverlustbewertung – verlustfreie Bewertung

Das SAP-System stellt für die Niederstwertermittlung mit dem Ziel der verlustfreien Bewertung Transaktion MRN3 zur Verfügung. In Abbildung 6.128 wird das Selektionsbild für diese Transaktion gezeigt.

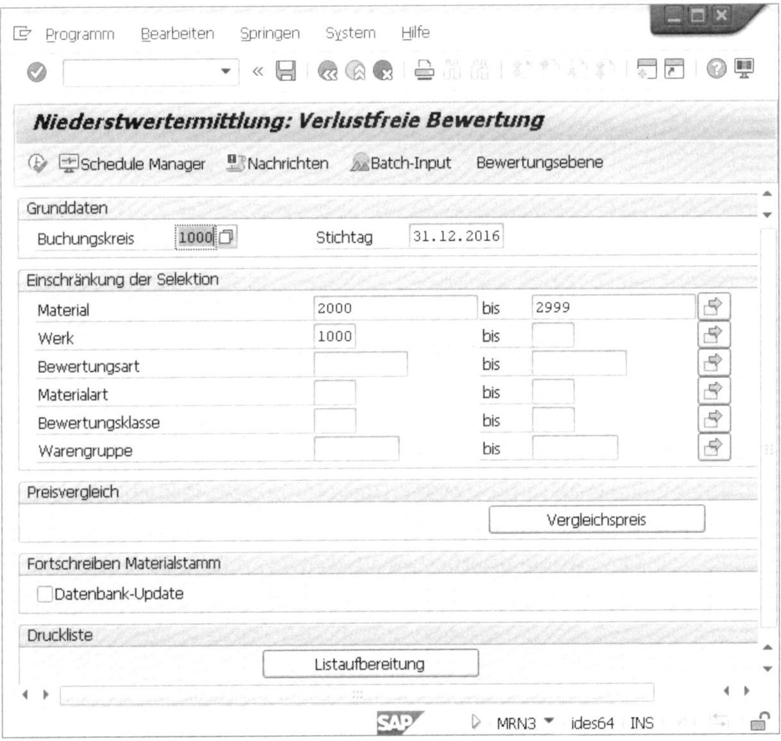

Abbildung 6.128 Verlustfreie Bewertung – Selektion

Als Vergleichspreis für die Marktpreise können alle üblichen Materialpreise herangezogen werden. Ein Problem in den Unternehmen besteht aber sicher darin, für diese Auswertung einen realistischen Verkaufspreis zu ermitteln. Da es hier keinen branchenunabhängigen Standard gibt, stellt SAP hier eine Erweiterung zur Verfügung, in der das kundenspezifische Vorgehen für die Verkaufspreisermittlung ausprogrammiert werden kann. Wird diese Erweiterung nicht genutzt, kann das Programm nicht sinnvoll eingesetzt werden, da es zu einem ähnlichen Ergebnis kommen wird, wie wir es in Abbildung 6.129 zeigen. Die Spalte **Verkaufspreis** zeigt nur Nullwerte an!

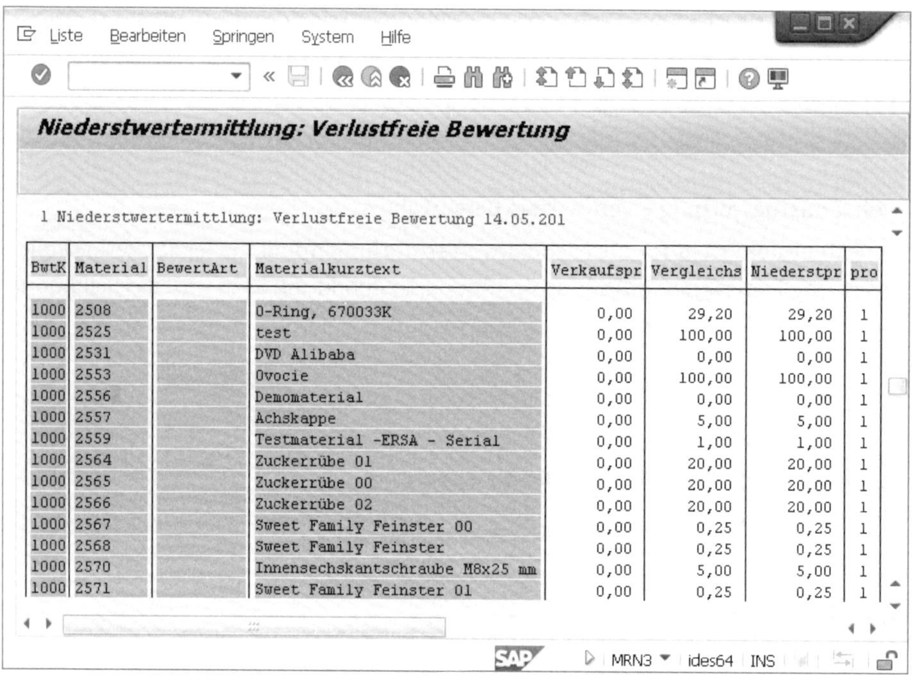

BwtK	Material	BewertArt	Materialkurztext	Verkaufspr	Vergleichs	Niederstpr	pro
1000	2508		O-Ring, 670033K	0,00	29,20	29,20	1
1000	2525		test	0,00	100,00	100,00	1
1000	2531		DVD Alibaba	0,00	0,00	0,00	1
1000	2553		Ovocie	0,00	100,00	100,00	1
1000	2556		Demomaterial	0,00	0,00	0,00	1
1000	2557		Achskappe	0,00	5,00	5,00	1
1000	2559		Testmaterial -ERSA - Serial	0,00	1,00	1,00	1
1000	2564		Zuckerrübe 01	0,00	20,00	20,00	1
1000	2565		Zuckerrübe 00	0,00	20,00	20,00	1
1000	2566		Zuckerrübe 02	0,00	20,00	20,00	1
1000	2567		Sweet Family Feinster 00	0,00	0,25	0,25	1
1000	2568		Sweet Family Feinster	0,00	0,25	0,25	1
1000	2570		Innensechskantschraube M8x25 mm	0,00	5,00	5,00	1
1000	2571		Sweet Family Feinster 01	0,00	0,25	0,25	1

Abbildung 6.129 Verlustfreie Bewertung – Liste

Um die verlustfreie Bewertung auf jeden Fall bei Ihrer Inventurbewertung zu berücksichtigen, ist für die betreffenden Materialien sicherlich eine Abwertung auf den erzielbaren Verkaufspreis das Mittel der Wahl. Diesen können Sie auch ohne SAP-Mittel extern ermitteln und anschließend entweder manuell oder auch per Datenimportschnittstelle in die von Ihnen gewünschten Inventurpreisfelder schreiben.

Die Transaktionen MRN0, MRN1, MRN2 und MRN3 zielen alle darauf ab, Abwertungstatbestände zu ermitteln und Inventurpreisfelder mit den neuen Preisen zu füllen. Diese Aktivitäten sind Voraussetzung für die Inventurkalkulation, die im nächsten Abschnitt kurz angerissen wird.

Durchführung der Inventurkalkulation

In produzierenden Unternehmen wird häufig die SAP-Komponente PP (Produktionsplanung und -Steuerung) eingesetzt, die für die produzierten Materialien Arbeitspläne und Stücklisten bereithält. Um z. B. die Herstellkosten der Halb- und Fertigfabrikate im Materialstammsatz als Grundlage für die regelmäßige Bewertung des Materialbestands hinterlegen zu können, werden im Regelfall monatlich Produktkalkulationen in der Komponente CO-PC (Produktkostencontrolling) durchgeführt. Dabei werden die jeweils aktuellen Arbeitspläne und Stücklisten herangezogen (hier kann es schon einmal Änderungen geben), aber auch die Preise der verschiedenen Kalkulationsbestandteile aktuell berücksichtigt. Die folgenden Preise spielen in diesem Zusammenhang eine erhebliche Rolle:

- Bestellpreise für hinzugekaufte Materialien (je nach Branche und verwendeten Rohstoffen unterliegen diese Preise Schwankungen).
- Leistungstarife für die Bewertung der Personal- und Maschinenstunden.
- Gemeinkostenzuschlagssätze (diese können sich in Abhängigkeit von der Kostenstruktur der betreffenden Kostenstellen ändern).

Die Ergebnisse der Produktkalkulationen werden zu Beginn eines Monats als S-Preis im Materialstammsatz hinterlegt.

Im Rahmen der Inventurkalkulation ist es nun möglich, von der Bewertung durch die Ist-Kalkulation abzuweichen. So können es rechtliche Vorgaben im *IFRS* erforderlich machen, andere Leistungstarife in die Inventurbewertung einfließen zu lassen, da dort nicht alle Kostenbestandteile berücksichtigt werden dürfen. Es können möglicherweise auch andere Gemeinkostenzuschlagssätze angewandt werden.

Eine Inventurkalkulation wird dann genau wie die regelmäßige Produktkalkulation mit einer eigenen Kalkulationsvariante durchgeführt. Die Kalkulationsvariante beinhaltet dabei die Vorgaben für die genannten Preise, Leistungstarife und Zuschläge, und insbesondere auch die Preisfelder, in die die ermittelten Preise übernommen werden dürfen. Am Ende können Sie auch für die Inventurkalkulation ein Datenbank-Update durchführen, auch wenn dieses technisch anders umgesetzt wird als in den MRN*-Transaktionen, mit denen wir uns in diesem Abschnitt bereits beschäftigt haben.

Da die Einrichtung und Durchführung von Kalkulationen und Kalkulationsläufen ein sehr umfangreiches Thema ist, wollen wir es in diesem Buch nicht weiter ausführen. Bei Bedarf empfehlen wir Ihnen hierzu das Buch Hahn/Hölzlwimmer, Produktkosten-Controlling mit SAP, 2016.

Nach der Inventurkalkulation sind alle benötigten Inventurpreise in den Materialstammsätzen hinterlegt. Dann gilt es »nur« noch, die Abwertungen auf die ermittelten Inventurpreise im SAP-System zu erfassen. Vorab könnten Sie noch einmal eine

Analyse der Abweichungen vornehmen, die zwischen den Inventurpreisen und den V- und S-Preisen bestehen. Im folgenden Abschnitt möchten wir Ihnen hierzu einen geeigneten Report vorstellen.

Analyse von Preisabweichungen

Mit Transaktion MRN8 stellt das SAP-System Ihnen eine Möglichkeit der Kontrolle der ermittelten Preisabweichungen zur Verfügung. Diese Transaktion orientiert sich im Design an den oben beschriebenen Transaktionen für die verschiedenen Themen der Ermittlung von Abwertungen für die Inventur. Im Unterschied zu allen bisher gezeigten Transaktionen handelt es sich hier aber ausschließlich um einen Auswertungsreport. Ein Datenbank-Update kann von hier aus nicht vorgenommen werden. In Abbildung 6.130 sehen Sie das Selektionsbild für die Analyse der Preisabweichungen. Als Vergleichspreise sind V- und S-Preise geeignet, die Sie mit allen Inventurpreisen abgleichen können. Im Bereich **Ausgabekriterien** sehen Sie, dass Sie z. B. vorgeben können, ab welcher Mindestabweichung Sie erst Daten in der Liste sehen können.

Abbildung 6.130 Analyse Preisabweichungen – Selektion

In unserem Demosystem erhalten wir mit den gezeigten Selektionskriterien aus Abbildung 6.130 eine relativ kurze Liste, die in Abbildung 6.131 gezeigt wird.

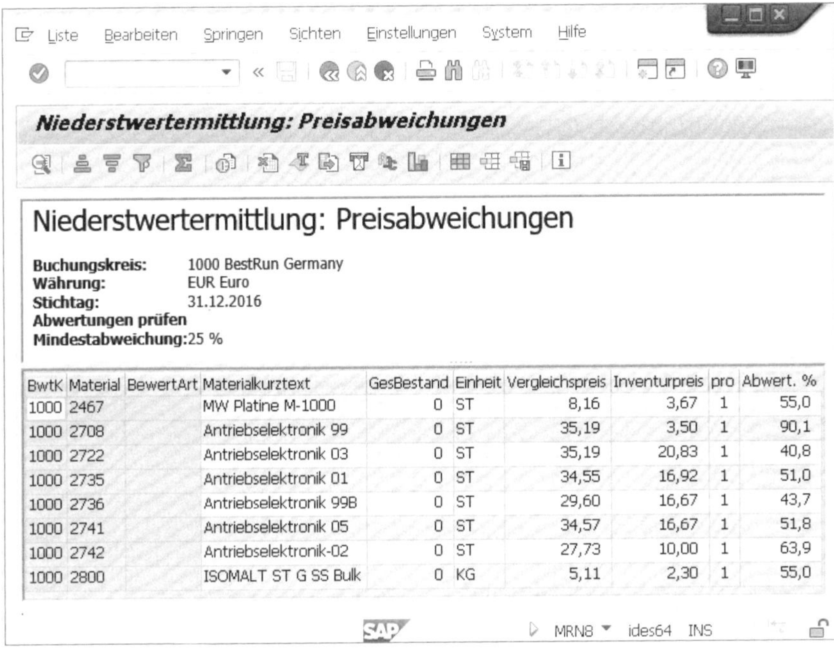

BwtK	Material	BewertArt	Materialkurztext	GesBestand	Einheit	Vergleichspreis	Inventurpreis	pro	Abwert. %
1000	2467		MW Platine M-1000	0	ST	8,16	3,67	1	55,0
1000	2708		Antriebselektronik 99	0	ST	35,19	3,50	1	90,1
1000	2722		Antriebselektronik 03	0	ST	35,19	20,83	1	40,8
1000	2735		Antriebselektronik 01	0	ST	34,55	16,92	1	51,0
1000	2736		Antriebselektronik 99B	0	ST	29,60	16,67	1	43,7
1000	2741		Antriebselektronik 05	0	ST	34,57	16,67	1	51,8
1000	2742		Antriebselektronik-02	0	ST	27,73	10,00	1	63,9
1000	2800		ISOMALT ST G SS Bulk	0	KG	5,11	2,30	1	55,0

Abbildung 6.131 Analyse der Preisabweichungen – Liste

Bewertung der Preisabweichungen

Wenn Sie in der Ergebnisliste der Preisabweichungen sehen, dass es für keines der Materialien einen Bestand gibt, können Sie die Liste komplett ignorieren. Preisabweichungen sind nur relevant, wenn damit auch eine Bewertungskorrektur verbunden ist.

Wenn alle Preisabweichungen analysiert, korrigiert und abgenommen sind, kommt als letzter Schritt die Buchung der Inventurabwertungen in die Finanzbuchhaltung. Dieses Thema wollen wir im nächsten Abschnitt nur kurz anreißen.

Buchung der Inventurabwertungen

SAP stellt für die Ermittlung der Abwertungen im Rahmen der Inventurbewertung Transaktion MRN9 zur Verfügung. Wie es in Abbildung 6.132 gezeigt wird, können Sie die bekannte Selektion durchführen. Mit der Schaltfläche Preise / Stufen können Sie vorgeben, welche Inventurpreisfelder für die Liste herangezogen werden sollen.

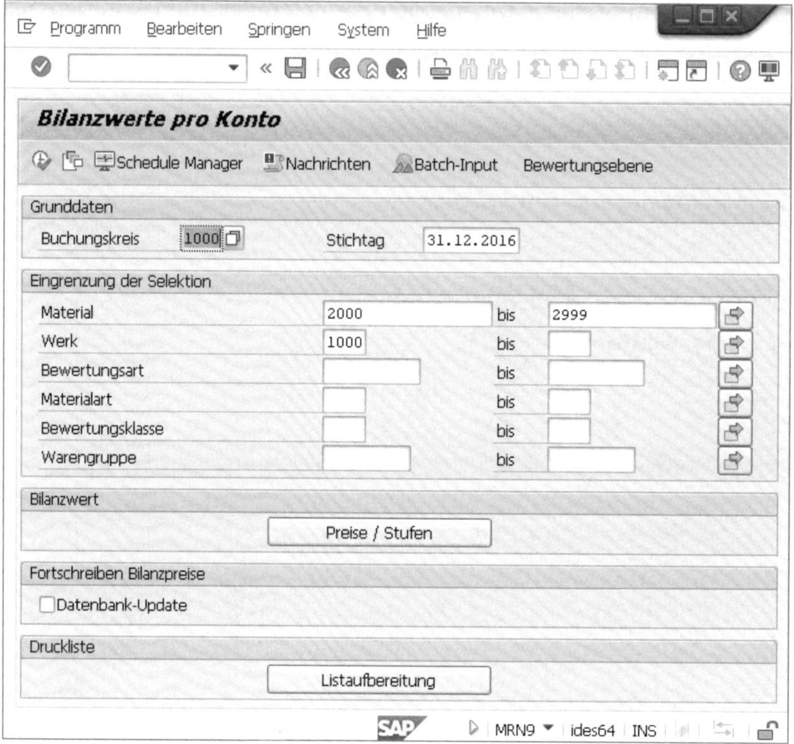

Abbildung 6.132 Ermittlung der Bilanzanpassungen – Selektion

[!]

Datenbank-Update bucht in der Finanzbuchhaltung

Transaktion MRN9 schreibt als einzige der MRN*-Transaktionen keine Preise im Materialstammsatz fort. Über die Aktivierung des Ankreuzfelds **Datenbank-Update** kann sie direkt in der Finanzbuchhaltung buchen. Damit dies möglich ist, müssen allerdings im Customizing die entsprechenden Buchungsparameter – wie z. B. die Sachkonten – gepflegt werden.

In Abbildung 6.133 sehen Sie die Aufstellung der gewählten Bestandswerte. Sie erhalten für jedes Material in den entsprechenden Summen die folgenden Informationen:

- Bestandsmengen
- Einheit
- aktuelle Bestandswerte
- Bestandswerte nach Inventurpreis (hier Steuerwert)

- Bestandswerte nach alternativem Inventurpreis (hier Handelswert)
- Ausweis von verschiedenen Deltas
- Inventurbilanzwert mit Abwertungsbetrag

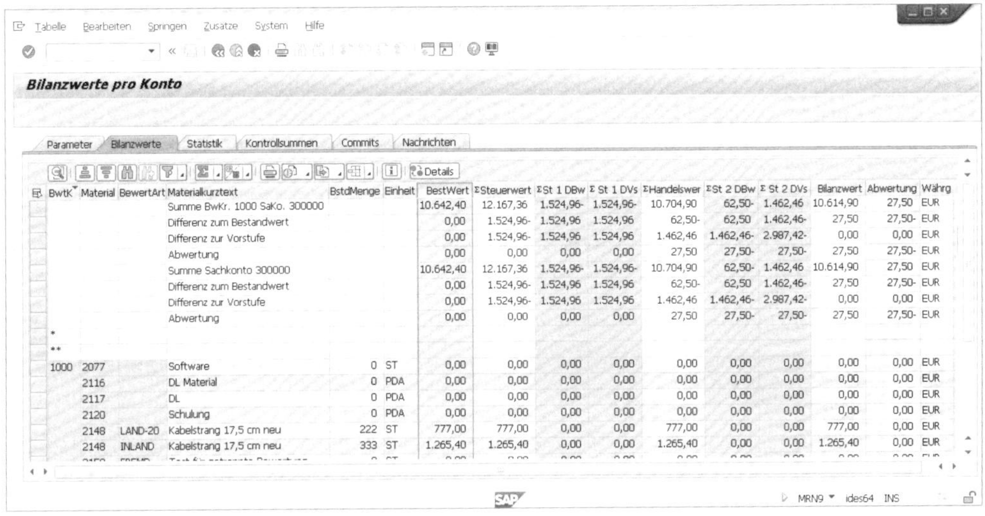

BwtK	Material	BewertArt	Materialkurztext	BstdMenge	Einheit	BestWert	ΣSteuerwert	ΣSt 1 DBw	Σ St 1 DVs	ΣHandelswer	ΣSt 2 DBw	Σ St 2 DVs	Bilanzwert	Abwertung	Währg
			Summe BwKr. 1000 SaKo. 300000			10.642,40	12.167,36	1.524,96-	1.524,96-	10.704,90	62,50-	1.462,46	10.614,90	27,50	EUR
			Differenz zum Bestandwert			0,00	1.524,96-	1.524,96	1.524,96	62,50-	62,50	1.462,46-	27,50	27,50-	EUR
			Differenz zur Vorstufe			0,00	1.524,96-	1.524,96	1.524,96	1.462,46	1.462,46-	2.987,42-	0,00	0,00	EUR
			Abwertung			0,00	0,00	0,00	0,00	27,50	27,50-	27,50-	27,50	27,50-	EUR
			Summe Sachkonto 300000			10.642,40	12.167,36	1.524,96-	1.524,96-	10.704,90	62,50-	1.462,46	10.614,90	27,50	EUR
			Differenz zum Bestandwert			0,00	1.524,96-	1.524,96	1.524,96	62,50-	62,50	1.462,46-	27,50	27,50-	EUR
			Differenz zur Vorstufe			0,00	1.524,96-	1.524,96	1.524,96	1.462,46	1.462,46-	2.987,42-	0,00	0,00	EUR
			Abwertung			0,00	0,00	0,00	0,00	27,50	27,50-	27,50-	27,50	27,50-	EUR
*															
**															
1000	2077		Software	0	ST	0,00	0,00	0,00	0,00	0,00	0,00	0,00	0,00	0,00	EUR
	2116		DL Material	0	PDA	0,00	0,00	0,00	0,00	0,00	0,00	0,00	0,00	0,00	EUR
	2117		DL	0	PDA	0,00	0,00	0,00	0,00	0,00	0,00	0,00	0,00	0,00	EUR
	2120		Schulung	0	PDA	0,00	0,00	0,00	0,00	0,00	0,00	0,00	0,00	0,00	EUR
	2148	LAND-20	Kabelstrang 17,5 cm neu	222	ST	777,00	777,00	0,00	0,00	777,00	0,00	0,00	777,00	0,00	EUR
	2148	INLAND	Kabelstrang 17,5 cm neu	333	ST	1.265,40	1.265,40	0,00	0,00	1.265,40	0,00	0,00	1.265,40	0,00	EUR

Abbildung 6.133 Ermittlung der Bilanzanpassungen – Liste

Es würde hier zu weit führen, aus dem gezeigten Bild einen Buchungsvorschlag ableiten und erklären zu wollen. Dies ist ein Thema für die Finanzbuchhaltung. Dort müssen Sie sich darüber im Klaren sein, welche Bedeutung die einzelnen Spalten haben, welche Bewertungsvorschriften jeweils dahinterstehen und in welchen rechenschaftslegungspflichtigen Bereichen Korrekturen erforderlich sind.

6.8 Automatische Kontenfindung

Im Rahmen eines SAP-Einführungsprojekts wird über den Aufbau der Kontenfindung die Systemeinstellung für automatische Buchungen aus der Materialwirtschaft in die Finanzbuchhaltung vorgenommen. Die Geschäftsprozesse in der Beschaffung können beispielsweise nur dann in die Buchhaltung übergeleitet werden, wenn für die jeweiligen Vorgänge Sachkonten in der Kontenfindung hinterlegt sind.

Nachfolgend definieren wir zunächst die Elemente, die das SAP-System im Rahmen der Kontenfindung verwendet. In Abschnitt 6.8.3, »Kontenfindung im Überblick«, wird die Kontenfindung im Zusammenspiel der verschiedenen Elemente als Prozess erläutert.

6.8.1 Grundlagen

Die folgenden Voraussetzungen müssen erfüllt sein, damit die Kontenfindung erfolgreich aufgebaut werden kann:

- Die Materialarten des Unternehmens müssen festgelegt sein.
- Im Controlling stehen die Kontierungsobjekte bereit, auf denen die jeweiligen Bewegungen gezeigt werden sollen. Auch temporäre Objekte, wie z. B. Fertigungsaufträge, sind in einem Konzept beschrieben und vom Customizing her vorgesehen.
- Der Kontenplan ist definiert und die Kontenklassen für die Verbuchung von Materialbeständen, Eingängen und Ausgängen, Preisdifferenzen, Inventurdifferenzen, Umbewertungen usw. sind festgelegt.
- Das Unternehmen kennt seine Geschäftsprozesse in der Materialwirtschaft.
- Das Rechnungswesen weiß, wie die Abbildung der Werteflüsse in der Buchhaltung erfolgen soll.
- Ein besonderes Augenmerk muss auf die Konsequenzen der jeweiligen Entscheidungen bei der Abbildung von Intercompany-Prozessen und in der Konsolidierung gerichtet werden.

6.8.2 Kontenfindung – Kurzbeschreibung und Elemente

Zum besseren Verständnis der Kontenfindung zeigen wir Ihnen zunächst an einem vereinfachten Beispiel, wie das SAP-System bei der Kontenfindung vorgeht (siehe Abbildung 6.134).

❶ In Werk **1000** verlässt eine Handelsware das Lager. In Abbildung 6.134 wird dies anhand der Handelsware mit der Materialnummer **2556** gezeigt.

Über das Werk wird der Kontenplan gefunden, aus dem die Sachkonten zu nehmen sind. Abbildung 6.134 zeigt den Buchungskreis **1000** mit drei Werken. Buchungskreis **1000** arbeitet mit dem Kontenplan **INT**.

❷ Dem Beispielmaterial aus Abbildung 6.134 wurde entsprechend der Materialart (HaWa = Handelsmaterial) eine bestimmte Bewertungsklasse im Materialstammsatz zugeordnet.

❸ Über die Bewertungsklasse können nun mithilfe der Bewegungsart ❹ eindeutig die Sachkonten für Soll und Haben für den Kontenplan des Werks bestimmt werden. Im Beispiel sind dies das Materialeinsatzkonto **410000** und das Materialbestandskonto **310000**.

Im Folgenden beschreiben wir die Elemente im Detail, die zur Kontenfindung beitragen. Zunächst erfahren Sie, welche Auswirkungen die Bewertungsebene hat.

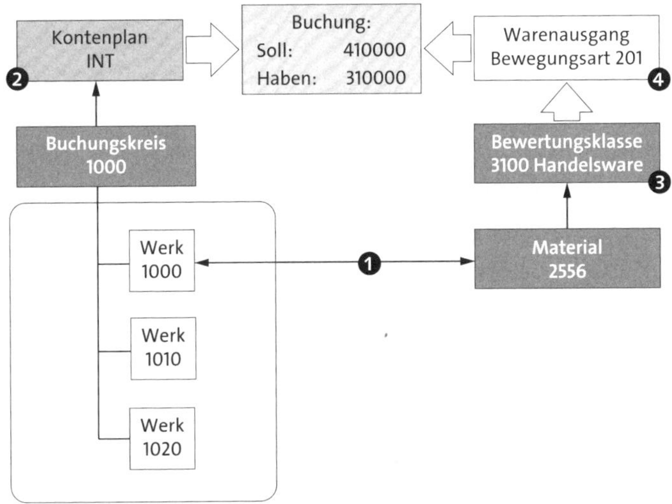

Abbildung 6.134 Übersicht – Kontenfindung ohne Bewertungsmodifikationskonstante

Bewertungsebene

In einem integrierten System wie dem SAP-System sind grundsätzlich alle logistischen Vorgänge eng mit dem Rechnungswesen verknüpft. Wir sprechen hier von *mengenmäßiger Abbildung* in der Logistik und *wertmäßiger Abbildung* im Rechnungswesen. In der Buchhaltung muss der Materialbestand mit seinem Bestandswert in der Bilanz gezeigt werden. Die Bewertung erfolgt dabei nach der Formel

*Menge * Preis*

Dabei müssen die Bewertungspreise im Rahmen gesetzlicher Anforderungen festgelegt oder ermittelt werden. Bei Zukaufteilen wird der sogenannte Verrechnungspreis (V-Preis, Durchschnittseinkaufspreis des aktuellen Lagerbestands) zugrunde gelegt. Materialien, die das Unternehmen selbst produziert, werden mit einem Standardpreis bewertet, der im SAP-System oder mit externen Verfahren aus der Produktionsstruktur (Arbeitspläne und Stücklisten) ermittelt wird. Dieser wird landläufig S-Preis genannt.

Die Bewertungsebene bestimmt die Organisationseinheit, für die die Kontenfindung vorgesehen und eingerichtet werden muss.

Die Bewertungsebene wird häufig auch *Bewertungskreis* genannt.

[!]

Festlegung der Bewertungsebene

Nach der Produktivsetzung kann die Bewertungsebene nicht mehr einfach geändert werden! Die Grundsatzentscheidung, ob der Buchungskreis oder das Werk einheitlich bewertet werden soll, ist also sorgfältig zu treffen.

Materialien können auf Werks- oder auf Buchungskreisebene einheitlich bewertet werden.

Das SAP-System sieht im Standard die Bewertung von Materialien auf der Werksebene vor, wie es in Abbildung 6.135 dargestellt ist. Diese Einstellung bietet sich an, wenn je Werk eigenständige Einkaufsprozesse und Produktionsprozesse vorliegen. In aller Regel sind auch die Leistungstarife in der Fertigung für jedes Werk unterschiedlich. Zusätzlich kommt es auch aufgrund unterschiedlicher Produktionsvoraussetzungen (Maschinen, Prozesse) zu abweichenden Herstellkosten bei eigengefertigten Materialien. Wenn der Einkauf von Rohmaterialien und Einsatzmaterialien dezentral vorgenommen wird, kann es auch hier zu unterschiedlichen Preisen kommen.

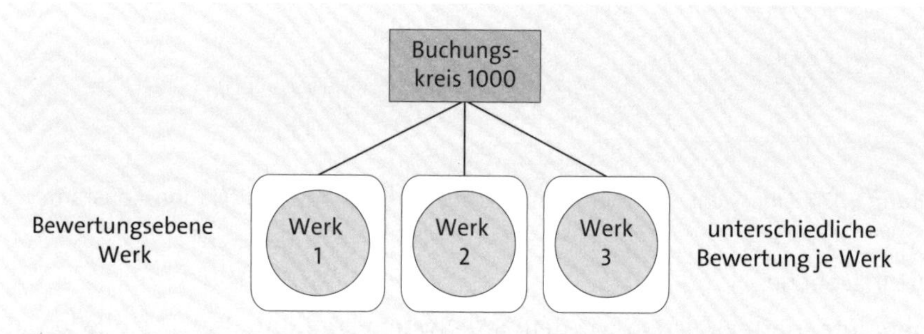

Abbildung 6.135 Bewertungsebene »Werk« – SAP-Standardeinstellung

Im Gegensatz dazu kann auch eine einheitliche Bewertung für alle Werke eines Buchungskreises angemessen sein, wie es in Abbildung 6.136 dargestellt ist. Bei dieser Einstellung haben die Materialien, unabhängig vom Werk, denselben Preis. Dies bietet sich bei zentralen Einkaufsprozessen oder bei einer einheitlichen Produktions- und Tarifstruktur an.

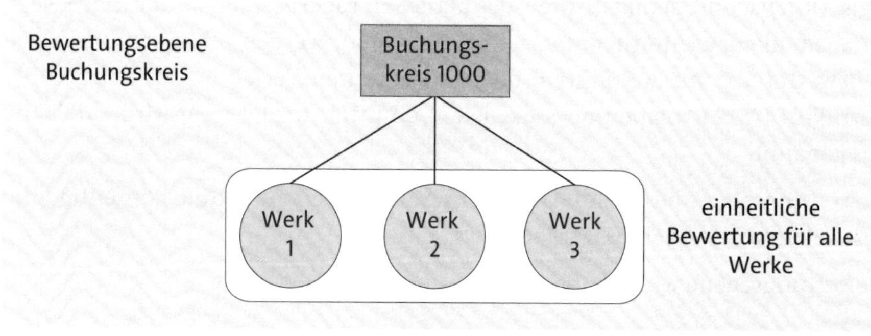

Abbildung 6.136 Bewertungsebene »Buchungskreis«

Wenn Ihr Unternehmen die SAP-Komponente PP oder CO-PC einsetzt, muss die Bewertung auf jeden Fall auf der Werksebene vorgenommen werden. Beim Einsatz der Branchenlösung Retail für Handelsunternehmen ist ebenfalls die Bewertung auf der Werksebene Voraussetzung.

Normalerweise würde man sich gerne für einen einheitlichen Weg bei der Kontenfindung entscheiden. Gesetzliche Vorgaben in den Ländern, in denen Ihr Unternehmen Werke hat, können Sie jedoch dazu zwingen, in den Kontenfindungen unterschiedliche Abbildungen vorzusehen. Sie können hierzu im SAP-System eine *Bewertungsmodifikationskonstante* nutzen, die im folgenden Abschnitt beschrieben wird.

Bewertungsmodifikationskonstante

Eine Bewertungsmodifikationskonstante wird als ein bis zu vierstelliger Schlüssel eingerichtet und den Bewertungskreisen zugeordnet. Die folgenden Möglichkeiten gibt es:

- Sie möchten die Kontenfindung für jeden Bewertungskreis separat pflegen. Dann wird keine Bewertungsmodifikationskonstante benötigt.
- Alle Bewertungskreise mit demselben Kontenplan nutzen dieselbe Kontenfindung. Bei dieser Variante ist die Nutzung einer Bewertungsmodifikationskonstante erforderlich, um die Bewertungskreise für die Kontenfindung zu gruppieren. In Abbildung 6.134 wird bereits ein Beispiel hierzu gezeigt.
- Wenn Sie unterschiedliche Kontenfindungen für verschiedene Gruppen von Bewertungskreisen mit demselben Kontenplan benötigen, muss die Bewertungsmodifikationskonstante aktiviert und eingesetzt werden. Das Beispiel aus Abbildung 6.134 wurde in der nachfolgenden Abbildung 6.137 an diesen Fall angepasst: das Material **2556** wird nun aus Werk **1020** entnommen; derselbe Kontenplan wird gefunden aber aufgrund der abweichenden Bewertungsmodifikationskonstante **0002** wird der Geschäftsvorfall auf anderen Sachkonten verbucht.

Tipp für die Neueinführung

Um für die Zukunft auf der sicheren Seite zu sein, sollte von der Bewertungsmodifikationskonstante Gebrauch gemacht werden. Zunächst sollte die Einrichtung mit einer Bewertungsmodifikationskonstante vorgenommen werden, der Sie alle Bewertungskreise zuordnen.

Ohne die Aktivierung von Bewertungsmodifikationskonstanten muss die Kontenfindung für jeden Bewertungskreis eigenständig eingerichtet werden, auch wenn derselbe Kontenplan genutzt wird.

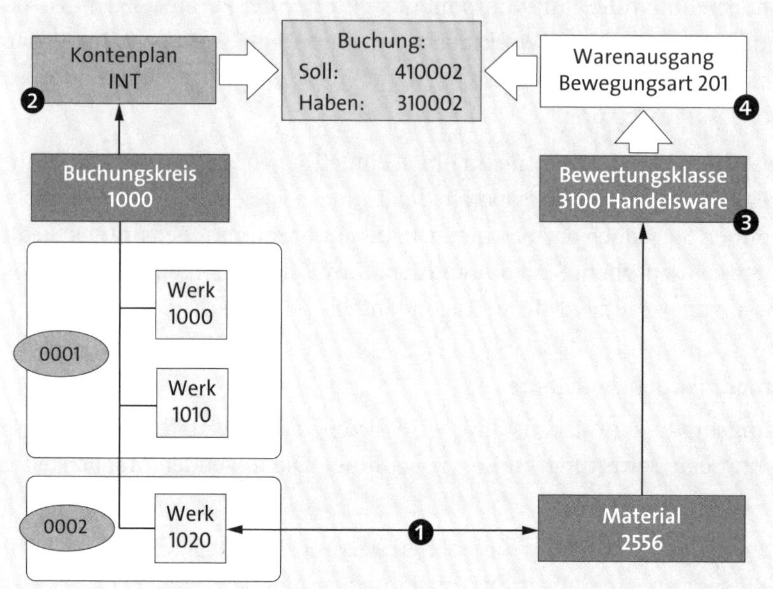

Abbildung 6.137 Übersicht – Kontenfindung mit Bewertungsmodifikationskonstante

Nun ist Ihnen aber vielleicht noch unklar, was es mit dem schon so oft erwähnten Kontenplan auf sich hat. Diesen stellen wir Ihnen jetzt im nachfolgenden Abschnitt vor.

Kontenplan

In der Buchhaltung werden alle Geschäftsvorfälle, die sich wertmäßig auswirken, über Sachkonten abgebildet. Um dies zu illustrieren, werden im nachfolgenden Kasten zwei Beispielgeschäftsvorfälle zunächst allgemein beschrieben und dann später aufgegriffen und verfeinert.

Geschäftsvorfälle

Diese beiden Beispielfälle wollen wir nun mit Ihnen ansehen und erweitern:

1. Die bestellte Ware trifft mit der Rechnung ein.
   Für die Buchhaltung bedeutet dieser Sachverhalt, dass das Sachkonto »Warenbestand« gegen das Sachkonto »Verbindlichkeit aus Lieferungen und Leistungen« gebucht wird.
2. Im Produktionsprozess wird Klebstoff aus dem Lager entnommen und verwendet.
   Für die Buchhaltung bedeutet dieser Sachverhalt, dass das Sachkonto »Verbrauch Klebstoff« gegen das Sachkonto »Bestand Klebstoff« gebucht wird.

Der *Kontenplan* eines Unternehmens enthält alle Sachkonten, die dieses Unternehmen verwendet. Die Sachkonten erhalten in der Regel eine sechs- bis achtstellige Nummer. In Deutschland sind sechsstellige Sachkontonummern stark verbreitet; in den USA wird hingegen meist mit achtstelligen Sachkontonummern gearbeitet. Das SAP-System erlaubt bis zu zehnstellige Nummern.

Im Regelfall richten sich der Aufbau und die Logik der Kontonummernvergabe nach branchenspezifischen Standards. Beispiele hierzu sind der Industriekontenrahmen (IKR) oder verschiedene Standardkontenrahmen (SKR 03 – Kontenrahmen für publizitätspflichtige Firmen; SKR 04 – Kontenrahmen für publizitätspflichtige Firmen, der die Neuerungen des Bilanzrechtsmodernisierungsgesetzes (BilMoG) berücksichtigt, usw.).

Der Kontenrahmen gliedert sich meist in zehn Kontenklassen, die durch die führende Ziffer der Sachkontonummer gezeigt werden. Der typische Aufbau eines Kontenplans nach Industriekontenrahmen (IKR) sieht so aus, wie es in Abbildung 6.138 gezeigt wird.

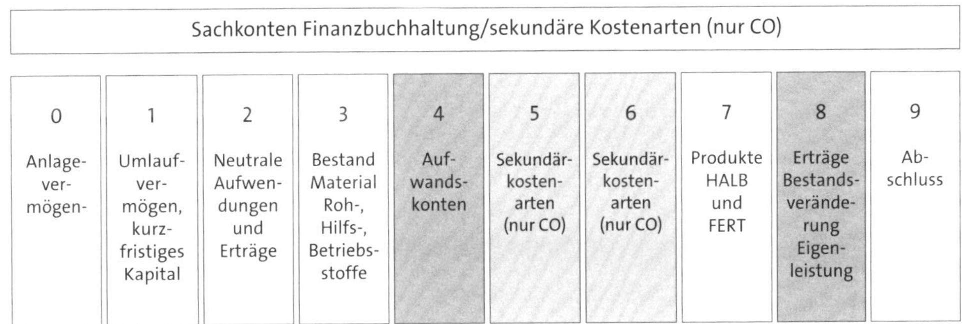

Abbildung 6.138 Aufbau eines Kontenplans nach IKR mit zehn Kontenklassen

Die in Abbildung 6.138 gezeigte Sortierung der Sachkonten in zehn Gruppen nennt man *Kontenklassen*. Über die Kontenklasse können Sie schon einmal grob erkennen, was auf die zugeordneten Konten gebucht wird.

Angenommen, der IKR ist der Kontenplan, mit dem Ihr Unternehmen arbeitet, und die Sachkonten dort sind sechsstellig. Dann wird das Anlagevermögen dort auf Sachkonten mit den Kontonummern 000001–099999 verbucht (wobei das SAP-System die führenden Nullen in der Regel nicht anzeigt und damit die Kontenklasse 0 dadurch erkannt werden kann, dass die Konten weniger als fünf Stellen haben). Bestandskonten in der Materialwirtschaft, wie z. B. das Sachkonto »Roh-, Hilfs- und Betriebsstoffe« werden im Nummernintervall 300000–399999 angelegt. Der Verbrauch von Materialien wird auf Sachkonten im Nummernintervall von 400000–499999 abgebildet.

Nachfolgend wird für unsere Beispiel »Geschäftsvorfälle« gezeigt, wie z. B. mit einem sechsstelligen Kontenplan gebucht werden könnte.

Geschäftsvorfälle – Umsetzung im Kontenplan

1. Bestellte Ware trifft mit Rechnung ein.
   Buchhaltung: Sachkonto »Warenbestand« (310000) wird gebucht gegen das Sachkonto »Verbindlichkeit aus Lieferungen und Leistungen« (160000).
2. Entahme von Klebstoff aus dem Lager und Verwendung im Produktionsprozess.
   Buchhaltung: Sachkonto »Verbrauch Klebstoff« 400000 wird gebucht gegen das Sachkonto »Bestand Klebstoff« 300000.

Jeder Buchungskreis ist fest mit einem bestimmten Kontenplan verbunden, und Werke sind den Buchungskreisen eindeutig zugeordnet. Damit hat auch jedes Werk seinen festen Kontenplan, für den die Sachkontenfindung einzustellen ist!

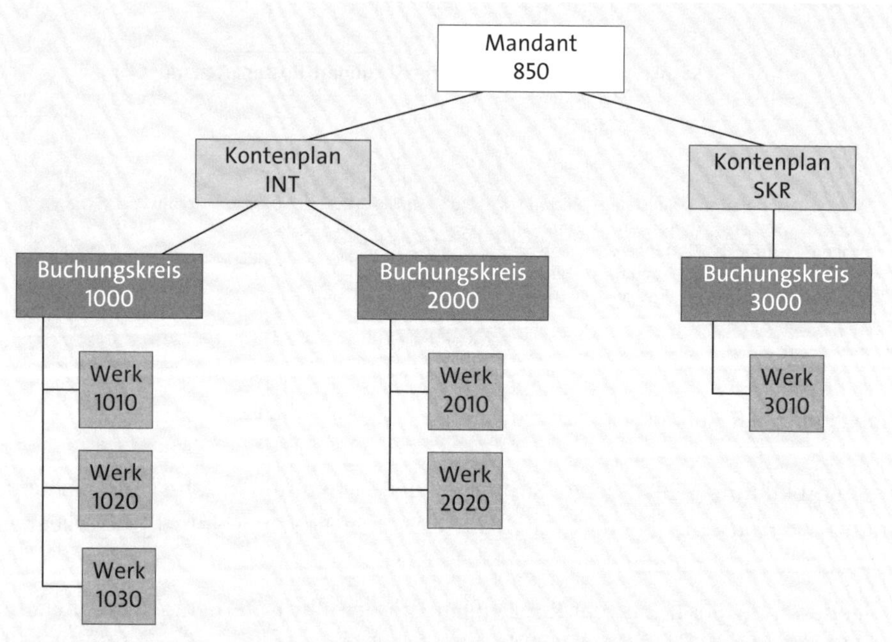

Abbildung 6.139 Werke, Buchungskreise und Kontenpläne zuordnen

In Abbildung 6.139 wird beispielhaft gezeigt, wie mit Kontenplänen im SAP-System gearbeitet wird. Hier gibt es zwei Kontenpläne, den Kontenplan **INT** und den Kontenplan **SKR**. Die beiden Buchungskreise **1000** und **2000** nutzen die Sachkonten des Kontenplans **INT**, und der Buchungskreis **3000** arbeitet mit dem Kontenplan **SKR**.

Geschäftsvorfälle, die in den Werken **1010**, **1020**, **1030**, **2010** und **2020** stattfinden, werden demnach auf den Sachkonten des Kontenplans **INT** verbucht, während Geschäftsvorfälle des Werks **3010** in den Konten des SKRs abgebildet werden.

Was sind nun aber diese Sachkonten? Damit beschäftigen wir uns im nächsten Abschnitt.

Sachkonten

Für die wertmäßige Abbildung der Geschäftsvorfälle in der Materialwirtschaft werden jeweils mindestens zwei *Sachkonten* benötigt, wie es im Beispiel »Umsetzung im Kontenplan« bereits gezeigt wurde. Grundsätzlich wird hierbei die Technik der doppelten Buchführung angewandt.

[«]

Doppelte Buchführung

Die doppelte Buchhaltung (auch doppelte Buchführung genannt) ist das System der kaufmännischen Buchführung gemäß § 238 HGB (Buchführungspflicht), das die Ermittlung des Periodenerfolgs zweifach ermöglicht: (1) durch die Bilanz und (2) durch die Gewinn- und Verlustrechnung (GuV). Zugleich ist »doppelt« auch im technischen Sinn der Buchung als Erfassung eines Geschäftsvorfalls auf Konto und Gegenkonto zu verstehen (siehe Gabler Wirtschaftslexikon, *http://wirtschaftslexikon.gabler.de/Archiv/7935/doppelte-buchhaltung-v10.html*).

Bei den Sachkonten wird zunächst einmal zwischen Bestandskonten und Erfolgskonten unterschieden.

Bestandskonten dienen der Darstellung und Zusammenfassung von Unternehmenswerten (Bestände an Rohmaterialien, vorhandene Handelswaren, Anlagegüter) und fließen in die Bilanz ein. Dabei sind die meisten dieser Bestandskonten auf der sogenannten Aktivseite der Bilanz anzutreffen, die zeigt, über welche dinglichen Wertgegenstände (Grundstücke, Gebäude, Anlagen, Material, Geld) ein Unternehmen verfügt.

Der Aktivseite steht die Passivseite gegenüber, der Sie entnehmen können, wie die verschiedenen Unternehmenswerte finanziert sind (Eigenkapital, Schulden).

Nehmen die Unternehmenswerte zu, wird dies auf der Sollseite eines aktiven Bestandskontos gebucht. Verlassen Bestände das Lager und werden verbraucht, wird dies auf der Habenseite desselben Kontos verbucht.

Nehmen die Schulden zu, wird dies auf der Habenseite eines passiven Bestandskontos gebucht. Werden die Schulden beglichen oder eine offene Rechnung bezahlt, wird dies auf der Sollseite desselben Kontos verbucht.

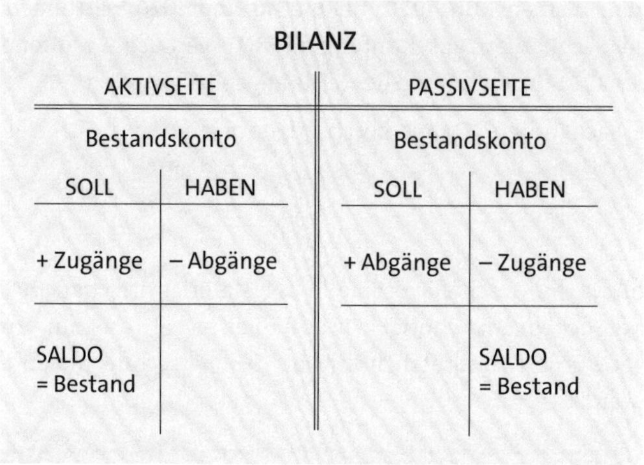

BILANZ

AKTIVSEITE		PASSIVSEITE	
Bestandskonto		Bestandskonto	
SOLL	HABEN	SOLL	HABEN
+ Zugänge	– Abgänge	+ Abgänge	– Zugänge
SALDO = Bestand			SALDO = Bestand

Abbildung 6.140 Bestandskonten in der Bilanz

Abbildung 6.140 zeigt einmal übersichtlich, wie eine Bilanz aufgebaut ist und wie die Bewegungen auf den Konten der Aktiv- oder Passivseite dargestellt werden. Die Darstellung ist stark vereinfacht und zeigt für die Konten der jeweiligen Seite nur den Normalfall. Auf beiden Seiten der Bilanz tragen eine Vielzahl von Sachkonten zum Ergebnis bei, die ihrerseits wieder in Bilanzpositionen gegliedert sind. Es gelten die folgenden Regeln:

- Die Summen auf Aktiv- und Passivseite sind gleich. Diese Summe nennt man *Bilanzsumme*.
- Die Bilanzpositionen fassen ihrerseits eine Vielzahl gleichartiger Sachkonten zusammen.
- Die Sortierung der Bilanzpositionen auf der Aktivseite erfolgt nach dem Grad der Liquidität. Positionen, die nicht oder weniger liquide sind, stehen hier ganz oben (Grundstücke, Gebäude, Anlagevermögen), Positionen von hoher Liquidität (Bankbestände, Kassenbestände) befinden sich ganz unten in der Bilanz.
- Die Sortierung der Bilanzpositionen auf der Passivseite wird nach ihrer Fälligkeit vorgenommen. Ganz oben steht hier das Eigenkapital – denn dieses ist überhaupt nicht fällig! Ganz unten stehen kurzfristige Lieferantenverbindlichkeiten, also die aktuell offenen Rechnungen, die mit einem der nächsten Zahlläufe beglichen werden.

Die folgenden Arten von Bestandskonten werden für die Abbildung der Materialwirtschaft benötigt:

1. Sachkonten für unterschiedliche Arten von Roh-, Hilfs- und Betriebsmitteln
2. Sachkonten für verschiedene Arten von Produkten (Handelswaren, Fertigprodukte, Halbfertigwaren

3. Wareneingangs-/Rechnungseingangs-Verrechnungskonto (WE/RE-Konto)
4. Sachkonten für die Verbuchung der gezahlten Mehrwertsteuer (im SAP-Sprachgebrauch heißt diese Vorsteuer)

Erfolgskonten fließen in die Gewinn- und Verlustrechnung eines Unternehmens ein, deren Aufgabe es ist, den Unternehmenserfolg in seiner Höhe darzustellen. In der Gewinn- und Verlustrechnung (kurz GuV) eines Unternehmens werden Aufwendungen und Erträge einander gegenübergestellt (siehe Abbildung 6.141).

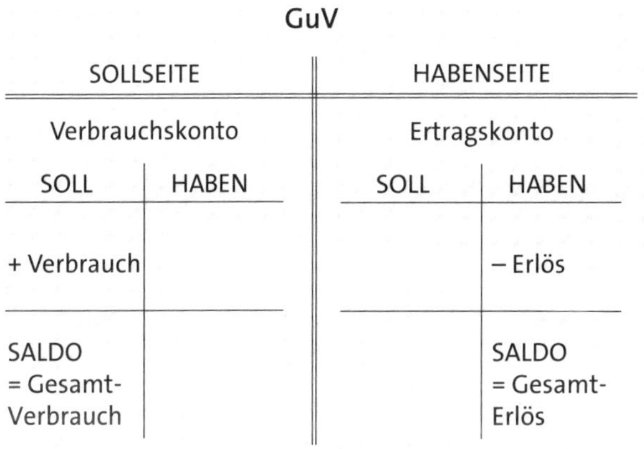

GuV

SOLLSEITE		HABENSEITE	
Verbrauchskonto		Ertragskonto	
SOLL	HABEN	SOLL	HABEN
+ Verbrauch			– Erlös
SALDO = Gesamt-Verbrauch			SALDO = Gesamt-Erlös

Abbildung 6.141 Erfolgskonten in der Gewinn- und Verlustrechnung

Gewöhnungsbedürftig ist für den rechnungswesenungeübten Laien, dass das, was gemeinhin als Kosten verstanden wird, mit positivem Vorzeichen und die Erlöse hingegen mit negativem Vorzeichen gebucht werden. In der IT ist dies jedoch Standard. Um Rechenwerke intuitiv verständlicher zu machen, können viele SAP-Berichte mit Vorzeichenumkehr ausgeführt werden.

Die folgenden Arten von Erfolgskonten werden für die Abbildung der Materialwirtschaft benötigt:

1. Sachkonten für die Verbräuche von Roh-, Hilfs- und Betriebsmitteln
2. Sachkonten für die Verbräuche von Handelswaren, Halb- und Fertigfabrikaten
3. Sachkonten für den Einsatz von Fremdleistungen und Dienstleistungen
4. Sachkonten für Preisdifferenzen
5. Sachkonten für Inventurdifferenzen
6. Sachkonten für Kursdifferenzen
7. Aufwand/Ertrag aus dem Konsignationsmaterialverbrauch
8. Bestandsveränderungskonten

Alle diese Sachkonten werden im Customizing der Kontenfindung in einer zentralen Tabelle hinterlegt und anhand der oben beschriebenen Logik (siehe Abbildung 6.134) gefunden.

Dies soll als erster Überblick über Kontenpläne, Sachkonten und die Wertdarstellung in Bilanz sowie in Gewinn- und Verlustrechnung genügen. Nachfolgend erfahren Sie etwas über Bewegungsarten in der Materialwirtschaft.

Bewegungsarten

Über *Bewegungsarten* wird die Art einer Materialbewegung (Wareneingang, Warenausgang, Umlagerung usw.) kategorisiert. Bewegungsarten werden im Detail in Abschnitt 6.9.2, »Bewegungsarten«, beschrieben.

Welches Sachkonto das richtige für die Abbildung eines bestimmten Geschäftsvorfalls ist, wird durch die Bewegungsart mitbestimmt.

Geschäftsvorfälle – Umsetzung in Bewegungsarten

Nachfolgend sehen Sie die oben beschriebenen einfachen Geschäftsvorfälle mit ihren Bewegungsarten:

1. Bestellte Ware trifft mit der Rechnung ein.
   Abbildung in der Materialwirtschaft: Über die Bewegungsart **101** (Wareneingang) werden die Sachkonten gefunden.
2. Entnahme von Klebstoff aus dem Lager und Verwendung in der Produktion.
   Abbildung in der Materialwirtschaft: Über die Bewegungsart **201** (Warenausgang für die Kostenstelle) können die Sachkonten gefunden werden.

Die Bewegungsarten werden z. B. bei der Erfassung von Bestellungen oder Verbrauchsbuchungen automatisch zugeordnet.

Bewertungsklasse

Beschäftigen wir uns nun mit den *Bewertungsklassen*. Diese tragen dazu bei, die Kontenfindung für eine Reihe von Materialien in gleicher Art und Weise vorzunehmen. Sie werden im Customizing den Materialarten zugeordnet. Damit werden je Materialart nur die Bewertungsklassen angeboten, die grundsätzlich für diese Materialart zulässig sind (siehe Abschnitt 2.2.24, »Sicht ›Buchhaltung 1‹«).

Aus Vereinfachungsgründen kann zwischen die Materialarten und die Bewertungsklassen noch die *Kontoklassenreferenz* gestellt werden. In Abbildung 6.142 wird dies beispielhaft gezeigt; die Kontoklassenreferenz besteht in diesem Fall lediglich aus dem vierstelligen Schlüssel **0001** und der Bezeichnung **Referenz für Rohstoffe**. Sie wird zum einen den Materialarten zugeordnet, die dieselben Bewertungsklassen bei der Stammdatenpflege anbieten sollen; an einer anderen Stelle werden die Bewertungsklassen selbst der Kontenklassenreferenz zugeordnet.

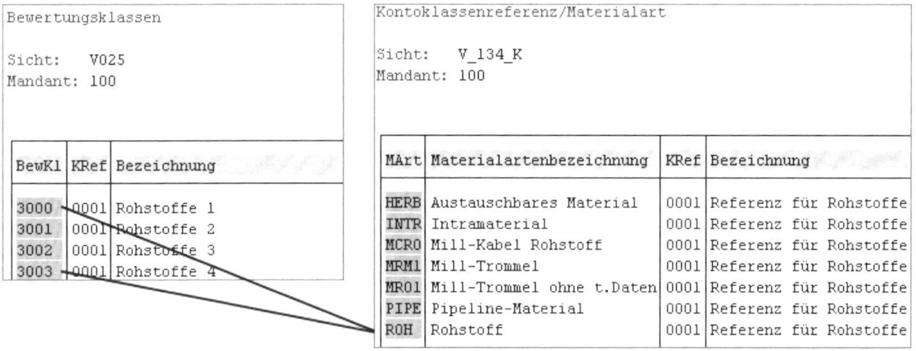

Bewertungsklassen

Sicht: V025
Mandant: 100

BewKl	KRef	Bezeichnung
3000	0001	Rohstoffe 1
3001	0001	Rohstoffe 2
3002	0001	Rohstoffe 3
3003	0001	Rohstoffe 4

Kontoklassenreferenz/Materialart

Sicht: V_134_K
Mandant: 100

MArt	Materialartenbezeichnung	KRef	Bezeichnung
HERB	Austauschbares Material	0001	Referenz für Rohstoffe
INTR	Intramaterial	0001	Referenz für Rohstoffe
MCRO	Mill-Kabel Rohstoff	0001	Referenz für Rohstoffe
MRM1	Mill-Trommel	0001	Referenz für Rohstoffe
MRO1	Mill-Trommel ohne t.Daten	0001	Referenz für Rohstoffe
PIPE	Pipeline-Material	0001	Referenz für Rohstoffe
ROH	Rohstoff	0001	Referenz für Rohstoffe

Abbildung 6.142 Beziehung Materialart – Bewertungsklasse

Im Ergebnis führt die beiderseitige Zuordnung der Kontoklassenreferenz im Beispiel dazu, dass die Bewertungsklassen **3000–3003** bei insgesamt sieben Materialarten zur Auswahl stehen. Die verwendeten Sachkonten lassen somit keinen Rückschluss auf die Materialart zu.

Tipp für die Neueinführung

Die folgenden Entscheidungen müssen im Rahmen der SAP-Einführung getroffen werden:

- Welche Materialarten werden benötigt?
  Die SAP-Standardmaterialarten können verwendet werden; es können jedoch auch eigene Materialarten zusätzlich oder alternativ angelegt werden.
- Welche Materialbestandskonten sollen in der Bilanz geführt werden?
  Je Materialbestandskonto muss eine eigene Bewertungsklasse angelegt werden. Für diese werden ein bis zu vierstelliger alphanumerischer Schlüssel (in der Regel numerisch) und eine Bezeichnung benötigt. Die Bewertungsklassen sollten zunächst in einer tabellarischen Liste außerhalb des SAP-Systems aufgebaut werden.
- Welche Bestandskonten sollen je Materialart geführt werden können?
  Aus dieser Entscheidung ergibt sich, welche Bewertungsklassen je Materialart auswählbar sein sollen.
  Für jede gleichartige Auswahl von Bewertungsklassen muss eine Kontoklassenreferenz (vierstelliger alphanumerischer Schlüssel und Bezeichnung) angelegt werden.

Nachdem wir bis hierhin die verschiedenen Merkmale erläutert haben, die zur Kontenfindung herangezogen werden, erhalten Sie im nächsten Abschnitt eine Übersicht über den *Vorgangsschlüssel* (auch Vorgang genannt) in der Kontenfindung, über den die Identifizierung der Geschäftsvorfälle technisch vorgenommen wird.

Kontenfindung über Vorgänge

Aus den Geschäftsvorfällen der Materialwirtschaft müssen die Sachkonten der Buchungsbelege abgeleitet werden. Dies geschieht mithilfe der dreistelligen Vorgangsschlüssel, die den Transaktionen über Programme zugeordnet sind. Über diese Vorgangsschlüssel werden die Buchungsregeln gefunden, nach denen kontiert wird.

Die Vorgangsschlüssel, die im SAP-Standard enthalten sind, können Sie Tabelle 6.10 entnehmen.

Vorgangsschlüssel	Bezeichnung
AG1	Ertrag Agenturges.
AG2	Umsatz Agenturges.
AG3	Aufwand Agenturges.
AKO	Aufwand/Ertrag aus Konsignationsmaterialverbrauch
AUM	Aufwand/Ertrag aus Umlagerung
BO1	Rückstellungen nachträgliche Abrechnung
BO2	Erträge nachträgliche Abrechnung
BO3	Rückstellungsdifferenzen
BSD	Deltabuchung zum Bestand
BSV	Bestandsveränderung
BSX	Bestandsbuchung
COC	Nachbewertung sonstiger Verbräuche
DEL	Delkredere
DIF	Kleindifferenzen Materialwirtschaft
EIN	Einkaufskonto
EKG	Einkaufsgegenkonto
FR1	Frachtverrechnung

Tabelle 6.10 Vorgangsschlüssel für die Buchungen der Materialwirtschaft (MM)

Vorgangsschlüssel	Bezeichnung
FR2	Frachtrückstellung
FR3	Zollverrechnung
FR4	Zollrückstellung
FRE	Frachteinkaufskonto
FRL	Fremdleistung
FRN	Fremdleistungen Nebenkosten
GBB	Gegenbuchung zur Bestandsbuchung
KBS	Kontierte Bestellung
KDG	Kursdifferenzen Materialwirtschaft (AVR)
KDM	Kursdifferenzen Materialwirtschaft
KDR	Kursrundungsdifferenzen Materialwirtschaft
KDV	Kursdifferenzen Material-Ledger aus Vorstufen
KON	Konsignation Verbindlichkeiten
KTR	Gegenbuchung Preisdifferenzen (Kostenträger)
LKW	Abgrenzungskonto (Material-Ledger)
PPX	Vorabzahlung
PRA	Preisdifferenzen aus aufgelöstem WIP (Lar.)
PRC	Differenzen (AVR Leistungstarif)
PRD	Preisdifferenzen
PRG	Preisdifferenzen (Material-Ledger, AVR)
PRK	Preisdifferenzen (Kostenträgerhier.)
PRM	Preisdifferenzen aus aufgelöstem WIP (Material)
PRP	Preisdifferenzen Produktkostensammler
PRQ	Gegenbuchung Preisdifferenzen Produktostensammler
PRV	Preisdifferenzen Material-Ledger aus Vorstufen

Tabelle 6.10 Vorgangsschlüssel für die Buchungen der Materialwirtschaft (MM) (Forts.)

Vorgangsschlüssel	Bezeichnung
PRY	Preisdifferenzen (Material-Ledger)
RAP	Aufwand/Ertrag aus Neubewertung
RKA	Rechnungskürzungen log. Rechnungsprüfung
RUE	Bezugsnebenkosten-Rückstellung
TXO	Brasilianische Steuern für Umbuchung
UMB	Aufwand/Ertrag aus Umbewertung
UMD	Aufwand/Ertrag aus Umbewertung (Delta)
UPF	Ungeplante Bezugsnebenkosten
VST	Vorsteuer
WGB	WGB < fehlt >
WGI	Warenausgang Umbewertung Inflation
WGR	Wareneingang Umbewertung Inflation
WPA	WIP aus Preisdifferenzen (Eigenleistung)
WPM	WIP aus Preisdifferenzen (Material)
WRX	WE-RE-Verrechnung
WRY	WE-RE-Verrechnung (Material-Ledger), alt

Tabelle 6.10 Vorgangsschlüssel für die Buchungen der Materialwirtschaft (MM) (Forts.)

[!]

Keine weiteren Vorgangsschlüssel möglich

Beachten Sie, dass diese Aufzählung abschließend ist. Es ist also nicht möglich, weitere Vorgangsschlüssel hinzuzufügen.

Vorgangsschlüssel tragen zur Kontenfindung im Zusammenspiel mit den Bewegungsarten bei. Die eigentliche Steuerung der Buchung ist hierbei in den Bewegungsarten festgelegt. Darauf gehen wir in Abschnitt 6.9.2, »Bewegungsarten«, noch näher ein.

In Abbildung 6.143 finden Sie zunächst eine einfache Darstellung des Zusammenhangs von Transaktion, Bewegungsart und Vorgangsschlüssel.

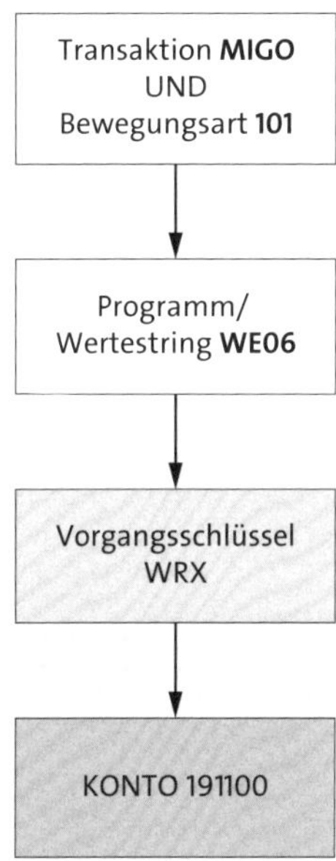

Abbildung 6.143 Zuordnung eines Sachkontos über einen Vorgangsschlüssel

Sollen Geschäftsvorfälle noch weiter differenziert werden, kann dies über ein zusätzliches Merkmal geschehen, das den Vorgang ergänzt. Dieses Merkmal nennt sich *Kontomodifikation* und wird nachfolgend beschrieben.

Kontomodifikation

Über Kontomodifikationen (siehe Tabelle 6.11) kann die Kontenfindung noch feiner gesteuert werden. Der Vorgangsschlüssel »Gegenbuchung zur Bestandsbuchung« (**GBB**) wird beispielsweise sowohl bei Warenausgängen, bei Verschrottung oder für die Einbuchung von Inventurdifferenzen genutzt. Über die Kontomodifikation kann hier auf unterschiedliche Bestandskonten gebucht werden.

Kontomodifikation	Bezeichnung
AUA	für Auftragsabrechnung
AUF	für Wareneingänge zu Aufträgen (ohne Kontierung) und bei Auftragsabrechnung, wenn **AUA** nicht gepflegt ist
AUI	Ist-Tarifnachverrechnung von der Kostenstelle direkt an das Material (mit Kontierung)

Tabelle 6.11 Kontomodifikationen im SAP-Standard

Kontomodifikation	Bezeichnung
BSA	für Bestandsaufnahmen
INV	für Aufwand/Ertrag aus Inventurdifferenzen
VAX	für Warenausgänge für Kundenaufträge ohne Kontierungsobjekt (das Konto ist keine Kostenart)
VAY	für Warenausgänge für Kundenaufträge mit Kontierungsobjekt (das Konto ist eine Kostenart)
VBO	für Verbräuche aus dem Lieferantenbeistellbestand
VBR	für interne Warenausgänge (z. B. für Kostenstelle)
VKA	für Kundenauftragskontierung (z. B. bei Einzelbestellung)
VKP	für Projektkontierung (z. B. bei Einzelbestellung)
VNG	für Verschrottung/Vernichtung
VQP	für Stichprobenentnahmen ohne Kontierung
VQY	für Stichprobenentnahmen mit Kontierung
ZOB	für Wareneingänge ohne Bestellungen (Bewegungsart **501**)
ZOF	für Wareneingänge ohne Fertigungsaufträge (Bewegungsarten **521** und **531**)

Tabelle 6.11 Kontomodifikationen im SAP-Standard (Forts.)

Es können weitere kundenspezifische Kontenmodifikationen nach Bedarf angelegt werden.

Kontenmodifikationen sind allerdings nicht für alle Vorgangsschlüssel möglich. Im Standard werden sie regelmäßig nur für **GBB** (Gegenbuchung zur Bestandsbuchung) eingesetzt. Darüber hinaus können sie zur Ausdifferenzierung der Verbuchung bei Preisdifferenzen (Vorgang **PRD**) oder Konsignationsverbindlichkeiten (Vorgang **KON**) genutzt werden.

Ein Beispiel für die Nutzung von Kontomodifikationen wäre, wenn Sie unterschiedliche Verbrauchskonten nutzen möchten, je nachdem, ob ein Warenausgang auf die betreffende Kostenstelle oder auf den Auftrag gebucht werden soll. Ein weiteres Beispiel, die Zuordnung unterschiedlicher Bestandskonten je Kontomodifikation, zeigen wir Ihnen in Abbildung 6.144.

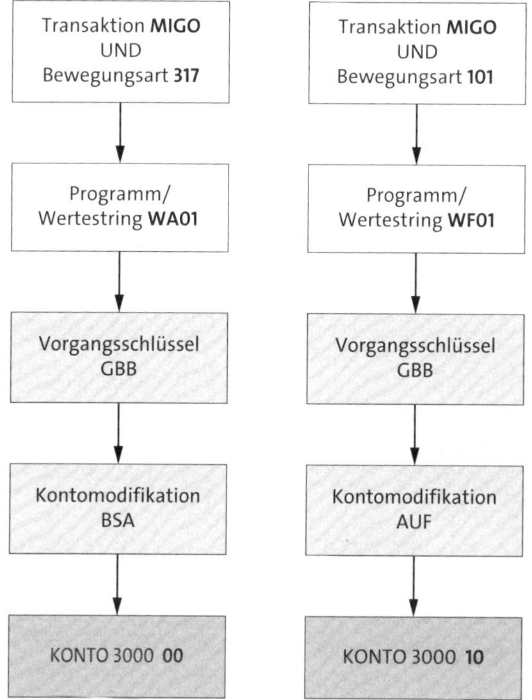

Abbildung 6.144 Unterschiedliche Gegenkonten über die Kontomodifikation zuordnen

Nachdem jetzt die wesentlichen Elemente der Kontenfindung zusammengetragen und definiert worden sind, möchten wir Ihnen im nächsten Abschnitt anhand eines Beispiels demonstrieren, wie das SAP-System nun im Einzelfall die richtigen Sachkonten zu einer logistischen Bewegung findet.

6.8.3 Kontenfindung im Überblick

In diesem Abschnitt beschränken wir uns auf die Beschreibung der Kontenfindung selbst, d. h., es wird nachfolgend vorausgesetzt, dass diese entweder für ein Werk, einen Buchungskreis oder für alle Bewertungskreise einer Bewertungsmodifikationskonstante gilt! Es wird darüber hinaus vorausgesetzt, dass ein Kontenplan für die Kontenfindung genutzt wird, der über den Buchungskreis eindeutig bestimmt wird.

Im Überblick stellt sich der Weg zum Sachkonto zunächst so dar, wie es in Abbildung 6.145 gezeigt wird.

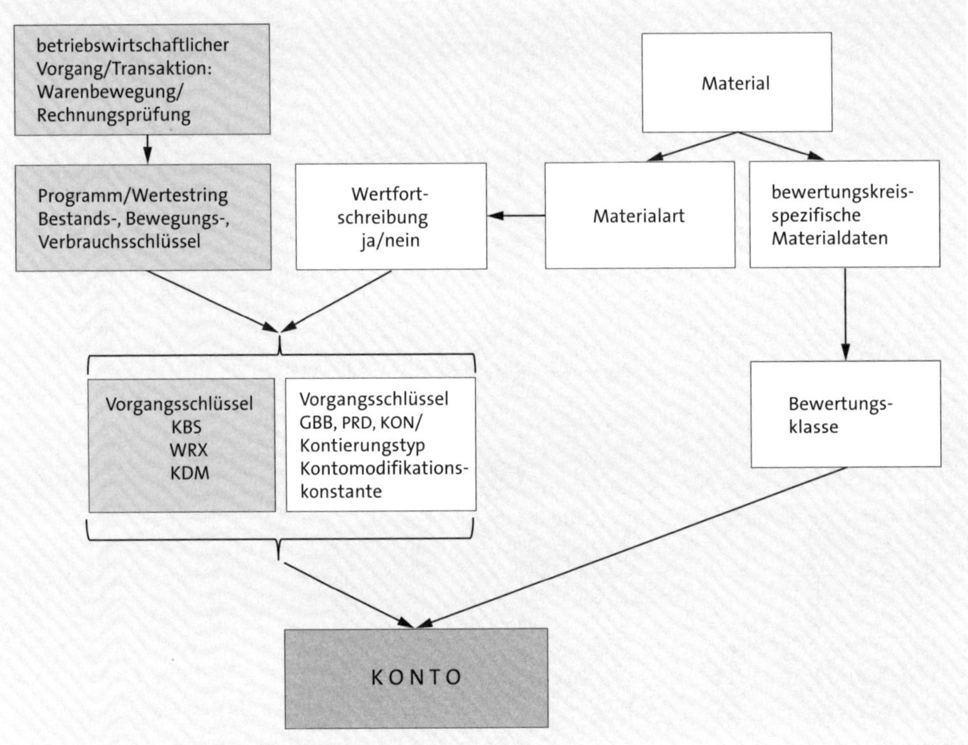

Abbildung 6.145 Einflussgrößen der Kontenfindung

Zunächst betrachten wir die linke Seite von Abbildung 6.145. Ausgangspunkt für die Erfassung von Geschäftsvorfällen sind die Transaktionen, mit denen Warenbewegungen oder Rechnungsprüfungsbelege erfasst werden. Aus der gewählten Transaktion werden im Zusammenspiel verschiedener Einflussgrößen die Vorgangsschlüssel für die Verbuchung abgeleitet. Die folgenden Kennzeichen werden hierbei genutzt:

Die gewählte Transaktion MIRO ist im Hintergrund mit einem sogenannten Wertestring, d. h. mit einem Programm zur wertmäßigen Verbuchung des Geschäftsvorfalls verknüpft.

Wenden wir uns im Rahmen der Erläuterung zu Abbildung 6.145 der rechten Seite der Grafik – also dem Material – zu: Das Material 2556 ist mit der Materialart **TEMM** angelegt worden. Damit soll für dieses Material eine Mengen- und eine Wertfortschreibung vorgenommen werden, wie es in Abbildung 6.146 gezeigt wird. Das Kennzeichen **Mengen-/Wertfortschreibung** wirkt sich nicht direkt auf die Kontenfindung aus, sondern wird im Zusammenspiel mit der Transaktion bei der Zuordnung der Sachkonten wirksam.

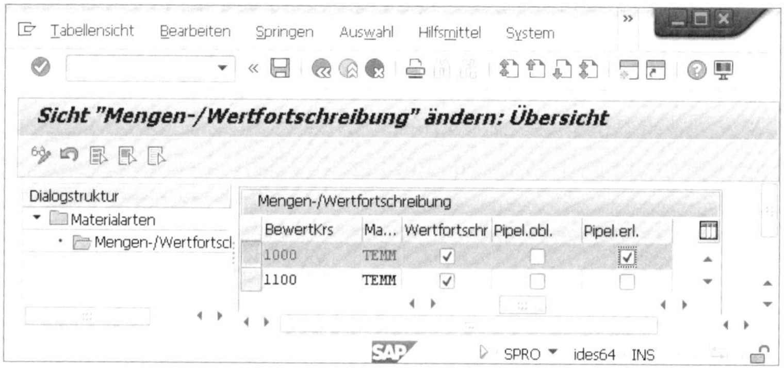

Abbildung 6.146 Mengen- und Wertfortschreibung über die Materialart

Aus der Kombination von allen bis hierhin geschilderten Merkmalen werden eindeutig die Vorgangsschlüssel abgeleitet. Je nach Vorgangsschlüssel ist eine direkte Sachkontenzuordnung vorgesehen, oder es kann nochmals über eine Kontomodifikation differenziert werden.

Als Beispiel für die werksspezifischen Daten des Beispielmaterials wird in Abbildung 6.147 die Sicht **Buchhaltung 1** gezeigt. Im Bereich **Aktuelle Bewertung** sehen Sie, dass dieses Material der Bewertungsklasse **3100** (Handelsware) zugeordnet wurde. Die Bewertungsklasse kann grundsätzlich und wird in unserem Beispiel durchgängig als zusätzliche Differenzierungsmöglichkeit bei der Kontenfindung eingesetzt.

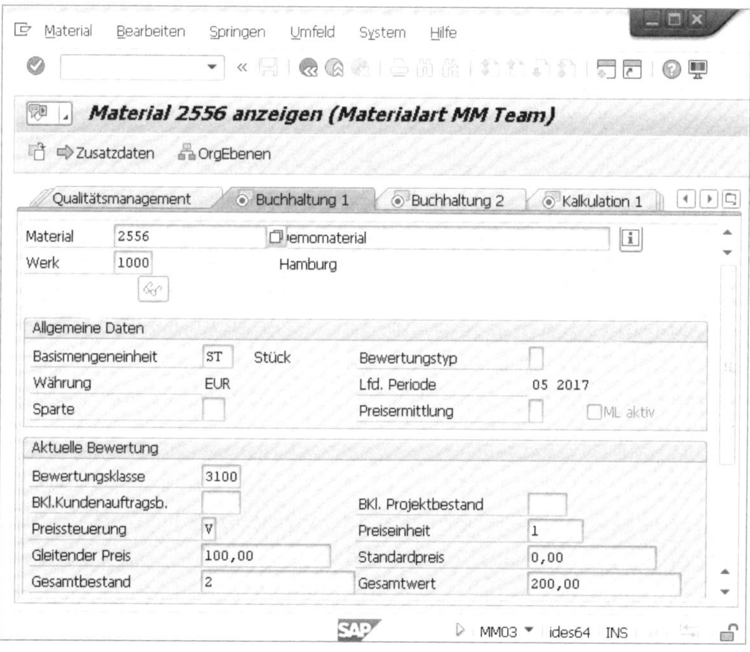

Abbildung 6.147 Werksspezifische Materialsicht »Buchhaltung 1«

Beispielhaft für die direkte Sachkontenzuordnung sehen Sie für einen Wareneingang mit der Bewegungsart **101** (Wareneingang) (Bewegungskennzeichen **F** – Warenbewegung zum Auftrag) mit Wertfortschreibung in Abbildung 6.148 die dazugehörigen Einstellungen in der Kontenfindung. Wie Sie dort sehen können, wird direkt geprüft, ob in der Bestellung alle nötigen Kontierungen (Auftragsnummern) eingegeben wurden.

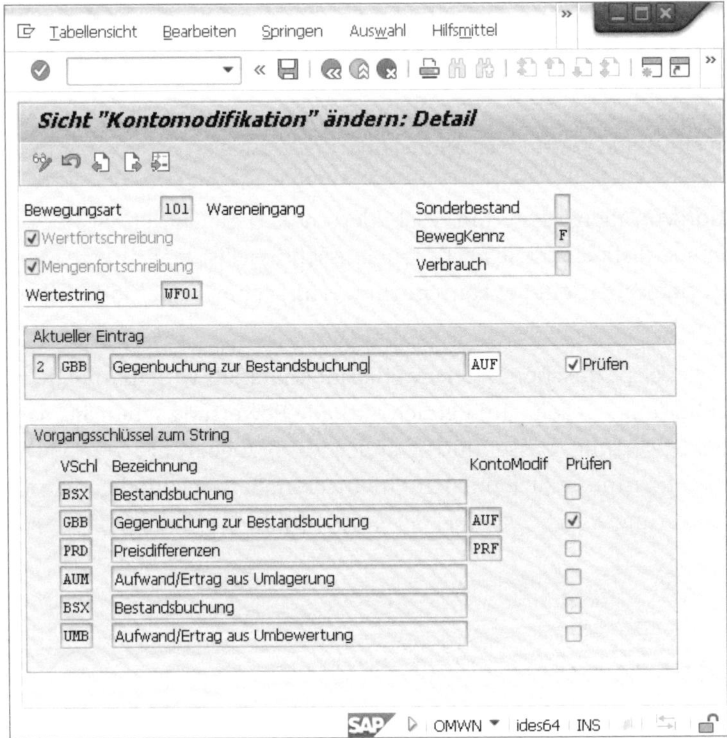

Abbildung 6.148 Vorgangsschlüssel GBB

Aktuell wird der Vorgangsschlüssel **GBB** genutzt, der – wie oben erwähnt – bereits im Standard über Kontomodifikationen differenziert wird. In Abbildung 6.149 sehen Sie, wie hier für die Bewertungsklasse **3100** unterschiedliche Bestandskonten im Soll und Haben angesprochen werden, je nachdem, ob die Kontomodifikation **AUF** oder **BSA** aus dem Geschäftsvorfall abgeleitet wird.

Die Bestandsbuchung zur Bestellung wird über den Vorgangsschlüssel **BSX** vorgenommen, wie es hier in Abbildung 6.150 gezeigt wird. Es wird über die verschiedenen Bewertungsklassen differenziert, sodass grundsätzlich je Bewertungsklasse auf ein eigenes Bestandskonto gebucht werden kann, unabhängig davon, ob es sich um einen Zugang oder einen Abgang beim Material handelt.

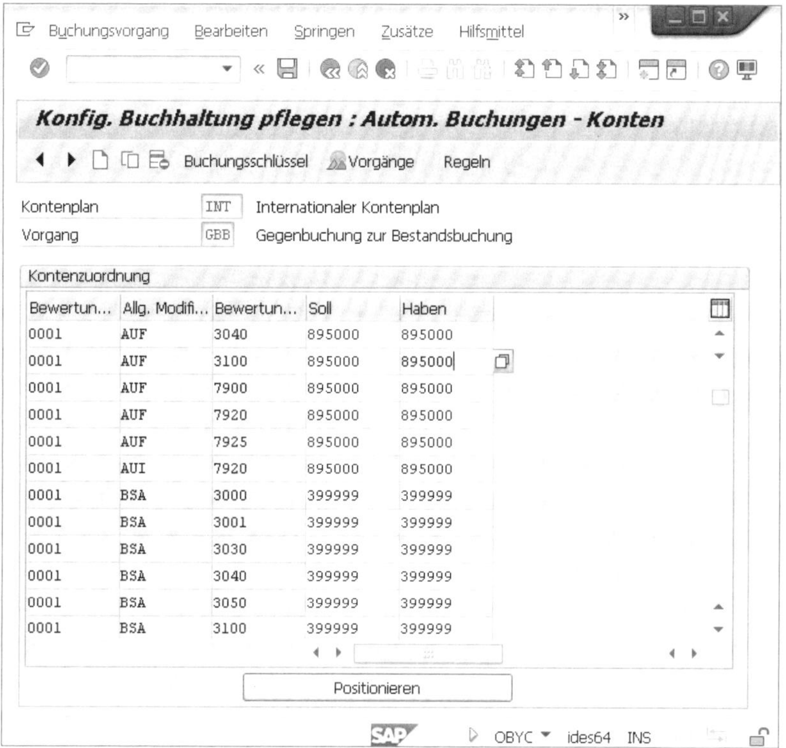

Abbildung 6.149 Vorgang GBB – Zuordnung von Sachkonten über Kontomodifikation AUF und Bewertungsklasse 3100

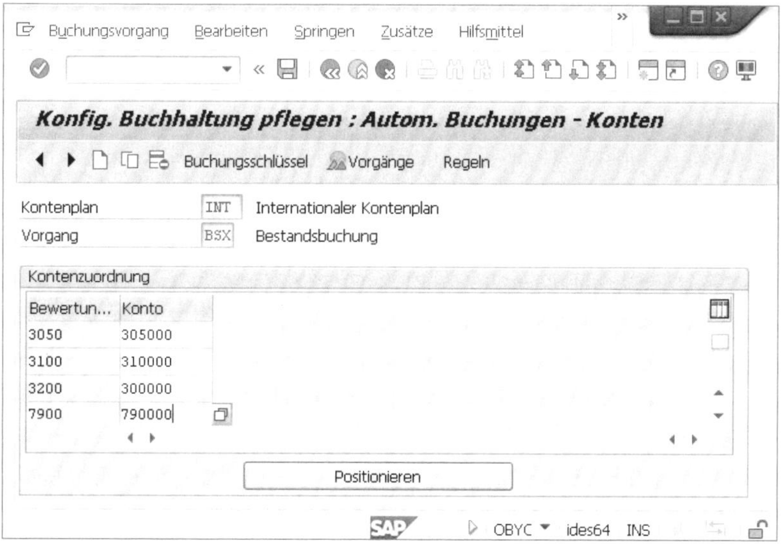

Abbildung 6.150 Vorgangsschlüssel BSX – Zuordnung der Sachkonten über die Bewertungsklasse

Für den möglichen Fall von Preisdifferenzen, wie sie im Produktionsprozess durch abweichende Fertigungskosten entstehen können, wird auch der Vorgangsschlüssel **PRD** in unserem Geschäftsvorfall berücksichtigt. Hier werden, wie Sie es aus Abbildung 6.151 ersehen können, unterschiedliche Sachkonten im Soll (Aufwand aus Preisdifferenzen) oder Haben (Ertrag aus Preisdifferenzen) hinterlegt, auch diese in Abhängigkeit von der Bewertungsklasse.

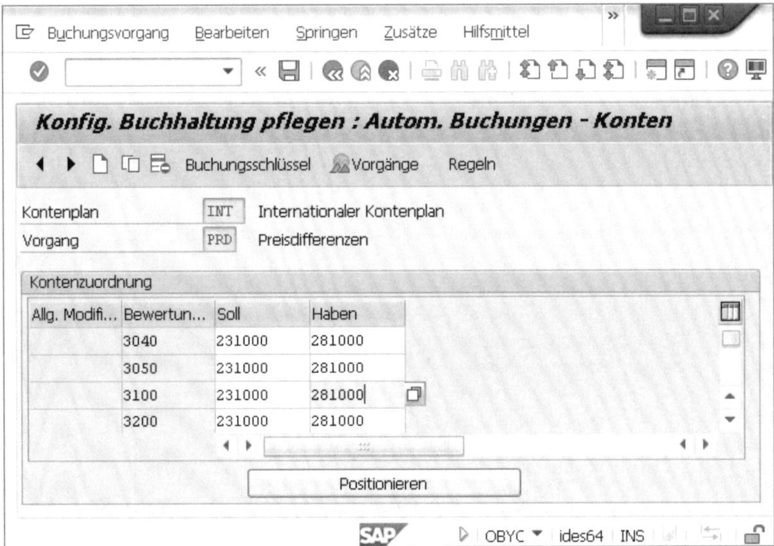

Abbildung 6.151 Vorgangsschlüssel PRD – Zuordnung der Sachkonten über die Bewertungsklasse in Soll und Haben

Differenzierung über Regeln pflegbar

Ob und in welcher Tiefe Sie von der differenzierten Kontenzuordnung bei den verschiedenen Vorgangsschlüsseln Gebrauch machen möchten, ist Ihnen überlassen. Es stehen Ihnen die folgenden Einstellmöglichkeiten zur Verfügung:

- Soll/Haben
- Kontomodifikation
- Bewertungsmodifikationskonstante
- Bewertungsklasse

In Abbildung 6.152 haben wir die verschiedenen Elemente und ihr Zusammenspiel für die Kontenfindung in der Bestandsführung noch einmal in einer Übersicht zusammengefasst.

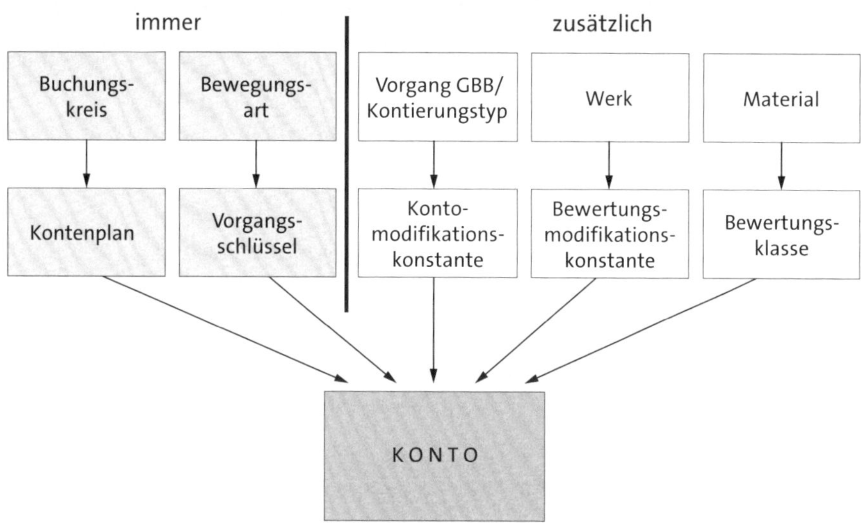

Abbildung 6.152 Kontenfindung in der Bestandsführung – Zusammenfassung

Damit haben wir nun die wesentlichen Aspekte der Kontenfindung für Sie zusammengestellt. Im folgenden Abschnitt 6.8.4, »Hilfsmittel und Fehleranalyse bei der Kontenfindung«, stellen wir Ihnen noch Möglichkeiten vor, wie Sie die eingestellte Kontenfindung überprüfen, und simulieren, wie Sie bei auftretenden Fehlern vorgehen können. Am Ende steht noch ein kleiner Exkurs zum Kontenfindungsassistenten, einem Tool, das SAP entwickelt hat, um die Einrichtung der Kontenfindung gerade für Key User etwas übersichtlicher zu gestalten.

6.8.4 Hilfsmittel und Fehleranalyse bei der Kontenfindung

Über die Transaktionen OMRO und OMWB können automatische Buchungen simuliert und die Sachkonten je Geschäftsvorfall entsprechend der Kontenfindung abgeleitet werden. Dies ist bei der grundsätzlichen Einrichtung der Kontenfindung hilfreich. Über beide Transaktionen können Sie aber auch eine Fehleranalyse betreiben, wenn sich die Geschäftsvorfälle nicht buchen lassen.

Dabei dient Transaktion OMRO der Einrichtung und Analyse der automatischen Kontenfindung im Rahmen der Rechnungsprüfung und ist über den Customizing-Pfad **Materialwirtschaft • Logistik-Rechnungsprüfung • Automatische Buchungen einstellen** zu erreichen. Transaktion OMWB bildet dies für Warenbewegungen ab und ist über den Customizing-Pfad **Materialwirtschaft • Logistik-Rechnungsprüfung • Automatische Buchungen einstellen** zu erreichen.

[»]

Zugriff auf die Transaktionen OMRO und OMWB

Die Transaktionen OMRO und OMWB gehören zwar zum Customizing, sollten Ihnen als Key User jedoch unbedingt zur Verfügung stehen. Die beiden Transaktionen helfen Ihnen dabei, Kontenfindungsfehler zu finden und zu sehen, wie diese korrigiert werden können.

In Abbildung 6.153 können Sie die Dialogbox sehen, die erscheint, nachdem Sie Transaktion OMRO bzw. OMWB im Kommandofeld eingegeben und ausgelöst haben.

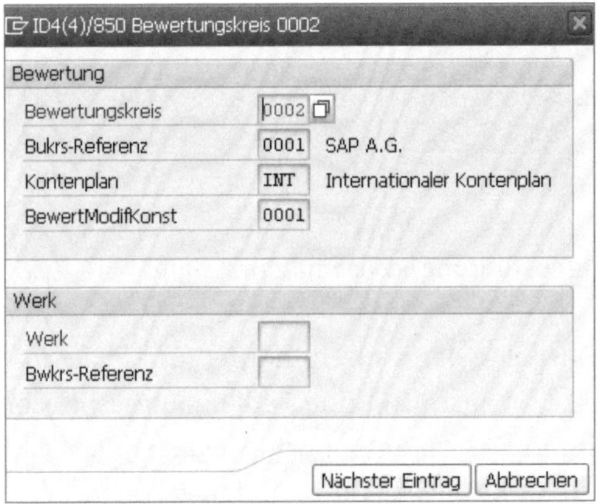

Abbildung 6.153 Fehleranalyse: Auswahl des Bewertungskreises oder der Bewertungsmodifikationskonstante

Über die Schaltfläche Nächster Eintrag können Sie so lange weiterschalten, bis Sie entweder den für Sie passenden Bewertungskreis oder eine Kombination mit der passenden Bewertungsmodifikationskonstante ausgewählt haben.

[!]

Kein Wechsel möglich

Die in Abbildung 6.153 gezeigte Auswahl von Bewertungskreis oder Bewertungsmodifikationskonstante wirkt sich nur für die Funktion **Simulation** aus, die in diesem Kapitel erläutert wird.

Ein Wechsel des Bewertungskreises oder der Bewertungsmodifikationskonstante ist innerhalb der beiden Kontenfindungsprogramme nicht mehr möglich. Für einen Wechsel müssen Sie die jeweilige Transaktion verlassen und neu einsteigen.

Schließen Sie die Auswahl mit der Schaltfläche **Abbrechen** ab, und Sie erhalten damit die Ansicht aus Abbildung 6.154.

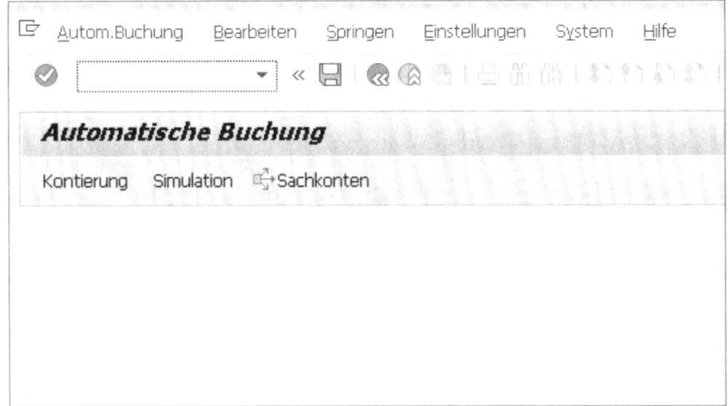

Abbildung 6.154 Einstiegsbild – automatische Buchungen einstellen

In der Anwendungsfunktionsleiste werden Ihnen drei Programme zur Information und Analyse angeboten: **Kontierung**, **Simulation** und **Verwendungsnachweis Sachkonten**.

Kontierung

Klicken Sie im Einstiegsbild in Abbildung 6.154 auf die Schaltfläche **Kontierung**. Sie erreichen die Übersicht der verschiedenen Vorgangsschlüssel, über die in der Materialwirtschaft die Kontenfindung realisiert wird; diese sehen Sie in Abbildung 6.155.

Konfig. Buchhaltung pflegen : Autom. Buchungen - Vorgänge

Gruppe RMK Buchungen der Materialwirtschaft (MM)

Vorgänge

Bezeichnung	Vorgang	Kontenfindung
Zollverrechnung	FR3	☑
Zollrückstellung	FR4	☑
Frachteinkaufskonto	FRE	☑
Fremdleistung	FRL	☑
Fremdleistungen Nebenkosten	FRN	☑
Gegenbuchung zur Bestandsbuchung	GBB	☑
Kontierte Bestellung	KBS	☐
Kursdifferenzen Materialwirtschaft(AVR)	KDG	☑
Kursdifferenzen Materialwirtschaft	KDM	☑
Kursrundungsdifferenzen Materialw.	KDR	☑
Kursdiff. Material-Ledger aus Vorstufen	KDV	☑
Konsignation Verbindlichkeiten	KON	☑

Abbildung 6.155 Pflege der Kontierungen

Die Liste dieser Buchungsvorgänge ist in der mittleren Spalte **Vorgang** alphabetisch aufsteigend sortiert. In der Spalte **Kontenfindung** rechts daneben in Abbildung 6.155 können Sie erkennen, ob eine Pflege vorgenommen wurde oder nicht. Wenn keine

Sachkonten zugeordnet wurden, ist das betreffende Ankreuzfeld zu **Kontenfindung** nicht aktiviert.

Mit einem Doppelklick auf einen Vorgang starten Sie die Pflege der Kontenfindung. Je nach Differenzierung bei den einzelnen Vorgangsschlüsseln (siehe Abschnitt 6.8.3, »Kontenfindung im Überblick«) beim ersten Einstieg, werden Sie dabei nach dem Kontenplan gefragt, für den Sie die Pflege vornehmen möchten. Danach erhalten Sie ein Bild, wie es z. B. in Abbildung 6.156 gezeigt wird.

Konfig. Buchhaltung pflegen : Autom. Buchungen - Konten

Buchungsschlüssel Vorgänge Regeln

Kontenplan INT Internationaler Kontenplan
Vorgang GBB Gegenbuchung zur Bestandsbuchung

Kontenzuordnung

Bewertun...	Allg. Modifi...	Bewertun...	Soll	Haben
0001	BSA	7900	799999	9999
0001	BSA	7910	799999	799999
0001	BSA	7920	799999	799999
0001	BSA	7925	799999	799999
0001	GBB	3200	400000	400000
0001	INV	3000	233000	283000
0001	INV	3001	233000	283000
0001	INV	3030	233000	283000
0001	INV	3040	233000	283000
0001	INV	3050	233000	283000
0001	INV	3100	233000	283000

Abbildung 6.156 Automatische Buchungen – Pflege von Sachkonten

Als Key User hilft Ihnen Transaktion OMRO dabei, sich über die Einrichtung Ihres SAP-Systems einen Überblick zu verschaffen. Liegt jedoch ein Buchungsproblem vor oder gar ein Fehler, benötigen Sie ein Instrument für Ihre Fehleranalyse. Dieses finden Sie mit der Simulation, die wir im nächsten Abschnitt erläutern.

Simulation

Nur für die Simulation haben Sie im Einstiegsbild aus Abbildung 6.154 die Möglichkeit, über den Menüpunkt **Einstellungen • Simulation** einige Voreinstellungen zu treffen:

- Über die Auswahl **Arbeitsgebiet** können Sie wählen, ob Sie die Option **Simulation für Bewegungen der Bestandsführung** oder die Option **Simulation für Vorgänge der Rechnungsprüfung** nutzen möchten. Mit dem Wechsel des Arbeitsgebiets können Sie also von OMRO zu OMWB und wieder zurückspringen.

- Über die Auswahl **Eingabemodus** können Sie wählen, ob die Kontenfindung für einzelne Materialien (Feld **Material** ist eingabebereit) oder über die Eingabe einer Bewertungsklasse (Eingabe der Bewertungseingabe ist möglich) simuliert werden soll.
- Über die Auswahl **Kontenprüfung** können Sie eine Prüfung einstellen, die das Vorhandensein der in der Kontenfindung hinterlegten Sachkonten für die ausgewählte Organisationseinheit meldet.

Diese Einstellmöglichkeiten stehen im Übrigen auch innerhalb der Simulation zur Verfügung.

Nachdem Sie im Einstiegsbild von Transaktion OMWB auf die Schaltfläche **Simulation** geklickt haben, wird die entsprechende Simulation aufgerufen (siehe Abbildung 6.157).

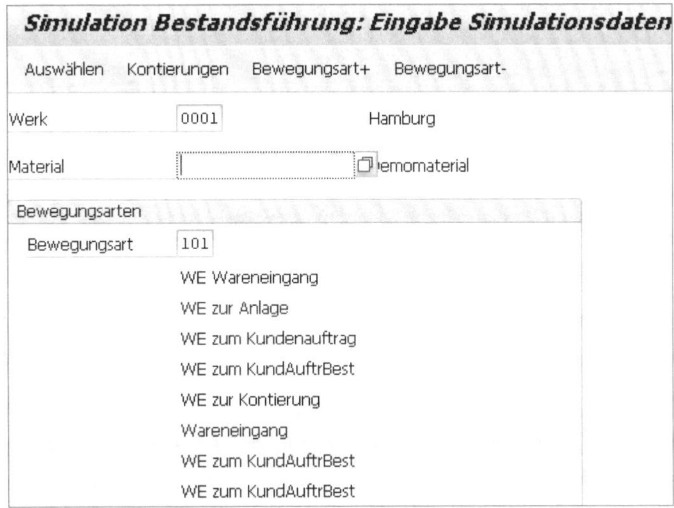

Abbildung 6.157 Simulation – Bestandsführung

Die weißen Felder sind in Abhängigkeit von der Bewertungsmodifikationskonstante und der Voreinstellung **Material** oder **Bewertungsklasse** eingabebereit. Werk **0001** wird hier vorgeschlagen, da beim Einstieg in die Transaktion die Auswahl eines Werks ohne Bewertungsmodifikationskonstanten vorgenommen wurde. Bestimmen Sie zunächst im Feld **Werk** ein Werk, und wählen Sie einen Materialstammsatz im Feld **Material** aus, für den Sie die Kontenfindung überprüfen möchten. Anschließend geben Sie im Bereich **Bewegungsarten** im Feld **Bewegungsart** die Bewegungsart ein, die Sie überprüfen möchten. Klicken Sie anschließend auf die Schaltfläche **Kontierungen**, um die Kontenfindung zu simulieren. In Abbildung 6.158 können Sie die Simulation der Kontenfindung für das Demomaterial **2556** in Werk **1000** mit der Bewegungsart **261** sehen.

Abbildung 6.158 Kontenfindung – Simulationsansicht

Im Bereich **Organisation** des Simulationsergebnisses erhalten Sie Informationen über die organisatorischen Zuordnungen. Ausgehend von Werk **1000** wird gezeigt, dass dieses dem Buchungskreis **1000** zugeordnet ist, der wiederum mit dem Kontenplan **INT** arbeitet. Werk **1000** ist außerdem dem Bewertungskreis **1000** zugeordnet, (da die Bewertungsebene das Werk ist, heißt es hier Werk **1000** = Bewertungskreis **1000**), der hier beispielhaft der Bewertungsmodifikationskonstante **0001** zugeordnet ist.

Im Bereich **Bewertung** erhalten Sie Auskunft über das ausgewählte Material. Das Material ist der Bewertungsklasse **3100** zugeordnet und verwendet die Materialart **TEMM**. Die Wertfortschreibung wird für dieses Material genutzt.

Außerdem wird die ausgewählte Bewegungsart im Bereich **Bewegung** gezeigt.

Darunter befindet sich dann im Bereich **Buchungszeilen** das Simulationsergebnis. In den einzelnen Buchungszeilen wird gezeigt, für welchen Vorgang aufgrund welcher Steuerungselemente welches Sachkonto und gegebenenfalls auch welcher Buchungsschlüssel gefunden wird. Zur Erläuterung hier zwei Beispiele:

- Zeile 1 weist die Konten für die Bestandsbuchung aus. Hier greifen weder die Bewertungsmodifikationskonstante noch die Kontomodifikation. Damit werden der Buchungsschlüssel **99**, der eine Buchung auf der Habenseite des Sachkontos veranlasst, sowie das Bestandskonto **310000** zugeordnet.

- Zeile 2 zeigt, wie die Gegenbuchung zur Bestandsbuchung abgebildet wird. Nur über die Bewertungsmodifikationskonstante **0001** und die Kontomodifikation **VBR** kann hier erfolgreich verbucht werden. Im Beispielfall ist für die Verbuchung im Soll oder im Haben jeweils dasselbe Erfolgskonto hinterlegt; lediglich der Buchungsschlüssel unterscheidet sich (Buchungsschlüssel bestimmen immer eindeutig die Soll- oder die Habenseite einer Buchung).

Die Simulation wird im Regelfall eingesetzt, wenn bei der Verarbeitung eines Geschäftsvorfalls ein Fehler auftritt. Aus der Fehlermeldung können der Vorgangsschlüssel sowie die Bewertungsmodifikationskonstante und die Kontomodifikation herausgelesen werden. Damit ist nach der Simulation eindeutig geklärt, wo noch Einträge in der Kontenfindung nachzuholen sind.

Simulation ersetzt nicht die echte Buchung!

Die Aufgabe der Simulation ist lediglich die Unterstützung der Fehleranalyse. Anschließend muss eine Korrektur der Customizing-Einstellungen vorgenommen werden. Nach Abschluss aller Korrekturen und Übernahme in Ihr Produktivsystem muss die Buchung noch vorgenommen werden!

Fallbeispiel »Analyse einer Fehlermeldung«

Wir möchten Ihnen nun ein Beispiel für mögliche Fehler zeigen. Bei der Erfassung eines Geschäftsvorfalls mit Transaktion MIGO (Warenbewegung) zeigt Ihnen die Statusleiste den Fehler aus Abbildung 6.159.

Abbildung 6.159 Fehlermeldung 1000_GBB_0001_VAX

Eine erste Analyse können Sie bereits vornehmen, indem Sie die Fehlermeldung selbst lesen. Die entsprechenden Informationen finden Sie im Folgenden:

- Eintrag **1000** = Kontenplan 1000 bzw. Ihr Kontenplan.
- Vorgang **GBB** wurde aus den Eingaben (Transaktion und Dateneingaben) abgeleitet.
- Bewertungsmodifikationskonstante **0001** – Darüber wird Ihr Bewertungskreis identifiziert, der hier sicher eine gemeinsame Kontenfindung mit anderen Organisationseinheiten nutzt.
- Der Fehler entsteht bei der Kontomodifikation **VAX** (für Warenausgänge für Kundenaufträge ohne Kontierungsobjekt); das Konto ist keine Kostenart.
- Und zuletzt finden Sie in der Meldung die Bewertungsklasse **3075**.

Damit haben Sie im Grunde alle Angaben, die Sie benötigen, um sich über die Simulation ein Bild des Fehlers zu verschaffen und anschließend zu klären, was zu tun ist! Die Vorgehensweise bei der Simulation wurde in diesem Kapitel bereits umfänglich gezeigt und findet hier deshalb nur Erwähnung.

Alternativ und wenn Ihre Berechtigungen dazu ausreichen, können Sie natürlich auch direkt in die Pflege der Kontenfindung einsteigen und für den Vorgangsschlüssel **GBB** die Rahmenbedingungen prüfen. Das Fehlen der Bewertungsklasse **3075** für die Kontomodifikation **VAX** des Vorgangs **GBB** erkennen Sie gut in Abbildung 6.160.

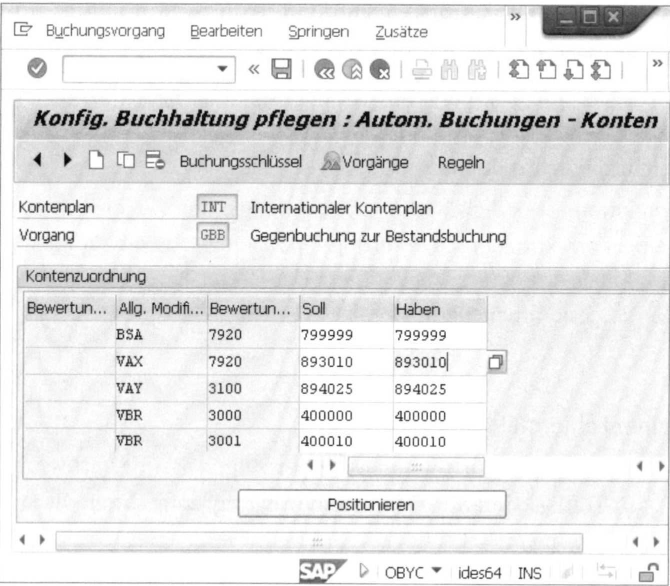

Abbildung 6.160 Vorgangsschlüssel GBB – fehlender Eintrag für die Bewertungsklasse 3075

In diesem Fall ist für die Kontomodifikation **VAX** nur ein einziger Eintrag vorgesehen. Die folgenden Prüfungen sollten Sie nun vornehmen:

- Wird die Kontomodifikation **VAX** üblicherweise in Ihrem Unternehmen verwendet?
- Ist der Buchungsprozess, der die Fehlermeldung verursacht hat, einer Ihrer Standardprozesse, oder soll er eventuell bewusst nicht genutzt werden?
- Welche Sachkonten werden im Zusammenhang mit der Bewertungsklasse **3075** üblicherweise genutzt? Diese Frage müssen Sie mit der Buchhaltung klären, die Ihnen auch das Konto nennen sollte, das Sie dann für künftige Buchungen im SAP-System hinterlegen.

Wenn alle Fragen geklärt sind, kann der fehlende Eintrag in der Kontenfindung hinterlegt werden. Diese Arbeiten werden in Ihrem Entwicklungssystem vorgenommen und müssen im Anschluss in das Produktivsystem transportiert werden, damit die Einstellungen dort zur Verfügung stehen.

Verwendungsnachweis Sachkonten

Wenn Sie im Einstiegsbild aus Abbildung 6.154 die Schaltfläche Sachkonten auslösen, erhalten Sie eine Gesamtübersicht über die Sachkonten, die für den Kontenplan Ihrer Auswahl für die MM-Kontenfindung genutzt werden. In Abbildung 6.161 sehen Sie einen Ausschnitt aus dieser Liste für den Kontenplan **INT**.

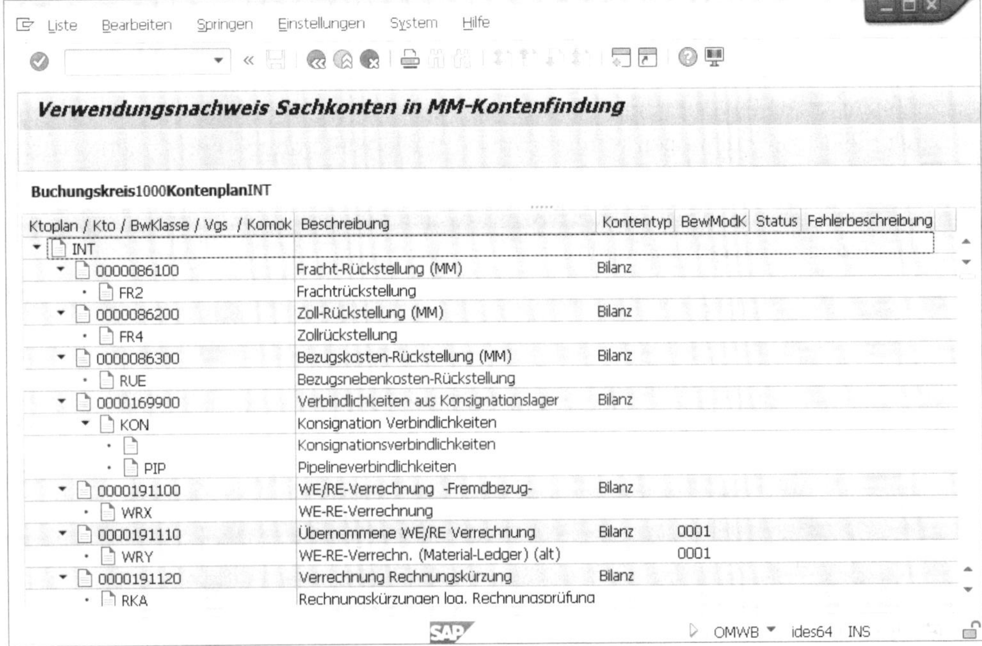

Abbildung 6.161 Liste »Verwendungsnachweis Sachkonten in MM-Kontenfindung«

In der ersten Spalte in Abbildung 6.161 sehen Sie die folgenden Informationen – wenn relevant und vorhanden – in hierarchischer Gliederung:

- Kontenplan
- Sachkonto
- Bewertungsklasse
- Vorgangsschlüssel
- Kontomodifikation

Die zweite Spalte enthält die jeweiligen Texte zu den Merkmalen aus Spalte 1. In der dritten Spalte können Sie sehen, ob es sich bei dem jeweiligen Sachkonto um ein Bilanz- oder Bestandskonto oder um ein GuV- oder Erfolgskonto handelt. In der vierten Spalte erhalten Sie die Information, ob die Ableitung über eine Bewertungsmodifikationskonstante vorgenommen wird oder nicht.

Die beiden letzten Spalten dienen dem Hinweis auf mögliche Fehler an dieser Stelle. Hier könnte z. B. stehen, dass für den ausgewählten Buchungskreis bzw. das Werk das angesprochene Sachkonto noch nicht angelegt wurde.

Der Kontenfindungsassistent

Die Kontenfindung wird im Regelfall während des SAP-Einführungsprojekts durch eine MM-Beraterin oder einen MM-Berater im Zusammenspiel mit der Fachabteilung Rechnungswesen und einer Person aus der FI-Beratung vorgenommen. Hierbei können Sie im besten Fall davon ausgehen, dass auf der Basis der oben genannten Voraussetzungen Ihr Unternehmenskonzept für die Kontenfindung umgesetzt wurde. Die Einstellungen werden dann normalerweise ohne Kontenfindungsassistent vorgenommen. Der Kontenfindungsassistent ist im Customizing unter dem Menüpfad **Materialwirtschaft • Bewertung und Kontierung • Kontenfindung • Kontenfindungsassistent** zu finden.

Der Kontenfindungsassistent kann auch über Transaktion OMWW aufgerufen werden und soll Ihnen grundsätzlich die Möglichkeit bieten, ohne umfassende Vorkenntnisse in die Kontenfindung einzugreifen. Er führt durch dieselben Arbeitsschritte, die auch bei der manuellen Einrichtung der Kontenfindung durchlaufen werden müssen.

In Abbildung 6.162 sehen Sie das Einstiegsbild des Kontenfindungsassistenten.

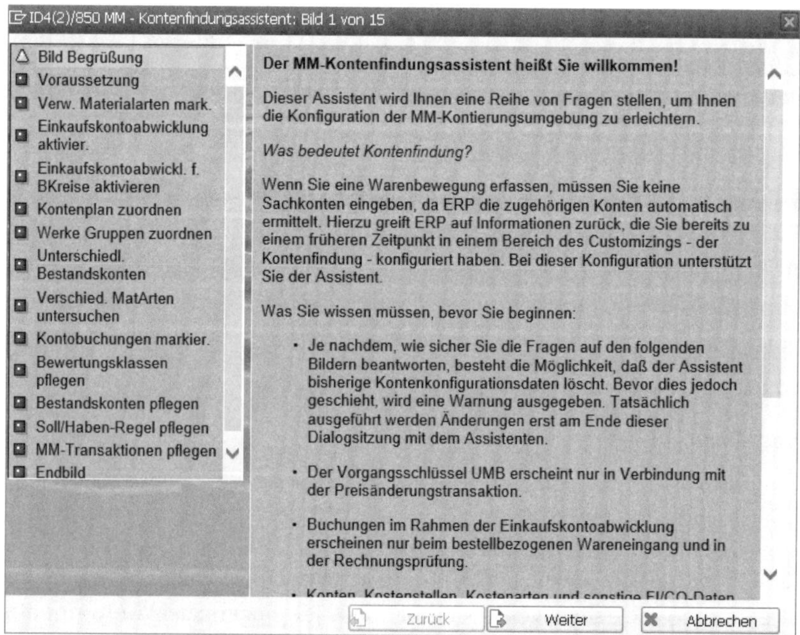

Abbildung 6.162 Das Einstiegsbild des Kontenfindungsassistenten

Über die Schaltfläche **Weiter** bzw. **Zurück** navigieren Sie durch den Assistenten. Jeder Schritt beinhaltet umfangreiche Erläuterungen sowie die Möglichkeit, auf einzelne Customizing-Schritte abzuspringen. Hierüber können Sie sich ein Bild von den bisher vorhandenen Einstellungen in Ihrem SAP-Mandanten machen bzw. Korrekturen selbst vornehmen. In den einzelnen Arbeitsschritten sehen Sie auch die bisher vorgenommenen Einstellungen zur Kontenfindung selbst.

6.9 Verschiedene Einstellmöglichkeiten

In den folgenden Abschnitten werden Ihnen einige ausgewählte Einstellungsmöglichkeiten in der Komponente Bestandsführung aufgezeigt, ohne vertiefend auf das Customizing einzugehen. Hierzu steht Ihnen ein umfangreiches Literaturangebot zur Verfügung. Empfohlen sei etwa Ernst Greiner: SAP-Materialwirtschaft – Customizing, SAP PRESS 2016.

6.9.1 Warenbewegungen

Alle *Warenbewegungen* erzeugen Belege in den unterschiedlichsten Ausprägungen. Zur Identifizierung der Belege vergibt das SAP-System Belegnummern. Hierzu müssen die entsprechenden Einstellungen im Customizing vorhanden sein (im SAP-Auslieferungssystem ist dies eingestellt) bzw. vorgenommen werden.

Die Einstellungen für die Nummernvergabe erreichen Sie im Customizing über den Menüpfad **Materialwirtschaft • Bestandsführung und inventur • Nummernvergabe**. Bei der Nummernvergabe ist zwischen zwei Fällen zu unterscheiden:

- **Buchhaltungsbelege**
  Die Nummernvergabe für Buchhaltungsbelege ist abhängig von der Belegart. Den Belegarten ist ein Nummernkreis zugeordnet, den Sie, abhängig vom Geschäftsjahr, definieren können. Jedem Nummernkreis ist ein Nummernkreisintervall zugeordnet. Die Belegarten müssen den Transaktionen zugeordnet sein, mit denen Sie die Warenbewegungen erfassen möchten.
- **Material- und Inventurbelege**
  Die Nummernvergabe für Material- und Inventurbelege erfolgt mittels Gruppierung. Die Gruppierung wird abhängig von der Vorgangsart erstellt, und diesen werden die Nummernkreisintervalle unter Beachtung des Geschäftsjahrs zugeordnet. Jeder Vorgangsart ist der für die Warenbewegung gültige Transaktionscode zugeordnet.

Sie können die Feldauswahl beim Erfassen von Warenbewegungen konfigurieren, d. h., Sie können für die Einstiegs-/Kopfbilder festlegen, welche Ausprägung die einzelnen Felder (Muss-Felder, Anzeigefelder usw.) haben sollen.

[»]

Weitere Einstellungen

Weitere Einstellungen finden Sie im Customizing über die folgenden Menüpfade:

Materialwirtschaft • Bestandsführung und Inventur • Warenausgang/Umbuchung

Materialwirtschaft • Bestandsführung und Inventur • Wareneingang

Materialwirtschaft • Bestandsführung und Inventur • Automatische Bewegungen

6.9.2 Bewegungsarten

Die *Bewegungsart* ist ein zentraler Steuerungsparameter für Warenbewegungen. Sie können die vorhandenen Bewegungsarten entsprechend den betriebswirtschaftlichen Erfordernissen einstellen und/oder neue Bewegungsarten anlegen. Beim Anlegen neuer Bewegungsarten nehmen Sie Bezug auf eine der Standardbewegungsarten.

Sie wählen hierzu im Customizing den Menüpfad **Materialwirtschaft • Bestandsführung und Inventur • Bewegungsarten • Bewegungsarten kopieren, ändern**.

Die Steuerparameter der Bewegungsart sind in einer Dialogstruktur, die aus mehreren Teildialogen besteht, hinterlegt. Sie können sich in das Detailbild jedes Teildialogs einwählen. Die Detailbilder werden als Sicht mit dem entsprechenden Dialog im SAP-System dargestellt. In Tabelle 6.12 sind ausgewählte Sichten und grundsätzliche Einstellungen für die Steuerung der Felder aufgeführt.

Sicht	abhängig von	Einstellungen für
Bewegungsart	Bewegungsart	Erfassungssteuerung, Fortschreibungssteuerung
Kurztexte	Sprache, Bewegungsart, Sonderbestandskennzeichen, Bewegungskennzeichen, Zugangskennzeichen, Verbrauchskennzeichen	Kurztexte der Bewegungsart
Erlaubte Transaktionen	Bewegungsart	erlaubte Transaktionen für die Bewegungsart
Hilfetexte	Sprache, Bewegungsart, Sonderbestand, Transaktionscode	Suchhilfe, Liste der erlaubten Bewegungsarten
Feldauswahl ab 201, Feldauswahl Enjoy	Bewegungsart, Sonderbestandskennzeichen	Feldstatusgruppe pflegen, Suchschema zur Chargenfindung

Tabelle 6.12 Einstellungen für die Bewegungsarten

Sicht	abhängig von	Einstellungen für
Verbuchungssteuerung/ WM-Bewegungsarten	Bewegungsart, Wert-/ Mengenfortschreibung, Sonderbestand, Bewegungskennzeichen, Zugangskennzeichen, Verbrauchskennzeichen	Mengen- und Wertfortschreibung, Verfügbarkeitsprüfung bei Warenbewegungen und Reservierung, Fehlteilprüfung, Lifo-/Fifo-Bewertung, Referenzbewegungsart für WM-Anbindung, Werte- und Mengenstring, Anbindung an das QM
Kontomodifikation	Bewegungsart, Wert-/ Mengenfortschreibung, Sonderbestand, Bewegungskennzeichen, Verbrauchskennzeichen, Vorgangsschlüssel aus Wertestring	Kontomodifikationskonstante
Storno-/Folgebewegungsarten	Bewegungsart, Funktionscode	Stornobewegungsart, Art der Buchung
Grund der Bewegung	Bewegungsart, Grund	Text zum Grund der Bewegung
Deaktivieren QM Prüfung/ Liefertyp	Bewegungsart, Sonderbestand, Bewegungskennzeichen, Zugangskennzeichen, Verbrauchskennzeichen	Deaktivierung der QM-Prüfung (keine Prüflos-erzeugung), Liefertyp (z. B. Anlieferung, Rücklieferung zum Lieferanten usw.)
Statistikgruppe LIS	Bewegungsart, Sonderbestand, Bewegungskennzeichen	Fortschreibungssteuerung LIS, Auswertungen zur Bewegungsart

Tabelle 6.12 Einstellungen für die Bewegungsarten (Forts.)

6.9.3 Reservierungen

Für die Verwaltung von *Reservierungen* müssen die folgenden Einstellungen vorhanden sein:

- Nummernkreis mit Nummernkreisintervall
  - Sie wählen hierzu im Customizing den Menüpfad: **Materialwirtschaft • Bestandsführung und Inventur • Nummernvergabe • Nummernvergabe für Reservierung festlegen** oder Transaktion OMC2.

- Festlegen des Nummernkreises und Intervall zuordnen
- Festlegen, ob Nummernkreisintervall extern oder intern ist

- **Vorschlagswerte festlegen**
  Hierzu wählen Sie im Customizing den Menüpfad **Materialwirtschaft • Bestandsführung und Inventur • Reservierung • Vorschlagswerte festlegen** oder Transaktion OMBN. Sie können die folgenden werksbezogenen Einstellungen pflegen:
  - Warenbewegung zur Reservierung erlaubt
  - Tage für Bewegung erlaubt
  - Verweildauer, bevor Reservierung gelöscht wird
  - Lagerortbestandsdaten automisch anlegen
- **Kopierregeln festlegen**
  Dies erfolgt im Customizing über den Menüpfad **...Kopierregeln für Referenzbelege pflegen**.

  Es handelt sich um eine Transaktion, die Positionen eines Referenzbelegs auf der Positionsauswahlliste als markiert vorschlägt.
- **Dynamische Verfügbarkeit einstellen**
  Hier wählen Sie im Customizing den Pfad **...Dynamische Verfügbarkeitsprüfung einstellen** oder Transaktion OMB1.

  Sie müssen die folgenden Objekte pflegen:
  - **Bewegungsart**
    Festlegen der Art der Meldung im Ergebnis der dynamischen Verfügbarkeitsprüfung
  - **Prüfregel**
    Festlegen einer Prüfvorschrift für die einzelnen Anwendungen
  - **Prüfregel festlegen**
    Steuerung, welche Bestände, Zu- und Abgänge für die Verfügbarkeitsprüfung in Abhängigkeit von der Kombination aus Prüfgruppe und Prüfregel relevant sind
  - **Transaktionscode**
    Prüfregel den Transaktionscodes zuordnen

6.9.4 Nachrichten

Die Nachrichtenfindung in der Komponente Bestandsführung erfolgt – wie in der Komponente Einkauf – mithilfe der Konditionstechnik. Die Nachrichtenfindung wird durch eine Warenbewegung angestoßen. Der Ablauf ist in Abbildung 6.163 dargestellt.

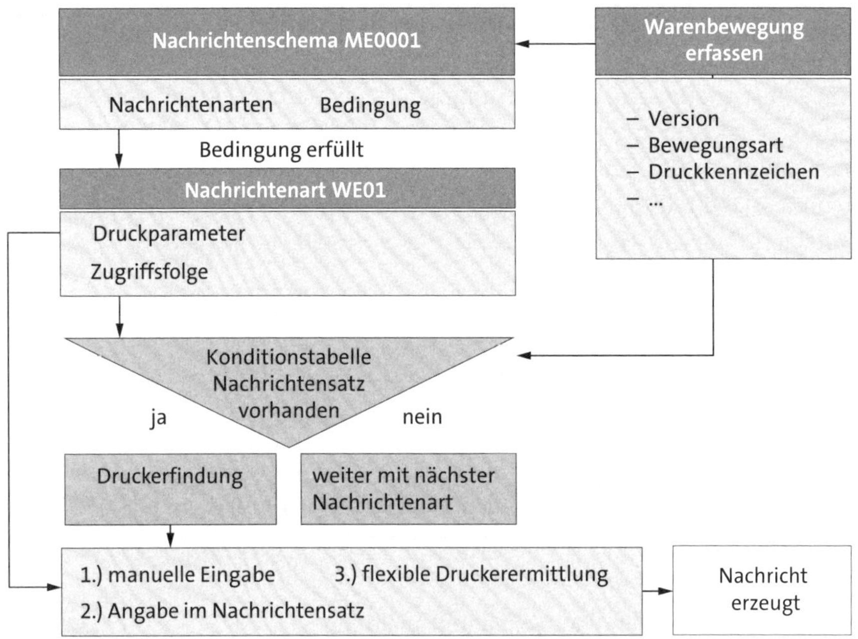

Abbildung 6.163 Nachrichtenfindung

Die Einstellungen für die Nachrichtenfindung erreichen Sie im Customizing über den Menüpfad **Materialwirtschaft • Bestandsführung und Inventur • Nachrichtenfindung • ...**

Die Einstellungen für die Drucksteuerung finden Sie im Customizing über den Menüpfad **Materialwirtschaft • Bestandsführung und Inventur • Drucksteuerung • ...**

6.10 Schnittstelle zu WM und QM

In der Komponente Bestandsführung werden die Materialbestände mengen- und wertmäßig in mehreren Lagerorten geführt. Bei der Anbindung von SAP WM an IM (Inventory Management) können Sie Ihren gesamten Lagerkomplex bis auf die Lagerplatzebene abbilden. Sie können somit immer genau ermitteln, wo sich ein bestimmtes Material in dem Lagerkomplex befindet.

Hierzu müssen Sie die entsprechende Organisationsstruktur (siehe Abschnitt 1.4) die Sichten im Materialstamm (siehe Abschnitt 2.2.21, »Sicht ›Lagerverwaltung 1‹«, und 2.2.22, »Sicht ›Lagerverwaltung 2‹«) und die WM-spezifischen Daten pflegen.

Bei der Anbindung von QM (Quality Management) an IM können Sie für die Warenbewegungen Qualitätsprüfungen vornehmen und im Ergebnis der Prüfung über die weitere Verwendung entscheiden. Sie können die qualitätsrelevanten Lieferanten-Material-Informationen zur Steuerung der Lieferantenbeziehung verwenden, wie z. B. die Lieferantenbeurteilung. Hierzu müssen Sie die Material- und die Lieferantenstammdaten pflegen, siehe Abschnitt 2.2, »Aufbau des Materialstammsatzes«, und Abschnitt 2.4, »Kreditor (Lieferant)«, sowie die Einstellungen in der Komponente Qualitätsprüfung vornehmen.

6.10.1 Transportbedarf/Transportauftrag

Transportbedarfe und Transportaufträge werden in Abhängigkeit von den Warenbewegungen generiert, wenn Sie SAP WM aktiviert haben und die dafür notwendigen Daten gepflegt sind.

Transportbedarfe dienen dazu, Informationen über Warenbewegungen, die in der Bestandsführung (MM-IM) gebucht werden, an SAP WM weiterzuleiten. Transportbedarfe werden u. a. für Folgendes genutzt:

- Warenbewegungen im WM planen und anstoßen
- über die Transportbedarfsauswertung eine Übersicht über alle anstehenden Warenbewegungen erhalten

Transportaufträge werden auf der Grundlage von Transportbedarfen erstellt. Sie dienen dazu, die physischen Warenbewegungen im Lager durchzuführen. Das SAP-System schreibt den Transportbedarf fort, wenn Sie folgende Aktivitäten vornehmen:

- einen Transportauftrag erstellen, quittieren oder stornieren
- eine Wareneingangs- oder Warenausgangsbuchung in der Bestandsführung stornieren, bevor in SAP WM der entsprechende Transportauftrag generiert wurde.

Wenn Sie einen Transportauftrag quittieren, teilen Sie dem SAP-System mit, dass der Auftrag bearbeitet wurde und das Material am Bestimmungsort (Lagerplatz) eingetroffen ist. Weicht die Soll-Menge von der transportierten Ist-Menge ab, entsteht eine Differenzmenge, die Sie über eine Differenzenbuchung ausgleichen müssen.

Abschließend folgt noch die Pfadangabe (Einstiegspfad) für den Anwender und den Customizer:

- Der Menüpfad für die Anwendung lautet: **SAP-Menü • Logistik • logistics execution • ...**
- Für die Einstellungen im Customizing wählen Sie den Menüpfad: **Logistics Execution • Lagerverwaltung • ...**

6.10.2 Prüflosbearbeitung

In der Komponente QM werden die Prüfungen mittels Prüflosen durchgeführt. Das *Prüflos* bezeichnet die Aufforderung an ein Werk, an einer bestimmten Menge eines Materials eine Qualitätsprüfung durchzuführen. Prüflose werden aufgrund von Warenbewegungen gebildet. Sie können sie aber auch manuell anlegen. Das Prüflos enthält Prüfvorschriften, die die Voraussetzung für die Durchführung der Prüfung sind. Sie erfassen die Prüfergebnisse und treffen anschließend den *Verwendungsentscheid*. Sie legen fest, ob die Prüflosmenge ohne Einschränkung oder mit Einschränkungen verwendet werden kann, vernichtet wurde oder zum Lieferanten zurückgeschickt werden muss. Das Ergebnis fließt in die Lieferantenbeurteilung und in das QM-Infosystem ein.

Für die Bearbeitung nutzen Sie im SAP-Menü den Pfad: **Logistik • Qualitätsmanagement • ...**

Die erforderlichen Einstellungen können sie im Customizing im Menüpunkt **Qualitätsmanagement** vornehmen.

Qualitätsmanagement

Eine umfassende Darstellung zum Thema »Qualitätsmanagement« finden Sie bei Yvonne Lorenz: Qualitätsmanagement mit SAP, SAP PRESS 2016.

Kapitel 7
Logistik-Rechnungsprüfung

Dieses Kapitel beschreibt den letzten Teil des Beschaffungsprozesses: die Verarbeitung der Eingangsrechnungen. Sie lernen die SAP-Transaktion zur Rechnungsprüfung mit ihren wesentlichen Feldern kennen und erfahren, wie Sie mit dieser Transaktion gut arbeiten können. Es werden verschiedene Konstellationen und einige Sonderfälle sowie weitere Transaktionen im Umfeld beschrieben.

Die *Logistik-Rechnungsprüfung* schließt den Beschaffungsprozess ab. Nach den in Kapitel 5, »Einkauf«, beschriebenen Einkaufsaktivitäten und den in Kapitel 6, »Bestandsführung und Inventur«, beschriebenen Prozessschritten in der Bestandsführung führt die Erfassung der vom Lieferanten übersandten Rechnung am Ende zur Bezahlung des Rechnungsbetrags. Bevor eine Zahlung ausgelöst werden darf, muss sichergestellt sein, dass eine Rechnung für bestellte Waren oder Dienstleistungen sachlich und rechnerisch richtig ist.

In diesem Kapitel beschäftigen wir uns nur mit der Rechnungserfassung selbst und ihren verschiedenen Ausprägungen. Transaktion MIRO zur Rechnungserfassung und Rechnungsprüfung im SAP-System befindet sich dabei zwischen den Bereichen der Logistik und dem Rechnungswesen. Als SAP-Transaktion gehört MIRO eindeutig in die Komponente MM – organisatorisch wird Transaktion MIRO in manchen Unternehmen durch die Einkäufer und in anderen Unternehmen durch die Buchhaltungsabteilung bedient. Am Ende der MIRO-Erfassung werden gleichzeitig mehrere Belege erzeugt: ein Beleg in der Materialwirtschaft sowie ein oder sogar mehrere Belege im Rechnungswesen, d. h. in der Buchhaltung und im Controlling. Für die Belege in der Finanzbuchhaltung müssen dabei alle elf Anforderungen an eine ordnungsgemäße Rechnung erfüllt sein. Diese Anforderungen sind im Folgenden aufgelistet:

1. Name und Anschrift des liefernden oder leistenden Unternehmens.
2. Die Menge und genaue (handelsübliche) Bezeichnung der gelieferten Waren (Artikelnummer soweit vorhanden) bzw. Art und Umfang der erbrachten sonstigen Leistung.
3. Tag der Lieferung bzw. sonstigen Leistung oder Zeitraum, über den sich die sonstige Leistung erstreckt.
4. Das Entgelt für die angeführte Lieferung bzw. sonstige Leistung. Auch die Währung sollte angeführt werden.

5. Angabe des Steuersatzes bzw. der Steuersätze.
6. Das Ausstellungsdatum der Rechnung.
7. Name und Anschrift des Abnehmers oder Leistungsempfängers (= Kunde).
8. Den auf das Entgelt entfallenden Umsatzsteuerbetrag. Bei der Abrechnung von Lieferungen und sonstigen Leistungen mit verschiedenen Steuersätzen sind die Entgelte und Steuerbeträge nach Sätzen zu trennen.
9. Die Rechnung muss über eine fortlaufende Nummer mit einer oder mehreren Zahlenreihen eindeutig identifizierbar sein.
10. Die dem Unternehmer vom Finanzamt erteilte Umsatzsteueridentifikationsnummer (UID-Nummer).
11. Ab 1. Juli 2006 ist in Rechnungen, deren Gesamtbetrag (Bruttobetrag inklusive Umsatzsteuer) 10.000 EUR übersteigt, verpflichtend die UID-Nummer des inländischen Leistungsempfängers (Kunden) anzugeben, wenn dieser Unternehmer ist. Bei Bauleistungen mit Übergang der Steuerschuld war die UID des Leistungsempfängers bisher auch schon anzugeben.

Gerade die Überprüfung der vom Lieferanten vorgesehenen Umsatzsteuer erfordert einigen Sachverstand, der im Einkauf nicht selbstverständlich ist. Zudem gilt es hier gegebenenfalls zu prüfen, ob es sich um einen innergemeinschaftlichen Erwerb handelt. Auch dafür muss dann das jeweils passende Umsatzsteuerkennzeichen ausgewählt werden.

[»]

Entscheidungshilfe: Transaktion MIRO in Einkauf oder Buchhaltung?

Der Einkäufer hat mit seinem Lieferanten über Preise und Konditionen verhandelt. Diese kann die Buchhaltung nicht unbedingt kennen. Wird die Rechnungsprüfung vom Einkauf durchgeführt, wird diesbezüglich unnötiger Abstimmungsbedarf vermieden.

Die Mitarbeiterinnen und Mitarbeiter der Kreditorenbuchhaltung sind die Fachexperten im Unternehmen für die Ordnungsmäßigkeit von Rechnungen. Der Buchungsstoff der Finanzbuchhaltung wird letztlich sowohl durch die Finanzbehörden als auch durch die Wirtschaftsprüfer auf Ordnungsmäßigkeit geprüft. Dies spricht dafür, die Rechnungsprüfung von der Buchhaltung durchführen zu lassen.

Die Funktion **Vorerfassung** in Transaktion MIRO (Eingangsrechnung erfassen), die wir Ihnen in Abschnitt 7.2.5, »Beleg merken, vorerfassen und vollständig sichern«, vorstellen, könnte dabei helfen, die fachliche Prüfung im Einkauf anzusiedeln. Mit der anschließenden *Verbuchung* des vorerfassten Belegs wäre dann die formale Prüfung sowie die Prüfung auf rechnerische Richtigkeit in der Buchhaltung verortet. Dieses Vier-Augen-Prinzip in der Rechnungsprüfung zieht mit Sicherheit eine höhere Qualität der Prüfung nach sich.

7.1 Einführung in die Logistik-Rechnungsprüfung

Beschäftigen wir uns zunächst mit der Bedienung der logistischen Rechnungsprüfung und deren Grundfunktionen.

Die Logistik-Rechnungsprüfung ist Teil der Materialwirtschaft. Dabei werden eine Reihe von Transaktionen und Programmen zur Verfügung gestellt, mit deren Hilfe die Rechnungsprüfung komfortabel durchgeführt werden kann. Einen Überblick über diese Transaktionen entnehmen Sie Abbildung 7.1. Dort können Sie auch den Zusammenhang der Rechnungsprüfung mit den vorherigen Prozessschritten sehen.

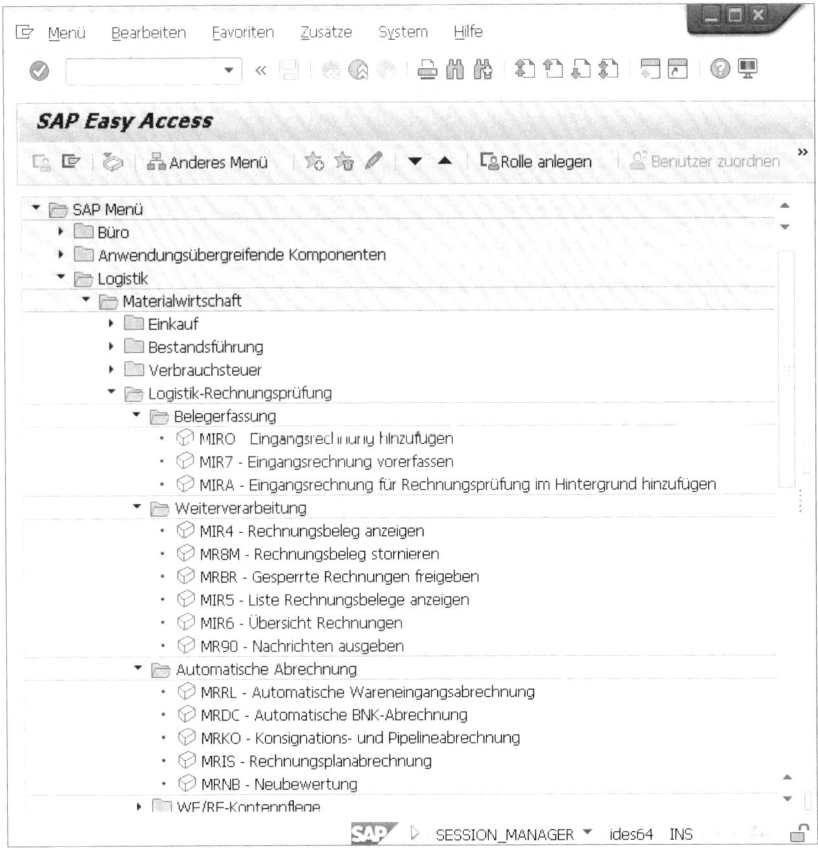

Abbildung 7.1 Logistik-Rechnungsprüfung – Überblick im SAP-Menü

Die Rechnungsprüfung selbst verbirgt sich dabei hinter Transaktion MIRO und kann ebenso gut über den Menüpfad **Logistik • Materialwirtschaft • Logistik-Rechnungsprüfung • Belegerfassung • Eingangsrechnung hinzufügen** aufgerufen werden. Über diese Transaktion ist auch eine Vorerfassung möglich, wie wir es in Abschnitt 7.2.3, »MM-Beleg, FI-Beleg und CO-Beleg«, zeigen. Für die Vorerfassung gibt es aber auch die separate Transaktion MIR7 (Eingangsrechnung vorerfassen) im SAP-Menü. Das

SAP-Menü enthält außerdem Möglichkeiten, um erfasste Belege anzuzeigen und zu stornieren; dabei sind sowohl jeweils eine Einzel- als auch eine Sammel- oder Listbearbeitung möglich. Im Ordner **Automatische Abrechnung** finden Sie eine Reihe von Transaktionen für eine automatisierte Verarbeitung von Rechnungen.

7.2 Rechnungserfassung

Wir zeigen Ihnen nun anhand eines Beispiels die grundsätzliche Vorgehensweise bei der Rechnungserfassung mit Transaktion MIRO.

Wir steigen über Transaktion MIRO oder den Menüpfad **Logistik • Materialwirtschaft • Logistik-Rechnungsprüfung • Belegerfassung • Eingangsrechnung hinzufügen** in die Rechnungsprüfung ein. Sie erhalten das in Abbildung 7.2 gezeigte Einstiegsbild der Transaktion.

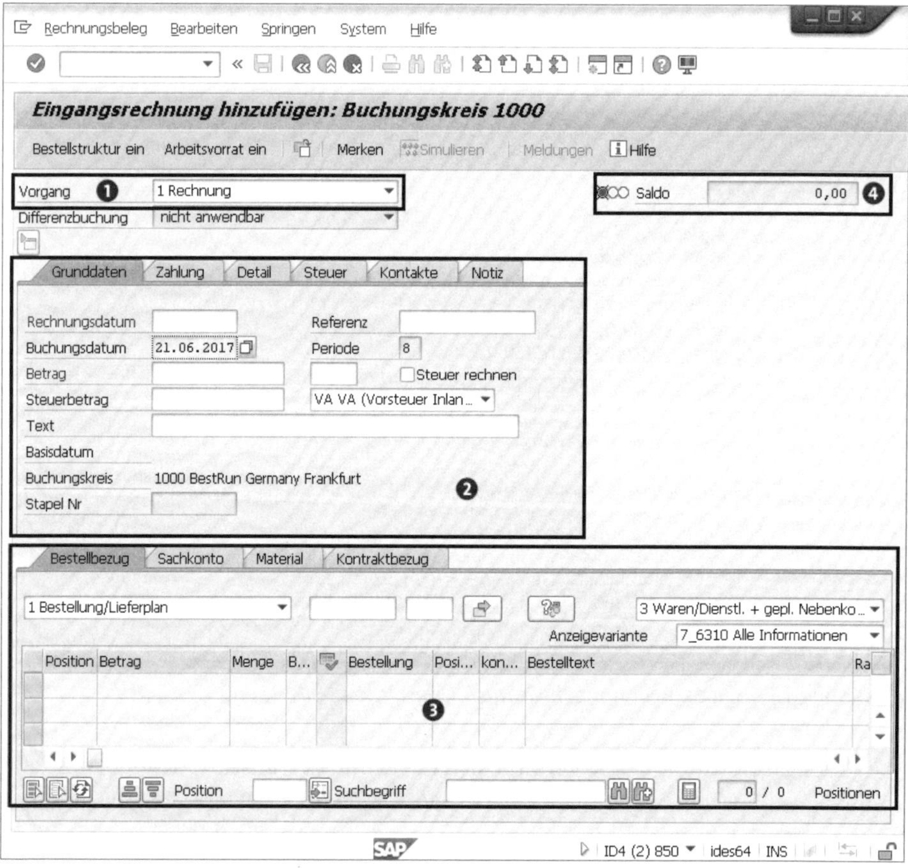

Abbildung 7.2 Das MIRO-Einstiegsbild

Zunächst möchten wir Ihnen die vier Hauptbestandteile des MIRO-Einstiegsbilds erläutern. Sie können sich dabei an der Nummerierung in Abbildung 7.2 orientieren.

In Kasten ❶ können Sie wählen, welche Art von Vorgang Sie über Transaktion MIRO nun verarbeiten möchten. Sie haben dabei die folgenden Auswahlmöglichkeiten:

- **1 Rechnung**
- **2 Gutschrift**
- **3 Nachträgliche Belastung**
- **4 Nachträgliche Entlastung**
- **5 Vorläufige Rechnung**
- **6 Differenzrechnung**
- **7 Endgültige Rechnung**

Über diese Auswahl legen Sie zunächst den tatsächlichen Vorgang fest, den Sie verarbeiten möchten. An diesem Vorgang können aber, je nach Customizing-Einstellung, verschiedene Belegarten und Nummernkreise hängen. Hierauf gehen wir bei der Präsentation von Beispielfällen zu Rechnungen, Gutschriften, nachträglicher Belastung und nachträglicher Entlastung jeweils detailliert ein.

In Kasten ❷ erfassen Sie die Daten zum sogenannten *Belegkopf*. Der Belegkopf ist an dieser Stelle auf mehrere Registerkarten aufgeteilt:

- **Registerkarte »Grunddaten«**
  Hier werden über die Felder **Rechnungsdatum** und **Buchungsdatum** selbige hinterlegt. Details zu diesen Datumsangaben können Sie dem Hinweis »Datumsfelder im SAP-System« entnehmen. Im Feld **Referenz** wird üblicherweise die Rechnungsnummer des Lieferanten eingegeben. Bei Kreditorenrechnungen muss dieses Feld in aller Regel gefüllt werden. Im Feld **Betrag** geben Sie den gesamten Bruttorechnungsbetrag ein, und im Feld rechts daneben wird der Währungsschlüssel erfasst. Außerdem können Sie vorgeben, ob und auf welcher Basis die Vorsteuer für die Rechnung automatisch vom SAP-System errechnet werden soll. Der **Steuerbetrag** kann auch manuell erfasst werden. Im Feld **Text** hinterlegen Sie einen möglichst allgemeinverständlichen Text, der bei Belegauswertungen dabei hilft, schnell zu erkennen, um was für eine Art von Beleg es sich handelt.
- **Registerkarte »Zahlung«**
  Hier können Angaben zu Zahlungsbedingungen und Fälligkeit sowie eine Zahlsperre eingefügt, der Zahlweg bestimmt und gegebenenfalls Angaben zur Bankenauswahl vorgenommen werden.
- **Registerkarte »Detail«**
  Diese Registerkarte bietet die Möglichkeit zur Erfassung von ungeplanten Nebenkosten mit allen erforderlichen Zusatzangaben.

- **Registerkarte »Steuer«**
  Sind auf einer Rechnung mehrere Steuersätze enthalten, können Sie hier je Steuersatz das passende Steuerkennzeichen sowie den anteiligen Vorsteuerbetrag hinterlegen oder automatisch rechnen lassen.
- **Registerkarte »Kontakte«**
  Diese Registerkarte dient lediglich der Information und enthält keine Eingabefelder.
- **Registerkarte »Notiz«**
  Hier haben Sie die Möglichkeit, Notizen zum Beleg zu hinterlegen.

Über die Verwendung der verschiedenen Datumsfelder gibt es regelmäßig Missverständnisse und Unklarheiten. Die kleine Übersicht in Tabelle 7.1 soll Ihnen dabei helfen, hier den Überblick zu behalten.

SAP-Feld und Feldbezeichnung	Bedeutung
Belegdatum, Rechnungsdatum	Informatives Feld, das dafür gedacht ist, das auf einer Lieferantenrechnung ausgewiesene Datum aufzunehmen.
Buchungsdatum	Leistungsdatum, d. h. das Datum, zu dem der Wareneingang in Ihrem Unternehmen erfolgt ist bzw. zu dem eine Leistung erbracht wurde. Wenn eine Rechnung Leistungen fakturiert, die über einen Zeitraum erbracht worden sind, ist das Datum der letzten Leistungserbringung oder der Monatsletzte ein geeignetes Buchungsdatum. Für das Controlling wird über das Buchungsdatum die Periode bzw. der Monat ermittelt, in dem der Buchungsstoff fortgeschrieben wird. In Transaktion MIRO wird die Periode nie manuell eingegeben. Das Feld ist deshalb nicht eingabebereit.
Erfassungsdatum	Hier handelt es sich um ein Datumsfeld, das vom SAP-System automatisch mit dem Systemdatum zum Zeitpunkt der Erfassung gefüllt wird. Es kann nicht manuell gefüllt werden, steht aber für Auswertungen immer zur Verfügung.
Fälligkeitsdatum	Datum, zu dem eine Rechnung zur Zahlung fällig ist. Das Datum wird in der Regel automatisch aus den Zahlungsbedingungen abgeleitet.
Basisdatum	Datum, ab dem über die Zahlungsbedingung die Fälligkeit berechnet wird. Das Basisdatum kann über das Customizing vorbelegt, aber auch manuell gepflegt werden. Das Basisdatum wird häufig auch *Zahlungsfristenbasisdatum* genannt.

Tabelle 7.1 Datumsfelder im SAP-System

Die Liste der Datumsfelder ist hier auf die für die Logistik-Rechnungsprüfung relevanten Felder beschränkt.

Der Kasten ❸ in Abbildung 7.2 zeigt Ihnen den Bereich, in dem die Erfassung der Belegpositionen erfolgt. Hier haben Sie über die Auswahl der passenden Registerkarte die folgenden Möglichkeiten:

- **Erfassung einer Rechnung mit Bestellbezug**
  Bei der Erfassung einer Rechnung mit Bestellbezug können Sie sich im SAP-Standard nicht nur auf eine Bestellung oder einen Lieferplan, sondern auch auf weitere Belege aus dem Einkaufsprozess beziehen, wie z. B. einen Lieferschein, einen Frachtbrief, ein Leistungserfassungsblatt, einen Lieferanten, einen Transportdienstleister oder eine Auslieferung.

  Je nach Auswahl können Sie anschließend nur Waren- und Dienstleistungspositionen, nur geplante Bezugskosten oder beides in die Belegpositionen übernehmen und bearbeiten.

  Welche Felder Ihnen in der Positionsliste angezeigt werden, können Sie über die Auswahl einer geeigneten Anzeigevariante selbst steuern. Für Ihr Unternehmen können Sie hier Anzeigevarianten selbst konfigurieren. Auf dieser Registerkarte muss mindestens ein Lieferant ermittelt werden können, damit die weiteren Registerkarten ausgewählt werden können.
- **Erfassung einer Rechnung auf einem Sachkonto**
  Bei der Erfassung einer Rechnung auf einem Sachkonto wird kein Bezug zu einem Material oder einem Vorbeleg in der Materialwirtschaft hergestellt.
- **Erfassung einer Rechnung zu einem Material**
  Die Erfassung einer Rechnung zu einem Material kann bei gleichzeitiger Eingabe der Materialmenge und mit Werksbezug erfolgen.
- **Erfassung einer Rechnung mit Kontraktbezug**
  Bei der Erfassung einer Rechnung mit Kontraktbezug ist die Auswahl einer Kontraktart möglich.

  Kontrakte sind Gegenstand von Abschnitt 5.4.3, »Rahmenvertrag«, und Abschnitt 5.5.3, »Rahmenverträge«, dieses Buches.

Der Kasten ❹ in Abbildung 7.2 dient dazu, dass Sie über den Status Ihrer Rechnungserfassung informiert werden. Hier wird der Saldo des Rechnungsbelegs angezeigt.

Ein MIRO-Beleg kann nur gebucht werden, wenn der Saldo null beträgt. Voraussetzung dafür ist, dass sowohl Belegpositionen erfasst als auch ein Betrag im Belegkopf eingegeben worden ist. Die Summe der Belegpositionen, inklusive Vorsteuer, muss dabei den Betrag im Belegkopf ergeben.

[»]

Systemprüfungen bei der Verbuchung einer Eingangsrechnung über Transaktion MIRO

Bevor eine Eingangsrechnung über Transaktion MIRO vom SAP-System verarbeitet und gebucht wird, durchläuft sie eine Anzahl von Prüfungen, die im Folgenden aufgeführt sind:

- Passt der voreingestellte Buchungskreis zum Bestellbezug?
- Ist der Lieferant für den Buchungskreis angelegt?
- Überprüfung der Belegwährung
- Prüfung auf doppelte Rechnungserfassung
- Überprüfung von Kontierungsdaten (Existiert die Kostenstelle oder der Auftrag? Welches Profit-Center ist richtig? Ist das Sachkonto im Buchungskreis angelegt?)
- Nullsaldoprüfung

Eine Fortschreibung des Rechnungseingangsbelegs erfolgt an den folgenden drei Stellen:

- Ein MM-Beleg wird erzeugt, der in der Bestellentwicklung sichtbar wird.
- In der Buchhaltung wird die Verbindlichkeit als offener Posten beim Lieferanten gebucht.
- Wenn ein Bestellobligo besteht, wird dieses abgebaut.

Es gibt immer mindestens zwei Belege bei der Rechnungseingangserfassung; es können aber auch drei Belege erzeugt werden:

- MM-Beleg
- Buchhaltungsbeleg
- Controllingbeleg (wenn bei der Rechnungserfassung ein Erfolgskonto genutzt wird)

7.2.1 Rechnung mit Bezug (Bestellung, Lieferplan, Lieferschein)

Gehen Sie in diesem Abschnitt mit uns durch drei einfache Fallbeispiele für eine Rechnungserfassung mit Transaktion MIRO:

- eine Rechnung mit Bezug auf eine Bestellung (Fallbeispiel 1: Rechnung mit Bezug auf eine Bestellung)
- eine Rechnung mit Bezug auf einen Lieferplan (Fallbeispiel 2: Rechnung mit Bezug auf einen Lieferplan)
- eine Rechnung mit Bezug auf einen Lieferschein (Fallbeispiel 3: Rechnung mit Bezug auf einen Lieferschein)

Fallbeispiel 1: Rechnung mit Bezug auf eine Bestellung

In diesem Beispiel zeigen wir Ihnen, wie die manuelle Rechnungsprüfung für eine Normalbestellung erfolgt. In Abbildung 7.3 sehen Sie eine solche Bestellung, in der **10** Stück des Materials **100-431** (Netzteil) zum Preis von **55,00 EUR** pro Stück bestellt wurden. Für diese Bestellung ist bereits ein Wareneingang erfolgt.

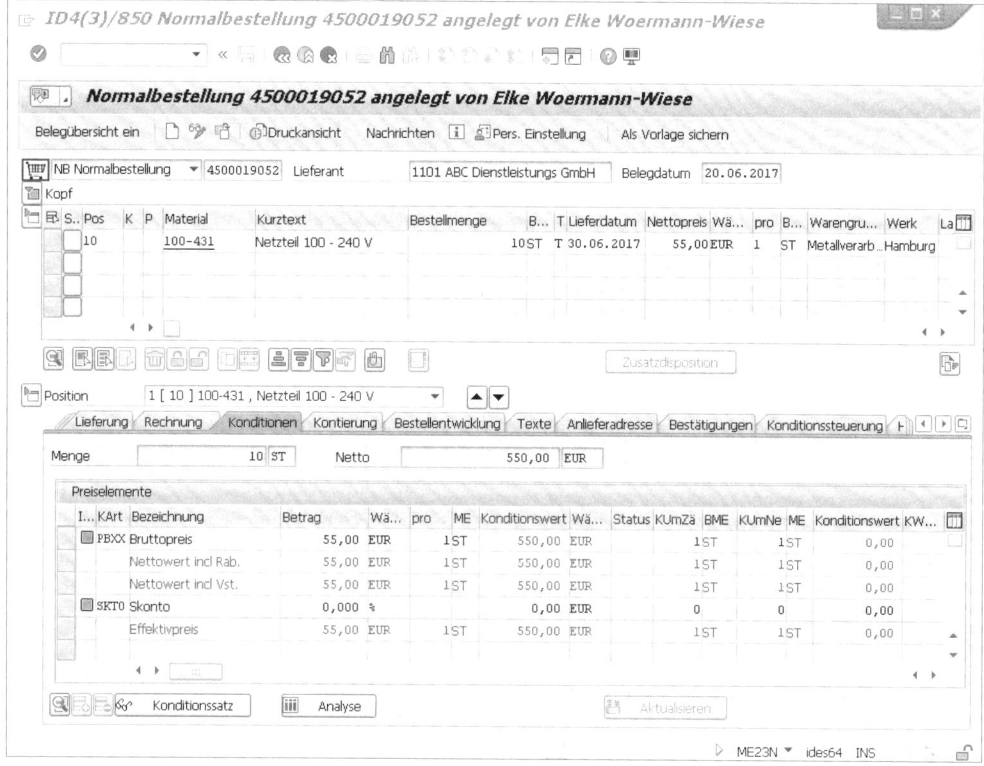

Abbildung 7.3 Normalbestellung – Übersicht

Im Unterschied zu den Bestellpositionen in Abschnitt 7.2.2, »Rechnungen zu kontierten Bestellungen«, handelt es sich hier um eine unkontierte Bestellposition. Sie erkennen dies daran, dass in der Spalte **K** (Kontierungstyp) kein Kontierungstyp angegeben wurde.

Wir zeigen Ihnen jetzt einen Weg, wie Sie möglichst effizient eine Rechnung zu dieser Bestellung erfassen können.

In Abbildung 7.4 sehen Sie den Einstieg in die Erfassung des Rechnungseingangs mit Transaktion MIRO, die Sie über das Kommandofeld oder den Menüpfad **Logistik • Materialwirtschaft • Logistik-Rechnungsprüfung • Belegerfassung • Eingangsrechnung hinzufügen** aufrufen können.

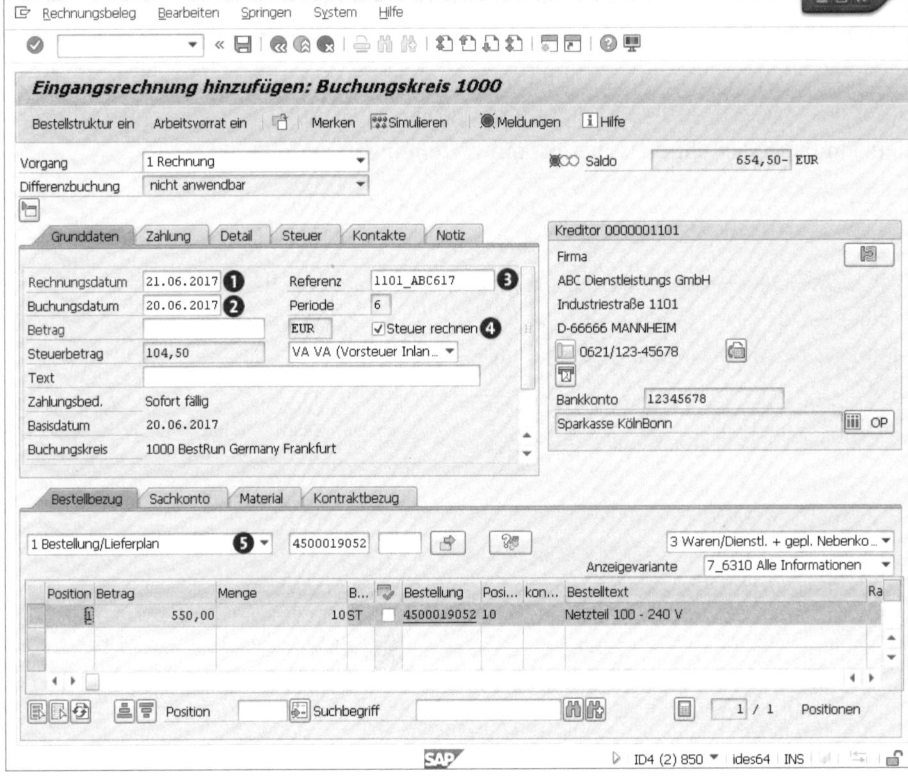

Abbildung 7.4 Eingangsrechnung 1 mit Bezug zu einer Bestellung

Die folgenden Daten wurden in der Reihenfolge der Ziffern 1–5 in die entsprechenden Felder in Abbildung 7.4 eingegeben:

1. **Rechnungsdatum** im Belegkopf
2. **Buchungsdatum** (Datum des Wareneingangs) im Belegkopf
3. **Referenz** (Rechnungsnummer) im Belegkopf
4. Das Setzen eines Hakens im Feld **Steuer rechnen** im Belegkopf
5. Bestellnummer in der Registerkarte **Bestellbezug** bei den Belegpositionen

Im Anschluss an diese Eingaben wurde die Schaltfläche ✓ (**Weiter**) betätigt oder alternativ die ↵-Taste der Tastatur ausgelöst. Dadurch zieht das SAP-System die Bestellposition aus der Bestellung in Abbildung 7.3 in die Belegpositionen der Rechnungserfassung. Der Betrag in Höhe von **550,00 EUR** entspricht dem Nettobetrag, der in der Bestellung ausgewiesen wird. In den Belegkopf wird hieraus der Steuerbetrag bei einem Vorsteuersatz von 19 % automatisch berechnet und hinterlegt. Gleichzeitig wird ein Saldo von insgesamt **654,50 EUR** ausgewiesen, da im Belegkopf noch kein Gesamtbetrag der Rechnung eingetragen wurde.

Währungsschlüssel

In einer Rechnung muss angegeben werden, in welcher Währung diese gebucht werden soll. Der Währungsschlüssel wird in Transaktion MIRO (Eingangsrechnung erfassen) in der Regel aus dem Bestellbezug übernommen. Im Einzelfall kann einmal eine manuelle Eingabe erforderlich sein.

Bei einer Buchung in Fremdwährung (alle Währungen, die nicht der Währung des Buchungskreises entsprechen) wird im Hintergrund eine Umrechnung zum aktuell gültigen Umrechnungskurs in die Hauswährung (= Währung des Buchungskreises) vorgenommen.

Nun kann die Rechnungserfassung fortgeführt werden. Sie sehen in Abbildung 7.5 das Ergebnis.

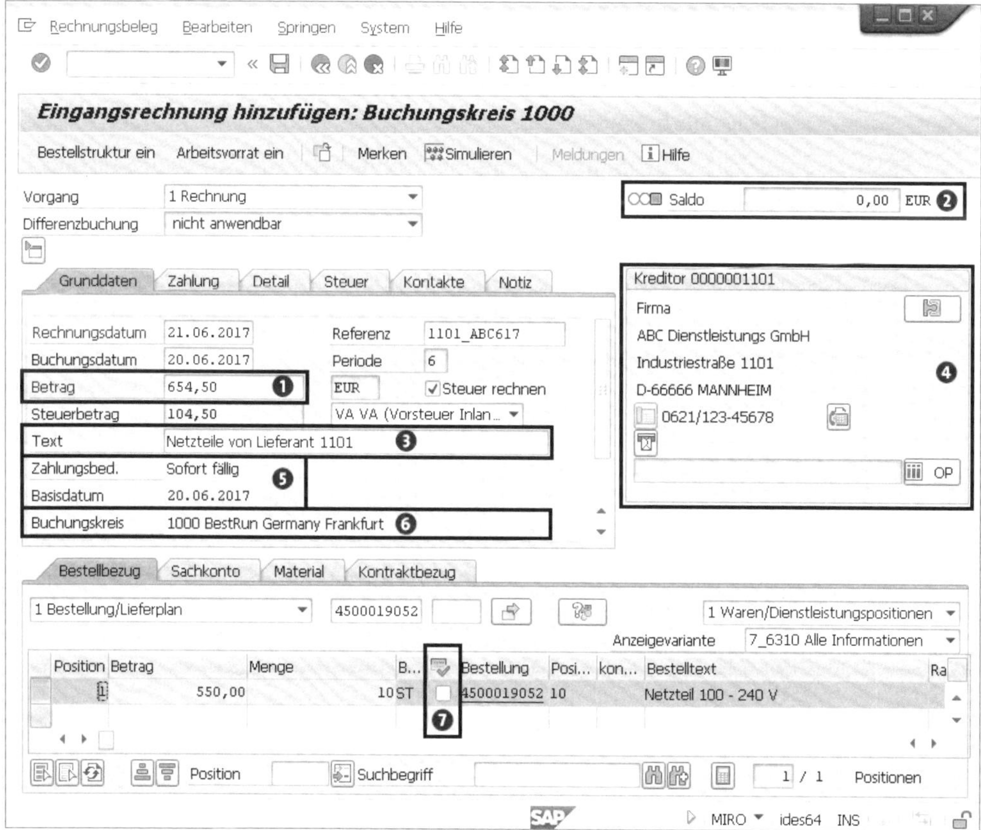

Abbildung 7.5 Eingangsrechnung 1 vervollständigen

Auch in Abbildung 7.5 können Sie wieder die Reihenfolge der Eingaben nachvollziehen:

❶ Zunächst wird der Gesamtbetrag (Feld **Betrag**) aus der Rechnung übernommen. In dem hier beschriebenen Idealfall entspricht dieser dem noch offenen Saldo aus Abbildung 7.4. Die Erfassung erfolgt ohne Vorzeichen!

❷ Nach der Bestätigung mit dem Schaltfläche ✓ (**Weiter**) oder dem Auslösen der [↵]-Taste färbt sich das Kästchen vor dem Feld **Saldo** grün. Um erfolgreich buchen zu können, muss hier ein Saldo in Höhe von **0,00 EUR** ausgewiesen sein.

❸ Im Feld **Text** sollte ein solcher erfasst werden, um die Orientierung innerhalb der SAP-Software zu erleichtern. Häufig ist dieses Feld ein Muss-Feld, dessen Ausfüllen also obligatorisch ist. In Ihrem Unternehmen sollte es eine Vereinbarung dazu geben, welche Inhalte in diesem Feld hinterlegt werden müssen.

❹ Bevor die Buchung durchgeführt wird, können Sie sich Informationen zum Lieferanten anzeigen lassen. Die Adressdaten und Bankverbindungsdaten werden hier direkt angezeigt (im Beispiel ist keine Bankverbindung gepflegt). Über die Schaltfläche [OP] (**Offene Posten anzeigen**) können Sie sich die zurzeit offenen Posten beim Lieferanten ansehen. Über die Schaltfläche [ ] (**Lieferantenstammsatz anzeigen**) können Sie in den Lieferantenstammsatz schauen und diesen, wenn Sie dazu berechtigt sind, sogar ändern.

❺ Hier können Sie die Zahlungsbedingung und das Basisdatum (siehe Tabelle 7.1) überprüfen. Änderungen können in der Registerkarte **Zahlung** vorgenommen werden.

❻ In diesem Bereich wird Ihnen die Organisationseinheit angezeigt, für die die Buchung erfolgt. Der Buchungskreis muss vor der Erfassung einer Rechnung richtig eingestellt sein. Sie können den Buchungskreis aus Transaktion MIRO (Eingangsrechnung erfassen) heraus über **Bearbeiten • Buchungskreis wechseln** oder mit der [F7]-Taste ändern.

❼ Zuletzt möchten wir Sie auf die Möglichkeit einer kleinen Arbeitserleichterung aufmerksam machen: Bei größeren Rechnungen mit vielen Belegpositionen können Sie hier zu Ihrer eigenen Orientierung die von Ihnen bereits bearbeiteten Belegpositionen in der Spalte [ ] (Buchung o. k.) aktivieren. Diese Kennzeichnung hat für die weitere Bearbeitung eines Belegs jedoch keine Bedeutung und wird nicht fortgeschrieben.

[»]

Buchungskreis voreinstellen

Über die Parameter-ID BUK können Sie den von Ihnen meistens verwendeten Buchungskreis voreinstellen. Näheres zu diesen Einstellungen erfahren Sie in Anhang A.3, »Parameter«.

Bis hierhin wurden in diesem Abschnitt die Eingaben und Informationsmöglichkeiten auf dem Einstiegsbild von Transaktion MIRO und der Registerkarte **Grunddaten** im Belegkopf erläutert. Für den Belegkopf sind aber noch weitere Eingaben und Anpassungen möglich, wie es in der Einleitung zu diesem Kapitel bereits angekündigt wurde. Nachfolgend gehen wir auf diese Registerkarten ein und beginnen mit der Registerkarte **Zahlung**, die Ihnen in Abbildung 7.6 gezeigt wird.

Abbildung 7.6 Belegkopf – Einstellungen zur Zahlung

Im Feld **Basisdatum** wird hier das Buchungsdatum aus dem Einstiegsbild (siehe Abbildung 7.4) vorgeschlagen. Das Feld ist eingabebereit und kann von Ihnen geändert werden. Das Feld **Fällig am** ist hingegen ausgegraut; dessen Inhalt wird aus dem Basisdatum und der Zahlungsbedingung automatisch ermittelt. Zahlungsbedingungen können fest im Customizing vordefiniert oder direkt manuell bei der Rechnungserfassung eingegeben werden. Ein Beispiel für eine solche manuelle Anpassung sehen Sie in Abbildung 7.7. Die manuell eingegebene Zahlungsbedingung sieht Skonto in zwei Stufen vor. Erst nach 30 Tagen ist die Rechnung endgültig fällig. Das Datum im Feld **Fällig am** wird deshalb hier 30 Tage nach dem Basisdatum ausgewiesen!

Abbildung 7.7 Belegkopf – Einstellungen zur Zahlung: Zahlungsbedingung, Basisdatum und Fälligkeitsdatum

Weitere Informationen zu den Zahlungsbedingungen erhalten Sie in Abschnitt 7.4.2, »Skonto«, in diesem Kapitel.

In Abbildung 7.8 sehen Sie, dass die vordefinierte Zahlungsbedingung ZB50 für diese Rechnung hinterlegt wurde. Die Zuordnung der Zahlungsfristen von 10 und 30 Tagen sowie der Prozentsatz werden dabei nicht manuell eingegeben, sondern aus der Zahlungsbedingung nach dem Verwenden der [↵]-Taste abgeleitet. Die Zahlungsbedingung sieht hier vor, dass der Vorschlag für das Basisdatum aus dem Buchungsdatum (siehe Abbildung 7.4) ermittelt wird.

Skonto

Das Feld **Skonto** wird im Beleg erst ausgefüllt, wenn im Zahlungsvorgang tatsächlich Skonto gezogen wurde; es kann aber auch für die direkte Betragseingabe genutzt werden, wenn die Skontobedingung einen festen Betrag anstelle eines Prozentsatzes vorsieht.

Abbildung 7.8 Belegkopf – Einstellungen zur Zahlung: Zahlungsbedingung aus dem Customizing

Im unteren Bereich der Registerkarte **Zahlung** wird im Feld **Zahlweg** ein selbiger angegeben, in unserem Beispiel der Zahlweg **5**; Zahlwege werden im Customizing vordefiniert. Sie werden im Zahllauf benötigt, um die fälligen Zahlungen zu einem Zahllauf zu selektieren und dabei ein geeignetes Datenformat für die Übermittlung der Zahlungsdaten an Ihre Bank zu übermitteln. Wenn Sie Ihrem Lieferanten eine Einzugsermächtigung erteilt haben, kann das Feld **Zahlweg** leer bleiben. Sie können aber auch einen Zahlweg für Einzugsermächtigungen definieren und in den Rechnungen eintragen. Dann können Sie in den Auswertungen zu den Einzelposten deutlich sehen, mit welchen Lastschrifteinzügen Sie rechnen können.

Zahlwege können bereits im Lieferantenstammsatz fest hinterlegt werden; sie werden dann bei der Rechnungserfassung aus dem Stammsatz übernommen. Die Zahlwege können im Einzelfall überschrieben werden, wenn ein anderer Weg der Zahlung gewünscht wird. Der in der Rechnung eingetragene Zahlweg gilt nur für die betreffende Rechnung; der Lieferantenstammsatz bleibt dabei unberührt.

Bei der Rechnungserfassung kann eine Zahlsperre gesetzt werden. Hierauf wird in Abschnitt 7.5, »Sperren und Freigaben«, weiter eingegangen. Eine gesetzte Zahlsperre führt im Zahllauf dazu, dass der entsprechende Beleg nicht für eine Auszahlung vorgesehen wird.

Das Feld **RechnBezug** wird bei Rechnungen nicht gefüllt. Es dient z. B. bei der Gutschriftsabwicklung dazu, den Bezug zum ursprünglichen Rechnungsbeleg abzubilden.

In den Feldern **PartnBank** und **Hausbank** können Sie eine Bankverbindung Ihres Lieferanten auswählen (wenn Ihnen von Ihrem Lieferanten mehrere Bankverbindungen genannt wurden) und die Bank, von der Sie die Zahlung vornehmen möchten, fest eintragen. Diese Möglichkeiten dienen der Optimierung Ihres Zahlungsverkehrs. Hierauf wird in diesem Buch nicht weiter eingegangen.

Die nächste Registerkarte **Detail** wird Ihnen in Abbildung 7.9 gezeigt. Sie dient der Erfassung von ungeplanten Nebenkosten, mit denen wir uns in Abschnitt 7.6.3, »Geplante und ungeplante Bezugsnebenkosten«, weiter beschäftigen.

Abbildung 7.9 Belegkopf – Detail

In der Registerkarte **Steuer** in Abbildung 7.10 werden die Vorsteuerbeträge je Steuerkennzeichen ausgewiesen. Sie können hier überprüfen, ob die Beträge mit den Beträgen auf dem Papierbeleg übereinstimmen; Abweichungen sind nach den Regeln der ordnungsgemäßen Buchführung nicht zulässig. Wenn es sich lediglich um Centbeträge handelt, entstehen diese aus den unterschiedlichen Rechenmethoden im SAP-System und dem System, mit dem der Lieferant seine Rechnung erstellt hat. Sie können dann den Haken zu **Steuer rechnen** (siehe Abbildung 7.4) entfernen und die korrekten Beträge aus der Rechnung manuell übernehmen. Hierzu zeigen wir Ihnen in Abschnitt 7.2.7, »Steuern«, noch ein Beispiel.

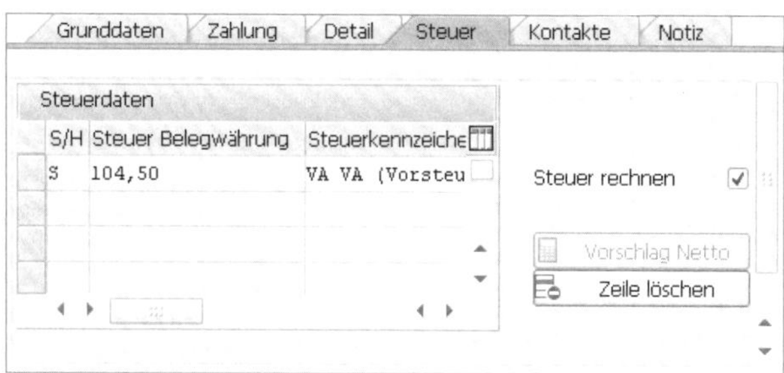

Abbildung 7.10 Belegkopf – Steuer

Die Registerkarte **Kontakte** und **Notiz** sind in der Einführung zu diesem Kapitel bereits beschrieben worden und bedürfen keiner weiteren Erläuterung.

Unsere Eingangsrechnung zur Bestellung aus Abbildung 7.3 ist nun vollständig erfasst. Um vor der Verbuchung noch auf eventuelle Fehler hingewiesen zu werden bzw. das Buchungsergebnis vorab überprüfen zu können, haben Sie die Möglichkeit, den Beleg zu simulieren. Hierzu nutzen Sie die Schaltfläche Simulieren, oder Sie verwenden den Menüpfad **Rechnungsbeleg • Beleg simulieren**. Das Ergebnis können Sie in Abbildung 7.11 sehen. Es werden drei Belegpositionen angezeigt:

1. Die Kreditorenposition in der ersten Zeile der Spalte **Betrag** weist die gesamte Verbindlichkeit gegenüber Ihrem Lieferanten in Höhe von **654,50 EUR** aus. Der Betrag wird hier mit negativem Vorzeichen angezeigt, was bedeutet, dass der Beleg auf der Habenseite gebucht und auf der Passivseite der Bilanz ausgewiesen wird.
2. Der Nettobetrag (in der zweiten Zeile) der Rechnung wird auf das WE/RE-Verrechnungskonto gebucht. Hier ist der Bezug zur Bestellung (Einkaufsbeleg) und zum Material sichtbar. Der Betrag wird hier positiv dargestellt – die Buchung erfolgt auf der Sollseite und wird auf der Aktivseite der Bilanz gezeigt.
3. Der Eingangssteuerbetrag (Vorsteuer) wird in der dritten Belegposition gebucht. Die Darstellung dieses Betrags erfolgt analog zu Position 2. Damit ergibt sich in der Summe der Saldo null für den kompletten Beleg.

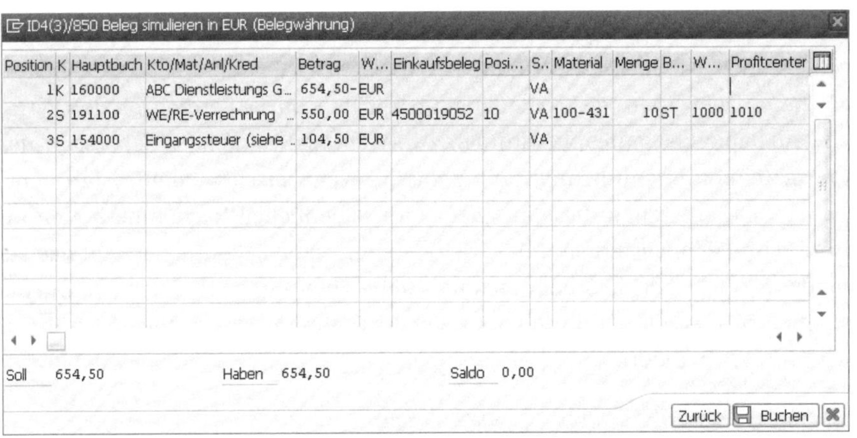

Abbildung 7.11 Eingangsrechnung 1 – Simulation

[»]

Simulation

Eine Simulation von Belegen ist nicht unbedingt erforderlich. Führen Sie diese durch, wenn Sie vor dem Buchen eines Belegs das Ergebnis kontrollieren und gegebenenfalls noch eingreifen möchten. In allen anderen Fällen können Sie direkt aus Transaktion MIRO (Eingangsrechnung erfassen) mit der Schaltfläche (**Sichern**) buchen.

Sind Sie mit dem Simulationsergebnis zufrieden, können Sie die Buchung über die Schaltfläche Buchen vornehmen. Andernfalls springen Sie zurück, nehmen die erforderlichen Änderungen vor und buchen gegebenenfalls nach der erneuten Simulation. Sie erhalten vom SAP-System eine Rückmeldung mit der Belegnummer in der Statusleiste, wenn die Buchung erfolgreich war.

Fallbeispiel 2: Rechnung mit Bezug auf einen Lieferplan

Lieferpläne sind Gegenstand von Abschnitt 5.4.3, »Rahmenvertrag«, und Abschnitt 5.5.3, »Rahmenverträge«. Nachfolgend möchten wir Ihnen zeigen, wie die Rechnungsstellung in Bezug auf einen Lieferplan funktioniert. Zunächst zeigen wir Ihnen den Lieferplan, der die Grundlage für unser Beispiel darstellt (siehe Abbildung 7.12).

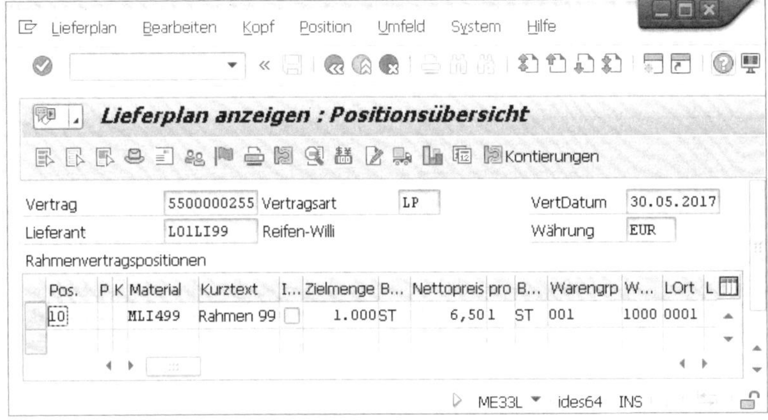

Abbildung 7.12 Eingangsrechnung 2 – Lieferplan

Der Lieferplan in Abbildung 7.12 hat nur eine Bestellposition über eine Gesamtmenge von **1.000** Stück eines Rahmens mit der Materialnummer **MLI499**. Gemäß Bestellentwicklung sind hierzu bereits **300** Rahmen eingegangen (siehe Abbildung 7.13). Zu diesem Wareneingang erhalten Sie nun die Rechnung.

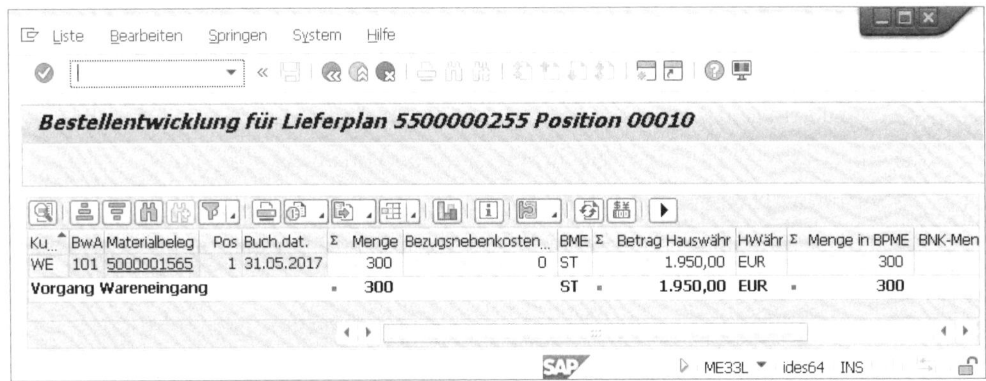

Abbildung 7.13 Wareneingang zum Lieferplan

Im Grunde genommen können Sie die Erfassung einer Rechnung auf einen Lieferplan genauso angehen, wie es im Fallbeispiel 1: Rechnung mit Bezug auf eine Bestellung, gezeigt wurde. In Abbildung 7.14 wurde deshalb der gesamte Erfassungsprozess in einem Bild zusammengefasst.

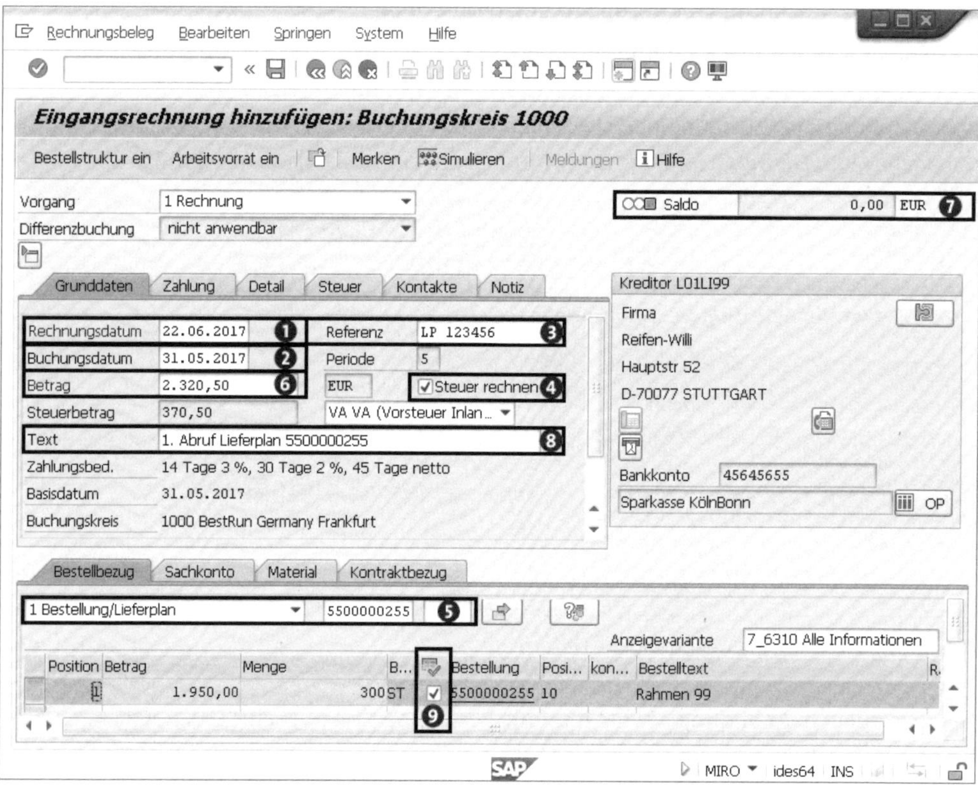

Abbildung 7.14 Eingangsrechnung 2 – Bestellbezug: Lieferplan

So nehmen Sie die Erfassung vor:

❶ Eingabe im Feld **Rechnungsdatum** im Belegkopf.

❷ Eingabe im Feld **Buchungsdatum** (Datum des Wareneingangs) im Belegkopf.

❸ Eingabe im Feld **Referenz** (Rechnungsnummer) im Belegkopf.

❹ Setzen des Hakens **Steuer rechnen** im Belegkopf.

❺ Eingabe der Lieferplannummer in der Registerkarte **Bestellbezug** bei den Belegpositionen.

Im Anschluss an diese Eingaben klicken Sie auf ✓ (**Weiter**), oder Sie drücken alternativ die ↵-Taste. Dadurch zieht das SAP-System den Wareneingang zum Lieferplan aus Abbildung 7.13 in die Belegpositionen der Rechnungserfassung. Der Betrag von 1.950,00 EUR entspricht dem Nettobetrag, der im Wareneingang ausgewiesen wird. Im Belegkopf wird hieraus der Steuerbetrag bei einem Vorsteuersatz von 19 % automatisch errechnet und dort hinterlegt. Gleichzeitig wird zunächst ein Saldo von insgesamt 2.320,50 EUR ausgewiesen (hier nicht gezeigt).

❻ Nun können Sie den Gesamtbetrag (Feld **Betrag**) aus der Rechnung übernehmen. Im hier beschriebenen Idealfall entspricht dieser dem noch offenen Saldo von **2.320,50 EUR**. Die Erfassung erfolgt ohne Vorzeichen!

❼ Nach der Bestätigung mit der Schaltfläche (**Weiter**) oder dem Auslösen der [↵]-Taste wird das Kästchen vor dem Feld **Saldo** in Grün dargestellt. Um erfolgreich buchen zu können, muss hier ein Saldo von **0,00 EUR** ausgewiesen werden.

❽ Im Feld **Text** sollte ein solcher erfasst werden, um die Orientierung innerhalb der SAP-Software zu erleichtern. Häufig ist dieses Feld ein Muss-Feld, dessen Ausfüllen also obligatorisch ist. In Ihrem Unternehmen sollte es eine Vereinbarung darüber geben, welche Inhalte hier zu hinterlegen sind.

❾ Hier ist die Spalte (Buchung o. k.) markiert, in der die Belegposition aktiviert und damit als erledigt gekennzeichnet wurde. Dies hilft nur Ihrer eigenen Orientierung und hat für die weitere Verarbeitung des Belegs keine Konsequenzen.

Selbstverständlich wird auch bei diesem Beleg geprüft, ob die Zahlungsbedingungen stimmen, ob der richtige Zahlweg eingestellt ist, ob beim Lieferanten die passende Bankverbindung hinterlegt ist und wie es um die offenen Posten beim Lieferanten bestellt ist. Wenn alles in Ordnung ist, gegebenenfalls nach einer Simulation des Belegs, können Sie diesen nun mit der Schaltfläche (**Sichern**) buchen. Sie erhalten anschließend eine Meldung in der Statusleiste, wie es in Abbildung 7.15 dargestellt ist.

Beleg Nr. 5105609622 wurde hinzugefügt

Abbildung 7.15 Eingangsrechnung 2 – Bestellbezug: Lieferplan – gebucht.

Unterschiedliche Bestellbezüge – unterschiedliche Verarbeitung

Wird eine Rechnung mit Bezug auf einen Lieferplan gebucht, kann die Buchung nur erfasst werden, wenn bereits ein Wareneingang erfolgt ist. Der Bezug wird erst zum Wareneingang hergestellt.

Wird eine Rechnung mit Bezug auf eine Bestellung erfasst, ist der Wareneingang nicht unbedingt Voraussetzung. Ist in der Bestellposition der Haken zu **WE-bez. RP** nicht aktiv, können Wareneingang und Rechnung unabhängig voneinander und in beliebiger Reihenfolge erfasst werden.

Als weiteres Beispiel für die Bestellbezüge in Transaktion MIRO (Eingangsrechnung erfassen) zeigen wir Ihnen nachfolgend die Erfassung einer Eingangsrechnung mit Bezug auf einen Lieferschein.

Fallbeispiel 3: Rechnung mit Bezug auf einen Lieferschein

In Abschnitt 6.1.1, »Wareneingang mit Bezug zu Referenzbelegen«, haben wir Ihnen einen Wareneingang mit Lieferschein 1000_2630_1 gezeigt. Sie können sich diesen in Abbildung 6.5 nochmals ansehen. Auch ein Lieferschein ist ein möglicher Bezug bei der Erfassung einer Eingangsrechnung mit Transaktion MIRO.

Bei Bezug auf einen Lieferschein können Sie die Erfassung einer Eingangsrechnung genauso angehen wie es im Fallbeispiel 2: Rechnung mit Bezug auf einen Lieferplan gezeigt wurde. In Abbildung 7.16 wurde deshalb wiederum der gesamte Erfassungsprozess in einem Bild zusammengefasst.

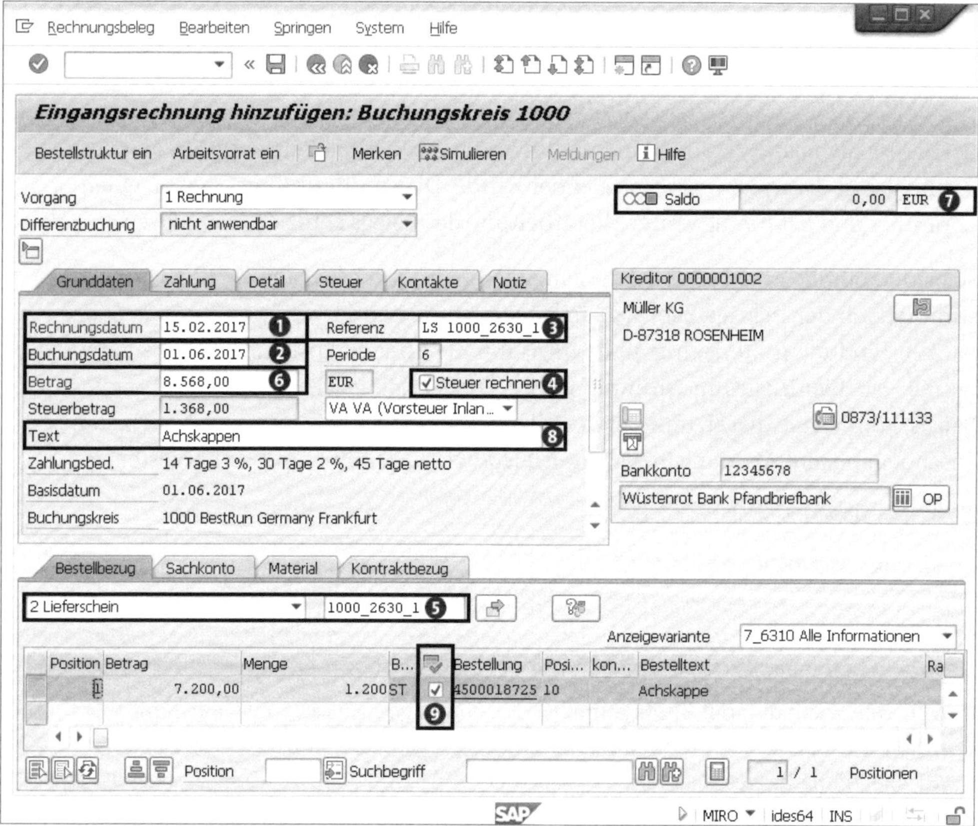

Abbildung 7.16 Eingangsrechnung 3 – Bestellbezug: Lieferschein

Die Erfassung nehmen Sie am besten in der folgenden Reihenfolge vor:

❶ Eingabe im Feld **Rechnungsdatum** im Belegkopf.

❷ Eingabe im Feld **Buchungsdatum** (Datum des Wareneingangs) im Belegkopf.

❸ Eingabe im Feld **Referenz** (Rechnungsnummer) im Belegkopf.

❹ Setzen des Hakens zum Feld **Steuer rechnen** im Belegkopf.

❺ Auswahl des Bestellbezugs **Lieferschein** und Eingabe der Lieferscheinnummer in der Registerkarte **Bestellbezug** bei den Belegpositionen. Im Anschluss an diese Eingaben bestätigen Sie über die Schaltfläche (**Weiter**) oder alternativ über die [↵]-Taste. Hierdurch zieht das SAP-System den Wareneingang zum Lieferplan aus Abbildung 6.5 in die Belegpositionen der Rechnungserfassung. Der Betrag von **7.200,00 EUR** in der Belegposition entspricht dem Nettobetrag, der im Wareneingang ausgewiesen wird. In den Belegkopf wird hieraus der Steuerbetrag bei einem Vorsteuersatz von 19 % automatisch errechnet und hinterlegt. Gleichzeitig wird zunächst ein Saldo von insgesamt 8.568,00 EUR ausgewiesen (hier nicht gezeigt).

❻ Nun können Sie den Gesamtbetrag (Feld **Betrag**) aus der Rechnung übernehmen. Im Idealfall, den wir hier beschreiben, entspricht dieser dem noch offenen Saldo von **8.568,00 EUR**. Die Erfassung erfolgt ohne Vorzeichen!

❼ Nach der Bestätigung mit der Schaltfläche (**Weiter**) oder dem Auslösen der [↵]-Taste wird das Kästchen vor dem Feld **Saldo** in Grün dargestellt. Um erfolgreich buchen zu können, muss hier ein Saldo in Höhe von **0,00 EUR** ausgewiesen werden.

❽ Im Feld **Text** sollte ein solcher erfasst werden, um die Orientierung innerhalb der SAP-Software zu erleichtern. Häufig ist dieses Feld ein Muss-Feld, dessen Ausfüllen also obligatorisch ist. In Ihrem Unternehmen sollte es eine Vereinbarung darüber geben, welche Inhalte hier zu hinterlegen sind.

❾ Hier zeigen wir Ihnen in der Spalte (Buchung o. k.), dass die Belegposition geprüft und als erledigt gekennzeichnet wurde. Dies hilft nur Ihrer eigenen Orientierung und hat für die weitere Verarbeitung des Belegs keine Konsequenzen.

Selbstverständlich wird auch bei diesem Beleg geprüft, ob die Zahlungsbedingungen stimmen, ob der richtige Zahlweg eingestellt ist, ob beim Lieferanten die passende Bankverbindung hinterlegt worden und wie es um die offenen Posten beim Lieferanten bestellt ist. Wenn alles in Ordnung ist, gegebenenfalls nach einer Simulation des Belegs, können Sie diesen nun mit der Schaltfläche (**Sichern**) buchen. Sie erhalten anschließend eine Meldung in der Statusleiste, wie es in Abbildung 7.17 dargestellt ist.

Beleg Nr. 5105609640 wurde hinzugefügt

Abbildung 7.17 Eingangsrechnung 3 – Bestellbezug: Lieferschein – gebucht

7.2.2 Rechnungen zu kontierten Bestellungen

In diesem Abschnitt zeigen wir Ihnen, wie Rechnungen für kontierte Bestellpositionen erfasst werden. Dabei handelt es sich um Bestellungen, deren Bestellpositionen nicht ins Lager, sondern direkt in den Verbrauch auf ein sogenanntes Kontierungsobjekt eingehen, z. B. auf Kostenstelle, Fertigungsauftrag oder Kundenauftrag. Wie es in Abschnitt 5.7, »Kontierungstyp«, beschrieben wurde, wird die Art des Kontierungsobjekts über den Kontierungstyp der Bestellposition festgelegt. Dabei kann es eine Einfach- oder eine Mehrfachkontierung geben.

Bei der Bearbeitung von kontierten Bestellungen unterscheiden wir zwei Fälle: das Erfassen einer Rechnung für eine kontierte Bestellposition mit Materialstammsatz und das Erfassen einer Rechnung für eine solche kontierte Bestellposition, wenn kein Materialstammsatz in der Bestellposition enthalten ist.

Rechnung zu kontierter Bestellung mit Stammsatz

Die in Abbildung 7.18 gezeigte Bestellung unterscheidet sich von der bisher besprochenen Normalbestellung alleine durch den Kontierungstyp. Im Beispiel sehen Sie eine Einfachkontierung mit dem Kontierungstyp **K** auf die Kostenstelle **1000**. Details zu den Kontierungstypen in Bestellungen können Sie in Abschnitt 5.7, »Kontierungstyp«, nachlesen.

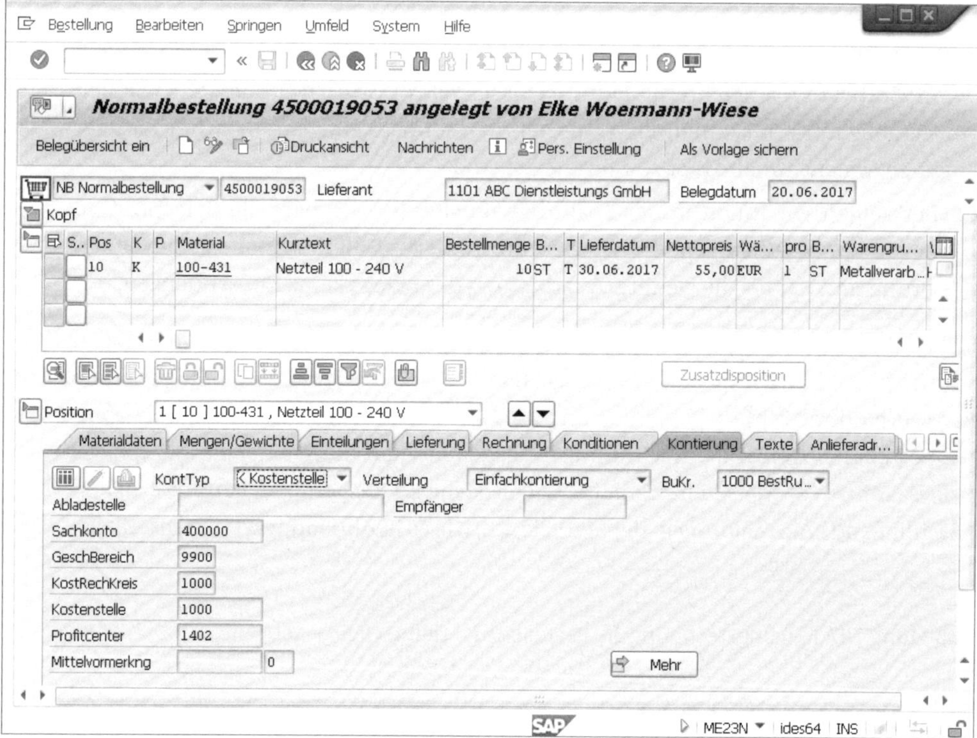

Abbildung 7.18 Kontierte Bestellung mit Materialstammsatz

Im Beispiel erfolgt die Rechnungsstellung vor der Verarbeitung des Wareneingangs. Nachdem die üblichen Eingaben vorgenommen worden sind, sehen Sie in Abbildung 7.19, dass Mengen- und Betragsangaben nicht aus der Bestellung übernommen werden.

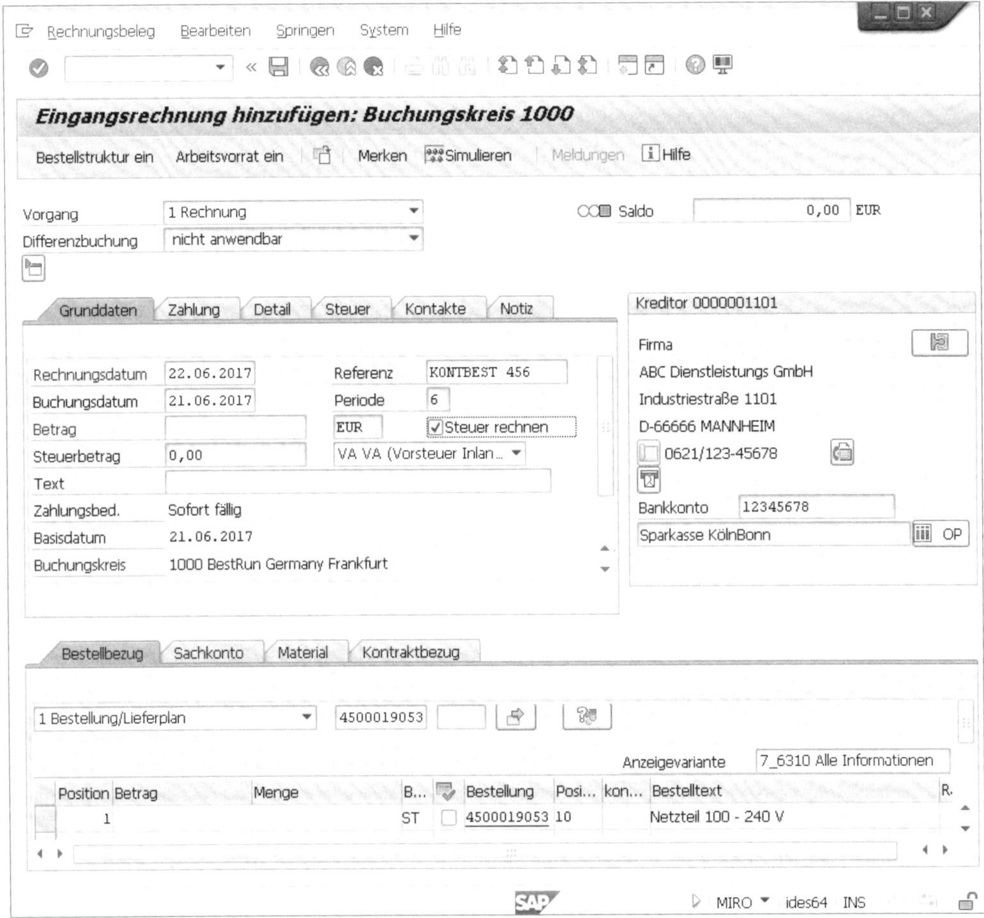

Abbildung 7.19 Eingangsrechnung 4 – kontierte Bestellung

Sie müssen nun die entsprechenden Angaben aus der vorliegenden Rechnung manuell in die Erfassungsmaske übernehmen, wie es in Abbildung 7.20 zu sehen ist.

Die weiteren Anpassungen können genau wie im vorangegangenen Fallbeispiel 1: Rechnung mit Bezug auf eine Bestellung, vorgenommen werden. Am Ende wird die Rechnung gebucht und erzeugt einen Buchhaltungsbeleg, der genau wie in den vorangehenden Beispielen eine Verbindlichkeit gegenüber dem Lieferanten gegen das WE/RE-Verrechnungskonto und die Vorsteuer bucht. Sie sehen diesen Beleg in Abbildung 7.21.

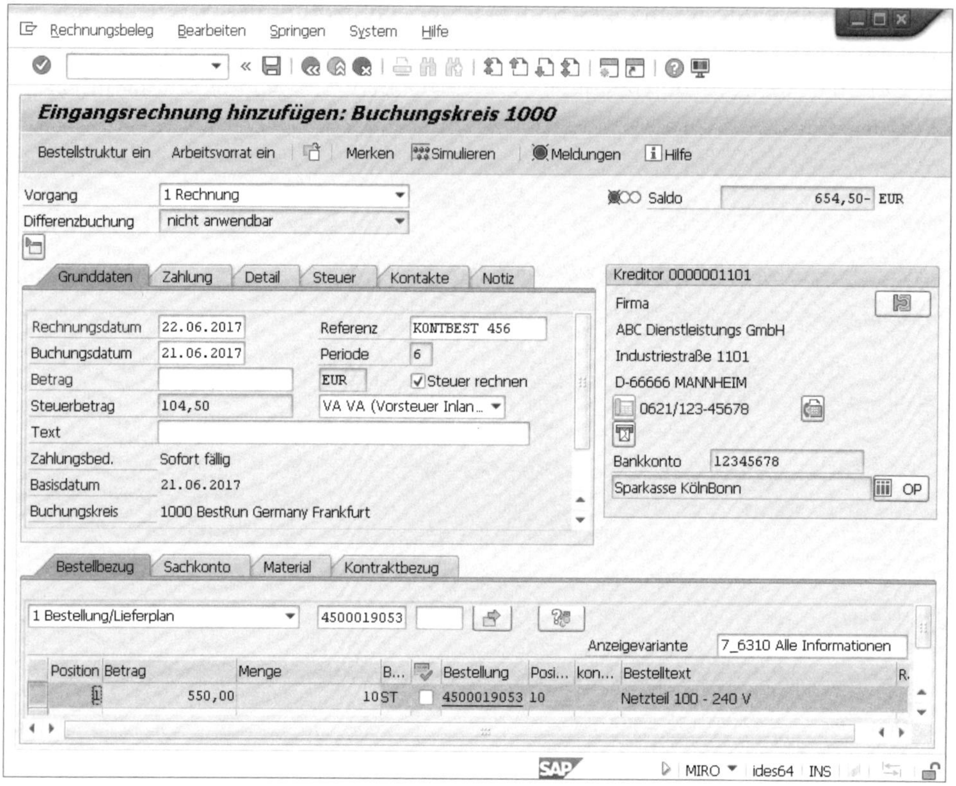

Rechnungsbeleg Bearbeiten Springen System Hilfe

Eingangsrechnung hinzufügen: Buchungskreis 1000

Bestellstruktur ein Arbeitsvorrat ein Merken Simulieren Meldungen Hilfe

Vorgang: 1 Rechnung
Differenzbuchung: nicht anwendbar
Saldo: 654,50- EUR

Grunddaten | Zahlung | Detail | Steuer | Kontakte | Notiz

Rechnungsdatum: 22.06.2017 Referenz: KONTBEST 456
Buchungsdatum: 21.06.2017 Periode: 6
Betrag: EUR ☑ Steuer rechnen
Steuerbetrag: 104,50 VA VA (Vorsteuer Inlan...
Text:
Zahlungsbed.: Sofort fällig
Basisdatum: 21.06.2017
Buchungskreis: 1000 BestRun Germany Frankfurt

Kreditor 0000001101
Firma
ABC Dienstleistungs GmbH
Industriestraße 1101
D-66666 MANNHEIM
0621/123-45678
Bankkonto: 12345678
Sparkasse KölnBonn OP

Bestellbezug | Sachkonto | Material | Kontraktbezug

1 Bestellung/Lieferplan 4500019053
Anzeigevariante: 7_6310 Alle Informationen

Position	Betrag	Menge	B...		Bestellung	Posi...	kon...	Bestelltext
1	550,00	10	ST	☐	4500019053	10		Netzteil 100 - 240 V

MIRO ides64 INS

Abbildung 7.20 Eingangsrechnung 4 – kontierte Bestellung mit manueller Eingabe von Menge und Betrag

Abbildung 7.21 Eingangsrechnung 4 – Buchhaltungsbeleg

Aufgrund des fehlenden Wareneingangs ergibt sich aber doch noch eine Besonderheit: Beim Speichern des MM-Rechnungsbelegs erscheint mit der Erfolgsmeldung auch der Hinweis auf eine Zahlsperre (siehe Abbildung 7.22).

Beleg Nr. 5105609623 wurde hinzugefügt; zur Zahlung gesperrt

Abbildung 7.22 Eingangsrechnung 3 – Erfolgsmeldung und Zahlsperre

Aus Abbildung 7.23 können Sie ersehen, dass der MM-Rechnungsbeleg eine Zahlsperre (**R Rechnungsprü**) aufweist. Diese Zahlsperre wurde über die Customizing-Einstellungen ermittelt und sorgt dafür, dass die Rechnung nicht ohne Weiteres bezahlt wird. Mit den Rechnungssperren befassen wir uns in Abschnitt 7.5, »Sperren und Freigaben«. Hier zeigen wir Ihnen dann auch, wie gesperrte Rechnungen freigegeben werden können.

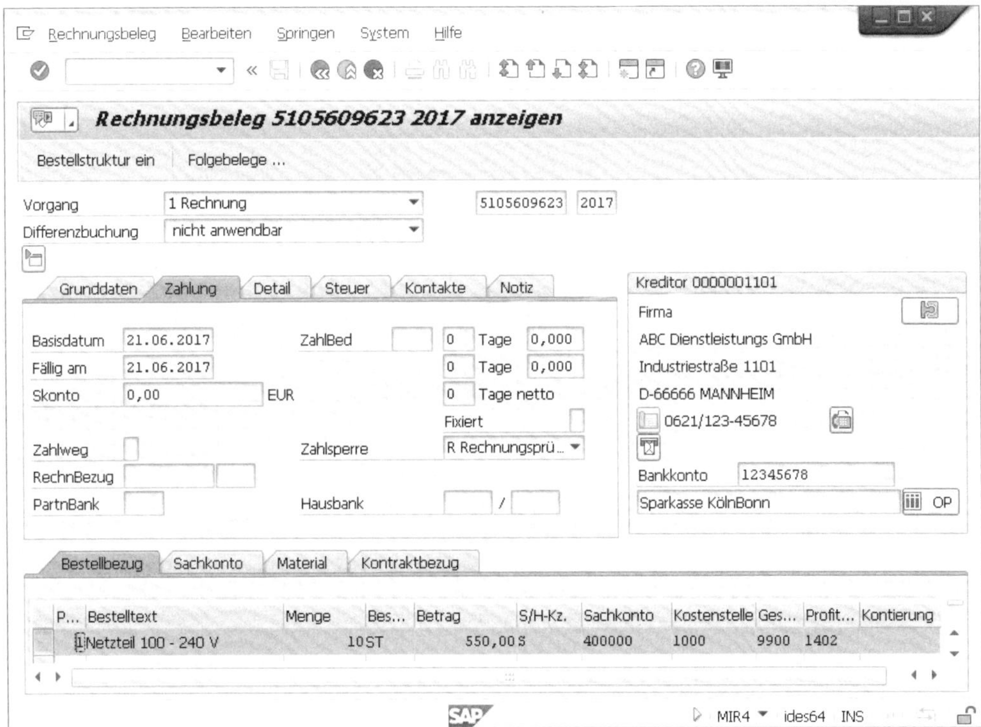

Abbildung 7.23 Eingangsrechnung 4 – Zahlsperre

Ein Sonderfall der kontierten Bestellung ist es, wenn es zum bestellten Material keinen Stammsatz gibt. Das Material wird dabei lediglich über seinen Text beschrieben, und der Nettopreis muss neben den anderen erforderlichen Daten manuell eingegeben werden. Wir zeigen Ihnen hierzu ein Beispiel im nachfolgenden Abschnitt.

Rechnung zu kontierter Bestellung ohne Stammsatz

In Abbildung 7.24 sehen Sie die Beispielbestellung ohne Materialstammsatz. Der Nettopreis in der Bestellposition **20** wurde manuell eingegeben. In den Konditionsdetails zur Position sehen Sie die Umsetzung dieses Preises.

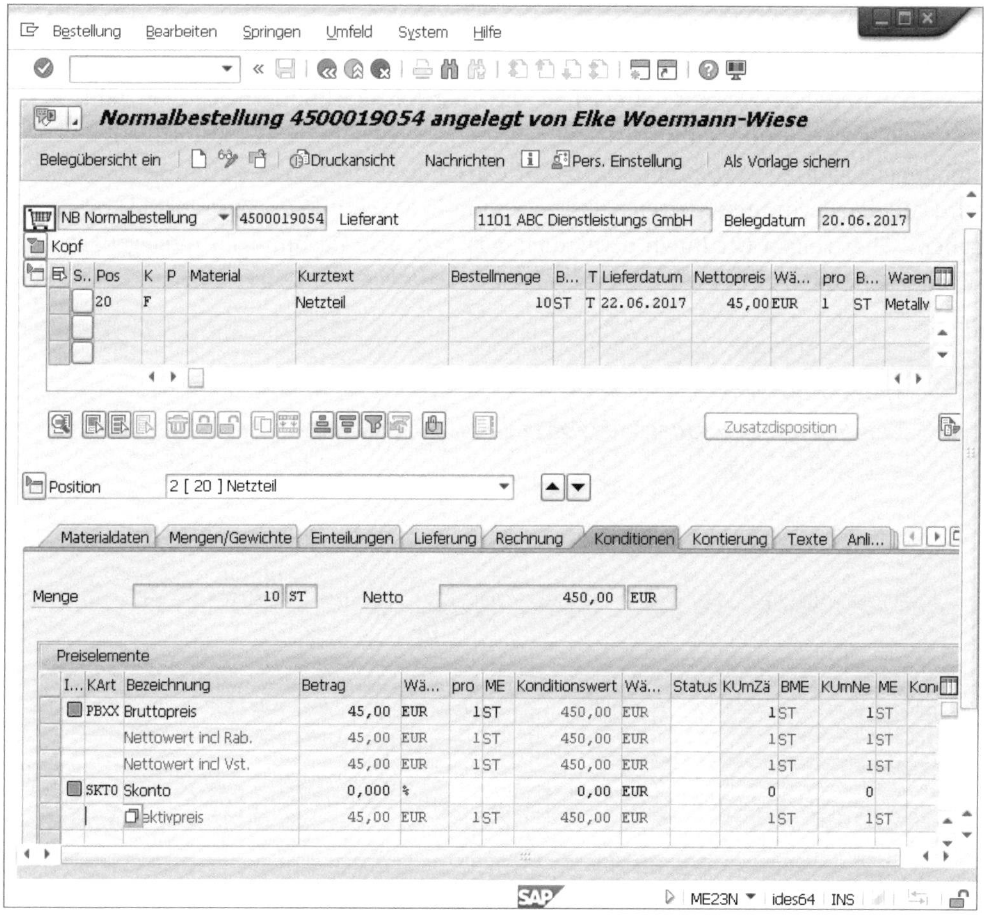

Abbildung 7.24 Kontierte Bestellung ohne Materialstammsatz

Zur kontierten Bestellung aus Abbildung 7.24 gibt es bereits einen Wareneingang in voller Höhe.

Sie sehen in Abbildung 7.25 nur den Einstieg in die Rechnungserfassung mit Transaktion MIRO. Durch den Bezug auf Bestellung und Bestellposition werden in Transaktion MIRO direkt die Materialmenge und der Nettopreis in der Bestellposition vorgeschlagen. Die weiteren Anpassungen, bevor gebucht werden kann, erfolgen entsprechend, z. B. aus Abbildung 7.14.

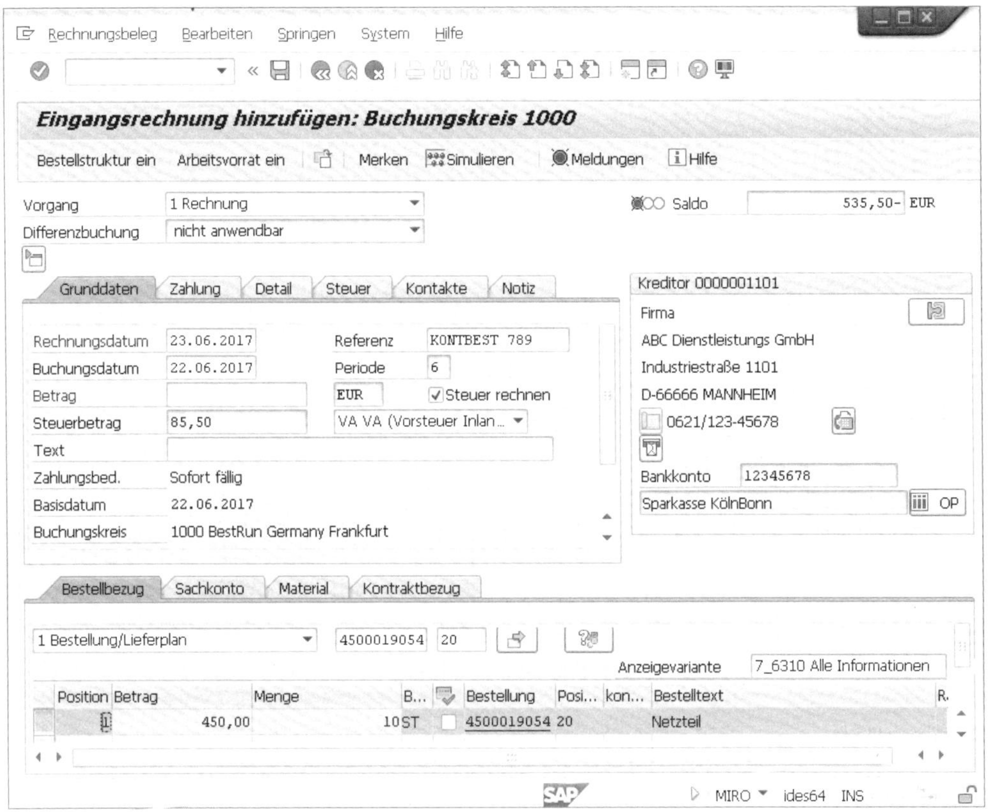

Abbildung 7.25 Eingangsrechnung 5 – kontierte Bestellung ohne Stammsatz

7.2.3 MM-Beleg, FI-Beleg und CO-Beleg

Im Folgenden zeigen wir Ihnen die Belege, die beim Buchen von Wareneingängen und Rechnungseingängen entstehen. Je nach Geschäftsvorfall entstehen mindestens ein MM-Beleg und ein FI-Beleg. Werden Erfolgskonten über die Kontenfindung angesprochen (siehe Abschnitt 6.8., »Automatische Kontenfindung«), gibt es zusätzlich je nach eingesetzten CO-Komponenten in Ihrem SAP-Mandanten mindestens einen CO-Beleg.

Beschäftigen wir uns nun mit den verschiedenen Belegen, die im Zusammenhang mit der Verarbeitung des Lieferscheins aus Abbildung 6.5 erzeugt wurden. Wir wählen Transaktion ME23N (Bestellung anzeigen) oder den Menüpfad **Logistik • Materialwirtschaft • Einkauf • Bestellung • Anzeigen**, wählen dort die Bestellung mit der Nummer 4500018725 über das Menü **Bestellung • Andere Bestellung** aus und wechseln in den Positionsdetails auf die Bestellentwicklung (siehe Abbildung 7.26). Per Doppelklick auf die unterstrichene Materialbelegnummer zum Wareneingangsbeleg **5000001247** springen wir dann auf diesen ab.

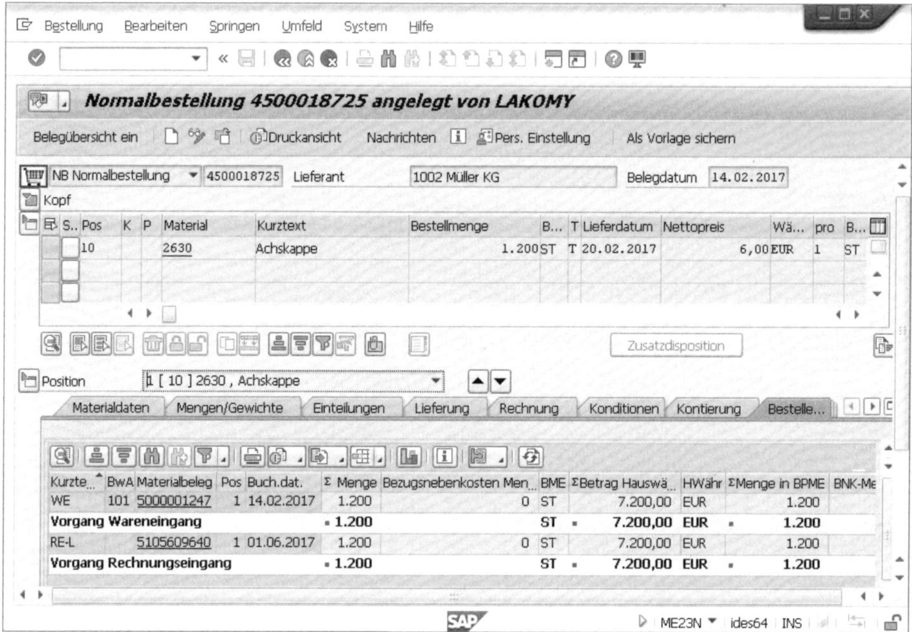

Abbildung 7.26 Aus der Bestellentwicklung zum Materialbeleg

In Abbildung 7.27 sehen Sie den Materialbeleg zum Wareneingang.

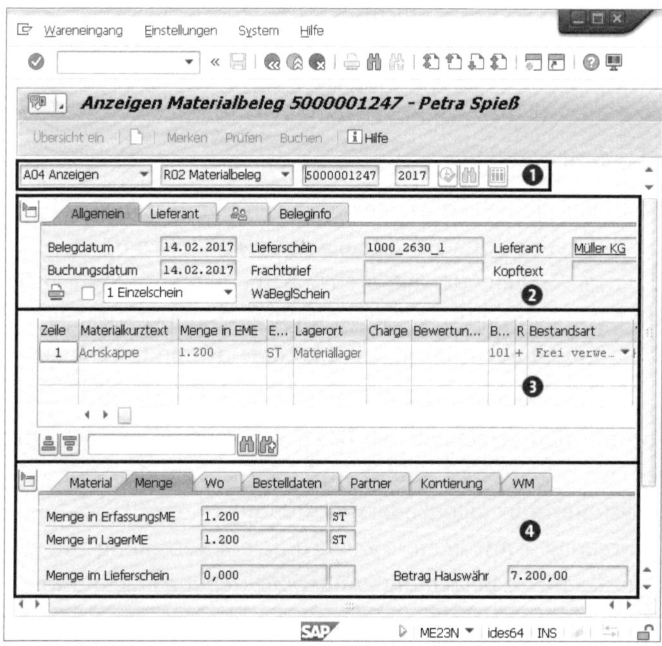

Abbildung 7.27 Materialbeleg zum Wareneingang zur Bestellung 4500018725 – Registerkarte »Menge«

Sie können aus Abbildung 7.27 ersehen, dass die Informationen zum Materialbeleg hier in vier verschiedene Bereiche eingeteilt sind:

- Bereich ❶ zeigt Ihnen, ob Sie im Anzeige- oder Änderungsmodus auf den Beleg zugreifen, und dass es sich um einen Materialbeleg mit einer bestimmten eindeutigen Nummer aus einem bestimmten Geschäftsjahr handelt.
- Bereich ❷ zeigt Ihnen in der Registerkarte **Allgemein** die Datumsangaben (Beleg- und Buchungsdatum, siehe Tabelle 7.1) sowie Informationen zu Lieferschein und Lieferant. Details zum Lieferanten gibt es in der eigenen Registerkarte **Lieferant**. Weitere Infos zum Beleg erhalten Sie in den Registerkarten **Mitarbeiter** sowie **Beleginfo**. Über die Registerkarte **Beleginfo** können Sie dann auch auf die Folgebelege im Rechnungswesen verzweigen.
- Bereich ❸ ist die Positionsübersicht des Materialbelegs. Im Beispiel ist hier nur eine Position erfasst.
- Die in Bereich ❸ erfassten Positionsdaten sind in Bereich ❹ im Detail auf verschiedene Registerkarten aufgeteilt. Die Registerkarten entstehen dabei interaktiv – sind also für eine Registerkarte noch keine Daten vorhanden, erscheint diese auch nicht. In Abbildung 7.27 zeigen wir Ihnen die Registerkarte **Menge**, die neben verschiedenen Mengenangaben auch den Hauswährungsbetrag für den Gesamtwert der Belegposition zeigt.

Als weiteres Beispiel für eine Registerkarte aus Bereich ❹ zeigen wir Ihnen in Abbildung 7.28 die Registerkarte **Kontierung**. Im Beispiel ist lediglich eine Kontierung auf eine Finanzposition gezeigt. Welche Kontierungsdaten hier genau angezeigt werden, hängt von dem Kontierungstyp der Bestellposition ab.

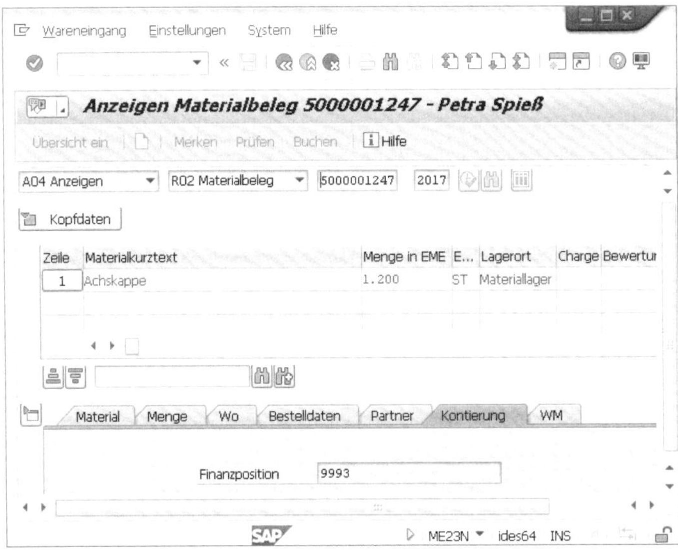

Abbildung 7.28 Materialbeleg »Wareneingang« zur Bestellung 4500018725 – Registerkarte »Kontierung«

Wir zeigen Ihnen nun die zum Materialbeleg gehörenden Rechnungswesenbelege. In Abbildung 7.29 sehen Sie aus dem Belegkopf die Registerkarte **Beleginfo**.

Abbildung 7.29 Materialbeleg zur Bestellung 4500018725 – Absprung in das Rechnungswesen

Aus der Beleginfo können Sie mithilfe der Schaltfläche RW-Belege ins Rechnungswesen abspringen. Immer dann, wenn es mehr als einen zugehörigen Beleg im Rechnungswesen gibt, erhalten Sie zunächst eine Belegliste, wie es in Abbildung 7.30 zu sehen ist.

Beleg	Objekttyptext	Ld
5000000109	Buchhaltungsbeleg	
0000456847	Profit-Center-Beleg	
1000469341	Spezielle Ledger	

Abbildung 7.30 Materialbeleg »Wareneingang« zur Bestellung 4500018725 – Übersicht Rechnungswesenbelege

Im Beispiel werden Ihnen hier drei Rechnungswesenbelege angeboten:

- Buchhaltungsbeleg
- Profit-Center-Beleg
- Beleg für spezielle Ledger. In der Komponente FI-SL (Spezielle Ledger) gibt es die Möglichkeit der Datenverdichtung und Datenanreicherung, um damit Auswertungsgeschwindigkeit und Qualität von Auswertungen für Ihr Unternehmen deutlich zu verbessern. Die Nutzung der speziellen Ledger ist in verschiedenen Unternehmen allerdings so unterschiedlich, dass diese unternehmensspezifisch

betrachtet werden müssen. Auf diese Belege gehen wir deshalb in unserem Buch nicht weiter ein.

Der *Buchhaltungsbeleg* wird auch als *FI-Beleg* bezeichnet. Er repräsentiert die korrekte Darstellung des Wareneingangs in der Buchhaltung. In Abbildung 7.31 sehen Sie den FI-Beleg zu unserem Beispiel. Auch dieser Beleg besteht aus Belegkopf und Belegpositionen. Dabei enthält der Belegkopf die übergreifenden Informationen, wie z. B. Datumsangaben, Belegnummer oder übergreifenden Text. Im Belegkopf steht außerdem, wann und von wem der betreffende Beleg gebucht wurde. Aus der Anwendungsfunktionsleiste können Sie über die Schaltfläche (**Kopfdaten anzeigen**) weitere Details erfahren, die zu den Kopfdaten gehören.

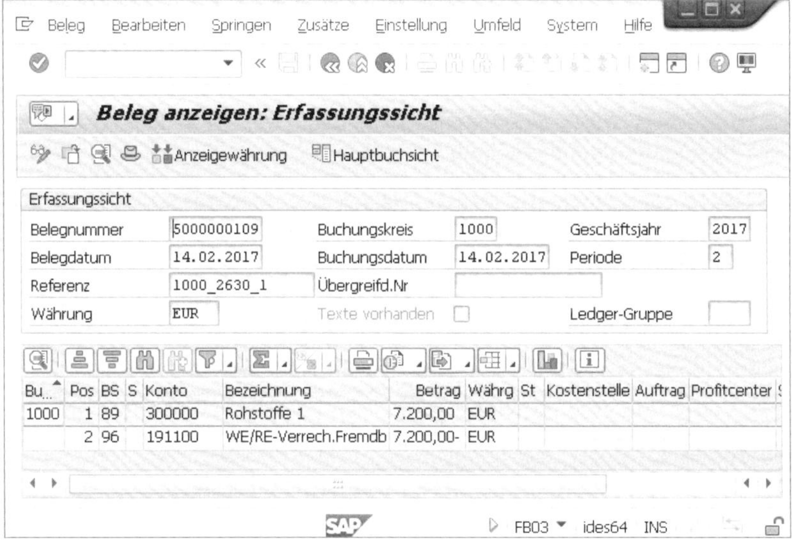

Abbildung 7.31 Materialbeleg zur Bestellung 4500018725 – FI-Beleg

Die Positionsdaten des FI-Belegs in Abbildung 7.31 enthalten den Buchungssatz, der aus Buchhaltungssicht den Geschäftsvorfall des Wareneingangs beschreibt. Um diesen einmal für Nicht-Buchhalter verständlich zu formulieren, könnten Sie den Buchungssatz von oben nach unten wie folgt lesen: »Rohstoffe im Wert von 7.200 EUR sind dem Unternehmen zugegangen und wurden gegen das WE/RE-Verrechnungskonto gebucht.« Das WE/RE-Verrechnungskonto hat in der Materialwirtschaft die Aufgabe, übersichtlich darzustellen, ob und welche Rechnungen es zu Wareneingängen schon gibt und welche Bestellungen diesbezüglich noch offen sind.

Wie Sie es Abbildung 7.32 entnehmen können, enthalten die Kopfdaten zusätzliche Informationen über die verwendete Belegart, die Belegwährung, den Erfasser, das Erfassungsdatum sowie die Transaktion, mit der die Erfassung vorgenommen wurde. Je nach Beleg werden gegebenenfalls weitere Felder in den Kopfdaten angezeigt.

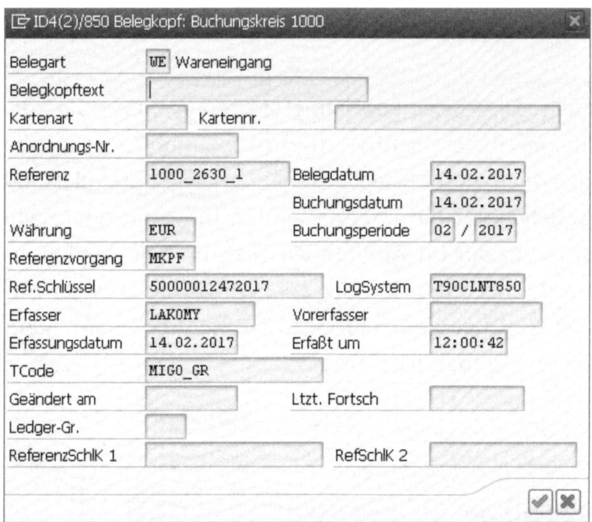

Abbildung 7.32 FI-Beleg – Kopfdaten im Detail

Einige Bemerkungen zum WE/RE-Verrechnungskonto

- Sie können alle Waren- und Rechnungseingänge über ein einziges WE/RE-Verrechnungskonto abbilden. Sie können aber auch, z. B. für unterschiedliche Materialarten, jeweils separate WE/RE-Verrechnungskonten anlegen.
- Das WE/RE-Verrechnungskonto wird über die MM-Kontenfindung automatisch gefunden (siehe Abschnitt 6.8, »Automatische Kontenfindung«).
- WE/RE-Verrechnungskonten gehören zu den Konten der Materialwirtschaft. Dies bedeutet, dass ein solches Konto so lange nicht gelöscht werden kann, wie es in der Kontenfindung an irgendeiner Stelle hinterlegt ist. Dies gilt auch, wenn das Konto noch nie genutzt wurde!
- WE/RE-Verrechnungskonten sind normalerweise OP-geführt, d. h., dass sie erwarten, dass Rechnungen und Wareneingänge, die zu einer Bestellung gehörten, entweder manuell oder maschinell untereinander ausgeglichen werden. Diese Aufgabe wird üblicherweise in der Buchhaltung erledigt. Es gilt, diese Pflege zeitnah vorzunehmen, damit die OP-Führung am Ende zu einer größtmöglichen Übersichtlichkeit auf dem Verrechnungskonto führt.
- Wird die OP-Führung lange vernachlässigt, müssen die verspäteten Ausgleiche mit großer Sorgfalt durchgeführt werden. Offene Posten sollten möglichst mit Ausgleichsdatum im selben Jahr wie die gebuchten Waren- und Rechnungseingänge gebucht werden.

In unserem Beispiel gibt es als nächsten relevanten Beleg einen Profit-Center-Beleg, wie er in Abbildung 7.33 gezeigt wird.

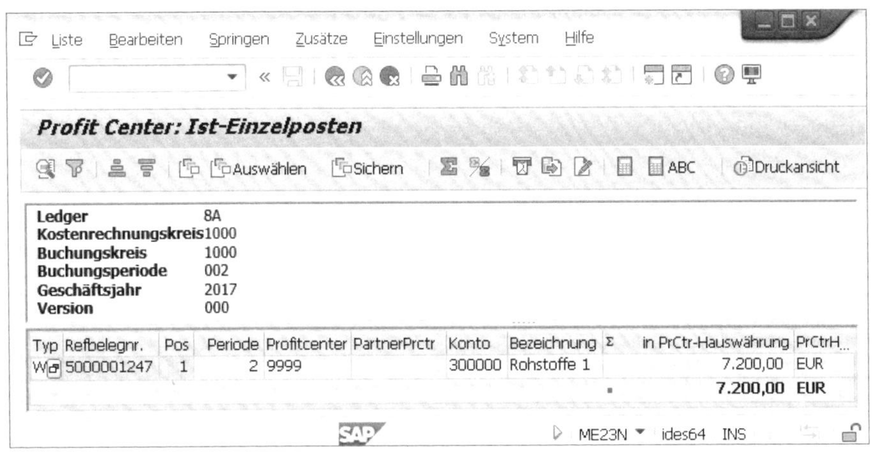

Abbildung 7.33 Profit-Center-Beleg zum Materialbeleg der Bestellung 4500018725

Der Profit-Center-Beleg beinhaltet nur eine Buchungszeile. In unserem Beispiel wird der Wareneingang als Zugang auf dem Profit-Center **9999** dargestellt. Dies dient dazu, auch aus Sicht der Profit-Center-Rechnung, eine Bilanz erstellen zu können.

Abbildung 7.34 Materialbeleg »Rechnungseingang« zur Bestellung 4500018725

Aus der oben gezeigten Bestellentwicklung zu unserem Beispiel (siehe Abbildung 7.26) können wir auch auf den Rechnungseingangsbeleg abspringen. Sie sehen den Materialbeleg zur Rechnung in Abbildung 7.34. Auf Details zum Materialbeleg gehen wir an dieser Stelle nicht weiter ein, da diese ab Abschnitt 7.2, »Rechnungserfassung«, ausführlich beschrieben wurden.

Aus dem Materialbeleg zu einer Rechnung können Sie über die Schaltfläche Folgebelege ... in der Anwendungsfunktionsleiste auf die Rechnungswesenbelege abspringen. In unserem Beispiel erscheint eine Liste mit zwei Einträgen, wie es in Abbildung 7.35 zu sehen ist.

Abbildung 7.35 Materialbeleg »Rechnungseingang« zur Bestellung 4500018725 – Übersicht: Rechnungswesenbelege

In unserem Beispiel werden zum Rechnungseingang nur zwei Rechnungswesenbelege angeboten:

- FI-Beleg
- Beleg für spezielle Ledger (auf den wir nicht weiter eingehen, siehe den Kommentar zu Abbildung 7.30)

In Abbildung 7.36 sehen Sie den FI-Beleg zum Rechnungseingang in unserer Beispielbestellung. Der Belegkopf enthält wiederum die generellen Informationen zum gesamten Beleg. Dieser Beleg hat insgesamt drei Belegpositionen, die Sie, frei interpretiert, wie folgt lesen können: »Sie haben bei dem Unternehmen Müller KG eine Verbindlichkeit von insgesamt 8.568,00 EUR, die sich aufteilen in einen Wareneingang (hier repräsentiert durch das WE/RE-Verrechnungskonto, siehe hierzu nochmals den vorangehenden Hinweiskasten »Einige Bemerkungen zum WE/RE-Verrechnungskonto«) und eine Eingangssteuer (siehe Abschnitt 7.2.7, »Steuern«).«

Abschließend möchten wir Ihnen noch einen Material- und einen FI-Beleg zum Wareneingang der Bestellung 4500019053 zeigen, in unserem Beispiel zu einer Rechnung zu kontierter Bestellung mit Stammsatz. In Abbildung 7.37 sehen Sie den entsprechenden Materialbeleg. In der Registerkarte **Kontierung** ist hinterlegt, dass diese auf dem Sachkonto **400000**, für den Geschäftsbereich **9900**, die Kostenstelle **1000** und das Profit-Center **1402** vorgenommen wird.

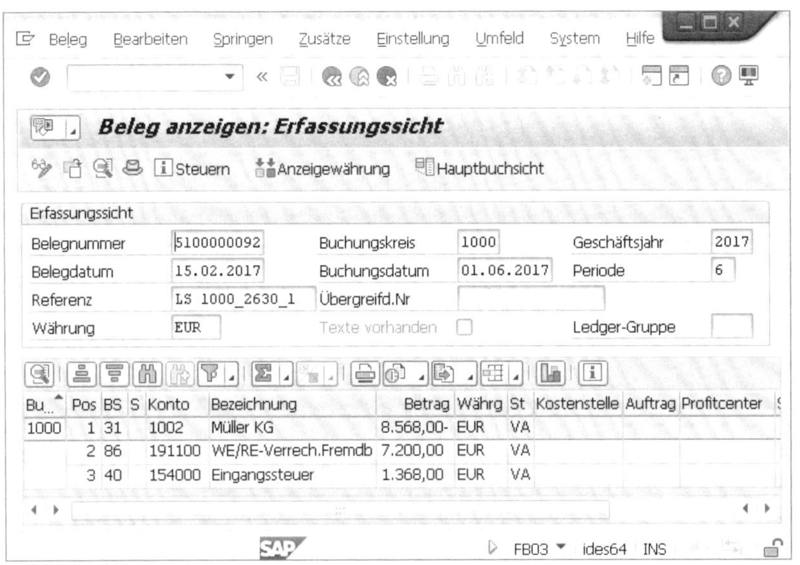

Abbildung 7.36 Materialbeleg »Rechnungseingang« zur Bestellung 4500018725 – FI-Beleg

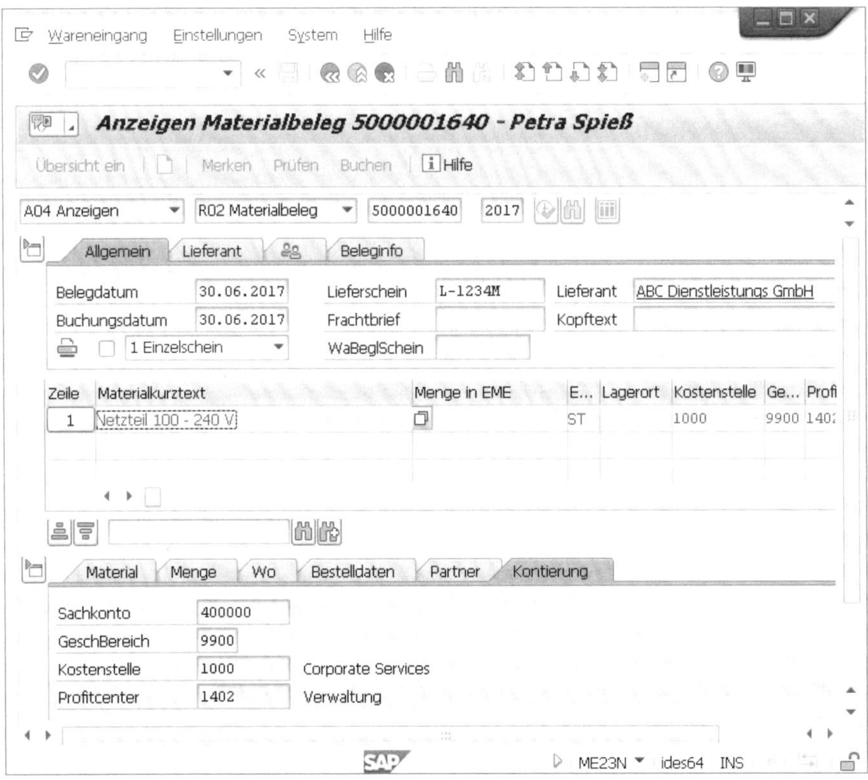

Abbildung 7.37 Materialbeleg zum Wareneingang – kontierte Bestellung

Über die Schaltfläche RW-Belege können Sie vom Materialbeleg ins Rechnungswesen abspringen. Sie erhalten in diesem Beispiel eine Liste von vier Rechnungsbelegen, wie es in Abbildung 7.38 zu sehen ist.

Abbildung 7.38 Rechnungswesenbelege zum Wareneingang – kontierte Bestellung

Auch hier beschränken wir uns auf den FI-Beleg, den Profit-Center-Beleg sowie den Kostenrechnungsbeleg. Den FI-Beleg sehen Sie in Abbildung 7.39. Es wird in zwei Belegpositionen dargestellt, dass in Ihrem Unternehmen ein Verbrauch an Rohstoffen (Sachkonto **400000**) in Höhe von **550,00 EUR** zu verzeichnen ist, den die Kostenstelle **1000** aus der Sicht der Kostenrechnung und das Profit-Center **1402** aus Sicht der Profit-Center-Rechnung zu verantworten hat. Die Gegenbuchung läuft auch in diesem Beispiel gegen das WE/RE-Verrechnungskonto.

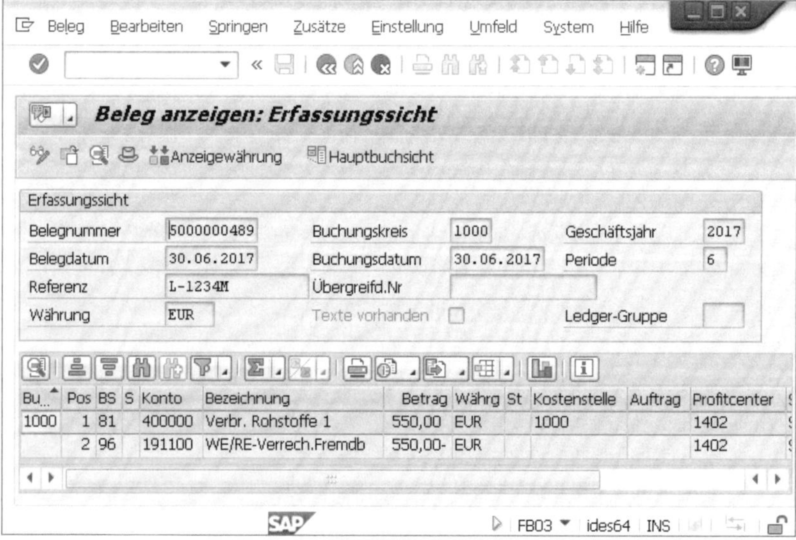

Abbildung 7.39 FI-Beleg zum Wareneingang – kontierte Bestellung

Abbildung 7.40 zeigt Ihnen den zugehörigen Profit-Center-Beleg. Er enthält lediglich die profitcenterspezifische Sicht auf diesen Geschäftsvorfall und beschränkt sich deshalb auf den Verbrauch von Profit-Center **1402**.

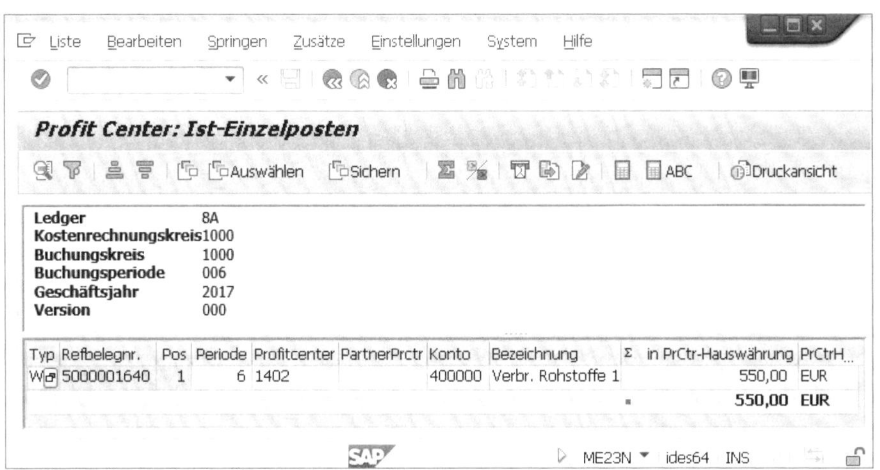

Abbildung 7.40 Profit-Center-Beleg zum Wareneingang – kontierte Bestellung

Mit Abbildung 7.41 rundet sich das Bild aus Sicht der Kostenrechnung ab. Der Verbrauch in Höhe von **550,00 EUR** geht zulasten der Kostenstelle **1000**.

Abbildung 7.41 Kostenrechnungsbeleg zum Wareneingang – kontierte Bestellung

Warum gibt es so viele Rechnungswesenbelege?

In den verschiedenen Beispielen für die Darstellung von Wareneingängen und Rechnungseingängen haben Sie gesehen, dass im Rechnungswesen jeweils mehrere Belege erzeugt wurden. Diese dienen in unterschiedlichen Abteilungen des Rechnungswesens dazu, jeweils ein unabhängiges Berichtswesen mit Blick auf die jeweils spezifischen Fragestellungen zu ermöglichen:

- Es ist Aufgabe der *Buchhaltung*, die Geschäftsvorfälle nach gesetzlichen Anforderungen aufzubereiten. Die FI-Belege beinhalten die dafür erforderlichen Informationen.
- In der *Kostenrechnung* wird dargestellt, wo und wann welche Kosten angefallen sind. Hier ist die Zuordnung zu einem Kontierungsobjekt, d. h. zu einer Kostenstelle, einem Auftrag oder einem PSP-Element maßgeblich.
- Das *Konzerncontrolling* interessiert sich wiederum für die Gewinnsituation in den verschiedenen Sparten Ihres Unternehmens. Dabei werden häufig Profit-Center zur Darstellung der Sparten in der SAP-Software herangezogen.

7.2.4 Prüfung doppelte Rechnung

Beschäftigen wir uns nun mit einer Kontrollfunktion, die das SAP-System anbietet, um die versehentliche Mehrfacherfassung und -zahlung von Rechnungen zu verhindern.

Um zu vermeiden, dass Rechnungen doppelt erfasst werden, ist bei den meisten Unternehmen das Kennzeichen **Prf. dopp. Rech.** (Prüfung doppelte Rechnung) in den buchungskreisspezifischen Daten des Kreditorenstammsatzes ein Muss-Feld. Sie sehen die entsprechende Registerkarte aus dem Beispiellieferanten für die bisher gezeigten Eingangsrechnungen mit dem Prüfkennzeichen in Abbildung 7.42.

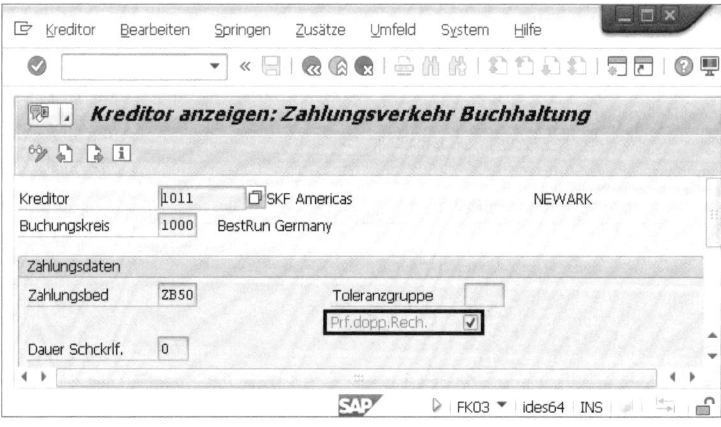

Abbildung 7.42 Kennzeichen für die Prüfung auf doppelte Rechnungen

Die Prüfung auf doppelte Rechnungen greift in aller Regel nur für Rechnungen; in manchen Ländern wird sie aber auch für Gutschriften genutzt. Bei der Rechnungserfassung mit Transaktion MIRO werden dabei zunächst MM-Belege geprüft. In einem zweiten Schritt werden FI-Belege geprüft. Dabei prüft das SAP-System, ob zu einem bestimmten Lieferanten in der Währung des aktuell eingegebenen Rechnungsbelegs in diesem Buchungskreis mit diesem Rechnungsbruttobetrag und dieser Rechnungsnummer (Feld **Referenz**) sowie diesem Belegdatum schon eine Rechnung gebucht wurde.

[«]

Einstellungen für die Prüfung auf doppelte Rechnung

Im Standard prüft das SAP-System im ersten Prüfschritt in der Materialwirtschaft die folgenden Felder auf Übereinstimmung bei der Rechnungserfassung:

- Lieferant
- Währung
- Buchungskreis
- Rechnungsbruttobetrag
- Referenzbelegnummer (Rechnungsnummer des Lieferanten)
- Belegdatum

Stellt das System Übereinstimmungen mit bereits gebuchten Rechnungen fest, erscheint eine Warnmeldung.

Im Customizing können Sie pro Buchungskreis einstellen, dass Referenzbelegnummer, Belegdatum und/oder Buchungskreis nicht mit abgeprüft werden. Durch das Ausschalten von Prüffeldern steigt die Wahrscheinlichkeit von Übereinstimmungen. Damit erhöhen Sie die Häufigkeit von Warnmeldungen aufgrund der Prüfung auf doppelte Rechnung!

Die FI-Prüfung weicht dabei minimal von der Prüfung der MM-Belege ab:

- Bei einer Rechnungserfassung mit Referenznummer (dies ist normalerweise der Standard, wenn für die entsprechenden Belegarten das Feld **Referenz** als Muss-Feld gesteuert wird) wird der Bruttobetrag nicht mit abgeprüft.
- Lässt die Belegart zu, dass das Feld **Referenz** leer bleibt, wird stattdessen der Bruttobetrag in der Belegwährung abgeprüft.

7.2.5 Beleg merken, vorerfassen und vollständig sichern

Wir zeigen Ihnen jetzt, wie Sie von Ihnen erfasste Daten schon einmal sichern können, obwohl Ihnen noch nicht alle Informationen vorliegen und diese mithin noch unvollständig sind. Dabei wird zwar schon eine Belegnummer erzeugt, nicht aber unbedingt schon Rechnungswesenbelege. Wenn Ihnen im Zuge der Erfassung einer Eingangsrechnung auffällt, dass Sie noch nicht über alle Informationen verfügen, nutzen Sie die Funktion **Beleg merken**, die wir Ihnen zu Beginn dieses Abschnitts erläutern.

Wenn Sie bei der Rechnungserfassung das Vier-Augen-Prinzip wahren müssen, weil z. B. eine in Ihrem Unternehmen festgelegte Betragsgrenze überschritten wird, gibt es dafür die Funktion **Vorerfassung**, die wir im zweiten Teil dieses Abschnitts zeigen.

Beleg merken

Stellen Sie sich folgendes Szenario vor: Sie wundern sich über dic Zahlungsbedingung auf der Rechnung, die großzügig Skonto gewährt. Üblicherweise haben Sie mit diesem Lieferanten keine Skontovereinbarung getroffen. Zur Sicherheit möchten Sie dies noch einmal mit dem Einkäufer abklären, der aber leider heute Urlaub hat. Um Ihre bisher vorgenommenen Eingaben behalten zu können, gibt es für solche Fälle die Möglichkeit, die betreffende Rechnung über die Schaltfläche Merken (siehe Abbildung 7.43) oder über den Menüpfad **Rechnungsbeleg • Merken** zwischenzusichern. Sie erhalten die in Abbildung 7.44 gezeigte Meldung.

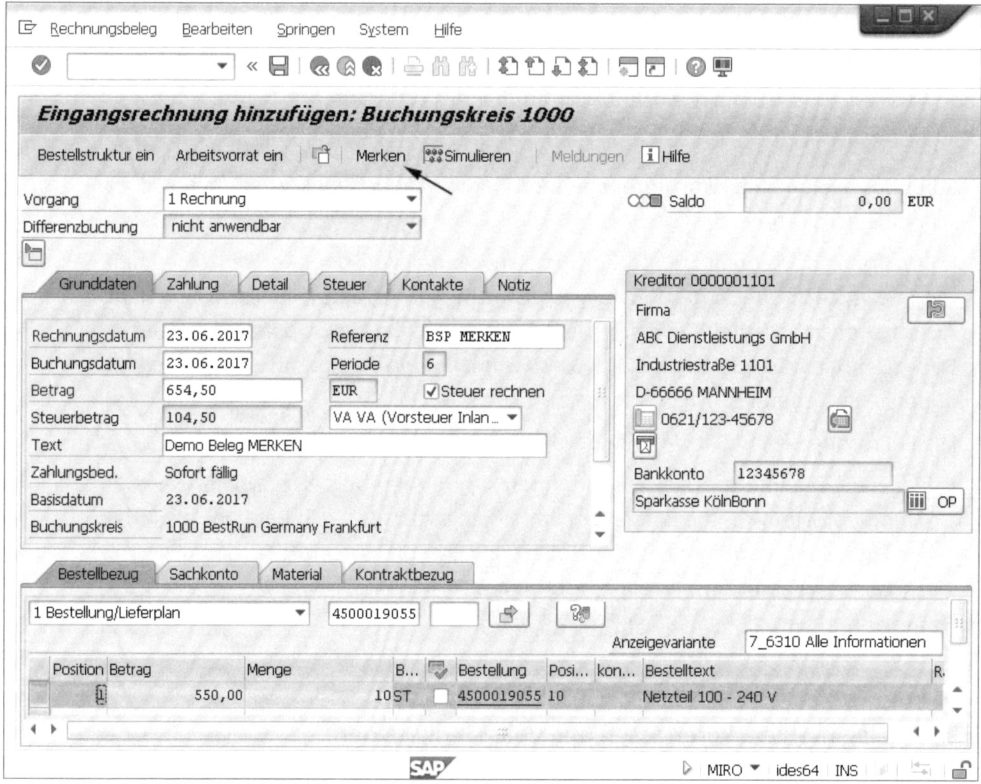

Abbildung 7.43 Eingangsrechnung 6 – Einstiegsbild

Rechnungsbeleg 5105609625 / 2017 gemerkt

Abbildung 7.44 Eingangsrechnung 6 – Statusmeldung »gemerkt«

Die Belegnummer aus Abbildung 7.44 sieht wie eine gewöhnliche Belegnummer aus der Materialwirtschaft aus. Sie können sich diesen Beleg über Transaktion MIR4 (Rechnungsbeleg anzeigen) oder den Menüpfad **Logistik • Materialwirtschaft • Logistik-Rechnungsprüfung • Weiterverarbeitung • Rechnungsbeleg anzeigen** ansehen. Sie können aber nicht auf Folgebelege abspringen, sondern erhalten dort eine Fehlermeldung, wie es als Beispiel in Abbildung 7.45 zu sehen ist. Dies bedeutet, dass es sich bei diesem Beleg noch nicht um einen echten Materialbeleg handelt, sondern nur um einen vorläufigen Beleg.

Kein Folgebeleg im Rechnungswesen gefunden

Abbildung 7.45 Eingangsrechnung 6 – Fehlermeldung

Am nächsten Tag haben Sie mit dem Einkäufer Ihre Frage klären können: Für diese Rechnung ist tatsächlich die auf der Rechnung genannte Zahlungsbedingung vereinbart worden. Sie möchten nun auf Ihren gemerkten Beleg zurückgreifen. Im Einstiegsbild von Transaktion MIRO (Eingangsrechnung erfassen) können Sie hierzu einen Arbeitsvorrat einblenden, der von Ihnen noch zu bearbeitende Belege enthält. Klicken Sie hierzu auf die Schaltfläche Arbeitsvorrat ein in der Anwendungsfunktionsleiste, und Transaktion MIRO zeigt Ihnen, sortiert nach gemerkten Belegen, vorerfassten Belegen und vollständigen Belegen, Ihren *Arbeitsvorrat* an (siehe Abbildung 7.46).

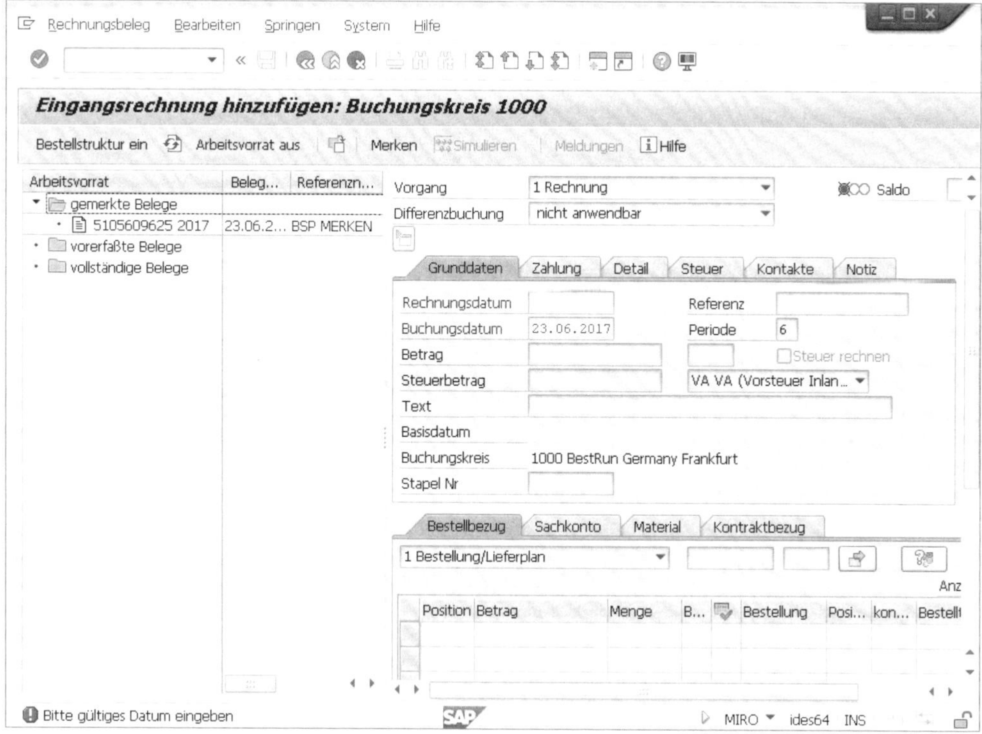

Abbildung 7.46 Eingangsrechnung 6 – Arbeitsvorrat gemerkter Belege

Arbeitsvorrat

Im Arbeitsvorrat von Transaktion MIRO befinden sich nur solche gemerkten Belege, die Sie unter Ihrem SAP-User bereits bearbeitet haben. Gemerkte Belege von Kolleginnen und Kollegen können Sie nicht weiterverarbeiten.

Belege aus dem Arbeitsvorrat können Sie von dort aus per Doppelklick in die Rechnungsbearbeitung mit Transaktion MIRO übernehmen. In Abbildung 7.47 sehen Sie einen solchen zur Weiterverarbeitung übernommenen Beleg.

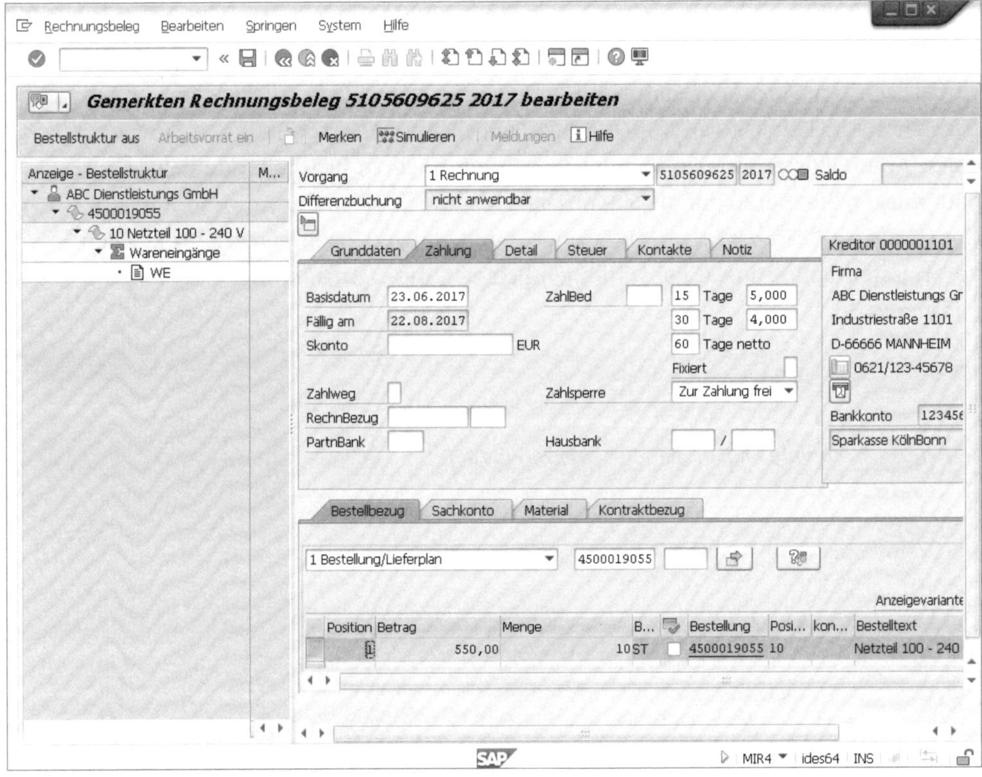

Abbildung 7.47 Eingangsrechnung 6 – gemerkte Rechnung verarbeiten

Wenn Sie alle Anpassungen an dem gemerkten Beleg vorgenommen haben, können Sie diesen ganz normal buchen. Die Buchung erfolgt dann unter der bisher vorläufigen Belegnummer als endgültiger MM-Beleg und wird auch in die Buchhaltung fortgeschrieben.

Wenn Sie einen gemerkten Beleg nicht weiterverarbeiten dürfen, weil z. B. der Lieferant eine fehlerhafte Rechnung geschickt hat, die nun erst noch korrigiert werden muss, können Sie diesen auch löschen. Sie wählen hierzu den gemerkten Beleg so aus Ihrem Arbeitsvorrat aus, wie es im obigen Beispiel beschrieben wurde. Dann können Sie über das Menü **Rechnungsbeleg • Löschen** die Löschung auslösen. Nach erfolgreicher Löschung erhalten Sie die Meldung aus Abbildung 7.48 in der Statusleiste.

Gemerkter Rechnungsbeleg 5105609626 wurde gelöscht

Abbildung 7.48 Löschung eines gemerkten Belegs

[«]

Systemprüfungen bei der Nutzung der Funktion »Merken«

Bevor eine Eingangsrechnung über Transaktion MIRO vom SAP-System gemerkt wird, durchläuft sie eine Anzahl von Prüfungen. Im Einzelnen sind dies:

- Passt der voreingestellte Buchungskreis zum Bestellbezug?
- Ist der Lieferant für den betreffenden Buchungskreis angelegt?
- Stimmt die Belegwährung?

Hinsichtlich aller anderen Prüfungen kann der gemerkte Beleg unvollständig sein.

Eine Fortschreibung des Rechnungseingangsbelegs erfolgt nicht.

Der MM-Beleg ist der einzige erzeugte Beleg. Dieser wird jedoch noch nicht in der Bestellentwicklung gezeigt.

[«]

Belegnummernvergabe und gemerkte Belege

Für gemerkte Belege werden Belegnummern aus dem normalen Belegnummernintervall für MM-Rechnungen vergeben.

Wird der gemerkte Beleg gebucht, wird er unter dieser Belegnummer gebucht und zusätzlich ein Folgebeleg in der Buchhaltung erzeugt.

Wird der gemerkte Beleg gelöscht, verschwindet auch die bereits vergebene Belegnummer. Die Nummer kann nicht für einen künftigen Beleg erneut vergeben werden; Sie haben dann eine Lücke in der Belegnummernvergabe. Dies ist allerdings bei MM-Belegen nicht kritisch. In der Buchhaltung ist hingegen die Lückenlosigkeit der Belegnummernvergabe gewahrt, da dort Belege erst erzeugt werden, wenn sie in der Materialwirtschaft ordentlich gebucht werden.

Vorerfassung und Buchen von Belegen

Wir zeigen Ihnen nun, wie Sie Belege vorerfassen und freigeben können.

Belege werden zunächst vorerfasst, wenn die Berechtigungen eines SAP-Users eine direkte Durchbuchung nicht zulassen. Der vorerfasste Beleg wird dann von einem zweiten SAP-User nochmals geprüft und anschließend durch vollständiges Sichern freigegeben. Nach dem vollständigen Sichern hat ein solcher Rechnungsbeleg denselben Zustand wie ein Beleg, der direkt mit Transaktion MIRO durchgebucht wurde.

In die Funktion der Vorerfassung können Sie aus Transaktion MIRO heraus über den Menüpfad **Bearbeiten • Wechseln zum Vorerfassen** abspringen. Sie können die Vorerfassung aber auch direkt über Transaktion MIR7 (Eingangsrechnung vorerfassen) oder über den Menüpfad **Logistik • Materialwirtschaft • Logistik-Rechnungsprüfung • Belegerfassung • Eingangsrechnung vorerfassen** vornehmen.

In Abbildung 7.49 sehen Sie einen mit Transaktion MIR7 vorerfassten Beleg. Die Maske entspricht in weiten Teilen der schon bekannten Eingabemaske in Transaktion MIRO. Sie können aber erkennen, dass in dem Feld für den Gesamtbetrag in der Registerkarte **Grunddaten** noch ein Betrag von 0,00 EUR ausgewiesen wird. Der Beleg ist also zurzeit nicht ausgeglichen und konnte dennoch schon mit seiner späteren Belegnummer gesichert werden!

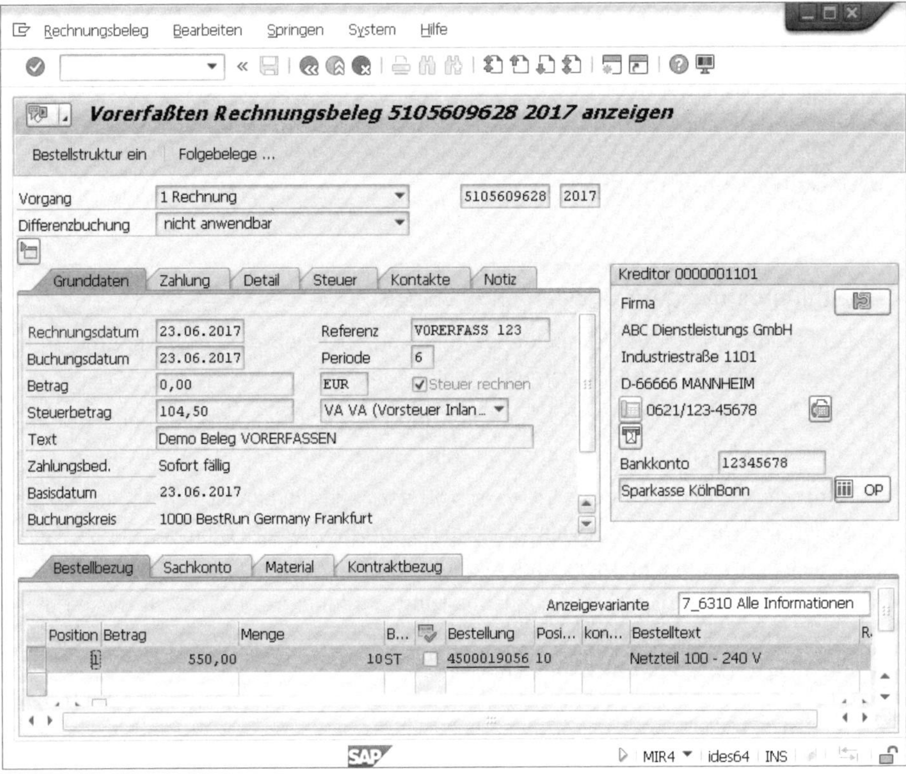

Abbildung 7.49 Eingangsrechnung 7 – vorerfasster Beleg

Nach dem Speichern des vorerfassten Belegs mit der Schaltfläche (**Sichern**) wurde die Meldung in Abbildung 7.50 in der Statuszeile ausgegeben.

Rechnungsbeleg 5105609628 wurde vorerfaßt

Abbildung 7.50 Statusmeldung – vorerfasster Beleg

Aus dem vorerfassten Beleg können Sie über die Schaltfläche Folgebelege ... auf die Folgebelege abspringen, wenn es solche gibt. Der Absprung führt hier allerdings ins Leere – ein Beleg, der in MM lediglich den Status *vorerfasst* hat, wird nicht in die Finanzbuchhaltung gebucht, ob vollständig oder unvollständig ist dabei nicht von Belang.

Systemprüfungen bei der Nutzung der Funktion »Vorerfassen« mit Transaktion MIR7

Bevor eine Eingangsrechnung über Transaktion MIR7 vom SAP-System als vorerfasst gesichert wird, durchläuft sie eine Anzahl von Prüfungen. Im Einzelnen sind dies:

- Passt der voreingestellte Buchungskreis zum Bestellbezug?
- Ist der Lieferant für den Buchungskreis angelegt?
- Überprüfung der Belegwährung
- Prüfung auf doppelte Rechnungserfassung

Auch der vorerfasste Beleg kann demnach noch unvollständig sein und braucht keinen Nullsaldo auszuweisen.

Der MM-Beleg ist der einzige erzeugte Beleg. Auch unvollständig vorerfasste Belege werden schon in der Bestellentwicklung fortgeschrieben und angezeigt.

Der in unserem Beispiel noch unvollständige Beleg kann anschließend vom selben Bearbeiter vervollständigt werden. Auch hierzu kann Transaktion MIR7 direkt genutzt werden, oder der Menüpfad **Logistik • Materialwirtschaft • Logistik-Rechnungsprüfung • Belegerfassung • Eingangsrechnung vorerfassen** wird zum Aufruf der Vorerfassungsbearbeitung genutzt. In Abbildung 7.51 sehen Sie die Bearbeitungsmaske für den vorerfassten Beleg, in die die noch fehlenden Daten eingetragen wurden.

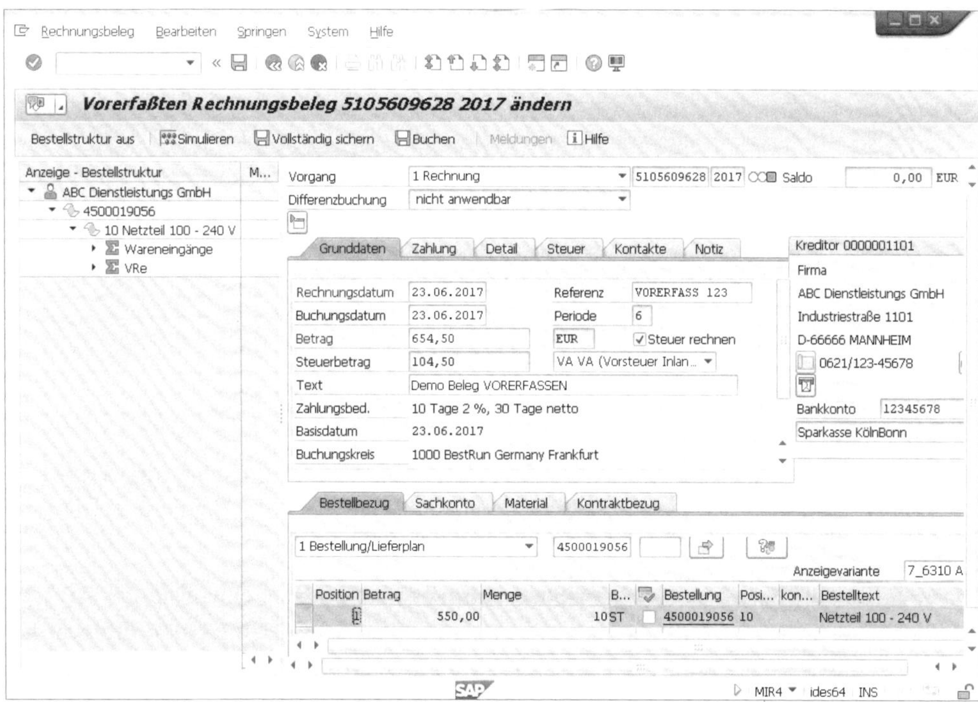

Abbildung 7.51 Eingangsrechnung 7 – vorerfassten Beleg ändern

Wenn der Beleg vollständig erfasst wurde, beendet die erste Bearbeiterin in diesem Schritt mit der Schaltfläche Vollständig sichern die Vorerfassung. Sie erhalten dann die Statusmeldung über die erfolgreiche Sicherung des vollständigen vorerfassten Belegs (siehe Abbildung 7.52).

Rechnungsbeleg 5105609628 wurde vollständig gesichert

Abbildung 7.52 Statusmeldung vollständiger vorerfasster Beleg

In Abbildung 7.53 sehen Sie den vorerfassten Beleg erneut in Transaktion MIR4. Vergleichen Sie die Titelleiste mit Abbildung 7.49. Sie können in Transaktion MIR4 bereits deutlich sehen, ob der MM-Beleg nur vorerfasst oder bereits vollständig gesichert wurde.

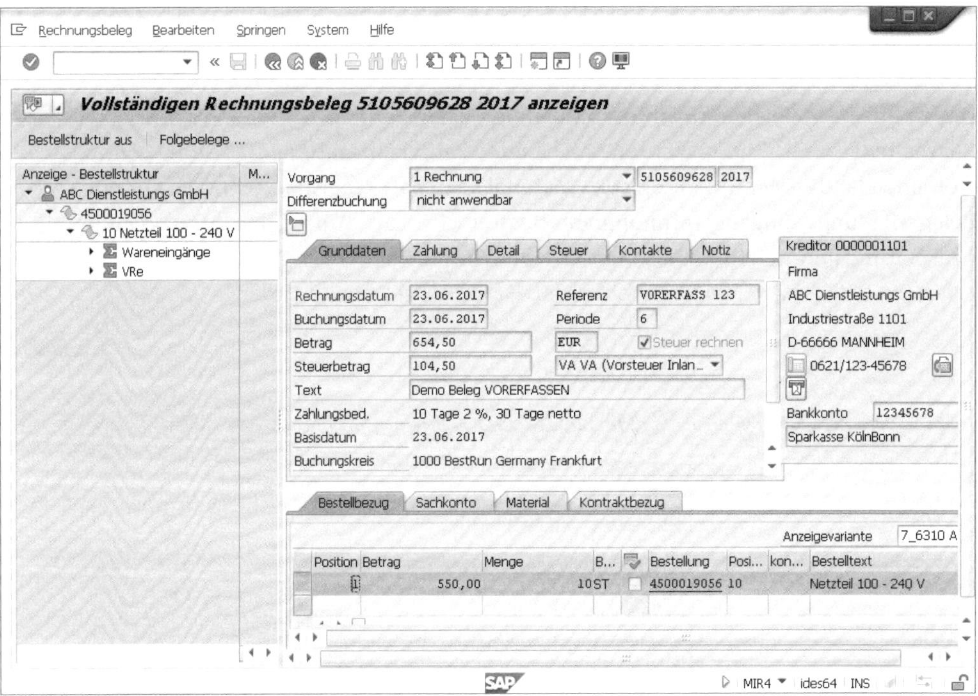

Abbildung 7.53 Eingangsrechnung 7 – vollständiger vorerfasster Beleg

Wenn Sie nun aus dem Beleg in Abbildung 7.53 über die Schaltfläche Folgebelege ... auf die Folgebelege abspringen, sind Sie diesmal erfolgreich. Sie springen in eine Belegübersicht, wie sie im Beispiel in Abbildung 7.54 gezeigt wird.

Vorerfasste Belege in der Finanzbuchhaltung sind immer schon vollständig. Sie dürfen jedoch im legalen Berichtswesen noch nicht ausgewiesen werden und werden deshalb normalerweise über den Status *vorerfasst* aus Auswertungen (wie der Bilanz und der Gewinn- und Verlustrechnung) ausgeschlossen.

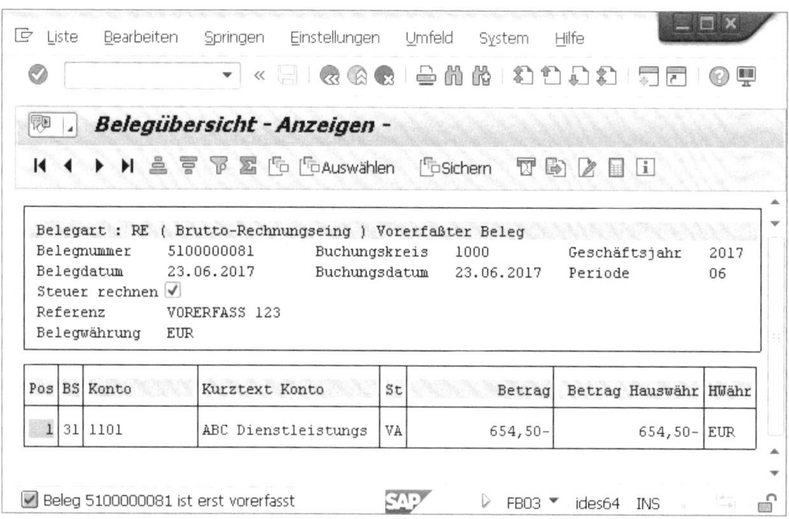

Abbildung 7.54 Eingangsrechnung 7 – vorerfasster Beleg in der Finanzbuchhaltung

Systemprüfungen bei der Nutzung der Funktion »Vollständig sichern über Transaktion MIR7«

Bevor eine Eingangsrechnung mit Transaktion MIR7 vom SAP-System als vollständig gesichert verarbeitet wird, durchläuft sie eine Anzahl von Prüfungen. Im Einzelnen sind dies:

- Passt der voreingestellte Buchungskreis zum Bestellbezug?
- Ist der Lieferant für den Buchungskreis angelegt?
- Überprüfung der Belegwährung
- Prüfung auf doppelte Rechnungserfassung
- Überprüfung von Kontierungsdaten: Existiert die Kostenstelle oder der Auftrag? Welches Profit-Center ist richtig? Ist das Sachkonto im Buchungskreis angelegt?
- Nullsaldoprüfung

Eine Fortschreibung des Rechnungseingangsbelegs erfolgt immer an mindestens zwei Stellen:

- Ein MM-Beleg wird erzeugt, der in der Bestellentwicklung als vorerfasster Beleg sichtbar wird.
- In der Buchhaltung wird die Verbindlichkeit als vorerfasster offener Posten beim Lieferanten gebucht.

Es können bei der Rechnungseingangserfassung auch drei Belege erzeugt werden. Dies geschieht immer dann, wenn bei der Rechnungserfassung ein Erfolgssachkonto benutzt wird. Dann erhalten Sie die folgenden drei Belege:

- vorerfasster MM-Beleg
- vorerfasster Buchhaltungsbeleg
- vorerfasster Controllingbeleg

Für die Abbildung eines Vier-Augen-Prinzips muss die Buchung der Eingangsrechnung nach nochmaliger Prüfung durch eine zweite Person durchgeführt werden. Der Einstieg erfolgt hier wiederum durch Transaktion MIR7. Auch der vollständige Beleg wird im Arbeitsvorrat des Mitarbeiters gezeigt, wie Sie es aus Abbildung 7.55 ersehen können.

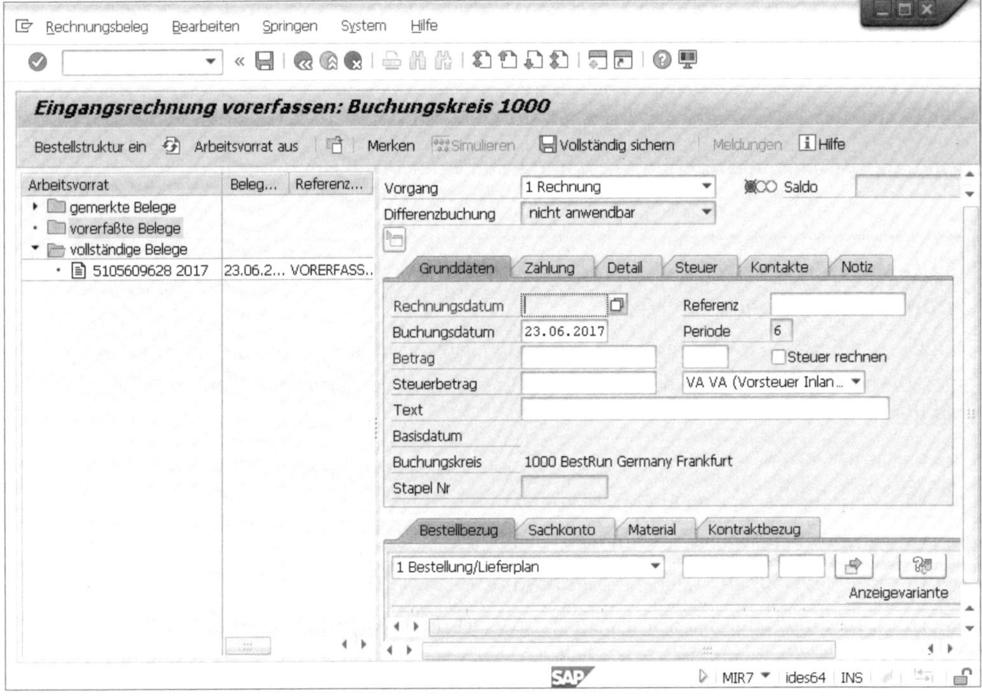

Abbildung 7.55 Eingangsrechnung 7 – Arbeitsvorrat zum Buchen

Für die Bearbeitung der Buchung wird der Beleg aus dem Arbeitsvorrat per Doppelklick übernommen. Mit der Schaltfläche Buchen lösen Sie die endgültige Buchung aus. Sie erhalten dann eine Statusmeldung, wie z. B. in Abbildung 7.56. Diese Rechnung wurde im Übrigen nach dem Zufallsprinzip gesperrt – einen sonstigen erklärbaren Sperrgrund gibt es hier nicht. Weitere Informationen dazu lesen Sie in Abschnitt 7.5, »Sperren und Freigaben«.

Rechnungsbeleg 5105609628 wurde gebucht; zur Zahlung gesperrt

Abbildung 7.56 Statusmeldung – gebuchter Beleg

Beim abschließenden Buchen eines Belegs erfolgen dieselben Prüfungen, wie es oben bei der Rechnungserfassung mit Transaktion MIRO in Abschnitt 7.2, »Rechnungserfassung«, beschrieben wurde.

Im nächsten Abschnitt zeigen wir Ihnen, was Sie tun können, wenn ein Beleg fehlerhaft erstellt wurde.

7.2.6 Belegstorno

Sie lernen nun die *Stornofunktion* in der logistischen Rechnungsprüfung kennen. Für Eingangsrechnungen verwenden Sie Transaktion MR8M (Rechnungsbeleg stornieren), die Sie über den Menüpfad **Logistik • Materialwirtschaft • Logistik-Rechnungsprüfung • Weiterverarbeitung • Rechnungsbeleg stornieren** erreichen können.

Wie ein Beleg storniert werden kann, hängt u. a. davon ab, ob das Storno in derselben Periode wie die ursprüngliche Buchung erfolgen kann oder nicht. Kann in derselben Periode storniert werden, brauchen Sie kein Buchungsdatum für den Stornobeleg vorzugeben. Ist aber die Periode des zu stornierenden Belegs bereits geschlossen, müssen Sie ein Buchungsdatum in einer noch offenen Periode vorgeben.

[«]

Offene und geschlossene Buchungsperioden

In der Materialwirtschaft sind immer nur zwei Perioden zum Buchen geöffnet. In der Regel sind dies der Vormonat und der aktuelle Monat. Dies wird über den Periodenverschieber erzielt, der jeweils zu Beginn eines neuen Monats um einen Monat vorgeschoben wird. Den Periodenverschieber können Sie mit Transaktion MMPV oder über den Menüpfad **Logistik • Produktion • Stammdaten • Materialstamm • Sonstige • Periode verschieben** auslösen.

Auch im Rechnungswesen sind nicht immer alle Perioden geöffnet. Für das Tagesgeschäft ist normalerweise der aktuelle Monat geöffnet. Zu Monatsbeginn werden noch Abschlussarbeiten für den Vormonat durchgeführt. Damit dabei noch Buchungen möglich sind, ist der Vormonat für diesen Zeitraum noch für einen begrenzten User-Kreis geöffnet.

Für erfolgswirksame Buchungen kennt das Controlling zusätzlich nochmals eine eigene Periodensteuerung.

Zusätzlich zum Buchungsdatum geben Sie dem Stornobeleg noch einen *Stornogrund* mit. Im SAP-Standard finden Sie üblicherweise die folgenden Stornogründe:

- **01** (Storno in laufender Periode)
- **02** (Storno in geschlossener Periode)
- **03** (echtes Storno in laufender Periode)
- **04** (echtes Storno in geschlossener Periode)

- **05** (Abgrenzungsbuchung)
- **06** (Storno, Anlagenbewegung)
- **07** (falsche Belegdaten)
- **RE** (Storno, falsche Originaldaten)

Ein Stornogrund ist zunächst einmal eine reine Information zum Beleg. Er kann aber darüber hinaus auch Auswirkungen auf den Beleg selbst haben. So führt beispielsweise der Stornogrund **01** (Storno in laufender Periode) zu einer Umkehrbuchung mit demselben Buchungsdatum wie der ursprüngliche Beleg. Sie buchen damit also eine Gutschrift.

Der Stornogrund **03** (echtes Storno in laufender Periode) wird hingegen nicht als Umkehrbuchung, sondern als gleiche Buchung mit negativen Vorzeichen ausgeführt.

Stornogründe

Stornogründe können im Customizing individuell definiert werden. Diskutieren Sie deshalb bei Ihrer SAP-Einführung, welche Art von Storno Sie in Ihrem Unternehmen tatsächlich nutzen möchten. Sehen Sie nur die Stornogründe vor, die Sie auch wirklich benötigen. Nur so stellen Sie sicher, dass über den Stornogrund auch die gewünschten Informationen im Beleg hinterlegt werden.

In Abbildung 7.57 sehen Sie das Einstiegsbild in die Stornotransaktion.

Abbildung 7.57 Rechnungsbeleg stornieren

Für die Stornoerfassung müssen Sie die Materialbelegnummer des zu stornierenden Rechnungsbelegs (Feld **RechnungsBelegnummer**), das **Geschäftsjahr**, einen **Stornogrund** und gegebenenfalls ein **Buchungsdatum** vorgeben. Bevor Sie das Storno durchführen, können Sie sich mit der Schaltfläche Beleg anzeigen noch einmal vergewissern, dass Sie den richtigen Beleg eingegeben haben. Das Storno selbst führen Sie dann mit der Schaltfläche (**Sichern**) durch. Im Ergebnis erhalten Sie in der Statusleiste Ihres SAP-Systems eine Meldung, wie sie in Abbildung 7.58 zu sehen ist. Sie erhalten für das Storno eine eigene Belegnummer, häufig aus dem Belegnummernkreis des ursprünglichen Belegs. Auf den zweiten Teil der Meldung, der sich auf die Buchhaltung bezieht, gehen wir im letzten Teil dieses Abschnitts ein.

Beleg storniert unter Nummer 5105609646, FI Belege bitte manuell ausziffern

Abbildung 7.58 Stornobestätigung in der Statusleiste

Den Stornobeleg können Sie sich mit Transaktion MIR4 oder über den Menüpfad **Logistik • Materialwirtschaft • Logistik-Rechnungsprüfung • Weiterverarbeitung • Beleg anzeigen** ansehen. Sehen Sie das Ergebnis des Beispielstornos in Abbildung 7.59. Einen Hinweis auf das Storno sowie die Belegnummer des stornierten Belegs finden Sie in der Titelleiste des SAP-Bildschirms.

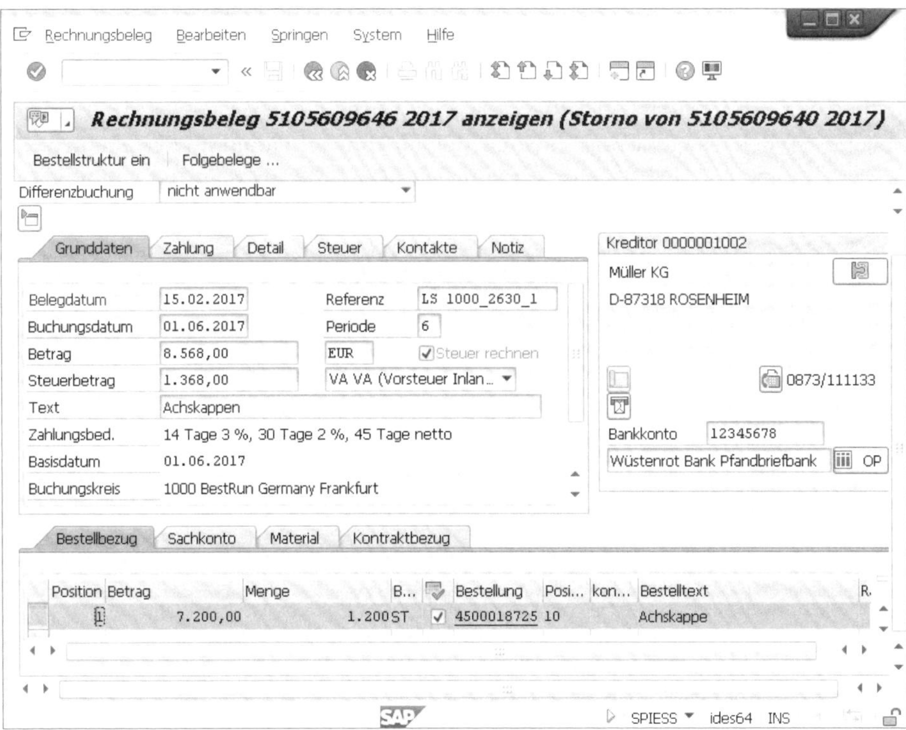

Abbildung 7.59 Stornobeleg in der Materialwirtschaft

Der Stornobeleg in der Materialwirtschaft erzeugt gleichzeitig auch einen Stornobeleg in der Buchhaltung. Über die Schaltfläche Folgebelege ... können Sie zu diesem abspringen. Sie sehen den FI-Beleg in Abbildung 7.60.

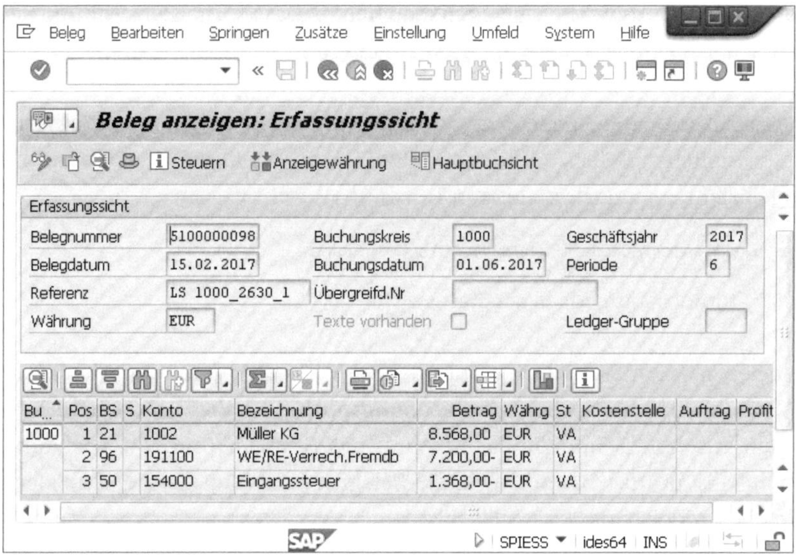

Abbildung 7.60 Stornobeleg in der Buchhaltung

Leider können Sie dem FI-Beleg nicht so einfach ansehen, dass es sich um einen Stornobeleg handelt. Es gibt lediglich einen kleinen Hinweis darauf im Belegkopf, wenn Sie diesen über die Schaltfläche (**Kopfdaten anzeigen**) aufrufen. In Abbildung 7.61 ist der Stornogrund zu sehen.

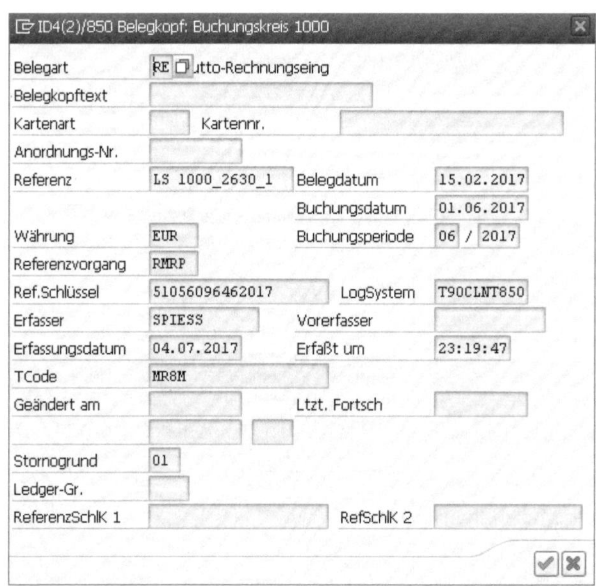

Abbildung 7.61 Kopfdaten des Stornobelegs in FI – Stornogrund

In Abbildung 7.62 sehen Sie nun noch den stornierten Materialbeleg. Hier ist in der Titelzeile ein deutlicher Hinweis auf das Storno enthalten.

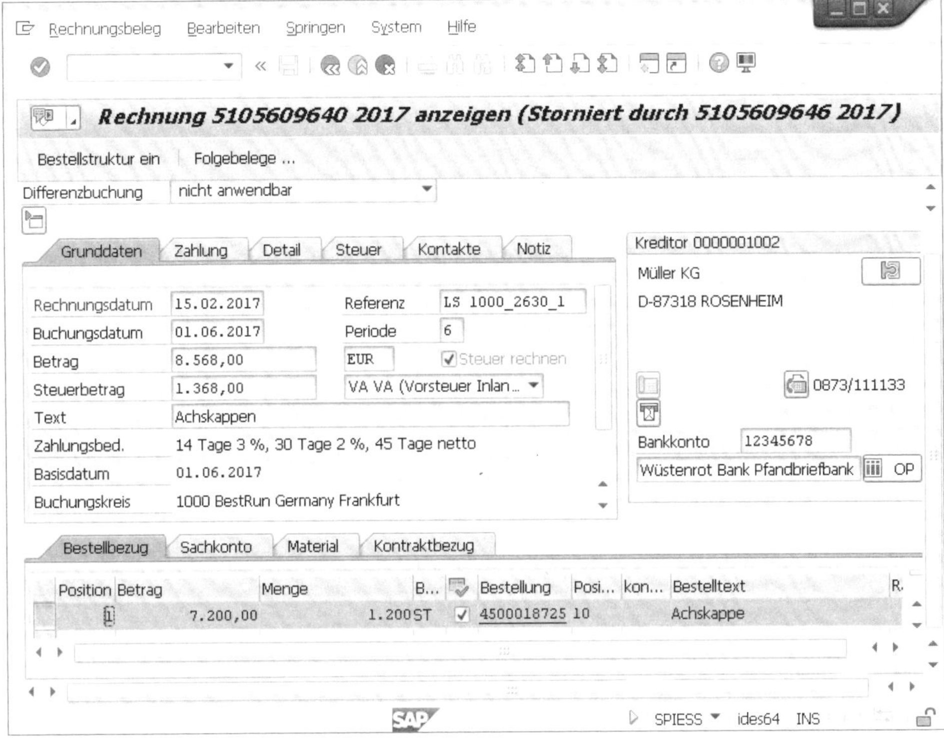

Abbildung 7.62 Stornierter Materialbeleg

Am Ende dieses Abschnitts möchten wir Ihnen aber noch den weiteren Text aus Abbildung 7.58 erläutern, der da lautet: »...FI Belege bitte manuell ausziffern«. Der Rechnungsbeleg mit seinem Stornobeleg stellt sich in der Kreditorenbuchhaltung so dar, wie es in Abbildung 7.63 zu sehen ist. (Sie erhalten diese Liste über Transaktion FBL1N (Kreditoren Einzelpostenliste) oder über den Menüpfad **Rechnungswesen • Finanzwesen • Kreditoren • Konto • Posten anzeigen/ändern**.

Beide Belege in Abbildung 7.63 zeigen das Symbol ◉ (**Offener Posten**). Durch das Storno der eingebuchten Rechnung ist diese aber aus der Systemsicht aktuell nicht mehr als Verbindlichkeit vorhanden. Der Saldo über beide Posten ist null, wie es in der Liste zu sehen ist. In der Buchhaltung muss dieser Vorgang nun noch durch Ausziffern zum Abschluss gebracht werden. Unter Ausziffern ist der Ausgleich der beiden Belege untereinander zu verstehen. Auf die Ausgleichstransaktion möchten wir hier nicht weiter eingehen, da diese zum Tagesgeschäft eines Buchhalters und nicht in die Materialwirtschaft gehört. In Abbildung 7.64 zeigen wir Ihnen lediglich das Ergebnis des Ausgleichs.

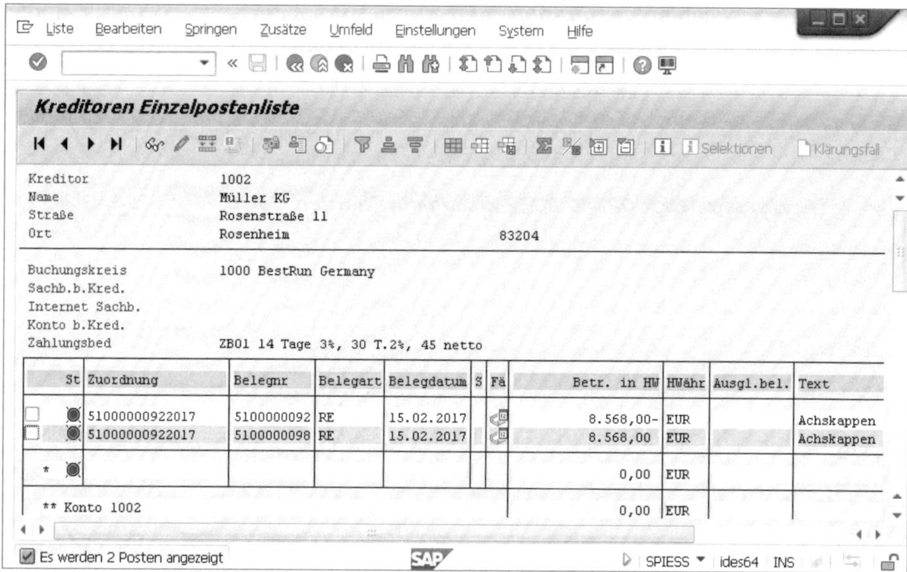

Abbildung 7.63 Kreditoreneinzelposten – stornierter Beleg und Stornobeleg

Liste Bearbeiten Springen Zusätze Umfeld Einstellungen System Hilfe

Kreditoren Einzelpostenliste

Selektionen Klärungsfall

Kreditor 1002
Name Müller KG
Straße Rosenstraße 11
Ort Rosenheim 83204

Buchungskreis 1000 BestRun Germany
Sachb.b.Kred.
Internet Sachb.
Konto b.Kred.
Zahlungsbed ZB01 14 Tage 3%, 30 T.2%, 45 netto

St	Zuordnung	Belegnr	Belegart	Belegdatum	S	Fä	Betr. in HW	HWähr	Ausgl.bel.	Text
	51000000922017	5100000092	RE	15.02.2017			8.568,00-	EUR	100000437	Achskappen
	51000000922017	5100000098	RE	15.02.2017			8.568,00	EUR	100000437	Achskappen
*							0,00	EUR		
** Konto 1002							0,00	EUR		

Es werden 2 Posten angezeigt — SPIESS ides64 INS

Abbildung 7.64 Kreditoreneinzelposten – ausgeglichener Strnobeleg und stornierter Beleg

Das Symbol ■ weist darauf hin, dass die Einzelposten ausgeglichen und damit nicht mehr offen sind. Für den Buchhalter ist dies ein wichtiger Hinweis darauf, dass er diese Belege nicht mehr im Auge haben muss. Im nächsten Abschnitt stellen wir Ihnen vor, wie das SAP-System mit der Mehrwertsteuer umgeht.

7.2.7 Steuern

Vorsteuer und *Umsatzsteuer* sind die beiden Seiten der Mehrwertsteuer, wie sie umgangssprachlich genannt wird. Unternehmen und Verbraucher, die Waren und Dienstleistungen kaufen, müssen zum Nettoeinkaufswert zusätzlich Vorsteuer bezahlen. Unternehmen, Händler und Dienstleister müssen zum Nettowert Ihrer Leistungen Umsatzsteuer hinzurechnen. Die Berechnung von Mehrwertsteuer ist über alle Landesgrenzen hinweg ein übliches Verfahren der Besteuerung. Unterschiedlich ist in den verschiedenen Staaten lediglich die Höhe des Steuersatzes, d. h. des auf die Waren und Dienstleistungen aufzuschlagen Prozentsatzes.

Im SAP-System werden die Steuersätze über Steuerkennzeichen abgebildet. Im SAP-Standard werden für Deutschland z. B. die folgenden *Steuerkennzeichen* ausgeliefert:

- **A0** (Ausgangssteuer Inland 0 %)
- **AA** (Ausgangssteuer Inland 19 %)
- **A2** (Ausgangssteuer Inland 7 %)
- **V0** (Vorsteuer Inland 0 %)
- **VA** (Vorsteuer Inland 19 %)
- **V2** (Vorsteuer Inland 7 %)

Die Liste der Steuerkennzeichen in Ihrem Unternehmen kann vollkommen anders aussehen, da die Steuerkennzeichen kundenindividuell angelegt werden können. Die Steuerkennzeichen werden je Land gepflegt – d. h., dass der Steuersatz wie auch die Bezeichnung und Aussteuerung des Steuerkennzeichens VN in anderen Ländern anders sein kann als in Deutschland. Zusätzlich zur allseits bekannten Mehrwertsteuer gibt es innerhalb der Europäischen Union Steuerkennzeichen, die nicht nur die Besteuerung zwischen den EU-Ländern abbilden, sondern darüber hinaus für die Umsatzsteuermeldung genutzt werden können. Damit können die Finanzämter prüfen, ob die Unternehmen jeweils in ihrem Land die richtigen Steuerbeträge abführen.

Neben der Ermittlung oder Überprüfung der eingegebenen Steuerbeträge dienen die Steuerkennzeichen dazu, die für die Buchung in der Finanzbuchhaltung nötigen Sachkonten abzuleiten. Diese sind im FI-Customizing fest hinterlegt.

Wir beschränken uns nachfolgend auf zwei einfache Beispiele, an denen wir Ihnen grundsätzlich die Behandlung von Steuern in der Rechnungseingangserfassung vorstellen möchten. Zunächst zeigen wir Ihnen die Verarbeitung der Steuer für eine Rechnung mit Bezug zu einer Bestellung mit einer Bestellposition. Der Wareneingang zu dieser Bestellung wurde noch nicht erfasst. Beginnen wir mit der Bestellung: Üblicherweise werden Bestellungen ohne Angabe von Steuerinformationen eingebucht. Denn die Einkäufer müssen nicht unbedingt über die fachlichen Kenntnisse verfügen, die es Ihnen ermöglichen, den jeweils richtigen Steuersatz auszuwählen. Häufig finden Sie deshalb in einer Bestellung die Situation so vor, wie sie in Abbildung 7.65 gezeigt wird. Das Feld **Steuerkennzeichen** ist leer.

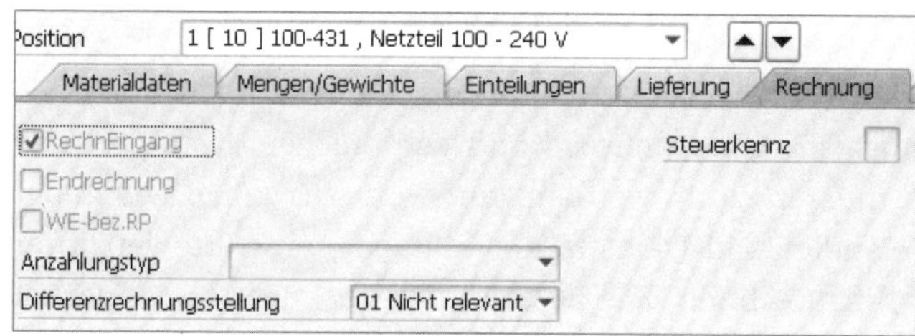

Abbildung 7.65 Bestellposition – Registerkarte »Rechnung« ohne Steuerkennzeichen

Im Einstiegsbild von Transaktion MIRO ist im Belegkopf das Steuerkennzeichen **VA** in unserem Demosystem als Vorschlagswert fest hinterlegt. Wenn alle Belegpositionen Ihrer Eingangsrechnung denselben Steuersatz haben, können Sie VA beibehalten oder den zur Rechnung passenden eindeutigen Steuersatz auswählen. Im Beispiel aus Abbildung 7.66 sehen Sie, dass **VA** beibehalten und in die Bestellposition übernommen wurde.

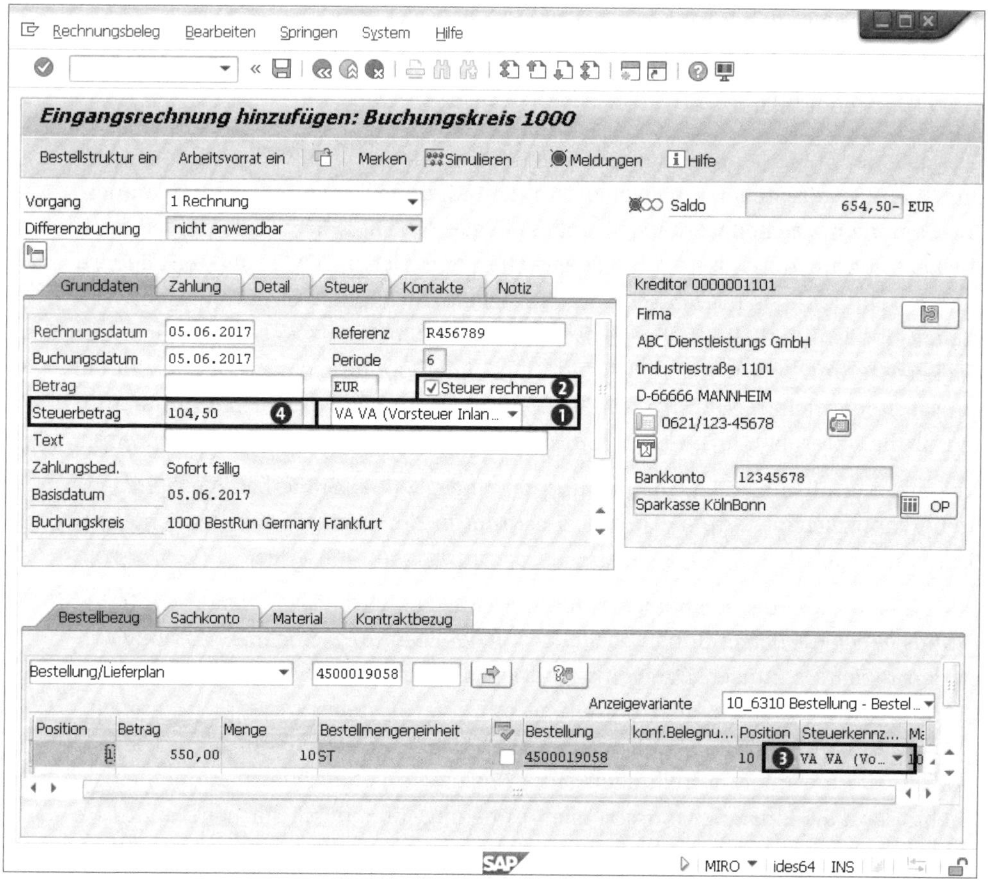

Abbildung 7.66 Erfassung einer Eingangsrechnung – Steuerverarbeitung

In der folgenden Reihenfolge wurden die Steuerinformationen während der Erfassung eingegeben:

Bei der Erfassung des Belegkopfes wurde direkt das Steuerkennzeichen **VA** in Kasten ❶ vorgeschlagen und beibehalten.

Nach der Eingabe der notwendigen Daten für den Belegkopf wurde abschließend der Haken zu **Steuer rechnen** in Kasten ❷ gesetzt.

Nach der Eingabe des Bestellbezugs in den Belegpositionen erscheint die einzige offene Bestellposition und übernimmt dabei mangels Vorgabe aus der Bestellung das Steuerkennzeichen **VA** aus dem Belegkopf in Kasten ❸.

Aus den Angaben zu Betrag und Menge der Bestellposition errechnet das SAP-System den Steuerbetrag im gesperrten Feld in Kasten ❹.

[«]

Steuer automatisch rechnen

Wird bei der Rechnungseingangserfassung der Haken zu **Steuer rechnen** gesetzt, wird der Steuerbetrag vom SAP-System automatisch ermittelt und im Belegkopf angezeigt. Nun liegt die Voraussetzung für eine ordentliche Rechnung vor, da die Steuerbeträge dort entsprechend den gesetzlichen Rahmenbedingungen korrekt angegeben sind. Im Rahmen der Rechnungsprüfung muss dann sichergestellt werden, dass diese Daten genauso in das SAP-System übernommen wurden. Stellen Sie also eine Differenz zwischen dem vom SAP-System ermittelten Steuerbetrag und dem auf der Rechnung ausgewiesenen Betrag fest, darf die Rechnung so nicht verbucht werden. Es liegt dann im Ermessen des Rechnungsprüfers, die Rechnung mit der Bitte um korrekte Ausstellung an den Lieferanten zurückzuschicken oder diese dennoch einzubuchen.

Wird der Haken zu **Steuer rechnen** nicht gesetzt, ist das Feld **Steuerbetrag** für die manuelle Pflege offen, und der Betrag kann direkt eingegeben werden.

In Abbildung 7.67 können Sie in der Simulation des in Abbildung 7.66 begonnenen Rechnungsbelegs sehen, dass eine zusätzliche Buchungszeile für die Verarbeitung der Vorsteuer mit dem Steuerkennzeichen **VA** erzeugt wurde. Das abgeleitete Sachkonto ist das Konto **154000**.

ID4(5)/850 Beleg simulieren in EUR (Belegwährung)

Position	K	Hauptbuch	Kto/Mat/Anl/Kred	Betrag	W...	Einkaufsbe...	Posi...	S..	Jurisdict.Code	Steuerdat...	Ge...	Ko
2	S	191100	WE/RE-Verrechnung ...	550,00	EUR	4500019058	10	VA				
3	S	154000	Eingangssteuer (siehe ..	104,50	EUR			VA				

Abbildung 7.67 Simulation des Rechnungsbelegs – Ableitung des Vorsteuersachkontos

Im zweiten Beispiel zu diesem Abschnitt zeigen wir Ihnen, wie die Verarbeitung der Steuer erfolgt, wenn in Ihrer Bestellung mehrere Bestellpositionen mit unterschiedlichen Steuerkennzeichen enthalten sind. In Abbildung 7.68 sehen Sie die Bestellung mit insgesamt vier Bestellpositionen (eine Position ist hier ausgeblendet). Für Position **10** ist das Steuerkennzeichen **V2** hinterlegt.

Abbildung 7.68 Bestellung mit mehreren Bestellpositionen – unterschiedliche Steuerkennzeichen

Die Erfassung der Eingangsrechnung mit Transaktion MIRO unterscheidet sich nicht nach der Anzahl der Bestellpositionen. Sie hätten lediglich die Wahl, nur bestimmte Bestellpositionen direkt in Ihrer Rechnung über die Eingabe der Positionsnummer neben der Bestellnummer auszuwählen. Zudem können Bestellpositionen deaktiviert werden, wenn sie nicht in der Rechnung enthalten sind.

In Abbildung 7.69 wurden alle vier Bestellpositionen übernommen.

Die Verarbeitung einer Rechnung mit mehreren Steuerkennzeichen erfolgt in Transaktion MIRO grundsätzlich genauso wie bei einer Rechnung mit nur einem Steuerkennzeichen. Zunächst sieht auch der Belegkopf immer so aus, wie Sie ihn im vorangehenden Beispiel in Abbildung 7.66 sehen. Wie Sie nun aber in Abbildung 7.69 feststellen, fehlt dort die Angabe von Steuerkennzeichen und Steuerbetrag. Diese beiden Felder werden in dem Moment ausgeblendet, in dem das SAP-System feststellt, dass in den Positionen mehrere Steuerkennzeichen angegeben werden.

Danach werden die Steuerinformationen nur in der Registerkarte **Steuer** angezeigt, wie Sie es aus Abbildung 7.70 ersehen können.

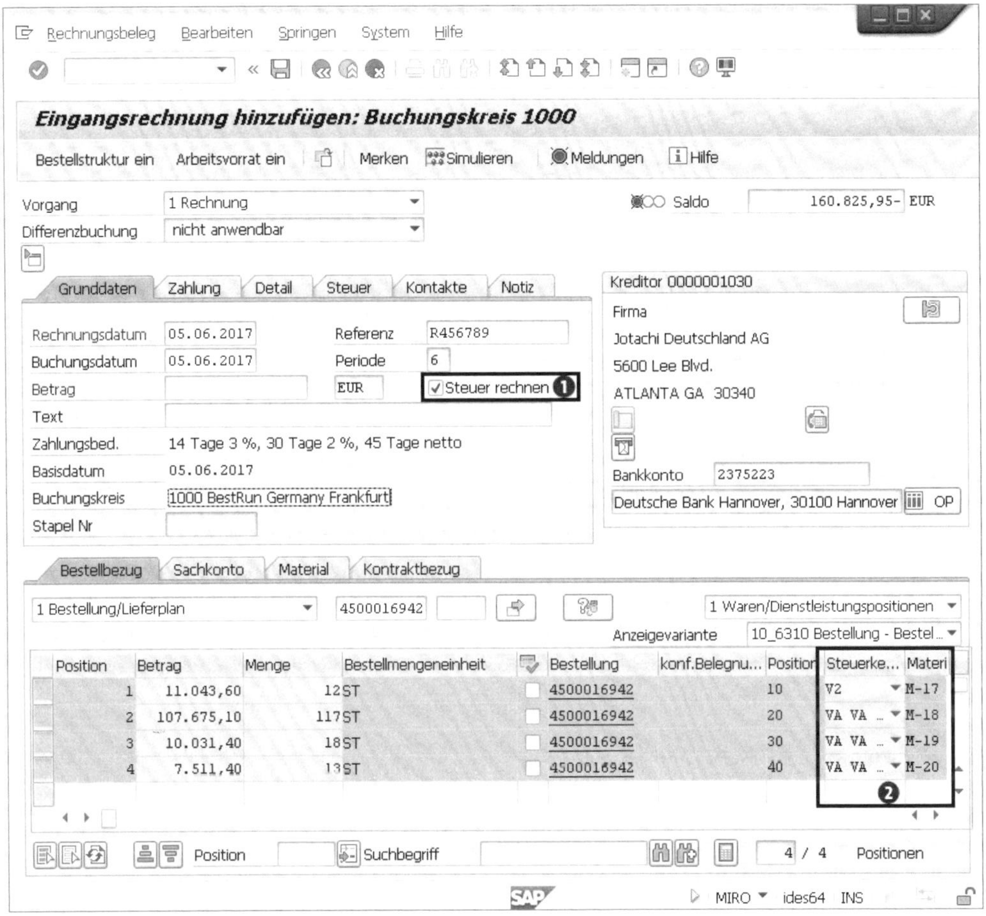

Abbildung 7.69 Erfassung einer Eingangsrechnung mit mehreren Bestellpositionen – Steuerverarbeitung

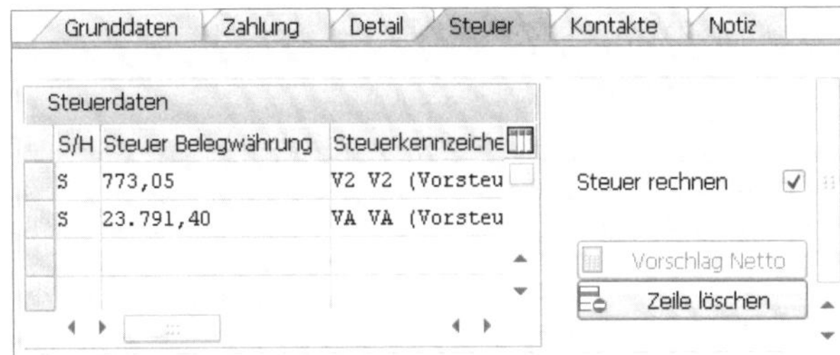

Abbildung 7.70 Detailanzeige bei mehreren Steuerkennzeichen

Wenn Sie nun feststellen, dass die Steuerbeträge nicht mit den Beträgen auf der Rechnung übereinstimmen, deaktivieren Sie den Haken zu **Steuer rechnen**. Aus

Abbildung 7.71 können Sie ersehen, dass dort leicht abweichende Steuerbeträge eingegeben wurden.

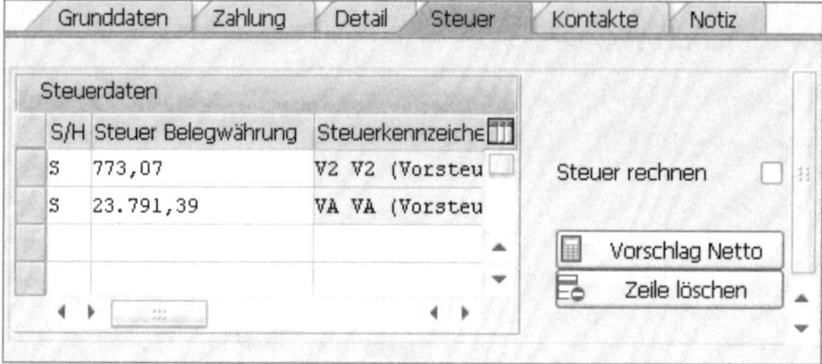

Abbildung 7.71 Steuerbeträge manuell pflegen

Nach der Anpassung der Steuerbeträge ist innerhalb gewisser Toleranzen eine Verbuchung der Rechnung möglich. Im Beispielfall erfolgte eine Verbuchung mit Warnmeldung, und aufgrund der Warnung wurde eine Zahlsperre gesetzt. Sehen wir uns nachfolgend den FI-Beleg an, sehen Sie in Abbildung 7.72 je Steuerkennzeichen eine eigene Buchungsposition mit dem jeweiligen Betrag aus der MIRO-Erfassung.

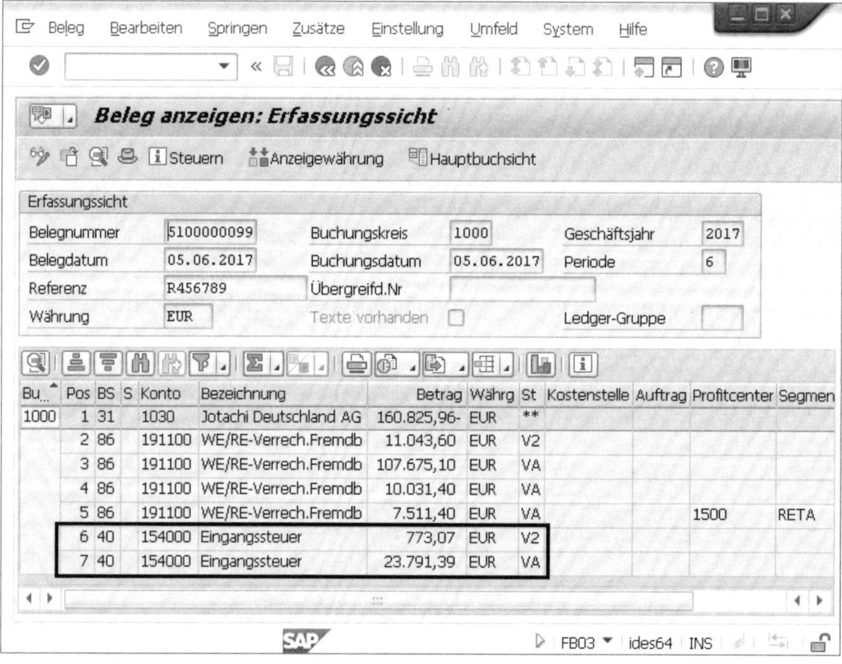

Abbildung 7.72 FI-Beleg mit mehreren Steuerkennzeichen

Im nächsten Abschnitt zeigen wir Ihnen, wie Sie Ihre erfassten Rechnungen mit den Standardberichten der Logistik-Rechnungsprüfung auswerten können.

7.3 Auswertungen

In diesem Abschnitt lernen Sie zwei Auswertungsmöglichkeiten kennen, die Sie über den Menüpfad **Logistik • Materialwirtschaft • Logistik-Rechnungsprüfung • Weiterverarbeitung** finden: Das Anzeigen einer Liste mit Rechnungsbelegen (auch auslösbar über Transaktion MIR5) und das Anzeigen einer Rechnungsübersicht (auch auslösbar über Transaktion MIR6).

7.3.1 Liste Rechnungsbelege anzeigen

Wir beginnen mit Transaktion MIR5 über den Menüpfad **Logistik • Materialwirtschaft • Logistik-Rechnungsprüfung • Weiterverarbeitung • Liste Rechnungsbelege anzeigen** Die Liste startet mit einem Selektionsbildschirm, über den Sie Ihre Rechnungsbelege vorselektieren können. Technische Details zur Vorgehensweise bei der Selektion finden Sie in Anhang A.5, »Listauswertung – Selektionsvariante«. In Abbildung 7.73 sehen Sie eine mögliche Belegauswahl.

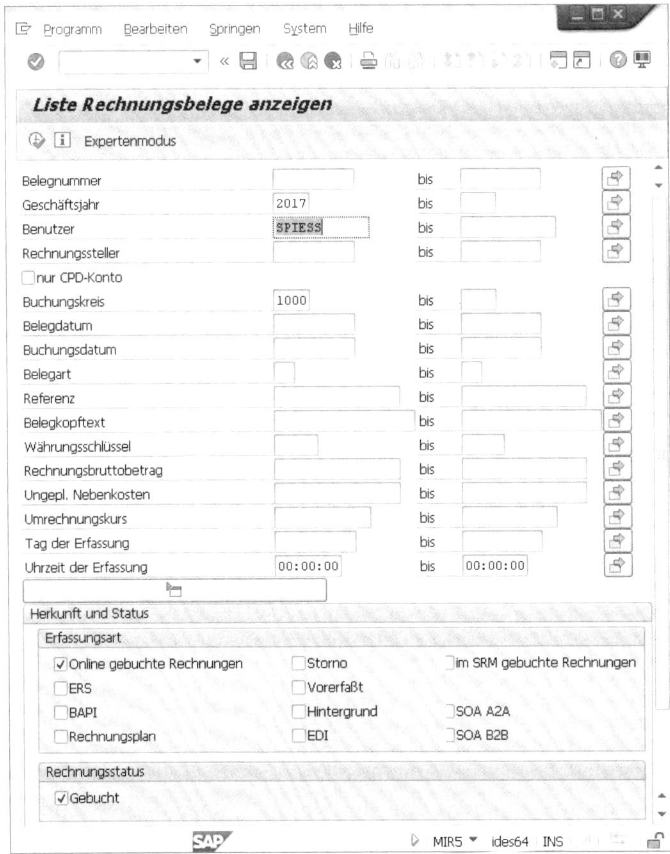

Abbildung 7.73 Selektionsbild »Liste Rechnungsbelege anzeigen«

Je nachdem, wie viele Belege Sie auswählen möchten, müssen Sie gröber oder feiner selektieren. Nutzen Sie die Selektionsfelder im Einstiegsbildschirm der Auswertung. Wenn Sie nur in wenigen Feldern Eingaben vornehmen, erhalten Sie mit größerer Wahrscheinlichkeit ein Berichtsergebnis. Wenn dieses zu unübersichtlich ist, können Sie über die Hinzunahme von weiteren Selektionsfeldern das Listenergebnis auf eine bearbeitbare Länge reduzieren.

Das Ergebnis der Selektion ist eine Liste im ALV-Grid-Format (siehe Abbildung 7.74). Diese Liste können Sie entsprechend Ihres Informationsbedarfs anpassen, und es stehen Ihnen dabei alle Layoutfunktionen zur Verfügung, die in Anhang A.4, »Lokales Layout anpassen«, beschrieben sind. In Abbildung 7.74 sehen Sie die Liste mit den selektierten Belegnummern in der ersten Spalte. Über einen Doppelklick auf eine hier angezeigte Belegnummer können Sie sich den jeweiligen Materialbeleg anzeigen lassen.

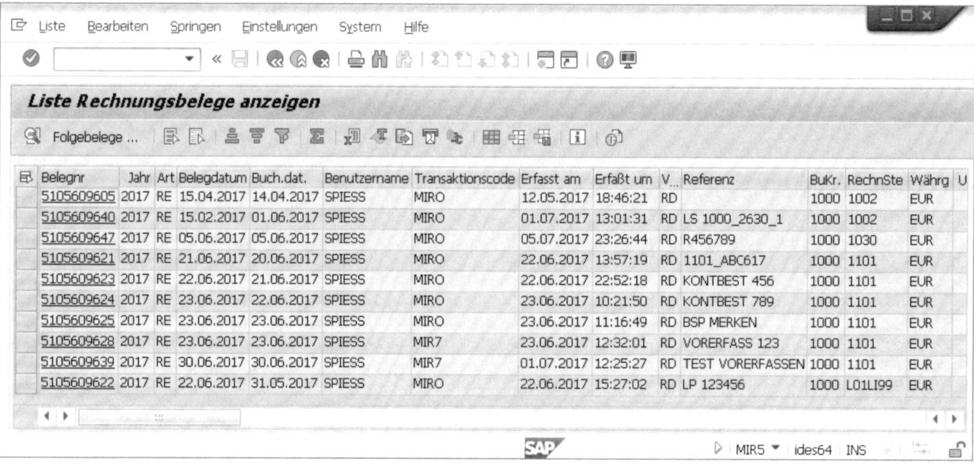

Belegnr	Jahr	Art	Belegdatum	Buch.dat.	Benutzername	Transaktionscode	Erfasst am	Erfaßt um	V...	Referenz	BuKr.	RechnSte	Währg	U
5105609605	2017	RE	15.04.2017	14.04.2017	SPIESS	MIRO	12.05.2017	18:46:21	RD		1000	1002	EUR	
5105609640	2017	RE	15.02.2017	01.06.2017	SPIESS	MIRO	01.07.2017	13:01:31	RD	LS 1000_2630_1	1000	1002	EUR	
5105609647	2017	RE	05.06.2017	05.06.2017	SPIESS	MIRO	05.07.2017	23:26:44	RD	R456789	1000	1030	EUR	
5105609621	2017	RE	21.06.2017	20.06.2017	SPIESS	MIRO	22.06.2017	13:57:19	RD	1101_ABC617	1000	1101	EUR	
5105609623	2017	RE	22.06.2017	21.06.2017	SPIESS	MIRO	22.06.2017	22:52:18	RD	KONTBEST 456	1000	1101	EUR	
5105609624	2017	RE	23.06.2017	22.06.2017	SPIESS	MIRO	23.06.2017	10:21:50	RD	KONTBEST 789	1000	1101	EUR	
5105609625	2017	RE	23.06.2017	23.06.2017	SPIESS	MIRO	23.06.2017	11:16:49	RD	BSP MERKEN	1000	1101	EUR	
5105609628	2017	RE	23.06.2017	23.06.2017	SPIESS	MIR7	23.06.2017	12:32:01	RD	VORERFASS 123	1000	1101	EUR	
5105609639	2017	RE	30.06.2017	30.06.2017	SPIESS	MIR7	01.07.2017	12:25:27	RD	TEST VORERFASSEN	1000	1101	EUR	
5105609622	2017	RE	22.06.2017	31.05.2017	SPIESS	MIRO	22.06.2017	15:27:02	RD	LP 123456	1000	L01LI99	EUR	

Abbildung 7.74 Liste Rechnungsbelege anzeigen

Sie können auch direkt aus der Liste in Abbildung 7.74 ins Rechnungswesen abspringen. Setzen Sie Ihren Cursor auf einen der angezeigten Belege, und klicken Sie auf die Schaltfläche Folgebelege ..., um den zugehörigen FI-Beleg zu sehen.

Im Ergebnis liegt Ihnen über Transaktion MIR5 mit der richtigen Selektion schnell eine Liste der aktuell vorliegenden Eingangsrechnungen vor.

7.3.2 Übersicht Rechnungen

Als weitere Auswertungsmöglichkeit für Eingangsrechnungen stellen wir Ihnen Transaktion MIR6 (Übersicht Rechnungen) vor, die Sie auch über den Menüpfad **Logistik • Materialwirtschaft • Logistik-Rechnungsprüfung • Weiterverarbeitung • Übersicht Rechnungen** erreichen können. In Abbildung 7.75 sehen Sie das Selektionsbild für die Auswertung mit einer Beispielselektion aus unserem Demosystem. Der Selektionsbildschirm kann hier leider nicht vollständig angezeigt werden, da er über die normale Bildschirmgröße hinausgeht. Im hier ausgeblendeten Bereich können Sie noch Einschränkungen für die Selektion mitgeben, um dadurch das Listenergebnis auf die für Sie wesentlichen Rechnungen zu reduzieren.

Selektionsbild »Übersicht Rechnungen«

Achten Sie insbesondere im Bereich **Erfassungsart** darauf, die richtige Erfassungsart auszuwählen. Neben den in diesem Kapitel gezeigten online gebuchten Rechnungen gibt es noch eine Vielzahl weiterer Erfassungsarten. In vielen Unternehmen werden Rechnungen nicht manuell erfasst, sondern über die unterschiedlichsten Rechnungseingangs-Workflows in das SAP-System überführt.

Im Bereich **Erfassungsart** haben Sie auch die Möglichkeit, vorerfasste und gemerkte Belege mitauszuwählen.

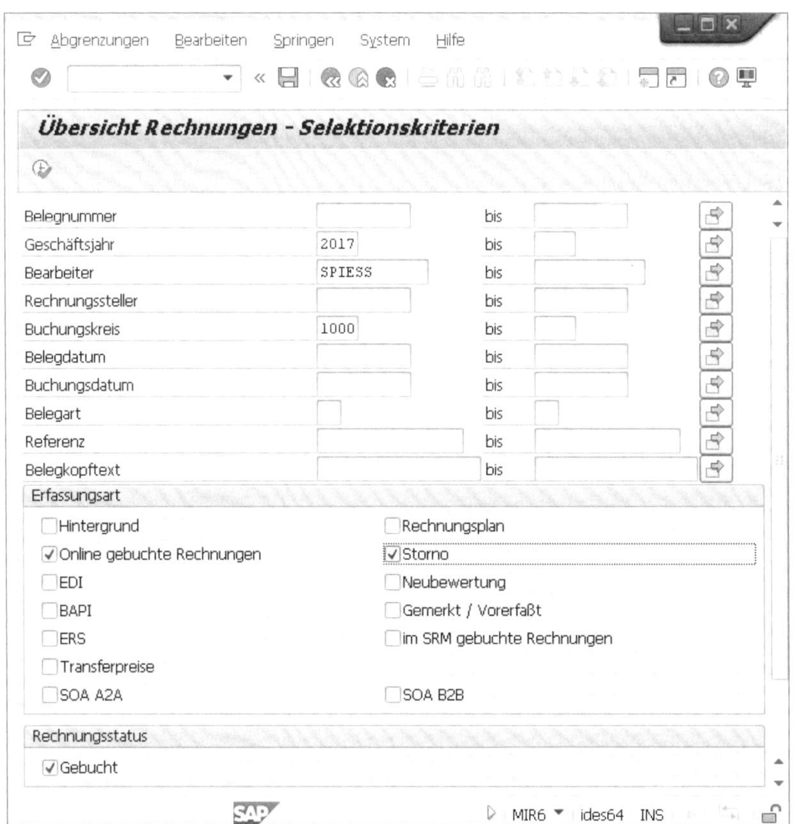

Abbildung 7.75 Selektionsbild »Übersicht Rechnungen – Selektionskriterien«

In Abbildung 7.76 sehen Sie als Ergebnis der Auswertung wiederum eine Liste von aktuellen Eingangsrechnungen. Die grafische Darstellung ist hier allerdings deutlich anders als im Bericht **Liste Rechnungsbelege anzeigen** in Abbildung 7.74. Als Erstes fällt hier ins Auge, dass die Liste nicht individuell angepasst werden kann.

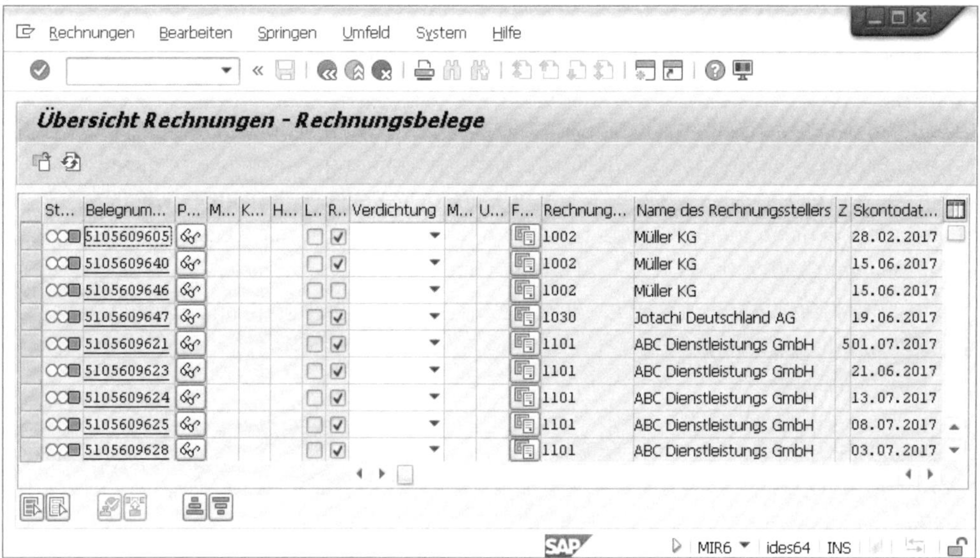

Abbildung 7.76 Übersicht Rechnungen

Die Funktionen in der Liste **Übersicht Rechnungen** sind mit den Funktionen aus der **Liste Rechnungsbelege anzeigen** vergleichbar. Für den Absprung auf die Belege werden hier allerdings Schaltflächen genutzt: Die Schaltfläche (**Anzeigen**) neben der Belegnummer führt Sie zum Materialbeleg der Rechnung. Die Schaltfläche (**Folgebelege**) erlaubt den direkten Absprung auf den FI-Beleg. Sie können die Auswertung permanent auf Ihrem Bildschirm geöffnet lassen und sehen dann nach dem Anklicken der Schaltfläche (**Auffrischen**) die zusätzlich seit Ihrer Selektion im SAP-System eingebuchten Rechnungen. Möchten Sie eine andere Auswahl treffen, können Sie mit der Schaltfläche (**Neu Selektieren**) erneut in den Selektionsbildschirm abspringen und dort Ihre Selektionskriterien eingeben.

In diesem Abschnitt haben wir uns auf Auswertungen beschränkt, die direkt mit der Rechnungseingangserfassung zusammenhängen. Weitere Auswertungen stellen wir Ihnen in Kapitel 8, »Auswertungen«, vor.

Im folgenden Abschnitt geht es um den Umgang mit Rechnungsabweichungen. Darüber hinaus beschäftigen wir uns mit Skonto im Zahllauf sowie mit Rechnungskürzungen.

7.4 Abweichungen

In diesem Abschnitt stellen wir Ihnen verschiedene Arten von *Abweichungen* vor, die zwischen einer Eingangsrechnung und der zugehörigen Bestellung und dem Wareneingang liegen können. Im folgenden Abschnitt geht es dabei zunächst um Abweichungen, die bereits im logistischen Prozess entstanden sind.

7.4.1 Abweichungen

In diesem Abschnitt befassen wir uns mit Beispielen für Mengen- und Preisabweichungen. Zunächst einmal kann die im Wareneingang erfasste oder auch die in der Rechnung ausgewiesene Liefermenge die Bestellmenge über- oder unterschreiten – aus welchen Gründen auch immer. Im Customizing können Sie für Mengenabweichungen positive oder negative Toleranzen einstellen, die dazu führen, dass eine Rechnung trotz Abweichung auf normalem Wege durchgebucht oder mit einer Rechnungssperre versehen werden kann.

Dies gilt auch im Fall von Preisabweichungen, wenn der auf der Rechnung ausgewiesene Preis niedriger oder höher ist als der Preis aus der Bestellung.

Mengenabweichungen

Wir beginnen mit einem Beispiel für eine Warenlieferung, bei der eine größere Menge als bestellt geliefert wurde (siehe Abbildung 7.77).

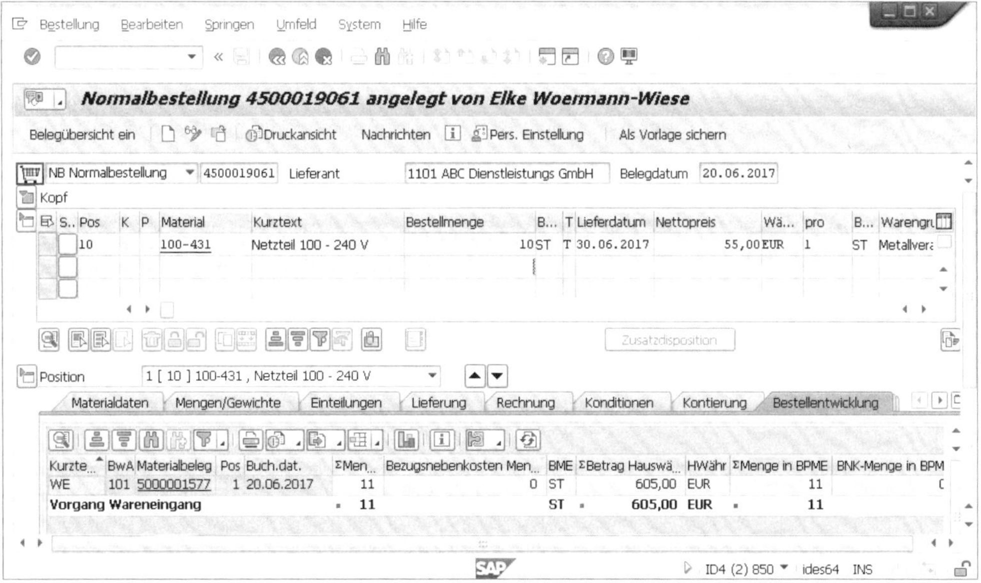

Abbildung 7.77 Von der Bestellmenge abweichende Wareneingangsmenge

Die gesamte gelieferte Menge von **11** Stück des Bestellmaterials wird berechnet. In Abbildung 7.78 sehen Sie die Erfassungsmaske von Transaktion MIRO, in der bereits die Zuordnung der Bestellposition vorgenommen und der Bruttorechnungsbetrag übernommen wurde. Die Abwicklung ist insoweit genauso, wie es in Abschnitt 7.2.1, »Rechnung mit Bezug (Bestellung, Lieferplan, Lieferschein)«, beschrieben wurde.

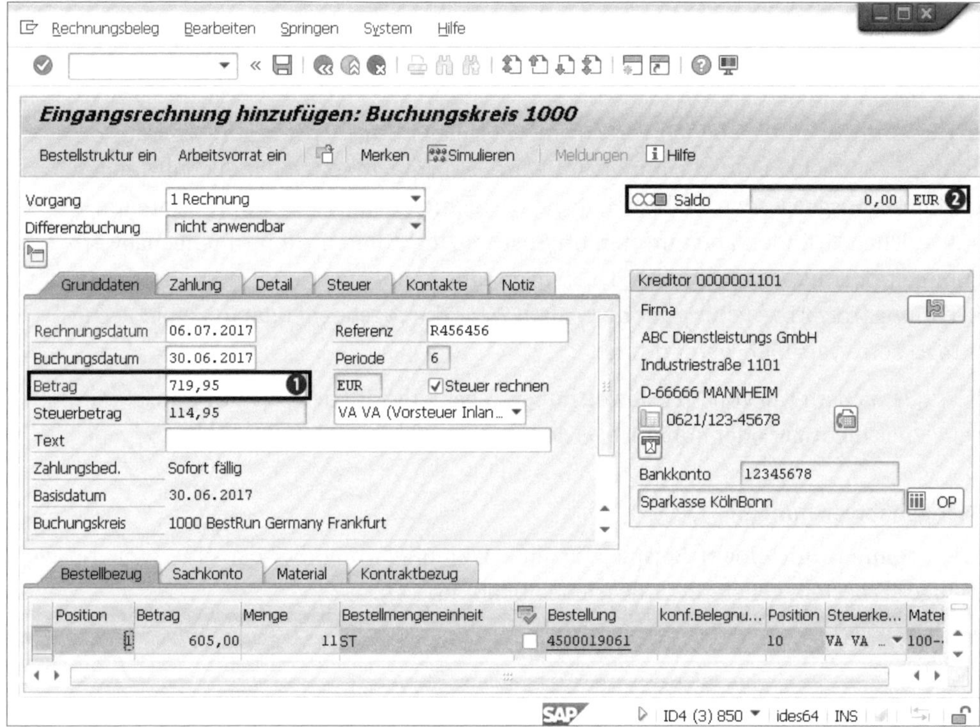

Abbildung 7.78 Rechnungserfassung mit höherer Wareneingangsmenge

Aufgrund der voreingestellten Toleranzen von 10 % kann der Wareneingang in Abbildung 7.78 ohne Rechnungssperre durchgebucht werden. Dies gilt in unserem Demosystem auch, wenn statt der Bestellmenge von 10 Stück eines Materials nur 9 Stück geliefert wurden. Die Abweichung beträgt in beide Richtungen 10 % – das Demosystem lässt aufgrund der im Customizing eingestellten *Toleranzgrenzen* in beide Richtungen Abweichungen von 10 % zu.

[»]

Toleranzgrenzen

Toleranzgrenzen für Mengen- und Preisabweichungen werden im Customizing eingestellt. So erscheinen Sie als Vorschlag bei der Erfassung einer Bestellung. Es können jedoch abweichende Toleranzgrenzen in die Bestellungen eingegeben werden. Damit wird z. B. gesteuert, ob ein Wareneingang mit abweichender Menge eingebucht werden kann und ob dazu auch eine Rechnungserfassung möglich ist.

Außerhalb der Toleranzgrenzen werden die Rechnungen hinsichtlich der Abweichungen gesperrt.

Preisabweichungen

In diesem Abschnitt zeigen wir Ihnen ein Beispiel für Preisabweichungen. Unser Demosystem lässt auch Preisabweichungen von plus oder minus 10 % oder in absoluten Zahlen höchstens 5,00 EUR zu. Wir buchen eine Rechnung zur Bestellung aus Abbildung 7.79 ein. Die Bestellung wurde über **10** Netzteile zum Preis von **55,00 EUR** je Stück erstellt.

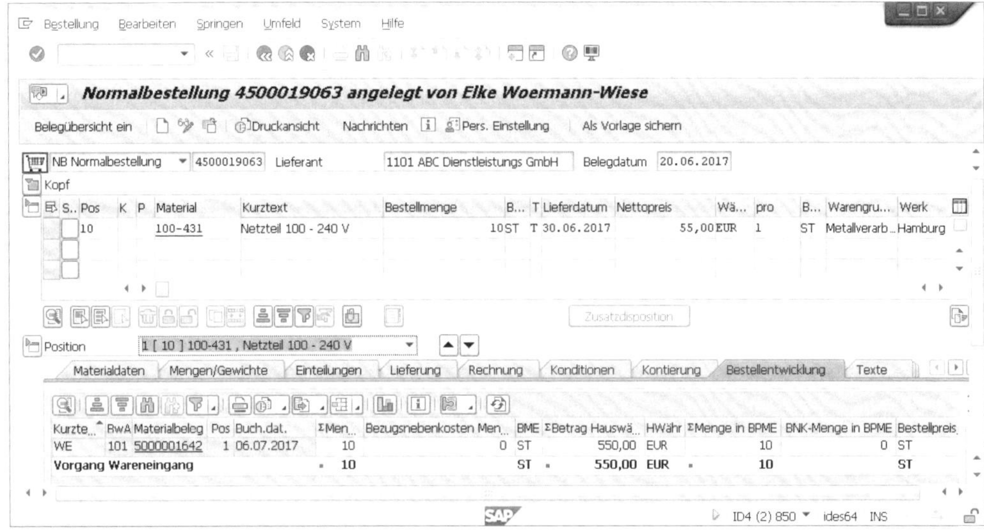

Abbildung 7.79 Bestellung, z. B »Preisabweichung«

Die Eingangsrechnung weist jedoch einen Preis von **620,00 EUR** netto für die **10** Netzteile aus, d. h., dass das einzelne Netzteil 62,00 EUR statt 55,00 EUR kosten würde (siehe Abbildung 7.80).

Auch hier wurde wieder zunächst der Belegkopf gefüllt und dann die Belegposition mit Bezug zur Bestellung eingegeben. Wie in Kasten ❶ zu sehen ist, ist hier ein Betrag in Höhe von **620,00 EUR** zu sehen – der Vorschlagswert von **550,00 EUR** aus der Bestellposition wurde manuell gemäß der vorliegenden Rechnung überschrieben. Nach der Eingabe des Rechnungsbruttobetrags im Feld **Betrag** (Kasten ❷) änderte sich der Belegsaldo auf **0,00 EUR** (Kasten ❸). Anders als bisher, wechselt der Beleg hiermit nicht auf den Status *Grün*, sondern auf den Status *Gelb*. In einem solchen Fall können Sie sich vor dem Buchen über die zugrunde liegende Ursache informieren. Betätigen Sie hierzu in der Anwendungsfunktionsleiste die Schaltfläche Meldungen. Im Beispielfall erhalten Sie die Information aus Abbildung 7.81, dass die zulässigen Preisabweichungen überschritten worden sind.

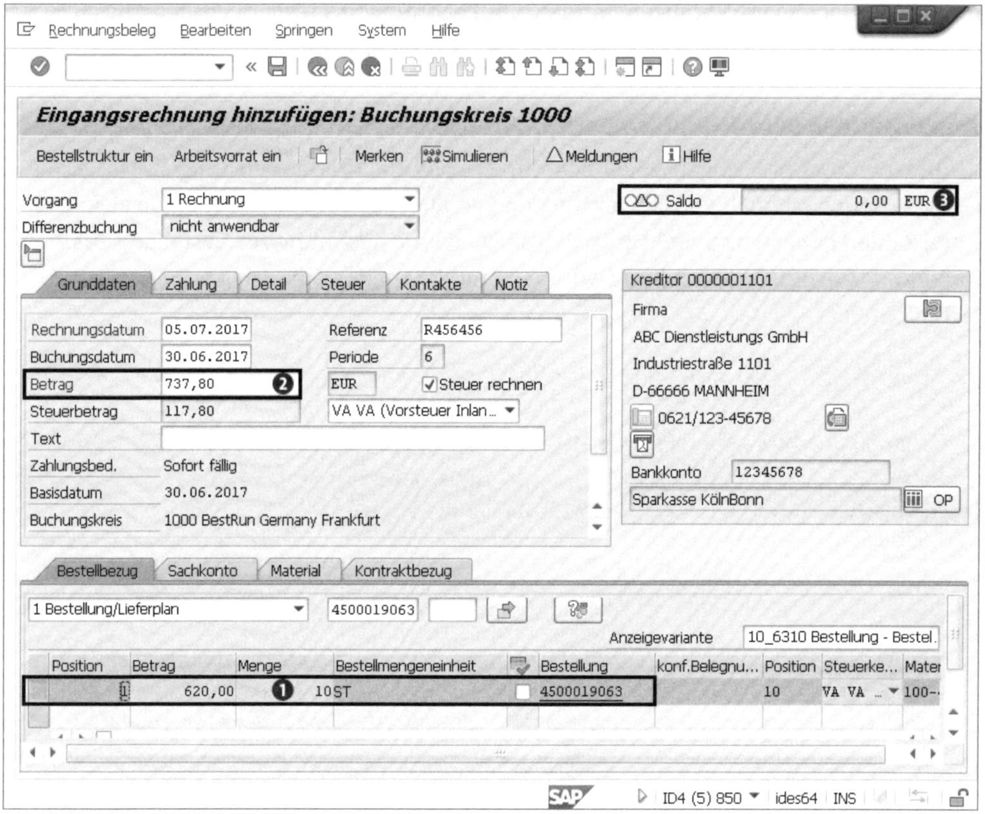

Abbildung 7.80 Rechnungserfassung mit Preisabweichung

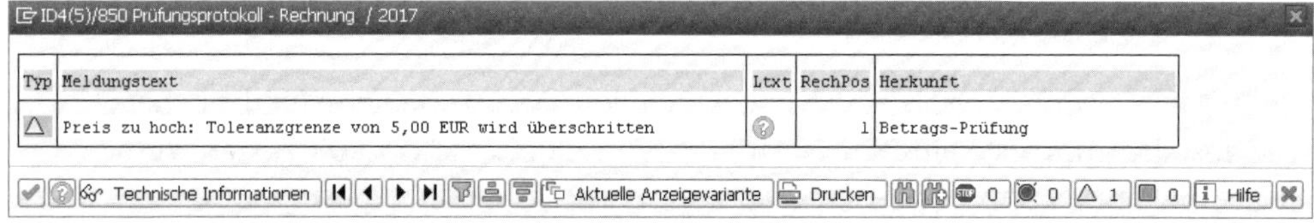

Abbildung 7.81 Warnmeldung infolge der Betragsprüfung

Der Beleg lässt sich dennoch buchen – Sie erhalten dann aber die Meldung, dass der Beleg eine Zahlsperre erhält. Informationen zum weiteren Vorgehen finden Sie in Abschnitt 7.5, »Sperren und Freigaben«.

7.4.2 Skonto

Wir zeigen Ihnen nun, wie Sie mithilfe von Zahlungsbedingungen im SAP-System dafür sorgen, dass das vom Lieferanten eingeräumte *Skonto* beim Bezahlen von Rechnungen einbehalten wird.

Im Einkauf wird üblicherweise mit einem Lieferanten darüber verhandelt, zu welchen Konditionen jenseits vom vereinbarten Preis eine Lieferung erfolgt. Bestandteil einer solchen Vereinbarung können Zahlungsfristen und gegebenenfalls auch Skonto sein. Im SAP-System können Sie dies direkt manuell beim Erfassen von Rechnungen in Transaktion MIRO in der Registerkarte **Zahlung** eingeben. Häufig beziehen Sie Leistungen aber über einen längeren Zeitraum immer wieder vom selben Lieferanten und profitieren dann immer in gleicher Weise von den vereinbarten Zahlungskonditionen. SAP bietet deshalb die Möglichkeit, feste Zahlungsbedingungen über einen Zahlungsbedingungsschlüssel im SAP-System zu hinterlegen. Ein Beispiel dafür sehen Sie in Abbildung 7.82.

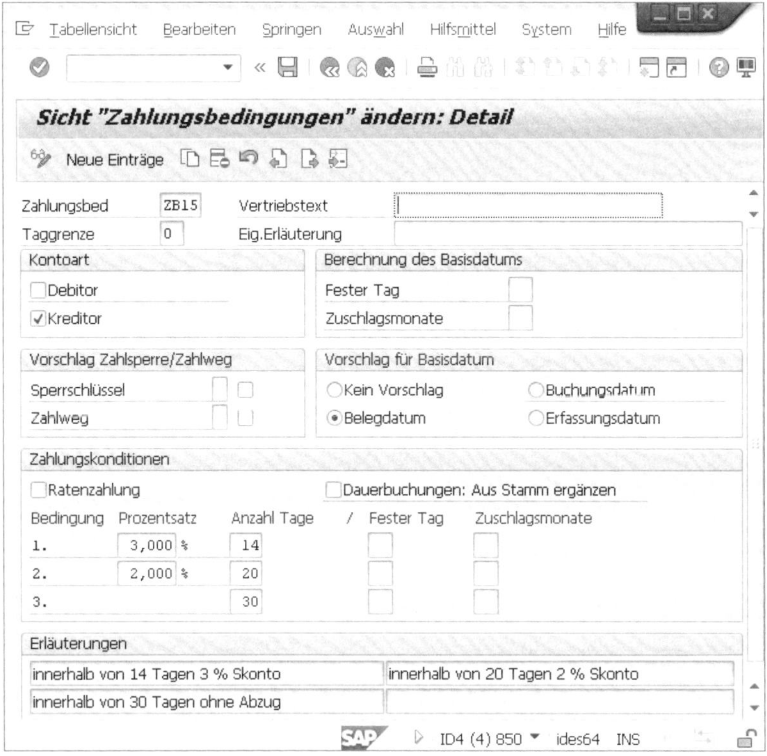

Abbildung 7.82 Zahlungsbedingungen

Die entsprechenden Einstellungen werden im Customizing vorgenommen. Sie können diese für Kunden und Lieferanten in gleicher Art und Weise pflegen oder separate Zahlungsbedingungen für Ihre Lieferanten und Kunden anlegen. Die Beispielzahlungsbedingung lässt für Zahlungen innerhalb von **14** Tagen ab Rechnungsdatum (**Belegdatum**) **3 %** Skonto zu, und **2 %** Skonto können bei einer Zahlung bis zu **20** Tagen nach Rechnungsdatum gezogen werden. Die Rechnung wird erst nach **30** Tagen fällig, ab dem **20.** Tag nach Rechnungsstellung ist aber kein Skontoabzug mehr möglich.

Zahlungsbedingungen können bei der Rechnungserfassung in der Registerkarte **Zahlung** in der Rechnungseingangserfassung MIRO über Ihren vierstelligen Schlüssel eingegeben werden. Sie können diese aber auch im Lieferantenstammsatz hinterlegen. Hierzu gibt es Eingabemöglichkeiten in der Sicht **Einkaufsdaten** im Einkauf und in der Sicht **Zahlungsverkehr Buchhaltung** in der Buchhaltung, siehe Abschnitt 2.4, »Kreditor (Lieferant)«. Die Zahlungsbedingung aus der Einkaufssicht wird bei der Rechnungserfassung über Transaktion MIRO im Rechnungsbeleg vorgeschlagen. Wird eine Eingangsrechnung ohne Materialbeleg direkt in der Buchhaltung erfasst, wird die Zahlungsbedingung aus der Buchhaltungssicht vorgeschlagen.

Zahlungsbedingungen

Zahlungsbedingungen in der Einkaufssicht und in der Buchhaltungssicht eines Lieferanten sollten gleichgehalten werden.

In Abbildung 7.83 zeigen wir Ihnen die Sicht **Grunddaten** aus dem Belegkopf während der MIRO-Datenerfassung. Hier wird Ihnen in Worten die Zahlungsbedingung aus dem Kreditorenstammsatz angezeigt.

Abbildung 7.83 Zahlungsbedingung bei der Rechnungserfassung – Anzeige in den Grunddaten

In Kasten ❶ in Abbildung 7.84 sehen Sie, dass die eingetragenen Werte zu den Zahlungskonditionen überschreibbar sind, d. h., dass die Zahlungsbedingung hier lediglich einen Vorschlagswert liefert. Sie können sowohl den Schlüssel der Zahlungsbedingung komplett gegen einen anderen Schlüssel austauschen als auch die Einzelschritte der dreiteiligen Zahlungsbedingung direkt manuell ändern.

In Kasten ❷ aus Abbildung 7.84 sehen Sie das vorgeschlagene Basisdatum. Wie es in Abbildung 7.82 gezeigt wird, schlägt die verwendete Zahlungsbedingung **ZB15** das Belegdatum als **Basisdatum** vor. Das Feld **Fällig am** ist hingegen nicht direkt pflegbar. Das hier angezeigte Datum ergibt sich aus dem Basisdatum, zuzüglich der Anzahl an Tagen, bis zu denen die Rechnung nettofällig wird, im Beispiel also zuzüglich **30** Tagen.

Abbildung 7.84 Zahlungsbedingung bei der Rechnungserfassung – Pflege in der Zahlungssicht

Was hat es nun mit dem Feld **Skonto** in Kasten ❷ auf sich? Hier könnte ein fest vereinbarter Skontobetrag manuell eingegeben werden, wenn keine Zahlungsbedingung mit prozentualem Skonto vorliegt. Im Regelfall bleibt dieses Feld leer und wird erst dann vom SAP-System mit einem Skontobetrag gefüllt, wenn beim Bezahlen der Rechnung tatsächlich Skonto gezogen wird.

Ob Skonto gezogen wird oder nicht, entscheidet sich letztlich erst beim Zahllauf, den die Buchhaltung durchführt. Üblicherweise laufen die Bemühungen in die Richtung, maximales Skonto zu ziehen. Es kann jedoch verschiedene Gründe geben, warum ein Unternehmen das gewährte Skonto nicht in Anspruch nimmt, wie im Folgenden aufgelistet:

- Die Bearbeitung der Rechnung bis zur Freigabe für die Zahlung dauert zu lange, sodass die Skontofrist überschritten ist.
- Die Rechnung wird aufgrund mangelnder Liquidität zu einem Zeitpunkt, zu dem noch Skonto möglich wäre, zurückgestellt.

Bei der Skontoabwicklung wird der maximal mögliche Skontobetrag in der Buchhaltung aus den genannten Gründen zunächst nur zurückgestellt. Dieser zurückgestellte Betrag wird dann entweder beim Zahlen ausgenutzt, oder er wird bei der Verbuchung des Zahllaufs automatisch korrigiert.

Beim Skonto handelt es sich um eine Rechnungskürzung, die Sie mit ihrem Lieferanten fest vereinbart haben. Im folgenden Abschnitt geht es um Rechnungskürzungen, die Sie – entweder in Absprache mit dem Lieferanten oder aufgrund eines Mangels an der gelieferten Ware – zusätzlich vornehmen.

7.4.3 Rechnungskürzung

In Ihrem Unternehmen wurde festgelegt, dass eine Lieferantenrechnung zwar bezahlt, aber der Rechnungsbetrag gekürzt werden soll. Sie erfassen die Rechnung, wie gewohnt, mit Transaktion MIRO. Lediglich bei der Übernahme der Belegposition gibt es hier einen Unterschied; diesen zeigen wir Ihnen anhand von Abbildung 7.85.

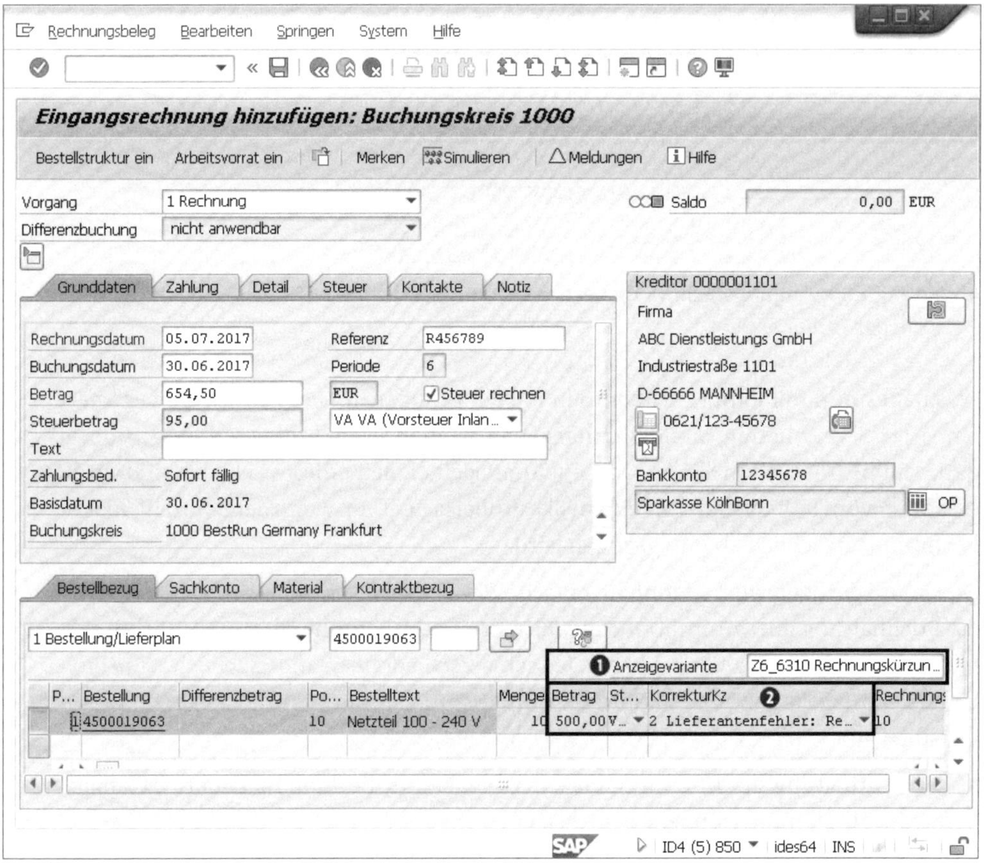

Abbildung 7.85 Rechnungserfassung mit Rechnungskürzung

Für die Rechnungskürzung wählen Sie im Feld **Anzeigevariante** eine für diese spezielle Erfassung passende Variante aus, wie es in Kasten ❶ in Abbildung 7.85 zu sehen ist. Solche Anzeigevarianten können von den Unternehmen nach eigenen Bedürfnissen vorgehalten werden. Im Beispielfall rückt die Anzeigevariante für die Rechnungskürzung das Feld **KorrekturKz** auf den sichtbaren Bildschirm. In Kasten ❷ nehmen Sie dann einmal die Anpassung des Rechnungsbetrags vor und wählen einen Korrekturgrund im Feld **KorrekturKz** aus. Nachdem Sie nun die Belegposition mit der [↵]-Taste bestätigt haben, erhalten Sie eine Meldung, wie sie beispielhaft in Abbildung 7.86 zu sehen ist.

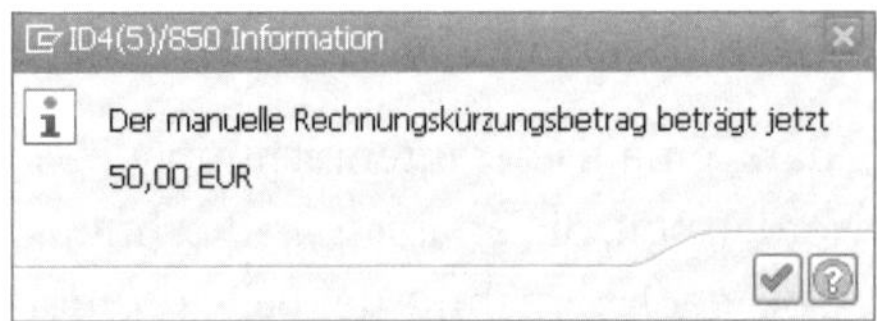

Abbildung 7.86 Meldung zum Rechnungskürzungsbetrag

Eine solche gekürzte Rechnung lässt sich anschließend ohne weitere Prüfung oder Zahlsperre einfach buchen. Wenn der Lieferant die Rechnungskürzung akzeptiert, müsste bei Materialien mit S-Preis-Steuerung im nächsten Schritt noch der Bestandswert des Materials korrigiert werden, da der Wareneingang mit dem ursprünglichen Bestellwert bewertet wurde. Auf solche Korrekturen wird hier nicht weiter eingegangen. Bei V-Preis-gesteuerten Materialien ist keine Korrektur erforderlich, und das Material wird mit dem gekürzten Rechnungsbetrag bewertet.

In den bisherigen Beispielfällen gab es gelegentlich Zahlsperren, die beim Buchen der Rechnungen automatisch gesetzt wurden. Auf diese Thematik gehen wir im nächsten Abschnitt ein.

7.5 Sperren und Freigaben

In den meisten Unternehmen werden die anstehenden Zahlungen aus Lieferantenrechnungen automatisiert ausgeführt. Dabei wählt das Zahlprogramm die offenen und fälligen Rechnungen aus und schlägt sie zur Zahlung vor. Auf die Details der Zahlungsvorschlagsbearbeitung gehen wir hier nicht weiter ein, da diese Arbeiten zu den Aufgaben der Buchhaltung zählen.

Um im Zahlungsvorschlag nicht regelmäßig Rechnungen mitaufzulisten, die noch ungeklärt sind und damit noch nicht bezahlt werden dürfen, gibt es im SAP-System die Möglichkeit, *Zahlsperren* zu setzen. Dabei handelt es sich, technisch gesehen, lediglich um das Feld **Zahlsperre** in der Registerkarte **Zahlung** einer Rechnung. Wenn in diesem Feld ein *Zahlsperrgrund* eingetragen ist, wird die Rechnung nicht automatisch beim Zahllauf bezahlt.

Die unterschiedlichen Zahlsperrgründe dienen letztlich nur der unternehmensinternen Kommunikation. Über die unterschiedlichen Zahlsperrgründe wird im SAP-Standard nichts gesteuert. Dies kann natürlich bei der Nutzung von Programmanpassungen anders sein und hängt deshalb von Ihren unternehmensspezifischen Prozessen ab. Im SAP-Standard werden normalerweise die folgenden Zahlsperrgründe angeboten:

- * (Konto übergehen)
- **A** (zur Zahlung gesperrt)
- **P** (Payment Request)
- **R** (Rechnungsprüfung)
- **V** (Auszahlungsverrechnung)

Sie können diese Liste für Ihr Unternehmen anpassen. Die Zahlsperre funktioniert zunächst so, dass jeder Eintrag im Feld **Zahlsperre** zu einer solchen führt.

Zahlsperren können manuell gesetzt werden. Sie können jedoch auch automatisch ausgelöst werden, z. B. bei einer Preisabweichung, wie es in Abschnitt 7.4.1, »Abweichungen«, gezeigt wurde. Zusätzlich zu den automatischen Zahlsperren aufgrund von Abweichungen setzt das SAP-System – wenn dies im Customizing eingestellt ist – Sperren nach dem Zufallsprinzip, die sogenannten stochastischen Sperren. Ein Beispiel hierzu haben wir Ihnen in Abbildung 7.22 und in Abbildung 7.23 gezeigt.

Zahlsperren können sich nur auf einen Beleg beziehen. Zahlsperren können aber auch im Lieferantenstammsatz direkt gesetzt werden und damit gegebenenfalls alle Zahlungen an einen Lieferanten unterbunden werden.

Normalerweise bleiben Zahlsperren nur so lange in einer Rechnung, bis Ihr Grund beseitigt und eine Auszahlung erfolgen soll. Das SAP-System unterstützt Sie bei der Überwachung von Rechnungen mit Zahlsperre mit den in Abschnitt 7.3, »Auswertungen«, gezeigten Auswertungen und zusätzlich mit Transaktion MRBR (Gesperrte Rechnungen freigeben), die Sie auch über den Menüpfad **Logistik • Materialwirtschaft • Logistik-Rechnungsprüfung • Weiterverarbeitung • Gesperrte Rechnungen freigeben** aufrufen können. In Abbildung 7.87 sehen Sie das Selektionsbild zur Auswahl der Belege mit Zahlsperre.

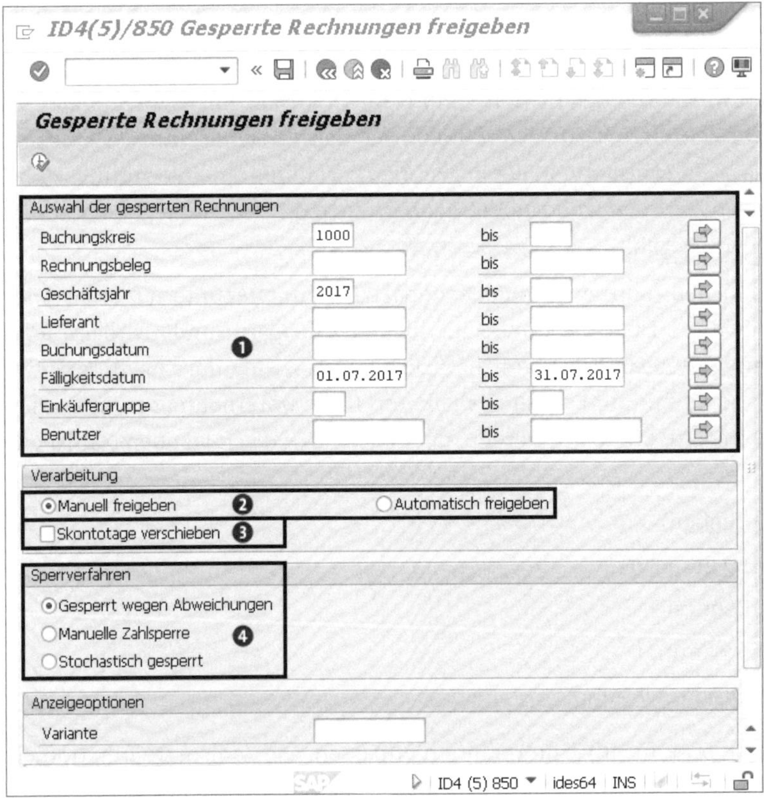

Abbildung 7.87 Selektionsbild »Gesperrte Rechnungen freigeben«

In Kasten ❶ in Abbildung 7.87 selektieren Sie die freizugebenden Belege zunächst nach organisatorischen Gesichtspunkten, wie Buchungskreis, Geschäftsjahr, Fälligkeit oder Bearbeiter. Gerade die Fälligkeit ist dabei ein wichtiges Kriterium, da Sie ja vermeiden möchten, dass Belege aufgrund von Zahlsperren angemahnt werden.

In Kasten ❷ müssen Sie dann vorgeben, ob die Bearbeitung der Rechnungen manuell erfolgen soll oder automatisch. Die automatische Verarbeitung erfolgt dabei sofort mit dem Ausführen der Transaktion, und Sie erhalten lediglich eine Liste, die die freigegebenen Belege zur Ihrer Information anzeigt.

Die Option **Skontotage verschieben** in Kasten ❸ führt dazu, dass der FI-Beleg verändert wird. Nach der Freigabe mit dieser Option wirkt die Zahlungsbedingung ab dem Freigabedatum, und damit ist gegebenenfalls auch bei einem älteren Beleg noch Skonto möglich.

In Kasten ❹ treffen Sie die Wahl, welche Art von Zahlsperren Sie in einem Lauf bearbeiten möchten.

Mit der Schaltfläche (**Ausführen**) erzeugen Sie die Liste gemäß Ihren Auswahlkriterien, wie z. B. die Liste in Abbildung 7.88.

Gesperrte Rechnungen freigeben

Sperrgrund

Stat...	Belegnr	Jahr	Währg	UmrechDat	UmrechKurs	HWähr	Art	Buch.dat.	BuKr.	RechnSte	Name	Benutzername	B...	M...	Prs	Q...	B...	T...	M...	Basisd
	5105609623	2017	EUR	21.06.2017	1,00000		RE	21.06.2017	1000	1101	ABC Dienstleistungs GmbH	SPIESS		X						21.06
	5105609639	2017	EUR	30.06.2017	1,00000		RE	30.06.2017	1000	1101	ABC Dienstleistungs GmbH	SPIESS		X						30.06
	5105609647	2017	EUR	05.06.2017	1,00000		RE	05.06.2017	1000	1030	Jotachi Deutschland AG	SPIESS		X						05.06
	5105609647	2017	EUR	05.06.2017	1,00000		RE	05.06.2017	1000	1030	Jotachi Deutschland AG	SPIESS		X						05.06
	5105609647	2017	EUR	05.06.2017	1,00000		RE	05.06.2017	1000	1030	Jotachi Deutschland AG	SPIESS		X						05.06
	5105609647	2017	EUR	05.06.2017	1,00000		RE	05.06.2017	1000	1030	Jotachi Deutschland AG	SPIESS		X						05.06
	5105609653	2017	EUR	30.06.2017	1,00000		RE	30.06.2017	1000	1101	ABC Dienstleistungs GmbH	SPIESS		X						05.07
	5105609656	2017	EUR	30.06.2017	1,00000		RE	30.06.2017	1000	1101	ABC Dienstleistungs GmbH	SPIESS		X						30.06
	5105609658	2017	EUR	05.07.2017	1,00000		RE	05.07.2017	1000	1101	ABC Dienstleistungs GmbH	SPIESS			X					05.07

Abbildung 7.88 Liste von gesperrten Rechnungen zur manuellen Freigabe

Die Liste zur Freigabe von gesperrten Rechnungen kann von Ihnen genutzt und gestaltet werden wie die Liste zur Anzeige von Rechnungsbelegen aus Abschnitt 7.3, »Auswertungen«. Per Doppelklick auf die Belegnummer in der Spalte **Belegnr** können Sie sich einen Beleg vor der Bearbeitung nochmals ansehen.

Zur manuellen Bearbeitung haben Sie jetzt zwei Möglichkeiten:

- Wenn sich der Sperrgrund erledigt hat, können Sie diesen löschen, indem Sie die betreffenden Rechnungen in der Liste markieren und die Schaltfläche Sperrgrund nutzen. Sie erkennen solche Rechnung am Status *Gelb* in der Liste.
- Alle anderen Rechnungen geben Sie mit der Schaltfläche (Freigeben) frei, nachdem Sie sie markiert haben.

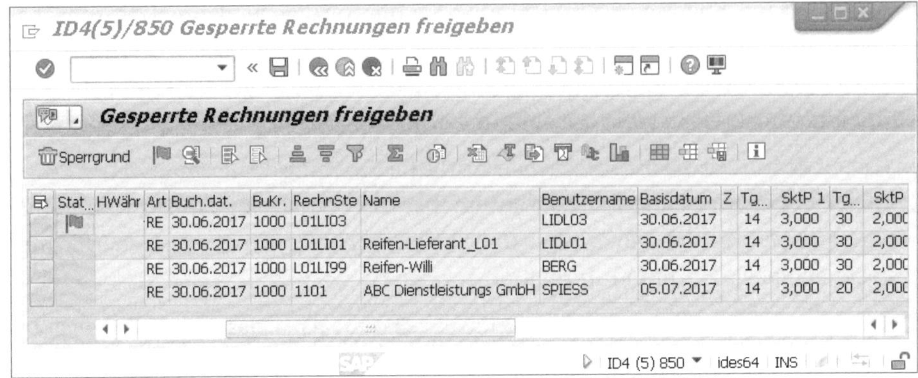

Abbildung 7.89 Manuell freigegebene Rechnung

Eine manuell freigegebene Rechnung wie in Abbildung 7.89 wird sofort mit dem Symbol (Freigegeben) in der Liste markiert. Die Freigabe wird jedoch erst wirksam, wenn Sie am Ende der Bearbeitung Ihrer Liste die Schaltfläche (**Sichern**) betätigen.

Die automatische Freigabe von gesperrten Rechnungen bearbeitet nur solche Rechnungen, deren Sperrgrund sich erledigt hat. Eine Freigabe von Rechnungen mit noch gültigem Sperrgrund kann nicht automatisch durchgeführt werden.

Im folgenden Abschnitt zeigen wir Ihnen die Bearbeitung von Gutschriften, nachträglichen Be- oder Entlastungen und die Erfassung von Bezugsnebenkosten.

7.6 Gutschrift, Nachbelastung und Nebenkosten

Zunächst zeigen wir Ihnen in diesem Abschnitt die Bearbeitung von Gutschriften.

7.6.1 Gutschriften

Gutschriften werden in Ihrem Unternehmen z. B. erfasst, wenn nach Erhalt, und gegebenenfalls nach der Zahlung einer Rechnung, festgestellt wird, dass die Ware nicht in Ordnung ist. Ursächlich kann auch sein, dass nachträglich Fehler in der gesamten Abwicklung festgestellt werden. Die Gutschrift wird vom Lieferanten erstellt und mit Transaktion MIRO auf dem gewohnten Weg mit Bezug zur Bestellung eingebucht. Ein Beispiel hierzu sehen Sie in Abbildung 7.90.

Vor der Erfassung einer Gutschrift wird anstelle des Vorgangs **Rechnung** (Standardeinstellung in Transaktion MIRO) der Vorgang **Gutschrift** eingestellt. Sie sehen das betreffende Feld im roten Kasten in Abbildung 7.90. Die übrige Bearbeitung erfolgt genauso wie die Erfassung einer Rechnung. Allerdings sollten Sie bei der Erfassung einer Gutschrift die Zahlungsbedingung beachten.

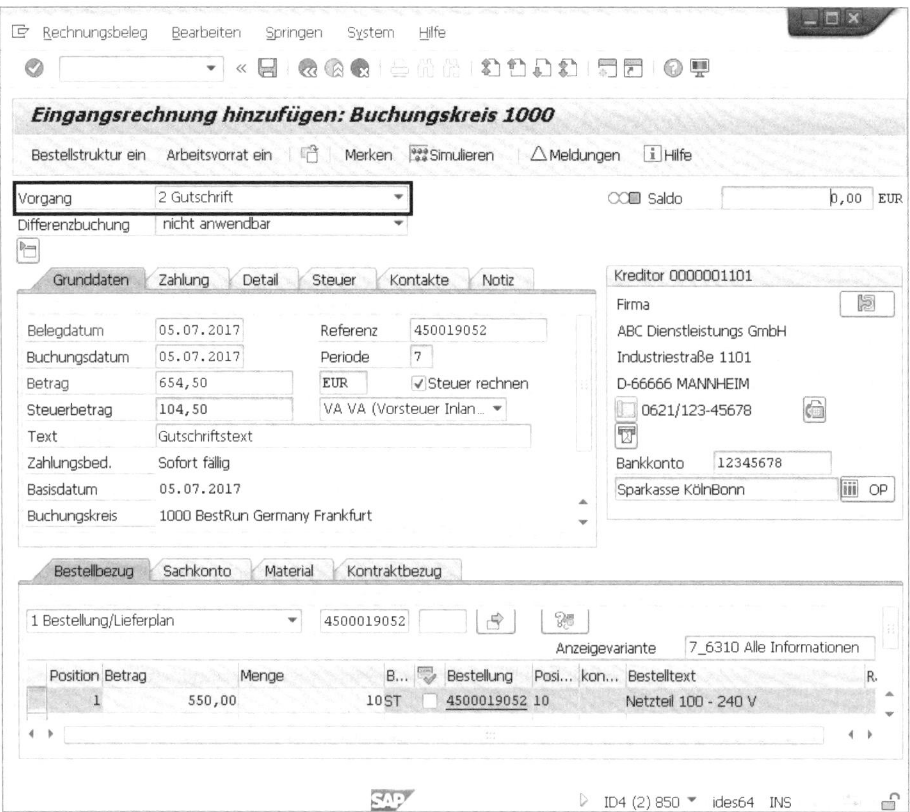

Abbildung 7.90 MIRO-Verarbeitung einer Gutschrift

Nachträgliche Be- oder Entlastungen können über Transaktion MIRO erfasst werden, wenn mit der ursprünglichen Rechnung bereits das Endrechnungskennzeichen gesetzt wurde. Dies zeigen wir im nachfolgenden Abschnitt anhand eines kleinen Beispiels.

7.6.2 Nachträgliche Be- oder Entlastung

Eine *nachträgliche Entlastung* entspricht, technisch gesehen, einer Gutschrift, und eine nachträgliche Belastung entspricht einer zusätzlichen Rechnung für einen Vorgang. Hierbei ist zu beachten, dass jeweils ein entsprechendes Kennzeichen in der Belegposition gesetzt wird. Wir demonstrieren dies anhand einer nachträglichen Belastung in Abbildung 7.91.

Wie Sie es aus Abbildung 7.91 ersehen können, wird auch bei einer nachträglichen Be- oder Entlastung vorab ein eigener Vorgang eingestellt. Hierdurch verändern sich die in den Belegpositionen angebotenen Felder. Im Fall der nachträglichen Belastung wird das Kennzeichen **Nachträgliche Belastung** (im roten Kasten gezeigt) eingeblendet und dann auch gleich automatisch bei der Übernahme der Bestellpositionen aktiviert.

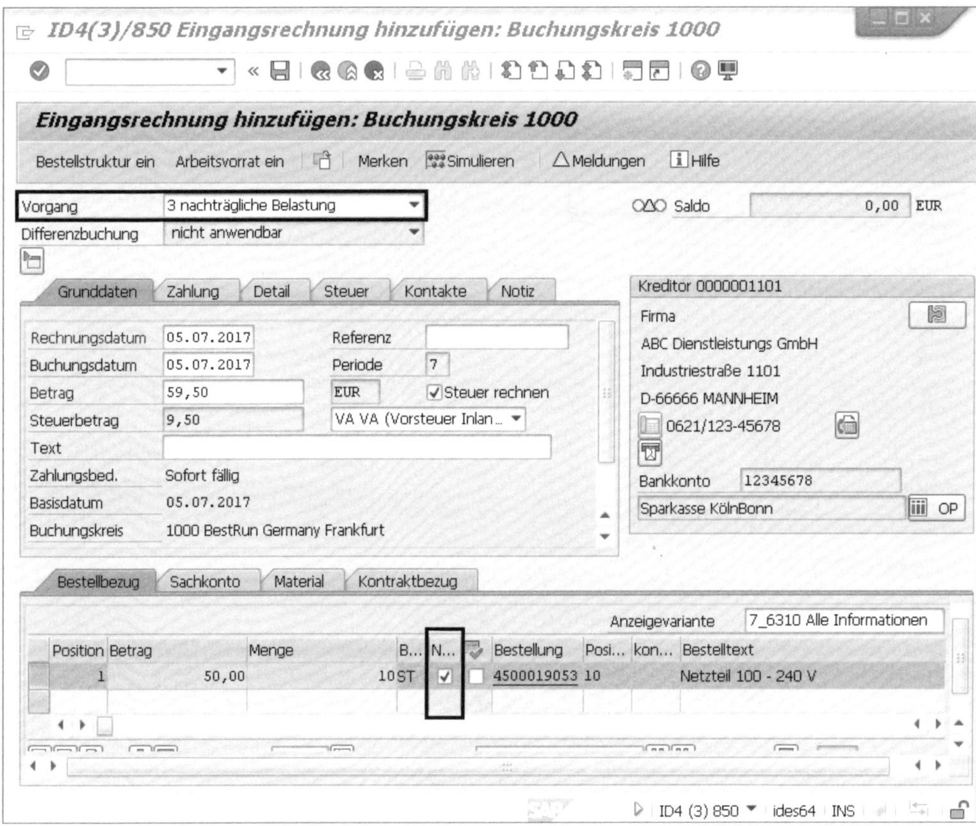

Abbildung 7.91 Transaktion MIRO – Erfassung einer nachträglichen Belastung

Die Materialmenge wird aus der Bestellung bzw. aus dem Wareneingang übernommen und darf nicht verändert werden. Die weitere Verarbeitung hat keine Besonderheiten. Der FI-Beleg entspricht dem Beleg der ursprünglichen Rechnung. Dabei wird die Nachbelastung auch auf das Material kontiert.

7.6.3 Geplante und ungeplante Bezugsnebenkosten

Im letzten Abschnitt dieses Kapitels beschäftigen wir uns mit den Bezugsnebenkosten.

Frachtkosten zu einer Lieferung sind, je nach Material und Versandweg, zum Zeitpunkt einer Bestellung bekannt oder nicht bekannt. Die bekannten Frachtkosten werden bei der Bestellung gleich miterfasst; diese werden dann als *geplante Bezugsnebenkosten* bezeichnet. Ein Beispiel dafür sehen Sie in Abbildung 7.92. Die Kondition **Fracht absolut** wurde hier manuell eingepflegt.

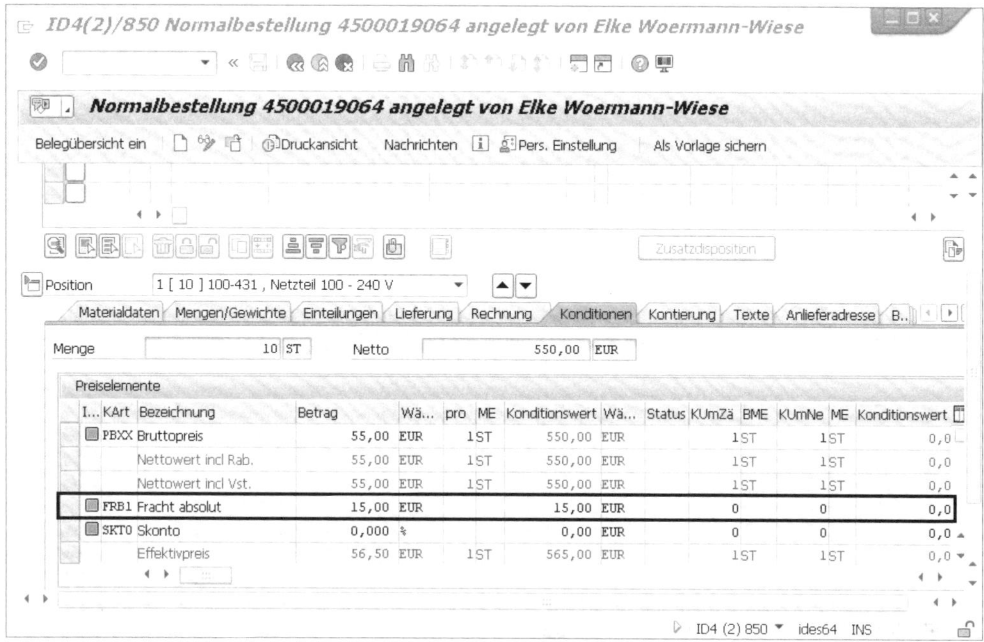

Abbildung 7.92 Geplante Bezugsnebenkosten in einer Bestellung

Bei der Buchung eines Wareneingangs zu einer Bestellung werden die Frachtkosten bereits mitgebucht. Dies können Sie aus Abbildung 7.93 ersehen. Die Frachtkosten in Höhe von **15,00 EUR** werden dabei auf ein eigenes Verrechnungskonto **Fracht-Verrechn. MM** gebucht. In unserem Demosystem erhöhen sie in der ersten Belegposition den reinen Warenwert, sind also hier im Bestandswert des Materials enthalten.

Abbildung 7.93 Wareneingang zur Bestellung – FI-Beleg mit Frachtkosten

Für die Erfassung einer Rechnung mit geplanten Bezugsnebenkosten steigen Sie in Transaktion MIRO ein, wie es in Abbildung 7.94 gezeigt wird.

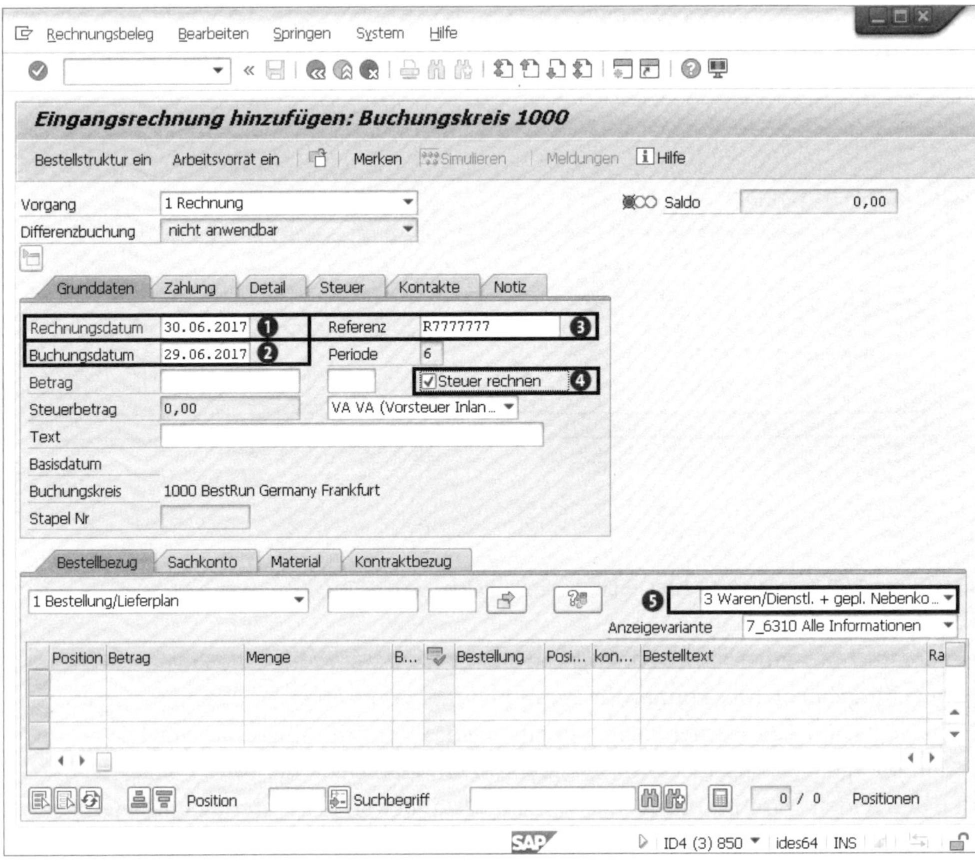

Abbildung 7.94 Rechnungseingang mit geplanten Bezugsnebenkosten – Einstieg

Die Erfassungsmaske wird zunächst im Belegkopf gefüllt, d. h., dass die Schritte ❶ bis ❹ im jeweiligen schwarzen Kasten in derselben Reihenfolge wie in allen bisherigen Beispielfällen abgearbeitet werden:

❶ zeigt das eingegebene Belegdatum

❷ zeigt das eingegebene Buchungsdatum

❸ ist die Rechnungsnummer von der Lieferantenrechnung

❹ aktiviert das automatische Rechnen der Mehrwertsteuerbeträge

In Kasten ❺ sehen Sie den Text **3 Waren/Dienstl. + gepl. Nebenkosten im** Feld **Kennzeichen: Warenposition/Bezugsnebenkosten/beides**. Das SAP-System ermöglicht Ihnen hier die folgende Auswahl:

- **1 Waren/Dienstleistungspositionen**
- **2 geplante Nebenkosten**
- **3 Waren/Dienstl. + gepl. Nebenkosten**

Bei den bisherigen Beispielen zur Rechnungserfassung wurde in diesem Feld keine Veränderung vorgenommen, da mit der Auswahl **1 Waren/Dienstleistungspositionen** die optimale Auswahl für die Erfassung von einfachen Rechnungen getroffen ist. Mit der Einstellung **2 geplante Nebenkosten** können Sie auch nur solche Nebenkosten erfassen. Die von uns gewählte Option **3 Waren/Dienstl. + gepl. Nebenkosten** ermöglicht die Erfassung von Leistungen und Frachtkosten in einem Schritt. In Abbildung 7.95 können Sie nun den vervollständigten Beleg sehen.

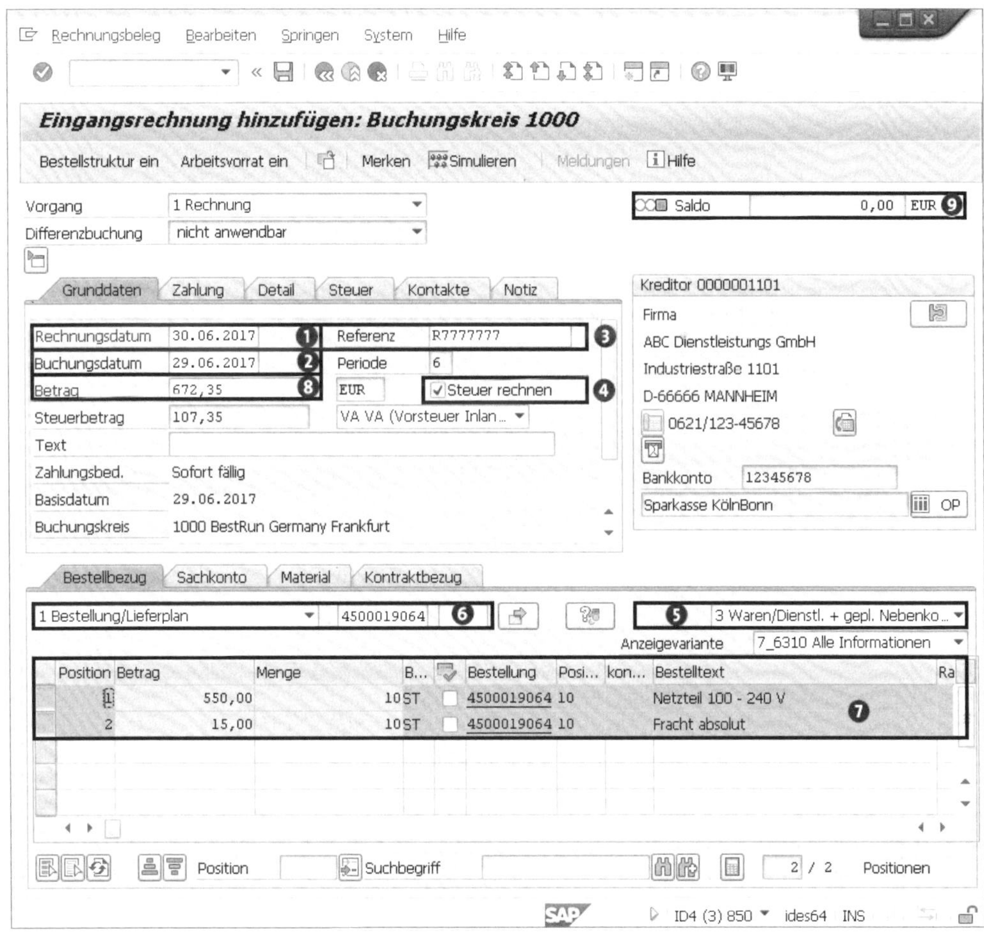

Abbildung 7.95 Rechnungseingang mit geplanten Bezugsnebenkosten – vollständige Erfassung

Nach der Übernahme der Option **3 Waren/Dienstl. + gepl. Nebenkosten** in Kasten ❺ können in Kasten ❻ die Bestellung oder einzelne Bestellpositionen eingegeben werden. Nach dem Betätigen der [↵]-Taste erscheinen die ausgewählten Bestellpositionen als Vorschlag für die Rechnungspositionen.

In Kasten ❼ können Sie erkennen, dass sowohl der Wareneingang selbst als auch die Bezugsnebenkosten für die Rechnungserfassung angeboten werden. Der Betrag in Höhe von **15,00 EUR** für die Frachtkosten aus Position **2** ist im Feld **Betrag** in Kasten ❽ mitenthalten, damit nach nochmaliger Betätigung der [↵]-Taste der Belegsaldo in Kasten ❾ den Wert **0,00 EUR** ausweisen kann.

In Abbildung 7.96 zeigen wir Ihnen den FI-Beleg zur Rechnung mit den geplanten Bezugsnebenkosten.

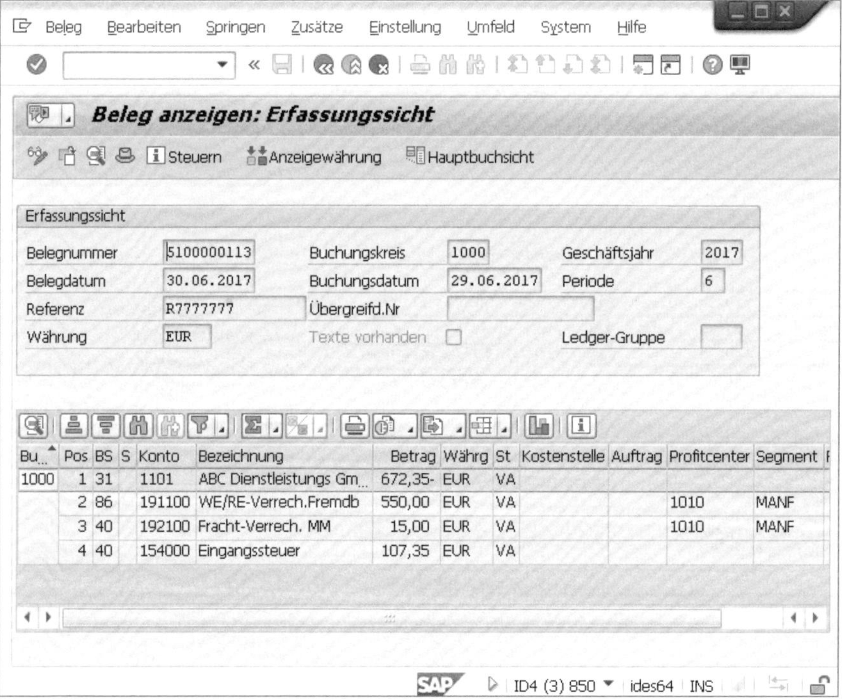

Abbildung 7.96 FI-Beleg Rechnungseingang mit geplanten Bezugsnebenkosten

Auch bei der Erfassung einer Rechnung zu einer Bestellung, die noch keine Bezugsnebenkosten ausweist, erfolgt die Erfassung der Rechnung mit Bezug auf eine Bestellung oder einen Lieferschein zunächst wie gewohnt. Zusätzlich zu den aus der Bestellposition oder dem Wareneingang vorgeschlagenen Daten werden nun die Frachtkosten in der Registerkarte **Detail** im Belegkopf erfasst, wie es in Abbildung 7.97 gezeigt wird.

Abbildung 7.97 Rechnungserfassung mit ungeplanten Bezugsnebenkosten

Bezugsnebenkosten

Bezugsnebenkosten gehören normalerweise zu den Anschaffungskosten für ein Material. Sie müssen deshalb in den Bestandswert der Materialien einbezogen werden. Bei in der Bestellung bereits geplanten Bezugskosten geschieht dies automatisch. Häufig sind die Bezugsnebenkosten jedoch zum Zeitpunkt der Erfassung der Bestellung noch nicht bekannt. Dann werden sie erst bei der Rechnungserfassung direkt oder sogar in einer eigenen Rechnung erfasst und dabei lediglich als Kosten geführt. Der Bestandswert resultiert alleine aus dem Materialpreis und der Menge an Material im Bestand.

In Abbildung 7.98 sehen Sie den FI-Beleg zur Rechnung mit *ungeplanten Bezugsnebenkosten*. Die Frachtkosten werden hier in Belegzeile **3** auf dem Sachkonto **Ungepl Nebenkosten** aufgeführt. Dies ist das Resultat einer Customizing-Einstellung. Alternativ könnten die ungeplanten Frachtkosten anteilsmäßig auf die verschiedenen Bestellpositionen aufgeteilt werden und damit den V-Preis erhöhen.

Abbildung 7.98 FI-Beleg zur Eingangsrechnung mit ungeplanten Bezugsnebenkosten

Mit diesem Kapitel haben Sie einen Überblick über die Möglichkeiten der logistischen Rechnungsprüfung erhalten. Damit sollten Sie jetzt insgesamt ein gutes Bild vom Beschaffungsprozess in MM haben. Im nächsten Kapitel stellen wir Ihnen hierzu noch ein paar Auswertungen vor.

Kapitel 8
Auswertungen

Es existieren in MM zahlreiche Möglichkeiten, um Standardauswertungen von Belegen und Stammdaten vorzunehmen.

In diesem Kapitel zeigen wir Ihnen die Auswertungsmöglichkeiten in der Materialwirtschaft; es werden Listen und Standardanalysen beschrieben. Die flexiblen Analysen werden in einem Überblick gezeigt. In der Materialwirtschaft verfügen Sie über drei Arten von *Auswertungen*:

- Listen
- Standardanalyse
- flexible Analyse

In Abhängigkeit von der gewählten Auswertungsart nutzen Sie verschiedene Verfahren zur weiteren Differenzierung der Daten. Die Auswertungen öffnen Sie mit einer Vorauswahl von Daten, den Selektionskriterien (siehe Anhang A.5, »Listauswertung – Selektionsvariante«).

8.1 Listen

In Tabelle 8.1 sehen Sie die Listen, die Ihnen bei Bestellungen zur Verfügung stehen, einschließlich der zugehörigen Transaktionscodes.

[«]

Transaktionscodes

Eine Gesamtaufstellung der Transaktionscodes, die Ihnen in der Bearbeitung von Einkauf, Bestandsführung und logistischer Rechnungsprüfung begegnen können, finden Sie in Anhang C, »Glossar«.

Liste Bestellungen	Transaktionscode
Bestellungen zum Lieferanten	ME2L
Bestellungen zum Material	ME2M
Bestellungen zur Kontierung	ME2K

Tabelle 8.1 Listenauswertungen – Bestellungen

Liste Bestellungen	Transaktionscode
Bestellungen zum Projekt	ME2J
Bestellungen zur Warengruppe	ME2C
Bestellungen zur Bedarfsnummer	ME2B
Bestellungen zur Bestellnummer	ME2N
Bestellungen zum Lieferwerk	ME2W
Leistungsliste zur Bestellung	MSRV3
Dienstleistungen zur Bestellung	ME2S

Tabelle 8.1 Listenauswertungen – Bestellungen (Forts.)

Sie finden die Listen im SAP-Menü über den Pfad **Logistik • Materialwirtschaft • Einkauf • Bestellung• Listanzeigen**. Ähnliche Listen sind in den Ordnern für Bestellanforderungen und Rahmenverträge vorhanden.

8.1.1 Selektionskriterien

Wählen Sie geeignete Selektionskriterien für die Anzeige Ihrer Belege in einer Liste (siehe Abbildung 8.1).

Einkaufsbelege zum Lieferant

Auswählen...

Lieferant	BALTUS30	bis	
Einkaufsorganisation		bis	
Listumfang	BEST		
Selektionsparameter		bis	
Belegart		bis	
Einkäufergruppe		bis	
Werk		bis	
Positionstyp		bis	
Kontierungstyp		bis	
Lieferdatum		bis	
Gültigkeitsstichtag			
Reichweite bis			
Belegnummer		bis	
Material		bis	
Warengruppe		bis	
Belegdatum		bis	
Europäische Artikelnummer		bis	
Lieferantenmaterialnummer		bis	
Lieferantenteilsortiment		bis	
Aktion		bis	
Saison		bis	
Saisonjahr		bis	
Kurztext			
Lieferantenname			

Abbildung 8.1 Einkaufsbelege zum Lieferanten

Damit Sie die Selektionskriterien nicht immer neu erfassen müssen, können Sie die Daten in einer Selektionsvariante abspeichern (siehe Anhang A.5, »Listauswertung – Selektionsvariante«).

8.1.2 Darstellung der Daten

Auswertungen in der Materialwirtschaft werden entweder in mehrzeiligen Listen oder in ALV-Grid-Listen angezeigt. Die Verarbeitungsmöglichkeiten der Daten in einer Liste sind in der ALV-Grid-Anzeige umfangreicher. Allerdings: Nicht für jede Auswertung steht eine ALV-Grid-Liste zur Verfügung.

8.1.3 Mehrzeilige Liste

Beschäftigen wir uns nun mit mehrzeiligen Listanzeigen, wie sie Abbildung 8.2 beispielhaft zeigt.

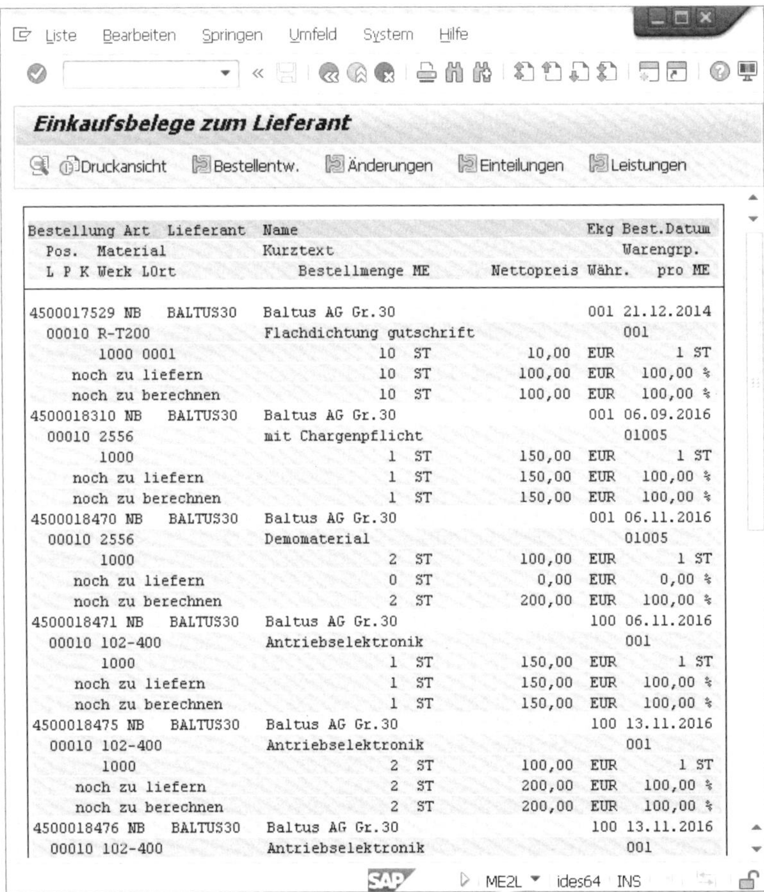

Abbildung 8.2 Mehrzeilige Listanzeige im Einkauf

Mehrzeilige Listen sind schwierig zu lesen, da die Spaltenüberschrift und der Spalteninhalt – anders als in der ALV-Grid-Anzeige – nicht direkt untereinanderstehen (siehe Abbildung 8.3).

```
❶
Bestellung Art  Lieferant  Name                                     Ekg Best.Datum
  Pos.  Material           Kurztext                                     Warengrp.
  L P K Werk LOrt              Bestellmenge ME       Nettopreis Währ.    pro ME
❷
4500018723 FO    1000      C.E.B. BERLIN                            001 10.02.2017
  00010                    Zeitschriftenabonnememnt                     011
    B K 1000                           1  LE        1.000,00  EUR          1 LE
      noch zu liefern                  0  LE            0,00  EUR       0,00 %
      noch zu berechnen                1  LE        1.000,00  EUR     100,00 %
```

Abbildung 8.3 Mehrzeilige Liste (Ausschnitt)

Anhand von Abbildung 8.3 möchten wir Ihnen die einzelnen Elemente näherbringen. Tabelle 8.2 erläutert die Zeilen, wobei die zweite Spalte die Überschriften und die dritte Spalte den Zelleninhalt beschreibt. Die Zeilen 4 und 5 des Zelleninhalts zeigen die Bestellentwicklung des Belegs.

Zeile	Eintrag Bereich ❶	Eintrag Bereich ❷
1	**Bestellung**	**4500018723**
	Art (Belegart)	**FO**
	Lieferant	**1000**
	Name	**C.E.B. Berlin**
	Ekg (Einkäufergruppe)	**001**
	Best. Datum	**10.02.2017**
2	**Pos.**	**00010**
	Material	
	Kurztext	**Zeitschriftenabonnement**
	Warengrp.	**011**
3	**L** (Lieferplan)	
	P (Positionstyp)	**B** (Limit)
	K (Kontierungstyp)	**K** (Kostenstelle)
	Werk	**1000**
	LOrt (Lagerort)	

Tabelle 8.2 Details zur mehrzeiligen Listanzeige

Zeile	Eintrag Bereich ❶	Eintrag Bereich ❷
3	**Bestellmenge**	**1**
	ME (Bestellmengeneinheit)	**LE** (Leistungseinheit)
	Nettopreis	**1000**
	Währ.	**EUR**
	pro	**1**
	ME (Preismengeneinheit)	**LE** (Leistungseinheit)

Tabelle 8.2 Details zur mehrzeiligen Listanzeige (Forts.)

8

Aus den Listen gibt es in Abhängigkeit von der gewählten Auswertung Absprungmöglichkeiten. Für den Absprung markieren Sie einen Beleg, indem Sie den Cursor auf die Belegnummer oder die Belegposition stellen und dann auf die entsprechende Schaltfläche der in Tabelle 8.3 gezeigten Absprünge klicken.

Cursorpositionierung	Absprung/Schaltfläche	Bedeutung
Belegnummer	**(Anzeigen Beleg)**	springt in die Anzeige des Belegs
Belegnummer	**Druckansicht**	zeigt die Druckansicht des gewählten Belegs
Belegposition	**Bestellentwicklung**	zeigt in einer Listanzeige die Folgebelege zur Position
Belegnummer	**Änderungen**	zeigt die Änderungshistorie des Belegs
Belegposition	**Einteilungen**	zeigt in einer Listanzeige die Liefertermine zur Position
Belegposition	**Leistungen**	nur für Dienstleistungspositionen mit Leistungsverzeichnis – springt in die Leistungen des Leistungsverzeichnisses ab

Tabelle 8.3 Beispielhafte Absprünge aus den Listanzeigen

8.1.4 ALV-Grid-Liste

Die mehrzeilige Liste ist in der Materialwirtschaft die Standardanzeige. Sie können die Daten auch als *ALV-Grid-Liste* aufbereiten, deren Funktionen mit einer Excel-Liste vergleichbar sind. Dazu stehen mehrere Möglichkeiten zur Verfügung. Die erste Möglichkeit zeigt Abbildung 8.4; sie bietet sich beispielsweise für Listanzeigen in Einkaufsbelegen an. Zwei weitere Möglichkeiten beinhaltet Tabelle 8.4.

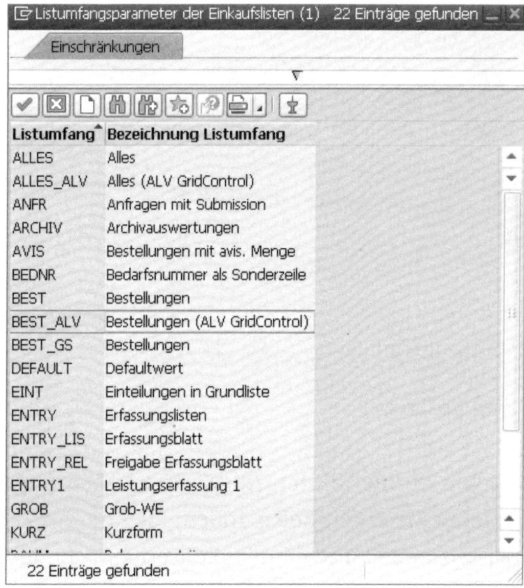

Abbildung 8.4 ALV Grid in der Selektion auswählen

Variante	Beispiel
Wenn Sie mehrzeilige Listen bevorzugt als ALV-Grid-Liste ausgeben möchten, setzen Sie in den Benutzerdaten: System • Benutzervorgaben • Eigene Daten • Reiter Parameter; Feld **Parameter ID: Accessibility_Mode** **Parameter Wert: X**	verschiedene Listen in der Materialwirtschaft
Schaltfläche (**Detailliste**)	Materialliste – Menüpfad: **Logistik • Materialwirtschaft • Bestandsführung • Listanzeigen • Materialliste** oder Transaktionscode MB51 (Materialbelegliste)

Tabelle 8.4 Listanzeige – Einstellung im ALV Grid

In Abhängigkeit von der gewählten Transaktion bietet das SAP-System verschiedene Arten an, wie die Darstellung aus der mehrzeiligen Anzeige in eine ALV-Grid-Liste umgestellt werden kann.

Darstellung und Funktionen in Listen

Nicht jede Liste in der Materialwirtschaft kann in der ALV-Grid-Anzeige dargestellt werden. Die angebotenen Funktionen variieren in Abhängigkeit von der gewählten Anzeigeform.

Für die Bearbeitungsmöglichkeiten der Daten in den ALV-Grid-Listen lesen Sie Anhang A.6, »Layout von ALV-Grid-Listen«.

8.2 Standardanalysen

Während die Listen eine eindimensionale Auswertung der Daten mit Absprungmöglichkeiten zeigen, bieten die Standard- und die flexible Analyse die Auswertung der Daten oder *Kennzahlen* in Abhängigkeit von *Merkmalen* an, Tabelle 8.5 erläutert die Begriffe, die in der Analyse von Bedeutung sind.

Die Standardanalysen und flexiblen Analysen finden Sie im Bereich **Einkaufsinfosystem** über den Menüpfad **Logistik • Materialwirtschaft • Einkauf • Bestellungen • Auswertungen • Einkaufsinfosystem • Standardanalysen** für den Belegtyp »Bestellungen«.

Datenbankbegriff	Bedeutung
Merkmal	Kriterien, nach denen Daten selektiert werden, z. B. Einkäufergruppe, Material, Warengruppe.
Kennzahl	Definiert eine zu berichtende Größe. Dabei wird zwischen zwei Typen unterschieden: ■ Im einfachsten Fall entspricht eine Kennzahl einem numerischen Wertfeld einer Datenbanktabelle, z. B. Zahlbetrag, oder einem Nominalwert. Diese Kennzahl wird auch Basiskennzahl genannt. ■ Eine Kennzahl kann aber auch durch Rechenvorschriften oder Formeln innerhalb eines Berichts berechnet werden. Diese Kennzahl wird abgeleitete Kennzahl genannt.
Periode	Gibt den Zeitbezug der Auswertung an, z. B. Tag, Woche, Monat, Geschäftsjahr.

Tabelle 8.5 Definition: Merkmale und Kennzahlen

Die Werte der Kennzahlen können Sie in der Auswertung nach den Merkmalen aufreißen.

Standardanalysen anderer Belegtypen

Für die anderen Belegtypen finden Sie den Bereich **Auswertungen** in den jeweiligen Ordnern.

8.2.1 Informationsstrukturen

Damit die Daten für die Analysen zur Verfügung stehen, müssen die Daten in den Informationsstrukturen abgelegt werden.

Im SAP-Standard werden für die Komponente Einkauf die in Tabelle 8.6 aufgeführten Informationsstrukturen ausgeliefert.

Kürzel	Informationsstruktur	Genutzt für
S011	Einkäufergruppe	Diese Informationsstruktur bildet die Datengrundlage für die Einkäufergruppenanalyse.
S012	Einkauf	Diese Informationsstruktur bildet die Datengrundlage für die Warengruppen-, Lieferanten- und Materialanalyse. Die Analysen zur Langfristplanung basieren auf Plandaten, die in eine separate Planversion der Informationsstruktur S012 aus der Langfristplanung fortgeschrieben werden
S013	Lieferantenbeurteilung	Diese Informationsstruktur bildet die Datengrundlage für die Standardanalyse »Lieferantenbeurteilung«. Die Informationsstruktur S013 wird bei den Ereignissen »Wareneingang« und »Bestellung« fortgeschrieben.
S015	nachträgliche Abrechnung	Diese Informationsstruktur bildet die Datengrundlage für die Standardanalysen zur nachträglichen Abrechnung. Die Informationsstruktur S015 wird beim Rechnungseingang zu einer Bestellung (Lieferantenumsatz) oder bei der nachträglichen Abrechnung einer Absprache (Erträge) per Gutschrift/Faktura fortgeschrieben.

Tabelle 8.6 Informationsstruktur zur Standardanalyse

8.2.2 Einkaufsinformationssystem (EKS)

Die Standardanalyse zum Bestandscontrolling (BCO) rufen Sie im SAP-Menü über den Menüpfad **Logistik • Logistik-Controlling • Bestandscontrolling • Standardanalysen** auf.

Im Bestandscontrolling werden die in Tabelle 8.6 aufgeführten Informationsstrukturen ausgeliefert.

Kürzel	Informationsstruktur	Genutzt für
S031	Bewegungen	In dieser Informationsstruktur werden alle Kennzahlen der Materialbewegungen zum aktuell bewerteten Bestand und zum Lieferantenkonsignationsbestand fortgeschrieben. Die Periodizität dieser Informationsstruktur ist im Standard der Monat. Für diese Informationsstruktur können Sie die Periodizität der Fortschreibung individuell einstellen.

Tabelle 8.7 Informationsstrukturen zur Standardanalyse BCO

Kürzel	Informationsstruktur	Genutzt für
S032	Bestände	In dieser Informationsstruktur werden die aktuell bewerteten Bestände und die Lieferantenkonsignationsbestände beim Ereignis »Warenbewegung« sowie die Bestandswerte bei den Ereignissen »Warenbewegung« und »Rechnungsprüfung/Umbewertung« fortgeschrieben. Diese Informationsstruktur hat keinen Periodenbezug.
S033	Bewegungen (Einzelsätze)	Für spezielle Auswertungsergebnisse, wie z. B. das Datum des letzten Materialverbrauchs, aussagekräftige Zugangs-/Abgangsdiagramme oder zuverlässige Bestandsmittelwerte, ist eine tagesgenaue Fortschreibung der Statistikdaten erforderlich. Diesem Zweck dient die Informationsstruktur S033, die tagesgenau versorgt wird. Die Informationsstruktur S033 ist vom Aufbau her identisch mit der Informationsstruktur S031, enthält jedoch zusätzlich das Merkmal »Belegnummer«. Die Fortschreibung erfolgt tagesweise auf der Belegebene. Die Periodizität der Fortschreibung für diese Informationsstruktur kann im Customizing nicht geändert werden.
S034	Bewegungen (Charge)	In dieser Informationsstruktur werden Kennzahlen zu Materialbewegungen auf Werks-, Lagerort-, Material- und Chargenebene fortgeschrieben.
S035	Bestände (Charge)	In dieser Informationsstruktur werden die aktuell bewerteten Bestände und die Lieferantenkonsignationsbestände beim Ereignis »Warenbewegung« fortgeschrieben. Diese Informationsstruktur hat keinen Periodenbezug und ist wie die Informationsstruktur S032 aufgebaut, enthält jedoch zusätzlich das Merkmal »Charge«.
S039	Planung	Diese Informationsstruktur enthält alle Kennzahlen, die im Bestandscontrolling zur Verfügung stehen, einschließlich aller Zusatzkennzahlen (Reichweiten, Umschlagshäufigkeiten und Kennzahlen, die über Mittelwerte berechnet werden). In diese Informationsstruktur fließen keine Ist-Daten ein. Auf der Grundlage dieser Informationsstruktur kann die *flexible Planung* durchgeführt werden.

Tabelle 8.7 Informationsstrukturen zur Standardanalyse BCO (Forts.)

Kürzel	Informationsstruktur	Genutzt für
S094	Bestands-/ Bedarfsanalyse	Die Informationsstruktur S094 beinhaltet alle Kennzahlen zur aktuellen Bestands- und Bedarfssituation und bildet die Datengrundlage für die Standardanalysen zu Bedarf/Bestand. In diese Informationsstruktur fließen einerseits die Daten zur Bedarfs- und Bestandssituation aus der Disposition (Datengrundlage für die Standardanalyse zur aktuellen Bestands-/Bedarfssituation) und andererseits in eine separate Planversion die Daten aus der Langfristplanung (Datengrundlage für die Standardanalyse »Langfristplanung«) ein. Aus den Bedarfen und zukünftigen Zugängen werden die zukünftigen Bestände abgeleitet. Die Fortschreibung für diese Informationsstruktur erfolgt aus Performancegründen nicht kontinuierlich.

Tabelle 8.7 Informationsstrukturen zur Standardanalyse BCO (Forts.)

Die Fortschreibung der Daten basiert auf Ereignissen, die wir Ihnen im Folgenden anhand der Informationsstruktur S012 für die Lieferantenanalyse im Standard zeigen (siehe Tabelle 8.8).

Ereignis	Position	Einteilung
Bestellung	Anzahl Bestellpositionen	Bestellmenge
	Liefermengenabweichung	Liefersollmenge
		Bestelleffektivwert
Lieferplan		Bestellmenge
		Liefersollmenge
		Bestelleffektivwert
		Anzahl Lieferplaneinteilung
Wareneingang	Anzahl Lieferungen	Wareneingangsmenge
	Liefermengenabweichung	
	Lieferterminabweichung	
	Arithmetische Lieferzeitsumme	
	Gewichtete Lieferzeitsumme	

Tabelle 8.8 Ereignisse zur Informationsstruktur S012

Ereignis	Position	Einteilung
Rechnungseingang		Rechnungseingangsmenge
		Rechnungsbetrag in Hauptwährung
Kontrakt	Anzahl Kontraktposition	
Anfrage	Anzahl Anfragepositionen	
	Anzahl Angebotspositionen	

Tabelle 8.8 Ereignisse zur Informationsstruktur S012

8.2.3 Standardaufriss

Die Anzeige der Daten in Standardanalysen heißt *Aufriss*; dabei stehen drei Varianten zur Verfügung:

- **Standardaufriß** (kann benutzerspezifisch oder benutzerübergreifend eingestellt sein)
- Aufriss nach einem Kriterium per Doppelklick aus der Liste
- **Aufriß wechseln**

Mit der Aufriss-Funktion variieren Sie den Grad der Informationstiefe. Die Reihenfolge, nach der die Informationen aufgerissen werden, bestimmen Sie selbst über das Aufrisskriterium (siehe Abschnitt 8.2.5, »Aufriss wechseln«), oder Sie nutzen den voreingestellten Analysepfad – den Standardaufriss – per Doppelklick, wie im folgenden Text dieses Abschnitts dargestellt.

Welche Daten Sie auswerten möchten, bestimmen Sie über die Auswahl der Analyse und über die Selektionskriterien (siehe Abbildung 8.5).

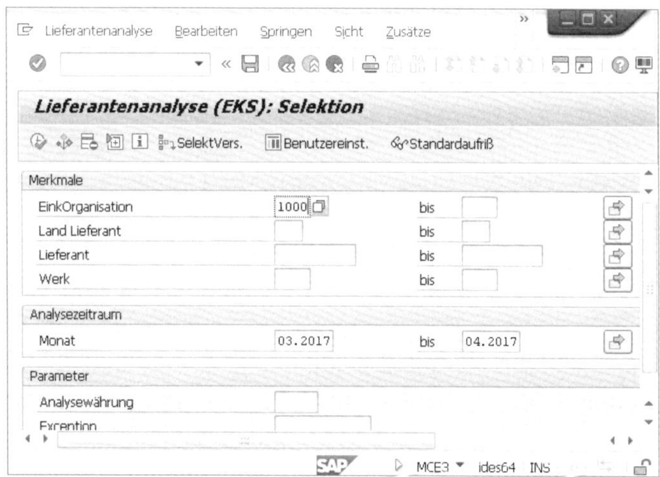

Abbildung 8.5 Lieferantenanalyse – Selektion

Mit der Schaltfläche **Standardaufriß** zeigen Sie die Rangfolge der Daten für diese Selektion an (siehe Abbildung 8.6).

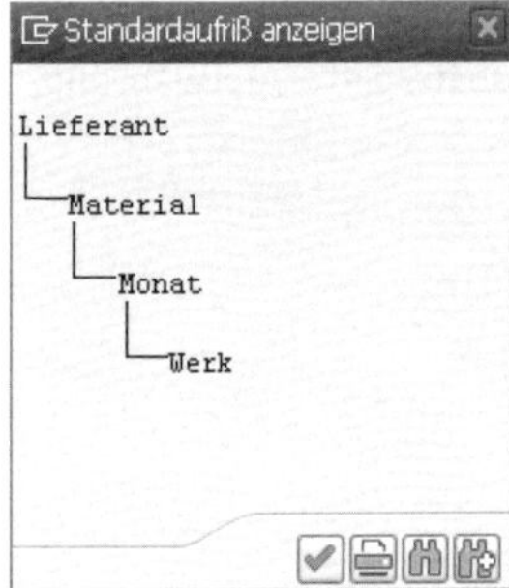

Abbildung 8.6 Lieferantenanalyse – Standardaufriss

Klicken Sie auf die Schaltfläche (**Ausführen**). Das SAP-System analysiert die Daten und clustert die Werte nach dem ersten Aufrisskriterium **Lieferant** (siehe Abbildung 8.7).

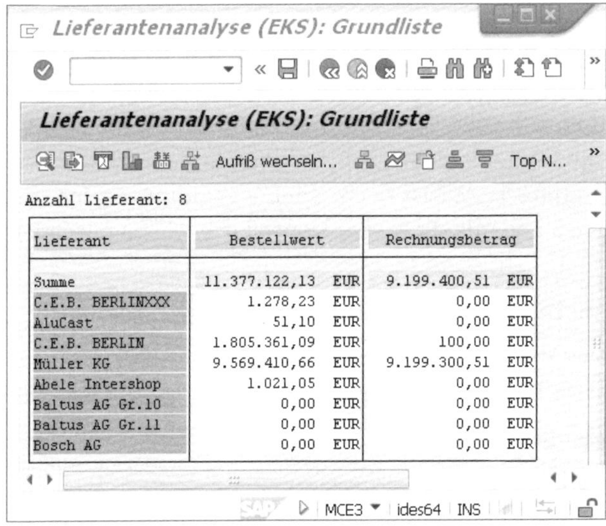

Lieferant	Bestellwert	Rechnungsbetrag
Summe	11.377.122,13 EUR	9.199.400,51 EUR
C.E.B. BERLINXXX	1.278,23 EUR	0,00 EUR
AluCast	51,10 EUR	0,00 EUR
C.E.B. BERLIN	1.805.361,09 EUR	100,00 EUR
Müller KG	9.569.410,66 EUR	9.199.300,51 EUR
Abele Intershop	1.021,05 EUR	0,00 EUR
Baltus AG Gr.10	0,00 EUR	0,00 EUR
Baltus AG Gr.11	0,00 EUR	0,00 EUR
Bosch AG	0,00 EUR	0,00 EUR

Abbildung 8.7 Lieferantenanalyse – Grundliste

Die Auswertung zeigt alle Beschaffungsvorgänge der Einkaufsorganisation 1000 im Auswertungszeitraum. In der Analyse werden die Kennzahlen **Bestellwert** und **Rechnungsbetrag** angezeigt.

Mit einem Doppelklick auf eine Zeile – z. B. **C.E.B. Berlin** – zeigt das SAP-System die nächsttiefere Ebene an (**Material**, siehe Abbildung 8.6). In Abbildung 8.8 sehen Sie die Daten des Lieferanten **C.E.B. Berlin**, geclustert nach beschafftem Material.

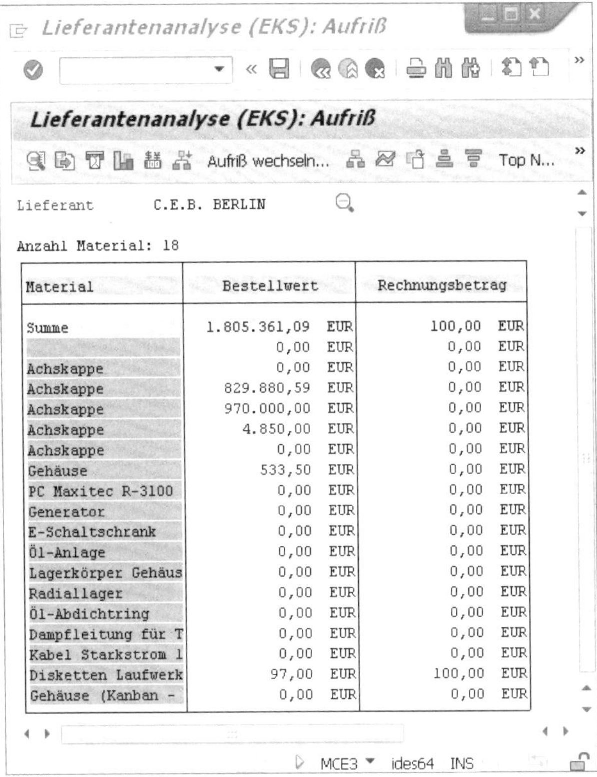

Material	Bestellwert	Rechnungsbetrag
Summe	1.805.361,09 EUR	100,00 EUR
	0,00 EUR	0,00 EUR
Achskappe	0,00 EUR	0,00 EUR
Achskappe	829.880,59 EUR	0,00 EUR
Achskappe	970.000,00 EUR	0,00 EUR
Achskappe	4.850,00 EUR	0,00 EUR
Achskappe	0,00 EUR	0,00 EUR
Gehäuse	533,50 EUR	0,00 EUR
PC Maxitec R-3100	0,00 EUR	0,00 EUR
Generator	0,00 EUR	0,00 EUR
E-Schaltschrank	0,00 EUR	0,00 EUR
Öl-Anlage	0,00 EUR	0,00 EUR
Lagerkörper Gehäus	0,00 EUR	0,00 EUR
Radiallager	0,00 EUR	0,00 EUR
Öl-Abdichtring	0,00 EUR	0,00 EUR
Dampfleitung für T	0,00 EUR	0,00 EUR
Kabel Starkstrom 1	0,00 EUR	0,00 EUR
Disketten Laufwerk	97,00 EUR	100,00 EUR
Gehäuse (Kanban -	0,00 EUR	0,00 EUR

Abbildung 8.8 Standardaufriss – zweite Ebene

Mit einem Doppelklick auf ein Material öffnen Sie die dritte Ebene (**Monat**, siehe Abbildung 8.6). Die entsprechende Materialanzeige – geclustert nun in den Monatsscheiben des Selektionszeitraums – sehen Sie in Abbildung 8.9.

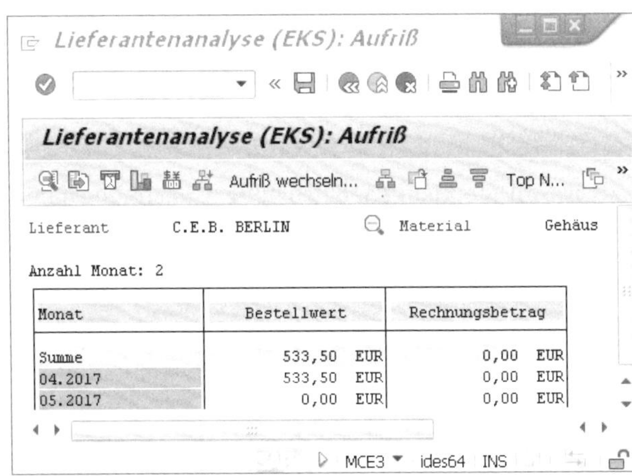

Monat	Bestellwert	Rechnungsbetrag
Summe	533,50 EUR	0,00 EUR
04.2017	533,50 EUR	0,00 EUR
05.2017	0,00 EUR	0,00 EUR

Abbildung 8.9 Standardaufriss – letzte Ebene

Über die Schaltfläche (**Zurück**) gelangen Sie wieder in die Analyse des Materials für den Lieferanten C.E.B. Berlin; nach einem weiteren Anklicken der Schaltfläche (**Zurück**) verzweigt das SAP-System in die Ausgangsliste aller Lieferanten der Einkaufsorganisation.

8.2.4 Weitere Kennzahlen in der Analyse hinzufügen

Zur Auswahl weiterer Kennzahlen wählen Sie die Schaltfläche (**Kennzahlen auswählen**).

Das SAP-System öffnet das Dialogfenster zur Auswahl weiterer Kennzahlen (siehe Abbildung 8.10).

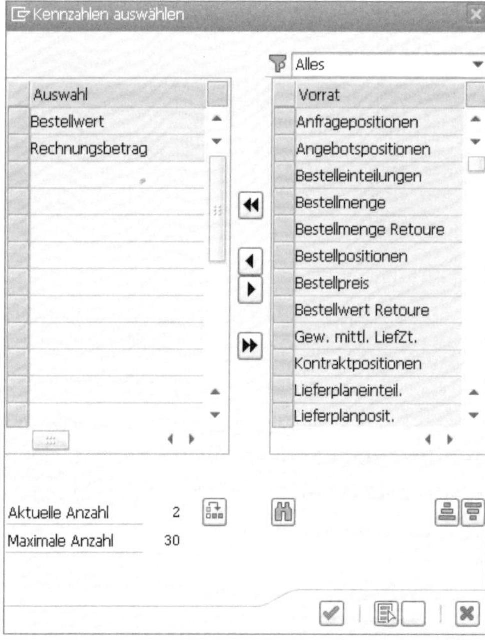

Abbildung 8.10 Kennzahlen auswählen

In diesem Beispiel soll die Analyse um die **Mengenabweichung 1**, **Rechnungspreis**, **Bestellpreis** und **Kontraktpositionen** ergänzt werden.

Markieren Sie hierzu den Eintrag in der Spalte **Vorrat**, und klicken Sie auf die Schaltfläche (**Markiertes auswählen**).

Das SAP-System übernimmt die ausgewählten Kennzahlen, wie in Abbildung 8.11 gezeigt, direkt in die Auswertung.

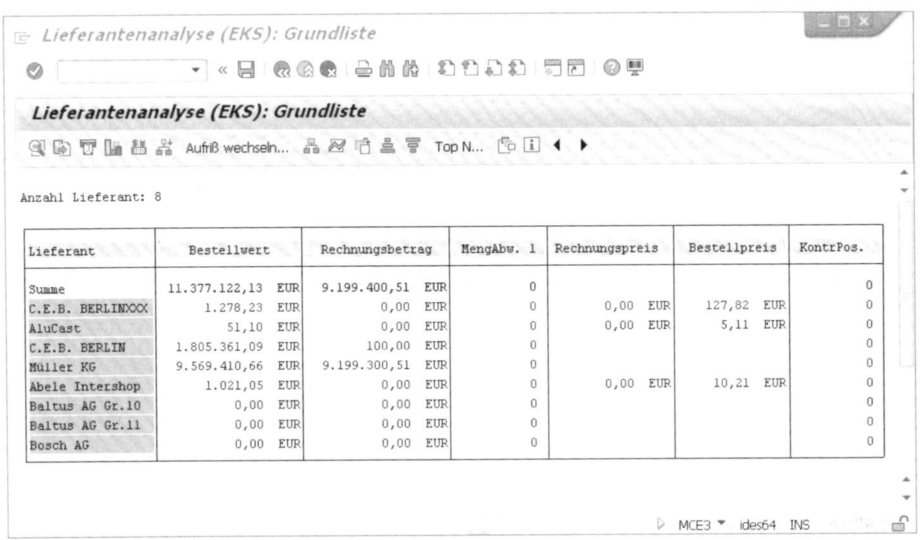

Lieferant	Bestellwert		Rechnungsbetrag		MengAbw. 1	Rechnungspreis		Bestellpreis		KontrPos.
Summe	11.377.122,13	EUR	9.199.400,51	EUR	0					0
C.E.B. BERLINXXX	1.278,23	EUR	0,00	EUR	0	0,00	EUR	127,82	EUR	0
AluCast	51,10	EUR	0,00	EUR	0	0,00	EUR	5,11	EUR	0
C.E.B. BERLIN	1.805.361,09	EUR	100,00	EUR	0					0
Müller KG	9.569.410,66	EUR	9.199.300,51	EUR	0					0
Abele Intershop	1.021,05	EUR	0,00	EUR	0	0,00	EUR	10,21	EUR	0
Baltus AG Gr.10	0,00	EUR	0,00	EUR	0					0
Baltus AG Gr.11	0,00	EUR	0,00	EUR	0					0
Bosch AG	0,00	EUR	0,00	EUR	0					0

Abbildung 8.11 Analyse mit erweiterten Kennzahlen

8.2.5 Aufriss wechseln

Zur Anzeige der Daten nach weiteren Merkmalen wechseln Sie den Aufriss mit der Schaltfläche **Aufriss wechseln**. Wählen Sie aus dem Dialogfenster aus Abbildung 8.12 den Radiobutton **Warengruppe**.

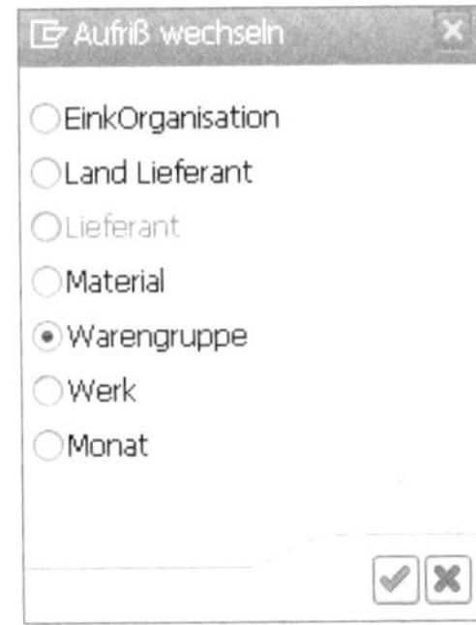

Abbildung 8.12 Dialogfenster »Aufriß wechseln«

Bestätigen Sie Ihre Auswahl mit der Schaltfläche ✓ (**Weiter**).

Das SAP-System zeigt die Daten in der Sortierung nach dem Merkmal **Warengruppe** an (siehe Abbildung 8.13).

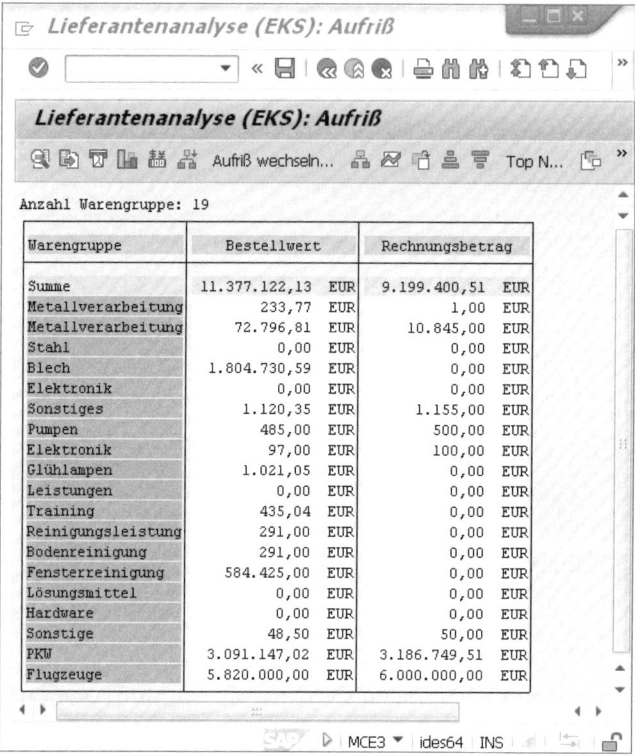

Warengruppe	Bestellwert		Rechnungsbetrag	
Summe	11.377.122,13	EUR	9.199.400,51	EUR
Metallverarbeitung	233,77	EUR	1,00	EUR
Metallverarbeitung	72.796,81	EUR	10.845,00	EUR
Stahl	0,00	EUR	0,00	EUR
Blech	1.804.730,59	EUR	0,00	EUR
Elektronik	0,00	EUR	0,00	EUR
Sonstiges	1.120,35	EUR	1.155,00	EUR
Pumpen	485,00	EUR	500,00	EUR
Elektronik	97,00	EUR	100,00	EUR
Glühlampen	1.021,05	EUR	0,00	EUR
Leistungen	0,00	EUR	0,00	EUR
Training	435,04	EUR	0,00	EUR
Reinigungsleistung	291,00	EUR	0,00	EUR
Bodenreinigung	291,00	EUR	0,00	EUR
Fensterreinigung	584.425,00	EUR	0,00	EUR
Lösungsmittel	0,00	EUR	0,00	EUR
Hardware	0,00	EUR	0,00	EUR
Sonstige	48,50	EUR	50,00	EUR
PKW	3.091.147,02	EUR	3.186.749,51	EUR
Flugzeuge	5.820.000,00	EUR	6.000.000,00	EUR

Abbildung 8.13 Daten nach dem Merkmal »Warengruppe« sortieren

8.2.6 Analyse speichern

Beim Verlassen der Selektion fordert das SAP-System Sie auf, die Analyse zu sichern (siehe Abbildung 8.14).

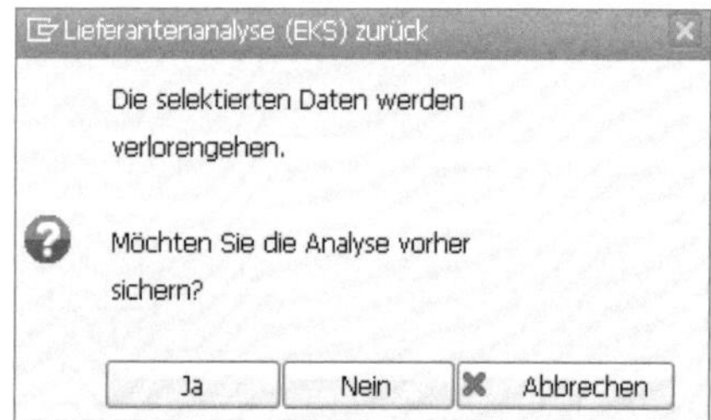

Abbildung 8.14 Lieferantenanalyse sichern

Klicken Sie auf die Schaltfläche **Ja**, wenn Sie die Analyse sichern möchten.

Vergeben Sie für die Selektionsversion ein Kürzel und eine sprechende Bezeichnung, wie in Abbildung 8.15 dargestellt. Klicken Sie anschließend auf die Schaltfläche **Sichern**.

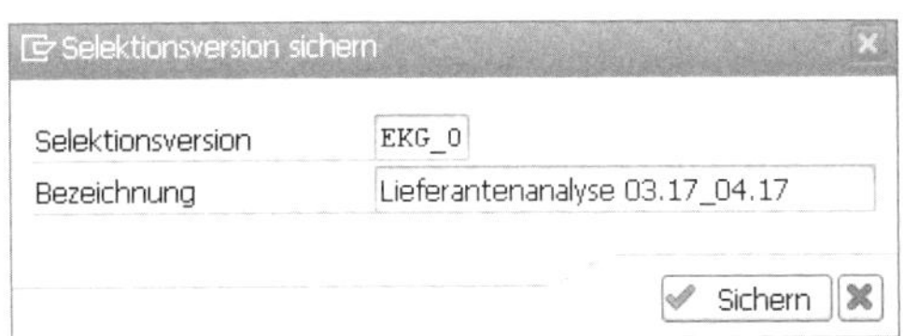

Abbildung 8.15 Selektionsversion sichern

8.2.7 Selektionsversion öffnen

Zum Aufruf einer gespeicherten Selektionsversion nutzen Sie die Schaltfläche SelektVers. (**Selektionsversion**). Das SAP-System zeigt alle gespeicherten Versionen in dem Bild **Selektionsversion: S012-Einkauf** (siehe Abbildung 8.16).

Selektionsversion: S012-Einkauf

Selekt. Daten | Mit Variante

Objekt	Beschreibung	SelektDa...	Variante	Benutzer
Selektionsversionen	(S012-Einkauf)			
EKG_0	Lieferantenanalyse 03.17_04.17	01.05.2017		WOERMANN
GD1	Analyse MWS	13.04.2016		DOHMEN

MCE3 ides64

Abbildung 8.16 Selektionsversion öffnen

Tabelle 8.9 gibt Ihnen einen Überblick über einige der zur Verfügung stehenden Funktionen. In Abbildung 8.17 und Abbildung 8.18 sehen Sie zudem das Selektionsprotokoll (Schaltfläche i) und die Legende (Schaltfläche).

Schaltfläche	Funktion	Bedeutung
Selekt. Daten	**Selektierte Daten**	zeigt die Auswertung direkt an
	Ausführen	öffnet den Selektionsbildschirm
Mit Variante	**Ausführen mit Variante**	führt den Bericht aus, sofern eine Variante angelegt ist
	Anzeigen	zeigt an, welche Daten ausgewertet wurden
	Selektionsvariante löschen	löscht die Selektionsvariante

Tabelle 8.9 Funktionen in der Selektionsversion

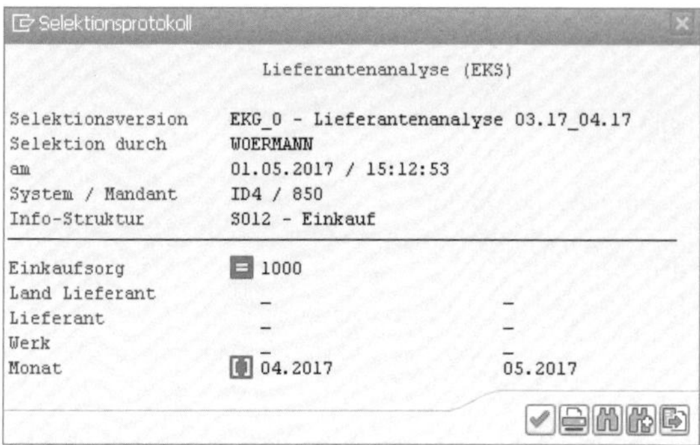

Abbildung 8.17 Selektionsprotokoll

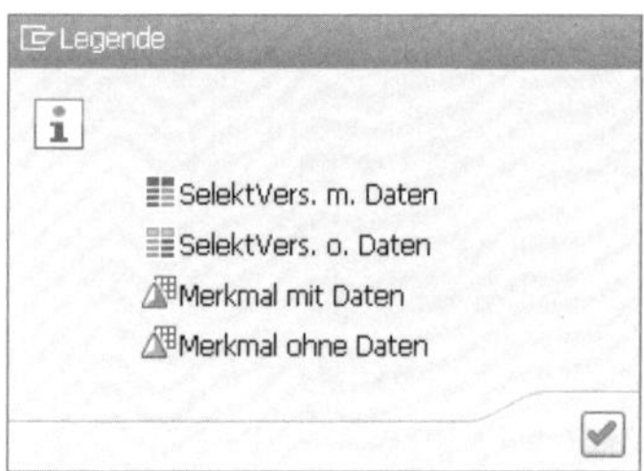

Abbildung 8.18 Legende

8.2.8 Benutzereinstellung anlegen

Wenn Sie die für die Analyse erforderlichen Daten kennen, können Sie diese benutzerspezifisch sichern.

Klicken Sie auf die Schaltfläche **Benutzereinst.**, und das SAP-System öffnet ein Dialogfenster mit Ihrer Benutzerkennung (siehe Abbildung 8.19).

Abbildung 8.19 Standardaufriss – Benutzereinstellungen

Bestätigen Sie das Dialogfenster mit der Schaltfläche ✓ (**Weiter**).

Das nun folgende Fenster sehen Sie in Abbildung 8.20. Klicken Sie hier auf die Schaltfläche **Merkmale auswählen**. Das SAP-System öffnet das Dialogfenster **Merkmale auswählen** mit den Merkmalen, die für diese Analyse zur Verfügung stehen (siehe Abbildung 8.21). Der erste Eintrag ist maßgeblich für die Anzeige der Daten, nach denen dann mit den anderen Kriterien per Doppelklick (siehe Abschnitt 8.2.3, »Standardaufriss«) aufgerissen werden kann.

Abbildung 8.20 Lieferantenanalyse benutzerspezifisch einstellen

Abbildung 8.21 Merkmale auswählen

Bestätigen Sie Ihre Auswahl mit der Schaltfläche (**Weiter**). Im nächsten Abschnitt wählen Sie die Anzeige der Kennzahlen und weitere Kennzahlen aus.

8.2.9 Darstellung und Auswahl der Kennzahlen

Mit der Schaltfläche **Kennzahlen** öffnen Sie die Selektion zur Darstellung der Kennzahlen und zur Auswahl weiterer Kennzahlen.

In Abbildung 8.22 sind Bestellwert und Rechnungswert bereits als Kennzahl definiert.

Abbildung 8.22 Kennzahlen in der Standardanalyse

In der Spalte **S** legen Sie fest, wie die Bestellwerte angezeigt werden sollen. In der Spalte **D** legen Sie fest, wie viele Nachkommastellen angezeigt werden sollen. Wählen Sie hier nichts aus, werden Ihre Standardeinstellungen aus den Benutzerparametern (siehe Abschnitt 8.2.8, »Benutzereinstellung anlegen«) für die Listanzeige gezogen.

Klicken Sie auf die Schaltfläche **Kennzahlen auswählen**, um weitere Kennzahlen für die Auswertung anzuzeigen.

Das SAP-System öffnet das Dialogfenster **Kennzahlen auswählen**. Wählen Sie, wie in Abschnitt 8.2.4, »Weitere Kennzahlen in der Analyse hinzufügen«, beschrieben, die Kennzahlen aus.

Nach der Eingabe aller Daten sichern Sie mit der Schaltfläche (**Sichern**).

8.2.10 Integration des Frühwarnsystems in die Informationssysteme

Das Frühwarnsystem basiert auf den Kennzahlen des Logistikinformationssystems (LIS) und kann für alle Applikationen der Logistik genutzt werden.

Mit dem Frühwarnsystem ist eine entscheidungsorientierte Selektion und Überprüfung von Schwachstellen innerhalb der Logistik möglich.

Das Frühwarnsystem ermöglicht die Suche nach Ausnahmesituationen und hilft, drohende Fehlentwicklungen frühzeitig zu erkennen.

Die Ausnahmesituationen können Sie in Form von Exceptions selbst definieren, ebenso die Konditionen für die Folgeverarbeitung dieser Exceptions.

Eine Exception besteht aus der Angabe von Merkmalen bzw. Merkmalswerten (z. B. Lieferant, Material) und Bedingungen. Die folgenden Bedingungen können definiert werden:

- Schwellenwert (z. B. Materialien/Lieferanten, deren Bestellwert größer als 10.000 EUR ist).
- Trend (z. B. Materialien/Lieferanten mit einem negativen Trend bei Bestellwerten und Planlieferzeiten).
- Plan/Ist-Vergleich (z. B. bei welchen Lieferanten die Planerfüllung bei der Lieferung bei weniger als 80 % liegt).

Die Exception legen Sie im SAP Menü über den Menüpfad: **Logistik • Logistik-Controlling • Frühwarnsystem • Exception • Anlegen** an, oder Sie wählen Tranasaktion MCY1.

Exception für die Infostruktur S012 (Einkauf)

Sie legen die Exception mit den gewünschten Merkmalen an und definieren für z. B. ein Merkmal die Bedingung (hier ist es der Bestellwert, siehe Abbildung 8.23).

Abbildung 8.23 Bedingungen in der Exception

Über den Menüpunkt **Folgeverarbeitung** können Sie die Farbgebung für das Hervorheben von Ausnahmesituationen festlegen (hier Rot), wenn der Bestellwert > 10.000 EUR ist. Des Weiteren können Sie Festlegungen für die Ausführung der periodischen Analysen treffen (siehe Abbildung 8.24).

Diese Exception tragen Sie als Parameter in das gewünschte Informationssystem – hier Lieferantenanalyse – ein und, wie oben beschrieben, führen Sie diese aus. Im Ergebnis sehen Sie die Ausnahmesituation, entsprechend der eingestellten Bedingung farbig hervorgehoben (hier in Rot), siehe Abbildung 8.25.

Abbildung 8.24 Folgeverarbeitung in der Exception

Lieferantenanalyse Bearbeiten Springen Sicht Zusätze Einstellungen System Hilfe

Lieferantenanalyse (EKS): Grundliste

Aufriß wechseln... Top N...

Anzahl Warengruppe: 20

Warengruppe	Bestellwert		Bestellmenge		Rechnungsmenge		Rechnungsbetrag	
Summe	879.554,59	EUR	50.695,000	***	33.075,000	***	281.215,33	EUR
Metallverarbeitung	310.065,75	EUR	49.043	ST	32.850	ST	18.941,00	EUR
Stahl	204.408,74	EUR	182,000	***	182,000	***	229.672,74	EUR
Blech	100,70	EUR	16	ST	0	ST	0,00	EUR
Elektronik	26.632,49	EUR	3	ST	3	ST	29.564,59	EUR
Kabel	890,00	EUR	100	M	0	M	0,00	EUR
Monitore	3.560,00	EUR	1	ST	0	ST	0,00	EUR
Glühlampen	11.269,77	EUR	1.091	ST	0	ST	0,00	EUR
Chemie	0,00	EUR					0,00	EUR
Bürobedarf	1.975,90	EUR	30	ST	30	ST	2.037,00	EUR
Leistungen	994,25	EUR	1,000	***	0,000	***	0,00	EUR
Dienstleistung	3.007,00	EUR	111	ST	0	ST	0,00	EUR
Fensterreinigung	435,00	EUR	3	LE	0	LE	0,00	EUR
Dienstleistungen E	890,00	EUR	10,0	STD	10,0	STD	1.000,00	EUR
Konsumgüter	116,19	EUR	70	L	0	L	0,00	EUR
Lösungsmittel	0,00	EUR	0	ST	0	ST	0,00	EUR
Hardware	0,00	EUR	0	ST	0	ST	0,00	EUR
Werkzeuge	10.670,00	EUR	11	ST	0	ST	0,00	EUR
Inhaltsstoffe	0,00	EUR					0,00	EUR
Fahrzeuge	304.500,00	EUR	3	ST	0	ST	0,00	EUR
LSS	38,80	EUR	20	EA	0	EA	0,00	EUR

Abbildung 8.25 Ausnahmesituationen in der Lieferantenanalyse

Dieses Ergebnis zeigt Ihnen kritische Situationen, auf die Sie sofort reagieren sollten.

Weiterführende Literatur

Weiterführende und vertiefende Ausführungen finden Sie im Buch von Marc Hoppe: Bestandscontrolling mit SAP, SAP PRESS 2010.

8.3 Flexible Analysen

Die flexiblen Analysen finden Sie im Bereich **Einkaufsinfosystem** über den Menüpfad **Logistik • Materialwirtschaft • Einkauf • Bestellungen • Auswertungen • Einkaufsinfosystem • Flexible Analysen**

Über den Menüpfad **Logistik • Logistik-Controlling • Bestandscontrolling • Flexible Analysen** können Sie die Menüpunkte **Auswertung** bzw. **Auswertestruktur** aufrufen und bearbeiten.

Während in den Standardanalysen die Merkmale und Kennzahlen bereits vorausgewählt sind, müssen Sie diese Kombinationen in der flexiblen Analyse selbst vornehmen.

Weiterführende Literatur

Weitere Informationen zu flexiblen Analysen finden Sie im Buch von Jörg Siebert und Martin Munzel: Praxishandbuch Report Painter/Report Writer, SAP PRESS 2012.

Anhang

A Grundlegende Einstellungen 703
B Transaktionscodes 741
C Glossar 751
D Literaturverzeichnis 759
E Die Autoren 761

Anhang A
Grundlegende Einstellungen

Der Anhang zeigt grundlegende Einstellungen im SAP-System, die von jedem Benutzer, unabhängig von den zu erledigenden Aufgaben, vorgenommen werden können.

Die Einstellungen sind vom *System* oder vom Rechner abhängig.

Einstellungen für *technische Namen*, *Favoriten* oder *Parameter* nehmen Sie für jedes System vor. Arbeiten Sie auf mehreren Systemen, was in der Vorbereitung einer SAP-Einführung häufig der Fall ist, müssen Sie die Einstellungen in jedem System vornehmen.

Einstellungen wie **Interaktionsdesign** und **Lokale Daten**, die Sie mit den Schaltflächen (**Lokales Layout anpassen**) und **Optionen** (letzte Schaltfläche in der Anwendungsfunktionsleiste) vornehmen, sind vom SAP GUI und dem genutzten Rechner abhängig. Arbeiten Sie an mehreren Rechnern, müssen Sie diese Einstellungen auf jedem Rechner vornehmen.

Am Ende des Anhangs werden wichtige Transaktionscodes aus der Materialwirtschaft gelistet, die im Buch genannt wurden.

Best Practices

Im SAP-System gibt es oft mehrere Wege, die zum gewünschten Ergebnis führen. In diesem Kapitel werden Ihnen die am häufigsten genutzten Wege gezeigt.

A.1 Technische Namen

Mit jeder Funktion im SAP-System ist ein *Transaktionscode* (T-Code) verknüpft. Der Code besteht aus Buchstaben und/oder Nummern.

Standardmäßig werden im *SAP-Menübaum* nur die beschreibenden Langtexte der Programme und Reports, wie in Abbildung A.1 dargestellt, angezeigt, aber nicht der Transaktionscode bzw. der technische Name.

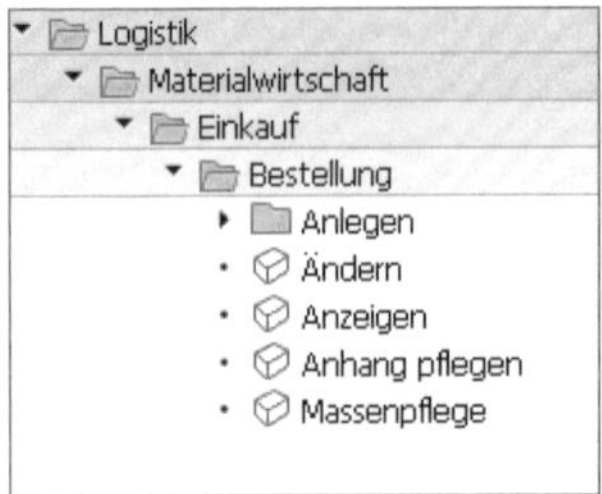

Abbildung A.1 Menübaum ohne Transaktionscodes

Schalten Sie die technischen Namen ein, um zu jeder Funktion den Transaktionscode zu sehen.

Wählen Sie dazu in der Menüleiste den Menüpfad **Zusätze • Einstellungen**. Das SAP-System öffnet nun das Dialogfenster **Einstellungen** (siehe Abbildung A.2). Setzen Sie das Häkchen im Ankreuzfeld **Technische Namen anzeigen**.

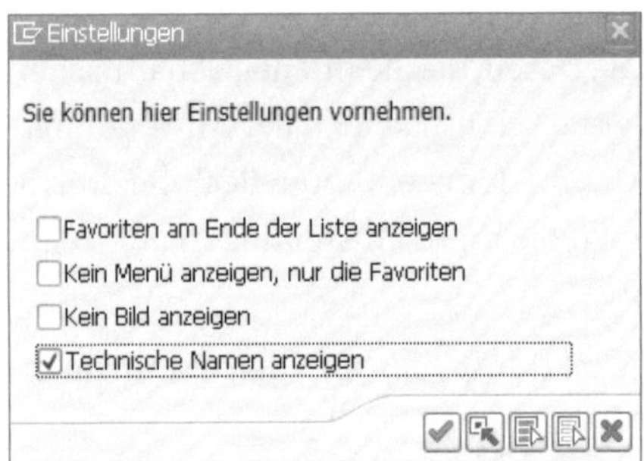

Abbildung A.2 Technische Namen einschalten

Bestätigen Sie die Einstellungen mit der Schaltfläche ✓ (**Weiter**). Das SAP-System schließt den Menübaum.

Öffnen Sie den Menübaum erneut, stehen die Transaktionscodes vor den Funktionen (siehe Abbildung A.3).

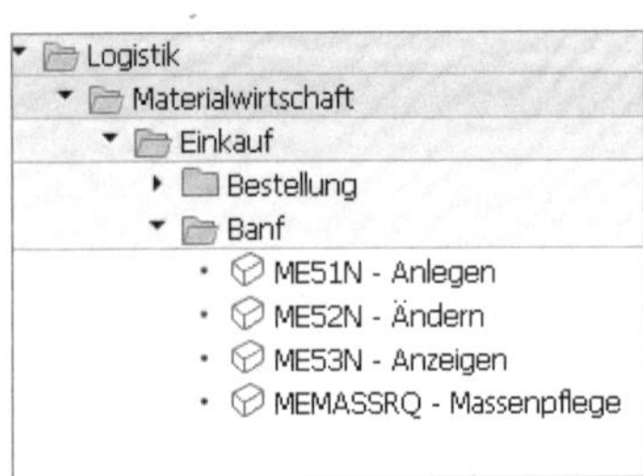

Abbildung A.3 Menübaum mit eingeschalteten Transaktionscodes

A.2 Favoriten

Sie nutzen Favoriten für Funktionen, die Sie regelmäßig benötigen.

Favoriten sind Verknüpfungen zu Transaktionscodes oder anderen Objekten. Transaktionscodes fügen Sie über das Menü in der Systemzeile oder über das Kontextmenü aus dem Menübaum in die Favoriten ein.

A.2.1 Transaktion über das Menü in die Favoriten einfügen

Kennen Sie den Transaktionscode, den Sie in die Favoriten aufnehmen möchten, öffnen Sie über den Menüpfad **Favoriten • Transaktion einfügen** das Dialogfenster **Manuelle Eingabe einer Transaktion** (siehe Abbildung A.4). Geben Sie den Transaktionscode in das Feld **Transaktionscode** ein, und bestätigen Sie Ihre Daten mit der Schaltfläche ✓ (**Weiter**).

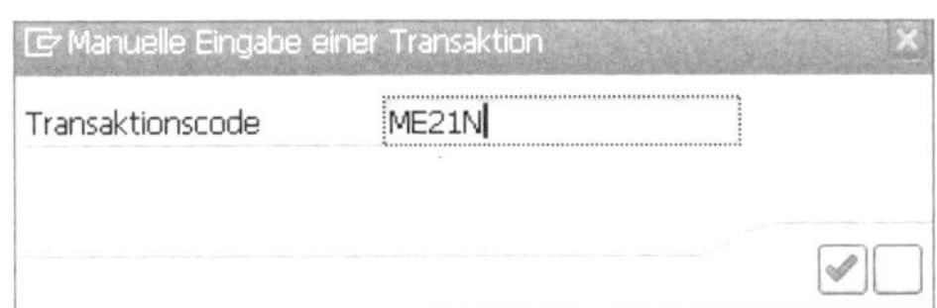

Abbildung A.4 Transaktion manuell eingeben

Die Transaktion steht samt ihrer Bezeichnung in Ihren Favoriten (siehe Abbildung A.5).

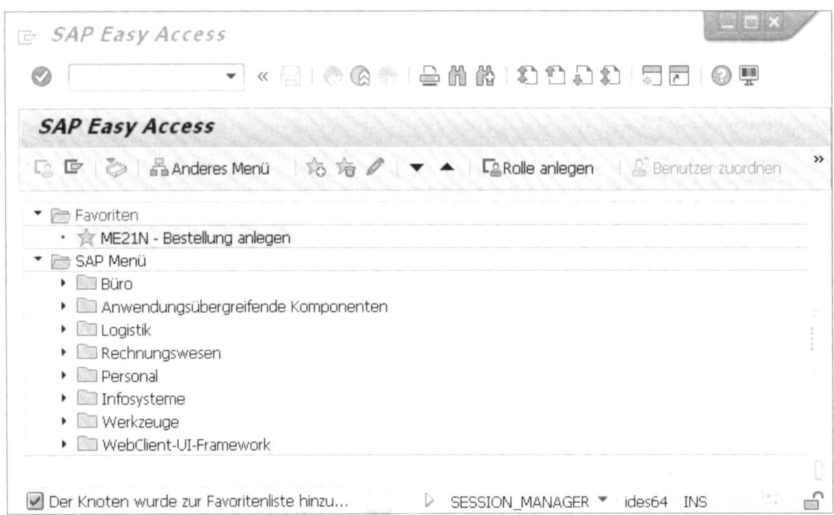

Abbildung A.5 Favorit mit Transaktionscode einfügen

Kennen Sie den Transaktionscode nicht, können Sie im Menübaum zur gewünschten Transaktion navigieren und von dort die Transaktion in die Favoriten einfügen.

A.2.2 Transaktion aus dem Menübaum in die Favoriten einfügen

Stellen Sie den Cursor auf die Transaktion im Menübaum, und öffnen Sie mit einem Rechtsklick das Kontextmenü (siehe Abbildung A.6).

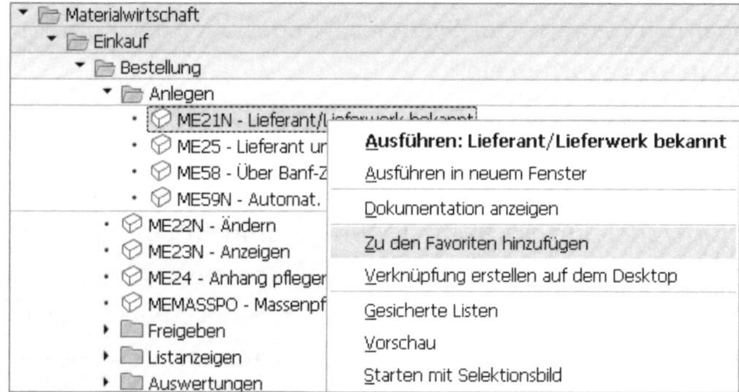

Abbildung A.6 Favorit über das Kontextmenü anlegen

Wählen Sie im Kontextmenü den Menüpunkt **Zu den Favoriten hinzufügen**.

Alternativ können Sie auch die Schaltfläche aus der Anwendungsfunktionsleiste **Zu den Favoriten hinzufügen** nutzen.

Die Transaktion steht, einschließlich des Menüpfads, in Ihrem Favoritenordner.

Sie können einen Favoriten auch per Drag & Drop anlegen, indem Sie aus dem Menübaum eine Funktion in die Favoriten ziehen.

Favoriten

Sie können nur einzelne Funktionen in die Favoriten einfügen.

A.2.3 Anderes Objekt in die Favoriten einfügen

In den Favoriten können Sie neben den Transaktionen auch Links zu anderen Anwendungen hinterlegen. Öffnen Sie dazu mit einem Rechtsklick das Kontextmenü zum Menüeintrag **Favoriten** (siehe Abbildung A.7), und markieren Sie den Eintrag **Sonstige Objekte einfügen**.

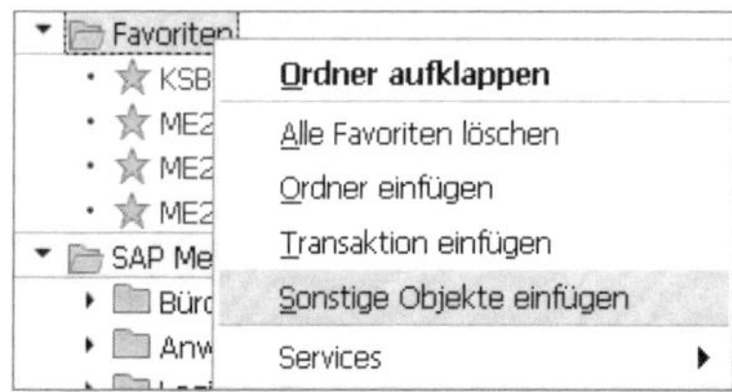

Abbildung A.7 Sonstige Objekte im Ordner »Favoriten«

Das SAP-System öffnet nun das Dialogfenster **Einfügen weiterer Objekte** (siehe Abbildung A.8).

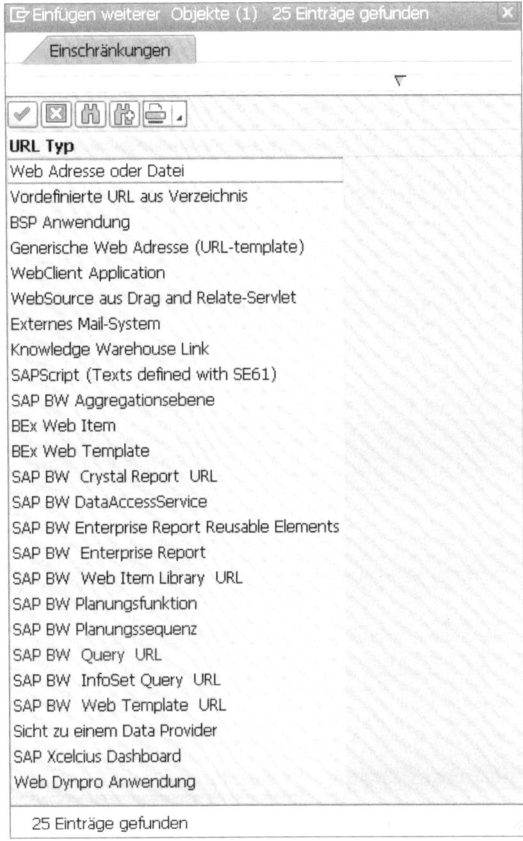

Abbildung A.8 Objekte in den Favoriten

Markieren Sie den gewünschten Eintrag, und bestätigen Sie mit der Schaltfläche (**Übernehmen**). Im nächsten Dialogfenster erfassen Sie dann die weiteren Daten, wie z. B. eine Webadresse oder einen Dateipfad (siehe Abbildung A.9).

Anlegen Web-Adresse oder Dateipfad

Text: Rheinwerk Verlag
Web-Adresse o. Datei: www.rheinwerk-verlag.de
Fortsetzung:

Abbildung A.9 Webadresse oder Dateipfad anlegen

Bestätigen Sie die Eingaben mit der Schaltfläche ✔ (**Weiter**), fügt das SAP-System den Link in die Favoriten ein.

Im nächsten Kapitel zeigen wir Ihnen, wie Sie Transaktionen, die Sie häufig verwenden, zur besseren Erreichbarkeit in Ordnern anlegen.

A.2.4 Favoritenliste bearbeiten

Öffnen Sie dazu das Kontextmenü, wie es in Abbildung A.10 gezeigt wird, und wählen Sie den Eintrag **Ordner einfügen**.

Abbildung A.10 Kontextmenü – Ordner einfügen

Vergeben Sie im Dialogfenster **Anlegen eines Ordners in der Favoritenliste** einen sprechenden Namen, und bestätigen Sie die Eingabe mit der Schaltfläche ✔ (**Weiter**).

Per Drag & Drop verschieben Sie die Favoriten in den Ordner.

Stellen Sie den Cursor auf einen Favoriteneintrag, und klicken Sie auf die Schaltfläche Ändern (**Favoriten ändern**), öffnet das SAP-System ein Dialogfenster zur Bearbeitung des Favoritennamens.

Download und Upload von Favoritenmenüs

Favoritenmenüs können mit der Funktion **Download auf PC** gespeichert, per E-Mail versandt und mit der Funktion **Upload von PC** von anderen Benutzern geladen werden.

Sie finden die Funktion zum Down- und Uploaden von Favoritenmenüs unter dem Menüpunkt **Favoriten** in der SAP-Standardleiste.

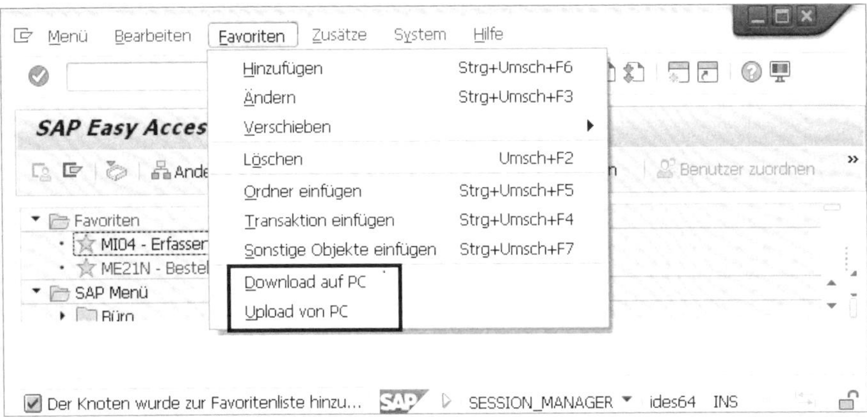

Abbildung A.11 Favoriten auf PC down- und von PC uploaden

A.3 Parameter

Parameter bestehen im SAP-System aus einer *Parameter-ID* und einem *Parameterwert*. Die Parameter-ID ist das Kürzel des Feldnamens, und der *Parameterwert* entspricht dem Feldeintrag. Feldeinträge, die Sie in jedem Beleg identisch eingeben, können Sie als Parameter vorbelegen. Dies bietet sich im Einkauf, z. B. für die Einkaufsorganisation oder die Einkäufergruppe an.

Hierzu benötigen Sie die Parameter-ID, also das Kürzel für die Feldbezeichnung.

A.3.1 Parameter-ID ermitteln

Platzieren Sie den Cursor in der Bestellung in der Kopfregisterkarte **OrgDaten** im Feld **Einkaufsorganisation**, und verwenden Sie die F1-Taste.

Das SAP-System öffnet nun das Dialogfenster **Performance Assistent** (siehe Abbildung A.12).

Abbildung A.12 Dialogfenster »Performance Assistent«

Klicken Sie im Dialogfenster **Performance Assistent** auf die Schaltfläche (**Technische Info**).

Kopieren Sie den Eintrag aus dem Feld **Parameter-Id** (siehe Abbildung A.13) in den Zwischenspeicher. Wechseln Sie anschließend in **Eigene Daten**.

Abbildung A.13 Dialogfenster »Technische Info« – Feld »Einkaufsorganisation«

[»]

Parameter-ID nutzen

Ein Feld auf einer Bildschirmmaske wird nur dann automatisch mit dem unter der Parameter-ID des Datenelements abgespeicherten Wert gefüllt, wenn dies im SAP-System explizit erlaubt wurde.

A.3.2 Parameterwert erfassen

Wählen Sie in der Menüleiste den Menüpfad **System • Benutzervorgaben • Eigene Daten** und anschließend die Registerkarte **Parameter**.

Tragen Sie in die Spalte **Set-/Get-Parameter-Id** den Feldwert, in diesem Beispiel »EKO« und in die Spalte **Parameterwert** die zugeordnete Einkaufsorganisation, in diesem Beispiel »1000« ein. Abbildung A.14 zeigt einen Benutzer mit bereits vorbelegten Werten.

Sichern Sie die Daten mit der Schaltfläche (**Sichern**).

Abbildung A.14 Parametereintrag in den Benutzervorgaben

Persönliche Einstellungen

Für *Einbildtransaktionen* nehmen Sie die Vorbelegungen in den persönlichen Einstellungen vor (siehe auch Abschnitt 5.2.1, »Persönliche Einstellungen – Einbildtransaktionen«).

A.4 Lokales Layout anpassen

Das Aussehen des SAP-ERP-Systems auf Ihrem Bildschirm können Sie in der Menüleiste über die Schaltfläche (**Lokales Layout anpassen**) in der Anwendungsfunktionsleiste und den Eintrag **Optionen** beeinflussen (siehe Abbildung A.15).

Die wichtigsten Einstellungen finden Sie in den Bereichen **Interaktionsdesign** und **Lokale Daten**.

Abbildung A.15 Lokales Layout – Optionen

A.4.1 Interaktionsdesign – Visualisierung 1

Datenfelder werden in Dropdown-Listen mit einem *Langtext* und zusätzlich oft mit einem *Schlüssel* bezeichnet. In der *Standardauslieferung* wird nur der *Langtext* angezeigt. Dieser ist aber häufig nicht eindeutig, wie es Abbildung A.16 eindrucksvoll zeigt.

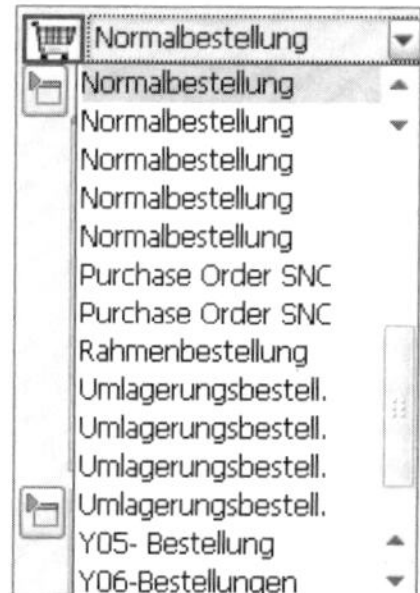

Abbildung A.16 Dropdown-Liste »Bestellart« im Standard

Stellen Sie die *Schlüssel* in den Dropdown-Listen zusätzlich ein, und lassen Sie die Einträge nach den Schlüsseln sortieren, indem Sie die Ankreuzfelder **Schlüssel in Dropdown-Listen anzeigen** und **Dropdown-Listen nach Schlüssel sortieren für effektivere Tastatureingabe**, wie es in Abbildung A.17 gezeigt wird, anhaken. Bestätigen Sie Ihre Eingaben mit der Schaltfläche **Übernehmen**.

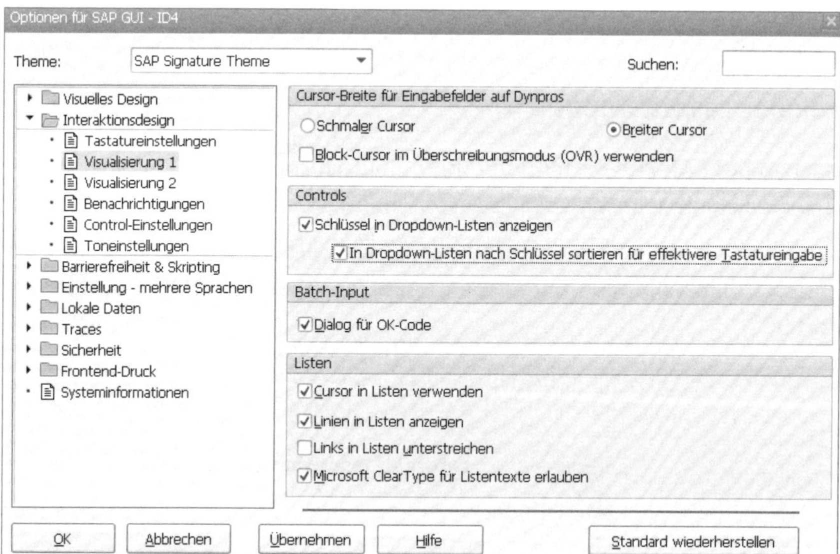

Abbildung A.17 Visualisierung 1 – empfohlene Einstellung

Wechseln Sie in Transaktion ME21N, und öffnen Sie die Dropdown-Liste. Das SAP-System ordnet die Schlüssel (wie in Abbildung A.18 gezeigt) zu und sortiert die Einträge nach den Schlüsseln.

Abbildung A.18 Dropdown-Liste »Bestellart« nach der Aktivierung des Bereichs »Controls«

Der nächste Abschnitt zeigt, wie Sie frühere Dateneingaben zur effektiven Bearbeitung Ihrer Belege nutzen können.

A.4.2 Lokale Daten

Profitieren Sie von früheren Feldeingaben, indem Sie im Bereich **Lokale Daten • Historie** den Historienstatus auf **Ein** bzw. **Sofort** stellen.

Abbildung A.19 zeigt die Standardeinstellung der *Historie*.

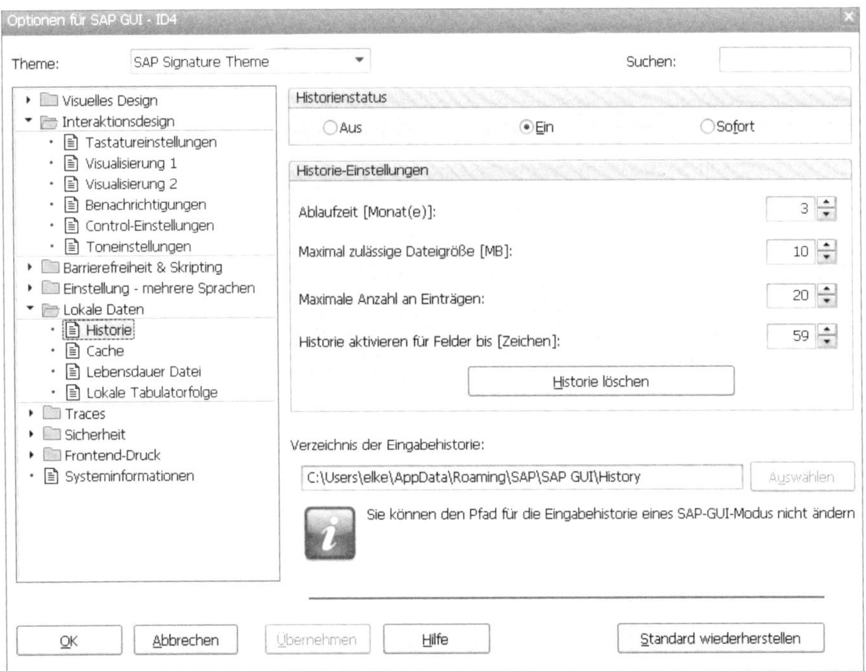

Abbildung A.19 Historie – empfohlene Einstellung mit Standardwerten in den Historie-Einstellungen

Ein bedeutet, dass Ihnen frühere Datenangaben als Liste angezeigt werden, sobald Sie in einem Feld die [←]-Taste verwenden. **Sofort** sagt aus, dass die Liste angezeigt wird, sobald Sie den Cursor in das Feld stellen.

- Im Feld **Ablaufzeit** wird in Monaten angegeben, wann ein Eintrag veraltet ist und gelöscht werden kann.
- Die maximal zulässige Dateigröße im Ablageort definieren Sie im Feld **Maximal zulässige Dateigröße [MB]**.
- Jedes Feld enthält die Anzahl Einträge, die im Feld **Maximale Anzahl an Einträgen** definiert ist. Der Wert muss zwischen 1 und 20 liegen. Mit dem Eintrag 0 werden keine Historieneinträge gespeichert.
- Die Feldlänge der Historieneinträge beträgt maximal 59 Zeichen.

Maximale Feldlänge erhöhen

Sie können auch Historieneinträge aktivieren, wenn deren Feldlänge die allgemein eingestellte maximale Länge überschreitet. Stellen Sie dazu den Cursor in das betreffende Feld, verwenden Sie die [Strg]-Taste, und öffnen Sie das Kontextmenü. Wählen Sie dort den Menüpunkt **Historie aktivieren**.

Empfinden Sie die Historienwerte als störend, oder sind sie veraltet, können Sie die Historieneinträge mit der Schaltfläche **Historie löschen** wieder entfernen.

Wir haben Ihnen die wichtigsten Einstellungen der SAP-Oberfläche gezeigt.

Im nächsten Abschnitt zeigen wir Ihnen, wie Sie *Selektionskriterien* für regelmäßig benötigte Auswertungen speichern und wieder aufrufen können.

A.5 Listauswertung – Selektionsvariante

Verwenden Sie regelmäßig einen *Report* zur Auswertung Ihrer Einkaufsbelege, können Sie dafür eine *Berichtsvariante* mit den von Ihnen regelmäßig genutzten Auswahlkriterien anlegen und diese als bevorzugte Auswertung einstellen.

Wir treffen für unser Beispiel folgende Annahme: Sie möchten auswerten, ob zu den Bestellungen bereits der Wareneingang gebucht wurde. Sie selektieren die Belege für die Einkaufsorganisation und die Einkäufergruppe. Für das Lieferdatum wählen Sie ein Intervall von -10 und +10 Tagen um das Tagesdatum herum.

In Abbildung A.20 ist der Selektionsbildschirm (wie oben beschrieben) bereits ausgefüllt.

Abbildung A.20 Einkaufsbelege zur Belegnummer

A.5.1 Zusätzliche Selektionswerte definieren

Werden im Selektionsbildschirm nicht die erforderlichen Selektionskriterien angezeigt, können Sie über die Schaltfläche (**Freie Abgrenzungen**) weitere Felder hinzufügen.

[«]

Freie Abgrenzungen

Die zusätzlichen Auswertungsfelder werden in den Bereichen **Einkaufsbelegkopfdaten** und **Einkaufsbelegpositionsdaten** angeboten.

Wenn Sie zu einem Feld mehr als einen Wert auswerten möchten, klicken Sie auf die Schaltfläche (**Mehrfachselektion**). Das SAP-System öffnet das in Abbildung A.21 gezeigte Dialogfenster **Mehrfachselektion für Lieferant**, da wir die Mehrfachselektion beispielhaft für dieses Feld geöffnet haben. Tabelle A.1 erläutert die verschiedenen Funktionen.

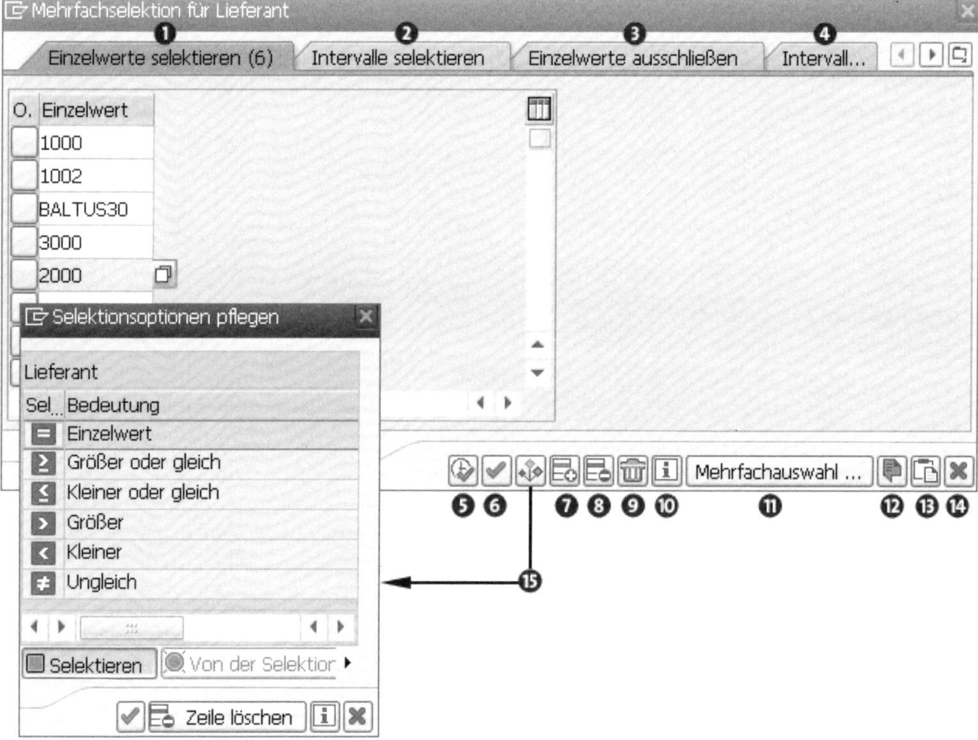

Abbildung A.21 Funktionen der Mehrfachselektion

Nr.	Funktion	Bedeutung
❶	**Einzelwerte einschließen**	Diese Werte werden ausgewertet.
❷	**Intervalle einschließen**	Mit diesem Intervall wird ausgewertet.
❸	**Einzelwerte ausschließen**	Diese Werte werden nicht ausgewertet.
❹	**Intervalle ausschließen**	Dieses Intervall wird nicht ausgewertet.

Tabelle A.1 Funktionen in der Mehrfachselektion

Nr.	Funktion	Bedeutung
5	**Übernehmen**	Diese Werte werden in die Selektion übernommen.
6	**Eingaben prüfen**	Das SAP-System prüft, ob die Werte in der entsprechenden Tabelle enthalten sind.
7	**Zeile einfügen**	Öffnet eine eingabebereite Zeile, um Selektionskriterien zu erfassen.
8	**Selektionsoptionen löschen**	Löscht den Eintrag der aktiven Zeile.
9	**Selektion ganz löschen**	Löscht alle Selektionskriterien in der Mehrfachselektion.
10	**Hilfe zum Bild**	Öffnet eine Hilfe zur Verwendung der Mehrfachselektion.
11	**Mehrfachauswahl**	Verzweigt in die Suche zum Feldeintrag.
12	**Import aus Zwischenablage**	Importiert die Zwischenablage komplett.
13	**Import aus Textdatei**	Importiert aus einer Textdatei so viele Einträge, wie offene Zellen vorhanden sind.
14	**Abbrechen**	Bricht die Mehrfachselektion ab und schließt das Dialogfenster.
15	**Selektionsoptionen**	Öffnet ein Dialogfenster, in dem Sie definieren, wie der Wert in der Suche behandelt werden soll.

Tabelle A.1 Funktionen in der Mehrfachselektion (Forts.)

Haben Sie zu einem Feld mehr als einen Wert erfasst, zeigt das SAP-System die Schaltfläche (**Mehrfachselektion (aktiv)**) am Ende der Zeile.

Auswertungen im Einkauf können Sie in dreizeiligen Listen anzeigen oder in Tabellenform.

Das Selektionsfeld **Listumfang** ist mit dem Eintrag **BEST** vorbelegt. Das heißt, dass Bestellungen ausgewertet und in einer dreizeiligen Liste angezeigt werden, wie es Abbildung A.22 zeigt.

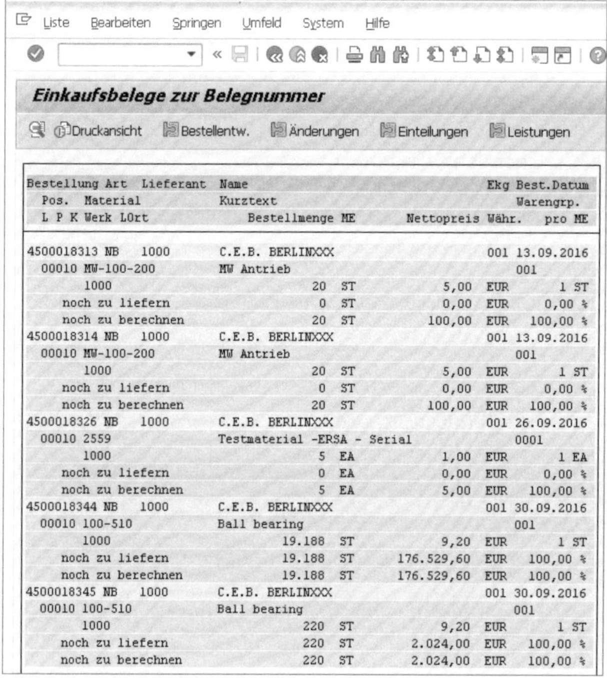

Abbildung A.22 Auswertung als dreizeilige Liste

Mehr Funktionen bietet der *SAP List Viewer* (auch *ALV Grid* genannt). Auswertungen in dieser Form können Sie z. B. als lokale Datei in verschiedenen Formaten exportieren. Außerdem bietet diese Listenform zahlreiche Möglichkeiten zum Sortieren von Daten.

Wählen Sie nun im Feld **Listumfang** den Eintrag **BEST_ALV**. Das SAP-System öffnet mit den gleichen Selektionskriterien die in Abbildung A.23 dargestellte Liste.

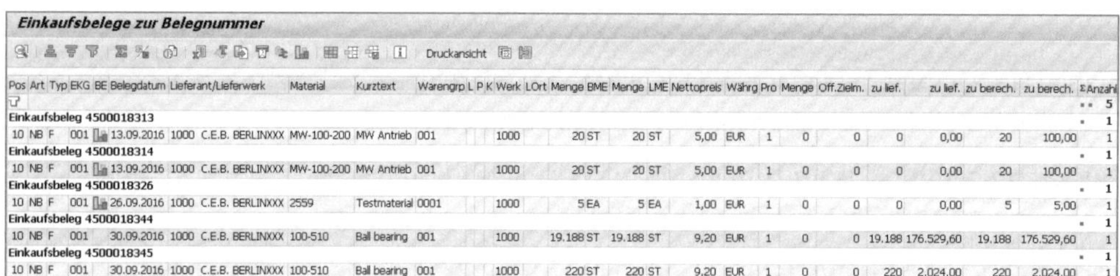

Pos	Art	Typ	EKG	BE	Belegdatum	Lieferant/Lieferwerk		Material	Kurztext	Warengrp	L	P	K	Werk	LOrt	Menge	BME	Menge	LME	Nettopreis	Währg	Pro	Menge	Off.Zielm.	zu lief.	zu lief.	zu berech.	zu berech.	ΣAnzahl
																													5
Einkaufsbeleg 4500018313																													1
10	NB	F	001		13.09.2016	1000	C.E.B. BERLINXXX	MW-100-200	MW Antrieb	001				1000		20	ST	20	ST	5,00	EUR	1	0	0	0	0,00	20	100,00	1
Einkaufsbeleg 4500018314																													1
10	NB	F	001		13.09.2016	1000	C.E.B. BERLINXXX	MW-100-200	MW Antrieb	001				1000		20	ST	20	ST	5,00	EUR	1	0	0	0	0,00	20	100,00	1
Einkaufsbeleg 4500018326																													1
10	NB	F	001		26.09.2016	1000	C.E.B. BERLINXXX	2559	Testmaterial	0001				1000		5	EA	5	EA	1,00	EUR	1	0	0	0	0,00	5	5,00	1
Einkaufsbeleg 4500018344																													1
10	NB	F	001		30.09.2016	1000	C.E.B. BERLINXXX	100-510	Ball bearing	001				1000		19.188	ST	19.188	ST	9,20	EUR	1	0	0	19.188	176.529,60	19.188	176.529,60	1
Einkaufsbeleg 4500018345																													1
10	NB	F	001		30.09.2016	1000	C.E.B. BERLINXXX	100-510	Ball bearing	001				1000		220	ST	220	ST	9,20	EUR	1	0	0	220	2.024,00	220	2.024,00	1

Abbildung A.23 ALV-Grid-Liste

ALV-Grid-Liste

Möchten Sie Auswertungen immer als ALV Grid durchführen, hinterlegen Sie in Ihren Benutzervorgaben zur Parameter-ID `Accessibility_Mode` den Parameterwert `X` (großes X!).

Im nächsten Abschnitt zeigen wir Ihnen, wie Sie die Selektionskriterien speichern, damit Sie diese nicht mit jedem Listenaufruf erneut eingeben müssen.

A.5.2 Selektionsvariante anlegen

Um die Einstellungen nicht für jeden Aufruf vornehmen zu müssen, speichern Sie Ihre Datenauswahl als Variante. Klicken Sie nach der Eingabe aller Selektionskriterien auf die Schaltfläche (**Sichern**).

Das SAP-System öffnet nun das Bild **Variantenattribute** (siehe Abbildung A.24).

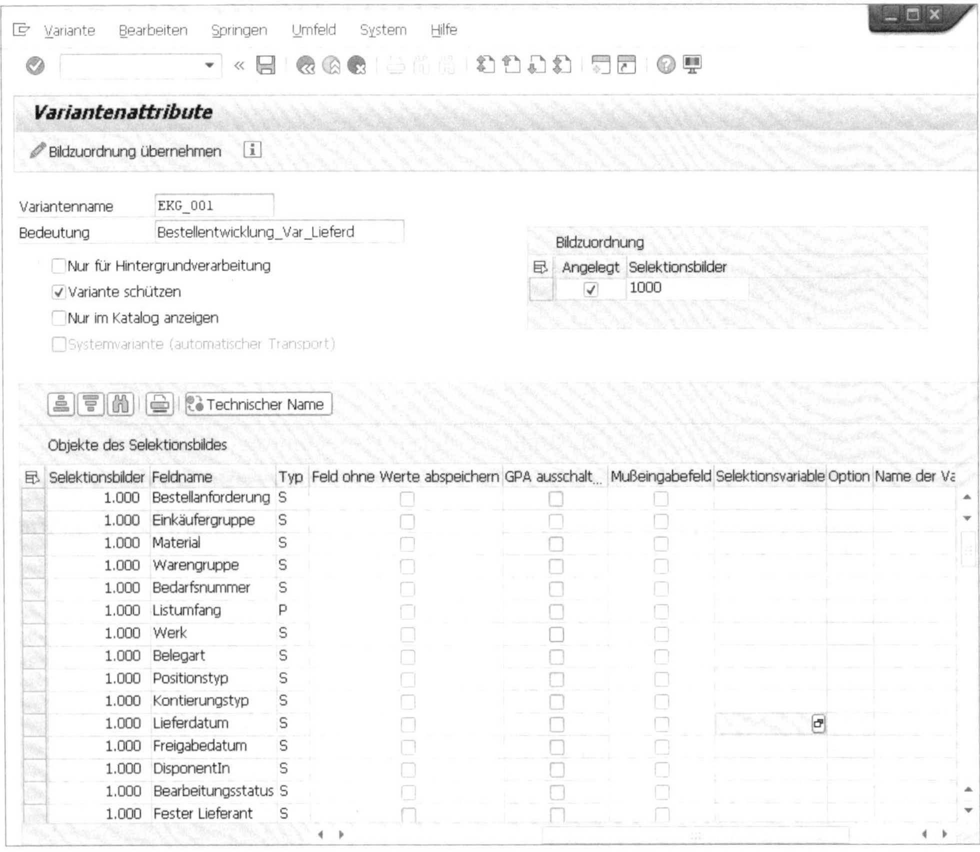

Abbildung A.24 Variantenattribute

Vergeben Sie im Feld **Variantenname** einen Namen mit maximal 14 Zeichen, und erfassen Sie eine sprechende Bezeichnung, z. B., indem Sie im Feld **Bedeutung** die Selektionskriterien auflisten. Hierzu stehen Ihnen maximal 40 Zeichen zur Verfügung. Möchten Sie sicherstellen, dass nur Sie die Selektionsvariante verändern können, setzen Sie das Häkchen im Ankreuzfeld **Variante schützen**.

Dynamisches Datum definieren

Setzen Sie in den *Variantenattributen* ein *dynamisches Datum* für den Feldwert **Lieferdatum**, damit die Selektion automatisch das Intervall von -10 und +10 Tagen um das Tagesdatum herum vorschlägt. Öffnen Sie die [F4]-Hilfe der Zeile **Lieferdatum** in der Spalte **Selektionsvariable**; das SAP-System öffnet das in Abbildung A.25 gezeigte Dialogfenster.

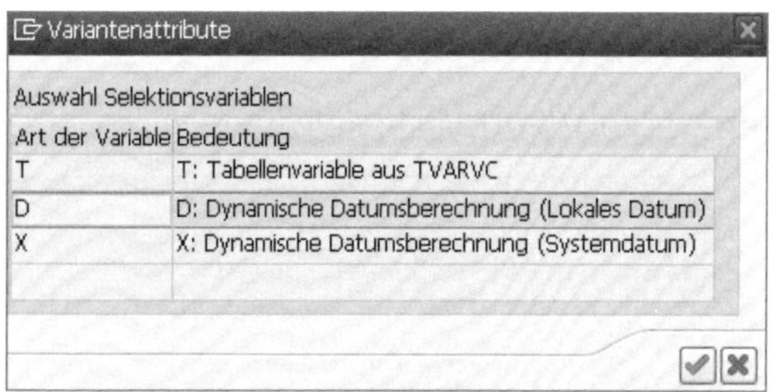

Abbildung A.25 Variantenattribute – Lieferdatum

[»]

Feldeinträge in scheinbar inaktiven Feldern

Feldeinträge können Sie in den hellblau unterlegten Feldern nur über die [F4]-Hilfe erfassen.

Wählen Sie den Eintrag **D** für **Dynamische Datumsberechnung (Lokales Datum)**.

Öffnen Sie in der gleichen Zeile in der Spalte **Name der Variablen** die [F4]-Hilfe, und wählen Sie den Eintrag **Tagesdatum - xxx, Tagesdatum + yyy**. Das SAP-System öffnet das Dialogfenster **Variantenattribute** (siehe Abbildung A.26).

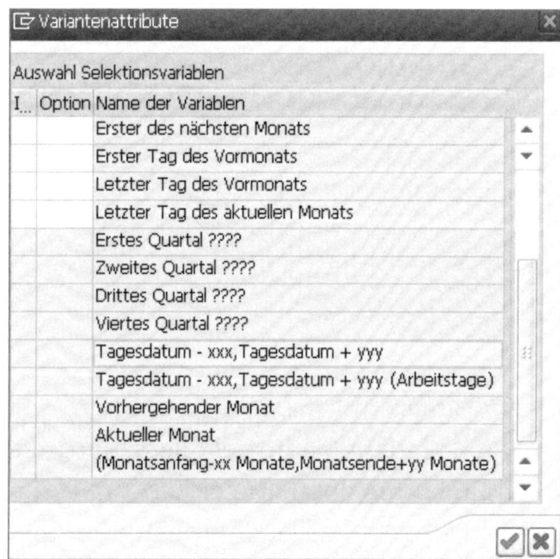

Abbildung A.26 Name der Variablen

Datumsberechnung

In Abhängigkeit von der Auswahl in den Variantenattributen öffnet das SAP-System ein Dialogfenster, in unserem Beispiel das in Abbildung A.27 gezeigte Dialogfenster **Parameter zur Datumsberechnung** zur Erfassung des Intervalls.

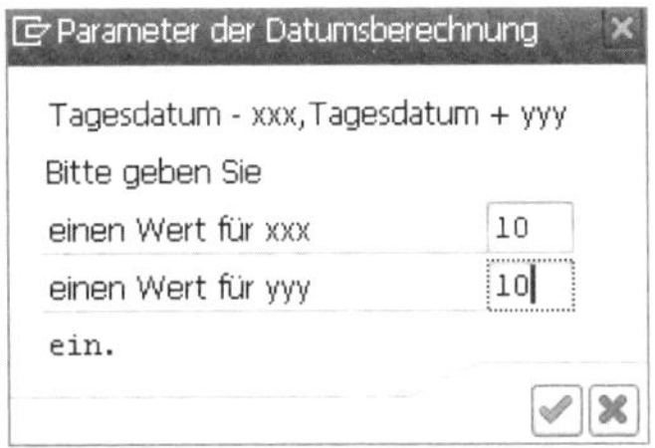

Abbildung A.27 Parameter zur Datumsberechnung

Bestätigen Sie Ihre Eingaben mit der Schaltfläche (**Übernehmen**), und sichern Sie Ihre Eingaben mit der Schaltfläche (**Sichern**).

Sie haben die Selektionsvariante angelegt. Wenn Sie künftig die Auswertung aufrufen, müssen Sie keine Selektionswerte mehr erfassen, sondern haben alle Daten parat, indem Sie die Selektionsvariante holen.

A.5.3 Selektionsvariante holen

Klicken Sie auf die Schaltfläche (**Selektionsvariante holen**), um die Liste mit den gespeicherten Selektionskriterien zu nutzen. Das SAP-System öffnet das in Abbildung A.28 gezeigte Dialogfenster mit allen Selektionsvarianten zu dieser Auswertung. Wählen Sie Ihre Selektionsvariante, und prüfen Sie, ob die Werte korrekt gesetzt sind.

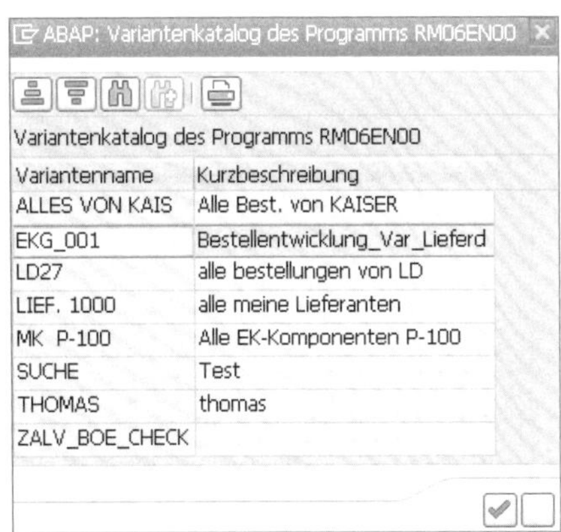
ABAP: Variantenkatalog des Programms RM06EN00

Variantenkatalog des Programms RM06EN00

Variantenname	Kurzbeschreibung
ALLES VON KAIS	Alle Best. von KAISER
EKG_001	Bestellentwicklung_Var_Lieferd
LD27	alle bestellungen von LD
LIEF. 1000	alle meine Lieferanten
MK P-100	Alle EK-Komponenten P-100
SUCHE	Test
THOMAS	thomas
ZALV_BOE_CHECK	

Abbildung A.28 Variantenkatalog

Bestätigen Sie Ihre Auswahl mit der Schaltfläche (**Auswählen**).

A.5.4 Selektionsvariante löschen

Selektionsvarianten, die Sie nicht mehr benötigen, können Sie mit der entsprechenden Berechtigung im Einstiegsbild der Auswertung löschen, über den Menüpfad **Springen • Varianten • Löschen**.

A.6 Layout von ALV-Grid-Listen

In *ALV-Grid-Listen* können Sie das Layout anpassen, indem Sie den Spaltenaufbau der Liste, Sortierkriterien und Filterbedingungen definieren.

Entspricht die Liste nach den Änderungen Ihren Anforderungen, können Sie diese Anzeigevariante als *benutzerspezifisches Layout* oder als *Standardlayout* speichern.

Möchten Sie die Liste immer in diesem Layout anzeigen, setzen Sie es als **Voreinstellung**. Die Anpassung einer Anzeigevariante starten Sie mit dem Befehl **Layout ändern**.

A.6.1 Layout ändern

In der Liste aus Abbildung A.29 möchten Sie folgende Einstellungen anpassen:

- Das Lieferdatum soll an den Anfang der Liste gesetzt werden.
- Die Summenzeilen möchten Sie herausnehmen.
- Die Liste soll nach Lieferant/Lieferwerk sortiert werden, damit die Einkaufsbelege zu einem Lieferanten geclustert werden.

Diese Änderungen nehmen wir in den nächsten Schritten vor.

Liste Bearbeiten Springen Sichten Umfeld Einstellungen System Hilfe

Einkaufsbelege zur Belegnummer

Eint.	Art	Typ	EKG	BE	Belegdatum	Lieferant/Lieferwerk	Material	Kurztext	Warengrp	L	P	K	Werk	LOrt	Menge	BME	Nettopreis	Währg	Pro	EintMeng.	Lieferdatum
Einkaufsbeleg 4500018313																					
Position 10																					
1	NB	F	001		13.09.2016	1000 C.E.B. BERLINXXX	MW-100-200	MW Antrieb	001				1000		20	ST	5,00	EUR	1	20	23.09.2016
Einkaufsbeleg 4500018314																					
Position 10																					
1	NB	F	001		13.09.2016	1000 C.E.B. BERLINXXX	MW-100-200	MW Antrieb	001				1000		20	ST	5,00	EUR	1	20	23.09.2016
Einkaufsbeleg 4500018326																					
Position 10																					
1	NB	F	001		26.09.2016	1000 C.E.B. BERLINXXX	2559	Testmaterial -ERSA - Serial	0001				1000		5	EA	1,00	EUR	1	5	27.09.2016
Einkaufsbeleg 4500018344																					
Position 10																					
1	NB	F	001		30.09.2016	1000 C.E.B. BERLINXXX	100-510	Ball bearing	001				1000		19.188	ST	9,20	EUR	1	19.188	05.10.2016
Einkaufsbeleg 4500018345																					
Position 10																					
1	NB	F	001		30.09.2016	1000 C.E.B. BERLINXXX	100-510	Ball bearing	001				1000		220	ST	9,20	EUR	1	220	09.10.2016

Abbildung A.29 Standardlayout »Einkaufsbelege zur Belegnummer« – Sicht »Einteilungen«

Wählen Sie in der Anwendungsfunktionsleiste die Schaltfläche (**Layout ändern**).

[«]

Verschiedene Schaltflächen für Layoutfunktionen

Die Funktionen **Layout ändern**, **Layout auswählen** und **Layout sichern** sind manchmal auch in einer Kombinationsschaltfläche (**Layout auswählen**) hinterlegt, mit der Sie nach dem Öffnen des Menüs die gewünschte Aktion auswählen.

Das SAP-System öffnet das in Abbildung A.30 gezeigte Dialogfenster **Layout ändern**. Tabelle A.2 erläutert die verschiedenen Funktionen.

Abbildung A.30 Funktionen im Dialogfenster »Layout ändern«

Nr.	Funktion	Erläuterung
1	Angezeigte Spalten und Spaltenvorrat.	Die Liste zeigt die Spalten in der angezeigten Reihenfolge.
2	Legt die Spalte fest, nach der die Treffer auf- oder absteigend sortiert werden.	Wählen Sie ein Kriterium in **Layout ändern** als Sortierkriterium. Alternativ markieren Sie eine Spalte in der Liste und klicken auf die Schaltfläche (**Auf- oder absteigend sortieren**).

Tabelle A.2 Funktionen im Layout ändern

Nr.	Funktion	Erläuterung
❸	Zeigt nur Werte in der Liste, die dem Filterwert des Filterkriteriums entsprechen.	Wählen Sie ein Kriterium in **Layout ändern** als *Filterkriterium*. Das SAP-System öffnet ein Dialogfenster zur Erfassung des Werts. Alternativ markieren Sie eine Spalte in der Liste und klicken auf die Schaltfläche (**Filter setzen**). Das SAP-System öffnet das Dialogfenster zur Erfassung eines Filterwerts.
❹	Sie können wählen, ob Sie die Liste als ALV Grid oder als Excel-Datei sehen möchten.	Bei Auswahl der Excel-Sicht öffnet das SAP-System ein Excel-Blatt.
❺	Sie definieren die optische Aufbereitung der Liste.	Abbildung A.34 zeigt die Aufbereitung mit den markierten Ankreuzfeldern **Optimale Spaltenbreite, mit Streifenmuster** und **Anzeige der Summenzeilen über den Einträgen**
❻	Sie definieren die Reihenfolge der Spalten im Bericht.	Markieren Sie den Eintrag, den Sie verschieben möchten, und klicken Sie auf die entsprechende Schaltfläche oberhalb der angezeigten Spalten.
❼	Sie entfernen Spalten aus der Liste.	Markieren Sie den Eintrag, und klicken Sie auf die Schaltfläche (**Selektierte Felder ausblenden**). Das SAP-System entfernt den Eintrag aus der Liste.
❽	Sie nehmen Spalten in die Liste auf.	Markieren Sie den Eintrag, und klicken Sie auf die Schaltfläche (**Selektierte Felder Einblenden**). Das SAP-System nimmt den Eintrag in die Liste auf.

Tabelle A.2 Funktionen im Layout ändern (Forts.)

[»]

Technische Namen im Layout ändern

Die *Feldnamen* sind manchmal nicht eindeutig. Sie können die Spaltenauswahl, wie in Abbildung A.31 gezeigt, mit den *technischen Namen* einstellen. Öffnen Sie dazu das *Kontextmenü* mit einem Rechtsklick auf den äußeren Rand des Dialogfensters, und wählen Sie den Eintrag **Technische Namen** an. Das SAP-System zeigt in den angezeigten Spalten und in der Spaltenauswahl den *Tabellennamen* und den technischen Namen des Felds.

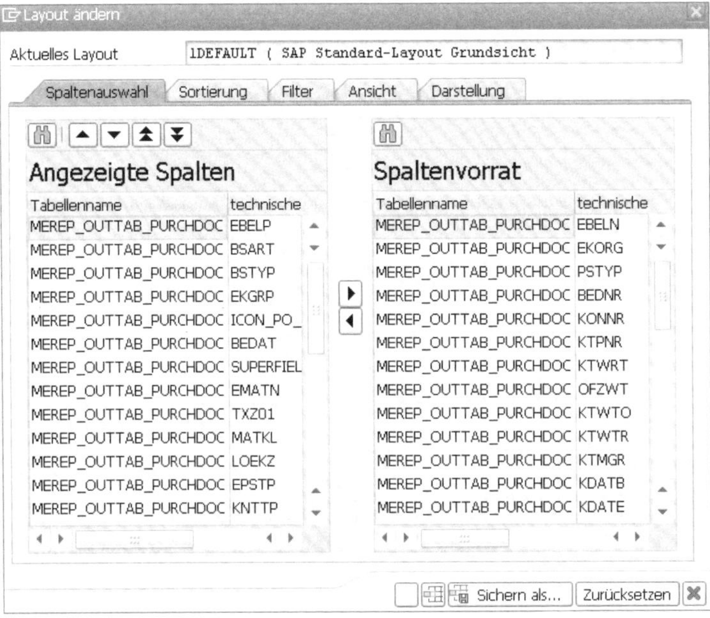

Abbildung A.31 Technische Namen im Layout ändern

Im Ordner **Sortierung** legen Sie das *Sortierkriterium* in der Liste fest und ob zu diesem Sortierkriterium eine Summenbildung vorgenommen werden soll (siehe Abbildung A.32). Die Belege in der Liste werden nach diesem Kriterium *gruppiert*.

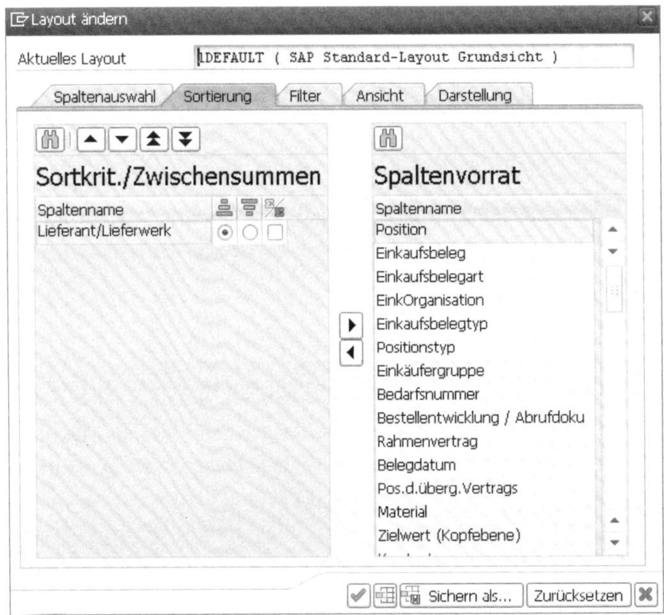

Abbildung A.32 Sortierung der Listenwerte nach Lieferant/Lieferwerk

[»]

Sortierung und Zwischensummen in Listen

Mit den Optionsfeldern sortieren Sie auf- oder absteigend. Mit der Aktivierung des Ankreuzfelds (**Zwischensummen bilden**) fügt das SAP-System in die Liste eine weitere Zeile ein und bildet Zwischensummen für diesen Feldwert.

Zwischensummen können nur dann gebildet werden, wenn für Betrags- oder Mengenfelder in einer Liste Summen vorgesehen sind. Die Zwischensummen können dabei über beliebige Merkmale gebildet werden, wenn diese in den Listen zur Verfügung stehen.

A.6.2 Layout sichern

Sie haben das Layout an Ihre Bedürfnisse angepasst. Jetzt möchten Sie die Darstellung zur späteren Verwendung sichern.

Wählen Sie dazu im Dialogfenster **Layout ändern** die Schaltfläche (**Layout sichern**). Es öffnet sich das Dialogfenster **Sichern als** (siehe Abbildung A.33). Tabelle A.3 erläutert die verschiedenen Funktionen.

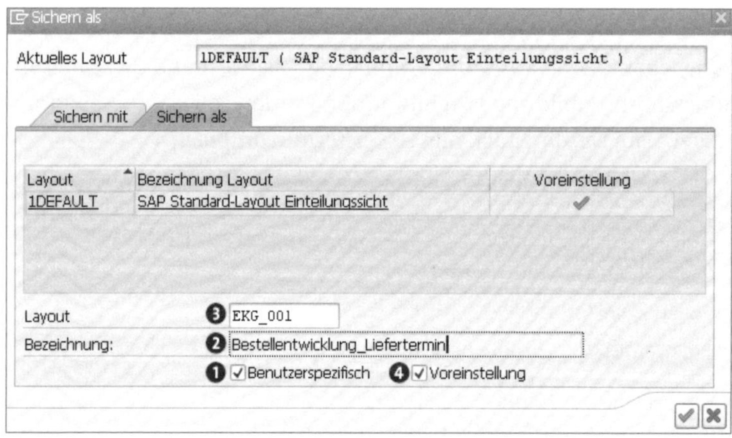

Abbildung A.33 Sichern als – Layout anlegen

Nr.	Funktion	Erläuterung
❶	Das Layout steht nur dem Anleger zur Verfügung.	Kennzeichen für benutzerspezifisches Layout. Ist dieses Kennzeichen nicht gesetzt, muss der Eintrag im Feld **Layout** mit dem Sonderzeichen / beginnen.

Tabelle A.3 Funktionen im Layout sichern

Nr.	Funktion	Erläuterung
❷	Die Benennung des Layouts erfolgt mit einem sprechenden Text.	Es stehen 40 Zeichen zur Verfügung. Vergeben Sie sprechende Kriterien, damit Sie bei der Auswahl des Layouts erkennen, welches Layout Sie auswählen.
❸	Das Standardlayout beginnt mit dem Sonderzeichen /. Das benutzerspezifische Layout beginnt mit einem beliebigen Buchstaben.	Es stehen 12 Zeichen zur Verfügung. *Standardlayouts* werden auch anderen Benutzern zur Auswahl angeboten. *Benutzerspezifische Layouts* stehen nur dem Anleger zur Auswahl zur Verfügung.
❹	Die Liste wird in diesem Layout geöffnet.	Ist dieses Kennzeichen gesetzt, wird die Liste immer mit diesem Layout geöffnet.

Tabelle A.3 Funktionen im Layout sichern (Forts.)

Tragen Sie die erforderlichen Eingaben in die Felder **Layout** und **Bezeichnung** ein, und bestätigen Sie Ihre Eingaben mit der Schaltfläche ✓ (**Übernehmen**). Bestätigen Sie im Dialogfenster **Layout ändern** noch einmal mit der Schaltfläche ✓ (**Übernehmen**). Das SAP-System zeigt die Liste im neuen Layout (siehe Abbildung A.34).

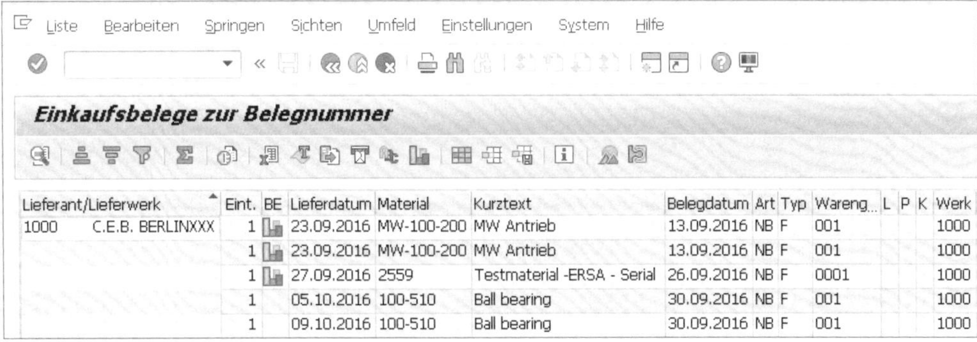

Lieferant/Lieferwerk		Eint.	BE	Lieferdatum	Material	Kurztext	Belegdatum	Art	Typ	Wareng...	L	P	K	Werk
1000	C.E.B. BERLINXXX	1		23.09.2016	MW-100-200	MW Antrieb	13.09.2016	NB	F	001				1000
		1		23.09.2016	MW-100-200	MW Antrieb	13.09.2016	NB	F	001				1000
		1		27.09.2016	2559	Testmaterial -ERSA - Serial	26.09.2016	NB	F	0001				1000
		1		05.10.2016	100-510	Ball bearing	30.09.2016	NB	F	001				1000
		1		09.10.2016	100-510	Ball bearing	30.09.2016	NB	F	001				1000

Abbildung A.34 Liste mit neuer Sortierung und Spaltenanordnung

[«]

Weitere Layouts anlegen

Haben Sie bereits ein Layout angelegt, und möchten Sie dieses nach den Änderungen überschreiben, wählen Sie die Schaltfläche (**Layout sichern**). Möchten Sie ein weiteres Layout anlegen, wählen Sie die Schaltfläche Sichern als..., um das angepasste Layout als weiteres Layout zu sichern.

A.7 Selektion von Einkaufsbelegen

In den Einbildtransaktionen für Bestellungen und Bestellanforderungen steht Ihnen die *Belegübersicht* zur Verfügung.

Im folgenden Abschnitt zeigen wir Ihnen, wie Sie die Belegübersicht gestalten. Danach erläutern wir, wie Sie *Selektionen* der Einkaufsbelege in der Belegübersicht anlegen.

A.7.1 Belegübersicht

Den Bildschirmbereich der Belegübersicht schalten Sie in der Bestellung oder der Bestellanforderung mit der Schaltfläche **Belegübersicht ein** ein bzw. mit der Schaltfläche **Belegübersicht aus** aus, wenn Sie den gesamten Bildschirm für die Bearbeitung des Belegs benötigen.

Die Belegübersicht ist ein mächtiges Werkzeug zur Bearbeitung des Arbeitsvorrats im Einkauf. Sie besteht aus der Selektion von Belegen nach definierten Kriterien und der Darstellung dieser Belege in der Belegübersicht in Tabellenform.

Über die Schaltflächenleiste (siehe Abbildung A.35) gelangen Sie in die Funktionen der Belegübersicht (erläutert in Tabelle A.4).

Funktionen

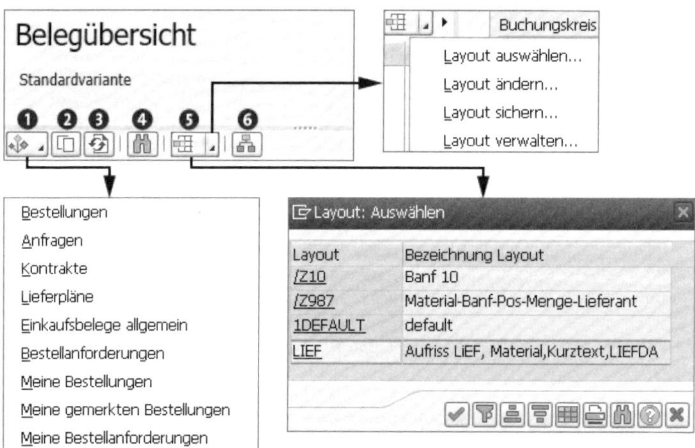

Abbildung A.35 Funktionen der Belegübersicht

Nr.	Icon	Kurztext	Anmerkung
❶		**Selektionsvariante**	Öffnet die Listanzeige zur Auswahl einer Selektion.

Tabelle A.4 Funktionen der Belegübersicht

Nr.	Icon	Kurztext	Anmerkung
❷		**Übernehmen**	Übernimmt den in der Belegübersicht markierten Beleg in die Bestellung oder Bestellanforderung.
❸		**Aktualisieren**	Aktualisiert die Belegübersicht.
❹		**Suchen**	Öffnet ein Dialogfenster zur Definition eines Suchkriteriums.
❺		**Layout auswählen**	Kombinationsschaltfläche: Linke Schaltfläche öffnet **Layout auswählen**, rechte Schaltfläche öffnet das Auswahlfenster für zulässige Layoutfunktionen.
❻		**Aufriss**	Öffnet das Dialogfenster zur Definition des Sortierkriteriums der Belegübersicht.

Tabelle A.4 Funktionen der Belegübersicht (Forts.)

Für jeden Nutzer sind die Selektionen **Meine Bestellungen**, **Meine gemerkten Bestellungen** und **Meine Bestellanforderungen** bereits eingerichtet. Sind Belege vorhanden, zeigt das SAP-System diese in der Belegübersicht oder gibt die Information aus, dass zu dieser Selektion keine Belege vorhanden sind.

[«]

Selektion meiner Belege

Mit den Selektionen **Meine Bestellungen**, **Meine gemerkten Bestellungen** und **Meine Bestellanforderungen** werden nur Belege angezeigt, die vom angemeldeten Benutzer angelegt wurden. Das Selektionskriterium ist die Benutzerkennung.

Klicken Sie auf einen der Menüpunkte aus Abbildung A.35 **Bestellungen**, **Anfragen**, **Kontrakte**, **Lieferpläne**, **Einkaufsbelege allgemein** oder **Bestellanforderungen** unter der Schaltfläche (**Selektionsvariante**), öffnet sich ein Bild zur Definition von Selektionsvariablen.

Selektionsvarianten anlegen

Für die effektive Nutzung der Belegübersicht sollten Sie verschiedene Selektionen anlegen, da die Selektion der eigenen Belege für die tägliche Arbeit eines Einkäufers nicht ausreichend ist. Für die Anlage von Selektionsvarianten beachten Sie auch Anhang A.8, »Belegübersicht – Selektionsvariante«.

Aus der Belegübersicht legen Sie Bestellungen oder Bestellanforderungen per Drag & Drop durch Ziehen eines Belegs in den Warenkorb oder mit der Schaltfläche (**Übernehmen**) auf der Basis von Referenzbelegen an.

Mit der Schaltfläche (**Aktualisieren**) aktualisieren Sie die Belegübersicht, ohne die Transaktion zu verlassen. Haben Sie z. B. Bestellanforderungen in eine Bestellung überführt, werden diese nach dem Aktualisieren in der Belegübersicht nicht mehr angezeigt, wenn Sie in der Selektionsvariante **nur Offene** oder **Zugeordnet, offen und Freigegebene** ausgewählt hatten.

Mit einem Doppelklick auf einen Beleg des Belegtyps »Bestellung« oder »Bestellanforderung« öffnen Sie diesen in der entsprechenden Transaktion.

[!]

Anderen Beleg aufrufen

Öffnen Sie im Bestellbildschirm eine Bestellanforderung aus der Belegübersicht per Doppelklick, verlässt das SAP-System den Bestellbildschirm und öffnet die Bestellanforderung zur Anzeige des Belegs.

Belegtypen der Mehrbildtransaktion (Rahmenverträge oder Anfragen/Angebote) können Sie aus der Belegübersicht als Referenzbeleg nutzen, aber nicht mit einem Doppelklick öffnen.

Gestaltung

Die Belegübersicht ist als ALV-GRID-Liste gestaltet und kann den Bedürfnissen des Anwenders in Spaltenauswahl und -anordnung angepasst werden.

Im Gegensatz zu anderen Listenlayouts im SAP-System ist die Gestaltung der Belegübersicht in zwei Bereiche aufgeteilt:

- *Aufriss* (erreichbar über die Schaltfläche), die das Sortierkriterium der Belege definiert.
- *Layout* (erreichbar über die Kombinationsschaltfläche), dessen Spalten Detailinformationen des Belegs anzeigen.

Die Standardauslieferung zeigt (wie in Abbildung A.36 dargestellt) die Belegnummern in absteigender und, als untergeordnetes Kriterium, die Positionsnummer in aufsteigender Reihenfolge.

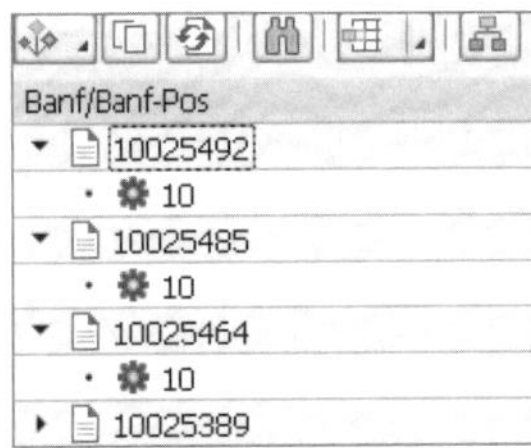

Abbildung A.36 Standardlayout der Belegübersicht

Die Spalten in der Belegübersicht sind in der Standardauslieferung nicht ausgewählt.

Gestaltung – Aufriss

Passen Sie in der Belegübersicht den Aufriss an, um den Beleginhalt bereits in der Liste besser erkennen zu können. Abbildung A.37 zeigt den Aufriss in der Standardauslieferung.

Im folgenden Beispiel soll der Lieferant das Sortierkriterium sein.

Abbildung A.37 Standardaufriss in der Belegübersicht

Entfernen Sie die Kriterien des voreingestellten Layouts mit der Schaltfläche ▶ (**Sortierkriterium wegnehmen**) oder der F6-Taste. Wählen Sie den Eintrag **Fester Lieferant** aus dem Spaltenvorrat, und übernehmen Sie diesen in den Bereich **Sortierkriterium** mit der Schaltfläche ◀ (**Sortierkriterium Hinzufügen**) oder der F7-Taste.

In Abbildung A.38 sehen Sie den Aufriss der Belegübersicht mit dem Sortierkriterium **Fester Lieferant**.

Abbildung A.38 Aufriss »Fester Lieferant« und »Belegart«

[»]

Aufriss

Definieren Sie im Aufriss nur ein Kriterium, um die Detaildaten im Layout ohne weitere Klicks sofort zu sehen.

Die Informationen im Aufriss liefern noch nicht genügend Informationen, um den Bedarf direkt zu bearbeiten. Ergänzen Sie weitere Daten über das Layout.

Gestaltung – Layout

Fügen Sie über die Funktion **Layout ändern** aus der Kombinationsschaltfläche (**Layout auswählen**), weitere Spalten hinzu, sodass Sie die Details des Bedarfs sofort erkennen und bearbeiten können (siehe Abbildung A.39). Bestätigen Sie Ihre Auswahl mit der Schaltfläche (**Übernehmen**).

Abbildung A.39 Belegübersicht – Layout ändern

Abbildung A.40 zeigt die Belegübersicht mit den Spalten **Belegart**, **Bestellanforderung**, **Material**, **Kurztext**, **Lieferdatum** und **Anforderer**.

[»]

Mehrere Layouts anlegen

Sie können mehrere Layouts anlegen und über die Funktion **Layout auswählen** zwischen den Layouts hin- und herwechseln.

Abbildung A.40 Layout der Belegübersicht mit Zusatzinformationen

Layout benutzerspezifisch sichern

Sichern Sie das Layout als benutzerspezifisches Layout mit einem sprechenden Namen (siehe Abbildung A.41).

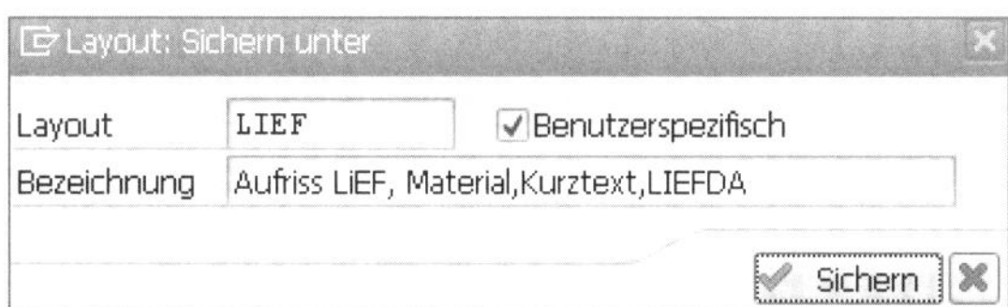

Abbildung A.41 Layout benutzerspezifisch sichern

Für den Kurztext im Feld **Layout** stehen Ihnen 12 Zeichen zur Verfügung; für den Langtext im Feld **Bezeichnung** stehen Ihnen 40 Zeichen zur Verfügung.

[!]

Benutzerspezifisches Layout

Ein benutzerspezifisches Layout kann nur derjenige nutzen, der das Layout angelegt hat. Soll ein Layout auch den Kollegen zur Verfügung stehen, muss es als Standardlayout angelegt werden. Ein Standardlayout beginnt in der Bezeichnung **Layout** immer mit dem Sonderzeichen /.

Voreingestelltes Layout setzen

Setzen Sie ein Layout als voreingestelltes Layout, damit die Belegübersicht immer in dieser Darstellung geöffnet wird.

Wählen Sie dazu in der Kombinationsschaltfläche (**Layout auswählen**) den Menüpunkt **Layout verwalten**. Sie gelangen entweder in die Auswahl der Standardlayouts oder der Benutzerlayouts. Wählen Sie mit der Schaltfläche **Benutzerlayout** benutzerspezifische Layouts. Markieren Sie das gewünschte Layout, und klicken Sie auf die Schaltfläche (**Voreinstellung setzen**). Abbildung A.42 zeigt unter **Layout: Verwaltung** das Default-Layout.

Abbildung A.42 Benutzerlayout als Default-Layout gesetzt.

Ihre Belegübersicht wird nun stets in dem gewählten Layout aufgerufen.

Belegübersicht als Werkzeug nutzen

Als Key User sollten Sie frühzeitig darüber nachdenken, auf welche Art der Arbeitsvorrat im Einkauf dargestellt und abgearbeitet werden soll. Ihnen steht mit der Belegübersicht ein mächtiges Werkzeug zur Verfügung, das die Arbeit des Einkaufs erleichtern kann.

A.8 Belegübersicht – Selektionsvariante

Mit den Standardselektionen **Meine Bestellanforderungen**, **meine Bestellungen** und **Meine gemerkten Bestellungen** in der Belegübersicht erreichen Sie nur Belege, die Sie selbst angelegt haben.

Aktivieren Sie eine andere Selektion, z. B. **Bestellanforderungen** wie in Abbildung A.43, gelangen Sie in den Selektionsbildschirm, in dem Sie die Kriterien zur Auswertung der Belege festlegen.

A.8.1 Selektionskriterien definieren

Programm Bearbeiten Springen System Hilfe

Bestellanforderungen

Allgemeine Abgrenzungen

Max. Anzahl Treffer 5000

- Nur offene
- Nur freigegebene
- Zugeordnet, offen u. freigeg.

Programmabgrenzungen

Name des Anforderers		bis	
Anforderungsdatum		bis	
Bestellanforderungsnummer		bis	
Bedarfsnummer		bis	
Positionsnummer		bis	
Belegart		bis	
Einkäufergruppe		bis	
Einkaufsorganisation		bis	
HTN-Material		bis	
Name des Sachbearbeiters		bis	
Fester Lieferant		bis	
Kontierungstyp		bis	
Rahmenvertragsnummer		bis	
Rahmenvertragsposition		bis	
Wunschlieferant		bis	
Warengruppe		bis	
Material		bis	
Positionstyp		bis	
Lieferwerk		bis	
Werk		bis	

Abbildung A.43 Selektionsbildschirm für die Bestellanforderungen in der Belegübersicht

[!]

Selektion anlegen

Achten Sie darauf, dass der Selektionsbildschirm nur Einträge enthält, die Sie nutzen möchten. Schalten Sie gegebenenfalls Parametereinstellungen oder Vorbelegungen in den **Persönlichen Einstellungen** während der Anlage der Selektionsvarianten aus.

Als Selektionskriterium können Sie fast jedes Feld eines Belegs nutzen. Felder, die Sie nicht im Selektionsbildschirm sehen, können Sie mit der Funktion **Freie Abgrenzungen** sichtbar machen.

Sie können mehrere Selektionsvarianten anlegen, um z. B. den Arbeitsvorrat Ihres Kollegen in Abwesenheit bearbeiten zu können. Abbildung A.44 zeigt die Funktionen in der Selektionsvariante; in Tabelle A.5 finden Sie Erläuterungen zu den Funktionen.

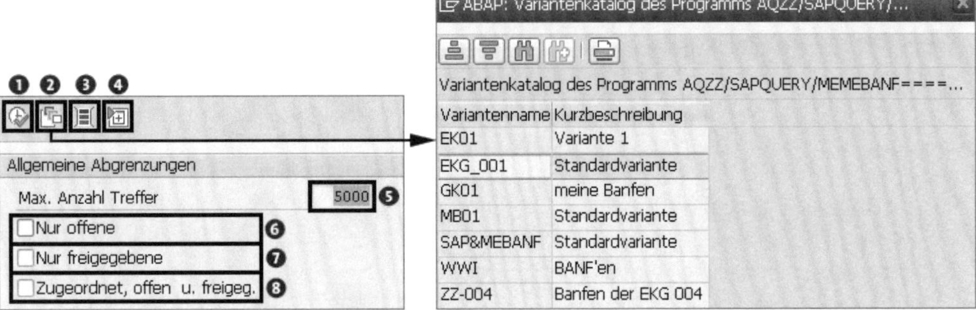

Abbildung A.44 Funktionen in der Selektion

Nr.	Icon	Kurztext	Anmerkung
❶		**Ausführen**	Öffnet die Belegübersicht mit den gewählten Kriterien.
❷		**Selektionsvariante holen**	Öffnet ein Dialogfenster zur Auswahl einer Selektionsvariante.
❸		**Freie Abgrenzungen**	Öffnet einen Bereich, aus dem weitere Selektionskriterien ausgewählt werden können.
❹		**Alle Selektionen**	Schaltet den unteren Bereich weiterer Selektionskriterien zur Auswahl der Ausgabeform der Liste ein.
❺		**Max. Anzahl Treffer**	Voreinstellung: Es werden 5.000 Treffer angezeigt.
❻		**Nur offene**	Bestellanforderungen ohne Folgebeleg.
❼		**Nur freigegebene**	Freigegebene Bestellanforderungen oder Bestellungen.
❽		**Zugeordnet, offen u. freigegeb.**	Freigegebene Bestellanforderungen mit zugeordneten Lieferanten, ohne Folgebeleg.

Tabelle A.5 Funktionen in Selektionsvariante anlegen

Die Anlage einer Selektionsvariante für die Belegübersicht besteht aus den folgenden Schritten:

- Definition eines oder mehrerer geeigneter Selektionskriterien
- Sicherung der Variante mit einem sprechenden Kurz- und Langtext
- Test der Variante in der Belegübersicht
- In den nächsten Abschnitten erläutern wir Ihnen die einzelnen Schritte.

Anzeige einer Selektionsvariante in der Belegübersicht

Damit die Selektionsvariante in der (**Selektionsvariante**) der Belegübersicht angezeigt wird, muss das SAP-System mindestens einen Treffer mit den genutzten Selektionskriterien finden.

A.8.2 Selektionsvariante sichern

Um die Selektion nicht jeden Tag aufs Neue vornehmen zu müssen, sollten Sie die Selektionsvariante sichern.

Klicken Sie nach der Eingabe der Selektionskriterien auf die Schaltfläche (**Sichern**), gelangen Sie in das Bild **Variantenattribute** (siehe Abbildung A.45).

Abbildung A.45 Variantenattribute mit Einträgen in Variantenname und Bedeutung

Im Beispiel in Abbildung A.45 wurden die Selektionskriterien **Einkäufergruppe 001** und das Ankreuzfeld **Zugeordnet, offen und freigeb.** definiert.

Vergeben Sie einen **Variantennamen** (14 Zeichen), und tragen Sie die Selektionskriterien in das Feld **Bedeutung** (40 Zeichen) wie in Abbildung A.45 ein, damit Sie erkennen, welche Selektionskriterien Sie in der Belegübersicht gerade nutzen.

Variantenname

Ein Variantenname ist eindeutig und kann immer nur einmal vergeben werden. Bei Bedarf können Sie ein eindeutiges Kriterium (hier z. B. EKG) mit einem Zähler (hier z. B. 0001) ergänzen.

Das SAP-System zeigt den Eintrag des Felds **Bedeutung** in der Belegübersicht an.

Markieren Sie das Ankreuzfeld **Variante schützen**, wenn Sie sicherstellen möchten, dass nur Sie als Anleger die Variante ändern können.

Sichern Sie die Variante mit der Schaltfläche (**Sichern**). Das SAP-System verzweigt wieder in den Selektionsbildschirm.

A.8.3 Selektionsvariante ausführen

Prüfen Sie noch einmal die Selektionskriterien, und klicken Sie auf die Schaltfläche (**Ausführen**).

Die Belegübersicht in Abbildung A.46 zeigt alle Belege, die den Selektionskriterien entsprechen. Der Titel der Belegübersicht zeigt den Eintrag des Felds **Bedeutung**.

Abbildung A.46 Belegübersicht mit Selektionsvariante

A.8.4 Selektionsvariante ändern

Möchten Sie die Selektionsvariante ändern, wählen Sie in der Belegübersicht die Schaltfläche (**Selektionsvariante**) und dort den Menüpfad **Ändern • EKG001, zugeord, offen, frei** (siehe Abbildung A.47).

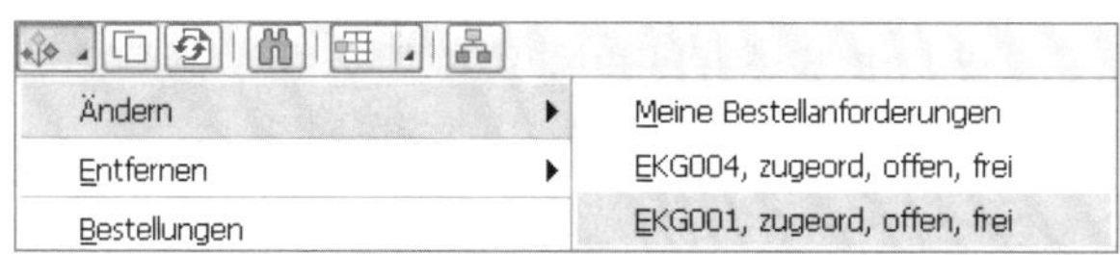

Abbildung A.47 Selektionsvariante ändern

Sie gelangen nun in den Selektionsbildschirm und können dort die notwendigen Änderungen vornehmen.

A.8.5 Selektionsvariante aus der Belegübersicht entfernen

Benötigen Sie eine Selektion nicht mehr, z. B. weil die Vertretung Ihres Kollegen beendet ist, können Sie die Selektionsvariante aus Ihrer Belegübersicht wieder entfernen.

Wählen Sie in der Belegübersicht die Schaltfläche (**Selektionsvariante**) und dort den Menüpfad **Entfernen • EKG004, zugeord, offen, frei**.

[«]

Selektionsvariante entfernen

Sie entfernen damit die Selektionsvariante aus Ihrer Selektion. Bei Bedarf können Sie sie jederzeit wieder in Ihre Belegübersicht holen.

Anhang B
Transaktionscodes

In diesem Abschnitt haben wir die wichtigsten Transaktionscodes aufgeführt, die Ihnen in der Bearbeitung von Einkauf, Bestandsführung und logistischer Rechnungsprüfung begegnen können.

Zum Transaktionscode ermitteln Sie den Menüpfad über die Eingabe von Transaktion SEARCH_SAP_MENU in das Kommandofeld, siehe Abbildung B.1.

Abbildung B.1 Menüpfad suchen

Das SAP-System öffnet ein Dialogfenster zur Eingabe des Transaktionscodes, siehe Abbildung B.2.

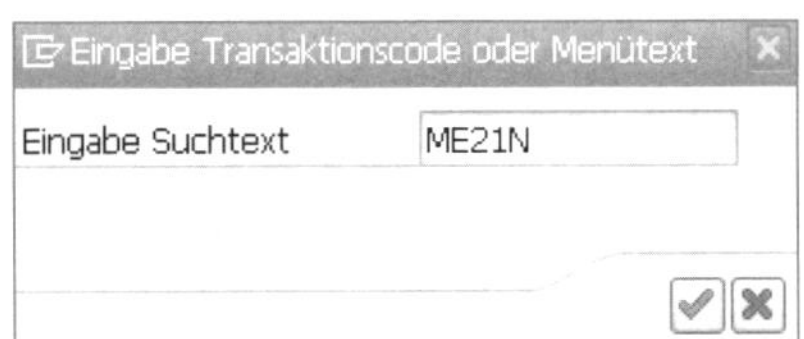

Abbildung B.2 Transaktionscode eingeben

Nach der Bestätigung Ihrer Eingabe mit der Taste [↵] listet das SAP-System alle Menüpfade auf, in denen die gesuchte Transaktion enthalten ist (siehe Abbildung B.3).

Der Menüpfad wird vom letzten Eintrag zum ersten Eintrag gelesen, im ersten Beispiel also **Logistik • Materialwirtschaft • Einkauf • Bestellung • Anlegen • Lieferant/ Lieferwerk bekannt**.

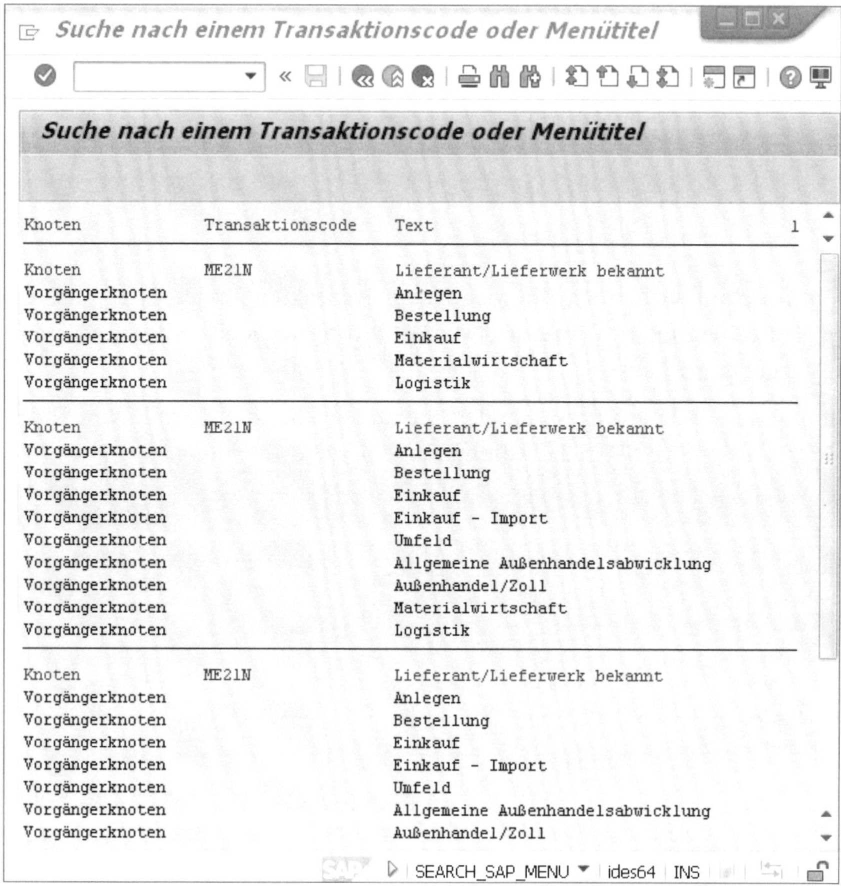

Abbildung B.3 Liste aller Menüpfade mit Transaktionscode

In Tabelle B.1 sehen Sie eine Aufstellung wichtiger Transaktionscodes in der Materialwirtschaft

Transaktionscode	Bedeutung
CO06	Rückstandsbearbeitung
CO11N	Einbilderfassung Rückmeldung
CO27	Kommissionierliste
CS01	Anlegen Materialstückliste
CS12	Strukturstückliste
FBL1N	Einzelposten Kreditoren

Tabelle B.1 Transaktionscodes in der Materialwirtschaft

Transaktionscode	Bedeutung
FK01	Anlegen Kreditor, Buchhaltung
FK02	Ändern Kreditor, Buchhaltung
FK03	Anzeigen Kreditor, Buchhaltung
FK10N	Saldenanzeige Kreditoren
FS00	Sachkontenstammdatenpflege
FS01	Anlegen Stamm
FS03	Anzeigen Stamm, Sachkonto
IQ09	Serialnummern Selektion
KA01	Kostenart anlegen
KKO4	Formular anlegen, Report Painter
LS05	Generierung von Lagerplätzen
M706	Nachrichtenarten pflegen: Bestandsführung
MASS	Massenänderung
MB01	WE zur Bestellung
MB0A	WE zur Bestellung unbekannt
MB11	Warenbewegung
MB1A	Warenentnahme
MB1B	Umbuchung
MB1C	Sonstiger WE
MB21, MB22, MB23	Reservierung anlegen, ändern, anzeigen
MB26	Kommissionierliste
MB51	Materialbelegliste
MB52	Lagerbestand
MB53	Werksverfügbarkeit
MB54	LF-Konsignationsbestände
MB57	Chargenverwendungsnachweis aufbauen

Tabelle B.1 Transaktionscodes in der Materialwirtschaft (Forts.)

Transaktionscode	Bedeutung
MB58	Kundenkonsignations- und Leihgutbestände
MB5B	Bestände zum Buchungsdatum
MB5L	Bestandswertliste
MB5T	Transitbestand
MB5W	Bestandswertliste
MBBS	Bewerteter Sonderbestand
MBGR	Grund der Bewegung
MBLB	LB-Beistellbestand
MBRL	Rücklieferung
MBVR	Reservierung verwalten
MCBA	BCO: Werksanalyse-Selektion
MCBC	BCO: Lagerortanalyse-Selektion
MCBE	BCO: Materialanalyse-Selektion
MCBR	BCO: Chargenanalyse-Selektion
MD01	MRP-Planungslauf
MD02	MRP-Einzelplanung, mehrstufig
MD03	MRP-Einzelplanung, einstufig
MD04	Anzeigen Bestands-/Bedarfssituation
MD05	Einzelanzeige Dispositionsliste
MD06	Sammelanzeige Dispositionsliste
MD07	Aktuelle Materialübersicht
MD14	Einzelumsetzung Planauftrag
MD50	Kundenauftragsplanung
MD51	Projekteinzelplanung
MDBT	MRP-Planung Batch
ME01, ME02	Orderbuch pflegen, anzeigen

Tabelle B.1 Transaktionscodes in der Materialwirtschaft (Forts.)

Transaktionscode	Bedeutung
ME11, ME12, ME13	(Einkaufs-)Infosatz anlegen, ändern, anzeigen
ME21N, ME22N, ME23N	Bestellung anlegen, ändern, anzeigen (Einbildtransaktion)
ME21, ME22, ME23	Bestellung anlegen, ändern, anzeigen (Mehrbildtransaktion)
ME28	Sammelfreigabe Bestellung
ME29N	Bestellung freigeben
ME2A	Bestätigungen überwachen
ME2O	LB-Bestandsüberwachung zum Lieferanten
ME31K, ME32K, ME33K	Kontrakt anlegen, ändern, anzeigen
ME37	Umlagerungslieferplan anlegen
ME31L, ME32L, ME33L	Lieferplan anlegen, ändern, anzeigen
ME38	Einteilungen pflegen
ME41, ME42, ME43	Anfrage anlegen, ändern, anzeigen; Angebot erfassen, ändern, anzeigen
ME47	Angebot pflegen
ME48	Angebot anzeigen
ME49	(Angebots-)Preisspiegel
ME51, ME52, ME53	Bestellanforderung anlegen, ändern, anzeigen (Mehrbildtransaktion)
ME51N, ME52N, ME53N	Bestellanforderung anlegen, ändern, anzeigen (Einbildtransaktion)
ME54N	Einzelfreigabe BANF
ME55	Sammelfreigabe BANF
ME56	(Banf • Folgefunktionen) Zuordnen
ME57	(Banf • Folgefunktionen) Zuordnen + bearbeiten
ME58	(Banf • Folgefunktionen • Bestellung anlegen) Über Zuordnungsliste
ME59N	(Banf • Folgefunktionen • Bestellung anlegen) Automat. Über Banfen

Tabelle B.1 Transaktionscodes in der Materialwirtschaft (Forts.)

Transaktionscode	Bedeutung
ME84	Lieferabruf erstellen
ME91F	Mahnen und Erinnern
ME92F	Auftragsbestätigung überwachen
ME9F	Nachrichten ausgeben
MEMASSIN	Massenänderung für Einkaufsinfosätze
MEQ1	Quotierung pflegen
MF42N	Sammelerfassung von Rückmeldungen
MF65	Umlagern zur Reservierung
MI31	Batch-Input: InvBeleg anlegen
MIE1	Batch-Input: InvBeleg Kundenauftrag
MIGO	Warenbewegung
MIGO_GI	Warenbewegung WA
MIGO_GO	Warenbewegung Beleg
MIGO_GR	Warenbewegung GR
MIGO_GS	Nachverrechnung von Beistellmaterial
MIGO_TR	Umbuchung
MIK1	Batch-Input: InvBeleg LiefKonsi
MIM1	Batch-Input: InvBelege MTV anlegen
MIQ1	Batch-Input: InvBeleg Projektbestand
MIR4	Rechnungsbeleg anzeigen
MIR6	Übersicht Rechnungen
MIR7	Eingangsrechnung vorerfassen
MIRA	Eingangsrechnung für Rechnungsprüfung im Hintergrund hinzufügen
MIRO	Eingangsrechnung erfassen
MIV1	Batch-Input: InvBeleg Kunden Leihgut

Tabelle B.1 Transaktionscodes in der Materialwirtschaft (Forts.)

Transaktionscode	Bedeutung
MIW1	Batch-Input: InvBeleg Kunden Konsig.
MK01	Anlegen Kreditor, Einkauf
MK02	Ändern Kreditor, Einkauf
MK03	Anzeigen Kreditor, Einkauf
ML81N	Leistungserfassung für Dienstleistungsbestellungen
MM01, MM02, MM03	Material anlegen, ändern, anzeigen
MM41	Artikel anlegen (SAP-Retail)
MM42	Artikel ändern (SAP-Retail)
MM43	Artikel anzeigen (SAP-Retail)
MM50	Liste erweiterbarer Materialien
MMAM	Materialart ändern
MMBE	Bestandsübersicht
MMCL	Bestandsübersicht nach Merkmalen
MMPI	Perioden initialisieren
MMPV	Perioden verschieben
MMR1	Rohstoff & anlegen
MMSC	Sammelerfassung Lagerorte
MN01	Nachricht anlegen: Anfrage
MN02	Nachricht ändern: Anfrage
MN03	Nachricht anzeigen: Anfrage
MN04	Nachricht anlegen: Bestellung
MN05	Nachricht ändern: Bestellung
MN06	Nachricht anzeigen: Bestellung
MN07	Nachricht anlegen: Rahmenvertrag
MN08	Nachricht ändern: Rahmenvertrag
MN09	Nachricht anzeigen: Rahmenvertrag

Tabelle B.1 Transaktionscodes in der Materialwirtschaft (Forts.)

Transaktionscode	Bedeutung
MN10	Nachricht anlegen: Lieferplaneinteil.
MN11	Nachricht ändern: Lieferplaneinteil.
MN12	Nachricht anzeigen: Lieferplaneint.
MN13	Anlegen Nachricht: Leistungserfassung
MN14	Ändern Nachricht: Leistungserfassung
MN15	Anzeigen Nachricht: Leistungserfassung
MN21	Kondition anlegen: Bestandsführung
MN22	Kondition ändern: Bestandsführung
MN23	Kondition anzeigen: Bestandsführung
MN24	Nachricht anlegen: Lieferavis
MN25	Nachricht ändern: Lieferavis
MN26	Nachricht anzeigen: Lieferavis
MR11	WE/RE-Verrechnungskonto pflegen
MR11SHOW	Kontenpflegebeleg anzeigen/stornieren
MR51	Buchhaltungsbelege zum Material
MR8M	Rechnungsbeleg stornieren
MR90	Nachrichten ausgeben
MRA1	Archiv erzeugen
MRA2	Belege löschen
MRA3	Archivbelege anzeigen
MRA4	Archiv verwalten
MRBR	Gesperrte Rechnungen freigeben
MRHR	Rechnung hinzufügen
MRIS	Rechnungsplan
MRKO	Konsignation-/Pipeline-Entnahmen abrechnen
MRM1	Anlegen Nachricht: Rechnungsprüfung

Tabelle B.1 Transaktionscodes in der Materialwirtschaft (Forts.)

Transaktionscode	Bedeutung
MRM2	Ändern Nachricht: Rechnungsprüfung
MRM3	Anzeigen Nachricht: Rechnungsprüfung
MRNB	Neubewertung
MRRL	Automatische WE-Abrechnung (ERS)
MSC1N	Charge anlegen
MSC2N	Charge ändern
MSC3N	Charge anzeigen
NACE	WFMC: Einstieg in das Customizing
NWBC	NetWeaver Business Client
OKP1	Perioden öffnen (in Verbindung mit MMPV)
OMB1	Dynamische Verfügbarkeitsprüfung Reservierung
OMBA	Nummernvergabe Buchhaltungsbelege; Einrichten Belegarten und Zuordnen Belegart Transaktion
OMBC	Fehlteileprüfung einstellen
OMBT	Nummernkreise Materialbeleg/Inventur
OMC1	Warenbegleitscheinnummer
OMC2	Nummernvergabe Reservierungen
OMCF	Etikettendruck einstellen
OMCF	Etikettendruck einstellen
OMCM	Dynamische Verfügbarkeitsprüfung WE
OMCP	Dynamische Verfügbarkeitsprüfung WA
OMGG	Nachrichtenfindung einstellen; Einkauf
SE16	Data Browser
SE16N	Allgemeine Tabellenanzeige
SEARCH_SAP_MENU	Suche mit Transaktionscode nach Menüpfad im SAP-Menü
SU3	Benutzereigene Daten pflegen

Tabelle B.1 Transaktionscodes in der Materialwirtschaft (Forts.)

Transaktionscode	Bedeutung
SU53	Berechtigungsdaten anzeigen
VL06	Lieferungsmonitor
VL06I	Anlieferungsmonitor
VL06O	Auslieferungsmonitor
VL10B	Sammelverarbeitung Bestellungen
VL34	Arbeitsvorrat Anlieferung
VL60	Erweiterte Anlieferbearbeitung
VLPOD	LEB-Auslieferung ändern
VOFM	Konfiguration Bedingungen, Formeln
XK01	Anlegen Kreditor, zentral
XK02	Ändern Kreditor, zentral
XK03	Anzeigen Kreditor, zentral

Tabelle B.1 Transaktionscodes in der Materialwirtschaft (Forts.)

Anhang C
Glossar

Abrufdokumentation Eine Abrufdokumentation ist eine Statistik zu einer Rahmenvertrags- oder Lieferplanposition, die Informationen über die Zielmenge bzw. die offene Zielmenge enthält.

Abruftermin Im Lieferplan ist dies der Termin, zu dem Ware geliefert werden soll oder geliefert wurde. In der Bestellanforderung oder der Bestellung entspricht dieser Eintrag den Einteilungen.

Advanced Planner Optimization → *SAP Advanced Planning and Optimization*

ALV, ALV Grid Control, Grid Control Das ALV (SAP List Viewer) Grid Control ist ein Instrument zur Darstellung von tabellarischen Daten in verschiedenen Anwendungsprogrammen. Mit dem ALV Grid Control lassen sich z. B. Daten summieren, sortieren und filtern (→ *SAP List Viewer*).

Änderungsnachricht Nachricht aus dem Einkaufsbeleg, sobald änderungsnachrichtenrelevante Einträge im Einkaufsbeleg erfasst und gesichert wurden.

Anforderer Eintrag in der BANF oder Bestellung, vorbelegt mit dem Erfasser des Belegs. Kann vom Erfasser abweichen, wenn der Anforderer nicht identisch mit dem Erfasser der BANF ist.

Anfrage Übermittelt den in der Bestellanforderung definierten Bedarf an potentiellen Lieferanten.

Angebot Enthält die Konditionen des Lieferanten und bildet die Basis zur Auswahl von Lieferanten.

Anlieferadresse Adresse, an die das betreffende Material geliefert werden soll. In Lohnbearbeitungsbestellungen oder Streckenbestellungen weicht die Anlieferadresse in der Regel von der Adresse des Bestellers ab.

APO → *SAP Advanced Planner Optimization*

Arbeitsbereich In den Einbildtransaktionen befindet sich der Arbeitsbereich im rechten Bildschirmbereich.

Aufriss Sortierung der Daten in Auswertungen nach gewählten Merkmalen.

Ausgabegerät Drucker, mit dem der Beleg ausgegeben werden soll.

Belegfluss Der Belegfluss ist eine Abbildung aufeinanderfolgender Belege und deren Status, die direkt zu einem Geschäftsvorgang gehören. Die einzelnen Belege bilden Belegketten. Zu jedem Beleg, den Sie aufrufen, werden immer alle Vorgänger- und Nachfolgebelege angezeigt.

Belegübersicht In der Belegübersicht (Funktion in der Einbildtransaktion) können Sie sich unterschiedliche Einkaufsbelege anzeigen lassen, die Sie bei der täglichen Arbeit benötigen, z. B. Bestellungen, Bestellanforderungen, Lieferpläne usw. Gleichzeitig können Sie Ihre Bestellungen oder Bestellanforderungen im rechten Bildbereich bearbeiten.

Benutzerparameter Benutzerparameter sind Einstellungen, die für einen bestimmten Benutzer definiert werden. Über Benutzerparameter können Sie benutzerbezogen bestimmte Eingabefelder oder Kennzeichen mit Werten vorbelegen bzw. die Bearbeitung der Daten steuern (z. B. Aufruf von bestimmten Funktionen).

benutzerspezifisch Layouts von Listen können nur für einen Benutzer = benutzerspezifisch oder für eine Organisationseinheit angelegt werden.

Beschaffungsprozess Ein Beschaffungsprozess wird im Produktkostencontrolling benutzt, um die Kosten der Beschaffung von Materialien zu ermitteln und darzustellen. Beschaffungsprozesse kennzeichnen den Vorgang der Beschaffung, eventuell für mehrere Materialien. Aus einem Prozess können mehrere Materialien hervorgehen, z. B. bei der Kuppelproduktion, während die Beschaffungsalternative die Beschaffung für genau ein Material darstellt. Je nach Prozesstyp gibt es einstufige und mehrstufige Beschaffungsprozesse; beispielsweise ist die Bestellung eine einstufige und die Fertigung eine mehrstufige Beschaffung. Der Detaillierungsgrad eines Beschaffungsprozesses kann durch die Wahl der Controllingebene bestimmt werden.

Beschaffungsvorgang Ein Vorgang innerhalb des Beschaffungsprozesses – z. B. der Wareneingang zu einer Bestellung.

Bestellanforderung Die Bestellanforderung (Banf) ist ein Belegtyp im Einkauf, mit dem Sie einen Bedarf an Materialien oder Dienstleistungen dokumentieren und die Einkaufsabteilung zur Beschaffung auffordern. Die Bestellanforderung ist ein interner Beleg und wird entweder manuell angelegt oder über die Disposition oder über Fertigungsaufträge automatisch erzeugt.

Bestellentwicklung Registerkarte in den Positionsdetaildaten der Bestellung, die mit der Buchung eines Folgebelegs (Wareneingang oder Rechnungseingang) erzeugt wird.

Bestellpreis Preis, zu dem die Ware oder Dienstleistung bei der Bezugsquelle bezogen werden soll.

Bestellpreismengeneinheit Die Bestellpreismengeneinheit ist die Mengeneinheit, auf die sich die Bestellkonditionen beziehen. Eine von der Bestellmengeneinheit abweichende Bestellpreismengeneinheit kann im Einkaufsinfosatz hinterlegt werden. In der Bestelldetailposition können Sie in der Registerkarte **Mengen/Gewichte** die Umrechnung zwischen Bestellmenge und Bestellpreismenge pflegen.

Bestellung Die Bestellung ist die formelle und verbindliche Willenserklärung gegenüber einem Lieferanten zur Abnahme eines Materials gegen einen vereinbarten Preis.

Bewertungspreis Der Bewertungspreis wird im Materialstammsatz (Buchhaltungssicht 1) geführt und ist die Grundlage für die Bewertung des Materials in der Bilanz. Für den Bewertungspreis sind die Preisteuerungsverfahren »Standardpreis (S)« und »gleitender Durchschnittspreis (V)« möglich. Der Bewertungspreis und das gewählte Preissteuerungsverfahren beeinflussen die automatischen Buchungen in der Finanzbuchhaltung bei der Verbuchung von Waren- und Rechnungseingängen.

Bezeichnung Texteintrag in Einkaufsbelegen zur Beschreibung eines Bedarfs, wenn der Bedarf nicht mit einem Materialstammsatz oder einem Leistungsverzeichnis dokumentiert wird.

Bezugsquelle Eine Bezugsquelle repräsentiert eine interne Quelle (Lieferwerk) oder eine externe Quelle (Lieferant) für die Beschaffung eines Materials oder einer Dienstleistung. Externe Bezugsquellen werden in SAP ERP in Form von Einkaufsinfosätzen oder als Rahmenvertragspositionen geführt.

Bezugsquellenfindung Die Bezugsquellenfindung dient der Zuordnung von Bezugsquellen zu Bedarfen. Als Bezugsquellen kommen sowohl interne Bezugsquellen (Verteilzentren) als auch externe Bezugsquellen (externe Lieferanten) in Betracht. Das SAP-System nutzt die Bezugsquellenfindung, z. B. in den Anwendungen Disposition, Bestellwesen, Aufteilung und Filialauftrag. Jede Anwendung kann den Ablauf der Bezugsquellenfindung über Eingangsparameter steuern und die Ergebnisse unterschiedlich auswerten.

Bildaufbau Im Customizing festgelegter Aufbau der Belege mit Anzeigefeldern oder bearbeitbaren Feldern.

Charge Eine Charge besitzt Eigenschaften, durch die sie eindeutig identifiziert ist. Alle reproduzierbaren Kriterien sind Kriterien, die das Material betreffen, dem diese Charge angehört, und nicht Kriterien, die die Charge selbst betreffen. Um z. B. wiederholt Chargen zu produzieren, die in einem bestimmten Viskositätsintervall liegen, muss deshalb ein Materialstammsatz mit dem betreffenden Viskositätsbereich angelegt werden mit Rezepturen, die dieses steuern.

Controlling Das Controlling stellt Informationen für Entscheidungen des Managements bereit. Es dient der Koordination, Überwachung und Optimierung aller ablaufenden Prozesse innerhalb eines Unternehmens. Dazu werden der Verbrauch an Produktionsfaktoren sowie die vom Unternehmen erbrachten Leistungen erfasst.

CpD-Lieferant Ein CpD-Lieferant (CpD = Conto pro Diverse) ist ein Sammellieferantenstammsatz, der für Anfragen oder Bestellungen an Lieferanten genutzt wird, mit denen Sie keine dauerhaften Geschäftsbeziehungen pflegen oder deren Leistungsfähigkeit Sie testen möchten, bevor für den entsprechenden Lieferanten ein Lieferantenstammsatz erstellt wird.

Customizing Mit Customizing passen Sie die unternehmensneutral und branchenspezifisch ausgelieferte SAP-Funktionalität den spezifischen betriebswirtschaftlichen Anforderungen Ihres Unternehmens an.

Dialogfenster Fenster innerhalb einer Anwendung, das das SAP-System zur Eingabe von Daten oder zur Bestätigung einer Meldung automatisch öffnet.

Dienstleistung Bezeichnung einer Leistung, die beschafft werden soll. Dienstleistungen können mit einem Kurztext, einem Materialstammsatz oder einem Leistungsverzeichnis für den Einkaufsprozess spezifiziert werden.

direkt Manuelle Anlage einer BANF, Erstellungskennzeichen R = Realtime. Alle anderen Erstellungskennzeichen entsprechen einer indirekten = automatisierten Anlage einer BANF aus einer anderen SAP-Komponente.

Dispositionsbereich Für einen Dispositionsbereich ist eine vom Werk abweichende Bedarfsplanung möglich. Dispositionsbereiche werden innerhalb eines Werks gepflegt und können einzelne oder mehrere Lagerorte oder einen bestimmten Lohnbearbeiter umfassen.

Dropdown-Liste Liste auswählbarer Einträge des Felds.

Druckansicht Funktion in der Bestellung zur Ausgabe einer Druckansicht des Bestellbelegs, bevor die Bestellung gesichert ist.

Druckausgabe Druckausgabe des Einkaufsbelegs auf einem dafür vorgesehenen Ausgabegerät.

Einbildtransaktion Bildaufbau der Bestellanforderung und der Bestellung in der Enjoy-Transaktion.

Einkauf Interne oder externe Deckung der Bedarfe einer Organisation.

Einkäufer Mitarbeiter, der für bestimmte Beschaffungsvorgänge verantwortlich ist.

Einkäufergruppe Gruppe von Mitarbeitern, die für bestimmte Einkaufstätigkeiten zuständig ist.

Einkaufsbeleg Bestellung, Rahmenvertrag, Lieferplan oder Kontrakt im SAP-System.

Einkaufsinfosatz Stammsatz, der eine Lieferanten- Materialstammsatzbeziehung oder eine Lieferantenstammsatz-Warengruppenbeziehung im SAP-System dokumentiert und damit eine Bezugsquelle repräsentiert.

Einkaufsorganisation Eine Einkaufsorganisation ist in SAP ERP für die Abwicklung aller Einkaufsvorgänge verantwortlich. Die organisatorische Gestaltung des Einkaufs wird über die Zuordnung der Einkaufsorganisation zu anderen Organisationsebenen vorgenommen.

Einteilungen Liefertermine in einem Einkaufsbeleg.

Favoriten Zusammenstellung häufig genutzter Transaktionen im SAP-Standardmenü.

Filter Ähnliche Funktion wie in Excel zur Anzeige der Daten, die dem Filterwert entsprechen.

Formulare Zur Ausgabe von Dokumenten benötigen SAP-Anwendungsprogramme sogenannte Formulare. In SAPscript beschreibt ein Formular einerseits das Seitenlayout der einzelnen Druckseiten, und andererseits stellt es mit Textelementen definierbare Ausgabeblöcke zur Verfügung, die von einem Druckprogramm aufgerufen werden können. Übliche Anwendungsformulare sind Bestellungen, Auftragsbestätigungen, Rechnungen, Mahnungen usw.

Freie Abgrenzungen Auswahl von zusätzlichen Selektionskriterien, die nicht direkt auswählbar sind, sondern über eine Schaltfläche dem Selektionsbildschirm hinzugefügt werden müssen.

Freigabe Genehmigungen von Bestellanforderungen oder Einkaufsbelegen, die einer elektronischen Unterschrift entsprechen.

Freigabeprozess Der Freigabeprozess beinhaltet die Freigabecodes und deren Genehmigungsreihenfolge, mit denen eine Bestellanforderung oder ein Einkaufsbeleg freigegeben werden muss. Freigabekriterien bestimmen die anzuwendende Freigabestrategie.

Freigabezustand Status der Freigabe des Einkaufsbelegs innerhalb des Freigabeprozesses bzw. der Freigabestrategie.

Funktionen → *Transaktionen*

Incoterms Handelsübliche Vertragsformeln, die den von der Internationalen Handelskammer (ICC) aufgestellten Regeln entsprechen.

indirekt → *direkt*

Infosatz → *Einkaufsinfosatz*

Interaktionsdesign Einstellungen zur SAP-Oberfläche und deren Elementen. In diesem Bereich können Sie die Einstellungen für Tastatur, audiovisuelles Erscheinungsbild und andere Optionen vornehmen.

Kennzahl Definiert eine zu berichtende Größe, z. B. Bestellwert, Rechnungswert.

Kommunikationsmittel Festlegung der Art und Weise, wie und wann ein Einkaufsbeleg ausgegeben werden soll.

Kontextmenü Das Kontextmenü (rechte Maustaste) ermöglicht das Anzeigen von kontextabhängigen Menüs. Der Kontext wird über die Position des Mausanzeigers definiert, an der der Benutzer das Kontextmenü aufgerufen hat. Der Benutzer kann über das Kontextmenü Funktionen auswählen, die für den aktuellen Kontext relevant sind.

Kontierungsdaten Festlegung der Kontierungsobjekte (z. B. Kostenstelle, Kundenauftrag, Projekt), die bei einer Bestellung für ein Material, das direkt in den Verbrauch geht, bebucht werden.

Kontierungstypen Steuert, welche Art von Kontierung für den Beleg relevant ist und welche Kontierungsdaten für den Beleg erforderlich sind.

Kontrakt Ein Kontrakt ist ein Rahmenvertrag über den Abruf von Materialien oder Dienstleistungen zu bestimmten Konditionen innerhalb eines bestimmten Zeitraums. Kontrakte werden in Wert- und Mengenkontrakte und in Zentral- und Werkskontrakte unterschieden. Zudem können Sie Zentralkontrakte mit spezifischen Werkskonditionen pflegen. Kontraktpositionen können für Lagermaterial, Verbrauchsmaterial oder Dienstleistungen erstellt werden. Für besondere Geschäftsabwicklungen stehen, je nach Vertragsart, verschiedene Positionstypen zur Verfügung (z. B. »Konsignation«, »Lohnbearbeitung« oder »Material unbekannt«).

Kopfdaten Daten in einem Beleg, die für alle Positionen gültig sind.

Kopfkondition Konditionsart, die für den gesamten Beleg gültig ist, z. B. Frachtkosten.

Laufzeit Definiert die Gültigkeit eines Rahmenvertrags.

Layout Einstellung der Spaltenansicht in den Einbildtransaktionen oder Listen.

Leistung Beschreibung einer zu erbringenden Dienstleistung. Eine Leistung kann als Materialstammsatz angelegt sein oder als Leistungsverzeichnis.

Leistungsverzeichnis Ein Leistungsverzeichnis besteht aus einer Zusammenfassung von Leistungen, die im Rahmen des Einkaufsprozesses beschafft werden sollen. Jede Zeile wird durch einen Leistungsstamm(satz) abgebildet.
Der Leistungsstamm enthält Leistungsbeschreibungen, die bei verschiedenen Geschäftsvorgängen bzw. Projekten immer wieder als Vorlage herangezogen werden können.

Lieferant Bezugsquelle für ein Material oder eine Dienstleistung.

Lieferdatum Datum, an dem die Ware geliefert bzw. die Dienstleistung erbracht werden soll.

Lieferplan Ein Lieferplan ist eine Form des Rahmenvertrags. In einem Lieferplan werden – im Unterschied zu einem Kontrakt – bereits Liefertermine und Liefermengen in Form von Einteilungen festgehalten. Der Abruf des im Lieferplan vereinbarten Materials erfolgt, je nach Lieferplanart, durch die Übermittlung der Einteilungen an den Lieferanten oder über Lieferplanabrufe und optional über Feinabrufe.

Limit Eine Limitbestellung eignet sich zur vereinfachten Beschaffung von Verbrauchsmaterial. Eine Limitbestellung weist die Belegart »Rahmenbestellung (FO)« und den Positionstyp »Limit (B)« auf. Auf der Kopfebene enthält die Limitbestellung die Laufzeit. Auf der Positionsebene kann keine Materialnummer eingegeben werden, sondern stattdessen muss eine Kontierung erfolgen und ein Limit gepflegt werden. Wareneingänge oder Leistungserfassungen sind für Limitbestellungen nicht möglich. Bei der Verbuchung von Eingangsrechnungen zur Limitbestellung prüft SAP ERP die Einhaltung des Limits und der Laufzeit.

Lokale Daten Steuerung der lokalen Datenspeicherung Ihres SAP GUIs durch Anpassen der Optionen für die Eingabehistorie und den internen Cache.

Materialnummer Nummer des Materialstammsatzes; der Materialstamm ist das zentrale Datenobjekt in der Logistik von SAP ERP. Der Materialstammsatz enthält, in Fachbereiche (Sichten) gegliedert, alle Informationen, Vorschlagswerte und Steuerungsdaten zu einem Material. Bei der Anlage eines Materialstammsatzes erfolgt die Zuordnung des betreffenden Materials zu einer Materialart (z. B. Fertigerzeugnis oder Rohstoff), die wiederum über Customizing-Einstellungen zahlreiche Steuerungsparameter aufweist. Mit der Festlegung der zu pflegenden Fachbereiche (Sichten) muss auch die Zuweisung zu den Organisationsebenen vorgenommen werden. Die Organisationsebenen für die einkaufsrelevanten Daten des Materialstammsatzes sind Mandant, Werk und Lagerort.

Mehrbildtransaktion Anzeige eines Objekts im SAP-System in mehreren Bildschirmbildern auch Sichten, Reiter, Karteireiter oder Register genannt.

Mehrfachkontierung Mehrere gleichartige Kontierungsobjekte (z. B. Kostenstellen) zu einer Position.

Meldungen Info-, Warn-, oder Fehlermeldungen in der Bearbeitung von SAP-Objekten. Während Info- und Warnmeldungen mit einer Bestätigung übersteuert werden können, müssen Ursachen von Fehlermeldungen behoben werden, bevor der betreffende Beleg weiterbearbeitet werden kann.

Menübaum SAP-Standardmenü oder Benutzermenü – Zusammenfassung und Aufbau der Transaktionen nach Komponenten.

Merken Funktion in der Bestellung, die verhindert, dass der Beleg an den Lieferanten übermittelt wird. Wird genutzt, um einen Beleg zu erzeugen und unvollständig sichern zu können.

Merkmal Kriterium, nach dem in Auswertungen Daten selektiert werden, z. B. Lieferant, Warengruppe.

Nachrichten Zu Einkaufsbelegen, die an Lieferanten übermittelt werden sollen, werden Nachrichten erzeugt.

Nachrichtenarten Für unterschiedliche betriebswirtschaftliche Vorgänge werden unterschiedliche Nachrichtenarten, z. B. »Bestellneudruck« oder »Mahnschreiben zur Auftragsbestätigung« erzeugt.

Nachrichtenkonditionssatz Ein Nachrichtenkonditionssatz beschreibt innerhalb einer Nachrichtenkonditionstabelle die Inhalte der Schlüsselfelder, zu denen eine Nachricht ausgelöst wird und die Nachrichtenattribute (Sendemedium, Partner, Zeitpunkt, Sprachenschlüssel, Kommunikationsdaten).

Nachrichtenschema Auch Nachrichtenfindungsschema genannt. Nach der Definition der zulässigen Nachrichtenarten ordnen Sie die Nachrichten einem Schema zu. Das Nachrichtenschema RMBEF1 ist für Bestellungen definiert.

Nummernkreis Der Nummernkreis legt die Nummernvergabe für jeden Beleg des Einkaufs und für jeden Stammsatz fest. Die Nummernvergabe kann intern – innerhalb des Nummernkreises – automatisch vom SAP-System oder extern durch den Anwender vergeben werden.

Orderbuch Im Orderbuch werden werks- und zeitabhängig die zulässigen, gesperrten, fixen und für die Disposition relevanten Bezugsquellen für ein Material aufgeführt. Das Orderbuch dient zur Steuerung der automatischen Bezugsquellenfindung.

Orderbuchpflicht Die Pflicht zur Führung eines Orderbuches kann materialabhängig im Materialstammsatz oder werksabhängig für alle Materialien eines Werks im Customizing des Einkaufs vereinbart werden.

Parameter-ID Feldname einer Tabelle, einer Struktur oder eines Views. Die Parameter-ID wird genutzt, um Feldvorbelegungen in den Benutzereinstellungen vorzunehmen.

Parameterwert Gibt einen Vorschlagswert für ein Feld an, für das der Parameter steht. Der Wert gilt nur für den aktuellen Benutzer.

Partnerrollen Partnerrollen können im Lieferantenstammsatz gepflegt werden und bestimmen die Funktion, die ein Partner im Rahmen einer Geschäftsabwicklung einnimmt. Im Einkauf kann ein Lieferant beispielsweise die Rollen »Bestelladressat«, »Warenlieferant«, »Rechnungssteller« und »Zahlungsempfänger« einnehmen. Jede Rolle kann auch oder zusätzlich von anderen Lieferanten eingenommen werden. Voraussetzung hierzu ist, dass für diese Lieferanten ein eigener Stammsatz existiert.

Partnerschema Im Customizing des Einkaufs können Sie durch Partnerschemata einstellen, für welche Kontengruppen welche Partnerrollen möglich und gegebenenfalls auch obligatorisch sind.

Persönliche Einstellungen In der Einbildtransaktion nehmen Sie Vorbelegungen für Feldeinträge und Auswertungskriterien für die Belegübersicht in den persönlichen Einstellungen vor.

Positionsdaten Ein Beleg kann eine oder mehrere Positionen beinhalten. Die Daten der Belegposition gelten nur für diese Position und haben keinen Einfluss auf die anderen Positionen.

Positionskondition Konditionen, die ausschließlich auf der Positionsebene verwendet werden können. Die Werte der Positionskonditionen werden auf die Kopfebene kumuliert. Positionskonditionen können nur in der Position angepasst werden.

Positionstyp Der Positionstyp in den Bestellanforderungen und Einkaufsbelegen steuert den weiteren Verlauf des Beschaffungsprozesses auf der Ebene der Belegposition. Beispiele für Positionstypen sind:

- Normal ( )
- Konsignation (K)
- Strecke (S)
- Limit (B)

Der Positionstyp hat steuernde Funktionen in Bezug auf:

- die Eingabe einer Materialnummer
- die Verbuchung von Waren- und Rechnungseingängen
- die Bestandsführung
- die Kontierung
- die Feldauswahl und die Einblendung zusätzlicher Datenfelder.

Quotierung Die Quotierung ist ein Instrument zur Verwaltung von Bezugsquellen. Den Bezugsquellen werden werks- und materialabhängig Quoten zugeteilt. Die Bedarfe werden den Bezugsquellen im Rahmen der Bezugsquellenzuordnung gemäß ihrer Quote zugeteilt.

Rahmenvertrag Oberbegriff für Kontrakte und Lieferpläne: Ein Rahmenvertrag ist eine zeitraummäßig festgelegte Vereinbarung über die Lieferung von Materialien oder die Erbringung von Dienstleistungen zu bestimmten Konditionen.

Rechnungsplan Ein Rechnungsplan ist ein Instrument zur automatischen Erstellung von Rechnungen bei wiederkehrenden oder in Teilen abzurechnenden Beschaffungsvorgängen. Beispiele für die Verwendung:

- Leasingverträge für einen periodischen Rechnungsplan
- Bauvorhaben für einen Teilrechnungsplan

SAP Advanced Planning and Optimization SAP APO, Komponente zur Planung von Produktionsprozessen.

SAP List Viewer Der SAP List Viewer (ALV) vereinheitlicht und vereinfacht die Bedienung von Listen im SAP-System. Für alle Listen wird eine einheitliche Oberfläche und Listenaufbereitung zur Verfügung gestellt (→ *ALV Grid*).

Schlüssel Kürzel für ein SAP-Objekt, z. B. NB für Normalbestellung. Der Schlüssel wird in zahlreichen Fällen nur angezeigt, wenn in den SAP-Optionen der Schlüssel aktiviert ist.

Selektion Auswahl von Daten anhand eingetragener Selektionskriterien im Einstiegsbildschirm zur Auswertung einer Liste.

Selektionsvariante Eine Selektionsvariante ist ein Instrument zur Arbeitserleichterung bei der Durchführung von Reports, indem Selektionskriterien in einer Selektionsvariante gespeichert werden und somit nicht wiederholt auf dem Selektionsbildschirm eingegeben werden müssen.

Sendemedium Einstellung in der Nachricht, mit welchem Medium (Drucker, FAX, EDI usw.) die Nachricht erzeugt werden soll.

SOBSL Sonderbeschaffungsschlüssel weisen nicht den klassischen Beschaffungsprozess aus Bestellung, Wareneingang und Rechnungseingang auf, sondern haben Besonderheiten in Bezug auf die Eigentumsverhältnisse des Materials, der Wareneingangsbuchung oder die Abrechnung der Materialbeschaffung. Zu den Sonderbeschaffungsformen zählen beispielsweise die Konsignationsbeschaffung, die Lohnbearbeitung und die Streckenabwicklung. Entsprechend existieren zu diesen Sonderbeschaffungsformen auch eigene und fremde Sonderbestandsarten, die die Trennung von Besitz und Eigentum dokumentieren. Zu den eigenen Sonderbeständen zählt beispielsweise der Lieferantenbeistellbestand; zum fremden Sonderbestand gehört beispielsweise die Lieferantenkonsignation.

Sonderbeschaffungsschlüssel → *SOBSL*

Sortierkriterium Kriterium, nach dem die Daten einer Liste sortiert werden; Funktion in ALV-Grid-Listen

Spool-Auftrag Das SAP-System unterscheidet beim Drucken zwischen folgenden Auftragsarten:

- *Spool-Auftrag*: Ein Spool-Auftrag ist ein Dokument, für das eine Druckfunktion ausgewählt wurde. Es wurde jedoch noch nicht auf einem Drucker oder einem anderen Gerät ausgegeben. Die Ausgabedaten des Druckdokuments werden dabei in teilweise aufbereiteter Form in einer Datenablage aufbewahrt, bis aus ihnen ein Ausgabeauftrag erstellt wird, d. h. bis sie an ein bestimmtes Ausgabegerät geschickt werden.
  Das Spool-System verwendet einen Spool-Auftrag, um die Druckdaten temporär zu speichern und auf sie zugreifen zu können. Die Daten werden in einem Zwischenformat gespeichert.
  Der Spool-Auftrag kann als Druckvorschau genutzt werden.
  Einem Spool-Auftrag wird vom System automatisch eine zehnstellige Kennnummer zugewiesen.
- *Ausgabeauftrag*: Ein Ausgabeauftrag weist das SAP-Spool-System an, die Druckdaten eines Spool-Auftrags an einem bestimmten Ausgabegerät auszugeben.
  Zu einem Spool-Auftrag kann es mehrere Ausgabeaufträge geben. Es handelt sich dabei immer um die Ausgabe desselben Spool-Auftrags. Jeder dieser Ausgabeaufträge kann andere Attribute aufweisen bezüglich des Zieldruckers, der Anzahl an Exemplaren usw. Durch die Unterscheidung zwischen Spool-Aufträgen und Ausgabeaufträgen bietet das Spool-System eine temporäre Ablagemöglichkeit für die Daten.

Submission Die Submissionsnummer ist eine Nummer oder Bezeichnung in den Kopfdaten einer Anfrage zur Bündelung einer Anfrageaktion. Durch die Submissionsnummer wird die Verwaltung mehrerer Anfragen erleichtert, indem beispielsweise die Selektion der eingegangenen Angebote im Rahmen eines Preisspiegels durch die Eingabe der Submissionsnummer erfolgen kann.

Technische Namen Transaktionscode, kann zusätzlich zu den Menüpunkten im Menübaum angezeigt werden.

Transaktion Eine Transaktion ist ein Anwendungsprogramm, mit dem Sie einen einzelnen Geschäftsvorfall im SAP-System ausführen. Die Transaktionen sind im SAP Easy Access Menü übersichtlich zusammengefasst. Möchten Sie einen Geschäftsvorgang ausführen, rufen Sie die entsprechende Transaktion auf.

Variantenattribut Wenn Sie zu einer Selektion ein variables Kriterium – z. B. das Anforderungsdatum – erfassen möchten, wählen Sie über das Variantenattribut die Art der Variablen aus.

T: Tabellenvariable aus TVARVC
D: dynamische Datumsberechnung (lokales Datum)
X: dynamische Datumsberechnung (Systemdatum)

Variantenkatalog Sind für eine Selektion mehrere Varianten angelegt, werden diese im Variantenkatalog gelistet.

Verarbeitungsprotokoll Protokoll, in dem die Verarbeitung eines Vorgangs protokolliert wird, in der Regel mit Datum und Benutzer.

Versandzeitpunkt Datum und Uhrzeit, zu denen eine Nachricht versandt wurde.

Vorschlagswerte Werte, die in den persönlichen Einstellungen oder in den Benutzerdaten vorbelegt werden. Vorschlagswerte können im aktuellen Beleg überschrieben werden.

Warengruppe Zusammenfassung von Waren oder Dienstleistungen nach Eigenschaften, z. B. Werkstoffe, Büroausstattung und Instandhaltungsarbeiten.

Werk Organisationseinheit im SAP-System

Wertefluss Der Wertefluss ist die parallele Abbildung der Geschäftsvorfälle in der Logistik mit Belegen im Rechnungswesen, d. h. FI und CO.

Wertgrenze Grenze, bis zu der ein Wertkontrakt oder eine Limitbestellung bebucht werden kann.

Zahlungsbedingung Belegkopfeintrag in Einkaufs- und Vertriebsbelegen. In Zahlungsbedingungen wird vereinbart, wann die Zahlung zu einer Lieferung erfolgen soll. Dabei kann neben den Zahlungsfristen auch Skonto vereinbart werden.

Anhang D
Literaturverzeichnis

Becker, Ursula u. a.: Preisfindung und Konditionstechnik in SAP ERP. 2. Aufl. Bonn: SAP PRESS 2014.

Greiner, Ernst: SAP-Materialwirtschaft – Customizing. 3. Aufl. Bonn: SAP PRESS 2016.

Gulyássy, Ferenc u. a.: Disposition mit SAP. 2. Aufl. Bonn: SAP PRESS 2014.

Hahn, Antonia; Hölzlwimmer, Andrea: Produktkosten-Controlling mit SAP, 2. Aufl. Bonn: SAP PRESS 2016.

Käber, André: Warehouse Management mit SAP ERP. 3. Aufl. Bonn: SAP PRESS 2014.

Lorenz, Yvonne: Qualitätsmanagement mit SAP. 2. Aufl. Bonn: SAP PRESS 2016.

Siebert, Jörg; Munzel, Martin: Praxishandbuch Report Painter/Report Writer. Bonn: SAP PRESS 2012.

Springer Gabler Verlag (Herausgeber), Gabler Wirtschaftslexikon, Stichwort: Doppelte Buchhaltung, online im Internet: *http://wirtschaftslexikon.gabler.de/Archiv/7935/doppelte-buchhaltung-v10.html*

Then, Tobias: Einkauf mit SAP – Der Grundkurs für Einsteiger und Anwender. 2. Aufl. Bonn: SAP PRESS 2014.

Anhang E
Die Autoren

Oliver Baltes ist seit 1996 freiberuflicher Berater und Trainer für SAP mit dem Schwerpunkt SAP-Logistik (MM, SD, WM). Er hat langjährige Erfahrung in verschiedenen Projekten in unterschiedlichen Branchen und in der Gestaltung kundenspezifischer, prozessorientierter Schulungen.

Dr. Heribert Lakomy ist seit 1992 freiberuflicher Berater und Trainer für SAP ERP. Er hat langjährige Erfahrung in der Konzeption und Gestaltung von kundenspezifischen, prozessorientierten Schulungen. Dr. Heribert Lakomy war darüber hinaus Lehrbeauftragter an der Hochschule Osnabrück.

Petra Spieß ist seit mehr als 15 Jahren als freiberufliche Beraterin und Trainerin für SAP-Finanzwesen und -Controlling tätig. Sie hat Erfahrung in den Branchen Automotive, Öffentlicher Sektor, Medien, Chemie/Healthcare, Werkzeuge und Lebensmittel. Ihre Schwerpunkte sind die Durchführung von Prozessberatung und -optimierung, von Schulungsveranstaltungen und Workshops sowie die kundenindividuelle Gestaltung von Trainings- und Anwenderdokumentationen.

Elke Wörmann-Wiese ist seit mehr als 15 Jahren Trainerin für SAP-Logistikthemen. Sie verfügt über mehrjährige Erfahrung in der Entwicklung und Durchführung von Key-User- und Anwender-Trainings. Ihre Schwerpunkte sind die Konzeption und Leitung von Trainingsmaßnahmen in SAP-Projekten sowie die Erstellung von kundenindividuellen Schulungsunterlagen (u. a. mit Werkzeugen wie TTKF, ATS oder Datango).

Index

A

ABAP List Viewer ... 510
Abbildung
  mengenmäßige ... 553
  wertmäßige ... 553
Ablaufzeit ... 714
Abmessungen/EAN ... 50
Abruf ... 271
Abrufdokumentation ... 356
Abweichung ... 657
Advanced Planning and Optimization ... 334
Aktuelle Bedarf-/Bestandsliste-Sammeleinstieg ... 228
Aktuelle Bedarfs-/Bestandsliste ... 223
Aktuelle Bedarfs-/Bestandsliste, Einstieg ... 220
aktuelle Bewertung ... 117
Allg. Werksparameter ... 65, 108
Allgemeine Daten ... 138
Allgemeine Verpackung ... 127
Alternativmengeneinheit ... 47
ALV Grid ... 718
ALV-Grid-Liste ... 681, 722
Analyse, flexible ... 683
Änderungen ... 130
Änderungsnachricht ... 402
Änderungsnummer ... 37
Anforderer ... 276
Anfrage ... 250, 272
Anfrage/Angebot ... 249, 267
Angebot ... 250, 272
Anlieferung ... 367
Anzahl der gewünschten Perioden ... 101
Anzahl Einträge, maximale ... 714
Anzahlung ... 365
Anzeigen Eigenschaften Positionstyp Normal ... 303
APO ... 334
Application Link Enabling (ALE) ... 28
Arbeitsbereich ... 254
Arbeitsvorbereitung ... 94
  AusgabemngEinh ... 94
  Basismenge ... 97
  Basismengeneinheit ... 94
  BearbZeit ... 97
  Chargenpflicht ... 96
  Chrg. erfassen ... 96
Arbeitsvorbereitung (Forts.)
  ChrgProt erford ... 95
  Fertigungs-ME ... 95
  Fertigungssteuerer ... 95
  FertigungsstProfil ... 95
  FertVersion ... 95
  Gesamtprofil ... 95
  Kritisches Teil ... 95
  Materialgruppe ... 95
  ProdLagerort ... 95
  Q-Bestand ... 95
  Ref.material ... 96
  Rüstzeit ... 96
  SerEbene ... 95
  Serialnummernprofil ... 95
  Tol.Überlief ... 96
  Tol.Unterlief ... 96
  Übergangszeit ... 96
  UC-Führung ... 96
  Werksp. MatSt ... 95
Arbeitsvorrat ... 633
Aufriss ... 687
  wechseln ... 687, 691
Aufteilungskennzeichen ... 87
Auftragsbestätigung ... 367
Auftragsbestätigungen überwachen ... 371
Auslagertypkennzeichen ... 111
Auslaufkennzeichen ... 91
Auslaufsteuerung ... 91
Ausnahmegruppe ... 229
Ausnahmemeldung ... 231
Austauschteil ... 63
Auswertung ... 677, 679, 683
Außenhandel, Import ... 65, 73
Außenhandelsdaten ... 74
Automatische Bestellerzeugung ... 449

B

BANF ... 148, 275
BANF-Belegart ... 272
BANF-Positionstyp ... 272
Bankverbindungen ... 132
BCO ... 440
Bearbeitungszeit Einkauf, werksbezogene 185
Bedarfs-/Bestandsliste ... 224, 479
Bedarfsdecker ... 174, 180, 185

Bedarfsdeckung
  externe ... 270
  interne ... 270
Bedarfsermittlung ... 148
Bedarfsverursacher ... 174
Bedarfsvorlaufkennzeichen ... 85
Bedarfsvorlaufzeit/Ist-Reichweite ... 86
Bedarfvorlaufperiodenprofil ... 86
Beispiel ... 19
Beistellteil ... 343
Belastung, nachträgliche ... 669
Beleg
  Änderungen nach der Freigabe ... 413
  Buchen ... 635
  merken ... 631
  spezielle Ledger ... 622
  Vorerfassung ... 635
Belegart ... 251, 255, 272, 408
Belegfluss ... 251
Belegkopf ... 597
Belegnummer ... 585
Belegnummernvergabe
  für Buchhaltungsbelege ... 585
  für Material- und Inventurbeleg ... 585
Belegtyp ... 267, 269, 272
Belegübersicht ... 151, 256, 270, 728
Benutzererkennung ... 264
Benutzervorgabe ... 260
Berechtigung ... 251
Berechtigungsprüfung ... 32
Bereich
  Logistik Allgemein ... 25
  Lokale Daten ... 713
  Zusatzkonditionen ... 332
Berichtsvariante ... 714
Beschaffung ... 34, 82
  buchungsübergreifende ... 271
  externe ... 249, 267
  interne ... 249, 267
Beschaffungsart ... 183, 221, 525
Beschaffungsdaten ... 115
Beschaffungsprozess ... 145, 267
Beschaffungsschlüssel, SOBSL ... 184
Beschaffungsvorgang ... 270
Beschaffungsvorschlag ... 221
Beschaffungszyklus ... 146
Besonderheit ... 19
Bestand
  gesperrter ... 503
  verfügbarer ... 210, 437
Bestand, negativer ... 502
  Erfassen und Bearbeiten ... 503
Bestandfindungsgruppe ... 84
Bestandsart ... 154, 429, 474
Bestandsaufnahme ... 441
  mit Wert ... 441
  ohne Wert ... 441
Bestandscontrolling ... 440, 684
Bestandsermittlung, mengenmäßige ... 505
Bestandsfindung ... 501
Bestandsfindungsgruppe ... 109, 502
Bestandsfortschreibung ... 505
Bestandsführung ... 152, 374
Bestandskonto ... 559
Bestandsübersicht ... 507
  nach Wareneingang ... 444
  vor Wareneingang ... 442
Bestandsübersichtsliste ... 479
Bestätigung ... 366
Bestätigungssteuerung ... 366–367
Bestätigungstyp ... 366
Bestellanf.erstellen ... 205
Bestellanforderung ... 174, 249–250, 267, 270
  direkt anlegen ... 280
  direkte ... 270
  indirekt anlegen ... 280
  indirekte ... 270
Bestellentwicklung ... 160, 251
Bestellerzeugung, automatische ... 416, 449
Bestellobligo ... 285
Bestellpreisentwicklung ... 389
Bestellpunktdisposition ... 197
  manuelle ... 198
  maschinelle ... 232, 234
Bestellpunktverfahren
  manuelles ... 198
  maschinelles ... 198
Bestelltermin ... 366
Bestelltext ... 141
Bestellüberwachung ... 152
Bestellung ... 249–250, 267, 270
  gemerkte ... 287
  ohne Materialstammsatz ... 439
Bewegungsart ... 428–430, 552, 562, 586
  Steuerparameter ... 586
Bewegungssonderkennzeichen ... 112
Bewertung, getrennte ... 525
Bewertungsart ... 525
Bewertungsebene ... 26, 553
Bewertungsklasse ... 552, 562
Bewertungskreis ... 553
Bewertungsmodifikationskonstante ... 555
Bewertungsprinzip ... 522

Bewertungstyp ... 525
Bezugsnebenkosten ... 388
geplante ... 670
ungeplante ... 388, 675
Bezugsquelle ... 149, 250, 317, 320
Ermittlung ... 149, 317
Bilanzsumme ... 560
Branche ... 34
Bruttogewicht ... 50
Bruttopreis (PB00) anlegen, Zusatzkonditionen ... 332
Bruttopreis anlegen, Zusatzkonditionen ... 332
Buchhaltung 1 ... 116, 124, 139, 440–441, 571
Basismengeneinheit ... 116
bewertete ME ... 118
Bewertungsklasse ... 117
Bewertungstyp ... 117
BKl.Kundenauftragsb. ... 117
BKl.Projektbestand ... 117
Gesamtbestand ... 118
Gesamtwert ... 118
Gleitender Preis ... 117
Gültig ab ... 118
Lfd. Periode ... 116
ML aktiv ... 117
Plankalkulation ... 119
Preiseinheit ... 118
Preisermittlung ... 117
Preissteuerung ... 117
Sparte ... 116
Standardpreis ... 117
Währung ... 116
Zukünftiger Preis ... 118
Buchhaltung 2 ... 119–120, 530
Abwertungskennziffer ... 120
Preiseinheit ... 120
Buchhaltung, Rechnungswesenbelege ... 630
Buchhaltungsbeleg ... 158, 435, 438, 622
FI-Beleg ... 623
Buchungskreis ... 25–26
Buchungskreisdaten ... 131, 133
Buchungsperiode, offene und geschlossene ... 641

C

Charge ... 129
Chargenprotokoll ... 95
CO-Beleg ... 159
Controlling ... 22, 250, 335, 338
CpD-Lieferantenstammsatz ... 271
Customizing ... 249, 255, 272, 280
Cycle Counting ... 532

D

Dateigröße, maximal zulässige ... 714
Datum, dynamisches ... 720
Default-Layout ... 722
Deployment-Lauf ... 93
Dispoliste erstellen ... 206
Disponent ... 27
Disponentengruppe ... 27
Disposition ... 173–174
Dispositionsverfahren ... 148
maschinelle ... 234
Planungsebene ... 190
rhythmische ... 199, 232, 239
stochastische ... 198, 232, 237
Disposition 1 ... 27, 77, 175, 194, 198–199, 211, 215, 269
ABC-Kennzeichen ... 78
Basismengeneinheit ... 78
BaugrpAusschuß ... 81
Dispolosgröße ... 80
Dispomerkmal ... 79
Disponent ... 80
Dispositionsgruppe ... 78
Dispositionsrhythmus ... 79
Einkäufergruppe ... 78
Feste Losgröße ... 80
Fixierungshorizont ... 79
Gültig ab ... 78
Höchstbestand ... 80
Lagerkostenkennz. ... 80
Losfixe Kosten ... 80
Losgrößen ... 80
Maximale Losgröße ... 80
Meldebestand ... 79
MengeneinheitenGrp ... 81
Mindestlosgröße ... 80
Rundungsprofil ... 81
Rundungswert ... 81
Taktzeit ... 81
Werksspez. MatStatus ... 78
Disposition 2 ... 82, 175, 198, 211, 296, 305, 358, 469
BedarfsvorlaufKennz ... 85
BedVorl-PeriodProfil ... 86
Bedvorlzeit/Ist-RW ... 86
Beschaffungsart ... 82
BfGruppe ... 84

Disposition 2 (Forts.)
Chargenerfassung ... 83
Feinabrufkennzeichen ... 84
FremdBesch Lagerort ... 83
Horizontschlüssel ... 84
Lieferbereitschaft ... 85
min Sicherheitsbestand ... 85
Planlieferzeit ... 84
Planungskalender ... 84
Produktionslagerort ... 83
Reichweitenprofil ... 85
Retrogr.Entnahme ... 83
Schüttgut ... 84
Sicherheitsbestand ... 85
Sonderbeschaffung ... 83
Vorschlags-PVB ... 83
WE-Bearbeitungszeit ... 84
Disposition 3 ... 86, 175, 490
Aufteilungskennz ... 87
Bewertung Variante ... 89
GeschJahresvariante ... 87
GesWiederbeschZeit ... 89
Konfigurierbares Mat. ... 89
Mischdisposition ... 88
Periodenkennzeichen ... 86
Proj.übergreif. ... 89
Strategiegruppe ... 87
Variante ... 89
Verfügbarkeitsprüfung ... 88
VerInt Rückwärts, VerInt Vorwärts ... 87
Verrechnungsmodus ... 87
Vorpl.variante ... 89
Vorplanmaterial ... 88
Vorplanungs-BME ... 88
Vorplanungswerk ... 88
VorplUmrechFaktor ... 88
Disposition 4 ... 90, 190
Aktionssteuerung ... 92
AlternSelektion ... 90
Angebots-Horizont ... 93
Auffüllmenge ... 94
AuslaufDat ... 91
Auslaufkennz. ... 91
Bedarfszusammenf. ... 91
Dispo AbhängBedarfe ... 91
Dispositionskennz. ... 93
Einzel/Sammel ... 91
Fair-Share-Regel ... 92
FertVersion ... 91
KompAusschuß ... 90
Materialnotiz ... 93
Disposition 4 (Forts.)
Meldebestand ... 94
Nachfolgematerial ... 91
Push-Distribution ... 92
Serienfertigung ... 92
SerienfertProfil ... 92
SonderbeschArt LgOrt ... 93
Versionskennzeichen ... 91
Dispositionsbereich ... 27, 81, 193
für Lagerorte ... 194
für Lohnbearbeiter ... 194
Dispositionsdatum ... 201
Dispositionselement, Kurzbezeichnung ... 226
Dispositionsgruppe ... 176
Dispositionsliste ... 223–224
Dispositionslosgröße ... 180
Dispositionsmerkmal ... 179, 196, 198
Dispositionsprofil ... 176, 179, 186
Dispositionsrhythmus ... 199, 201
Dispositionsverfahren ... 173, 196
verbrauchsgesteuertes ... 173
Dispoverfahren ... 78
Draufgabe ... 69, 332
Dreingabe ... 69, 332
Druckansicht ... 287
Durchschnittspreis, gleitender ... 388, 440, 511
dynamische Verfügbarkeitsprüfung ... 490
Dynpro ... 254

E

Ebene
Buchungskreis ... 26
Werk ... 26
EDI ... 397
Eigenfertigung ... 174
Eigenfertigungszeit in Tagen ... 96
Einbildtransaktion ... 251–252
Einfachkontierung ... 311, 317
Einkauf ... 65–66, 70, 78, 83, 97, 111, 115, 122, 137–138, 147, 269, 296, 374, 416
Autom.Bestell. ... 70
Basismengeneinheit ... 67
Bestellabwicklung ... 150
Bestellanforderung ... 148
Bestellmengeneinheit ... 67
Bestellüberwachung ... 152
Bezugsquellenermittlung ... 149
Buchen in Q-Bestand ... 72
CAS-RN (Pharmazie) ... 74
Chargenpflicht ... 70

Einkauf (Forts.)
- *Einkäufergruppe* 68
- *Export/Import Gruppe* 74
- *Feinabruf-Kennzeichen* 72
- *Gesetzliche Kontrolle* 76
- *Gültig ab* 68
- *Herst. Teileprofil* 72
- *Hersteller* 73
- *HerstellerteileNr.* 73
- *Kritisches Teil* 72
- *Lieferantenauswahl* 150
- *LiefErklSituation* 76
- *MatFraGruppe* 69
- *Militärisches Gut* 76
- *MO Warengruppe* 75
- *MO Warenlistennummer* 75
- *Naturalrabattfähig* 69
- *Negativbesch.Code* 76
- *Negativbesch.Datum* 76
- *Negativbesch.Nummer* 76
- *Orderbuchpflicht* 72
- *Präferenzsituation* 75
- *PRODCOM/GP-Nummer* 74
- *Quotierungsverw.* 71
- *Steuerind. Material* 69
- *Steuerungscode* 74
- *UC-Ref.material* 70
- *Ursprungsland* 75
- *Ursprungsregion* 75
- *Var. BME* 67
- *Warengruppe* 68
- *WarenNr/Imp.Codenr.* 74
- *WE-Bearbeitungszeit* 71
- *Werksspez. MatStatus* 68
- *Zollpräferenzen* 75

Einkäufergruppe 29
- *EKG* 331

Einkaufsbeleg 267–268
Einkaufsbelegtyp 269, 280
Einkaufsbestelltext 76
Einkaufsdaten 662
Einkaufsinformationssystem 440
Einkaufsinfosatz 137, 150, 344, 450
Einkaufsorganisation 28
- *buchungskreisübergreifende* 271

Einkaufsorganisationsdaten 131, 134
Einkaufsorganisationsdaten 1 139
Einkaufsprozess 250
Einkaufswerte 70
Einkaufswerteschlüssel 70
Einschrittverfahren 454–455
Einstiegsbild 253
Einstiegsbildschirm 256
Einteilung 271, 356
- *Liefertermin* 356

Einzelplanung 178, 203
- *einstufige* 203

Einzelrechnung 324
EKS 440
Electronic Data Interchange 397
Endfreigabe 410
Endlieferungskennzeichen 451
Enjoy-Transaktion 252
Entlastung, nachträgliche 669
Entnahme, retrograde 345
Erfolgskonto 561
Eröffnungshorizont 219
Eröffnungstermin 219
Europäische Artikelnummer 50
EX- Exakte Losgrößenberechnung 213
Exception 696

F

F (Fremdbeschaffung) 183
Fachbereich 33
Fair-Share-Regel 92
Favoriten 705
Feinabruf 356
Feld
- *Lieferant* 262
- *Materialnummer* 262

Feldname 724
Feldreferenz 33, 35
FertHilfsmittel 97
- *Ausgabemengeneinheit* 97
- *Basismengeneinheit* 97
- *Bedarfssätze* 98
- *Bezug Ende* 99
- *Bezug Start* 98
- *Formel EWert* 98
- *Formel Menge* 98
- *Gruppierung* 98
- *Gültig ab* 97
- *Planverwendung* 98
- *Steuerschlüssel* 98
- *Vorlagenschlüssel* 98
- *Werksspez. MatStatus* 97
- *Zeitabstand Ende* 99
- *Zeitabstand Start* 99

Fertigungssteuerprofil 95
FI 24

FI-Beleg ... 167
Buchhaltungsbeleg ... 623
Fifo-Methode ... 523
Finanzbuchhaltung ... 24
Finanzwesen ... 158
First in – first out ... 523
Fixierungskennzeichen ... 226
Frachtkosten ... 670
Freigabe ... 149
Freigabestrategie ... 258–259
Freigabezustand ... 251
Fremdbeschaffung ... 174, 192
Frühwarnsystem ... 696
Führung Bestände, wertmäßige ... 506
Funktion ... 249

G

Gängigkeit ermitteln ... 543
Gemeinkostenmaterial ... 439
Gesamtplanung ... 203–204
Gesamtwiederbeschaffungszeit ... 89
Geschäftsbereich ... 25
Geschäftsjahresvariante ... 87
Gesellschaft ... 25
Gesetzliche Kontrolle ... 76
Gewicht/Volumen ... 107
Gewichtseinheit ... 50
Global Data Synchronization ... 54
Globales Daten-Synchronisations-Netzwerk ... 54
GRID-Control ... 263
GRID-Control-Sicht ... 263
Grunddaten ... 536, 662
Grunddaten 1 ... 46, 68, 94–95, 97, 100, 114, 129
allg. Postypengr ... 49
Alte Materialnummer ... 48
Basismengeneinheit ... 47
EAN/UPC-Code, EAN-Typ ... 50
Ext. Warengrp ... 48
Größe/Abmessungen ... 50
Grunddatentexte ... 51
Gültig ab ... 49
Gültigkeit bewerten ... 49
KontingentSchema ... 48
Labor/Büro ... 48
Materialgruppe PM ... 51
Materialkurztext ... 47
Produkthierar. ... 48
RefMat Packvorschr. ... 51
Sparte ... 48
Grunddaten 1 (Forts.)
Warengruppe ... 48
Werksüb. Materialstatus ... 48
Grunddaten 2 ... 51, 129
CAD-Kz ... 52
GefahrKennzProfil ... 53
GG-Verpack.Status ... 53
Hochviskos ... 53
Lose Schütt./Flss ... 53
Medium ... 53
Normbezeichnung ... 52
Umweltrelevanz ... 53
Verkaufshilfsmittel ... 55
Verpackungscode ... 53
Werkstoff ... 52
Zugeordnete Konstruktionsdokumente ... 53
Grunddatentexte ... 51
Gruppierungsbegriffe ... 61
Gültigkeitszeitraum ... 326
Gutschrift ... 668

H

Haltbarkeitsdaten ... 106
Handelsrechtlicher Preis ... 530
Handling Unit ... 127
Herkunft ... 526
Herstellerteilenummer ... 72
HGB ... 534
Historie ... 713
Historienstatus ... 713
Historienwert ... 714
HTN-Pflicht ... 72

I

IFRS ... 530, 534, 547
Incoterm ... 252
Industriekontenrahmen ... 557
Infosatz ... 328
Einkaufsinfosatz ... 324
Infosatz ändern, Einstieg ... 382
Infosatz anlegen
Allgemeine Daten ... 330
Einkaufsorganisationsdaten ... 331
Einstieg ... 329
Intercompany-Abwicklung ... 249
Inventory Management ... 162
Inventur ... 427, 528
permanente ... 532
Inventurpreis ... 531

Inventurverfahren ... 531
Item Unique Identification ... 109

K

Kalkulation
Gültig ab ... 122
Versionen ... 124
Werksspez. MatStatus ... 122
Kalkulation 1 ... 120
Fertigungsversion ... 124
Gemeinkostengruppe ... 121
Herkunft Material ... 121
Herkunftsgruppe ... 121
Kalkulationsgröße ... 124
Mit Mengengerüst ... 121
nicht kalkulieren ... 121
Plangruppe ... 123
Plangruppenzähler ... 123
Plantyp ... 123
Profitcenter ... 122
SoBeschaffung Kalk. ... 123
StücklAlternative ... 122
StücklVerwendung ... 122
Versionskennzeichen ... 124
Kalkulation 2 ... 119, 124
Kalkulationsschema ... 142, 384
Kennzahl ... 683
Kennzahl auswählen ... 690
Klassifizierung ... 58, 130
Komponente
Bestandsführung ... 145
Einkauf ... 145
Logistische Rechnungsprüfung ... 163
Quality Management (QM) ... 162
Rechnungsprüfung ... 145
Warehouse Management (WM) ... 162
Komponentenbearbeitung, Komponentenübersicht ... 346
Kondition ... 134, 139, 272
Preis ... 150
Konditionsart ... 141, 384
Konsignation ... 347
Konsignationsbestand ... 350
Konstruktionszeichnung ... 54
Kontenfindung ... 516, 569, 584
automatische ... 34
Hilfsmittel und Fehleranalyse ... 575
über Vorgänge ... 564
Kontenklasse ... 557
Kontenplan ... 557
Kontierungsdaten ... 270
Kontierungsdynpro ... 313
Kontierungsobjekt ... 309
Kontierungstyp ... 151, 251, 276, 287, 309, 314
Kontigentierungsschema ... 48
Kontoführung ... 133
Kontoklassenreferenz ... 562
Kontomodifikation ... 567
Kontosteuerung ... 132
Kontrakt ... 250, 271
verteilen ... 28
Konvertierung ... 262
Konzerncontrolling, Rechnungswesenbelege ... 630
Kopfdaten ... 258
Kopfkondition ... 258
Kopftext ... 258
Korrespondenz ... 134
Kostenlose Lieferung ... 442
Kostenrechnung, Rechnungswesenbelege 630
Kostenrechnungsbeleg ... 439, 628
Kostenrechnungskreis ... 22
Kostenstelle ... 23
Kostenzuweisung ... 151
Kreditor ... 131
Kreditorenstamm ... 131
Kreditorenstammsatz ... 131
Kundenretoure ... 442
Kurztext ... 128, 252

L

Lagermaterial ... 155, 158, 429
Lagerort ... 29
separate Disposition ... 192
Lagerortbestand ... 125
Lagerortdisposition ... 93, 175, 190–191
Lagerplatzbestand ... 113
Lagerungsstrategien ... 111
Lagerverwaltung ... 110
Bruttogewicht ... 110
Chargenpflicht ... 111
EinlagertypKennz ... 111
Gen.ChargProt erford. ... 111
Lagerverwaltung 1 ... 109–110, 114
2-stufige Kommi ... 112
Ausgabemengeneinheit ... 110
AuslagertypKennz ... 111
Basismengeneinheit ... 110
BewSondKennz. ... 112
Blocklagerkennz. ... 112

Lagerverwaltung 1 (Forts.)
Kapazitätsverbrauch ... 111
Lagerbereichskennz. ... 112
Meldung Bestandsf. ... 112
Plankommilagertyp ... 111
Volumen ... 110
Vorschlag ME aus Mat ... 110
WM-Mengeneinheit ... 110
Zulagerung erlaubt ... 112
Lagerverwaltung 2 ... 112
Kommissionierbereich ... 113
Lagerplatz ... 113
Manipulationsmenge ... 113
Max.Lagerplatzmenge ... 113
Min.Lagerplatzmenge ... 113
Nachschubmenge ... 113
Rundungsmenge ... 113
Last in – first out ... 524
Laufzeit ... 288
Layout, benutzerspezifisches ... 722, 727
Ledger-Beleg ... 159
Leihgut ... 364
Leistungserfassungsblatt ... 352
Leistungsverzeichnis ... 149
Lieferabruf ... 356
Lieferant ... 249, 252, 268
Lieferantenanschrift ... 258–259
Lieferantenbeistellung ... 343
Lieferantenbeurteilung ... 374
Lieferantenbeurteilung anzeigen, Teilkriterium zum Hauptkriterium ... 380
Lieferantenkonsignation ... 348
Lieferantenstamm ... 131
Lieferantenstammsatz ... 268
Lieferavis ... 367
Lieferbedingung ... 272
Lieferbereitschaftsgrad ... 234
Lieferdatum ... 276
Lieferplan ... 250, 271
Lieferplaneinteilung ... 206
automatische ... 244
Lieferrhythmus ... 201
Liefertermin ... 271, 366
Lieferung
kostenlose ... 442
unter Vorbehalt ... 429
Lieferzeit ... 272
Lifo-Methode ... 524
Limitbestellung, Rahmenbestellung ... 354
Liste, mehrzeilige ... 680
Logistics Execution System ... 29
Logistik Execution, Warenbewegung ... 341
Logistikinformationssystem ... 374
Logistik-Rechnungsprüfung ... 593
Lohnbearbeitung ... 344
Lohnbearbeitungsbestand ... 347
Lohnbearbeitungsbestellung ... 347
Löschvormerkung ... 129
Losgröße
exakte (EX) ... 182
fixe (FX) ... 182
Höchstbestand (HB) ... 183
Losgrößenberechnung ... 214
Losgrößendaten ... 80
Losgrößenverfahren ... 180–181
statisches ... 182
LSMW ... 535

M

Mahnung ... 152
Mandant ... 21–22
Mandantenspezifische Konfiguration ... 54
Massenpflege ... 42
Material ... 203
ändern ... 39, 189
anlegen ... 35
fixieren ... 39
löschen ... 41
mit gleitendem Durchschnittspreis ... 441
mit Standardpreis ... 441
nach Vorlage anlegen ... 37
Materialart ... 31–32, 183
Materialbeleg ... 158, 434, 438
anzeigen ... 435
Materialberechtigungsgruppe ... 115
Materialbewertung ... 511
Materialdaten ... 130
Materialgruppe ... 62
Materialnummer ... 36, 252
Materialstamm ... 129–130
Materialstammsatz ... 31, 44, 249, 276
anlegen ... 46
dezentrale Anlage ... 36
erweitern ... 38
zentrale Anlage ... 36
Materialstatus, werksübergreifender ... 49, 178
Materialwirtschaft ... 249
Maximal zulässige Dateigröße ... 714
Maximale Packgröße ... 128
MD20 (Planungsvormerkung anlegen) ... 210
Mehrbildtransaktion ... 251–252, 314

Mehrfachkontierung ... 311, 317
Mehrwegtransportverpackung (MTV) ... 363
Mehrwertsteuer ... 647
Meldebestand ... 197, 234
Meldung direkt bearbeiten ... 262
Menge, verfügbare ... 160, 213, 620
Mengen- und Wertfortschreibung ... 33
Mengenabweichung ... 657
Mengeneinheit ... 128, 276
Mengengerüstdaten ... 121–122
Mengenkontrakt ... 291
Mengenvereinbarung ... 60
Merken ... 287
Merkmal ... 683
MHD ... 452
Mindesthaltbarkeit ... 452
Mindesthaltbarkeitsprüfung ... 452
Mindestrestlaufzeit ... 452
Mindestsicherheitsbestand ... 85
MM (Materialwirtschaft) ... 26–27
MM-Beleg ... 166
MRP-Lauf, Disposition ... 344

N

Nachfolgematerial ... 91
Nachlieferung ... 449
Nachricht ... 250, 258–259
wiederholen ... 405
Nachrichtenfindung ... 397
Nachrichtenschema ... 397
Nachschublieferung ... 466
Nachträgliche Belastung ... 669
Name, technischer ... 704
Naturalrabatt ... 69, 332
NDAB-Planungsvormerkdatei im Hintergrund aufbauen ... 210
Nettobedarfsrechnung ... 85, 210
Nettogewicht ... 50
Nettopreis ... 331
Neuplanung ... 205
Niederstwertprinzip ... 522
gemildertes ... 522
strenges ... 522
Normalmenge ... 331
Nota Fiscal ... 74

O

Orderbuch ... 136, 150, 244, 317, 357
Eintrag ... 324
Orderbuchpflicht
materialbezogene ... 324
werksbezogene ... 324
Organisationsebene ... 37
Organisationseinheit ... 21

P

Palettierungsdaten ... 113
Parameter ... 709
Parameter-ID ... 709
Parameterwert ... 709
Partner ... 258–259
Partnerrolle ... 134
Periodenkennzeichen ... 106
Pers. Einstellungen ... 260
Pflegestatus ... 38
Pflichtfeld ... 256
Pipelinematerial ... 362
Planauftrag ... 174
bei Fremdbeschaffung ... 222
Planauftragsabwicklung ... 92
Plankalkulation ... 119
Planlieferzeit ... 185, 276, 326, 331
Planung, flexible ... 685
Planungsebene ... 190
Planungshorizont ... 205
Planungskalender ... 201
Planungslauf ... 174, 203
Planungsmodus ... 206
Planungsvormerkdatei ... 175, 208, 241
PM (Instandhaltung) ... 26
Positionsdaten ... 258
Positionstyp ... 151, 184, 251, 276, 287, 314
Positionstyp B ... 288
Positionstyp U ... 287
Positionsübersicht ... 254, 258
PP (Produktionsplanung) ... 26
Preis, steuerrechtlicher ... 530
Preisabweichung ... 659
Analyse ... 548
Bewertung ... 549
Preisänderung ... 517
Preisdifferenz ... 516
Preisfindung ... 141, 383–384
Preissteuerung ... 440, 529
Produktattribut ... 62
Produkthierarchie ... 48
Profit-Center ... 23
Profit-Center-Beleg ... 159, 622, 625
Prognose ... 99, 199
Autom. Rücksetzen ... 102

Prognose (Forts.)
Basismengeneinheit 100
Bezugsmat. Verbrauch 101
Bezugswerk Verbrauch 101
Datum bis 101
Fixierte Perioden 101
GeschJahresvariante 100
Gewichtungsgruppe 103
Glättung Grundwert 103
Glättung MAD 103
Glättung Saisonindex 103
Glättung Trendwert 103
Initialisierung 102
Korrekturfaktoren 103
Letzte Prognose 100
Modellauswahl 102
ModellauswVerfahren 102
Multiplikator 101
Optimierungsgrad 103
Parameteroptimierung 103
Perioden für Init 101
Perioden pro Saison 101
Periodenkennzeichen 100
Prognosemodell 100
Prognoseperioden 101
Signalgrenze 102
Vergang Perioden 101
Prognosebedarf 86, 237
Prognoseprofil 234
Prozessschritt 207
Prüfgruppe 88
Prüflos 163, 591
Punktwerte zu den automatischen Kriterien ändern 378

Q

Qualitätsmanagement 26, 114, 127
Ausgabemengeneinheit 114
Basismengeneinheit 114
Berichtsschema 115
Buchen in Q-Bestand 115
Dokupflichtig 115
Gültig ab 115
Prüfeinstellungen 114
Prüfintervall 115
QM-Beschaffung aktiv 115
QM-MatBerechtigung 115
QM-Steuerschlüssel 115
Soll-QM-System 116
Techn.Lieferbed 116
Qualitätsmanagement (Forts.)
WE-Bearbeitungszeit 115
Werksspez. MatStatus 115
Zeugnistyp 115
Qualitätsmanagementsystem 374
Qualitätsprüfgruppe 127
Quality-Management-System 163
Quellensteuer 134
Quote 245
Quotenbasismenge 323
Quotenzahl 323
Quotierung 135, 150, 245, 317, 320
Verfahren 246
Quotierung pflegen
Einstieg 321
Übersicht Quotierungspositionen 322
Übersicht Quotierungszeiträume 322
Quotierungsdatei 244
Quotierungsverwendung 320

R

Rahmenbestellanforderung 280
Rahmenbestellung 288, 354
Rahmenvertrag 249–250, 267, 271
Rahmenvertragsbestellanforderung 280
Rechnung
Bestellbezug 599
zu kontierten Bestellungen 613
Rechnung, doppelte 630
Prüfeinstellungen 631
Rechnungseingang 152, 288, 310
Rechnungskürzung 663
Rechnungsprüfung 163
logistische 163
Rechnungswesenbeleg 622
Referenzbeleg 265, 274, 280, 428
Referenzdaten 132
Referenzeinkaufsorganisation 28
Reichweite 229
Reservierung 477, 487, 587
automatische 479
für einen geplanten Warenausgang (mit Vorlage) 487
für geplante Umlagerung (ohne Vorlage) 485
für geplanten Warenausgang (ohne Vorlage) 479
für Wareneingang (ohne Vorlage) 483
manuelle 479
Retoure 449
vom Kunden 442

Rücklieferung ... 445, 447
mit Bezug zu einem Materialbeleg ... 445
Rücksendung von Material an externen oder internen Lieferanten ... 449

S

Sachkonto ... 552, 559
Sammelanzeige ... 228
Sammelrechnung ... 324
SAP Extended Warehouse Management (SAP EWM) ... 163
SAP for Retail ... 34
SAP GUI ... 703
SAP List Viewer ... 718
SAP Warehouse Management (SAP WM) ... 26, 162
SAP-Referenz-IMG ... 249
Schlüssel ... 262
SD (Vertrieb) ... 26
Selektionskriterium ... 714
Selektionsvariante ... 262, 722
Serienfertigung/Montage/Deployment-strategie ... 92
Serienfertigungsprofil ... 92
Sicherheitsbestand ... 197, 234
Sicht ... 256
Sicht Disposition 4, Durchschn.Werks-bestand ... 93
Sicht Vertrieb: allg./Werk, Verfüg-barkeitsprüf. ... 64
Simulation von Belegen ... 608
Skonto ... 388, 606, 660
SOBSL → Sonderbeschaffungsschlüssel
Sonderbeschaffung ... 183
Sonderbeschaffungsform ... 305
Sonderbeschaffungsschlüssel ... 184, 222, 304, 344
Sonderbestand ... 305, 364, 503
eigener ... 305
erfassen ... 442
fremder ... 305
Sonstige Daten ... 52
Sonstige Daten/Herstellerdaten ... 70
Sortierkriterium ... 725
Sortierung ... 725
Sparte ... 347
S-Preis ... 529
Staffelpreis ... 332
Stammdaten ... 31, 249
Standardanalyse ... 683
Standardaufriss ... 688
Standardlayout ... 722, 727
Standardpreis ... 388, 440
S-Preis ... 514
statisches Losgrößenverfahren ... 182
Steuerdaten ... 60
Steuerinformationen ... 132
Steuerkennzeichen ... 647
Steuerung ... 132, 138
Steuerung ändern ... 384
Steuerungsdaten ... 102, 134
Stichprobe ... 500
Stichprobeninventur ... 533
Stichtagsinventur ... 532
Storno ... 444
mit Bezug zu einem Referenzbeleg erfassen ... 444
mit Bezug zum ursprünglichen Material-beleg ... 444
Stornofunktion ... 641
Stornogrund ... 641–642
Stücklistenalternative ... 90
Stücklistenauflösung/Sekundärbedarf ... 90
Submissionsnummer ... 272
Suchhilfe ... 266
intelligente ... 263
System ... 703

T

Tabellenname ... 724
Table Control ... 263
Table-Control-Sicht ... 264
Teilkriterien ändern ... 379
Teilmenge ... 271
Terminierung ... 84–85, 207, 218
Texte ... 141
Textposition ... 276
Toleranzdaten ... 96
Toleranzgrenze ... 658
für Mengen- und Preisabweichungen ... 658
Transaktion ... 249, 706
F110 ... 168
FBL1N (Kreditoren Einzelpostenliste) ... 645
für die Inventurbewertung ... 534
MB03 (Materialbeleg anzeigen) ... 158, 435
MB1A (Warenentnahme) ... 498, 500
MB1B (Umbuchung) ... 454–455, 458, 462–463, 474
MB1B (Umlagerung) ... 457
MB1C (Sonstiger WE) ... 440

Transaktion (Forts.)
MB21 (Reservierung anlegen) 479, 493
MB23 (Reservierung anzeigen) 493, 499
MB25 (Reservierungsliste) 493
MB26 (Kommissionierliste) 493
MB51 (Materialbelegliste) 458, 462, 468, 682
MBRL (Rücklieferung) 445
MBST (Transitbestand anzeigen) 444
MBVR (Reservierung verwalten) 493, 495
MCY1 (Exception anlegen) 697
MD01 (MRP-Planungslauf) 204
MD03 (MRP-Einzelplanung, einstufige) 204
MD04 (Bedarfs-/Bestandsliste anzeigen) 215, 226
MD04 (Bedarfs-/Bestandsliste) 213
MD21 (Planungsvormerkungen anzeigen) 208
MD25 (Perioden anlegen) 201
MD26 (Perioden ändern) 201
MD27 (Perioden anzeigen) 201
MDAB (Hintergrund aufbauen) 175
MDBT (Als Hintergrundjob) 204
ME12 (Infosatz ändern) 382
ME1P (Bestellpreisentwicklung) 389
ME21N (Bestellung anlegen) ... 150, 253, 269, 333, 335, 420
ME21N (Umlagerungsbestellung anlegen) 465
ME22N (Bestellung ändern) 253, 269, 333
ME23N (Bestellung anzeigen) 253, 269, 435, 469, 619
ME29N (Bestellung freigeben) 412
ME2A (Bestätigungen überwachen) 372
ME2B (Bestellungen zur Bedarfsnummer) 678
ME2C (Bestellungen zur Warengruppe) 678
ME2J (Bestellungen zum Projekt) 678
ME2K (Bestellungen zur Kontierung) 677
ME2L (Bestellungen zum Lieferanten) 677
ME2M (Bestellungen zum Material) 677
ME2N (Bestellungen zur Bestellnummer) 678
ME2O (LB-Bestandsüberwachungen zum Lieferanten) 344
ME2S (Dienstleistungen zur Bestellung) 678
ME2W (Bestellungen zum Lieferwerk) 678
ME2W (Leistungsliste zur Bestellung) 678
ME31K (Kontrakt anlegen) 269
ME31L (Lieferplan ändern) 269
ME32K (Kontrakt ändern) 269
ME32L (Lieferplan ändern) 269

Transaktion (Forts.)
ME33K (Kontrakt anzeigen) 269
ME33L (Lieferplan anzeigen) 269
ME37 (Umlagerungslieferplan anlegen) 297
ME38 (Einteilungen pflegen) 295, 358
ME41 (Anfrage anlegen) 269, 297
ME42 (Anfrage ändern) 269
ME43 (Anfrage anzeigen) 269
ME47 (Angebot pflegen) 301
ME49 (Angebot auswerten) 301
ME514N (Bestellanforderung hinzufügen) 269
ME51N (Bestellanforderung anlegen) 148, 253
ME52N (Bestellanforderung ändern) 253, 269
ME53N (Bestellanforderung anzeigen) 253, 269, 424
ME54N (Einzelfreigabe Bestellanforderung) 412
ME56 (Bezugsquelle zuordnen) 422, 424
ME57 (Bestellanforderungen zuordnen und bearbeiten) 422, 424
ME58 (Über Zuordnungsliste) 422
ME59N (Autom. über Bestellanforderungen) 417, 422, 426
ME61 (Lieferantenbeurteilung pflegen) 383
ME62 (Lieferantenbeurteilung anzeigen) 379
ME65 (Hitliste der Lieferanten) 381
ME84 (Lieferabruf erstellen) 359
ME92F (Auftragsbestätigung überwachen) 371
ME9F (Nachrichten ausgeben) 401
MEQ1 (Quotierung pflegen) 135
MIGO (Warenbewegung) 155, 158, 427, 429, 433, 435, 440, 444, 447, 454, 457, 462, 474, 498, 581
MIGO_GI (Warenbewegung WA) ... 427, 498, 500
MIGO_GO (WE zum Auftrag Beleg) 427
MIGO_GR (WE zur Bestellung) 427
MIGO_GS (Nachverrechnung von Beistellmaterial) 427
MIGO_TR (Umbuchung) 427
MIR4 (Rechnungsbeleg anzeigen) 632, 638, 643
MIR6 (Übersicht Rechnungen) 654
MIR7 (Eingangsrechnung vorerfassen) 595, 635–637, 639–640

Transaktion (Forts.)
MIRO (Eingangsrechnung erfassen) 165, 593–596, 600–601, 603–604, 611–612, 618, 630, 633–635
MM 16 (Material zum Löschen vormerken, planen) 42
MM01 (Material anlegen) 35–39, 66, 176, 188, 211
MM02 (Material ändern) 35–36, 39–40, 189, 211
MM11 (Material planen) 39
MM17 (Materialstamm Massenpflege) 42
MM50 (Erweiterbare Materialien) 37
MM60 (Materialverzeichnis) 44
MMBE (Bestandsübersicht) 160, 431, 443, 456, 460, 481, 507
MMD1 (Dispositionsprofil anlegen) 186
MMD2 (Dispositionsprofil ändern) 189
MMD3 (Dispositionsprofil anzeigen) 189
MMD6 (Dispositionsprofil löschen) 189
MMD7 (Dispositionsprofil verwenden) 189
MMPV (Perioden verschieben) 641
MN04 (Nachricht anlegen: Bestellung) 398
MP30 (Prognose durchführen) 240
MP80 (Prognoseprofil anlegen) 234
MP81 (Prognoseprofil ändern) 234
MP82 (Prognoseprofil löschen 234
MP83 (Prognoseprofil anzeigen) 234
MR21 (Materialpreise ändern) 518–519
MR8M (Rechnungsbeleg stornieren) 641
MRNO (Marktpreise analysieren) 535, 539
MRN1 (Niederstwertermittlung nach Reichweite) 540
MRN2 (Gängigkeit ermitteln) 543–544
MRN3 (Niederstwertermittlung, verlustfreie Bewertung) 545
MRN8 (Preisabweichungen analysieren) 548
OMB1 (Dynamische Verfügbarkeitsprüfung Reservierung) 490, 588
OMBN 588
OMC2 (Nummernvergabe für Reservierungen festlegen) 587
OMJ1 (Negative Bestände erlauben) 503
OMRO 575
OMT3E (Einflussfaktoren pflegen) 33
OMWB 575
OMWW 584
S_ALR_87013620 251
SEARCH_SAP_MENU 741
Transaktionscode (T-Code) 703
Transportauftrag 590
Transportbedarf 163, 436, 590
Typ, globaler 527

U

Überlieferung 451
Überlieferungstoleranz 96
Überwachen Bestellbestätigungen, Lieferavis 373
Umbuchung 341, 454
Material an Material 469
Umbuchung erfassen 341
Umfeld 249
Umfeldinformation 262
Umlagerung 249, 454
Buchungskreis an Buchungskreis 458
Werk an Werk im Zweischrittverfahren 456
werksbezogene 455
Umlagerung/Umbuchung 427
Umlagerungsbestellung 287, 455, 462
mit Lieferung 463
mit Lieferung und Faktura 463
ohne Lieferung 462
Umlagerungsreservierung 479
Umsatzsteuer, Mehrwertsteuer 647
Umwelt 53
Ungeplante Bezugsnebenkosten 675
Universal Product Code 50
Unterlieferung 451
Unterlieferungstoleranz 96
Ursprung/Marktordnung/Präferenz 74
Ursprungscharge 106
US-GAAP 530

V

Variantenattribut 719–720
Veränderungsplanung 205
Veränderungsplanung im Planungshorizont 205
Verarbeitungsschlüssel 205
verbrauchsgesteuerte Disposition 173
Verbrauchsmaterial 429, 437
Vereinbarungszeitraum 291
Verfügbarkeitsprüfung 88, 346
dynamische 490
Verkaufsorganisation 347
Verladebestätigung 367
Verpackungsmaterial, Daten 65
Verpackungsmaterialdaten 51

Verrechnungsintervall ... 87
Versanddaten (Zeiten in Tagen) ... 64
Verschrottung ... 500
Verteilung
mengenmäßige ... 311
prozentuale ... 311
Vertragslaufzeit ... 291
Vertrieb ... 57
Vertrieb 1 ... 95
Vertrieb 2 ... 364
Vertrieb: allg./Werk ... 62
Basismenge ... 64
BearbZeit ... 64
Chargenpflicht ... 64
Gen.ChrgProt erford ... 64
Ladegruppe ... 64
Materialgruppe PM ... 65
MatFraGruppe ... 64
Naturalrabattfähig ... 63
RefMat Packvorschr. ... 65
Rüstzeit ... 64
TranspGr ... 64
Vertrieb: VerkOrg 1 ... 58
Auslieferungswerk ... 59
Basismengeneinheit ... 58
Konditionen ... 59
Liefereinheit ... 60
MengeneinheitenGrp ... 59
Min.liefermenge ... 60
MindAuftrMenge ... 60
RundProfil ... 60
Skontofähig ... 59
Sparte ... 58
Verkaufsmengeneinheit ... 58
VME nicht variabel ... 58
VTL-spez. Status ... 59
VTL-überg. Status ... 59
Warengruppe ... 59
Vertrieb: VerkOrg 2 ... 49, 58, 60
allg.Pos.typenGruppe ... 62
Bonusgruppe ... 61
Kontierungsgr. Mat ... 61
Materialgruppe ... 61
Positionstypengruppe ... 62
Preismaterial ... 62
Produkthierarchie ... 62
Provisionsgruppe ... 62
StatistikGrMaterial ... 61
Vertriebstext ... 65
Vertriebsweg ... 347
Verwaltungsprogramm ... 495
Verwendungsentscheid ... 591
Verwendungsnachweis, Sachkonten ... 583
Vier-Augen-Prinzip ... 631
Volumen ... 50
Volumeneinheit ... 50
Vorgang ... 251, 564
Vorgangsschlüssel ... 564
BSX ... 572
GBB ... 572
PRD ... 574
Übersicht ... 564
Vorlage ... 131
Vorlagebelegposition ... 272
Vorlagematerial ... 37
Vorplanung ... 87
Vorschlagswert ... 255, 260, 264
Vorschlagswerte Planzuordnung ... 98
Vorsteuer, Mehrwertsteuer ... 647
V-Preis ... 511, 529

W

Währungsschlüssel ... 603
Warehouse Management ... 126
Warenausgang ... 427, 496
geplanter ... 497
ohne Bezug zu den Referenzbelegen ... 499
ungeplanter ... 497, 500
Warenbewegung ... 427, 441, 585
externe ... 153
interne ... 153
Wareneingang ... 310, 427–428, 714
buchen ... 443
ohne Bestellung ... 441
ohne Bezug zu Referenzbeleg ... 440
ohne Fertigungsauftrag ... 441
von Nebenprodukten ... 442
zur Bestellung ... 155
Wareneingangsbearbeitungszeit ... 115, 185
Wareneingangsbuchung ... 151
Warengruppe ... 276, 691
Warengruppenbestellung ... 439
Warnung ... 19
WE-Bearbeitungszeit ... 276
Werk ... 26, 276
Werksbestand ... 125, 210
Werksdaten/Lagerung 1 ... 94, 96–97, 103, 110–111, 113
Ausgabemengeneinheit ... 104
Basismengeneinheit ... 104
Behältervorschrift ... 105

Werksdaten/Lagerung 1 (Forts.)
- *CC-Fix* ... 105
- *CC-Inventurkennz* ... 105
- *Chargenpflicht* ... 104
- *Etikettierungsart* ... 105
- *EtikForm* ... 105
- *Gefahrstoffnummer* ... 105
- *Gen.ChrgProt. erford.* ... 105
- *Gesamthaltbarkeit* ... 107
- *Kommissionierbereich* ... 104
- *Lagerplatz* ... 104
- *Lagerprozentsatz* ... 107
- *Max. Lagerungszeit* ... 106
- *Menge WE-Scheine* ... 105
- *Mindestrestlaufzeit* ... 106
- *Raumbedingungen* ... 105
- *Rundungsregel MHD* ... 107
- *Temperaturbedingung* ... 105
- *UC-Führung* ... 106
- *UC-Ref.material* ... 106
- *Zeiteinheit* ... 106

Werksdaten/Lagerung 2 ... 65, 107, 110, 122, 127, 502–503
- *Bestandsfindungsgrup* ... 109
- *Bruttogewicht* ... 108
- *Externe Vergabe der UII* ... 109
- *Gewichtseinheit* ... 108
- *Größe/Abmessung* ... 108
- *IUID Type* ... 109
- *IUID-Relevant* ... 109
- *Logist. Aufw.gruppe* ... 108
- *Neg.Bestände Werk* ... 108
- *Nettogewicht* ... 108
- *Profitcenter* ... 109
- *SerEbene* ... 109
- *Serialnummerprofil* ... 108
- *Verteilungsprofil* ... 109
- *Volumen* ... 108

Werksdispositionsbereich ... 194
Werkskonditionspflicht ... 333
Werksparameter, allgemeine ... 108
Werksspezifische Konfiguration ... 89
Wert ... 160
Wertefluss ... 249, 251
Wertkontrakt ... 150, 291
WE-Sperrbestand ... 429
Wiederbeschaffungszeit ... 234
WM Execution ... 126
- *Diebstahlgefährdet* ... 127
- *Gefahrstoffrelevant* ... 127
- *Handhabungskennzeich* ... 126
- *Lager-Materialgruppe* ... 126
- *Lager-Raumbedingung* ... 126
- *QualPrüfGruppe* ... 127
- *Quarantänezeit* ... 127
- *Serialnummerprofil* ... 127
- *Standard-HU-Typ* ... 126

WM Packaging ... 127
- *Eigengew. variabel* ... 128
- *HUTyp* ... 128
- *Max. Kapzität* ... 128
- *Standard-HU-Typ* ... 128
- *Überkapaz.tol.* ... 128

WM-Ausführungsdaten ... 126
Workitem ... 409

X

X (beide Beschaffungsarten) ... 183

Z

Zahlsperre ... 606, 617, 665
Zahlsperrgrund ... 665
Zahlungsabwicklung ... 167
Zahlungsbedingung ... 252, 272, 605
Zahlungsfristenbasisdatum ... 598
Zahlungsverkehr ... 134
Zahlungsverkehr Buchhaltung ... 662
Zahlweg ... 606
Zeitpunkt ... 160
Zentralkontrakt ... 28, 291
Zielmenge ... 291
Zielwert ... 291
Zu- und Abschlag ... 332
Zugabe ... 69
Zweischrittverfahren ... 454–455